遥感科学与技术通论

Principles of Remote Sensing Science and Technology

朱启疆　孙　睿　高　峰　吴　骅　著
王培娟　唐世浩　谢东辉　帅艳民

科学出版社
北　京

内 容 简 介

遥感是卫星对地成像探测以获取地表自然全息数据的总称，历经50余年的发展，正分阶段实现其增进对地球理解的这个宏大目标。同时它本身也发展成为一门具有独特科学形态和完整体系的学科——遥感科学与技术。本书遵循遥感科学与技术的历史发展轨迹，用20章的篇幅准确完整、深入浅出地阐述其科学与技术架构和具体内容。

本书可作为大学遥感科学与技术专业或相近专业高年级本科生、研究生的参考书。遥感应用领域已深入到与地球环境有关的各行业、产业部门，本书亦可供土地覆盖/土地利用变化监测和制图，陆地水文-水资源研究、洪水与干旱监测，流域规划-管理与跨流域调水及其影响评估，交通-物流网、电网、管网规划与管理，森林和草原植被清查与农作物长势及病虫害监测，土地荒漠化与土壤侵蚀定量分析与制图，大自然保护与生态系统工程规划-监测及其效果评估，全球气候与环境变化研究，灾害监测与应急搜救及其损失评估，军事伪装与洞库识别等的研究者和对遥感科学与技术感兴趣的人士阅读和参考。

审图号：GS 京(2025)1165 号

图书在版编目(CIP)数据

遥感科学与技术通论 / 朱启疆等著. -- 北京 ：科学出版社，2025. 6.
ISBN 978-7-03-082667-1

Ⅰ. TP7

中国国家版本馆 CIP 数据核字第 2025G45G53 号

责任编辑：刘　超 / 责任校对：樊雅琼
责任印制：徐晓晨 / 封面设计：无极书装

科 学 出 版 社 出版
北京东黄城根北街 16 号
邮政编码：100717
http://www.sciencep.com
北京九州迅驰传媒文化有限公司印刷
科学出版社发行　各地新华书店经销
*
2025 年 6 月第　一　版　开本：787×1092　1/16
2025 年 8 月第二次印刷　印张：49
字数：1 150 000

定价：480.00 元

（如有印装质量问题，我社负责调换）

序

朱启疆教授是我国著名的遥感科学家和地理学家，造诣颇深。先生历时十多年，完成这一鸿篇巨著。著作展现的是一幅遥感科学发展的历史长卷，及其团队在遥感科学领域作出的杰出且系统性贡献。我时断时续，终于通读全书，从中获益良多，深为之叹服折服，欣然写下对著作的一些理解。

作者从追溯陆地卫星-1号至陆地卫星-9号（Landsat-1 ~ Landsat-9）及其后EOS-MODIS传感器发展历程起，围绕卫星对地观测的科学使命——增进对地球的理解这个总目标，按照应用驱动、科学理论引领以及传感器性能实时跟进的遥感科学与技术发展逻辑，用六篇二十章超过一百万字的篇幅来陈述遥感科学体系架构，同时也适时地指出研究团队在其中的贡献。

细看书稿，深感这是一部既有深度又有广度的、具有自身研究风格和特质的遥感科学专著。如先生在写作中，首先将有植被覆盖的地表作为目标，从分子生物学中光合色素生物大分子结构特征出发，在量子水平上，用相应图表着力分析太阳辐射与植被冠层植株叶片光合色素分子的各种功能团间的振动吸收与冠层体散射作用过程，从而科学、透彻地阐明了植被冠层在可见光、近红外到短波红外波段的光谱吸收率和反射率互为镜像的光谱特征；其次，对于无生命的岩石矿物，则从光与晶格振动中的量子能级跃迁过程来说明岩石的光谱吸收特征；再有，关于遥感图像像元信号形成机理的问题，先生则先通过完整地叙述植被冠层几何光学模型，再通过多次室内实验测量进行真实性检验来评价模型的模拟效果。这种将微观解析与宏观效果分析相结合，理论与实践相结合的研究做法以及深入浅出的表达方式也体现了他的一贯研究作风。

该书在第一章中厘清并重新定义了一些重要的科学概念，如遥感、土地覆盖、地球表层、地表自然全息、地球表层系统物质-能量流等，这些新定义不但使原来概念不清的术语能够准确统一并可测量表述，而且还避免了可能产生的歧义，也为今后遥感科学的进一步发展预留了拓展空间。

更为重要的是，当全书撰写完水热参数遥感反演的最后五章时，话锋一转，添加上了期望这最后一章。指出遥感科学仍处于发展上升阶段，正处在进入一个更高层级研究大道的十字路口。而时间序列、全球覆盖的地表遥感反演水热参数集积累已酿成数据海洋而苦于寻找新的应用出路；此时全球环境变化研究也因缺乏恰当数据而难于有大的作为。如果将它们捆绑互济，使反演的地表水热参数就有了大显身手的舞台，从而体现出其应用价值，全球环境变化研究也因为有得力的数据支撑从而改变无米之炊的难堪局面将会大显神通，何等巧合！因而也使前面第一章中的几个新定义所预示的遥感科学发展到一个新的研究层面时，将有着新的更为广阔的拓展空间的情景得到了响应。其最大的意义还在于它彻底打通了横在遥感与地球科学（尤其是地理学）之间的一堵墙，使地理学进入到泛地理学

（Pan-Geography）的新发展阶段，更使卫星对地观测的科学使命——增进对地球的理解——这个总目标离我们是越来越近了。

三十多年来，朱启疆教授参与了一些重大的国家级研究项目。退休前，他参加的大小研究项目不断，并斩获诸多奖项，如国家科学技术进步奖三等奖、中国科学院自然科学奖一等奖、各类省部级奖一等奖、二等奖等，总共有八项之多。书中内容体现了他的团队对遥感科学所做出的研究贡献，而研究团队在作出科学贡献的同时也培育了优良的团队精神，造就出一批杰出的年轻学者，如今，他们都已进入国家的重要遥感研究单位或大学讲堂，成为各领域的栋梁之材和领军人物。

有感先生孜孜不倦的执着敬业精神，写出了一册厚重而有价值的卫星遥感科学专著。这是一本难得的好书，以飨读者，权作一序。

中国科学院院士

中山大学教授

2023 年 5 月 9 日

前　　言

作者遵循遥感科学与技术发展的历史轨迹，力图完整、准确地阐述遥感科学技术体系的架构、主要环节及其具体内容，遂形成这本自成体系的《遥感科学与技术通论》著述，以为当今各行各业广大的对遥感感兴趣的读者服务。借本书出版之际，衷心感谢中央的“华夏英才出版基金”的支持和鼓励，使我感到有责任和信心来从事这项浩繁的写作工程。面对这项艰巨任务，本人能力毕竟有限，那就只能以余勇作铅刀一割了；这里还应感谢北京师范大学党委范国瑛书记、朱小健教授的推荐、督促、帮助，没有他们，作者难以坚守至今耕耘不息，并乐此不疲。

卫星对地成像观测来获取地球表层全息数据称之为遥感，从 20 世纪 70 年代初至今已走过了 50 余个年头，形成了完整的科学技术与应用体系，已深入到各行各业，服务于社会和广大民众，可谓无所不在。按电磁波波谱划分，将波长介于 0.1 ~ 1000μm 的波区统称为光学波段，而波长 1000μm ~ 1000mm（即 1m）的则称为微波波段。在遥感探测中，前者使用光学成像原理和技术，后者则使用无线电电子学成像技术，分别叫做光学遥感和微波遥感。本书仅限于讨论光学波段的遥感科学技术体系以及它们的应用，因而本书定名为《遥感科学与技术通论》。这里采用“通论”一词，主要是想在本书写作中尽量能体现以下一些理念。

首先，通论的通，就是要按照遥感科学与技术的发展的历史自然进程，即抓住应用需求是引领和推动遥感科技进步的原动力这个客观现实——从卫星对地科学探测使命/任务（mission）的确定出发，经科学原理探讨、技术系统方案论证、卫星获取的遥感图像数据产品的形式，以及应用领域目标的确定等五大环节构成的逻辑结构——来陈述遥感科学技术体系的相关内容，展现遥感从起步到一个阶段一个阶段走过的轨迹，从而形成一幅完整的历史长卷，在增进对地球的理解的总目标下一步步地进取。在这里，通论的内容要体现遥感科学技术发展自始至终的一种贯通。

其次是做到理论与实践相结合的融通。作者有幸在进行遥感研究的同时，还带领硕博研究生团队相继参加了国家科技攻关计划项目、国家自然科学基金重点项目、国家基础性研究重大项目（攀登计划）、国家重点基础研究发展计划（973 计划）项目和北京市自然科学基金重点项目等，使学生有机会登上这种国家级的研究舞台，从而让他们经历了中国遥感基础研究与应用研究走过的全过程，实现了理论与实践相结合的融会贯通，简称融通。研究成果则丰富了本书的各章节内容。从 1988 年起，研究团队一直坚持与波士顿大学地理系、遥感中心合作，使北京师范大学地理系与国际接轨，成为培养遥感科学家的一片沃土和摇篮。1998 年 11 月，随着李小文博士、戴永久博士加盟，北京师范大学的地理学与遥感科学学院迅速发展成为国家级的遥感科学研究基地。

最后，通是指深透、宽厚的意境，谓之理通。体现在本书的内容要力求做到深入、广博。做到叙述的内容既广博又深透这一点很难，只能逐步实现。通，就是要对科学问题进行深入透彻的剖析，抓住问题的本质，刨根究底，一以贯之，力求做到极致。一般对地物波谱曲线形状形成的解释停留于表象且过于笼统、不够深刻，这便是一种通的问题。大千世界，五光十色，是什么最终决定有生命的植物的绿色色调？又是什么决定红、蓝宝石的绚丽色彩？以绿色植物为例，这就必须借助分子生物学中关于生物大分子（如植物叶片的叶绿素的分子量大到900左右）的分子结构及其光合作用衍生物的各种功能团的振动引起的量子能级跃迁过程，才能从根本上解释清楚植物叶片光谱曲线形成的道理。深就体现为要深到量子层面去解释植物叶片反射光谱特征形成的道理，这才能叫做通。对岩石、矿物晶体的发光问题也要本着这种理论深度去认识。要真的这样全面去做也很难，这里也仅仅作为一种尝试的开始。又如，人们对遥感机理一词感到多少有点神秘。打破这种神秘感的途径，就需要对遥感图像像元亮度信号值形成的地物组分，进行其能量贡献组成方面的精细分析，建立描述像元信号值与像元内各地物组分的能量关系的数学表达式，才能达到深与通的境界，从而打破遥感机理建模这个名词的神秘感。数学模型建立的好不好，还必须通过实验来检验。为此，研究团队投入大量人力，历时6年在长春太阳模拟实验室从事森林与作物的BRDF-Li-Strahler模型室内验证试验并获得成功，吸引了各国顶级遥感科学家悉数到中国参与共同实验，同时在北京成功举办了BRDF建模、验证和应用第一届国际研讨会。

遵从上述理念和思维逻辑，本书遂写成了由六篇共20章组成的著述，为读者提供完备的对于遥感科学技术体系的认知，最终为增进对地球的理解这个科学使命服务。当今的遥感科学和技术由三大基础支撑，一是遥感的物理学和技术，二是基于粗糙面反射的图像像元微观解析的前向模型以及地表特征的描述参数的反演算法，三是遥感图像数据的数字处理算法。必须强调遥感图像数字处理是遥感学习和研究者的基本功，它是由像元尺度点上的理论研究扩展到面上显示和应用的工具与桥梁，可谓基础中的基础。当然，遥感数字图像处理脱胎于应用范围广泛的一般的数字图像处理，但又不同于后者，可看作是对一般的数字图像处理的一种继承和应用上的拓展，也是最早开展人工智能研究的领域之一。遥感图像数字处理不仅包含产生某种功能的算法，还包括显示技术。作者20世纪80年代初在美学习遥感期间，最主要的参考书仍是一般意义上的数字图像处理读物，如R. C. Gonzalez、R. E. Woods和K. R. Castleman所著的*Digital Image Processing*，作者深受该书作者们的影响，本书中不难发现他们的印记和影子。后期出版的J. Jensen的著作（陈晓玲等译）和J. Richards的著作（张钧萍等译）则分别是深入浅出和严谨的典范，其精致优美的插图特别值得称道。

著述内容的表述和具体安排也应有所变通。面对不同的专业背景的读者，据作者学习经验，深知其中的重点与难点，在撰写中，适当分散难点是必要的。如对同属于正交变换的Karhunen-Loeve变换（即主成分变换）被有意识地提前放到本书第6章介绍，这样更易理解变换的本质和它的应用价值与应用场合，其重点地位也更突出了。对于那些比较抽象且较难理解的各种数学变换表达式，首先抓住其核心思想，进而通过恰当的手算算例与表格或简明的插图来增加感性认知，进一步达到理性了解。遥感的真正价值在于应用。当前遥感应用遍及许多行业或事业的部门和广大民众，故书中的内容不但要有深度，还要能深入浅出，顾及不同应用层面上的读者，使更多的人获得应用上的实惠。

遥感科学与技术系统具有典型的交叉学科特征，涉及众多学科，作者每当有难处就找北京大学毛节泰教授和北大校友、中国石油勘探开发研究院测井与遥感技术研究所史久浩研究员，请他们就大气辐射传输和遥感数字图像处理系统 System-600 的软、硬件体系结构进行解析，他俩多次来北京师范大学进行学术交流。他们讲课的精彩内容、金句名言，在本书相应章节中都有体现，被采纳或留下了深刻的烙印。

本书能在今年出版与读者见面，应当感谢同仁与门生的通力配合与支持。高峰博士和帅艳民博士合作完成了本书的第 15 章地表反照率及其反演。高峰博士是 EOS-MODIS 反照率反演算法的最终厘定和开发者，而帅艳民博士则是该产品实时发布全程开发者，他们的一些研究成果还出现在本书的其他章节。帅艳民博士还为作者撰写 MODIS 传感器的后继者 VIIRS 提供了翔实的资料。孙睿博士、教授是我国 1km 分辨率的全国净初级生产力光能利用率模型的开创者，也是我国国家尺度大流域蒸散发遥感方法研究的先驱，他撰写了本书的第 17 章和第 19 章，还负责了全书的审查、修改与录入，以及后期的出版工作。吴骅博士、研究员不仅独自完成了本书第 16 章热红外地表温度遥感的撰写，还为本书第 9 章撰写了最有分量的两节，即 9.1 节像元分解和 9.5 节尺度效应与尺度转换，同时还承担了全书一半的手写初稿录入、制图工作，以及后期相应篇章的多次修改任务。王培娟博士、研究员独立完成了本书第 18 章植被叶面积指数遥感的撰写，还承担了全书手稿另一半的录入、绘图工作和后期相应部分的多次修改录入工作，以及许多临时应急的繁重的修改录入任务，为本书的完稿立下了汗马功劳。在这里还应该特别感谢谢东辉博士所付出的辛勤劳动，她不仅完成了本书手稿的第 1 章、第 2 章和第 3 章的全部录入、绘图等的繁重工作及后续的相应章节的修改录入与制图工作，还参与完成了第 2 章（2.1 节）、第 4 章（4.1 和 4.4 节）、第 8 章（8.3.5 节）和第 20 章中部分内容的撰写。她实际上还是本书出版、编录工作的总管，负责作者同仁间协调和应急处理，使得整个工作处在平稳有序、高效的状态，为我减轻了很多负担。有了她的帮助，我才得以坚持至今。她负责的制图做的都很精美，值得称道。另外，朱景扬高级工程师在我整个撰写工作中为我查询检索到许多难能可贵的资料，并在最后默默地帮我完成全部书稿的录入修改、编目和审查工作，尤其在对第 1 章和第 10 章的压缩和重写工作中投入了大量时间和精力，使该两章的面貌焕然一新，对本书的最后定稿作了收官之劳。还应该感谢一批与作者同仁一道完成本书手稿录入、查询、编辑的年轻的博士、硕士研究生群体，书稿中的许多录入工作与一些精美的制图是由他们来完成的。

我还应该特别提到并感谢的是另一得意门生，现在北京大学王选计算机研究所任职的韩心慧博士，他在北京师范大学攻读硕士期间（1992～1994 年），由作者与李小文教授负责指导他的论文工作。由他进行森林冠层的二向性反射几何光学模型的建模和室内乒乓球模拟森林的制作和对其进行 BRDF 测量，并进行对 Li-Strahler 模型的实验验证。他在中国科学院长春光学与精密机械研究所的太阳模拟实验室的实验获得了很好的实验结果，他沿着 Li-Strahler 的建模思路，在模型的演绎、实验数据处理、验证对比研究中精益求精，富有创造性，于 1994 年 4 月完成了硕士论文。1994 年 4 月李小文由美返京，在讨论自然科学重点基金项目中长春室内试验结果时，李小文仔细看了韩心慧的论文和论文所附的实验用材料的完备的辅助测试数据，以及他制作的实验模型和他的相应研究，感到韩心慧工作很细心也很自信，实验研究工作经得起别人的重复性检验，认为韩心慧这次实验研究已超出了预期，颇有创新，应择机发表。现在已将它精编为本书第 2 章的 2.11 节与 2.12 节的核心内容。韩心慧博士的工作善始善终，圆满收官，既充实了本书的内容，也了了李小文院士的一片心意。

还要特别感谢中国资源卫星应用中心的科学家和中国卫星气象中心唐世浩博士，他们应邀专门为本书撰写了厚重的第3 章第12 节（3.12 节）——中国遥感探测卫星和第13 节（3.13 节）——中国气象卫星事业，向国人和世界全面地介绍了中国的卫星遥感事业的发展状况，内容翔实，图文并茂，体系完整，具有权威性，成为外界了解中国遥感的一扇窗口。

最后，我要特别感谢我的家人，夫人李仲英，她包揽了全部家务，让我集中精力能够全身心地投入到本书的撰写工作。

遥感探测技术的发展可谓十年磨一剑，而围绕遥感科学数据分析与应用的讨论也从未停歇。我们只能抓住其发展的50 年历史长河中那些核心问题和关键环节给予精细论述，仁者见仁，智者见智，这就难免使一些方面受到疏忽，挂一漏万，敬请专家、读者体察、谅解。作者虽然殚精竭虑，倾尽所能，但毕竟年事已高，难免出现记忆和表述上的错误；又因本书涉及学科领域甚为宽广，在尽量吸纳众家之长中，也恐会出现不当之处，恳请读者多加指正，不胜感激之至。

朱启疆

2025 年 1 月 1 日

目　　录

第 二 篇

第　三　篇

第　四　篇

第 五 篇

第　六　篇

第 一 篇

随着地球系统科学、全球变化研究与可持续发展议程的推进，遥感作为连接“观测-理解-决策”的技术纽带，其基础认知的重要性愈加凸显。厘清遥感的本质与边界，不仅有助于深化技术应用的根基，也为跨学科协同与未来发展奠定认知共识。

本篇（第1~3章）作为全书的起点，系统阐述了卫星遥感的科学本质、历史起源及其服务于地球系统观测的根本使命。开篇从“遥感为何而生”的哲学命题入手，追溯遥感科学诞生之初的学术背景与发展脉络，特别是1964年“环境遥感”概念首次在密歇根大学提出的历史节点，并追溯至 *Remote Sensing of Environment* 等标志性刊物与IGARSS等重要国际会议的建立，强调遥感作为服务地球科学的观测手段，在学科融合中成长与演进。

本篇内容涵盖遥感的定义、核心特征及其在地球观测体系中的独特地位。作者提出“地球表层系统”“自然全息谱”“土地覆盖”等关键概念，通过严谨的理论推导和通俗易懂的语言，为读者构建起对遥感本体论层面的理解框架。另外，还特别区分了遥感与摄影测量、天文观测等相关领域的边界，明确遥感数据在空间连续性、能量观测和物理建模等方面的独特优势。

此外，本篇强调遥感观测是实现全球动态监测与认知地球系统结构与演变过程的基础，指出从“图像记录”到“知识认知”的转化路径，需要在科学认识、技术体系与数据产品三个层面持续推进。通过本篇的学习，读者不仅能够理解遥感的学科定位，更能够把握遥感技术发展的历史动力与未来趋势。

第 1 章　卫星遥感的科学使命

遥感一词很难用一句话给出准确的定义。本章首先从遥感的目标、用途和本质几个方面入手，引领读者对遥感有一个感性的认识。然后，回顾遥感技术发展历程，深入认识遥感科学的本质，了解遥感应用目标。最后，重点介绍了陆地遥感与地球科学之间的关系，激发读者对遥感与地理学的研究灵感，促进遥感与地理学共同发展进步。

1.1　遥感的基本特征与定义

对一些科学术语，不是用一句话就能给出准确的定义的，遥感一词就是其中之一。为了对遥感有一个全方位的了解，要从以下三个方面去说明什么是遥感，然后再考虑如何给遥感下一个确切的定义。

1.1.1　遥感的宗旨

说起遥感，人们不应忘却 1964 年在密歇根大学举行的首次环境遥感学术研讨会。正是在这一次会议上，遥感这个科学词汇被第一次在学术会议上提出，并且一开始就叫环境遥感。环境，就是指那些围绕着人类社会的外部自然条件，在一定意义上讲，即是自然地理学的研究对象。随后则有相应的学术刊物的创刊，如 1969 年创刊的 *Remote Sensing of Environment*。接踵而来的是规模大且影响深远的专业性学术年会“国际地球科学与遥感大会”（International Geo-Science and Remote Sensing Symposium，IGARSS）年复一年地举办，并相应地出版了年会集刊 *IEEE Transaction on Geoscience and Remote Sensing*（从 1980 年开始）。这一盛会一直把增进或不断加深人类对地球的了解作为大会的宗旨。应该认为，这正是遥感研究的历史任务。以前人类对自己居住的地球表层的了解是通过点状测量或者片段的、局部的野外调查实现的，因而对地球环境及其变化的认识，只能是静态的，不可能做到全方位地对地动态测量。要想对地球上的事物有真正深入的了解，必须跳出地球，才能克服自身认识上的局限性。卫星遥感的出现，真正实现了对地球表面的全方位面状测量，彻底地改变了以前对地球表层数据在时间和空间上不连续的测量方式（如各种野外调查、气象和水文观测等）。这就从科学上给出了遥感的地球科学属性定位。

1.1.2　遥感的用途

对那些直接影响人类生存和生产活动的突发事件，如地震及地震引起的海啸、台风和风暴潮、洪水泛滥、大型山体滑坡和泥石流、森林火灾等，需要随时掌握灾情、评估损失，进而提出抢险救灾措施；而对大范围的作物估产，则要求及时了解作物的长势和物候期等关键参数，这些都只能依靠卫星轨道高度上的观测才能实现。遥感中的“遥”，多远才算呢？答案是近圆形、太阳同步卫星飞行轨道高度。只有达到这个高度，才能获得周而复始、全球覆盖的并以图像形式展现的技术性能一致和连续的可比数据。这种数据更适于对地球环境变化中的长程事件进行跟踪研究，以找出事件发生的因果关系；也可用于各种空间尺度的资源与环境清查与制图（如土地覆盖类型）。在卫星轨道高度获取地面目标信息的技术是一种非常复杂而综合的高新技术系统，只有到了空间探测和信息化时代才可能实现，这就是卫星轨道飞行器出现之后才产生遥感这一科学术语的实际科学技术和应用背景方面的原因。

1.1.3 遥感信息的本质

Simonnet（1983）在其主编的《遥感手册（第一卷）》中用“多”来说明地物的遥感信息蕴藏在诸如多光谱（multi- 意味着谱段数 $N \geqslant 3$）、多尺度（分辨率）谱、多时相谱、多偏振（极化）谱、多方向（角度）谱的变化之中，由这些谱合起来就构成地球表层的自然全息谱。地表不同地物在各种谱的不同谱段会产生强度各异的信号，而信号的差异及差异的强弱即为地物相互区别的根据。没有差异就没有信息。这些谱都已经有相应的成像谱仪（传感器），由这些成像谱仪对地表进行观测，所获得的各种卫星遥感图像数据就构成了多维数据集合，简称为地表自然全息。

如果采用上述的三个方面去理解遥感的含义，我们就掌握了一把科学的标尺，可以区分或说明哪些是遥感，哪些又不能称之为遥感。如用射电望远镜探测宇宙太空这样的研究，完全符合最后两个概念，但他不符合第一条，只能称作天文观测。遥感结论是否正确是可以通过实地检验的，而对天文学观测的解释则是一种推测或推断，已故的王大珩院士将其戏称为“遥猜”。又如航空摄影测量，它是一门很成熟的工程学科，比遥感出现得还早，用单波段传感器在两个方向对同一地区成像便可提取高低起伏地面的几何信息，进而生成精准的地形图。而遥感实行的是对地面目标的反射、发射或偏振等的测量，获取的是目标的物理信息，这一点也是严格区别于摄影测量的。显然，更不能将环境遥感视为航空摄影测量的简单延伸。用三个波段以上这一多波段标准来衡量，单波段的摄影测量也不会与遥感相混淆。最初的卫星传感器设置 4 个探测波段，其目的是可以模拟出天然彩色和标准假彩色（红外彩色），以供视觉判读之用。

这样，遥感的定义可确切地表述为：在卫星轨道高度用一组传感器对地球表层进行地物成像测量以获取地表的自然全息图像数据，来实现对地球表层及其变化的跟踪监测，逐步达到增进对地球理解的科学目标。

为了以后叙述的需要，下面定义几个新的术语。

1）地球表层：指太阳辐射能的影响可到达的地表以下最大深度范围内所有固、液、气三相物质组成的圈层；当地球表面为水体覆盖时，则是指水面以下最大影响深度；对大气而言，指从地面起到大气层顶的大气层厚度，它是个物质概念。

2）地球表层系统：是个物理概念，指系统中的物质和能量以及它们的运动方式的总称。

3）土地覆盖：意为附着于陆地固态表面（层）的天然的（也含一些人工的）不同种类和类型的生物的或非生物的异质性物理表层；当没有或缺失这种附着表层时，那原始的陆地固态表层也应视为一种土地覆盖类型。这样定义下的土地覆盖类型和气象学里讲的下垫面（层）类型几乎一致。冰、雪虽然都是固态的物质，但它和下覆的岩石或岩石风化物是异质性的，因而冰、雪也是一种覆盖类型；显然，像城市建筑、道路等也是一种覆盖类型。大范围分布的裸岩（包括固定的沙漠）也应视为一种土地覆盖类型，其厚度按气候准则确定。不同的覆盖类型，它的反射率是不一样的，在对太阳辐射的分配中起着不同的作用。在强调一块土地的自然属性时，土地覆盖类型和人们常用的景观类型的概念可以互相套用而不至于引起误会。当对一块土地考虑其经济价值和使用方式时，就成为土地利用的问题了。同一块土地（即同一个对象），当从不同的角度考虑时，会有不同的称呼，或称为土地利用，或叫做土地覆盖，前者侧重它在经济上的利用价值，后者侧重它的自然属性及它在太阳能再次分配中的作用。在农业耕种区，一块农业用地（农田），既是一种土地利用方式，也是一种土地覆盖类型，这就难怪在一些区域性的有关土地的制图上，常出现土地利用/土地覆盖分布图这种表现形式了；草原是一种土地覆盖类型，如将其用来放牧，就成了牧场，又变成为一种土地利用方式了。河流上游或两岸的阔叶林往往标为水源涵养林或薪炭林，它既是一种森林覆盖类型，也是一种土地利用类型。由于考虑问题的角度不同，同一块土地可从一种土地覆盖类型转变为相应的土地利用类型。土地利用与土地覆盖实在是难解难分，犹如一只手从上面看是手背，从下面看则是手心。这里要特别强调，从遥感研究角度看，关注的是土地覆盖问题，这是因为当太阳辐射穿透大气层达到地表时，太阳辐射能要受到再次分解。如果同一块土地若发生了覆盖类型上的变化，就意味着改变了这块土地的能量收支状况。这是因为，不同土地覆盖类型有着迥然不同的反射特性，覆盖类型一变，也就改变了反射率，地表的能量收支结构也随之改变，并成为引起环境变化的本质性因素。

4）地表自然全息及其辅集/扩展集：在卫星轨道高度，由多光谱或高光谱、多尺度谱、多极化谱、多角度谱等谱仪，对地球表面的同一地区地面同时进行观测，所获得的多种图像数据的集合，构成了地表自然全息数据集合。其中多光谱图像或高光谱图像所包含的信息最为丰富，习惯上就把它叫作地表自然全息数据集合，简称地表自然全息。空中飞行的飞机/无人机对地观测数据，可看作是地表自然全息的辅集/扩展集，甚至还可包括为验证理论研究结果所得到的地面波谱等测量数据以及野外调查数据。

5）地球表层系统的物质–能量流：地球大气，特别是水气是具有能量的，它通过相变吸收或放出能量。大气通过不同形式的运动（对流与环流）从而形成物质–能量流。这种物质–能量流的总的趋势是把热带地区的能量和水分向两极输送，使全球各地温度不至于相差过于悬殊，以维持现有的地表环境和生态系统的稳定。

1.2 遥感科学与技术发展进程

1.2.1 卫星遥感的历史回顾

陆地卫星（Landsat）系列的发展历史是遥感技术发展进程的最好见证。陆地卫星传感器从最初的多光谱扫描仪（MSS）（1972 年7 月23 日）经专题制图仪（TM）（1982 年7 月 16 日），最后到搭载于 Landsat-7 上的增强的专题制图仪（ETM+），采用的都是光学机械扫描成像技术，传感器从技术上讲已做到了极致，没有发展的余地了。MSS 设置有 4 个波段，主要是为了方便地模拟出真彩色和标准假彩色。此后，由于对细胞结构和光合色素研究的深入，发现通过适当降低波段带宽度可以提高对植被和作物监测的灵敏度，以及对岩石水热蚀变带研究的需要，应该调整和增加 MSS 的波段设置数。从而使 1982 年发射的 Landsat-4 上的 TM 波段设置数增加至 8 个，其中第 7 波段（2.08 ~ 2.35 μm）正是应地质学家要求，于卫星发射前才匆忙决定加上的。而直到 1999 年 4 月 15 日发射的 Landsat-7，才最终有了 15m 分辨率的全色波段探测能力。此时，环顾世界各国，特别是法国，早在 1986 年就采用电耦合器件（CCD）作为传感器的感光器件，采用推扫成像的方式，一举将图像像元空间分辨率提高到 20m（分色波段）和 10m（全色波段），并且还具备侧视功能，可以进行地形制图。迫于无奈，美国在 Landsat-8（2013 年 2 月 11 日发射）上，才以 CCD 器件取代光学机械扫描成像的机械部件，比法国整整落后了 27 年。Landsat-8 的出现标志着遥感科学与技术发展进入了它的第二个发展阶段。这个阶段的传感器性能有了新的提高和特色，其可见光–近红外–短波红外波区传感器称为业务型陆地成像仪（OLI），设置了 9 个波段，新增了对海岸带与气溶胶的观测波段（波段 1，0.435 ~ 0.451μm），以及对卷云监测用的波段 9（1.363 ~ 1.389μm），分辨率均为 30m，全色波段（0.503 ~ 0.676μm）的空间分辨率仍为 15m。从此以后，Landsat-8 及其后继者 Landsat-9（2021 年 9 月 27 日发射）在技术上不再发生变动，最可能发生的变化是它因美国政府的经费短缺，支持不起制造 Landsat 的专用卫星平台费用，而只能去借用其他合适的卫星平台继续它的业务运行，以保持陆地卫星遥感数据的连续性和一致性。那时只是陆地卫星的身份变了，它会像国家气象台站那样一直把对地球的观测进行下去，继续提供陆地表面的二维图像数据。受到 CCD 器件的掣肘，我国卫星遥感的发展相对滞后。现在正开足马力追赶，势头强劲，做到了遥感卫星种类齐全，差距在逐渐缩小，在地面定标方面取得了不错的成绩。

1.2.2 理论与技术的协调跟进

1）早在 20 世纪 70 年代，遥感研究中就在思考遥感图像像元亮度信号大小是由哪些因素决定的，当时称为遥感机理问题。地表是个非常复杂的粗糙表面，它既不遵从理想光滑的镜面反射定律，也不遵从朗伯漫反射定律。实际上，地球表面的物质组成与几何形态都异常复杂，卫星接收来自地表的信号不仅与这种地表复杂性有关，还与卫星观测时太阳辐射与传感器的相对几何位置有关，即与太阳照射方位角和太阳相对于地面目标的天顶角（ϕ_i，θ_i）、传感器观测的方位角与天顶角（ϕ_r，θ_r），以及波长 λ 有关，并且是这 5 个变量的复杂函数，称之为二向性反射分布函数（BRDF）。针对地表不同的覆盖类型，建立了相应的模型，如森林、果园、草原/农作物、土壤、冰雪等的 BRDF 模型。从方法论上讲，可将它们归为三类：辐射传输模型、几何光学模型和计算机模拟模型。辐射传输模型比较适合于水平方向上比较均匀的三维空间结构的覆盖类型，如草原、草甸、农作物和冰雪等；几何光学模型则比较适合于空间关系比较复杂且以表面反射为主的地面目标，如森林、土壤、建筑物等；计算机模拟模型则适于解决像多次散射这种更难于求解的问题。这三种模型可以联合起来运用，以互相支持、补充。BRDF 模型是正向模型，由参数决定方程的函数值。而遥感问题则是反向的，即要求从卫星观察获得的地表自然全息数据里，用某种数学方法推算出（反演）地表特征参数，这个过程即称之为遥感反演，这种数学算法便称之为反演模型。正向模型和反向模型是遥感科学体系中的核心内容，正向模型阐明遥感像元亮度信号形成的物理本质（机理），而从反向模型获得的反演产品则引导和推动遥感科学的深度应用，将使增进对地球的理解的目标和进程达到一个新高度、新时代。难能可贵的是，遥感研究中理论先行和技术实现过程做到了同步跟进。卫星对地观测的系统研究倾注了太多科学家的心血和智慧，它体现在遥感不同的发展阶段。粗略地讲，20 世纪 90 年代末或 21 世纪初可称为卫星对地观测研究的初期阶段，其后就进入到卫星对地观测研究的中期阶段，Landsat-8 卫星服役和 EOS-MODIS 计划及其成功实施就是最好的说明和印证。以前按行业要求设置的陆地卫星、气象卫星和海洋卫星观测计划已经不能适应日趋严峻的全球环境变化态势及其研究的需要。三颗独立运行的卫星对地观测活动在技术指标和运行方式上存在严重的弊端：它们在观测任务、内容与目标上的不协调，观测时间不同步，空间分辨率不统一，辐射量化水准不一致，重访周期差异大以及技术系统不完备等，使它们在面对上述局面时陷入了难以应对的处境。陆、海、气三星独立运行包打天下的做法已行不通，必须另辟蹊径。经过遥感科学家们的缜密研究，决定采用一颗太阳同步轨道卫星搭载一组五件仪器的方案——EOS-Terra/Aqua 双星计划，来对太阳辐射、大气、海洋和陆地进行同步综合观测，采集太阳辐射和地球表层的数据。这个方案里的中分辨率成像光谱仪（MODIS）是这一计划中的关键仪器，在轨道高度为 705km 时，其地面总视场刈幅宽度为 2330km，只要两颗星就能做到覆盖全球一至二次。它在 0.405～13.385μm 波长范围内设置了 36 个波段，对 2330km 总视场的望远镜像面进行摔扫式成像，采集来自大气、海洋和陆地的表层数据，以提供反映陆地表层土地覆盖、生物地球化学、地表温度、海洋水色、浮游生物、大气温度、大气中水汽、云边界、云特性、云顶高度和臭氧等数据，实现了对地球表层中发生的现象与过程的真正意义上的动态监测。更可贵的是 MODIS 具有最完善的定标系统，包括太阳漫射器及其稳定性监测仪、光谱辐射度定标仪、定标黑体和深太空窗。定标系统将灰度值（DN）转化为反射率或亮度温度。

2）实际上，早在 20 世纪 80 年代中叶，遥感科学家们已在着手考虑下一步以整个地球表层为目标的卫星对地观测系统的问题，即上面已述的 EOS Terra/Aqua 双星计划，锁定的目标是用新的卫星系统设置来监测全球性环境变化。该计划第一次把对太阳辐射与云的观测放在特别重要的位置，目的是更精确地计算进入地球表层系统的能量，这一能量是地球表层系统产生发展、变化的原初驱动力。另外也突出了对海洋观测的重视，由于海水反射率低，海洋成为太阳辐射的好的吸收体、储存库，成为气候稳定性的压舱石。

从20世纪70年代，遥感科学家就已关注图像元亮度值DN形成的物理解析，即遥感前向模型问题。同时紧跟着讨论模型的反演算法。到了80年代以后，接着就考虑一旦MODIS投入业务运行，反演的地表特征参数作为系统流水线上的产品如何在网上实时发布问题，真是一环扣一环地马不停蹄！遥感科学发展的每一个阶段都有自己的科学问题，走到这一步殊为不易。

1.2.3 遥感应用的发展

遥感应用第一波热潮的先锋行业是地质找矿和农业。最吸引地质学家眼球的是陆地卫星MSS标准假彩色图像中跃然纸上的线性构造和隐伏深大断裂行迹以及沉积盆地的油气藏位置。在这个阶段，南加利福尼亚大学地质学家小萨宾教授贡献良多，他的科学专著《遥感原理及解释》也享誉学界。由于中国的大地构造力学专家在对遥感图像的判读中找到了大地构造体系新的佐证，就直接推动了国家计划委员会地质总局和石油工业部于1975年花重金购买了中国境内全部MSS图像，紧接着又各自购买了两套计算机数字图像处理系统，一股地质遥感热潮在中国兴起，对于遥感寄予了很高的期望。一般讲，在遥感图像上获得的矿物岩石信息是弱信号，并不能直接进行识别，不像土地利用/土地覆盖判读那么简单。美国农业部早期曾在加利福尼亚大学圣芭芭拉分校地理系设立农业遥感数据中心，以对世界小麦、玉米等粮食作物产区进行监测，以作为制定粮食价格的依据。

本来卫星遥感是为军事服务的，如为伪装与反伪装、军事洞库、军事调动、军事设施分布探测服务等。解禁以后才获得民用，欧美等国相继发展了诸如陆地卫星、气象卫星、海洋卫星等系列。发展卫星遥感事业在中国一直是国家行为，从国家层面相继出台了科技发展的科技攻关计划、国家基础性研究重大项目计划（攀登计划），国家基础理论研究的国家重点基础研究发展计划（973计划），以及国家自然科学基金等机构拨款，支持遥感应用与理论研究，接着是各行各业的应用研究层出不穷，遍及诸如土地覆盖/土地利用及其变化监测，森林与草原清查，水文与水资源调查，流域规划与管理，道路与管网规划和监控，突发灾害事件监测与损失评估，植被/农作物生长状况、水分与病虫害监测，地震、台风/飓风、沙尘暴监测等，不胜枚举。问题是在MODIS及其后继者运行期间，时间序列、全球覆盖的反演产品该如何发挥最大的应用效能，这既是应用问题，也是在增进对地球的理解的目标上处于最高层级的科学问题。毕竟，遥感存在的最高价值还在于应用。

1.3 遥感科学和技术体系架构与内容

遥感既是一门具有逐步完善的理论体系的深度交叉学科，同时也是一个由理论指引、应用驱动下的不断创新的高新技术对地成像系统。这是因为，在应用目标驱动下，不仅要对地面目标的遥感信号的形成机制和图像数据的应用前景作理论上的探索，还要根据理论上的指引和要求，去寻找和制造对地面目标成像的相应传感器，并最终在卫星运载平台实现成像。光学机械扫描成像传感器的一步步有序发展到量子阱热红外光电探测器的技术上实现，都很好地说明了这个道理。理解遥感信号形成的科学基础是电磁辐射场的物理学。只有了解太阳辐射这个地球表层系统运动的原初驱动力、大气分子与气溶胶粒子的振动与转动吸收和发射、地球固体表层矿物晶体的晶格振动与能量吸收以及植物叶片内各种细胞器与光合色素的散射和光量子吸收特性，并了解它们间复杂的相互作用，才能从根本上理解遥感像元信号形成的科学道理，对这些科学原理和技术上的描述构成了本书第一篇（第1章~3章）。特别是在遥感探测中，被地面散射的太阳辐射要二次穿越大气层，它对遥感信号的影响需要剔除，卫星运行状态与地球关系的复杂性所造成的图像畸变亦需进行纠正，这种图像恢复性处理研究构和增强算法成了本书第二篇（第4章~第8章）的内容。图像增强的目的是改善其视觉效果。第9章叙述了遥感图像的分解和融合，它构成了本书的第三篇。第10章至第14章讨论了遥感图像的群体目标各种分类算法。紧随第三篇之后，将阐述基于判读标志的遥感图像的视觉识别方法，专门列为一章（第10章）。否则，第三篇就成为无的放矢了。它和讨论群体目标分类算法一起构成了第四篇。从第15章至第19章，介绍了地表特征中水-热参数和生物物理参数的反演算法，它们成了本书第五篇的内容。遥感科学还在发展中，其与地理学的融 合发展与展望作为第六篇（第20章）。

关于遥感科学和技术体系架构与内容，有五点重要提示如下。

1.3.1 黑白遥感图像的局限性

人类识别图像上的目标是通过视觉实现的。黑白图像一般只能区分出16级灰阶，因而人眼对黑白图像的识别能力是很有限的。可是人眼对彩色的分辨能力要比对黑白图像高出几个数量级，早期的卫星遥感成像波段的设置正是兼顾了人眼的视觉特性设计的，非常方便合成真彩色图像和标准假彩色图像，以供人眼进行视觉识别；图像中的不同地物的界限往往并不清楚，有的地物类型的亮度的空间分布是连续的，本身就不存在界限，有时需要人为进行划分，是人们硬性强加上的。要使图像中的地物边界容易确定，需有相应的算法。还有，由于地物特性差异以及成像条件问题，常造成图像亮度值动态范围过于狭窄或是对比度严重不足，这都需要通过直方图调整，来扩大不同地物间反差并用不同的彩色来表示，提高图像的视觉判读效果。

1.3.2 遥感视觉识别的重要地位

图像的视觉识别是图像增强的自然引申。图像增强的目的是改善人的视觉效果，如果它不用于图像的视觉识别，就是无的放矢了。人的视觉识别与机器识别从科学上讲并无水平高低之分，重要的是看哪一种方法更快捷、准确和经济。在应用中，目标识别的80%的任务是由视觉识别方法完成的。如果把空间分辨率按4个等级即米级（含亚米）、30米级、100米（含80米）和1000米级划分，在标准假彩色图像上，它们对城市、道路交通、机场、农田和果园的识别能力可用表1.3.1来说明。

表 1.3.1　不同分辨率的卫星传感器对地面目标的识别能力

空间分辨率	城市	道路交通	机场	农田	果园
米级	能分出城市街区、街道，识别出独栋房舍，据高层建筑（如纪念碑、塔）的阴影长度，计算出建筑物高度，估算出房屋的建筑密度	能识别出交通网布局、结构、桥梁位置和尺度、道路的等级，可辨别出道路上行驶的轿车（car），卡车（truck），公共汽车（bus）	可判断机场的规模、机场跑道的数量及尺度（如长度）、航站楼规模、功能分区、停机坪进出舱门数，识别出飞机类型与数量	可区分出不同类型和大小的田块，计算出各田块面积，估算出各田块田埂的面积，确定出行播作物的行向或垅向	能确定果园的类型、规模大小、果树的行距与株距，计算出单位面积里种植株树，据果树冠幅、树高粗估生长年限及挂果期
30 米级	只能分出街区，识别不出小型独栋房舍，可见高层建筑物阴影，仅能粗略估计其高度	可粗略看出路网格局，判断桥梁位置，道路上行驶车辆一般不可见，大型车队则可判	可判断机场规模及机场跑道数量与长度，仅能确定航站楼位置，停机坪飞机外形结构约略可见，但不能估计其数量	尚可区分不同类型和大小的田块，难于估算出田埂的面积，不能判断作物是否为行播	尚能区分果园类型和规模，不能判断出果树的行距和株距，只能看出果树群体概貌
100 米级	只能判别城市大致范围，分不出街区，一般街道和房屋建筑阴影均不可见	交通主干道约略可见，在背景广阔且单一的草原可见铁路行踪	可判断出机场及其跑道，航站楼位置约略可判，其他均不可判	仅在大型农场垦殖区可以分出种植的田块	果园特征不明显，仅可间接推测其地块是否为果园
1000 米级	仅能根据假彩色图像的色调差异判断出大中型城市	道路交通状况不可判	除非大型、超大型机场，一般不可直接判定	除非超大型农场，一般不可直接判定	一般不可直接判定

1.3.3　遥感在地学中的分类应用

卫星对地观测所获取地球表面目标的遥感数字图像要根据需要进行视觉识别或机器分类，以为各应用部门服务。通过计算机学习的方法对数字图像进行分类，就是一种典型的模式识别问题，早在 20 世纪 60 年代就被引进遥感数字图像处理中。现在进入到神经网络–人工智能深度学习时代，各种数学工具将会被选择性地应用于训练过程，其作用在于降低分类的不确定性，提高分类结果的可靠性和稳定性，从而提高最终分类精度。在 20 世纪 70 年代，图像处理系统的处理算法中，将那些耗时的 512×512 数组运算等已实现了部分的固化为专用硬件，只是体积很大，其三维尺度大约为 50cm×35cm×60cm，实际上就是现在的 AI 芯片的原型。可以说，人工智能走到哪一步，遥感图像分类算法也会相应跟进到哪一步，真正体现了与时俱进的精神。熟练的掌握数字图像处理工具及其算法是做好遥感研究的基本功。

1.3.4 遥感在地学中的水热参数反演应用

50 多年来，卫星遥感为人类生产并积累了海量的数据，人们惊呼：世界淹没在数据的海洋，人们渴望信息的淡水。可以说，遥感反演的水热参数正是这样的淡水。本书写作团队成员都是长期从事国家重大项目里有关地表反照率、地表温度、地表蒸散发、植被生产力与叶面积指数等研究的学者，他们撰写的反演算法构成了本书的部分章节。

1.3.5 遥感解决的问题

遥感另一典型特点是应用引领并驱动的高新科学技术体系，其技术发展和应用从未停歇和止步。遥感图像数据的应用方式和内容，正从传统的地表目标识别（回答地表有什么和怎么样，what and how）演进到通过对图像像元亮度信号的物理解析来构建像元反射信号强度与地表特征之间关系的前向模型，进而据卫星观测数据（像元亮度值），经过反演，获得描述地表状况的特征参数（主要是地表的水、热以及生物物理参数等）。将这些地表反演参数用于全球性尺度的环境变化中的长程事件研究，找出变化的因果关系就可以回答为什么（why），这既是对于增进对地球的理解的科学探测使命认识上的升华，更是人们期待的遥感应用的最高境界。从轨道高度观测地球正成为地球科学的一种全新的对地测量方式，已成为撬动长期处于停滞状态的传统地球科学（如地理学等）的杠杆和推动其变革与发展的火车头。

最后，本书用方孔钱币的图形来表述卫星遥感科学体系的 8 个方面研究内容间的科学关联（图 1.3.1），以体现遥感科学是“一孔光栏窥五洲，八方信息融一屏”的深度交叉

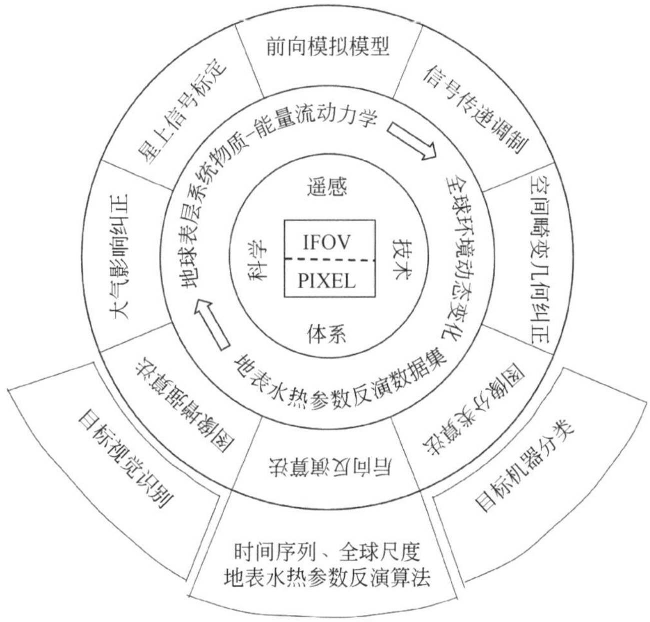

光栏一孔扫描大地，记录地表自然全息。
参数反演是把钥匙，专揭地球暗藏秘密。
地球表层是个热机，能量交换永不停歇。
两种环流乐此不疲，热带能量输往两极。
气候差异不致悬殊，水热均衡天经地义。
环境纵然千变万化，总能探清奥妙玄机。
普劳修斯第二定律，阐述普适科学真谛。
只要太阳普照大地，不用担心熵增热寂。
增进对地球的理解，踏进最后一级阶梯。
大千世界璀璨灵动，值得人类倍加珍惜。

图 1.3.1 遥感科学与技术体系组成

学科的地球科学属性与理念，现以八言一首作为诠释。

1.4 遥感的科学属性以及与其他学科的关系

1.4.1 遥感的科学属性定位

遥感是卫星对地观测的简称，目的是了解地球，从而指出了其地球科学属性。又由于传感器感应的仅是来自地表目标几微米（μm）表层的厚度，被感知的目标正是地理学研究对象。这也从科学上找到了根据。如果我们将遥感局限于陆地表层的遥感，也即环境遥感，那么讨论的遥感与其他学科关系的范围就小了许多。这时，先将与遥感传感器器件有关的电子学与电子光学、通信与信号接收处理系统等学科一概排除在外，不必涉及了。剩下的就只有数学、物理学、计算机科学、地质学、地理学、大气科学、海洋学、农学与土壤学、林学、草原学、水文水资源学等。

物理学为遥感提供了基本原理与技术设计基础，也是各种遥感建模的灵感来源；数学和计算机科学则为遥感信号和信息处理提供基本的算法工具，它们的重要性自不待言。其他的学科都和遥感的具体应用有关，它们与遥感结合还会产生新的遥感应用学科，如农业遥感、森林遥感、水文遥感、地质遥感、土壤遥感等。其他的如大气遥感和海洋遥感，那是更高层次上的关系。在地球上讲环境，一定是在人类社会出现之后。人类作为主体，围绕和影响人类生存、社会经济发展的外部条件就称为环境，它包括光照、大气、土壤、森林植被、气候条件（温度、湿度、风、降水）、动力燃料、矿产资源、地形起伏、可垦可牧土地多少、湖泊、河流、地下水（包括泉水）水源分布等。并且随着人类社会的发展进步，这些外部条件也将复杂起来，如工业生产、采矿等造成了大气、土壤、河湖、地下水污染及固体废弃物增加影响人类健康和生命安全，以及工厂、道路交通和建筑工地产生的噪声污染等。当然布局合理的交通网络、机场、海港、供电、供气、供水系统则提供了良好的经济发展条件。那么，在人类社会出现以前，同样的情景那该如何称呼呢？称为自然条件，即自然地理学的研究对象。本书中经常提到的地理学实际上是指自然地理学，而非指十分庞杂的地理学学科体系。毕竟，自然地理学是地理学的核心和主体是有共识的。

广义的环境包括污染环境和自然环境两大块。污染是由工业化过程造成的，也必须用工业的方法才能解决污染问题。如果撇开环境污染，环境研究的对象也就是地理学研究的对象。那为什么几乎一致地称环境遥感而少见地理学遥感这种称谓呢？我想可能因为遥感出现的 20 世纪 60 年代，正是工业大国环境污染问题处于登峰造极的时候，人们关注的更多的是环境污染问题，并寄希望于遥感，期待遥感能在污染监测治理中发挥作用。也正是在那个时期，地质学家和地理学家率先使用遥感图像进行地质构造、岩性和土地利用/土地覆盖的视觉判读并获得成功。美国加利福尼亚州圣芭芭拉（Santa Barbara）城的加利福尼亚大学地理系于 20 世纪 60 年代在美国大学地理系排名中还没有什么地位，刚从环境学系（Environmental Studies）分出来不久。可是自 70 年代中期开始招收遥感方面的研究生，经过短短十年的发展，很快就成为美国大学地理系的翘楚，并成为培养遥感科学家的摇篮。随后进入 21 世纪，美国的波士顿大学地理系、马里兰大学地理系跟进，都在遥感研究领域发力并成为新的研究阵地。这三所大学的地理系一举成为全美大学地理学系的前三名。这难道是偶然的巧合，还是有其必然性？看来遥感与地理学的关系很不一般。

1.4.2 遥感与地球科学的关系

1.4.2.1 地球科学是一个庞大的科学体系

地球科学包括了地质学、地理学、大气科学、海洋学等一级学科，其下面还可以分出许多二级学科，卫星遥感数据都可以为它们所用，并与它们结合产生相应的一级和二级应用学科，而且它们应用遥感图像数据也是最早的一批具有行业色彩的学科。但是，应用最好、最广和最深的还是地理学。

1.4.2.2 地理学与遥感之间的关系

1）地理学是一门古老的自然学科，有长期的研究资料积累，形成了完整的知识体系，为人类创造了丰富的精神文化财富。由于它的观测、研究手段落后，长期处于停滞状态，即仍停留在对自然界的描述阶段，未能顺应科学发展大潮，上升到科学层面登上现代自然科学殿堂，反而逐渐落伍，处于无足轻重、可有可无的境遇。这不仅仅是时机未到，也与传统的、顽固的习惯性思维方式有关。在科学发展的早期，天文学与地理学，这一天一地可谓半斤八两，地位相当。20 世纪中期（1964 年），射电望远镜一问世，天文学就绑定近代物理，在对宇宙进行宏观分析的同时对其进行微观探索，这种将宏观与微观研究相结合的途径迅速地从根本上改变了天文学，这一点非常值得地理学家借鉴。地理学家与遥感科学家正是要从主观上自觉地遵从遥感上的微观探索与地理学中宏观应用研究相结合的精神，推进遥感与地理学融合为一体，从而实现地理学在时代上的跨越。

2）自然科学的发展从根本上讲，总是依赖于观测/测量技术的进步。生物学和天文学都经历了肉眼以及光学显微镜/望远镜观测阶段，只是到了电子显微镜和射电望远镜出现以后，它们才分别能看到细胞的内部结构或对宇宙看的更远、更深，从而在科学上取得革命性的进步。其实，宇宙飞船和紧接着的陆地卫星、气象卫星几乎是与电子显微镜和射电望远镜同时出现的，地理学家 Estes 等（1980）从 Landsat 一出现就非常敏感地觉察和强调卫星遥感对地理学可能的影响，可惜当时没能马上成大气候，还受到了美国地理学界传统习惯势力的压制。他们习惯上认为，地理学是关于地表自然界描述的艺术，哪有坐在计算机终端前敲敲键盘就能研究地理学的！然而真理往往是掌握在少数人的手里。

3）卫星遥感是推动地理学发展和改造的火车头。遥感并不是专为地理学量身定制的对地观测的高新技术手段，但是地理学家则是用的最早、最广、最深和最好。道理是，卫星传感器接收到的反射/发射信号仅仅是来自地表目标几微米厚的物质表层，而这种目标表层正是地理学研究的对象。卫星在轨道高度、周而复始获得的卫星遥感图像最适于对地表环境变化进行不同尺度的动态监测与制图。同时开展的遥感机理性研究，即用物理学的原理分析遥感图像像元亮度信号形成的因素并用数学工具进行描述，从而在微观上建立起描述像元亮度 DN 值的正向模型，并紧接着开展地表参数反演研究，这为地理学由对自然界进行描述的艺术转变为进行定量分析的科学提供了条件，加快了推进地理学走向定量化、科学化步伐。正如俗话所说，火车要跑得快，全靠车头带。

1.4.3 卫星遥感的科学使命

前已说明，从 2000 年之后，卫星对地观测就进入到遥感发展的中期阶段，其重要标志是 EOS-Terra/Aqua 登场和地表参数反演产品的流水线上每日发布并成为常态。尽管 MODIS 主管部门列出了 MODIS 反演产品应用目标方面的清单，但仔细看来，那只还是初期应用阶段清单的一种复制，也许是有些隐藏的重要内容比较敏感而不便明说，也许根本就没有。如果这样，倒为后人留下了充分的想象空间和继续发展与创造的机会。

遥感发展的中期阶段即将过去，下一阶段研究的重大科学问题是什么有待回答，真是到了遥感发展的一个新的十字路口。卫星遥感发展中期阶段有两个特征：一是以 Landsat-9 和 EOS-MODIS 以及它们的后继者可见光红外成像辐射仪（VIIRS），继续为人类提供了一致性和可靠性均佳的地表自然全息数据作为标志，而这种时间序列、全球覆盖的数据会一如水文-气象观测那样仍有处在不断积累之中；二是在这个阶段正面临遥感图像像元亮度 DN 值的物理解析的正向模型及地表特征参数反演算法等亟待完善并定型。幸好，它们最终均以完美的方式结束，从而为遥感科学注入了新的血液，并成为其基本内容，这在增进对地球的理解这个总目标的进程中发挥了卓越作用。但是，这离增进对地球的理解的最高目标还有漫长的路要走。在第一阶段，卫星遥感只是初步的回答了地球表面上究竟存在着“有什么”和“怎么样”的问题，而发展到第二阶段就更加容易和精准地回答上述问题。那么，现在显然是到了要回答“为什么”这种根本性问题时候了。而要回答这一问题，就必须立足于把地球表层风化壳、大洋水圈和大气圈三者作为一个整体来考虑和处理，并把遥感反演的时间序列、全球覆盖的地表特征参数集与全球环境变化问题研究紧密结合起来进行研究，从而顺势而为，破除藏在业界人士心头上的、把遥感和地理学总是互相分离的传统习惯性思维。时代在进步，科学在发展。试想，本来是同属一门学科，怎么可以随便就可将它们分开呢。这就好像将天体物理学与天文学硬性拆开那样令人不可思议。而切实地把他们二者融合为一体，则更利于实现增进对地球的理解这个宏伟的科学目标，使这种典型的宏观与微观相结合的研究达到一个新高度，进入新阶段。这个阶段里必然会遇到很多大的科学问题。幸好，先行的陆面过程模型研究对解决这个问题正是可以发挥作用并大显身手的时候，真正有了用武之地。全球环境变化究其原因，从根本上讲是由进入到地球表层系统的太阳辐射能及其空间分布格局的变化造成的。因此，作为原初驱动力的太阳辐射准确计算显得格外重要。只是风云变幻莫测，尤其是对于云状、云量掌控难度很大，造成太阳辐射的估算存在很大的不确定性。地球的物理表层是个物质-能量系统，它在太阳辐射能这个原初驱动力作用下，做不同层级的环流、对流运动，再通过水的相变释放或吸收能量，并在系统中进行空间上的物质-能量交换，其结果是将水分和能量从热带向地球的南北二极输送，这才维系着全新世以来地球表层自然环境格局（景观）的基本平衡和相对稳定；全球环境变化都是由上述物质-能量流输送的规模、强度、方向路径和速度变化造成的，这才是问题的本质。地表水分和温度的数值大小及其对比关系的空间格局决定着景观的面貌，这也表明了反演的地表特征中的水热参数在研究全球变化中所处的重要地位。植被是生态系统的重要组分，也是环境变化的灵敏指示器，因而进行生态系统中的碳和水分循环研究就成为全球环境变化研究中的另一方面重要内容。地球表层系统的物质-能量流是一个新的科学命题，在全球变化研究中会成为一个新的研究领域，这里面必然会出现一些重要的科学问题，也将面临着严峻的挑战。以前在作遥感研究时，单单依靠辐射传输理论工具就可以包打天下，现在则不够用了。现在面对的是地球表层系统中的热-水运动的流体目标（水-热流场），而不是电磁场。面对新目标怎样进行研究，值得认真考虑。解决了这些问题，才能使增进对地球的理解迈出新的步伐。它意味着此前进行地表水热参数和生物物理参数反演研究是有预见性的，会在解决这些新问题中发挥不可或缺的作用。另外，现今已到了可以将那些看起来互不关联的系统中的长程和中短程事件，统一到地表系统物质流-能量流中的水热过程中一并研究的时候，选择那些对事件敏感的反演参数或参数组合，用来刻画和表征事件的发生、发展过程，这种事件若不及时发现并跟踪监测，将会对人类社会造成无可挽回的重大损失，或留下长期隐患。通过以上这些研究，进一步探讨他们在全球变化研究中的意义、作用与地位，将彻底地改变地理学传统且落后的观测研究方法，倒逼地理学家打破传统惯性，走上绑定物理学、数学，来定量分析发生在地球表层系统中的现象、过程以及它们的空间规律性的物理本质，从而引导地理学家走上定量化、现代化的科学道路，实现地理学从研究内容和分析方法上的转变。地理学通过卫星遥感实现对地表现象和过程进行动态研究是一种划时代的进步，使地理学有了与时俱进的基础与可能，必将会适时跟上科学与技术发展进步的潮流。到达这样地步，就可以回答已故李小文院士关于“遥感怎样与地理学结合为地理学服务”的最后一问了。

也许要问，这一被催生的新学科叫什么？如果仍然称为地理学，肯定不被认可，因为研究对象的范围扩大了，研究内容和研究方法更是不同，那就姑且称为“地球表层系统研究/Geo-surface System Studies”，或称之为“宏/新/泛地理学/Macro-/Novel-/Pan-Geography”。这个新学科的诞生，标志着人类对增进对地球的理解的第一阶段宏伟目标已经实现，即首先完成了对地理学的改造；接着将进入更艰巨的第二阶段，参与实现对整个地球科学（如地质学，发挥高光谱、激光荧光、激光干涉遥感等的作用）的系统改造，从而最终完成卫星遥感的科学使命。最后需要强调的一点是：这一新的学科研究对象包括了地球的陆地表层风化壳，大气和海洋，范围扩大了，地理学好像做了个螺旋式的历史循环，又回到了它的初始位相。但这不是简单的重复，它已从纯粹的对于自然界的描述的艺术发展为对自然界进行定量分析的现代科学，产生了质的跃升。这种新地理学将一改以前的由于缺乏新的对地观测技术支撑和相应的理论活水所产生的软弱而近乎无用的境况，并有了能预测未来和科学地管理地球的本领。它必将在国家防护林生态工程、跨流域调水工程、土壤侵蚀防治工程、大自然保护和荒漠化治理工程和其他一些重大的自然规划、监测和工程效益评价中，发挥重要作用并处于显著的科学地位。

第 2 章　遥感的物理基础与实验验证

遥感的物理基础涉及电磁辐射与地物特性的相互作用。本章首先介绍电磁波谱特性、辐射测量的基本单位及普朗克定律、斯特藩-玻尔兹曼定律等辐射定律，解析太阳辐射的光谱分布及其在大气中的吸收与散射过程，并探讨 BEER 定律在遥感中的应用。其次，重点分析地物对太阳辐射的响应特性，包括矿物、岩石、土壤、植被等地物的光谱特征，以及植被冠层的二向性反射特性与建模方法。结合森林冠层反射模型的测量比较，探讨冠层反射率的逻辑关系，理解遥感数据的空间变异性。最后，本章结合实验验证，通过地面光谱测量、无人机遥感和卫星观测，分析地物光谱特征的稳定性，优化遥感信息提取方法。理论与实验的结合，不仅深化对遥感物理机理的理解，也为地球科学、生态监测等领域提供科学支撑。

2.1　电磁辐射与电磁波谱

2.1.1　电磁辐射

往返穿行于卫星传感器和地球表层的电磁辐射（波）是地表遥感信息的载体。为了深刻理解电磁辐射与地表物质间的相互作用及其在遥感探测中的意义，有必要从原子-量子水平上去了解电磁辐射的产生过程。众所周知，元素周期表中的某原子的电子数与原子核的质子数相等，并且这些电子按特定的能级（轨道）分层，各自在一定的轨道上绕原子核做旋转运动，离原子核愈近，受原子核的束缚愈紧。最外层电子（化学上称为价电子）离原子核最远，极易在获得外部能量后向更高能级跃迁而呈现为激发态。处于激发态下的电子不稳定，会在短暂时间内（约 10^{-8}秒）通过辐射与吸收时等量的能量而返回较低的能级（轨道）。此时辐射出的能量是量子化的分立值（离散值），在光谱上表现为分立的线光谱。但是在很多情况下，电子可能一次跃迁几个能级而直达基态，产生以光速传播的光子。价电子的跃迁产生的电磁辐射包含了紫外到全部可见光的光谱段。

当原子被电离成离子，自由电子便会掉进空能级，它所发射的辐射是非量子化的，从而产生了连续光谱，而非分立的线光谱。在电离的情况下，物质的自由电子和离子化的原子核在电磁场频繁地变动下，会在所有波长上辐射电磁波，从而产生连续波谱。太阳内部时刻都在进行着复杂的热核聚变过程，在太阳的表层产生了等离子层，可在任意波长上产生电磁辐射，从而造就了太阳辐射为连续光谱的现实。太阳内部的热核反应产生的能量非常巨大，真正能从太阳表面逃逸的太阳辐射仅仅是这种巨大能量中的微乎其微的一小部分，从这个意义上讲，我们将太阳辐射源当作黑体来看待是近乎实际的。

人们对电磁辐射有一个逐渐的认识过程。虽然英国科学家早就认为光是直线传播的粒子束，但同时也观察到光还能产生干涉和衍射，这些都是波动才有的性质。因而长期以来，电磁辐射还是被习惯性的作为波动来处理，并称之为电磁波。电磁场由变化的电场与磁场组成，电矢量与磁矢量互相正交，并都和传播方向垂直（图 2.1.1）。电磁波以光速（3×10^8m/s）在空间传播。电磁波用波长 λ 和振动频率 ν 来描述。波长 λ 的单位为微米（μm），频率 ν 则以赫兹 Hz 标示。光速 C 与波长 λ 及频率 ν 之间的数量关系为

$$\lambda=\frac{C}{\nu}\text{或 }C=\lambda\nu \tag{2.1.1}$$

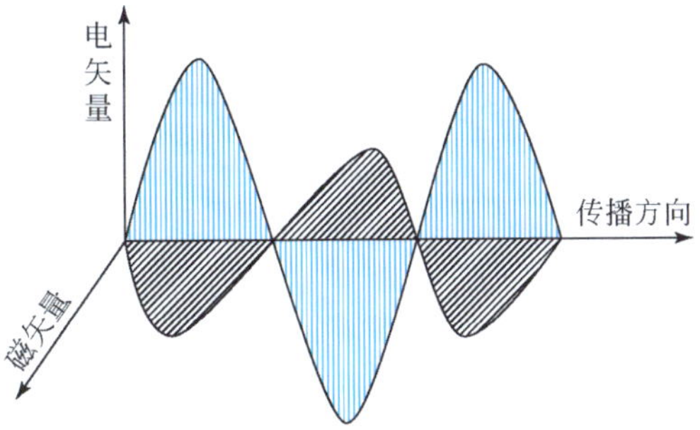

图 2.1.1　电磁波及其传播方向

随着时间的推移，人们发现，光辐射不但具有能量和动量，还能产生光电效应，这些都是只有实实在在的物质粒子才具有的特性，即电磁辐射不单具有波动性，还具有粒子性，并且，电磁辐射的波长愈短，其粒子性愈强，蕴含的能量愈大；反之，随着辐射波长的增加，其波动性也愈显著，蕴含的能量也逐渐减小。这种情况并不奇怪，科学认识本来就是这样逐步发展深入的，并且，在一定条件下，也不排斥将电磁辐射按波来进行处理。鉴于电磁辐射是以一份份的分立的（离散的）能量（量子）进行交换的特征，波尔和普朗克建立了电磁辐射的量子学说。按照量子理论，用波动概念来表征量子能量（Q）与波长或频率之间关系的表达式为

$$Q=\frac{hC}{\lambda}=h\nu\left(\text{借助于 }\lambda=\frac{hC}{h\nu}=\frac{hC}{Q}\right) \tag{2.1.2}$$

式中，量子能量 Q 单位为焦耳（J），h 为普朗克常数 6.626×10^{-34}J · s。

在电磁波谱中，除了用波长、频率描述其基本特征外，也经常用能量（电子伏特 eV）来标注，$1\text{eV}=1.602\times10^{-19}$J。

2.1.2　电磁波谱

前文指出，电磁辐射源可以发射出不同波长（或频率、或能量）的电磁波，如果将这些电磁波按波长（或频率、或能量）从短到长进行排序，并将其按发生原因等进行分段划分和命名，便形成通常所称的电磁波谱（图 2.1.2）。电磁辐射产生于其他能量形成的能量转换，不同的转换机制造成了不同频段的电磁波。

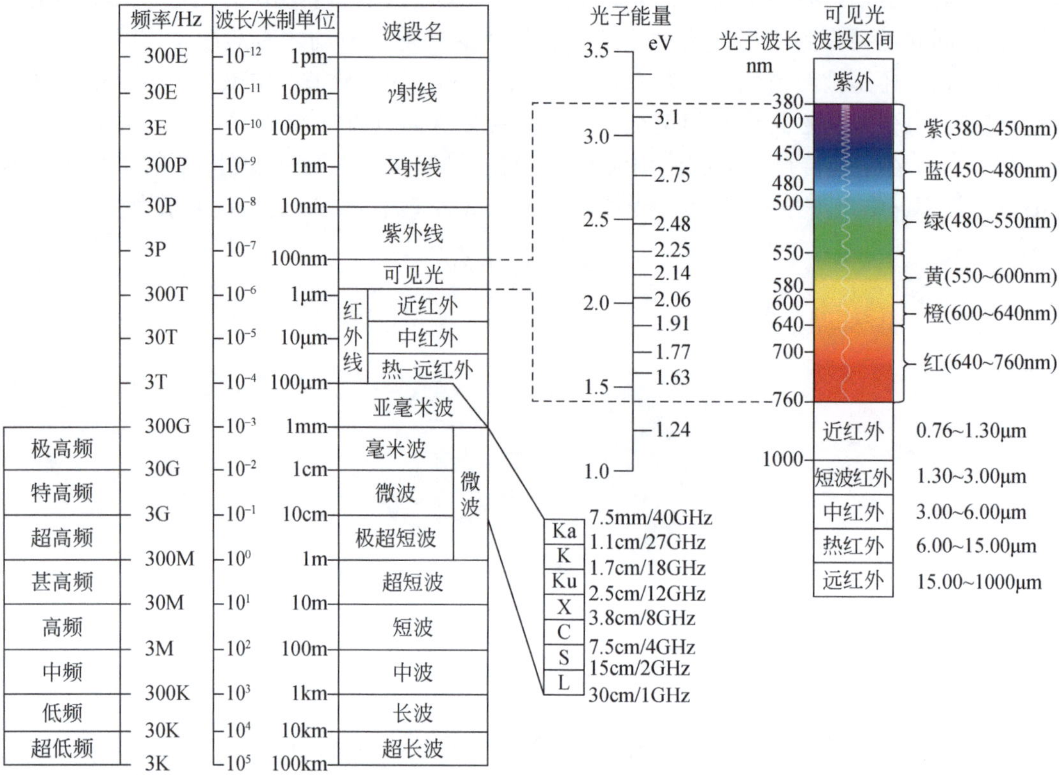

图 2.1.2　电磁波波谱图

能够辐射电磁能的物质（物体）称作辐射源，太阳和地球都是辐射源。

太阳辐射按性质和来源可区分为热辐射和非热辐射。当辐射源处于热动力平衡时，系统内质点的能量分布遵从一定温度条件下的玻尔兹曼分布，此时辐射源产生的辐射就称热辐射。太阳辐射能的近 99.5% 分布在波长 0.28 ~ 1000μm 范围，主要来源于太阳光球的热辐射。该辐射功率比较稳定，其谱分布与 5777K 的黑体辐射辐照度谱基本一致。在上述波长区间以外，辐射功率随着波长变化下降很快。波长大于 1mm 的射频区以及波长小于 0.28μm 的紫外线、X 射线和 γ 射线区的辐射，主要是源自于太阳的非热辐射且功率都很小，并在 0.28 ~ 1000μm 波长区间，太阳的非热辐射比热辐射小得可以忽略不计。

波谱的射频段，即波长大于 10cm（频率低于 3GHz）波段，它是由导线内、电子束中或天线表面上电荷的周期性激发而产生。

微波波段区间定义在 1mm ~ 10m，由分子的转动所产生。在遥感中，专门设计的电子管电子高速运动产生变化的电磁场，被导入波导管后送至发射机构。

0.78μm ~ 1mm 为红外波段，是由分子的转动和振动产生的。0.38μm ~ 0.78μm 为可见光波段。

10nm ~ 0.38μm 为紫外波段，由原子的内层电子跃迁产生的辐射。波长从 10nm ~ 1mm 范围统称为光学波段，陆地光学遥感一般未超出 0.28 ~ 15μm 范围。

有时将近红外波段与短波红外波段合起来称作反射红外波段（0.76 ~ 3.00μm），这是因为来自太阳辐射的反射强度要大于来自地面目标的发射强度。因此在遥感中，当波长处于大于 3.00μm 的范围内，主要考虑地面目标的热发射，而在波长处于小于 3.00μm 范围内则主要考虑目标的反射。

2.2 大气的垂直分层与组分

地球半径 R 若按 6370km 计算，其固体部分总质量约为 6.0×10^{21} t，海水总质量约为 1.4×10^{18} t，而大气的总质量则约为 5.27×10^{15} t，仅为海水的约 1/267，为固体地球的约 $1/10^6$。并且，大气的密度随高度变化很大，就中纬度的平均情况而言，在海拔 11km 以下，大气质量占整层大气约为 77.6%，到 30km 高度下，大气质量占整层大气约为 98.8%，到 50km 高度下为 99.9%，而到了 90km 高度下，更达到 99.999%。大气的总质量虽小，且又集聚在大气的底层，但因遥感信号两次穿越，大气分子的吸收和散射作用对遥感信号的影响必须给予科学分析和计算。

进一步设想海拔高度达到 500km 以上时，大气中的中性粒子已非常稀少，中性粒子自由碰撞路程达到 10^4m，甚至更大。在这个高度以上，地球引力随着离地心的距离增大而减弱。热层顶（500km 高度）以上的大气层称为外大气层（exosphere）。可以设想，外大气层里的一些电中性粒子的运动速率一旦超过逃逸速率，且能克服地球引力场作用而逃逸到星际空间，故外大气层也称为逸散层或逃逸层。逸散层起始高度为 500km，它一直延伸到 2000～3000km 高度，最后过渡到行星际空间。正因为在外大气层里中性粒子极其稀少，更没有水汽的存在，从而也不存在影响卫星安全飞行的天气现象，空气稀薄，飞行阻力小，安全，成为遥感卫星轨道选择的理想高度，这就是为什么太阳同步的极轨环境卫星轨道高都选择在 500～1000km 的高度。遥感卫星在这个轨道高度运行几乎是无阻力的惯性运动，这就解释了为什么 Landsat-6 的设计寿命虽然仅为 5 年，携带了可供 10 年运行的动力燃料，竟出奇地超期服役 23 年。

另外，海拔高度 500km 以上的大气，在太阳辐射的短波段，即波长 $\lambda<100$nm 的紫外线和 X 射线，以及在从太阳直接发射的质子、电子和高能的宇宙线作用下，发生电离作用，产生质子和自由电子，造成带电粒子和中性粒子的数密度之比随高度增加而增加。500km 高度以上的大气粒子稀少，相互碰撞机会小，使这些带电粒子在地球磁场控制下，亦随高度增加而增加，从而形成电离层，电离层之下，即为中性层。

2.2.1 大气的垂直分层状况

大气在水平方向上相当均匀一致，但在垂直方向上则呈明显的层次展布。这里按大气的中性成分的热力结构，将大气分为对流层、平流层、中间层和热层（图 2.2.1）。

1）对流层。在低层大气，太阳辐射照射地表并对其加热，从而产生对流和湍流，被加热的地表也以热辐射形式来加热大气，这样地表就成为大气增温的主要热源，故大气温度随高度变化的总趋势是随高度增加而降低，温度的平均递减率约为 6.5K/km。这样的温度递减率维持到离地表高度 10km 左右，温度递减趋势逐渐变缓，当降低到 2K/km 或更低

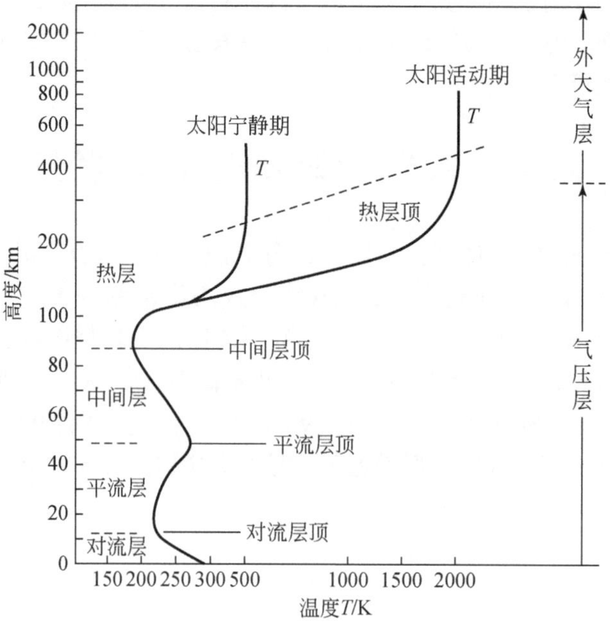

图 2. 2. 1　大气的热力结构分层

资料来源：盛裴轩，毛节泰等，2003，插图作了简化

时，此时的高度即成为对流层顶高度。对流层顶的厚度约为几千米，是到平流层的过渡区。对流层顶部高度各地不一，热带地区对流运动强盛，其高度可达 15～20km，极地和中纬度，对流层顶高度约为 8～14km。对流层里包含了全部大气质量的 3/4 和几乎全部的水汽，气温随高度下降的结果导致对流层里产生强烈的对流运动，有利于大气和气溶胶粒子等大气成分在垂直方向上的扩散和输送。当然，对流层更是主要的天气现象与过程的发生场所和舞台。对流层顶的高度还与地形以及海陆分布格局有关，中国西南地区对流层顶高度达到 18km，尤其是在亚洲南部地区，夏季对流层顶高度平均明显高于世界上其他地区，这可能与地球上最高地区的青藏高原有关。青藏高原在夏季的作用相当于一个大热源，有助于大气的垂直对流运动，造成该地区的对流层顶高度向上发展。

2）平流层。从对流层顶往上，开始时，平流层底部温度随高度增加上升较慢，而在平流层上半部，由于臭氧层将吸收的太阳紫外辐射能转化为分子运动的动能，导致大气温度随着高度上升而显著增加（约升 2℃/km），而到了 50km 高度附近达到最大值（约 -3℃），意味着已达平流层顶。由于平流层的这种逆温温度层结，大气稳定，垂直运动微弱，大气表现为大尺度的水平运动。平流层与对流层的交换微弱，对流层的污染物很难进入到平流层，因而大气透明度很高。但是，一旦进入又很难消散（如火山灰）。

3）中间层。从平流层顶到大约 85km 海拔高度范围称为中间层，该层所含臭氧稀少，大气吸收的太阳辐射能甚微，造成温度随高度的增加而降低。当高度达到中间层顶 85km 附近，温度已下降到-90℃以下，成为大气中最为寒冷的层区。这种不稳定的大气温度结构有利于上下对流和湍流运动的发展。中间层的水汽含量极低。

4）热层。中间层顶高度以上的大气层称为热层，是大气中温度最高的层次。热层的高温是由于太阳的强紫外辐射（$\lambda<0.18\mu m$）的光化学分解与电离造成的。热层内，温度的垂直梯度大，因而温度随高度增加上升很快到几百度。最后温度上升趋势变缓并趋于稳定。热层温度趋近常数的高度即为热层层顶。热层顶的高度受太阳活动强弱的影响，在太阳活动高峰期，其高度可达 500km，温度高达 2000K；而在太阳活动宁静期，其高度降至 250km 左右，温度也相应降至 500K 左右。热层中的大气极为稀薄，分子碰撞机会极少，气层里的高温也反映了分子的巨大运动速度，这与低层的稠密大气不同，对运行于其中的飞行物不会构成任何威胁。

由热层顶（大约为 500km）往上的大气层称为外大气层，也称为逸散层，外大气层以下也称作气压层，流体静力学公式尚能成立。在逸散层，大气大部分处于电离状态，空气极度稀薄，粒子稀少，中性粒子间相互碰撞的平均自由路程达 10^4m 以上，那些速率超过逃逸速率的中性粒子（如氢原子）就可克服地球引力而逸散到宇宙空间。卫星轨道高度绝大多数在 500 ~ 710km，在这样高度，几近真空，卫星即使不用动力也可以靠惯性沿轨道环地球运行而经久不坠。当然，卫星运行高度之大小也与获取的图像空间分辨率的高低有关。

图 2.2.1 是由折线段构成的美国标准大气温度垂直廓线，它标示在中等太阳活动期间，自地面到 1000km 高度的理想化、静态条件下的中纬度平均大气温度层结结构，并规定高度在达到 500km 以上时，大气温度逐渐逼近 1000K。而带有分支的大气温度廓线，一支表示宁静期，另一支则表示太阳活动期的大气温度垂向廓线。

2.2.2 大气的组分与吸收作用

2.2.2.1 与吸收和散射作用相关的主要大气组分

电磁波在大气中被散射或被吸收，除了和其本身的波谱特征（如波长）有关外，还取决于大气的组成状况。不包含水汽和污染杂质的大气称作干洁大气，它是一种多种气体的混合物。如果按各种气体成分在大气中的浓度划分，可分为主要成分，其浓度在 300ppmv① 以上，有 N_2、O_2、Ar（氩）和 CO_2，他们的体积百分数已占全部气体的 99.999%；其他的可合称为微量成分，浓度在 20ppmv 以下。大气主要成分中的 N_2、O_2、Ar 和惰性气体 Ne、He、Kr 和 Xe，各成分之间保持大致恒定比例，为定常成分，在时空变化中比较稳定，有规律可循，在大气纠正中是易于估算的部分。剩下的那些就称为可变成分，如 CO_2，臭氧，甲烷，水汽和气溶胶。这些微量气体成分所占体积虽小，但它们对遥感信号来讲作用显著，是电磁波在大气传播中的重要散射粒子和选择性吸收物质，并且还因为它们时空变化大而难以捉摸、估算，成为大气纠正研究中的难点和重点。这些大气组分所以能对太阳辐射产生选择性吸收作用，还需要了解分子光谱的构成和产生原因。

大气中的 CO_2 的一个重要来源是化石燃料的燃烧，其他的如有机物的分解和活的生命

① ppmv = 10^{-6}体积比

体的呼吸作用都会放出 CO_2，而绿色植物的光合作用又使 CO_2 还原。植物的光合作用有时间性，因而使 CO_2 浓度产生明显的季节变化。海水能吸纳大量的 CO_2，是一个巨大的碳库。高温的低纬地区的海洋是大气中 CO_2 的源，这样全球平均的结果是大气向海洋输送 CO_2。通过洋流又将海水中的 CO_2 由高纬输送到低纬。通过大气环流、风的扩散作用，使大气中的 CO_2 浓度空间分布相当稳定和均一，其体积百分数约为 0.033%。CO_2 含量虽少，但它在波谱的 13～17μm 区间形成一个强的吸收带，对红外波段遥感信号产生严重影响，是个强干扰，但对大气温度遥感则是个重要的窗口和信息，这是遥感中常讲的互为噪声或互为信息的一个具体表现。

大气中的水汽总量仅占地球上总水量的十万分之一，即 0.001%，如全部凝结覆盖地球表面，也仅能产生 2.5cm 厚的水层。大气中的水汽主要来自洋面蒸发以及其他水体的蒸发，其中副热带洋面的蒸发最为旺盛，为大气提供了丰富的水汽源，并经由纬向的环流向赤道和高纬地区上空输送。植物的蒸腾也是大气中水汽的来源之一。

一般来讲，大气中的水汽含量随着纬度增加而减少，在中国更是随着离开海洋的距离增大而减少，在时间上有季节变化。在对流层内，水汽含量随着高度增加而减少。全球的年平均比湿（水汽与湿空气的质量比）随高度几乎成指数规律递减。在中纬地区，约 90% 的水汽分布在大气底层 5km 以内，其中的 50% 又集中在 1.5km 以下的大气层中。

借用胶体化学的概念，人们把现实大气看作是干洁大气与悬浮于其中的各种固态和液态粒子组成的多相分散体系，表示大气的一种浑浊状态。现在人们习惯上讲的大气气溶胶就是指大气中悬浮的各种固体和液体粒子，有时就干脆称作气溶胶，一般不会产生误解。在低层大气中，气溶胶对太阳辐射产生严重的散射和吸收作用，造成遥感图像模糊而使地面目标不可分辨。飘浮的尘埃、烟粒、植物的花粉粒、孢子、微生物与火山灰是气溶胶主要的固态粒子，而由水和冰组成的云雾滴、冰晶、雨雪等则构成主要的含水粒子。气溶胶粒子的形状不规则，为了研究上的方便，常采用等效直径（如空气动力学等效直径等，其半径以 r 表示）表示其大小，可称作散射粒子半径，单位取 μm。这样，有气溶胶散射之尺度数判据 α，$\alpha=\frac{2\pi r}{\lambda}$，$\lambda$ 为波长。当 $\alpha<0.1$，产生瑞利散射；$0.1<\alpha<50$，产生米氏散射；$\alpha>50$，产生几何光学散射。

气溶胶粒子浓度受海陆分布、地表覆盖类型、人类活动强度以及气象状况的影响。据对爱根核的观测，在海洋上空，其数密度是在 1 立方厘米中的个数约为 10^3 数量级，田野上空为 10^4 数量级，而城市上空可达 10^5 数量级。并且，气溶胶总浓度也是陆地高于海面。在陆面，低层大气中，气溶胶浓度大，表示气溶胶源地是地表面，而在整个对流层，气溶胶浓度随高度增加而呈负指数规律递减。但是，在平流层气溶胶浓度又有一些增加，并且，大约在 20km 高度出现一个气溶胶层，这可能与细粒火山灰及宇宙尘有关。在计算雾霾的散射相函数和消光系数时，将霾分为 M 型、L 型和 H 型，他们分别代表海洋和沿海地区气溶胶、大陆型气溶胶以及高空平流层气溶胶。

2.2.2.2 大气分子的吸收作用的微观解释

射向大气介质上的太阳辐射能，除了被散射外，其中一部分会转化为介质本身的内能和其他形式的能量，这种能量转化的现象称为大气的吸收。大气分子和原子结构及所处状态的差异，使大气吸收具有选择性的特征。选择性吸收的结果，就形成大气吸收的一个谱带，而这不同的谱带则准确地对应着大气分子和原子的电子能级跃迁，以及分子和原子振动、转动能级的跃迁，有的甚至是能级跃迁的某种组合。大气处在空间上的运动状态，其每一个单独分子除具有动能、位能外，还含有电子绕原子核外层轨道运动的能量 E_e、原子在分子平均位置附近的振动能量 E_v 以及分子绕自己的质心转动的能量 E_r，这些能量都是量子化的。电子轨道运动、原子振动和分子的转动的每一种可能的组合，对应着某一特定的能级。能级跃迁表现为吸收或者发射某一定频率的辐射，对应着一条谱线，因而吸收谱和发射谱必然是一致的。谱线位置可由下式决定

$$\nu=\frac{\Delta E_e+\Delta E_v+\Delta E_r}{h}=\nu_e+\nu_v+\nu_r \tag{2.2.1}$$

式中，ν 为频率，ν_e 为电子绕原子核外层轨道运动的频率，ν_v 为原子在分子平均位置附近的振动频率，ν_r 为分子绕自己的质心转动的频率，h 为普朗克常数（6.626×10^{-34} J · s）。也可通过 $C=\lambda\nu$，换算为波长位置。

分子光谱由电子光谱、振动光谱和转动光谱组成，当发生电子能级跃迁时，其谱带在 X 射线、紫外线和可见光范围；发生振动能级跃迁时，谱带在近红外区间；而当仅存在转动能级跃迁时，谱带则跨越红外和微波两个谱段，但是能量变低，并且只有气态分子才会产生转动能级的跃迁。分子的振动和转动跃迁常相伴而生，振动、转动能量的变化通常也伴随着电子能级的跃迁，使相应的谱带有着复杂的带系结构，其光谱也不像理论上讲的单色的、严格的几何直线，而是具有一定宽度和变化的谱带，还会因多普勒效应和碰撞而增宽。

大气分子由于其原子和电子的空间排布格局不同，而使某些分子具有或不具有电偶极子结构。如水分子 H_2O，与氧原子连接的两个氢键组成 104 °30′的夹角，因而产生很强的电偶极矩，使水汽在 6.3μm 附近形成很强的振动–转动吸收带，另外在 2.74 ~ 2.66μm 形成一个次吸收带。水（H_2O）的吸收带分布于红外谱段，可吸收约 20% 的太阳能量，使该区的太阳光谱发生改变。大气中还含有液态水，它的吸收系数很大，对于大气长波辐射，100m 厚的云就可将其全部吸收，因而把云体表面常当成黑体表面来对待。只是云雾出现时大气中才有液态水，而且一般含量不大，对太阳辐射的衰减并不严重。但是，大气中含量最多的气体 N_2 和 O_2，他们的电荷为对称分布而且不具电偶极子结构，只有电子轨道跃迁所产生的发射或吸收谱，并且位于紫外和可见光谱区，他们不存在振动光谱。氧（O_2）的吸收区分布在波长小于 0.25μm 的紫外区，虽然吸收很强，但是由于太阳辐射在波长小于 0.25μm 的谱段能量占太阳辐射总量不足 0.2%，所吸收的能量并不算多。臭氧（O_3）最强的吸收带也在紫外谱段，O_3 层能吸收太阳辐射能量的 2%，是造成平流层上部温度较高的原因。在红外区，臭氧吸收较强的区域是在中心波长 4.7μm、9.6μm 和 14.1μm 附近。

CO_2 中的两个氧原子以碳（C）为中心，按两侧对称方式排列，正负电荷重心重叠，形成一个没有极性的分子，因而纯转动光谱不存在。它在红外谱区存在以 15μm 为中心的 13.5 ~ 16.5μm 的强吸收带以及以 4.3μm 为中心的吸收带。此外中心在 10.4μm、9.4μm、

5.2μm、4.8μm 等附近也存在着吸收带。

综上所述，可以看到，大气中的氧（O_2）、臭氧（O_3）几乎将波长小于0.29μm 的太阳辐射的紫外谱段全部吸收了，而在可见光区，大气的吸收很少，只有不强的吸收带。在波谱的红外区域，最主要的是水汽的吸收，其次是 CO_2 和甲烷（CH_4）的吸收。在波长 λ >14μm 区段，大气可以近似地看作黑体，地表发射的波长大于 14μm 的远红外辐射全部被吸收而不能穿透大气层传向太空。甲烷（CH_4）是动植物遗体在缺氧条件下，厌气细菌活动的产物，因此它主要产生于湖泊、沼泽、水稻田等浅水覆盖环境。另外天然气、工业排放的废污水也是甲烷产生的来源。甲烷的吸收位于 3 ~ 7μm 的红外区，属于分子的振动能级。

大的气体分子或气溶胶的单个粒子的吸收能力可用吸收截面σ_{ab}来表示，其量纲为距离的平方（L^2）。吸收截面的意思是，这个粒子所吸收的辐射能相当于由面积为σ_{ab}的从入射辐射场中所截获的辐射能量。如用 E 代表入射辐射的辐照度，那么这个粒子所吸收的辐射能就为$E\sigma_{ab}$。我们将单位体积里各个粒子的吸收截面之和称作是体积吸收系数 k_{ab}（量纲为L^{-1}）。对于气体分子，单位体积里吸收气体的分子数若为 N，则体积吸收系数为

$$k_{ab} = N\sigma_{ab} \tag{2.2.2}$$

2.3 辐射测量的基本单位

能够向外发射辐射能的物体就称辐射源，太阳、地球表面、炽热灯、炼钢炉等都是。辐射源又可据传播的方向性分为点辐射源和面辐射源。

2.3.1 点辐射源与面辐射源

所谓点辐射源，是指光源体的发光部分尺度，比起其实际传输距离，即光源至被照射目标物间的距离尺度小的很多很多时，就将该光源近似地看作为点光源。点辐射源向空间辐射出球面波，如果点辐射源向四周发出均匀辐射，其功率为 W，则以点源为中心，半径为 r 的球面上接收到的辐射照度 E 与距离平方成反比

$$E = \frac{W}{4\pi r^2} \tag{2.3.1}$$

当点辐射源与被照射的目标相距很远，且目标尺度较小时，可将点源发射出的辐射视为平行辐射来处理（如太阳辐射被视为平行光）。在传输过程中，如无吸收或散射，平行辐射（光）在传播路径任何距离上，辐照度应保持不变（为常数）。由于辐射能是向同一方向传播，平行辐射射线张角为零，辐射亮度的定义失效。

面辐射源是指可以向 2π 立体角内发射辐射能的物体。度量面辐射源强度指标是辐射出射度，简称辐出度。面辐射源投射到各个方向的亮度是不同的，具有鲜明的方向性。如果辐亮度不随观测方向发生变化，这样的辐射源就是朗伯体（面），如电影银幕、投影屏幕、电视机屏等。

2.3.2 辐射的度量指标

辐射度量的各指标是用能量单位来表征辐射源辐射特征（性能）的物理量。

1）辐射能量（Q），即电磁场所具有的能量。对于任何物体，只要它的开氏温度大于 −273K，就会向外辐射能量，或称发射电磁辐射（波）。辐射能 Q 就是用定量的方式来描述辐射源（体）的发射辐射、传输或目标接受的辐射能量的一种度量形式。若要进一步描述辐射源辐射能随时间、空间、方向等的变化特征，还需采用下述的辐射度量指标。若考虑的是辐射能量在某个时段的累积量时，就该采用辐射能这个指标，如中国范围内平均一年里接收到的太阳辐射能为多少等。

2）辐射通量（Φ），表示单位时间内发射、传输或接收的辐射能，用来描述辐射能的时间特性。单位时间内通过某一平面的辐射能也被叫做辐射功率，故单位是瓦（W）或焦耳/秒（J/s），常用符号 Φ 来表示。辐射源的发射特征和辐射感应器的响应，并不取决于辐射能的时段内累积量，而只与辐射通量的大小有关。

3）辐射强度（I），是用来表征点辐射源强度的物理量。辐射强度着眼于表征辐射源的方向特征，特别适于对点辐射源的辐射强度描述。这是因为大多数辐射源向空间各个方向发射的辐射通量常常是不均匀的，而辐射强度则方便于描述辐射源在 2π 空间某个方向上发射辐射通量的大小和分布状况。

4）辐射亮度（L），是用来表述面光源强度的物理量。辐亮度 L 是指在辐射传输方向上的单位立体角内，通过垂直于该方向的单位面积、单位波长间隔的辐射功率，是辐射源微面源在垂直传输方向上的辐射强度特征的表征。辐亮度概念涉及多种因素，较为抽象，不好理解。盛裴轩等（2003）用亮度测量装置（光度计）形象、直观地说明了辐亮度的概念。光度计由物镜 L、小孔光阑 G、滤光片转换轮 F、光电接收器 C 和显示器 M 构成（图 2.3.1）。设物镜 L 的通光面积为 dA，物镜焦平面上设置光阑 G。物镜和光阑组合仅让立体角 $d\Omega$ 中的光进入光电感应接收器 C。滤光片的作用是选定波长范围。这种光经光电接收器后转变为电信号，经标定后送到显示器 M。定标后光度计显示的读数就表示在（x，y，z）点、时刻（t）、由（θ，φ）方向射来的、通过 dA 面积和立体角 $d\Omega$，在波长 $d\lambda$ 范围中的辐射功率 $d\Phi$。那么，归算到单位面积、单位立体角和单位波长间隔，就有

$$L(x,y,z,\theta,\varphi,\lambda,t)=\frac{d\Phi}{dA\cdot d\Omega\cdot d\lambda} \tag{2.3.2}$$

式中，L 的单位为 $W/m^2\cdot sr\cdot \mu m$，它表示了在辐射场内任一点、在任一方向上、任一波长处辐射的强弱程度。如 L 与观测位置（x，y，z）无关，辐射场就是均匀场；如 L 与观测方向（θ，φ）无关，辐射场在该点就是各向同性的；如进一步 L 与时间 t 无关，则辐射场就是定常的。式（2.3.2）与表 2.3.1 中 Ω 为立体角，其图解表示如图 2.3.2。

5）辐射出射度（M），被定义为离开辐射源表面单位微面元的辐射通量。微面元所对应的立体角是辐射的整个半球空间。太阳表面的辐射出射度是指太阳表面单位面积向外部空间发射的辐射通量。

6）辐照度（E），是用以表征微面元接收辐射通量的特征，与辐射出射度 M 有相同的

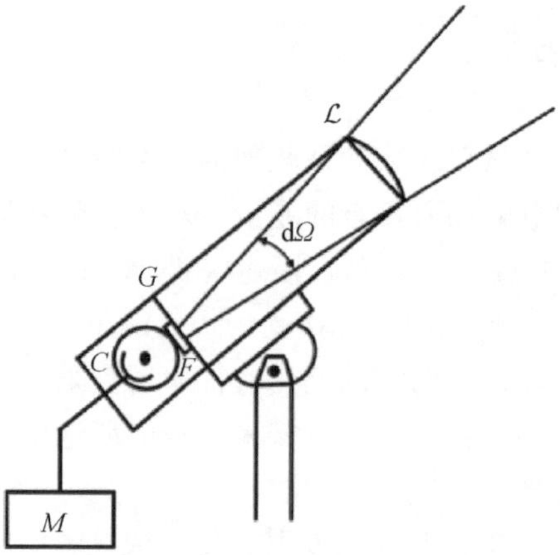

图 2.3.1　辐射亮度测量装置

资料来源：盛裴轩等，2003

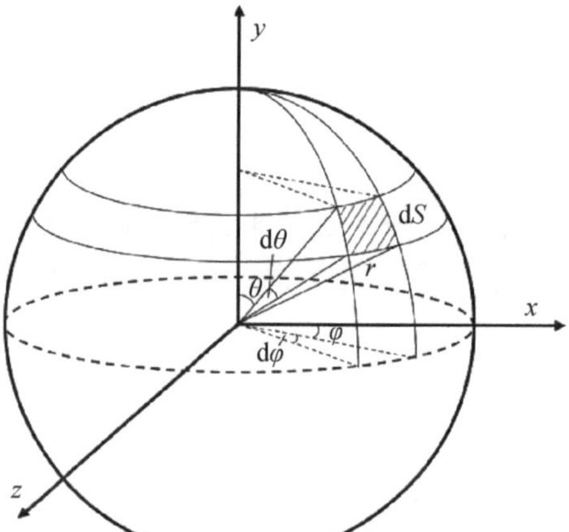

图 2.3.2　立体角定义图解

定义方式和单位。如果一个微面元可以将入射到其表面的全部能量全部反射掉，则该微面元可以看作是一个次辐射表面，其辐射出射度在数量上就等于辐照度。地表某处的辐照度是各个微面元接收的太阳直接辐射和下行的散射辐射所产生的辐照度之和，而地表的辐射出射度则是其单位表面向外太空发射的辐射通量。下面以列表的方式来概括辐射度量的各特征量（表 2.3.1）。

表 2.3.1　辐射度量特征指标列表

辐射特征名称	符号	定义	定义说明	度量单位
辐射能量	Q		以辐射方式发射、传输或接收的能量	J
辐射通量	Φ	$\Phi=\mathrm{d}Q/\mathrm{d}t$	单位时间里发射、传输或接收的辐射能	W

续表

辐射特征名称	符号	定义	定义说明	度量单位
辐射强度	I	$I=\mathrm{d}\Phi/\mathrm{d}\Omega$	点光源向某方向单位立体角发射的辐射功率	W/sr
辐亮度	L	$L=\mathrm{d}^2\Phi/\mathrm{d}\Omega\cdot\mathrm{d}A\cdot\cos\theta$ $=\mathrm{d}I/\mathrm{d}A\cdot\cos\theta$	面光源在某方向上单位投影面积和单位立体角内发射的辐射功率	W/(sr · m^2)
辐射出射度	M	$M=\mathrm{d}\Phi/\mathrm{d}A$	面光源单位面积向半球空间发射的辐射功率	W/m^2
辐照度	E	$E=\mathrm{d}\Phi/\mathrm{d}A$	入射到单位接收面积上的辐射功率	W/m^2

2.4 辐射的基本定律

2.4.1 黑体概念

自然界不存在绝对黑体，但是人工可以制造出尽可能接近于绝对黑体的装置——黑体腔。设想一束光进入黑体腔的一非常细小的小孔，受到腔内壁的多次反射。每反射一次，就受到消耗一次，经过若干次反射后，最终只有极少极少一部分光线有机会从小孔逃逸，这样就造成小孔吸收了全部入射的辐射能的景象，此时小孔所张的面即为一绝对黑体面。黑体应与人们一般所说的黑色物体相区别。黑色物体只代表人眼在可见光波段对它的视觉效果，即波段吸收率 A 趋于或等于 1，并不表示它在任何波长上的吸收率都等于 1。只有当全波段的处处 $A=1$，某物体才能称作绝对黑体。如果某物体的吸收率 A 不随波长变化而变化，并且 $A<1$，该物体即可称为灰体。地表上的物体几乎全部都是灰体。

2.4.2 基本物理规律

2.4.2.1 基尔霍夫定律

经验和实验都表明，物体对辐射的吸收能力和其辐射能力间存在着一定关系，基尔霍夫基于热力学定理论证了这种关系，得出在热平衡条件下，任何物体的发射率（即辐出度 M）$F_{\lambda,T}$和其吸收率$A_{\lambda,T}$的比是个普适性函数$f(\lambda, T)$。$f(\lambda, T)$ 只与波长 λ 和温度 T 有关，而与物体的性质无关，其函数表达式为

$$\frac{F_{\lambda,T}}{A_{\lambda,T}}=f(\lambda,T) \tag{2.4.1}$$

如果某一物体在某波长 λ 时显示为黑体，即$A_{\lambda,T}=1$，其发射率$F_{\lambda,T}=f(\lambda, T)$。若用$F_B(\lambda, T)$ 表示黑体的反射率（即辐出度 M），则有

$$F_B(\lambda,T)=f(\lambda,T) \tag{2.4.2}$$

基尔霍夫定律说明，任何物体的辐出度和它的吸收率之比都等于在同一温度下黑体的辐出度$F_B(\lambda, T)$。而且还表明，在温度相同时，黑体的辐出度为最大。

若将物体的辐射能力$F_{\lambda,T}$和黑体的辐射能力$F_B(\lambda, T)$之比定义为比辐射率$\varepsilon_{\lambda,T}$，则基尔霍夫定律也可写作

$$\varepsilon_{\lambda,T}=A_{\lambda,T} \tag{2.4.3}$$

这样，基尔霍夫定律就可以换一种表述，即物体的比辐射率等于它的吸收率。基尔霍夫定律将物体的吸收能力和其辐射能力联系起来，知道了物体的吸收率，也就等于知道了它的比辐射率。还有，它将各种物体的吸收、发射能力与黑体的发射能力相联系，就更具科学意义。这是因为黑体的辐射规律已经了解得很透彻，只要掌握了物体的吸收光谱，物体的辐射特性也就完全确定了。

2.4.2.2 绝对黑体的普朗克定律

普朗克在20世纪初引入了量子论，将黑体辐射看作是分立的、一份份的不连续的量子发射，从理论上导出黑体辐射的发射率随波长变化的函数关系，即

$$F_B(\lambda,T)=\frac{2\pi C^2h}{\lambda^5}(e^{\frac{Ch}{k\lambda T}}-1)=\frac{C_1}{\lambda^5}(e^{\frac{C_2}{\lambda T}}-1)^{-1} \tag{2.4.4}$$

式中，$C_1=2\pi C^2$；$h=3.7427\times10^8\text{W}\cdot\mu\text{m}^4/\text{m}^2$；$C_2=\frac{Ch}{k}=14338\mu\text{m}\cdot\text{K}$；而$F_B(\lambda, T)$为黑体的光谱辐出度，单位为$\text{W}/(\text{m}^2\cdot\mu\text{m})$；$k$为波尔兹曼常数，$k=1.38\times10^{-23}$（J/K）；普朗克常数$h=6.626\times10^{-34}$（J·s）；光速$C=2.9979\times10^9$（m/s）。

须知，黑体的光谱辐出度只表明由表面向外发射能量的多少，并不考虑这种能量的射出方向，是为辐射通量，表示的是向各个方向射出的能量在表面的法线方向分量的累加值（总和）。

绝对黑体辐射服从朗伯定律，故黑体的光谱辐亮度$B(\lambda, T)$

$$B(\lambda,T)=\frac{1}{\pi}F_B(\lambda,T)=\frac{C_1}{\pi\lambda^5}\left(e^{\frac{C_2}{\lambda T}}-1\right)^{-1} \tag{2.4.5}$$

式中，$B(\lambda, T)$的单位为$\text{W}/(\text{m}^2\cdot\mu\text{m}\cdot\text{sr})$。$B(\lambda, T)$也常写作$B_\lambda(T)$，称为普朗克函数。

根据式（2.4.5）普朗克函数，只要给出一辐射温度T的值，就可绘出一个黑体的辐射曲线，如果将黑体辐射温度由低到高逐步增加，直到达到太阳表面温度（近似为6000K），便可得到不同温度下的黑体辐射光谱铃形曲线族。铃形峰顶处黑体辐射亮度达到最大，对应的波长称为峰值波长λ_{max}，如设定太阳表面温度为6000K，其λ_{max}为0.483μm，相应的$B(\lambda_{max}, T)$便为$3.185\times10^7\text{W}/(\text{m}^2\cdot\mu\text{m})$；地球表面温度平均约为300K，其$\lambda_{max}$为0.638μm，相应的$B(\lambda_{max}, T)$便为$9.852\text{W}/(\text{m}^2\cdot\mu\text{m})$。随着温度升高，黑体的辐射峰值波长向短波迁移，这个现象在实质上为从普朗克函数推导维恩位移公式埋下了伏笔，开辟了新途径。

2.4.2.3 斯特藩-玻尔兹曼定律

其实，早在普朗克推出自己的黑体辐射著名的公式之前，斯特藩和玻尔兹曼前后已分

别提出了黑体辐射总功率（F_r）与温度的 4 次方成正比的公式，即

$$F_r = \sigma T^4 \tag{2.4.6}$$

有了普朗克定律后，也可从普朗克定律表达式通过积分推导出上述关系

$$F_r = \int_0^\infty F_B(\lambda, T)\,\mathrm{d}\lambda = \int_0^\infty \frac{C_1}{\lambda^5}\left(\mathrm{e}^{\frac{C_2}{\lambda T}} - 1\right)^{-1}\mathrm{d}\lambda \tag{2.4.7}$$

令 $X = \dfrac{C_2}{\lambda T}$，则 $\lambda = \dfrac{C_2}{XT}$，进而有 $\mathrm{d}\lambda = -\dfrac{C_2}{T}\dfrac{\mathrm{d}X}{X^2}$

从而有 $F_r = \dfrac{C_1}{C_2^4}T^4\displaystyle\int_0^\infty \frac{X^3}{\mathrm{e}^X - 1}\mathrm{d}X$

定积分 $\displaystyle\int_0^\infty \frac{X^3}{\mathrm{e}^X - 1}\mathrm{d}X = \frac{\pi^4}{15}$，因而有

$$F_r = \frac{C_1}{C_2^4} \cdot \frac{\pi^4}{15} \cdot T^4 = \sigma T^4 \tag{2.4.8}$$

式中，σ 称为斯特藩–玻尔兹曼常数，其值为

$$\sigma = \frac{C_1}{C_2^4} \cdot \frac{\pi^4}{15} = 5.6696 \times 10^8\ [\mathrm{W/(m^2 \cdot K^4)}]$$

式（2.4.7）成为使用辐射方法测量物体温度的理论依据。它既可由温度计算黑体的辐射总功率，也可以由辐射总功率推求黑体的温度。热辐射测量中广泛使用亮度温度（简称亮温）这个名词。亮温虽然具有温度的量纲，但并不具有温度的物理含义，实际上只是物体辐射亮度的代名词。他的本意是，一物体的辐射亮度若与某个黑体的辐射亮度相同，则黑体的物理温度就被称作那个物体的亮度温度。

2.4.2.4 维恩位移定律

随着黑体温度的逐渐升高，辐射的峰值波长 $\lambda_{\max}$ 则随之亦步亦趋变小，说明也可以从铃形形状普朗克函数推导出维恩位移公式。因此，问题就变为对普朗克函数 $F_B(\lambda, T)$ 求导便可达到这个目标。先将式（2.4.4）普朗克函数两边除以 T^5，有

$$Y = \frac{F_B(\lambda, T)}{T^5} = \frac{C_1}{(\lambda T)^5}\left(\mathrm{e}^{\frac{C_2}{\lambda T}} - 1\right)^{-1} \tag{2.4.9}$$

并令 $X = \dfrac{C_2}{\lambda T}$，对式（2.4.9）两边求导并令 $\dfrac{\partial Y}{\partial X} = 0$，则得

$$5(\mathrm{e}^X - 1) - X\mathrm{e}^X = 0 \tag{2.4.10}$$

式（2.4.10）方程的根 $X = 4.965$，从而 $\dfrac{C_2}{\lambda_{\max} T} = 4.965$。而已知 $C_2 = 14388\,\mu\mathrm{m \cdot K}$，最终维恩位移定律表达式为

$$\lambda_{\max} = \frac{2897.8}{T}(\mu\mathrm{m}) \tag{2.4.11}$$

根据维恩位移定律，由辐射最强时的对应波长（$\lambda_{\max}$）便可推算黑体的温度，这种温度是一种辐射源的光谱辐（发）射温度，通常称之为色温，即辐射体颜色温度。

2.5　太阳辐射及其大气吸收谱分布

2.5.1　太阳和太阳辐射

太阳是一个由多个圈层构成的高温炽热的巨大等离子球，主体由氢（占71%）和氦（占28%）以及其他元素组成。球的中心部分是氢进行热核聚变（$4^1H \rightarrow {}^4He + \varepsilon$）场所，称为核反应区。核聚变反应中向外发射高能量的γ射线和X射线。核反应区的半径约为0.25 $R_\odot$（$R_\odot$为太阳半径），温度高达（15～20）×10^6K，中心压力高达3300亿大气压。由中心区向外依次是中介层、对流层、光球层、色球层和日冕（层）。光球层以下的区域为太阳的内区，包括日核、中介层和对流层；对流层往上称为太阳大气，包括光球层、色球层和日冕（层），它们间的结构关系可见太阳结构示意简图（图2.5.1）。

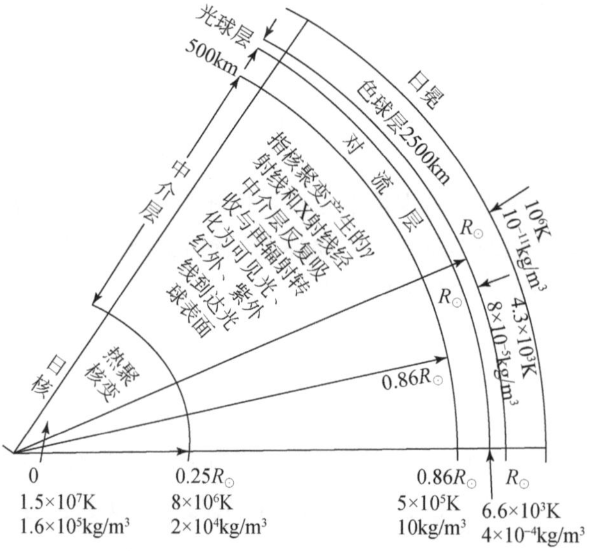

图2.5.1　太阳内部结构示意图

资料来源：尹宏，1993

日核区是氢同位素进行核聚变反应的地方。热核聚变产生巨大的能量，物质处于等离子态，但正负两种离子所带电荷相等，总体呈中性状态。核聚变反应区产生的巨大能量通过辐射转换（也称转移）区（即中介层）进行转换和发射。在转换区，来自日核区的γ射线和X射线向外每行进约0.01m，便与物质的粒子碰撞一次，能量被粒子吸收后，该粒子再以较低的频率向外辐射，如此反复多次的碰撞吸收和再辐射，振荡频率逐次降低，历经数百万年，最后才转化为可见光、红外线和紫外线，进入太阳的光球层。辐射转移区其层厚约为4.8×10^6km，由内向外，温度和密度逐渐下降。

辐射转移层（中介层）向外便是对流层，层厚约1.5×10^5km。辐射转移区与对流区分界处的温度约达10^6K，对流层内外温差很大。辐射转移区转出的能量一部分以对流的形式将高热等离子团带到本层的表面，表面较冷的等离子团则下沉，犹如沸腾状态。天文学上将可见光无法透过的某一球面称为光球表面，光球厚度约 500km，光球半径约为7×10^5km，光球圆面在地球上形成约 0.5°的张角。光球往外便是太阳大气。既然光球层能发射连续白光，又不让可见光穿越光球表面，那就等于说光球层相当于黑体，无怪乎人们可按照普朗克定律绘制太阳辐射累积功率随波长的变化曲线，并按维恩位移定律推算辐射的峰值波长λ_{max}或反过来推求物体的辐射温度。人们平时看到的就是光球的表面，按上述定律计算，太阳表面温度为 5777K。

光球往外的太阳大气，按性质分为两层。紧邻光球表面的是厚 2000～5000km 的色球层，其密度的数量级为10^{-9}（kg/m^3），仅是地球表面大气密度的百万分之一。色球之外可延伸到几亿千米远，是为日冕，其物质密度异常稀薄，最高处的数量级仅10^{-12}（kg/m^3）。色球层的温度随高度增加而上升，至日冕区，温度达 2×10^6K。高温下粒子的热运动速度飞快，在日冕外部会以每秒几百千米的速度向外运动，形成了太阳风。太阳风到达地球时，大气中每立方米可检测到10^7个粒子。

地球表层的能量来源，绝大部分来自太阳的辐射，其他来源与太阳辐射之比是微乎其微到可以忽略不计。整个地球大气系统接收到的太阳辐射能约为 18×10^4TW①。从长期平均来看，地球表层的辐射收支基本上是相当的，这样才使表面温度维持在 300K 左右，一般就认为是 300K。如果收支不平衡，如从太阳辐射获得的一直比地球本身发射出去的多，其结果一定是使地球表层不断增温，反之会使地球表层不断降温。但是这种情况都没有出现，我们最好还是接受地球表层系统能量收支基本平衡的假定。

如果设定太阳的光球表面温度为 6000K，地球表面温度为 300K，他们的黑体辐出度光谱能量分布可见图 2.5.2。从图中可见，太阳的 6000K 积分辐出度值在所有波长均远大于地球的 300K 的值。但是，由于日地距离很大，太阳辐射在传输过程中是随距离的平方而减小的，使太阳的长波辐射通量密度仅约为 10W · m^2，而温度为 300K 的地球发射的长波辐射通量密度反而约达 270W · m^2。所以，在地球表面或者在远离地面几百千米的高度范围内，地球表面的长波辐射通量密度反而远大于太阳的长波辐射通量密度，故在大部分研究中可以忽略太阳的长波辐射能量这个部分。但是，如果考虑包括短波和长波的全波段总能量，太阳辐射和地球辐射在总数量上还是很接近的，这样才使地球处于辐射能量平衡状态。

2.5.2 太阳常数与太阳辐射的光谱分布

若要弄清地球大气对太阳辐射的影响，必须要知道太阳辐射到达大气上界时太阳辐射的辐照度（或总功率）以及太阳辐射能的光谱分布。在卫星观测出现之前，进行大气上界的太阳辐照度估计计算是很困难的，精度肯定不高。那时出于无奈，也只能在地面不同时

① TW（太瓦）= 10^{12}W。

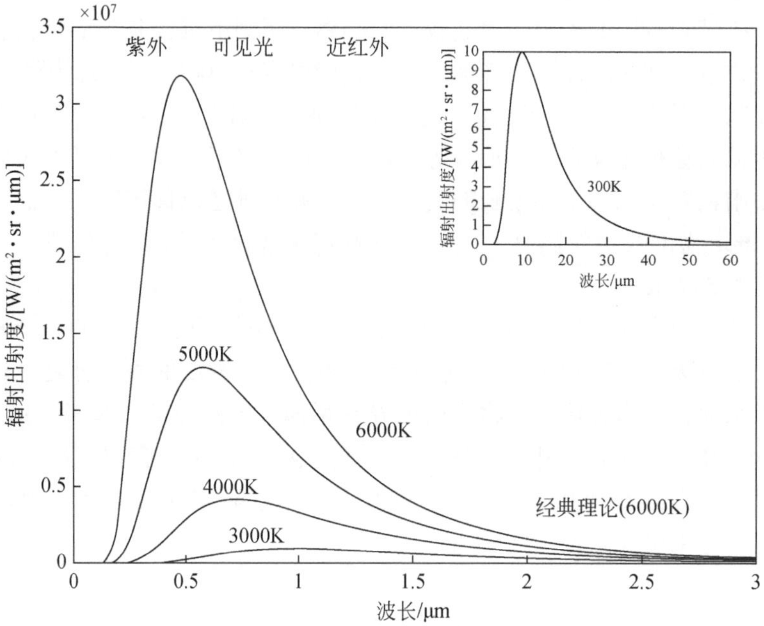

图 2.5.2　黑体辐射出射度能量随波长分布

间测量太阳辐射，然后用外推方法估算大气上界的太阳辐射功率。美国航空航天局（NASA）1976 年根据空间观测结果，发布了在日–地平均距离上大气上界太阳辐照度，即太阳常数值为 1353W/m²。1981 年世界气象组织（WMO）的仪器与测量方法委员会（IMO）建议的太阳常数为 1367W/m²，与美国 NASA 建议值非常接近。严格地讲，大气上界处的太阳辐照度会因日地距离的变化而不同，遂规定在日地平均距离时的太阳辐照度为标准。如以$\overline{S_{\lambda,0}}$表示大气上界在日地平均距离d_0时，与日光相垂直的平面上的太阳分光辐照度，此时的太阳积分辐照度$\overline{S_0}$为

$$\overline{S_0} = \int_0^{\infty} \overline{S_{\lambda,0}} \mathrm{d}\lambda \tag{2.5.1}$$

这种条件下的太阳积分辐照度$\overline{S_0}$就称之为太阳常数。

可是，地球上仅在每年的 3 月 21 日至 22 日间和 9 月 22 日至 23 日间有两个短暂的瞬间处于日地平均距离，在其他日子，太阳积分辐照度S_0需做地球轨道偏心率因素订正

$$S_0 = \overline{S_0} \cdot (d_0/d)^2 = \overline{S_0} \cdot d_m^2 \tag{2.5.2}$$

式中，$d_m = d_0/d$为地球轨道偏心率订正因子，也称日地距离订正因子，d为目地距离。

确定大气上界的太阳辐照度是对地遥感的大气纠正第一步的首要工作，因为从本质上讲，遥感大气纠正就是将卫星传感器测量到的大气上界的太阳辐照度如何转化为地球表面反射率的过程。一般太阳表面温度为 5777K，正是根据建议的太阳常数值，应用斯特藩–玻尔兹曼定律计算出来的。当然，应用前提是太阳表面（光球面）须是黑体。上述有关组织还公布了大气上界太阳辐射的谱分布（图 2.5.3）。关于太阳辐射的光谱分布接下来在

下面一并讨论。

2.5.3 太阳辐射吸收的谱分布与大气窗口

2.5.3.1 大气对太阳辐射的吸收及其谱分布

太阳辐射进入大气层后会受到大气分子和气溶胶粒子的吸收与散射，由于各种大气分子在分子组成、空间排布上的差异而产生了不同的电性（电场取向），他们的原子也因外层电子空间排布的不同，使得它们的吸收作用产生于不同的能级，最终造成它们的吸收作用发生于太阳辐射波谱的不同波长位置，并且吸收强度也各不相同。先借助于图 2.5.3 来概略说明大气分子在太阳辐射光谱的哪些波长位置上产生了吸收作用。

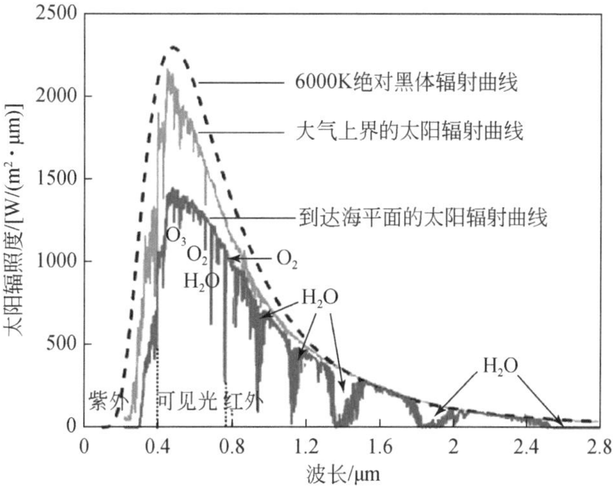

图 2.5.3 大气上界与海平面的太阳辐射谱

图 2.5.3 表示在平均大气状态下，当太阳位于天顶时，大气上界和大洋平均海平面高度上观测到的太阳直接辐射的光谱分布。图中最上面的一条连续的光谱曲线是 6000K 绝对黑体的辐射光谱曲线，其下的一条则是大气上界处太阳辐射的辐出度随波长的变化曲线，而最下面的一条是太阳辐射穿越大气层后到达海平面高度时，太阳直接辐射随波长的变化曲线。图下面两条曲线间所夹的空间就表示了被大气分子、水汽、尘埃、气溶胶等的后向散射及被云层所反射掉的能量，而气体成分 O_3、O_2、H_2O 等的吸收区均已标注在曲线中的相应位置。由图 2.5.3 自左端的紫外经可见光区，向右侧的红外依次为臭氧（O_3）（紫外与部分可见光）和氧（O_2）吸收区；过了可见光区后，H_2O 和 O_2 吸收区则断断续续地出现在红外区的不同部位。是什么原因决定大气分子的吸收带位于光谱的波长具体位置？太阳辐射被大气吸收是指投射到大气分子上的辐射能量中的一部分，被分子吸收后转变为分子本身的内能或其他形式的能量，太阳辐射在传输过程中被不断削弱。大气分子和原子的结构及其所处的运动状态的差异，决定了大气的分子对太阳辐射具有选择性吸收的特性。任意一个单个分子，除了具有其他空间运动形式有关的能量外，尚具有其内含的能

量。这种能量的大部分是电子围绕原子核轨道运动的能量E_e，另外还有一小部分是各原子在其分子的平均位置周围的振动能量E_v和分子绕其质心转动的能量E_r。大气分子和其原子内的电子能级跃迁，原子和分子的振动、转动能级跃迁，它们所吸收或所发射的辐射能是一份份不连续的，使辐射或吸收谱呈现为非连续的分立的谱线和谱带，构成了原子的线光谱和分子的带状光谱。因此，分子光谱包括了电子光谱、振动光谱和转动光谱三部分。仅存在电子能级跃迁时，其光谱位于X射线、紫外线和可见光区；仅有振动能级跃迁时，光谱位于近红外区；而仅有转动能级跃迁时，光谱带位于红外和微波波段，且所含能量最低。通常，分子的振动跃迁会伴随着转动能级跃迁，使一个振动带内含有许多转动谱线；转动和振动能量的变化往往又伴随着电子能级的跃迁，造成相应的谱带表现出复杂的谱系结构。大气的分子能量E可用式（2.5.3）来表示

$$E=E_e+E_v+E_r \tag{2.5.3}$$

在大气分子这三种内能量中，每一种能量都可用一系列分立的不连续的量子数来表示能级。其中原子核外层电子绕内核运动的能量变化量ΔE_e最大，分子转动能量ΔE_r变化最小，而原子振动的能量变化ΔE_v则居于两者之间。能量E的单位用电子伏特（eV）表示，$1\text{eV}=1.602\times10^{-19}\text{J}$。这样，分子在发射或吸收光量子时，由分子能级变化产生的相应波长为

$$\begin{cases}\lambda_e=\dfrac{hC}{\Delta E_e}\\[2mm]\lambda_v=\dfrac{hC}{\Delta E_v}\\[2mm]\lambda_r=\dfrac{hC}{\Delta E_r}\end{cases} \tag{2.5.4}$$

从能量变化的数量级便可估计出波长λ_e、λ_v和λ_r的位置。

大气分子中，吸收太阳辐射的主要成分是水汽（H_2O）、二氧化碳（CO_2）和臭氧（O_3），他们都是三原子组成的分子。H_2O与O_3分子的三个原子都不在一条直线上，与CO_2的三原子在一条直线上的振动、转动情景多有不同。下面是分子的能级跃迁与吸收区中心波长列表（表2.5.1）。

表2.5.1　分子的能级跃迁与中心波长关系

能量差及中心波长	跃迁方式		
	电子跃迁ΔE_e	振动ΔE_v	转动ΔE_r
跃迁能量差/eV	1～20	0.05～1	<0.1
吸收区中心波长/μm $\lambda(\mu)=\dfrac{hC}{\Delta E}$	0.06～1.24，主要在可见光、近红外，也可发生在紫外	1.24～25，主要在短波红外、中红外和热红外，也可发生在远红外	>12.5，仅发生在远红外

为明确大气分子的详细吸收情况，特用图2.5.4做进一步说明。图中2.5.4（a）太阳（假设为6000K）和地球（假设为255K）经标准化的黑体辐射谱；图2.5.4（b）是整层

大气的各分子的吸收谱；图 2.5.4（c）是 11km 高度上（对流层顶）大气吸收谱；图 2.5.4（d）为整层大气中不同气体成分的吸收谱。结合图 2.5.3、图 2.5.4 以及表 2.5.1 可以清楚地看到臭氧（O_3）、二氧化碳（CO_2）、水汽（H_2O）及甲烷（CH_4）的吸收情况。

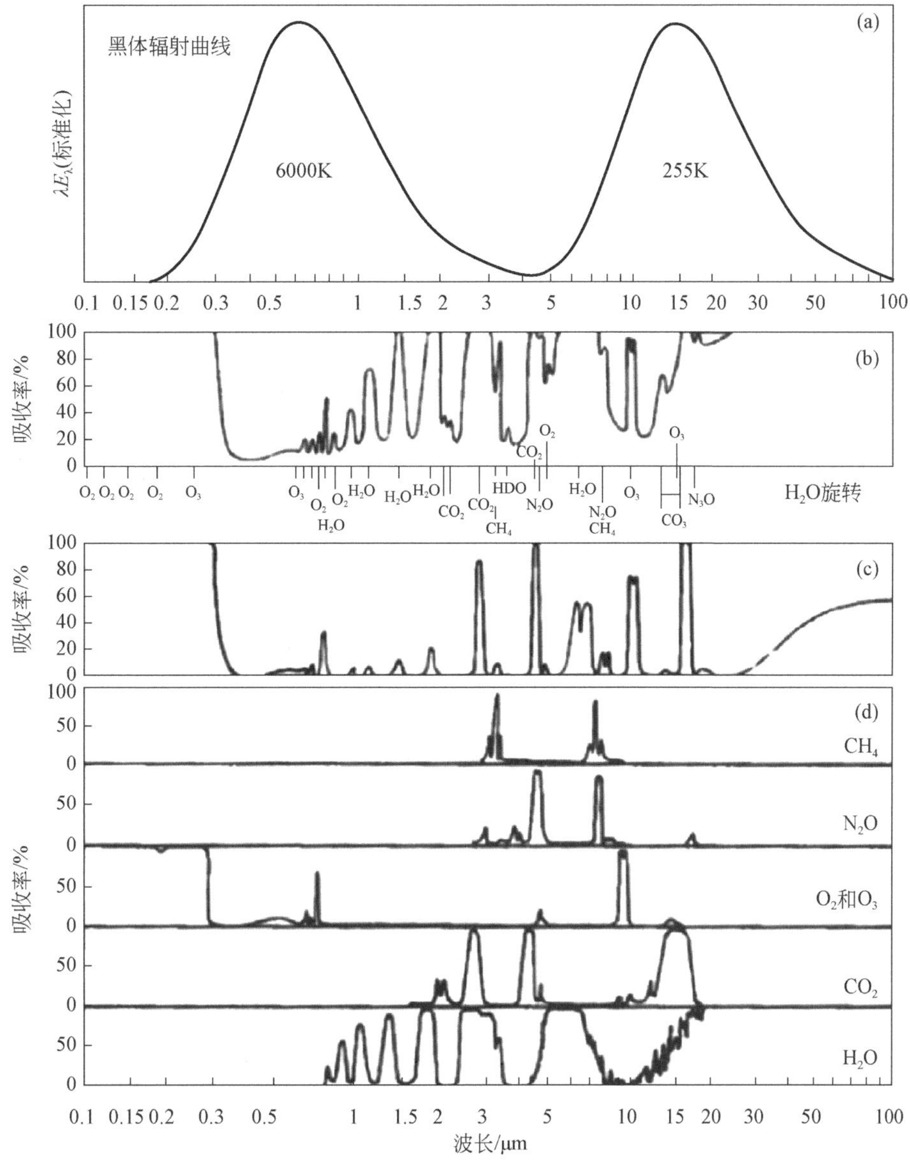

图 2.5.4　太阳辐射的整层大气吸收谱分解图

（a）太阳（假定 6000K）和地球（假定 255K）的黑体辐射谱；（b）整层大气的吸收谱；

（c）11km 高度以上大气吸收谱；（d）整层大气中不同气体成分的吸收谱

资料来源：盛裴轩等，2003

1）臭氧 O_3。臭氧 O_3 是由三个氧原子组成的顶角为 116°49′的等腰三角形，具有电偶极矩，同时具备三种能级跃迁方式，使其吸收光谱分布范围较广，从紫外到可见光、近红外、中红外，以至远红外都有 O_3 的吸收区，但主要的还是在紫外区，使波长<0.3μm 的太阳辐射全被吸收而无法到达地球表面。在热红外区臭氧 O_3 较强吸收区位于 9.6μm 附近和 11μm 附近，但这与 CO_2 的强吸收区重叠，另外，O_3 在 4.75μm 处也有较强的吸收带。

2）二氧化碳 CO_2。二氧化碳三原子按 O—C—O 一线对称排布，因而成为无极性分子，也没有转动能级光谱。CO_2 最强吸收带是 12.5～16.5μm 的吸收区，中心波长为 15μm。其次是以 4.3μm 为中心的吸收区，此外尚有 10.4μm、9.4μm、5.2μm、4.8μm 等弱吸收带。

3）水汽（H_2O）。前已述及，H_2O 是个具有很强偶极矩的极性分子，因而产生强而宽的转动与振动吸收带。最主要的是波长为 6.3μm 的吸收带以及以 2.74μm 和 2.66μm 为中心的另两个吸收带。

4）甲烷（CH_4）。CH_4的两个主要吸收带一是以 3.3μm 为中心，二是以 7.7μm 为中心的吸收带。

对太阳辐射有吸收作用的气体还有 N_2O 和 CO 等，其吸收谱区位置与上述的 O_3、CO_2、H_2O、CH_4等一并列于表 2.5.2。

表 2.5.2　六种主要大气成分在红外区的吸收带中心波长　（单位：μm）

吸收带中心波长	气体成分					
	O_3	CO_2	H_2O	CH_4	N_2O	CO
强吸收带中心波长	4.7 9.6 14.1	2.7 4.3 14.7	1.4 1.9 2.7 6.3 13.0～1000	3.3 3.8 7.7	4.5 7.8	4.7
弱吸收带中心波长	3.3 3.6 5.7	1.4 1.6 2.0 5.0 9.4 10.4	0.9 1.1		3.9 4.1 9.6 17.0	2.3

虽然 N_2 和 O_2 是大气中含量最多的气体成分，由于他们在电荷分布上是轴对称的，故呈电中性，因而没有转动和振动能级，其发射或吸收谱是由电子轨道跃迁产生的，发射或吸收谱均位于紫外和部分可见光区，在陆地光学遥感上，其吸收谱并无意义。他们的作用主要表现为对太阳辐射的散射上。

2.5.3.2　大气窗口与遥感波段设置

如上文讨论，上述大气成分虽然吸收带分布广泛，但还是在一些谱段，大气的吸收作用不大，大气对于太阳辐射的入射是透明的，电磁波谱的这些谱段在遥感上被称作大气窗口。整个可见光波段，以及近红外波段、中红外波段和热红外波段的某些波长区间，都可以避开上述大气成分的强吸收带，而找到大气透过率很高的波长范围用作卫星传感器的探测通道。最典型的要数陆地卫星 TM 和 ETM+的波段选取，不但构思巧妙，而且都很适合环境遥感的应用需求，成为后来各国争相仿照和选择的参考依据。现将陆地卫星 TM、ETM+、EO-1-ALI 以及 EOS-Terra-ASTER 的波段选择一并列于表 2.5.3，读者可以参照表 2.5.2 进行分析。

表 2.5.3　TM、ETM+、ALI 和 ASTER 的波长设置列表　（单位：μm）

Landsat-TM		Landsat-ETM+		EO-1-ALI		EOS-Terra-ASTER	
波段	波长范围	波段	波长范围	波段	波长范围	波段	波长范围
1	0.45～0.52	1	0.450～0.515	MS-1*	0.433～0.453	1 星下点	0.52～0.60
2	0.52～0.60	2	0.525～0.605	MS-1	0.450～0.510	2 星下点	0.63～0.69
3	0.63～0.69	3	0.630～0.690	MS-2	0.525～0.605	3 星下点	0.76～0.86
4	0.76～0.90	4	0.750～0.900	MS-3	0.630～0.690	3 后视	0.76～0.86
5	1.55～1.75	5	1.55～1.75	MS-4	0.775～0.805	4	1.600～1.700
6	10.4～12.5	6	10.4～12.5	MS-4*	0.845～0.890	5	2.145～2.185
7	2.08～2.35	7	2.08～2.35	MS-5*	1.20～1.30	6	2.185～2.225
		8（全色）	0.52～0.90	MS-5*	1.55～1.75	7	2.235～2.285
				MS-7	2.08～2.35	8	2.295～2.365
				全色	0.480～0.690	9	2.360～2.430
						10	8.125～8.475
						11	8.475～8.825
						12	8.925～9.275
						13	10.25～10.95
						14	10.95～11.65

注：MS-1*、MS-4*、MS-5*是 ALI 除模拟 Landsat 的 6 个波段外新增的 3 个额外波段

2.6　地球大气对太阳辐射的散射

2.6.1　散射作用

上文指出，太阳辐射与大气粒子间的相互作用表现为吸收和散射两种形式，吸收问题已经介绍了，那么什么是散射作用呢？简单的讲就是太阳辐射（或叫做光）当与大气粒子相碰撞后，辐射偏离了原来的传播方向的一种现象。太阳辐射可以穿行于大气介质，因而太阳辐射的散射属于体散射性质。若碰撞时，辐射与粒子间未产生能量交换，且散射辐射的频率也未发生改变，这种散射便是瑞利散射；如若散射辐射的频率发生变化，这种散射

即为拉曼散射。拉曼散射的散射截面要比瑞利散射截面小两个数量级以上，在大气的辐射能量收支计算中可以忽略不计。

大气气体分子和气溶胶粒子是一些含有分离的带电的质子和电子，电荷在这些粒子中的分布是不均匀的。当太阳辐射照射到这些粒子时，电荷在太阳辐射的辐照激发下受迫振动，并向各个方向发射出次生电磁波（辐射），这种次生电磁波就是上述的散射。粒子散射的结果造成入射辐射在前进方向上的能量损失。在发生散射的同时，入射辐射能量还会有另一种损失，即一部分辐射能量进入了粒子内部转化为热振动和其他形式的能量，这是一种吸收能量的过程。散射过程可以用电磁波理论来解释，这是因为它并不涉及大气分子内部能量状态的改变。可是吸收过程则必须用量子理论才能给出合理而正确的说明。

散射作用常根据散射粒子尺度指数 α 的大小来进行分类。尺度指数 α 是由粒子的大圆周长 $2\pi r$（r 为圆的半径）与入射辐射的波长 λ 来定义的，即 $\alpha=\frac{2\pi r}{\lambda}$。分类准则为

$$\begin{cases}\alpha\leqslant 0.1，\text{瑞利分子散射}\\0.1<\alpha<50，\text{米氏大粒子散射}\\\alpha>50，\text{几何光学散射}\end{cases}$$

散射作用虽然不是选择性的，但是它的强弱和空间分布却与波长和散射粒径的相对大小有关。粒子的散射辐射能量的分布是三维空间的函数，如果粒子具有某种对称性，则散射辐射对应于入射辐射方向经常也是对称的（图 2.6.1）。图 2.6.1（a）表示粒子半径 r 远小于波长 λ，其散射光在前后两个半球上基本上是对称分布的，具有瑞利散射的特性；图 2.6.1（b）表示一个稍大粒子，$\alpha=1.6$，前向散射大于后向散射；而图 2.6.1（c），$\alpha>6$，散射光主要集中于前向，并且在某些角度上会出现极值点，具有米氏散射特性。粒子散射的方向性不仅与散射尺度指数 α 有关，也和散射粒子的折射率有关。

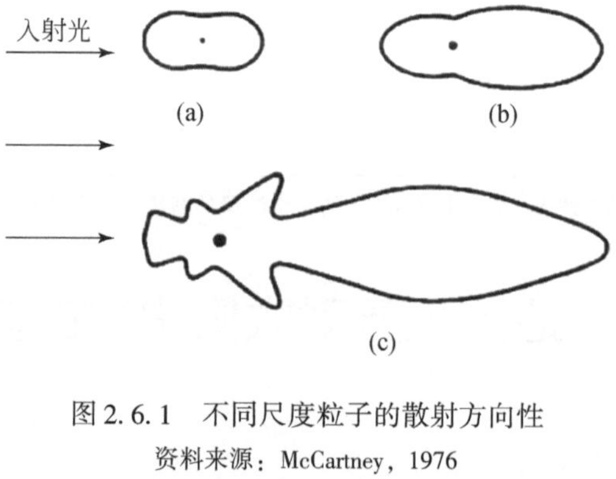

图 2.6.1　不同尺度粒子的散射方向性

资料来源：McCartney，1976

散射过程还有一个特点就是会发生偏振状态的变化，即使入射光为自然光，经散射后也会带有一定程度的偏振。其偏振程度和状态决定于粒子的大小、形状、折射率以及入射光的偏振状态和对散射光的观察角度。

2.6.2 散射截面和散射相函数

为了进一步理解辐射传输过程，必须要掌握相关的概念，如散射截面、散射函数、散射相函数、消光系数以及单次散射反射率等。而要明了这些概念，还得从散射几何入手（图 2.6.2）。

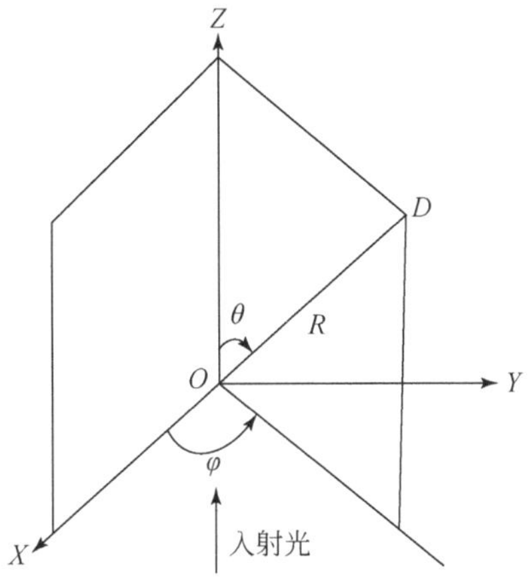

图 2.6.2 散射过程的几何关系

当入射光照射在一个散射粒子，粒子将入射光能量的一部分向各个方向散射，散射光方向与入射光方向的夹角 θ 称为散射角，散射光与入射光构成的平面称为散射平面。将一散射粒子置于图 2.6.2 原点 O，一束单色平面偏振光沿垂轴 Z 方向入射，该入射光的电矢量沿 X 轴方向振动。置于 D 点位置的探测器来测量散射光的强度。探测器 D 到原点 O 的距离 DO 以 R 表示，R 要比散射粒子的尺度 r 大得多，即 $R \gg r$，从而可将散射源视作点光源。表示入射光方向的 Z 轴与直线 DO 构成一散射平面，DO 线与 Z 轴间的夹角称为散射角，并用 θ 表示。散射角 θ 从入射光的前进方向起算，从 0°变化到 360°。由于散射的对称性，0°到 180°就够用了。散射平面与 X 轴的夹角为方位角 φ。

在空间中移动探测器 D，测得散射光强度 I_s（R，θ，φ）应与入射光强度 I_0 成正比，与距离平方成反比（点光源产生球面波），当然还与 θ，φ 有关，故有

$$I_s(R,\theta,\varphi)=\frac{I_0}{R^2}\sigma(\theta,\varphi) \tag{2.6.1}$$

式中，$\sigma(\theta,\varphi)$ 称作粒子的散射函数，它是指当有一单位光强入射时，在单位距离上所观测到的散射光强度，也即指单位光强入射时，粒子向（θ，φ）方向单位立体角内散射的光能量。由于散射粒子本身的对称性，散射函数常常仅与散射角 θ 有关，即如图 2.6.1 所示那样。$\sigma(\theta,\varphi)$ 量纲为［L^2］。

如将 $\sigma(\theta,\varphi)$ 对 4π 立体角积分，即可计算出当单位光强入射时，被一个粒子散射掉的总能量 σ_{sc}

$$\sigma_{sc}=\int_{4\pi}\sigma(\theta,\varphi)\,\mathrm{d}\Omega \tag{2.6.2}$$

上面提到，σ_{sc}的量纲是［L^2］，故将σ_{sc}称作散射截面，实际上是个等效截面，表示粒子散射光的总能量在数值上等于σ_{sc}的一块面积从入射光中截获的能量，反映的是粒子的散射本领。散射截面和粒子的几何截面积通常并不相等。有散射截面σ_{sc}，相应的就有粒子的吸收截面σ_{ab}和粒子的消光截面σ_{ex}。吸收截面σ_{ab}所反映的是粒子的吸收本领，而消光截面σ_{ex}是指粒子的散射截面σ_{ab}和吸收截面σ_{ex}两者的和，即对一束光由散射和吸收作用所造成的总损失的能力。有

$$\sigma_{ex}=\sigma_{sc}+\sigma_{ab} \tag{2.6.3}$$

而将σ_{ex}与该散射粒子的几何截面之比定义为消光系数Q_{ex}

$$Q_{ex}=\frac{\sigma_{ex}}{\pi r^2} \tag{2.6.4}$$

消光系数Q_{ex}、散射相函数$p(\theta,\ \varphi)$和单次散射反照率$\widetilde{\omega_0}$，是在讨论辐射传输大气纠正时所要用到的几个重要的散射特性物理量。

散射相函数$p(\theta,\ \varphi)$是指一束入射光由一个方向被散到另外一个方向的概率，其定义表达式是

$$p(\theta,\varphi)=\frac{4\pi\sigma(\theta,\varphi)}{\sigma_{sc}} \tag{2.6.5}$$

$p(\theta,\ \varphi)$是个量纲为 1 的量，表示某个方向的散射能力与平均散射能力之比，且满足归一化条件

$$\frac{1}{4\pi}\int_{4\pi}p(\theta,\varphi)\,\mathrm{d}\Omega=1 \tag{2.6.6}$$

$\widetilde{\omega_0}$是单次散射反照率，表示散射占总消光中的份额（比），有

$$\widetilde{\omega_0}=\frac{\sigma_{sc}}{\sigma_{ex}}=\frac{\sigma_{sc}}{\sigma_{sc}+\sigma_{ab}} \tag{2.6.7}$$

2.6.3 瑞利散射

瑞利散射是一种分子散射，发生于散射尺度指数 $\alpha\leqslant 1$ 的情况。由于瑞利（Rayleigh）在研究大气分子散射过程时，运用电磁场理论演绎散射过程，阐述分子散射的基本规律、特点，获得理论上的成功而令人折服，人们习惯地将大气分子散射称作瑞利散射。分子由原子组成，而原子又由带正电的原子核和带负电的电子组成，并且一般呈电中性。这是由于原子核正电荷中心与电子的负电荷中心正好重合成为无极性分子，正负电荷相等而互相抵消。如果正负电荷中心不会重合，那就会成为极性分子。

试想，如果存在一个外电场作用，本无极性的分子的正负电荷中心就会发生位移，从而产生一电偶极矩。由于原子核的质量远远大于电子质量，因而可以设想原子核并未动，而仅仅是电子产生了位移。

进一步设想，分子中仅有一个电子参与振动的情况。当入射电场为交变电场时，电子受到的电场力 F

$$F=eE=eE_0\sin(\omega t) \tag{2.6.8}$$

电子振荡并离开其平衡位置时，会受到分子内部准弹性恢复力的作用，该力将试图把他拉回到平衡位置。这里设 y 为电子的位移量，k 为弹性系数$\left(k=\dfrac{e^2}{4\pi\varepsilon_0 r_e^3}\right)$，$e$ 为电子电荷，E_0 为电场强度振幅，ε_0 为绝对介电常数，ω 为圆频率，t 为时间，r_e 为电子轨道半径。在电场力 F 和弹性恢复力的共同作用下，电子的运动可用下列微分方程描述

$$m_e y''+ky=eE_0\sin(\omega t) \tag{2.6.9}$$

由式（2.6.9）解得

$$y=\frac{e}{m_e(\omega_0^2-\omega^2)}E_0\sin(\omega t) \tag{2.6.10}$$

式中，m_e 为电子质量，ω_0 为分子的共振频率$\left[\omega_0=\left(\dfrac{k}{m_e}\right)^{\frac{1}{2}}\right]$。由分子产生的电偶极矩 P

$$P=ey=\frac{e^2}{m_e(\omega_0^2-\omega^2)}E_0\sin(\omega t)=P_0\sin(\omega t)$$

式中，P_0 是电偶极子的振动振幅，即

$$P_0=\frac{e^2}{m_e(\omega_0^2-\omega^2)}E_0 \tag{2.6.11}$$

式（2.6.11）表明，由于电场力和弹性恢复力共同作用，振动的电偶极子会向周围发射电磁波，即产生了分子的散射作用。

如果能通过某种数学关系将式（2.6.11）中的量$\left[\dfrac{e^2}{m_e\ (\omega_0^2-\omega^2)}\right]$与散射介质的折射率 m 和分子的数密度 N 联系起来，再利用散射函数的定义式（2.6.1），当入射的为自然光时，有单位体积的散射函数$\sigma^m(\theta)$

$$\sigma^m(\theta)=\frac{9\pi^2}{2N^2\lambda^4}\left(\frac{m^2-1}{m^2+2}\right)^2(1+\cos^2\theta) \tag{2.6.12}$$

式中，θ 为散射角。

对于大气分子，$m\approx1$，故可将$m^2+2\approx3$，式（2.6.12）变为

$$\sigma^m(\theta)=\frac{\pi^2\ (m^2-1)^2}{2N^2\lambda^4}(1+\cos^2\theta) \tag{2.6.13}$$

那么散射截面σ_{sc}^m便为

$$\sigma_{sc}^m=\frac{8\pi^3\ (m^2-1)^2}{3N^2\lambda^4} \tag{2.6.14}$$

上面提到的某种数学关系，所指的是 Lorentz-Lorents 公式，要深入了解，可见盛裴轩、毛节泰等著的《大气物理学》（盛裴轩等，2003）。

可进一步设想分子数密度 N 与单个分子体积V_m相联系，并假定分子间无间隙，有$NV_m=1$（单位体积），再进一步设想 N 与V_m成倒数关系。由$V_m=\dfrac{4}{3}\pi r^3$（r 为大气分子粒径），据式（2.6.12）可得大家熟知的散射函数σ^m（θ）与散射截面σ_{sc}^m的表达

$$\sigma^m(\theta)=\frac{8\pi^4 r^6}{\lambda^4}\left(\frac{m^2-1}{m^2+2}\right)^2(1+\cos^2\theta) \tag{2.6.15}$$

$$和\ \sigma_{sc}^{m}=\frac{128\pi^5 r^6}{3\lambda^4}\left(\frac{m^2-1}{m^2+2}\right)^2 \tag{2.6.16}$$

这样，据式（2.6.15）和式（2.6.16），可将瑞利分子散射的基本特征归纳为：

1）散射辐射的强度与辐射波长 λ 的 4 次方成反比，和散射粒子的体积的平方成正比；

2）当入射光为自然光时，散射光强度的空间分布服从（$1+\cos^2\theta$）关系，前向和后向散射呈对称分布；

3）散射光有很高的偏振度，在 $\theta=90°$附近，几乎近全偏振态。

2.6.4 米氏散射

研究瑞利散射的基本思想是将大气分子视为一振动偶极子，来讨论在外电场作用下分子的散射过程，这仅适用于粒子尺度指数 $\alpha<0.1$ 大气分子的情况。对于大气分子中的气溶胶粒子、云滴、火山灰微粒等，他们都是由若干分子组成的，粒子尺度指数 $\alpha>1$，往往与辐射波长 λ 相当，或大于波长 λ，在外电场作用下，它们个个都会成为偶极子，并向外发射子波。这种情况下，小颗粒的分子散射偶极子振动模型已不适用。这是因为，当粒子的尺度与波长 λ 相近时，入射波的位相在粒子中是不相同的，产生各子波在空间上和时间上的相位差。而当子波叠加形成散射波时，会由位相差而引起子波的干涉。子波干涉的强弱与入射辐射波长、粒子大小、折射率和散射角有关。散射粒子增大时，干涉作用会增强，使散射过程复杂起来。同时由于散射粒子尺度与波长相当，使大颗粒粒子的不同部位处在不同的电场强度作用下，造成诱发电流的产生，这也意味着将有热损耗的出现。基于电磁场理论，Mie（1908）给出了均匀球状粒子散射的精确解法，即米氏散射理论。

下面是关于球形粒子散射过程推导的主要结果。欲了解详细推导过程，可参见尹宏（1993）相关著作。由图 2.6.3，沿 Z 轴方向传播的单色平面偏振波，其电矢量沿 X 轴方向振动，表达式为

$$E=E_0 e^{-i(kz-\omega t)}$$

式中，i 为虚数单位，k 为波数，z 表示波在 Z 轴方向上的位置。

球形粒子的半径为 r，并置于坐标原点，入射光波长为 λ，尺度指数 $\alpha=\frac{2\pi r}{\lambda}$，球形粒子的复折射率为 $m=m_r-i\,m_i$，球形粒子中心处的光程 $L=0$。若将与入射光线垂直与散射平面平行的方向为 $\vec{T}$，与入射光线和散射平面垂直的方向为$\vec{N}$。入射光的电矢量在 $\vec{T}$ 与$\vec{N}$方向的分量分别为

$$\begin{cases} E_T=E_{OT}\cos(\varphi_T-\omega t) \\ E_N=E_{ON}\cos(\varphi_T+\varphi_0-\omega t) \end{cases} \tag{2.6.17}$$

式中，φ_T 为电矢量在 T 方向的初相位，φ_0 为电矢量在 N 方向的初相位。其复数表达式为

$$\begin{cases} E_T=E_{OT}\exp[i(\varphi_T-\omega t)] \\ E_N=E_{ON}\exp[i(\varphi_T+\varphi_0-\omega t)] \end{cases} \tag{2.6.18}$$

在距离球形粒子中心 d，散射电磁波的电场分量分别为

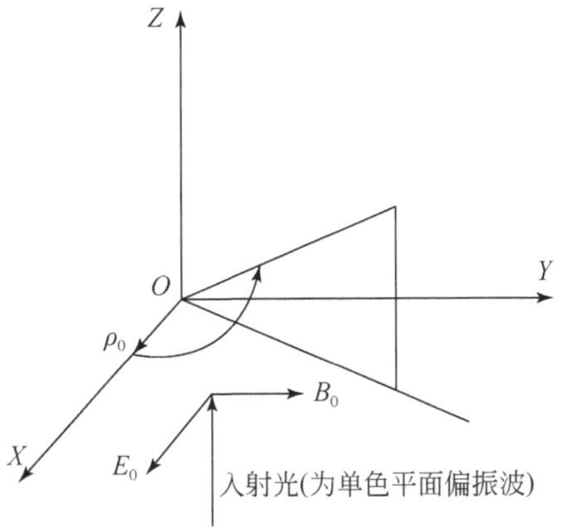

图 2.6.3 偏振光入射时的散射示意图

$$\begin{cases} E_{sT}=E_{OT}\dfrac{i\cdot\exp[i(\varphi_T+k_d-\omega t)]}{k_d}\cdot S_2(\theta) \\ E_{sN}=E_{ON}\dfrac{i\cdot\exp[i(\varphi_T+\varphi_0+k_d-\omega t)]}{k_d}\cdot S_1(\theta) \end{cases} \tag{2.6.19}$$

式（2.6.19）中，k_d表示电磁波传播了 d 距离后对位相的影响，$S_1(\theta)$、$S_2(\theta)$ 为复数，分别称作复振幅函数的垂直分量与水平分量。这两个分量的表达式为

$$\begin{cases} S_1(\theta)=\sum\limits_{n=1}^{\infty}\dfrac{2n+1}{n(n+1)}[b_n\pi_n\cos\theta+a_n\tau_n\cos\theta] \\ S_2(\theta)=\sum\limits_{n=1}^{\infty}\dfrac{2n+1}{n(n+1)}[a_n\pi_n\cos\theta+b_n\tau_n\cos\theta] \end{cases} \tag{2.6.20}$$

式中，θ 是散射角，复数a_n、b_n称作 Mie 系数，都是粒子的复折射率 $m(m=m_r-i\,m_i)$ 和粒子的尺度指数 $\alpha(\alpha=2\pi r/\lambda)$ 的函数，τ_n 是与球形粒子散射过程中的偶极子模式相关的一个复数函数。式（2.6.20）中的无穷级数是表示，在入射电磁波（辐射）作用下，球形散射粒子内的电荷随入射波同步作强迫振荡产生的多种散射电磁波的和，并且：复数a_n表示电场振荡对散射的影响，a_1 代表电偶极子的影响，a_2 代表电四极子的影响，a_n（$n>2$）代表电多极子的影响；复数 b_n 表示磁场振荡对散射的影响，b_1 代表磁偶极子的影响，b_2 代表磁四极子的影响，$b_n(n>2)$ 代表磁多极子的影响。

式（2.6.20）中的a_n和 b_n可按下列公式计算

$$\begin{cases} a_n=\dfrac{\psi'_n(mx)\psi_n(x)-m\psi_n(mx)\psi'_n(x)}{\psi'_n(mx)\xi_n(x)-m\psi_n(mx)\xi'_n(x)} \\ b_n=\dfrac{m\psi'_n(mx)\psi_n(x)-\psi_n(mx)\psi'_n(x)}{m\psi'_n(mx)\xi_n(x)-\psi_n(mx)\xi'_n(x)} \end{cases} \tag{2.6.21}$$

式（2.6.21）中之 $\psi_n(x)=x\,j_n(x)$，$\xi_n(x)=x\,h_n^{(')}(x)$。$j_n(x)$ 和$h_n^{(')}(x)$分别是球贝塞尔函数和第一类球汉克尔函数，“′”表示函数的微商。

若入射光的辐照度 $F_0=F_{OT}+F_{ON}$，当散射角为 θ，距离 d 处产生的散射辐照度$F_s=F_{sT}+$

F_{sN}，散射辐照度F_s与入射光辐照度F_0的关系为

$$F_s=\left(\frac{1}{k_d}\right)^2[F_{OT}|S_2(\theta)|^2+F_{ON}|S_1(\theta)|^2] \tag{2.6.22}$$

以置于坐标原点处 O 的散射粒子为顶点，取一微立体角 $\mathrm{d}\Omega$，在距离为 d 处，该微立体 $\mathrm{d}\Omega$ 角所张的截面为$d^2\mathrm{d}\Omega$，由此微立体角射出之散射辐射通量 $\mathrm{d}\phi=F_s d^2\mathrm{d}\Omega$。将 θ 角方向的散射截面定义为角散射截面 $\mathcal{A}(\theta)$，有

$$\mathcal{A}(\theta)=\frac{\mathrm{d}\Phi}{F_0\mathrm{d}\Omega}(\text{量纲为面积/球面度}) \tag{2.6.23}$$

对于辐射的垂直与平行分量，其角散射截面分别为

$$\begin{cases}\mathcal{A}_T(\theta)=\left[\dfrac{\lambda}{2\pi}|S_2(\theta)|\right]^2\\ \mathcal{A}_N(\theta)=\left[\dfrac{\lambda}{2\pi}|S_1(\theta)|\right]^2\end{cases} \tag{2.6.24}$$

当入射光为无偏振的自然光时，角散射截面 $\mathcal{A}(\theta)$：

$$\mathcal{A}(\theta)=\frac{1}{2}[\mathcal{A}_T(\theta)+\mathcal{A}_N(\theta)]=\frac{\lambda^2}{8\pi^2}[|S_1(\theta)|^2+|S_2(\theta)|^2] \tag{2.6.25}$$

将式（2.6.23）的角散射截面 $\mathcal{A}(\theta)$ 对 4π 立体角积分，可得自然光散射截面σ_s

$$\sigma_s=\int_0^{\frac{\pi}{2}}\mathcal{A}(\theta)2\pi\sin\theta d\theta=\frac{\lambda^2}{2\pi}\sum_{n=1}^{\infty}(2n+1)[|a_n|^2+|b_n|^2] \tag{2.6.26}$$

此处散射截面σ_s的量纲是面积（m^2）。

当球形粒子的折射率含有虚部时，粒子还存在吸收作用，吸收截面σ_a则是指单位辐照度入射时，一个粒子吸收的总能量。散射截面σ_s与吸收截面σ_a之和构成了消光截面σ_e。σ_e的 Mie 的表达式为

$$\sigma_e=\frac{\lambda^2}{2\pi}\sum_{n=1}^{\infty}[(2n+1)R_e(a_n+b_n)] \tag{2.6.27}$$

下面是一些与米氏散射有关且与遥感中大气纠正等有关的参数，他们都跟入射光的偏振状态无关，计有

Q_e：消光系数，

$$Q_e=\frac{\sigma_e}{\pi\cdot r^2}=\frac{2}{r^2}\sum_{n=1}^{\infty}[(2n+1)R_e(a_n+b_n)] \tag{2.6.28}$$

$P(\theta)$：散射相函数，

$$P(\theta)=\frac{4\pi\cdot\mathcal{A}(\theta)}{\sigma_s} \tag{2.6.29}$$

$P(\theta)$ 是 θ 方向的角散射截面 $\mathcal{A}(\theta)$ 与所有方向角散射截面平均值$\frac{\sigma_s}{4\pi}$之比，为一量纲为 1 的量，且满足归一化条件，$\frac{1}{4\pi}\int_{4\pi}\mathcal{A}(\theta,\varphi)\mathrm{d}\Omega\equiv 1$。

Q_s：散射系数，

$$Q_s=\frac{\sigma_s}{\pi r^2}=\frac{1}{2}\left(\frac{\lambda}{\pi r}\right)^2\sum_{n=1}^{\infty}(2n+1)[|a_n|^2+|b_n|^2] \tag{2.6.30}$$

$\widetilde{\varpi}_0$：单次散射反照率，表示散射σ_s在总消光中所占有的比例

$$\widetilde{\varpi}_0=\frac{\sigma_s}{\sigma_s+\sigma_{ab}} \tag{2.6.31}$$

以上都是基于单个球形粒子情况下散射研究的结果，而实际大气是由许多的粒子组成，那么面对大气的粒子群，其散射和单个粒子散射又是种什么关系？实际上大气分子和其他粒子对入射光辐射都会产生散射。由于大气分子和其他粒子成分的粒径远远大于入射光波长（起码一个数量级以上），还由于大气存在不停的、不规则的湍流运动，使大气中的粒子的空间位置随时发生改变，散射光的干涉作用可以忽略不计。所以群体粒子的散射强度就可以认为是每个个体粒子散射强度的代数和。

另外，由于大气分子与气溶胶粒子的后向散射系数随海拔高度变化的态势不同，即大气分子的后向散射随高度变化的变化率远小于气溶胶粒子，因此就平均情况而言，大约在 4km 高度以上，分子散射占优势，而在 4km 高度以下，则以气溶胶粒子散射占主导地位。

上面从理论上介绍了单个大气分子的散射规律，而在实际大气中总要处理一定体积内的大量的大气分子散射问题。

2.6.4.1 实际大气的分子散射

根据大气分子散射的特质，可以认为，某一特定体积内分子的总散射应该可视为这一体积内各个分子散射的总和。由于各个分子的散射作用都是一样的，根据分子的数密度就可以列出单位体积大气的散射函数表达式以及其他参数。若大气分子的数密度为 N，当自然光入射，有相函数

$$\beta^m(\theta,\varphi)=N\,\sigma^m(\theta,\varphi)=\frac{\pi^2\,(m^2-1)^2}{2N\,\lambda^4}(1+\cos^2\theta) \tag{2.6.32}$$

和折射系数 k_{sc}^m

$$k_{\mathrm{sc}}^m=N\,\sigma_{\mathrm{sc}}^m=\frac{8\,\pi^3\,(m^2-1)^2}{3N\,\lambda^4} \tag{2.6.33}$$

又，大气分子的单位体积的散射函数可写为

$$\beta^m(\theta)=\frac{1}{4\pi}k_{\mathrm{sc}}^m\cdot P^m(\theta) \tag{2.6.34}$$

式中，$P^m(\theta)$ 为大气分子的相函数，其表示式为

$$P^m(\theta)=\frac{3}{4}(1+\cos^2\theta) \tag{2.6.35}$$

Chandrasekhar（2013）给出分子各向异性时的相函数表达式

$$P^m(\theta)=\frac{3}{4(1+2\gamma)}[(1+3\gamma)+(1-\gamma)\cos^2\theta] \tag{2.6.36}$$

由于大气的 $\gamma=0.178$，故

$$P^m(\theta)=0.7629(1+0.9324\cos^2\theta) \tag{2.6.37}$$

与式（2.6.37）相应，散射系数 k_{sc}^m［式（2.6.33）］亦应乘上一个因子 Φ，这样，将

式（2.6.34）中的 k_{sc}^{m} 和 $P^{m}(\theta)$ 用式（2.6.33）和式（2.6.37）表示，可得大气分子的单位体积散射函数 $\beta^{m}(\theta)$

$$\beta^{m}(\theta)=\frac{2\pi^{2}\ (m^{2}-1)^{2}}{3N\lambda^{4}}\cdot\Phi\times 0.7629\times(1+0.9324\times\cos^{2}\theta) \tag{2.6.38}$$

上式已顾及分子的各向异性，故相函数 $P^{m}(\theta)$ 与标准状态下的散射函数 $\beta^{m}(\theta)$ 仅与散射角 θ 有关。

2.6.4.2 大气气溶胶散射

气溶胶本质上是由固态粒子（尘埃、细粒火山灰、烟尘、孢子、花粉粒、微生物、冰晶）和液态的云雾水滴等与作为分散介质的干洁大气组成的多项分散体系。演化到当今，人们只关注那些飘荡在大气中的固液态悬浮物，说起大气气溶胶就是指那些悬浮于大气中的各种微细的固态或液态的粒子。

气溶胶粒子形状复杂，研究中常用各种等效直径表示其大小。此处讨论中使用的即为空气动力学等效直径，用以表示气溶胶颗粒尺度的大小。据此，将气溶胶分为爱根核（半径 $r<0.1\mu m$）、大粒子（$0.1\mu m<r<1.0\mu m$）和巨粒子（$r>1.0\mu m$）三类。在辐射传输研究中，根据气溶胶粒子来源将其分为大陆型、海洋型和高层型三类。在低层大气中，气溶胶粒子浓度大，说明它主要源于陆地。由于重力作用，对流层中的气溶胶浓度随海拔高度增加按指数规律递减，到对流层顶处达到最低。到平流层气溶胶粒子浓度又有些增加，在20km 高度附近出现一个叫峻格（Junge）气溶胶层，该层气溶胶粒子尺度 r 仅为 0.1 ~ 1.0μm，或甚至更细的颗粒，估计为细粒的火山灰。

对于尘埃、烟尘、火山灰等干性气溶胶粒子，其粒径大小分布可用幂指数形式即峻格（Junge）分布来表达

$$\frac{dN}{dr}=0.4343\times Cr^{-(v+1)} \tag{2.6.39}$$

式中，$dN=n(r)dr$，指在单位体积里，粒子半径在 r 到（$r+dr$）大小范围内的数密度，C 为谱分布中反映粒子数密度的一常数，指数 v 为方向性散射强度的调节参数。如果 v 的取值从 2.5 变化到 4，当 v 减小时，表示大粒子增加，造成前向散射迅速增大；当 v 取值增大到 4 时，表示有大量的小粒子存在，使前向散射减弱，这可用图 2.6.4 给以说明。

对于单位体积中有众多粒子情况下的总散射，可采用独立散射条件下的总散射等于各个粒子独立散射之和的原理。若单位体积的大气分子数密度为 N，则大气总的散射函数 $\beta(\theta,\varphi)$ 可表示为

$$\beta(\theta,\varphi)=N\sigma^{m}(\theta,\varphi)+\int\sigma(\theta,\varphi,r)n(r)dr \tag{2.6.40}$$

这样，通过式（2.6.39）和式（2.6.40），可以获得单位体积的气溶胶粒子的散射函数 $\beta^{p}(\theta)$

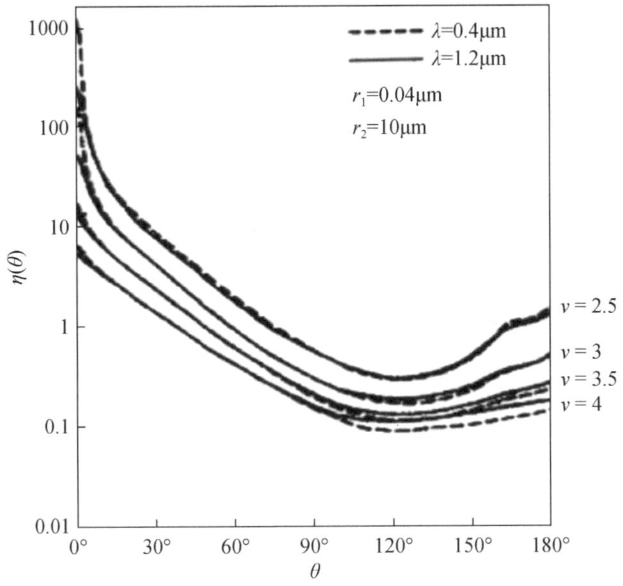

图 2.6.4　按幂指数谱分布计算的散射方向性函数

资料来源：Bullrich，1964；转引自盛裴轩，毛节泰，2003

$$\beta^p(\theta) = \int_{r_1}^{r_2} \sigma^p(\theta,\ r)n(r)\mathrm{d}r$$

$$= 0.4343 \times C \times \frac{1}{2k^2}\int_{r_1}^{r_2} \frac{i_1 + i_2}{r^{v+1}}\mathrm{d}r = 0.4343 \times C \times \left(\frac{2\pi}{\lambda}\right)^{v-2} \times \frac{1}{2}\eta(\theta) \tag{2.6.41}$$

上式中 η (θ) 为散射方向性函数，表达式为

$$\eta(\theta) = \int_{x_1}^{x_2} (i_1 + i_2)\ x^{-(v+1)}\mathrm{d}x \tag{2.6.42}$$

η 的值取决于积分上下限。

一旦有了气溶胶粒子的谱分布，便可以求出气溶胶的消光系数 k_{ex}^p

$$k_{\text{ex}}^p = \int_{r_1}^{r_2} \pi r^2\ Q_{\text{ex}}^p(r,\lambda,m)n(r)\mathrm{d}r = 0.4343 \times C\pi \times \int_{r_1}^{r_2} Q_{\text{ex}}^p(r,\lambda,m)r^{-(v+1)}\mathrm{d}r$$

$$= 0.4343 \times C \times \left(\frac{2\pi}{\lambda}\right)^{v-2} \times k(v,m,r_1,r_2) \tag{2.6.43}$$

式中，k 为

$$k = \int_{\alpha_1}^{\alpha_2} Q_{\text{ex}}^p(\alpha,m)\ \alpha^{-(v+1)}\mathrm{d}\alpha \tag{2.6.44}$$

在可见光波长范围里，粒子半径在 0.3 ~ 0.7μm 区间的气溶胶粒子对大气的消光作用最大。因此，在这个半径区间里，散射粒子谱分布只要满足幂指数函数的分布，式（2.6.43）就可作为所有粒子所形成的消光作用，并且消光系数 k_{ex}^p 与波长 λ 间有下列关系

$$k_{\text{ex}}^p = A\times\lambda^{-(v-2)} \tag{2.6.45}$$

2.7 BEER 定律和相关物理量

2.7.1 Beer 定律

比尔定律是描述单色辐射穿越一定厚度的有吸收作用的大气层后受到指数衰减现象的规律。设有一单色平行方向辐射的辐照度为 E_λ，穿越一有吸收作用的大气微层 dl 后，变成 $E_\lambda+\mathrm{d}E_\lambda$，由于辐射被削弱故取负号，有

$$\mathrm{d}E_\lambda=-E_\lambda\sigma_{a,\lambda}N\mathrm{d}l=-E_\lambda k_{a,\lambda}\mathrm{d}l(N\text{ 为气体分子的数密度}) \tag{2.7.1}$$

设 $l=0$ 处辐照度为 $E_{\lambda,0}$，那么 l 处的辐照度 $E_{\lambda,l}$

$$E_{\lambda,l}=E_{\lambda,0}\,\mathrm{e}^{-\int_0^l k_{a,\lambda}\mathrm{d}l} \tag{2.7.2}$$

实用中，将辐射被吸收了多少总是考虑介质的质量，即与吸收介质的密度 ρ 相联系，需将此前常用的单位体积的吸收系数 $k_{a,\lambda}$ 改变为单位质量吸收系数 $k'_{a,\lambda}$，他们间有关系

$$k_{a,\lambda}=N\sigma_{a,\lambda}=\sigma_{a,\lambda}\frac{N_A}{M}\rho=k'_{a,\lambda}\rho \tag{2.7.3}$$

因而式（2.7.1）与式（2.7.2）改写为

$$\mathrm{d}E_\lambda=-k'_{a,\lambda}E_\lambda\rho\mathrm{d}l \tag{2.7.4}$$

$$E_{\lambda,l}=E_{\lambda,0}\,\mathrm{e}^{-\int_0^l k'_{a,\lambda}\rho\mathrm{d}l} \tag{2.7.5}$$

式中，$k'_{a,\lambda}$是单位质量的吸收介质（大气）的吸收系数，量纲为［L^2/M］，常用单位为(cm^2/g)，表示 1cm^2 的大气柱里的单位质量物质吸收了原辐射能量的份额。N_A 为阿伏伽德罗常数，M 为摩尔质量，ρ 为吸收气体物质的密度。由大气散射和吸收作用产生的辐射总衰减 $E_{\lambda,l}$

$$E_{\lambda,l}=E_{\lambda,0}\,\mathrm{e}^{-\int_0^l k'_{\mathrm{ex},\lambda}\rho\mathrm{d}l}=E_{\lambda,0}\,\mathrm{e}^{-\int_0^l k_{\mathrm{ex},\lambda}\mathrm{d}l} \tag{2.7.6}$$

上述辐射的指数衰减规律适用于任何原因产生的辐射衰减，成为研究太阳直接辐射衰减作用的基础。式中 $k_{\mathrm{ex},\lambda}=k_{\mathrm{sc},\lambda}+k_{a,\lambda}$，称作辐射衰减（削弱）系数。

2.7.2 大气光学厚度

一束平行单色光在穿越了一段路径为 l 的大气层后，辐照度由 $E_{\lambda,0}$削弱为 $E_{\lambda,l}$，这可用比尔辐射指数衰减律的表达式（2.7.6）来表示。如果式（2.7.6）两端都除以 $E_{\lambda,0}$，则有透过率 τ

$$\tau=\frac{E_{\lambda,l}}{E_{\lambda,0}}=\mathrm{e}^{-\int_0^l k'_{\mathrm{ex},\lambda}\rho\mathrm{d}l}=\mathrm{e}^{-\int_0^l k_{\mathrm{ex},\lambda}\mathrm{d}l}=\mathrm{e}^{-h_\lambda} \tag{2.7.7}$$

也即有

$$h_\lambda=\int_0^l k'_{\mathrm{ex},\lambda}\rho\mathrm{d}l=\int_0^l k_{\mathrm{ex},\lambda}\mathrm{d}l \tag{2.7.8}$$

式中，h_λ称作光学厚度。h 愈大，能透过大气层厚度为 L 的能量愈少，反之，h 愈小，能透过的能量反而愈大。在同样的散射和吸收能力情况，辐射穿透大气层 L 后损失多少决定于该大气层厚度 L 的大小，因而将 h 叫做大气光学厚度。整个大气层的光学厚度h_0，或记为$h_\lambda(0)$，或 $h(0)$，定义为

$$h_\lambda(0)=\int_0^\infty k_{\mathrm{ex},\lambda}(z)\,\mathrm{d}z=\int_0^\infty k'_{\mathrm{ex},\lambda}(z)\rho\,\mathrm{d}z \tag{2.7.9}$$

2.7.3 大气光学质量

一束光沿照射路径 L 传播，被单位截面大气柱吸收或散射的大气质量，称为光学质量，并以 U 记之，量纲为 $[M/L^2]$

$$U=\int_0^l \rho\,\mathrm{d}l \tag{2.7.10}$$

对于均质大气，当太阳垂直照射时，海平面以上整层大气的光学质量 U

$$U=\int_0^\infty \rho\,\mathrm{d}z=\rho_0 H \tag{2.7.11}$$

式中，ρ_0 为海平面处大气密度，H 为当地均质大气高度。大气的光学质量也可用标准状态下吸收或者散射的气体的厚度来表示（臭氧的光学质量常用这种定义），并仍用 U 记之

$$U=\frac{\left[\int_0^l \rho\,\mathrm{d}l\right]}{\rho_s} \tag{2.7.12}$$

式中，ρ_s是标准状态下大气的密度，因而 U 的量纲为 $[L]$。

有必要了解关于订正大气质量的概念。气体对辐射的吸收作用和它所处的温度和所受的压力有关，遂造成实际大气是非均匀的。可以不具体分析吸收系数如何随温度和压力的变化，而是用温度 T 和气压 P 对光学质量 U 的订正来处理大气非均匀性这种状况。这时，可将大气吸收系数写作

$$k'_{a,\lambda}(P,T)=k'_{0,\lambda}\left[\frac{P}{P_0}\sqrt{\frac{T_0}{T}}\right]^n \tag{2.7.13}$$

式中，$k'_{0,\lambda}$为参考状态（$P_0=1\mathrm{atm}$，$T_0=273K$）下的质量吸收系数，$\left[\frac{P}{P_0}\sqrt{\frac{T_0}{T}}\right]^n$为订正因子。经验常数 n 由实验确定。兹将式（2.7.13）代入光学厚度表达式，有

$$h_\lambda=\int_0^l k'_{a,\lambda}\rho\,\mathrm{d}l=k'_{0,\lambda}\int_0^l\left[\frac{P}{P_0}\sqrt{\frac{T_0}{T}}\right]^n\rho\,\mathrm{d}l=k'_{0,\lambda}\,\tilde{U} \tag{2.7.14}$$

式中，

$$\tilde{U}=\int_0^l\left[\frac{P}{P_0}\sqrt{\frac{T_0}{T}}\right]^n\rho\,\mathrm{d}l \tag{2.7.15}$$

$\tilde{U}$ 被称作订正光学质量，且有 $\mathrm{d}\tilde{U}=\left[\frac{P}{P_0}\sqrt{\frac{T_0}{T}}\right]^n\mathrm{d}u$，这样，式（2.7.5）可写作

$$E_{\lambda,l}=E_{\lambda,0}\mathrm{e}^{-\int_0^l k'_{a,\lambda}\rho\,\mathrm{d}l}=E_{\lambda,0}\exp(-k'_{0,\lambda}\,\tilde{U}) \tag{2.7.16}$$

2.7.4 光谱透过率和光谱吸收率

一束光穿透一段大气柱的透过率是由穿越前和穿越后的辐射通量之比来定义的。根据辐射指数衰减率式（2.7.6）和式（2.7.16），光谱透过率 τ

$$\tau=\frac{E_{\lambda,l}}{E_{\lambda,0}}=\mathrm{e}^{-h_\lambda}=\mathrm{e}^{-(k'_{0,\lambda}\tilde{U})} \tag{2.7.17}$$

通常把整层大气在垂直方向上的透过率称为透明系数，而将光谱透明系数记为$p_\lambda=\mathrm{e}^{-h_\lambda(0)}$。当只有吸收作用发生时，定义光谱吸收率$\alpha_\lambda$为

$$\alpha_\lambda=1-\tau_\lambda=1-\mathrm{e}^{-h_\lambda}=1-\exp(-k'_{0,\lambda}\tilde{U}) \tag{2.7.18}$$

式（2.7.18）表明，大气层的吸收率与吸收物质的多寡成指数关系，仅当吸收物很少时（即$\tilde{U}$很小），吸收率才与物质光学质量成正比关系，其表达式为

$$\alpha_\lambda=1-\exp(-k'_{0,\lambda}\tilde{U})=1-(1-k'_{0,\lambda}\tilde{U})=k'_{0,\lambda}\tilde{U} \tag{2.7.19}$$

2.7.5 大气能见度

本节要介绍关于大气能见度的一些概念，它和大气的散射和吸收情况都有关系，并且还是进行遥感大气纠正时必要的输入参数。简单地讲，那种无法把目标从背景上识别出来的临界距离称作能见距，而将透过大气能分辨远处目标物的程度分为 10 个等级，称为能见度（距）（表 2.7.1）。能见距R_m和大气消光系数 k_{ex}有下述关系

$$R_m=\frac{1}{k_{\mathrm{ex}}}\ln\frac{1}{\mathrm{e}}=\frac{3.19}{k_{\mathrm{ex}}} \tag{2.7.20}$$

表 2.7.1 各级能见度（距）与散射系数关联表

能见度等级	天气状况	气象能见距/km	散射系数/km^{-1}
0	极浓雾	<0.05	>78.2
1	浓雾	0.05～0.20	78.2～19.6
2	中雾	0.20～0.50	19.6～7.82
3	轻雾	0.50～1.00	7.82～3.91
4	薄雾	1.00～2.00	3.91～1.96
5	霾	2.00～4.00	1.96～0.954
6	轻霾	4.00～10.00	0.954～0.391
7	晴	10.00～20.00	0.391～0.196
8	很晴	20.00～50.00	0.196～0.078
9	十分晴	>50.00	<0.078
	纯空气分子	277	0.0141

资料来源：Hulburt，1941；盛裴轩等，2003

2.7.6 光学厚度的计算

对于均匀混合气体（如氧气与二氧化碳等），只要知道了地面的大气压，便能计算其光学厚度。可是对于像水汽和臭氧，在地球上的不同地点和时间，它们的时空变化都很大，必须要先知道气体具体含量，才能计算它们的光学厚度。Leckner（1978）用一个广义的透过率函数$\tau_{\lambda,i}$，来表征水汽和其他均匀混合气体的选择性吸收能力。

$$\tau_{\lambda,i}=\exp(-h_{\lambda,i}) \tag{2.7.21}$$

式中，的光学厚度$h_{\lambda,i}$表达式为

$$h_{\lambda,i}=\frac{0.3\times k_{\lambda,i}\tilde{U}_l m}{(1+25.25\times k_{\lambda,i}\tilde{U}_l m)^{0.45}} \tag{2.7.22}$$

式中，$k_{\lambda,i}$是第 i 种均匀混合气体的吸收系数，$\tilde{U}_l$是该种气体的订正光学质量，水汽的$\tilde{U}_l$单位是 g/cm^2，角标 i 是指哪一种的均匀混合气体。m 是相对大气质量，表示太阳辐射以 θ 角倾斜入射时与自天顶入射时的光学厚度之比，有

$$m=\frac{h_\lambda(\theta)}{h_\lambda(0)}=\frac{\int_0^\infty k_\lambda\rho \mathrm{d}l}{\int_0^\infty k_\lambda\rho \mathrm{d}z} \tag{2.7.23}$$

如 k_λ 为常数（在光路上的大气组成不变），有

$$m=\frac{\int_0^\infty \rho \mathrm{d}l}{\int_0^\infty \rho \mathrm{d}z} \tag{2.7.24}$$

2.7.6.1 水汽吸收的光学厚度

水汽吸收的光学厚度，也称可降水量。它是指辐射传输路径上大气的总水汽含量，采用辐射传输路径里单位面积上所有水汽都凝结成液态水时所形成的水柱厚度。大气中可降水量变动在 0～10cm 范围。Leckner 根据 McClatchey（1972）的研究工作，得到水汽的订正光学质量U_v为

$$U_v=0.795\,P_v \tag{2.7.25}$$

U_v单位为 g/cm^2。将式（2.7.25）结果代入式（2.7.22），可得由水汽吸收而造成的整层大气光学厚度$h_{\lambda,v}(\theta)$

$$h_{\lambda,v}(\theta)=\frac{0.2385k_{\lambda,v}P_v m_v}{(1+20.07k_{\lambda,v}P_v m_v)^{0.45}} \tag{2.7.26}$$

式中，脚标 v 表示水汽，P_v为大气的水汽分压值，m_v为水汽的相对大气质量。水汽的吸收系数 $k_{\lambda,v}$有详表可查。

2.7.6.2 均匀混合气体吸收的光学厚度

氮气、氧气和二氧化碳都属于均匀的混合气体。和上述气体一样，Leckner 同样获得

了均匀混合气体的订正质量$U_a=0.471\text{km}$后，将其代入式（2.7.22），获得均匀混合气体的吸收作用造成的整层大气的光学厚度$h_{\lambda,a}(\theta)$表达式

$$h_{\lambda,a}(\theta)=\frac{1.41k_{\lambda,a}m}{(1+11.893k_{\lambda,a}m)^{0.45}} \tag{2.7.27}$$

关于$k_{\lambda,a}$的数值随波长λ的变化亦有详表可查。

2.7.6.3 臭氧吸收的光学厚度

由臭氧的吸收作用所形成的臭氧整层大气光学厚度$h_{\lambda,0}(\theta)$为

$$h_{\lambda,0}(\theta)=k_{\lambda,0}U_0\, m_0 \tag{2.7.28}$$

m_0是臭氧的相对大气质量，U_0为气柱的臭氧总量。在论及臭氧吸收的整层大气垂直光学厚度时，常采用气柱的臭氧总量。$k_{\lambda,0}$值随波长的变化有详细列表可查。

2.7.6.4 大气分子散射的光学厚度$h_{\lambda,R}(\theta)$

大气分子散射的光学厚度

$$h_{\lambda,R}(\theta)=m\,h_{\lambda,R}(0)=m\int_0^\infty k_{\lambda,R}(z)\,\mathrm{d}z \tag{2.7.29}$$

在讨论瑞利散射削弱系数时，可利用$(m^2-1)^2=4\ (m-1)^2$关系，获得散射削弱系数$k_{\mathrm{sc},\lambda}$

$$k_{\mathrm{sc},\lambda}=\frac{32\,\pi^3\ (m-1)^2}{3N}\cdot\frac{1}{\lambda^4}=C\lambda^{-4} \tag{2.7.30}$$

式中，N为单位体积中散射质点数目，m为介质的折射率，一般为复数，其虚部表示吸收作用。当介质的吸收作用很小时，折射率可用实部（数）表示。对于大气分子，在标准状态下，$m=1.000293$，$N_0=2.688\times10^{25}m^{-3}$，因而有

$$C=1.0563\times10^{-30}m^3 \tag{2.7.31}$$

故在标准状态下的体积削弱系数$k_{\mathrm{sc},0,\lambda}$为

$$k_{\mathrm{sc},0,\lambda}=1.0563\times10^{-6}\lambda^{-4} \tag{2.7.32}$$

式中，波长单位为μm，$k_{\mathrm{sc},0,\lambda}$单位为$m^{-1}$。由式（2.7.30）和式（2.7.32），反观式（2.7.29），大气分子散射的削弱系数$k_{\lambda,R}(z)$为

$$k_{\lambda,R}(z)=k_{\lambda,R}(0)\frac{\rho(Z)}{\rho_0}=1.0563\times10^{-6}\lambda^{-4}\frac{\rho(Z)}{\rho_0} \tag{2.7.33}$$

ρ_0为标准状态下的气体密度（1.293kg/m^3）。如地表压强为标准大气压P_0，据大气静力学方程，整层大气的分子散射的垂直光学厚度$h_{\lambda,R}(0)$

$$\begin{aligned}h_{\lambda,R}(0)&=\int_0^\infty k_{\lambda,R}(z)\,\mathrm{d}z=1.0563\times10^{-6}\lambda^{-4}\int_0^\infty\frac{\rho(z)}{\rho_0}\mathrm{d}z\\&=1.0563\times10^{-6}\lambda^{-4}\frac{P_0}{\rho_0 g}=0.00844\,\lambda^{-4}\end{aligned} \tag{2.7.34}$$

因为空气的折射率与波长也有关系，Robinson（1977）将式（2.7.34）修订为

$$h_{\lambda,R}(0)=0.00844\,\lambda^{-4.05} \tag{2.7.35}$$

2.7.6.5 大气气溶胶散射的光学厚度$h_{\lambda,P}(\theta)$

气溶胶散射的光学厚度

$$h_{\lambda,P}(\theta)=m\,h_{\lambda,P}(0)$$

Ångström（1929）根据荣格分布，导出了计算米散射的整层大气垂直光学厚度的表达式

$$h_{\lambda,P}(0)=\beta\,\lambda^{-\alpha} \tag{2.7.36}$$

β为浑浊度指数，随大气中的气溶胶质点总数而变，大气污染轻时约为0.1或更小，如β达到0.2左右，表明大气比较浑浊。α称为波长指数，与气溶胶粒子的平均半径r有关，r越小，气溶胶的散射性质越近于瑞利分子散射，α就趋近于4（表2.7.2）。

表 2.7.2 波长指数 α 与气溶胶平均粒子半径 r 的统计关系

波长指数 α	0	1.3	1.5	2.0	2.5	3.0	3.8–4.0
r/μm	>2.0	≈0.6	0.5	0.22～0.25	0.15	0.062～0.10	≤0.02

资料来源：盛裴轩等，2003

讨论大气分子与气溶胶粒子的实用的光学厚度计算，其目的就是能方便地得到各种大气条件下的地面太阳辐射的光谱分布。

2.8 地表目标对太阳辐射的反射与地物的波谱特征

2.8.1 地表反射与地表反射率测量

地表目标是个比较抽象的概念。在卫星对地观测领域，宏观尺度上讲，它实际上指的就是各种地表覆盖（land cover）类型。在环境遥感领域，土地覆盖这一专业术语可谓无处不在。在第1章我们对土地覆盖已给出了严格的定义。而土地覆盖类型，也可通俗地理解为地表景观类型，是指从视觉上概括（抽象）出来的陆地地表特征（或称为属性）的差异性区分，如森林、草原、荒漠、裸岩（土）和冰雪等。

土地覆盖类型分类是一种多级分类系统，最上面一级可称之为类，类以下可分型，型以下可分为亚型，还可往下分为组。每一类都是一种树状分类系统，在我们进行森林的光谱测量时，都要具体到每一种林分或林地的一个植株这样一种具体目标。

前文曾经阐述过，地球表面特征是介于镜面和典型漫反射的一种粗糙表面，这种粗糙表面的反射特性，如反射率值，不但与测量仪器的观测方向有关，还与光源的照射方向有关，具有二向性反射特性，可用二向性反射分布函数BRDF来表达。但是，根据二向性反射分布函数的定义，无法实现反射特性的直接测量，只能按照下述定义的方向反射比（DRF）这个概念才能实现反射率的实际测量。方向反射比（DRF）的定义是：在相同的入射条件下，地物目标向某一方向反射的强度与该方向理想的漫反射体的反射强度的比

值，也称方向反射因子。DRF 虽然容易实现直接测定，但它不仅依赖于入射光强度的空间分布，而且也不能用来作为表征地物本身的特征指标。可以证明，当入射光的分布为 δ 函数，即光源（视为点光源）仅从某一方向入射时，DRF 与 BRDF 仅相差一个常数。若以有限面积的反射为基础，RDF 可定义为 BRDF 的极限

$$\mathrm{BRDF}=\lim_{\Omega_i\to 0,\Omega_r\to 0}\left\{\frac{1}{\pi}\mathrm{DRF}\right\}=\frac{1}{\pi}\frac{\iint_A R(S)\langle s,i\rangle\langle s,r\rangle I(i,s)I(r,s)\,\mathrm{d}s}{A\cos\theta_i\cos\theta_r} \tag{2.8.1}$$

式中，A 为像元面积，$\mathrm{d}s$ 为像元 A 上的入射/反射光照射的微小面积元（表面可近似为朗伯表面），其法线与 i，r 两个方向的夹角余弦分别为 $\langle s, i\rangle$ 和 $\langle s, r\rangle$；$I(i, s)$ 和 $I(r, s)$ 为从 i 或 r 方向 $\mathrm{d}s$ 的可见范围。$R(S)$ 为实验测得的构成小面积元 $\mathrm{d}s$ 的材料样品的波谱特征，并为波长的函数。应该说，DRF 的定义方式是一种适合于传感器进行反射率测量的定义方式。有了这个定义，就可以对地表目标的表面（森林冠层表面、草地冠层表面、作物冠层表面、冰面、雪面、水面、裸土裸岩表面等）进行反射率测量了。

要对目标表面进行反射率测量，除了要具备光谱测量仪器之外，还必须配备一面标准的反射率板，简称标准版。所谓标准版，是指人为制造的具有典型漫反射表面的反射板，可以自制，也可以提出要求定制。标准版大小一般为 30 ~ 50cm 见方，要求表面平整，轻而不变形，在板面可用 $BaSO_4$沉淀法或直接涂抹均可。当水分蒸发后，即形成表面均匀平整的典型漫反射表面。一般由 $BaSO_4$沉淀法产生的表面在光谱上呈现为中性，即反射率不随波长变化而发生变化，反射率大小在 30% ~40%。也可以添加一些中性辅料，改变标准版反射率的高低，以满足实际应用需求（如做成反射率较低的各种灰板）。

进行地物波谱测量，最关键的是要有适于野外工作环境使用的波谱仪。通常，在可见光-近红外波段使用 Si 探测器件，而在热红外波段则要使用碲化铟或碲镉汞半导体器件，因而价格昂贵。表 2.8.1 是一些野外用光谱仪及其配套用仪器列表。

表 2.8.1　野外光谱测量及相关辅助测量仪器列表

仪器中文名	仪器型号	工作波段范围/nm	仪器生产国与公司
野外光谱辐射计	ASD FieldSpec/Handheld	325 ~ 1075	美国，ASD Inc.
便携式光谱辐射计	SE590	370 ~ 1100	美国，Spectron Engineering Inc.
野外光谱辐射计	ASD FieldSpec UV/VNIR	350 ~ 1050	美国，ASD Inc.
野外光谱辐射计	ASD FieldSpec/FR	350 ~ 2500	美国，ASD Inc.
便携式红外光谱测量仪	Model 102F	200 ~ 16000	D & P Inc.
叶面积测量仪	CI-203	测量叶片面积	美国，CID Inc.
积分球	Li-Cor 1800-12	透过率与反射率测量	美国，Li-Cor Inc.

进行光谱测量时，高质量的仪器固然重要，必要的测量规范亦不可缺少和违背。如规定必要的重复测量次数（如 3 ~5 次）以避免偶然性错误，光谱测量的前与后均要重复测量标准版以减少光照变化造成的影响，同时还应避免外在测量条件（包括测量人员自身）可能产生的影响。另外，除了手持的便携式光谱仪，其他的仪器还需配备必要的观测架，以保持仪器的稳定，获取可靠而准确的光谱数据。

2.8.2 地表植被的波谱特性

在大部分情况下，讲到地物波谱特征，实际上指的是地物反射率随波长变化时反射率曲线呈现出的形状特征。但是为了全面阐明植被的光谱特征，常需进一步对植物组分（如叶片等）进行光谱透过率以及吸收率的测定。现在还是从不同地物的反射率曲线以及他们所展现的特征说起，毕竟现象是入门的向导，并且根据现象才能进一步找出产生该现象的相关原因。

陆地地表除了极端干旱的沙漠、裸岩表面以及永久积雪与冰的覆盖区外，一般都生长有植物。要认识地球表面，首先要从植被说起，对于陆地遥感尤其如此。这里所说的植被包含天然植被和被人类驯化的植物——农作物和果树。下面是用地物光谱仪与积分球测得的主要作物的光谱曲线图，均取自中国典型地物波谱知识库，个别的做重绘与调整，现按叶片级和植物冠层两个层级进行讨论。

2.8.2.1 单个叶片的反射与透射光谱

测量单个叶片的反射率与透射率谱分布需采用专门的仪器。图 2.8.1 是用地物波谱仪 ASD FieldSpec/FR 和积分球 Li-Cor 1800 对北京地区冬小麦第一层叶片的测量结果。图 2.8.1中的透过率纵坐标自上而下逐渐增加，以示与反射率纵坐标的标注不同。按这样的格局处理，让人们醒目地看到，叶片的反射与透射竟然为镜像关系，叶片的光谱功能分区一目了然，它将叶片光谱准确地分割为透射域、吸收域和反射域。可以想见其他植物叶片也拥有类似的图谱结构模式。纵观下面植物叶片的反射率谱，可以看到从 0.4 ~ 2.5μm 波长范围内，存在四峰五谷的特征，研究的任务就是要对这种波谱特征找到一个科学合理的解释。

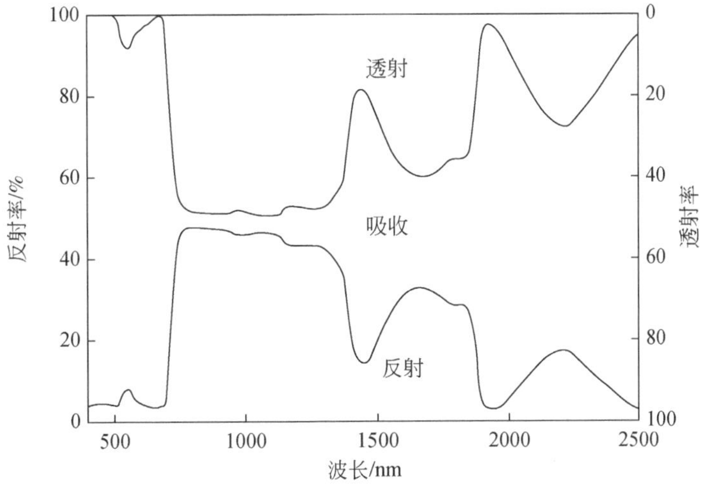

图 2.8.1 健康冬小麦叶片光谱透射域、吸收域和反射域中的镜像关系

2.8.2.2 植被冠层的反射率谱

图 2.8.2 是三种种植密度情况下玉米处在抽雄期（北京为 8 月上旬）光谱反射率图。种植密度分别为 $D_1=3.2\times10^3$（株/亩）①，$D_2=4.0\times10^3$（株/亩），$D_3=4.8\times10^3$（株/亩）。随着种植密度 D 增大，短波红外的反射率随之升高。

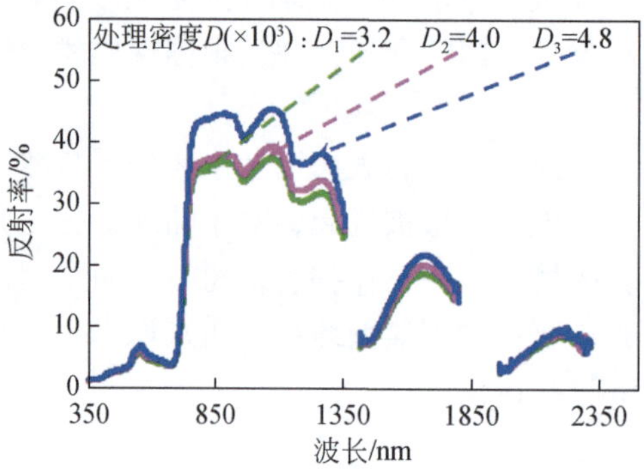

图 2.8.2　不同种植密度下的玉米反射光谱

资料来源：王锦地等，2009

图 2.8.3 是小麦及其种植的土壤与棉花、草甸冠层的反射率谱，将它们放在一张图里展现，并不是要对它们的反射作用进行比较，而是为了图面负担显得均衡些。由于影响它们的反射率高低的因素很多，如作物的品种，种植的土壤水分、养分差异，所处的物候期的不同以及冠层的结构差异（叶倾角分布，叶面积指数大小等），对它们反射率进行比较是没有意义的，主要是寻找它们的共性。

图 2.8.4 是水稻孕穗期冠层的光谱反射特征曲线。水稻与其他作物不同，在整个生长周期水稻是始终生长在水浸环境中，并且测试的稻田水体被 100% 的浮萍覆盖（相当于叶面积指数为 1）。这就让我们看到，在反射率曲线上，除了在 730～1350nm 光谱区间，水稻冠层反射率大于浮萍的反射率外，在整个可见光波段及 1350～1850nm 和 1900～2400nm 两个区间，浮萍的光谱反射率均高于水稻冠层的光谱反射率。湿地的光谱反射特征明显地表现出浅水下土壤基底的烙印，呈现出反射率低而平滑的特征。另外水面的光谱特征基本上近似于静水的光谱特征。只要水体有足够深度，由于存在体散射，在可见光波段其反射率在 0.05 左右并逐渐下降，在 1100nm 以后，反射率降为 0。

以上通过光谱仪与积分球的耦联运用，可以直接测量植物叶片的光谱透射率与反射率，根据能量守恒原理的余补关系，也就间接地获得了叶片的光谱吸收特征。同时运用野外光谱仪，又获得了诸如小麦、棉花、玉米以及水田中的水稻、浮萍等的植物冠层 350～2500nm 的反射率谱。影响植物/作物的冠层或叶片的因素很多，造成反射率起伏变化很大。即使这样，植/作物的反射率曲线的四峰五谷的曲线格局则不会改变。被选择的植物/

① 1 亩≈666.7m^2。

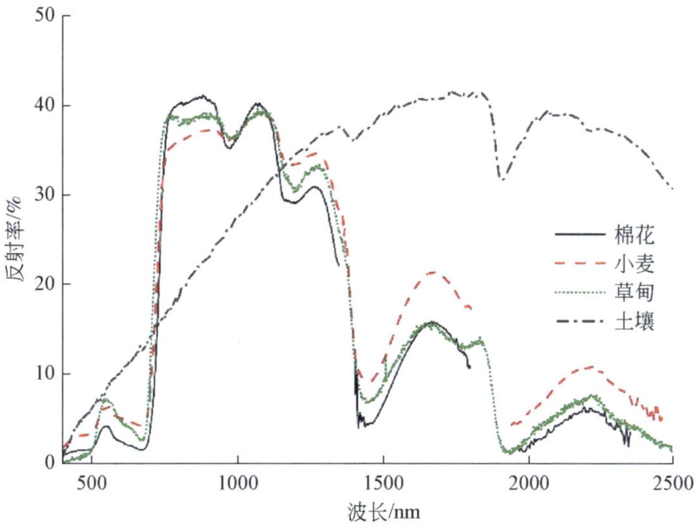

图 2. 8. 3　棉花、小麦、草甸与土壤的反射光谱曲线

资料来源：据王锦地等数据综合，2009

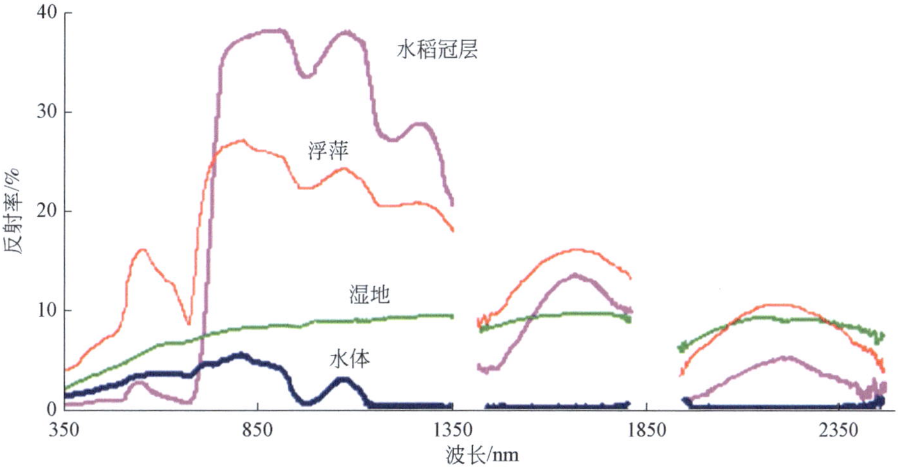

图 2. 8. 4　水稻冠层、浮萍、湿地与水体的光谱反射曲线

资料来源：王锦地等，2009

作物不但有乔木，也有草本的作物和一些草类，甚至还包括了浮水植物（浮萍），它们的反射率谱的共性则是一成不变的。这里应该隐含着某种生理学和生物物理学的机制。

植物生长发育由各种生理过程控制，生理过程则驱动着许多物理的、化学的与生物化学的反应。这些反应要以最适当的速率进行，并获得最有效的功能，势必要将细胞分化成各种结构并自成一体，且与其他部分分开。植物活细胞分化的结果是形成各种细胞器，每个细胞都用一层生物膜所包裹。植物在进化过程中为满足生存的需要，逐渐形成各种细胞器，叶绿体就是专门进行光合作用的细胞器。叶绿体被套膜所包围，自成一体，保持捕获光能的最佳状态。

高等植物叶片的超薄切片在电子显微镜下观察到的叶绿体呈凸透镜状，其主要结构组分由三部分组成，即外部双层套膜，无定形的间质（类囊体间质和片层间质）及其内含物质，以及高度组织化的内部层膜结构。植物的大部分叶绿体存在于叶片的栅栏组织和海绵组织中。每个栅栏细胞含有 300～400 个叶绿体，其他叶肉细胞则含有 200～300 个叶绿体。叶绿体存在于细胞质中，贴近细胞膜的周围。在栅栏细胞中，叶绿体几乎排列成连续不断的一层。叶绿体含有叶片的大部分蛋白质，占叶片总含氮量的 75%。叶绿体所含蛋白质约占其干重的 60%，且大部分是参与光合作用的活性蛋白。叶绿体所含脂类约占其总量的 15%。

光合作用捕获光能与电子传递过程发生于叶绿体的片层，而这些片层是由 50% 的蛋白质、40% 的类脂和 10% 的叶绿素组成（均为重量百分数）。在光合有机体中，所有的叶绿素分子都与有一定成分的不同种类的蛋白质相复合。叶绿素与蛋白质结合对于捕获光能至少有两个主要优点：一是保证叶绿素分子之间的距离很近，足以进行能量传递，不论是共振传递还是以激奋子（exciton）机理传递；二是能使叶绿素分子也不能相距太近，至少要保持有 1.2 毫微米的距离，以防止由于分子碰撞而丢失能量。

叶绿体的组成成分中，蛋白质约占其干重的 60%，脂类占 15%，也含有淀粉，用于植物生长和呼吸，并在黑暗中消失。叶绿体中的脂类主要有糖脂、磷脂与醌类，还含有少量的醇与链烷，叶绿体的这些化学组分都对叶片的吸收光谱有所贡献。

在植物冠层及其叶片中，是什么物质影响着对光的吸收，又是哪些因素决定着叶片的透射率和反射率，这还得从叶片的解剖学特征以及植物在进行光合作用时，能吸收光能的光合色素说起。

2.8.2.3 植物叶片内部的显微结构

通过电子扫描显微镜对叶片截面的扫描成像，可以获得叶片内部清晰的细胞及解剖学结构。图 2.8.5 是 Brakke 等（1989）用扫描电镜对黄鹅掌楸（*Liriodendron lulipifera* L.）[图 2.8.5（a）]、红栎（*Quercus rubra* L.）[图 2.8.5（b）] 和红枫（*Acer rubrum* L.）[图 2.8.5（c）] 的叶片截面进行扫描后获得的截面扫描图像，各种细胞器清晰可见。图 2.8.5（d）是据叶片的电镜扫描图像综合出来的供教学用的抽象临摹的细胞结构图。

从 2.8.5（d）看到叶片的上下表皮细胞组织，每个细胞均由细胞壁包裹着。在最外层表皮细胞的外面有一层亮滑的角质层，其厚度为 3～5μm，是一种半透明的物质，具有镜面反射性质，大概有 1%～3% 的入射辐射被这种角质层所反射。单个叶片的镜面反射（偏振）现象的发生并不能保证在像元尺度上能观测到他们的存在，这可能是由于叶片的倾向和倾角都不相同，偏振现象被大量叶片所综合掉了。实验表明，生长在强烈阳光直射下的植物叶片角质层往往较厚，以防止植物水分的过多损失，而对耐阴的植物（如林下植物层），它也能吸收微弱的散射光来进行光合作用。在叶片的表面还分布着大量的气孔（每个叶片的气孔可达百万个），是叶片与外界进行物质交换的窗口。它由一种保卫细胞来控制气孔的开闭程度，以控制 CO_2 的进入和水分的供应与蒸腾。

夹在上下表皮间的是叶肉，分别由栅栏薄壁细胞和海绵状薄壁细胞以及它们间的空隙

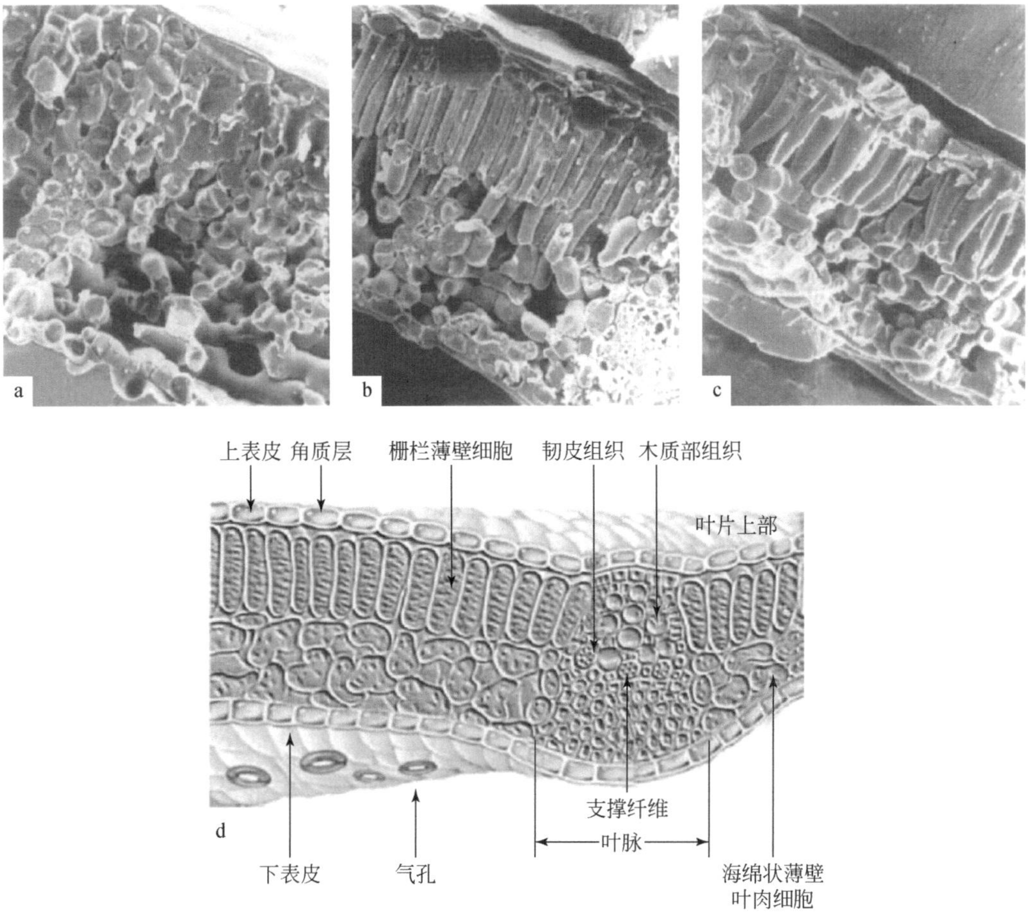

图 2.8.5　黄鹅掌楸、红栎和红枫三种叶片断面电镜图像及他们的结构素描图

所构成。通常栅栏薄壁细胞紧贴上表皮组织生长，呈长条柱状，这对那些具有平展型叶片的植物更是如此。栅栏薄壁细胞的大小一般为 $15\mu m\times 15\mu m\times 60\mu m$。栅栏薄壁细胞层下分布着形状不规则且排列疏松的海绵状薄壁细胞。上述两种细胞的细胞质中均含有由叶绿素组成的叶绿体，其直径多为 5 ~ 8μm，厚度（高度）在 1μm 左右。叶绿体又由尺度更小的扁平状的叶绿素组成，其三维尺度均小于 1μm。

现在要考虑的是，这些细胞器的形状和空间分布格局（包括细胞器间的间隙和水分）对叶片的、植物冠层的乃至像元尺度的散射性质和散射强度究竟是一种什么样的影响。太阳辐射的光子在叶片内的各细胞壁间频繁地碰撞，造成光子的反射和折射，又因细胞壁外形的不规则以及水在叶肉内分布的不均匀，它们作用的共同结果是光与叶片内部相互作用形成了一个漫反射过程。这就意味着入射光在扣除光合色素的吸收以后，剩下的光辐射（已成漫射光）将有一半机会穿透叶片表皮进入到其下的第二层叶片，以此类推，可进入到下一个层次。这就解释了为什么在光线进入到近红外波段（即大于 0.76μm）以后，反射率会急剧地蹿升的原因。此时由于光合色素的吸收作用已不重要，穿透叶片表皮的能量反而大幅度地增加了，因而造成了在近红外波段反射率的大幅度提高。同时，这也解释了为什么透射率光谱与反射率光谱互为镜像的现象的原因。这是因为由叶片造成的瑞利散射（细胞内各种分子散射）和米散射（如叶绿体的散射）加起来一般都不超过总量的10%，对反射波谱形态影响较小，反而剩下的那90%的漫反射显得重要了，他们一半向上、一半向下，各约占45%左右的份额成为反射辐射和透射辐射，成了反射率曲线形状的决定性因素。进入短波反射红外谱段（1.30~3.0μm），水汽（H_2O）、CO_2、N_2O、O_2、O_3，以及CH_4的吸收作用显著，特别是水汽（H_2O）的吸收，表现为强度大、出现频繁且带宽。太阳辐射被他们吸收后的剩余部分仍按50%的份额拆分为反射辐射和透射辐射，使两者谱线仍保持互为镜像的特征。

2.8.2.4 光合色素对光辐射的吸收

植物的活细胞分化成各种细胞器，叶绿体就是其中专门进行光合作用的细胞器。植物的大部分叶绿体存在于叶片的栅栏组织的细胞质中，并且贴近细胞膜的周围。在栅栏细胞中，叶绿体几乎排列成连续不断的一层，所有的叶绿体都含有叶绿素。植物在进行光合作用中能吸收光能的色素，主要是叶绿素类、胡萝卜素类和藻胆素类色素，合称为光合色素，他们成为在可见光波段通过吸收作用来控制叶面反射波谱形态的主导因素。叶绿素的数量高低反映了植物的长势，它随植物机体的发育状况、年龄、矿物营养状况以及季节而变化。叶绿素通常占植物干重的0.6%~1.2%。叶绿素有10多种，主要是叶绿素（chlorophyll）a（Chl-a）和叶绿素b（Chl-b），叶绿素c_1和叶绿素c_2（Chl-c_1，Chl-c_2），某些红藻中含有叶绿素d（Chl-d），其他的还有原叶绿素（ProtoChlorophyll）、细菌叶绿素（Bchla和Bchlb）等，都是生物大分子。叶绿素a对叶绿素b的分子比率一般在3∶1左右，菠菜的Chl-a/Chl-b为2.7∶1，但在一些高山植物中Chl-a/Chl-b可达5.5∶1。在自然界中，多数淡水绿藻的Chl-a/Chl-b也在3∶1左右。阴生植物的Chl-a/Chl-b比值下降，表示叶绿素b的相对含量增多，这可以使叶绿体更多地捕获辐照较弱的光能。叶绿素a和叶绿素b以及叶绿素c_1与叶绿素c_2的吸收光谱见图2.8.6和图2.8.7。

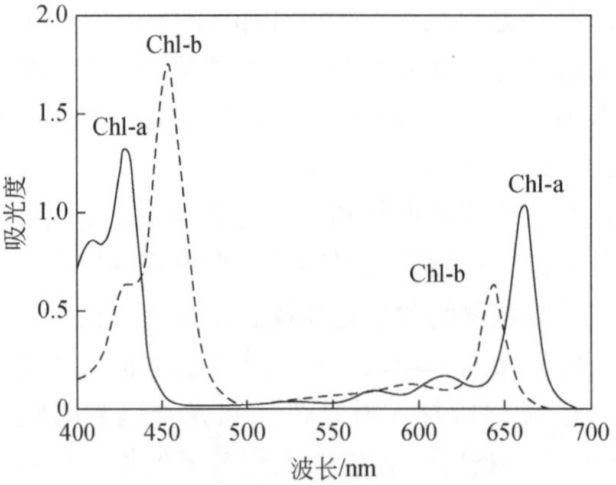

图2.8.6 叶绿素a和b的吸收光谱

注：在浓度为10μg/mL的乙醚中

资料来源：梅镇安等，1987

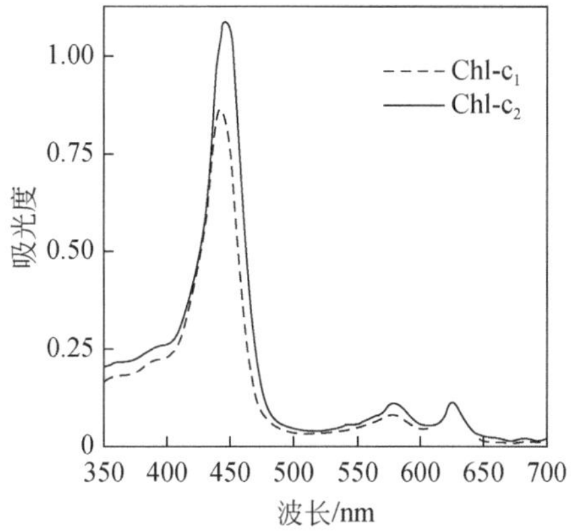

图 2.8.7 叶绿素 c_1 和叶绿素 c_2 的吸收光谱

注：在含有 2% 吡啶的丙酮中 Chl-c_1 浓度为 2.68μg/mL；Chl-c_2 浓度为 2.74μg/mL

资料来源：梅镇安等，1987

叶绿素 b 在光谱蓝区的吸收发生在 450～480nm 范围之内，而叶绿素 a 在光谱的蓝区则吸收很少。叶绿素 b 在红区的吸收峰约在叶绿素 a 吸收光谱曲线谷底之上方。虽然这两个色素（Chl-a 和 Chl-b）在光谱的绿区（550nm）都只有微弱的吸收作用，但此时叶绿素 b 的吸收系数则是叶绿素 a 的两倍左右。因此，当植物叶片含有高浓度的叶绿素 b 时，在绿光下，叶绿素 b 的吸收作用就显得格外重要，起到了局部地填补由于叶绿素 a 在波长 550nm 附近吸收作用微弱的缺陷。各种叶绿素及其衍生物的吸收光谱峰值列于表 2.8.2。

表 2.8.2 各种叶绿素及其衍生物的吸收谱峰值

叶绿素名称	吸收峰（λ_{max}）/nm	分子式	分子量
Chl-a	428.5 660.5	$C_{55}H_{72}O_5N_4Mg$	892.5350
Chl-b	452.5 642.0	$C_{55}H_{70}O_6N_4Mg$	906.5145
Chl-c_2	447.3 626.5	$C_{35}H_{28}O_5N_4Mg$	608.1907
Chl-d	445.0 686.0	$C_{54}H_{70}O_6N_4Mg$	894.5144
Protochl，原叶绿素	432.0 535.0 571.0 623.0	$C_{55}H_{70}O_5N_4Mg$	890.5194
Bchl，细菌叶绿素	357.0 770.0	$C_{55}H_{74}O_6N_4Mg$	910.5457
绿硫细菌叶绿素 650	425.0 650.0	未定	未定
绿硫细菌叶绿素 660	430.0 660.8	未定	未定
去镁叶绿素 a	409.0 667.0	未定	未定

注：溶剂均为乙醚

叶绿素 a（Chl-a）的分子式为$C_{55}H_{72}O_5N_4Mg$；分子量为 892.5350。Chl-a 的分子结构非常复杂，但它的构型已定，并为全合成产品所证实，它是一个在 C-7 和 C-8 位置上带有两个氢原子的二氢卟啉与镁（Mg）原子的络合物。叶绿素 a（Chl-a）的分子结构如图

2.8.8 所示。掌握叶绿素 a 等的分子结构的目的，是为了理解光合色素以及光合作用产物（各种碳水化合物）如何通过对太阳辐射中的可见光、近红外和短波红外（1.3 ~ 3.0μm）的吸收作用来影响植被冠层吸收谱形态的深层次原因。从分子结构图中看到，同素环上那些价键不饱和的各个结（顶）点，必须通过键连一个原子（如 H）、分子（如 O_2）或原子功能团（如 CH，CH_2，CH_3）等来达到稳定态结构，正是这些键连物对光最敏感，并通过原子中的电子跃迁来吸收可见光，通过键连物的振动吸收（弯折、伸缩、谱频振荡）而吸收从 0.91 ~ 3.0μm 谱区的近红外和短波红外的太阳辐射，其方式多达 40 余种，涉及波长连绵不断。通过光合色素的这种吸收作用，为光合作用提供源源不断的能量来进行诸如碳水化合物的生产。正是这种吸收作用，再加上进入植被冠层内的多次散射作用，才最终形成冠层的反射光谱总体形态特征。

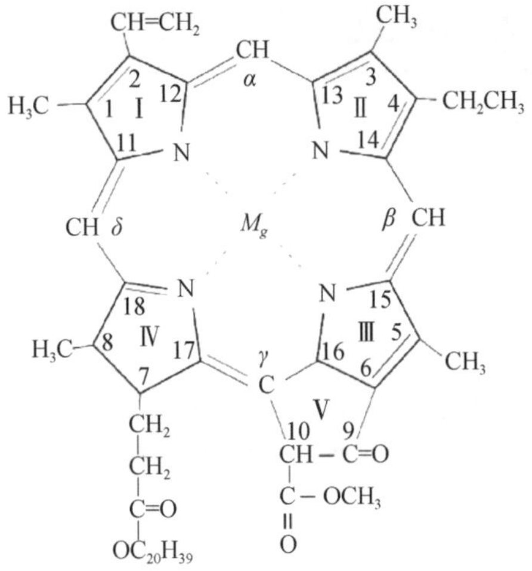

(a)叶绿素a

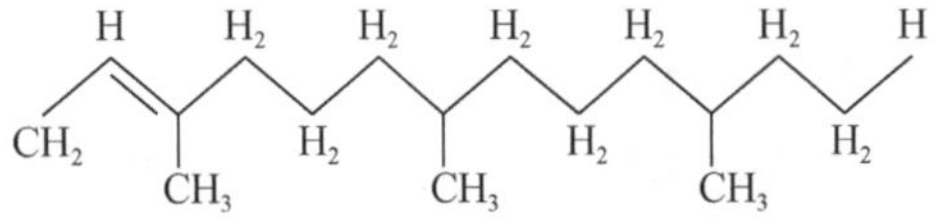

(b)叶醇基

叶绿素a(Chl-a)是光合色素中最重要成员，且在结构上具有代表性。Chl-a结构式在表面看异常复杂，一旦知道了它的构成方法和原则，会顿觉奇妙而有趣。进一步了解Chl-a对于理解光合作用中的微观电子过程十分必要。组成Chl-a这种生物大分子的元素也仅有五种，即人们熟知的碳、氢、氧、氮和镁。由原子的外层电子决定，H是1价的，O为2价，其他的3个元素C、N和Mg均为4价，都能构成4条化合键。Chl-a中的同素环(isocyclicring)是指呈正五边(角)形的结构功能团。现在设想如何构造这个Chl-a的大分子。以Mg为中心，向西北、东南、东北和西南4个方位形成NW-SE和NE-SW两条轴线，并分别与4个N相连接，从而构成外围4个同素环，按顺时针方向记，他们为Ⅰ、Ⅱ、Ⅲ和Ⅳ。这4个外环每个仅由C、N两个元素构成。环内的数字表示环中C的占位。由同素环Ⅲ又发出同素环Ⅴ，这样，C占位以1、2、3、……、18标示。由这5个同素环与中心处的Mg元素又共同构成了另外4个相同的内环，按顺时针方向，用α、β、γ、δ标记它们，亦表示C的占位。由于在α、β、δ这3个C的位置未满足稳定价键数要求，就另与各一个H原子相连。同素环的各顶点只要不满足价位稳定条件，定会通过C及其化合物来满足稳定条件。其中只有一个顶点仅与一个氧原子相连。共有的叶醇基虽大，但是很单调，仅由两个元素碳和氢构成一条长链。这样，可以数一数，Chl-a分子只有一个Mg位于中央，4个与Mg相连的N也是定数，C的占位数也是固定的，只要再计入他处的C、H和O就做到心中有数了。

图 2.8.8　叶绿素 a 的分子结构

资料来源：梅镇安等，1987

叶绿素 b（Chl-b）的分子式为$C_{55}H_{70}O_6N_4Mg$；分子量为 906.5145。至今虽然未合成出 Chl-b，但其分子结构形态已经确定，也是一种二氢卟啉，它与 Chl-a 的差别在于 C-3 的甲基被醛基取代。

叶绿素 c（Chl-c）与 Chl-a 和 Chl-b 不同的是，Chl-c 在 C-7 和 C-8 位置上多两个氢原子，故它与卟啉的氧化状态相当。Chl-c 在 C-7 上的丙烯酸侧链未被脂化，与脱植茎叶绿素相当，还在丙酸侧链上缺少一个庞大的酯化醇，但它们仍含有一个同素环 V（isocyclic ring V）。

叶绿素c_1（Chl-c_1）分子式为$C_{35}H_{30}O_5N_4Mg$；分子量为 610. 2064。在分子结构上与 Chl-a 的差别是在 C-7 和 C-8 之间多了一个双键，且在 C-7 上有一个不饱和的丙烯酸侧链。

叶绿素c_2（Chl-c_2）分子式为$C_{35}H_{28}O_5N_4Mg$；分子量为 608. 1907。Chl-c_2 与 Chl-c_1 的区别在于 C-4 上有个乙烯基而不是乙基。因而它具有两个乙烯基（因 C-2 上还有一个），但 Chl-c_1 只有一个乙烯基。

叶绿素 d（Chl-d）分子式为$C_{54}H_{70}O_6N_4Mg$；分子量为 894. 5144。它是在 C-7 和 C-8 上含有两个氢原子，跟叶绿素 a 一样的二氢卟啉。

原叶绿素（Protochlorophyll）的分子式为$C_{55}H_{70}O_5N_4Mg$；分子量为 890. 5194。原叶绿素有时以正常的植醇酯或游离酸（叶绿酸）两种形式存在，是叶绿素 a 的前体。

以上所述的叶绿素 b（Chl-b）、叶绿素c_1（Chl-c_1）、叶绿素c_2（Chl-c_2）、叶绿素 d（Chl-d）、原叶绿素（ProtoChl）的分子结构图均列于图 2. 8. 9。同时，将原血红素的分子结构式也列于图 2. 8. 9 中。原血红素也是一种与叶绿素相复合的蛋白质，它还是叶绿体中细胞色素 b_6和 b_{559}的辅基。

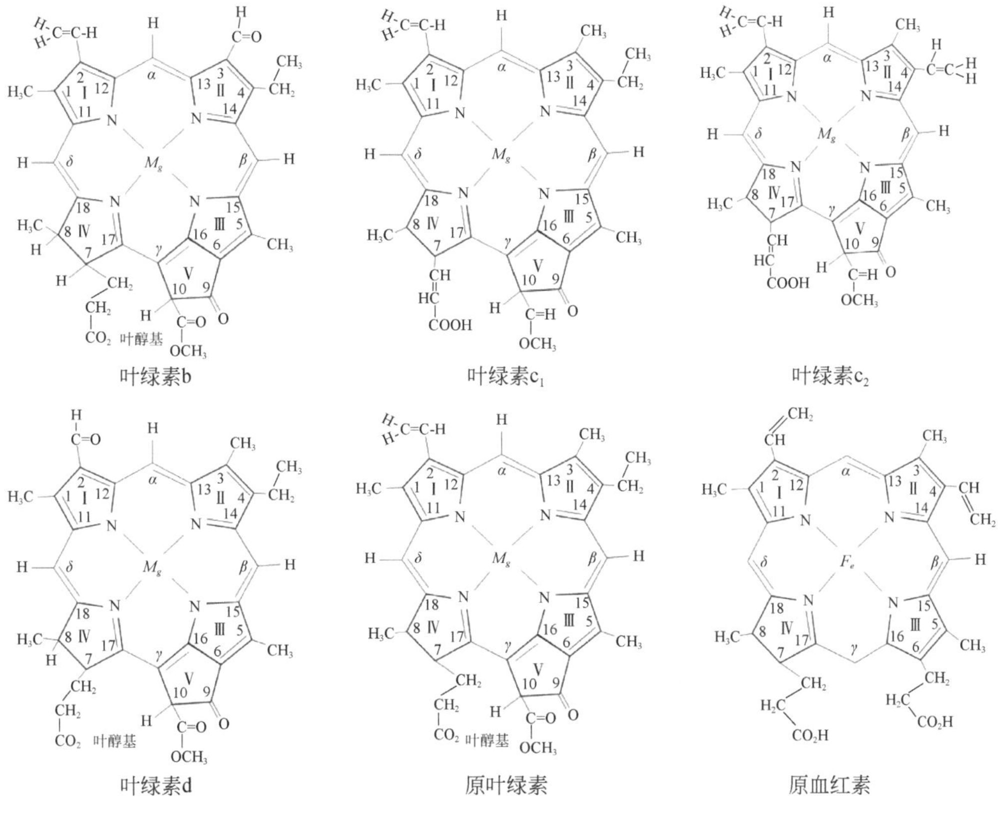

图 2. 8. 9　五种叶绿素和一种血红素分子的结构式

资料来源：梅镇安等，1987

为了进一步弄清叶片光谱吸收特征的形式，现在结合叶绿素及其复合物的分子结构式，从能量吸收与传递过程的角度予以说明。

叶绿素分子吸收光能以后，极不稳定，总是迅速使其所吸收的能量尽快分散，以趋稳定。分子能量分散的方式有：①以发射荧光的方式将激发能散去。②内部转换的方式来抛弃激发能。在分子内部，将激发能转换为分子本身的振动能，成为非荧光的亚稳态。这是一种特殊的电子状态，经常为三线激发态，且有很长的寿命。在亚稳态下可进行光化学反应，也可以再以发光的形式散发能量。但这时所发射的光能被称为磷光，或叫做延迟荧光。③将能量以热的形式消失，此为最浪费能量方式的非辐射跃迁。

最简单的能量传递方式是碰撞和共振。以碰撞的方式来传递能量，一般只发生于气体分子中，而共振传递则发生于固体和密集系统中的分子。分子、原子都是振动着的物质，且有振动能级。共振传递是这类物质传递能量的主要途径。光合色素间存在能量传递。

分子或原子具有各种能级。原子最稳定的状态是其电子按照 Pauling 原理被分配到最低能级的量子状态，这种稳定状态称作基态。当电子吸收外来能量以后，电子便跃迁到高能态，称为激发态。多原子的分子或多电子的原子，其电子受到电力和磁力作用的情景是非常复杂的。原子的外围电子只能在特定的轨道上运行。原子的能量是不连续的，只能以整倍数增加或减少；能量是一级一级分开的，从而形成能级。描述能级需要用四个量子数，即主量子数 n、角量子数 l、磁量子数 m 以及自旋量子数 ms。原子中的电子不仅要绕原子核运动，还要绕自己的轴旋转，要用自旋量子数 ms 来描述其状态。电子自旋只有两种可能的方向，故自旋量子数 ms 只有+1/2 和−1/2 两个值。各个电子的自旋组合或叫做总和 S 设有三种情况：①两个电子的自旋方向相反时，$S=0$，即 $S=\frac{1}{2}+\left(-\frac{1}{2}\right)=0$；②若两个电子的自旋方向相同，而有第三个电子的自旋方向相反（如锂原子），即 $S=\frac{1}{2}+\frac{1}{2}+\left(-\frac{1}{2}\right)=\frac{1}{2}$；也可以是只有一个电子（如氢 H），$S=\frac{1}{2}$；③两个电子自旋方向相同时，$S=1$。当 $S=0$ 时，分子光谱中出现单线，称单线态；当 $S=\frac{1}{2}$时，分子光谱中出现双线，称为双线态。从基态向更高的能态跃迁，要吸收相应能量的光量子，在吸收光谱上会显示为一条明暗很强的带。在原子中，吸收带很窄；而在分子中，吸收带很宽，有时还带有一个很长的延长区。

太阳辐射的可见光区能量大部分被叶绿素所吸收。在 300～700nm 有 7 个吸收峰，最重要的吸收区位于蓝光谱段和红光谱段。叶绿素分子在吸收了波长为 660～670nm 的红光后，其外层电子跃迁到第一单线态的最低能级，能量增加了 180kJ/g 分子。叶绿素吸收光的过程要比分子或原子运动快得多，它使其内能一下子增加了 180kJ/g 分子。这些被吸收的光能造成的跃迁能很快的通过内部转换，降级为分子振动能（即热能）。Chl-a 分子的电子基态为单线基态（S_0），这种由最低能级到第一单线激发态，即$S_0 \to S_1$，常用Q_y 来标识。该跃迁偶极振动位于叶绿素分子结构式中的 N_1–N_3 轴附近（图 2.8.10）；若最高能级为单线激发态，即$S_0 \to S_2$，常用Q_x来标识，这种跃迁偶极则位于叶绿素分子的 N_2—N_4 轴附近。对于 Chl-a、Chl-b 和 Bchl 来讲，Q_y 的跃迁振动强度要比Q_x的大得多。吸收光谱上每个Q_y和Q_x跃迁至少分裂为两个电子振动峰，并标识为$Q_y(0, 0)$，$Q_y(0, 1)$；$Q_x(0, 0)$，$Q_x(0, 1)$，括号内的整数是指电子态的振动量子数。以叶绿素 a 二乙酯为例，它的

$Q_y(0, 0)$，$Q_y(0, 1)$，$Q_x(0, 0)$及$Q_y(0, 2)$和$Q_x(0, 1)$振动吸收带分别位于659nm，613nm，575nm和530nm处。若对谱线中的Q_y（0，0）峰进行解叠，可获得一个窄的高斯组分和一个宽的高斯组分，表明因Q_y跃迁会牵涉到一个或多个C=C、C=N的振动，并反映了整个叶绿素分子大环平面外部或中央镁（Mg）原子的状态（对于血红素则为铁Fe原子，也是一种蛋白）。

被激发的叶绿素分子，从第一单线激发态返回到基态时，会有几微秒的时间内发射荧光，该荧光是红色的。在植物的活细胞或叶绿体中，只有叶绿素a能发射荧光。在室温70℃条件下，高等植物和绿藻的主要荧光发射峰位于685nm，而在740nm处尚有一个较低的峰。在低温（77K）下，可以看到，685nm和695nm处有两个尖锐的荧光发射峰（图2.8.10）。

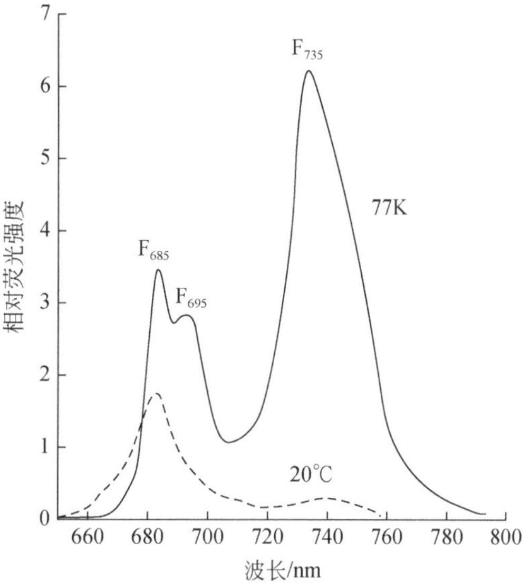

图 2.8.10　菠菜叶绿体的荧光发射谱

资料来源：梅镇安等，1987

前面已经讲过，叶绿体是一个很复杂的以叶绿素为核心成分的、由蛋白质（占干重的60%）、脂类（占干重的15%）、糖和淀粉等组成，是在物质组成成分上非常复杂的复合体。叶绿体中的脂类有糖脂、磷脂与醌类，以及少量的醇和链烷，它们在可见光和近红外波段有着断断续续的振动吸收。只要叶绿素分子大环外部的各种键连物（如羟基OH，烷基CH等）的极性不重合，都会在电磁场作用下产生伸缩或屈折等的振动吸收作用。

下面是根据列表（Curran，1989），按需要对其做了调整（包括术语），形成了叶绿体各组成成分在近红外波段吸收峰位置表（表2.8.3），目的是让它与前面的各种叶绿素分子结构式（图2.8.8，图2.8.9）建立某种关联和对应，以期显示它们间的某种深刻的内在联系，并进一步表明叶片光谱特征形成的异常复杂性。由于在前面已对可见光波区的叶绿素的吸收作用做了较为充分的介绍，故在表2.8.3中没有重复列出。

表 2.8.3 叶绿体各组分的各种键合功能团在近红外与短波红外区吸收特性表

波长/nm	各类功能团振动吸收形式	叶绿素复合物	波长/nm	各类功能团振动吸收形式	叶绿素复合物
0.91	C—H 伸展，三次谐频	蛋白质	2.00	O—H 变形，C—O 变形	淀粉
0.93	C—H 伸展，三次谐频	脂类	2.06	N═H 弯折，二次谐频/N═H 弯折/N—H 伸展	蛋白质、氮
0.97	O—H 曲折，一次谐频	水$^+$、淀粉			
0.99	O—H 伸展，二次谐频	淀粉	2.08	O—H 伸展/O—H 变形	淀粉、糖类
1.02	N—H 伸展	蛋白质	2.10	O═H 弯折/C—O 伸展/C—O—C 伸展，三次谐频	淀粉$^+$
1.04	C—H 伸展，C—H 变形	脂类			
1.20	O—H 曲折，一次谐频	水$^+$、淀粉	2.13	N—H 伸展	蛋白质
1.40	O—H 曲折，一次谐频	水$^+$	2.18	N—H 弯折，二次谐频/C—H 伸展/C—O 伸展 C ═O 伸展/C—N 伸展	蛋白质$^+$、氮$^+$
1.45	O—H 伸展，一次谐频 C—H 伸展，C—H 变形	淀粉、糖类水			
1.49	O—H 伸展，一次谐频	糖类	2.24	C—H 伸展	蛋白质
1.51	N—H 伸展，一次谐频	蛋白质$^+$、氮$^+$	2.25	O—H 伸展，O—H 变形	淀粉
1.53	O—H 伸展，一次谐频	淀粉	2.27	C—H 伸展/O—H 伸展、CH_2 弯折/CH_2 伸展	淀粉、糖类
1.54	O—H 伸展，一次谐频	淀粉			
1.58	O—H 伸展，一次谐频	淀粉、糖类	2.28	C—H 伸展/CH_2 变形	淀粉
1.69	C—H 伸展，一次谐频 H—O—H 变形	淀粉、蛋白质、氮糖类、淀粉	2.30	N—H 伸展，C = O 伸展，C—H 弯折，二次谐频	蛋白质、氮
1.90	O—H 伸展，C—O 伸展	淀粉	2.31	C—H 弯折，二次谐频	脂类+
1.94	O—H 伸展，O—H 变形	水$^+$、蛋白质、氮、淀粉	2.32	C—H 伸展/CH_2 变形	淀粉
1.96	O—H 伸展，O—H 弯折	糖类、淀粉	2.35	CH_2 弯折，二次谐频 C—H 变形，二次谐频	蛋白质、氮
1.98	N—H 不对称	蛋白质			

注：右肩带+号表示该组分有较强的吸收

资料来源：Curran，1989

从图 2.8.7 中看到，Chl-a 与 Chl-b 在蓝光区与红光区各有 1 个吸收峰，Chl-a 的 2 个吸收峰峰值波长为 428.5nm 和 660.5nm，Chl-b 的 2 个吸收峰峰值波长为 452.5nm 和 642.0nm。正因为如此，它们各被选作传感器的蓝光通道（0.45 ~ 0.52μm，如 Landsat TM-1）和红光通道（0.63 ~ 0.69μm，如 Landsat TM-4）位置。

在高等植物细胞的叶绿体中，像含有叶绿素那样，同时也都含有类胡萝卜素（carotenoid）（也有 10 多种），它是由 40 个碳原子组成的内异戊二烯化合物（isoprenoid），它们吸收的光能可传递给叶绿素，扩大了植物叶片捕获光的能力和范围。图 2.8.11 是 β-胡萝卜素的吸收光谱，是在石油醚做溶剂条件下测定的。在蓝光范围有一很宽的有两峰相连的吸收峰区，β-胡萝卜素的两个吸收峰分别位于 450nm 和 480nm。当 β-胡萝卜素与蛋白质结合后，该两峰将移至 498nm 和 538nm 处。

在高等植物的叶绿体中，主要的类胡萝卜素是 β-胡萝卜素。叶绿体中类胡萝卜素的另

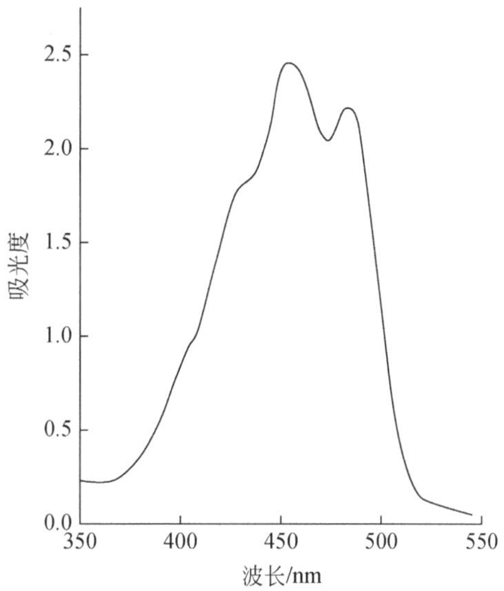

图 2.8.11　β-胡萝卜素的吸收光谱

注：在石油醚中，10μg/mL

资料来源：梅镇安等，1987

一种功能是通过抗有氧的光氧化作用在强光下保护叶绿素。还有一类光合色素就是藻红蛋白（phycoerythrins）和藻蓝蛋白（phycocyanins），他们都是开链的四吡咯化合物藻胆素（phycobilins）与蛋白质相连接而形成的水溶性色素蛋白。它们吸收的光能可以传递给叶绿素 a，并用于光合作用，因而它们也像类胡萝卜素一样被称为光合作用的捕光色素，但他们仅存在于水体中的蓝、绿藻和红藻中，其吸收光谱特性示于图 2. 8. 12 和图 2. 8. 13。

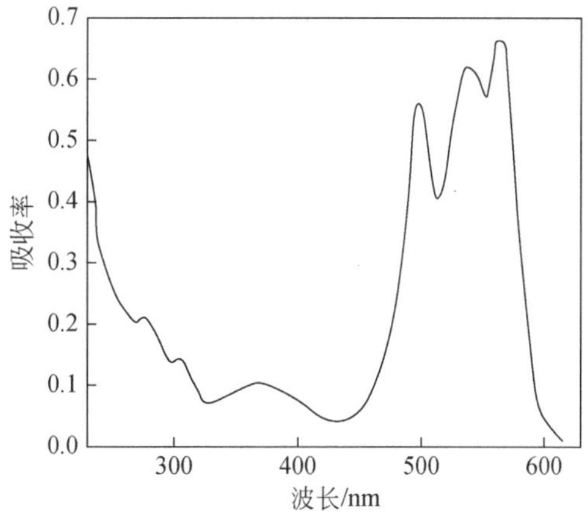

图 2. 8. 12　R-藻红蛋白的吸收光谱

注：紫菜，pH6 ~ 7

资料来源：梅镇安等，1987

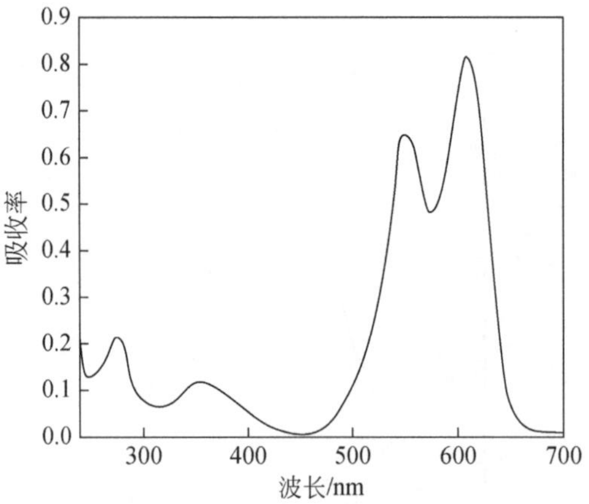

图 2.8.13 R-藻蓝蛋白的吸收光谱
注：仙菜，pH6～7
资料来源：梅镇安等，1987

在光谱的可见光区（0.35～0.76μm），光子的能量是很高的。在可见光照射下，光合色素原子的外层电子会产生向高能级的跃迁，处于激发状态，为进行光合作用作准备。在可见光区，植物叶片对光的吸收率高达60%到85%，而对光的透射和反射不超过20%。在光谱的近红外区（0.76～1.35μm），健康的植物叶片对近红外辐射的吸收率低至5%～10%，其透射率和反射率反而升高到近50%。近红外辐射的能量与可见光波段的光子相比已降低许多，不可能造成光合色素原子的外层电子跃迁，反而会引起光合色素分子的热振动，从而造成蛋白质不可逆的变性。为了避免这种情况发生，植物在进化过程中做了上述降低吸收能力的适应性的改变，这种适应性改变是通过海绵状叶肉细胞组织控制叶片的反射与透射来实现的。近红外区叶片的高反射率（40%～60%）与高透过率（40%～60%）特性，造成由多层叶片组成的植被冠层有很高的反射率（大于60%）。植被冠层在近红外反射光谱特性的变化可能是由季节变化引起的叶片衰老或受到环境胁迫造成的。

研究表明，植被冠层对近红外辐射的反射光谱响应与植被的各种生物量测度间表现为正变关系，而对红光的反射光谱响应与生物量的测度间表现为反变关系。这种关系导致了许多遥感植被指数和生物量估算方法都利用了它们与植被在红光和近红外辐射反射间的这正/反变关系，并且多以商的形式来表达。以商的形式来表达的作用是可以消除某些乘性干扰因子的影响。上面这些论述成为构造各种植被指数的主要生理、生化依据。

鉴于植物叶片的解剖学特征，各种细胞器对光的散射、透射和吸收作用的分析，使我们对于植物的反射光谱四峰五谷特征的形成原因和在遥感应用上的意义有了一个比较深入全面的了解。现用相对含水量不同的广玉兰叶片的反射光谱曲线图（图2.8.14）来对植物的反射光谱特征作一概括。

①对于任一种高等植物，其冠层的反射率谱都具有四峰五谷的特征，四峰是由强反射或较弱吸收形成，而五谷则是由于强烈吸收作用使然。具体波长位置已如前述。

②在可见光和近红外谱区，峰谷对比最为强烈，是植物生命活力的表现，因此这成为

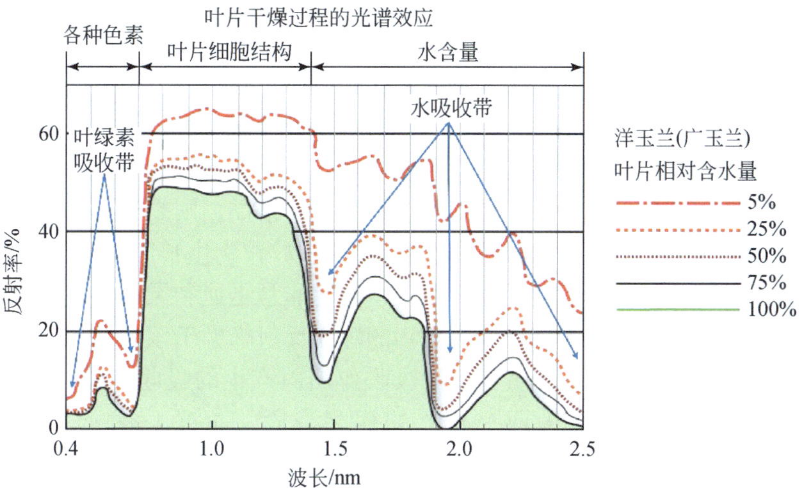

图 2. 8. 14　洋玉兰叶片因含水量减少引起的光谱反射变化

资料来源：Jensen，2007

构造植被指数的根据。

③植物整体受外界胁迫，特别是水分胁迫最为敏感，并且直接引起反射率的变化，从而成为监测植物长势、进行作物估产的重要依据。

太阳辐射提供了地球上维持生命的能量。而对于植物来说，光不仅是能量来源，也是一种季节、昼夜和时间的指示器，它诱导并调控植物的生长与发育。这种效果都是由于光合色素能够吸收阳光的缘故，下面用表 2. 8. 4 来说明不同的光谱波段对植物的生理效应。

表 2. 8. 4　不同的光谱波段辐射对植物的生理效应

波段	吸收特性	生理效应
远红光>1000nm	能被组织中水分吸收	对植物的光化学与生物化学过程没有特殊效应，只是转化成热能
1000 ~ 720nm	植物稍有吸收	刺激植物延伸
光合作用活跃波段 720 ~ 610nm	被叶绿素强烈吸收	强烈影响植物的光合作用与光周期效应
610 ~ 510nm	叶绿素吸收稍降	对植物的光合作用的影响稍弱，亦稍影响其形态建成
510 ~ 400nm	被叶绿素与胡萝卜素强烈吸收	强烈影响植被的光合作用与形态建成
紫外区 400 ~ 315nm	被叶绿素与原生质吸收	对植物没有任何特殊效应，对光合作用稍有影响
315 ~ 280nm	被原生质吸收	强烈影响植被的形态建成，刺激某些生物合成，大大影响生理过程
280nm>	被原生质吸收	大剂量能使植物致死

资料来源：梅镇安等，1987

2.8.2.5 植物叶片和冠层的光谱反射特征与卫星传感器的探测波段设置

地表覆盖类型一直是陆地遥感不变的探测目标，而不同植被类型的空间分布与识别又是地表覆盖类型研究的一个重要内容。通过上面对植物叶截面内部结构以及他们对太阳辐射的吸收与反射观测发现，叶绿素和β-胡萝卜素等光合色素是可见光波段光谱反射特征的决定性因子；而植物叶片内部的细胞类型和它们的排布格局，则是近红外波段光谱反射特征的最重要的影响因素；另外，水分是影响和控制植物/作物生长的关键因素，植物/作物体内的水分含量变化会引起反射光谱随之变动，而且非常迅速和灵敏。鉴于上述植物的反射波谱特征，在可见光范围，先避开绿色植物的绿光反射峰，于该峰两侧的蓝光和红光的吸收范围，即由叶绿素 a 和 b、β-胡萝卜素吸收作用而产生的吸收峰位置 0.45 ~ 0.52μm 和 0.62 ~ 0.69μm 被分别设置为两个独立的探测波段，如被 Landsat-TM 和其后继星 Landsat-7 的 ETM+所采用，再后就相继为其他国家效仿。同样，又根据植物叶片内部结构差异以及根据植物含水量的变化所引起的光谱反射峰位置，相继被选定为遥感探测波段，即在近红外有 0.76 ~ 0.90μm 和在短波红外有 1.55 ~ 1.75μm 及 2.08 ~ 2.35μm。当然，选择这些光谱范围作为卫星传感器的光谱通道，也还有其他方面的原因和应用需求，远远不只是为了植被的探测，如 2.08 ~ 2.35μm 这一波段设置就是应地质学家的要求而增设的。接下来会讨论这方面的问题。

2.8.3 水体及其反射光谱特征

这里将水体限定为陆地上的自然水体——江河湖库以及近海水体。由于土壤侵蚀的作用，河水中无不夹带泥沙，这在中国尤为明显，并具有区域特色，如云南有红河，辽宁有浑河，穿行于中国西北甘宁陕晋的黄河，都带有彩色的记号。这是因为，不同区域水中含有的染色物质（矿物）不同，如黑龙江、嫩江流域大气温度低，水中含有较多的腐殖质；滇南和西昌地区红土层广布，黄河中游广泛覆盖粉砂质黄土，且含沙量高。图 2.8.15 是含沙量不同的水的光谱反射率变化情况。位于曲线族底部的虚线代表水体含沙量为 0 的水体，其反射率在波长范围由 400 ~ 1000nm 逐渐从 4% 左右降至接近于零。这是因为，当太阳辐射进入到不含泥沙等杂质的水体时会产生多次体散射，太阳辐射能逐渐为水分子吸收并转化为水分子的振动能量，而能逃出水面的能量很少。当曲线族由下往上，含沙量逐渐增大，最高达 590mg/L，波长从 550 ~ 700nm 区间存在明显的泥沙反射峰区，具有指示性。

2.8.4 新雪、沙漠、云等高反射目标的光谱反射特征

图 2.8.16 是新雪、沙漠、云等的光谱反射率图。从图中看到在 0.3 ~ 0.85μm，新雪的反射率可达 95% 以上，随着其后的水的吸收带的作用，反射率呈阶梯状急剧下降。到波长 1.4μm 以后，反射率已降到 20% 以下。

沙漠的反射率从波长 3 ~ 25μm，一直呈缓慢单调上升态势，反射率从 0.18 上升到 0.57 左右；而云的反射率变化趋势则是在 0.3 ~ 2.5μm，从 0.72 缓缓单调下降至 0.1 以

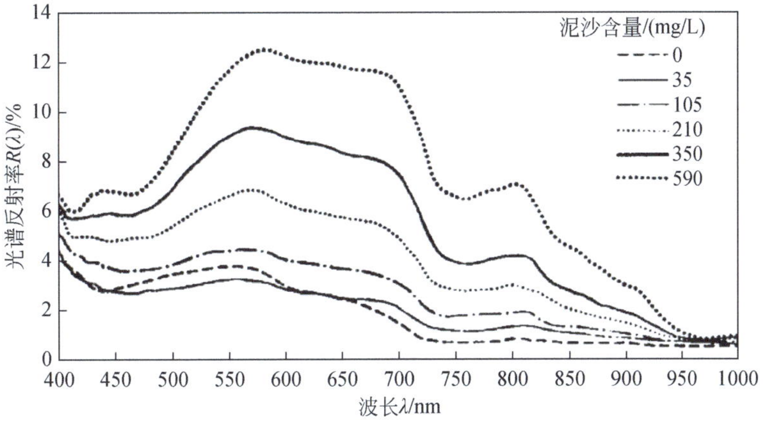

图 2.8.15　不同含沙量水体反射率随波长的变化

资料来源：Chen Z，et al.，1992

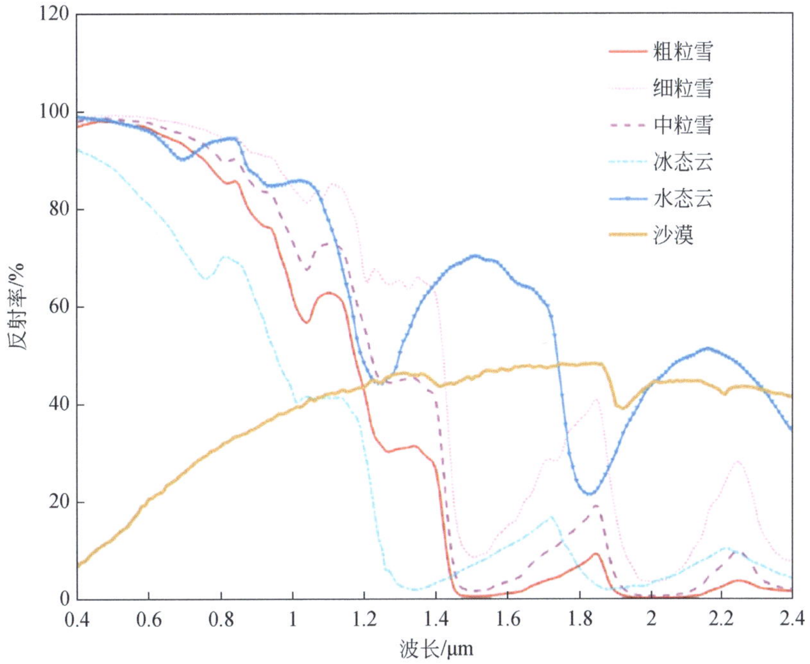

图 2.8.16　雪、沙漠、云等高反射目标反射率谱

下，并在重要的水的振动吸收波长位置 1.4μm 处，与沙漠和新雪的反射率曲线相交，使新雪、沙漠和云的反射率相等，即 $\rho_{雪}=\rho_{沙}=\rho_{云}$。过了这个交点，新雪、沙漠和云的反射率大小关系变成反序状态了，并在波长 1.55～1.75μm 区间重又扩大了他们间的分离趋势，亦可成为区分它们的有用光谱区间。比较而言，在波长小于 1.4μm 之前，他们的光谱可分性显得更充分显著些。

2.9 矿物岩石的波谱特征

掌握矿物岩石的波谱特征是进入遥感地质应用殿堂大门的敲门砖和垫脚石。只有深刻了解矿物岩石波谱形成的深层次原因，才能根据遥感获得的岩石矿物波谱特征的引导去开展遥感地质找矿应用，做到目标明确，有理有据，有的放矢。

电磁辐射与固态物质的相互作用有许多方式，它主要和电磁辐射的频率以及物质的分子和原子的能级有关。所谓相互作用，是指电磁波（如光子）让电子、分子以至原子核发生运动（如振动、转动、平移等），实现波与物质之间的能量交换。当原子与分子体系处在某一稳定状态时，都有确定的能级。一个孤立原子的能级与电子的轨道和自旋有关，属于电子能级。对于分子，它有转动能级和振动能级，对应于分子内各原子间的相对运动。转动能级仅出现在气态的分子，它可以自由转动。但对矿物晶体来讲，分子被周围紧紧束缚，并不存在转动能级。能级的确切分布决定于物质分子、原子的具体结构，固体的晶格结构也会影响能级分布。

地表岩石一般分为岩浆岩、变质岩和沉积岩三大类。由于它们形成条件上的差异，各类岩石在化学组成成分和结构上均不相同，因而它们在光谱特征上多不一样。分析它们的差异产生的原因，以及利用这些差异去识别矿物、岩石的类别，正是光学地质遥感的核心内容。不同的矿物岩石在波谱上的差异非常细微，要从光谱上去探测它们，对光谱分辨率要求很高，这也说明直到谱像合一的成像光谱仪出现以后，才将岩矿遥感推进到一个新的发展阶段。

各种岩石或矿物都有自己的光谱特征，这些光谱特征的形成都有严格的物理学上的原因。岩石中的每个分子，其能量可分为电子能级和振动能级，因为他们为固态，没有气体分子才具有的转动能级。电子能级的能量可从 1.24eV 变化到 3.3eV，其光谱位于近红外至全部可见光范围（380～1000nm）。在这个谱区，矿物光谱是由矿物中的电子与矿物的晶场相互作用，进行能量交换，以及矿物中的分子振动所造成的。电子与晶场的相互作用形式包括晶场效应、电荷转移、色心和荧光效应等。在晶场效应下，离子能级的跃迁会导致吸收特性的变化，但在这个谱区，反射光谱的差异还是由矿物的不同造成的。

在晶场作用下，广泛存在的铁离子的角色很重要。铁离子的形态因环境而异。在氧化环境下，多以 Fe^{3+}形态出现，而在还原条件下（如湖泊中）则以 Fe^{2+}方式登场。Fe^{2+}与 Fe^{3+}在光谱特征上的差异主要表现为它们的吸收峰波谱位置的不同，Fe^{2+}的吸收峰位于 1.0μm，而 Fe^{3+}的吸收峰则在 0.5μm 和 0.9μm 附近。另外，Fe^{2+}和 Fe^{3+}还能够置换自然界中的 Mg^{2+}和 Al^{3+}离子。电子从一个原子向另一个原子的转移也会影响到光谱变化，如Fe-O 的电子转移，使光谱吸收位置向紫外方向移动。

岩浆岩中二氧化硅（SiO_2）的含量多少是岩浆岩分类的重要指标，而岩浆岩中 SiO_2 的含量则与岩石的反射率密切相关。白云石和方解石的分子结构非常相似，只是在晶格位置上有部分的 Mg^{2+}替代了 Ca^{2+}，而形成了白云石。由于 Mg^{2+}和 Ca^{2+}在吸收特性上的差异，造成了白云石和方解石吸收峰位置发生偏移。

当存在由于离子缺失而形成结构性缺陷的情况下，会造成电子捕获。如在 CaF_2 中的

F^{+}离子丢失而被一个电子取代时，就会产生红光和绿光被吸收，使该物质呈现为紫色，形成了色心（color centers），其解释见本节第三点（83 页）。一般固态物质的分子、原子振动吸收发生在短波红外（1.3 ~ 3.0μm）、中红外（3.0 ~ 6.0μm）、热红外（6.0 ~ 15.0μm）以至远红外（15.0 ~ 25.0μm）波谱范围。Si-O 和 Al-O 的分子振动吸收发生在 10μm 波长附近。而水（H_2O）则在 1.875μm、1.454μm、1.38μm、1.135μm、0.942μm、1.4μm、1.9μm、2.5μm、6.08μm 等的波长位置发生分子振动吸收，最重要的应是 1.4μm 和 1.9μm 两个波长位置。对于羟基，如 Al-OH 振动吸收波长位置在 2.2μm，而 Mg-OH 则为 2.3μm。对于碳酸盐则有 2.55μm、2.35μm、2.16μm、2.00μm、1.90μm 等。

各类蚀变矿物（如多种黏土矿物）在地质上往往具有重要的指示作用。矿物岩石遥感中，电磁波不同谱段的吸收特性决定其在地质应用中的价值，这种吸收特性尤其发生在从可见光、近红外一直到热红外波段。在可见光、近红外和短波红外波段，电子能级跃迁和分子、原子振动起主要作用。对于像矿物岩石一类的固体物质，晶体结构中的原子紧密排列造成能量传递的多样化，产生了宽广的相互作用谱带，这些相互作用包括分子振动、离子振动、晶场效应、电荷转移、电子传递和色心（解释见 2.9.3 小节）等。在这个谱区，岩矿固体表面最重要的光谱特征是：褐铁矿反射波谱特征表现为在近紫外处的徒然下降以及由三价铁离子 Fe^{3+}的电子跃迁所产生的 840nm 和 920nm 吸收带；2100 ~ 2800nm 波谱区间，存在含羟基物质的弯曲/水平伸缩运动的基频和谐频振动吸收带，这是多种黏土矿物识别标志，进而可推断热蚀变区的存在。

2.9.1 电磁波与岩石的相互作用

在可见光、近红外和短波红外（0.13 ~ 3.0μm），电磁波与固态物质表面的相互作用中有不同的作用机制来影响最后的波谱特性，有的作用仅局限于狭窄的谱带（窄带），其他大多数作用机制的影响范围可从 0.3μm 一直到 2.5μm 的波谱范围（宽带）。窄带中的作用一般与原子、分子和电子的共振过程有关，受晶格结构影响最大，导致谱线分裂、位移和增宽成谱带。宽带中的相互作用与电子的非共振作用有关，受物质的折射率影响，引起光速变化。

如果物质界面非常光滑，即入射波长 $\lambda \gg$ 界面粗糙度 δ，则反射呈镜面反射，服从 Snell 定律。反射系数 R 是复折射率（n）和入射角（θ）的函数。对于水平极化的入射波，有

$$|R_{\mathrm{H}}|^2=\frac{\sin^2(\theta-\theta_t)}{\sin^2(\theta+\theta_t)} \tag{2.9.1}$$

而垂直极化入射，则有

$$|R_{\mathrm{V}}|^2=\frac{\tan^2(\theta-\theta_t)}{\tan^2(\theta+\theta_t)} \tag{2.9.2}$$

式中，折射角 θ_t 与入射角 θ 间的关系为

$$\sin\theta=n\sin\theta_t \tag{2.9.3}$$

特别当 $\tan\theta=n$ 时，垂直极化入射出现零反射点，将$R_{\mathrm{V}}=0$ 时的入射角称为 Brewster 角

(图 2. 9. 1)。

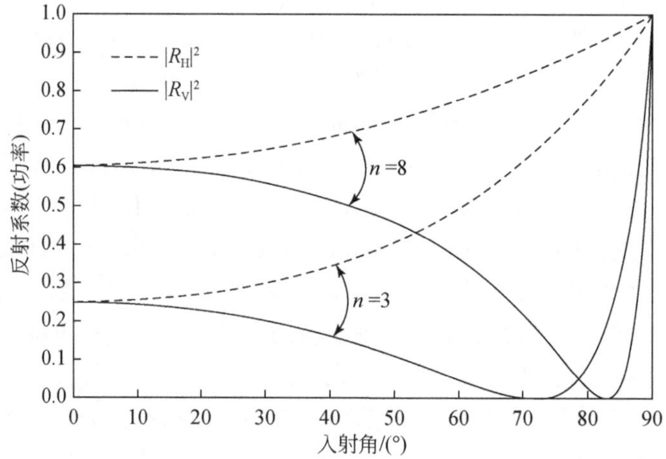

图 2. 9. 1　两种不同折射系数的介质半球反射率与入射角的关系

在垂直入射情况下，反射系数 $R(R=R_V=R_H)$

$$R=\frac{n-1}{n+1}=\frac{N_r+i\,N_i-1}{N_r+i\,N_i+1} \tag{2.9.4}$$

同时有

$$|R|^2=\frac{(N_r-1)^2+N_i^2}{(N_r+1)^2+N_i^2} \tag{2.9.5}$$

式中，N_r 和N_i 分别是折射指数 n 的实部和虚部。在远离强吸收带的谱区$N_r \gg N_i$，因而有

$$|R|^2=\left(\frac{N_r-1}{N_r+1}\right)^2 \tag{2.9.6}$$

而在强吸收带，则有

$$|R|^2 \simeq 1 \tag{2.9.7}$$

这表明，如果有一频带较宽的电磁波照射一个被抛光的岩石表面，那么，被表面反射的反射波中一定会包含该抛光表面物质的吸收带附近的相当大部分的入射波的谱段能量。

大多数的自然表面对于入射波长来讲，都算是粗糙表面。由微粒构成的表面，散射作用是主要的，而且入射辐射会被多次散射。在多次散射过程中，一定存在辐射被物质吸收的现象，造成这个谱区最终反射能量（即反射率）的降低。微粒的尺寸越大，吸收特性也就越显著。图 2. 9. 2 为 3 种不同粒度的绿宝石的反射率谱，粒度最小的反射率曲线平均位置较高，但在随波长变化上起伏变化比较平缓；随着粒度增大，波谱起伏也随之增加，在波长 0. 75μm、1. 39μm、1. 88μm 和 2. 53μm 四处的吸收谷表现的也最显著。

值得注意的是，在自然表面上，可见光与近红外波段的反射仅来自几个微米厚的表层，故表面覆盖的薄层起着重要作用，造成自然表面反射并不代表其下面的物质波谱特征。

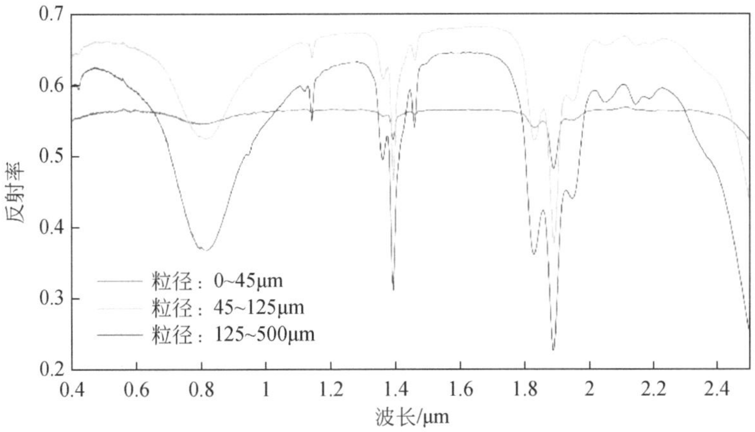

图 2.9.2　不同粒度的绿宝石光谱反射率曲线

2.9.2　矿物岩石组成元素的振动吸收谱特征

分子的振动过程是原子偏离其平衡位并产生微小位移的一种现象。原子有 3 个自由度，N 个原子便可有 $3N$ 个可能的运动模式。在这些模式中，3 个是平动，3 个是分子的整体转动，剩下的（$3N-6$）个（线性分子为 $3N-5$）为独立的振动。每一种振动模式均以简正频率v_i 振动，对具有 i 个简正频率的分子，其振动能级 E

$$E=\left(n_1+\frac{1}{2}\right)h\,v_i+\cdots+\left(n_{3N-6}+\frac{1}{2}\right)h\,v_{3N-6} \tag{2.9.8}$$

式中，n_i 为振动量子数（$n_i=0$，1，2，…），$\left(n+\frac{1}{2}\right)hv$ 是线性谐振子的能级。物质能级的数目与能量值的大小由分子结构决定。分子结构是指组成分子的原子数目和类型，分子的几何结构形态以及分子键的强度。从基态（即所有$n_i=0$）到只有一个$n_i=1$ 的能态的跃迁称之为基频，相应频率为v_1，v_2，…，通常发生在中红外至远红外谱区（$\lambda>3\mu m$）。从基态到只有一个$n_i=2$（或比 2 大的整数）的能级的跃迁称为谐频（振），相应的频率为 $2v_1$，$2v_2$，…。其他的跃迁均为组合谐频（振），是一种基频跃迁与谐频跃迁的组合，相应的频率为 $l\,v_i+m\,v_j$（l，m 为整数）。谐频与组合谐频的跃迁通常发生在 1～5μm 的波谱区间。

矿物岩石，也包括土壤，只要他们含有水分，它们的光谱曲线上一定会出现两个吸收带，一个在 1.45μm 附近，是由谐频（振）跃迁造成（$2v_3$），另一个位于 1.9μm 附近，由组合谐频（振）产生。可用量子理论来解释它们的缘由。水（H_2O）是一个由三个原子组成的分子，按每个原子有 3 个自由度，三个原子的水分子应有 9 种可能的运动模式。实际上起作用的只有对应于 3 个波长λ_1，λ_2 和λ_3 的 3 个简正频率v_1，v_2 和v_3。这 3 个波长和相应的运动模式及其图示（图 2.9.3）陈述如下

$\lambda_1=3.106\mu m$↔对称的羟基（OH）伸缩运动

$\lambda_2=6.08\mu m$↔HOH 键的弯折运动

$\lambda_3=2.903\mu m$↔非对称的羟基（OH）伸缩运动

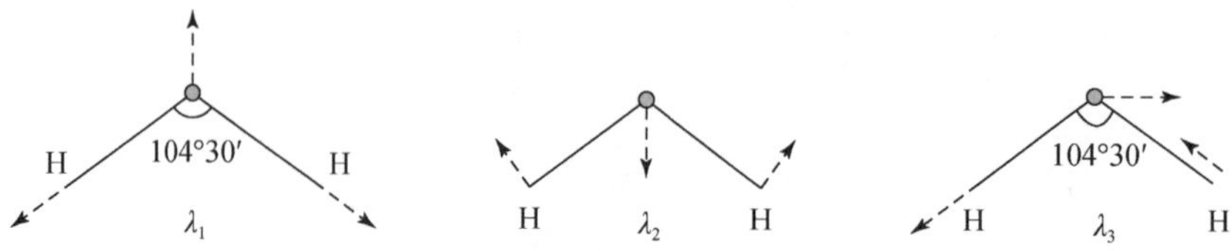

图 2. 9. 3　水分的三种基频振动模式

以上三种均属基频振动模式，尚有其他的振动模式，其中最低的谐频是 2 v_1，2 v_2 和 2v_3，相应的波长为$\frac{\lambda_1}{2}$，$\frac{\lambda_2}{2}$和$\frac{\lambda_3}{2}$。作为上述 3 个基频的一个组合谐频，其波长 λ 为

$$\frac{1}{\lambda}=\frac{1}{\lambda_2}+\frac{1}{\lambda_3}=\frac{1}{6.08}+\frac{1}{2.903}\Rightarrow\lambda\simeq1.96\mu\text{m}$$

如果仅取一个简正频率（如v_3），最低阶的谐频为 2 v_3，相应的波长为$\frac{\lambda_3}{2}$。即 $\lambda=\frac{\lambda_3}{2}=\frac{2.903\mu\text{m}}{2}\simeq1.45\mu\text{m}$。位于波长 1. 45μm 和 1. 96μm 附近的水分子振动吸收带对于判断矿物、岩石以至土壤是否含水具有指示性的功能，可作为判据。并且，如果这两个振动吸收带很狭窄，说明水分子占据确切有序的位置，反之，则表明水分子在岩土中杂乱无序地存在。图 2. 9. 4 是含水的石膏、钠沸石、胶岭石和石英的光谱曲线。吸收带的位置和形状反映着水分子与无机物的特定关系。图 2. 9. 4 还表示了谐频 2 v_3 和组合谐频（v_2+v_3）及其谱形在反射曲线中的位置变化情况。

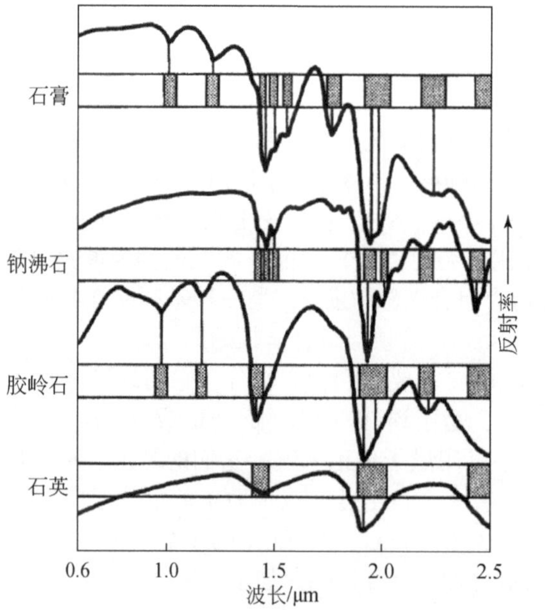

图 2. 9. 4　含水岩石的反射率光谱曲线

资料来源：Hunt，1977

矿物岩石中常含有羟基（OH）离子，在波长 2.77μm 附近有个伸缩基频振动模式，其确切位置决定于羟基离子及周围原子的位置。当谱线具有双线特征时，说明羟基有两种不同的位置，或者与不同的无机物（矿物）相连。

Al-OH 和 Mg-OH 的弯折振动基频波长分别为 2.2μm 和 2.3μm，羟基 OH 的一阶谐频（2v，1.4μm）产生的吸收谷是岩矿在短波红外波区最为常见的反射光谱特征（图 2.9.5）。

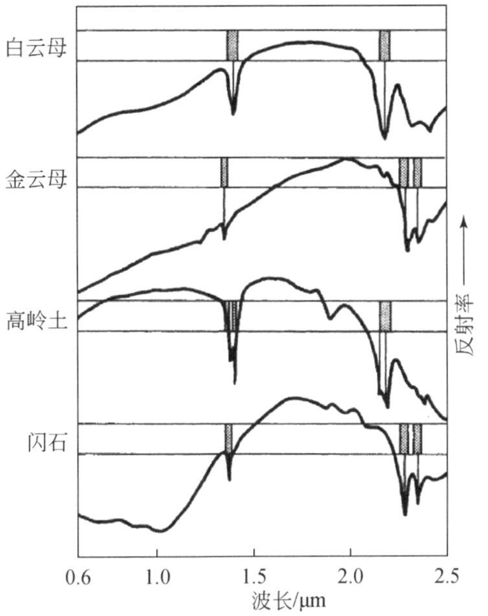

图 2.9.5　含羟基类岩石的反射率光谱曲线

资料来源：Hunt，1977

2.9.3　矿物晶体中的晶场效应、电荷转移和荧光效应

岩石中丰度最高的一些元素，如硅、铝、氧等，在可见光、近红外和短波红外谱区并不存在含有光谱特征的能级，这一点造成了无法获得物质成分的直接信息。但是，获得物质成分的间接信息的可能性还是存在的。这主要是因为矿物晶体或分子结构会对特定的离子能级产生影响。这种影响包括晶场效应、电荷转移以及荧光效应。

2.9.3.1　晶场效应

孤立原子的价电子是未配对的，并成为产生彩色的原因。在分子和许多固定原子中，相邻原子的价电子配对而形成化学键，从而将原子紧紧的束缚在一起。这种价电子配对情况使得其吸收带都发生在紫外波段。但是，对过渡族的金属元素，如 Fe、Cr、Cu、Ni、Co 和 Mn，其内层电子并未填满。处在未满内层中的电子，其激发态多位于可见光范围。这些激发态电子要受到由晶体结构形成的静电场的较大影响。由于不同晶场能级的组合方式上的差异，即使对于同样的离子，也会产生不一样的光谱。也不是所有可能的能级跃迁是按等可能概率出现的，可能的跃迁主要由一种叫做选择定则来决定。最重要的一条规则是，它只允许具有相同自旋状态的那些电子跃迁。一个典型的情况要数红宝石和蓝宝石了。红宝石的主要成分是三氧化二铝（Al_2O_3），大约有百分之几的铬离子（Cr^{3+}）置换了铝（Al）离子，每个铬离子有 3 个未配对电子，其最低能级是基态 $4A_2$，有复杂的激发态谱。激发态谱线的确切位置，由离子所处的晶体电场情况决定，而晶体电场的对称性和场强又取决于铬离子周围的铝离子的排列情况和性质。红宝石的三个激发态为 2E、$4T_1$ 和 $4T_2$，他们的能（谱）带恰处于可见光谱段。

选择定则不允许电子从 4A2 至 2E 能级的直接跃迁，但是允许电子从 4A2 到 4T1 和 4T2 的跃迁（图 2.9.6），相关能量对应的波长位于紫、黄和绿色谱区，故当白光，如日光穿过红宝石时，因其中的紫光、黄光以至绿光均被吸收，透射过来的就只有红光了。

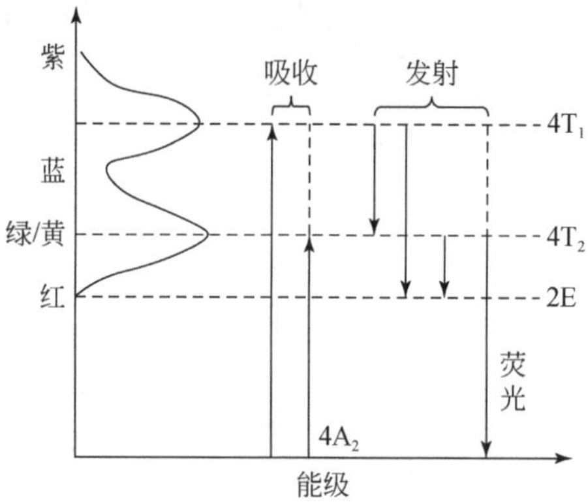

图 2.9.6　红宝石产生彩色特征的吸收与发射过程
资料来源：Elachi，1987

同样的道理，选择定则使电子也能够从 $4T_1$ 和 $4T_2$ 态通过 2E 返回基态 $4A_2$。并且，从 $4T_1$ 至 2E 的跃迁会释放出红外辐射，而从 2E 至 $4A_2$ 的跃迁则发射出很强的红光［图 2.9.7（b）］。

绿宝石的杂质仍是三价的铬离子（Cr^{3+}）。由于铬离子所处的晶体结构略有差异，造成离子周围的电场强度有所下降，使吸收带向光谱的黄-红端漂移，从而形成绿宝石特有的绿色［图 2.9.7（c）］。只要固态物质中离子的电子未配对，就存在晶场效应。在其他宝石，如玉、茶晶、海蓝宝石等，是铁取代了铬；而在蓝铜矿、绿松石和孔雀石中，铜（Cu）则以化合物形式而非杂质的形式存在。与上述类似，也见诸于红石榴子石，此时铁则是主要化合物中的成分。

如果二价的铁离子 Fe^{2+} 位于一个完整的八面晶体的晶格点上，只有一个允许的自旋跃迁发生在近红外谱段。但如果八面体晶格产生位错，其晶场的变化会引起能级分裂，从而允许更多跃迁。如果铁离子处于不等价位置上（如在橄榄石中），还会有额外的特征跃迁。因此，用二价铁离子的光谱特征作为探测手段，可以间接获得矿物结构的重要信息。图 2.9.8 是几种含铁离子的矿物的光谱反射率曲线，从中可以看到来自于晶体结构的不同而

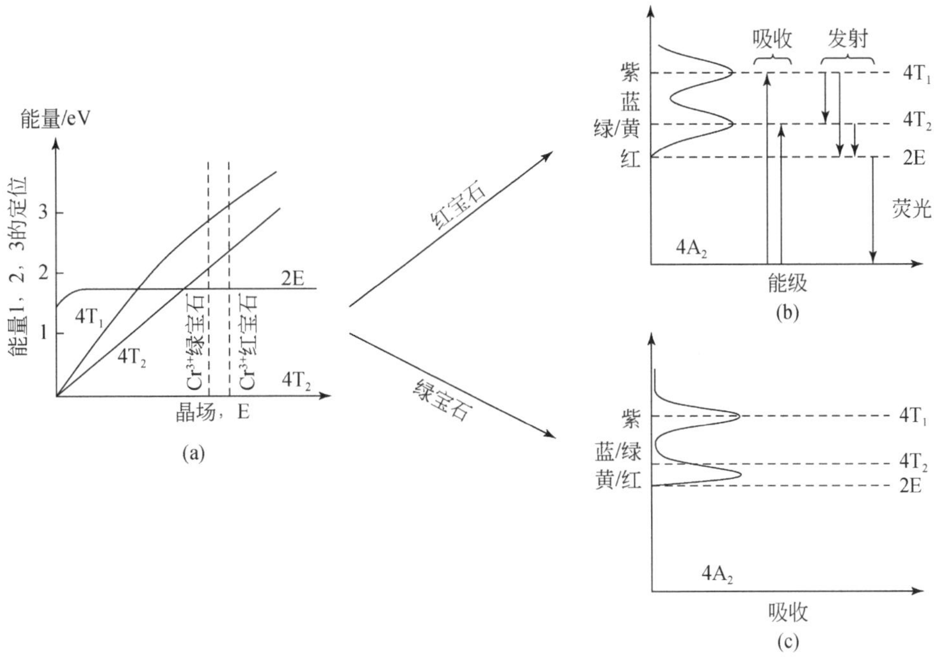

图 2.9.7　选择定则下的光子跃迁示意图

资料来源：Elachi，1987

产生的光谱变化。晶场效应不只限定于过渡金属（Fe、Cr、Cu、Ni、Co 和 Mn）离子的电子，如果电子被一种结构性的缺陷（如存在一离子空穴或掺入杂质）所捕获，也会产生类似于过渡元素所具有的能级。这种异常称为色心（color centers 或 F 中心）。色心效应解释了萤石为何呈现为紫色。萤石中的每个钙离子与 8 个氟离子相邻。某一个氟离子丢失时，便形成色心。为了保持稳定（即电的中性），它必须捕获一个电子，并由周围的晶场将该电子束缚在氟离子原来的位置。在这种晶场背景下，该电子能够占据基态和各个激发态的位置。

2.9.3.2　电荷转移

分子的配对电子可在一个较大范围里运动，并不真的被原子间的配位键死死地束缚而不能动弹。他们甚至可以在分子内或整个宏观固体内运动，因而产生一个激发态所需能量就降低了。此时就称电子占据了“分子轨道”。在可见光和近红外波段，离子间的电荷转移是产生分子轨道光谱特征的根源。有的矿物既含有二价的铁离子，又含有三价的铁离子，两种离子间的电荷转移造成由深蓝色到黑色的变化（如黑色的磁铁矿）。蓝宝石也是如此。不过，这时候的杂质是二价的铁离子（Fe^{2+}）和四价的钛离子（Ti^{4+}）。当一个电子从铁离子 Fe^{2+} 迁移到钛离子 Ti^{4+}，使两种离子都变化为三价离子（Fe^{3+} 和 Ti^{3+}）时，便造就了一个激发态。大约要有 2eV 能量才能驱动这个电荷转移，从而产生由黄到红的宽带吸收，造成蓝宝石的深蓝色彩。电荷转移产生的光谱特征远比晶场效应产生的光谱特征要强的多。

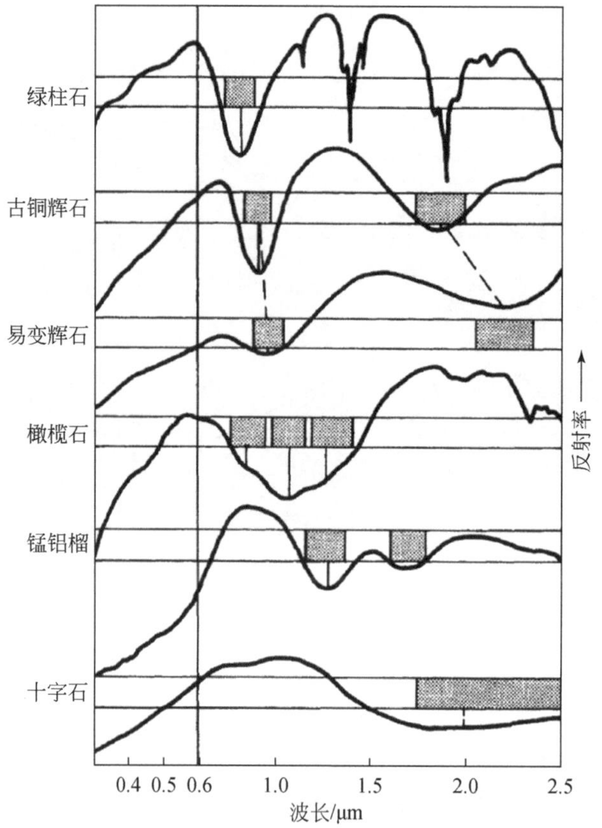

图 2.9.8　几种矿物的铁离子晶场效应在反射光谱中的反映
资料来源：Hunt，1977

电子在原子或离子能级间，甚至在元素间的电子跃迁，产生吸收光谱，形成特定的波谱特征。表 2.9.1 是一些常见离子吸收中心波长位置。

2.9.3.3　荧光效应

我们还是借助图 2.9.7（b）来说明什么是荧光效应。激发态电子可以进行级联式的跃迁而返回到基态。故它可以先吸收某一波长的能量，然后再发射另一不同波长的光子，这就是荧光现象，也称荧光效应。我们期望这个效应可以成为获取矿物表面信息的手段。由于发射荧光时，同时有太阳的辐照，似乎无法从测量结果中将荧光成分由整体信号中提取出来。幸好还存在补救的方法。由于太阳大气对太阳辐射的吸收作用，在太阳光谱中存在许多细小的暗线，称为夫郎和费（Fraunhofer）暗线。这些暗线的宽度在 10 ~ 100nm，一些暗线中心的强度（能量）要比紧邻的波谱区小 10% 以上。荧光遥感技术原理就是通过测量由短波激发出的荧光辐射，将 Fraunhofer“阱”填充到了一定程度后，来比较入射光谱和反射光谱中某个 Fraunhofer 暗线与其邻域的相对谱强度，便可检测出物质表面的荧光效应（图 2.9.9）。

表 2.9.1　常见离子吸收中心波长

离子	离子吸收中心波长
Fe^{2+}	1.0 ~ 1.1μm，0.55μm，0.51μm，0.43μm，0.45μm，1.8 ~ 1.9μm
Fe^{3+}	0.87μm，0.7μm，0.52μm，0.49μm，0.45μm，0.40μm
Ni^{2+}	1.25μm，0.75μm，0.4μm
Cu^{2+}	0.8μm
La^{2+}	0.8μm，0.75μm，0.6μm，0.5μm
Ti^{4+}	0.45μm，0.55μm，0.6μm，0.64μm
Cr^{3+}	0.4μm，0.55μm，0.7μm
Mn^{2+}	0.34μm，0.37μm，0.41μm，0.45μm，0.55μm

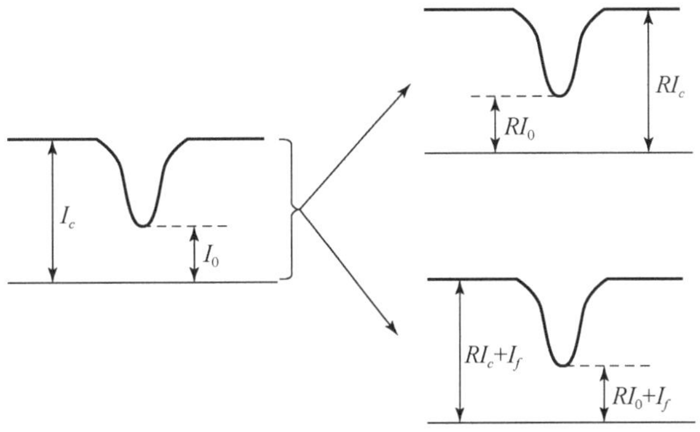

图 2.9.9　由 Fraunhofer 暗线从反射特征中探测发光性物质

现令 F_s 为某一 Fraunhofer 暗线的太阳辐照谱强度 I_0 与其邻域谱强度 I_c 之比，即

$$F_s = \frac{I_0}{I_c} \tag{2.9.9}$$

现设F_r 为反射光的相应比值。如果反射物质没有荧光效应，那么

$$F_r = \frac{RI_0}{RI_c} = \frac{I_0}{I_c} = F_s \tag{2.9.10}$$

式中，R 是表面反射率。但是，如果表面有荧光效应，而且又在 Fraunhofer 暗线处观察到荧光现象时，那么在反射光上就应加上荧光发射的贡献值I_f，因而有

$$F_r = \frac{RI_0 + I_f}{RI_c + I_f} > F_s \tag{2.9.11}$$

根据式 2.10.11，便可以推导出荧光发射强度值I_f。

2.9.3.4　热红外和远红外谱区矿物岩石的波谱特征

在波长大于 8.0μm 的热红外和远红外谱区，岩石表面的光谱发射率并非是常数，但也不是单调函数，发射率谱线包含了一系列的吸收带和吸收线，它反映了物质表面在化学成分上的特征。由于地球大气在波长大于25.0μm以后对辐射的几乎完全吸收作用，使遥感可用的热红外谱区被限制在8.0～25.0μm。在热红外谱区，岩石的发射光谱特征是由振动过程产生的，并主要表现为基频振动。为了深层次的理解岩石的发射光谱特征，首先要了解两个重要概念。诚如前面介绍过的，关于在垂直入射条件下矿物表面反射系数 R 的表达式（2.9.12），

$$|R|^2=\frac{(N_r-1)^2+N_i^2}{(N_r+1)^2+N_i^2} \tag{2.9.12}$$

式中，N_i 表示折射系数虚部，N_r 表示折射系数实部。

在强吸收带附近，$N_i \gg N_r$，使上式 $|R|^2=1$。这说明矿物物质表面层是完全不透明的，相当于物质表面出现了全反射或没有发射辐射，相应的在热红外光谱曲线上要出现极小值，这种状况即所谓的余射效应（restrahlen effect）。它标示在热红外谱段，某些矿物，如硅酸盐类矿物、石英等，由于其分子振动中的弯曲和伸缩运动而产生的一种特别强的反射现象。这种强反射足以使光束产生色散。

当折射指数的实部 $N_r \simeq 1$ 时，则反射系数 R

$$|R|^2 \simeq \frac{N_i^2}{4+N_i^2} \tag{2.9.13}$$

在远离振动吸收线的谱段，如果此时的吸收又很弱，造成反射率系数 R 非常低，根据能量守恒原理，应该出现很强的热红外发射。由于一些矿物的色散作用，使热红外谱区的特定谱段会出现折射率等于1或近似于1的波长点位，与该点位波长相应的频率称之为Christiansen 频率。图2.9.10是石英的折射率谱线，在波长7.4μm、9.3μm和12μm处，折射率 $n(\lambda)$ 等于1或接近于1。

图2.9.11是粒度为1.0μm、6.6μm和13.3μm的石英微粒薄层的光谱透过率曲线。与图2.9.10相比，在粒度为1.0μm的曲线上，波长7.4μm、12.3μm处透射率极大值犹在，但在波长为9.3μm处的极大值则消失了。这是因为石英在该频率处有强振动吸收，折射系数的虚部 N_i 值很大，这就使透射率 $T=(1-R)$ 的值很小了。

岩石在热红外普遍存在振动吸收的光谱特征（图2.9.12，图2.9.13，图2.9.14）。由于在波长10μm处Si—O基频振动产生的余射效应，造成硅酸盐类岩石，如石英岩、石英二长岩、二长岩、鞍山粗面岩和橄榄岩等的发射率最弱。由于O—Si—O、Si—O—Si的非对称键以及O—Si—O对称键的屈折与伸缩运动，使他们在这个谱区存在多个光谱吸收带。在粘土矿物（高岭石和胶岭石）中，SiO的屈折和H—O—A伸缩运动是波长11μm吸收带的产生原因。在图2.9.12和图2.9.13中，这些吸收带显示出很宽的样子，破坏了本来固有的周期性，这主要是由实验处理技术造成的。岩石样品一旦被研磨成粉末，就破坏了晶体的排列规律（周期性）。另外晶格本身的无序以及掺有杂质，也破坏了晶格的周期性。对于像石灰岩、白云岩这种碳酸盐类岩石，岩石的光谱特征是由于碳酸根离子 CO_3^{2-} 的振动造成的，表现为在7μm处的屈张以及在11.5μm和14.5μm处的二维屈伸振动（图2.9.12）。

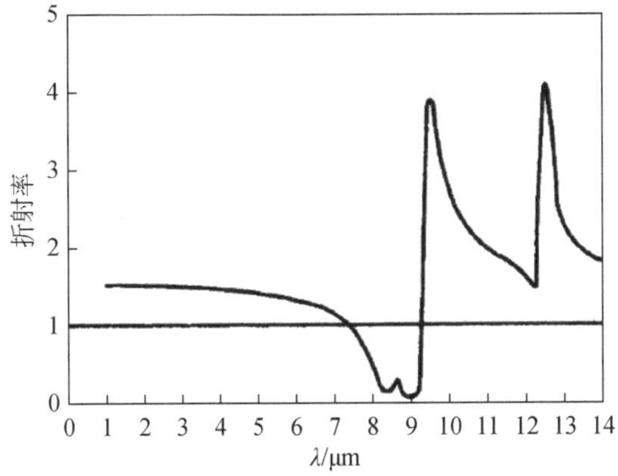

图 2.9.10　石英的折射率谱线
资料来源：Elachi，1995

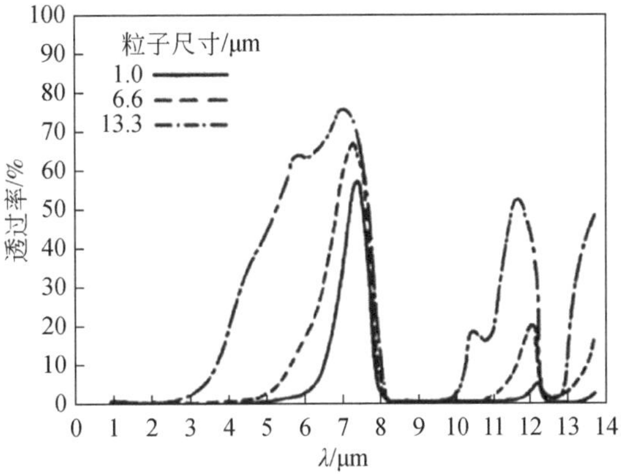

图 2.9.11　三种粒度的石英膜层透过率曲线
资料来源：Henry，1948

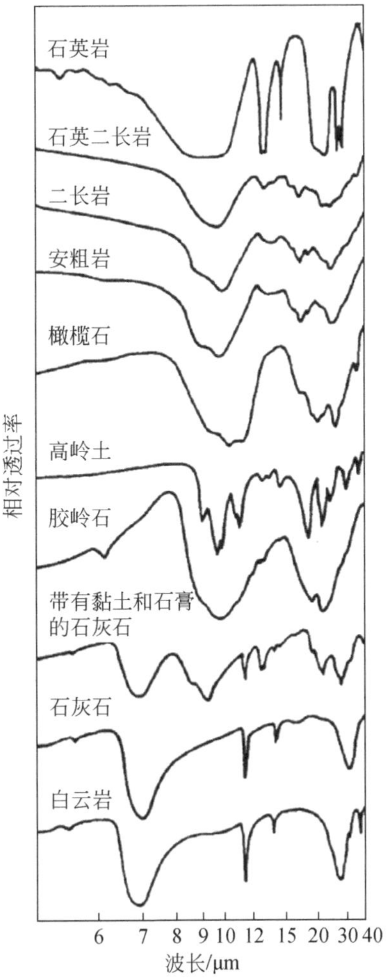

图 2.9.12　各类岩浆岩的发射率谱
资料来源：Hunt and Salisbury，1974

从图 2. 9. 13 可以看到，与 Christiansen 频率相应的硅酸盐类矿物的发射峰出现在波长 8. 0μm 附近，这恰恰处在二氧化硅（SiO_2）振动的强吸收开始之前，对余射效应做了很好的佐证。

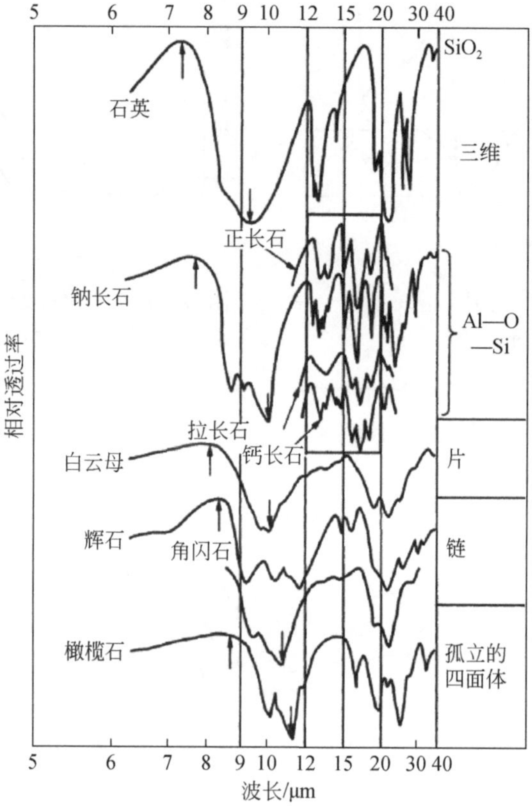

图 2. 9. 13　常见的硅酸盐类岩石红外透射率谱

资料来源：Siegel and Gillespie，1980

图 2. 9. 14 中的岩石及其发射率曲线严格按照二氧化硅含量的高低排序，依次由酸性岩变化为中性岩、基性岩到超基性岩，并尽可能将它们的振动吸收峰的波长标在相应位置。各种岩石的发射率谱线比例尺虽显过小，但仍能约略看到在二氧化硅分子振动强吸收之前的发射峰，以及随着二氧化硅含量的降低，使 Christiansen 峰值和发射谱的极小值向波长增加的方向转移的现象，对余射效应也做了佐证。

矿物岩石种类名目繁多，为了对他们的波谱特征有个概括性了解，特从中国典型矿物波谱知识库中摘录一些具有代表性的常见岩矿波谱特征，以表格列出。表 2. 9. 2 是岩浆岩的可见光-近红外-短波红外光谱特征表。鉴于黏土矿物在识别水热蚀变带中的特殊指示作用，也选择其中的 8 种列在表 2. 9. 2 中。而蚀变带正是一些贵金属、稀有金属、放射性元素铀的形成并富集的环境场所。正因为如此，在 Landsat-4 发射前不久，才在地质学家的要求下，增加了探测波段区间为 2. 08 ~ 2. 35μm 的第七波段。毕竟 2. 08 ~ 2. 35μm 波谱区间还是太宽，并不能反映黏土类等蚀变矿物的光谱结构的精细变化，于是供地面找矿和作

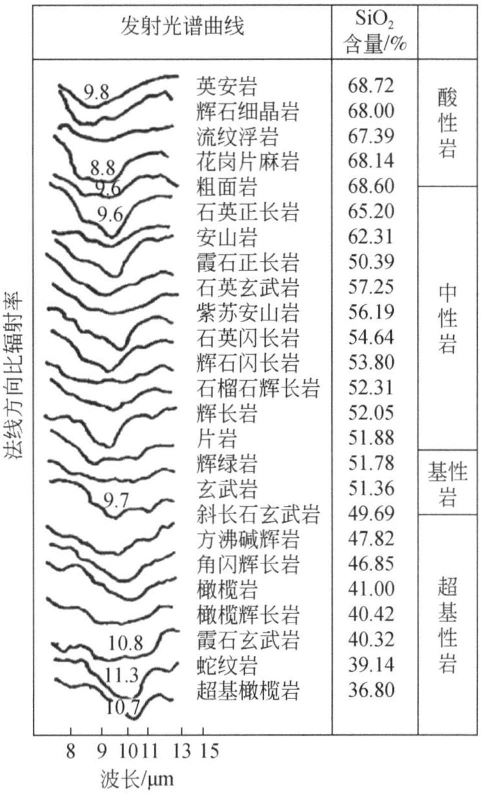

图 2.9.14　岩浆岩中 SiO_2 含量与岩石发射率谱的关系

资料来源：徐希孺，2005

物监测等使用的成像光谱仪应运而生，如挪威产的 Hyspex SWIR-320M。该仪器将 1.0 ~ 2.5μm 波谱范围分成 256 个波段，光谱分辨率为 6nm，空间分辨率更达到毫米级，信号量化等级为 14bit（0 ~ 16383）。

表 2.9.2　16 种岩浆岩的可见光–近红外–短波红外光谱特征（0.4 ~ 3.0μm）

（单位：μm）

岩石名称	光谱特征			
	羟基 Al—OH，Mn—OH/OH，振动谱带	水谱带	Fe^{2+}谱带	Fe^{3+}谱带
花岗岩	2.25	1.4，1.9，2.5		0.55
绿泥石蚀变花岗岩	2.35	1.4	0.9，1.1	
蚀变流纹岩	2.2	1.4，1.9，2.5	0.5，1.1	
流纹岩			0.95	
凝灰岩	2.25，2.35	1.4，1.9，2.5	0.95	0.7
正长岩	2.25	1.4，1.9，2.5	0.95，1.05	

续表

岩石名称	光谱特征			
	羟基 Al—OH，Mn—OH/OH，振动谱带	水谱带	Fe^{2+}谱带	Fe^{3+}谱带
二长岩	2.4	1.9		
石英二长岩	2.3，2.4	1.4，1.9	1.0	0.45，0.7
安粗岩	2.4	1.9	1.05	0.7
花岗闪长岩		1.9，2.5		
角闪闪长岩	2.2	1.9	1.0	0.7
安山岩		1.4，1.9，2.5	0.9	
苏长辉长岩（基性）	2.3		0.9，1.85	
玄武岩（基性）		1.9	1.0	
蚀变辉绿岩（基性）	2.35	1.4，1.9	1.0	0.7
橄榄岩（超基性）	2.35	1.4	1.4，1.85，0.95，0.45	

图 2.9.15 是一深钻孔内的岩芯样品的蚀变矿物端元光谱反射率曲线。从图中看到，位于波长 2200nm 与 2340nm 附近的由振动吸收作用产生的吸收峰与表 2.9.3 所列出蚀变矿物的波谱特征一一呼应，而且由成像光谱提取出光谱曲线对光谱特征的反应更为精准、完整、全面。

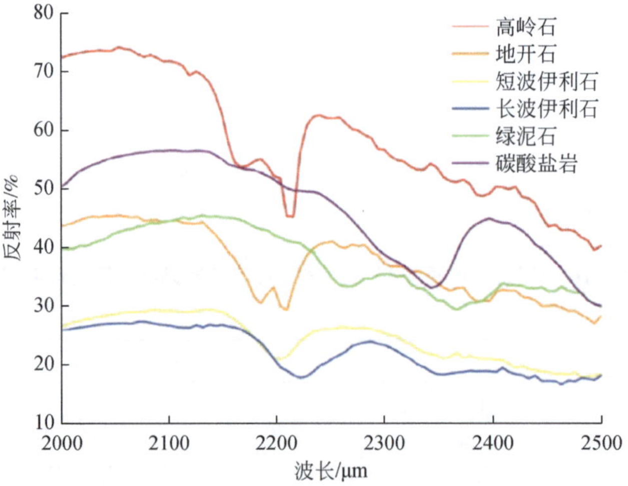

图 2.9.15　深钻岩芯的蚀变矿物端元光谱曲线

资料来源：张川等，2019

为进一步加深对表 2.9.3 所列黏土矿物波谱吸收特征的了解，特用几种常见的蚀变带矿物（主要为黏土矿物）的反射率谱（图 2.9.16）做进一步的形象化的互相印证。表 2.9.2 中的蒙脱石、高岭石、白云母等的振动吸收带位置，如 1.4、1.9、2.2 以及 2.34

都在图 2.9.16 中获得一一印证，形象而又醒目。吸收峰位置有序地向波长增加方向漂移也清晰可见。同样，在图 2.9.15 上也可略见一斑。

表 2.9.3　10 种层状硅酸盐黏土矿物的波谱特征（0.4～3.0μm）

矿物名称	化学式	波谱特征/μm					
		电子过程		振动过程			
		Fe^{2+}	Fe^{3+}	1.4μm，OH 倍频，合频	1.9μm，H_2O 振动谱带	Al—O—H 弯曲基频，谐频振动的合频	Mg—O—H 弯曲振动
地开石	$Al_4(Si_4O_{10})(OH)_8$			1.43 1.48	1.9	1.77，2.2	
叶腊石	$Al_4(Si_8O_{20})(OH)_4$		0.7	1.4	1.9	2.2，1.0，2.3	
蒙脱石	$(1/2Ca, Na)_{0.7}$ $(Al, Mg, Fe)_4$ $(Si, Al)_8O_{20}(OH)_4nH_2O$			1.4	1.9	2.25	
高岭石	$Al_4(Si_4O_{10})(OH)_8$			1.4	1.9	2.16～2.17 和 2.2 双吸收峰	
滑石	$Mg_6(Si_8O_{20})(OH)_4$			1.4	1.9		2.32
蛇纹石	$Mg_3(Si_2O_3)(OH)_4$		0.65 0.44	1.4			2.34
伊利石（水云母）	$(K, Na, Ca)<2$ $(Al, Fe, Mg)_4$ $(Si, Al)_8O_{20}(OH)_4nH_2O$			1.4	1.9	2.2	2.34
锂云母	$K_2(Li, Al)_{5.6}$ $(Si_{6.7}Al_{2.1}O_{20})(OH, F)_4$		0.8 0.55 0.45	1.4	1.28，1.33，2.03，2.14，2.2，2.35，2.45		
白云母	$K_2Al_4(Si_6Al_2O_{20})(OH, F)_4$	0.9 0.44		1.4	2.2，2.35，2.45		
金云母	$K_2(Mg, Fe^+)_3$ $(Si_6Al_2O_{20})(OH, F)_4$			1.4	1.38，2.2，2.325，2.385		

2.9.4　土壤反射光谱特征

要了解土壤的光谱反射特性，首先要知道什么是土壤，它本身又有什么特征。人们把能生长植物的地表松散层称为土壤。这样土壤就成为与大气直接接触的表面，因而受太阳辐射和地表水热变化的影响也最大，使得土壤的反射光谱比起植被、水体要复杂的多。尽管如此，土壤的反射光谱还是有规律可循的。而要了解土壤反射光谱的特殊性，应从两个

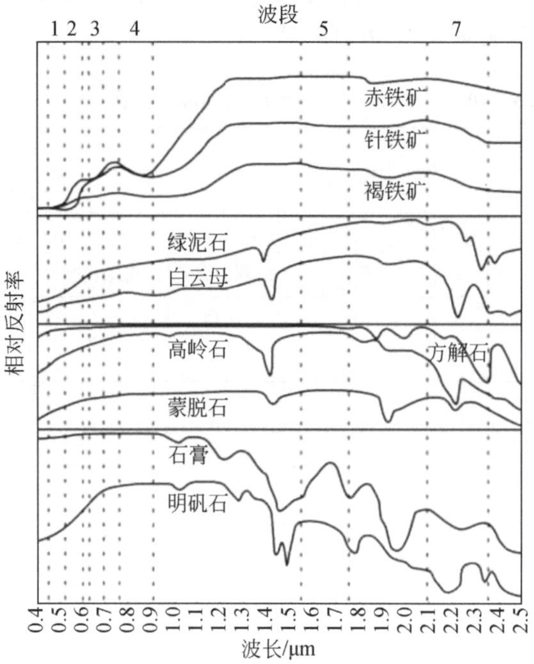

图 2.9.16 几种常见蚀变矿物的反射率谱

资料来源：钱建平等，2013

方面去观察。首先是土壤的剖面颜色。从土壤的命名多少可以看到土壤色彩、色调对土壤本性的了解有多重要。如砖红壤、红壤、红黄壤、黄壤、棕壤、褐色土、黑钙土、栗钙土、灰钙土、灰壤等等，大部分土壤名称都和色彩有关。土壤颜色本身就指明了其光谱倾向，如土壤腐殖质含量高，土壤因而呈现暗色调，会造成反射率总体偏低。其次土壤质地对土壤反射光谱也有重要影响。土壤固体颗粒尺度的减小导致土壤表面反射强度的增加，这是因为粒径减小，使土壤表面对入射辐射的消光作用减弱，从而增大了反射强度。在阳光斜入射情况下，颗粒愈细，其微阴影覆盖的在农业上，人们更关心的是，不同质地的土壤反射率谱如何随土壤含水量的变化将呈现什么样的变化特征。图 2.9.17 和图 2.9.18 分别为沙土和淤泥的光谱反射率曲线。图 2.9.17 中的三条光谱反射率曲线分别代表三种含水量水平，最上面的一条曲线土壤几乎不含水分，代表了干土情况，随着波长增加，反射率逐渐缓慢地增加，而其下的两条光谱反射率曲线各表示 5% ~12% 和 22% ~32% 两种含水量水平，曲线总体随含水量增加而下移，反射率整体下降了，1400nm 和 1900nm 两个吸收峰准确就位。图 2.9.18 是淤泥土的不同含水量下的光谱反射率曲线，六条曲线各相应代表六种含水量，从上到下，含水量分别为 0.6%、4.7%、8.8%、12.9%、16.9% 和 20.2%。要说明的是，由于图的纵坐标的尺度拉伸，表面上看上去是反射率随波长增加而相应地提高，使吸收带的深度显著增大，这只是个人为制造的假象。除了两个水分吸收带依旧准确出现外，又多了一个羟基振动吸收作用而产生的吸收带，其准确位置在 2200nm 左右。

到目前为止，本书已经尽可能地叙述了地表各种地物的反射/发射以及吸收波谱特征，

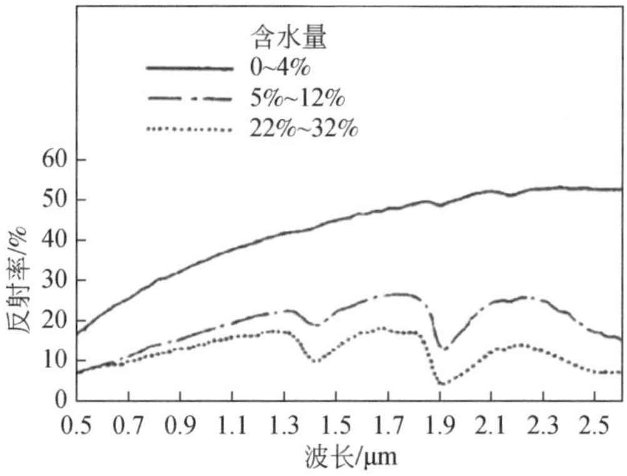

图 2.9.17　不同含水量沙土的反射波谱
资料来源：徐希孺，2005

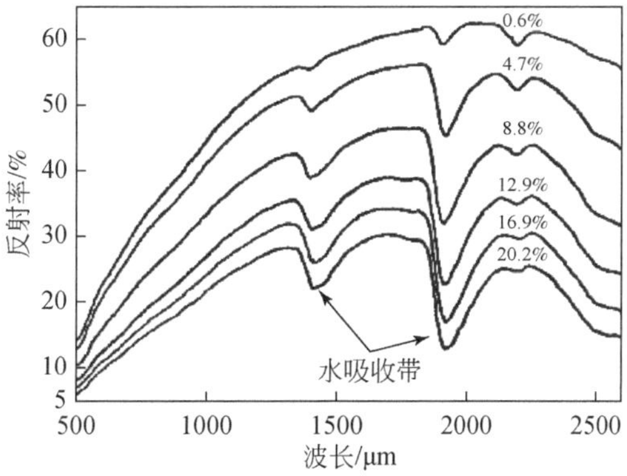

图 2.9.18　不同含水量淤泥土的反射波谱
资料来源：徐希孺，2005

并比较深入地讨论了产生这些波谱特征的物理和生物电子化学上的根据。在第 2.8.2.5 小节曾从植被遥感的目标出发，阐述了如何根据植物冠层波谱特征来设置卫星传感器的探测通道。在那里已经事先声明，还有其他方面的原因和应用需求。植被这个有机界方面的遥感应用固然重要，但无机界的遥感应用，尤其是矿物岩石的遥感应用探索也不应该被忽视。植被遥感探测波段都位于可见光至近红外波段，主要是光合色素（Chl-a，Chl-b 以及 β 胡萝卜素）通过电子跃迁吸收光子的方式影响该波区的反射谱形态。但在无机界则不一样，特别是矿物、岩石，它们主要是通过振动吸收（分子的弯屈、伸缩运动、羟基振动等）过程来塑造短波红外波区的光谱形态特征。通过矿物波谱来识别岩石，进而寻找水热蚀变带的分布范围，为金属找矿服务。这样看来，陆地光学遥感传感器的波段选择和设置，不单考虑了植被光谱特征，也考虑了矿物岩石的波谱特征，还兼顾了土壤、水体、冰雪、云检测应用上的需求。落实到 Landsat-TM/ETM+传感器上的具体的 7 个波段，真正做到了既科学而又周全，其后也被其他国家的后继星载传感器所效仿。

2.10 植被的二向性反射测量与建模

2.10.1 二向反射的室内外测量装置

在第1章里已经提到了BRDF实践中不可进行物理测量问题，从而诞生了方向反射因子DRF这一可进行实际测量的新的物理概念，并且，DRF与BRDF间还存在简单的数量关系，即DRF=π·BRDF。

最初，对于BRDF的测量并没有对光源性质予以更多的考虑，并未区分是自然光还是人造光源。从1991年春天开始至1997年，由北京师范大学遥感科学专业团队组织实践的长春室内五次的BRDF测量，Alan Strahler和Wolfgang Wanner也多次参与，使用的光源功率为30000W的氙灯，色温为6000K，通过匹配滤镜使其具有与太阳相似的连续光谱。测量是在一个半球形全封闭不透光空间、墙壁均涂成黑色，相当于在一个黑体腔中进行，形成了一个黑空状态下的直射光测量环境。应当说，室内人造黑体条件下的人造光源BRDF测量最能体现遥感测量理念的要求，即只有在纯直射光照射下，目标的反射信号才能绝对地具有反映目标性质的信息能力，并且几乎不含大气的干扰所带来的噪声。既然BRDF测量可分为室内人造光源和室外自然光源两种测量环境，于是乎多种与BRDF有关的度量概念也就应运而生。在这些BRDF度量概念和测量环境中，人造黑体空间与人工光源条件下的BRDF测量和方向反射因子（DRF）的要求相吻合，而半球-方向反射因子（HDRF）与野外的测量环境相匹配，并且，后者是卫星遥感的实际状况。

2.10.1.1 地表目标的HDRF定义和野外测量系统

半球-方向反射因子HDRF是这样定义的：在某一时刻太阳辐照条件下，目标向某个观测方向反射的辐射通量与目标同一位置上的标准参考板反射的辐射通量之比，称之为半球-方向反射因子。

$$\mathrm{HDRF}=\frac{\mathrm{d}\Phi_r(\theta_i,\varphi_i,2\pi,\theta_r,\varphi_r)}{\mathrm{d}\Phi_r^0(\theta_i,\varphi_i,2\pi)}=\frac{\int_0^{2\pi}\int_0^{\pi/2}f_r(\theta_i,\varphi_i,\theta_r,\varphi_r)\sin\theta_i\cos\theta_i\,L_i(\theta_i,\varphi_i)\,\mathrm{d}\theta_i\mathrm{d}\varphi_i}{\int_0^{2\pi}\int_0^{\pi/2}\sin\theta_i\cos\theta_i\,L_i(\theta_i,\varphi_i)\,\mathrm{d}\theta_i\mathrm{d}\varphi_i} \tag{2.10.1}$$

式中，$\mathrm{d}\Phi_r^0$（θ_i，φ_i，2π）是标准板反射到传感器观测方向的微分辐射通量，其他各符号意义可见第1章1.5节的图1.5.1。按这样方法获得的结果一般不需要做剔除散射光的调整工作。如果要知道散射光的贡献是多少，在进行HDRF测量时，同步观测辐射太阳的四分量就行了。

与第2章2.9节一般的地表目标的反射率测量仪器对支架的要求不同，测量目标的半球-方向反射因子的装置，必须具有迅速调整观测方向（观测天顶角和观测方位角）的能力。这种能自动调整仪器观测方向的装置叫做二向性反射野外自动测量系统（图

2.10.1)，由中国科学院地理研究所①张仁华研究员精心设计并委托南京相关单位监督制造。该测量系统由半圆形导轨基座、垂直升降杆、方向可调悬臂和同步电机以及控制系统组成。导轨用于测量、控制系统的观测方位角，悬臂用于控制观测的天顶角，垂直升降杆则可用来调整系统的距地面目标的高度，在控制系统驱动下，同步电机沿导轨滑动并控制测量的方位角和悬臂上仪器的观测天顶角。要实现 HDRF 测量，或者叫做多角度测量，除了这种测量装置外，还需要野外用的具有指向性光谱仪和具有理想漫反射特性的参考板。

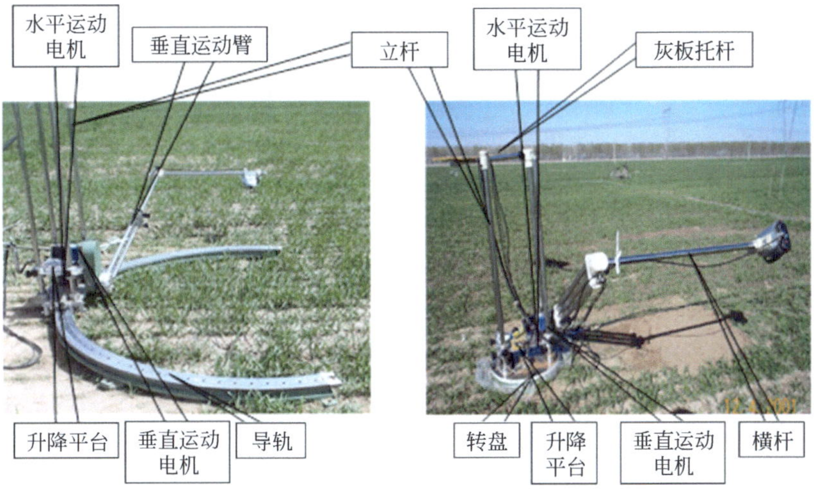

图 2.10.1　BRDF 野外测量装置照片

2.10.1.2　室内的二向性反射测量系统

要进行室内的二向性反射测量，首先要有供观测直射光的封闭环境。如一座具有半圆形穹形屋顶，内壁涂成黑色、封闭不透光的建筑，以供放置人造光光源，DRF 测量装置和待测样品。图 2.10.2 是中国科学院长春光学精密机械与物理研究所（以下简称长春光机所）太阳模拟实验室内 DRF 测量系统结构简图。该系统由四个功能组件构成，其一是太阳辐照模拟装置及其附属的可移动、角度可调的平面反射镜。太阳辐射模拟装置的核心是功率为 30000W 的氙灯，在太阳光谱匹配滤光片及场光栏控制下，以 8°张角发出均匀的模拟太阳光谱组成的入射光，并在可移动且角度可调的平面反射镜配合下，使这束直射光按照需要的入射角度照射在观测样品表面。第二部分是 10 个光谱辐射计传感器组，每组光谱辐射计按需要设置谱段，如陆地卫星 TM 那样设定为 6 个/7 个光谱波段。第三部分是直径为 6m 的水平轨道和与其相连的半径为 3m 的 1/4 圆弧的拱架。在轨道上每 10°设置一个采样位置（方位角）开关以确定观测的方位角。拱架上则每 10°安装一组传感器组。最后一个是控制和数据采集系统。在控制系统作用下，驱动拱架及其上的传感器沿轨道运行并实施对目标和标准板的测量。一个轮回可产生 5040 个 DRF 数据。观测样品尺寸设计为

① 现为中国科学院地理科学与资源研究所。

1m×1m，放置在轨道平面中心的载物台上。这样，如果搭载了光谱辐射计的拱架沿导轨绕标准板和样品各运行一周（需 7min）完成一个观测入射天顶角位置（每 10°一个，共 10 个）的 DRF 测量称作一个测回，那么完成全部 10 个方向的入射角位置的全轮回 0°～90°天顶角和 0°～360°方位角的 DRF 测量，则需要一个小时，最终获得一组多达 5040 个数据(按 7 个 TM 波段)。时间似乎长了点，但不要紧，因为在整个测量时间里，辐照光源稳定、无风，也不受外界环境变化的影响。这是室内测量的一个很大优点。

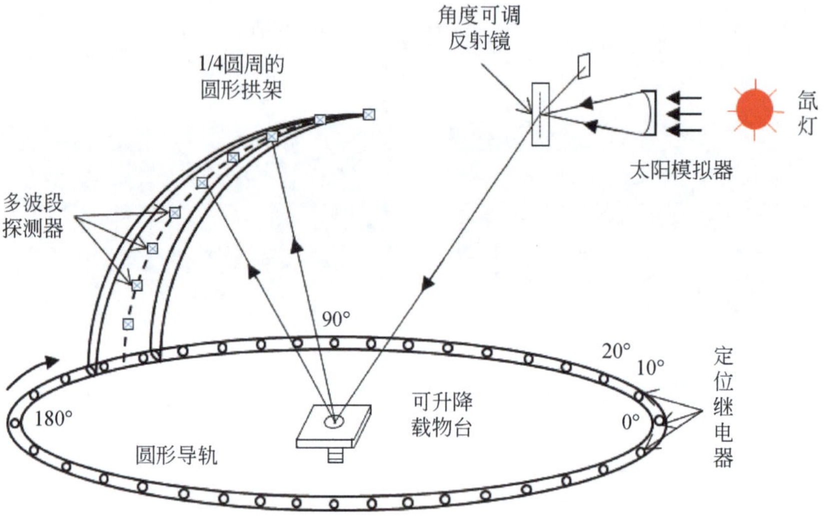

图 2.10.2　长春室内二向性反射观测装置图

利用太阳模拟实验室的条件，在 1991～1997 年共进行五次实验，实验用样品有玉米、大豆、棉花、旱金莲、扫帚草和乒乓球森林模型。

上述 DRF（BRF）试验测量是按照它的定义进行的。DRF 是指在一束直射光辐照下，观测方向上被目标反射出去的辐射通量（$d\Phi_r$）与处在相同位置和状态下的标准板反射的辐射通量（$d\Phi_r^\circ$）之比，即

$$\mathrm{DRF(BRF)}=\frac{d\Phi_r(\theta_i,\varphi_i;\theta_r,\varphi_r)}{d\Phi_r^\circ(\theta_i,\varphi_i)} \tag{2.10.2}$$

$d\Phi_r$ 与微分辐射亮度 dL_r 间的关系是

$$d\Phi_r(\theta_i,\varphi_i;\theta_r,\varphi_r)=\cos\theta_r\sin\theta_r d\,L_r(\theta_i,\varphi_i;\theta_r,\varphi_r)\,d\theta_r d\varphi_r dA \tag{2.10.3}$$

式中符号意义以及他们的观测几何与图 1.5.1 相同。

2.10.1.3　植被冠层反射的方向谱特征

地物的二向性反射特征是由观测目标的组成物质和目标的三维空间结构形式共同决定的。如前所述，完成一次完整的对目标一种场景的测量轮回，即使如前述那样采用一种较为简洁的采样方式，也会生成多达 5040 个数据的数据集。不言而喻，这个数据集里肯定有相当大的数据冗余。因而人们往往会想，能否从 BRDF 测量数据中找到某个特定子集与地物结构的某些主要特征之间的某种对应关系，如果这种对应关系确实存在的话，则可将

之称为地物结构的方向谱。Gerstl 和 Simmer（1986）首先提出这个很具启发性的概念。他建议将反射方向天顶角 θ_r 设置为常数，仅变动 φ_r 和 φ_i 来测量地物的方向谱特征。选定了 θ_r 后，这使得测量必然通过 BRDF 的“热点”，通常是 $\theta_r=\theta_i$。

为了便于描述 BRDF 的方向谱，一般倾向于采用 BRDF 测量数据集的主平面和主锥面两个子集。“主平面”是指太阳入射方向与通过测量目标的法线所构成的平面。只要保持在这一平面内进行测量，Φ 就仅有 0°和 180°两个值，而对于给定的太阳高度下，θ_r 就只有从-90°到+90°的变化（符号由 Φ 为 0°或 180°来确定）。“主锥面”则定义为：当测量方向和太阳入射方向的天顶角相等时，由观测方向线绕地物法线方向转一圈所形成的锥面。采用主平面或主锥面上的观测数据来概括 BRDF 的方向谱特征，具有简洁、形象且醒目的优点。这里要说明，用主平面或主锥面来表达 BRDF 测量数据的方向谱特征，也仅仅看其有一定的概括性优点，但它毕竟不能反映测量数据所具有的全方位的、整体性的信息特征。一种更为全面完整的 BRDF 测量数据的表达方式应该是一种三维的立体显示。但是最好能发展一种比较成熟的模型来准确的描述 BRDF 试验数据的方向谱特征。

下面是根据在太阳模拟实验室测量的 DRF 数据来讨论观测目标的方向谱特征。

2.10.2 太阳模拟实验室农作物二向反射测量与数据分析

2.10.2.1 实验目标场景设置与实验数据处理系统

由于载物台仅为 1m×1m 大小，适合作为低矮作物 DRF 测量，被选择目标物有棉花、大豆和玉米，均采取均匀分布种植方式，每种目标物又设置为三种场景。初始场景为全部植株作为实验目标；第一种场景做完一轮实验后，从全场景中均匀地拔出一半植株作为第二种场景，并进行新一轮 DRF 测量；接着对第二种场景中的植株再用同样方式去除掉余下的一半，构成第三种场景并完成最后一轮测量。通过场景设置来改变作物冠层覆盖度或叶面积指数，来分析在同样辐照条件下因覆盖度/叶面积指数的差异对 DRF 的影响。

野外 BRDF 测量相比，室内测量有一些明显的优点：①大气质量和成分对测量结果影响可以忽略不计；②室内无风无云，实验数据不受大气状况变化产生的影响，测量结果稳定；③辐照光源和探测器状态均可人工控制，整个实验装置适合对目标在半球空间做全方位测量，测量的重复性和灵活性均很好。长春光机所太阳模拟实验室 BRDF 实验测量装置是国际上唯二且是规模最大的一个，1991 ~ 1997 年我们与波士顿大学 Strahler 教授联合进行了五次实验。实验目标是玉米、大豆、棉花三种作物，每种作物均设置为三种场景，还用一种花卉旱金莲做了实验，用以验证 Jupp-Strahler 圆盘模型。由于森林是植被类型中的重要组分，但因树木植株过大无法放在实验室的载物台上，李小文建议用乒乓球制作森林模型做 DRF 室内测量，用来验证和比较 Li-Strahler 的针叶林圆锥形树冠 BRDF 模型以及获取一般阔叶林的椭球形树冠的 BRDF 方向谱特征，并发展具有椭球形树冠的 BRDF 模型。由于扫帚草（藜科植物）冠层似纺锤，植株矮小，用来模仿森林，也进行了 BRDF 的一次完整测量。上述目标测量的 BRDF 三维立体图如图 2.10.3 所示。

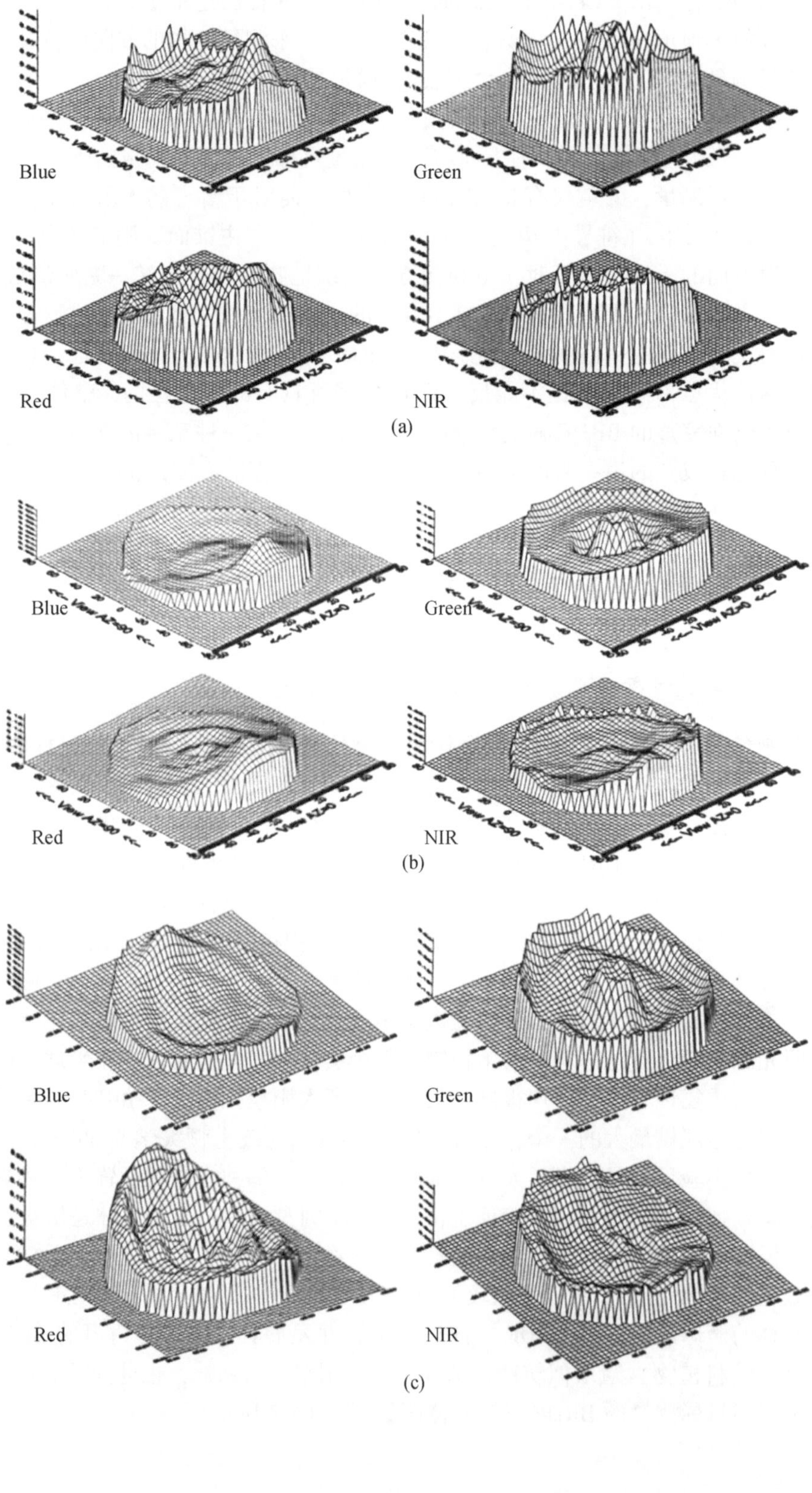
Blue
Green
Red
NIR
(a)
Blue
Green
Red
NIR
(b)
Blue
Green
Red
NIR
(c)

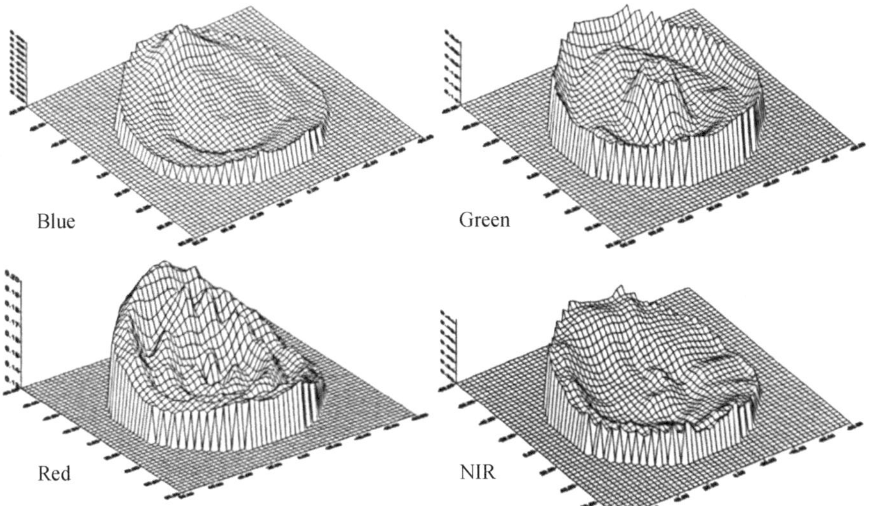

(d)

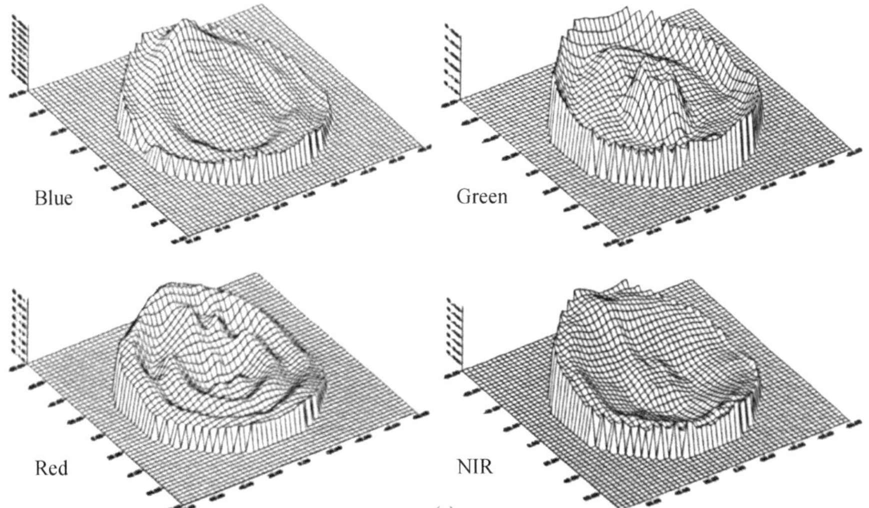

(e)

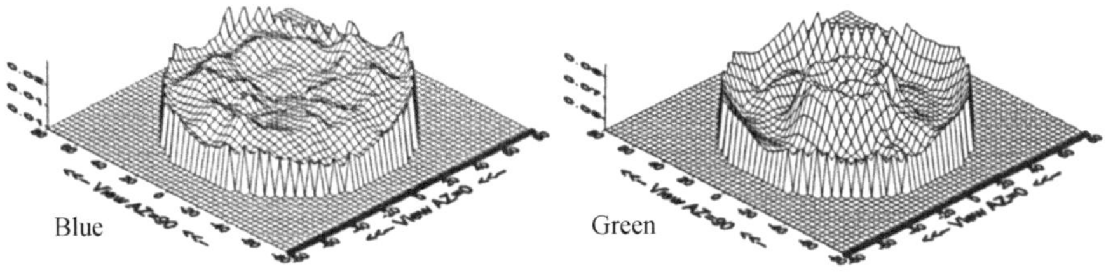

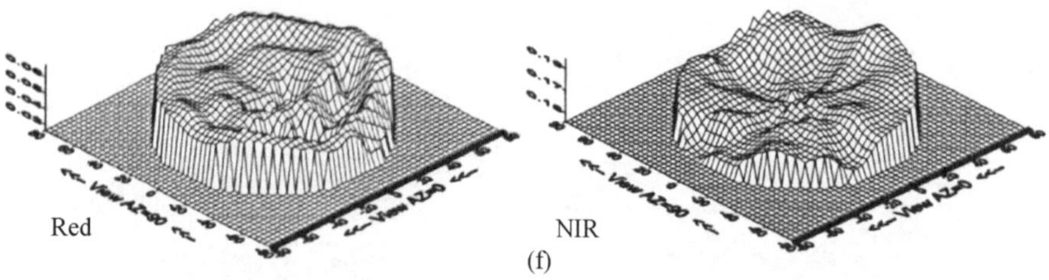

图 2.10.3 室内测量 BRDF 三维立体图

从上到下分别是稀疏棉花（a）、棉花（b）、玉米（c）、大豆（d）、旱金莲（e）和扫帚草（f）六种植被，每种目标观测数据包含 4 个波段，分别为蓝光波段（Blue：450 ~ 520nm），绿光波段（Green：520 ~ 600nm），红光波段（Red：630 ~ 690nm），近红外波段（NIR：760 ~ 900nm）

为了对 BRDF 实测数据进行分析处理，建立了实验数据处理系统。系统由四部分构成，即①数据预处理模块：数据格式转换，将采样数据转换为系统使用的数据格式；从原始数据中选出研究用的数据子集，背景对 BRDF 测量影响的纠正。②可视化和结果输出模块：BRDF 数据分析结果的可视化及结果的输出。③验证模块：BRDF 模型验证由给定的测量参数计算二向性反射率。选择被检验的模型有 SAIL、Li-Strahler、Ross、Verstraete、Roujean、Ambrals、Walthall 以及 Rahman 模型的正向计算。④反演模块：BRDF 模型的反演，包括了 SAIL、Ambrals、Verstraete、Roujean、Walthall 以及 Rahman 模型，可对生物物理参量或经验系数进行反演，再将这些系数用于正向模型的计算，以用于验证模型对数据的拟合结果。这些模型的具体描述参见文献（Verhoef，1984；Veratraete et al.，1990；Roujean et al.，1992；Rahman et al.，1993；Walthall et al.，1985；Wanner et al.，1995）。

2.10.2.2 模型验证与直接反演

使用室内测量数据，Gao（1996）对 Verstraete、Roujean、Walthall 和 Rahman 模型进行了验证。Roujean 和 Walthall 是线性模型，系统使用了最小二乘法进行反演，直接由矩阵计算反演的参数值。Verstraete 和 Rahman 模型是非线性模型，使用了数学规划中的 Powell 方向加速法求解多变量问题的最优解（魏权龄，1991）。利用测量数据，首先反演了这些模型的参数，然后将参数代入模型中重新计算二向性反射率的大小，再用公式计算拟合误差。

$$\mathrm{RMSE} = \sqrt{\sum \{[(R_i - R_i')/R_i]^2/N\}} \tag{2.10.4}$$

式中，R_i 指第 i 个数据的实际观测值，R_i' 指第 i 个数据的预测值，N 指数据的总数。

图 2.10.4 是上述四个模型用棉花为样本的验证结果，测量的光源入射高度角是 40°，图中仅绘制棉花红光和近红外波段的主平面图。表 2.10.1 是四个物体反演后验证的 RMSE 的结果。这四个观测目标分别是稀疏棉花、棉花、大豆和玉米，我们对其生物物理参数进行了实际的测量，如表 2.10.2 所示。它们的叶面积指数分别为 1.16，2.16，4.47，7.70，代表了不同覆盖率的植被状况。

从表 2.10.1 中可见所有的经验和半经验模型对测量数据均有较好的拟合能力。最大的 RMSE 为 0.25。近红外波段的拟合精度要好于红光波段。随着 LAI 的增加，在近红外波

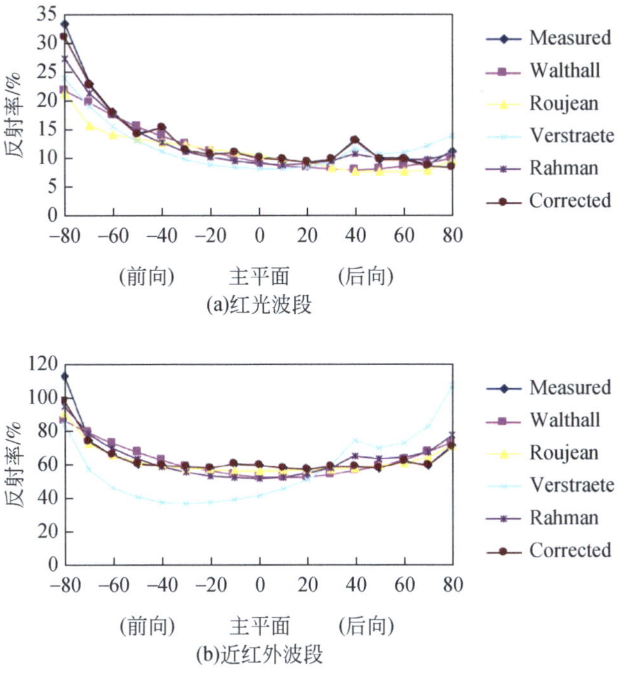

图 2.10.4 四种模型对棉花的反演结果在主平面的验证

资料来源：高峰，1997

表 2.10.1 四种物体反演后验证的 RMSE 的结果

模型	近红外波段				红光波段			
	稀疏棉花	棉花	大豆	玉米	稀疏棉花	棉花	大豆	玉米
Walthall	0. 127	0. 119	0. 230	0. 199	0. 202	0. 198	0. 214	0. 218
Roujean	0. 079	0. 055	0. 146	0. 110	0. 179	0. 096	0. 140	0. 141
Verstraete	0. 196	0. 247	0. 140	0. 123	0. 222	0. 215	0. 181	0. 161
Rahman	0. 104	0. 102	0. 160	0. 117	0. 164	0. 159	0. 157	0. 153

表 2.10.2 室内测量的四种物体的生物物理参数

作物	结构参数		红光波段		近红外波段	
	叶面积指数	平均叶倾角分布	叶片反射率	土壤反射率	叶片反射率	土壤反射率
稀疏棉花	1. 16	23. 86	10	5	45	10
棉花	2. 16	23. 86	10	5	45	10
大豆	4. 47	51. 54	12	7	48	12
玉米	7. 07	40. 45	15	5	40	10

段 Walthall 和 Roujean 模型的精度下降，而 Verstraete 模型的精度却提高了，这种现象可能

与模型建立时的初始假设有关，Walthall 模型最初是为描述土壤的 BRDF 而建立的，Roujean 模型没有考虑交互阴影的影响，适用于稀疏植被的情况，Verstraete 模型假定地物是均质分布的，适用于大片的均质稠密农田作物。对室内测量数据的模型验证也反映出这种趋势。

2.10.2.3 测量影响分析

由于实验室内探测器与测量目标的距离只有 3m，为能观测到 1m×1m 的载物平台，探测器的视场角设计为 8°，因此所获取的二向性反射率是 8°范围内地物反射的总和，热点效应因此也不明显。此外，被测物体的三维结构也会进入视场范围，这样实际进入视场范围的叶片有效面积可能会大于白板的面积（水平投影面积），为减小物体三维结构的影响，实验中被测物体四周围上了黑布，实验物体尽量选择较为低矮的植被。随着观测高度角的增加，观测视场的范围也在增加，背景地物进入视场的部分也在增加。实验中我们在地面铺上黑布，以减少背景对测量的影响，这种测量在观测高度角较小时影响很小，但在观测高度角较大时，这种影响是不能忽略的。下面对其做个定量估算，这一计算可用于其他类似测量。

假定观测的视场角是 ψ，则星下点视场范围可以用方程表示

$$x^2+y^2=h^2\tan^2\psi \tag{2.10.5}$$

式中，h 是探测器与观测平台的距离。当观测高度角为 θ 时，相当于方程 2.10.5 绕 y 轴旋转了 θ 角，从而得到一般性视场方程

$$(\cos^2\theta-\sin^2\theta\tan^2\psi)\cdot x^2-2h\cdot\sin\theta\cdot\tan^2\psi\cdot x+y^2=h^2\tan^2\psi \tag{2.10.6}$$

图 2.10.5 表示了视场范围随观测高度角变化的情况，这里假定 $h=3\text{m}$，$\varphi=8°$，观测高度角的变化从 0°到 80°。

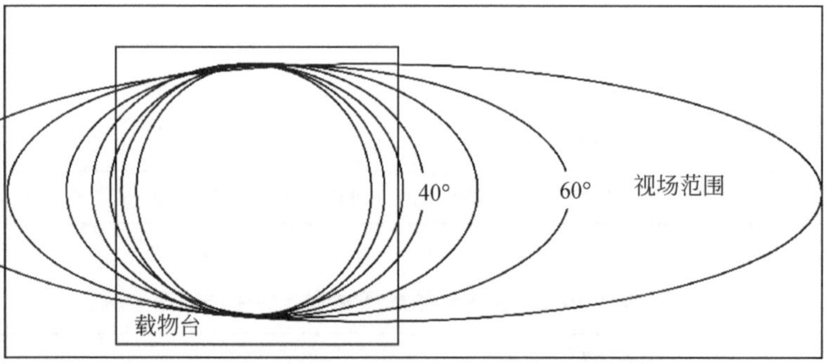

图 2.10.5 观测视场范围随观测高度角的变化

资料来源：高峰，1997

假定 A_1 表示视场范围内地物的面积，A_2 表示视场范围内非地物（背景）的面积。表 2.10.3 是背景与测量目标面积的比值，表示了随观测高度角的增加，背景进入视场范围的大小。在 40°以内，A_2 很小，背景的影响很小，其对测量的影响可以忽略。当观测高度角大于 70°时，这种背景的影响是不容忽视的。

表 2.10.3　背景面积随观测高度角的变化

观测高度角/（°）	0	10	20	30	40	50	60	70	80
A_2/A_1	0	0	0	0.006	0.061	0.204	0.547	1.526	12.027

测量反射率可以用公式（2.10.7）表示

$$R_m=\frac{Q_o+Q_b}{Q_w+Q_b} \tag{2.10.7}$$

式中，Q 是辐射通量，o 指目标物，w 指白板，b 指背景。

背景的反射率可以用（2.10.8）表示

$$R_b=\frac{Q_b}{Q'_w}=\frac{Q_b}{A_2/A_1\cdot Q_w} \tag{2.10.8}$$

利用（2.10.7）与（2.10.8）得到目标物体的反射率为

$$R_{\text{real}}=\frac{Q_o}{Q_w}=\left(1+R_b\cdot\frac{A_2}{A_1}\right)\cdot R_m-R_b\cdot\frac{A_2}{A_1} \tag{2.10.9}$$

这里仅R_b是未知，它可以由实验直接测量或由计算直接推断。假定我们有一组测量的灰板或土壤的二向性反射数据，并认为是可以用经验或半经验模型来描述的“标准数据集”。这些数据可以分成两组，第一组是观测高度角从 0°到 30°的二向性反射数据，其测量反射率不受背景的影响。第二组是观测高度角从 40°到 80°的二向性反射数据，其测量反射率受背景的影响。我们首先用第一组的数据建立了经验或半经验的 BRDF 模型，并用这一模型外推观测高度角从 40°到 80°的二向性反射率，用 r^i_{real}表示，实际测量的反射率（即第二组数据）用 r^i_m表示。则根据公式（2.10.8），由最小二乘法原理，可以计算R_b 的大小

$$R_b=\frac{\sum_{i=1}^{n}(r^i_{\text{real}}-r^i_m)\cdot x_i}{\sum_{i=1}^{n}x_i^2} \tag{2.10.10}$$

这里，$x_i=(r^i_m-1)\cdot\left(\frac{A_2}{A_1}\right)_i$，$N$ 是参加计算的反射率数据量。

2.10.3　森林模型室内二向反射测量结果分析

作物或一些低矮的草本植物可在室内载物台进行 DRF 实际测量已如前述，森林植株由于树木高大则不可能进行室内试验。1992 年作者访问波士顿大学期间，李小文提出能否用乒乓球制作森林模型来进行室内的 BRDF 试验，以对李小文一直从事的几何光学模型进行验证。1993 年初安排研究生韩心慧进行设计制作，并于当年 7 月在长光太阳模拟实验室进行了试验①。

① 李小文博士对韩心慧室内实验结果和据此所做的硕士论文的评价以及对论文的处置意见参见前面序言中相关说明。

2.10.3.1　森林模型制作与实验设计

实际制作乒乓球森林模型仅需用四种材料，树冠用白色的实际比赛用乒乓球，其直径为3.77cm，树干用直径为1.2mm的镀锌铁丝制作，土壤背景由未加增白剂的本白色白纸粘在白色的泡沫塑料板做成。乒乓球、白纸等均用积分球做了专门的反射率测量。实验用载物台大小为1m×1m平面，为取得较好测量数据，实验模型面积设计为45cm×45cm大小，载物台余下表面均蒙上黑布以减少目标周围的影响。

实验中使用两块塑料平板来制作覆盖度（郁闭度）各为50%和30%的森林，每株树均随机均匀分布于45cm×45cm平面上，分布点位平面布局及其实际场景示于图2.10.6。乒乓球森林树干高度亦随机均匀分布在1.8cm到7.8cm高度区间。实验中仍沿袭用陆地卫星TM的6个波段（热红外波段除外）。模拟太阳光分别按20°、30°、40°三种角度辐照载物台目标，观测天顶角从0°到80°，每10°设置一组探测器，方位角是由导轨上的继电器开关控制，每10°测量一次，方位角变化范围从0°到350°。

(a)覆盖度50%　　(b)覆盖度30%

图2.10.6　乒乓球森林植株随机分布图

2.10.3.2　实验结果的三维显示与方向谱特征分析

（1）实验结果三维显示

由于实验中的观测天顶角和方位角均为每10°采样一次，间隔过大，故在制作三维立体图时，为了获得较好的显示效果，采用了插值加权措施以平滑数据点间的间隔，但在采样点上还是原来的实际测量值。在极坐标系下，极轴方向表示观测的天顶角变化方向，旋转方向则表示观测方位角的变化方向，并以反射比（DRF）作为纵轴，从而获得乒乓球森林的DRF测量结果三维俯视图（见2.12节图2.12.6～图2.12.9）。

（2）实验结果方向谱特征与分析

图2.12.8和图2.12.9是Landsat-TM的可见光（TM1、TM3）、近红外（TM4）和短波红外（TM5、TM7）波段测得的乒乓球森林的反射方向谱俯视图。这里要特别指出，森林树冠是由无光合色素和生物活性的白色乒乓球构成的客观事实，这对正确理解他们的方向谱特征是必要的提醒。现在统观用实验室实测数据绘制的三维俯视图，可见：

1）在垂直方向上由反射比（DRF）数值大小决定的顶面出现数据尖突（即热斑（Hot Spot）效应）比较明显。在热斑中心（即椭球水平半径 R 和垂直半径 b 相等）附近，在天顶角方向和方位角方向上的热斑变化不大，且热斑较为对称。

2）碗边效应强烈。而且在热斑方向上，无论是碗边还是在碗边内侧反射比（DRF）值都很高，这是本实验结果的另一特征。

3）不同波段的 DRF 方向谱的三维显示具有比较相近的形状，热斑和碗边形态变化也很大，这与真实森林场景有原则上的区别。究其原因乃是树冠材料选择为白色塑料乒乓球所致，造成了不同波段的反射比没有太大的差异。

4）森林郁闭度（覆盖度）的高低也没有明显影响 DRF 三维俯视图的基本形态，并且因为实验用的模型尺度较小，以及地面土壤采用本白的白纸，其与乒乓球树冠的反射率反差过低，造成对 DRF 三维立体图的整体高度的影响上无明显的反应。

5）林冠多重阴影影响在实验数据中体现的不明显。产生的原因是，在制作乒乓球森林模型时，为了降低制作难度，让树高的变化区间增大，使得 β 值很小。这样，造成了实验数据与没有多重阴影影响的情况极为相似。β 称为树冠高度分布影响的权重系数，其进一步说明见后续相关介绍。

在室内做模拟森林的 BRDF 测量实验本身就是一件十分困难的事情，不能期望一次实验就达到圆满成功，需要不断探索改进，是一个逐步完善的过程。况且，这类模拟森林本身就不可能做到完美，树冠材质的选定就是个致命的弱点，因为在当下，人类实在找不到一种具有生命活力，且能进行光合作用的光合色素物质来制作森林树冠。由于这是第一次室内模拟森林 BRDF 实验，虽然在模型制作、材质选择、实验总体设计上有不足不周之处，实验还是取得了基本成功。由实验结果数据绘制三维俯视图所揭示的诸多重要现象，也具有启发性。毕竟，现象是建模的向导。还在模型制作之初，实验开始之前，李小文就支持鼓励韩心慧做椭球体树冠的 BRDF 建模，发挥他在数学上的优势，因为在温带，椭球体是最接近一般森林树冠的外部形态特征。

2.11 植被冠层反射模型研究

植被是地球的陆地表面上最重要的覆盖类型，它不但是人类生产活动的资源，而且是人类生存最重要的环境因素，更是全球环境变化最灵敏的指示器。鉴于植被在人类生产活动和生存中的重要性，卫星遥感领域对植被冠层的反射模型研究一直长盛不衰。本节讨论的遥感反射模型是指对像元亮度信号的物理解析与数学表达。在遥感发展的某一阶段，面临众多的应用需求，促使人们要弄清植被与光的相互作用的物理本质。室内外的 BRDF 测量数据都表现出一个共同的方向谱特征，诱导人们如何根据物理学原理，用不同的数学方法来描述植被与光作用的方向谱特征，即所谓的建模。回顾现今关于植被冠层反射建模的各种思路和形成的各主要流派应该是非常必要的。

2.11.1 主要方法体系流派

从 20 世纪 70 年代起，直到 90 年代中期，植被冠层反射模型研究一直是国内外遥感科学家研究热点。他们从不同的出发点来计算 BRDF 并逐渐形成了 BRDF 研究的几大流派。研究得较为全面深入的是物理模型，它具有明确的物理意义，是 BRDF 模型研究的主流。纯经验的统计模型形式简单，计算快速，可模拟多种植物类型的 BRDF 特征，对精度要求不高的场合是一种不错的选择。半经验模型具有一定的物理基础又有较简单的表达，在目前具有很好的应用前景，新一代的卫星传感器 MODIS 及地球反射偏振测量仪（POLDER）为全球提供半球反射率产品及 BRDF 校正产品均选择了半经验模型的思想（Wanner et al.，1995）。

一般的以物理学原理为基础的模型又可以分为辐射传输 RT（Radiative-Transfer）、几何光学 GO（Geometric-Optical）和计算机模拟（Computer-Simulation）这三种主要模型系统。辐射传输理论引进植被的 BRDF 的研究就形成了 BRDF 的 RT 模型研究系统。RT 模型从微观角度出发，将植被冠层分解为微分体积元或水平均匀薄层进行处理，Marshak 给出的三维辐射传输方程（Myneni et al.，1991）为

$$\underline{\Omega} = \vec{\nabla} I_\lambda(r,\underline{\Omega}) + \sigma(r,\underline{\Omega}) I_\lambda(r,\underline{\Omega}) - \int_{4\pi} I_\lambda(r,\underline{\Omega'}) \cdot \sigma_\lambda(r,\underline{\Omega'} \rightarrow \underline{\Omega}) \cdot \mathrm{d}\,\Omega' + Q_\lambda(r,\underline{\Omega})$$

式中，辐射率$I_\lambda(r,\ \underline{\Omega})$依赖于波长 λ，位置 $r=(x,\ y,\ z)$ 及方向$\underline{\Omega}=(\underline{\Omega_x},\underline{\Omega_y},\underline{\Omega_z})$

$$\underline{\Omega} \cdot \vec{\nabla} I = \underline{\Omega_x}\frac{\partial I}{\partial x}+\underline{\Omega_y}\frac{\partial I}{\partial y}+\underline{\Omega_z}\frac{\partial I}{\partial z}$$

$$\underline{\Omega_x}^2+\underline{\Omega_y}^2+\underline{\Omega_z}^2=1$$

$\sigma(r,\ \underline{\Omega})$ 是消光系数；$\sigma_\lambda(r,\ \underline{\Omega'}\rightarrow\underline{\Omega})$ 是由$\underline{\Omega'}$方向散射到$\underline{\Omega}$方向的散射函数。

如果假定植被冠层水平均匀分布，则此辐射传输方程就简化为一维的情况，其表达式将在第 4 章 4.4.5 节中陈述。辐射传输方程加上其边界条件就构成了 RT 模型。一般的应用于植被 BRDF 的 RT 模型的求解方法有两种：一是直接用多次迭代的方法求解方程的数值解，二是使用 Kubelka-Munk（KM）理论得到解析解，如 Suit、SAIL 模型等。

RT 模型适用于小叶面的均匀的连续性植被，如农作物、草原等，研究积累较多，其根本的不足在于微体积元或水平均匀薄层要求割裂叶面，本质上将植被处理为糊状，虽然许多研究引入了各种不同的修正，如引入几何光学因子来反映叶片形状的影响等（李小文和王锦地，1995）。

目前 RT 模型的新发展主要表现为：①从水平均匀植被冠层假设下的一维 RT 模型到三维结构的 RT 模型，如 Kimes 的 3-D 模型、Norman 的 BIGAR 模型、Goel 的 TRIM 模型等，Myneni 及其合作者 Asrar、Ganopol 等有较深入的研究，他们引用了分数维方法定义空间结构（Myneni et al.，1990）。②植被 RT 模型与大气 RT 模型的耦合，由于植被 RT 模型与大气 RT 模型具有相同的形式，因此在处理时就将大气与植被看成是光学常数不同的两层。只需进行一次求解，从而避开了大气校正。

GO 模型从宏观的角度出发，将地面目标假定为一定的几何体形状，这样在光照下形成了承照面和阴影面，设 K_g为地表承照面积比，K_c是树冠承照面积比，K_z是视场中阴影地面面积比，K_t 是视场中阴蔽树冠面积比，G、C、Z、T 分别是给定光照条件下四种表面的亮度，由此可得到纯几何的简单表述

$$S=K_g \cdot G+K_c \cdot C+K_z \cdot Z+K_t \cdot T$$

李小文、Strahler 认为植被承照面与阴影面之比是决定遥感像元尺度 BRDF 的主要因素，为解决这个面积比问题，他们进一步发展了相互遮蔽效应的几何光学模型，使得长期困扰几何光学模型的“相互遮蔽”效应有了精确解和近似解。目前 GO 模型发展更为细化，即分别为 C、Z、T 建立次一级的子模型，建立这三种亮度与植被叶面积层次上结构与物理特征之间的逻辑和数值关系，如 Strahler 和 Jupp 的两层 GO 模型（Strahler and Jupp，1990），Franklin 等的灌丛模型等。

GO 模型的优点在于抓住了像元（几十米以上）尺度上影响 BRDF 的主要因素，即三维空间结构，形式简单明晰。GO 模型的缺点是很难处理多次散射，为此李小文、Strahler 建立了 Li-Strahler 间隙概率模型（Li and Strahler，1988），在大尺度上用纯几何光学模型反映植被的结构特征，在适用于辐射传输模型的尺度上则以冠层内的间隙概率处理叶丛的截获辐射与散射。GO 模型和 RT 模型都逐步采纳了对方的优点，模型的发展正相互逼近（李小文和王锦地，1995）。几何光学模型更适用于水平不均匀、空间上不连续的大型植物群体，如各类森林、稀树草原、灌丛和果园等。

计算机模拟模型首先产生一个植被的“真实结构”，然后再从真实结构计算 BRDF。目前产生“真实结构”的主要方法有：①Asrar 的分数维方法；②以专门的图形软件包为基础的方法，如 Goel 的 Diana 模型；③以植物生理模型为基础的方法；④以摄影学原理为基础的立体像对法。由“真实结构”来计算 BRDF 主要使用 Monte Carlo 光子追踪法。计算机模拟模型可以改变植被结构的假设，因此可用于植被结构特征等对 BRDF 影响的评价，以及作为验证其他模型的工具。它的缺点是主次因素不分明，植被结构设置繁琐，求解耗机时。

经验模型旨在建立一个与观测数据相吻合的简单数学关系，与物理模型不同，它的形式简单、直接，往往只是观测高度角、方位角，照射高度角以及方位角等少量几个参数的函数。这种模型的缺陷是在精度要求较高时，需要有较多的观测资料，此外经验系数无法用于解释地表特征，而且也不具有区域推广意义。Walthall 模型（Walthall et al.，1985）是最早的经验模型之一，在 Walthall 模型基础上 Nilson 和 Kuusk（1989）又作了进一步改进，将其表示为

$$R=P_0\cdot(\theta_i^2+\theta_v^2)+P_1\cdot\theta_i^2\cdot\theta_v^2+P_2\cdot\theta_i\cdot\theta_v\cdot\cos\varphi+P_3$$

式中，$P_0\sim P_3$ 是经验系数，θ_i 为照射高度角，θ_v 是观察高度角，φ 为相对方位角。经验模型可用于校正 BRDF 影响，重构 BRDF 数据集等，因其表达式简单而在多角度遥感中有一定的应用价值。

第三种方法，将物理模型和经验模型相结合，模型由若干项组合而成，其中每一项都有明确的物理意义，BRDF 是这些项的权重之和，这种方法一般称之为“半经验模型”或“分析模型”。Roujean 等（1992）将 BRDF 表述为体散射“内核”，表面散射“内核”以及常量三者的权重之和。Roujean 等（1992）曾将此模型用于消除由 AVHRR 生成的 NDVI 的 BRDF 影响，取得了较好的效果。但 Roujean 模型并不适用于所有的地物，特别是对于森林的 BRDF，其误差较大。胡宝新等（1997）对此进行了改进，他们增加了几何光学模型的核，这样体散射“内核”和表面散射“内核”均由一组“内核”组成，而最终的模型将由其中与测量数据能最佳吻合的“内核”组成。这一模型被称为 Ambrals 模型，已成

为 MODIS 的处理工具。半经验模型直接应用辐射传输和几何光学模型的结果，并用经验模型的简单线性关系表示，这种方法将三种模型结合在一起，具有较高的精度，较快的反演速度，和较广泛的适用面。

地物的二向性反射特征除与入射光源和传感器位置有关外，还与波长有关，多波段光谱数据能够为我们提供更多的关于植被的结构信息。一套多光谱二向性反射数据集对应于一组相同的结构参数集和若干个波段的光学参数集。为描述这种关系，需要建立一种参数较少的模型，用以描述叶片的反射和透射光谱、土壤反射光谱，以及与波长有关的天空散射。Jacquemoud 等将叶光谱模型 PROSPECT 模型与 SAIL 模型相结合，用于提取植被生物物理参量。Kuusk 发展了一种多光谱植被冠层反射率模型，并结合他的 FCR 模型，构成了一个多角度多光谱的模型。在多角度数据难以获取的今天，利用多光谱信息来增加多角度遥感的信息量是很有意义的，多光谱遥感与多角度遥感的结合无疑能为人们提供更多、更精确的地面信息。

上述由植被冠层光谱的和/或空间结构的参数来构建植被冠层的 BRDF 模型被称为正向模型，即由给定参数去推求 BRDF 值；而卫星遥感由传感器观测到的是像元尺度的冠层反射亮度信号值（即 BRDF 值），要求根据这个信号来推算出地物目标的参数，在数学上是个反问题。因此，冠层反射模型反演才是卫星遥感的本质核心问题。在这个意义上讲，遥感的本质是参数反演。

植被冠层反射模型（正向模型）和参数反演理论体系研究构成了卫星遥感科学理论体系的最核心内容。下面先从正向模型如何建立说起。由于几何光学模型最为形象、直观和易于理解，我们就以几何光学模型为例，学习如何建模以及如何验证模型的效果。

2.11.2 森林的二向反射几何光学模型

2.11.2.1 二向性反射分布函数的概念

自然界中的物体表面对光的反射既非镜面反射，也非理想的漫反射，是一种介于两者之间的粗糙面反射。这种反射不仅具有方向性，而且还随入射的方向的变化而变化，反射的强度是入射方向与反射方向夹角的一个复杂函数，并且还是波长的函数，只是由于尽人皆知，在函数中不作显示表达而已。这个函数便是人们称之为的二向性反射分布函数（BRDF）。BRDF 的严格定义由 Nicodemus（1977）给出

$$\mathrm{BRDF}=\frac{\mathrm{d}L(\theta_v,\phi_v)}{\mathrm{d}E(\theta_i,\phi_i)}(S_r^{-1}) \tag{2.11.1}$$

其物理意义是：在观测方向（θ_v，ϕ_v）测得的微小辐亮度增量 $\mathrm{d}L(\theta_v, \phi_v)$ 与平行入射光在微分面积元 $\mathrm{d}A$ 上产生的辐照度增量 $\mathrm{d}E(\theta_i, \phi_i)$ 的比值。不言而喻，辐亮度增量 $\mathrm{d}L(\theta_v, \phi_v)$ 是由辐照度增量 $\mathrm{d}E(\theta_i, \phi_i)$ 引起的。该比值，即 BRDF 是入射方向（θ_i，ϕ_i）和观测方向（θ_v，ϕ_v）的函数，其中 θ 为天顶角，ϕ 为方位角，他们的几何关系见图 2.11.1。Nicodemus 的定义虽很严谨，但是根据这个定义，BRDF 变得几乎完全不可测定的，这是因为对微面积元 $\mathrm{d}A$ 的辐射照度 $\mathrm{d}E$ 进行实际测量是十分困难的。因而在实际测量

中，为规避这个困境，以方向反射比（DRF）取而代之，并且 Li 和 Strahler（1986）将 BRDF 与 DRF 之间的关系用极限的形式做了定义

$$\mathrm{BRDF}(\theta_i,\phi_i,\theta_v,\phi_v)=\frac{1}{\pi}\lim_{\substack{\Omega_i\to0\\ \Omega_v\to0}}\mathrm{DRF} \tag{2.11.2}$$

式（2.11.2）中$\frac{1}{\pi}$的作用是使 DRF 在数量上和单位上与 BRDF 保持一致。对于 DRF，其定义是：在一定的辐照和观测条件下，目标的反射辐射通量与处在同一辐照和观测条件下的标准参考面的反射辐射通量之比，而标准参考面是指一个全反射的、理想漫反射表面。

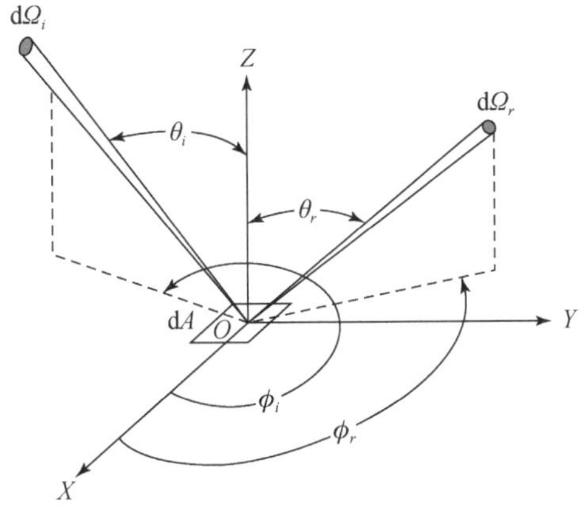

图 2.11.1　BRDF 采用的坐标系统

在具体的推演模型之前，不妨对研究的目标场景做一些设定。研究的对象是一片发育正常的温带常绿林，植株均匀分布于平坦地表，树高和冠幅大小不等。传感器以瞬时视场角 2d 观测地表，在地面的投射截痕（投影）即为像元 A，ds 为像元面积 A 上的反射入射光的微面积元，可近似为理想漫反射表面，其反射系数为 R(s)。ds 的法线与 i 和 v 两个方向的夹角余弦分别为$\langle s, i\rangle$和$\langle s, v\rangle$。而 $I\langle i, s\rangle$与 $I\langle v, s\rangle$则为从 i 方向和 v 方向观察时 ds 的可见度。Ω_i 和Ω_v是入射方向与观测方向上的立体角。

基于上述设定，式 2.11.2 可进一步表达为

$$\mathrm{BRDF}=\lim_{\substack{\Omega_i\to0\\ \Omega_v\to0}}\left[\frac{1}{\pi}\mathrm{DRF}\right]=\frac{1}{\pi}\frac{\iint_A R(s)\langle s,i\rangle\langle s,v\rangle I\langle i,s\rangle I\langle v,s\rangle \mathrm{d}s}{A\cos\theta_i\cos\theta_v} \tag{2.11.3}$$

2.11.2.2　森林的二向反射纯几何光学模型形成发展过程

这里要强调，在讨论植被反射的 BRDF 模型时，首先要弄清辐射传输模型或几何光学模型，他们各自的适用领域以及它们各自的优势和不足各是什么，这一点非常重要；然后才能根据研究对象的不同去选择该应用的模型。下面凡提及模型或数学模型一概是指光（可见光与近红外）与植被相互作用的物理（机制）模型。一般讲辐射传输模型适用于小

叶面的连续型植被，如大田农作物、草原以至于沙漠、冰雪表面等。源于混沌介质中电磁波散射理论的辐射传输（RT）方程有严谨的数学表达，将它搬用到空间结构复杂的植被，便遇到了实质性的困难。比如RT方程严格要求散射微粒均匀分布在一个可视为无穷小的体积内或一种很薄的水平层中，这对即使是水平均匀分布的植被也很难满足这一苛刻要求，哪怕是近似地满足。植物的叶片和其他的植物组分的散射特性并不符合瑞利散射或Mie散射的规则，也肯定不能满足RT方程要求的微粒散射特性可用相函数描述的前提条件。

几何光学（GO）模型是用于求解水平不均匀、空间上不连续的大型植株群体，如各类针阔叶林、稀树干草原（Savana）、灌丛和果园等场景的BRDF。早期的李小文-Strahler GO模型属于“场景合成式模型”，是指在传感器的观测视场内，一部分被阳光照射（受光面），另一部分则处在阴影中，观测得到的总信号强度（BRDF值）是两者亮度值的面积加权和。如果目标像元是一片森林，BRDF值则是光照林冠、光照林中地面（土壤）、阴影中树冠以及地表阴影的面积四个分量与他们各自的亮度值的面积加权和。一般讲，植被反射模型总是在寻找影响植被反射特征的主要因子，而将一些非主要因子进行简化，或者暂时回避，甚至完全忽略，待条件具备时再予考虑。如初期的GO模型将树冠视作不透光的实体，暂时忽略树冠间的相互遮蔽影响，完全不考虑冠层内的多次散射作用对BRDF信号的影响等。这就为初期的GO模型留下了发展空间，以至有后期的带间隙率的GO模型，再后发展成为考虑多次散射的GO与RT的混合而构成GORT模型。

李小文在回顾几何光学模型的发展过程时，曾表明“李小文-Strahler模型是在Egbert模型基础上发展起来的”。严格地讲，在李小文-Strahler开始从事植被BRDF研究之前，也仅有Egbert（1976）和R. D. Jackson两人从事或涉及这方面的研究，Egbert的影响自不必说，但R. D. Jackson的作用也不得不提。R. D. Jackson与加利福尼亚大学圣芭芭拉分校（UCSB）地理系J. Estes教授过从甚密。Jackson的位于菲尼克斯（Phoenix）郊外的农田（小麦地）试验场是地理系研究生野外参观实习首选基地之一，有完备的小麦地的辐射和水分、微气象测量装置，积累了丰富的麦田辐射测量数据，是形成早期农田四分量GO模型的坚实基础。J. Estes是美国遥感手册第二卷主编，是UCSB地理系遥感团队的主帅，而Strahler正是这个团队的一个重要成员。按照常理，Jackson的工作Strahler不可能不了解，他们之间有交往、交流是很自然、合乎情理的事。因而，李小文-Strahler初期的GO模型的数学表达式结构与Jackson的四分量模型如出一辙就不奇怪了。R. D. Jackson一辈子从事农田水分研究，是国际上研究遥感蒸散的大家，偶触GO四分量模型也仅是他的旁骛。

李小文-Strahler从1981～1983年建立针叶林冠层二向性反射几何光学模型开始，到1988年建立不连续植被冠层间隙的概率模型，再到1992年的“*Geometric-Optical Bidirectional Reflectance Modeling of the Discrete Crown Vegetation Canopy: Effect of Crown Shape and Mutual shadowing*”发表，整整花了10年时间，使森林的几何光学模型一步步深入、完善，以适应不断提高的应用需求。其间，Strahler-Jupp提出了重叠函数$O(\theta_v, \theta_i, \phi)$的概念，用来对光照阴影与观测阴影的交集进行数量描述，使几何光学模型更是锦上添花。新模型符不符合实际情况，还面临着实践的检验，因而李小文有乒乓球森林模型实验的构想。当他得知北师大遥感研究团队研究生韩心慧的数学背景后对其表示鼓励并寄予厚望，能在他的基础上向前推进一步。

李小文-Strahler 几何光学模型，其数学模型框架、定义和符号系统都已定型，韩心慧的工作首先是要承继李小文-Strahler 的研究结果，并在此基础上，结合对实验结果进行分析来回应李小文的鼓励和殷切期待。

2.11.3 森林冠层几何光学模型基本框架

李小文、Strahler 和 Jupp 在建立几何光学模型时曾做了一些假定，下面仍旧沿用其中的一些假定。设研究的最小的独立个体是单株的树，每株树假定是一个不透明的实体，且其表面元是漫反射体，反射率 $R(s)=C$，且假定地表是反射率 $R(s)=G$ 的漫反射体。观测的瞬时视场为 A，而树冠为垂直半径为 b，水平半径为 R 的椭球且随机均匀分布在 A 中。因此当入射光照射时，树冠表面和地面小面积元可能被照到也可能处在阴影中，因此方程（2.12.3）中的 $I\langle i, s\rangle$ 取值为 0 或 1；同样当从观测方向测量时，小面积元可能被看到也可能被挡住，故 $I\langle v, s\rangle$ 取值也仅为 0 或 1，因此只有 $I\langle i, s\rangle$ 和 $I\langle v, s\rangle$ 同时取 1 时才对反射有贡献，故（2.12.3）式可以简化

$$\begin{aligned}\mathrm{BRDF} &= \frac{1}{\pi}\,\frac{\iint_{A_s} G\cdot\cos\theta_i\cos\theta_v\,\mathrm{d}s + \iint_{A_c} C\cdot\langle s,i\rangle\cdot\langle s,v\rangle\,\mathrm{d}s}{A\cdot\cos\theta_i\cdot\cos\theta_v}\\ &= \frac{1}{\pi}\left[\frac{A_g}{A}G + \frac{C}{A}\iint_{A_c}\frac{\langle s,i\rangle}{\cos\theta_i}\cdot\frac{\langle s,v\rangle}{\cos\theta_v}\,\mathrm{d}s\right]\end{aligned} \tag{2.11.4}$$

式中，A_g是既被照到又被观测到的地表的面积，A_c是既被照到又被观测到的树冠的面积，$\frac{\langle s,\ i\rangle}{\cos\theta_i}$的意义为 ds 沿入射方向投影到地面的面积，$\frac{\langle s,\ v\rangle}{\cos\theta_v}$的意义为 ds 沿观测方向投影到地面的面积。由此可以看出如果当 ds 的倾角分布均匀，观测方向 v 与入射方向 i 一致时，BRDF 便取得最大值，v 方向与 i 方向的任何偏离只能使得A_g面积与A_c面积减少，而不会引起被积函数的增加，因而（2.11.4）式很成功地解释了二向性反射的“热点”效应。所以关于“热点”的最简单解释就是当观测方向和入射方向相同时，视场中的阴影比例最小，因此信号最强，在所描绘的 BRDF 图中显示为一个尖突（见后）。“热点”是广大研究者十分感兴趣的问题，它包含了很丰富的地物结构信息，这从以下讨论中可以进一步看到。另外，从（2.11.4）式中可以得出地物的二向性反射特征不仅取决于地物的波谱特征（G、C），而且与其结构A_g、A_c以及 ds 的分布有很大关系，这就至少说明了从 BRDF 中应该可以分析出地物的空间结构信息，甚至反演出其主要的参数。

事实上，从观测者来讲，在视场中只有最基本的四种元素：A_g、A_c、A_z 和 A_t（图 2.11.2），其中A_g、A_c如前所述，A_t、A_z分别为可观察到但处在照射阴影中的树冠和地面的面积，因此 BRDF 可以简单地写为

$$\mathrm{BRDF}=(A_g\cdot G+A_c\cdot C+A_t\cdot T+A_z\cdot Z)/A=K_gG+K_cC+K_tT+K_zZ \tag{2.11.5}$$

式中，$K_g=A_g/A$，$K_c=A_c/A$，$K_t=A_t/A$，$K_z=A_z/A$。K_g为视场中光照地面面积与视场 A 的面积比，K_c是树冠承光面投影面积与 A 之比，K_z和K_t 分别是阴影中地面与阴影中树冠面积与 A 之比例。G、C、T、Z 则分别为给定光照条件下的四种表面的亮度。在给定环境中，K_g、

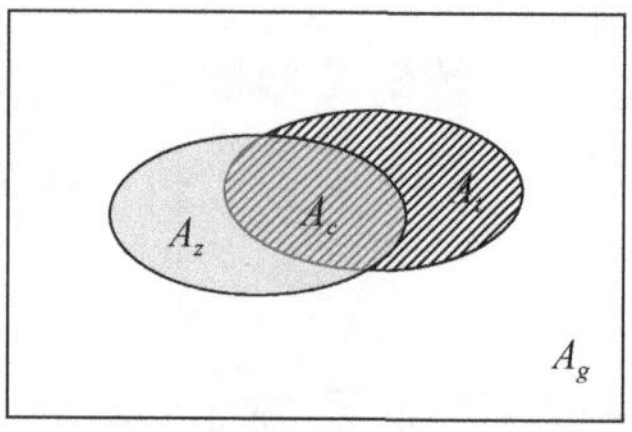

图 2.11.2 场景 A 中的四元素

K_c、K_t、K_z可由几何光学和概率知识求出，而 G、C、T、Z 常被视为已知，或由遥感图像直接估计。最好是为它们再建立次一级子模型，建立它们（亮度）与植被叶片层次上的结构与物理特征间的逻辑与数学（量）关系。当简单地认为这四种不同的元素的内部都是均匀同性质的漫反射体，只要模型化这四种元素便可定量地描绘出给定冠层类型的 BRDF。在研究中，占主要地位的应是K_g、K_c两个主要参量，其中K_g描绘出了光照地面随入射光和观测方向的变化而变化的大致行为，而K_c描绘出了光照树冠随两方向变化的主要情景，由于入射方向和观测方向的变化从而引起了四参量的比例变化，再加上四参量对各种波段入射光的不同的反射比，从而形成了 BRDF 的种种形式的“热点”和“碗边”形状，这是广大 BRDF 研究者所共同感兴趣的地方。

事实上，对于前边所述的四种主要成分有下式成立

$$K_g+K_c+K_t+K_z=1$$

所以，只需估计K_g、K_c，而K_t、K_z可由其相应的实际意义而得出。

2.11.4 重叠函数意义及其表达式

首先，如前所述，我们假定树冠是一个中心距地面高度为 h 的椭球体，其水平半径为 R，垂直半径为 b，总共有 n 个树木随机且均匀分布在视场 A 中。

由以上假定出发，现在引入重叠函数 $O(\theta_v, \theta_i, \phi)$ 的概念（其中 $\phi=\phi_v-\phi_i$），它的几何直观意义可以从图（2.11.3）中看到，图 2.11.3 是单棵树的情形，即 $n=1$。我们知道A_g就是非阴影部分，而 $O(\theta_v, \theta_i, \phi)$ 应是两种阴影的交，关于 $O(\theta_v, \theta_i, \phi)$ 的计算是一个比较复杂的问题，最初是由 Strahler 和 Jupp 提出的，而后李小文等又对其做了一下修正，其中较简单而精确的算法是将上述两种方向的阴影视作长方形来计算，再乘以一个变换函数来求得 $O(\theta_v, \theta_i, \phi)$。一个新的解决方法则给出了更为严格精确的解析表达形式。

2.11.4.1 主平面的计算方式

在这种情形，照射阴影和观测阴影是两个共一轴的椭圆，而另一轴长度相同。为方便表达，对 θ_i，θ_v做一变换：$\theta_i'=\tan^{-1}\left(\frac{b}{R}\tan\theta_i\right)$，$\theta_v'=\tan^{-1}\left(\frac{b}{R}\tan\theta_v\right)$。实际上，$\theta'$意义是从天顶角为 θ 的方向上观测一棵树所得的截面的法线的天顶角。

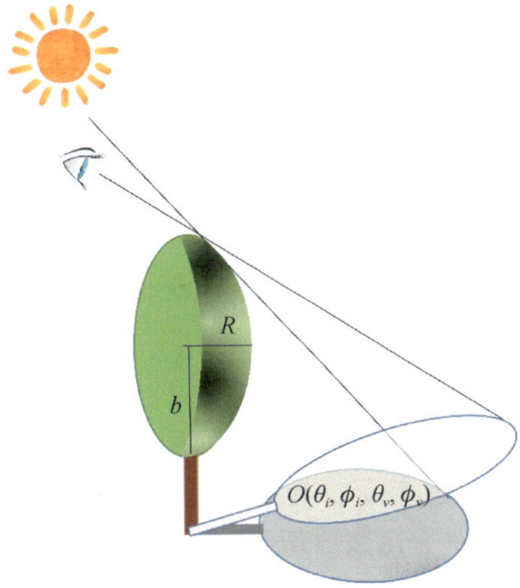

图 2. 11. 3　重叠函数的几何意义

按长方形近似计算公式为

$$O(\theta_v,\theta_i,\phi)=\frac{1}{2}\left[\sec\theta_i'+\sec\theta_v'-\frac{h}{b}\left|\tan\theta_i'-\tan\theta_v'\right|\right]\cdot\pi R^2 \tag{2.11.6}$$

现在新的 $O(\theta_v, \theta_i, \phi)$ 的精确的解析表达式则为

$$O(\theta_v,\theta_i,\phi)=R^2(t-\sin t-\sin t\cos t)(\sec\theta_i'+\sec\theta_v') \tag{2.11.7}$$

其中

$$t=\cos^{-1}\left[\frac{h(\tan\theta_i'-\tan\theta_v'\cos\phi)}{b(\sec\theta_i'+\sec\theta_v')}\right] \tag{2.11.8}$$

其实，(2. 11. 6) 式在实际应用中精度已足够了，(2. 11. 7) 式虽复杂些，但它是精确的解析结果，这对于将来模型的反演是有重要意义的。同样，在主锥面上也得到了精确的结果。

2. 11. 4. 2　主锥面的计算方式

这时，光照阴影和观察阴影为两个大小形状完全相同的椭圆，他们其中的一对轴的夹角为 ϕ，因此

$$O(\theta_v,\theta_i,\phi)=R^2(t-\sin t-\sin t\cos t)(\sec\theta_i'+\sec\theta_v') \tag{2.11.9}$$

其中

$$t=\cos^{-1}\left[\frac{h}{b}\sin\theta_i'\sin\left(\tan^{-1}\left(\tan\frac{\phi}{2}\cdot\sec\theta_i'\right)\right)\right] \tag{2.11.10}$$

而对于一般情况下的 $O(\theta_v, \theta_i, \phi)$ 计算实际上等效于两个一般椭圆的交的计算，其精确的表达式是十分复杂的，故我们采用近似的方法。

2. 11. 4. 3　一般情形下的近似计算

此时，我们利用已知的主平面和主锥面上的结果，来近似计算一般情形下的重叠函

数。先引入方位截止角的概念

$$\Phi=\frac{4R}{h(\tan\theta_i+\tan\theta_v)} \tag{2.11.11}$$

由 Φ 出发，我们采用线性插值来近似计算出一般情形下的重叠函数。

$$O(\theta_v,\theta_i,\phi)=\begin{cases} O(\theta_v,\theta_i,0)+[O(\theta_v,\theta_i,\pi)-O(\theta_v,\theta_i,0)]\cdot\phi/\Phi; & (\Phi<\pi,\phi<\Phi) \\ O(\theta_v,\theta_i,\pi); & (\Phi<\pi,\phi>\Phi) \\ O(\theta_v,\theta_i,0)+[O(\theta_v,\theta_i,\pi)-O(\theta_v,\theta_i,0)]\cdot\phi/\pi; & (\Phi>\pi) \end{cases} \tag{2.11.12}$$

这样，任意情况下的重叠函数的计算就已完成了。通过与数值计算的比较发现，上述一组公式相当精确，说明上述的方法是比较好且实用的。

重叠函数的几何意义已经很清楚了，其实际作用是很大的。简单的讲，若重叠函数为零，那么“热点”就消失了，重叠函数数值变化愈大“热点”效应就愈明显，重叠函数在描述 BRDF 的数量大小变化特征中扮演了一个十分重要的角色。

2.11.5 光照地面面积比的计算

从重叠函数出发，就可以得到在单棵树情形下的阴影面积 Γ

$$\Gamma=\pi R^2[\sec\theta_i'+\sec\theta_v'-O(\theta_v,\theta_i,\phi)/\pi] \tag{2.11.13}$$

于是$A_g=A-\Gamma$，事实上这是最简单的情况（即 $n=1$）。当 n 较大时，树木之间会相互遮掩。在假定 n 棵树随机均匀分布在视场 A 中的情况下，由 Strahler-Jupp 布尔模型，可以得出

$$K_g=\mathrm{e}^{-\lambda\Gamma}=\mathrm{e}^{-\lambda\pi R^2[\sec\theta_i'+\sec\theta_v'-O(\theta_v,\theta_i,\phi)/\pi]} \tag{2.11.14}$$

式中，$\lambda=n/A$。利用先前约定和概率知识，当 n 较大时，可以从数学上导出同样的结论。当 h 变化在h_1 和h_2 之间时，采取平均的办法，(2.11.14) 式变为

$$K_g=\mathrm{e}^{-\lambda\pi R^2[\sec\theta_i'+\sec\theta_v'-\bar{O}(\theta_v,\theta_i,\phi)/\pi]} \tag{2.11.15}$$

由此可看出，影响K_g值变化的主要还是重叠函数。从式（2.11.6）、式（2.11.7）、式（2.11.8）、式（2.12.9）和式（2.11.10）可得出：在方位角变化方向上，“热点”的宽度是由 R/h 决定的，而在主平面上“热点”的宽度是由 b/h 决定的，其他方向上则由他们所共同确定。这样，“热点”至少包含地物在空间形状上的一些基本参数的比例关系，这对于参量的反演来讲有着重大的意义，同时也部分说明了“热点”为什么是 BRDF 研究者所感兴趣的原因。

2.11.6 阴影地面与冠层面积比的计算

同上所述，定义$\Gamma_v=\pi R^2\sec\theta_v'$，这样在地面上的观测阴影就应该是$1-\mathrm{e}^{-\lambda\Gamma_v}$，因而有

$$K_g+K_z=\mathrm{e}^{-\lambda\Gamma_v} \tag{2.11.16}$$

$$K_c+K_t=1-\mathrm{e}^{-\lambda\Gamma_v} \tag{2.11.17}$$

这样，K_z、K_t 的计算就归结为K_g、K_c的计算问题，而K_g的计算我们已经完成，剩下的K_c的计算就成为下面要重点解决的问题。

2.11.7　光照冠层面积比的计算

在 v 方向上，观测一棵椭球形状的树冠时（图 2.11.4），如果不考虑照射阴影之间的相互影响，对于一个树冠来讲，在观测到的那部分即Γ_v中，只有$\frac{1}{2}(1+\langle i,v\rangle)$可以被看见（以下所讲的面积大小都是指沿方向 v 投影到地面后的结果），$\langle i, v\rangle$ 的几何意义是光照半球的底面与观测半球底面之间的二面角，因此有

$$\langle i,v\rangle=\cos\theta_i'\cos\theta_v'+\sin\theta_i'\sin\theta_v'\cos\phi \tag{2.11.18}$$

在不考虑树木之间的重叠影响的情况下，即可得出

$$K_c=\frac{1}{2}(1+\langle i,v\rangle)(1-e^{-\lambda\Gamma_v}) \tag{2.11.19}$$

上式忽略了多重阴影的影响，而目的是要尽量接近实际，因而需将上述影响考虑进去。Strahler 和 Jupp 也曾用多重积分的办法解决这个问题，显然很不方便，且不利于反演。下面从地物的几何特征和光学特征出发，来导出较为简单明晰的表达式。

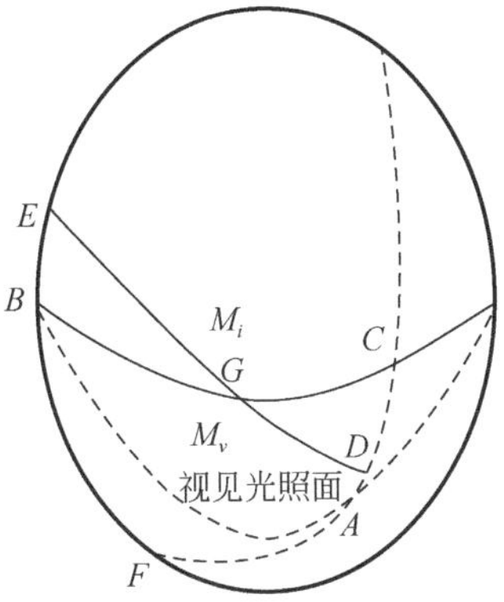

图 2.11.4　椭球树冠光照阴影分布示意图

2.11.7.1　比率的引入

由于在 Strahler-Jupp 模型中未考虑树冠之间的相互投影对K_c与K_g比例关系的影响，显然，如果树木的郁闭度较大时是很不合理的。李小文和 Strahler 从计算机模拟中已指出$\frac{K_c}{1-K_g}$实际上是一个相对稳定的量，它不随树冠的相互重叠的程度而有较大的变化，在李小文等（1993）的文章中已给出了一个描述性的证明。因此，我们定义一个新的比率，称作荫蔽系数 f

$$f=\frac{K_c}{1-K_g} \tag{2.11.20}$$

如果f值得到估计，那么K_c就可以估计出来了。从上述可知，从v方向观测一个独立的树冠，在Γ_v中只有$\frac{1}{2}(1+\langle i,v\rangle)$可以被照到，故光照树冠的面积（投影到地面）为

$$\Gamma_c=\frac{1}{2}(1+\langle i,v\rangle)\Gamma_v \tag{2.11.21}$$

而单个树冠所形成的总的阴影面积应为Γ，因此再定义一个比率，称之为冠层受光面积视场占比F

$$F=\frac{\Gamma_c}{\Gamma}=\frac{\frac{1}{2}(1+\langle i,v\rangle)\sec\theta'_v}{\sec\theta'_i+\sec\theta'_v-\bar{O}(\theta_v,\theta_i,\phi)} \tag{2.11.22}$$

显然可以看出，F与f之间应存在某种关系，而F的实际意义就是当不考虑，更确切地讲是当不存在多重阴影时的f值，即$n=1$时或者n个树木之间相距较大而无多重阴影现象时，$f=F$。实际情况并不如此简单，无论从观测方向还是光照方向来看，在树木的覆盖率较大时多重阴影现象是十分明显的，因此需要再引入两个新的概念M_i，M_v。

首先从i方向来讲，单个树冠在地面上所形成的投影阴影面积应为$\pi R^2\sec\theta'_i$，如果i方向没有重叠影响，那么总的阴影投影面积应为$n\pi R^2\sec\theta'_i$，占视场A的比例为$\lambda\pi R^2\sec\theta'_i$，如果考虑到$i$方向上的重叠影响的话，那么$i$方向所形成的阴影应占视场A的比例为$1-e^{-\lambda\pi R^2\sec\theta'_i}$，因而定义

$$M_i=1-\frac{1-e^{-\lambda\pi R^2\sec\theta'_i}}{\lambda\pi R^2\sec\theta'_i} \tag{2.11.23}$$

M_i反映了i方向上阴影重叠的程度，它的实际意义应是由于多重阴影的作用，而使光照阴影减少的比例。假定多重阴影发生在一个树冠的下部，也就是一个树冠的阴影若投影到另一个树冠的下部，这时M_i的几何意义可以很清楚地在图2.11.5中得到体现。同理M_v定义为

$$M_v=1-\frac{1-e^{-\lambda\pi R^2\sec\theta'_v}}{\lambda\pi R^2\sec\theta'_i} \tag{2.11.24}$$

同M_i意义一样，假设v方向的多重阴影也只落在树冠的下部，M_v的直观几何意义也可以从图2.11.5中得出。

现在我们再定义一个和M_i和M_v类似但意义又不太相近的比例M

$$M=1-\frac{1-K_g}{\lambda\Gamma}=1-\frac{1-e^{-\lambda\Gamma}}{\lambda\Gamma} \tag{2.11.25}$$

M实际上反映了一个树冠的i与v方向的阴影应该投影到地面上而却被其他树冠截获而投影到了其他的树冠上的比例，它实际包含了i与v两方向的重叠信息。

从M_i、M_v及M的定义也可以看出这三个比值对“热点”的影响，只有在“热点”，M_i与M_v重合，M最小，这时的反射信号应该较强，所以突出了“热点”。而如果随θ_i或θ_v增加时，M_i、M_v及M都是θ_i、θ_v的增函数，所以多重阴影叠加增强了，这与直观理解是一致的，即若θ_v增大，树冠之间相互遮挡会更强。于是，这时候再加上视场中四分量的反射比相对大小的不同，就会在BRDF图形的边缘形成不同的“碗边”结构。但应该指出，上述假设中的多重阴影集中在树冠的下部是与实际情况有一定差别的，只是为方便建模才

暂假定如此。

由于多重阴影的影响，光照树冠面积将减少，设减少量为 $\sum \Delta A_c$，即 $\sum \Delta A_c$ 是从总面积 $n\Gamma_c$ 到 A_c 所差的那一块面积，因此 f 应为

$$f=\frac{n\Gamma_c-\sum \Delta A_c}{A(1-k_g)}=\frac{1-\sum \Delta A_c/n\Gamma_c}{A(1-k_g)/n\Gamma_c}=\frac{1-\sum \Delta A_c/(n\Gamma_c)}{\dfrac{A(1-k_g)/(n\Gamma)}{n\Gamma_c/(n\Gamma)}}$$

$$=F\cdot\frac{1-\sum \Delta A_c/(n\Gamma_c)}{1-M} \tag{2.11.26}$$

其实衰减项 $\sum \Delta A_c$ 应由三项组成：i 方向引起的衰减，v 方向上引起的衰减，以及共同所引起的衰减，$\sum \Delta A_c$ 可表示为

$$\sum \Delta A_c=n\Gamma_c(P_v M_v+P_i M_i-P_0) \tag{2.11.27}$$

其中，P_v 是在光照条件下，由于 v 方向的重叠而看不到树冠的概率；P_i 是在 v 方向可以看到但由于其他树冠的遮挡而从 i 方向照射不到树冠的概率，P_i、P_v、P_0 的直观意义可以从图 2.11.5 中看到。$P_v M_v$ 是球面三角形 ABC 所占的比例，$P_i M_i$ 是 DEF 那一块的比例，P_0 是两者的交集。于是，由式（2.11.26）、式（2.11.27）得到

$$f=F\cdot\frac{1-\Gamma_v(P_v M_v+P_i M_i-P_0)/\Gamma_c}{1-M} \tag{2.11.28}$$

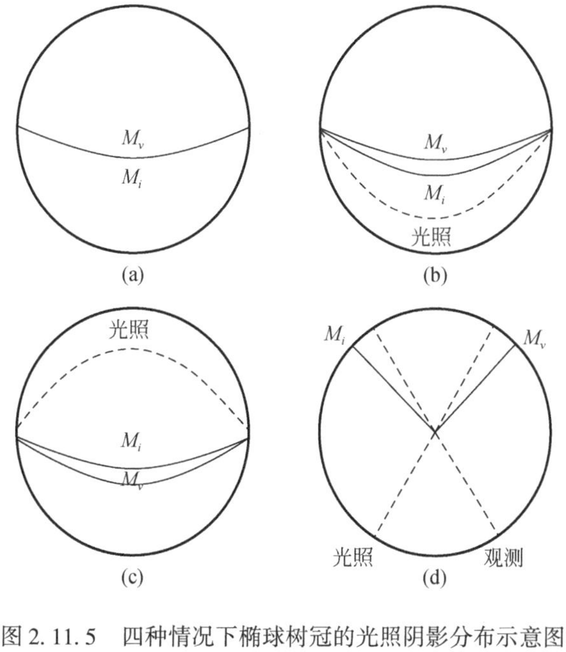

图 2.11.5　四种情况下椭球树冠的光照阴影分布示意图
资料来源：韩心慧，1994

2.11.7.2 主平面上的计算

对于不同情况下的高度的分布情况，我们分两种极端情况来考虑，然后对一般的情况用经验的方法来估计。

(1) 均匀高度情况

此时，n 棵树木具有相同的高度值 h，随机均匀分布在视场 A 中，且假定光照阴影和观测阴影全部落在M_i、M_v边界之下。在实际计算中无论M_i、M_v，还是P_i、P_v、P_0 全部是考虑在以 v 为方向的视场 A 中的投影值，也就是M_i 是沿 i 方向多重阴影所占 i 方向投影的比例，而P_i M_i 却是在 v 方向投影之后的面积。明确了这种不同的投影关系之后，现在来计算在均匀高度情况下的主平面上的P_i、P_v和P_0 的值。

由于假定多重阴影均落在树冠的底部，所以形成了M_i、M_v边界。这样，M_i、M_v边界在椭球体上可视为一个过球心的平面所截的大椭圆，定义为这个平面与光照半球底面的二面角，故有

$$\theta_{M_i}=\cos^{-1}(1-2M_i) \tag{2.11.29}$$

同理，定义

$$\theta_{M_v}=\cos^{-1}(1-2M_v) \tag{2.11.30}$$

θ_{M_i}、θ_{M_v}的定义可使我们较方便的计算P_i、P_v和P_0 的值，分四类情形讨论。

1）在“热点”（$\theta_v=\theta_i$，$\phi\neq0$）［图2.11.5（a）］

这时候M_i 与M_v重合，所以有

$$P_i=P_v=1;\ P_0=M_v=M_i=M;\ f=F=1.$$

2）$\theta_v>\theta_i$ 且 $\phi=0$［图2.11.5（b）］

此时，通常情况M_v边界高出M_i 边界，所以$P_i=1$，P_vM_v应是M_v边界与光照边界所夹的那部分。故有

$$P_v=\frac{M_v\Gamma_v-(\Gamma_v-\Gamma_c)}{M_v\Gamma_v} \tag{2.11.31}$$

此时$P_0=M_i$，由（2.11.28）和（2.11.31）式得

$$f=F\cdot\frac{1-P_vM_v\Gamma_v/\Gamma_c}{1-M}=F\cdot\frac{(1-M_v)\Gamma_v}{(1-M)\Gamma_c}=\frac{1-e^{-\lambda\Gamma_v}}{1-K_g} \tag{2.11.32}$$

3）$0<\theta_v<\theta_i$，$\phi=0$［图2.11.5（c）］

这时M_i 边界高于M_v边界，因此有

$$P_v=1;P_0=M_v;P_i=\frac{1-\cos(\theta_{M_i}-\theta'_i+\theta'_v)}{1-\cos\theta_{M_i}} \tag{2.11.33}$$

4）$\phi=\pi$［图2.11.5（d）］

此时，M_i 与M_v处于树冠的两侧，故

$P_0=0$；

$$P_i=\begin{cases}\dfrac{1-\cos(\theta_{M_i}-\theta'_i+\theta'_v)}{1-\cos\theta_{M_i}}; & \theta_{M_i}-\theta'_i+\theta'_v\geqslant0\\ 0; & \theta_{M_i}-\theta'_i+\theta'_v<0\end{cases} \tag{2.11.34}$$

同样有

$$P_v=\begin{cases}\dfrac{1-\cos(\theta_{M_v}-\theta_i'+\theta_v')}{1-\cos\theta_{M_v}}; & \theta_{M_v}-\theta_i'+\theta_v'\geqslant 0\\ 0; & \theta_{M_v}-\theta_i'+\theta_v'<0\end{cases}\tag{2.11.35}$$

从上述式子中可以看出P_v在天顶处，即 $\theta_v=0$ 时出现了间断跳跃，这是由于多重阴影假定处于树冠的底部所引起的。至此在均匀高度情形下的主平面上的P_i、P_v和P_0 以及f值的计算已告完成。下面我们考虑另一种极端情况，即高度 h 是随机分布的情况。

（2）高度随机分布

这时候光照阴影和观测阴影是独立的，因此多重阴影对“热点”和“碗边”的影响可被忽略。即此时M_i 与M_v相互独立，故 $\sum\Delta A_c/(n\,\Gamma_c)$，且有$f=F$。

（3）一般情形

（1）、（2）两种情况是两种极端情形，通常自然状态下的树高分布是介于两者之间，而我们所需要的也正是一般情况下的f值。李小文和 Strahler 在解决这种问题时，是采用对（1）、（2）中的P_i、P_v和P_0 进行经验性的插值来拟合一般情况下的f值，下面为避免在求情形（2）中的P_i、P_v和P_0 值的复杂性，以及求解计算中产生的一些问题，而采用直接对f值插值求解，也得到了与李小文和 Strahler 极其类似的结果，具体方式见下文。

2.11.7.3　非主平面上的f比值的求解

事实上，非主平面上同样可以类似主平面上的方法求解出P_i、P_v和P_0，而后直接求解f值，但这样虽然较精确，计算却十分复杂，并且模型是在一些特殊假定之下运行的，这种假设之下的精确值必然与实际有所差别。因而在此采取对f值直接进行线性插值，以求快速简便。利用式（2.11.28）~式(2.11.35)，我们可以求出在主平面上的f的两个值f（θ_v，θ_i，$\phi=0$)，f（θ_v，θ_i，$\phi=\pi$)，然后按方位角 ϕ 的大小差值，再考虑随机高度情况下的影响，因而有

$$f=\begin{cases}[f(\theta_v,\theta_i,0)+(f(\theta_v,\theta_i,\pi)-f(\theta_v,\theta_i,0))\cdot\phi/\pi]\cdot\beta, & (\phi\leqslant\pi)\\ [f(\theta_v,\theta_i,0)+(f(\theta_v,\theta_i,\pi)-f(\theta_v,\theta_i,0))\cdot(2\pi-\phi)/\pi]\cdot\beta+(1-\beta)\cdot F & (\phi>\pi)\end{cases}\tag{2.11.36}$$

式中，β 是树冠中心高分布权重，其值从 0（完全随机）到 1（同一高度)。

β 的值可采用李小文和 Strahler 的经验估计，它由高度 h 的分布范围决定。如果高度 h 的变化是在区间［h_1，h_2］上，则β 为

$$\beta=\begin{cases}\left(1-\dfrac{h_2-h_1}{4b}\right)^2, & (h_2-h_1\leqslant 4b)\\ 0, & (其他)\end{cases}\tag{2.11.37}$$

现已完成了对式（2.11.5）中的视场中的四种基本元素的数学表达，并最终完成了对几何光学模型的建模过程。当然，模型之中仍会存在需要进一步改进之处。现将式（2.12.5）中的四种基本元素的计算表达式归总如下

$$K_g=\mathrm{e}^{-\lambda\pi R^2[\sec\theta_i'\sec\theta_v'-\bar{O}(\theta_v,\theta_i,\phi)/\pi]}$$

$$K_c=(1-K_g)\cdot f$$
$$K_z=\mathrm{e}^{-\lambda\pi R^2\sec\theta_v'}-K_g$$
$$K_t=1-K_g-K_c-K_z \tag{2.11.38}$$

其他参数 G、C、Z、T 是由地物的光学特性所决定的。这样，理论上的 BRDF 值便可根据上述计算公式求出。现在无论从理论还是从实测数据中，由 BRDF 的各种特征都可以获得一定的地物基本参量的特征信息，为今后的参数反演预置了一扇天窗和信息源。

以上是韩心慧基于林冠植株为椭球体的约定，并根据椭球体表面的光照和视觉投影间的几何关系，明确地用球面三角概念和相应术语来描述 Strahler-Jupp 提出的重叠函数 $O(\theta_v,\ \theta_i,\ \phi)$，从而一步步地给出了 LiX-Strahler 几何光学四分量模型的各个子模型的数学表达式，并在其中给出了他的研究结果而使原模型产生了变动。这种变动结果不妨视为一个新的模型，并记作 LiX-Strahler（H）（或者简记为 HanX）。模型变动的结果必定会导致森林冠层 BRDF 值的变化，需用共同的标准数据及其组合来监测变动的效果并与原模型进行相互比较，最好还应当有实验实测数据对两者进行验证。2.12 节将对此进行讨论。

2.12 森林冠层二向反射模型的比较测量结果分析

2.12.1 模型特征和差异的比较和评价

为从理论上分析各种因素对森林冠层 BRDF 特征的影响，拟用共同的标准参数的不同组合，逐一计算不同场景两种模型的 BRDF 值，并通过三维立体显示的方法来比较和评价两种模型的特点和差异。为此，仍采用李小文-Strahler 给出的具有代表性的三类森林结构参数（表 2.12.1）和其四种基本元素的反射率（表 2.12.2）。

表 2.12.1 三种林木的形态参数与覆盖率

类型＼参数	b/m	h/m	R/m	低覆盖率/%	高覆盖率/%
针叶林	10	20	3	20	60
Savana*	2.5	12.5	5	10	40
灌木林	0.5	0.5	0.25	30	80

* 西班牙语，指稀树草原

表 2.12.2 不同波段下四元素的反射率

波段＼元素	G	C	Z、T
红光	0.15	0.08	0.01
近红外	0.20	0.55	0.05

显然，在给定的光谱和林冠的参数条件下，按照 GO 模型计算得到的 BRDF 值是如何

随着观测方向和光源入射方向的改变而产生变化，这就需要采用一种恰当的表达方式，才能有助于理解和分析森林冠层反射的方向谱特征。为此，可采用极坐标来表达获得的 BRDF 值三维立体显示俯视图，从而对地物的 BRDF 三维结构有一个感性认识。坐标系的极轴方向表示观测天顶角的变化，而旋转方向代表观测方位角的变化，由纵轴反映 BRDF 的前向模拟计算值（或观测值）的变化。

要从总体上了解和掌握 HanX 模型和 LiX-Strahler 模型的特征和差异，还是先从他们的 BRDF 三维显示图形（图 2.12.1）说起，该图上下两排，上排（a，b，c）和下排（d，e，f），从左至右分别为针叶林、Savana 和灌丛。从图 2.12.1 可以看到，两个模型在总体上还是一致的。在热点（热斑）和 BRDF 顶面的拱形结构与形态也基本相近，但在 HanX 模型的“碗边”效应表现得更强一些，这一点与太阳模拟实验室实测数据是一致的（见下面的图 2.12.6 ~ 图 2.12.9 和相应叙述）。这是否反映了客观情况还是偶尔巧合，尚有待于进一步验证。

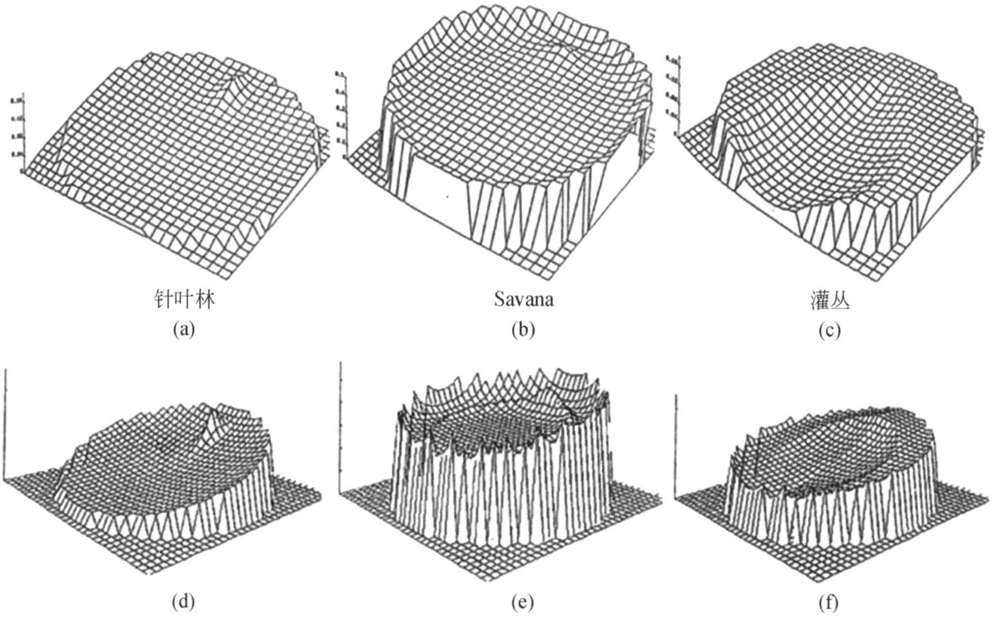

图 2.12.1　针叶林、Savana 和灌丛（从左至右）的 BRDF 三维显示图形

（a）~（c）是 LiX-Strahler 模型，（d）~（f）是 HanX 模型

资料来源：韩心慧，1994

2.12.2　LiX-Strahler 二向反射模型前向模拟结果与分析

为了充分和深入地探讨模型化的 BRDF，需要计算一定数量的有植被冠层的几何参数和光照角度的 BRDF 数据集。现在仍采用表 2.12.1 和表 2.12.2 来讨论诸如无阴影条件下的树冠形状与入射光的光谱波段、森林覆盖度（郁闭度）和光照角度（天顶角 θ 和方位角 ϕ）以及多重阴影变化对冠层 BRDF 三维显示形态的影响。这一工作可称为 BRDF 的前向

模拟的比较分析。在照射角度（θ_i）中选择 θ_i 为15°和55°的主要考虑是遥感需要，以适应在一年的所有季节，当卫星通过时，都可以在上午中间时段到下午中间时段有合适的光照来进行成像。

在考察一般的几何光学模型时，它总是包含四个场景组分，即光照的和阴影的树冠（叶片），以及光照的和阴影的地面，并且，四种场景组分的面积比例是观测和照射位置的函数，并作为它们的辐照或反射信号的权重值，以求出整个场景（即一个像元范围）的辐照度或反射率。为了降低问题的复杂性，可将阴影树冠和阴影地面设定有相同的反射信号（Z），从而变为三组分模型，这也成为在问题中仅仅考虑光照树冠和光照地面的根据。分析中也仅考虑红光与近红外两个波段，这也是基于植物和土壤观测到的反射的典型波谱特征。事实上，在红光波段植物与土壤的主要意义是光照树冠比光照地面要暗，相反，在近红外波段，光照树冠则较亮。因此，红光与近红外的对比情况可帮助我们阐明这两个波段遥感信号在控制两种覆盖类型的BRDF形状中的主导性角色（地位）。下面仿LiX-Strahler的做法，给出并讨论对LiX-Strahler（H）模型（简记为HanX）的前向模拟结果（图2.12.2～图2.12.5均由HanX模型给出）。

2.12.2.1 无多重阴影的情景

（1）树冠形状和入射的光谱波段对BRDF形态的影响

下面分别列出LiX-Strahler（H）GO模型（即HanX）的BRDF前向模拟结果的极坐标系三维显示图形（图2.12.2）。图2.12.2是高覆盖度下的针叶林［图2.12.2（a），图2.12.2（d）］、Savana［图2.12.2（b），图2.12.2（e）］和灌丛［图2.12.2（c），图2.12.2（f）］在红光（上排）和近红外（下排）波段的BRDF的理论模拟图像，入射光的入射天顶角 θ_i 均设定为55°，三种类型的森林都表现出不同的BRDF形态特征，可从不同的BRDF图像特征中分析出林木的基本结构所产生的影响。针叶林图2.12.2（a）、图2.12.2（d）的BRDF热点，无论在红光波段还是近红外波段，都呈现为在主平面方向较宽阔而在主锥面方向较单薄的不对称形态。这是由于针叶树较高大，树冠为瘦长的椭球形，当方位角方向有一个较小变化，就会造成隐藏在树冠后的阴影有较多的暴露，虽然这种变化在天顶角方面和方位角方面都同时发生，但是由方位角改变所产生的阴影比例要比在天顶角方向来得大，从而造成上述针叶林BRDF“热点”的形态特征。

对于Savana（稀树干草原），“热点”形状特征与针叶林迥然不同。这是由于Savana的树冠被形容为一个矮胖的椭球，其水平半轴比垂直半轴要长，树冠形态两者正好相反，使它的BRDF的热点无论在红光波段还是在近红外波段，在主平面和主锥面两个方向都有相近的形态，即由方位角变化引起的树冠后面阴影面积变化与由于天顶角变化产生的阴影的面积变化相近，形成在形态上前后左右几乎对称的热点形态图2.12.2（b）、图2.12.2（e）。

对于灌木来讲，是介于两者之间但又稍有不同。小灌木被假定为置于地面上的椭球，因而其树高与垂直半径相等，且垂直半径与水平半径的大小相差又不是太大，因而“热点”呈现为不同于前两种的形态，表现为既不对称，又非单薄的形态，在方位角和天顶角变化方向上的变化程度相对地差别不大，只是在主平面上相对小一点。这是由其形状因子

（即 R/h，b/h）所决定的。产生这种“热点”的一部分原因是由于灌木是直接置于地面，大部分观测方向由日照所形成的阴影都会产生一定程度的遮挡。

还应指出，上述三种植被冠层 BRDF 模拟图形中，不仅是“热点”各具形态，而且这三种典型类型在整体上的 BRDF 形状也不相同。针叶林和灌木林明显地表现出存在碗边形态，而稀树林则表现为一倒碗边的拱形。这是因为针叶树与灌木是一长椭球，当观测天顶角增加时，将会有较多的光照阴影由于树冠的遮挡而无法看到，使阴影比下降，造成了反射率较高，故表现为一碗边形态。而对于稀树林，树冠较宽而短，因此当观测天顶角增加时，较多的阴影将出现，使反射率降低，形成了一倒碗边的拱形。

在红波段情形下，每一种植被冠层类型的 BRDF 形状均较接近，而在近红外波段，由于冠层的反射率高于地面的反射率，这使针叶林和灌木林其碗边形状就更加突出了。对于 Savana，在“热点”那半平面上也有产生碗边的趋势，这是因为在“热点”半平面上（$|\phi|<\pi/2$），所观测到的光照树冠面积较多，以及树冠与地面的反射率差异较大的缘故，也出现碗边现象。

另外，总体上，这三种植被类型的 BRDF 形态在“热点”半平面上（前向的）的总体反射信号较强，而在另外半平面上（后向的）则是总体反射水平较低，原因是很显然的。

比较图 2. 12. 2（上排红光）和图 2. 12. 2（下排近红外）可以看到，热点都表现为尖突，形状基本相似。由于在近红外波段，树冠的反射远高于地表，造成无论是针叶林还是灌丛，其碗边效应都更为突出。唯独在图 2. 12. 2 中的灌木林的热点表现形态是一种宽平的、很不鲜明的微微向上隆起，是在主锥面方向上所有热点中最宽的一个图 2. 12. 2（c）、图 2. 12. 2（f）。李小文-Strahler 给出的解释是：由于灌木无主干，树冠直坐落于地表，除了那些树冠背光面，几乎所有的观测位置都遮住了它的阴影部分。

（2）植被覆盖度（率）对林冠 BRDF 的影响

像上面的做法一样，分别作出林冠 BRDF 前向模拟结果的极坐标系三维显示图形（图 2. 12. 3）。现在先讨论模拟结果（图 2. 12. 3）。

为了探究覆盖度对 BRDF 的影响，先用前向模拟的方法计算出在红光照射下（$\theta=55°$），三种植被类型、二种覆盖度的设定下的 BRDF 数值，并用极坐标系统做 3D 显示（图 2. 12. 3）。图形分上下两排排布，上排图 2. 12. 3（a），图 2. 12. 3（b），图 2. 12. 3（c）为低覆盖度，下排图 2. 12. 3（d），图 2. 12. 3（e），图 2. 12. 3（f）为高覆盖度，其取值已列于表 2. 12. 1，设置高低二种覆盖度是为了进行比较。上下两排从左到右分别是针叶林、Savana 和灌丛。这里讲的覆盖度是指，随机分布的树冠在地面上的垂直投影面积，其值为（$1-e^{-\lambda\pi R^2}$），λ 为场景（指像元）内林木的株数。相应阴影设置为很低水平（$\beta=0.05$）。从两种覆盖度的三种植被的 BRDF 三维显示图形中明显地可以判断，植被覆盖度的高低对 BRDF 的三维顶面形态并无太大影响，其作用主要表现为对 BRDF 三维图形的总体高度的影响，即影响反射信号的整体水平。诚如前面曾指出的，热点的形状与大小只和树冠的形状和距地面的高度有关，而与林木的密度高低没有太大关系。模拟中采用的是红光波段，在这种情况下，地面的反射率要明显地高于树冠的反射率，造成上排的图形总体上显著地高于下排的图形，在图的上排图 2. 12. 3（b）上体现的尤为明显。前已指出，热

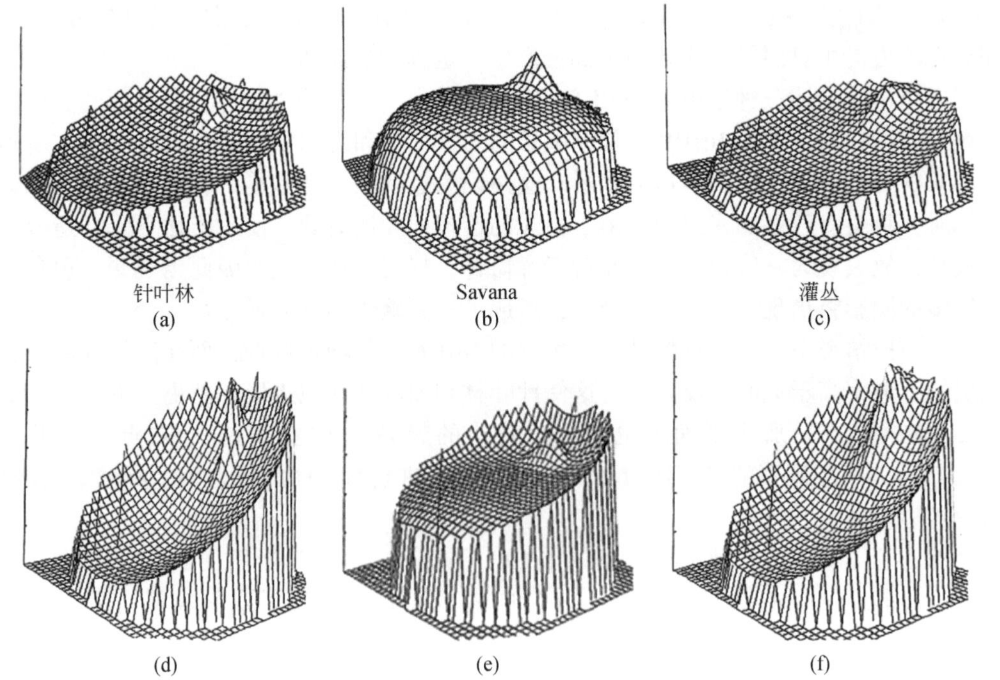

图 2.12.2　上排是红光，下排是近红外波段三种林木的 BRDF 三维图形

其中 $\theta_i=55°$，高覆盖度，从左至右依次为针叶林、Savana（稀树林）、灌丛

资料来源：韩心慧，1994

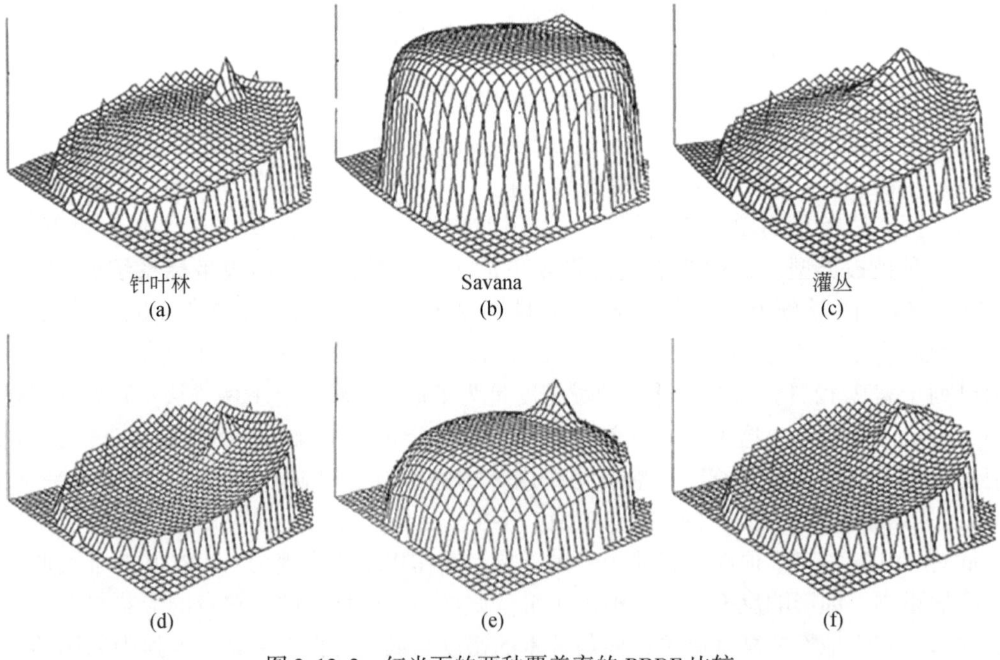

图 2.12.3　红光下的两种覆盖率的 BRDF 比较

上排是低覆盖率（20%），下排是高覆盖率（60%），从左至右依次为针叶林、Savana（稀树林）、灌丛

资料来源：韩心慧，1994

点的形状与大小仅与树木的高度和冠形有关，而与树木的密度高低并无太大的关系。作为一个例子，在图 2.12.3 中，针叶林的覆盖度从 60% 降为 20%，产生的 BRDF 形态变化也只是由微弱的碗边变为微微的穹形形态而已。在这种情况下，当观测者从天底点的观测点移离时，阴影树冠的轻微显现较快于阴影地面的被遮蔽。类似的碗边被抹平的现象发生在低覆盖度下的灌丛。

（3）阳光照射角度对 BRDF 的影响

为研究三种类型植被在近红外波段，由于太阳入射天顶角 θ 的变化对他们的 BRDF 前向模拟结果的影响，将入射天顶角分别设定为 55°和 15°两种情景。图 2.12.4 中，三种植被相应的为针叶林图 2.12.4（a），图 2.12.4（d），Savana 图 2.12.4（b），图 2.12.4（e）和灌丛图 2.12.4（c），图 2.12.4（f）。图的上排（a）、（b）、（c）$\theta=55°$，下排（d）、（e）、（f）$\theta=15°$。纵观图中的针叶林和 Savana，模拟结果与 LiX-Strahler 相应的研究结果惊人地相似，最大的特点是突起的热点形状的对称性增强了，尤其是 Savana 图 2.12.4（e）表现为旋转对称的椎体形态非常醒目。我们可以这样设想形成热点形态对称性增加（或称不对称性降低）的道理。当我们仰望天空，太阳当头照，物体（椭球形的树冠）阴影逐渐变小，落进紧靠目标的中央。太阳在转动，椭球状树冠的影子倾向于形成一个圆形，从而降低了在主平面和主锥面方向上热点的不对称性。当阴影中心移动到接近天底点新位置时，这些影响将导致拓宽了热点的宽度并使其变得比较均一。这种效果可见

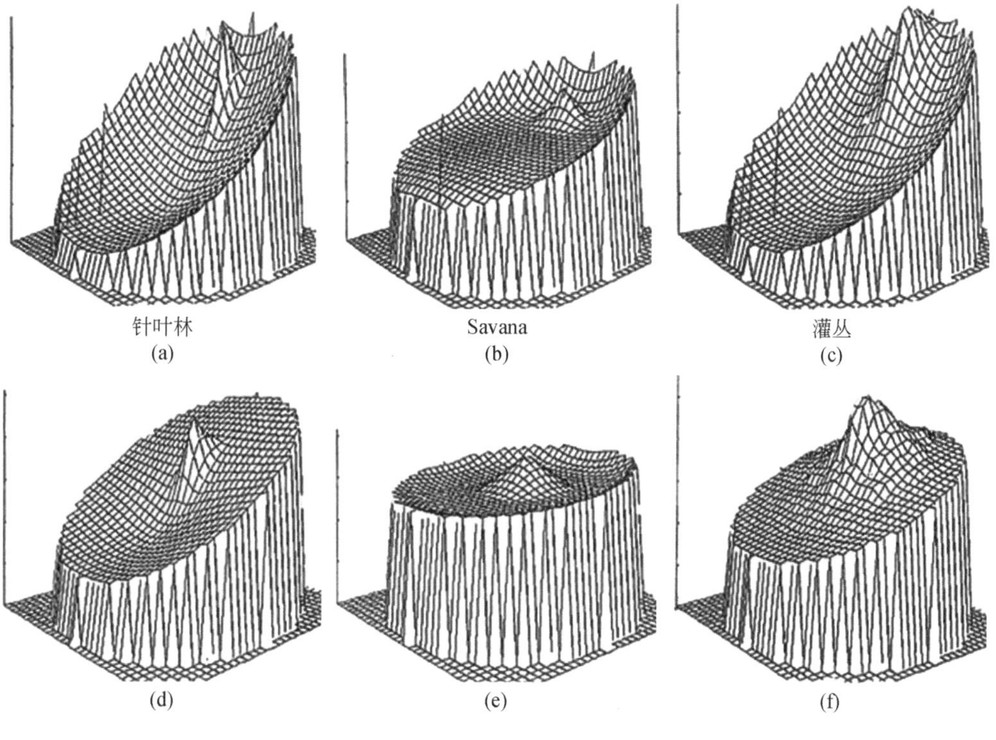

图 2.12.4　近红外下的两种光照角度对 BRDF 影响

上排是 $\theta_i=55°$，下排是 $\theta_i=15°$，从左至右依次为针叶林、稀树林、灌丛，高覆盖度

资料来源：韩心慧，1994

诸于所列图形。除了热点，BRDF 的总体形状并无多少改变。因为现在的阴影较少，反射的总体水平还是有些增大。

对于灌丛，在图 2.12.4 中，无论是热点还是碗边现象，他们的情景与针叶林或 Savana 的趋势完全相同，只是在 LiX-Strahler 相应研究结果中，虽然阴影并未被树冠遮蔽，但这些微小的碗边现象几乎都未出现。

2.12.2.2　多重阴影对 BRDF 的影响

为了了解多重阴影对 BRDF 的影响，在前向模拟中，对场景都做了专门的设定。针叶林和 Savana 分别用红光和近红外波段对其进行探测，光照的天顶角 $\theta=55°$，两种植被均为高覆盖度。树冠中心高度分布权重 β，对图 2.12.5（a）和图 2.12.5（d），$\beta=0.0$；图 2.12.5（b）和图 2.12.5（e），$\beta=0.6$；图 2.12.5（c）和图 2.12.5（f），$\beta=1.0$。

针对 BRDF 背向的深碗状情况，在几何光学的 BRDF 计算里，对含有相互遮蔽作用的粗略估计已有了初步结果并展示在图 2.12.5 中。由于阴影的重叠，一个必然的结果是，多重阴影定会在总体上减少阴影面积比例，因此在考虑了多重阴影影响后，会体验到 BRDF 在总体亮度（或高度）上有所增大，这在所列图形中都得到了证实。那么，接下来自然会问，它对诸如热点和碗边效应又有什么样的作用呢？概括地讲，多重阴影削弱了热点现象，造成针叶林的 BRDF 顶面在热点对面呈现出一个凹陷，而使灌丛加深了碗边效应，其拱形结构基本消失。因此，三维结构不同的树冠，其多重阴影产生的作用效果必然不一样，从而有利于从 BRDF 的形态差异，去分析地物的空间结构特征。

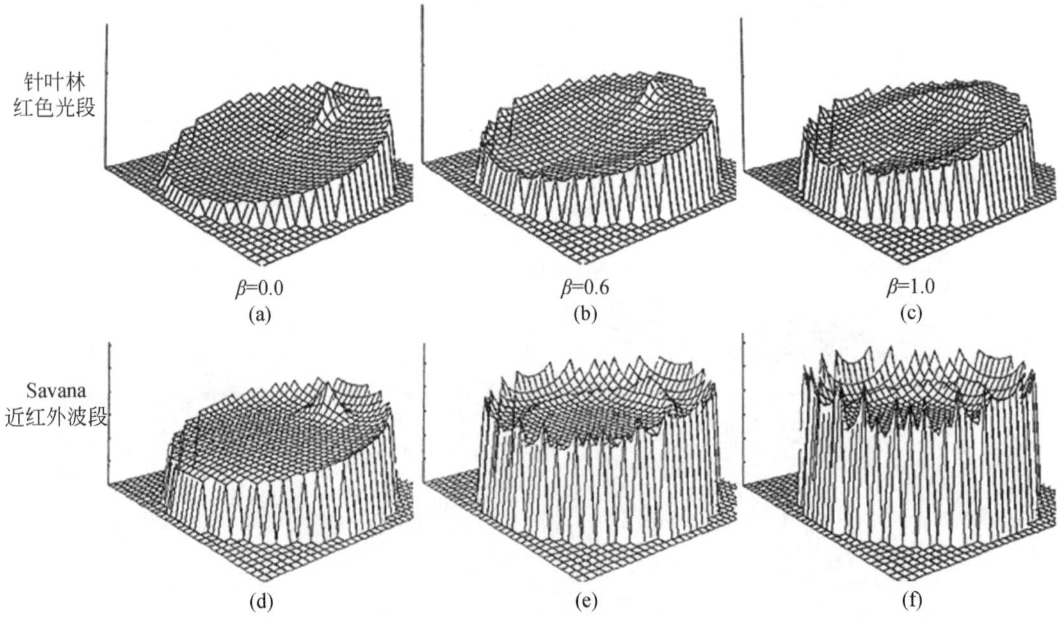

图 2.12.5　三种不同 β 值的 BRDF 比较

上排是针叶树，下排是 Savana，从左到右 β 值依次是 0.0，0.6，1.0

资料来源：韩心慧，1994

在模拟的 BRDF 三维柱体顶面上所看到的加深的碗边形态，实际上是由其他观测方向的亮度值增加来达到的。这是因为，相互阴影的作用从表面上看是树冠遮住了阴影，实际上它又增加树冠的可视度。李小文曾分析称，作为相互阴影增强的结果，热点就变得不那么突出了。就针叶林而言，与一个独特的边缘相配合的是一个深碗的出现，对被观测的位置，入射方向的相互阴影面积比M_i 下降到低于观测方向的相互遮蔽的面积比例。而对于 Savana，结果是向上升高了 BRDF 三维柱体边缘的高度，而它的不太显眼的穹顶在临近三维柱体中心处依然保持。仔细观察后使人联想到，在近红外波段比之于红光波段，相互遮蔽就会产生很显著的效果。由于场景的面积比并不是光谱波段的函数，因而我们可以推论，这种结果导致树冠反射较强，以及模拟出的树冠的面积比例比起随机情况下期望的要大，其他的模拟结果也支持这种认识。当交互阴影被考虑时，BRDF 的改变这时可作为照射位置、覆盖度以及光谱波段的函数。总体上讲，这样的效果类似于那些对交互阴影尚缺少描述的情形。

通过上述的分析讨论，现在可以在总体上对 LiX 和 HanX 的几何光学 BRDF 的前向模拟结果作一简要的总结。

1）对于针叶林的二向性反射模拟中，热点效应无论在形态上还是在尺度大小上，两种模型的模拟结果都表现得高度一致并无例外的情景发生；对 Savana 的模拟结果，一致性较好，但有不一致之处；对灌木林的模拟，两种模型模拟结果差异较大，HanX 的结果中，热点仍以尖突形态出现，而 LiX 模拟结果则大多以宽平向上微升形态出现。

2）对于针叶林和灌木林，两种模型的前向模拟结果在碗边效应的表现上完全一致，但 HanX 的模拟结果比之于 LiX 的结果，碗边效应更为显著和突出。

3）对于 Savana 这种植被类型，由于在部分三维柱体上边缘的反射信号陡然变弱而形成了倒碗边现象，在 HanX 的模拟中，则以典型的蒙古包形态出现，而在 LiX 的模拟中，则以倒置的平底锅形态显示。

4）BRDF 模型前向模拟的三维显示的柱台总体高度是由目标的反射水平决定的，反射水平的高低决定于波段的选择。因此，对于上述的三种植被类型来讲，近红外的柱台总是要高于红光波段的三维模拟柱台。

2.12.3 试验结果与前向模拟结果的比较

乒乓球森林模型的试验设计与实验条件已如前所述，现根据室内对森林模型的 BRDF 测量结果，用极坐标方式进行三维柱状立体显示，其具体情况如图 2.12.6 ~ 图 2.12.9 所示。从根据实际测量数据绘制的三维立体图，可以明显地观察到热点和碗边效应，且热点形状比较对称。这是因为在热点范围，$b=R$，不管在天顶角 θ 还是在方位角 ϕ 变化方向，由角度变化引起的信号强度改变是非常相近的，建模时正是考虑到了这种情景，因而实验结果与理论模型表现出良好的一致性。强烈的碗边效应也应验了理论模型的推论。但是，纵观全部试验结果的三维图形，从图 2.12.6 到图 2.12.9，它们的总体外形非常相似，碗边轮廓与层次也极为相近，差异甚微，其最根本的原因是在于实验材料本身（乒乓球的塑料材质）造成的。为避免运动员晃眼，乒乓球表面被设计为朗伯面，它的反射特性与具有生物活性的树冠截然不同，没有红光和近红外反射差异之分，因而它们的外形、高矮看起来几乎相同。另外，由于在制作乒乓球森林模型时，将森林覆盖度按 30% 和 50% 设置，覆盖度设置的差异过小，加之将土壤背景采用本白色纸面也造成了目标与背景的反射能力差异偏低，最终造成实验的结果对光谱波段变化、覆盖度高低、入射光的天顶角 θ_i 与方位角 ϕ_i 变化以及多重阴影等，均不能造成鲜明的响应上的差异。虽然如此，长春的室内乒乓球模拟森林的室内实验还是获得了好的观测结果并取得了基本成功，再加上其他几次农作物的成功实验都吸引了全球遥感科学家对长春太阳模拟实验室室内 BRDF 实验装置和实验方法的关注，并因此促成了 1997 年 9 月全球第一届定量遥感学术研讨会在中国召开。这次会议的第一项重要内容便是来自 NASA、JPL、加州理工学院（Caltech.）、USGS、GSFC、波士顿大学，以及爱沙尼亚、意大利、法国、英国、日本等国际遥感科学顶级科学家前往长春观看室内 BRDF 测量全过程，并当场检视高峰博士对试验数据处理、BRDF 三维显示以及反演模块中多种模型反演输出结果，现场研讨气氛十分活跃。

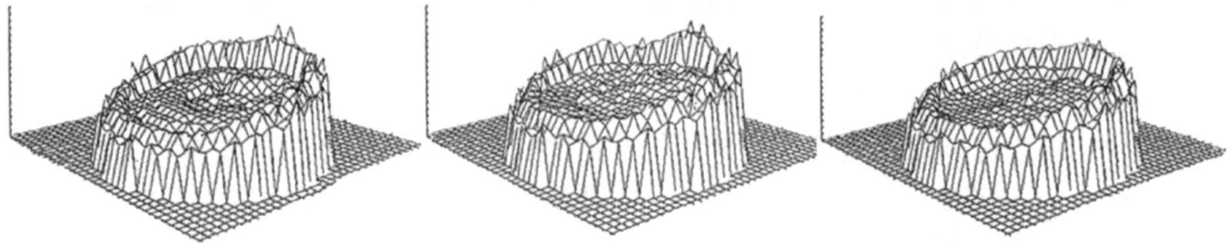

图 2.12.6　从左至右依次为 3，5，7 波段实测数据的 BRDF 图

其中 $\theta_i=30°$，覆盖率为 30%

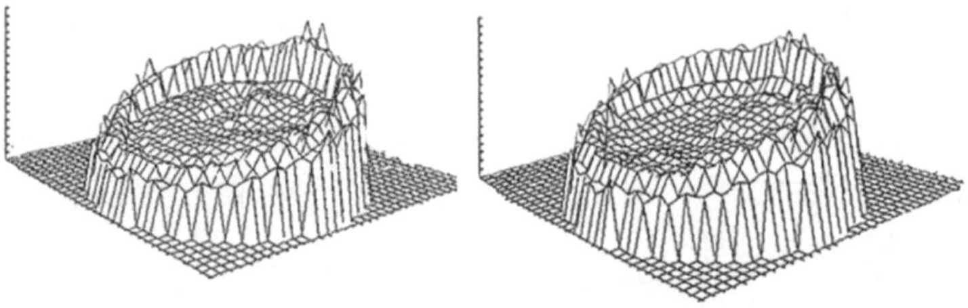

图 2.12.7　从左至右依次为 3，7 波段实测数据的 BRDF 图

其中 $\theta_i=30°$，覆盖率为 50%

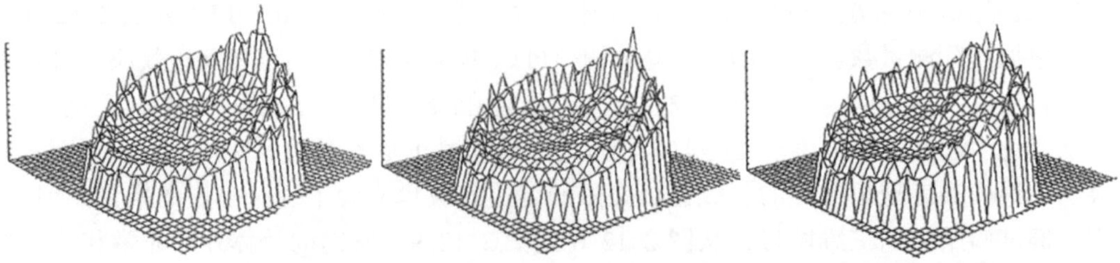

图 2.12.8　从左至右依次为 1，3，4 波段实测数据的 BRDF 图

其中 $\theta_i=40°$，覆盖率为 50%

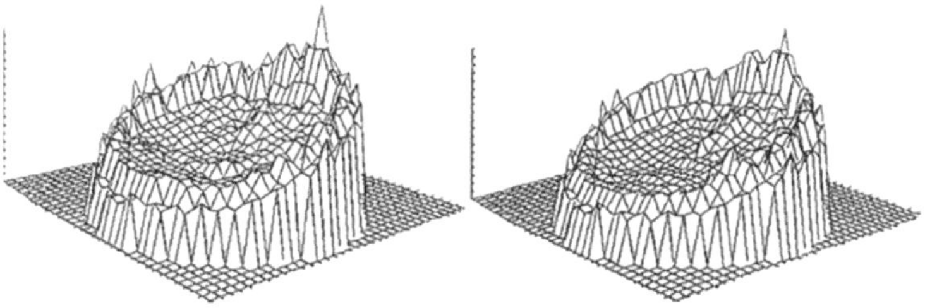

图 2.12.9　从左至右依次为 5，7 波段实测数据的 BRDF 图
其中 $\theta_i = 40°$，覆盖率为 50%
资料来源：韩心慧，1994

2.13　冠层反射率间的逻辑关系

在描述自然现象与过程中，往往要讨论产生的现象或过程里的因果关系（或统计关系），通常用函数（方程）来表达它们间的这种关系，一旦给出了函数里的各种参数，这个函数就被确定下来了。这是一种正常采用的思维逻辑和处理问题的程式，在数学上是正向问题，如刚刚介绍过的植被冠层反射的几何光学 BRDF 模型就是一种正向模型，一旦给定了模型中的相关参数，马上就能计算出（确定）BRDF 的函数值，这也被称作前向模拟。反之，而如果先有了函数值，要求推算出函数里的各项参数，这就成为数学上的反问题。卫星遥感的实质（本质）在数学上讲，就是一个反问题。试想，卫星遥感是通过传感器获取地面一个像元的反射信号（亮度值），相当于先给出了函数的函数值。在植被（如森林）遥感中，科学家则希望从这遥感信号中能了解（推算出）森林的覆盖情况（郁闭度）、林冠的几何结构参数，如冠幅大小、树的高矮、叶片倾角、叶面积指数以至其他一些生物物理参数等，这种情景正是数学上的反问题，现在的叫法是遥感反演。模型反演具有明确的物理意义，它充分利用前面所定义的遥感自然全息这种数据资源。当然反演也是有条件的。模型能够反演的前提是要有一个精确而成熟的前向模型（正向模型）。但是，精确的前向模型不一定能进行成功的反演，这几乎是所有模型都面临的重要问题。

在陆地表面，除了那些裸岩、终年冰雪覆盖和极端干旱的沙漠地区，多多少少都有植被的覆盖，并有多种类型。太阳辐射穿越大气层后首先碰到的就是植被的冠层。入射到植被冠层的太阳辐射受到散射和反射，其方向和光谱组成由植被以不同的复杂的方式发生改变。对于遥感的目的来讲，这种改变和反射出的辐射由星载传感器接收和检测。遥感理论研究的作用在于能够在多大程度上把反射测量值和植被冠层特征参数值和反射测量值确定性地关联起来。一旦弄清和详细描述了由植被参数和环境因素引起的辐射变化的性质，事情就好办了。

冠层反射模型在达到这一目标中起到了关键的作用。冠层反射模型在冠层中植物的生物物理学特征、辐射相互作用几何与对反射辐射引起的改变间提供了逻辑关系。

植被冠层反射建模及反演的科学先驱 N. S. Goel（1988）基于上述的逻辑概念，提出了植被反射率遥感的总系统由下述诸子系统构成。

1）辐射源：通常为太阳，由特征或参数数据集 $\{a_i\}$ 定义，它们包括光谱辐射强度 $I(\lambda)$ 和位置（θ_s，φ_s），此处 λ 为波长，θ_s和 φ_s为天顶角和方位角。

2）大气：由特征或参数数据集 $\{b_i\}$ 表征。它们包括依空间位置而定的各种气体浓度和气溶胶粒子、水汽和臭氧随波长而变的吸收和散射特征。

3）植被冠层：由特征或参数数据集 $\{c_i\}$ 表征。它们包括光学参数（反射率、透过率）和植被组分（叶片、叶柄、小枝干等）的结构参数（几何形状和位置），作物种植几何以及像温度、相对湿度、风速和降水等的环境参数。一般讲，这些参数随波长、时间（时相）和空间位置而变化。

4）地面或土壤：由诸如反射率、吸收率、地表粗糙度、地表结构、体密度和水分剖面特征用参数数据集 $\{d_i\}$ 来表征。

5）探测器：它通过光谱灵敏度、成像孔径大小、校准与定位特征参数（观测天顶角 θ_0 和观测方位角 φ_0）来表征。

这样，由探测器接收的辐射性质的数据集 $\{R_i\}$ 就随波长、时间以及由大气、冠层与地表造成的空间性细节变化而发生变化。从而有

$$R_i=f(a_i,b_i,c_i,d_i,e_i) \tag{2.13.1}$$

上式表明，在辐射探测和系统参数间存在两方面关系与遥感相关联的。一方面，当给定了系统特征（a_i，b_i，c_i，d_i，e_i），需要确定或者是驱动一个函数或一种算法来产生数据集 $\{R_i\}$，这可归结为数学上的前向问题或称之为植被冠层反射问题的建模；另一方面，需要确定或者驱动一个函数关系或者一种算法 g，从测量的数据集 $\{R_i\}$ 来生成表征冠层的参数集 $\{c_i\}$。符号 g 由下式来表述

$$\{c_i\}=g(R_i,a_i,b_i,d_i,e_i) \tag{2.13.2}$$

上式表达了从反射率数据估计冠层参数的问题，即通常讲的反演问题。在某些情况下，所有的辅助的系统参数（R_i，a_i，b_i，d_i，e_i）都被设定为可测量的或者是已知的，而在其他情况，它们中的某些必须从反射率的数据进行估计。现在，由于遥感反演问题泛化，只要由图像像元的辐射信号数据集生成诸参数数据集 $\{a_i$，b_i，c_i，d_i，$e_i\}$ 中任何一个或几个参数都归于反演问题。鉴于卫星对地观察过程的复杂性，形成遥感反演中存在太多的未知数，而观测的数据量相对有限，造成卫星测量的数据特征数总是少于待反演的特征参数总数，从而产生不定解的问题。更何况卫星观测的诸特征中本身就存在不同程度的相关性，再加上地表复杂性的影响，使这种相关性加重并普遍化。这样还使模型中的某些参数不敏感。因此，一个严谨的前向模型并不一定能保证获得成功的精确反演。但是显而易见的是，好的反演结果具有较大的实用价值，它驱使人们不断地进行反演方法研究。

现在可以按辐射传输原理来建立遥感图像像元信号辐射亮度值与成像的环境背景参数间的数学关系，当这个数学表达式过于复杂，必然会使这种前向模拟费时费力。但如果反演中需要有前向模型，现在可以借助于机器学习方法来生成所需模型；另外，由遥感图像数据和其相应的地面测量数据还可以构建输入-输出数据对，通过反复迭代运算，训练出一个机器学习的反演算法，如神经网络法和支持向量机法。神经网络法的优点是很好的规避复杂的多变量非线性关系，它的缺点是一种“暗箱操作”的不明机理的一种非参数算

法。另一方面就是正则化方法，其本质是通过增加信息量的途径来处理病态反演问题。

现在可以概略地说明冠层反射的正向模型问题、测量数据和反演问题这三者间的关系。

如将冠层参数以 C 来表示，通过冠层反射模型可得到计算的反射率 R，将实验测量的反射率记作 R'，有关系 $R'=R+\Delta R$。以上三者间的成生关系可用图 2.13.1 表示。

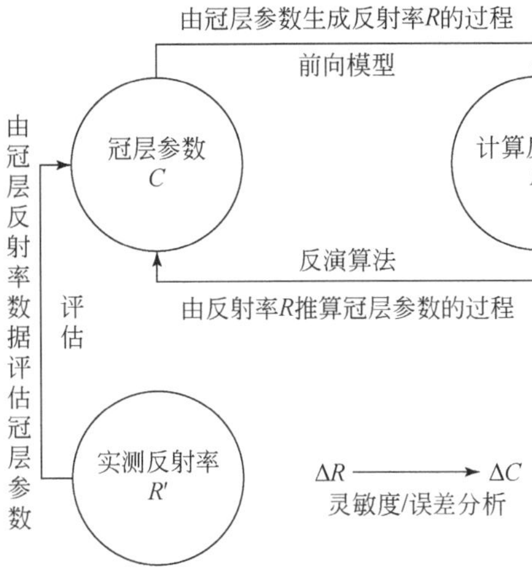

图 2.13.1　冠层反射的前向模型、反演算法与实测反射率的逻辑关系框图

资料来源：Goel，1988 图改编

在这里，Goel 为我们提供了关于植被冠层反射的建模、反演与反射实验测量间的概念框架，具体如何进行反演还需科学家进行摸索。

一般的模型反演程式可表述为：给定一方向性反射测量数据集，对应于一互不依赖（即相互独立）的模型参数集，使得计算出的方向性反射信号数据与测量数据达到最佳吻合，为此定义了函数

$$\varepsilon^2 = \sum_{j=1}^{n} W_j\,(r_j - r_{jm})^2$$

式中，r_j是给定观测位置和太阳位置时的反射率值，r_{jm}是模型计算的反射率值，n 是反射率样本数，W_j是观测数据的权重。由于反演的参数具有明确的物理意义，因此取值范围就有一定限制，为此正式引入了惩罚函数，定义为

$$\varepsilon^2 = \sum_{j=1}^{n} W_j\,(r_j - r_{jm})^2 + \sum_{k=1}^{p} \left[(x_k - x_{kb})^2 \cdot W_k\right]^2 \qquad (2.13.3)$$

式中，x_k 是参数 k 的值，x_{kb}是参数 k 的极限值，p 是限制值总数，W_k 是惩罚权重。

当参数值超过预定值时，函数值将有很大的增加。当ε^2 为最小时，反演参数就是地面真值的最佳估值。常用的最小值计算方法有三种：downhill simplex 方法、conjugate direction set 方法和 quasi-Newton 方法。这些方法不需要为最小化再衍生函数，就可用以解决一些复杂的非线性方程，Privette 等（1996）对这三种方法进行了比较，认为 downhill simplex 算法最精确可靠。

目前大部分的模型反演使用了这种最小二乘的方法。

李小文和 Strahler（1996）将惩罚函数定义为硬边界，并引入了软边界的定义

$$\varepsilon^2 = S_b \sum_{j=1}^{n} W_j (r_j - r_{jm})^2 + \sum_{k=1}^{p} [(x_k - x_{kb})^2 \cdot W_k]^2 \qquad (2.13.4)$$

式中，$S_b = \prod_j e^{\left(\frac{x_k - \bar{x}}{\sigma_j}\right)^2}$，$\bar{x}$是对地物参数的最佳估计，$\sigma_j$是估算参数的方差，这种定义将人对地物的了解也加入到反演之中。近来大量的研究达成一些共识，认为对地物的参数反演的信息量无法超过二向性反射数据实际包含的信息内容。二向性反射测量数据的信息量不仅与测量数据的信噪比有关，还与测量的数据量和采样的位置有关。在信息量有限（不足）的情况下，要对地物进行超信息量的反演，人类的辅助知识是必须的。

模型反演是个很有吸引力却又十分棘手的难题。我们知道，任何模型都只是真实世界的近似，是复杂系统的简化，这就决定了由模型直接反演地面参数的不确定性。此外，我们所获取的二向性反射数据中不可避免地包含了测量的误差以及大气的辐射影响，这种种因素决定了对地面目标的反演的复杂性，而远不是 BRDF 模型的简单反演。对这类不确定性问题的反演是很难用确定性的方法来进行的，大量的研究表明，仅仅依靠测量的二向性反射信息是难以做到对模型中所有生物物理测度进行反演的。实际上，在地球科学中，由测量数据估计研究目标的特征是经常遇到的问题，特别是在航空地球物理测量以及人工地震波勘探中，都依靠一套反演理论和特定的反演算法，直至最后形成成熟的软件包，来解决找矿中的应用问题。植被冠层反射模型的反演难度大，探索尤应放眼量，早期物探的反演理论值得借鉴。

高峰（1997）引入了 Tarantola 的不确定性反演理论，从信息论的角度出发，将人类的知识、测量的数据与 BRDF 模型相结合，一起参与反演地物参数，并以 SAIL 模型和 AMBRAILS 模型为例对室内测量数据、航空飞行数据以及卫星图像数据进行了一系列的反演试验，结果表明，这种不确定性反演方法对植被生物物理参数的反演较常规的确定性反演方法更为可靠、稳定。在小数据量的情况下，其优势更为明显。下面先了解什么是 Tarantola 不确定性反演理论，并在此基础上，用一实例说明这种不确定性问题的反演过程。

Tarantola 信息反演理论可简述如下。

假定 P1、P2 是参数集 X 范围的两个概率函数，他们满足如下条件。

1）对于任何的 P1 和 P2：(P1 and P2) = (P2 and P1)

2）对于任何的 P1，P2，以及任何 $A \subset X$：$\text{P1}(A) = 0 \quad \Rightarrow (\text{P1 and P2})(A) = 0$

3）对于任何 P：$(P \text{ and } M) = P$

M 是空信息状态，设 $f_1(x)$，$f_2(x)$ 和 $\mu(x)$ 为 P1，P2 和 M 的概率密度函数，$\sigma(x)$ 是这两种信息的组合（P1 and P2）的概率密度函数，Tarantola 将这种组合表示为

$$(\text{P1 and P2})(A) = \int_A \mathrm{d}x\sigma(x)$$

$$\sigma(x) = \frac{f_1(x) f_2(x)}{\mu(x)} \qquad (2.13.5)$$

任何模型存在着两个空间，一是数据空间 D，由观测数据 d 组成；二是模型空间 M，

由模型参数 m 组成，由 M 到 D 是正向过程，由 D 到 M 是反演过程。假定 $\rho(d, m)$ 是先验信息的概率密度，表示了模型参数的先验信息与观测数据中包含的信息的组合，$\theta(d, m)$ 是理论概率密度，表示了由物理规则导出的 d 与 m 之间的关系。这两种信息的组合就组成了反演的后验信息 $\sigma(d, m)$

$$\sigma(d,m)=\frac{\rho(d,m)\theta(d,m)}{\mu(d,m)} \tag{2.13.6}$$

$\mu(d, m)$ 是空信息状态的概率密度函数。

模型空间的后验信息可以用 $\sigma(d, m)$ 的边际分布密度函数表示

$$\sigma_M(m)=\int_D \sigma(d,m)\,\mathrm{d}d \tag{2.13.7}$$

一般而言，数据空间的信息与模型空间先验信息是相互独立的。我们可以得到：

$$\rho(d,m)=\rho_D(d)\rho_M(m)$$

对于空信息：
$$\mu(d,m)=\mu_D(d)\mu_M(m)$$

则模型空间的后验信息为

$$\sigma_M(m)=\rho_M(m)\int_D \frac{\rho_D(d)\theta(d\mid m)}{\mu_D(d)}\mathrm{d}d \tag{2.13.8}$$

如果正向模型可以表示为

$$d_{cal}=g(m)$$

g 表示从模型空间到数据空间的非线性运算。如果测量仪器的误差、正向模型的误差，以及模型参数的先验估计均服从高斯分布，公式（2.13.6）进一步可以简化为

$$\sigma_M(m)=\text{const}\cdot\exp\left\{-\frac{1}{2}\left[(g(m)-d_{obs})^t C_D^{-1}(g(m)-d_{obs})\right.\right.$$
$$\left.\left.+(m-m_{prior})^t C_M^{-1}(m-m_{prior})\right]\right\} \tag{2.13.9}$$

这里协方差C_D是模型和测量中的不确定性表征。对于 BRDF 模型而言，不同观测方位的数据对反演的作用不同。因此，C_D的大小取决于采用的观测位置和测量精度。C_M是先验估计m_{prior}的协方差，表示了先验估计的不确定性。显然，我们对先验知识的了解越充分，C_M就越小。d_{obs}是测量数据。$(g(m)-d_{obs})^t C_D^{-1}(g(m)-d_{obs})$可以解释为来自测量和物理模型的贡献。$(m-m_{prior})^t C_M^{-1}(m-m_{prior})$是来自先验知识的贡献。

下面以 SAIL 模型为例解释这一过程。首先用以下参数生成一组二向性反射数据，用于在反演中检验这种不确定性反演过程。叶面积指数 LAI=3.2；两个描述叶倾角分布的参数 U=1.5，V=2.1；叶片的半球反射率 LR=51%；叶片半球透过率 LT=45%；天空散射光 SKYL=10%，背景反射率 RS=10%。图 2.13.2（a）中表示了仅使用二向性反射率数据反演的 LAI 和 LR 的情况，反演中数据和模型的方差之和设为 0.15；图 2.13.2（b）是模型参数的先验信息。LAI 的初始估计和方差分别是 3.0 和 3.0，LR 的初始估计和方差分别是 50.0 和 3.0。这里两个参数的先验估计与实际的模拟参数值很接近，在实际反演中不太可能，但我们这里的目的是更明显表示测量数据、物理模型和先验知识对反演的作用，而非真正的反演。图 2.13.2（c）表示了这两种信息的组合。从图 2.13.2（c）可见的反演结果要较图 2.13.2（a）有了较大的提高，这要归功于先验信息图 2.13.2（b）的加入。

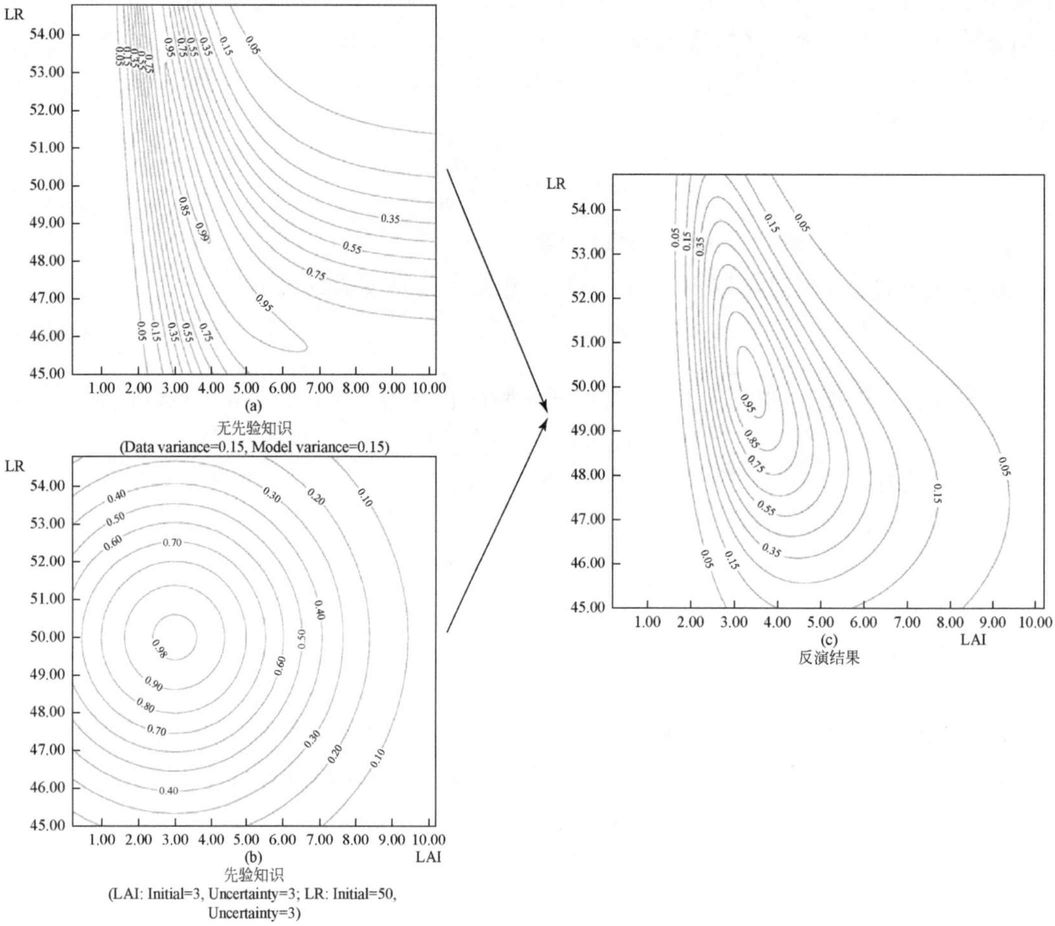

图 2. 13. 2　理论模型、测量数据以及先验知识对反演的作用

资料来源：高峰，1997

第3章 遥感技术系统

本章深入探讨了遥感卫星的传感器系统及其成像原理，并对国内外的典型遥感卫星系统进行了系统梳理。首先，卫星对地观测的核心在于各类传感器的成像装置，而传感器成像装置的技术创新则是推动遥感探测能力提升的关键驱动力。本章从早期的光学机械扫描成像装置讲起，逐步过渡到现代基于 CCD 器件的推扫式成像系统，详细阐述了其技术演进脉络。接着，本章重点介绍了国外几个具有重要影响力的遥感卫星系统，如美国的陆地卫星（Landsat）系列和陆地观测系统（EOS）。为了全面了解我国卫星遥感的发展历程，本章还对我国卫星遥感的发展脉络进行了简要总结，并对近年来发射的典型遥感卫星的技术特征和性能指标进行了详细解读，涵盖中巴资源卫星、高分遥感卫星和风云气象卫星等。最后，本章概述了遥感数字图像的基本概念，并介绍了与卫星数据处理相关的系统，从而实现了从卫星端到客户端、从数据获取到存储与应用的全流程介绍，为读者呈现了一个完整且系统的遥感卫星技术体系。

3.1 遥感技术系统的演进

诚如前文所述，遥感是在卫星轨道高度运用传感器对地球表面环境进行综合性探测的科学技术领域，属于地球科学范畴，一般理解为是环境遥感的简称。回顾环境遥感 50 年的发展历史，可以看到，它是由应用驱动、科学问题引领和空间探测技术支撑下一步步发展起来的多学科交叉的相互渗透融合的科学体系。并且，遥感的技术系统发展是随着整体性的科学技术进步和科学家对地球表层系统认识的逐步深入而不断改进和完善的过程。

1）早期陆地卫星（Landsat-1，Landsat-2，Landsat-3）的成像系统——多光谱扫描仪（MSS），本质上是天然真彩色和红外假彩色的一种数字模拟成像技术系统。摄影用的彩色胶卷（片）是在片基上涂上三层红、绿、蓝感光乳胶来实现彩色混合成像，彩色红外摄影胶片则是用近红外波段替代红光波段而制成的感光胶片，来实现红外假彩色成像。人类的眼睛具有感觉彩色变化的细胞体系。彩色图像鲜艳夺目，含有比黑白图像多得多的信息。这正是多光谱扫描仪 MSS 设置了绿（G：0.5～0.6μm）、红（R：0.6～0.7μm）、近红外（NIR：0.7～0.8μm）和近红外（NIR：0.8～1.1μm）四个光谱波段的原因。根据光度学三基色合成原理，由红、绿、蓝三波段加色合成模拟真彩色图像，而由近红外、红、绿三波段合成红外彩色（又称标准假彩色）图像。并且，MSS 多光谱扫描成像技术还成为陆地卫星后续的传感器的先河和各改进型号的出发点。其后用在 Landsat-4、Landsat-5 上的专题制图仪，Landsat-7 上的 ETM+都是在 MSS 技术上的延伸和发展，一直沿用至 2013 年 2 月 11 日 Landsat-8 的发射，至此最终退出了历史舞台。而且，这种光学–机械多光谱扫描（光机扫描）技术也被长期用在如 GOES 和 POES 两种气象卫星上，并且都是五通道的多光谱扫描仪。在 POES 卫星上的是为大家熟知的甚高分辨率辐射计（AVHRR），在海洋卫星（Seasat）上的海岸带水色扫描仪（CZCS）也是采用光学机械扫描成像技术。

2）由于发现电荷可以通过半导体势阱发生转移，从而产生了电荷耦合的概念和 CCD 器件模型，从 20 世纪 80 年代起，已可生产出有实用价值的 CCD 像元面阵器件，1983 年已制造出高达 1024 像元×1024 像元 CCD 面阵，到 1998 年，应用拼接技术，可做出 16384 像元×16384 像元面阵 CCD 器件。法国于 1986 年 2 月 21 日发射的 SPOT-1 卫星的 HRV 使用 6000 像元线阵 CCD 器件以推扫方式成像，开启了 CCD 器件在卫星遥感成像应用的先河。现在在轨运行的卫星遥感成像器件，绝大多数国家采用的也都是这种线阵 CCD 器件。CCD 器件在像元信号稳定性、响应灵敏度（决定信号的量化水平）、像元分辨率高低上都明显优于光学机械扫描成像方式。再后来的高分辨率小卫星成像系统也都跟进采用 CCD 线阵推扫式成像，如 QuickBird，IKONOS，OrbView-3 等，这都体现了成像器件的创新推动了遥感探测能力提升这一重要的科学逻辑观念。

3）通过对像元尺度场景的二向性反射特征研究而形成了地物 BRDF 前向模拟模型，从而孕育了多角度遥感概念并导致多角度成像光谱仪遥感系统的诞生。同样，通过对地物的光谱曲线的细致深入地分析，发现了地物的诊断性的光谱吸收特征的存在，这种光谱吸收特征的带宽仅为 20～40nm。这样，只要有波段，其带宽小于 10nm 的连续的光谱成像系统，就能从其遥感图像上，直接识别具有典型吸收特征的各种地物。这也成为催生谱像合一的成像光谱仪出现的最大的一声呐喊，它也是理论引导下新遥感技术系统产生的一个典型例证。

4）在卫星遥感的早期阶段，为掌握和了解陆地、大气、海洋的状况，分别设计和发射了陆地卫星（1972 年）、气象卫星（1978 年，1983 年）和海洋卫星（1978 年），并按各自需要解决的问题，选择了不同的成像参数（波段数和带宽、空间分辨率、辐射分辨率、信噪比等）、运行方式（运行轨道及其参数、成像时间、覆盖周期等），这在卫星遥感起步阶段，在技术上是一种正确的选择。时代在前进，技术在发展进步，经济全球化步伐在加速，全球性的环境变化问题日趋严峻和突出，日益需要把地球表层系统作为一个统一的整体来思考和处理，并审视发生在其中的现象和过程。这个系统是由气态的大气层、液态水组成的海洋以及由松散的风化壳构成的固态地壳表层三相物质构成，水是系统中最重要、最活跃的组分，太阳辐射能则是这个物质-能量系统运动、变化、发展的原初驱动力，而物质流-能量流是系统的生命和灵魂。现在出现在地球上的那些带有全球性的重大环境问题和现象无一不是由太阳辐射这个原初动力驱动下，通过物质-能量流的变化而产生的表象和过程，并且总是伴随着水的相变而发生，随之而来的则是能量的吸收和释放。不同层次、不同尺度的大气和海洋的环流与运动、相变、水分循环和能量交换是物质-能量流的表现方式和重要环节，不同层级系统中和系统间的相互作用，其实质是存在着物质与能量（也包括动量）的交换。

现在大家关注的北极冰层的加速融化，高山冰雪、冻土层分布范围缩小等与气候变化有关的这些地表现象都应视为物质-能量流变化造成的结果。如果地球的热赤道（非天文赤道）北移，就意味着南半球在向北半球输送能量，北半球的热带气旋（台风、飓风）本质上也是由低纬向高纬地区输送水分和能量的过程。从上面这些认知出发，我们不得不重新审视，以前的地球卫星遥感系统的设置和运行方式中存在的问题与不足。这些问题包括：观测任务、目标和项目不协调，卫星观测时间不同步，空间分辨率不统一，观测技术系统不完备，精度、量化水准不一致，造成应用中处理工作量的不必要的增加和数据质量上的损失。

美国 NASA 的地球观测系统（EOS）计划是针对现存的由陆地卫星、气象卫星和海洋卫星系列独立运行的状态存在的弊端与不足的一个重大调整与发展的回应举措。发射的首颗极轨卫星 EOS-Terra（EOS-AM1）（1999 年 12 月 18 日）上搭载了五种重要的对地观测仪器，它们是：中分辨率成像光谱仪、多角度成像光谱辐射计、高级空间热辐射与反射辐射计、云和地球辐射能量系统，以及对流层污染探测装置，试图以单颗卫星实现对太阳辐射、大气、海洋和陆地全方位的综合测量，同时采集地球表层系统和太阳动力系统的同步数据，进行诸如土地覆盖和土地利用、气候的季节和年际变化，自然灾害监测与分析、长期气候变化，以及大气中臭氧变化研究等，进而达到对大气和地球环境变化的动力学加深认识和了解的总目标。

3.2 卫星遥感数据获取与传输的框架

为了对卫星遥感技术系统有一个概括而全面了解，现以 Landsat-4 为例来说明遥感数据获取与传输过程中各环节之间的联系（图 3.2.1）。专题制图仪 TM 是 Landsat-4 上的传感器，现在通过图 3.2.1 来看它是怎样启动并获取地面数据以及最后将这些数据传送到地面接收站的过程。当接到用户提出的卫星成像时间和成像范围要求后，通过陆地卫星的任务管理系统的指令平台（图 3.7.3），由 NASA 的地面站跟踪与数据网向卫星下达成像任务，在指定的时间于任务空间开机运行（图 3.2.1），星上在轨处理系统随即将传感器 TM 响应信号（电压值）经模数转换后，生成数据率为 84.9Mbps 的数据，经 X 波段抛物面天线以载波的形式传送至跟踪与数据中继卫星（TDRS）两颗中的一颗，接着由该卫星将数据送至设在新墨西哥州白沙镇的地面接收站。为了面对 Landsat-4 的高数据传输率，跟踪与数据中继卫星使用 Ku 波段频率将 TM 遥感数据传输至地面接收站。该地面站立即将这些数据传输给美国国内通信卫星（DOMSAT），并经该通信卫星将数据传送至设在马里兰州 Greenbelt 的戈达德空间飞行中心的传感器数据处理设施，接下来再将这些数据传送到设在南达科他州苏福尔斯的地球资源观测系统（EROS）数据中心的陆地卫星数据分发中心。

除了跟踪与数据中继卫星（TDRS）和通信卫星同时配合陆地卫星-4 协同工作外，总共 18 颗的全球定位系统导航卫星也向 Landsat-4 提供高精度的定位与监控数据，这些数据同时用在 Landsat-4 和地面系统中，用来供专题制图仪（TM）图像进行几何纠正。

与前三颗陆地卫星相比，Landsat-4 的全部系统要复杂得多，它不仅表现在地表覆盖模式不同，而且还要与其他的一些数据中继、传输和轨道控制的卫星一道协调地进行工作，其技术之精准达到了一个新的高度。

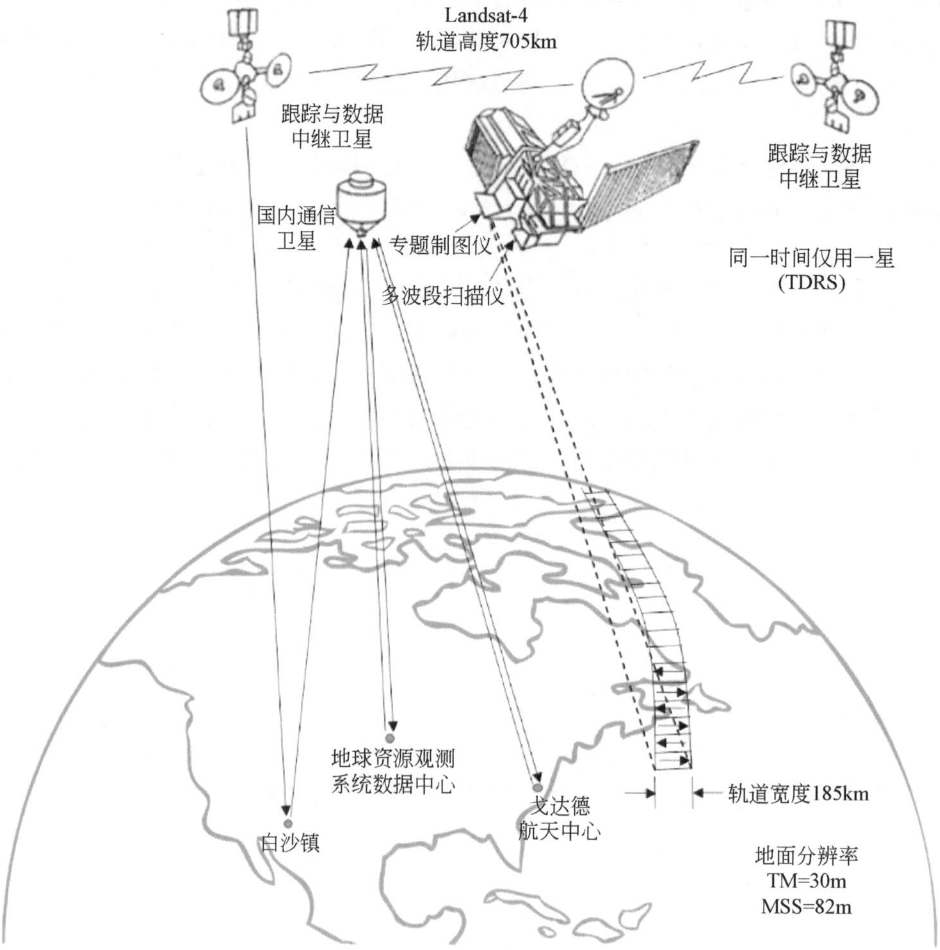

图 3.2.1　Landsat-4 运行系统的主要单元

资料来源：朱启疆，1985

3.3　光机扫描式成像系统的主要环节

3.3.1　色散与滤光器件

卫星遥感中光学机械扫描传感器系统是一个复杂的、非常精密的成像系统。前文曾强调，说到遥感，其传感器一定是成像波段数在三个以上（含三个），这就意味着对来自地面目标的反射/发射辐射要进行分解，承担这个任务的光学器件，在带宽较大时采用干涉滤光镜，而对成像光谱仪一类的传感器，光谱带宽很窄，采用的是衍射光栅。将目标反射辐射和发射辐射分离的是二分色镜，它可以对红外辐射进一步进行分解。经过光谱分解的光辐射，在可见光-近红外波段投射到对光敏感的硅光电器件主焦面上形成输出信号电压，而在热发射波段，则投射到制冷的冷焦面上的热敏探测器件形成输出电压信号。这样，光电感应器件就成为产生遥感信号的关键环节。但是，最终要形成一行扫描图像还需靠光学机械扫描系统用旋转扫描镜逐个拾取来自地表一个个瞬时视场（IFOV）的反射/发射辐射，再经精密的光学系统送至焦面上的感应单元产生各个波段的像元的信号，通过扫描镜摆动形成扫描行，由卫星的前进运动构成二维的遥感图像。

3.3.1.1 干涉滤光镜分光

在遥感中，将允许光辐射中的某个波长范围的辐射通过，而对该波长范围以外的光辐射进行反射的光学器件称为滤光镜（片）。最常使用的一种叫做干涉滤光镜，它是利用其中的镀膜层对进入的光在薄膜内进行重复反射而形成光的干涉，从而造成某特定波长范围的光顺利通过。可透过的波长范围宽窄与镀的薄膜厚度有关，若薄膜的厚度较小，则允许透过的光的波长范围就会宽。还有，镀膜的反射率越高，则透过去的光的波长范围就会越窄。

当把折射率不同的薄膜层叠置在一起，薄膜表面会产生较高的反射率，其结果就从这种多层膜叠合成的干涉滤光片中产生波段宽度仅数纳米的非常窄的干涉滤光片。

干涉滤光镜（或二分色镜滤光镜）都是在玻璃基底上用真空镀膜的方法在玻面产生二层或三层一定厚度的膜层，通过光的干涉作用，形成只让某特定波长范围的光通过的镜片。陆地卫星的多光谱扫描仪、专题制图仪以及 NOAA-AVHRR 和 GOES 成像仪等都是用干涉滤光镜形成光谱透射特性的，从而产生不同的光谱探测通道。图 3.3.1 是干涉滤光镜结构及其 Landsat MSS 通道形成中的应用示例。

图 3.3.1（a）展示有二层镀膜的三层结构（含透明介质层）的干涉滤光镜，下面是玻璃基底层，上面是玻璃质保护层，并用黏接剂封装。阳光进入镜片后，产生干涉作用。由于事先进行了镀膜设计计算，可产生需要的滤镜的透光带宽及相应的锐截止透过率曲线的干涉滤光镜。镀膜用的物质可以是金属（如银等），也可以是矿物晶体（如冰洲石等）。

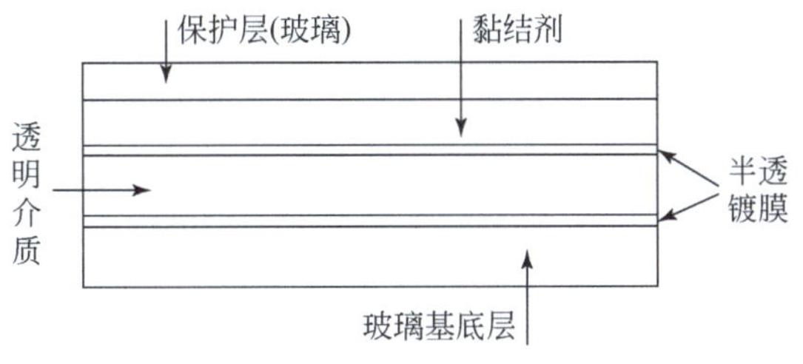

(a)干涉滤光镜的构造

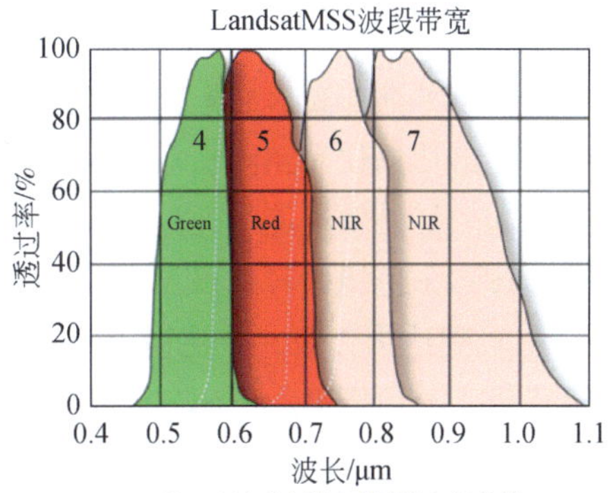

(b)MSS四波段光谱透过率曲线

图 3.3.1 干涉滤光镜构造与应用示例

图 3.3.1（b）是 Landsat-1 至 Landsat-5 多光谱扫描仪 MSS 四个波段 SiO_2 感应单元前置干涉滤光镜的光谱透过率曲线。由于干涉滤光镜的作用，每个成像单元获得相应的光谱

响应特性。对于光电转换率不高的感应器件，只能靠较大的波带宽度，才能保证感光器件产生足够强的信号强度，以保证达到需要的信噪比（S/N）。

图 3.3.2 是二分色镜的构造及其在分光中的应用示意图。

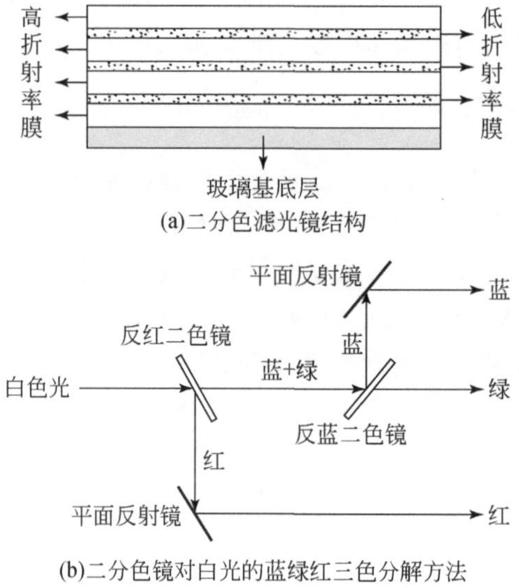

图 3.3.2　二分色镜及其在白光三色分解中的应用

薄膜间光的干涉作用能使一定波长范围的太阳光辐射通过，这种干涉作用的结果也意味着那个波长范围以外光辐射被反射掉了（吸收作用几为零），这正好是二分色镜制作的原理。图 3.3.2（a）中的二分色镜由两种折射率高低不同的薄膜构成，四层高折射率膜与三层低折射率膜相间叠置于玻璃基底层上所形成。遥感中使用的二分色镜就是在多层薄膜中光的干涉作用下，利用光干涉结果产生的透射作用与反射作用而制作的，常被用于白光的三色分解［图 3.3.2（b）］，以及将可见光-近红外辐射与地表的热发射辐射的分解（图 3.3.3）。

图 3.3.3 是美国 NASA 管理的地球静止轨道环境业务卫星 GOES 成像仪——一个五通道的多光谱扫描仪光路图。双轴换向镜与卡塞格林望远镜相连。望远镜将来自地面目标的可见光和热红外辐射能量通过主反射凹面镜汇聚到辅反射镜并反射到首级二分色镜 B_1，一部分透过二分色镜并直达可见光硅感应器件 D-1，另一部分热辐射由 B_1 反射到第二级二分色镜 B_2。到达第二级二分色镜 B_2 的热辐射，一部分（图上部）透过 B_2 并经一准直镜抵达第三级二分色镜 B_3，透过二分色镜 B_3 的热辐射经过汇聚透镜到达冷焦面上的 Hg：Cd：Te 半导体感应器件，形成第五通道 D-5 信号。当然，不可忘记的是，到达冷焦面之前，这股热辐射经过了相应于 D-5 带宽的滤色镜，这也包括下面述及的各个通道；被第三级二分色镜反射的热辐射由一平面全反射镜反射至汇聚透镜，聚焦后直达第四通道冷焦面上的 Hg：Cd：Te 半导体感应单元，形成第四通道 D-4 信号。不言而喻，由二分色镜 B_2 所反射的热辐射（图下部）的进一步分解，其经历过程和上述的是完全相同的，所不同的是热辐射到达冷焦面之前所用的滤光镜波谱透过率曲线是不一样的。各通道的带宽或中心波长均

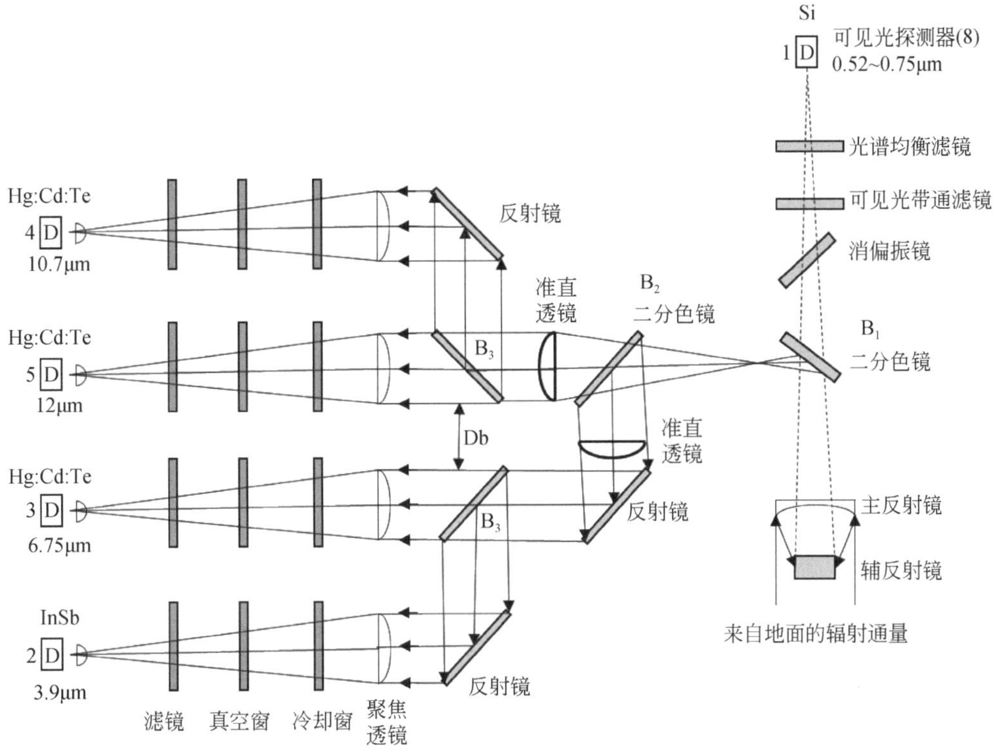

图 3.3.3　三级二分色镜将来自地表的反射/发射辐射分解为一个可见光和四个热发射波段的辐射

资料来源：Jensen，2007

列在图中相应位置。

GOES 的可见光通道 D-1（0.52～0.72μm）设置 8 个独立的硅探测元件，其在地面上的瞬时视场为 1km×1km；热红外辐射能量被二分色镜又进一步细分为中红外的第 2 通道 D-2（3.78～4.03μm），采用 4 个碲化铟（InSb）探测元件，瞬时视场为 4km×4km；热红外的第三通道 D-3（6.47～7.02μm）则采用了两个碲镉汞探测器件，分辨率为 8km×8km；另外两个热红外通道 D-4（10.2～11.2μm）和 D-5（11.5～12.5μm）各有 4 个碲镉汞探测元件，空间分辨率均为 4km×4km。

3.3.1.2　衍射光栅分光器件

将连续的太阳光辐射分解为一个个波谱段的过程，即所谓的分光。衍射光栅在遥感中常被用于谱像合一的高光谱等成像系统的光谱分解。太阳的光辐射遇到光栅时便会产生衍射现象，这时，如果相邻光栅衍射的光程差即相位差为波长的整数倍，便可利用光的相位差进行分光。这种能起分光作用的器件就称之为衍射光栅。衍射光栅有反射型的，也有透射型的，在传感器光路中采用的是反射型光栅。光栅的纵断面看上去就如有尖底凹槽和不对称的尖凸构成的锯齿［图 3.3.4（a）］。光程差为波长整数倍的光栅不止向镜面反射的一个方向衍射（称 0 级衍射），而是向若干个方向，即不同的衍射级数上呈现为同一个光谱。镜面反射方向上的衍射能量最大，但它不能被进一步分解而无法被利用。反射斜面略微倾斜的光栅（闪烁光栅）能突出所需级数的衍射光的显示强度［图3.3.4（b）］。

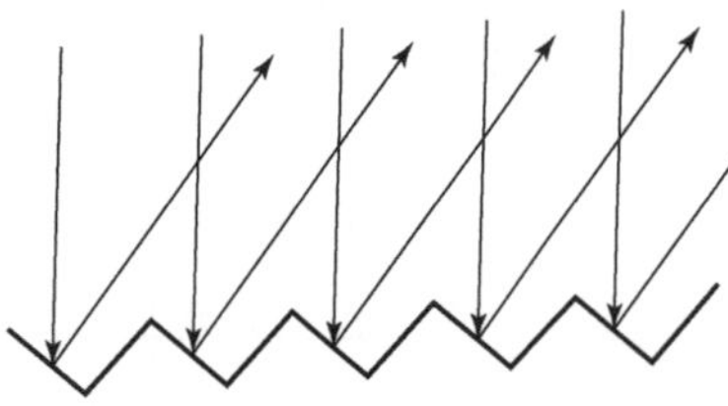

(a)缓斜面红外光栅

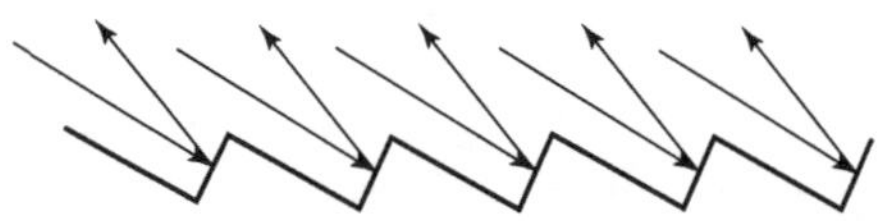

(b)陡斜面阶梯光栅

图3.3.4　反射型衍射光栅

3.3.2　可见光与热红外探测的感应元器件

能对可见光和热红外辐射进行探测的光电或热电元器件的种类并不算少，但是能作为遥感用的传感器元器件材料则相当有限。这是因为，它要面对在器件材质的光谱特性、辐射度量特性以及传感器感应元器件的几何特征上的严格要求。光学传感器的光谱特性是指元器件能有效响应的波长范围、各波段的中心波长以及各波段的带宽。在光学-机械扫描成像方式中，光谱特性主要是由感应元器件和分光器件共同决定的。当然，光路系统中各种透镜的色像差也会影响到感应器件的光谱特性。

光学传感器在进行实际观测时，要考虑来自地面目标的反射或发射辐射的物理量，在通过传感器光学系统后会产生怎样的变化。其具体指标有，元器件的探测精度、动态范围（测量的最大信号与最小信号强度对比）、灵敏度（以噪声等效功率表示）、信噪比（S/N，有意义的信号与噪声之比）、调制传递函数 MTF（各种不同的空间频率正弦波在通过成像光学系统后发生了何种程度的相对衰减，它相当于对象点进行了光学傅里叶变换并给出了它的功率谱。光学成像系统实际上也是一种低通滤波器，高频信号总是被衰减）。

在将元器件产生的模拟信号转化为数字信号过程中而产生的量化噪声也必须同时加以考虑。反映由探测元器件所形成的二维遥感图像几何特性的物理量有总视场（角）FOV、瞬时视场 IFOV、波段间的错位等。

这里需要对感应元器件的探测灵敏度 D^* 与噪声等效功率 NEP 间的关系作一必要的说明。在比较不同的元器件的辐射特性好坏时，用探测元器件的灵敏度作指标。而灵敏度 D^* 则是用噪声等效功率 NEP 来表示。这是因为，无论在何种情况下，噪声总是存在，且与有效的输出信号相伴。当然，噪声愈低，传感器元器件的辐射度量特性就愈灵敏。噪声电流（可转换电压或功率）是经常有些波动的（可用其均值代表）。这样，光电元器件在未受到太阳光辐照的情况下，本身就带有的噪声输出功率就成为元器件的输入功率，即噪声等效功率。即使对于同一类的光电元器件，表面面积发生改变或感应的光波带宽不同时，NEP 也就会随之不同。

光电元器件感应的灵敏度 D^* 是与噪声等效功率成反比的物理量。在对元器件的有效感应面积A_d和测量波段的带宽进行了归一化之后，元器件的灵敏度 D^* 的值相当于元器件

感应面积为 1cm²，频率为 1Hz，照射光强为 1W 时的信号与噪声之比（S/N）。D^* 可用下式表达

$$D^* = \frac{\sqrt{A_d \Delta F}}{\mathrm{NEP}} \tag{3.3.1}$$

式中，D^* 为探测灵敏度，cm · Hz^2/W；A_d 为元器件感应面积，cm^2；ΔF 为频带，Hz；NEP 为噪声等效功率，W。

下面是进行光探测使用的元器件及其主要性能指标（表 3.3.1）。

表 3.3.1　遥感中常用光探测元器件主要性能指标

探测元器件类型		适用波长范围 /μm	工作环境温度/K	探测灵敏度 D^*	截止频率 /Hz	适用波段和目标状况	
光伏型（PV）	Si PN	0.4～1.10	295	50	10^7	可见光–近红外	用于常温下地表各类目标探测
	SiPi N	0.4～1.11	295	80	10		
	InSb PN	3～6.2	77	8	5×10^2	中红外	用于各类高温目标探测，如林火、草原火、其他高温目标
光电导型（PC）	InSb P	2～6.7	77	2	2×10^5		
	Hg：Cd：Te	5～16	4.2	3	10^4	热红外	最适于进行凌晨前的夜间各类目标温度异常监测，如古河床、潜水露头、热污染、温泉探测
	Ge：Zn：Au	5～40	4.2	1	10^3		
	Ge：Cu	5～30	4.2	3	10^3		
	Si：Al	2～16	27	1	10^4		

D^* 使用单位：10^{10} cm · $Hz^{1/2}$/W

3.3.3　光学机械扫描成像系统

在电荷耦合器件（CCD）线/面阵光电数字成像技术在卫星上应用以前（1986 年），光学机械扫描成像是唯一可在卫星上数字成像的系统。他通过共轴旋转–摆动的镀金属（如铍 Be）的反射镜拾取来自地表目标反射/发射辐射能，然后通过卡塞格林（Cassegrain）反射式望远镜、透镜以及平面反射镜组成的光学系统色散分光后，分别送至能感应可见光–近红外的硅（Si）探测元件构成的主焦面和能感应热红外辐射的光电导型元器件（如 Hg：Cd：Te）构成的并被制冷的冷焦面（如 Landsat-TM-6），分别形成各自的输出信号，图 3.3.5 是 Landsat-1～Landsat-3 MSS 扫描成像系统结构图。

按照成像进程，光学机械扫描成像系统由下面几个环节构成。

3.3.3.1　从物面到像面的能量传递

这一过程是由共轴旋转–摆动（往返旋转）的反射镜和卡塞格林望远镜系统来实现。来自地球表面目标的反射/发射辐射能通过扫描仪反射镜投射至望远镜像面，经该像面反射到色散分光系统。

3.3.3.2　入射光光束色散并按要求实现谱段分解

实现光束按谱段分离的器件主要是各种干涉滤光镜。二分色镜也是根据光的干涉原理

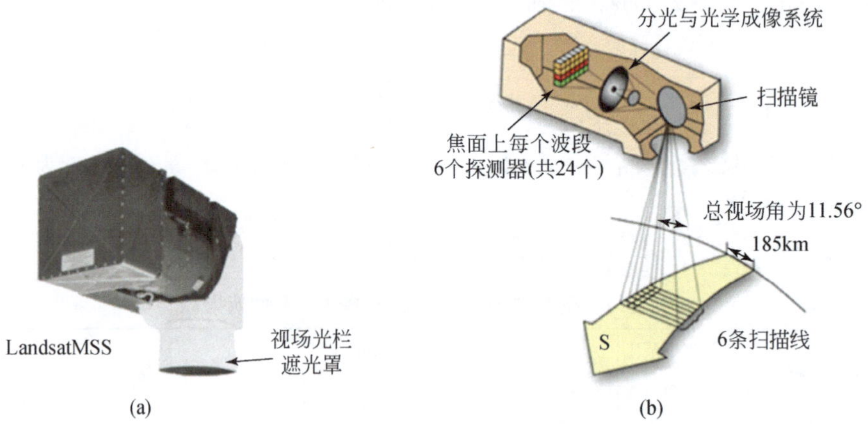

图 3.3.5　Landsat MSS 扫描成像原理

资料来源：Jensen，2000

制成的，它让光束中某种谱段光透过，另一部分则被反射，透射与反射作用均可利用。按谱段分离后的光束，可见光-近红外光束被送至主焦面的各波段的硅（Si）探测元件。红外辐射被送至冷焦面上的光电导探测元件（Hg：Cd：Te）。

3.3.3.3　对分解后的光束辐射能转换为输出电信号

不同波段的光辐射使用不同的光电转换器件，表 3.3.1 列出了遥感中可用的各种光伏型和光电导型元器件的性能指标。对于光学机械扫描仪 MSS 来讲，Landsat-1 ~ Landsat-3 MSS 的 B4、B5、B6 和 B7 各波段均采用硅（Si）探测器，在常温下即能正常工作。而对 Landsat-4 TM6 热红外波段采用的是碲镉汞（Hg：Cd：Te）元器件，它须在强制冷环境（4.2K）下工作，才能避免因过热而造成的仪器强噪声，以保证达到足够高的探测灵敏度 D^*（D^*：10^{14}cm · $Hz^{1/2}$/W）。

Landsat-1 ~ Landsat-3 MSS 的可见光-近红外 4 个波段，即 B4 到 B7 各波段，每个波段都设置 6 个相互独立的硅探测元件进行工作。在一次有效扫描中可生成 6 个扫描行。4 个波段共有 24 个独立的探测元件，等距离排成 4×6 矩阵。每个探测元件的瞬时视场角（IFOV）地面法向方向上的截痕大约为 79m×79m 大小。来自这么大的地面反射辐射由探测元件转化成的电压模拟信号并在星上被转化成 6bit 的数字值（0 ~ 63）。MSS 以自已的摆动枢轴为中心，沿卫星前进方向以左右各 5.78° 的范围进行摆动扫描，因而总视场为 11.56°，相应的地面刈幅宽度为 185km。应当指出，MSS 被设计为单向有效扫描装置，即当扫描镜自西向东扫描（正扫）时才能成像，而在回扫（自东向西扫描）时，仪器是对准氙灯光源和黑体进行测量。并且，在一次扫描中，每隔 9.95μs，要对各个检测元器件产生的电压模拟信号扫描行进行空间采样，即对每个探测元件所对应的 185km 总视场宽度进行空间上的量化，约需进行 3300 次，这就造成宽度为 56m 的像元采样间隔，单个像元大小由 79m×79m 改变为 56m×79m。这样每幅 MSS 图像范围变成 185km×170km，一个波段的一景影像就形成了包含 2340 条扫描行和每条扫描线被采样为 3240 个像元的灰度矩阵，含有大约7581600个像元。在扫描方向上以56m间隔距离采样的结果也为相邻两景图像在纵向上保持有10%的重叠产生了可能，并且这个重叠比例随着纬度增加而变大。由于一个波段的6个探测元件一次扫描就形成了474m宽，185km长的扫描带，每隔9.95μs就紧接着产生下一行，这就要求扫描镜扫描速度与卫星前进速度保持精准的配合，才能使每个扫描带实现无缝的衔接。

3.3.3.4 星上传感器的标定

地面制造的传感器到太空运行中，会不断受到宇宙辐射、温度、压力等变化的影响而衰变老化。而且随着时间的推移，还会加速这种老化进程。因此，在设计过程中就考虑到如何对卫星遥感信号随时进行监测，并实行在轨标定的问题。对可见光-红外波段的探测元器件输出定标用的器件是氙灯，而热红外波段用的标定器件则是卫星仪器舱内黑体源（如前所述）。

3.4 电荷耦合器件成像系统

如果把光机扫描式的多光谱成像系统（Landsat MSS，1972年）看作是卫星对地观测系统第一代技术的标志性代表，那么于1982年发射的Landsat-4上的专题制图仪TM就是其第二代了。1993年发射的Landsat-6所携带的ETM是第二代星在技术上的一个进步。可惜，Landsat-6没有成功入轨而夭折，替代Landsat-6的新星是Landsat-7（1999年4月15日发射），其搭载的光机扫描成像装置标示为ETM+，可看作是第二代光学-机械扫描成像系统技术的终极代表。这样算来，光机扫描成像技术几乎是每10年更新一次，现今已达到了其发展的极限境界，再难有新的突破了。毕竟，再好的技术系统也不可能完美无缺。光学-机械扫描成像装置由于使用旋转-摆动扫描镜这种机械器件，天长日久必然会产生磨损而致机件松动、位移，从而造成成像系统精准性降低，这是一种不可避免的弊端。“江山代有人才出”，技术发明未停歇。一种全新的遥感成像器件由于大规模集成电路制造技术的突飞猛进，正在逐步取代有50年技术发展历史的光学-机械扫描成像技术的地位。这种技术就是电荷耦合器件（CCD）线阵（或面阵）的推扫（或摔扫）成像系统。CCD阵列所以能具有卓越的成像本领，是由于CCD既具有光电转换功能，又具有信号电荷存储、转移和输出功能，它可将一幅空间分布的光学图景变换成一列按时间域分布的离散信号电压。要明白这种复杂的转换的过程，必须要了解CCD的工作原理。而要明白CCD的工作原理，又必须了解构成CCD的基本要素金属-氧化物-半导体（MOS）的组成结构。

3.4.1 系统的结构和工作原理

当把金属-绝缘体-半导体（MIS）三层结构中的绝缘体采用氧化物时，便称为金属-氧化物-半导体（MOS）系统。它是在硅片上生长一层薄氧化膜（如二氧化硅）后，在二氧化硅上蒸镀一层金属（如铝）或多晶硅，就形成常见的MOS结构［图3.4.1（a）］。当半导体衬底接地，上面的金属层（栅极）上施加电压时，半导体表面将形成电荷层。以P

型半导体衬底为例，当栅极电压为负，它将吸引空穴到半导体表面，使表面形成带正电荷的空穴积累层。所谓空穴，它实际上是一种假想的粒子，即满带顶附近由于缺少一些电子而可以导电，此称空穴导电，以区别于电子导电。对于半金属物质（如 Hg，Te），由于能带交叠的结果，使上面能带有电子，下面能带有相同数目的空穴，电子和空穴合称为截流子。

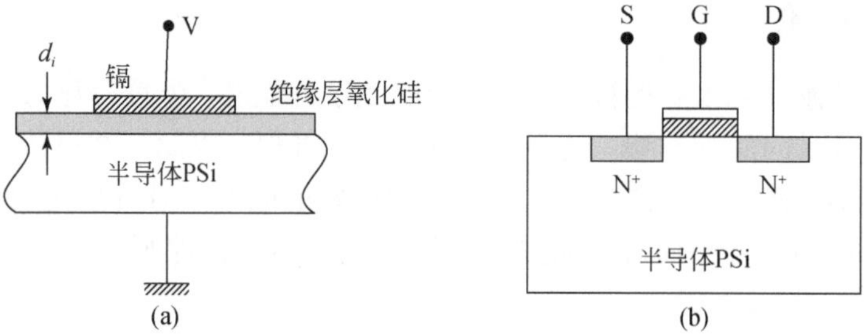

图 3.4.1　MOS 结构与 N 沟道 MOS 晶体管

当栅极电压为正，便产生从 P 型半导体表面排斥多数截留子空穴的作用和又有吸收少数截留子电子到半导体表面的作用。当正栅压数值较小时，主要是空穴被赶走而形成带负电荷的耗尽层，这些负电荷是电离的受主。通常带负电荷的电离受主屏蔽正栅压产生的电场，需要有一定的厚度 d_i（称为空间电荷区厚度，约为微米量级）。空间电荷区存在电场，电场又造成电势变化并使能带向下弯曲而形成空穴势垒。正是由于空穴势垒的存在，使空穴浓度降低，形成耗尽层。半导体表面相对于其体内的电势差称为表面势。当正栅压进一步增大，表面势也随之增加。在表面势足够大时，就有可能使表面处费米能级进入到带隙上半部，这时表面电子浓度将超过空穴浓度，从而形成导电层，因为它的截流子与体内的导电型号相反，故称其为反型层。

对表面反型层来讲，一边是绝缘层，它的导带比半导体高很多；另一边则是由耗尽层空间电荷区电场形成的势垒。这样，反型层中的电子实际上被限制在表面附近能量最低的一个狭窄区域，因而反型层也被称为沟道。P 型半导体的表面反型层由电子构成，被称为 N 沟道。如果 P 型半导体衬底的 MOS 结构中增加两个 N 型扩散区，分别称其为源区（S）和漏区（D），便形成了 N 沟道的 MOS 晶体管。通常，源区和漏区被中间的 P 型区隔开，源与漏之间犹如两个背靠背的 PN 结。在这种情况下，即使在源和漏之间施加一定的电压，也没有明显的电流出现，仅有微弱的 PN 结反向电流。但是，一旦栅极的正电压超过一定的阈值，P 型硅表面出现的反型层（N 型层）就将源区与漏区沟通，形成导电沟道。如果此时再对源区和漏区施加一定的电压，就会有明显的电流通过。原来，通过控制栅极电压的极性和数值，就可以造成 MOS 晶体管分别处在导通或截止的状态，源、漏之间的电流受到栅压的调控，这就成为 MOS 晶体管工作原理的核心内容。

电荷耦合器件的电荷注入方式分为电注入和光注入两类，而用于成像的 CCD 是采用光注入方式，它用光敏元件——光敏二极管代替 MOS 电容器，具有灵敏度高、光谱响应宽、蓝光响应强和暗电流小等特点。光生电荷的强弱决定于入射光能量（波长）和光子数量（入射光强度，如辐照度的大小）。MOS 晶体管或 MOS 电容器就成为电荷耦合器件

CCD 的许多具有相同结构的组成单位，或者反过来讲，成像 CCD 是由很多个光敏单元（即像元）按一定规则排列构成的半导体器件，每个单元就是一个金属一氧化物——半导体（MOS）晶体管/电容器。所谓电荷耦合是指，通过不断地改变栅极上的电压，使光生电荷产生的信号（电流）以可控的方式一位一位的按顺序传递（输），因此，光注入型 CCD 是同时具有光电转换功能和电荷转移传递功能的半导体器件。

3.4.2 光生电荷的转移传递与信号输出

CCD 是作为 MOS 系统结构的扩展而形成的一种半导体器件。以 MOS 为基础，并与电荷注入器件（CID）、电荷引动器件（CPD）和自扫描光电二极管等器件连接成一体，才能实现具有光生电荷从产生、存储、转移到信号输出的各种功能，这也是 CCD 电路运作的基本内容。其中的电荷转移这个环节（功能）最为重要和关键。

CCD 作为卫星对地探测的一类重要的成像器件，由光辐射感应单元、电荷存储、转移传递和输出单元构成，因为采用 PN 结光电二极管，天生就具有存储功能。早在 20 世纪 80 年代（1986 年），法国第一颗 SPOT 卫星的线阵 CCD 阵列元器件数就已高达 6000 个，现今又用上了拼接技术，元器件数超过 1 万个应无技术难处。为了将每一器件的光生电荷进行科学而高效的传递、输出，必须将栅极进行编组，两个栅极构成一组的叫做二相 CCD，三个栅极一组的就称作三相 CCD。对于三相 CCD 来讲，电荷包转移了三个栅电极电荷正构成了时钟脉冲的一个周期，这三个栅电极就称之为 CCD 的一个单元，也叫 CCD 的一位，也常说一个像元。那么，对于四相 CCD，则为 4 个栅极构成一位，或一个像元。有了脉冲周期，便可根据它来设计一个严格精准的时间脉冲电路，实现电荷由一处向另一处的转移传递。

线阵 CCD 光敏单元在对由地面目标构成的像面扫描成像后，需将光生电荷有序地进行转移输出，也就是在时钟脉冲控制下，通过不断地改变栅极电压，造成电荷在相邻的势阱间实现有序的转移、输出。

在 CCD 开始工作前，各个单元栅极都有相同的电压，且称其为 CCD 阈值电压U_0，现设定$U_0=2V$，每个电极下面均存在深度相同且较浅的势阱。势阱是个形象的说法，是指电子在界面处（如 Si-SiO_2 界面处形成的电子势阱）的静电势能特别低，将其称为势阱。由于这里势能最低，光生电荷易被吸引到氧化层与半导体的界面处，存储在势阱中，形成信号电荷。电子不断地在填充势阱，但势阱能容纳多少电子，这决定于势阱的“深浅”，即表面电势的高低大小。对于任一 MOS 电容来讲，表面电势约等于偏置电压，偏置电压越高，势阱就越深。

1）S1（第一步）：CCD 开始工作，光生电荷存储在栅极①中，同时让电极①升压，即由 2V 升至 10V，因为电极①下形成很深的势阱（电位阱），即如图 3.4.2（a）。

2）S2（第二步）：如将栅极②的电压由 2V 升至 10V，这时①、②两个电极下面的势阱，通过电荷由电极①向②的转移达到相同深度，如图 3.4.2（b）和图 3.4.2（c）所示。

3）S3（第三步）：接着，将栅极①的电压逐渐降至 2V，存在于电极①中的电荷全部转移到电极②下面的势阱中，从而使电极②形成了一个很深的势阱，最终实现了电荷从电

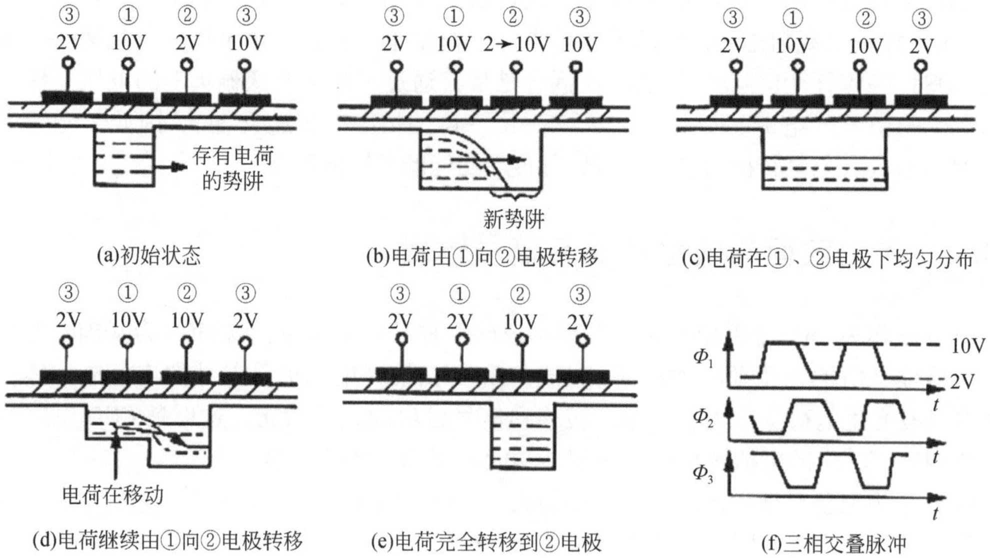

图 3.4.2 CCD 中电荷转移过程示意图

资料来源：白福忠，2013

极①向电极②的转移过程［图 3.4.2（c），图 3.4.2（d）］。

CCD 的栅电极每三个编为一组，形成 CCD 的一个单元，也称为 CCD 的一位，在时钟脉冲控制下，电荷包转移三个电极的电荷。电荷的输出是指，在电荷转移的末端将电荷信号转化为电压的输出信号。这样，CCD 以它的光电转换功能，电荷的存储、传递转移和输出功能，将一幅空间分布的光学图像变为一列按时间序列分布的离散的电压信号。

不管是进行 CCD 中的电荷转移，还是实现电荷的输出，都离不开相应的时钟脉冲电路的同步配合［图 3.4.2（e）］。

3.4.3 线阵和面阵电荷耦合器件

所谓线阵 CCD 和面阵 CCD，是指 CCD 的光敏单元的排列格式。线阵 CCD 的光敏单元有序地排成直线形，而面阵 CCD 的光敏单元则非常规则有序地排列成格网状。线阵 CCD 在一次感光积分周期中只能获得被测目标的一行信息，要靠传感器的搭载平台相对于地面一行目标的垂直运动才能实现目标的二维成像。线阵 CCD 中电荷转移、输出有单沟道与双沟道两种电路结构。

3.4.3.1 单沟道线阵的电荷转移与输出

现在以图 3.4.3 来说明光生电荷如何在三相单沟道线阵 CCD 中进行转移和输出的大致过程。CCD 的光敏阵列和移位寄存器是互相分离的，且后者被遮挡。在光积分周期里，光栅极电压处于高电平，光生电荷存于 MOS 电容器的势阱中。一旦时钟脉冲信号到达，光敏阵列势阱中的信号电荷便立即转移到 CCD 的移位寄存器，并在时钟脉冲作用下一位一位地移出寄存器，最终形成视频脉冲信号。

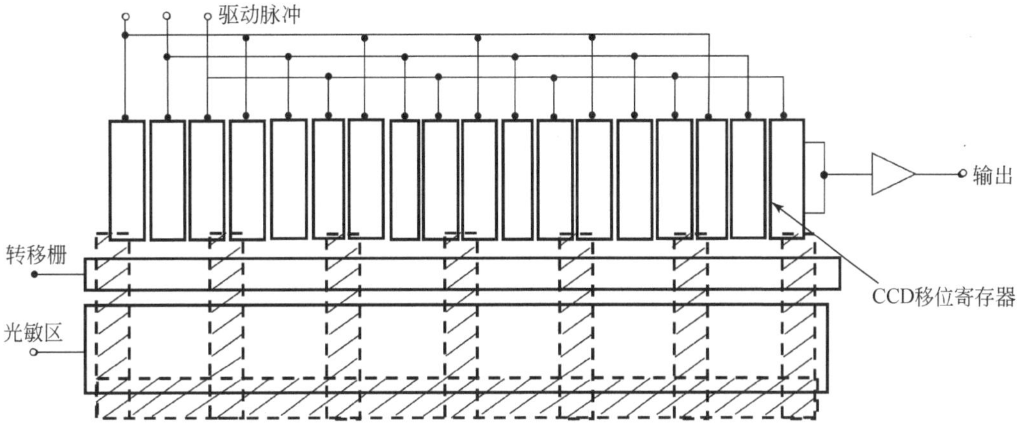

图 3.4.3　三相单沟道线阵 CCD 的结构示意图
资料来源：白福忠，2013

3.4.3.2　双沟道线阵的电荷转移与输出

现用图 3.4.4 来说明双沟道的线阵 CCD 结构以及光生电荷在其中的转移和输出。在三相双沟道线阵 CCD 中的光敏阵列两侧，各有一列移位寄存器 A 和 B。对于 N 沟道器件，A 和 B 两个转移栅极同处于高电位时，光敏阵列的光积分信号电荷包同时按图中箭头指示方向转移到相应的移位寄存器中，然后在时钟脉冲信号控制下分别向右转移，最后产生视频信号输出。虽然光敏阵列的单元相同，双沟道比单沟道中的电荷转移次数减少了一半，转移效率从而大为提高。

遥感中采用框式相机那种成像方式时，就需要使用面阵 CCD。此时，CCD 中的光敏单元和移位寄存器要按栅格的形式排列成二维阵列，来构成面阵 CCD。面阵 CCD 有多种结构方式，有行转移、帧转移和间行转移等结构形式。行转移结构的面阵 CCD，它在光敏区光积分结束后，才由行选址电路一行一行地将信号电荷分别通过输出寄存器转移到输出端。由于在电荷转移过程中，光积分过程并未结束，因而会产生拖影现象，极少被采用。

面阵 CCD 的帧转移结构是由光敏区、暂存区与移位寄存器三个功能部分构成，这种结构可以做到在自扫描成像的过程中，即面阵 CCD 对望远镜系统的像面信号拾取中，同时实现光敏区的光电转换和光积分过程，尽量减小拖影影响。暂存区 CCD 是完全避光的，其位数与光敏区一一对应。它的作用是在自扫描的逆程时间段，迅速把光敏区产生的整帧光生电荷转移到其中暂时存储，然后再开始在光敏区进行下一帧的光积分。暂存区就利用这段短暂时间，将光生电荷包一次一行的转移给移位寄存器，并变为串行信号输出。移位寄存器将其中的电荷包输出完以后，暂存区的电荷包再向下移动一行给移位寄存器。寄存区的电荷包全部转移完以后，再进行下一帧的转移。

间行转移结构是将光敏区的行与暂存区的行进行相间排列。光敏单元光积分结束后，同时把每列的信号电荷转移到相邻的暂存区内，然后再进行下一帧图像的光积分，并且同

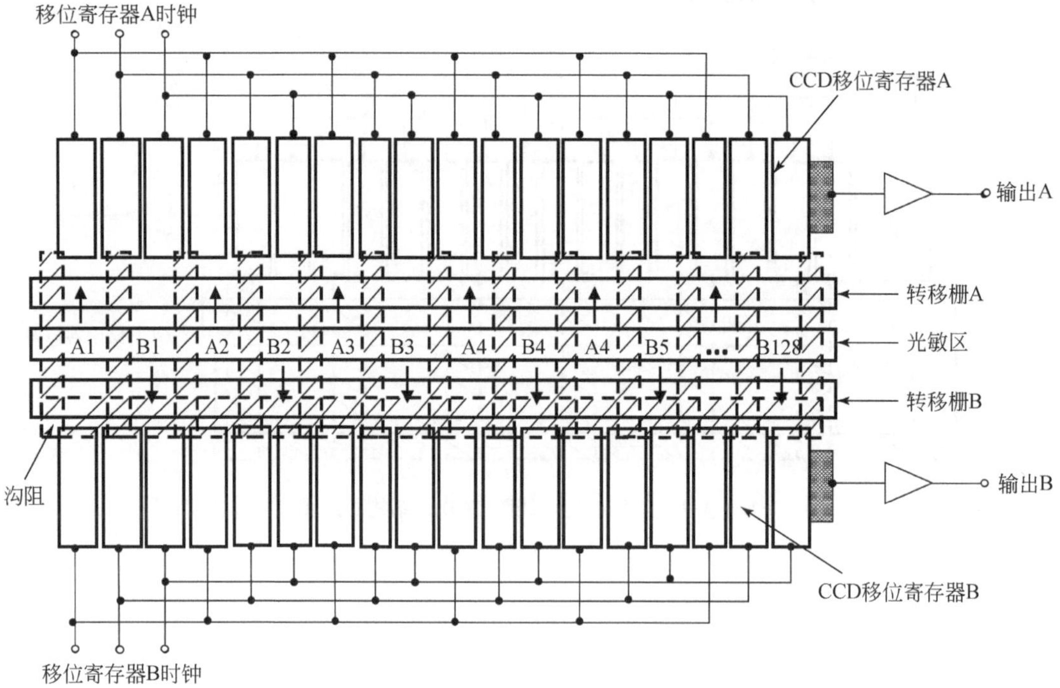

图 3.4.4　三相双沟道 CCD 的结构示意图

资料来源：白福忠，2013

时把暂存区的信号电荷逐行的通过移位寄存器转移到输出端口。因此这种电荷包转移结构就不存在拖影现象。

3.4.4　线阵推扫式的遥感成像系统

前文业已叙述了卫星遥感各技术环节和光学-机械扫描式的多光谱成像原理，继而又介绍了 CCD 基本单元 MOS 结构的工作原理，以及线阵 CCD 从光生电荷的存储、转移到电荷信号输出的工作过程。在此基础上，我们就可讨论和构想采用线阵 CCD 推扫成像的星载传感器的工作原理和它的光电技术系统的结构框架。前文介绍过的多光谱扫描仪是一个像元一个像元单点成像，通过扫描镜的旋转摆动实现一行场景的条带式成像，并且扫描镜直接对准地面目标（物面），是一种物面扫描成像方式。而线阵 CCD 是通过对景物（物面）或对景物的像面进行自扫式成像的，看不到任何机械式扫描动作的痕迹。望远镜将地面的一行场景成像到像镜上，其一行长度就是线阵 CCD 设计成像的总视场大小，因而，线阵 CCD 有多少个光敏单元，就将地面的一行景物相应的分解（空间量化）为多少个像元。来自地面一行景物的一束阳光的反射/发射辐射经过色散分光后，瞬间在 CCD 光敏面产生光生电荷，在电荷积分过程的短暂时间里，在时钟脉冲驱动下，完成电荷包的存储、传递和输出过程，将一幅空间分布的光学图像转变为一列按时间顺序分布的离散的电压信号。因而，这也被叫做线阵 CCD 成像的自扫描过程。传感器成像的狭长条带是与搭载传感器的卫星平台前进方向成直角。可以想象一下，在 CCD 光敏单元的光积分期间终止后，它也同时实现了信号电压输出，并立即进行下一行的成像。而此时卫星也向前行进了一段距离，由于是匀速运动，前后两个时间段前进的距离相等，体现在 CCD 推扫成像的前后两个条带也实现了一丝不差的无缝衔接。CCD 成像系统不断地重复这种过程，遂在卫星前进方向上也不断地延伸图像的长度范围（图 3.4.5）。能做到这样精妙的衔接，试想在最初设计时，对卫星运动速度、光积分时间长短和成像像元的瞬时视场间的关系等要做何等精细而周密的考虑。并且还需对卫星的运行状态做实时的跟踪监控调整。

现在对图 3.4.5 做一简要说明。卡塞格林望远镜将来自地面目标的反射和/或发射辐射投射到与水平地面法线成 45°的平面反射镜，再通过一透镜将反射镜反射来的光束送至线阵 CCD 光敏单元，而在到达光敏单元前都经过了前置分光器件的滤光。光敏单元只象征性的画了一个符号，故在其下放置一条线阵 CCD 来说明它与地面一行扫描带间的映射关系。线阵 CCD 推扫成像系统是卫星仪器舱里最重要的观测设备。

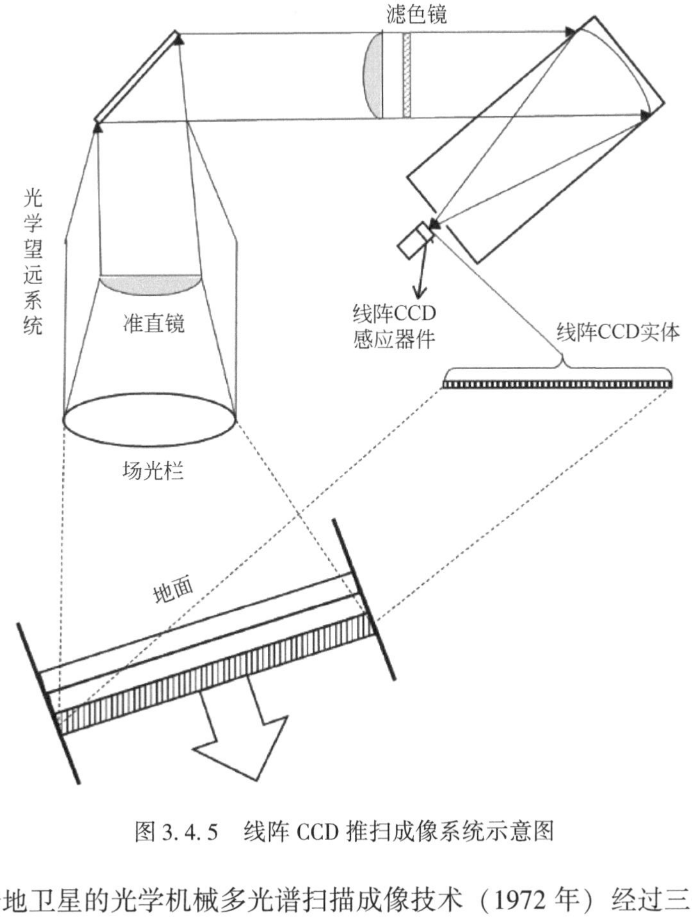

图 3.4.5　线阵 CCD 推扫成像系统示意图

美国用于陆地卫星的光学机械多光谱扫描成像技术（1972 年）经过三个阶段（二代）发展至今，超过 50 年，技术上达到了登峰造极的地步，已不再指望还有多大的突破。这种光学-机械扫描成像技术还被用在美国的地球静止轨道环境卫星（GOES，1994 年）和极地轨道环境卫星（POES，1978 年），并在美国海洋卫星 Seasat（1978 年 6 月）的海岸带水色扫描仪上也采用了光机扫描技术。法国科学家早就洞察到这种情况，并了然于胸，决定先声夺人，率先于1986年成功发射了搭载采用线阵CCD推扫式成像技术的高分辨率可见光成像仪（HRV）的SPOT卫星，其三个可见光、近红外波段的空间分辨率均为20m，全色波段的空间分辨率达10m，同时还能生成供地形制图用的像对，一下子实现了遥感成像技术上的跨越，领先了美国一步。到后来的SPOT-5（2002年）传感器的两个可见光波段和一个近红外波段的空间分辨率均提高到10m，而全色波段（0.48～0.71μm）则高达2.5m。法国在技术上赶超的做法也立即得到其他各方的效仿。首先是日本、欧共体以及印度等，美国国内的一些私企遥感小卫星传感器的空间分辨率，如QuickBird的全色波段（0.45～0.90μm）空间分辨率为0.61m，可见光-红外4个波段空间分辨率均为2.44m；IKONOS的全色波段（0.45～0.90μm）空间分辨率为1m，其4个可见光-红外波段的空间分辨率均为4m，卫星成像高度681km；ORBIMAGE公司的OrbView-3卫星传感器采用了和IKONOS几乎相同的技术指标（在他们的第三波段有些微差异，前者为0.625～0.695μm，后者为0.63～0.69μm），空间分辨率完全一样，只是卫星成像高仅为470km。因为中国发展较晚，采用了法国的路线。

3.5 遥感卫星运行轨道与轨道参数

3.5.1 环境遥感卫星轨道的选配

按照卫星运行轨道的形状、轨道平面倾角、卫星运行周期以及星下点轨迹经过同一地点所需时间长短（天数），将卫星轨道给予不同的名称，列表如表3.5.1所示。

表3.5.1 遥感卫星轨道命名法一览表

轨道名称		偏心率 ε	轨道名称	轨道倾角 θ	轨道名称	回归性	轨道名称	周期性
圆锥曲线族	圆形轨道	$\varepsilon=0$	赤道轨道	$\theta\cong 0$	回归轨道	星下点轨迹每天通过地面同一地点的轨道	太阳同步轨道	卫星轨道面在1恒星年里，与地球公转相同的方向同时旋转的轨道
	椭圆形轨道	$0<\varepsilon<1$	倾斜轨道	$0<\theta<90°$				
	抛物线轨道	$\varepsilon=1$	极地轨道	$\theta\cong 90°$	准回归轨道	星下点轨迹需 N 天通过地面同一地点的轨道	地球同步轨道	卫星绕地球运动1周耗时等于1个恒星日时长的轨道

环境遥感该如何选择卫星轨道呢？如果从事天气预报研究，要时刻盯住某一地区范围里的风云变幻，就会选择地球同步卫星轨道。这时，无论从地面上哪个地点观看卫星，它总是在赤道上某一点静止不动，故又称地球同步卫星为静止卫星，卫星所在高度约为35 800km。在这样的高度，有三颗星就足以满足全球天气监控需要了。由于单颗卫星的监控范围太大，传感器的空间分辨率并不高，一般用于大气研究用的分辨率也仅1～4km。

不过，在这种静止卫星高度，若将原来的传感器观测范围从半个地球缩小为百万平方千米范围（总视场），空间分辨率也可提升到 10m 量级，就可以对特定海域船舶的活动轨迹进行实时监控。不言而喻，静止轨道必定是圆形赤道轨道。对于大多数的环境研究，希望使用的图像比例尺是相同的，最好能以相同的地方时成像，而且成像的范围要尽可能地大，从赤道到极地都可能看到这种图像。归结起来，那只有采用太阳同步准回归极轨圆形轨道才能满足这类应用需求。研究人员可以从三种轨道特征中各取一个，并按目标进行选择性组合，以满足实用需要。

3.5.2 基于轨道参数的卫星运行状况描述

一直以来，卫星运行轨道备受关注。一个卫星（主星）和他的伴星卫星在相互的引力作用下公转，其轨道是以两星体的质心为焦点的椭圆。其他星体并非对他们的运动不产生影响，只是对这种影响研究起来太复杂，就被当作一种干扰来处理，用以对二体处理结果的修正。开普勒用 6 个参数来描述卫星的运动状态，这 6 个参数被称为开普勒轨道参数。他们是：椭圆长半轴长度、椭圆偏心率、轨道倾角、升交点赤经、近地点辐角和过近地点时刻。现在用天体的赤道坐标系来表示这些参数间的关系（图 3.5.1）。

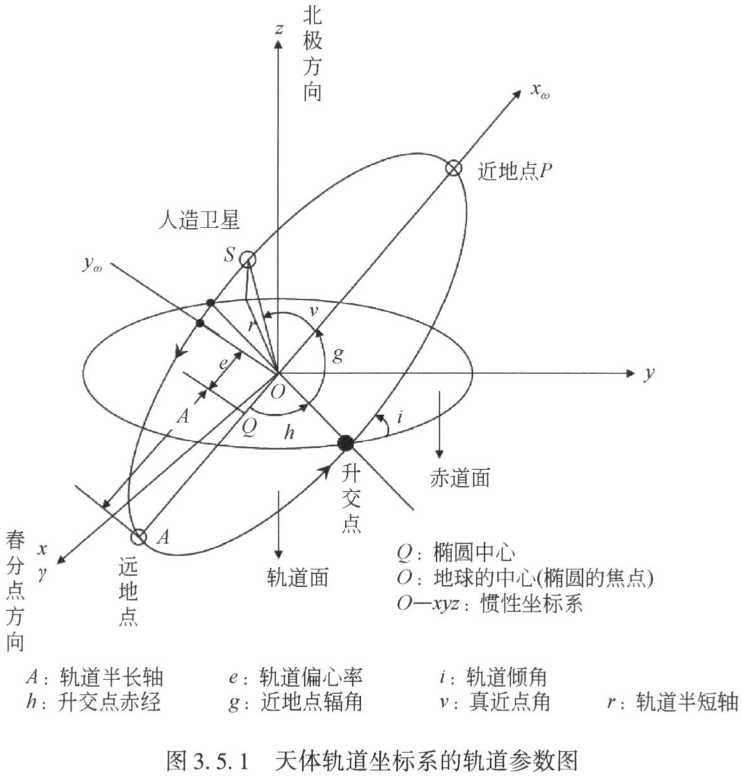

图 3.5.1 天体轨道坐标系的轨道参数图

资料来源：遥感研究会，1993

对地观测系统卫星均采用圆形轨道，偏心率为 O，无长短轴之分，轨道描述参数因而简单得多。地球的质量 M 和万有引力因素 G 已知时，可得到引力常数 $\mu = GM$（$3.986008 \times 10^{14} m^3/s^2$）。当卫星在设计的圆形轨道中运行时，产生的离心力和地球对卫星的引力相平衡情况下，卫星便可在设计的运行高度上继续惯性飞行，不会产生高度的下降（大气极其稀薄可不计阻力）。在这种情况下，易于求出卫星运行周期（T）、卫星沿轨道运行时的角速度（ω）和线速度（v），即有

$$T = 2\pi \sqrt{\frac{R^3}{\mu}} \tag{3.5.1}$$

$$\omega = \sqrt{\frac{\mu}{R^3}} \tag{3.5.2}$$

$$v = r\omega = (R+h)\sqrt{\frac{\mu}{(R+h)^3}} \, (\mathrm{m/s}) \tag{3.5.3}$$

式中，R 为轨道半径。

如果还知道卫星在近地点通过时刻，还能计算卫星在 T_i 时刻在轨道上的坐标位置（x，y）值。

3.6 美国第一代陆地卫星

从 Landsat MSS 到 Landsat-4、Landsat-5、Landsat-7 TM 和 ETM+，再到 Landsat-8 OLI，其传感器发展已走过了三代历程，时间上跨越也近 50 个年头。下面就从第一代陆地卫星及其传感器说起。

环顾当今卫星遥感领域，可谓群星璀璨，各显神通。电磁波各谱段、偏振、多角度、激光干涉等各种主、被动遥感成像方式（含非成像方式）已逐一成功实现，它们获取的地表遥感数据集合正构成了地球表面的自然全息，具有广泛的应用可能性，并已渗入到所有可能的应用领域，成为人类进一步深入认识地球的新的、最现代化的观测系统，因而也成为各大国彰显科技实力的竞技场。最难能可贵的是，从一开始它就是根据现代科学技术发展趋势和各自的领域应用需求有计划分步骤地不间断组织实施，从而形成了不同的遥感卫星系列，如陆地卫星系列、气象卫星系列、海洋卫星系列等。起初，按职能部门应用需求各自独立发展是很自然和现实的做法，但却忽略了它们在全面认识地球表面所发生的现象和过程时三种卫星数据的互补性。随着人们逐渐认识到需从全球尺度把地球表层看作是一个统一的整体，来研究地球表层系统的物质-能量流（一个统一的能量场）时，就深感这种分立的系统由于缺乏统一、协调考虑，因而造成了观测内容上的重叠、观测尺度上的不协调和时间上的不同步所形成的数据冗余、投资上的浪费和处理上的困难。由于本书限定为陆地光学遥感，气象卫星和海洋卫星有关内容，仅在必要时会涉及，本章节重点还是追溯陆地卫星传感器技术发展的轨迹。有一点需要指出的是，上述三类卫星传感器都属同一个家族——光学-机械行扫描成像技术系统，最初，它还是位于圣芭芭拉城的加利福尼亚大学（UCSB）校区内的休斯飞机公司圣芭芭拉研究中心的杰作。

当我们讨论陆地卫星（Landsat）计划的动因时，不得不去追索 Apollo 载人宇宙飞船的历史性贡献。宇航员用手持望远镜头相机和摄像机在轨道高度拍摄的地表相片经放大

后，山川田陌历历在目，它们的延展分布、相互关系与格局清晰可见；地壳的构造体系的生成关系，地下岩体侵入方式、规模与成矿关系，岩性识别方法以及深大断裂由以前的猜想到被遥感图像证实，让人眼界大开。原来，人类一旦脱离地球，站在卫星轨道高度观察世界，会产生不一般的感受与结果，真是验证了苏东坡的历史名句：不识庐山真面目，只缘身在此山中。恰在这时，火箭推进和卫星设计制造技术均已成熟，机载的光学-机械扫描成像技术也早已业务运行，将它搬上卫星也只是一步之遥；广泛的应用需求推动与卫星对地观测的传感器制造技术的水到渠成的这种机缘巧合，使从 1967 年开始的陆地卫星（Landsat）前身地球资源技术卫星（ERTS）发展的五年计划如沐春风，如期于 1972 年 7 月 23 日这个历史性日子将 ERTS-1 发射升空并立即入轨运行而一举成功。卫星遥感的关键技术环节和核心是传感器与它的技术性能指标，人们在评述一代一代卫星遥感系统时，主要依据还是看传感器的技术性能在哪些方面取得了新的进展。这样算来，从 1967 年开始实施陆地卫星遥感的五年计划，到 2013 年成功发射 Landsat-8，已整整地走过了近 50 个年头，陆地卫星传感器也从第一代的多光谱扫描仪 MSS 经第二代专题制图仪 TM 和 ETM+，再到第三代的传感器 OLI（Landsat-8），也历经了三代的发展过程。陆地卫星-7 的传感器 ETM+已经达到了尽善尽美的地步，传感器的改进发展空间已经到尽头了。传感器探测的空间分辨率一直是衡量传感器性能中一个最重要的指标，已不大可能在 Landsat-7 的 ETM+空间分辨率基础上再做提升的努力。实际上，早在 1982 年之前，对基于光机扫描成像技术前景已有深深的忧虑，并且已有多个采用 CCD 线阵扫描成像的方案提供 Landsat 主管部门选择，传感器的主要性能指标明显的优于后来法国 1986 年发射的 SPOT-HRV 的指标。遗憾的是，这种新型的成像方式在 Landsat-4、Landsat-5 之后一直未被采用。当时的那种推扫式 CCD 成像系统叫做多波段线性阵列成像仪（MLA），其可见光-近红外波段瞬时视场（IFOV）的分辨率为 10～20m，反射红外波段 IFOV 的分辨率为 20～30m，扫描总视场仍然像陆地卫星 TM 那样维持在 185km（表 3.6.1）。

表 3.6.1　多波段线阵探测器（MLA）性能设计指标

波段/μm		瞬时视场/m	信噪比（最低）	调制传递函数（MTF）
1	0.45～0.52	10～15	73	>0.3
2	0.52～0.60	10～15	149	>0.3
3	0.63～0.69	10～15	126	>0.3
4	0.76～0.90	10～15	168	>0.3
5	1.55～1.75	20～30	54	>0.3
6	2.08～2.35	20～30	77	>0.3
MLA 光学孔径			190.5mm	
焦距			705mm	
瞬时视场（705km 轨道高度）			12m（17.0mrad）1，4 波段	
			25m（35.5mrad）5，6 波段	
采样间隔			15m（21.3mrad）1，4 波段	
			30m（42.6mrad）5，6 波段	

续表

波段/μm	瞬时视场/m	信噪比（最低）	调制传递函数（MTF）
数据率（非压缩）		208～570Mbps	
辐射测量精度		±1%（波段间）	
		±0.5%（波段内）	
探测器单元数		61 440	

资料来源：Landsat Data User Notes：Issue No. 20，1981；Issue N. 23，1982

整个陆地卫星总体的运行设计特点是，用近极地、圆形、太阳同步轨道，以光学-机械扫描成像方式，多波段的对地球表层进行连续不间断的周期性探测，获取在时间上前后可比的历史数据，以不断加深对地球的表层所发生的现象与过程的理解研究。

第一代 Landsat 遥感系统的寿命设计为 2 年，这是由遥感系统中最薄弱的信号记录环节磁带机寿命决定的。但是，出乎预料，每颗星的正常运转寿命都超过了 5 年。Landsat-5 是 Landsat-4 的备份星，1984 年 3 月 1 日发射入轨服务，独立存在 28 年连续发回科学数据，超期服役 23 年（按设计寿命 5 年），创造了遥感科技发展史上的一个奇迹，成为遥感发展史中一段佳话。

第一代陆地卫星包括 1 号星（Landsat-1，1972 年 6 月 23 日～1978 年 1 月 6 日）、2 号星（Landsat-2，1975 年 1 月 22 日～1982 年 2 月 5 日）和 3 号星（Landsat-3，1978 年 3 月 5 日～1983 年 3 月 31 日），它们的总体外形被形容为一只展翅飞舞的蝴蝶，在飞行舱体的两侧展开的两块太阳能电池板犹如蝴蝶的一双翅膀。这种结构也成为了第一代陆地卫星最为显著的标志性形象特征，这一外形结构特征完全是由于照搬雨云卫星总体设计的结果。整个卫星平台（即飞船）除了两块太阳能电池板之外，可以看作是由动力推进舱和仪器舱两大部分组成。仪器舱的主要设备是反光束光导摄像机（RBV）和多光谱扫描仪（MSS）以及数据记录系统（磁带机）、数据采集系统天线（DCS）、测量传感器等（图 3.6.1）。

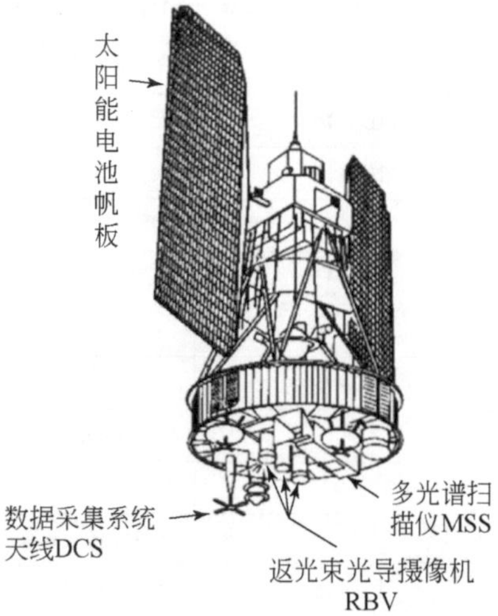

图 3.6.1 Landsat-1 外观及其主要载荷

卫星采用近极地（倾角99°）、圆形、太阳同步轨道，采用近极地轨道的目的是尽可能多地覆盖地球表面的范围。99°的倾角就意味着在南北纬81°范围之内均可成像。圆形轨道则可保证成像的比例尺大致相等，便于在空间上进行比较。而采用太阳同步轨道的目的则是让同一纬度上的不同地点都以相同的地方时（在赤道上空为9：30～10：00AM）和相近的太阳辐照度下成像，在光照条件上有可比性。

卫星绕地球转动一圈需时103分钟，一天绕地可飞行14圈。假设卫星在赤道上空由南向北开始第一圈绕地飞行，103分钟后又回到赤道上空。由于地球由西向东自转，赤道上的星下点位置已向西移动了2875km。这就意味着卫星需要在绕地球飞行251圈后，从第252圈才能回到第一圈的初始位置，时间上整整过去了18天。由于发射时设计的卫星绕地飞行轨道与地球赤道面倾角为99°，故传感器成像最大范围也就被限定在南北纬81°之内。为了产生立体视觉效果，轨道设计时，在赤道处预设了14%的旁向重叠，这也使随着纬度的增加，自赤道向两极方向图像旁向重叠会增加的更为迅速，到极限位置（南北纬81°）最高重叠达到85%。

最初在Landsat-1安装了两种传感器，一款叫反束光导管摄像机（RBV），按红、绿、蓝3个波段成像，目的是产生真彩色合成图像，以满足一般人的视觉习惯要求，可是在实际上被应用的不多。使用最多、最普遍的还是第二款叫多光谱扫描仪（MSS）获得的数字图像。多光谱扫描仪设有4个波段，前两个为可见光，后两个为近红外波段，波段序号分别为B4（0.5～0.6μm）、B5（0.6～0.7μm）、B6（0.7～0.8μm）和B7（0.8～1.1μm）。MSS波段序号所以从B4开始是因为RBV已占用了序号B1～B3位置。MSS的光学结构和光路图以及4个波段滤色镜的透过率曲线参见图3.3.5。从波段区间划分上看，并未从区分地物最敏感的光谱范围去设置波段，而只是简单粗略的做了个划分，显得不够精准。而从滤光镜透过率曲线上看，在波谱上也有多处互相重叠，这些都会在区分地物时增添不确定性，造成人为的困难。

多光谱扫描仪是通过一个镀铍（Be）的抛物面反射镜的旋转轴的往复摆动进行行扫描成像。反射镜在枢轴往复旋转带动下进行左右摆动，由左向右摆动时，光路开通扫描并产生一行图像（正扫）；当枢轴转动到尽头时，便开始自右向左的回扫，此时光路关闭；另一组同样设施则对准仪器系统内的氙灯和太阳光源获取准同步的光源辐照度供后期的标定之用。扫描镜一次完整的行扫描的总视场为11.56°张角，卫星飞行高度为919km时，在地面对应的线度为185km（FOV），通过卫星的前进运动便可获得二维连续条带的图像。实际上，一个扫描行图像信号是由扫描仪的一个正方形光孔连续性对准地面搜集的地表反射和/或发射辐射所形成的。这个正方形光孔是由光路上正方形视场光栏的控制作用造成的。正方形视场（凝视状态）所形成的张角很小，它在地面上的投影（截痕）即为瞬时视场（IFOV），也即一个像元的尺度为79m×79m。人们应该清楚的是，行扫描时获得的是光电连续模拟信号，79m×79m的线度是通过后期的对距离的离散化采样而得到的。

1978年3月5日发射的Landsat-3，在多光谱扫描仪上增加了一个热红外波段（10.4～12.6μm），探测元器件Hg：Cd：Te需要制冷。因而在传感器光路上首先要加一片二分色镜将热红外辐射分离出来，并将其投射到排布了Hg：Cd：Te的探测元件的冷焦面上。因此，当扫描仪回扫时，还需对内置的黑体辐射源进行连续扫描并获取辐射值，供后期标定之用。

3.7　美国第二代陆地卫星

前面已将 Landsat-1，Landsat-2 和 Landsat-3 直接定义为第一代陆地卫星，并未说明缘由。那么现在在讨论第二代陆地卫星时就该给出陆地遥感卫星代际划分的一些合理的原则了。由于传感器在卫星遥感中处于重要的核心地位，自然就成为代际划分的第一位的标志。前已述及，第一代陆地卫星传感器，一是反束光导管摄像机，二是多光谱扫描仪 MSS。前者属电子摄像机一类，早在前期的气象卫星上就已使用。由于当时（20 世纪 60 年代）卫星图像只是供目视解释的，不做进一步的数字处理，模拟图像即可满足要求，故波段设置采用蓝、绿、红三通道，用以合成模拟真彩色图像，并无其他专门的应用要求，是一种成熟技术，直接拿来就行。至于采用光学机械扫描成像原理的 MSS，应该说在 20 世纪 60 年代也早就应用于军事侦察（如 U-2 侦察机）和航空物探，到 70 年代在技术上也是成熟的。特别是用于航空物探的多光谱扫描仪，直接搬用也可满足一般的植被和地质调查应用，以及在土地覆盖和土地利用调查制图中的应用。因而在探测器的谱段划分与带宽的设计上都显得粗糙而又不精准。因而体现在卫星传感器几个最为关键的仪器性能指标上，两代传感器之间有非常明显的差异。这些指标有空间分辨率、光谱分辨率、辐射分辨率（量化水平）、时间分辨率（重访周期）、信号噪声比等。这些指标的提高只能通过探测元器件性能的改善和扫描方式由单向扫描成像改变为双向扫描成像才能实现。其中包括由此产生的技术上的困难，如需要设计一个扫描行纠正器，来消除因双向扫描中出现的漏扫和重扫的现象。另外，将卫星轨道高度由 919km 降至 705km，也是陆地卫星代际差异的标志之一。其作用一是可提高空间分辨率，二是在缩短巡航周期上也有贡献。

由于长期的对植被冠层结构、叶片的细胞内部结构、光合色素、含水量对光的反射与吸收作用特征的深入研究，以及对岩石蚀变带中的蚀变矿物光谱吸收特性的研究，不但使可见光-近红外波段带宽把握的更精细，从而更有利于植被的区分，而且也促使在第二代陆地卫星的地质遥感应用中专门设置了短波红外波段（第 7 波段，2.08 ~ 2.35μm），以满足地质学家在寻找岩石蚀变带的应用需求。基于图像融合研究上的成果和应用需求，推动了在第二代陆地卫星上增设了全色波段。上述总的效果是使第二代陆地卫星的探测波段有显著增加（由 MSS 的 4 个波段到 ETM+的 8 个波段）。探测元器件的性能提高，也使图像像元的亮度值的量化水平由 6 比特提升至 8 比特。

带际划分标志中最后一个标志，也是最明显的标志是传感器等有效载荷的运载平台——飞船的变化。第一代陆地卫星无例外地全盘复制雨云卫星的构造，形象的被称为蝶形卫星。而第二代陆地卫星从 Landsat-4 起，运载平台根据使用需要单独专门设计，在外形上犹如从头的上部鼻孔正在喷射水柱的一条鲸鱼，该水柱就是指 Landsat-4 仪器舱背部的高大的高增益天线（图 3.7.1）。

3.7.1 Landsat-4 的结构组成

Landsat-4 的飞行环节由飞船和仪器舱组成。飞船是多功能模块式结构，它具备供应电力、提供高度和姿态控制的全部功能，并包括全套的通信与控制系统。由于对传感器有较高的性能要求，姿态控制的要求比以前更加严格。在一个标准误差范围，定位精度核准在 0.01°，稳定度则为 10^{-6} (°) /立体角。以前三颗陆地卫星的相应值为 0.7°和 0.01°/立体角。陆地卫星-4 飞行环节的总体布局如图 3.7.1 所示。

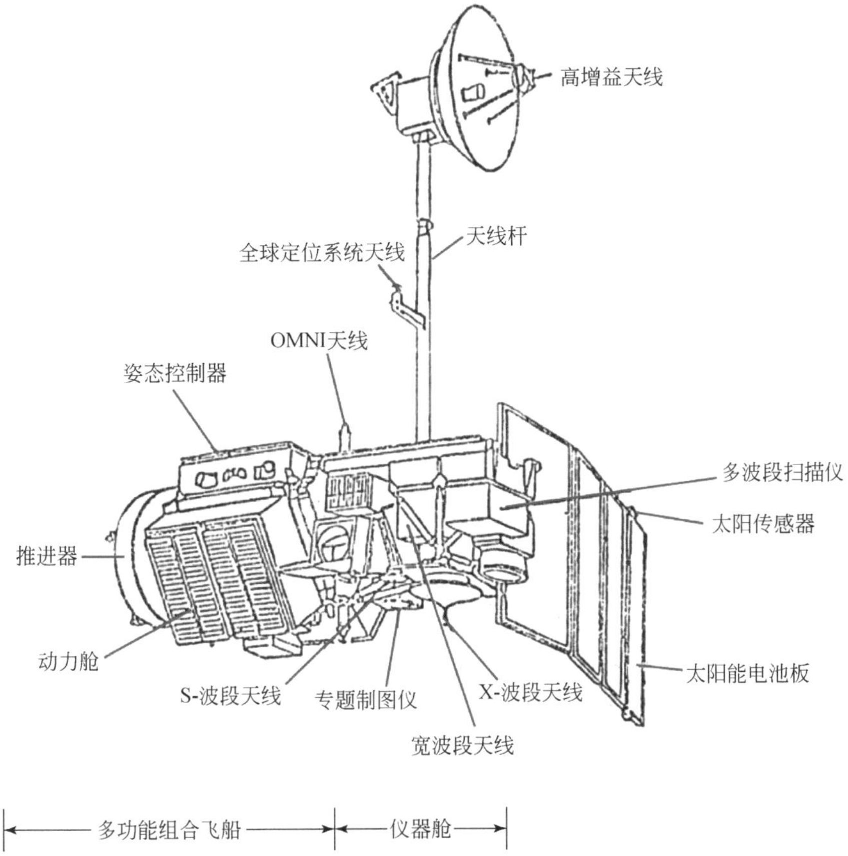

图 3.7.1 Landsat-4 飞行环节的结构组成
资料来源：朱启疆，1985

飞行环节的总重量为 1996kg，而与之相较，第一代陆地卫星的飞行环节总重量仅为 953kg。从飞船仪器舱伸出的高增益天线是与跟踪和数据中继卫星（TDRS）系统进行联系的微波天线，通过抛物面天线与桅杆的双稳联结接口并在伺服系统驱动下，该天线能够随时准确的指向位于地球同步轨道上的两颗 TDRS 卫星中的一颗，实现通信与数据中转和传输。

多功能组合飞船位于卫星运行平台的前部，由姿态控制器、动力舱和推进舱等组成。

仪器舱位于飞行平台的后部，专题制图仪位于仪器舱的腹部核心位置，它与宽波段天线、X 波段天线和 S 波段天线都指向地面。多光谱扫描仪和单翼的太阳能电池板均位于仪器舱的尾端。高增益天线位于仪器舱的背部中央，成为 Landsat-4 的一个醒目标志。悬挂在仪器舱尾端的太阳能电池板，只要有 65 分钟的阳光照射，其平均寿命功率即可达到 1497W。

与以前的三颗第一代陆地卫星相比，Landsat-4 的全部系统要复杂的多。它不仅表现在地球覆盖模式上是不同的，而且它还要与其他的一些为数据中继、传输、通信和轨道控制的卫星协调一致的工作（图 3. 7. 3）。

3. 7. 2　Landsat-4/5 的传感器

在 Landsat-4 上，首次使用性能比较卓越的、也是作为第二代陆地卫星主要标志的传感器——专题制图仪（TM）。TM 具有较高的光谱和辐射测量灵敏度与几何精度，同时也提高了空间分辨率。两颗分别定位于西经 41°和西经 171°的与地球同步的跟踪与数据中继卫星（TDRS）、美国国内通信卫星（Domsat）以及全球定位系统导航卫星（GPS）一同运行，来实现数据中继、传输及轨道控制等任务。具有较先进的传感器 TM 以及与多星系统协同工作，成为 Landsat-4 遥感系统的最主要特征。

从 1972 年 7 月 23 日，Landsat-1 发射以来，陆地卫星成了地球资源与环境的遥感数据有价值的、丰富的来源。在开始阶段，遥感数据的应用逐步增长，研究者们在相对短暂的时间里做出了有意义的成绩。随着数字图像处理和信息提取技术的日益进步并逐渐普及，在环境监测和资源管理中诸多实际问题上，陆地卫星遥感图像数据的应用领域和应用深度都取得了重大发展。现在许多国家具备直接从陆地卫星上接收数据并进行处理的能力。人们也同时期望陆地卫星提供遥感数据的工作，在今后能在时间上有连续性。

试想当初，陆地卫星计划只不过是一项实验性的研究活动，出乎意料的是它竟在那么多领域取得应用上的成功，用户群日益壮大。这使得原来的设计仅供研究与发展活动应用的第一代遥感数据生产方式日渐过时并需及时更新。这种局面成为催生第二代陆地卫星加快发展的重大动力。

一个业务运行性的第二代遥感地球的技术系统终于不负众望，在 1982 年 7 月 16 日发射和交付使用，这就是 Landsat-4。真可谓十年磨一剑。

设计陆地卫星第二代传感器的刺激主要来自于对多波段扫描仪 MSS 性能的局限性的认识。专题制图仪 TM 虽然严重地依赖第一代传感器 MSS 的技术，但是它在性能上做了许多改进。而这种能力上的改进则从根本上增强了陆地卫星数据的使用效果和应用价值。Landsat-4 上首次使用专题制图仪。但同时为了保持数据的连续性，也安装了多波段扫描仪。按照设计，专题制图仪和多光谱扫描仪之间至少有两个基本差别。首先，专题制图仪采取双向扫描来获取数据。双向扫描路径可以降低仪器的总体扫描速度，从而可以提供为产生较高的辐射测量精度所需的延长时间。其次，专题制图仪的探测元器件阵列被安置于仪器的首级焦平面，入射辐射可以直接照射阵列上的每个感应元器件单元，不但减少了能量损失，也避免了在多光谱扫描仪中要经过光导纤维转换而发生的一次频率调制。探测器阵列的这种设计就要求不同波段的探测元器件按数条栅格线的当量值在焦平面上独立分离的放置，这也意味着 TM 全部 7 个波段的在地面上的同名点不可能被同步扫描到。因此，专题制图仪精确的波段对波段的配准要依赖于精确的时间记录和扫描镜的断面线性度和可重复性。要想更多了解探测器的这种设计思想，请参看 3. 7. 2. 2 节的图 3. 7. 4。

3. 7. 2. 1　专题制图仪的光谱响应和主要功用

专题制图仪设置 7 个光谱探测波段，其中有 3 个波段处在多光谱扫描仪的光谱响应范围（绿光至反射红外）。其蓝波段位置在 0. 45 ~ 0. 52μm，短波红外波段位于 1. 55 ~ 1. 75μm 和 2. 08 ~ 2. 35μm。专题制图仪的第 2、第 3、第 4 三个波段近似于多波段扫描仪的 4 个波段范围，即 0. 52 ~ 0. 60μm（绿光），0. 63 ~ 0. 69μm（红光），以及 0. 76 ~ 0. 90μm（近红外）。绿光波段与红光波段较它们的前身多光谱扫描仪的带宽要窄，主要是为了提高这个范围内由农业活动所造成的光谱变化的灵敏度。近红外波段也较多光谱扫描仪在此区间的组合波段的带宽要窄，其波段中心位于对植物长势最敏感的范围。专题制图仪的第 6 波段为热红外波段，其标称的波段范围是 10. 4 ~ 12. 5μm，与 Landsat-3 相应的波段范围相近。可是在发射前，核定的热红外波段带宽实际上为 10. 42 ~ 11. 61μm。陆地卫星专题制图仪的 7 个波段的光谱响应曲线如图 3. 7. 2 所示。

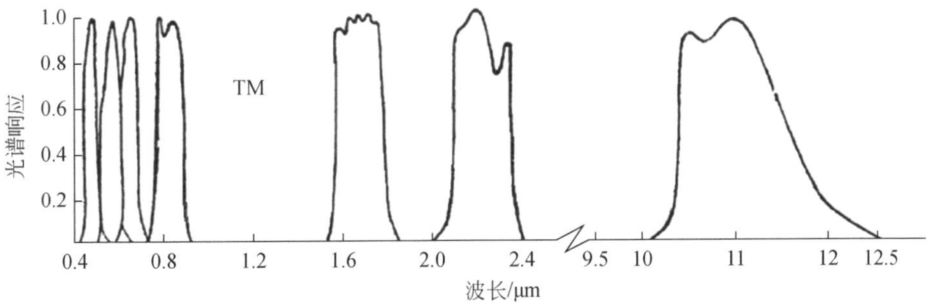

图 3. 7. 2　Landsat-4 TM 相对光谱响应曲线
资料来源：朱启疆，1985

新的蓝光波段扩展了陆地卫星遥感数据在水深测量范围里的应用，也可以帮助估算农作物的水分张力（胁迫）。

由于专题制图仪设置了蓝光波段，其与第 2、第 3 波段合成的彩色图像跟地面看到的真彩色一致，从而避免了假彩色的弊端。反射红外波段将使农学家们可以更好地研究谷物的水分张力问题，并帮助地质学家们更准确的判断岩石的类别。2. 08 ~ 2. 35μm 波段是应地质学家们的要求在 Landsat-4 发射前最后添加上的，故其波段序号为 7。这一波段对于识别地层中含氢氧根（羟基，OH^-）和碳酸根（CO_3^{2-}）的黏土矿物很有帮助。它对农业资源调查也颇有裨益，可应用于预报生物量和水分含量，以及确定农业土壤中黏土矿物的含量，因而可以据其间接地推断土壤的物理性状。美国“哥伦比亚号”航天飞机的红外多波段扫描仪的观测数据表明，岩石中黏土矿物含量较多时，2. 08 ~ 2. 35μm 波段的反射率就相应的降低。1. 55 ~ 1. 75μm 波段也改善了辨别雪及云层的能力。表 3. 7. 1 概括了专题制图仪的主要性能和功用。

第一代陆地卫星多光谱扫描仪的瞬时视场为79m×79m（Landsat-4 上为82m×82m），而 Landsat-4 上的专题制图仪的瞬时视场为30m×30m，因而专题制图仪的线性几何分辨率是多光谱扫描仪的2.6倍。专题制图仪的较高分辨率可让人们观察到地球上较小范围里的前所未见的细节。这时人们真的感到突然跨进了一个新的门槛，找到了打开新的未知世界的大门。由于专题制图仪分辨率的提高，在两块农田的衔接处可以划分出不同作物地块的界限，大大减少了邻接地块混合像元的数目，从而极大地提高了估算作物面积的能力。

表 3.7.1 陆地卫星专题制图仪 TM 性能和主要应用

波段	带宽/μm	辐射测量分辨率	主要应用方面
1	0.45～0.52	0.8% NEΔP	对水体有穿透能力，用于海岸带水体制图；可区分土壤和植被；区分针叶林与阔叶林；支持对土地覆盖/土地利用特征分析；波长 $\lambda<0.45\mu m$ 时，遥感信号受大气散射和吸收作用显著
2	0.52～0.60	0.5%	该波段处在两个光合色素的吸收波段蓝光与红光区域之间，可测量绿色反射峰，监测作物长势
3	0.63～0.69	0.5%	是叶绿素吸收带，用于区分植被类型；也可用以区分土壤和提取地质岩石界限；由于大气衰减影响减小，使图像反差有所提高
4	0.76～0.90	0.5%	该波段处于反映植物叶片内部结构的近红外反射峰首端，可用来测量生物物质数量以及圈定水体轮廓，也可用于区分作物和土地覆盖类型制图
5	1.55～1.75	1.0%	指示植物和土壤含水状况，区分云和冰雪
6	10.04～12.50	0.5%	该波段提供地表像元的亮度温度，可用于植被的热影响分析，土壤水分状况辨别，以及其他水热条件制图，最常用且最重要的是用于反演像元目标的发射温度，即真实地表温度（SST）
7	2.08～2.35	2.4%	地质学家推荐最后追加的波段，主要作用在于区分岩石类型和识别水热蚀变带与进行水热条件制图
绝对辐射测量精度 10%			扫描断面重复性<6m
同波段辐射测量精度 2%			航向景物重叠/空缺<6m
波段间辐射测量精度<$\frac{\text{RMS 噪声}}{4}$			
同波段配准<6m			扫描宽度 185km

资料来源：朱启疆，1985

专题制图仪还可以提高绘制大比例尺地图及大比例尺专题图的能力。以前根据多波段扫描仪影像制作的地图，最大比例尺仅能做到1：250 000，然而，当今美国地质调查局正按国家要求制作1：100 000 比例尺的地图。同时他们发现，专题制图仪数据对绘制1：24 000 比例尺的详细地图大有用处。表3.7.1给出了 Landsat-4 上两个传感器系统的技术性能指标和应用领域。

专题制图仪较高的辐射测量灵敏度是通过对测量得到的模拟信号的离散化采样实现的，这也被称为量化处理。在模数转换过程中，采用了8位256级的量化处理。而在多光谱扫描仪中，则是采用6位64级灰度值（DN 值）的量化处理。专题制图仪这种比较精细的辐射探测能力可以测量到在给定的波段范围内辐射振动的微小变化，可提供波段间相对变化的较高的灵敏度。

专题制图仪众多的探测波段，较高的辐射灵敏度以及单位面积内有较多的分辨单元（像元），这就造成了高得多的数据率。它导致需要启动高得多的传输频率来传输专题制图仪数据。数字化后的专题制图仪数据率为84.9Mbps。Landsat-1、Landsat-2、Landsat-3上使用的S波段（$7.5cm<\lambda<15cm$）微波载体不能处理这一速率。因此，为能直接向地面站传输，需改用X波段（$2.5cm<\lambda<3.8cm$）传送专题制图以及多波段扫描仪数据，数据率为100Mbps。多波段扫描仪数据仍可通过S波段独立地进行传输。

美国航空航天局使用跟踪与数据中继卫星后，就不再依赖于星载磁带机及设在国外的地面站了。这一与地球同步的TDRS双星系统将接收Landsat-4传感器数据，并转送它们到设在新墨西哥州白沙镇的跟踪与数据中继卫星系统地面接收站。然后再通过国内通信卫星（DOMSat）传送到戈达德空间飞行中心的Landsat-4地面处理系统。此时，Ku波段（~15.6GHz）则用于Landsat-4同跟踪与数据中继卫星系统间的数据传输。图3.2.1和图3.7.3展示了Landsat-4数据传输模式及Landsat-4系统的主要组成单元。使用跟踪与数据中继卫星系统后，陆地卫星传感器数据的接收范围是全球性的，但是不包括印度和印度洋的部分地区，以及纬度高于81°的极圈地区。

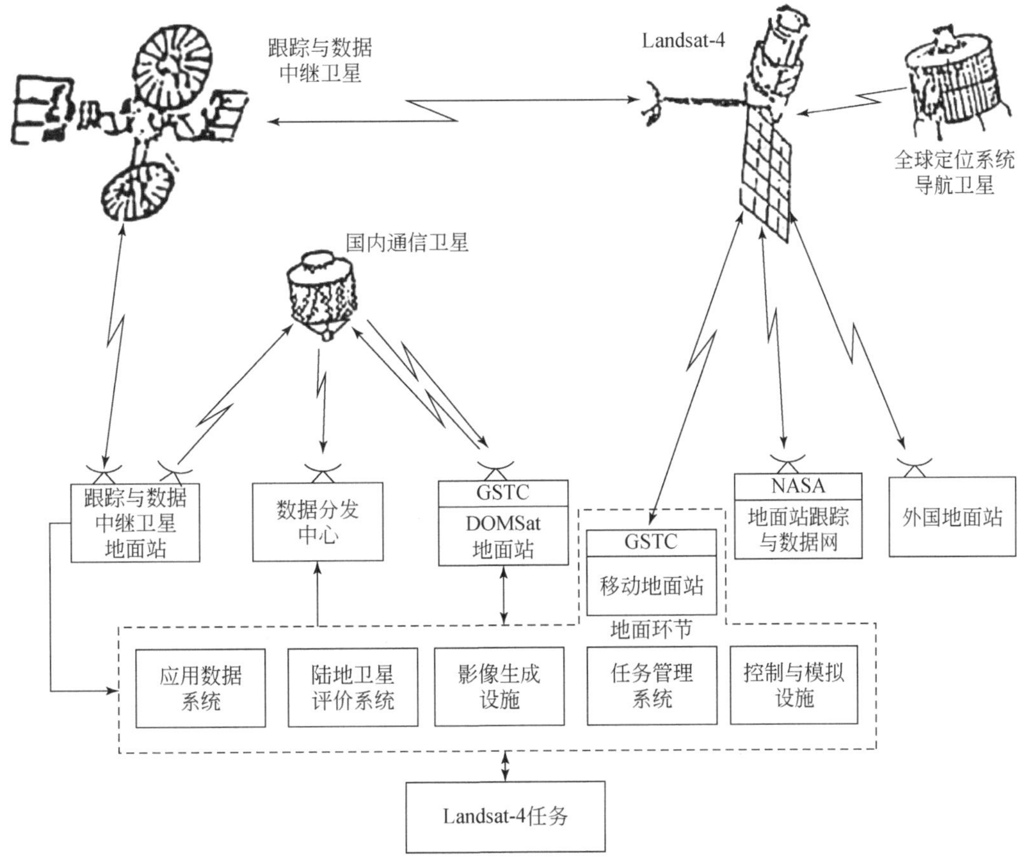

图3.7.3　Landsat-4遥感数据传输与地面控制和处理单元通信网结构

资料来源：朱启疆，1985

3.7.2.2 专题制图仪的光学系统

专题制图仪在7个波段上工作。这种传感器波段的选择是很多研究与争论的主题。相对于这种传感器系统比较复杂的性能要求，如何实现这些参数则是特别有趣的。用在多波段扫描仪中一般的光束、焦平面的概念仍然保留在专题制图仪之中，但是具有一系列由比较复杂的系统需求来确定的改革之处。图3.7.4（a）是专题制图仪光学系统的一般轮廓。这一系统的独特之处是，在扫描镜与探测器焦面之间增加一组叫做扫描线纠正器的可移动

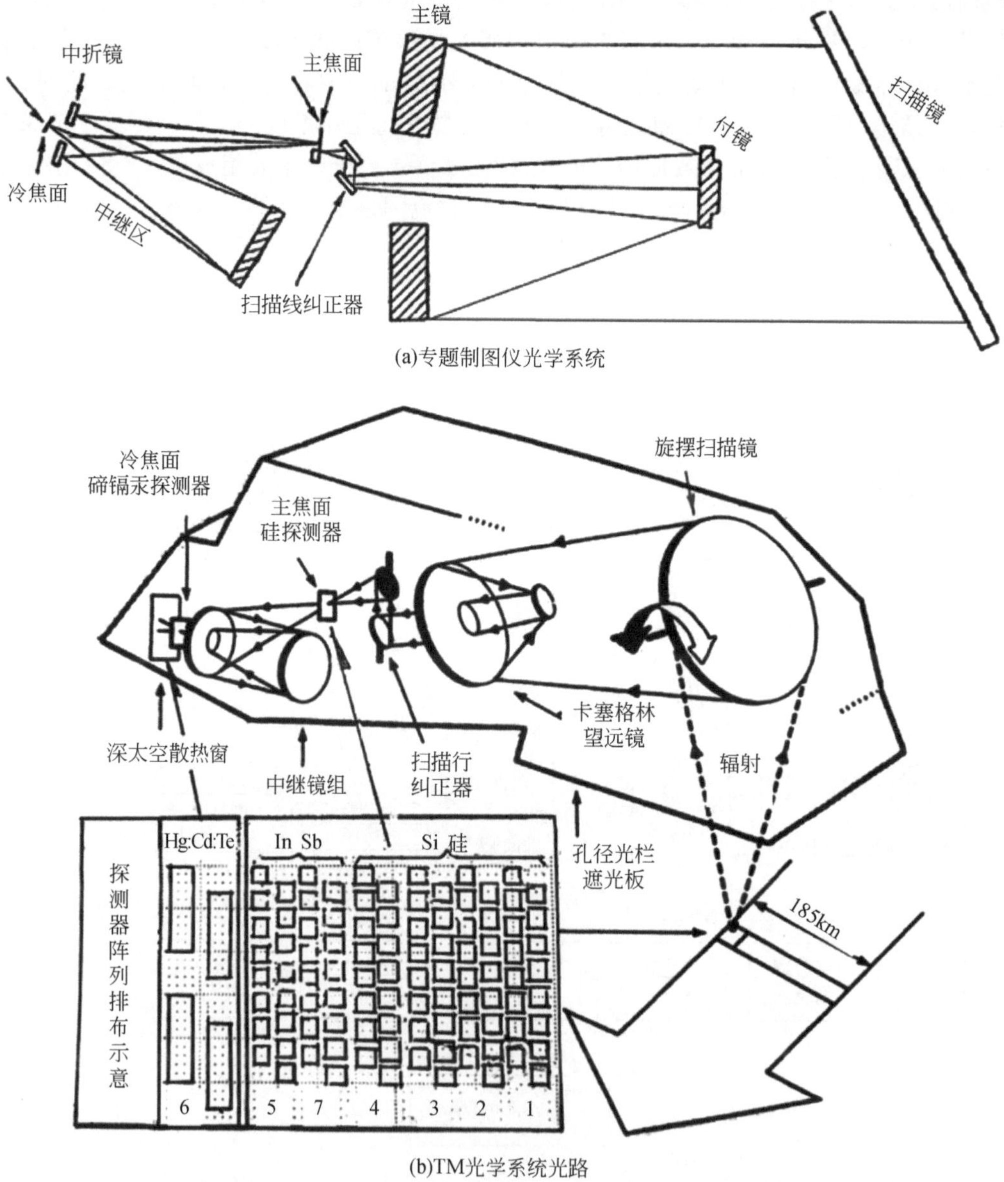

(a)专题制图仪光学系统

(b)TM光学系统光路

图3.7.4 Landsat-4/Landsat-5的TM传感器光学系统结构

资料来源：Jensen，2007

镜。需要通过降低扫描镜的摆动速率来得到必要的信号强度（专题制图仪为 6. 999Hz，而多波段扫描仪为 13. 67Hz)，以得到一个可以接收的信号-噪声探测器性能。这是由每个探测器的较小视场（专题制图仪为 42μrad，多波段扫描仪为 86μrad）、很小像幅上的较多探测器采样以及大量的、复杂的相互作用的系统特征所要求的。多波段扫描仪为 6×4 探测器列阵，而专题制图仪为 16×6 反射波段的和 4 个热红外波段的，共构成总数为 100 的探测器列阵［实际上的差别是 102（专题制图仪）对 25（多波段扫描仪)］。

从图 3. 7. 4（b）的 TM 光学系统光路中可以看到，由旋摆式扫描镜收集到的地面辐射经过卡塞格林望远镜系统后，被投射到扫描线纠正镜组对漏扫地区进行补扫后，经二分色镜分解，将可见光-近红外辐射投向主焦平面上的硅探测器阵列，每个波段含 16 个感应单元，交错排成两行，4 个波段共 64 个单元；分解后的短波红外（二个波段）被投射到由 InSb（碲化铟）32 个感应单位构成的焦面，该两波段也同样按交错方式排成两行，最后剩下的热红外辐射则投向由深太空窗制冷的冷焦面，该冷焦面则安置了 4 个 Hg：Cd：Te 热敏半导体器件。TM 光学系统的一个巧妙之处是关于扫描线纠正器的设计。

为满足总的系统要求，扫描镜必须在两个摆动方向上工作（多波段扫描仪仅在白天下降轨道由西向东摆动时工作)。图 3. 7. 5（a）指出仅用扫描镜反射地面目标至传感器时所出现的简化景像。扫描的有一部分会有过多的数据（重叠)，而另一部分将会出现空隙(漏扫)。然而，如果位于焦面上的每个探测器成为遮挡部分影像的实际上的光阑，这对限制扫描镜（器）的孔径是有价值的，就有可能通过移动这些光栅区域，消除多余的重叠和填补上漏扫的空隙。扫描线（行）纠正镜正是为着这个目的而设置的。图 3. 7. 5（b）指出在垂直平面内这两个平行反射镜的作用，它们在焦平面和扫描镜间的光路上回转。当扫描镜由西向东扫描或者相反的由东向西扫描时，扫描线纠正镜有效地移动着白天向北的下降轨道的探测器的瞬时视场。垂直的结果是每个半程扫描基本上垂直于飞船的航线。尚存在着扫描线纠正器必须补偿的另一移动性因素，即在扫描路程中的每个半程扫描开头时的向南移动。因而由此推论，扫描线纠正器镜面的振动速度须为扫描镜的两倍。图 3. 7. 5（c）指出了补偿的结果。

因为多波段扫描仪使用了实际上的滤光镜/探测器组合与焦平面相隔离的光导纤维系统，探测器件的物理排布的精确性并未严格地考虑。然而对于专题制图仪，探测器/滤光镜系统是直接置于焦平面上，用以消除使用光导纤维时的能量损失。而且，专题制图仪探测器的获取方式与多波段扫描仪也是不同的。

专题制图仪与多波段扫描仪间的另一差别是数据读出方式的不同。多波段扫描仪是顺序地实时读出每个探测器的记录，而专题制图仪则采用存储读出方式（hold-and-read pattern)。

与多波段扫描仪相比，提高了空间分辨率是专题制图仪的另一特点。除了第 6 波段外，所有波段的 30m 像元的地面分辨率，允许分类面积小到 2. 5 ~4. 0hm^2。第 6 波段热红外的一个像元的地面尺寸为 120m×120m。这个性能由下列因素决定：①探测器的瞬时视场，它是探测器尺寸与望远镜焦距的函数；②望远镜和扫描镜的光学性能，它被设计来最大限度地减少绕射和模糊；③系统的电子频率响应，它通过系统的其他部件造成的时间延迟来调节。

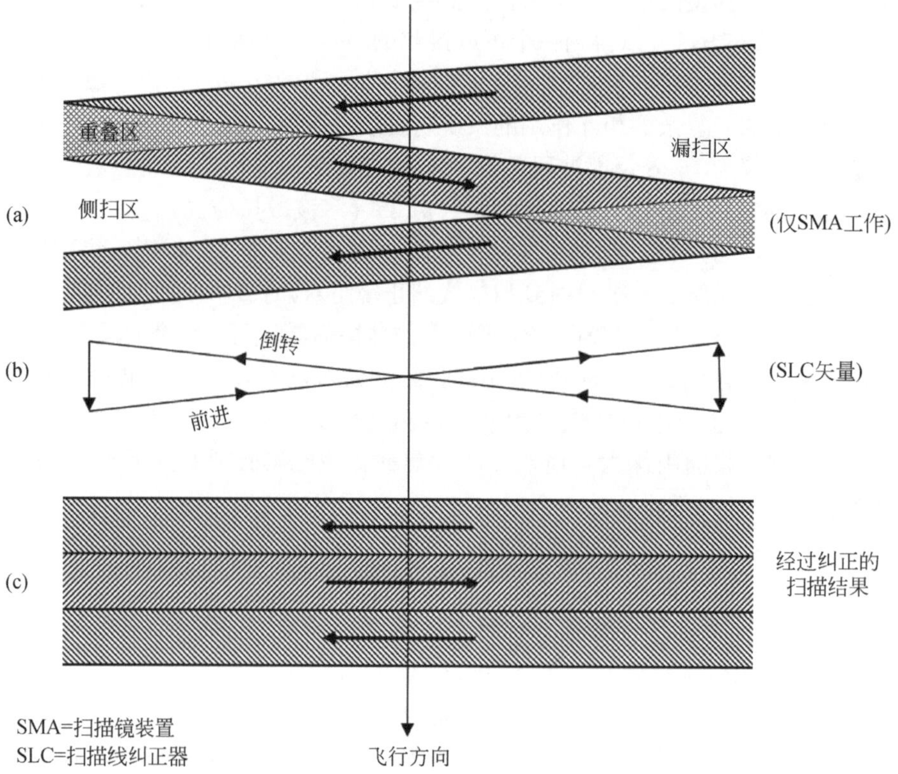

图 3.7.5　TM 扫描镜与扫描行纠正器的协同工作原理
资料来源：朱启疆，1985

3.7.2.3　多波段扫描仪

Landsat-4 上的多波段扫描仪类似于用在 Landsat-1/Landsat-2/Landsat-3 上的同名仪器。然而，为着提供与先前较高轨道（920km）获得的不相矛盾的多波段扫描仪数据，Landsat-4 的光学系统业已做了调整，使像元尺寸仍然接近地面 80m 的尺度（实际上为 82m×82m）。另外，一个新的编号系统用来称呼 Landsat-4 的多波段扫描仪的 4 个光谱波段。先前的多波段扫描仪各波段编号为 4、5、6、7；相应地，Landsat-4 上的多波段扫描仪各波段的编号为 1、2、3、4，这是设计中的唯一改变。仪器各波段的光谱覆盖仍保持相同。

3.7.3　Landsat-4/5 的轨道与覆盖模式

Landsat-4 采用圆形重复的与太阳同步的近极地轨道，当它位于赤道上空时，标称的轨道高度为 705km。卫星每天绕地球运行 14.5 圈，每圈历时 98.9min。除了纬度大于 81°的地区，每 16d 覆盖地球一遍。这种轨道运行所产生的覆盖模式用图 3.7.6 来给予说明。

Landsat-4 TM 和 MSS 两个传感器每轨在地面成像刈幅宽度均为 185km，其与太阳同步

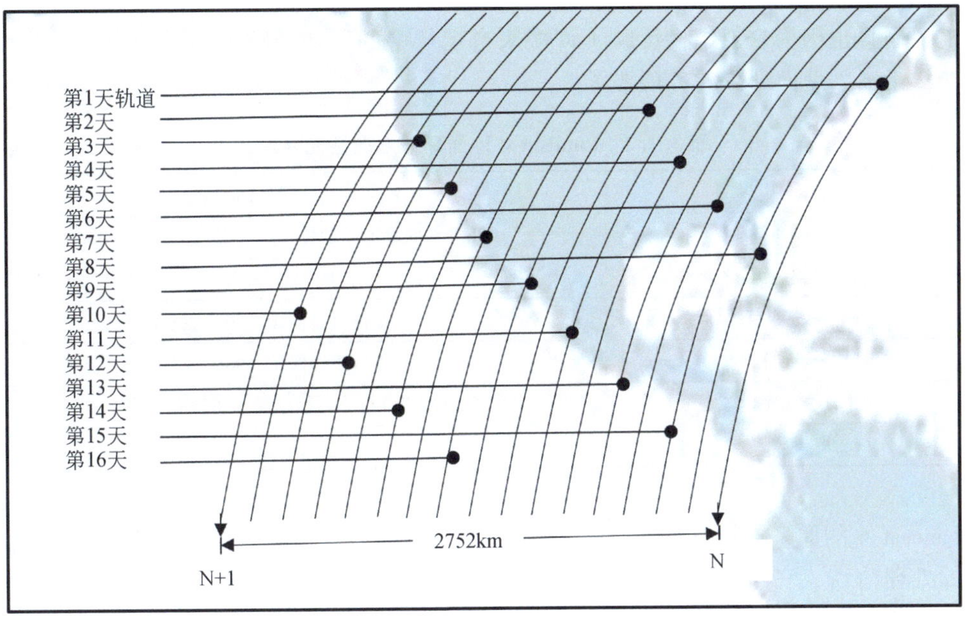

图 3.7.6　Landsat-4 专题制图仪的地表覆盖模式

N，N+1 为星下轨迹编号

资料来源：朱启疆，1985

的可重复轨道在地方时的上午 9：45 通过赤道，这与第一代的三颗星通过赤道时的地方时是一样的。Landsat-4 的轨道高度低于第一代的卫星的 913km 的标称高度。设计为 705km 新轨道高度目的之一是当 Landsat-4 及其后继者们一旦发生故障时，可由载人航天飞机的相关人员进行修复。原来设想，当 Landsat-4 较低的轨道高度也缓和了与获得较高空间分辨率有关的问题。同时，这也造成了覆盖全球的重复周期明显缩短，这也是人们所期望的，它更有利于对农作物生长状况的监测。

对于 Landsat-4 两条相邻的成像轨迹中的两侧轨迹（即飞行方向的左侧轨迹），7 天后方被覆盖，轨道递推因子为 7，这与 Landsat-1/Landsat-2/Landsat-3 迥然不同。他们的西向邻接轨迹恰巧是 1 天后覆盖。弄清 Landsat-4 覆盖模式的方便记法是，由于地球自转，两条前后相继的地面轨迹间的距离，在赤道位置上正好相距 2752km，卫星在 16 天时间里用 16 条轨迹将它遍历。以后，16 天的覆盖模式又开始重复。卫星自东向西覆盖全球需绕地球 233 圈，即从第 001 圈至 233 圈，首圈 001 圈定位于西经 64.95°。在赤道，相邻成像条带间边缘重叠率为 7.6%，由赤道向两极，旁向重叠逐渐增加。

3.7.4　Landsat-4/5 的地面处理设施的能力

3.7.4.1　地面处理设施提供产品的能力

Landsat-4 的地面部分及活动地面站（TGS）位于戈达德空间飞行中心。Landsat-4 的管理与运行结构比原先陆地卫星地面数据处理系统要复杂得多。这不仅是因为系统本身是复杂的，而且也因为它的结构反映了许多来自运行中的以前的陆地卫星地面系统的教训。表 3.7.2 指出了地面部分的各项要求。

表 3.7.2　Landsat-4 地面环节影像性能要求

功能/操作	性能目标
产品周期	48h（从收集原始的传感器数据到生成归档产品）
辐射误差纠正	1 个量子水平
几何误差纠正（地面中心点的标称位置）	0.5 传感器像元（90% 概率）
时相配准误差	0.3 传感器像元（90% 概率）
地图投影保障	斜轴墨卡托投影，横轴墨卡托投影/赤平投影
重复取样算法	三维卷积

Landsat-4 的原来设计（1977 年）曾要求有个地面系统，该系统已用于早先的陆地卫星地面处理活动，它是由运行控制中心（OCC）与数据处理系统组成的二元系统（two-faceted）结构单元。然而到 1979 年，决定采用公共环节数据库，它是包括一座控制与模拟设施（CSF），一座任务管理设施（MMF）以及一座影像生成设施（IGF）组成的三位一体的地面系统。

20 世纪 80 年代早期，美国政府作了一项高级决策，让美国海洋及大气局负责地球资源卫星的运营业务。对于 Landsat-4，一旦其总体系统获得成功，美国宇航局就把它的运营权转让给美国海洋与大气局。这项政府决策使它需要明确地细分任务管理设施与影象生成设施的操作，哪些与多波段扫描仪有关以及哪些与专题制图仪有关。这是因为对于两个不同的传感器系统，要求有不同的数据处理准备的时限。按计划，完全运行的多波段扫描仪是在发射 Landsat-4 六个月以后由美国海洋与大气局接管。虽然飞船可获得专题制图仪数据，其时限仅受地面接收站及跟踪与数据中继卫星系统可利用性的限制，但是对专题制图仪系统的处置，按计划还是把它推迟到两年以后。Landsat-4 的最终产品及它们的性能如表 3.7.3 所示。

表 3.7.3　Landsat-4 地面系统产品概要 *

仪器	产品	数量（景/d）	提供期限
多波段扫描仪	多波段扫描仪－A 高密度磁带（用户产品） 多波段扫描仪 70mm 胶片（标定产品）	200	a. 最初 3 个月生产 125 景图像 b. 3 个月后生产 200 景图像 c. Landsat-4 发射后 6 个月移交给美国海洋与大气局，每月 200 景图像
	多波段扫描仪计算机兼容磁带（A 或 P）（标定产品）	2	Landsat-4 发射成以后
	多波段扫描仪 241mm 胶片（标定产品）	4	a. Landsat-4 发射成功后每日 2 景 b. 发射后 90d，4 景/d

续表

仪器	产品	数量（景/d）	提供期限
专题制图仪	专题制图仪-A 高密度磁带（用户产品） 70mm 胶片（标定产品）	12～100	a. 在专题制图仪的 R 和 D 期间（即发射后一年），根据飞行环节变化的先验知识处理，4 景/d b. 在专题制图仪的 R 和 D 期间开始后的一年，根据变动的实际情况处理，日显示 12 景 c. 6 个月以后，系统的能力增加到 100 景/d，并运用变动的轨道数据。此时系统移交美国海洋与大气局
	专题制图仪-P 高密度磁带（用户产品） 241mm 胶片（标定及用户产品）	12～50	a. 在专题制图仪的 R 和 D 期间（它开始于发射卫星的一年之后），按飞行环节变动的先验知识，日处理能力为 12 景 b. 在专题制图仪的 R 与 D 时期开始后的一年，按飞行环节变动的经验数据处理，日显示能力为 12 景 c. 6 个月后，根据轨道测量数据，系统日处理能力增加到 50 景。此时系统交付美国海洋与大气局管理
	专题制图仪-计算机兼容磁带（A 或 P）（用户产品）	2～10	a. 到 1984 年 4 月，系统日显示 2 景 b. 1985 年 1 月，系统日显示 10 景并移交操作系统给美国海洋与大气局

* 因 Landsat-4 发射后，一再发生故障，系统的许多任务未能如期实现并导致 1984 年 3 月提前发射 Landsat-5

资料来源：朱启疆，1985

为便于数据的存储管理和用户使用的方便，多波段扫描仪影像处理系统归档运转期间，它备有一个独特的功能是云层盖度的自动估算。短波红外波段（1.55～1.75μm）配备一种算法，它使系统能辨别云、雪或沙。表 3.7.4 概略地表达了用于评估处理的排除技术。在进行云层盖度的自动评估时，每个像幅被分成 128 像元×128 像元为基底的子样。

表 3.7.4　云层盖度自动估算的分类特征

TM 波段	带宽/μm	阈值	判别
4（近红外）	0.76～0.90	辐射亮度≥2.5mw/cm^{2}sr	云、雪、沙
5（短波红外）	1.55～1.75	辐射亮度≥0.4mw/cm^{2}sr	云、沙
6（热红外）	10.4～12.50	辐射温度≤5℃	云

3.7.4.2　卫星地面接收站

（1）移动地面接收站和固定地面接收站

卫星地面接收站可分移动地面接收站和固定地面接收站（一般就称为地面接收站）。移动地面接收站是一座可变更接收地点的地面系统。在美国 Landsat-4 发射后运行初期，由于跟踪与数据中继卫星尚未投入使用，在马里兰州的戈达德空间飞行中就曾安放了一座地面接收系统。该系统有直接从 Landsat-4 上接收 X 波段和 S 波段传输数据的能力。X 波段遥测系统可传输多波段扫描 MSS 和专题制图 TM 仪影像数据，也能单独传送专题制图仪影像数据。S 波段则提供多波段扫描仪和卫星飞行状态的遥测数据。当移动地面站安置在戈达德空间飞行中心工作时，它的接收范围从美国东部的大西洋沿岸往西可达大约西经 100°，即大约西从蒙大拿州与北达科他州边界往南延伸到新墨西哥州与得克萨斯州边境。在跟踪与数据中继卫星系统充分运转之前，美国的地面站网及分布在其他各国的地面站也只能接收 Landsat-4 的多波段扫描仪数据。

一旦 TDRS 投入正常运行，设在美国境内的地面接收系统便可接收来自 TDRS 的 TM 和 MSS 的遥感图像数据以及关于卫星运行状态的遥测数据。图 3. 7. 7 是设在新墨西哥州白沙镇的地面接收系统与 Landsat-4 和 TDRS 间信号传递关系图。从图中看到，Landsat-4 在获得地面的图像信号后，先传递到 TDRS，再经由 TDRS 中的一颗再转发给地面接收系统。

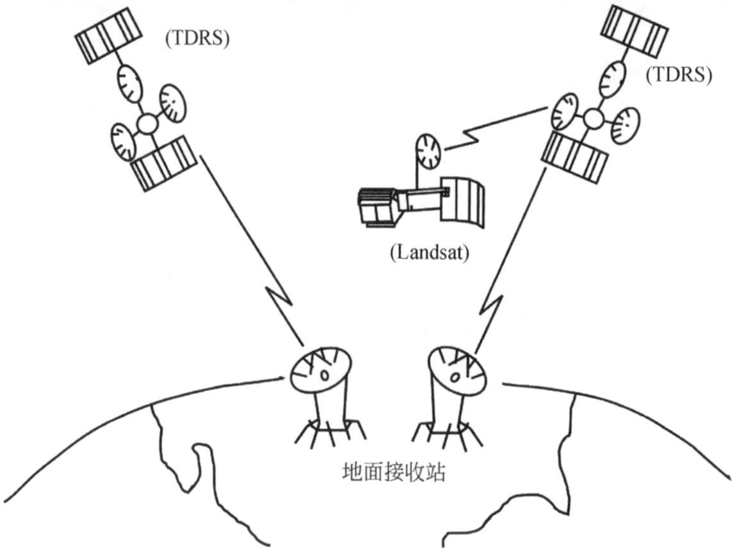

图 3. 7. 7　地面接收站与 Landsat 和 TDRS 间信号传递关系
资料来源：朱启疆，1985

(2) 中国遥感卫星地面接收站

1979 年，中美达成购买美国陆地卫星地面站协议，并于 1985 年建成了地面接收站。该站设在密云水库溪翁庄白河大坝正南的金笸箩村，是个浅碟形盆地。周围浅山可以屏蔽外来电磁干扰。现在该站已不单纯只接收一颗美国卫星的信号，它同时还要接收后来的法国 SPOT 卫星图像信号和我国自己发射的遥感卫星信号——中巴资源卫星、环境小卫星、风云卫星等信号。因此，进入地面站大院，映入眼帘的是一个个巨大的抛物面型的卫星接收天线（图 3. 7. 8）。这些个天线，都是在各自的跟踪与伺服系统调控下，保证抛物面中心始终指向卫星的数据传输天线，以及时地捕捉到来自各自的卫星传递数据。当然这些数据在卫星下传之前都是经过各自采用微波波段调制过的，以抗干扰并能获得全天候和全天时的服务能力。

一旦卫星信号被抛物面天线捕获，该信号就被反射至馈元并立即进行首次变频，即由

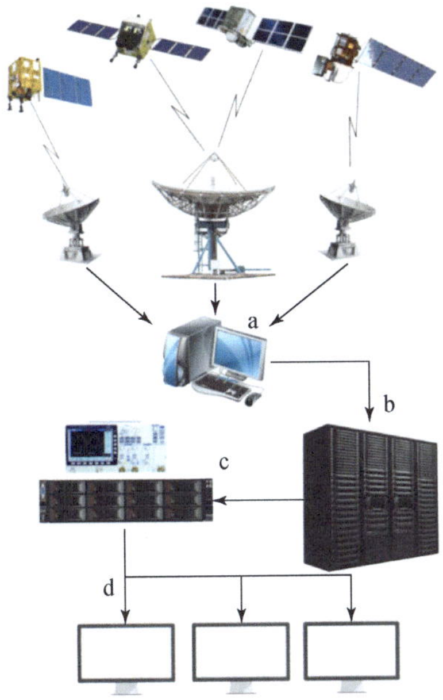

图 3.7.8　卫星遥感信号地面站接收系统主要环节

第一单元 a. 伺服跟踪系统卫星天线馈元端进行首次变频；第二单元 b. 第二次变频单元；
第三单元 c. 解调单元，实现信号分离；第四单元 d. 解调后，遥感信号视频显示单元

8.4～8.9GHz 降为 2.2～2.7GHz；其后，进入第二次变频单元，由频率为 2.2～2.7GHz 降为 720MHz。第二次变频后，进入第三单元，即解调单元，其意义是通过调频信号的解调（码），将遥感探测信号从调频信号中分离出来。通过解调单元出来的信号便由接收记录系统进行视频显示，从而完成了从卫星数据发射到地面站接收的完整过程。图 3.7.8 反映了这个信号传递过程。

3.7.5　Landsat-7

从 Landsat-4 于 1982 年发射成功，并继而入轨服务，就为第一代陆地卫星的使命画上了圆满的句号。第一代陆地卫星的设计使用寿命为 3 年。随着星上记录设施的技术进步，第二代陆地卫星设计寿命确定为 5 年，并被要求每颗星需备足可供十年使用的动力燃料。不言而喻，是希望卫星传感器最好能工作 10 年。

陆地卫星进入第二代，可谓命运多舛。Landsat-4 不负众望，于 1982 年 7 月 16 日在美国加利福尼亚州中部沿海地区范登堡空军基地发射升空并成功入轨服务。但是其主打传感器——专题制图仪（TM）工作不足一年便一再出现状况，NASA 不得不在其服务才一年多的情况下提前发射其备份星 Landsat-5（1984 年 3 月 1 日）。Landsat-5 入轨服务后一直顺风顺水。就在发射 Landsat-5 的当年，即 1984 年，在卡特总统任期通过国会立法，将陆地卫星计划由 NOAA 管辖，交由私企运营，导致花落私企地球观测卫星公司运营（1985 年）。可是到了 1992 年 10 月 28 日，由克林顿总统签署新的陆地卫星法案，促成陆地卫星

的监控权由地球观测卫星公司转回由联邦政府所属部门 NASA 监管，即具体由 NASA 下属的戈达德空间飞行中心（GSFC）和美国地质调查局（USGS）实施管控，并且由联邦政府来收购 Landsat-7 研发计划。

1992 年的总统法案离 1984 年发射的 Landsat-5，在时间上已过去了 8 个年头。按照惯例，应该考虑发射下一颗陆地卫星以确保卫星遥感数据的连续性不被中断。NASA 审时度势，于 1993 年 10 月 5 日如期发射带有 15m 空间分辨率的全色波段的改进型专题制图仪 ETM 的 Landsat-6（备份星为 Landsat-7）。非常不幸，Landsat-6，由于未能如愿入轨而宣告失败。但万幸的是，Landsat-5 自发射之日起毫无故障地连续工作，从不间断的向地面提供有效遥感数据，竟超期服役 23 年！这为 Landsat-7 的研发预留了充足的时间。1992 年的新法案还规定，Landsat-7 需在 Landsat-6 发射 5 年内发射。按照这一规定，Landsat-7 应在 1998 年发射。Landsat-7 与 Landsat-6 有相同的传感器光学系统结构，其结构的断面图如图 3.7.9 所示，图下方各栏目内的小方块数表示各波段的感应器件数及相应于地面的排布格局。

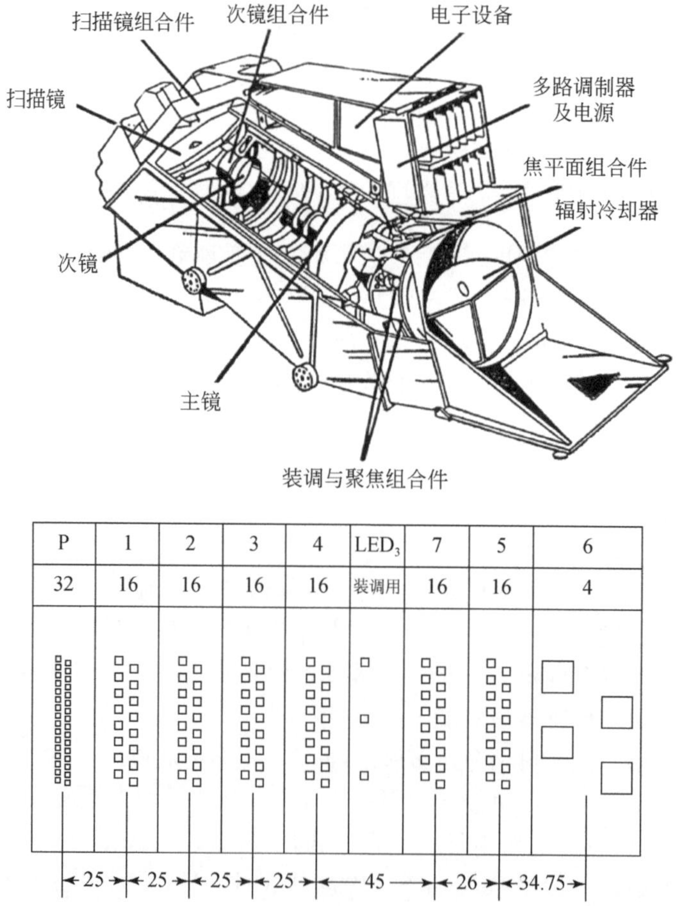

图 3.7.9　Landsat-6/7 传感器的结构断面图

资料来源：王新民，1989

人们本来就对 Landsat-7 有许多新的期盼并翘首以待。在千呼万唤下，Landsat-7 终于在 1999 年 4 月 15 日成功发射并顺利入轨运行。那么，Landsat-7 究竟有哪些新的特点和新的历史使命呢？还是先通过图 3.7.10 来一探究竟。

从整体外形上看，Landsat-7 像一只具有飘逸长尾的金鱼，它与其前任 Landsat-4/Landsat-5 不同，飞船背部高耸的高增益微波天线樯杆不见了，反而在飞船腹部增加两组具有平衡架的 X 波段天线；传感器也仅保留了增强的专题制图仪 ETM+；由于取消了多光谱扫描仪 MSS，为增强 ETM+预留了扩展的空间；太阳能电池板可以随着太阳相对位置变化，通过绕 *Z* 轴旋转来聚集更多的太阳辐射能。

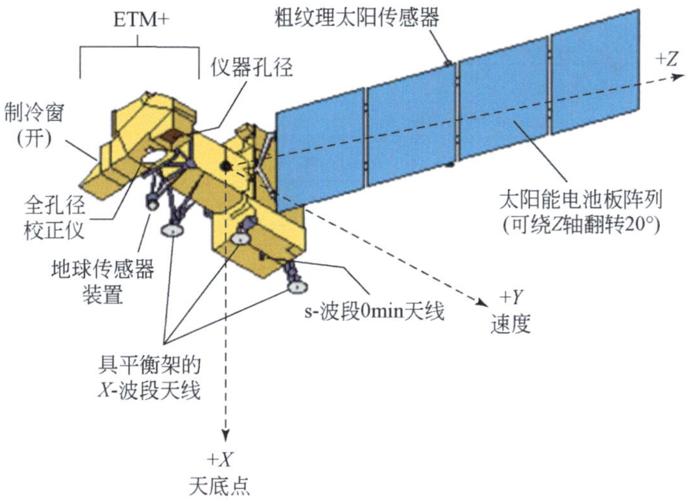

图 3.7.10　Landsat-7 的结构及其有效载荷

从传感器上讲，具有本质意义上的变化有：第一次具备且实现了全色波段（0.52 ~ 0.90μm）15m 空间分辨率的遥感测量（Landsat-6 上虽有，但未能实现轨道飞行探测）；热红外波段的空间分辨率由 TM 的 120m 提高到 60m；为适应更为精确的定量计算，Landsat-7 的 ETM+有更精确的定标设施，即全孔径校正仪和一指向地面的地球传感器装置（可成像）。星上定标由全孔径和局部孔径太阳辐射测量来实现定标，而地面定标则是通过地球传感器装置获取已经过深度测量研究的地表覆盖类型的生物物理特征和大气特征的影像来进行的。

虽然地球科学界就维持陆地卫星在几何和物理测量的一致性上对数据连续性有高度认识，但对于陆地卫星存续性问题，从 20 世纪 90 年代起，陆地卫星科学团队忽然出现了危机感，尤其是到了 Landsat-7 时，一座卫星平台主要仅搭载一款仪器 ETM+，价格太过昂贵。“借星”搭便车来实现 ETM+遥感测量应该是一种经济、可行的方案，不一定非要单独发一颗卫星运载平台去完成这种遥感数据连续性的任务。2000 年 11 月 21 日发射的 NASA EO-1 卫星运载平台便成为拟议中 Landsat-7 后续星的一种试验。该卫星也采用太阳同步近极地轨道，轨道高度 705km，轨道倾角 98.7°，飞行路径与 Landsat-7 完全一致，一前一后，EO-1 仅比 Landsat-7 滞后 1min。特别是 EO-1 搭载的一款高级陆地成像仪 ALI，包括全色波段（分辨率为 10m）共设置 10 个波段，每个波段的空间分辨率均为 30m×30m，与 Landsat-7 相比也极为一致或相近（表 3. 7. 5）。由于他们在同一地区成像，有着相同的大气状况，两种传感器所观测数据可直接进行比较。

表 3. 7. 5　Landsat-7 ETM+与 EO-1 ALI 波段比较

Landsat-7 ETM+			EO-1 ALI		
波段	光谱区间/μm	空间分辨率	波段	光谱区间/μm	空间分辨率
1	0. 450 ~ 0. 510	30m×30m	MS-1	0. 433 ~ 0. 453	30m×30m
2	0. 525 ~ 0. 605	30m×30m	MS-1	0. 450 ~ 0. 510	30m×30m
3	0. 630 ~ 0. 690	30m×30m	MS-2	0. 525 ~ 0. 605	30m×30m
4	0. 750 ~ 0. 900	30m×30m	MS-3	0. 630 ~ 0. 690	30m×30m
5	1. 55 ~ 1. 75	30m×30m	MS-4	0. 775 ~ 0. 805	30m×30m
6	10. 40 ~ 12. 50	60m×60m	MS-4⁺	0. 845 ~ 0. 890	30m×30m
7	2. 08 ~ 2. 35	30m×30m	MS ~ 5⁺	1. 20 ~ 1. 30	30m×30m
8（全色）	0. 52 ~ 0. 90	15m×15m	MS ~ 5	1. 55 ~ 1. 75	30m×30m
ALI 重访周期亦为 16d，刈幅宽度为 37km，但面阵 LAC 刈幅宽度亦为 185km			MS-7	2. 08 ~ 2. 35	30m×30m
			全色	0. 480 ~ 0. 690	10m×10m

现在看来，关于陆地卫星的存续所产生的危机感似乎是种过虑，但搭顺风车“借星”参轨测量的路径则是一种既经济又便捷的做法，这种做法已被 NPP-VIIRS 提前实践了（可参考本章 3. 11. 2 节）。

3. 8　美国第三代陆地卫星及其传感器

3. 8. 1　数据的连续性和一致性维护与传承

陆地卫星遥感计划面对着不断变化的广大的用户群体，提供已校准的中高空间分辨率的陆地表面连续性遥感数据已走过了 50 多个年头。要达到前后数据的一致性，要求每一代传感器的性能指标必须相同，这样才能使不同年代获取的同一地区的遥感数据可以相互比较。连续性则要求一代一代的卫星对地遥感测量从不间断，卫星运行要做到前后衔接，卫星对地观测的记录可以追溯，从中可以看到地球的陆地表面究竟发生了哪些变化，数据一致性的作用和价值也才能体现出来。为此，科学家和陆地卫星遥感计划的谋划和决策者也费尽了心思。

美国地质调查局（USGS）是陆地卫星遥感数据的地面接收、处理、归档、管理和分发单位，它还是全球土地覆盖和土地利用制图与监测任务的领导者，有着长期研究工作历史。USGS 致力于联结土地覆盖及土地利用与水质、水量、生物多选择性、能源开发和其他的环境项目间的关系，并朝着储备长期的环境记录以描述地球生态系统的扰动和状态变化。

陆地卫星计划在 50 多年里已向不断变化的广大用户群提供订正了的高空间分辨率数据，这些用户群体包括农业界、全球变化研究者、科学界，美国州和地方政府部门，商业应用者，国家安全部门，国际社会，决策部门和一般公众。陆地卫星影像提供的信息可满足事业界、科学界、教育、政府和国家安全等不同部门的要求。按照陆地卫星计划的传统习惯，第三代陆地卫星 Landsat-8 继续向那些正从事于地球表面特征化、监视、采矿和随时对地球表面进行观测的人们提供审慎的关键性信息。陆地卫星飞船奉献给人类的数据构成了全球的大陆表面最长的观测记录，在质量上、详尽程度上、覆盖范围和价值上都是史无前例、无与伦比的宝贵财富。

这里须提及 1992 年通过的关于陆地遥感政策的法案，它使得联邦机构介入了成功的飞行任务方案的遴选研究，最终导致 Landsat-7 于 1999 年 4 月 15 日发射，从而在陆地卫星系统保持住了卫星遥感的连续性。该法案进一步表达了开发一个成功的卫星系统可由私人企业开发的优先权的政策思想，即只要谁做的方案能够满足陆地卫星数据的连续性，并且性价比高，那就交由谁去开发这个卫星遥感系统。

Landsat-8 方案在瞄准满足数据连续性这个目标中曾遭遇了几次挫折，并非一帆风顺。从 2002 年起，三种不同的卫星遥感数据获取的弥补性方案成为角逐的目标：①从拥有并独立运行的卫星遥感系统的合伙者进行商业性购买卫星遥感数据，以维持陆地卫星遥感数据的连续性（即一般意义上的政府的数据采购）；②放置陆地卫星（Landsat-8）一整套仪器于 NASA 的 NPOESS 卫星系统；③停飞 Landsat 卫星计划。竞争的最后结果是考虑推迟 Landsat-8 的实施方案。事情到 2007 年都未能解决，直到 NASA 获得下一个空间探测环节中的飞行任务和美国地质调查局要开发新的遥感地面系统来运行卫星发射后的各项任务，Landsat-8 遥感系统的真正开发才尘埃落定。

1992 年的陆地遥感政策法案条款将建立卫星遥感数据的连续性作为一个基本目标，并确定把数据的连续性作为前后数据一致性的前提，即前后的陆地卫星遥感数据在全球的或区域的尺度上发生的变化可以进行比较。这个条款从一开始就为 Landsat-8 制定了指导性原则。不言而喻，Landsat-7 的遥感数据产品可作为遥感系统性能和数据质量在技术上的最低标准。

Landsat-7 于 1999 年 4 月 15 日发射并一直令人满意的执行数据采集，一直到 ETM+传感器的扫描线纠正器（SLC）于 2003 年 5 月发生故障失灵。但是这个时间以后，Landsat-7 还是以 SLC 缺位（SLC-OFF）的方式继续获取有用的影像数据。所有 Landsat-7 的 SLC 缺位数据都被纠正到 SLC 失效之前所具有的高辐射和几何质量。

3.8.2 Landsat-8 的运作和主要任务

Landsat-8 的管理层结构是由 NASA 与 USGS 两家的运行中的合伙关系组成，以获得可持续的陆地影像。NASA 与 Ball 宇航技术公司 BATC（Ball Aerospace &Technologies, Corp.）签订合同来开发业务性陆地成像仪 OLI，并与轨道科学公司签约来建造宇宙飞船（空间飞行平台）；NASA 的戈达德空间飞行中心（GSFC）负责制造热红外传感器

(thermal infrared sensor)。在系统运行移交给 USGS 之前，NASA 对卫星发射和完成 90 天在轨检测的工作负责。USGS 则负责开发地面系统和飞行任务的寿命期间的观测平台和地面系统的运行和维护。USGS 在描述、处理和分发 Landsat-8 数据以及使它继续归档中担当角色。在美国地质调查局地球资源观测与科学中心（USGS EROS），陆地卫星计划安排 Landsat-8 的全部飞行任务的运作。

Landsat-8 飞行目的是及时地提供地球上的所有陆块和近海岸区的高质量可见光和近红外影像和不间断地更新已存在的数据库。从获取的几何，校准，覆盖和光谱特性方面来说，输入到系统中的数据要有与现行归档数据有充分的一致性，允许对全球的区域性的变化检测和特征进行比较。

Landsat-8 的设计寿命为 5 年并携带可供 10 年消耗的燃料，其全部目的是：

1）提供与 Landsat-4/Landsat-5/Landsat-7 号陆地卫星一致性数据；

2）提供 16 天能重复覆盖地球的能力和跟 Landsat-7 一样有 8 天的补救能力。

3）建立和周期性地更新陆地光照面实质上无云的陆地影像档案。

Landsat-8 系统是一健全的，高度可执行的和有极高数据质量的系统。其系统的能力包括：

1）提供全球的、高分辨率、系统纠正的多光谱数据；

2）提供大容量的数据采集，不同于以前的飞行任务，Landsat-8 远超过每天平均采集 400 景的目标；

3）应用云覆盖预报方法为避免获取无用数据；

4）保证获得的所有成像数据是经美国地面站纠正过的。

Landsat-8 观测平台提供了超越其前的 Landsat-7 的许多改进。

3.8.3 Landsat-8 观测平台总观

Landsat-8 被设计成位于 705km 高度上的圆形、近极地、太阳同步轨道，16 天的重复周期，绕地球飞行一圈需要 98.9min。S 波段用于指令和遥测装置的操控，而 X 波段则用作仪器数据的向下传输。一台 3.14×10^{12} bit 的固态记录仪将空前数量的影像传送至 USGS EROS 归档。Landsat-8 携带两种传感器载荷，一是由 BATC 公司制造的业务性陆地成像仪 OLI，另一是由 NASA GSFC 制造的热红外遥感仪 TIRS。OLI 和 TIRS 两传感器同步成像，如果两者中有一个出现问题，另一个仍可单独使用。在正常运行情况下，按照全球参考系统-2（WRS-2）将轨道行列坐标体系/两个传感器在天顶的太阳同步轨道观测地球，但在特殊需要时，也可离开天顶位置进行图像采集。两个传感器在技术上要领先于早前的陆地卫星传感器。宇宙飞船连同它的集成在一块儿的两个传感器共同构成了 Landsat-8 观测平台（图 3.8.1）。

Landsat-8 观测平台在近圆形、近极地太阳同步轨道的赤道上空 705km 高度运行。观测平台有 16 天重复的地面轨迹，当处在降交点时，观测平台通过赤道上空的时间平均地方时为 10：11AM（±15min）。在 Landsat-8 发射和最初的轨道调整期间，观测平台被放在每一条 WRS-2 路径中，Landsat-7 和 Landsat-8 的地面覆盖保证有 8 天的相互补偿性的轨道

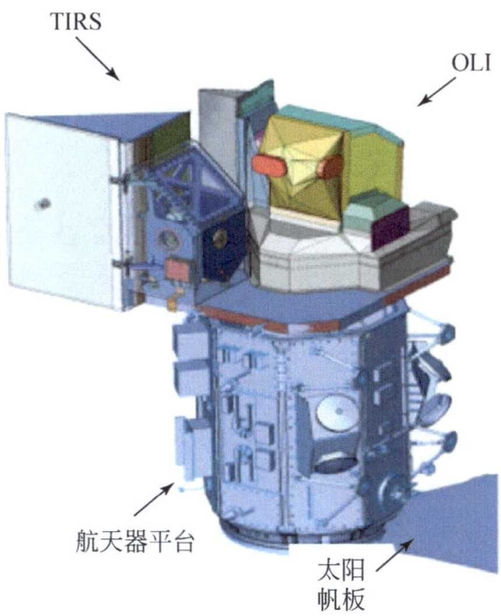

图 3.8.1　Landsat-8 观测平台组成外观图
资料来源：Zanter，2019

调整。Landsat-8 的基本运作概念可归结为以与 Landsat-7 系统运行一致性的方式，去采集，归档、处理和分发科学数据。Landsat-8 与 2013 年 2 月 11 日在加利福尼亚州范登堡空军基地成功发射并接着开展业务运行。

飞行任务操控中心（MOC）根据地面系统每日数据采集安排的日程，将通过 S 波段通信系统，每 24 小时向卫星发送一次指令。Landsat-8 的长期探测计划设置了沿全球参考系统-2（WRS-2）的地面轨迹采集数据的优先权。OLI 和 TIRS 共同采集数据，来提供相同的地面范围的空间上一致的影像。MOC 按计划每天采集 OLI 和 TIRS 400 景图像，每景图像覆盖地面面积为 190km×180km。然而从 2014 年生长季节开始，Landsat-8 日常采集的图像每日近 725 景。Landsat-8 观测平台最初储存 OLI 和 TIRS 数据于固态记录存储器（SSR）。MOC 指令观测平台将这些储存数据通过 X 波段转移到地面。

3.8.4　业务型陆地成像仪

Landsat-8 的 OLI 传感器类似于地球观测卫星一号（EO-1）的先进陆地成像仪 ALI 的设计，相对于其前的 Landsat-7 的 ETM+传感器，表现出显著的技术进步。较早的陆地卫星上的仪器，使用的是一种旋轴镜摆动来扫描地面的视场（FOV），扫描镜顺序地掸扫过刈幅的宽度，产生一扫描行的图像，是一种对物面的直接扫描成像。OLI 是对像面成像，即 OLI 将 CCD 线阵置于成像焦面，接受来自望远镜系统的像面映射而感应成像，并通过卫星前进运动而更迭地面景物来形成二维图像。因此，将这种成像方式称作望远镜像面映射成像更为精准贴切。并且，由于仪器的器件比较敏感而不存在些微移动部分。OLI 有一个四镜望远镜系统，由 OLI 产生的数据被量化为 12bit，而由 TM 和 ETM+采集的数据仅为 8bit。OLI 成像仪的外观可见图 3.8.2。

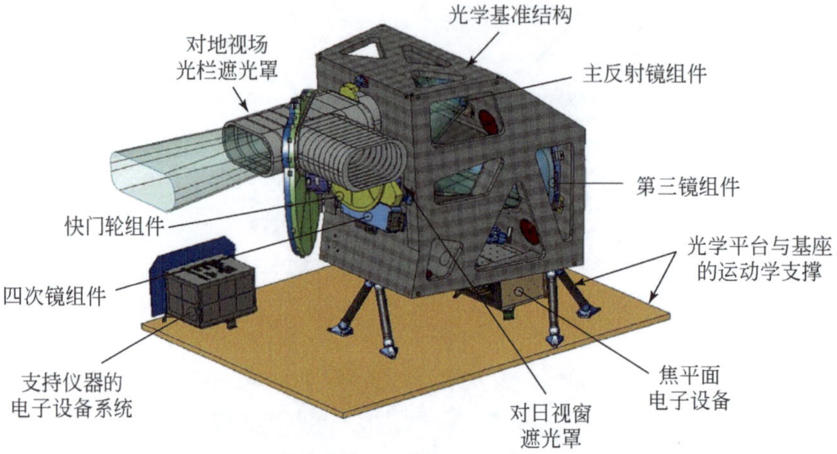

图 3.8.2　业务型陆地成像仪 OLI 外观

资料来源：Zanter，2019

对于 OLI 传感器，除了全色波段的空间分辨率为 15m 外，其他 9 个短波光谱波段在 190km 刈幅宽度内均以 30m 的空间分辨率采集图像数据。一些 OLI 波段的带宽被精确的划分，以避免在像 ETM+中大气吸收特性的干扰。最大的变化发生在 OLI 的第 5 波段（0.845～0.885μm），它避开了水汽吸收峰区波长 0.825μm，它恰好位于 ETM+第 4 波段 Band 4（0.775～0.900μm）这个近红外波段的中间。OLI 的全色波段 Band（0.503～0.676μm）也较 ETM+的全色波段 Band 8（0.515～0.896μm）带宽为窄，以在有植被区和没有植被覆盖的土地间产生较大的反差（对比度）。OLI 有两个新的波段加进了前 Landsat-7 ETM+尚保留的波段（即 ETM+的第 1、5、7 波段和全色波段），其一是海岸带/气溶胶波段（OLI 第 1 波段 0.435～0.451μm），它类似于 ALI 的第一波段，主要服务于海洋水色观测；其二则是新的卷云波段［OLI 的第 9 波段（1.36～1.38μm）］，用来帮助对由水的晶体组成的薄云的探测。卷云呈现为浅色调，由于其他的无云大气含有水蒸气，使陆地表面呈现出暗的色调。

表 3.8.1 是 Landsat-8 传感器 OLI 和 TIRS 与 EO-1 ALI 及 Landsat-7 ETM+的主要性能比较。ALI 搭载于地球观测卫星-1（EO-1），EO-1 飞行的轨道高度亦为 705km，并也是圆形、近极地的太阳同步轨道，它与 Landsat-7 有相同地面成像路径，一前一后飞行，仅滞后 Landsat-7 卫星 1min，两颗卫星几乎同时成像，可直接进行比较。这三颗卫星成像系统都采取近圆形、近极地的太阳同步轨道，都在可见光近红外，短波红外和热红外波段成像，也都含有全色波段，而且除全色波段和热红外波段外，空间分辨率都是 30m。

表 3.8.1　Landsat-7 ETM+、Landsat-8 OLI 与 EO-1 ALI 的主要性能比较表

Landsat-7 ETM+波段/μm		Landsat-8 OLI 和 TIRS 波段/μm			EO-1 ALI 波段/μm	
波段 1	0.441～0.514	波段 1	海岸/气溶胶	0.435～0.451	MS-1	0.433～0.453
波段 2	0.519～0.601	波段 2	蓝	0.452～0.512	MS-1	0.450～0.510
波段 3	0.631～0.692	波段 3	绿	0.533～0.590	MS-2	0.525～0.605

续表

Landsat-7 ETM+波段/μm		Landsat-8 OLI 和 TIRS 波段/μm			EO-1 ALI 波段/μm	
波段 4	0.772～0.898	波段 4	红	0.636～0.673	MS-3	0.630～0.690
波段 5	1.547～1.749	波段 5	近红外	0.851～0.879	MS-4	0.775～0.805
波段 6	TIR 10.31～12.36	波段 6	短波红外	1.566～1.651	MS-4⁺	0.845～0.890
		波段 10	TIR～1	10.60～11.19	MS-5⁺	1.20～1.30
波段 7	2.064～2.345	波段 11	TIR～2	11.50～12.51	MS-5	1.55～1.75
波段 8	0.515～0.896	波段 7	短波红外	2.107～2.294	MS-7	2.08～2.35
		波段 8	全色	0.503～0.676	全色	0.480～0.690
		波段 9	卷云	1.363～1.384		未设置识别卷云的功能波段

传感器 / 比较项目	Landsat-7 TEM+	Landsat-8 OLI	EO-1 ALI
轨道高度/km	705	705	705
轨道倾角/（°）	98.2	98.2	98.2
刈幅宽度/km	185	185	37（是 OLI 的 1/5）
重访周期/d	16	16	16
轨道性质	太阳同步，每天上午 10 时过赤道上空	太阳同步，每天上午 10：11 过赤道上空	太阳同步，每天上午 10：01 过赤道上空
数据率/（Mbps）	150	384	
成像能力/（景/d）	450	650（实际已达每天 725 景）	2000 幅/d（按刈幅宽 37km 计算）

更直观、形象地 Landsat-8 与 Landsat-7 的光谱波段和波长比较可见图 3.8.3。

OLI 有严格的辐射度量性能要求，并规定其生成的校准数据的不确定性要低于孔径光谱辐射绝对值的 5%，以及对其每个光谱波段，其不确定性要低于大气顶层光谱反射的 3%（见表 3.8.2）。这些数值与经过努力才达到的 ETM+的不确定性值是可进行比较的。

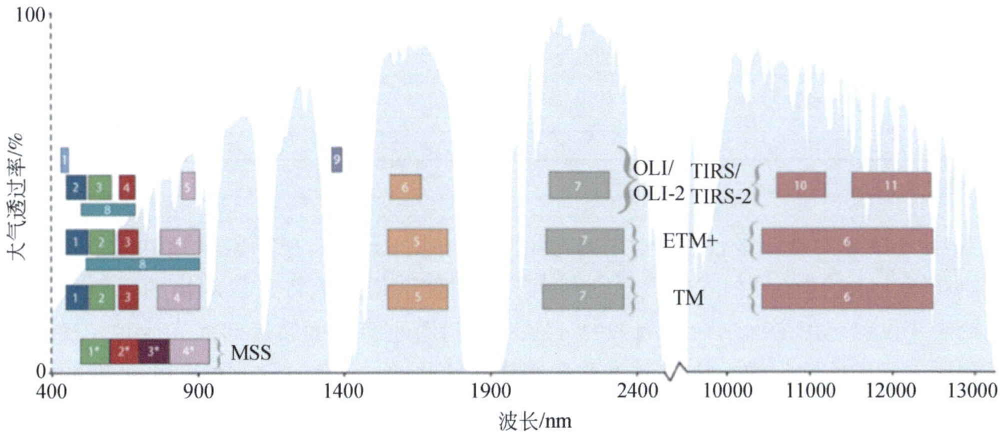

图 3.8.3　Landsat-8 与 Landsat-7 光谱波段与波长的比较

资料来源：Zanter，2019

基于 ALI 的结果，OLI 的信噪化指标被设置为高于 ETM+的性能，图 3. 8. 4 和表 3. 8. 2 展示了 OLI 的指标和性能对于 ETM+性能的比较。

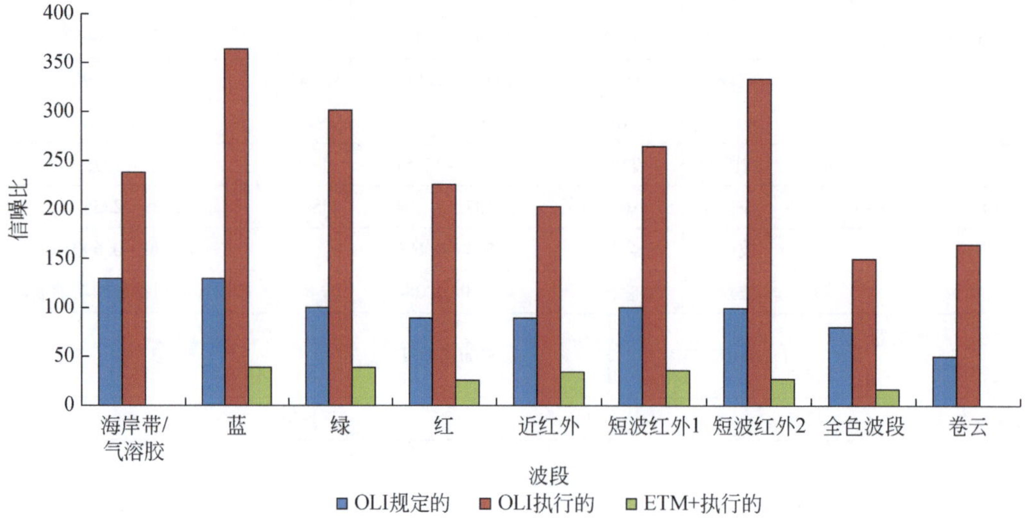

图 3. 8. 4　典型光谱辐射率下 OLI 与 ETM+的信噪比的比较

资料来源：Zanter，2019

表 3. 8. 2　OLI 与 ETM+信噪比的比较（在典型光谱辐射率下）

ETM+波段	OLI 波段	ETM+已达到的 SNR	OLI 要求的 SNR	OLI 已达到的 SNR
N/A	1	N/A	130	238
1	2	40	130	364
2	3	41	100	302
3	4	28	90	227
4	5	35	90	204
5	6	36	100	265
7	7	29	100	334
78	8	16	80	149
N/A	9	N/A	50	165

资料来源：Zanter，2019

当 Landsat-8 的观测平台位于标称的轨道高度并用 15°的总视场覆盖 190km 宽的跨轨迹的地面刈幅，OLI 这个推扫式传感器则利用四镜消像散望远镜将来自刈幅的反射产生的入射光聚焦并投射至焦平面。在观测平台（卫星）沿着垂直地面轨迹向前飞行时，横越轨迹的探测器进行周期性采样，从而形成了多光谱数字图像。探测器被分成 14 等份的传感器微电路集成块（SCA），以交替方式沿焦平面的中线排列（图 3. 8. 5）。

每个传感器微电路集成块都由一行行的探测器件组成，一个是读出集成电路，另一则是 9 个波段的滤光器集合。如将分辨率为 15m 的全色波段除外，对于每一光谱波段，数据

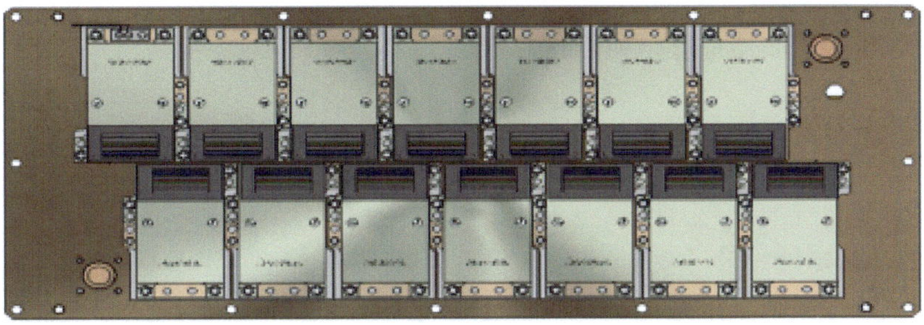

图 3.8.5　OLI 焦平面

资料来源：Zanter，2019

由 6916 个异轨探测器件获取（每一 SCA 含有 494 个探测器件），总共达 13 832 个探测器件。光谱波段的区割是由干涉滤光器完成。在每个模块，滤光器（片）按“多层黏合砧板”方式覆盖于探测器件阵列之上。奇偶数探测器件阵列，根据卫星的飞行轨迹交错成行排布（图 3.8.6）。奇数的 SCAs 与偶数的 SCAs 是相同的，仅仅是探测器件阵列的次序是上下颠倒的。位于偶数和奇数列的探测器件被定向为，在向前或向后的观察方向上，它们看起来有些偏离天底点。这种安排是允许当推扫式传感器飞越地球时，影像的相邻刈幅不产生移动部分。在每个可见光和近红外波段，每一像元存在一个冗余探测器件；在每个短波红外波段，每一像元存在两个冗余探测器件。每个唯一的探测器件的光谱响应，在 0 级产品里，它与像元的一个单独的阵列相一致。

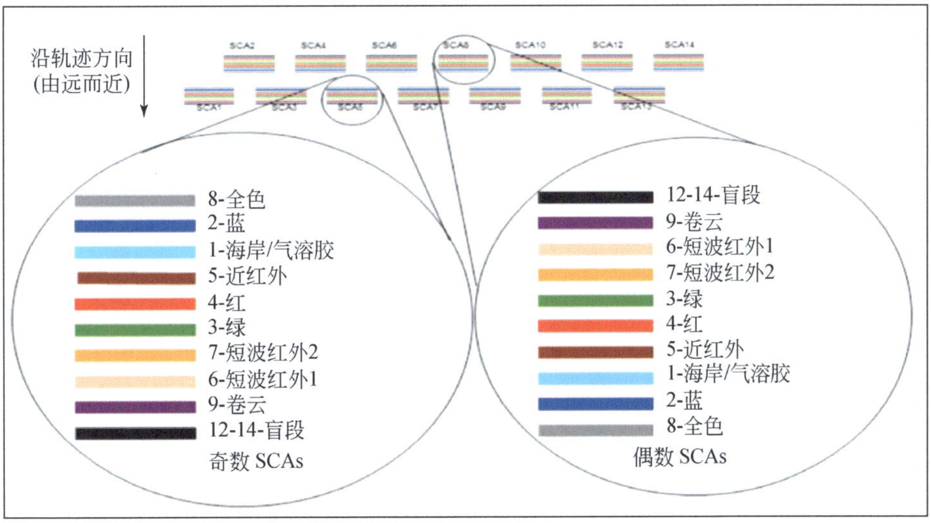

图 3.8.6　奇偶数 SCAs 的波段排布

资料来源：Zanter，2019

硅探测器件采集可见光和近红外数据（波段 1 ~ 4 和 8）。碲镉汞（Hg：Cd：Te）探测器件则被用于短波红外波段（波段 6，7 和 9）。一个附加的“盲”（遮光）波段是进入光的一个遮光盾，并且还被用来追踪小的电子漂移。每一传感器集成电路段（SCA），每个波段有 494 个照明用探测器件（其中全色波段有 988 个）；因此，在日常运行中，必须对 70 762 个运行的探测器件进行特征化和校准。

3.8.5 热红外传感器

3.8.5.1 双波段的量子阱红外光电探测器

与 OLI 一样，热红外传感器（TIRS）是一种带有光感阵列焦平面的推扫式传感器。TIRS 使用量子阱红外光电探测器（QWIRS）来测量由地球表面的长波热红外发射能量，而这种能量的强度是地表温度的函数。量子阱红外光电探测器（QWIRS）对两个热红外波长范围的波段辐射产生感应。QWIRS 据量子原理设计。在电子由某一确定波长的热红外辐射将其提升到一高能态之前，砷化镓半导体微电路陷阱中的电子处于某一能态。能态抬升了的电子产生可以读出、记录和转移到物理单元的电子信号，用来生成数字影像。带有防辐射性能的地球盾的热红外传感器（TIRS）的外观如图 3.8.7 所示。

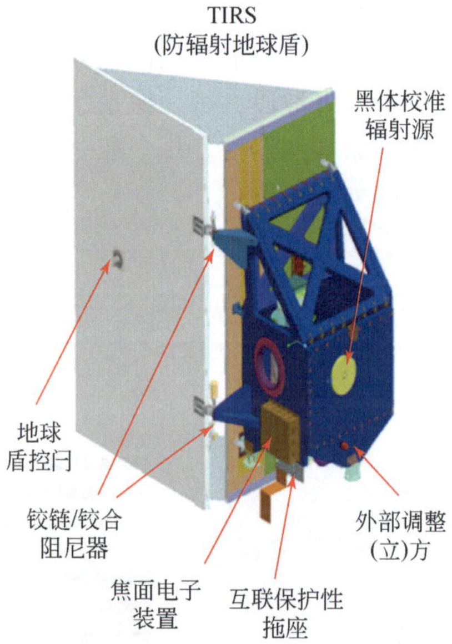

图 3.8.7 带有防辐射地球盾的 TIRS

资料来源：Zanter，2019

热红外传感器的设计寿命为 3 年，它可采集覆盖刈幅宽为 190km 的 100m 空间分辨率的两个热红外波段影像数据。两个热红外波段包含了 TM 和 ETM+具有较宽的热红外波段的波长范围（10.0～12.5μm），它产生的数据明显的优于单波段的热红外数据，并且该数据被量化为 12b 水平。虽然 TIRS 传感器的空间分辨率（100m）低于 ETM+第 6 波段的 60m，但是从理论上讲，由双通道的热红外波段数据可以准确地反演出地表真实温度。但是第 11 波段杂散光问题（天电干扰）干扰了这种方法的应用。

如同 OLI 那样，TIRS 也要求具体确定：异轨光谱的一致性；辐射测量性能，包括绝对校正的不确定性，极化敏感性和稳定性；地表空间采样距离和边缘响应，以及影像几何和空间定位，包括光谱波段的共同注册登记记录。TIRS 噪声界定是按噪声等效温度变化（NEΔT）来规定的（表 3.8.3），这有别于 OLI 是用信噪比来度量的。辐射测量校正的不确定性被规定为低于绝对值的 2%，入瞳处目标间的光谱辐射在 260～330K（对于目标温度介于 240～260K 以及介于 330～360K 的目标，其不确定性低于绝对值的 4%），这种不确定性要明显低于绝对温度介于 272～285K 的 ETM+的测定结果。现在，由于杂散光进入光路，TIRS 第 11 波段性能指标有轻微的偏离规定指标（表 3.8.3）。

表 3.8.3　TIRS 噪声等效温度变化（NEΔT）

波段	NEΔT 240K	NEΔT 280K	NEΔT 320K	NEΔT 360K
TIRS 10	0.069	0.053	0.046	0.043
TIRS 11	0.079	0.059	0.049	0.045
ETM+		0.22		

TIRS 焦平面含有 3 个相同的 SCA，每个 SCA 有数行的量子阱红外光电探测器件 QWIP（图 3.8.8）。QWIP 探测器位于读出集成电路（ROIC）和两波段的滤光片组合之间。一个附加的有罩的波段（即“黑”波段）用作校准目的。对于 TIRS 的每一 SCA，有 640 个被照明的探测器，为保证没有空间隙缝，有近 27% 的像元重叠。每一 TIRS SCA 由 512×640 QWIP 栅格的探测器组成。除了含有 12.0μm 和 10.8μm 的光谱滤光的两个分裂窗口，几乎所有的探测器都是被遮蔽的。对每个被滤光的谱区，这些滤光器对探测器大约 30 行提供无渐晕的照明。在照亮位于焦平面阵列（FPA）的 QWIP 探测器之前，热辐射能量通过取景镜和一个四镜系列进入热红外传感器。从每个滤光后的光谱区域，有两行探测器数据被采集，第二行像元仅被用作初始行非操作的探测器的替换者。

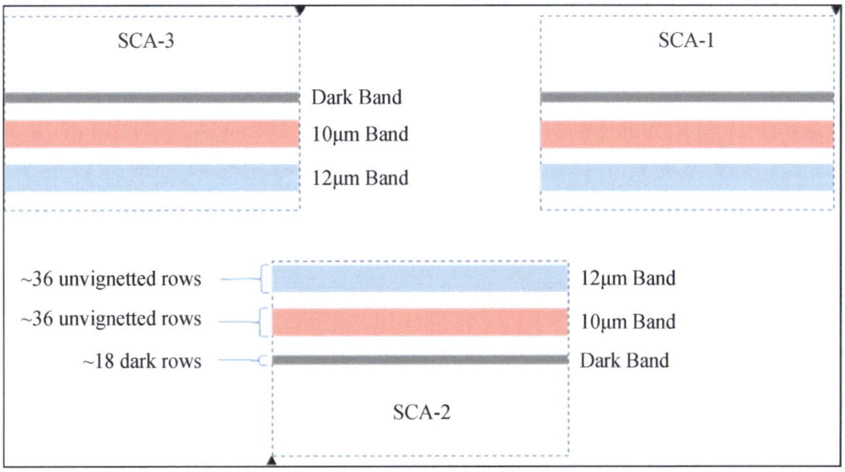

图 3.8.8　热红外传感器 TIRS 焦平面

资料来源：Zanter，2019

3.8.5.2 热红外成像仪的光学系统

TIRS 是一种非常精密的电子光学仪器，是一个复杂的光学系统，其组成结构的外观如图 3.8.9 所示。

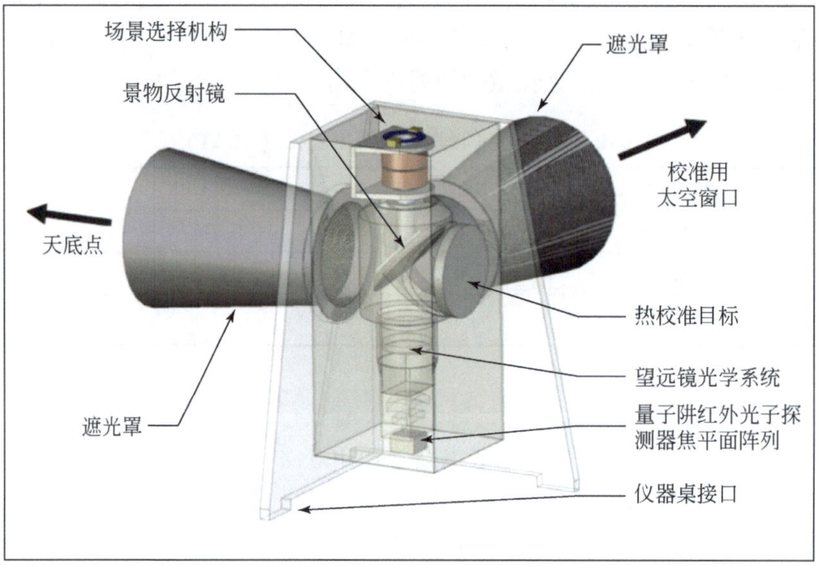

图 3.8.9 热红外成像仪（TIRS）光学系统
资料来源：Zanter，2019

在图 3.8.9 的左侧是一指向地面天底点景物的锥形遮光罩，罩内设有视场（FOV）光栏，地面的热辐射由此进入 TIRS 的光学系统。进入视场光栏的热辐射到达位于图正中央的景镜后反射至望远镜光学系统，最后至量子阱红外光子探测器（QWIP）的焦平面阵列（FPA）产生图像信号。上述景选择镜（即取景镜）也称场镜，与其相邻的是热校准目标（黑体）。

图 3.8.9 的右上部的锥形物也是一个防护罩，为一指向深太空的窗口，供校准之用。位于图顶部的装置称为场景选择机构（SSM），其作用可用热红外成像仪的垂直断面图（图 3.8.10）作进一步的说明。位于图 3.8.10 顶部位置的场景选择机构（SSM）与位于图中央的场选择镜（SSM）有相同的缩写符号，意义却不一样，场选择镜可以通过场景选择机关来改变角度，来调整其指向目标。

TIRS 传感器的编码器通过变化代表场景位置的数字编码值来改变场景的角度方向（朝向）。景选择镜的角度方位用来精确指示三个初始的景选择镜中任一的位置：地表景像，黑体和深太空间。景选择镜的角度方位也用于对地球表面上特殊位置的 TIRS 像元的数据处理。从运行角度看，景选择镜的角度位置被提供为热红外成像仪 TIRS 0 级数据处理流的辅助数据。不相一致的电流水平与场景选择机关的编码器电子学系统有关，它影响到 Landsat-8 的 TIRS 1 级数据产品的获取和处理。

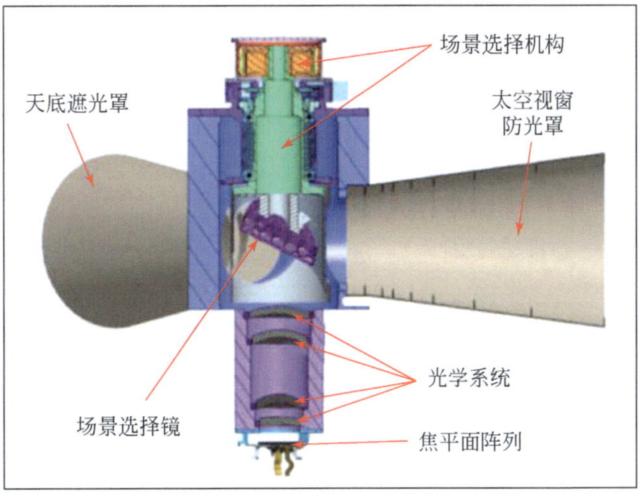

图 3. 8. 10　热红外成像仪（TIRS）断面图

资料来源：Zanter，2019

3. 8. 6　宇宙飞船的数据流

轨道科学公司（OSC）在 2010 年获得了建造 Landsat-8 飞船合同后，OSC 便相应地承担 Landsat-8 飞船的设计和制造，飞船上两个传感器的集成，卫星水平试验，在轨卫星检验以及在戈达德空间飞行中心合同管理下的连续的在轨工程支持服务。飞船的设计寿命为 5 年，并带有一个附加要求，即要携带上充足的燃料以维持 Landsat-8 能在轨飞行 10 年，希望传感器和飞船的运行寿命双双超过设计寿命，而燃料也受延长了运行时间上的限制。

飞船提供动力、轨道和姿态控制、通信以及 OLI 和 TIRS 的数据存储。飞船由机械子系统（基本结构和可展开的机械系统），指令和数据操控子系统，姿态控制子系统，电气动力子系统，无线电频率通信子系统，火箭推进剂子系统以及热控制子系统组成。除了推进模块，所有组分（子系统）都安置于基本结构的外表面。一块可展开能随时跟踪太阳的太阳能电池阵列产生的电力可为镍–氢电池充电 125Ah。飞船上装有存储容量高达 3.14×10^{12}bit 的固态数据记录器（硬盘）和一架能覆盖全球的 X 波段天线，它既能实时传输 OLI 和 TIRS 数据至固态硬盘，也能从固态硬盘进行回放。运行性陆地成像仪（OLI）和热红外传感器（TIRS）安装在飞船前端的光学工作台上。除去仪器，飞船的三维尺寸是 3m×2. 4m×2. 4m（3m 高），加上燃料，飞船的满载载荷为 2071kg。

以下是关于飞船的数据流的描述。

Landsat-8 每日装入从地面传送来的指令软件，这些软件告知观测平台何时该获取、存储和传送来自 OLI 和 TIRS 的影像数据。每日装入的指令覆盖了接续的 72h，由于每天写入太多，会产生 48h 的指令重叠。采取这种提前预警是为了保证，当传感器和飞船发生 1 ~ 2 天的故障，仍能成功的传送或接收指令。观测平台的有效载荷接口电子装置（PIE）按照每日载入指令，确保影像数据可被接收。OLI 和 TIRS 在正常运转期间持续供电以维持两个传感器的动力平衡。两个传感器的探测器连续地产生信号并被数字化后送达有效载荷接口电子装备系统。对于 OLI，是按每秒平均速率 265Mb 传送，对于 TIRS 则为 26.2Mb。一些辅助数据，如传感器和飞船的遥测数据，校准数据和其他必需数据也被送至有效载荷接口电子装置系统（PIE）。PIE 收到 OLI，TIRS 和辅助数据并将其合成为任务数据流，鉴别这种任务数据块以安排将其用 Rice 算法进行无损压缩（TIRS 数据未行压缩）。然后 PIE 将已压缩过的 OLI 数据和未经压缩的 TIRS 数据一块送到 3.14×10^{12} 容量的固态记录器（固态硬盘）。PIE 也要验明已安排要实时传输的影像区块，并将这些数据直接传送到观测平台的 X 波段传输设施。国际合作接收站仅实时接收传输，并且，PIE 也要发送这些数据的副本至星载固态记录器，以回放和传输到 Landsat-8 地面网络单元接收站（USGS 获取所有传至国际合作接收站的数据）。OLI 和 TIRS 采集在时间上或空间上重合的数据，因而，来自 PIE 任务数据流包含了 OLI 和 TIRS 两者数据以及一些辅助数据。

观测平台播发来自覆盖全球的 X 波段天线任务数据文件。X 波段天线将数据送达多虚拟频道天线，提供的总数据率达 384Mbps。观测平台实时传送数据，固态记录器回放数据，或者他们两者同时，这决定于它们一天中的时刻和地面站是否处在卫星的视场范围之内。当观测平台在地面站天线的视野之内时，全球性的天线覆盖允许地面站接收飞行使命数据（或称任务数据）。OLI 和 TIRS 采集的 Landsat-8 的数据，由飞船存储 OLI 和 TIRS 数据于星载固态记录器，然后传送这些数据至地面接收站。

地面站提供的计划和安排 Landsat-8 观测平台运行所必需的能力以及管理自飞船传输的科学数据所必需的能力。实时指令和观测平台控制子系统称为飞行任务运行单元（MOE）。飞行任务运行中心（MOC）驻在宇航局的戈达德空间飞行中心。在 EROS Center 的数据处理和归档系统，吸纳、处理和归档所有从观测平台返回的 Landsat-8 的飞行任务数据。数据处理和归档系统也提供一个公共界面，允许用户通过互联网去追索和接受数据产品。

3.8.7 遥感信号稳定性监测与定标

定标（calibration）是指将传感器测量得到的信号转变为绝对的物理量辐射亮度，即将它与已知的地面特定目标的反射率或其表面温度进行比对，从而建立两者间的数学关联。对于具体的卫星传感器来说，又可分为波段内定标和波段间定标。当用多个探测波段进行测量时（如 TM 有 7 个波段），要确定同一波段中的各个感应单元的灵敏度之比，而在波段间则要确定不同波段间的探测元器件的灵敏度之比。

卫星发射前后，都要对传感器进行标定。卫星发射前，传感器要对准辐射亮度已知的标准辐射源进行观测，在可见光至反射红外谱区，标准辐射源是一种特定的卤素灯，而在热红外谱段采用黑体辐射源。卫星入轨运行中，要进行在轨标定。在可见光至反射红外波段，用卫星搭载的电光源和太阳光作为高温区标准辐射源，用地表的阴影区作为低温区的标准辐射源。在热红外波段，用卫星搭载的标准黑体作为高温区的标准辐射源，用舱外宇宙空间作为低温区的标准辐射源。另外，检验卫星发射后传感器的性能是否发生变化，即它与发射前的设计指标相符程度的检测工作则称为传感器验证，如信噪比（S/N）、信号的动态范围、分辨率、配准、噪声水平等。

在早期的 Landsat-1 和 Landsat-2 卫星上，多光谱扫描仪 MSS 仅有可见光-近红外波段，用其在回扫（不成像）时通过将 MSS 的硅（SiO_2）探测器对准内部光源和太阳定标光源实现传感器信号的标定工作。从 Landsat-3 起，增加了热红外（10.14～12.5μm）波段，则靠内置黑体进行定标，将目标像元的热辐射信号转化为亮温。为了适应对反演精度日益提高的要求，1999 年 12 月 18 日发射的成像光谱仪（MODIS）设置了最为完善的定标系统。EOS-Terra 搭载的基本仪器 MODIS，它集成了海洋卫星的 CZCS、气象卫星 NOAA 的 AVHRR、陆地卫星的 TM 以及高分辨率红外光谱辐射计 HIRIS 的特点于一体，是一种具有继承性卫星传感器。它用 490 个探测器件，分布在 36 个波段，覆盖了从可见光直到热红外的波区，具有光谱范围宽、波段多、信噪比高的特点，实现了从卫星轨道高度对太阳辐射、大气、海洋和陆地的综合观测，可获取来自大气、海洋、陆地、冰冻圈和大气层顶太阳辐射的初始信息，来满足地球表层系统的物质流-能量流研究中地表描述参数遥感反演的需要，即提供高精度、高质量的卫星遥感像元及辐射定标数据，以实现陆地表面系统参数（反射率、地表温度、发射率、蒸散发、叶面积指数、光合有效辐射吸收比例、NPP 等）、大气参数（云的光学厚度、气溶胶光学厚度、云型与云量等），以及海洋参数（海面温度、叶绿素含量等）的高精度反演。

波段多、覆盖光谱范围宽是满足科学探测目标的前提，而准确的遥感信号标定则是定量研究的基础。在 MODIS 仪器舱设置有最为完善的定标系统，包含三组定标设备，分别是带有太阳漫射板（SD）的太阳漫射稳定性监测仪（SDSM）、光谱辐射定标装置（SRCA）和黑体（BB），尚有一个提供零参考外空探测窗口。定标的 MODIS 数据产品包括：①太阳辐射中反射波段的辐射率、余弦反射率和有效 DN 值（亮度值）；②太阳发射波段的发射率；③反射波段中的中心波长的漂移；④扫描方向的像元位移和沿轨道方向的波段位移。这些处理结果最后表现为大气层顶的辐射和反射率标定时的直线斜率和截距。定标的数据产品前两项即为辐射校正的内容，它将卫星发射前实验室中的积分球光源的强度换算为光谱辐射定标设备（SRCA）的光源强度。SRCA 是进行定标的主要设备，为一台多孔径、多模式的定标仪器，它的辐射、光谱和空间的工作模式可实现对可见光、近红外和短波红外的辐射、光谱与空间的校正。

对于传感器的探测信号的定标，虽然做了这样大的努力，他们并不能一劳永逸地解决传感器信号的定标问题，这是因为，在太空运行中的传感器感应元器件［可见光-近红外用的 SiO_2，中红外用的碲化铟（InSb），热红外采用的碲镉汞（Hg：Cd：Te）］以及相应的定标仪器，都会因太空环境（强辐射、压力、温度）变化的影响而逐渐老化，并造成信号的不同步线性或非线性衰减，逐渐降低定标的功效。在这种情况下，逐步发展出地面试验场的定标方略，即在试验场进行与卫星同步观测来实现对遥感信号的标定。试验场一般选择在地势平坦的沙漠或砂石粒径较小的戈壁。热红外地面定标场则选为面积大而平静的水体（大型湖泊或水库）。

定标后像元亮度值还会受到传输、空间采样、量化与显示过程的影响而产生频谱变化，并进一步表现为图像退化衰变，需进行信号与图像的恢复处理（内容见第 4 章）。

Landsat-8 的校准活动早在仪器开发阶段就已进行，接着通过在轨初始化和检验，以及通过飞行任务的实施继续进行了该项活动。

测量、特征化和评价仪器和系统辐射计的工作情况的校准活动与那些包含在 Landsat-8 标准参数文件（CPF）中的为取得改进的辐射计的进程参数的工作，这两者是存在差别的。上述的 CPF 文件是指 1 级产品生成系统的校准参数文件。测量和评价活动归为特征化操作，而参数估计则归为校准。虽然上述两种活动都贡献于 OLI 和 TIRS 两种传感器的辐射计校准，在文档的其他场合，术语“特征化”归为辐射计评价和定值操作，而术语“校准”则与估计辐射计的进程参数相联系。

3.8.8 几何校准

几何特征与几何校准活动执行于 Landsat-8 的飞行任务生命的全程，它使用软件工具开发并成为 Landsat-8 影像评价系统的一部分。影像评价系统提供例行的完成四类几何特征的能力以检测和监测系统的几何性能和四类几何校准，来估计关键的系统几何参数的改进值。这些参数包含于校准参数文件中并用于 Landsat-8 一级产品生成。测量与评价活动归属于特性操作，而参数估计活动就归属于校准。几何特征评价包括下列四方面内容。

1）一级产品数据的绝对和相对的大地测量精度评价（大地测量特性）；

2）一级产品的几何精度评价（几何特性）；

3）多时相传感器 OLI 影像对影像配准的精度评价（影像对影像的配准特性）；

4）传感器 OLI 和 TIRS 波段对波段的配准精度评价（波段对波段配准特性）。

还有一个用于评价 OLI 在轨空间工作情况的第五特性的算法。这一调制传递函数（MTF）桥的特性算法用已选定地面目标的影像来评价 OLI 传感器的边缘响应情况。授权期间完成的特征用来建立 OLI 的工作情况基线，在整个飞行任务寿命期间作为比较基准来评价 OLI 关键参数要求的指标。作为关键参数要求的首要兴趣特征是 OLI 波段配准精度和空间性能。

最严格的几何校正活动有：使用大地测量的，几何学的，波段对波段，影像对影像，以及空间特征性质，去测量和检验陆地卫星飞船、OLI 和 TIRS 系统性能；去检测 OLI 传感器到飞船姿态控制系统阵列校正；以及监测 TIRS 到 OLI 阵列的校正。如果必要，这也包括检验和更新 OLI 和 TIRS 焦平面（传感器集成电路块对集成电路块之间）和波段阵列校正。

监测和精细的 OLI 对飞船和 TIRS 对 OLI 的阵列的了解，是要确保满足一级产品规格标准。这些校准参数并不期望在经过发射后产生大的变化，但要求他们较精准的在轨。这些校准活动的结果，一是用来检验系统是否在规定范围内执行，二是要生成校准参数文件（CPF），该 CPF 文件被影像评估系统（IAS）和一级产品生产系统（LPGS）用来产生满足 Landsat-8 精度要求的一级产品。校准活动会贯穿于飞行任务的全部寿命期间，来监测系统的几何和空间工作情况，一级确定的和特征化系统的几何参数中任何的系统变量，这些变量是时间、温度和地点的函数。整个较长序列的校准观测工作需要隔离建模和特征化这些较高序列行为。

在传感器校准和几何校准的基础上，就可进一步了解 Landsat-8 一级影像数据产品的具体产生过程和步骤。

3.8.9 Landsat-8 一级产品生成

地球资源观测系统的一级产品生成系统的几何纠正算法最初是为 Landsat-8 影像评价系统开发的。影像评价系统的几何算法的全部目的是用地球椭球体和地形表面信息与卫星运转星历表和卫星姿态数据相联结，再加上 OLI 与 TIRS 仪器以及卫星几何的知识去建立影像空间中的位置（波段，探测器，采样样品）与大地测量目标空间（纬度、经度、高程）间的相关关系。这些算法被用来产生精确的一级输出产品，表示 OLI 和 TIRS 绝对和相对精度特征，取得几何校准参数的改善了的估计，如传感器与飞船的对准。

一级产品处理算法包含下列内容。

1）辅助数据处理；

2）Landsat-8 传感器/运载平台的几何模型生成方法；

3）传感器瞄准视线产生和地图投影；

4）输出空间或输入空间纠正网格生成；

5）系统化的地形纠正影像的重采样；

6）使用地面控制点的几何模型精纠正；

7）精确的地形纠正影像重采样。

Landsat-8 的一级产品，实质上就是经过了精确的、系统化辐射和几何纠正处理的遥感图像数据。下面用 Landsat-8 一级产品生成系统（LPGS）的标准产品处理数据流框图来说明处理的主要环节和全过程（图 3.8.11）。以后用 L-8 来表示 Landsat-8。L-8 一级产品生成系统是由多个子系统，或称为多个功能模块组成的，下面就逐一介绍它们的目的和功能。

1）处理控制模块：该模块控制工作指令的时序安排和处理工作，即安排和监视 LPGS 资源和提供处理现状以响应处理人员的请求。

2）数据管理模块：该模块为 LPGS 提供管理服务并为系统把控外部接口。它提供格式安排和打包工具。同时，它也负责维护磁盘空间并在带有吸纳文件数据的暂存中占有自己的位置。

3）辐射处理模块：该模块将再格式化的 L-8 的 0 级产品图像像元的亮度值（DN 值）转换为绝对辐射值，它要求提前准备好几何纠正。这个模块用影像中定位的辐射典型区来完成重新格式化的影像的辐射特征化。该模块提供对影像评价系统数据库进行操作而产生的诸特征的结果。这个模块纠正影像中的辐射典型区，并将影像亮度图转换为辐射值的空间分布形式（图）。

4）几何处理模块：该模块从 L-8 一级辐射纠正产品生成一级几何纠正影像。几何纠正产品可以是经系统地形纠正的或经精确地形纠正的产品（即 LIGT 或 LITP）。模块提供经由运行影像评价系统数据库产生的诸特征的结果。模块生成一个卫星模型，准备了一个重采样的网格和重采样的数据来生出 L-8 一级系统地形纠正产品（LIGT）和 L-8 一级地形纠正产品（LIGT）。该模块执行一种精致的卫星几何纠正算法以生成按地图投影和定位于

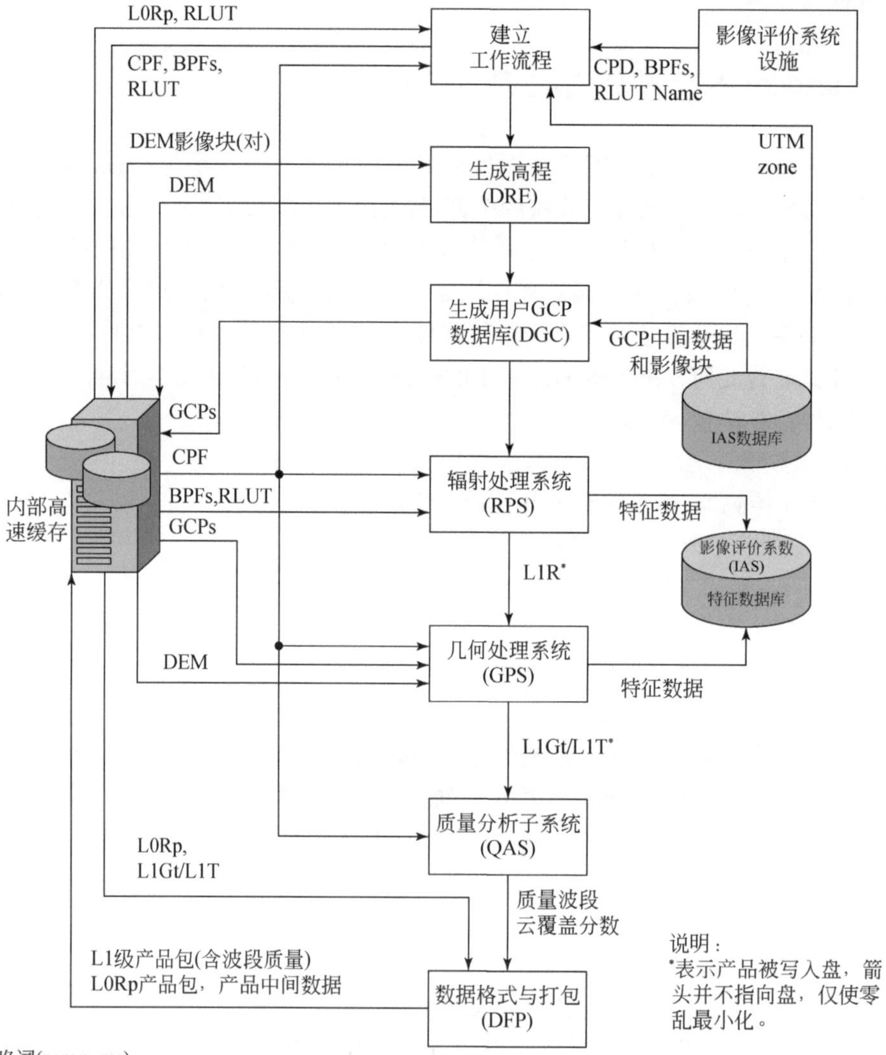

图中缩略词(acronyms)：

BPFs　偏置参数文件(Bisa Parameter File)
CPF　校准参数文件(Calibration Parameter File)
DEM　数字高程模型(Digital Elevation Model)
GCPs　地面控制点(Ground Control Points)
L1Gt　1级水准系统地形(Level 1 system Terrain, 已纠正)
L1R1　1级水准辐射测量(Level 1 Radiometric, 已纠正)
L0Rp　0级水准再格式化(Level 0 Reformated)
RLUT　线性关系查找表(Response Linearity Look-up Table)
UTM　通用横轴默卡特投影(Universal Transverse Mercator)
L1T　1级水准地形(Level 1 Terrain, 已纠正)

图 3. 8. 11　Landsat-8 一级产品生成系统数据流框图

资料来源：Zanter，2019

L-8 一级标准产品目标的影像。

5）质量评估模块：该模块以完成对云覆盖评估和生成高质量波段影像产品为目标。模块提供能生成产品的软件工具。

6）用户界面：用户界面为 L8 一级产品生成系统（LPGS）操作员和运行异常分析系统提供图形化界面，它允许操作员去监测工作指令执行情况和跟踪处理工作中的异常事件。

3.9 Landsat-9/Landsat-10 与跨国虚拟星座构想

3.9.1 简要回顾

正式规划和开发第一个陆地卫星这件事起始于50多年前的1967年，Landsat-1自1972年发射，一直在采集地球观测数据至今（2021年）已近50年，陆地卫星计划正变为越来越错综复杂和充满活力。严格的规划好的卫星测量组成单元，确保了为科学进行调查提供高质量测量数据的连续性，它包括了从地面系统，获取计划，数据归档和管理，以及经分析的已准备就绪的数据产品的从未间断的供应。免费的、开放性地获取归档的和新的影像数据的通路已导致无数的创造性应用和新的科学洞察和领悟。在陆地卫星系列，一个在未来可兼容，相互协调的卫星计划，一方面保持了数据的连续性，另一方面也结合了技术上的提升，定会增长陆地卫星数据的业务性应用范围和研究深度。政府和国际机构或在其他的机构之间，现在可以期待建立一个使陆地卫星数据进入一个给定的运行性数据流时代。国际计划和大会（协定）被授权通过系统地采集并校准的具有连续性的数据，在未来贡献于已存在近50年的对地观测记录。日益增加的广度和深度的陆地卫星科学应用已随着Landsat-8的发射以意义重大的数据质量的显著改进而加速发展。在此，我们将着力描述陆地卫星有计划地开发和其结构的背景，它是唯一有能力去满足国家和国际计划需求的陆地卫星。接着我们要描述陆地卫星的重要科学趋势，它加强了许多当前的科学和应用开发的理论基础，并以比较详细的专题性的和有序组织来概括上述的描述。由归档影像结合当前最新影像提供的历史背景数据，允许开发时间序列的算法和相应数据集，从这些影像数据中可以看到地球表层系统的动态和发展趋势。Landsat-8影像数据突出地描述了这些近期的发展，并推动对遥感历史数据的理解与校准工作。随着陆地卫星科学状况的国际交流，一个展望未来的卫星发射和理想中的有计划的开发已被提出。通过预期的未来飞行任务的连续性，卫星计划间不断增加的联系，也产生了与哨兵-2一起构造一个虚拟星座的可能性。成功的科学和应用开发产生了正反馈循环，正说明制定陆地卫星计划的正当性，并将鼓励近期和未来对陆地卫星有计划的支持。

3.9.2 Landsat-9

为了寻找直到21世纪30年代的能够维持陆地卫星遥感观测的中分辨率数据的连续性，美国宇航局命令戈达德空间飞行中心开始执行机构间的可持续陆地成像仪（SLI）计划的第一步的Landsat-9任务。由于燃料供应的问题，Landsat-7设计寿命只能维持到2021年夏天，为了达到维持8天重访周期连续性需要的双星条件，NASA提前了Landsat-9发射进程，并用一个几乎是复制的Landsat-8来作为Landsat-9的临时替身。Landsat-9将携带两种仪器，其中OLI-2由Ball航空技术公司制造，而TIRS-2仍由戈达德空间飞行中心制造。观测平台宇宙飞船由设在亚利桑那州Mesa的Northrop Grumman创新系统公司承造，与

USGS 签约的 General Dynamics 公司负责建造任务操作单元。Landsat-9 计划于 2020 年 12 月发射。由于一些不可预测的原因，Landsat-9 发射日期一再推迟，最后于 2021 年 9 月 27 日在加利福尼亚州范登堡空军基地发射升空并相继开展业务运行。为了测量太阳反射波段，Landsat-9 OLI-2 采用的实际上与 Landsat-8 OLI 相同的装置，Landsat-9 TIRS-2 特性有了改进。原来的 Landsat-8 TIRS 有一个光学设计上的问题，它造成了视场外的杂散光进入到仪器的焦平面，降低了仪器的测量精度。并且，TIRS 的场景选择镜的编码器在飞行任务中早早停止了运作。这些问题在 TIRS-2 设计中作了修改。由于 TIRS-2 是较晚添加进 Landsat-9 飞行任务载荷中的，它的设计有点仓促，仅有三年的设计寿命（危险等级为 C）。Landsat-9 的 TIRS 被设计成满足 5 年寿命的要求（危险等级为 B）。

设在美国地质调查局地球资源观测系统的陆地卫星地面系统已经进行了多任务运行的开发性改造，它支持 Landsat-8 和 Landsat-9 两者的运作，并且增加了数据处理、归档、管理和分发的计算效能。Landsat-9 的日影像获取容量与 Landsat-8 相当，为每日 740 景，虽然任务要求仅为保持在每日 450 景。Landsat-9 长期获取计划（LTAP）将酷似 Landsat-8 那样以覆盖全球陆地影像服务于人类社会，即所有光照陆块和近海岸地区，并且，光照时的太阳高度角要大于 5°。期望的科学价值和增强的 Landsat-9 将以持续 8 天的全球陆地影像作为后盾去支持和满足一定数量运行性应用的可靠性，应用 14b 的像元灰度值量化水平的影像可进一步解决像元对像元的辐射分辨率问题，以及较高程度的绝对辐射纠正精度会毫无疑问地会改进从 Landsat-1 到 Landsat-8 的辐射纠正工作。

3.9.3 Landsat-10

在 SLI 总目标指导下，Landsat-10 的预算是由先进的仪器测量性能、维持陆地卫星系统的连续性与制约性能的计划任务的报价共同构成的。当前，对于 Landsat-10，所有的选择都在考虑中，包括新的兼容性的成像技术，国际合作伙伴以及商业部门的介入。系统可能不是一个简单的改进的 Landsat-9 或单个的卫星，而且还要保持历史测量数据记录的连续性。现在宇航局正在技术和技术开发上进行投入以支持 SLI 计划。这些对整个的从头到尾的仪器发明的全程投资包括多光谱和成像光谱仪的设计。从 2016 年起，USGS 就已搜集关于科学要求以及来自陆地卫星的用户群中的其他重要的利益共享者们的需求，并告知他们下一代陆地卫星计划和相关数据。科学和测量技术被用来指导系统的结构设计。

对于 Landsat-10 的其他考虑，包括论证与其他国际卫星系统，如哥白尼/哨兵-2 系列在多源陆地成像框架下国际协同测量的增效性，即寻求融合来自不同的遥感技术测量数据去提高时相上的重访频率。再进一步，商业性的空间工业已快速成长，现在已能提供整套的立体或构想出的小卫星系统，并正在与作为现行参考标准的 Landsat-8 产品进行比较。

USGS/NASA 科学团队在过去数年里积极活动，贡献了界定 Landsat-10 的科学要求和数据产品的规范详细说明。通过这一过程，陆地卫星科学团队已经使用了诸如时频、空间分辨率、光谱覆盖范围和分辨率，以及辐射分辨率等作为作用范围过程的指导原则。重要结论是围绕增加 3 ~5 天无云的重访的时效性，增加大多数波段的空间分辨率由 30m 提升到 10m，增加特征光谱波段来改进大气特征以增强和拓宽刚刚露头的陆地卫星科学应用并维持跟 Landsat-8 OLI 的一样的在轨辐射测量性能。

3.9.4 陆地卫星与哨兵-2 的虚拟星座

哨兵-2（Sentinel-2）星座作为欧洲航天局哥白尼地球观测计划的一部分，它的发射已戏剧性地改变了陆地观测的境况，哨兵-2 这个酷似陆地卫星的伽利略组份分享了业已存在于陆地卫星系统的许多技术特性。哨兵-2 虽不具热红外探测能力，但有较宽的视场（290km）和双星座平台，使哨兵-2A（2015 年发射）和哨兵-2B（2017 年发射），能提供以 10～60m 空间分辨率 5 天内遍访地球的陆地区域。加上哨兵-2 还能提供陆地卫星所不具备的独特特性，就是包含红边和水汽的特征光谱波段以及 10m 和 20m 空间分辨率的可见光至短波红外波段，其空间分辨率高于 Landsat-8 的 30m 波段。

哨兵-2 传感器 MSI 由空中客车防务与航天公司（Airbus Defence Space in France）公司设计制造，以 13 个波段推扫式成像，焦平面上为硅探测器件，采集来自地面的信号被量化为 12bit，即灰度等级可以从 0 到 4095 DN 值。哨兵-2 MSI 的光谱性能可用表 3.9.1 表示。

表 3.9.1 哨兵-2 MSI 的光谱特征表

	哨兵-2A		哨兵-2B		
波段序列号和名称	中心波长/nm	带宽/nm	中心波长/nm	带宽/nm	分辨率/m
B_1 海岸带气溶胶	442.7	21	442.2	21	60
B_2 蓝	492.4	66	492.1	66	10
B_3 绿	559.8	36	559.0	36	10
B_4 红	664.6	31	664.9	31	10
B_5 植被红边	704.1	15	703.8	16	20
B_6 植被红边	740.5	15	739.1	15	20
B_7 植被红边	782.8	20	779.7	20	20
B_8 近红边	832.8	106	832.9	106	10
B_{8A} 短波近红外	864.7	21	864.0	22	20
B_9 水蒸气	945.1	22	943.2	21	60
B_{10} 短波红外-卷云	1373.5	31	1376.9	30	60
B_{11} 短波红外	1613.7	91	1610.4	94	20
B_{12} 短波红外	2202.4	175	2185.7	185	20

Landsat-8，哨兵-2A 和哨兵-2B 联合构成的星座可以形成平均 2.9 天的重访间隔。这就开辟了专题地图制作的可能性。这种图是及时动态的，包括植被（作物）物候，野火动态和海岸带与内陆水体质量的动态制图。原则上讲，这种时相频率和空间分辨率的结合可

提供一个“30m MODIS”虚拟观测平台，这种平台具有在亚公顷分辨率水平上，提取高度动态性的生物物理特征。随着 Landsat-9 的发射，这一虚拟星座将成为一个具有 2 天重访周期的比较频繁的运作方式。

由于洞悉了这一点，研究者们已经积极地投身到探索将哨兵-2 和陆地卫星组织在一块的途径。美国 NASA 的多源陆地成像仪（MuSLI）计划业已支持了新陆地科学产品原型活动，它包括燃烧区制图，森林物候研究和碎片状水体特征制图。通过哥白尼计划的服务和国家监测活动，类似的工作已在欧洲启动。在美国宇航局的戈达德空间飞行中心（GSFC）的协调下，陆地卫星/哨兵-2 课题正聚焦于研究以两种传感器遥感数据作为输入来生成无缝衔接的表面反射产品中，这就更加说明对两传感器数据进行辐射和几何校正的必要性。这些活动由 NASA/USGS 陆地卫星校准团队和 ESA 哨兵-2 验证团队进行互补性协作，来共同展示分别来自 Landsat-8 OLI 和哨兵-2 的多光谱成像仪（MSI）的测量结果一致性（在它们的各自不确定下）。

尽管迹象表明有指望，但技术挑战的多样化仍然存在。陆地卫星和哨兵-2 间像元级的配准已成未定的难题。解决这一难题还是有了希望，一个是起于 2019 年的地面控制点共享和陆地卫星归档数据的再处理已经有了改善。在这种过渡期，数据匹配方法也已得到发展。大气纠正、云和阴影的掩膜算法对于两种传感器也取得进展，只是现在还没有一致的方法。不同的刈幅宽度和轨道踪迹对于任一给定的地面目标所造成的两个传感器之间的太阳入射和观测方向上的变化，从而引起的反射变化，对于确定的应用那还是不可忽略。使用统计上的方法来校准 Landsat-8 和哨兵-2 的反射差异以及在特定传感器光谱波段的响应差异的应用上均获得了进展。另外，对于 Landsat-8 和哨兵-2 两种数据处理系统基线，与 Landsat-8 二级产品（表面反射率）正在接近（尤其对于新近的哨兵-2 数据）。在遥感界，新发展的各种算法正在缓和这些问题，但是在美国宇航机构与 ESA 之间仍有相互协调改进的空间。

3.9.5 未来展望

科学和管理资源部门已从陆地卫星飞行任务中获益。NASA 的新策为广大用户开启了一扇大门，方便人们进入陆地卫星新的和历史影像，成熟而开放的地面系统和一个不断扩宽的影像数据产品系列空间。免费且开放的访问陆地卫星影像的机会促进了陆地卫星数据的应用，以处理无数的科学问题；推进了资源管理，熟悉各方面报道的活动并支持一个越来越大的基础用户群，来进行复杂的、综合的和前所未有的分析。陆地卫星计划对过去 10 年已做了前前后后的回顾，Landsat-8 的发射保证了陆地卫星短期连续性。计划中 2020 年 12 月份发射的 Landsat-9 进一步提供及提高了测量的连续性和践行一种科学规划并承接不断增长的数据流运行能力。LGAC 首创的档案聚合方案并通过 USGS 使其成为可利用的资源，否则，就是永远见不到的一堆死的数据。很明显，LGAC 的创举产生了 USGS 陆地卫星归档影像数据量的增加超过 2 倍的，其效果等效于增发了陆地卫星一个新的传感器。

地面系统是陆地卫星计划中的一个非常严密的单元，它确保使用一个工具（方法）能让用户从中得到卫星数据。USGS 已经展现了强大的财政支付能力来投资地面系统，提供不断增加的、无缝的、已准备好供分析用格式的影像。当用户获得可以使用数据的机会，以及 USGS 所制定的政策使陆地卫星数据可以免费开放地访问，展现出了各种创新的可能。其结果是，近来的遥感科学和应用部门已用时间序列数据对全球性环境变化进行描述。用户已从开放的归档政策中获益，他们通过联系人类活动清晰地洞悉了地球系统的变化。多年的连续性数据对确定地球系统变化趋势的效能已远远地超出那种简单的仅聚焦于两个时相对比的变化的做法。可以确定的是，陆地卫星的长期有效果的时相维数据已成为陆地卫星计划中业已浮现出的最伟大的创造之一。

陆地卫星科学团队与政府领导机构（USGS 和 NASA）共同工作，有能力将基于科学的、客观无偏见的智慧储备投入到陆地卫星计划。陆地卫星科学团队已经并正做好准备继续扮演代表陆地卫星用户需求的重要角色，为陆地卫星做的光谱测量作校准，从而让陆地卫星作为一个参照仪器来进行运作，为商业卫星数据和应用增添新的价值并提升其重要性。陆地卫星科学团队也要将 MSS 数据纳入 TM 及后续的陆地卫星传感器所产生的数据系列成为一种诱因，或可在生产可信度高的、对全部陆地卫星传感器的连续测量数据间提出选择性意见。展望未来，陆地卫星科学团队将继续深入了解和研究虚拟卫星星座（即陆地卫星与哨兵-2）运行，并继续运作 Landsat-9 以及为 Landsat-10 做好详细计划。

卫星星座（组网）、星群、卫星阵列并不是当下才有的新概念，以前及当前正在运行的通信卫星、数据中继与跟踪卫星，还有大家都熟悉的全球定位系统卫星都属于这星座一类的概念，只是有的仅服务于各自目标和覆盖范围，有的则是服务于一个共同目标并追求全球的覆盖。像中国、俄罗斯、美国、加拿大等幅员广阔的国家，用多颗高分辨率小卫星组网为星座的方法去监测那些自己国内需要重点关注的目标是一个有实用价值的做法。当然，用地球同步的静止卫星搭载高分辨率的传感器也可以达到相似的目的。如有必要，采用星座和静止卫星协同工作也可能成为一个不错的选择。

3.10 气象和海洋卫星以及国外卫星遥感简况

3.10.1 气象卫星

美国的气象卫星分为军用和民用两个方向，军用的称为国防气象卫星，民用的两款卫星虽行气象服务之职，则分别叫做地球静止轨道环境业务卫星（GOES）和极地轨道环境业务卫星（POES），由美国国家海洋与大气局（NOAA）进行管理。

地球静止轨道也叫地球同步轨道，卫星绕地旋转的方向和速度与地球自转的方向和速度完全一致，好似静止悬在太空一动不动，坐观天下风云变幻，其位置高度一般要求达到 36 000km左右，GOES 的轨道高度即为 35 790km。而极地轨道卫星因做地球环境监测使用，一般采取太阳同步轨道，使它在经过某个具体地点时，都处在同一地方时，在晴空下保持辐照度不变或相近，使图像有可比性。

不管是陆地卫星、海洋卫星，还是现在叙述的气象卫星，它们的传感器都是使用光学机械扫描成像技术（Landsat-8 已采用 CCD 线阵推扫技术），属于同一个家族。静止卫星 GOES 的传感器称为 GOES-12 成像仪，为一多光谱扫描仪，设置有 5 个探测通道，其波段带宽和主要用途我们将其与 POES 传感器 AVHRR-17 一并列于表 3.10.1 以便于比较。

表 3.10.1 GOES 与 POES-AVHRR 主要性能与功用比较

GOES-12 成像仪				POES-AVHRR-17		
波段	带宽/μm	分辨率/km	主要用途	波段	带宽/μm	主要用途
1	0.52～0.72	1×1	检测云、污染物和霾，识别强风暴	1	0.58～0.68	植被制图，计算 NDVI，识别云、雪、水
2	3.78～4.03	4×4	检测雾，白天用于区分水、云雪或冰云，明火检测，夜间监测海面温度（SST）	2	0.725～1.10	区分水陆边界、冰雪，植被制图，计算 NDVI
3	6.47～7.02	8×8	计算中高层大气水汽，监测大气对流状况，跟踪中层大气运动	3	3A 1.58～1.64 3B 3.55～3.93	森林、草原火灾与火山监测，夜间云制图
4	10.2～11.2	4×4	云顶高度，暴雨，强风暴	4	10.30～11.30	地表温度和云的监测，第 4 和第 5 波段联合用来反演地表真实温度
5	11.5～12.5	4×4	监测 SST，尘埃，火山灰，低空水汽	5	11.50～12.50	地表温度和云的监测，大气中水汽程辐射计算

GOES-12 成像仪通过两轴换向镜与一直径 31.1cm 的卡塞格林望远镜相连，望远镜的凹面主反射镜将来自地面目标的反射和发射能量汇聚到一直径为 5.3cm 的辅镜，由这个辅镜（亦为凹面镜）再将汇聚来的辐射能经首级二分色镜分出可见光和红外两路，可见光经滤光后投射到主焦面成像，而红外辐射能则又通过第二级二分色镜细分出短波红外、中红外和热红外波段，热红外分量必须投射到被致冷的冷焦面上，主焦面和冷焦面上分别放置不同的光感或热感应器件。光路的详情可参考图 3.3.3。

极地轨道环境业务卫星 POES 为一太阳同步轨道卫星，其搭载的传感器是甚高分辨率辐射计（AVHRR）。POES 飞行的轨道高度为 833km，轨道面倾角为 98.9°。AVHRR 的扫描总视场（FOV）达 2700km，采用两颗卫星同时运行方式，故可实现一天内覆盖全球一次的目标，以利于对植被和农作物的长势以及对其他发生于地表的突发环境事件（如森林、草原火灾等）的适时监测。双星制运行的卫星按单双号给卫星编号，单号者（奇数）一般于当地时间早晨或下午 2：30 通过赤道上空，而双号星（偶数）则在当地时间早晨或下午 7：30 通过赤道上空。AVHRR 分设 5 个波段，第一波段位于红光范围（0.58～0.68μm），第二波段为近红外波段（0.725～1.10μm），这两个波段是 AVHRR 中使用最多、最频繁，也是应用价值最高的波段，它们分别位于植物叶片光合色素的吸收区和细胞内部结构（栅栏细胞）的强反射区，可有效地监测植物的光合作用强度和生长发育状况。因而用这两个波段的组合（如各种形式的植被指数）可进一步用来计算植物的净初级生产力（NPP）或估算作物的产量、植物水分及作物生长受胁迫情况，并且还被用来估算区域的蒸散发。第三波段位于中红外光谱区，最适于用来监测异常热源点（如森林火灾）。在AVHRR-17中又加设了1.58～1.64μm波段，增加了对夜间云的识别能力，可进一步用来计算大气对热辐射的吸收或逸散作用状况。

AVHRR-17的第4和第5波段位于地表热红外发射区，除了表3.10.1所列的一些用途外，将热红外谱段拆分为二的目的是满足地表（水面或陆面）真实温度反演的需要。

AVHRR-17的瞬时视场角（IFOV）为1.4mrad，扫描镜旋摆频率达每分钟360次，左右往复扫描角最大振幅达±55.4°，在地面形成2700km的总视场，这就造成离星下点（分辨率为1.1km）愈远，像元旁向扩展愈严重，使像元面积也随之增大。

由于POES卫星绕地球飞行一圈需要102min，相当于一天内绕地球要飞14.1圈，因为不是整数圈，这就造成亚轨道在一天之内永不会重复，其结果是使AVHRR运行轨道随着时间会产生漂移，引起同一地点卫星在每次过境时的地方时的不同，从而造成光照强度差异。日积月累，导致了多时相AVHRR数据不一致性的后果。

当需要对AVHRR数据作显示时，可以将第一波段使用两次，即作为二个波段与近红外的第二波段按（2，1，1）顺序，配上（R，G，B）色系，进行加色合成，也可以产生接近标准假彩色图像的视觉效果。

3.10.2 海洋卫星

最初，为探测大气服务的专业性卫星是雨云卫星（Nimbus），它是现今运行的气象卫星（NOAA卫星）的先驱，它也是所有专业性卫星的先驱，可见对大气遥感的重视。但是，海洋占有全球表面的最大覆盖范围（占有71%），其体积和质量巨大，是地球对太阳辐射能的最大吸收体和储存库，更是地球气候的稳定器。最初的海洋遥感传感器叫海岸带水色扫描仪（CZCS），靠搭载于气象卫星（Nimbus-7）在轨服务8年（1978～1996年），获取了海洋的大量有用数据，但却没有自己的专业运载平台。直到1997年8月1日才第一次发射了海洋遥感的专业卫星Seasat，搭载的专业传感器为宽视场海洋观测传感器（SeaWiFS），它是一种类似于MSS/TM的光学机械扫描成像系统。SeaWiFS在可见光-近红外谱区设置了带宽很窄的8波段扫描仪，对全球进行扫描成像。其星下点瞬时视场（IFOV）为1.13km×1.13km，总视场角为58.3°，在地面形成的刈幅宽度达2800km，因而能在一天内实现全球覆盖。其信号被量化为12bit（2^{12}），非常适合对海洋中的浮游生物的生长状况、海洋的净初级生产力（NPP）、海洋中的C、N、S循环以及海-气相互作用进行探测。SeaWiFS对监测和阐明大洋洋流的动力学有重要价值。由于SeaWiFS各个探测波段的带宽很窄，一些波段的中心波长非常适于检测那些特殊的海洋现象（如黄色物质、叶绿素、大气衰减作用）。SeaWiFS的光谱特征和应用功能统列于表3.10.2。

表3.10.2 SeaWiFS波谱特征和主要应用

波段	带宽/nm	中心波长/nm	主要应用
1	402～422	412	检测黄色物质
2	433～453	443	检测叶绿素含量

续表

波段	带宽/nm	中心波长/nm	主要应用
3	480 ~ 500	490	对叶绿素浓度很敏感
4	500 ~ 520	510	叶绿素浓度
5	545 ~ 565	555	黄色物质
6	600 ~ 680	670	叶绿素浓度
7	745 ~ 785	765	植被、农作物、水和陆地界线、大气纠正
8	845 ~ 885	865	植被、农作物、水陆界线、大气纠正

3.10.3 法国和印度的卫星遥感简述

法国发射其第一颗 SPOT 卫星，虽然比美国晚 14 年，但是其全色波段和传感器侧摆功能设计来获取跨轨立体成像像对，以及后来的宽视场植被传感器，都体现了法国科学家的智慧。下面分别给出法国 SPOT 遥感卫星和印度遥感卫星的探测通道设置和卫星运行轨道特征列表，以资说明他们（也包括中国-巴西地球资源卫星）的传感器波段选择与卫星运行特征与美国的相关遥感卫星间的渊源关系（表 3.10.3）。

法国在卫星成像技术上则是与时俱进、别具特色，率先使用线阵 CCD 推扫成像技术，避免光学-机械扫描成像系统易发生上述弊端。SPOT 卫星搭载了三台成像仪，一台较高分辨率可见光传感器（HRV），一台是高分辨率可见光红外传感器（HRVIR），第三台则为植被传感器（Vegetation）。来自地面物体的反射辐射经过 HRV 或 HRVIR 的平面反射镜投射到含有 6000 个单元的 CCD 线阵探测器并通过卫星的前进运动形成二维图像。一台传感器的总视场在地面产生的线度是 60km，两台并行成像可达 117km，其间有 3km 重叠。如果平面反射镜调整到需要的角度（即侧摆），在地面目标的上空两侧以相同的角度对目标实行跨轨成像即可获得立体像对，就可绘制地形图。植被传感器则是通过望远镜系统的物镜提供的±50.5°宽视场角，来获得 2250km 的地面刈幅宽度，可用于小比例尺的植被、全球环境变化和海洋等方面的清查与制图。植被传感器也是一种多波段成像装置，它通过 4 个波段各自独立物镜的反射镜将来自地面的反射辐射投射到含有 1728 个敏感单元的 CCD 线阵，其空间分辨率为 1.15km，与 AVHRR 相当。其波段设置可见于表 3.10.3。相对于 AVHRR，植被传感器有下列优势。

1）得益于推扫成像，在所有像幅内，像元的空间尺度是相同的，而对于 AVHRR，像元尺度随着离星下点的距离增加而扩大，以至到一定距离以后，星下点两侧数据与星下点数已不可相比，成为无价值的弃元。由于植被传感器在任一刈幅内的像元具有相同一致性数据，有利于合成一周或一旬的无云的植被传感器图像。

2）搭载的植被传感器的卫星轨道的精准设置与调控，使重访周期为 24d，由于每日绕地飞行圈数近于整数，卫星轨道稳定，卫星在赤道上空过境时的地方时为上午 10：30，只要纬度相同，过境地方时是一样的。而搭载 AVHRR 的气象卫星（极轨环境卫星，POES）绕地球飞行一圈需 102min，每天绕地飞行 14.1 圈，由于非整数，造成在一天之内

表 3.10.3　SPOT 与 IRS 传感器波段设置与卫星轨道特征一览表

<table>
<tr><th colspan="3">SPOT-4 HRVIR</th><th colspan="3">SPOT-5 HRVIR</th><th colspan="3">SPOT-4/5
植被传感器</th><th colspan="3">IRS-1C/1D
LISSIII/PAN/WiFS</th><th colspan="3">IRS-P3 MOS</th><th>IRS-P4 OCM</th></tr>
<tr><th>波段</th><th>波段宽
/μm</th><th>分辨率
/m</th><th>波段</th><th>波段宽
/μm</th><th>分辨率
/m</th><th>波段</th><th>波段宽
/μm</th><th>分辨率
/m</th><th>波段</th><th>波段宽
/μm</th><th>分辨率
/m</th><th>波段</th><th>波段宽
/μm</th><th>分辨率
/m</th><th>波段宽
/μm</th></tr>
<tr><td>1</td><td>0.50～0.59</td><td>20</td><td>1</td><td>0.50～0.59</td><td>10</td><td>1</td><td>0.43～0.47</td><td>1.15</td><td>1</td><td>0.45～0.52
（仅 1A/1B）</td><td></td><td>A</td><td>0.735～0.768</td><td>1569×
1395</td><td>0.402～0.885</td></tr>
<tr><td>2</td><td>0.61～0.68</td><td>20</td><td>2</td><td>0.61～0.68</td><td>10</td><td>2</td><td>0.61～0.68</td><td>1.15</td><td>2</td><td>0.52～0.59</td><td>23.5</td><td>B</td><td>0.408～1.01</td><td>523</td><td>空间分辨率</td></tr>
<tr><td>3</td><td>0.79～0.89</td><td>20</td><td>3</td><td>0.79～0.89</td><td>10</td><td>3</td><td>0.78～0.89</td><td>1.15</td><td>3</td><td>0.62～0.68</td><td>23.5</td><td>C</td><td>1.5～1.7</td><td>523×
644</td><td>360m×236m</td></tr>
<tr><td>SWIR</td><td>1.58～1.75</td><td>20</td><td>SWIR</td><td>1.58～1.75</td><td>20</td><td>SWIR</td><td>1.58～1.75</td><td>1.15</td><td>4</td><td>0.77～0.86</td><td>23.5</td><td colspan="4" rowspan="9">IRS-1C/1D 有 3 个传感器，即线性成像自扫描传感器（LiSSIII）、Pan 和宽视场传感器（WiFS）。LiSSIII 的 G、R、IR 波段的分辨率均为 23.5m，短波红外（1.55～1.70μm）为 70.5m，前三波段刈幅宽度为 141km，后者为 148km，在赤道处，卫星重访周期为 24d
IRS-P3 星的模块化光电扫描仪（MOS）设置 0.744～0.768μm、0.408～1.01μm 和 1.5～1.7μm 三个波段成像，分辨率各为 1569m×1395m，523m×523m 和 523m×644m。其搭载的 WiFS 同于 IRS-1D 的传感器，但多加了短波红外波段（1.5～1.70μm）。
IRS-P4 的海洋水色监测器（OCM），总带宽为 0.402～0.885μm，空间分辨率为 360m×236m，刈幅宽为 1420km，分 8 个波段，量化水平为 12bit</td></tr>
<tr><td>Pan</td><td>0.61～0.68</td><td>10</td><td>Pan</td><td>0.48～0.71</td><td>2.5</td><td></td><td></td><td></td><td>5</td><td>1.55～1.70</td><td>70.5</td></tr>
<tr><td colspan="2" rowspan="2">轨道特征</td><td colspan="7" rowspan="2">太阳同步轨道，轨道高度 822km 轨道倾角 98.7°过赤道地方时 10:30AM</td><td>Pan</td><td>0.50～0.75</td><td>5.2</td></tr>
<tr><td>WiFS-1</td><td>0.62～0.68</td><td>188</td></tr>
<tr><td colspan="2">重访周期/d</td><td colspan="7">26</td><td>WiFS-2</td><td>0.77～0.86</td><td>188</td></tr>
<tr><td colspan="2">刈幅宽度/km</td><td colspan="7">60（S-4）60（S-5）2250（V）</td><td colspan="3" rowspan="2">轨道特征：太阳同步轨道，轨道高度 817km，轨道倾角 98.7°，过赤道地方时 10:30AM</td></tr>
<tr><td colspan="9" rowspan="3">Pan 波段具侧摆功能可获得指定地区的跨轨立体像对，可在连续两天内以两侧互相正交的角度摄取两景图像，也可用于突发应急事件的监控。
植被传感器的辐射定标和波段间配准精度均优于 AVHRR。植被传感器的物镜产生一个±50.5°的总视场角，覆盖的宽度达 2250km。在同一刈幅内像元尺度相同，这些都可更好地用于小比例尺的植被清查、全球变化与海洋生物量等监测研究，便于进行 2250km×2250km 刈幅内不同尺度像元的数字镶嵌</td></tr>
<tr><td colspan="3">重访周期：24d</td></tr>
<tr><td colspan="3">刈幅宽度：B5 为 148km，Pan 为 70km，WiFS 为 692km</td></tr>
</table>

的亚轨道不相重复，再由于卫星轨道会随时间漂移，造成太阳的光照强度与观测的地方时的系统变化，从而造成多时相 AVHRR 数据的不一致性。而且 AVHRR 在每日下午 2：30 成像也极不理想。

3）植被传感器多时相数据的辐射定标、像元的几何定位精度，以及波段间配准精度都优于 AVHRR 数据，非常适合做植被（含农作物）和全球环境变化的重复性调查与制图，具有取代 AVHRR 的前景。

3.11 新一代地球表层系统卫星监测仪器及其后继者

3.11.1 EOS-Terra/Aqua 观测系统

20 世纪 90 年代之前，不妨称之为卫星对地遥感测量的早期阶段。当时的遥感探测技术水平还不可能把陆地、大气、海洋以及驱动由三者组成的地球表层系统的原初动力——太阳辐射——作为一个复杂的整体来进行综合性的遥感观测。由于当时技术条件尚不成熟，还只能把陆地、海洋和大气当作三个独立的单元来发展各自的行业性的卫星遥感系统，从而造成了陆地卫星、气象卫星和海洋卫星三者鼎足的局面，以服务于各自的行业应用需求，世界主要大国也都走了相同的这种遥感发展道路。这些年随着发达国家和广大发展中国家加速发展的工业化以及由此引发的地球环境问题日益严峻和突出，科学家不得不重新审视各自独立发展的三个卫星遥感子系统提供的数据集在面对解决上述全球性环境问题时所遇到的挑战与难堪——三个子系统在功能设置、技术指标和运行方式存在观测任务、内容、目标不协调，观测时间不同步，空间分辨率不统一，辐射测量信号量化水平不一致，重访周期差异大以及技术系统不完备和相对落后于技术进步等问题；必须检讨这种分立系统存在的弊端与不足以及在处理和解决全球性环境问题的研究中面临的被动局面与艰难处境。遥感技术经历了多年发展，特别是成像器件与成像方式的成熟和进步，再加上谱像合一的成像光谱仪的产生及其应用研究成果丰硕且深入，都为发展一种具有创新性思维的新一代的集大气、海洋、陆地与太阳辐射遥感测量为一体的综合性卫星对地新的探测系统装置创造了条件并已水到渠成，最终促成了美国地球探测系统 EOS-Terra（上午星）和 EOS-Aqua（下午星）双星系统计划的实现。EOS-Terra 于 1999 年 12 月发射，而 EOS-Aqua 于 2002 年 5 月发射。按照计划，两颗星应搭载相同的仪器载荷，它们是云和地球辐射能量系统（CERES），先进的空间热辐射与反射辐射计（ASTER），中分辨率成像光谱仪（MODIS），多角度成像光谱仪（MISR）和对流层污染探测装置（MOPITT）。其中 MODIS 的主要观测内容可见表 3.11.1。五种仪器是各司其职，相互搭配、协调的测量系统，在单一卫星观测平台上实现对太阳辐射、大气、海洋和陆地的同步、综合测量，采集太阳辐射这个动力系统和大气、海洋和陆地等数据，以进行土地覆盖和土地利用研究、气候季节和年际变化研究、长期气候变率和变化研究、自然灾害监测和分析研究以及大气臭氧变化研究等，并进而实现对大气和地球环境变化进行长期监测和研究的总体战略目标。

表 3.11.1　中分辨率成像光谱仪（MODIS）主要性能和功用列表

通道	光谱范围 1 ~ 19 通道/nm，20 ~ 36 通道/μm	信噪比 NEΔT	主要用途	分辨率/m
1	620 ~ 670	128	陆地、云边界	250
2	841 ~ 876	201		250
3	459 ~ 479	243	陆地、云特性	500
4	545 ~ 565	228		500
5	1230 ~ 1250	74		500
6	1628 ~ 1652	275		500
7	2105 ~ 2135	110		500
8	405 ~ 420	880	海洋水色、浮游生物、生物地球化学	1000
9	438 ~ 448	8380		1000
10	483 ~ 493	802		1000
11	526 ~ 536	754		1000
12	546 ~ 556	750		1000
13	662 ~ 672	910		1000
14	673 ~ 683	1087		1000
15	743 ~ 753	586		1000
16	862 ~ 877	516		1000
17	890 ~ 920	167	大气水汽	1000
18	931 ~ 941	57		1000
19	915 ~ 965	250		1000
20	3. 660 ~ 3. 840	0. 05	地球表面和云顶温度	1000
21	3. 929 ~ 3. 989	2. 00		1000
22	3. 929 ~ 3. 989	0. 07		1000
23	4. 020 ~ 4. 080	0. 07		1000
24	4. 433 ~ 4. 498	0. 25	大气温度	1000
25	4. 482 ~ 4. 549	0. 25		1000
26	1. 360 ~ 1. 390	150	卷云、水汽	1000
27	6. 535 ~ 6. 895	0. 25		1000
28	7. 175 ~ 7. 475	0. 25		1000
29	8. 400 ~ 8. 700	0. 05		1000
30	9. 580 ~ 9. 880	0. 25	臭氧	1000
31	10. 780 ~ 11. 280	0. 05	地球表面和云顶温度	1000
32	11. 770 ~ 12. 270	0. 05		1000

续表

通道	光谱范围 1 ~ 19 通道/nm，20 ~ 36 通道/μm	信噪比 NEΔT	主要用途	分辨率/m
33	13.185 ~ 13.485	0.25	云顶高度	1000
34	13.485 ~ 13.785	0.25		1000
35	13.785 ~ 14.085	0.25		1000
36	14.085 ~ 14.385	0.35		1000

3.11.1.1 中分辨率成像光谱仪 MODIS

在这五种仪器中，MODIS 价值大、应用面广，是对陆地、海洋和大气进行综合观测的核心仪器，其主要性能、特征和应用领域可见表 3.11.1。MODIS 搭载于 EOS-Terra 卫星的太阳同步轨道，运行于 705km 高度，是谱像合一且唯一可进行直播的对地观测仪器。它在 0.405 ~ 13.385μm 波长范围设置了 36 个探测通道，对相应于地面刈幅宽为 2330km 的视场的望远镜像面进行摔扫式成像，每秒可同时采集来自大气、海洋和陆地表面的 6.1Mb 数据信息。这些数据同时提供了反映陆地、生物地球化学、地表温度、地表松散物质性质、海洋水色、浮游生物、大气温度、大气中水汽、云边界、云特性、云顶高度和臭氧等特征信息，并持续对陆地表面、生物圈、固态地表松散物质（风化壳）、大气和海洋进行长期的全球性测量。测量像元的地面空间分辨率分别为 250m、500m 和 1000m。MODIS 这种摔扫式成像装置由垂直于轨道方向的扫描镜、光学光学采集系统和位于 4 个焦平面上的多组线性光敏/热敏探测器阵列构成，每个焦平面前均置干涉滤光镜。MODIS 这种双星系统的运行方式，可以实现每 1 ~ 2 天采集地球上所有地方的白天的地表反射和昼/夜的热红外发射一次，实现了对地表现象与过程的真正意义上的动态监测。并且，MODIS 具有最完善的定标系统，包括太阳漫射器、太阳漫射器稳定性监测仪、光谱辐射度定标仪、定标黑体和深太空视窗。定标系统将 DN 值转化为反射率或地表亮度温度。

MODIS 采集的数据经处理后可生成各种地表特征的全球数据产品，包括以下几类。

1）陆地生态系统的生物物理参数：叶面积指数（LAI）、植被指数（NDVI）、光合有效辐射吸收比例（FPAR）、植被净初级生产力（NPP）、地表蒸散发、地表反照率等；

2）海洋参数：海洋表面发射温度（SST）、叶绿素含量、海洋 NPP 等；

3）大气参数：云系数、云层光学厚度、气溶胶光学厚度等。

EOS-MODIS 集大气、海洋和陆地三个独立发展的遥感系统功能于一身，从而规避了独立发展状态下存在的观测时间的不同步、指标量化不一致、空间分辨率不统一、观测项目不协调配套以及观测技术系统不完善等造成的处理上的困难和工作量的增加和数据质量上的损失。

3.11.1.2 高级空间热辐射与反射辐射计 ASTER

这里还应着重强调 EOS-Terra 的另一重要载荷 ASTER，它是一个高空间分辨率的传感器，并与像 MODIS、MISR 和 CERES 等中、低分辨率的仪器一块协同配套使用，可视为上述传感器的一种变焦透镜，在对各种传感器性能的变化进行检测、标定/校正中具有重要作用。这种对地表特征的多种空间尺度的观测为寻找尺度转换的递推关系的规律提供了方便。

ASTER 探测器在 3 个谱区共 13 个波段对地面采集数据。在可见光谱区设置了 3 个波段，用硅（Si）光感探测器件，谱区（段）范围 0.52 ~ 0.86μm；在短波红外（1.600 ~ 2.430μm）设置了 6 个波段，采用硅化铂：硅光敏探测器件；而在热红外谱区（8.125 ~ 11.65μm）设置了 5 个波段，使用碲：镉：汞（Hg：Cd：Te）热敏半导体器件。这种波段设置可以获取更为详细的来自地表反射和发射辐射信息。ASTER 的特征参数和性能指标用表 3.11.2 表示。

表 3.11.2　ASTER 的波段划分与主要特征表

波段		VNIR 谱区各波段带宽/μm	波段	SWIR 谱区各波段带宽/μm	波段	TIR 谱段各波段带宽/μm
1（G）	天底点	0.52 ~ 0.60	4	1.600 ~ 1.700	10	8.125 ~ 8.475
2（R）		0.63 ~ 0.69	5	2.145 ~ 2.185	11	8.475 ~ 8.825
3（NIR）		0.76 ~ 0.86	6	2.185 ~ 2.225	12	8.925 ~ 9.275
3（NIR）	后视	0.76 ~ 0.86	7	2.235 ~ 2.285	13	10.25 ~ 10.95
项目			8	2.295 ~ 2.365	14	10.95 ~ 11.65
			9	2.360 ~ 2.430		
成像方式与敏感器件		推扫硅（Si）	推扫硅化铂：硅		掸扫碲：镉：汞（Hg：Cd：Te）	
空间分辨率		15m×15m	30m×30m		90m×90m	
刈幅宽度		60km	60km		60km	
信号量化水平		8bit（0 ~ 255）	8bit（0 ~ 255）		12bit（0 ~ 4095）	

可见光–近红外 VNIR 谱区（0.52 ~ 0.86μm）的传感器用两套望远镜系统，一套是对准星下点采样的前三波段，使用 CCD 探测器线阵，另外一套为后视观测，使用单波段 CCD 线阵。望远镜通过旋转，可对偏离星下点 24°的跨轨道区域进行成像。短波红外谱区（1.600 ~ 2.430μm）为 6 个波段设置，用一台指向星下点的望远镜系统采集空间分辨率为 30m 的图像数据。要进行跨轨道成像需用定向反射镜才能实现。

热红外 TIR 谱区（8.125 ~ 11.65μm）设置了 5 个波段，用一个恒定指向星下点的望远镜来采集空间分辨率为 90m 的图像数据并采用掸扫式成像。每个波段的成像焦平面上都放置 10 个交叉排布的 Hg：Cd：Te 半导体器件阵列。在每一探测器件前设置有带通滤波器，当望远镜的扫描镜旋转 90°，便可对黑体进行采样以供校准之用。扫描镜还可进行跨轨成像，其跨度为±8.55°。

3.11.2　NPP-VIIRS 传感器

3.11.2.1　可见光红外成像辐射仪 VIIRS

美国宇航局计划发射四颗搭载 EOS-MODIS 传感器的卫星，MODIS 设计寿命为 5 年，这样起码可以连续获得15年左右的MODIS图像数据。从1999年发射第一颗卫星起，在多年对MODIS数据使用过程中发现，MODIS 36个波段中有些波段的独立性不是很高，有较多的数据冗余，因而可以考虑将其取消，使有效波段更集中，这样也可为从整体上提高各波段的空间分辨率提供了可能。通过这种波段“瘦身”的办法，也使应用的目的性更为精准。因而就产生了接替EOS-MODIS新一代传感器VIIRS的出现。VIIRS是一种可见光-红外成像辐射测量套件（仪）的英文首字母组合，搭载于美国国家极轨伙伴卫星Suomi NPP卫星平台，于2011年10月28日从美国加利福尼亚州的范登堡空军基地发射。2011年11月2日接收到由卫星发射的首幅VIIRS图像，它覆盖了从加拿大的哈德逊湾经佛罗里达州直到委内瑞拉的北部海岸。

VIIRS是Suomi NPP卫星搭载的5个观测仪器（类似于EOS-Terra卫星所搭载的五种仪器，已如前述）之一，设置了22个探测波段（其中含一全色波段），采集来自地面的从可见光到热红外的反射和热红外发射信息。VIIRS是Suomi NPP搭载的最大的一件仪器，其重约252kg，飞行在824km轨道高度（Terra-MODIS轨道高度为705km），其飞行速度为16 640km/h（8km/s）。VIIRS采集来自陆地、大气和海洋的从可见光到热红外的数据，包含着诸如陆地和海洋表面温度、植被、火情、海色、冰雪、云光等方面的信息。VIIRS的波段设置及其主要应用领域可参见表3.11.3。通过对比一下表3.11.1与表3.11.3，可知在MODIS表中，哪些波段消失了，哪些被保留下来。

表3.11.3 NPP-VIIRS波段设置和主要应用领域

序号*	波长范围/μm	中心波长/μm	主要应用领域	星下点分辨率/m	边缘分辨率/m	亚像元合并方式
M1(8)	0.402～0.422	0.412	海洋水色，气溶胶	750×750	1600×1600	扫描方向
M2(9)	0.436～0.454	0.445	海洋水色，气溶胶	750×750	1600×1600	扫描方向
M3(3/10)	0.478～0.498	0.488	海洋水色，气溶胶	750×750	1600×1600	扫描方向
M4(4/12)	0.545～0.565	0.555	海洋水色，气溶胶	750×750	1600×1600	扫描方向
I1(1)	0.600～0.680	0.640	影像	375×375	800×800	扫描方向
M5(13/14)	0.662～0.682	0.672	海洋水色，气溶胶	750×750	1600×1600	扫描方向
M6(15)	0.739～0.754	0.746	大气纠正	750×750	1600×1600	扫描方向
I2(2)	0.846～0.885	0.865	NDVI	375×375	800×800	扫描方向
M7(16/2)	0.846～0.885	0.865	海洋水色，气溶胶	750×750	1600×1600	扫描方向
M8(5)	1.230～1.250	1.240	云粒大小	750×750	1600×1600	扫描方向
M9(26)	1.371～1.386	1.378	卷云/云覆盖	750×750	1600×1600	扫描方向
I3(6)	1.580～1.640	1.610	雪二值制图	375×375	800×800	扫描方向
M10(6)	1.580～1.640	1.610	雪分数	750×750	1600×1600	扫描方向
M11(7)	2.225～2.275	2.250	云况	750×750	1600×1600	扫描方向
I4(20)	3.550～3.930	3.740	云制图	375×375	800×800	扫描方向
M12(20)	3.660～3.840	3.700	海面温度(SST)	750×750	1600×1600	扫描方向
M13(21/22)	3.973～4.128	4.050	SST，明火	750×750	1600×1600	扫描方向
M14(29)	8.400～8.700	8.550	云顶性质	750×750	1600×1600	扫描方向

续表

序号*	波长范围/μm	中心波长/μm	主要应用领域	星下点分辨率/m	边缘分辨率/m	亚像元合并方式
M15(31)	10.263～11.263	10.763	SST	750×750	1600×1600	扫描方向
I5(31/32)	10.500～12.400	11.450	云制图	375×375	800×800	扫描方向
M16(32)	11.538～12.488	12.013	SST	750×750	1600×1600	扫描方向
DNB(无)		0.700	对地成像	740×740	740×740	扫描与轨道双向

*序号右侧括号中的数字表示相应的 MODIS 波段号

MODIS 为了实现一日的对地球表面测量的全覆盖，采用了上下午星这种双星制运作方式。作为 MODIS 的继任者，VIIRS 别无选择，也只有走双星制方式才能实现一日内对地球表面观测的全覆盖。VIIRS 苦苦地等了 6 年，于 2017 年搭上了 NOAA-20（也称为 JPSS-1）气象卫星平台，圆了自己的双星梦。

VIIRS 探测波段的分辨率有三种情况，I 类的为 370m，有 5 个波段，M 类的为 750m，有 16 个波段，DNB 仅 1 个波段，分辨率为 740m。扫描总视场角±56°，相应的地面刈幅总宽度为 3000km，可实现一天内对全球的两次覆盖。众所周知，不管是 MODIS 还是 AVHRR，随着扫描角的增大，其空间分辨率也在降低。如对于 AVHRR，其星下点分辨率为 1.1km×1.1km，而到了扫描极限位置（边缘）则变为 6.5km×2.5km；而对于 MODIS 的 1～2 波段，由星下点的 0.25km×0.25km 降为边缘的 0.75km×0.75km；3～7 波段，由星下点的 0.5km×0.5km 降为边缘的 2.4km×1.0km；而到 8～36 波段，由星下点 1.1km×1.1km 降为边缘的 6.0km×2.0km。而对于 VIIRS，它对随扫描角增加而增大的空间范围，即对分辨率降低情况实行了有效控制，做到了使每种情况下的空间分辨率保持一致，大大地提高了数据质量和利用价值，这要归功于亚像元合并的巧妙做法（见图 3.11.1），现对该图做简要说明。

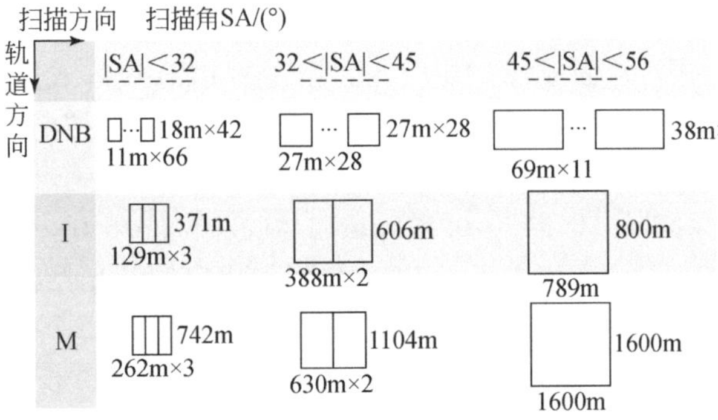

图 3.11.1　VIIRS 传感器亚像元合并

资料来源：夏浪等，2014

图顶点设在左上角，自左至右为扫描角 SA 增大方向，亚像元的尺度大小也是随扫描角增加而增大的，因而参与合并的亚像元亦随之减少，具体视角度情况分为三档，即 | SA | <32°，32°< | SA | <45°，45°< | SA | <56°三种情况来决定参与合并像元的具体数

目，来保证亚像元合并后所成的图像像元的分辨率大小相同或相近（不是绝对的相等）。如对于 DNB 波段，当扫描角｜SA｜<32°时，单个像元在扫描方向尺度为 11m，而在航向尺度为 18m（11×18），这样就需要在扫描方向和航向上分别合并 66 个和 42 个 CCD 像元才能确保图像像元维持在 740m×740m 左右（即 11×66 与 18×42 基本相当）。同样对于 DNB 波段，当 32°<｜SA｜<45°时，由于扫描方向与航向分辨率相同（27m），两个方向合并的像元数相同（28 个），而有 $27\times28m^2\equiv27\times28m^2$；如果 45°<｜SA｜<56°，则需要扫描方向分辨率为 69m 的像元 11 个和航向分辨率为 38m 的像元 20 个（69×11≒30×20）。而对 I 类波段和 M 类波段的亚像元，仅需在沿扫描方向进行亚像元合并，根据上述三种扫描角范围的划分，相应合并 3 个、2 个和 1 个像元即可实现图像像元面积相等或大致相等的目标。

另外，对于 DNB 这一类像元的合并，由于面临昼夜两种辐照情景，相对复杂一些。白天光照充足的条件下，可直接使用低敏感区获取的数据进行合并处理，不需使用时间延迟积累的模式（TDI）来提高信噪比。对于中等敏感区采用 TDI 工作模式时，使用三个亚像元来提高信噪比，而在高敏感区则需要 250 个亚像元才能保证有足够高的信噪比。究竟需要合并多少个亚像元，这取决于外界的辐射强度。在无月光的夜晚，高敏感区需要合并 250 个亚像元来提高信噪比，而在有月光的夜间可能就不需要 250 个那么多的亚像元，也许只要其中的一部分就足够了。经过上述用合并亚像元的方式来达到各波段有相同或相近空间分辨率的方法，大大地提高了 VIIRS 数据可利用的价值，用它来进行植被等的制图要比以前使用 AVHRR 和 MODIS 数据来制图，其不确定性会大大减少，而可靠性则会显著提高。

3.11.2.2 多角度成像光谱辐射计（MISR）

直到现在为止，EOS-Terra 平台搭载的五种传感器荷载之一的多角度成像光谱辐射计（MISR）仍是单独为进行二向性反射研究的遥感装置，设计了包括天底点方向在内的 9 个方向沿着飞行路径推扫式对地面成像，共用九套相同的 CCD 线阵成像仪构成了 9 个观测方向，即居中一台在垂直于地面的天底方向对地表成像，其他的按前后各 4 台对称排布，相应的方向角为 26.1°，45.6°，60°和 70.5°。每台成像装置设有 4 个波段，即蓝波段（0.425～0.467μm），绿波段（0.543～0.571μm），红波段（0.660～0.682μm）和近红外波段（0.846～0.886μm），每个波段有一 CCD 线阵和相应的滤光器匹配。成像的刈幅宽度设计为 360km。这种沿卫星飞行方向连续成像的结果就使地面每个像元有 9 个方向的辐射观测值，从而形成了每个像元的二向性反射分布函数的主平面图形供分析使用。天底点垂直观测的图像变形最小，由于太阳入射在大气中路径最短，故受大气散射影响也最轻。前后 26.1°的图像构成了主体像对可用于推算地形高度；前后各 45.6°的观测数据可用于分析气溶胶的影响大小；前后各 60°的观测数据则可提供半球反射率的信息。

想当年，为争夺多角度卫星传感器项目，在波士顿大学和设在加州理工内的喷气推进实验室（JPL）间曾展开了激烈的竞争，波士顿大学虽有 BRDF 理论研究上的优势，但最终还是花落 JPL。

3.11.3 陆地卫星的现在与未来

在行将结束本书第 3 章关于陆地卫星内容陈述的时候，应该多少领略到陆地卫星遥感系统在对地观测系统中的核心和主导地位。这一点毫不奇怪。因为人类就生活、生存在地球这块陆地上，而且与其他的地球部分（大气、海洋）相比，陆地的重要性和复杂性要大的多。陆地卫星从 1967 年开始规划设计迄今，已过去了 50 多个年头；而从 1972 年发射第一颗陆地卫星至今也已超过了 40 年。抚今悟昔，陆地卫星发射的每一时刻，都会产生令人期待和兴奋的心情，但有时也会感到惋惜和无奈——本来在 20 世纪 80 年代初就应出现在陆地卫星的成像系统中的 CCD 成像技术却晚至 30 多年后才在 Landsat-8 上出现（2013 年 2 月）。

气象卫星和海洋卫星是陆地卫星的孪生兄弟，也都采用光学机械扫描成像技术采集地球表面的信息，它们应用目的明确，独立发展并服务于各自的行业部门。意在创造高空间分辨率的小卫星遥感平台在近期一个个登场，他们都在不同的方面来彰显自己的特色和优势。在这些纷杂的卫星对地观测系统中，最缺的，被人遗忘的，同时可能是对人类更重要的，是将地球表层作为一个系统整体目标，采用单一的观测平台，相互协调一致的一组测量仪器对这个系统整体目标进行同步的、一日内全球覆盖的多尺度谱像合一的、不间断的、一致性的环境及其变化的长期遥感观测和记录归档。科学家千呼万唤的这一构想，终于以地球观测系统计划 EOS-Terra（上午星）和 EOS-Aqua（下午星）双星形式问世，前者于 1999 年 12 月 18 日发射升空，后者于 2002 年 5 月发射成功，可以说，这是人类真正开启了全面而深刻的用卫星探测地球环境及其变化动力学的新纪元。

EOS-Terra 和 EOS-Aqua 双星系统及其后继者 NPP-VIIRS 的出现和运行，标志着增进对地球的理解研究进入到一个现阶段，让这种研究站在一个新高度和新起点，并将使理论探索进入到一个新深度，有望最终达到增进对地球的了解的总目标。

3.12 中国遥感探测卫星

3.12.1 中国卫星遥感的发展历程

发展中国的卫星遥感探测能力不单是我国经济社会发展的急迫需要，也是广大人民的一种久远的期盼。不识庐山真面目，只缘身在此山中。要全面深入地掌握国家的国土资源以及人民的生存、生活的空间环境，当今的唯一选择就是发展中国自己的卫星遥感事业。这同时也是体现中国的大国担当和服务于人类发展事业的大国责任。但是，在卫星轨道高度对地球表面连续的、周期性的用数字图像方式来记录对地表的物理测量是一种十分复杂的、综合的高新技术系统，它由若干个环节构成，而每个环节都有很高的技术难度，没有长期的科学与技术积淀是不可能实现的。所幸，经过国家的重大军事工程“两弹一星”的实践，在运载火箭、卫星制造与发射、测控和通信等技术领域有丰厚的技术积累，为发展遥感卫星打下了很好的基础。但是卫星遥感的核心与关键是传感器成像技术，特别是CCD器件成像技术，一直是我国在遥感技术上的拦路虎，阻挡了卫星遥感的前进步伐。通过与巴西政府间的技术合作，促进了中巴地球资源卫星-01星（CBERS-01）于1999年10月14日成功入轨运行。虽然外购的CCD成像器件的性能并不理想，但毕竟有胜于无，从此，中国民用遥感卫星实现了零的突破，其后相继有CBERS-02星（2003年10月21日）、CBERS-02B星（2007年9月19日）以及环境（小）卫星一号A星（HJ-1A）和环境卫星1号B星（HJ-1B）（两星均于2008年9月6日同时发射）入轨运行。在这近10年里，共有5颗星投入运行，每颗星的设计寿命，CBERS星为2年，HJ-1A/B星为3年。这5颗星构成了中国民用卫星遥感的早期阶段，这一阶段的卫星系统总体特点是模仿跟进和汲取美国的陆地卫星探测通道设置、卫星轨道运行模式，以及汲取法国SPOT卫星在侧摆能力和宽轨覆盖范围设置上的特点。

进入到21世纪的第2个10年，中国民用遥感卫星发射进入到显著提速阶段，不但每年有新星入轨服务，而且最多一年（2018年）竟一连发射了6颗遥感卫星。这期间直到2019年11月份发射的民用遥感卫星分别有资源卫星（ZY）（一号02C星、三号01星、三号02星、一号02D星）、实践（SJ）（SJ-9A，9B）、高分卫星（GF）（GF-1，2，3，4，5，6，7）以及CBERS、HJ和ZY卫星的后续星，如果将早期阶段入轨运行的卫星加在一起，总共有24颗星。并且，除了早期的三颗中巴地球资源卫星（CBERS）外，他们都在正常运行，有的还在超期服役，运行寿命均超过设计的5年。表3.12.1和表3.12.2分别是中国民用遥感卫星入轨服役状态一览表以及他们的轨道参数列表。

表3.12.1　我国民用陆地观测系列卫星发射时间和在轨工作状态一览表

序号	卫星名称	代号	发射时间（年-月-日）	设计寿命/a	在轨工作状态
1	中巴地球资源卫星01星	CBERS-01	1999-10-14	2	2003年8月13日失效
2	中巴地球资源卫星02星	CBERS-02	2003-10-21	2	2007年11月21日失效
3	中巴地球资源卫星02B星	CBERS-02B	2007-9-19	2	2010年3月11日失效
4	环境一号A星	HJ-1A	2008-9-6	3	超期运行，卫星及载荷工作正常
5	环境一号B星	HJ-1B	2008-9-6	3	超期运行，卫星及载荷工作正常
6	资源一号02C星	ZY-1 02C	2011-11-23	3	在轨运行，卫星及载荷工作正常
7	资源三号01星	ZY-3 01	2012-1-9	4	在轨运行，卫星及载荷工作正常
8	实践九号A星	SJ-9A	2012-10-14	3	在轨运行，卫星及载荷工作正常
9	实践九号B星	SJ-9B	2012-10-14	3	在轨运行，卫星工作正常载荷按需开机
10	环境一号C星	HJ-1C	2012-11-19	3	在轨运行，卫星及载荷工作正常
11	高分一号卫星	GF-1	2013-4-26	5~8	在轨运行，卫星及载荷工作正常
12	高分二号卫星	GF-2	2014-8-19	5~8	在轨运行，卫星及载荷工作正常

续表

序号	卫星名称	代号	发射时间（年-月-日）	设计寿命/a	在轨工作状态
13	中巴地球资源卫星04星	CBERS-04	2014-12-07	3	在轨运行，卫星及载荷工作正常
14	高分四号卫星	GF-4	2015-12-29	8	在轨运行，卫星及载荷工作正常
15	资源三号 02 星	ZY-3 02	2016-5-30	5	在轨运行，卫星及载荷工作正常
16	高分三号卫星	GF-3	2016-8-9	8	在轨运行，卫星及载荷工作正常
17	张衡一号	ZH-1	2018-2-2	5	在轨运行，卫星及载荷工作正常
18	高分一号 02 星	GF-1B	2018-3-31	6	在轨运行，卫星及载荷工作正常
19	高分一号 03 星	GF-1C	2018-3-31	6	在轨运行，卫星及载荷工作正常
20	高分一号 04 星	GF-1D	2018-3-31	6	在轨运行，卫星及载荷工作正常
21	高分五号卫星	GF-5	2018-5-9	8	在轨运行，卫星及载荷工作正常
22	高分六号卫星	GF-6	2018-6-2	8	在轨运行，卫星及载荷工作正常
23	资源一号 02D 星	ZY-1 02D	2019-9-12	5	在轨运行，卫星及载荷工作正常
24	高分七号卫星	GF-7	2019-11-3	8	在轨运行，卫星及载荷工作正常

表 3.12.2 中国已发的卫星（太阳同步）轨道参数一览表

序号	卫星代号	轨道高度/km	半长轴/km	轨道倾角/（°）	降交点地方时（am）	交点周期/min	轨道偏心率	覆盖周期/d	回归圈次
1	CBERS-01	778	7148. 865	98. 5	10：30	100. 375	0. 0011	26	373
2	CBERS-02	778	7148. 865	98. 5	10：30	100. 375	0. 0011	26	373
3	CBERS-02B	778	7148. 865	98. 5	10：30	100. 375	0. 0011	26	373
4	HJ-1A	649. 093	7020. 097	97. 9486	10：30	97. 681	0	31	457
5	HJ-1B	649. 093	7020. 097	97. 9486	10：30	97. 681	0	31	457
6	ZY-1 02C	780. 099	7149. 099	98. 5	10：30	100. 38	0. 0011	55	789
7	ZY-3 01	505. 984	6874. 984	97. 421	10：30	94. 716	0	59	897
8	SJ-9A	645. 338	7016. 342	97. 982	10：30	97. 603	0	69	1019
9	SJ-9B	645. 338	7016. 342	97. 982	10：30	97. 603	0	69	1019
10	HJ-1C	499. 226	6870. 23	97. 37	6：00	94. 576	<0. 003	31	472
11	GF-1	645	7015. 5512	97. 9597	10：30	97. 586	0	41	605
12	GF-2	631. 569	7002. 569	97. 908	10：30	97. 316	0. 0012	69	1021
13	CBERS-04	778	7148. 865	98. 5	10：30	100. 375	0. 0011	26	373
14	ZY-3 02	505	6876. 984	97. 421	10：30	94. 716	0	59	897
15	GF-3	755	7126. 4	98. 4	6：00	99. 8	0. 0015	29	418
16	ZH-1	507	—	97	14：00			5	
17	GF-1B	644. 7	7015. 723	97. 96	10：30	97. 469		45	664

续表

序号	卫星代号	轨道高度/km	半长轴/km	轨道倾角/（°）	降交点地方时（am）	交点周期/min	轨道偏心率	覆盖周期/d	回归圈次
18	GF-1C	644.7	7015.723	97.96	10：30	97.469		45	664
19	GF-1D	644.7	7015.723	97.96	10：30	97.469		45	664
20	GF-5	708	7079.48	98.217	13：30	—	0.001	2 ~ 72	
21	GF-6	644.5472	7015.5512	97.9597	10：30	97.4658	0	41	605
22	ZY-1 02D	778.099	7149.099	98.5055	10：30	100.38	0.0011	29（可见光近红外），55（高光谱）	789
23	GF-7	505.984	6876.984	97.421	10：30	97.5605	0	59	897

通观表 3.12.1 可以看到，中国民用遥感卫星的发射活动大体可分为两个阶段，从 1999 年 10 月到 2009 年这 10 年，一开始是每 4 年发射一颗卫星，10 年一共发射了 5 颗星，可将这段时期称为中国民用卫星发展的初创阶段，这和美国的陆地卫星发展的第一阶段（1972 ~ 1982 年）相当，但是整整晚了 27 年，即使比起印度发射的第一颗遥感卫星 IRS-1A（1991 年 8 月 29 日发射）也晚了 10 年以上。进入 21 世纪的 20 年，中国发射民用遥感卫星的步伐显著加快，从 2011 年 11 月起到 2019 年 11 月，这近 10 年里共发射了 19 颗星，除了 2017 年，每年都有新星入轨运行，最多的 2018 年有三种类型的 6 颗星在这一年中发射，可将这 10 年称为中国民用卫星事业快速发展阶段。在第一阶段，卫星设计寿命为 2 ~ 3年，实际工作寿命都超过了预期，如 A 星和 B 星，直到现今仍在超期服役，工作很稳定。第一阶段的最大特点是全面模仿和跟进美国 Landsat-1 ~ Landsat-4 号星和法国的 SPOT 星的设计理念，如从可见光到热红外的波段设置，采用全色波段来提高分辨率，设置侧摆功能以形成立体像对进行地形制图，以及采用宽视场成像来扩展观测范围缩短监测周期等。

在第二阶段，卫星的设计寿命一般都提高为 5 ~ 8 年，他们到现今都仍在稳定工作，表明探测系统稳定可靠。这些卫星的另一共同特点都是采用高轨道倾角（98°左右），轨道偏心率非常小的近圆形、近极地的太阳同步轨道。这种轨道设计的好处是，近圆形轨道可以保证大致相近的成像比例尺，有利于地图制图；太阳同步轨道则保证了传感器成像时有相近的光照条件，利于邻近图像中的地物相互比较，这些卫星的降交点地方时都设定为卫星过赤道上空时为地方时 10：30。

3.12.2 中国–巴西地球资源卫星

巴西是南美洲最大的国家，幅员辽阔。和中国一样，巴西急需对自己国家的资源与环境进行及时的清查与监测，达到这个目标的最佳途径就是发展卫星遥感事业，通过两国技术合作正可推进和加快这一目标的实现。在两国科学家和技术人员通力合作下，终于于 1999 年 10 月 14 日将第一颗中国–巴西地球资源卫星 1 号星（CBERS-01，1999 年 10 月 14 日 ~ 2003 年 8 月 13 日）成功发射并入轨运行，其后接连发射了 CBERS-02（2003 年 10 月

21 日 ~2007 年 11 月 21 日)、CBERS-02B(2007 年 9 月 19 日 ~2010 年 3 月 11 日)以及 CBERS-04(2014 年 12 月 7 日)等四颗遥感卫星。前三颗卫星设计寿命为两年，他们均在完成使命后失效退役，唯有第四颗星，仍在轨超期服役(其设计寿命为三年)。现在就从正在在轨运行的 CBERS-04 星说起。

图 3. 12. 1 是中巴地球资源卫星-04(CBERS-04)外观及其主要载荷空间总体布局图。总体上看，CBERS-04 呈长方柱体，柱体底面指向地球观测目标，并安装了多光谱相机、宽幅全色多光谱相机和宽视场相机，两个指向地面的数据传输天线也安装在卫星的底面。卫星两侧一侧是太阳能电池板，另一侧则有卫星敏感器(a 和 b)。由于未设置传感器的内定标系统以及复杂的卫星与卫星间的通信与数据传输系统，卫星结构在总体上要比陆地卫星简约的多。图 3. 12. 2 是 CBERS-04 多光谱相机内部结构以及成像焦平面上 CCD 线阵的推扫式成像方式的光学系统布局。

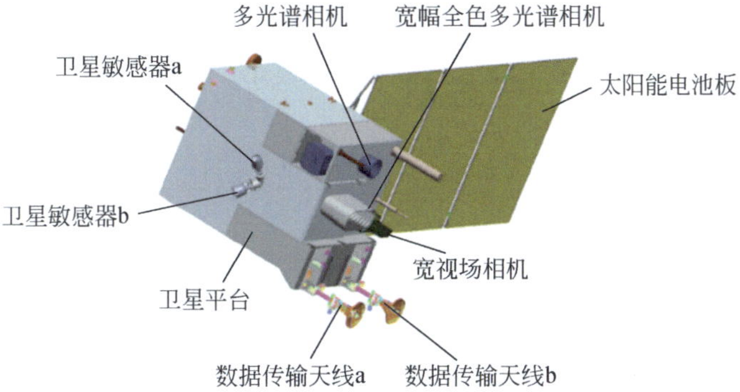

图 3. 12. 1　中巴地球资源卫星-04 外观与主要载荷

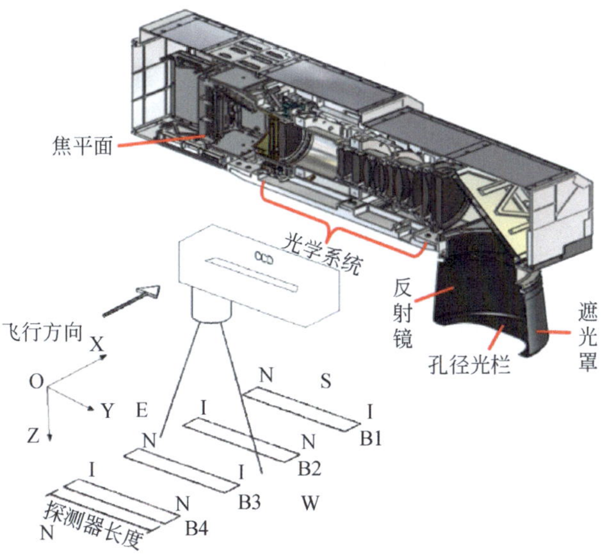

图 3. 12. 2　中巴地球资源卫星-04 多光谱相机结构断面图

图 3. 12. 3 是综合了 CBERS-04 宽幅的全色与多光谱相机的各波段归一化光谱响应曲线。全色波段的空间分辨率为 5m，多光谱波段为 73m，帧幅宽达 866km，像元亮度值量化水准 10bit，非常适合于对环境和农作物生长状况的跟踪监测。

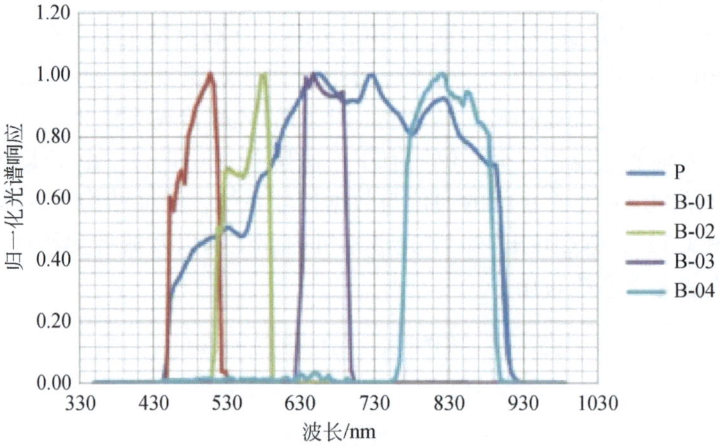

图 3. 12. 3　CBERS-04 宽幅全色/多光谱相机各波段归一化光谱响应曲线

中巴地球资源卫星的轨道特征如图 3. 12. 4，传感器的波段设置等技术指标见表 3. 12. 3。纵览表 3. 12. 3，似曾相识。毫不奇怪，由于我国是后发展国家，美国发射其第一颗陆地卫星比中国早约 30 年、法国早 13 年，即使像印度这样后发展国家也比中国早了 10 年，汲取别国的成功经验，不但节省了大量研发费用，也加快了自己的卫星开发进程，人类社会发展正是这样走过来的。美国陆地卫星的波段选择和带宽的设定，是美国科学家长期理论研究的结晶，体现了杰出的开创精神。

表 3. 12. 3　中巴地球资源卫星（CBERS）及其传感器主要技术指标

<table>
<tr><th>卫星名及序号</th><th>传感器名称</th><th>波段名</th><th>波段范围/μm</th><th>空间分辨率/m</th><th>像幅宽/m</th><th>量化水准/b</th><th>降交点地方时/am</th><th>侧摆能力/(°)</th><th>重访周期/d</th><th>回归圈数/圈</th><th>覆盖全球/d</th><th>轨道倾角/(°)</th><th>轨道高度/km</th></tr>
<tr><td rowspan="11">中巴地球资源卫星 CBERS-01/02</td><td rowspan="5">CCD 相机</td><td>B-01</td><td>0. 45 ~ 0. 52</td><td rowspan="5">19. 5</td><td rowspan="5">113</td><td rowspan="5">8</td><td rowspan="5">10：30</td><td rowspan="5">±32</td><td rowspan="5">26</td><td rowspan="11">373</td><td rowspan="5">26</td><td rowspan="11">98. 5</td><td rowspan="11">778</td></tr>
<tr><td>B-02</td><td>0. 52 ~ 0. 59</td></tr>
<tr><td>B-03</td><td>0. 63 ~ 0. 69</td></tr>
<tr><td>B-04</td><td>0. 77 ~ 0. 89</td></tr>
<tr><td>B-05</td><td>0. 51 ~ 0. 73</td></tr>
<tr><td rowspan="4">红外多光谱扫描仪</td><td>B-06</td><td>0. 50 ~ 0. 90</td><td rowspan="3">78</td><td rowspan="4">119. 5</td><td rowspan="4">8</td><td rowspan="4">10：30</td><td rowspan="6"></td><td rowspan="4">26</td><td rowspan="4">26</td></tr>
<tr><td>B-07</td><td>1. 55 ~ 1. 75</td></tr>
<tr><td>B-08</td><td>2. 08 ~ 2. 35</td></tr>
<tr><td>B-09</td><td>10. 4 ~ 12. 5</td><td>156</td></tr>
<tr><td rowspan="2">宽视场成像仪</td><td>B-10</td><td>0. 63 ~ 0. 69</td><td rowspan="2">258</td><td rowspan="2">890</td><td rowspan="2">8</td><td rowspan="2">10：30</td><td rowspan="2">5</td><td rowspan="2">5</td></tr>
<tr><td>B-11</td><td>0. 77 ~ 0. 89</td></tr>
</table>

续表

卫星名及序号	传感器名称	波段名	波段范围/μm	空间分辨率/m	像幅宽/m	量化水准/b	降交点地方时/am	侧摆能力/(°)	重访周期/d	回归圈数/圈	覆盖全球/d	轨道倾角/(°)	轨道高度/km
中巴地球资源卫星 CBERS-02B	CCD 相机	B-01	0.45 ~ 0.52	20	113	8	10：30	±32	3	373	26	98.5	778
		B-02	0.52 ~ 0.59										
		B-03	0.63 ~ 0.69										
		B-04	0.77 ~ 0.89										
		B-05	0.51 ~ 0.73										
	高分辨率相机	B-06	0.50 ~ 0.80	2.36	27	8	10：30		26		104		
	宽视场成像仪	B-07	0.63 ~ 0.69	258	890	8	10：30		5		5		
		B-08	0.77 ~ 0.89										
中巴地球资源卫星 CBERS-04	5m 全色/10m 多光谱相机	B-01	0.51 ~ 0.85	5	60	8	10：30	±32	3	373	52	98.5	778
		B-02	0.52 ~ 0.59	10									
		B-03	0.63 ~ 0.69										
		B-04	0.77 ~ 0.89										
	20m 多光谱相机	B-05	0.45 ~ 0.52	20	120				26		26		
		B-06	0.52 ~ 0.59										
		B-07	0.63 ~ 0.69										
		B-08	0.77 ~ 0.89										
	红外多光谱扫描仪	B-09	0.50 ~ 0.90	40	120	8	10：30		26		26		
		B-10	1.55 ~ 1.75										
		B-11	2.08 ~ 2.35										
		B-12	10.4 ~ 12.5	80									
	宽视场成像仪	B-13	0.45 ~ 0.52	73	866	10	10：30		3		3		
		B-14	0.52 ~ 0.59										
		B-15	0.63 ~ 0.69										
		B-16	0.77 ~ 0.89										

3.12.3 高分遥感卫星系列

中国的高分辨率遥感卫星是一个具有开放性的传感器卫星系列，不能简单地从字面去理解为仅限于可见光–近红外的高空间分辨率的可视图像的遥感成像系统，它已延伸到微波波段，如 GF-3 卫星实际上是颗雷达卫星（表 3.12.4）。它具多种成像模式，因而可生成从 1m 到 100m 的不同分辨率和从 10km 到 650km 的刈幅宽度，并有不同的极化方式可选，可广泛应用于灾害与环境监测。

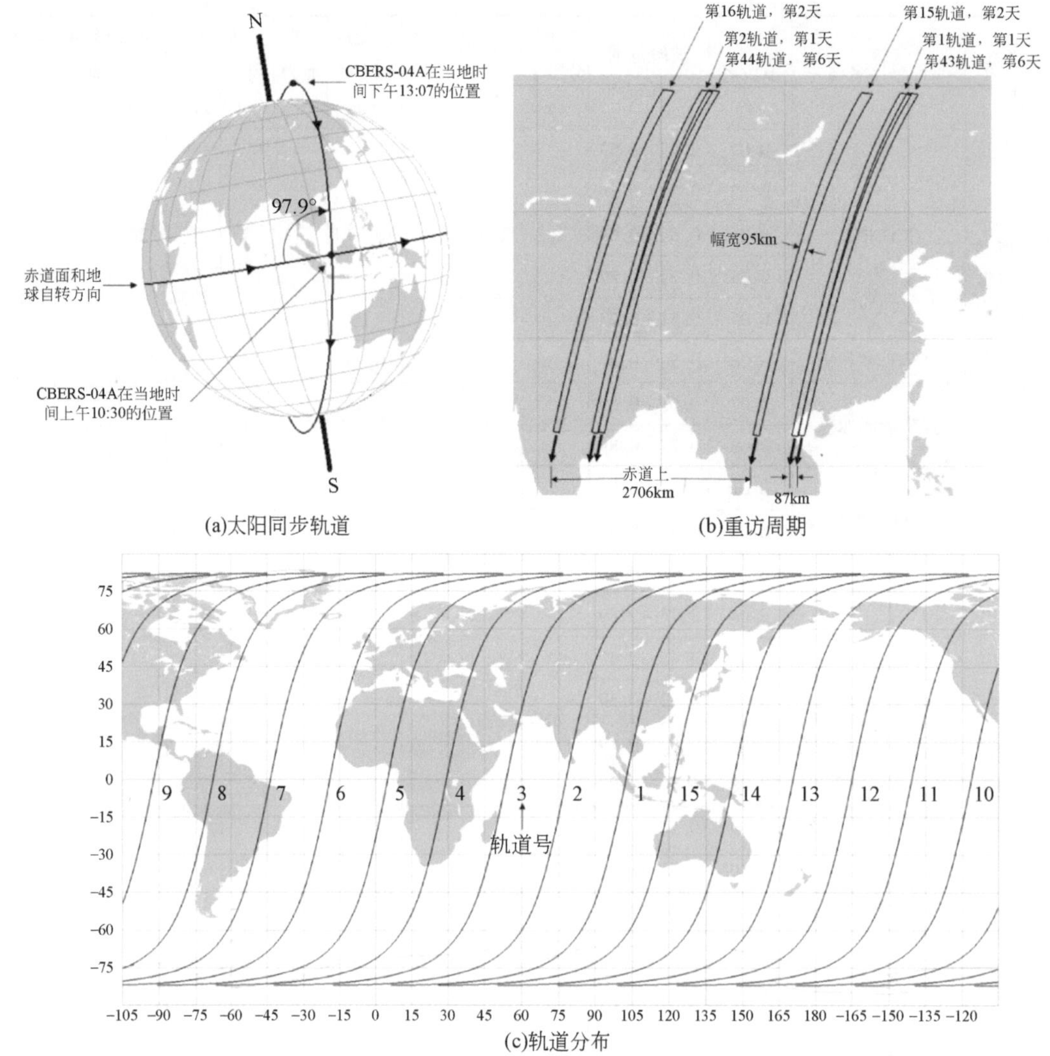

图 3.12.4　中巴地球资源卫星轨道示意图

表 3.12.4　GF-3 卫星成像模式和能力

序号	成像模式名称	分辨率/m			成像幅宽/km		视数	极化方式
		标称	方位向	距离向[1]	标称	范围	$A\times E$[4]	
成像模式 1	聚束[2]	1	1.0～1.5	0.9～2.5	10×10	≥10×10	1×1	可选单极化
成像模式 2	超精细条带	3	3	2.5～5	30	≥30	1×1	可选单极化
成像模式 3	精细条带 1	5	5	4～6	50	≥50	1×1	可选双极化
成像模式 4	精细条带 2	10	10	8～12	100	95～110	1×2	可选双极化
成像模式 5	标准条带	25	25	15～30	130	95～150	3×2	可选双极化
成像模式 6	窄幅扫描	50	50～60	30～60	300	≥300	2×3	可选双极化

续表

<table>
<tr><th rowspan="2">序号</th><th rowspan="2" colspan="2">成像模式名称</th><th colspan="3">分辨率/m</th><th colspan="2">成像幅宽/km</th><th>视数</th><th rowspan="2">极化方式</th></tr>
<tr><th>标称</th><th>方位向</th><th>距离向[1]</th><th>标称</th><th>范围</th><th>$A \times E$[4]</th></tr>
<tr><td>成像模式 7</td><td colspan="2">宽幅扫描</td><td>100</td><td>100</td><td>50 ~ 110</td><td>500</td><td>≥500</td><td>2×4</td><td>可选双极化</td></tr>
<tr><td>成像模式 8</td><td colspan="2">全极化条带 1</td><td>8</td><td>8</td><td>6 ~ 9</td><td>30</td><td>20 ~ 35</td><td>1×1</td><td>全极化</td></tr>
<tr><td>成像模式 9</td><td colspan="2">全极化条带 2</td><td>25</td><td>25</td><td>15 ~ 30</td><td>40</td><td>35 ~ 50</td><td>3×2</td><td>全极化</td></tr>
<tr><td>成像模式 10</td><td colspan="2">波成像模式[3]</td><td>10</td><td>10</td><td>8 ~ 12</td><td>5×5</td><td>≥5×5</td><td>1×2</td><td>全极化</td></tr>
<tr><td>成像模式 11</td><td colspan="2">全球观测成像模式</td><td>500</td><td>500</td><td>350 ~ 700</td><td>650</td><td>≥650</td><td>4×2</td><td>可选双极化</td></tr>
<tr><td rowspan="2">成像模式 12</td><td rowspan="2">扩展入射角</td><td>低入射角</td><td>25</td><td>25</td><td>15 ~ 30</td><td>130</td><td>120 ~ 150</td><td>3×2</td><td>可选双极化</td></tr>
<tr><td>高入射角</td><td>25</td><td>25</td><td>20 ~ 30</td><td>80</td><td>70 ~ 90</td><td>3×2</td><td>可选双极化</td></tr>
<tr><td rowspan="3" colspan="2">极化模式说明</td><td>可选单极化</td><td colspan="7">单次成像可得 HH、HV、VV 和 VH 中的 1 种极化图像</td></tr>
<tr><td>可选双极化</td><td colspan="7">单次成像可得（HH、HV）和（VV、VH）2 种中的 1 种极化组合图像</td></tr>
<tr><td>全极化</td><td colspan="7">单次成像可同时获得 HH、HV、VV 和 VH 4 种极化组合图像</td></tr>
<tr><td colspan="2">采样位数/bit</td><td colspan="8">8</td></tr>
<tr><td colspan="2">BAQ 压缩</td><td colspan="8">8∶3 或 8∶4 可选</td></tr>
<tr><td colspan="2">观测入射角</td><td colspan="8">常规入射角：20° ~ 50°
扩展入射角：10° ~ 20°或 50° ~ 60°</td></tr>
<tr><td colspan="2">重访周期</td><td colspan="8">单侧视情况下平均重访周期小于 3d
双侧视情况下，在 10m 分辨率 100km 测绘带宽的模式下，实时观测区内 90% 地区重访周期小于 1.5d</td></tr>
</table>

注［1］：地距；

［2］：连续两次观测时间间隔约 10s，方位向与距离向成像范围各 10km；

［3］：连续两次观测间隔约 50km，可调整，方位向与距离向成像范围各 5km；

［4］：视数为方位向（A）×距离向（E）

而对于 GF-5，则又发展了不同的风格，一个卫星运载平台搭载了 6 个不同目的和不同性能的有效载荷，他们分别是①可见光-短波红外高光谱相机，②全波段光谱成像仪，③大气主要温室气体检测仪，④大气环境红外甚高光谱分辨率探测仪，⑤大气痕量气体差分吸收光谱仪，⑥大气气溶胶多角度偏振探测仪（表 3.12.5）。其中①可见光-短波红外高光谱相机 0.40 ~ 2.5μm 波谱内设置了 318 波段，可见光和短波红外的光谱分辨率各为 5nm 和 10nm（5nm 的光谱分辨率足可以用来区分农作物的品种差异），空间分辨率为 30m，刈幅宽 60km，像元亮度值的量化水平为 12bit，可与国外类似的成像传感器相媲美。另一成像系统②全波段光谱成像仪有点类似于 Terra 卫星搭载的唯一的一件高分辨率传感器 ASTER，在热红外波段，前者的空间分辨率为 40m，明显的高于 ASTER 的 90m，而他们的刈幅宽相同，均为 60m。GF-5 的其他 4 件有效载荷是服务于大气环境监测的，即温室气体、痕量气体、气溶胶等的监测，其中气溶胶探测数据或可用于大气纠正。大气成分和大气环境的遥感监测内容在一般的陆地卫星系统中是难得一见的。GF-5 遥感卫星监测内容具有综合性，经过适当调整和扩充有望成为在时间上具有连续性，在监测指标上具有一致性的系列性遥感卫星。如在此基础上发展为类似于美国的 Terra-MODIS 及其后继者 Soumi NPP-VIIRS 卫星系列。这就需要对 GF-5 的探测频道做适当调整、扩充和改造并尽量与 VIIRS 谱段一致或相近，以适应全球太阳辐射能收支及其动态变化做较精准估算；同时需要增设海洋运动动力学和类似于 SeaWiFS 的观测海洋的频道并因此造成探测总视场的增大，卫星的运动轨道相应作出调整，以实现用二至三星运行系统构成一天内的全球覆盖。在传感器空间分辨率上最好形成有 20m、100m、200/250m 以及 1000m 四个有简单递推关系；在波段设置上尽量与 VIIRS 一致或相近，利于开展国际合作。这是因为，如果能通过国际合作（如与美国或欧盟）构成由相同性能的二至四颗遥感卫星星群，不但可以缩短重访周期，也必然会同时提高了探测的空间分辨率，最终形成具有 5 个分辨率层次的二星或四星的全球覆盖的地球表层能量水分收支动态的定量分析监测体系，逐渐形成在观测指标一致性和时间序列连续性上都得到保证的、全球覆盖的数据集，贡献于全球尺度的环境变化的动态监测，并通过全球的物质-能量流的定量模拟分析来增进和加深对地球表层系统中的环境变化原因的深层次的探讨。

表 3.12.5　GF-5 卫星有效载荷配置

<table>
<tr><td rowspan="5">可见短波红外高光谱相机</td><td colspan="2">光谱范围/μm</td><td colspan="5">0.4～2.5，共 318 个通道</td></tr>
<tr><td colspan="2">空间分辨率/m</td><td colspan="5">30</td></tr>
<tr><td colspan="2">幅宽/km</td><td colspan="5">60</td></tr>
<tr><td colspan="2">光谱分辨率/nm</td><td colspan="5">VNIR：5；SWIR：10</td></tr>
<tr><td colspan="2">量化位数/bit</td><td colspan="5">12</td></tr>
<tr><td rowspan="13">全谱段光谱成像仪</td><td colspan="2">光谱范围/μm</td><td colspan="2">空间分辨率/m</td><td colspan="2">幅宽/km</td><td>量化位数/bit</td></tr>
<tr><td colspan="2">0.45～0.52</td><td colspan="2" rowspan="6">20</td><td colspan="2" rowspan="12">60</td><td rowspan="12">12</td></tr>
<tr><td colspan="2">0.52～0.60</td></tr>
<tr><td colspan="2">0.62～0.68</td></tr>
<tr><td colspan="2">0.76～0.86</td></tr>
<tr><td colspan="2">1.55～1.75</td></tr>
<tr><td colspan="2">2.08～2.35</td></tr>
<tr><td colspan="2">3.50～3.90</td><td colspan="2" rowspan="6">40</td></tr>
<tr><td colspan="2">4.85～5.05</td></tr>
<tr><td colspan="2">8.01～8.39</td></tr>
<tr><td colspan="2">8.42～8.83</td></tr>
<tr><td colspan="2">10.3～11.3</td></tr>
<tr><td colspan="2">11.4～12.5</td></tr>
<tr><td rowspan="5">大气主要温室气体监测仪</td><td>温室气体</td><td>中心波长/μm</td><td>光谱范围/μm</td><td>光谱分辨率/cm</td><td>视场 IFOV/mrad</td><td>观测模式</td><td>量化位数/bit</td></tr>
<tr><td>O_2</td><td>0.765</td><td>0.45～0.52</td><td>0.6</td><td rowspan="4">14.6</td><td rowspan="4">天底观测
耀斑观测</td><td rowspan="4">14</td></tr>
<tr><td rowspan="2">CO_2</td><td>1.575</td><td>1.568～1.583</td><td rowspan="3">0.27</td></tr>
<tr><td>2.05</td><td>2.043～2.058</td></tr>
<tr><td>CH_4</td><td>1.65</td><td>1.642～1.658</td></tr>
</table>

续表

大气环境红外甚高光谱分辨率探测仪	光谱范围/μm	2.4～13.3
	光谱分辨率/cm	0.03
	光谱仪视场角/mrad	1.25
	量化位数/bit	18
大气痕量气体差分吸收光谱仪	光谱范围/μm	0.240～0.315
		0.311～0.403
		0.401～0.550
		0.545～0.710
	光谱分辨率/nm	0.3～0.5
	杂散光	$<6\times10^{-4}$
	总视场	114°（穿轨方向）
	空间分辨率/km	48（穿轨方向）×13（沿轨方向）
	量化位数/bit	14
大气气溶胶多角度偏振探测仪	工作谱段/μm	0.433～0.453
		0.480～0.500（偏振）
		0.555～0.575
		0.660～0.680（偏振）
		0.758～0.768
		0.745～0.785
		0.845～0.885（偏振）
		0.900～0.920
	偏振解析	线偏振，三个方向 0°、60°、120°
	多角度观测	沿轨 9 个角度
	总视场/（°）	−50～+50
	星下点空间分辨率/km	优于 3.5
	量化位数/bit	12

时至 2020 年 12 月 6 日，中国已成功发射并入轨服务的高分卫星（GF）序列号是 GF-14，表明从 2019 年 11 月 3 日到 2020 年 12 月 6 日这 13 个月中，共发射成功了 7 颗高分卫星（GF）。在全世界都笼罩在新冠疫情严重的恐怖氛围时，中国卫星遥感事业仍马不停蹄，逆势发展，高歌猛进。

为进一步了解高分遥感卫星的作用，现列出 GF-6 宽幅相机的波段设置及其主要特征和应用领域（表 3.12.6）以及上面未列出的其他几颗高分卫星（GF）的传感器主要技术性能列表（表 3.12.7）。

表 3.12.6　高分-6（GF-6）宽幅相机波段设置和应用领域

谱段名称	波长范围/μm	主要特征
B-01：蓝光谱段	0.45～0.52	该谱段增强了对水体穿透能力，支持土地利用、土壤和植被特征的分析
B-02：绿光谱段	0.52～0.59	该谱段是跨蓝光和绿光两个叶绿素吸收谱段之间区域，对健康植物的绿光反射有响应，可用于植被健康监测和污水监测
B-03：红光谱段	0.63～0.69	该谱段受大气衰减效应降低，为健康绿色植被叶绿素吸收谱段，可以用于区分植被，叶绿素吸收率测量，也可用于提取土壤边界和地质界线信息
B-04：近红外谱段	0.77～0.89	该谱段对植被的生长量有很好的响应。用于识别作物长势监测与分类，土壤与农作物、水体与陆地交界分类
B-05：红边谱段 1	0.69～0.73	该谱段对植被的叶绿素含量变化非常敏感，可用于植被生物量、健康监测
B-06：红边谱段 2	0.73～0.77	该谱段对植被的叶绿素含量变化非常敏感，可用于植被覆盖率、分类
B-07：紫光谱段	0.40～0.45	该谱段比蓝光谱段对水分更敏感，可用于水深测量，大气气溶胶反演，植被健康监测
B-08：黄光谱段	0.59～0.63	该谱段是跨绿光和红光两个谱段之间区域，可用于植被“泛黄度”监测、植被分类研究

表 3.12.7　高分辨率卫星（GF）及其传感器主要技术指标

<table>
<tr><th>卫星代号</th><th>传感器名称</th><th>波段名</th><th>波段范围/μm</th><th>空间分辨率/m</th><th>像幅宽/km</th><th>量化水准/bit</th><th>降交点地方时/am</th><th>侧摆能力/(°)</th><th>重访周期/d</th><th>回归圈数/圈</th><th>覆盖全球/d</th><th>轨道倾角/(°)</th><th>轨道高度/km</th></tr>
<tr><td rowspan="9">GF-1</td><td rowspan="5">2m 全色/8m 多光谱相机</td><td>B-01</td><td>0.45～0.90</td><td>2</td><td rowspan="5">35(单台)
70(双台)</td><td rowspan="9">10</td><td rowspan="9">10：30</td><td rowspan="5">±35</td><td rowspan="9">4</td><td rowspan="9">605</td><td rowspan="9">4</td><td rowspan="9">98</td><td rowspan="9">645</td></tr>
<tr><td>B-02</td><td>0.45～0.52</td><td rowspan="4">8</td></tr>
<tr><td>B-03</td><td>0.52～0.59</td></tr>
<tr><td>B-04</td><td>0.63～0.69</td></tr>
<tr><td>B-05</td><td>0.77～0.89</td></tr>
<tr><td rowspan="4">16m 多光谱相机</td><td>B-06</td><td>0.45～0.52</td><td rowspan="4">16</td><td rowspan="4">200(单台)
800(四台)</td><td rowspan="4">±35</td></tr>
<tr><td>B-07</td><td>0.52～0.59</td></tr>
<tr><td>B-08</td><td>0.63～0.69</td></tr>
<tr><td>B-09</td><td>0.77～0.89</td></tr>
<tr><td rowspan="5">GF-2</td><td rowspan="5">0.8m 全色/3.2m 多光谱相机</td><td>B-01</td><td>0.45～0.90</td><td>0.8</td><td rowspan="5">23(单台)
45(双台)</td><td rowspan="5">10</td><td rowspan="5">10：30</td><td rowspan="5">±35</td><td rowspan="5">5</td><td rowspan="5">1201</td><td rowspan="5">69</td><td rowspan="5">98</td><td rowspan="5">631.6</td></tr>
<tr><td>B-02</td><td>0.45～0.52</td><td rowspan="4">3.2</td></tr>
<tr><td>B-03</td><td>0.52～0.59</td></tr>
<tr><td>B-04</td><td>0.63～0.69</td></tr>
<tr><td>B-05</td><td>0.77～0.89</td></tr>
</table>

续表

卫星代号	传感器名称	波段名	波段范围/μm	空间分辨率/m	像幅宽/km	量化水准/bit	降交点地方时/am	侧摆能力/(°)	重访周期/d	回归圈数/圈	覆盖全球/d	轨道倾角/(°)	轨道高度/km
GF-4	可见光近红外相机	B-01	0. 45 ~0. 90	50	400	10		±8. 5	205				
		B-02	0. 45 ~0. 52										
		B-03	0. 52 ~0. 60										
		B-04	0. 63 ~0. 69										
		B-05	0. 76 ~0. 90										
	中红外	B-06	3. 5 ~4. 1	400		12							
GF-1B/C/D	2m 全色/8m 多光谱相机	B-01	0. 50 ~0. 80	2	66(双台)		10：30	±32	4(单星)2(双星)	644	45(单星)15(双星)	98	645
		B-02	0. 45 ~0. 52	8									
		B-03	0. 52 ~0. 59										
		B-04	0. 63 ~0. 69										
		B-05	0. 77 ~0. 89										
GF-6	2m 全色/8m 多光谱相机	B-01	0. 45 ~0. 90	2	90	12	10：30	±25(应急±35)	4			98	644. 5
		B-02	0. 45 ~0. 52	8									
		B-03	0. 52 ~0. 59										
		B-04	0. 63 ~0. 69										
		B-05	0. 77 ~0. 89										
	16m 多光谱相机	B-06	0. 45 ~0. 52	16	800			±10	4	605	41		
		B-07	0. 52 ~0. 59										
		B-08	0. 63 ~0. 69										
		B-09	0. 77 ~0. 89										
		B-10	0. 69 ~0. 73										
		B-11	0. 73 ~0. 77										
		B-12	0. 40 ~0. 45										
		B-13	0. 59 ~0. 63										
GF-7	前视全色相机		0. 45 ~0. 90	0. 8	20	11	10：30	±32		897	59	97	506
	后视全色相机		0. 45 ~0. 90	0. 65									
	后视多光谱相机	B-01	0. 45 ~0. 52	2. 6									
		B-02	0. 52 ~0. 59										
		B-03	0. 63 ~0. 69										
		B-04	0. 77 ~0. 89										

3.12.4 环境卫星与资源卫星

环境卫星（HJ）与资源卫星（ZY）都是系列卫星，分别服务于生态环境部和自然资源部国家管理部门。面对日益严峻的大气和地表污染情况，国家于 2008 年 9 月 6 日同时发射了 HJ-1A 和 HJ-1B 两星并成功入轨服役，接着于 2011 年 11 月 19 日成功发射了 HJ-1C 星，他们搭载的各种传感器及其探测波段设置、运行轨道和地面覆盖特征等技术指标均列于表 3.12.8。这三颗星自发射运行起一直正常服务至今。看来，其工作寿命都可能超过 10 年。而且该卫星系列的有效载荷在可见到近红外范围包括了从多光谱到高光谱（110～128 个波段）成像装置，特别是对从近红外（0.75～0.90μm）、短波红外（1.55～1.75μm）、反射红外（3.50～3.90μm）和热红外（10.5～12.5μm）4 个波段单独设置了一台热红外相机以及一台 S 波段的合成孔径雷达（HJ-C），成为对大气和地表进行综合性监测的遥感系统，已不限于对污染的监测了。

表 3.12.8 环境卫星（HJ）及其传感器主要技术指标

卫星代号	传感器名称	波段名	波段范围/μm	空间分辨率/m	像幅宽/km	量化水准/bit	降交点地方时（am）	侧摆能力/(°)	重访周期/d	回归圈数/圈	覆盖全球/d	轨道倾角/(°)	轨道高度/km
HJ-1A	CCD 相机	B-01	0.43～0.52	30	360（单台）700（双台）	8	10：30		4	457	4	98	649.1
		B-02	0.52～0.60	30									
		B-03	0.63～0.69	30									
		B-04	0.76～0.90	30									
	高光谱成像仪		0.45～0.95	100	50	12		±30	4		62		
			（110 到 128 个谱段）										
HJ-1B	CCD 相机	B-01	0.43～0.52	30	360（单台）700（双台）	8	10：30		4	457	4	98	649.1
		B-02	0.52～0.60	30									
		B-03	0.63～0.69	30									
		B-04	0.76～0.90	30									
	红外多光谱相机	B-05	0.75～1.10	150	720	10			4		4		
		B-06	1.55～1.75										
		B-07	3.50～3.90										
		B-08	10.5～12.5	300									
HJ-C	合成孔径雷达	S 波段	9.375cm	20 扫描模式	100	8		25～47	31		31		
				5 条带模式	40	8					62		

资源卫星（ZY）也是系列卫星，现在在轨服役的有 ZY-1 02C/D/E、ZY-3 01/02/03 卫星，除了高光谱相机外，他们搭载的多光谱相机都是高空间分辨率的成像装置，且每

台多光谱相机均设有全色波段，并均具侧摆能力，其观测数据可以进行地形图制图，这就为国土资源精细清查（如地籍调查）提供了更可靠的信息。中国发射的资源卫星，包括两颗在轨服务的实践（SJ-9A 和 SJ-9B）卫星，探测波段设置和运行轨道特征均可见表 3.12.9。

表 3.12.9 资源卫星系列（ZY）和实践卫星系列（SJ）探测波段设置与运行轨道特征

序号	卫星代号	有效载荷	波段号	光谱范围/μm	空间分辨率/m	幅宽/km	相机量化等级/bit	标准景尺寸/km	侧摆能力/(°)	重访时间/d	全球覆盖能力/d
5	ZY-1 02C	HR 相机	—	0.50~0.80	2.36	27(单台) 54(双台)	8	54×54	±25	3~5	3~5
		5m 全色/10m 多光谱相机	B-01	0.51~0.85	5	60		60×60	±32		
			B-02	0.52~0.59	10						
			B-03	0.63~0.69							
			B-04	0.77~0.89							
6	ZY-3 01	前视相机	—	0.50~0.80	3.5	52	10	51×51	±32	3~5	59
		后视相机	—	0.50~0.80							
		正视相机	—	0.50~0.80	2.1	51					
		多光谱相机	B-01	0.45~0.52	5.8					5	
			B-02	0.52~0.59							
			B-03	0.63~0.69							
			B-04	0.77~0.89							
7	SJ-9A	2.5m 全色/10m 多光谱相机	B-01	0.45~0.52	10	30	—	30×30	±35	4	138
			B-02	0.52~0.59							
			B-03	0.63~0.69							
			B-04	0.77~0.89							
			B-05	0.45~0.89	2.5						
8	SJ-9B	长波红外相机	—	8~12	73	18	—	18×18	±15	4	—
14	ZY-3 02	前视相机	—	0.50~0.80	2.5	51	10	51×51	±32	3~5	59
		后视相机	—	0.50~0.80							
		正视相机	—	0.50~0.80	2.1						
		多光谱相机	B-01	0.45~0.52	5.8					3	
			B-02	0.52~0.59							
			B-03	0.63~0.69							
			B-04	0.77~0.89							

续表

序号	卫星代号	有效载荷	波段号	光谱范围/μm	空间分辨率/m	幅宽/km	相机量化等级/bit	标准景尺寸/km	侧摆能力/(°)	重访时间/d	全球覆盖能力/d
17	ZY-1 02D	高光谱相机	—	0.4~2.5(VNIR谱段通道数为76个，光谱分辨率为10nm；SWIR谱段通道数为90个，光谱分辨率为20nm	≤30	≥60	12	≥60×60			
		2.5m全色/10m多光谱相机	B-01	0.45~0.902	2.5	115		115×115	±32	3	55
			B-02	0.452~0.521	10						
			B-03	0.522~0.607							
			B-04	0.635~0.694							
			B-05	0.776~0.895							
			B-06	0.416~0.452							
			B-07	0.591~0.633							
			B-08	0.708~0.752							
			B-09	0.871~1.047							

3.12.5 商业遥感卫星

卫星遥感在总体上除服务于国家层面上的重要任务外，同时发展一定规模的商业化应用卫星也是必要的应时举措。商业遥感卫星，称为高景卫星星座（SuperView-1）。

高景卫星星座是中国首个全自主研发的商业遥感卫星星座，采用“16+4+4+X”星座模式，它是由16颗0.5m分辨率光学卫星、4颗高端光学卫星、4颗微波卫星以及若干颗视频、高光谱等微小卫星组成的0.5m级高分辨率商业遥感卫星系统。高景一号卫星是中国航天科技集团有限公司商业遥感卫星系统的首发星，由旗下中国四维测绘技术有限公司负责商业化运营。

2016年12月28日，我国在太原卫星发射中心用长征二号丁运载火箭，成功将高景一号01、02星发射升空；2018年1月9日，高景一号03、04星发射升空，卫星顺利进入预定轨道。4颗分辨率为0.5m的光学小卫星以90°夹角在同一轨道运行，组成SuperView-1星座，重访周期缩短至1天。高景一号卫星技术指标见表3.12.10。

高景一号卫星可为全球用户提供遥感数据服务和应用系统解决方案服务，在国土资源调查、测绘、环境监测、金融保险以及互联网行业发挥重要作用；在运营服务方面，采用了商业化的运营模式，不仅针对不同用户的需求提供卫星标准数据，还可提供卫星数据的衍生产品等。

表 3.12.10 高景一号卫星技术指标

轨道	高度：530km
	类型：太阳同步轨道
	周期：97min
设计寿命/a	8
重量/kg	560
传感器波段/μm	全色：0.45 ~ 0.89
	蓝：0.45 ~ 0.52
	绿：0.52 ~ 0.59
	红：0.63 ~ 0.69
	近红外：0.77 ~ 0.89
分辨率/m	全色：0.5
	多光谱：2
相机量化等级/bit	11
幅宽/km	12
重访周期	1 天（四星）
星上存储空间	大于 4TB
定位精度	9.5mCE90
数据下传速度	2×450Mbps
单日采集能力	大于 200 万 km^2（四星）

3.12.6 遥感卫星地面接收系统与遥感数据服务

卫星遥感地面系统由数据接收系统、数据处理系统、任务管理系统组成。

数据接收系统主站设在密云、喀什和三亚，此外在昆明、牡丹江及北极等地也相继建设了接收站。密云、喀什和三亚数据接收范围覆盖中国及周边区域（卫星轨道高度 645km）。接收站覆盖范围外的地区可以采用星上记录回放方式获取影像。

卫星观测数据可通过卫星观测数据服务平台获取，用户可登录中国资源卫星应用中心官网（www.cresda.com）进入“数据服务-查询系统”进行注册，审核通过后可进行数据查询、订购和下载。

数据查询时必选信息为查询范围、卫星传感器和产品级别，可选信息为采集时间、云量、轨道圈号、产品号、景号等。查询范围可以按照经纬度、行政区、矢量范围（shp 导入）、坐标点（文本导入）等信息进行查询，也可以通过地图界面上的工具条手动绘制查询范围。卫星传感器根据用户自身需求选择。产品级别选择时环境系列（HJ）与资源系列（CBERS）产品级别为 2 级，其余系列卫星产品级别为 1 级。

3.13 中国气象卫星事业

3.13.1 风云气象卫星概况

中国气象卫星以“风云”命名，用阿拉伯数字来区别卫星系列，同一系列、同一批次不同卫星用英文字母区分。具体来说，极轨卫星用单数序号表示，静止卫星用双数序号表示，第一代极轨气象卫星首颗星命名为风云一号 A 星（FY-1A），第二颗星命名为风云一号 B 星（FY-1B），第二代极轨气象卫星首颗星命名为风云三号 A 星（FY-3A），第一代静止气象卫星首颗星命名为风云二号 A 星（FY-2A），依此类推。

1969 年，中国提出要搞自己的气象卫星，并于 1970 年启动了气象卫星研制任务。1988 年 9 月 7 日，中国用长征四号运载火箭成功发射风云一号 A 极轨气象卫星，并获取了清晰的遥感图像。1997 年 6 月 10 日，中国用长征三号运载火箭将风云二号 A 静止气象卫星送入太空，成为继美国、欧盟之后，第三个同时拥有极轨和静止气象卫星的国家（地区），风云卫星星座初具雏形。迄今，中国已成功发射 17 颗风云系列气象卫星，目前 7 颗在轨运行，形成了极轨、静止两个系列化、业务化的综合观测星座（表 3.13.1），实现了对大气及地球多圈层系统全球化、精细化综合探测能力，气象卫星综合性能达到世界先进水平，为保障生命安全、生产发展、生活富裕、生态良好作出了突出贡献。中国作为世界气象组织全球业务应用气象卫星序列成员、空间与重大灾害国际宪章值班卫星，风云卫星正在为全球用户提供不可替代的气象观测服务。

表 3.13.1 风云系列卫星发射时间与运行状况一览表

发射入轨运行时间（年.月.日）	系列卫星名称	运行性质	运行状况
1988.9.7	风云一号 A 星	试验	39 天
1990.9.3	风云一号 B 星	试验	158 天
1999.5.10	风云一号 C 星	业务	6.5 年
2002.5.15	风云一号 D 星	业务	10 年
2008.5.17	风云三号 A 星	试验业务	10 年
2010.11.5	风云三号 B 星	试验业务	在轨工作
2013.9.23	风云三号 C 星	业务	业务运行
2017.11.15	风云三号 D 星	业务	业务运行
1997.6.10	风云二号 A 星	试验	约 6 个月
2000.6.25	风云二号 B 星	试验	约 8 个月
2004.10.19	风云二号 C 星	业务	8.5 年
2006.12.08	风云二号 D 星	业务	8.5 年
2008.12.23	风云二号 E 星	业务	10 年

续表

发射入轨运行时间（年．月．日）	系列卫星名称	运行性质	运行状况
2012. 1. 13	风云二号 F 星	业务	业务运行
2014. 12. 31	风云二号 G 星	业务	业务运行
2016. 12. 11	风云四号 A 星	试验	业务运行
2018. 6. 5	风云二号 H 星	业务	业务运行

FY-1 卫星采用太阳同步轨道，高度约 900km，倾角约 99°，偏心率<0. 005，FY-1A 的过境时间在地方时 4：00 和 16：00 左右，FY-1B 的过境时间在 8：00 和 20：00 左右。

FY-1 上现在安装的遥感仪器是可见光和红外波段的扫描辐射计，它有 5 个通道，其波长范围是 0. 58 ~ 0. 68μm，0. 725 ~ 1. 1μm，0. 48 ~ 0. 53μm，0. 53 ~ 0. 58μm，10. 5 ~ 12. 5μm，每秒钟具有 6 条扫描线，每条扫描线具有 2048 个扫描点，扫描点的空间分辨率，在星下点为 1. 1km。扫描辐射计的第 1、2 通道用于获取白天的云图及地表和海面的多种特性，它的波长范围与 NOAA 卫星的改进型甚高分辨率辐射计（AVHRR）的第 1、2 通道一致，其数据可以相互比较。第 3、4 通道为 FY-1 所特有，主要目的是获取海洋水色，第 5 通道是热红外通道，可以获取昼夜云图以及地表和海面的温度。

FY-1 的实时资料传输采用与美国 NOAA 卫星兼容的体制，有高分辨率图像传输（HRPT）和分辨率为 4km 的自动图像传输（APT）两种，凡可以接收 NOAA 卫星数据的地面接收设备，一般也可以接收 FY-1 卫星的数据，反之亦然。HRPT 是数字信息，码速率为 0. 6654Mb/s，载波频率为 1695. 5MHz 或 1704. 5MHz，APT 是模拟信号，载频为 137. 035MHz 或 137. 795MHz。FY-1 星上装有磁带机，可以存贮卫星在他国上空运行时观测的数据，在卫星通过我国的地面站时再将数据回放发送下来，由于现在 FY-1 上的磁带机存贮容量有限，还不能获取全球资料，但是通过遥控可以将这种延时回放数据的观测地域到达地球上的任一地区。

在 FY-1A 气象卫星发射之前的 1987 年，就建成了其数据接收处理系统，并于 1988 年成功地进行了 FY-1A 资料的接收处理工作，其后又进行了 FY-1B 资料的接收处理和服务工作。这一系统由 3 个地面资料接收站（北京站、广州站和乌鲁木齐站）和一个数据处理中心（北京，卫星气象中心）组成（图 3. 13. 1）。

地面站的主要任务是接收和转发气象卫星的数据，除了具有天线、接收机、时统和通信设备外，由于还要进行数据编排、存贮、监视和天线程序跟踪等工作，因此在各地面站都配置了小型计算机系统，主机是 2 台 IBM S/I 小型计算机。

数据处理中心设有指挥调度、接收、通信、时统和中心计算机系统，负责数据处理工作。中心计算机系统又分为主机系统和输入/输出系统。输入/输出系统配置了 5 台 IBM S/I 小型计算机。主机系统配置的计算机是 3 台 IBM 4381-P03，每台内存 16MB，磁盘总容量超过 25 000MB，3 台主机通道连接，可使主机系统中的大部分外设为 3 台主机共享。

数据接收处理流程为：数据处理中心首先根据国家测控中心发送来的 FY-1 轨道根数和接收到的 NOAA 卫星的 TBUS 轨道根数，做出卫星轨道预报，据此指挥 3 个地面站按时

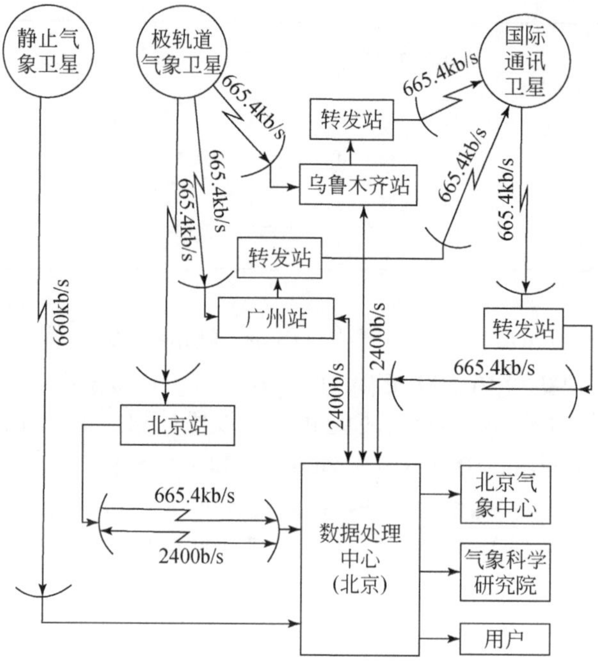

图 3.13.1　气象卫星资料接收处理系统示意图

资料来源：范天锡，1991

接收 FY-1 和 NOAA 卫星发送的数据。由于气象数据的时间性要求很强，因此广州和乌鲁木齐地面站接收的数据是通过租用国际通信卫星电路实时转发至数据处理中心的，北京站则通过微波电路直接传送给数据处理中心。地面站通过图像显示可监视所接收的云图的质量，并可根据中心的要求回放已存储在磁盘中的数据。

数据处理中心汇集 3 个地面站的气象卫星数据、国家气象中心传递来的常规气象数据以及卫星轨道参数等其他数据，进行资料处理工作。卫星原始数据通过输入/输出系统送至主机系统后，按一定格式形成文件存储在磁盘中。对此原始数据，首先要进行预处理，即进行质量检验、定标系数处理、地理定位和格式变换等工作，形成便于各种数据处理工作使用的数据集。

3.13.2　风云气象卫星载荷

第二代极轨气象卫星风云三号目前共发射四颗，所搭载的对地观测遥感仪器包括：微波成像仪、微波湿度计、微波温度计、中分辨率光谱成像仪、可见光红外扫描辐射计、红外高光谱探测仪、红外分光计、近红外高光谱温室气体监测仪、全球导航卫星掩星探测仪、紫外臭氧垂直探测仪、紫外臭氧总量探测仪、太阳辐射监测仪、地球辐射探测仪、空间环境探测仪器等（表 3.13.2）。在不同观测频段，风云三号卫星具有不同的观测能力，被动微波频段的观测精度可达 1-2K，观测稳定度可控制在 1K 以内，主动微波频段的观测精度可达 1dB 以内，可见光近红外波段观测精度 5% 以内，红外波段观测精度在 0.2～1K。

表 3.13.2　风云三号气象卫星的有效载荷及其主要用途

有效载荷	主要用途
中分辨率光谱成像仪	光学成像
红外高光谱大气探测仪	大气温度、湿度分布
微波成像仪	降水、土壤水分等
微波温度计	大气温度垂直分布
微波湿度计	大气湿度垂直分布
全球导航卫星掩星探测仪	高层水汽分布
高光谱温室气体监测仪	CO_2 等气体成分
广角极光成像仪	极光
电离层光度计	电离层密度
空间环境监测器	高能粒子

风云三号 D 星于 2017 年 11 月发射成功，是目前在轨运行的最先进的第二代极轨气象卫星，星上搭载的有效载荷包括中分辨率光谱成像仪Ⅱ型、红外高光谱大气探测仪、微波成像仪、微波温度计、微波湿度计、全球导航卫星掩星探测仪、高光谱温室气体监测仪、广角极光成像仪、电离层光度计、空间环境监测器等 10 台套（图 3.13.2），共计 7000 余个光谱通道。

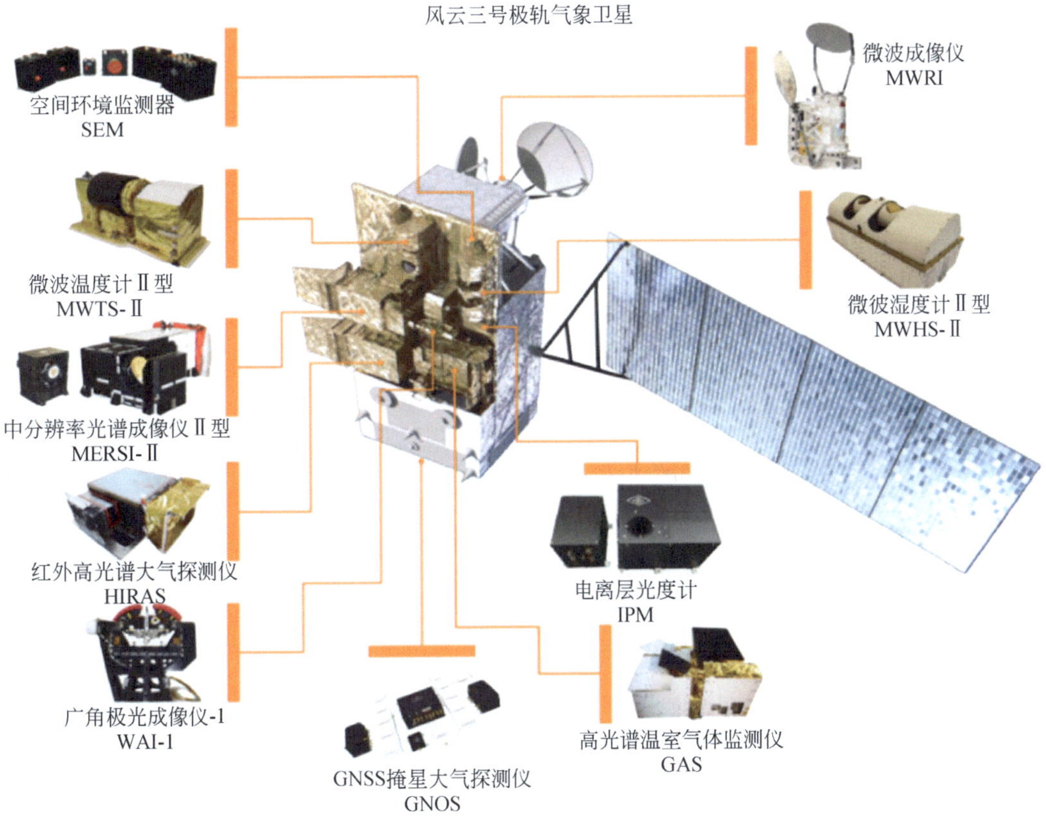

图 3.13.2　风云三号极轨气象卫星及其有效载荷

中分辨率光谱成像仪Ⅱ型（MERSI-Ⅱ，图3.13.3）是风云三号D星的主要载荷之一，共配备25个通道，包括16个可见光-近红外通道、3个短波红外通道和6个中长波红外通道；25个通道中，250m地面分辨率通道6个，1000m地面分辨率通道19个。MERSI用45°扫描镜并在消旋K镜协同下观测地球，每次扫描提供约2900km（跨轨）×10km（沿轨，星下点）刈幅带，结合卫星绕地球运行，实现对全球表面的每日覆盖。它采用多探元（10个或40个）并扫，其星下点地面瞬时视场为250m或1000m。MERSI-Ⅱ主要任务是动态监测地球海洋、陆地、大气等环境要素，特别是云特性、气溶胶、陆地表面特性、海洋表面特性、低层水汽等重要大气和环境参数的监测。MERSI-Ⅱ的在轨运行可以提高我国在天气预报、气候变化研究和地球环境监测等方面的卫星遥感观测能力。

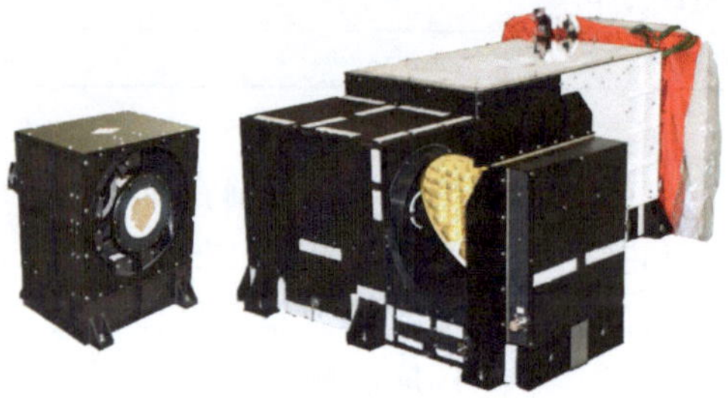

图3.13.3　中分辨率光谱成像仪实物图片

MERSI-Ⅱ性能参数设计指标见表3.13.3和表3.13.4，太阳反射通道（CH1～CH19）等效中心波长和大气外界太阳常数见表3.13.5和图3.13.4，热发射通道（CH20～CH25）的等效中心波数、典型温度黑体辐亮度以及通道亮温修正系数见表3.13.6和图3.13.5。

表3.13.3　中分辨率光谱成像仪-Ⅱ型参数

参数	指标
对地扫描张角	±55.1°±0.1°
量化等级	12bit
扫描器转速	40r/min
扫描抖动	小于0.5 IFOV（1km）
每条扫描线采样点数	2048（～1000m），8192（～250m）
扫描镜指向精度	星下点1.2mrad
通道信号衰减	<15%/4a
通道波长定位精度	中心波长偏差优于光谱带宽的10%，带外响应小于3%
通道间像元配准	<0.3个像元
饱和恢复	≤6个像元（1000m），≤24个像元（250m）
MTF	≥0.3（1000m），≥0.27（250m）
黑体温度梯度测量精度	测量精度<0.1K，黑体温度不均匀性<0.5K

续表

参数	指标
定标精度	可见光和近红外通道：5%（反射率），星上定标器实现可见光星上定标（相对和绝对辐射）。红外通道（星上黑体）：0.5k（270k），分裂窗通道定标误差一致性<0.5K
均匀性	同一通道不同探元响应的不均匀性≤5%

表 3.13.4　中分辨率光谱成像仪通道主要用途和性能要求

主要用途	通道编号	中心波长 /μm	光谱带宽 /nm	空间分辨率/m	典型辐射值 Ltyp/Ttyp （W/m^2 · μm · sr）	信噪比或噪声等效温差 SNR NEΔT/K	动态范围（最大反射率 ρ、最大温度/K）
陆地、云边界和特征遥感	1	0.470	50	250	35.3	100	90%
	2	0.550	50	250	29.0	100	90%
	3	0.650	50	250	22	100	90%
	4	0.865	50	250	25	100	90%
	5	1.38	20/30	1000	6	60/100	90%
	6	1.64	50	1000	7.3	200	90%
	7	2.13	50	1000	1.2	100	90%
海洋水色、浮游生物、生物地球化学遥感	8	0.412	20	1000	44.9	300	30%
	9	0.443	20	1000	41.9	300	30%
	10	0.490	20	1000	32.1	300	30%
	11	0.555	20	1000	36.8	500	30%
	12	0.670	20	1000	27.8	500	30%
	13	0.709	20	1000	19.2	500	30%
	14	0.746	20	1000	24	500	30%
	15	0.865	20	1000	17.8	500	30%
大气水汽	16	0.905	20	1000	22.2	200	100%
	17	0.936	20	1000	20	100	100%
	18	0.940	50	1000	15.0	200	100%
卷云	19	1.03	20	1000	5.4	100	100%
陆、水云温度	20	3.8	180	1000	300K	0.25K	200 ~ 350K
	21	4.050	155	1000	300K	0.25K	200 ~ 380K
大气水汽	22	7.2	500	1000	270K	0.30K	180 ~ 280K
	23	8.550	300	1000	270K	0.25K	180 ~ 300K
陆、水云温度	24	10.8	1000	250	300K	0.4K	180 ~ 330K
	25	12.0	1000	250	300K	0.4K	180 ~ 330K

表 3. 13. 5　FY-3D MERSI 太阳反射通道等效中心波长和大气外界太阳常数

通道编号	等效中心波长要求/nm	MERSI 等效中心波长/nm	大气外界太阳常数 E0/ [W/(m^2 · μm)]
1	470	471. 2421	2017. 963
2	550	554. 7564	1828. 387
3	650	653. 6244	1554. 807
4	865	868. 6814	952. 4935
5	1380	1381. 393	363. 0785
6	1640	1645. 078	232. 4188
7	2130	2125. 485	97. 018
8	412	411. 298	1700. 734
9	443	444. 2375	1903. 334
10	490	490. 9529	1968. 184
11	555	556. 0221	1830. 053
12	670	670. 3168	1504. 914
13	709	709. 4759	1399. 233
14	746	746. 5137	1277. 788
15	865	865. 6848	955. 2415
16	905	905. 8314	884. 8099
17	936	936. 957	828. 4215
18	940	940. 8464	820. 4936
19	1030	1030. 085	680. 8728

注：太阳常数采用 CEOS/WGCV 推荐的 Thtillier（2002）太阳光谱数据。

资料来源：Thuillier et al.，2003

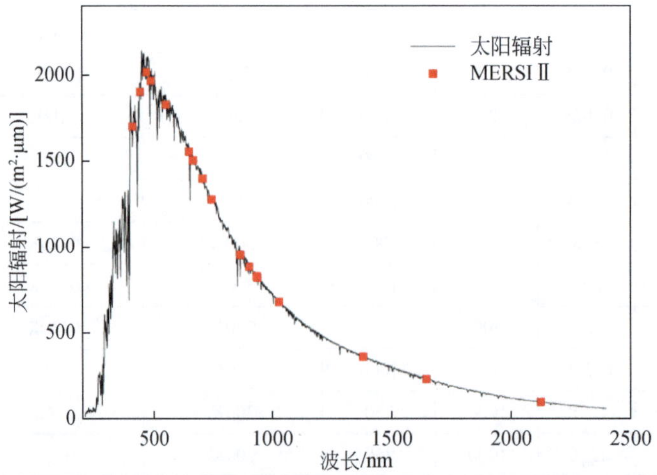

图 3. 13. 4　太阳光谱辐射与 MERSI Ⅱ 通道太阳辐射对比

表 3.13.6 FY-3D_ MERSI 热发射通道的等效中心波数、典型温度黑体辐亮度以及通道亮温修正系数

通道编号	等效中心波数要求 /cm^{-1}	MERSI 等效中心波数 /cm^{-1}	典型温度 /K	黑体辐亮度 /[mW/(m^2·cm·sr)]	通道亮温修正系数	
					A	B
20	2631.579	2634.359	300	0.7130	1.00103	-0.4759
21	2469.136	2471.654	300	1.2818	1.00085	-0.3139
22	1388.889	1382.621	270	19.8410	1.00125	-0.2662
23	1169.591	1168.182	270	37.6244	1.00030	-0.0513
24	925.926	933.364	300	110.8266	1.00133	-0.0734
25	833.333	836.941	300	127.9002	1.00065	0.0875

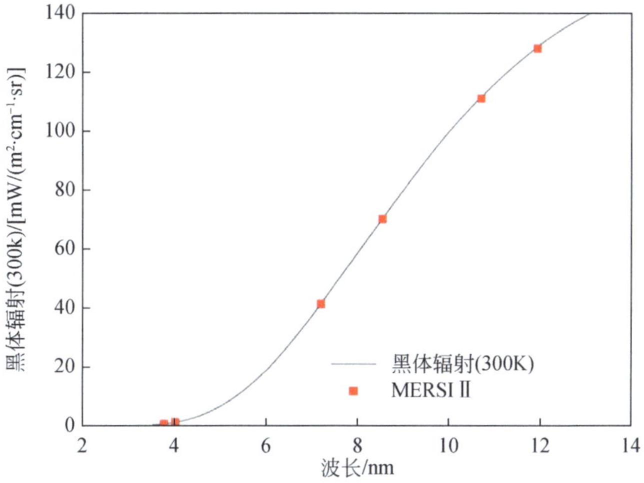

图 3.13.5 黑体辐射与 MERSI Ⅱ通道黑体辐射对比（300K）

风云二号卫星搭载的可见近红外成像仪，包括一个可见近红外通道，三个红外通道（2 个长波红外通道，1 个水汽通道，1 个中波红外通道）。星下空间分辨率为 1.25km（可见近红外通道）和 5km（红外通道）。风云二号提供了图像、云分类、云检测、降水估计、云顶温度、大气运动矢量和沙尘等遥感产品，为区域监测和天气预报、气候分析等提供有力支撑服务。

第二代静止气象卫星首颗星风云四号 A 星于 2016 年 12 月发射成功，星上搭载多通道扫描成像辐射计（AGRI）（图 3.13.6）、干涉式大气垂直探测仪（GIIRS）、闪电成像仪（GLI）以及空间环境监测仪器（SEP）等有效载荷（表 3.13.7）。多通道扫描成像辐射计是风云四号静止气象卫星的主要载荷之一，通过精密的双扫描镜结构实现精确和灵活的二维指向，可实现分钟级的区域快速扫描；采用离轴三反主光学系统，高频次获取 14 波段的地球云图，并利用星上黑体进行高频次红外定标，以确保观测数据的精度。14 个通道数量（6 个可见/近红外波段，两个中波红外波段，两个水汽波段和 4 个长波红外波段）是风云二号通道数量的近三倍，空间分辨率为可见/近红外波段为 0.5～1km、红外波段为

2～4km（表3.13.8），最快1min生成一次区域观测图像，全圆盘扫描时间为15min。

图3.13.6　FY-4号多通道扫描成像辐射计（AGRI）

表3.13.7　FY-4A星有效载荷

遥感仪器		主要用途
	多通道扫描成像辐射计AGRI	获取多波段、高时空分辨率、高辐射精度的地球表面、大气和云目标图像
	干涉式大气垂直探测仪GIIRS	获取晴空条件下大气温度和湿度廓线结构信息
	闪电成像仪GLI	获取中国及周边区域的闪电分布图
	空间天气仪器包SEP	获取地球同步轨道上的空间电磁环境和空间天气效应信息

表3.13.8　FY-4的AGRI与FY-2的VISSR光谱参数比较

通道	FY-2F/G/H VISSR			FY-4A AGRI			主要用途
	波段/μm	空间分辨率/km	灵敏度	波段/μm	空间分辨率/km	灵敏度	
可见光与近红外	无	无	无	0.45～0.49	1	S/N≥90（ρ=100%）	小粒子气溶胶，真彩色合成
	0.55～0.75	1.25	2.3@ρ=1%	0.55～0.75	0.5～1	S/N≥200（ρ=100%）	植被，图像导航配准，恒星观测
	无	无	无	0.75～0.90	1	S/N≥5（ρ=1%）@0.5Km	植被，水面上空气溶胶

续表

通道	FY-2F/G/H VISSR			FY-4A AGRI			主要用途
	波段/μm	空间分辨率/km	灵敏度	波段/μm	空间分辨率/km	灵敏度	
短波红外	无	无	无	1.36～1.39	2	S/N≥200（$\rho=100\%$）	卷云
	无	无	无	1.58～1.64	2		低云/雪识别，水云/冰云判识
	无	无	无	2.1～2.35	2～4		卷云、气溶胶，粒子大小
中波红外	无	无	无	3.5～4.0（高）	2	NEΔT≤0.7K（300K）	云等高反照率目标，火点
	3.5～4.0	5	0.22K@300K	3.5～4.0（低）	4	NEΔT≤0.2K（300K）	低反照率目标，地表
水汽	无	无	无	5.8～6.7	4	NEΔT≤0.3K（260K）	高层水汽
	6.3～7.6	5	0.30K@260K	6.9～7.3*	4	NEΔT≤0.3K（260K）	中层水汽
长波红外	无	无	无	8.0～9.0	4	NEΔT≤0.2K（300K）	总水汽、云
	10.3～11.3	5	0.12K@300K	10.3～11.3	4	NEΔT≤0.2K（300K）	云、地表温度等
	11.5～12.5	5	0.16K@300K	11.5～12.5	4	NEΔT≤0.2K（300K）	云、总水汽量，地表温度
	无	无	无	13.2～13.8	4	NEΔT≤0.5K（300K）	云、水汽

*标记的波段具有进一步扩充成为两个通道的能力

风云四号还搭载了干涉式大气垂直探测仪（GIIRS）（表 3.13.9），该仪器是国际上第一台在静止轨道上以红外高光谱干涉分光方式探测三维大气垂直结构的精密遥感仪器。通过迈克尔逊干涉分光方式观测红外辐射，谱段设置为长波：$700\text{cm}^{-1}\sim1130\text{cm}^{-1}$，中波：$1650\sim2250\text{cm}^{-1}$，可见光：0.55～0.75μm，光谱分辨率为 0.625cm^{-1}。空间分辨率为红外 16km，可见光 2km。辐射定标精度达到 1.5K，光谱定标精度达到优于 10ppm，静止轨道上红外高光谱干涉仪提供的高时间频次的大范围、连续、快速、准确的大气温度和湿度的垂直分布信息，为数值天气预报提供了有力支撑。

闪电成像仪（LMI）是全球第一批两颗静止气象卫星闪电成像仪之一，我国首次研制，采用 CCD 面阵和光学成像技术，对观测区域内包括云闪、云间闪、云–地闪在内的总闪电进行凝视观测，实现对雷暴系统的实时、连续监测和跟踪，为强对流天气监测、民航、铁路、电力等行业安全保障等提供服务。风云四号卫星闪电成像仪每年从春季到秋季观测中国地区，其他时间观测印度洋和澳大利亚西部地区。闪电成像仪主要性能指标见

表 3. 13. 10。

表 3. 13. 9　FY-4 干涉式大气垂直探测仪指标

	FY-4A(科研试验星)				FY-4B(业务卫星)			
光谱参数（常规模式）		波段/cm^{-1}	光谱分辨率	通道数		波段/cm^{-1}	光谱分辨率	通道数
	长波红外	700 ~ 1130	0. 8	538	长波红外	700 ~ 1130	0. 625	688
	短/中波红外	1650 ~ 2250	1. 6	375	短/中波红外	1650 ~ 2250	1. 2	500
	可见光	0. 55 ~ 0. 75μm		1	可见光	0. 55 ~ 0. 75μm		1
空间分辨率	长/短/中波红外		星下点 16km		长/短/中波红外		星下点 8km	
	可见光		星下点 2km					
探测区域	中国区		5000×5000km^2		中国区		5000×5000km^2	
	中小尺度		1000×1000km^2		中小尺度		1000×1000km^2	
时间分辨率	中国区		<1h		中国区		<1h	
	中小尺度		<1/2h		中小尺度		<1/2h	
灵敏度/[mW/(m^2sr/cm^{-1})]	长波红外		0. 5 ~ 1. 1		长波红外		0. 3	
	短/中波红外		0. 1 ~ 0. 14		短/中波红外		0. 06	
	可见光		S/N>200(ρ=100%)		可见光		S/N>200(ρ=100%)	
辐射定标精度	1. 5k(3σ)				1. 0k(3σ)			
光谱定标精度	10ppm(3σ)				5ppm(3σ)			
量化等级(b)	13				13			

表 3. 13. 10　闪电成像仪主要性能指标

指标	数据
重量	65kg
尺寸	528mm(长)×346mm(宽)×1032mm(高)
CCD 面阵	400×600 单元
成像速率	500 帧/s
中心波长	777. 4nm
带宽	1nm
空间分辨率	星下点 7. 8km
总视场角	4. 98°(南北)×7. 41°(东西)
闪电探测率	90%
虚警率	10%

空间环境监测仪器（SEP）中包含有高能粒子探测器、磁强计和空间天气效应探测器。可进行高能质子和高能电子探测。

3.13.3 风云气象卫星地面应用系统

地面应用系统是气象卫星发挥作用的关键。气象卫星地面应用系统按业务功能划分，可分为数据处理和服务中心、运行控制中心、地面数据接收站和数据存档中心四部分；按任务特点划分，可分为数据接收系统（DAS）、运行控制系统（OCS）、数据预处理系统（DPPS）、产品生成系统（PGS）、产品质量检验系统（QCS）、计算机与网络系统（CNS）、数据存档服务系统（ARSS）、监测分析服务系统（MAS）、应用示范系统（UDS）和仿真与技术支持系统（STSS）等十个技术系统。

与风云卫星研制同步，中国气象局已建成由 4 个国内数据接收站（佳木斯、广州、乌鲁木齐和喀什）、两个海外数据接收站（北极 Kiruna 站和南极 KSAT 站）、一个数据处理中心（北京）及一个数据备份中心（西安）组成的卫星数据接收处理系统，24h 连续不间断全自动运行，2h 内就可获取全球卫星观测数据，可同时支持极轨、静止两个系列多星在轨业务运行。除风云系列气象卫星外，该系统还支持碳卫星、高分四号卫星、捕风卫星等科学实验卫星的运行。

3.13.4 风云气象卫星数据服务

3.13.4.1 卫星数据分级标准

依据中国《气象卫星数据分级（QX/T 158—2012）》，根据气象卫星数据处理流程，将风云气象卫星数据分为五级，各级说明见表 3.13.11。

依据中国气发〔2018〕50 号文《风云气象卫星数据管理办法（试行）》，0 级数据为内部数据，仅对卫星和载荷研制单位提供。风云气象卫星地面系统自动生成的 1 级数据、2 级数据和 3 级数据为基本数据，基本数据对用户开放共享。

表 3.13.11 风云卫星数据分级表

级别	简写	分级原则
0	L0	由地面系统接收的卫星原始数据
1	L1	0 级数据经过质量检验和图像定位、辐射定标处理得到的基础数据
2	L2	1 级数据经过投影变换、反演或其他计算得到的各种应用数据
3	L3	2 级数据经过时间平均、累加等运算得到的统计数据或者通过人机交互处理得到的分析数据
4	L4	利用 2 级或 3 级数据和各类天气气候模式产品等处理生成的再分析数据

3.13.4.2 卫星数据服务

风云气象卫星数据通过天地一体化数据共享服务系统向全球用户提供数据服务。天基数据服务系统主要包括卫星数据直接广播和通过通信卫星转发两种方式。通过这两种方式，可实现卫星数据高时效分发。地基数据服务系统包括专线推送、卫星数据资源池、卫星数据服务网、数据服务客户端等方式。卫星数据资源池实现 PB 级卫星实时与历史数据直达用户桌面。用户无需下载，直接作为本地数据进行浏览与计算。该服务模式降低了数据冗余传输带来的业务网络压力，简化了用户对数据的存储和管理工作，资源池采用标准化编目结构，便于编程自动运行。

风云卫星遥感数据服务网提供中文、英文两种语言版本，面向全球专业用户和公众用户开放，网址为 http：//satellite. nsmc. org. cn（http：//data. nsmc. org. cn）。数据服务网提供风云卫星地面系统、国际数据交换等渠道接收处理的国内外 25 颗卫星的数据产品检索订购服务。同时，网站提供数据格式、使用指南、质量报告等辅助文档，以及卫星数据接收、数据显示和处理等相关软件。实名注册用户登录后，即可按需提交时空检索条件订购和下载数据。

风云卫星数据下载客户端是一个综合数据服务工具。集成实时数据分类列表显示功能，可按卫星、仪器、产品名称、时间范围、空间范围等组合条件进行检索。集成预约下载功能，可按产品名称、起始时间、终止时间、空间范围、下载优先级等组合条件制订预约下载计划。具备断点续传、下载监视功能，方便用户掌握数据下载进展，灵活调整各下载任务的优先级。

3. 14　遥感数字图像及其数字处理系统

3. 14. 1　图像处理的内涵

现实生活中视觉上的“图”是指物体（目标）反射光的分布；而“像”则是人的视觉系统对“图”的接收并在大脑形成的印象（或认识）。前者是客观存在，后者是人的感觉，图像则是两者的结合。把图像看成景物在人的大脑中形成的二维或三维的光的分布，这不是一种严格的说法，还需考虑人的心理因素，在进行图像处理时也应考虑到它。推而广之，遥感上由可见光发展到红外、X 光、γ 射线和微波等遥感成像技术，获取的则是目标电磁波辐射能量分布的数字图像（DN 值），图像的概念也在发展，视觉系统进行的是光度学测量，而遥感中进行的则是辐射度测量。

人们通过眼、耳、鼻、舌、身体接收信息，感知世界，进而认识世界。人类获取外部世界信息的 75% 是来自于视觉系统所接收的图像信号，夸张的说法叫做“百闻不如一见”。“一目了然”则从另一侧面说明视觉器官对图像识别的高效率。图像处理就是对图像数据进行加工、运算，来获得可以满足人的视觉心理或实际应用需要的信息。如果接受并加工这种图像信息的是数字电子计算机，便称之为计算机图像处理或称数字图像处理。除了数字图像处理外，尚有光学处理、光化学处理。光学图像处理方法已有很长的历史。激光全息技术出现后，则使数字图像处理得到了进一步发展。尽管光学处理十分完善，而且处理速度快，信息容量大，分辨率高，又很经济；但处理精度不高，稳定性差，设备笨重，操作不方便等原因，限制了它的发展。随着计算机技术的进步，数字图像处理则获得了迅速的发展。所谓数字图像处理，就是应用数字计算机和其他硬件以及相应软件对图像数据进行运算、加工，从而获得人们所需要的结果。应用计算机处理图像，优点是运算速度快，精度高，方便灵活，可重复性好等。近年来，随着计算机技术的进步和处理软件的发展，图像处理系统的价格日益下降，其应用越来越普及，逐渐深入到除了遥感以外的医学、工业检测、气象、侦察、通信、智能机器人等领域。特别是数码相机问世后，它更深入到人们的生活，逐渐改变人们的生产和生活方式。借助于数字图像处理技术，人们可以欣赏月球背面的景色，观看地球的遥远伙伴，如木星，土星，天王星等的美丽光环及其卫星；考察人体内部的器官、结构，无损检测工件和集成芯片内部的缺陷；可以实现车辆的自动驾驶，自动识别目标、视觉导航，所有这些应用中，都将遇到这样一些数字图像处理技术：图像数字化和压缩编码、图像重建、图像分割与图像描述，以及景物匹配和识别。

1）图像数字化和压缩编码：图像数字化是把连续图像信号变为离散的数值，以便于计算机运算处理，如一幅电视图像由 1024×768 个像元组成，每一像元可有 2^8 灰度等级，一幅图像的信号量为 $1024\times768\times8=6291456\text{bit}=768\text{KB}$。一景 7 波段 TM 图像 $7000\times7000\times28\times7=327\text{MB}$。

这么大的信息量给传输、处理、存储、显示等都带来不少问题。而实际上，图像有大量冗余信息，根据 Shannon 理论，在传输、存储时，可对数字图像进行一定方式编码，删除其中相关信息，实现不失真压缩，以获得高的数据压缩比。

2）图像重建：根据对物体的不同角度获取的二维 X 射线、超声影像数据，通过运算处理而得到物体内部结构信息的图像，如医学上的计算机断层扫描成像技术 CT（computer tomography)，成为非常重要的诊断技术。

3）图像分割与图像描述：人能快速从图像中找出感兴趣的目标或区域。要让计算机做到这一点，需要给它以客观测度，如按灰度、颜色或几何特征等把目标或区域加以分割，就称之为图像分割。如再用适当的数学语言（图论、句法、形态学等）来表示已分区域、物体的结构和统计特征，或表示区域间的关系，得出一种简练的表达方式，便叫做图像描述。

4）图像分类：根据多维图像统计特征对图像中的各类地物进行划分的处理技术称为图像分类，遥感图像分类是对事物群体的分类，并成为遥感图像处理中的重要研究内容。

本书中除图像编码、重建外，都将讨论。还将讨论一些一般图像处理教科书中不讨论的问题，如图像几何纠正，大气纠正等问题。

5）景物匹配和识别：视觉识别是人眼-脑系统固有的功能。人的知识、生活经验在头脑中建起了供识别用的为数巨大的物体模型和常识。要使计算机系统代替人类完成各种复杂工作和识别景物，就必须赋予它具有近似人的视觉功能和识别能力。

由于人的视觉机理极为复杂，研究也十分不足，完善的视觉模型尚未建立，目前的识别技术所能识别的景观是相当简单的。相关匹配和结构匹配是当前常用的方法。对于复杂的识别系统，为了便于建立和不断补充一些新的规则和知识，各种以知识为基础的专家系统正受到人们的关注，并已做出一些实用的系统。

3.14.2 遥感数字图像概念化生成系统

地面站将接收到的遥感数据通过专用数据处理系统，按成像时卫星记录的环境参数，即卫星飞行姿态参数、太阳高度、星历表进行辐射纠正和粗几何纠正，再按分幅大小尺寸进行分幅，最后把遥感数据记录在密度为33000 BPI的高密度磁带上。为了便于用户使用，要把高密度磁带上的数据转换成低密度记录数据写在光盘上，或将图像数据经过增强处理后扫描成胶片。以陆地卫星TM图像数据为例，用户从地面站购买的产品有CCT带、8mm带、光盘以及正负片影像。

遥感数字图像生成系统可概化为图3.14.1。

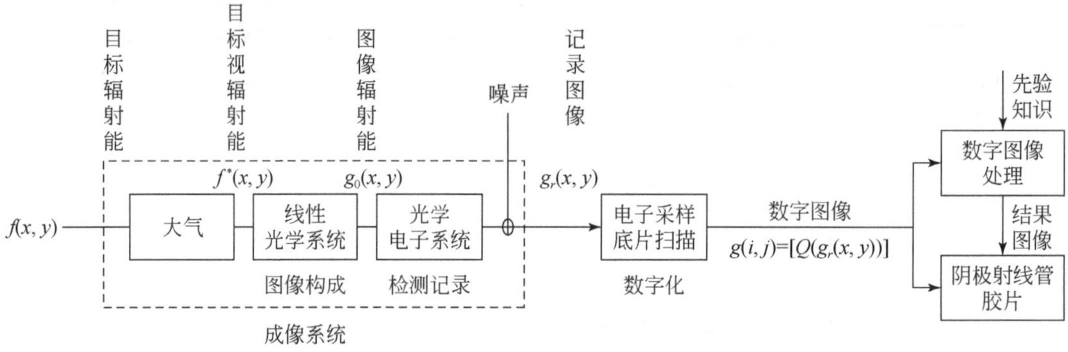

图3.14.1 遥感数字图像生成系统框图

物体发射或反射的电磁辐射用连续函数$f(x,\ y)$表示。从地面目标反射或发射的电磁辐射进入到卫星传感器的视场光栏，要穿透厚厚的大气层，使$f(x,\ y)$被衰减为传感器视场内的物体的视场辐射能$f^*(x,\ y)$。在成像过程中，物体视辐射能由线性光学系统变换为图像辐射能$g_0(x,\ y)$。图像辐射能和噪声一起被传感器感应和记录，形成记录图像$g_r(x,\ y)$。记录图像由采样运算器Q数字化为离散的图像数据矩阵$g(i,\ j)=[Q(g_r(x,\ y))]$。Q表示采样和量化。采样是指对坐标$(x,\ y)$进行离散化；量化则是指对辐射能量的离散化。

在数字化过程中，由采样而引入空间降质，并加入了量化噪声。经过传输并利用先验知识进行处理之后，把数字图像恢复为连续图像并显示在屏幕上或记录在各种介质上（胶片、相片、光盘、磁带等）。从数字图像到复原为连续图像又会引进新的空间降质。

从遥感图像信号形成的过程，在它的每一形成环节，图像信号都受到影响（调制）。如果把大气、光学系统和电子光学检测系统都看作独立的成像系统，遥感信号在每一系统中都经历了一次频率衰减，或称频率调制。因此，与成像各个环节相应的，除了大气纠正和辐射纠正外，还要进行频率纠正，即MTF调制传递函数纠正。

3.14.3 遥感图像模型表达

遥感图像是传感器探测到的地物二维电磁辐射记录。这一记录可用遥感图像模型来表达。即遥感图像模型表示传感器接收到的某一时刻 t，位于（x，y）坐标上的目标，以不同波长 λ 和不同极化（偏振）方向 P 上的电磁辐射能（辐射亮度 L）

$$L(x,y;t,\lambda,P)=[1-\rho(x,y;t,\lambda,P)]\cdot M(\lambda)+\rho(x,y;t,\lambda,P)\cdot I(x,y;t,\lambda)$$

式中，$\rho(x, y; t, \lambda, P)$ 是目标的波谱反射率；$M(\lambda)$ 是黑体的光谱发射本领（率）；$I(x, y; t, \lambda)$ 是入射（阳光）的辐射量；t 是时间，λ 是波长，P 是极化方式。等式右侧分别代表目标的发射辐射和反射辐射。

由于目标并不是理想的漫反射体，L 还应与太阳入射方向、方位及传感器探测方向、方位有关，使图像模型的表达更加复杂。

在可见光、近红外波段，物体的自身发射辐射为零，上式可简化为

$$L(x,y;t,\lambda,P)=\rho(x,y;t,\lambda,P)\cdot I(x,y;t,\lambda)$$

$I(x, y; t, \lambda)$ 决定于光源辐射条件及天空状况，$\rho(x, y; t, \lambda, P)$ 决定于目标的特性。

在热红外波段，反射和发射都要考虑，成像时间也是一种重要因素。夜间探测时，接收的地物的热辐射，在白天，还应有部分太阳热辐射的地表反射部分。

在图像的具体获取过程中，一景图像总是在特定的波段和极化方向上，几乎在同时成像，t，λ，P 这三个变量可作为常数，剩下的坐标参数（x，y）为基本变量。表达式由五维降为二维形态，即以 $f(x, y)$ 代替 $L(x, y; t, \lambda, P)$。

图像模型 $L(x, y; t, \lambda, P)$ 表明，在确定的空间位置，地物的辐射亮度还随波长，极化形式和时间的变化而变化，因而有多波段图像、多极化图像、多时相图像之分。如果考虑到光照和探测方向的变化，还有多角度图像之分。由垂直观测到倾斜多角度观测，是人们认识的一种进步。

对于函数 $f(x, y)$ 有下列限定：

1）函数定义域的限定性：图像函数 $f(x, y)$ 定义在一个矩形范围（即成像范围）$R=\{(x, y) \mid 0\leqslant x\leqslant X_m; 0\leqslant y\leqslant Y_m\}$ 上，坐标（x，y）处的 f 值称为该点的亮度值。

2）图像函数的限定性：$f(x, y)$ 是非负、有界的，$0\leqslant f(x,y)\leqslant\infty$，通常 $L_{\min}\leqslant f(x, y)\leqslant L_{\max}$，$[L_{\min}, L_{\max}]$ 称亮度区间，表示由黑到白的变化。

遥感图像的坐标系：左上角为坐标零点，垂直方向为行向 X，水平方向为列向 Y。

3.14.4 图像离散化表达形式

在一幅光学图像上，其中各点的亮度（灰度）值可用其位置坐标（x，y）的函数 $f(x, y)$ 描述。$f(x, y)$ 为一连续函数，它无法用计算机进行处理，也无法在各种数字系统中传输和存储。在数字化、网络信息时代，把连续的模拟信号转换成离散的数字信号尤为重要，这种转换过程即所谓的图像数字化。图像函数 $f(x, y)$ 在空间上和信号幅度大小上都要数字化。对空间坐标（x，y）的数字化称为采样，对信号幅度大小的数字化称为灰度级量化。将连续函数 $f(x, y)$ 按等间距采样成 $M\times N$ 矩阵，即有数字图像

$$f(x,y)=\begin{bmatrix} f(0,0) & f(0,1) & f(0,2) & \cdots & f(0,N-2) & f(0,N-1) \\ f(1,1) & f(1,2) & f(1,3) & & f(1,N-2) & f(1,N-1) \\ & \vdots & & \ddots & & \vdots \\ f(M,1) & f(M,2) & f(M,3) & \cdots & f(M,N-2) & f(M,N-1) \end{bmatrix}$$

矩阵中的元素称为像元（Pixel），为新创词汇。

一幅图像究竟应该取多少个样点，样点的灰度值取值范围又应如何确定呢？其约束条件是，由这些样点及相应的灰度值，能够用某种方法重建图像而不至于引起太大的失真。

设图像 $f(x, y)$ 被采样为 $M\times N$ 个像元。对像元的灰度值进行 Q 级量化。现在的问题是怎样确定 M，N 和 Q 的数值？为讨论方便，总是把 M，N，Q 取成 2 的整数次幂，如 $Q=2^b$，b 为正整数，此时称对图像进行 b 比特量化。至于 M 和 N，可以取相等，则图像被采样为方阵，如不相等，则图像被采样为矩阵，如卫星图像那样。

一幅图像究竟该有多少采样点？采样点的灰度等级应是多少，都要视具体情况而定。对量化等级（$Q=2^b$）b 来说，当然量化等级越大越好，重建图像时失真就小，若要使重建的图像一点不失真，b 就该取为无穷大，否则就一定会存在失真，即存在所谓的量化误差。由于人眼对灰度分辨能力仅为 5～8bit 量化等级，故电视图像由 5～8bit 量化就足够了。而对卫星遥感图像，为要区分和识别地物间的差异，就需采用 8～12bit 的量化等级。对 $M\times N$ 的取值，主要根据采样的约束条件。当 $M\times N$ 达到满足采样定理的条件，重建图像就不会失真，否则就会因为采样点不足而造成混淆失真。为了方便，尽量减少图像的比特数，总是取 $M\times N$ 个采样点数刚刚好满足采样定理的要求。如果受到技术系统指标的限制，当允许表示的图像总比特数 $M\times N\times b$ 一定时，往往根据图像内容和具体要求来分配 M、N 和 b 三个指标。例如，一幅图像为某会场的群众场面，量化的比特数 b 可少些，而取样点数 $M\times N$ 则应大些，这样才能保留图像的细节，能够分辨出图像中更多的面孔。如果是一幅报告人的特写镜头，图像中便会有大范围的灰度变化缓慢的区域，此时采样点数 $M\times N$ 可以少些，而量化比特数 b 则要大些，重建时图像灰度层次多，报告人的面目会更加清晰有层次，显得突出而重要。如果 b 太小，图像灰度变化平滑区常会出现假轮廓，关于采样的深入讨论放在第八章中进行。

3.14.5 遥感图像的存储方式

3.14.5.1 数字磁带的生产流程

遥感图像 CCT 带是进行图像处理的原始资料，处理和使用都很方便。卫星把遥感图像数据发送到地面接收站后，由地面站的数据处理系统把视频（信号）数据进行预处理，并记入高密度磁带（HDDT），然后进行第二次的密度处理，将卫星遥感图像信息以胶片或 CCT 数字磁带保存下来。其生产流程如图 3.14.2。

地面站数据处理系统的任务是①把图像的高密度带（HDDT）转换成计算机兼容磁带 CCT，记录密度可为 800，1600，6520 BPI。②对图像数据进行预处理：辐射校正及粗几何校正。③对图像数据和磁带质量进行质量检查，标定图像的质量指标，其中包括云覆盖程

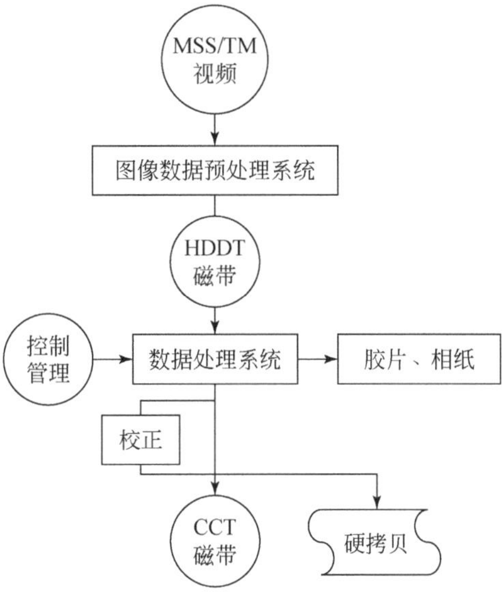

图 3.14.2　卫星遥感数据 CCT 磁带生产流程

度，图像质量分 10 级，5 为质量好，9 为质量最好。

CCT：1/2 2400 英尺①，9 磁道。其中 8bit 用于记录一个像元灰度值（0～255），一个比特用于奇偶校验。

MSS：185×185，57×79M，2340×3240≈7.5×10^6个像元，800 BPI 带，2.3×10^7bit/盘，四波段共3×10^7个像元，记录 800 BPI 带要两盘，1600 BPI 带用一盘，1600 BPI 4.6×10^7 bit/盘。

TM：未经几何校正时有 6176×5984 个像元，经几何校正时有 6967×5965 个像元。7 个波段需 1600 BPI 带 12 盘，6250 BPI 带 4 盘（41.5×10^6bit/每一波段）。6 个波段共 290.5×10^6bit，Band6 为 3000×3000＝9×10^6bit，故 7 个波段近 300MB。

SPOT HRV：由于成像的角度及预处理等级的不同，一幅全色波段图像行数变化在 6000～9800，每行像元数 6000～10400，其数据量为 32～100MB，HRV 多波段图像行数 3000～4900，每行像元数 3000～5200，一幅图像数据量为 27～76.5MB。

垂直观测时：Pan 6000×6000，多波段 3000×3000 个像元。

3.14.5.2　遥感图像的存储记录格式

要能有效的读取磁带上图像数据，以便进行处理，需知道图像在数字磁带上的记录格式。

Landsat 图像 CCT 记录格式有三种：BIP_2，BIL 和 BSQ。

1）BIP_2 格式，又称 Bulk 格式，为早期图像产品采用格式。这种格式的主要特点是把一幅多波段图像划分为 4 个纵向条带，图像数据的记录按条带顺序自左向右排列，而不是

① 1 英尺≈30.48cm。

按波段顺序排列。磁带中形成按条带顺序排列的四个图像文件。每一条带图像数据占有 7.6×10^6 个字节，需 800 BPI 磁带一盘，4 个条带需 4 盘，分别称 CCT_1、CCT_2、CCT_3、CCT_4。如用 1600 BPI 带，则每两条带记一盘，分别称 CCT_{1+2}、CCT_{3+4}。

后来，通常是，4 个条带记在一盘 6250 BPI 带上。在每个条带记录前面均有标识记录段 ID 和注记记录段 AN，而条带 4 后面还有专门用影像注记这种 SIAT 记录。

对于每一条带，例如条带Ⅱ，再详细分下去，便是扫描行的记录 L。图 3.14.3 中 $L_{i,j}$ 表示第 i 个条带第 j 个扫描线（行），如 $L_{2,1}$，即为第二条带第一扫描线，而 $L_{2,2340}$ 即为第二条带第 2340 扫描线，也即最后一条扫描线。每一条带的每一扫描行都有 2340 个字节的记录。

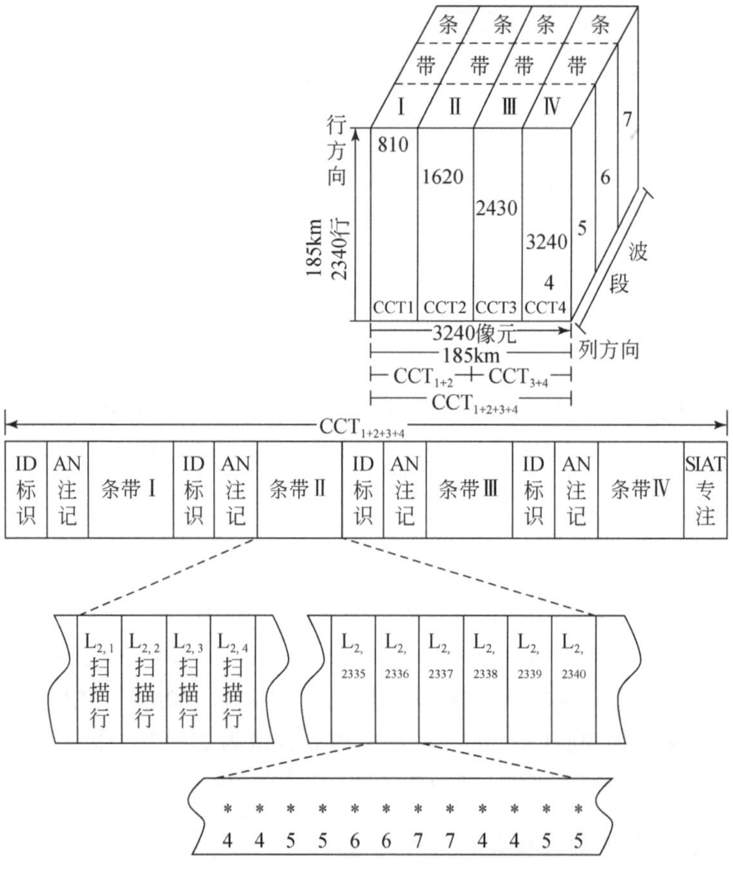

图 3.14.3 Landsat 图像 CCT 的 BIP_2 记录格式

而在每一扫描行内，像元数据记录的排列是按四个波段顺序两两交叉排列记录的，图 3.14.3 下面以“＊”代表像元数据记录，“＊”下的数字代表波段。可见在一条扫描线内，开始先记录两个 4 波段像元值，接着为两个 5 波段像元值，……两个 7 波段像元值。一个循环之后，又回到先记录 4 波段两个像元值，……，这样轮番交叉记录 4 个波段像元值，直到完全记录一条扫描线为止。

每一条扫描线数据记录结束以后，在回扫过程中，紧跟着记录卫星提供的辐射校验数：

V_i 为进行校正用的辐射值；

K_s 为太阳校正系数；

b 为滤波偏移值，是由大气散射影响或其他原因产生的辐射值；

a 为滤波增益，是监测系统波谱响应因素影响的参数。

那么，ID，AN，SIAT 记录些什么？

ID：卫星编号，摄像时间，图像条带号，单位记录长度，扫描行长度，辐射校正，压缩扩展。

AN：分为注记块及影像位置块，注记块内容：成像时间，像中心经纬度，轨道号，星下点经纬度，传感器接收波段数，太阳高度角，方位角，投影方式，传感器增益，数据压缩方式。

SIAT：载有进行几何纠正所需参数。包括图像经纬度坐标，传感器性能参数，飞行姿态参数（侧滚，偏航，俯仰）及飞行高度与速度。

2）BIL 扫描行波段交叉记录法：是一种按扫描行顺序记录的方式，一个扫描行的数据作为几个记录，每一扫描行包含几个波段像元数据（图 3. 14. 4）。实际是一种原始的记录法。

3）BSQ 波段顺序记录式：按波段顺序记录图像数据的方式，一个波段所有扫描行的数据组成一个图像数据文件，各波段图像数据文件顺序排列记录（图 3. 14. 5）。

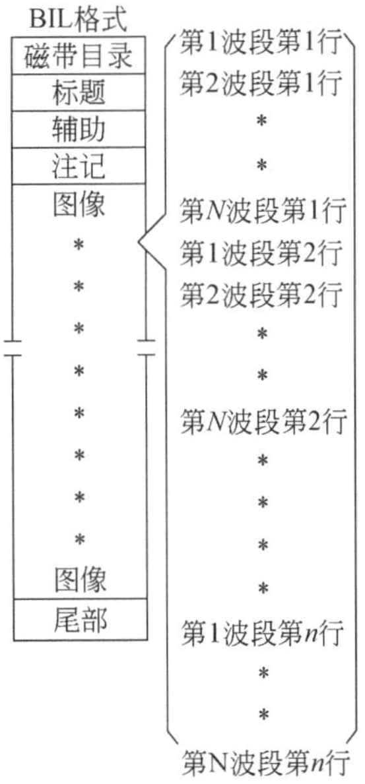

图 3. 14. 4　Landsat 图像 CCT 的 BIL 记录格式

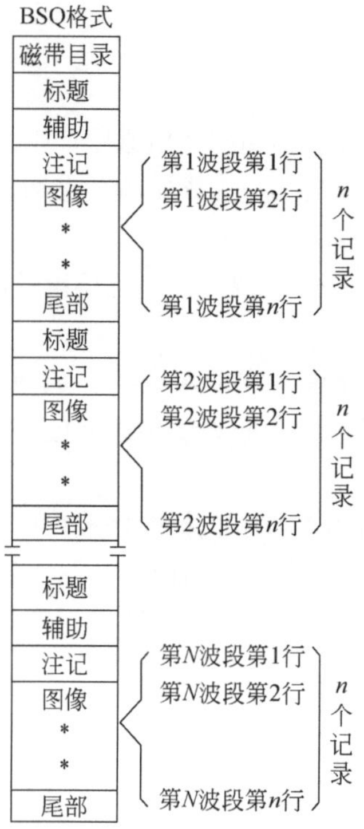

图 3.14.5　Landsat 图像 CCT 的 BSQ 记录格式

3.14.6　数字图像处理系统

3.14.6.1　计算机图像处理系统的进步

1）多源遥感数据以及传感器分辨率的不断提高，使遥感数据量飞速膨胀，必须有强大处理能力的处理系统才能对这种大数据的遥感信息进行处理，充分发挥遥感数据的信息潜力。

2）遥感应用要从定性向定量发展，必须用数字图像处理技术来支撑，才能实现这种转变；同时遥感应用正向实时、快速、动态方向发展，依靠目视解译已不能适应，地理信息系统、背景数据库、专家知识库等的广泛应用，就更需要依靠数字图像处理系统来进行图像信息的分析、提取、数据更新、查询、存档等。

3）计算机软、硬件的飞速进步，尤其是图像、图形处理技术的发展和数值计算能力的提高，为图像处理技术的发展创造了条件。

3.14.6.2　第三、四代图像处理系统的特点

1）第三代图像处理系统主机大多采用小型机、阵列机、显示和视频速率处理器，按分布式处理进行组织，使硬件结构支持多用户图像处理和数据管理。

硬件环境：

Ⅰ）采用多总线和分布式存储来进行数据的输入/输出，采用特定通道来传递图像数据，互不干扰；

Ⅱ）采用 32 字长主机，地址空间有很大扩充且可采用虚拟存储，方便用户使用空间；

Ⅲ）可进行分布式的控制和管理；

Ⅳ）具有一些特殊的硬件处理设备，如进行几何纠正的 Warp，进行多种处理的硬件处理器 Model-70，Model-75 等，通过软件硬化（固化），来实现那些非常耗时的处理功能的快速计算，而且矩阵的大小也多限定为 512×512。

软件结构：

Ⅰ）较少依赖硬件环境，可与不同小型机兼容，用 C 语言易于软件转换和扩充；

Ⅱ）有较丰富的软件开发工具，如 C、Lisp、Fortran、YACC、LEX、SCCS 等；

Ⅲ）文件结构与外设无关，在内部处理交换时比较简单，提供 SHELL 命令语音，可把各个处理模块直接组合成较复杂的模块。

S-101/S-600 系统组织：

它由①通用硬件 HP，VAX；②专用硬件 M-70，M-75 组成；③通用软件 MPE/VMS；④专用软件 IPOS，S-600 组成（图 3. 14. 6）。

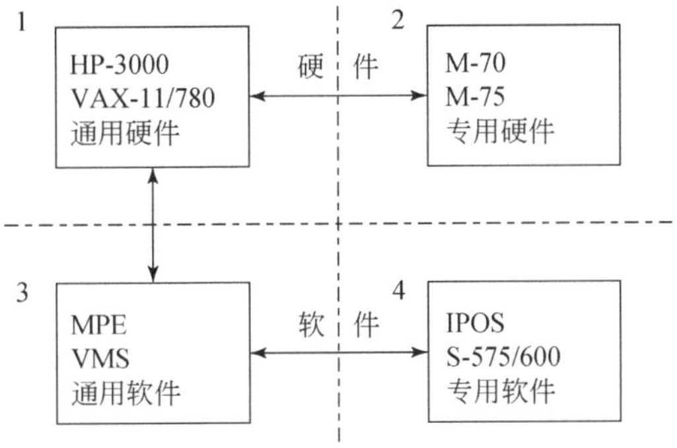

图 3. 14. 6　S-101/S-600 图像处理系统软、硬件相互关系示意图

整个系统是在通用系统指挥下运行，左为通用设施，右为专用设施，前者是计算机公司产品，后者才是 I^{2}S 公司产品。以专用软件、通用软件、及通用硬件来调动专用硬件进行处理工作。专用设施仅支持 512×512 数组，大于 512×512，只能用主机进行处理，速度慢。

2）第四代处理系统采用工作站或微机作为通用平台，其特点包括以下两方面。

Ⅰ）硬件平台从基于专用设备转为基于通用设备，第四代系统一般采用工作站或微机平台，不再采用专门的硬件处理设备，如阵列处理器（栅格处理器）等。这种转变主要归功于计算机技术的进步，尤其是图像、图形处理技术的重大进步。

Ⅱ）实现了从基于命令操作环境到基于 Windows 环境的转变。以往的图像处理系统直接在命令行环境下运行，而第四代图像处理系统一般是在 Windows 环境下开发。Windows 环境下的图像处理系统优势在于，它可以利用 Windows 环境提供的图形功能很强的函数实现多窗口、任意比例尺的显示以及友好的用户图形界面，可大大减少键盘操作，从而大大加快处理速度。

3.14.6.3 图像处理系统的处理软件功能

一般讲，遥感图像处理可以分为两个阶段，第一阶段是图像的预处理，即把从卫星或其他遥感数据源的数据转变为图像数据，并对数据进行系统校正。这一工作与遥感器运载平台的特性和数据格式紧密相关。第二阶段处理是面向用户的，也即本课程要讨论的遥感图像处理软件，它一般包括以下功能：

1）输入与输出：这部分与计算机的外设紧密相关，包括遥感数据的输入与输出（通过各种磁带机、磁带、光盘、网络及其他专用设备）、图像的显示与控制、图像的硬拷贝等。

2）图像处理：它是在图像处理算法基础上，以遥感专题信息提取为目的，结合遥感各专业应用领域的特点发展起来的，主要包括图像校正、图像增强、图像识别分类、图像恢复几大部分。

3）专业图形处理及与 GIS 接口软件：这部分软件中，它以图像处理的辅助工具面目出现，是在通用图形处理及数据库基础上发展起来的。在遥感应用中，除了图像数据以外，还需引入其他辅助信息如矢量数据、DEM 数据等，以帮助用户的分析。而多种信息分析处理后的结果，要以合理的形式输出，以方便用户的处理、应用。处理结果输出时还要加入其他辅助信息，如各种诠释信息等，以便于用户对分析、处理结果的理解。

除硬件外，最关键的部分当然是处理软件。现行的商用图像处理软件有 ENVI，它在高光谱图像处理上有专门的功能设置；PCI，对雷达图像处理设有相应的处理模块；Erdas，在面向资源应用的图像处理功能设置方面显得非常灵活方便；此外，尚有 ERMapper 等。为便于后期的专题图制作，尚可配置 GIS 软件以辅助后期制图。为了适应遥感中高分辨的米级、亚米级图像中的目标识别，德国专门开发了 e-Cognition 高分图像数字处理系统。

第　二　篇

遥感图像在获取与传输过程中会受到多种干扰，例如大气散射、成像模糊、平台姿态变化和地形起伏等。这些因素会引起信号失真、几何畸变和空间模糊，显著影响图像质量，进而制约地物识别、变化监测与定量反演的准确性。因此，理解图像退化的成因并开展有效的恢复处理，是遥感数据可靠应用的基础前提。

本篇（第4~8章）围绕图像退化的物理机制和数学建模展开，基于线性系统理论，构建图像退化的统一表达框架。通过调制传递函数和点扩散函数描述成像系统的响应特性，利用傅里叶变换开展频域分析，为图像模糊的量化评估与复原提供工具支撑。这一建模过程不仅揭示了图像质量损失的内在机制，也为后续处理流程奠定了理论基础。

在此基础上，本篇系统介绍了遥感图像的主要恢复方法，包括针对辐射失真的大气校正、应对空间错位的几何配准、提升清晰度的复原算法等。重采样与图像拼接方法用于重构大范围图像的空间连续性与一致性，确保数据在区域尺度上的稳定表达。这些处理步骤共同构成遥感图像由“退化”到“可用”的核心转换链条。

特别地，图像增强作为提升影像表达力和判读效率的重要手段，也在本篇中加以强调。通过锐化、直方图均衡、对比度拉伸、边缘增强等操作，能够有效强化图像细节，突出结构特征，提高模糊或亮度低对比图像的可读性。图像增强不仅可独立应用于解译前处理，也常与恢复技术结合使用，进一步提高图像的整体表现力。

总体而言，本篇从退化机理、建模分析到技术应用，构建了一条完整的图像恢复与增强技术路径。内容兼顾理论性与实践性，为遥感图像的质量控制提供了系统解决方案。无论是科研分析还是工程应用，本篇都将为用户理解遥感数据的物理本质与处理策略提供有力支持。

第 4 章　图像退化与恢复

地物目标反射/发射的电磁波在传输、记录、采样、量化直到屏幕显示系统等过程中会产生信号质量降低，同时卫星遥感平台会因姿态变化、地球自转运动以及地表形态因素的影响而使图像产生空间位置的扭曲。这些图像信号质量的变化、以及地物空间几何位置关系的失真，称为图像的退化。为了还原图像的真实面貌，需要进行图像质量的恢复。本章首先介绍遥感图像退化模型，在此基础上介绍图像恢复性处理方法，主要包括大气对遥感图像的影响及大气校正方法，畸变图像的几何校正方法和图像镶嵌方法等。

4.1　线性系统的图像退化模型

一般来讲，目标物体在到达传感器的焦平面成像并被记录后，还要经过空间采样、辐射信号量化、微波传输和终端显示等环节，才成为人们见到的地物图像，每一个环节都对该信号产生一次调制，即造成信号频谱的改变，表现为高频成分的衰减；对于遥感来讲，来自地表的反射/发射辐射，它要通过整层大气层才进入传感器的焦平面，要受到大气组分的选择性吸收和散射，还要叠加上由于大气层的路径散射而进入到传感器的干扰信号以及其他的随机噪声，其结果是造成图像的质量降低（降质）；另外卫星遥感平台会因姿态变化、地球自转运动以及地表形态因素的影响而使图像产生空间位置的扭曲（畸变）。所有这些引起图像信号幅值的变化、信号频谱的改变以及地物空间几何位置关系的失真，概称为图像的退化。对这种退化的图像进行处理，使其恢复到原来的本真面貌，此即为图像的恢复（复原）处理。复原是退化的逆过程。

需要分析引起图像退变的原因，了解变质的机理，针对问题来建立退化模型，以进行图像恢复。由于造成图像退化的原因众多、机理复杂，提供一个完善的退化的数量模型是相当困难的。由于退化模型描述上的近似性，加上随机噪声的存在，使恢复过程存在非唯一性，需要附加某种必要的判别准则，以求获得一个误差最小近似解。在很多应用中，退化过程可以用线性系统模型来近似地描述。

卫星遥感成像系统可以看作是一个连接地表反射/发射辐射所产生的输入信号和输出信号中间的“黑箱”，我们不必知道系统内的组成情况，而用一个算符 H 来表示系统对输入信号的作用。在这里输入信号是地表目标的辐射能，输出信号则为图像的辐射能，他们都是空间坐标的二维函数。如果输入信号用方波波形表示，那么输出信号通过“黑箱”的复杂的调制作用之后，已变成无棱角的圆润波形（如高斯型等），高频成分因调制作用而损失，视觉上看是变模糊了。

对地表目标辐射能的空间退化的纠正，主要对成像过程中辐射能的退化作用以及随机噪声 $\eta(x, y)$ 干扰产生的影像模糊和对比度下降进行处理。对这类模糊的处理，常规的光学处理是无能为力的，而图像的数字处理技术则可在一定程度上能够消除模糊，使数字图像的恢复处理成为图像处理领域中最为活跃的研究分支之一。

图像信号的退化过程可以用线性空间位移不变系统来近似地模拟。大气层和成像仪器记录显示系统可以分别看作对图像信号的两级调制过程。地表的反射（发射）辐射记为物平面 $\alpha o \beta$ 的物函数 $f(\alpha, \beta)$（输入），经成像系统 H 作用后，变为像平面 xoy 上的像函数 $g(x, y)$（输出），如果计入噪声 $\eta(x, y)$，这种输入-输出系统可描述为

$$g(x,y)=H[f(\alpha,\beta)]+\eta(x,y) \tag{4.1.1}$$

如果
$$H[af_1(x,y)+bf_2(x,y)]=H[af_1(x,y)]+H[bf_2(x,y)] \tag{4.1.2}$$

则称系统 H 为一线性系统，其中 a、b 为任意两个系数。如果

$$H[f_1(x,y)+f_2(x,y)]=H[f_1(x,y)]+H[f_2(x,y)] \tag{4.1.3}$$

则称系统 H 具有可加性。进一步，若 $f_2(x,y)=0$，式（4.1.2）变为

$$H[af_1(x,y)]=aH[f_1(x,y)] \tag{4.1.4}$$

则说明任一与常数相乘的输入响应等于该输入乘以相同的常数，并称之为均匀性，该算子兼具有可加性和均匀性。如果对于任意的 $f(x, y)$，α 和 β，有

$$H[f(x-\alpha,y-\beta)]=g(x-\alpha,y-\beta) \tag{4.1.5}$$

称这种具有 $g(x,y)=H[f(x,y)]$ 输入-输出关系的系统是一个空间位移不变系统，说明图像中任一点的冲激响应仅决定于该点的输入，而与该点的位置无关。如将 $f(x, y)$ 视作连续冲激函数，则有

$$f(x,y)=\iint_{-\infty}^{\infty} f(\alpha,\beta)\delta(x-\alpha,y-\beta)\,\mathrm{d}\alpha\mathrm{d}\beta \tag{4.1.6}$$

根据上述具有可加性、均匀性和空间位置不变的线性系统的条件，有

$$g(x,y)=\iint_{-\infty}^{\infty} f(\alpha,\beta)H[\delta(x-\alpha,y-\beta)]\,\mathrm{d}\alpha\mathrm{d}\beta \tag{4.1.7}$$

将式中 $H[\delta(x-\alpha, y-\beta)]$ 记为 $h(x, y, \alpha, \beta)$，并称之为系统 H 的冲激响应。如设 $\eta(x, y)=0$，$h(x, y, \alpha, \beta)$ 则是系统 H 对坐标（x，y）处强度为 1 的冲激的响应。

目标上一个点源（光点）的辐射能不可能完全汇聚成一个光点。光学成像系统对点源的散布可以用一个焦点扩散函数（PSF）来表示。目标上全部点源通过线性光学系统，按各自的 PSF 将其能量在图像平面上散布开来，他们的叠加就构成了图像的辐射能 $g(x, y)$。如果用 $f(\alpha, \beta)$ 表示目标物辐射能，$g(x, y)$ 代表退化的图像辐射能，则图像的退化模型可用下述数学表达式来表达

$$g(x,y)=\iint_{-\infty}^{\infty} f(\alpha,\beta)h(x,y,\alpha,\beta)\,\mathrm{d}\alpha\mathrm{d}\beta+\eta(x,y) \tag{4.1.8}$$

这里 $h(x, y, \alpha, \beta)$ 为系统的点扩散函数，即脉冲函数。对于一个理想的成像系统，点扩散函数即为 δ 函数，线性系统 H 完全由其冲激响应所决定。一个随空间位置变化的成像系统，PSF 随目标上的点辐射源的位置（α，β）不同而变化，即对于不同的点（α，β），扩散作用不相同。

如果成像系统（图 4.1.1）在目标和成像两个平面上的作用是一致的，即点扩散函数 PSF 不随（α，β）变化，也不随（x，y）变化，表示目标平面上的任何一个点源都具有相同的扩散作用，即为一个线性空间不变的成像系统。在业已去噪这种情况下，退化模型

的表达式成为

$$g(x,y)=\iint_{-\infty}^{\infty} f(\alpha,\beta)h(x-\alpha,y-\beta)\mathrm{d}\alpha\mathrm{d}\beta \tag{4.1.9}$$

$$\text{或 } g(x,y)=h(x,y)*f(x,y) \tag{4.1.10}$$

式中，* 表示卷积运算。此即为二维函数的卷积积分。对这样一个空间域中的二维函数的卷积积分，可以用他们的傅里叶变换的相乘来推求。这时，成像系统相当于一个低通滤波器，对目标的原空间频谱进行了调制，滤掉了目标的高频成分，造成目标物的细节不清，产生了视觉上的模糊。如果成像系统的 PSF 可以获得，便可通过逆向滤波来修改图像的频谱。

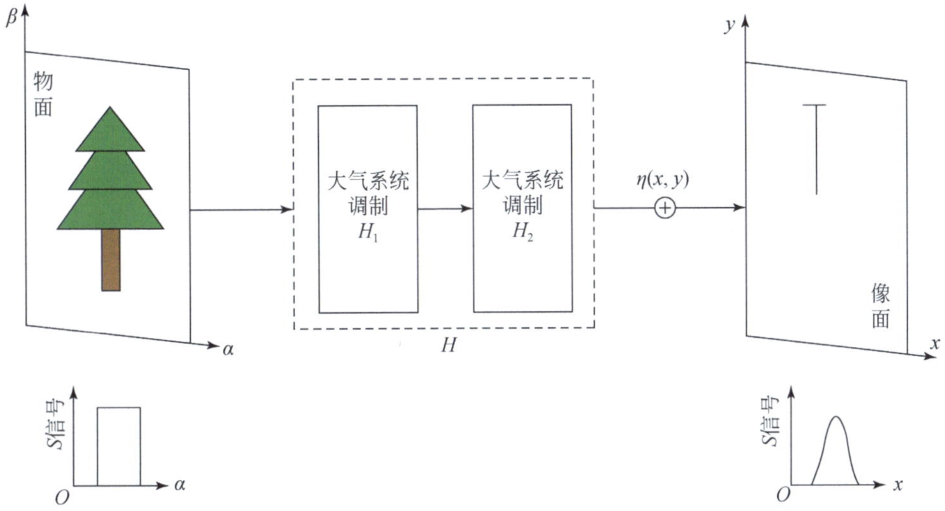

图 4.1.1 卫星遥感线性成像系统

对于线性空间不变的成像系统，成像系统的光学调制传递函数（MTF）$M(U, V)$ 即为其点扩散函数的傅里叶变换

$$M(U,V)=F[h(x-\alpha,y-\beta)] \tag{4.1.11}$$

据卷积定理，

$$G(U,V)=F(U,V)M(U,V) \tag{4.1.12}$$

式（4.1.12）表明，经历了成像系统 H 调制以后，传感器记录显示的图像频谱 G（U, V）与物像频谱 F（U, V）和调制传递函数频谱 $M(U, V)$ 间的数量关系，每一空间频谱分量都与调制传递函数的相应频率相对应。

考虑加性噪声，线性空间不变退化系统，在空间域可以模型化为一退化函数（即点扩散函数）与图像的卷积并加上噪声，即

$$g(x,y)=h(x,y)*f(x,y)+\eta(x,y) \tag{4.1.13}$$

或在频域表示为图像与退化函数傅里叶变换的乘积，再加上噪声的傅里叶变换 $N(U, V)$，即

$$G(U,V)=H(U,V)F(U,V)+N(U,V) \tag{4.1.14}$$

退化模型归结为卷积运算的结果，使图像恢复依赖于滤波器，因而图像去卷积运算也被用以指线性图像复原。式中 $H(U, V)$ 被称作调制传递函数，用于修改图像的频谱。

如果只考虑空间频谱各成分的相对调制，现定义归一化的光学调制传递函数 $M^N(U, V)$

$$M^N(U,V)=\frac{M(U,V)}{M(0,0)} \tag{4.1.15}$$

$M(0, 0)$ 意指零频的 MTF，下面如不特别声明，调制传递函数（MTF）均指归一化的 MTF。对于一般光学成像系统，调制传递函数有如下性质

$$M^N(0,0)=1 \tag{4.1.16}$$

和

$$M^N(U,V)<M^N(0,0)=1 \tag{4.1.17}$$

一般成像系统，成像质量变坏，是由于具有某些复合调制传递函数的目标初始空间频谱的畸变所产生的。由多级成像系统构成的光学调制函数 M 可表达为各级光学调制传递函数之积

$$M=M_1 \cdot M_2 \cdot \cdots \cdot M_n \tag{4.1.18}$$

不同原因引起的图像退化，要用不同的传递函数来进行恢复（如因大气散射、运动位移、散焦）。

对于引起遥感图像退化的那个“黑箱”可作进一步分解，即把调制过程分解为大气系统和传感器成像系统，并将给定的地物反射辐射 $f(x, y)$ 经大气系统的退化过程模型化为调制传递函数 $H_1(x, y)$，而将反射辐射 $f(x, y)$ 经传感器成像系统的退化过程模型化为调制传递函数 $H_2(x, y)$。这样，退化过程被模型化为经两层调制并和一个加法性噪声一起，共同作用于输入图像 $f(x, y)$，最终产生一个退化了的图像 $g(x, y)$。因而，图像恢复问题可以看作一个给定的退化图像 $g(x, y)$ 和已知的传递函数 $[H_1(x, y), H_2(x, y)]$ 的某种形式，从而求得 $f(x, y)$ 的某种近似值 $\hat{f}(x, y)$。这里，假定 $\eta(x, y)$ 是一种统计性质的噪声。

4.2 基于大气光学调制传递函数的图像恢复处理

散射介质可以作为成像系统中的一个独立单元来考虑，因此可以利用光学调制传递函数来描述散射介质对成像像质的影响（也即对空间频谱的调制所产生的畸变），而且，这在原则上是可行的。特别当散射介质的性质满足局地均匀条件和足够长的时间下，通过成像仪器-介质系统传递的空间频谱，便可以用仪器和介质各自的光学调制传递函数之乘积作定量描述。卫星遥感的可见光波段在成像过程中，地表目标的空间频谱就受到了大气介质和传感器系统的两级空间频谱的调制。

4.2.1 平面平行分层的大气光学调制传递函数

在将大气作为一个单独的成像单元考虑时，大气的光学调制传递函数可定义为

$$M(U,V)=\frac{F[L(x,y)]}{F[L^{\Omega}(x,y)]} \tag{4.2.1}$$

这是因为，据式（4.1.12），$G(U, V)=F(U, V)M(U, V)$，式中 $G(U, V)$ 即为 $F[L(x, y)]$，而 $F(U, V)$ 即为 $F[L^{\Omega}(x, y)]$。$L(x, y)$ 与 $L^{\Omega}(x, y)$ 则分别代表卫星图像像元灰（亮）度值和无大气效应的像元灰度值（或者是经过纠正了的）。

在平面平行大气结构大气的 MTF 为线性空间位置不变的假设条件下，进一步再设大气的 MTF 是可分离的，则平面平行大气二维的光学调制传递函数 OMTF 可表达为两个一维的 OMTF 的乘积

$$M(U,V)=M(U)M(V) \tag{4.2.2}$$

式中，U，V 为频率变量。

大气 OMTF 的计算，在实质上是求解大气的辐射传输方程。Kaufman 和 Tanre（1992）对辐射传输方程（RTE）的蒙特卡罗（MC）模拟计算结果和其本人的分析，给出计算大气 OMTF 的半经验公式

$$M(U)=1-0.5\,\tau_r[1-\exp(-2.5UH_r)]-0.7\,\tau_a\lambda^{-0.2}[1-\exp(-1.3UH_a)] \tag{4.2.3}$$

式中，λ 为光波波长，μm；H_r，H_a 为分子和气溶胶的海拔标高参数；τ_r，τ_a 为分子和气溶胶的光学厚度；U 为傅里叶变换中的频率变量。

当能给出地面的能见度，就可计算出气溶胶的平均标高（$\bar{H}_a$），并进一步计算气溶胶及大气的垂直光学厚度 τ_r，τ_a。光学厚度是指，光辐射垂直通过吸收层后，其辐射强度按指数 $e^{-\tau v}$ 衰减，指数 τ_v 即称作吸收层的光学厚度。在给定的吸收层中，他是沿路径的累积不透明度的一种量度。当辐射强度衰减为 $\frac{1}{e}$ 时，光学厚度为 1（$\frac{1}{e}=e^{-1}=e^{-\tau_v}$，$\tau_v$ 必为 1）。

4.2.2 整层大气光学调制传递函数的分层累积计算

可采用分层累积的方法来计算大气的 OMTF。平面平行大气按垂直方向分层，把每一层都视为一个独立的成像子系统，具有自己的独立的光学调制传递函数。整层大气则为这些子系统的叠加，其光学调制函数为这些子系统的光学调制函数的累积。如对第 i 层有

$$M_i(U)=e^{-\tau_i}\left[1+\frac{\pi}{4}\frac{\tau_i}{\sqrt{1+(UL_i)^2}}\right] \tag{4.2.4}$$

式中，τ_i 为 i 层光学厚度，L_i 表示第 i 层。

据多级成像系统光学调制传递函数公式，整层大气的光学调制传递函数 $M(U)$

$$M(U)=\prod_{i=1}^{N}M_i(U) \tag{4.2.5}$$

4.2.3 大气散射造成的图像像质退化的恢复处理

在查找到成像时刻的当地大气能见度并计算出大气光学 MTF 后，就可对卫星图像因大气散射而产生的像质退化进行恢复处理。大气光学 MTF 的像质恢复处理方法与逐点进

行大气散射效应的辐射订正方法不同，它是将一幅图像的所有像元作为一个整体来进行处理的。

从理论上讲，遥感传感器接收到的辐射 L 由三部分组成

$$L = L_s + L_D + L_o \tag{4.2.6}$$

式中，L_s为经大气衰减的来自地面的目标辐射；L_D为背景辐射，它是目标周围像元的辐射经大气散射而进入探测器的；L_o为路径辐射，是大气层对太阳辐射的散射而进入探测器的。

只有L_s携带了地面目标的信息，而L_D和L_o只提高了进入探测器的总体辐射水平，它降低了图像的对比度，损坏了图像像质。

这一公式物理意义明确，但不实用。由于造成邻近像元效应的背景辐射项L_D本身与地表反射率有关，式（4.2.6）并没能真正地把来自地面的信息与大气散射效应彻底分开。

利用大气光学 MTF 对大气散射引起的图像退化进行恢复处理，是将一幅图像作为一个整体来进行处理的，可解决邻近像元效应的纠正问题。据大气光学 MTF 的定义，遥感图像 L（x，y）

$$L(x,y) = F^{-1}\{F[L^{\Omega}(x,y)] \cdot M(U,V)\} + L_o \tag{4.2.7}$$

式中，L^{Ω}（x，y）为没有大气散射影响的地表辐射；M（U，V）为大气光学 MTF；F 和 F^{-1}为傅里叶正变换和反变换。

式（4.2.7）右端第一项中 $F[L^{\Omega}(x,y)]$是$L^{\Omega}(x,y)$的傅里叶变换，由空域变换到频域，它与 $M(U,V)$ 相乘，表示受到了频谱上的调制，这一受到频率调制的信号，经傅里叶变换后又回到空间域进行表示，再和路径辐射叠加就变成了传感器记录的图像。

现在来定义一个恢复函数 $Q(U,V)$

$$Q(U,V) = \frac{1}{M^N(U,V)} \tag{4.2.8}$$

有

$$L^{\Omega}(x,y) = Q(0,0)[F^{-1}\{F[L(x,y)] \cdot Q(U,V)\} - L_o] \tag{4.2.9}$$

令

$$L^c(x,y) = F^{-1}\{F[L(x,y)] \cdot Q(U,V)\} \tag{4.2.10}$$

则式 4.2.9 改写为

$$L^{\Omega}(x,y) = Q(0,0)[L^c(x,y) - L_o] \tag{4.2.11}$$

或

$$L^c(x,y) = L^{\Omega}(x,y)/Q(0,0) + L_o \tag{4.2.12}$$

比较式（4.2.6）与式（4.2.9）、式（4.2.11），可以看到，式（4.2.9）是邻近像元辐射影响的纠正，而式（4.2.11）是大气路径辐射和路径衰减的纠正。

根据以上的讨论，大气散射引起的图像像质退化的恢复处理可以分两步进行：图像像元邻近效应的纠正和大气路径辐射和衰减的纠正。根据不同的目的，可以作第一步处理或两步完全的纠正处理。

4.3 基于同态滤波的薄云去除方法

众所周知，一幅气象卫星图像（如 NOAA-AVHRR，风云）的幅宽度达到2700km，即使是分辨率较高的陆地卫星 TM 图像，其一景图像的覆盖范围也在 34 000km^2 以上。很难想象，在这么大的范围内没有云的存在。云的存在是造成遥感图像使用价值降低的最主要因素。云层有厚薄，对于浓重的厚云，光线无法穿透云层，使遥感图像完全不可用。但对于薄云，也许它仅覆盖图像的局部范围，但可能正是我们感兴趣的地方，如能用某种方法将其滤除，将会提高图像的可利用价值。薄云覆盖最大的特点是大范围的均匀一致，允许阳光能穿透其中并到达地表经地表反射后进入传感器焦平面，从频谱上讲，具有低频的特点。而无云覆盖的地表则因土地利用或土地覆盖的差异，地表反射信号则具有高频的特点，正是这种频谱差异，为去云处理提供了一个突破口。下面介绍同态滤波去云的算法原理。

图像辐射能 $f(x, y)$ 可以分解为入射辐射分量 $g(x, y)$ 和反射辐射分量 $R(x, y)$，即有

$$f(x,y)=g(x,y)\cdot R(x,y) \tag{4.3.1}$$

由于两个函数的乘积的傅里叶变量是不能分离的，无法直接对式（4.3.1）中的两个分量独立地进行傅里叶变换。这时可先行对式（4.3.1）两端进行对数变换，然后再进行傅里叶变换，因而有

$$Z(x,y)=\ln f(x,y)=\ln g(x,y)+\ln R(x,y) \tag{4.3.2}$$

以及

$$F[Z(x,y)]=F[\ln f(x,y)]=F[\ln g(x,y)]+F[\ln R(x,y)] \tag{4.3.3}$$

或简记为

$$Z(U,V)=I(U,V)+R(U,V) \tag{4.3.4}$$

式中，$I(U, V)$ 和 $R(U, V)$ 分别是 $\ln g(x, y)$ 和 $\ln R(x, y)$ 的傅里叶变换。

同一片蓝天下，一幅图像上的太阳辐照具有缓慢的空间变化特征，可是反射分量则随空间位置的变化，地表覆盖则已发生了巨大变化，这在不同地物的分界处尤其如此。这种情况使我们有理由将一幅对数图像的傅里叶变换的低频成分和太阳的辐照分量相联系，而把高频分量和地物的反射分量相关联，这是一种合理的推论，对图像的恢复处理却十分有用。

图像的对比度是图像中地物的反射特性的表征，而太阳光源的辐照度则决定了图像亮度值的动态范围。如果能选择到一个同态滤波器能够同时对这两个分量实现理想的控制，便能达到去云的目的。

如果选用的滤波器核函数为 $H(U, V)$，并用它来调制 $Z(U, V)$，则可以记为

$$S(U,V)=H(U,V)Z(U,V)=H(U,V)I(U,V)+H(U,V)R(U,V) \tag{4.3.5}$$

式中，$S(U, V)$ 是结果的傅里叶变换。滤波器核函数图形示于图 4.3.1，图中 $D(U, V)$ 为到图像中心的距离。进行滤波处理后，尚需回到空间域中进行显示，在空域中，有

$$S(x,y)=F^{-1}[S(U,V)]=F^{-1}[H(U,V)I(U,V)]+F^{-1}[H(U,V)R(U,V)] \tag{4.3.6}$$

如果令

$$i^{\Delta}(x,y)=F^{-1}[H(U,V)I(U,V)] \tag{4.3.7}$$

$$r^{\Delta}(x,y)=F^{-1}[H(U,V)R(U,V)] \tag{4.3.8}$$

则式 4.3.6 表示为

$$S(x,y)=i^{\Delta}(x,y)+r^{\Delta}(x,y) \tag{4.3.9}$$

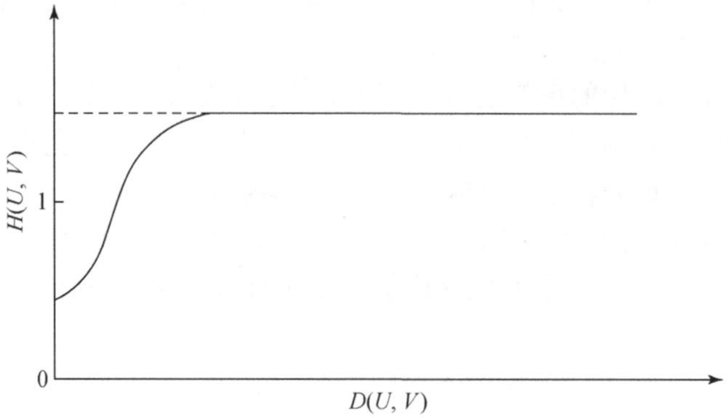

图 4.3.1　同态滤波函数断面图

由于 $S(x,\ y)$ 是原始图像进行对数变换而生成的，要获得所要求的空域图像 $g(x,\ y)$，还必须进行反对数运算

$$g(x,y)=\exp[S(x,y)]=\exp[i^{\Delta}(x,y)]\exp[r^{\Delta}(x,y)]=i_0(x,y)+r_0(x,y) \tag{4.3.10}$$

式中，$i_0(x,\ y)$ 和 $r_0(x,\ y)$ 分别为输出图像的辐照分量和反射分量。

当我们将图像上的薄云层作为辐照分量来处理，只要选择合适的 δ 值，使$\delta_L<1$，$\delta_H<1$，滤波器核函数 $H(U,\ V)$ 必定会让低频成分减少，而使高频得到增强，从而使亮度值的动态范围缩小，而让对比度得到增强。整个处理流程可用下图（图 4.3.2）表示。

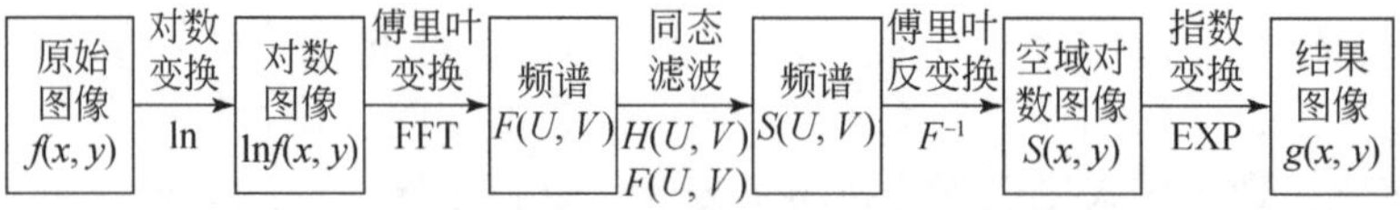

图 4.3.2　同态滤波去云处理流程框图

4.4　基于辐射传输模型的遥感信号大气影响估算

从卫星传感器与地面目标和太阳辐射光源三者的成像几何关系来看，到达传感器焦平面的地物反射信号，需要两次穿越整层大气并受到大气层的散射和吸收而衰减。进入传感器的辐射除了来自瞬时视场的反射外，还会叠加上来自那些根本就未达到地面而被大气散射后不请自来的辐射，以及瞬时视场外邻近区域的反射经散射后进入传感器视场的辐射，如果瞬时视场外的区域地形复杂，还需考虑地形的影响。在这些影响中，大气的散射和吸收作用是主要的。散射和吸收作用的强度取决于大气中相关组分的含量多少（或称浓度的

高低)。因此，如何从遥感信号中剔除瞬时视场内非目标物大气散射影响，获取那些纯粹来自瞬时视场的有效信号，就构成了图像恢复中的一个新的内容。这样的研究工作在遥感应用中被称作大气纠正，是遥感应用中的一个老大难问题。幸好，经过多年努力，这种工作已进入到有章可循、有实际应用价值的阶段，可实现有应用价值的定量估算。但是，被处理的遥感数据几乎都是“历史数据”，做的是事后工作，时过境迁，成像时大气状况已无法弄清、恢复，使大气纠正这个问题永远都是近似估算，而要达到完美、精确，研究永远在路上。

4.4.1 大气辐射传输模型

由图 4.4.1，太阳于上午辐照地球大地，卫星传感器正垂直地面目标成像，太阳入射天顶角为 θ_0，入射辐照度为 E_0（或用光谱辐照度 $E_{0\lambda}$），传感器观测天顶角 θ_v 为零。传感器瞬时视场（IFOV）内为草地，两侧相邻区域像元，一侧是覆盖着低反射率的灌丛（左侧）一侧是高反射率的沙地（右侧），均设为郎伯反射体。大气中除了气体分子外，还有液相和固相气溶胶粒子。大气分子在整个大气层内的分布通体一致，其散射作用在瞬时视场锥体内也是均一的；液相和固相气溶胶粒子主要分布在大气底层 5km 以内，在垂直方向分层但在水平方向上也可认为是均一的。因此，将大气性质视为垂直分层、水平均一的体系是符合实际情况的。

试想太阳以 θ_0 角照射地表目标像元，由于大气的吸收和散射作用，达到地表时已衰减为$\tau_{\theta_0,\lambda}E_0$，$\tau_{\theta_0}$为入射路径的大气透过率。对于某一指定的遥感波段，如 Landsat-4 第 1 波段 0.45 ~ 0.52μm，到达地表的太阳总辐照度

$$E_{G,\lambda} = \int_{0.45}^{0.52} (E_{0,\lambda}\ \tau_{\theta_0} \cos\theta_0 + E_{d,\lambda})\,\mathrm{d}\lambda \tag{4.4.1}$$

式中，$E_{d,\lambda}$为天空漫射光谱辐照度。一般情况下，可设定地表的反射为郎伯反射，目标的反射率为ρ_λ，由地表反射并再次穿越大气层而聚焦至传感器焦平面上的一点，那么描述传感器信号的辐射性质时，就该看作是点源辐射了，因而用辐射亮度L_r 来表达，有

$$L_r = \frac{1}{\pi}\int_{0.45}^{0.52} \rho_\lambda\ \tau_{\theta_v} (E_{0,\lambda}\ \tau_{\theta_0} \cos\theta_0 + E_{d,\lambda})\,\mathrm{d}\lambda \tag{4.4.2}$$

辐射量L_r 是由瞬时视场内反射造成的，包含着目标的信息。但它还不是传感器的实际输出信号L_s，必须再加上程辐射L_P才能构成L_s，即

$$L_s = L_r + L_P \tag{4.4.3}$$

实际上，信号L_s还包含了邻域像元的反射与散射的贡献，在图像信号恢复中是应该剔除的。

4.4.2 基于大气辐射传输理念的大气效应纠正

大气纠正是遥感图像恢复处理中两个最重要的问题之一，无疑，它也是最难的问题。即使从 20 世纪 80 年代算起，也经历了 30 多年的时间。在这期间有多人涉足这个问题，也出现了名目繁多的解决方案，但是不管怎样，在大气辐射传输理念下的大气影响纠正研

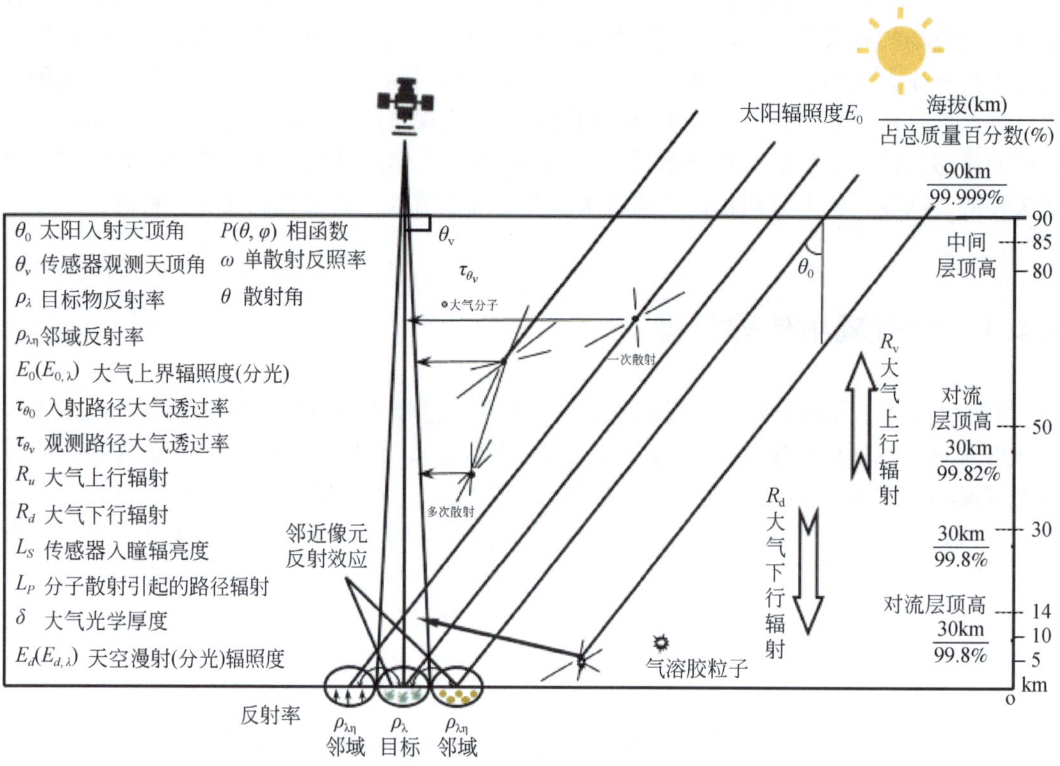

图 4.4.1　大气辐射传输与传感器信号

究应该说是这方面的主流和正道，而基于辐射传输方程和基于大气物理概念的经验公式（如 6S）的大气纠正，正是这种理念的具体体现。

4.4.2.1　大气辐射传输方程（RTF）

大气中的分子、水汽、气溶胶粒子的分布，在垂直方向是变化的，在水平方向上，在不太大的范围里，可粗略地看作是水平均匀的，并且各种粒子也近似为各向同性的，这是一个基本符合实际情况的合理的假设，另外还应遵循辐射能量守恒的原理。太阳光辐射的方向（θ_0，φ_0）、传感器观测方向（θ，φ），其中 θ_0、φ_0、θ、φ 各相应表示入射和观测方向的天顶角和方位角，并用 Z 表示高程，δ 表示光学厚度。当阳光照射传感器瞬时视场锥柱，入射的光谱辐亮度$L_\lambda(Z, \theta, \varphi)$ 穿过锥柱距离 Δl 后，变化了 ΔL_λ（图 4.4.2）。根据能量守恒原理，在这一截大气锥柱里最可能发生的大气辐射行为有以下 4 种。

1）在这截大气锥柱里由于大气分子和气溶胶粒子的吸收和散射作用，使辐亮度L_λ受到了衰减；

2）太阳光辐射直接打在大气锥柱里的分子、气溶胶粒子上产生一次散射并为传感器截获；

3）来自大气锥柱外各个方向的散射光在大气锥柱内发生再次散射，此为多次散射项；

4）大气锥柱里产生的热辐射。当光被大气分子、气溶胶粒子吸收后，转变为他们的振动、转动能级，又会额外多发射一些热能。

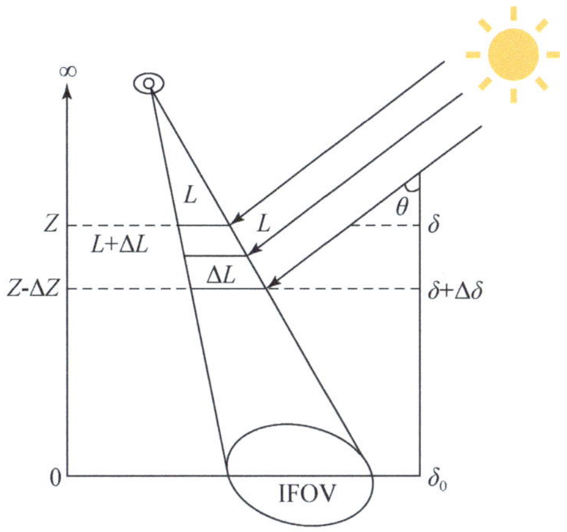

图 4.4.2　RTF 推导图示

这样，根据能量守恒原理，发生在视场锥柱里辐亮度的变化量 ΔL_λ 应等于上述作用量的代数和，可用下列方程表示

$$\Delta L_\lambda = -L_\lambda(Z,\theta,\varphi)k_{ex,\lambda}\Delta l + \pi E_{\lambda,0}e^{-\sec\theta_0\int_0^\infty k_{ex,\lambda}(Z')dZ'}\sigma_\lambda(Z,\theta,\varphi,\theta',\varphi')\Delta l + \int_0^{2\pi}\int_0^{\pi} L_\lambda(Z,\theta',\varphi')\,\sigma_\lambda(Z,\theta,\varphi,\theta',\varphi')\sin\theta' d\theta' d\varphi' \Delta l + B_\lambda[T(Z)]k_{ex,\lambda}(Z)\Delta l \tag{4.4.4}$$

式中，$k_{ex,\lambda}$ 为吸收系数，（θ'，φ'）为穿过锥柱后的传感器观测方向，B_λ 为辐射亮度，$T(Z)$ 为吸收率，其他符号均如前述。

如果欲将式（4.4.4）通过相函数 $P_\lambda(\delta, \gamma)$ 和单次散射反照率 ϖ 来表达，这将有

$$\mu\frac{dL_\lambda}{d\delta} = L_\lambda - \frac{\varpi_{0,\lambda}}{4\pi}\left[\pi E_{\lambda,0}e^{-\frac{\delta}{\mu_0}}P_\lambda(\delta,\gamma_0) + \int_0^{2\pi}\int_{-1}^{1} L_\lambda(\delta,\mu',\varphi')\,P_\lambda(\delta,\gamma')\,d\mu' d\varphi'\right] - (1-\varpi_{0,\lambda})B[T(\delta)] \tag{4.4.5}$$

式中，$E_{\lambda,0}$ 为辐照度。

式（4.4.5）就是平面平行大气条件下的一维辐射传输方程。方程右端三项合称为源函数 J_λ，包括一次和多次散射项以及热辐射项。式（4.4.5）的几点注释：

1）规定，当 $0 \leqslant \gamma \leqslant \frac{\pi}{2}$，光束下射时为 μ，光束上射时为 $-\mu$，且有 $\mu = \cos\gamma$，$\mu_0 = \cos\gamma_0$。

2）γ_0 和 γ' 分别表示从（θ_0，φ_0）方向和从（θ'，φ'）方向到观测方向的夹角，即散射角；并有

$$\cos\gamma_0 = \mu\mu_0 + \sqrt{1-\mu_0^2}\sqrt{1-\mu_0^2}\cos(\varphi-\varphi_0) \tag{4.4.6}$$

$$\cos\gamma' = \mu\mu' + \sqrt{1-\mu^{12}}\sqrt{1-\mu^{12}}\cos(\varphi-\varphi') \tag{4.4.7}$$

3）变量替换。高程变量 Z 用光学厚度 δ 替换，$d\delta = -k_{ex,\lambda}dz$。在大气上界 $\delta=0$，到地

面增加至δ_0，即整层大气垂直光学厚度，并有 $\Delta Z = \Delta l \cos\gamma$；

4）$B[T(\delta)]$为热辐射项中的普朗克函数。其他符号已如前述。

在不同的辐射传输问题里，源函数J_λ具有不同的组分。如果问题仅限于短波，那么就不用去考虑热辐射项；在研究晴空条件下的热红外辐射时，短波中的散射项可以省掉不计。

大气辐射传输方程是一积分-微分方程，没有简单的解法，它可以有近似解法、数值解法；前者有二流近似和四流近似，和蒙特卡罗统计试验法求近似解。另外，逐次迭代法可获得精确结果，但耗时，过程冗长。一般人不必深究，已有不断完善的软件包在做这些工作，最典型的就是 MODTRAN4+计算机代码以及在“5S”基础上发展出来的“6S”大气辐射传输计算机代码。

4.4.2.2　6S 大气纠正的经验模型

5S 大气纠正软件包使用的核心模型是基于辐射传输的一种表达。大气上界总反射率$\rho^*(\theta_s, \theta_\nu, \Delta\varphi)$ 近似的经验方程，其形式为

$$\rho^* = T_{ab}(\theta_s, \theta_\nu)\left[\rho_{m+p} + T(\theta_s)T(\theta_\nu)\frac{\rho_s}{1 - S\rho_s}\right] \tag{4.4.8}$$

式中，$T_{ab}(\theta_s, \theta_\nu)$ 是大气吸收作用形成的透过率，$T(\theta_s)$ 表示从太阳到目标的路径上直线透过率，$T(\theta_\nu)$ 为目标至传感器路径上的直线透过率，S 为大气球面反射率，ρ_s为地表反射率（朗伯体），ρ_{m+p}为分子和气溶胶散射形成的路径辐射反射率（亦称大气固有反射率）。ρ^*可称之为“表观反射率”，它包含了大气作用的贡献。

比起大陆，海洋表面显得简单、均一，而且洋面大气组分和结构也要简单些。在这种情况下，对于海洋大气纠正，5S 大气纠正软件包的反演精度也许已经是足够了。但是对于陆地表面，地形起伏，地表覆盖类型复杂多变，就是陆地上空大气气溶胶也较海洋大气来得复杂，况且，面对 20 世纪 90 年代出现的定量遥感局面，反演精度要求不断提高，这都呼唤着新的、精度更高的大气纠正软件包的出现，因此 6S 软件也应运而生，它是在 5S 软件基础上作了大量细化和改进的版本。下面给出如何推演大气影响纠正的算法表达式以及如何实现从 5S 发展为 6S 的补充算法。

从陆地卫星遥感图像出现起，图像的大气影响纠正一直是遥感图像处理的重要内容之一，并且，关于大气影响纠正算法的研究也从未间断，内容非常丰富。而今，已不再停留在算法的改进上，实际上已进入到工程化的实际应用阶段，成为商用图像处理软件包里的重要模块。在讨论了地球大气对太阳辐射的散射和吸收作用后，又介绍了关于大气辐射传输相关的物理量的计算方法，这就为大气纠正算法奠定了必要的知识基础。

能达到工程化的实用大气影响纠正精度要求的算法，首先出现在海洋遥感领域，这个现象容易理解。海洋表面比起陆地表面更接近于漫反射表面，可按朗伯表面处理，而陆地表面则不能，要按一般粗糙表面对待，要做 BRDF 订正；海洋的物质组成单一，大范围均匀一致，图像像元尺度大（比陆地卫星像元尺度要高两个数量级），可以忽略交叉辐射影响。正如上面所述，海洋的大气影响纠正算法仅适用于海洋。但是可以通过改造使之能应用于陆地表面，并且几经拓展改进，至今已形成为业务化运行并嵌入商用遥感图像处理软

件包 ENVI 之中。

现在考虑如何推演大气影响纠正的算法表达式。设想，卫星传感器置于大气层上界，传感器观测地表的方向与目标的法线方向成 θ 角。太阳辐射出的光子在大气层内穿行，当遇到大气组分的质点时，可发生 0 ~ ∞ 次散射（不考虑大气的吸收作用）。光子自下而上运行时以“+”标记，如自上向下穿行时则用“−”标记，以 i 表示光子与地表碰撞的次数，那么用Ω^+表示离开大气上界的总光子数，从而有

$$\Omega^+ = \sum_{i=0}^{\infty} \Omega_i^+ \tag{4.4.9}$$

式中，Ω_i^+ 表示光子与地表碰撞 i 次后穿越大气层的光子数。用Ω_0^+ 代表与大气路程辐射相应的光子数，这些光子还从未有机会与地表触碰。最后设 ω 为处于大气底层的光子数，则地表反射率 $R(0)$ 为

$$R(0) = \frac{\omega_{i+1}^+}{\omega_i^-} \tag{4.4.10}$$

现在以 β 表示光子与地表碰撞 i 次后，在所有向上运动的光子中，最终能有多少光子逸出大气层顶，该 β 值仅与大气状态有关，而与地表无关。β 表达式为

$$\beta = \frac{\Omega_i^+}{\omega_i^+} \tag{4.4.11}$$

再令 η 表示光子与地表碰撞 i 次后，向上运动的光子数中会有多少光子被大气弹回地面，η 值也取决于大气状况，η 的表达式为

$$\eta = \frac{\omega_i^-}{\omega_i^+} \tag{4.4.12}$$

顺序利用式（4.4.10）和式（4.4.12）进行变换，有

$$\omega_i^+ = R\,\omega_{i-1}^- = R\eta\,\omega_{i-1}^+ = R^2\eta\,\omega_{i-2}^- \cdots\cdots = R^i\,\eta^{i-1}\omega_0^- \tag{4.4.13}$$

进一步由式（4.4.9）和式（4.4.13），得

$$\Omega^+ = \Omega_0^+ + \beta R \sum_{i=0}^{\infty} (R\eta)^i\,\omega_0^- \tag{4.4.14}$$

由于 $R<1$，且 $\eta<1$，有$(R\eta)^\infty \to 0$，从而有

$$\Omega^+ = \Omega_0^+ + \frac{\beta R\,\omega_0^-}{1-R\eta} \tag{4.4.15}$$

又据式（4.4.11）

$$\beta\omega_0^- = R\left[\left(\frac{\Omega_1^+}{\omega_1^+}\right)\omega_0^-\right] = R\left[\Omega_1^+\left(\frac{\omega_0^-}{\omega_1^+}\right)\right] \tag{4.4.16}$$

假设光子与地面碰撞即被弹出大气层顶，反射率为 1（即$\omega_0^- = \omega_1^+$），则得

$$\Omega^+ = \Omega_0^+ + \frac{R\,\Omega_1^+}{1-R\eta} \tag{4.4.17}$$

现在我们演绎并把讨论从光量子世界返回到太阳辐射的宏观物理测量，相应有辐射亮度 $L(\theta,\ \varphi)$，它就是引起卫星传感器感应的电磁辐射能量值

$$L(\theta,\varphi) = L_0(\theta,\varphi) + L_1(\theta,\varphi)\frac{R}{1-\eta R} \tag{4.4.18}$$

式中，$L_0(\theta, \varphi)$ 为 (θ, φ) 方向的路径辐射亮度，$L_1(\theta, \varphi)$ 为 (θ, φ) 方向上的光束仅与地表碰撞一次就逸出大气层顶所形成的辐射亮度，R 为地表反射率，η 为大气的半球反射率。

需要指出，在推演出结果式（4.4.17）和式（4.4.18）时，只考虑了大气的散射作用，并未顾及大气的吸收作用，只有既考虑散射作用又考虑大气的吸收作用，才能完整地表达大气的消光影响。同时，在推演中实际上隐含了组成地表物质在空间分布上的同质性和地表反射的各向同一性。这个模型仅仅适合海洋的情况，或者在遥感研究的初期，也曾不幸地被当作陆表遥感大气纠正的概念性表达，但不是完备的准确表达，并且也不能据之进行大气影响的实际纠正。这是因为，太阳光辐射自大气层外进入大气到达地表被反射到传感器感应面是两次穿越大气层，而且路径也不相同，需分别考虑和计算这两种路径（即太阳到地表目标和地表目标至传感器）的大气消光作用（用透过率来表示），以体现大气对太阳辐射的分子散射和气溶胶散射对路径辐射反射率的影响，以及大气吸收作用对透过率的影响。综合考虑了这些作用后，才产生了有实用价值的大气纠正的信号模拟的基本方程，即 Simulation of the Satellite Signal in the Solar Spectrum，并被人们简称为 5S 大气纠正方程。

人们习惯上将光学图像的大气纠正理解为从遥感图像求算地表反射率的过程。为了顺应这个习惯，将 5S 公式用反射率形式来表达，这可通过 $\rho=\dfrac{\pi L}{\mu_s E_s}$ 关系进行转换。这样，大气上界的总反射率 ρ_t 为

$$\rho_t(\theta_s,\theta_v,\varphi_s-\varphi_v)=\tau_{ab}(\theta_s,\theta_v)\left(\rho_{m+a}+\tau(\theta_s)\tau(\theta_v)\frac{\rho_s}{1-S\rho_s}\right) \tag{4.4.19}$$

式中，$\tau_{ab}(\theta_s, \theta_v)$ 是由大气的吸收作用所形成的大气层透过率，ρ_{m+a} 由分子散射和气溶胶散射共同造成的路径辐射反射率，$\tau(\theta_s)$ 为太阳至目标路径上的直线透过率，$\tau(\theta_v)$ 为目标至传感器路径上的直线透过率，S 为大气半球反射率，ρ_s 为地表的漫反射反射率，$\mu_s E_s$ 为太阳直射辐射在大气上界面上产生的辐射通量密度，而 $\mu_s=\cos\theta_s$，θ_s 为太阳天顶角。

为了使大气效应纠正做得更精确，Vermote 等（1996）对 5S 大气纠正模型做了改进以适应遥感科学发展的要求。这些改进首先体现在以多次散射处理计算方法取代 5S 中所用的单次散射方法，来提高路径辐射的精确性；通过交叉辐射的计算来改进中心像元的亮度计算精准性，破除地表物质空间分布均一性的设定；通过耦合 BRDF 反射模型来体现地表反射率计算中的方向性特征，从而形成了 6S 大气纠正算法。还有许多方面，如大气状况是随时都在改变，一些改进算法需要适时配套的数据才能实现，但在目前并不能如人所愿，只能可遇而不可求了。

上文将大气对太阳辐射的吸收与散射以及大气辐射传输有关的物理定律和相关物理量做了必要的阐述，以为深刻理解基于大气辐射传输理念的大气影响纠正方法提供物理基础。

现在应用的遥感图像绝大多数为历史数据，即使正在进行的遥感观测大都也不能提供实时的大气状态参数以供高精度大气纠正之用。有一种说法将从遥感图像获得地表反射率的过程叫做光学遥感的大气纠正。这一说法虽不十分贴切、严谨，但也开门见山，一针见

血。从图像中提取生物物理参数，如植被指数、叶面积指数、植被覆盖度、森林郁闭度、植被生产力、叶绿素含量，以及像空间变化检测、土地覆盖变化监测等，都离不开地表反射率这样一个数据，如果大气纠正精度不高，事物之间的差异就不可能通过反射率的微小差异而体现出来。事物识别、时空差异比较以及经验模型的延拓，都离不开高精度反演的这个地表特征参数。

概括地讲，大气纠正最根本的工作是如何通过辐射传输方程来获得大气光学参数，并用这些参数去校正传感器获得的图像信号，使其符合地物的本征反射特性。由于去掉了路程辐射和瞬时视场外的辐射干扰，图像看起来会更清晰、更逼真。根据钱达拉萨卡（Chandrasekhar，1960）基于大气辐射传输的大气纠正算法，传感器接收的某波段辐亮度 L_s 可表示为

$$L_s = \frac{E_{0\lambda}}{\pi}\left[E_{dU_\lambda} + \frac{T_{\theta_0}\rho_\lambda T_{\theta_v}}{1-E_{dd_\lambda}\rho_\lambda}\right] \tag{4.4.20}$$

式中，E_{dU_λ} 为上行天空漫射光谱辐照度，E_{dd_λ} 为天空下行漫射辐照度。

这个表达式在本质上和式（4.4.8）是一样的。式（4.4.9）中其他符号已如前述。只要能从解大气辐射传输方程得到大气光学参数 E_{dU_λ}、E_{dd_λ}、$T_{\theta_{0\lambda}}$ 和 T_{θ_v}，并且由图像像元之灰度值（DN）转换为像元之辐亮度值 L_λ，再根据成像时的时空条件而推算出大气上界波段辐照度 $E_{0\lambda}$，便可以由式（4.4.9）反推出地表反射率值 ρ_λ。推算大气上界的光谱辐照度 E_{0_λ} 需要处理者提供下列资料：

a. 成像的精准时刻，年、月、日、时、分、秒；b. 图像所处经、纬度（度、分）；c. 图像中地面平均海拔高度（km）；d. 遥感平台海拔高度，即卫星飞行轨道高度（km）；e. 图像所在区域的地理环境；f. 传感器各波段 DN 极值和平均值；g. 成像时大气能见度（可从气象观测记录获取）。

其中 a，b，c，d 各项用于计算大气上界辐照度，e 项用于确定气溶胶类型，f 项用于图像像元 DN 值转换为辐亮度 L_λ 值，而 g 项用于透射率的计算。钱达拉萨卡大气纠正算法已形成名为 ACORN（Atmospheric CORrection Now）的程序包。

从遥感图像恢复的角度看，通过辐射传输方程这一工具，如何从像元的辐射信号中剔除大气分子和气溶胶粒子吸收和散射的影响，以提高图像的清晰度和对比度，就算已经完成了基本任务，进一步推算地表反射率似乎是份额外工作，但是，反射率的现实用途和潜在作用很大。

类似于 ACORN 的大气纠正软件代码尚有 ATCOR（The Atmospheric CORrection），这一由德国 Aerospace 开发的大气纠正工具现已嵌入到商用图像处理软件包 ERDAS，成为一有界面化设计的一个应用模块。另外一个不得不提的大气纠正工具是名为 FLAASH，作为一应用模块也融入到商用图像处理软件 ENVI 中，能对多种多光谱、高光谱图像（如 TM/ETM+，SPOT-HRV，NOAA-AVHRR，ASTER，MERIS，MODIS 等）进行大气影响的纠正分析，逐像元地对大气中的 H_2O（气态）、O_2、CO_2、CH_4、O_3、干洁大气分子和气溶胶粒子的吸收与散射影响进行清除。

4.4.2.3 基于遥感图像自身信息的简捷大气纠正方法

传感器平台在不经意间飞越研究区上空，使人们普遍使用的卫星遥感图像数据都成为

历史数据，这就完全排除了通过地面的同步光谱观测来估算大气路径辐射影响的可能。上面提到的应用辐射传输模型进行大气影响纠正，看起来气势恢宏，但做起来步骤烦琐耗时，并且强烈依赖大气测量结果，难以广泛运用。当人们重新回顾方法简单的暗目标大气纠正法时，希望在保留它的朴素的外衣和骨架的同时，嵌入大气辐射传输的基因和灵魂以及物理的处理方式，使其重新焕发活力。下面是闵祥军在这方面的研究方法与结果（闵祥军和朱启疆，1998；闵祥军等，1998）。

（1）算法的物理基础

假定地球表面为朗伯面，卫星传感器对地面的测量信号，一是来自朗伯地面的反射，二是大气作用的贡献。故在表达传感器入瞳处的辐亮度L_s与大气上界的太阳入射辐照度 E_0 对比关系时，使用“表观反射率” $\rho^*(\theta_s，\theta_\nu，\Delta\phi)$ 这个术语，并有

$$\rho^*(\theta_s,\theta_\nu,\Delta\phi)=\frac{\pi L_s d^2}{\mu_s E_0}=T_{ab}(\theta_s,\theta_\nu)\left[\rho_{m+p}(\theta_s,\theta_\nu,\Delta\phi)+\frac{T(\theta_s)T(\theta_\nu)\rho_s}{1-\rho_s S}\right] \quad (4.4.21)$$

此式的右端即为上面提到的从 5S 到 6S 都在使用的经验方程，即式（4.4.8）。式中，θ_s为太阳入射天顶角，θ_ν为传感器观测天顶角，$T(\theta)=\mathrm{e}^{-\frac{\tau}{\mu}}+t_d(\theta)$，（$\theta$ 为 θ_s或 θ_ν）；$\mu_s=\cos\theta_s$，d 是日地间距离。式中其他符号一如前述。方程的左端可视为已知，如果能将 T_{ab}、ρ_{m+p}、$T(\theta_s)$、$T(\theta_\nu)$和 S 逐一求解，也就搞定了。

（2）模型参数的确定

A. 确定传感器入瞳处辐亮度L_s

为进行绝对大气影响纠正，需要将图像像元灰度值D_n还原为传感器入瞳处波段辐射度L_s，它与图像灰度计数值D_n的关系为

$$L_s=a_1\cdot D_n+a_0 \quad (4.4.22)$$

其中a_1 和a_0 分别是波段增益 [W/(m^2 · sr · μm)] 和偏移量 [W/(m^2 · sr · μm)]。

对于遥感数据定量信息获取来说，大气订正就是从传感器测量的总辐射能量中扣除大气的影响部分。要想对遥感数据进行大气订正，必须首先确定出大气路径辐射，进而确定出一些大气光学参量。

B. 确定大气路径辐射

大气路径辐射的确定是对遥感数据进行大气订正的前提。通常的简单暗目标技术的处理办法是，在各个波段的图像直方图上找出像素频率出现陡增（即$\frac{D_{n_{i+1}}}{D_{n_i}}$为最大）的某一非零灰度值$D_n$，这一非零$D_n$值就被认为是该波段上与大气路径辐射度对应的灰度值$D_n$。这种方法的不足是：①没有对大气散射与波长的关系进行校正；②它没有考虑传感器各个波段增益不同对结果带来的影响。以 Landsat TM 图像数据为例，针对这两点进行修正的具体过程如下。

1）根据暗目标法的原理，从图像直方图上找出频率陡增的灰度值，作为初始D_{n_p}。

2）对初始D_{n_p}进行大气散射模式校正。首先从各波段的初始D_{n_p}中选一可见波段值作为初值，再选择合适的大气散射相对模式（表 4.4.1）对其他波段的D_{n_p}进行修正，得出各个波段的修正值。

3）对经过散射模式修正的D_{n_p}进行增益和偏移量修正（表 4.4.2）。

表 4.4.1 几种大气散射模式

大气状况	散射模式
极晴（能见度>50km）	λ^{-4}
晴（能见度 20～50km）	λ^{-2}
中等（能见度 10～20km）	λ^{-1}
轻霾（能见度 4～10km）	$\lambda^{-0.7}$
重霾（能见度<4km）	$\lambda^{-0.5}$

表 4.4.2 TM 波段的D_{n_p}值

波段	初始D_{n_p}	最终$\hat{D}_{n_p}$
TM-1	62	62.00
TM-2	27	19.63
TM-3	27	14.47
TM-4	21	6.98
TM-5	19	28.30
TM-7	18	3.98

利用上述的 3 个步骤，获取了 TM 6 个波段的D_{n_p}值。采用的 TM 图像是在近乎干洁的大气状况下获取的，故选择λ^{-4}散射模式，并选取 TM-1 波段的D_{n_p}值作为修正初值。表 4.4.2 给出了简单暗目标法的结果（初始D_{n_p}）和新方法的结果（最后$\hat{D}_{n_p}$）之间的比较。可以看出：TM-5 波段的D_{n_p}修正值偏大，这是由于 TM 在该波段的增益偏大引起的。由于新方法在D_{n_p}获取过程中已考虑了传感器各个波段增益不同而产生的影响（作了归一化处理），从而保证了各波段间D_{n_p}的变化关系与各波段间图像总灰度值D_n的变化关系的一致性，因此由新方法得到的D_{n_p}即使在某一波段偏离较大，也不会对反射率反演结果产生任何影响。

C. 确定有关的大气物理参量

a. 大气固有反射率ρ_{m+p}

大气固有反射率ρ_{m+p}可表示为

$$\rho_{m+p}=\rho_m+\rho_p=\pi L_p d^2/(\mu_s E_s) \tag{4.4.23}$$

式中，ρ_m是 Rayleigh 散射反射率，它只依赖于太阳和观测天顶角，可表示为

$$\rho_m=\frac{P_r(\xi)}{[4(\cos\theta_s+\cos\theta_v)]\cdot\{1-\exp[-\tau_r(\lambda)(1/\cos\theta_s+1/\cos\theta_v)]\}} \tag{4.4.24}$$

ξ是散射角，对于 TM 传感器有$\theta_v\approx 0°$，$\xi\approx 180°-\theta_s$；P_r（ξ）和$\tau_r(\lambda)$分别是 Rayleigh 散射相函数和光学厚度。

得到ρ_m后，则可求出气溶胶反射率$\rho_p=\rho_{m+p}-\rho_m$，进而由式（4.4.25）即可计算出 TM 各个波段的气溶胶光学厚度τ_p

$$\rho_p=\frac{\varpi_0 P'_p(\xi)}{[4(\cos\theta_s+\cos\theta_v)]\cdot\{1-\exp[-\tau_p(\lambda)(1/\cos\theta_s+1/\cos\theta_v)]\}} \tag{4.4.25}$$

其中ϖ_0是气溶胶单次散射反照率，$P'_p(\xi)$是气溶胶散射相函数。

b. 大气漫射路径透过率$T(\theta)$

大气漫射透过率$T_d(\theta)$可表示为

$$T_d(\theta)=\exp[-(\tau_m+\tau_p)/\cos\theta]\cdot\{\exp[(0.52\tau_m+\beta\tau_p)/\cos\theta]-1\} \tag{4.4.26}$$

式中，$\theta=\theta_s$（目标至太阳）或θ_v（传感器至目标）；β是气溶胶前向散射因子，$\beta=$

$(\mu_s-1)/7+0.86$。

c. 大气球面反照率 S

利用上面得到的τ_m和τ_p，则大气球面反照率 S 可表示为

$$S=\gamma(\tau_m+\tau_p)\{1+\exp[-\gamma(\tau_m+\tau_p)]\}/[2+\gamma(\tau_m+\tau_p)] \tag{4.4.27}$$

式中，$\gamma=2$（$1-\beta$）。

d. 大气吸收作用形成的透过率 T_{ab}

对于吸收气体 i，它的总吸收透过率 T_{ab}是其垂直含量 U 和大气质量 m 的函数

$$T_{ab}(\theta_s,\theta_v)=\exp[a(mU)^b] \tag{4.4.28}$$

式中，$m=1/\cos(\theta_s)+1/\cos(\theta_v)=1/\mu_s+1/\mu_v$，$a$ 和 b 是波段常量。

若含有几种（n）吸收气体成分，则总的吸收透过率 T_{ab} 等于各成份吸收透过率 t_i 的乘积

$$T_{ab}=\prod_1^n t_i \tag{4.4.29}$$

（3）暗目标法大气纠正应用实例与算法效能检验

根据上述暗目标法大气纠正算法，选用 1992 年 9 月 25 日敦煌市西戈壁的一幅 Landsat-5 TM 图像中的1024×1024 像元的一块戈壁区域作为算法的验证对象（图 4.4.3）。在图中 B 区的中心位置选取了一块 10×10 像元（300m×300m）的戈壁作为稳定地物，图右侧选择一块植被覆盖区（C 区，600m×600m），均供光谱测量验证之用，分别于 1994 年 6 月份和 1996 年 8 月份进行了地面光谱反射率测量。A 区（20km×20km）是整个辐射校正场区。

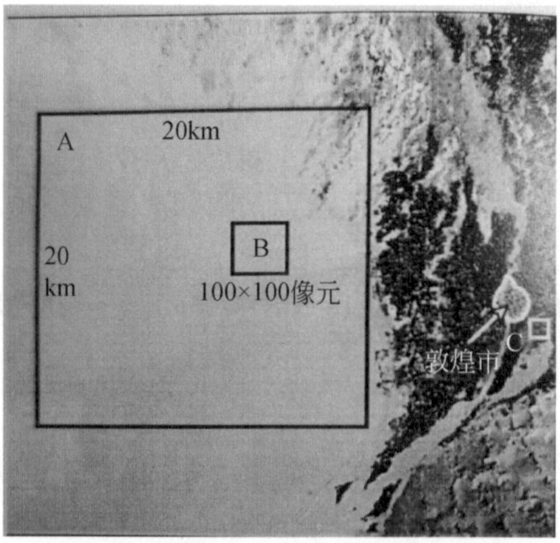

图 4.4.3　TM 图像中敦煌试验场两类目标空间分布位置

B 区为中心测试区

资料来源：闵祥军，朱启疆，1998

应用上述大气订正方法，分别对无植被覆盖的戈壁和植被进行了反射率反演，两种地物的反演反射率光谱曲线如图 4.4.4 所示。虽然没有当时的地面测量数据，但由图 4.4.4（a）可以看出：在短波范围（TM-1 和 TM-2 波段），反演结果与 1994 年的地面测量结果

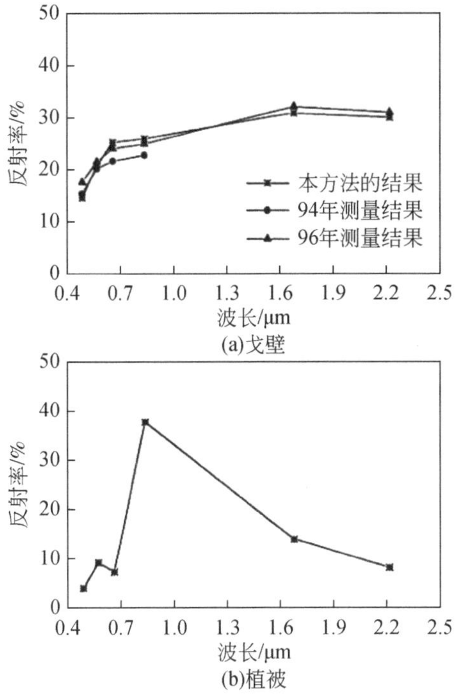

图 4.4.4　大气订正后两类目标的反射率谱

资料来源：闵祥军等，1998

基本一致；在长波区域，反演结果偏高。这主要是由于 1994 年的地面测量工作是在雨后两天进行的，地表水分含量较高；而采用的图像数据是在干洁的大气条件下成像的，从而说明了随着地物水分含量的增加，反射率值减小，且随着波长增加，其减小幅度增大。1996 年的地面反射率测量采用的是模拟 TM-1 ~ TM-5 和 TM-7 的 6 个波段的波段辐射计，因而可以比较各个波段的情况。通过比较可以看出，反演结果与 1996 年的地面测量结果吻合的很好。由图 4.4.4（b）可以看出，反演出的植被光谱无论是形状上还是量值上都很符合植被的光谱特征。图 4.4.5 给出了 TM-1 波段的原始图像和经大气订正后的反射率图像。从图 4.4.5 中可以很直观地看出，在短波区域，由于大气强烈的散射作用从而使得图像总体变亮，具有不同反射率的地物边缘模糊；进行大气订正后，恢复了地物本身的频谱特征，地物边缘变得清晰。

上述改进的大气纠正暗目标算法按照输入、运算、输出三个模块进行了优化设计。输入和运算模块中对大部分参数，如 E_0，传感器波谱响应，各波段的增益和偏移，典型的大气和气溶胶模式，以及运算模块中大气参数计算依据的解析模型和所需参数都采用了固化处理，不但使操作简便，还大大提高了处理速度。

在古典的大气纠正暗目标法根基上，嵌入大气辐射传输的基因，使暗目标法有了新的灵魂，从而焕发了活力。通过对大气路径辐射计算方法的改进，克服了暗目标法误差大的弊端以及辐射传输模型法过分依赖外部信息、操作复杂、运算时间长等问题，实现了所需大气参数全部来自图像本身的信息，而且具有运算速度快、简便的优点。

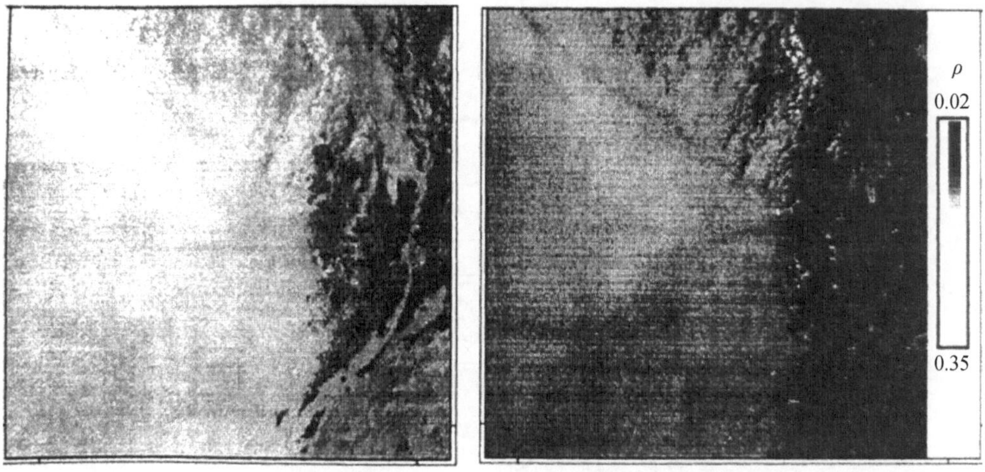

(a)原始图像(TM1，1024×1024)　　(b)大气订正后的地表反射率图像

图 4.4.5　原始图像与大气订正后的地表反射率图像

资料来源：闵祥军，朱启疆，1998

4.4.2.4　遥感信号的邻近效应纠正

随着遥感机理研究的深入和对遥感信息质量要求的提高，地表反射率的反演已不再停留在大气纠正这一层面上。现在，从卫星传感器入瞳处的信号（辐亮度）转变为能反映地面目标真实的反射率信息，需要经过大气纠正、二向性反射分布函数（BRDF）订正和邻近地表效应订正这三个环节的处理。NASA 的 EOS/MODIS 计划，也已将大气纠正、BRDF 订正和邻近地表效应订正的结果作为三个不同等级的反射率产品来服务于社会上不同的需求。所谓邻近效应（adjacency effect），是指那些在传感器瞬时视场（IFOV）外的地面，通过对太阳入射的反射而又被大气散射到瞬时视场内并被传感器焦平面感应的辐射传输现象。这种来自瞬时视场外的辐射能量是一种干扰噪声，应该被剔除。

前面曾述及，传感器信号在空间距离上的离散化叫做采样（sample），一般都采用均匀采样。采样后的每个单元就是一个个像元，也即传感器视场在投至地面时的截痕（亦称作瞬时视场）。瞬时视场的空间尺度除与飞行高度有关外，主要决定于感应器件的灵敏度和信噪比。随着技术的进步，星载传感器的像元空间分辨率越来越高，也即像元的空间尺度越来越小（已小到分米级）。空间分辨率的高低在图像处理时各有烦恼（或称科学问题）。对于粗分辨率图像（像元尺度>100m，或像元尺度>500m），存在严重的混合像元问题；而对于高分辨率图像则存在邻近地表效应问题，而且空间分辨率愈高，邻近效应愈显著，到了不可忽视的地步。如何科学地分析邻近效应并作出科学的描述、评估，最终将其从遥感信号中剔除，是本节要讨论的最后一个问题，它也是图像恢复中的一个新问题。

20 世纪 80 年代，出现了高分辨率的陆地卫星 TM 影像（分辨率为 30m）和 SPOT-HRV 影像（分辨率为 20m，全色波段为 10m）。这时，由图像分辨率的提高而带来的邻近

效应问题已不容忽视，因而谭睿（Tanre）有包含邻近效应影响的大气层上界表观反射率 ρ^* 表达式

$$\rho^* = \rho_{m+p} + \frac{\rho_s T_{m+p}(\mu_s)\,\mathrm{e}^{-\frac{\tau}{\mu_v}} + \rho_{ae} T_{m+p}(\mu_s)\, t_d(\mu_v)}{1-\rho_{ae} S_{m+p}} \tag{4.4.30}$$

式中，$t_d(\mu_v) = T_{m+p}(\mu_v) - \mathrm{e}^{-\frac{\tau}{\mu_v}}$，$\rho_{ae}$的离散表达式为

$$\rho_{ae} = \sum_{j=0}^{n} \sum_{i=0}^{n} f[r(i,j)]\rho(i,j) \tag{4.4.31}$$

式中，r 为影响半径，表示某邻近像元至中心目标像元距离，r 的大小决定着参与作用的邻域的大小。ρ_{ae} 表示邻近像元对表观反射率 ρ^* 的贡献。式中其他符号意义同于式（4.4.27）。

至20世纪90年代，李赫特（Richter）基于点扩散函数（PSF），提出了便于实际操作运算的模型，他将大气层上界的表观反射率 ρ^* 通过大气固有反射率 ρ_{m+p}、目标像元反射率 ρ_t 和背景邻域像元反射率 ρ_b 这三者的叠加来表达，即有

$$\rho^* = \rho_{m+p} + T(\theta_v)\left[\rho_t \iint_{\text{目标}} \mathrm{PSF}(x,y)\,\mathrm{d}x\mathrm{d}y + \rho_b \iint_{\text{背景}} \mathrm{PSF}(x,y)\,\mathrm{d}x\mathrm{d}y\right] \tag{4.4.32}$$

且

$$\rho_b(x,y) = \frac{\sum_{j=-n}^{n}\sum_{i=-n}^{n} \rho_1(i,j)\exp(-r)}{\sum_{j=-n}^{n}\sum_{i=-n}^{n} \exp(-r)} \tag{4.4.33}$$

式中，PSF(x，y）为点扩散函数，ρ_1 是由图像数据反演得到的地表反射率，它含有邻近效应的作用。r 可称之为邻近效应的影响半径，在以 r 为半径的范围内（包含目标像元），有

$$\iint \mathrm{PSF}(x,y)\,\mathrm{d}x\mathrm{d}y = 1 \tag{4.4.34}$$

$$\iint_{\text{目标}} \mathrm{PSF}(x,y)\,\mathrm{d}x\mathrm{d}y = \alpha,\ (0 < \alpha < 1) \tag{4.4.35}$$

则必有

$$\iint_{\text{背景}} \mathrm{PSF}(x,y)\,\mathrm{d}x\mathrm{d}y = 1 - \alpha \tag{4.4.36}$$

这样式（4.4.21）可改写为

$$\rho^* = \rho_{m+p} + T(\theta_v)[\rho_t\alpha + \rho_b(1-\alpha)] = \rho_{m+p} + T(\theta_v)\rho_1 \tag{4.4.37}$$

上式中 ρ_1

$$\rho_1 = \rho_t\alpha + \rho_b(1-\alpha) \tag{4.4.38}$$

此处，ρ_1 即为常见的大气上界表观反射率 ρ^* 表达式中的 ρ_1，它是一个含有邻近效应影响的目标像元反射率，ρ^* 表达式可见前述式（4.4.10）。如何根据式（4.4.10）反演目标像元反射率 ρ_1，上面也已给出了算法，同时还给出了示例。

从图像恢复的角度看，邻近效应是点扩散函数与地表辐射场卷积运算产生的结果，那么知道了点扩散函数的具体形式（如高斯分布），来一个去卷积的运算就解决了邻近效应

的订正问题。现在我们还是回过头来，通过式（4.4.27）来讨论未知参数 α 的意义和作用。这里将式（4.4.27）：$\rho_1=\rho_t\alpha+\rho_b(1-\alpha)$ 重抄于此，此式表明，通过一般反演获得像元反射率 ρ_1 尚可分为 ρ_t 和 ρ_b 两部分，且简单地按照 α 与（$1-\alpha$）进行分配，因而，这个 α 可称之为权重分配系数，它从表 4.4.3 可以看得一目了然。问题是如何确定 α，陈雪等（2007）在这方面做了深入的研究，并在对 ADS40 的航摄图像（分辨率为 0.3m）的邻近效应纠正上获得了漂亮的处理结果。

表 4.4.3　权重分配系数 α 值表

α	$\rho_t\alpha$	$\rho_b(1-\alpha)$
0.1	$0.1\rho_t$	$0.9\rho_b$
0.2	$0.2\rho_t$	$0.8\rho_b$
0.5	$0.5\rho_t$	$0.5\rho_b$
0.9	$0.9\rho_t$	$0.1\rho_b$
1.0	$1.0\rho_t$	$0.0\rho_b$

4.5　畸变图像的几何校正和镶嵌

众所周知，由于传感器运载平台（如卫星）在飞行中姿态的变化（仰俯、侧滚、偏航）、飞行高度和飞行速度的变化、传感器成像方式的差异、成像器件瞬时状态的不同，加之地球曲面和地形高低起伏以及地球自转引起的图像歪斜等如此众多因素的影响，呈现在人们眼前的遥感图像中的地面目标间的几何关系（面积、方位和形态）都存在问题。而在环境与生态监测、资源和土地覆盖或土地利用变化清查以及其他的地表特征的变化监测中，都涉及在图像上进行精确的面积测量和方位的确定，在高精度的地球科学的遥感应用中尤其如此。特别对于同一地区由同一传感器在不同时间的成像，或在同一地区由不同传感器的成像，也只有按同一标准（如某一地图投影）进行纠正或配准，才能进行相互比较，获得真实的变化信息。

从造成图像畸变的原因来看，可分为行星地球因素引起的畸变、遥感运载平台姿态变化引起的畸变和传感器性状造成的畸变等三个层次，前两者畸变的产生是随机性的，不可预测，而传感器性状造成的畸变则是系统性的，有规律可循，易于消除。一般将针对引起图像畸变原因所进行的纠正，叫做几何粗纠正。对应用者来说，引起图像几何畸变的原因众多，真要一一进行，实在过于烦琐，而且正如俗话所讲，按下了葫芦升起了瓢，即使逐一进行纠正，最终结果还不一定满足应用需要。一个可以在图像上清楚辨认而且可以在地图上准确量测定位的地表点位，被称为地面控制点 GCP，而根据地面控制点对畸变的遥感图像进行的纠正被称作几何精纠正，是一种不考虑具体原因的、仅以某种地图投影为标准的强制性的处理方法。由地面站出售的卫星遥感图像数据多已进行了粗纠正，用户根据自己的应用需求，可进行必要的几何精纠正。

4.5.1 地球因素引起的图像畸变

地球因素引起的畸变有三个方面，一是由于地球表面是曲面而造成的畸变，二是因为地球自转运动引起的图像歪斜，三是地形的高低起伏产生的投影差（畸变）。

4.5.1.1 地球自转引起的图像歪斜

只要是扫描成像，并且靠传感器的运载平台前进运动来形成二维图像的成像方式，都会因为地球的绕轴自转运动，最终输出了一个歪斜的图像。这种扫描成像传感器有光学机械扫描成像的，也有的是 CCD 线阵或狭缝靠运载平台的前进运动的推扫成像的多光谱或高光谱成像仪。那种框幅式的摄像仪，因为是瞬间成像，时间短暂，即使地球在转动，也不至于产生值得考虑的图像的偏斜。

以 Landsat-TM/ETM+为例，当卫星由北向南运行的同时，地球也在由西向东转动。由于传感器的每个扫描带的成像时间不同，造成各次扫描带形成的图像条带依次向西偏移（偏移距离即为卫星星下点在地面东进的距离），使得总体图像产生扭曲变形。下面来具体分析 Landsat-4、Landsat-5、Landsat-7 的扫描图像究竟偏离了正常情况有多大距离，偏离的角度又是多大。

以北京为例，其纬度 λ 约为北纬 40°，卫星轨道面与经圈夹角为 θ，地球自转的角速度ω_e，地球半径为 R（6378.16km），那么北京地表自转的线速度v_b

$$v_b=\omega_e \cdot R \cdot \cos\theta \tag{4.5.1}$$

在一个扫描周期 T_s里，由于地球自转，星下点东进了 ΔX 距离，相应地，下一个扫描带则西移了一个同样的距离 ΔX。在扫描周期为 T_s，在纬度 λ 处卫星轨道面与该纬度 λ 的经圈之夹角为 θ，则在扫描方向上，下一个扫描行西移距离 ΔX

$$\Delta X=v_b T_s \cos\theta \tag{4.5.2}$$

与此同时，星下点则因卫星的前进运动而前移了 $2y_i$ 的距离（图 4.5.1），因而造成图像的角度歪斜 θ_α

$$\theta_\alpha=\arctan\frac{\Delta X}{2y_i} \tag{4.5.3}$$

这样，应对扭曲造成 x 方向的变形做出如下纠正

$$x_2=x_1-2y_0(L-1)\tan\theta_\alpha \tag{4.5.4}$$

上式中，x_1 即为在未考虑地球自转的情况下，由地表曲率引起的畸变，第二项则为地球自转产生的扭曲，y_0 表示第一行星下点因卫星的前进运动而前移的距离，L 为第 L 行，x_1 的计算详见 4.5.1.2 节，有

$$x_2=\left\{\arcsin\left[\left(1+\frac{H}{R}\right)\sin\left[\left(i-\frac{LLA}{2}\right)\Delta\theta\right]\right]-\left[\left(i-\frac{LLA}{2}\right)\Delta\theta\right]\right\}R-2y_0(L-1)\tan\theta_\alpha \tag{4.5.5}$$

式中，R 为地球半径长度，H 为传感器距地面点的垂直距离，i 表示某行第 i 个像元，$\Delta\theta$ 为每个像元对应的张角（瞬时视场）。

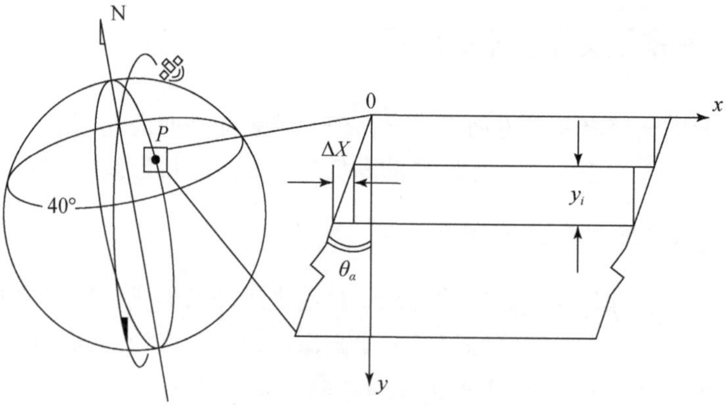

图 4.5.1　地球自转引起的图像歪斜

4.5.1.2　地球的曲率造成的图像畸变

要了解地球表面曲率怎样造成遥感图像的畸变，还是用图 4.5.2 成像几何关系来直观地说明。图中$\widehat{ABC}$弧段表示地球表面，R 为地球半径长度，线段 EF 代表为过星下点 B 的切平面，传感器 S 距地面点 B 垂直距离为 H，以扫描角 θ 扫至地表面 C 点，$\widehat{BC}$弧段即为视场角 θ 对应的地表成像范围，这是由于地表是曲面决定的。如果地表是平面，那么成像范围应该是 BC_1，如果按理想方式成像，就更应该是弧段 BC_D，有着相同的聚焦情况。直观上看，有$\widehat{BC}>BC_1>\widehat{BC_D}$，即$\widehat{BC}>H\tan\theta>H\theta$。那么$\widehat{BC}$究竟怎样表达呢？

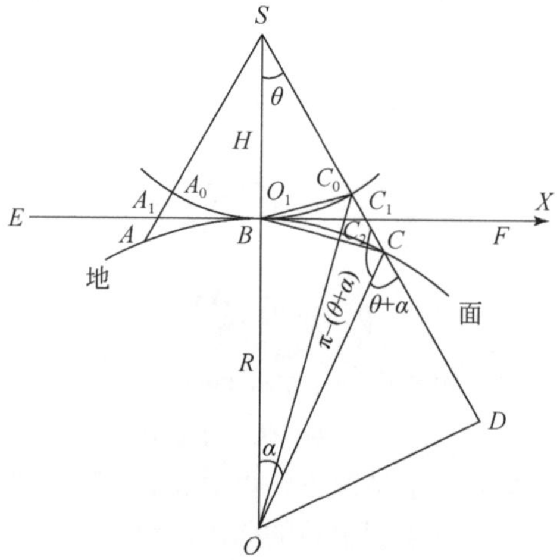

图 4.5.2　地球曲率引起的图像畸变

考虑在△SOD 中，$\angle OCD=\alpha+\theta$，$\angle OCS=\pi-(\alpha+\theta)$，据正弦定理有

$$\frac{H+R}{\sin[\pi-(\alpha+\theta)]}=\frac{R}{\sin\theta} \tag{4.5.6}$$

因而有

$$=\arcsin\left(\frac{H+R}{R}\sin\theta\right)-\theta \tag{4.5.7}$$

进而有

$$x_1=\widehat{BC}=R\cdot\alpha=R\cdot\left[\arcsin\left(\frac{H+R}{R}\sin\theta\right)-\theta\right] \tag{4.5.8}$$

如果全程扫描所对应的地面范围$\widehat{ABC}$被均匀采样为 N 等份，其每一份（即像元）对应的张角即为瞬时视场 $\Delta\theta$，那么，j 行第 i 个像元的视场角 $\theta=(i-N/2)\cdot\Delta\theta$（注意此处 θ 是指任一位置，但前提是在 SB 右侧的 x 方向的半程扫描以内），将此总视场 θ 与瞬时视场 $\Delta\theta$ 关系式代入式（4.5.8），有

$$x_1=\arcsin\left[\left(1+\frac{H}{R}\right)\sin\left(i-\frac{N}{2}\right)\Delta\theta\right]R-\left(i-\frac{N}{2}\right)\Delta\theta\cdot R \tag{4.5.9}$$

据式（4.5.9）即可估算在任意视场角 θ 下的扫描行方向的畸变 Δx

$$\Delta x=x_1-\left(i-\frac{N}{2}\right) \tag{4.5.10}$$

由地球曲率造成的卫星前进方向的几何畸变可以忽略不计。

4.5.1.3 地面起伏引起的图像畸变

有山地分布的区域，地表高程有起伏变化是常见现象。现在继续使用图 4.5.2，假设 C_0 点为一具有高程为 Z（即C_0C_2）的山顶，当扫描仪的扫描角为 θ 时，现实成像点是C_0，而不是C_2，由此产生了畸变。这种畸变可理解为卫星运行高度 H 和地球半径 R 发生了变化造成的，即

$$R^*=R+Z \tag{4.5.11}$$

$$H^*=H-Z \tag{4.5.12}$$

将式（4.5.11）和式（4.5.12）分别代入式（4.5.9）和式（4.5.8），分别获得行向和飞行方向的坐标

$$x=(R+Z)\arcsin\left\{\left(1+\frac{H-Z}{R+Z}\right)\sin\left[\left(i-\frac{N}{2}\right)\Delta\theta\right]\right\}-(R+Z)\left(i-\frac{N}{2}\right)\Delta\theta \tag{4.5.13}$$

$$y=(2L-1)\frac{V_sT_c(R+Z)}{2(R+H)}+(H-Z)\tan[(j-3.5)\Delta\delta] \tag{4.5.14}$$

式中，T_c 为扫描周期，$\Delta\delta$ 为瞬时视场角，j 为扫描行序号。

遥感卫星的轨道高度 H 一般都在 700km 以上，相幅内高差达 4000m 时，才产生 0.4mm 的投影差，因而对大多数地区而言，地形起伏引起的图像畸变在制作正射影像图时，可以不予计较。

4.5.2 卫星飞行状态变化引起的图像几何畸变

4.5.2.1 卫星飞行状态变化引起的图像畸变模式

现在首先来定义卫星姿态：假如以卫星的质心为坐标原点，以沿着轨道前进的切线方

向（即横向扫描方向）为 x 轴，垂直于轨道面的方向为 y 轴，而垂直于 xy 面的方向为 z 轴，规定：①绕 x 轴旋转的姿态称作滚动；②绕 y 轴旋转的姿态称为俯仰；③绕 z 轴旋转的姿态则称作偏航。

传感器在成像时，由于卫星飞行状态发生变化而导致图像的变形。飞行姿态变化（俯仰、侧滚、偏航）以及飞行高度、飞行速度和地球自转的影响，造成了图像相对于地面目标实际情况的扭曲、伸缩、挤压和偏斜，这种图像变形事先无法预测，具有随机性，而且往往是多种情况同时组合发生，如在发生航高变化的同时，伴随着偏航和侧滚，情况非常复杂，交织在一起，无法单独针对某种畸变因素进行纠正处理。各种因素造成的畸变见图 4. 5. 3，图中虚线表示未产生畸变时的正常形状，实线则表示发生畸变后的图像形状。

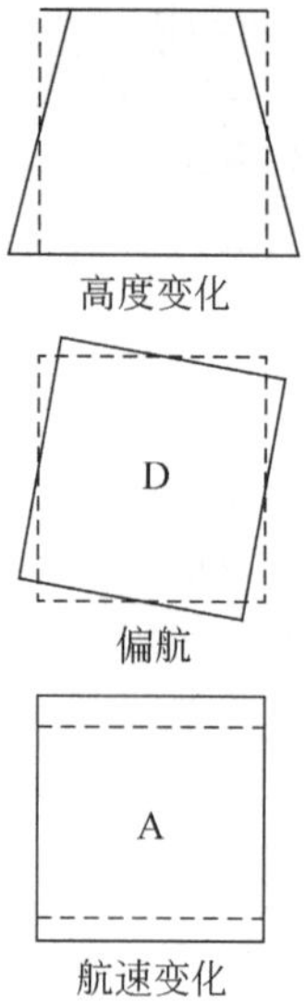

图 4. 5. 3　卫星图像畸变模式

4. 5. 2. 2　卫星航行速度变化产生的畸变

大多数遥感卫星的运行轨道，都是近极的椭圆形轨道，在地球引力和其他星体的摄动力作用下作惯性飞行。据开普勒定律，矢径在单位时间内必须扫过相等的面积，因为是椭圆轨道，那就必须在不同的轨道位置要有不同的速度。为保证每一扫描带都能无缝衔接，卫星航行速度必须与这要求相匹配。这个能满足扫描带无缝衔接的卫星航行速度称为标称航速 V_0。如果卫星实际飞行速度为 V_t，当 $V_t>V_0$，扫描行间将产生缝隙；当 $V_t<V_0$，扫描行将产生重叠。

在下一个扫描周期（T_c）内，星下点向前移动了 $2y_0$ 距离

$$2y_0=\frac{V_m T_c R}{R+H} \tag{4.5.15}$$

那么，当 θ 为零时，任一点（x，y）处 y 方向的坐标

$$y_1 = 2y_0L - y_0 + H\tan\delta \tag{4.5.16}$$

$$= (2L-1)\frac{V_mT_cR}{2(R+H)} + H\tan\delta \tag{4.5.17}$$

$$= (2L-1)\frac{V_mT_cR}{2(R+H)} + H\tan[(j-3.5)\Delta\delta] \tag{4.5.18}$$

式中，L 为扫描带序号；V_m为扫完一景图像卫星飞行的平均速度；H 为卫星航行高度；R 为地球半径；δ 为传感器前进方向的视场角，其瞬时视场角即为 $\Delta\delta$；j 为扫描带内的扫描行序号。

4.5.2.3 卫星侧滚引起的畸变

沿卫星航行轨道前进的切线方向定为三维空间之 x 轴，而绕 x 轴旋转之姿态角称为滚动角 ω，这种卫星绕 x 轴旋转状态即称为侧滚。当 $\omega=0$ 时，卫星航行处于正常状态，$\omega>0$ 时，表示发生了绕 x 轴的旋转。一旦发生了侧滚，扫描系统之主光轴就偏离了星下点，从而造成图像几何形变。由侧滚引起的图像畸变示于图 4.5.4。当发生侧滚时（侧滚角为 ω），扫描系统之主光轴延伸线在地面上的位置由 O 点侧滚至O'点，同时，在这个新位置扫描镜扫过了 θ 角。此时总视场角 $\theta_t=\omega+\theta$，并有

$$\theta_t = \omega + \theta = \omega + \left(i - \frac{N}{2}\right)\Delta\theta \tag{4.5.19}$$

不要忘记，当卫星遥感平台发生侧滚的同时，地球仍按自身的运动规律在不停地绕轴自转，侧滚效应和地球自转效应是互相叠加的。一个合理的想法是，要建立一个具有叠加效应的畸变表达式，这种做法的捷径就是将总视场角表达式（4.5.19）直接代入到由卫星自转造成的在扫描方向（即 x 方向）畸变的纠正表达式

$$x_3 = \left\{ \arcsin\left[\left(1+\frac{H}{R}\right)\sin\left(\varpi + \left(i-\frac{N}{2}\right)\cdot\Delta\theta\right)\right] - \left[\varpi + \left(i-\frac{N}{2}\right)\cdot\Delta\theta\right]\right\}R - 2y_0(L-1)\tan\theta_a \tag{4.5.20}$$

式中，i 为图像像元的序列号，L 为扫描带序号。

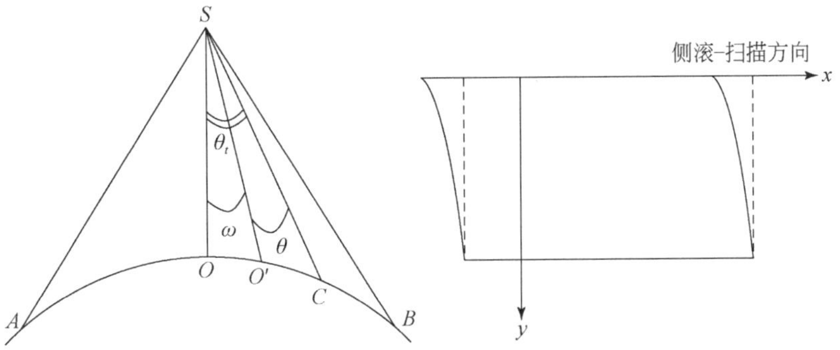

图 4.5.4　侧滚引起的畸变

4.5.2.4 卫星俯仰产生的畸变

如果把卫星的质心定为空间三维之原点，那么，垂直于卫星航行轨道面的方向就是 y 轴方向，绕 y 轴（又称俯仰轴）旋转的姿态角便称之为俯仰角 φ。卫星处在稳定航行状态时，$\varphi=0$；$\varphi\neq0$ 表明发生了俯仰。一旦发生了俯仰，传感器的主光轴便沿着 y 轴方向前或后移动，从而偏离星下点，造成了扫描行宽度的变化，或产生重叠，或产生间隙。伴随卫星俯仰产生的 y 方向上的畸变尚可能有卫星航行速度的变化引起的畸变，以及由于卫星的前进运动引起的 y 方向上的畸变，由于畸变方向的一致，他们会产生相互叠加效应。

我们首先分析卫星俯仰与卫星速度变化产生的畸变的叠加表达方法。当 $\varphi\neq0$，在 y 方向的视场角 δ

$$\delta=(i-3.5)\Delta\delta+\varphi \tag{4.5.21}$$

将视场角 δ 表达式代入由于卫星航速变化下任一点在 y 方向上的坐标公式(4.5.17)，有：

$$y_3'=(2L-1)\frac{V_sT_cR}{2(R+H)}+H\tan[(j-3.5)\Delta\delta+\varphi] \tag{4.5.22}$$

在这里，任意一像元的 y 方向坐标用扫描行号 L 和 j 来表示。

另外，还可以考虑卫星俯仰和卫星前进这两个组合运动产生的畸变模式。

如果卫星航行速度为V_s，卫星星下点的速度V_p便为

$$V_p=\left(\frac{R}{+H}\right)V_s \tag{4.5.23}$$

在每个扫描周期 T_s里，同一扫描行中的第 i 个像元与第一个像元在 y 方向上距离D_i

$$D_i=\frac{V_p\cdot T_s\cdot i}{N}=\frac{V_s\cdot R\cdot T_s\cdot i}{(R+H)\cdot N} \tag{4.5.24}$$

当存有卫星飞行速度变化时，则第（i，j）像元的坐标 y_2 应为（y_1+D_i），则

$$y_3=y_1+D_i=\frac{(2L-1)V_sT_c\cdot R}{2(R+H)}+\frac{H\tan[(j-3.5)\Delta\delta]}{\cos\left[\frac{(i-N)}{2}\right]\cdot\Delta\theta}+\frac{V_s\cdot R\cdot T_s\cdot i}{(R+H)\cdot N} \tag{4.5.25}$$

上式第三项反映了卫星飞行速度变化所引起的图像畸变，在第二项中，用 $\frac{H}{\cos\left[\frac{(i-N)}{2}\right]\cdot\Delta\theta}$ 替代了 H。

4.5.2.5 卫星偏航引起的图像几何变形

通过卫星星下点的切平面往上方引出的垂线构成描述卫星运行状态三轴的 Z 轴，绕 Z 轴旋转的姿态角谓之偏航角 Δk。为了确定卫星偏航引起的畸变的数量关系，偏航角被定为偏离设定飞行轨道方向的角度并用图 4.5.5 来说明。

偏航产生的畸变结果为

$$x_4=x_3\cos\Delta k \tag{4.5.26}$$

$$y_4=y_3-x_3\sin\Delta k \tag{4.5.27}$$

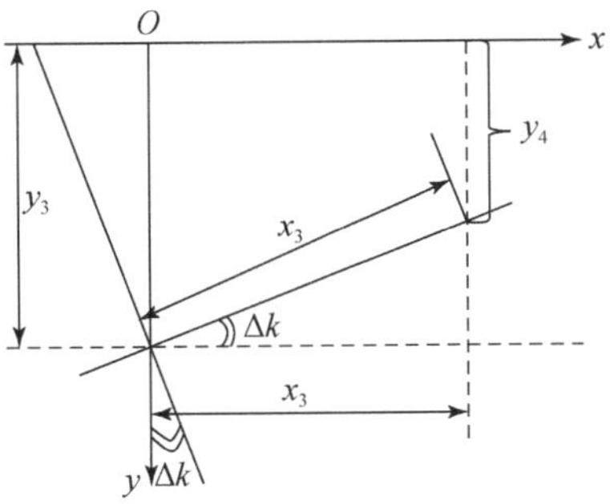

图 4.5.5　偏航产生的图像畸变

分别用式（4.5.20）和式（4.5.25）代入式（4.5.26）和（4.5.27），有

$$x_4=\left\{\left[\arcsin\left(\left(1+\frac{H}{R}\right)\sin\left(\varpi+\left(i-\frac{N}{2}\right)\Delta\theta\right)\right)-\left(\varpi+\left(i-\frac{N}{2}\right)\Delta\theta\right)\right]-2y_0(L-1)\tan\theta_a\right\}\cdot R\cdot\sin\Delta k \tag{4.5.28}$$

$$y_4=\frac{(2L-1)V_sT_c\cdot R}{2(R+H)}+\frac{H\tan[(j-3.5)\Delta\delta+\varphi]}{\cos\left(\frac{(i-N)}{2}\right)\cdot\Delta\theta}+\frac{V_s\cdot R\cdot T_s}{(R+H)\cdot N}-\left\{\left[\arcsin\left(\left(1+\frac{H}{R}\right)\sin\left(\varpi+\left(i-\frac{N}{2}\right)\Delta\theta\right)\right)-\left(\varpi+\left(i-\frac{N}{2}\right)\Delta\theta\right)\right]-2y_0(L-1)\tan\theta_a\right\}\cdot R\cdot\sin\Delta k \tag{4.5.29}$$

由卫星飞行状态的变化产生的图像几何畸变，表现为多种模式，有卫星的前进运动、卫星的航速变化、卫星飞行高度的变化，以及卫星姿态变化中的侧滚、俯仰和偏航。这些模式总是组合式的发生，罕见单独出现。因而，描述畸变的方式，既可以单个分析，也可以组合式进行研究、表达。如在研究偏航引起的畸变中的式（4.5.28），它在定量地考虑地球自转和卫星发生侧滚的情况下，又加入了偏航因素产生的效果；而式（4.5.29）则在分析卫星前进速度和卫星发生俯仰作用的基础上，又分析了卫星发生偏航时对 y 方向产生的影响。在对这些畸变模式进行分析计算时，还应顾及他们之间的联系，有的畸变处理应当在先，有的则应当在后，往往前者成为后者的计算、分析的基础。他们间的处理先后之逻辑关系可用图 4.5.6 表示。

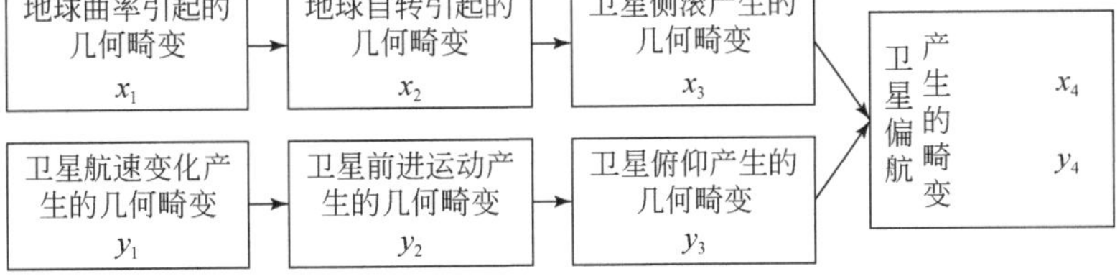

图 4.5.6　畸变因子与畸变模式分析的逻辑关系框图

4.5.3 传感器工作状态造成的图像几何畸变

传感器因素的影响中，以光学-机械扫描方式成像的多光谱扫描仪最为突出，主要表现有：扫描仪的扫描线速度不均匀造成的像元尺度不等、扫描的起始时间不同步造成的扫描行长度不等、检测器采样迟缓产生了各波段图像失配等。下面以扫描镜扫描线速度不等产生的畸变为例，来说明传感器系统造成图像几何畸变的情况。

扫描镜的扫描线速度不是一个常数，在开始扫描和结束扫描时偏低，半程时偏高。结果在起止两端由于线速度低造成像元互相重叠，使像元尺度小于标称尺度；而在半程是像元拉宽而大于标称尺度［图 4.5.7（b)］。图 4.5.7（c）标明实际扫描距离与标称距离随时间变化情况。a，c，e 三点相同，其他点不是偏大就是偏小。(d）图是一列同一扫描行中线速度不均匀的校正曲线。如第 816 像元，不是位于 46.25km 处，而是位于 46.25-0.4=45.85km 处；第 2448 像元，不是位于 138.75km，而是位于 138.75+0.4=139.15km 处。

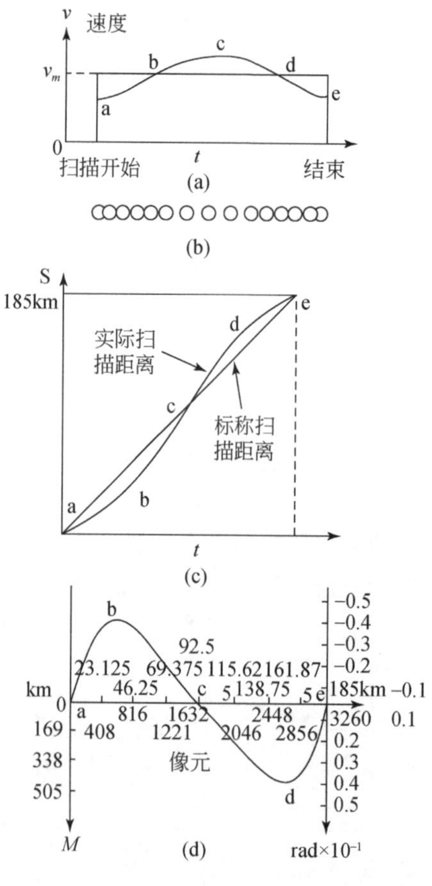

图 4.5.7 扫描速度不均匀引起的畸变

幸好，现在从卫星地面站获得的遥感图像数据，由传感器造成的图像畸变都已进行了调整，就是那些由于地球因素、卫星平台及其姿态状况引起的图像畸变大都也已进行了纠正。但是即使这样，由于造成图像畸变的因素复杂，纠正效果仍达不到定量科学研究的需要。

4.5.4 用于空间位置关系变换的仿射变换函数

粗纠正虽然能一定程度改正各种因素产生的畸变，但是纠正后的图像几何精度仍不能满足实际应用上的需要。特别是对于那些对定量分析有需求的领域，如资源清查、环境监测中的专题制图，他们都需要更为准确的卫星图像。这就需要对图像进行精纠正。图像的几何精纠正是通过地面控制点 GCP 进行的，它利用仿射变换函数和精确定位的 GCP 数据对原始的卫星图像的几何畸变过程进行数学模拟，建立原始的畸变图像空间与地理制图用的标准空间（即校正空间，如横轴墨卡托投影或高斯-克吕格投影空间）之间的某种对应关系，然后利用这种对应关系把畸变空间中的全部元素变换到校正空间。图像经过几何位置变换后，像元间关系也随着发生了变化，需按照图像表达的要求进行重采样并确定采样后的像元亮度值，从而最终实现图像的几何精纠正。

遥感图像的精几何纠正是一种对畸变的图像进行的强制性矫正过程。它通过精心准确选取的地面控制点空间坐标数据和数学中的仿射变换，对遥感图像的几何变形进行模拟，来确定纠正前后图像上对应点的坐标关系，借助这种对应关系将畸变空间中的全部像元转换到标准空间，获得无论在空间定位上还是像元的灰度值定量上都满意的纠正结果。在这种处理过程中，不用顾及图像空间几何变形的具体原因和过程。而所谓地面控制点 GCP 是指在畸变图像上可以辨认并在地图（标准空间）上能精确定位的地表特征点，如道路的交会点、桥梁位置点、河道拐弯点、地物的转折点、建筑物的特征点等。地面控制点 GCP 的作用就是用它来确定仿射变换中多项式的各项系数。本节就是要介绍地表空间位置转换的相关数学工具。由上述可见，图像几何精纠正的内容，一是像元空间位置的转换，二是位置变换后在标准图像空间中像元亮度值的重新确定和计算。

4.5.4.1 简单的空间位置变换

我们把图像的缩小和放大、平移和旋转以及他们的组合（如平移加旋转等）称作简单空间位置变换。

(1) 图像的放大与缩小

应当记住，图像放大并不能增加任何信息。放大完全是个机械性的操作，如把图像放大一倍，就是把原来的一个像元变成 4 个像元，并且像元之灰度值也都保持相同；若将图像放大两倍，实际上就是将一个像元变成 9 个像元，各像元之亮度原封不动，仍然保持一致（图 4.5.8）。

图像缩小是图像放大的反操作，可以肯定地讲，缩小图像一定会带来信息的损失，这是因为像元灰度值需要重新赋值。怎样赋值和按什么准则重新赋值，这里面定有许多问题。就图 4.5.9 而论，由（b）到（c）叫缩小一倍，而由（a）到（c）则称之为缩小二倍。像元小方框内左上角代表行列位置（i, j）的像元，小方框右下角数字为该像元之灰

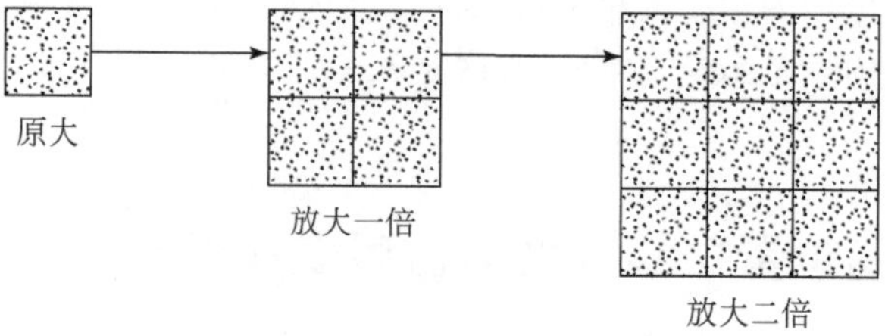

图 4.5.8　图像放大示意图

度值。(a) 图含9个像元，其灰度平均值 $\bar{a}_1=\sum_{i=1}^{3}\sum_{j=1}^{3}a_{ij}=16.78$；图 (b) 的灰度平均值$\bar{a}_1=8.5$。假定按随机抽样的原则来决定用哪一个像元灰度值作为缩小后的像元灰度，如果不幸地抽取到最小值，其值为1，如抽取到最大值，其值为37，两者相差三十多倍。就拿图 (b) 来讲，共4个像元，灰度值最小者为1，最大的也达18，两者相差也很悬殊。看来，随机抽取的原则虽是机会均等，但其代表性仍不足取。图像压缩（缩小）后，像元赋值恐怕是选用代表性的表征值——均值为宜，可做到不偏不倚。

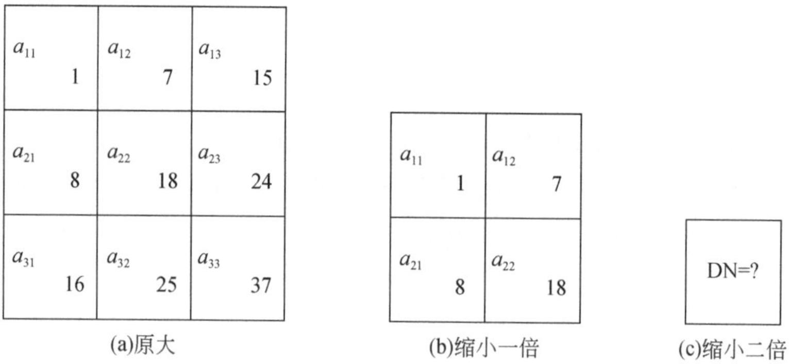

图 4.5.9　图像缩小示意图

(2) 图像的坐标平移和旋转

很多情况需要将图像整体进行平移一段距离，图 4.5.10 表示把一幅图像的坐标原点从 O 移到新位置O'，此时两个坐标的关系为

$$\begin{cases}x'=x-x_0\\y'=y-y_0\end{cases}\tag{4.5.30}$$

原点从 O 移到O'的距离为$\sqrt{x^2+y^2}$，移动的方向为 $\theta=\arcsin\dfrac{y_0}{\sqrt{x^2+y^2}}$。

一些时候需将一幅图像进行整体旋转某一个角度 θ，才能和另一幅图像契合。图 4.5.11 表示图像绕坐标原点旋转一个角度 θ，产生一个新坐标系$x'Oy'$。原坐标系 xOy 与新坐标系$x'Oy'$关系为

$$\begin{cases}x=x'\cos\theta-y'\sin\theta\\y=x'\sin\theta+y'\cos\theta\end{cases}\tag{4.5.31}$$

我们还可将上述的空间位置变换关系功能组合成一个复杂的多功能表达式，如

$$\begin{pmatrix} x' \\ y' \end{pmatrix} = \begin{pmatrix} T_1(x,y) \\ T_2(x,y) \end{pmatrix} = \begin{pmatrix} \cos\theta & -\sin\theta \\ \sin\theta & \cos\theta \end{pmatrix} \begin{pmatrix} \dfrac{x}{b} \\ \dfrac{y}{c} \end{pmatrix} + \begin{pmatrix} x_0 \\ y_0 \end{pmatrix} \tag{4.5.32}$$

表达式（4.5.32）将旋转、缩小和位移三种功能组合成一多功能的空间位置变换关系式。

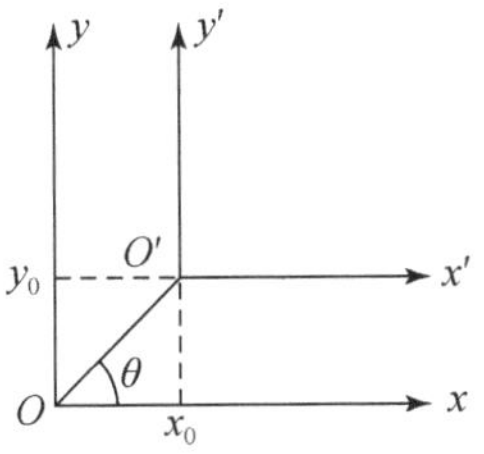

图 4.5.10　图像坐标平移

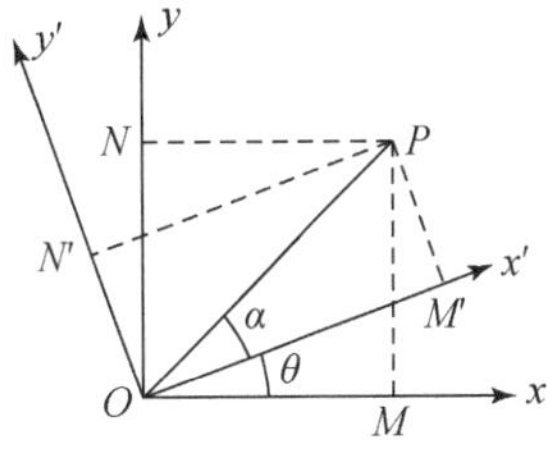

图 4.5.11　图像坐标旋转

4.5.4.2　几何精纠正用的数学仿射变换模型

纠正空间中像元与原始图像空间中共轭点的函数关系称为纠正的数学模型。常用的为几何中的仿射变换。这里介绍两种变换方式，即三角形线性变换和二元 n 次多项式仿射变换。

（1）三角形线性模型（二元一次三项式仿射变换）

图像的几何失真通常是非线性的，但是在一个小范围里，可以认为是线性的失真。这样我们就可以利用 GCP 构成一系列的小三角形区，使他们覆盖整个待校正的图像区域，利用原始空间和校正空间的每一对三角形的三个顶点 GCP，一一求出每对三角形范围内的转换关系，进行转换。其仿射变换的数学表达式是

$$\begin{cases} x = T_1(\xi,\eta) = a_1\xi + a_2\eta + a_0 \\ y = T_2(\xi,\eta) = b_1\xi + b_2\eta + b_0 \end{cases} \tag{4.5.33}$$

其矩阵形式为

$$\begin{bmatrix} x \\ y \end{bmatrix} = \begin{bmatrix} a_1 & a_2 \\ b_1 & b_2 \end{bmatrix} \begin{bmatrix} \xi \\ \eta \end{bmatrix} + \begin{bmatrix} a_0 \\ b_0 \end{bmatrix} \tag{4.5.34}$$

式中，x、y 表示地理空间网格坐标，ξ、η 表示畸变图像像元坐标，a_0、b_0、a_1、b_1、a_2、b_2 为 6 个待定系数。

要校正△ABC 区域（图 4.5.12），可利用 A、B、C 这三个顶点的 GCP 大地坐标经纬度数据（x_1，y_1）、（x_2，y_2）和（x_3，y_3），并将其代入式 4.5.33，便生成下列 6 个方程，以求出这 6 个系数。

$$\begin{cases} x_1 = a_1\xi_1 + a_2\eta_1 + a_0 \\ x_2 = a_1\xi_2 + a_2\eta_2 + a_0 \\ x_3 = a_1\xi_3 + a_2\eta_3 + a_0 \end{cases}$$

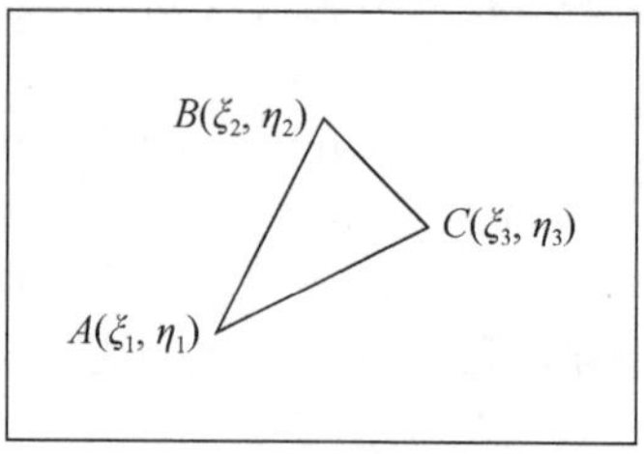

图 4.5.12　三角形线性纠正

$$\begin{cases} y_1 = b_1\ \xi_1 + b_2\ \eta_1 + b_0 \\ y_2 = b_1\ \xi_2 + b_2\ \eta_2 + b_0 \\ y_3 = b_1\ \xi_3 + b_2\ \eta_3 + b_0 \end{cases} \tag{4.5.35}$$

联立这 6 个方程，便可求出 6 个待定系数a_0、b_0、a_1、b_1、a_2、b_2，于是，最终确定了二元一次三项式仿射变换的具体形式。

可见，应用小范围内线性失真的假设，就能解决$\triangle ABC$范围内任意点的图像非线性失真的问题。若有 N 个 GCP 形成三角网，即可实现大范围的图像几何纠正。

下面结合刚陈述过的简单的空间位置变换模式并用具体实例，来说明 6 个变换参数在图像变形中的作用以及他们在仿射变换中对地理坐标的影响。通常将从原始图像空间到地面投影的地图空间的变换称前向变换（映射）。

通过示例将让我们看到这 6 个参数怎样影响待处理图像的空间分布形态。(ξ, η) 为图像像元变换前坐标（即行列序号），(x, y) 为变换后行列序号。设定原图像中三角形$\triangle ABC$三顶点A_0、B_0、C_0的坐标相应为（2，3）、（2，9）和（8，6）。因而，原图的初始状态时$\triangle ABC$三顶点的矩阵表达式与三顶点A_0、B_0、C_0坐标便为

$$\begin{bmatrix} x_{A_0} \\ y_{A_0} \end{bmatrix} = \begin{bmatrix} 1 & 0 \\ 0 & 1 \end{bmatrix} \begin{bmatrix} 2 \\ 3 \end{bmatrix} + \begin{bmatrix} 0 \\ 0 \end{bmatrix} = \begin{bmatrix} 2 \\ 3 \end{bmatrix}, \begin{bmatrix} x_{B_0} \\ y_{B_0} \end{bmatrix} = \begin{bmatrix} 1 & 0 \\ 0 & 1 \end{bmatrix} \begin{bmatrix} 2 \\ 9 \end{bmatrix} + \begin{bmatrix} 0 \\ 0 \end{bmatrix} = \begin{bmatrix} 2 \\ 9 \end{bmatrix},$$

$$\begin{bmatrix} x_{C_0} \\ y_{C_0} \end{bmatrix} = \begin{bmatrix} 1 & 0 \\ 0 & 1 \end{bmatrix} \begin{bmatrix} 8 \\ 6 \end{bmatrix} + \begin{bmatrix} 0 \\ 0 \end{bmatrix} = \begin{bmatrix} 8 \\ 6 \end{bmatrix}$$

①设a_0、b_0均不为 0，而各为 3，其他各系数矩阵表达式与三顶点A_1、B_1、C_1坐标各为

$$\begin{bmatrix} x_{A_1} \\ y_{A_1} \end{bmatrix} = \begin{bmatrix} 1 & 0 \\ 0 & 1 \end{bmatrix} \begin{bmatrix} 2 \\ 3 \end{bmatrix} + \begin{bmatrix} 3 \\ 3 \end{bmatrix} = \begin{bmatrix} 5 \\ 6 \end{bmatrix}, \begin{bmatrix} x_{B_1} \\ y_{B_1} \end{bmatrix} = \begin{bmatrix} 1 & 0 \\ 0 & 1 \end{bmatrix} \begin{bmatrix} 2 \\ 9 \end{bmatrix} + \begin{bmatrix} 3 \\ 3 \end{bmatrix} = \begin{bmatrix} 5 \\ 12 \end{bmatrix},$$

$$\begin{bmatrix} x_{C_1} \\ y_{C_1} \end{bmatrix} = \begin{bmatrix} 1 & 0 \\ 0 & 1 \end{bmatrix} \begin{bmatrix} 8 \\ 6 \end{bmatrix} + \begin{bmatrix} 3 \\ 3 \end{bmatrix} = \begin{bmatrix} 11 \\ 9 \end{bmatrix}$$

②设a_0、b_0均等于 0，其他各系数矩阵表达式与顶点A_2、B_2、C_2坐标各为

$$\begin{bmatrix} x_{A_2} \\ y_{A_2} \end{bmatrix} = \begin{bmatrix} 3 & 0 \\ 0 & 3 \end{bmatrix} \begin{bmatrix} 2 \\ 3 \end{bmatrix} + \begin{bmatrix} 0 \\ 0 \end{bmatrix} = \begin{bmatrix} 6 \\ 9 \end{bmatrix}, \begin{bmatrix} x_{B_2} \\ y_{B_2} \end{bmatrix} = \begin{bmatrix} 3 & 0 \\ 0 & 3 \end{bmatrix} \begin{bmatrix} 2 \\ 9 \end{bmatrix} + \begin{bmatrix} 0 \\ 0 \end{bmatrix} = \begin{bmatrix} 6 \\ 27 \end{bmatrix},$$

$$\begin{bmatrix} x_{C_2} \\ y_{C_2} \end{bmatrix} = \begin{bmatrix} 3 & 0 \\ 0 & 3 \end{bmatrix} \begin{bmatrix} 8 \\ 6 \end{bmatrix} + \begin{bmatrix} 0 \\ 0 \end{bmatrix} = \begin{bmatrix} 24 \\ 18 \end{bmatrix}$$

③设a_0、b_0 均等于 0，其他各系数矩阵表达式与顶点A_3、B_3、C_3 坐标各为

$$\begin{bmatrix} x_{A_3} \\ y_{A_3} \end{bmatrix} = \begin{bmatrix} 3 & 2 \\ 2 & 3 \end{bmatrix} \begin{bmatrix} 2 \\ 3 \end{bmatrix} + \begin{bmatrix} 0 \\ 0 \end{bmatrix} = \begin{bmatrix} 12 \\ 13 \end{bmatrix}, \begin{bmatrix} x_{B_3} \\ y_{B_3} \end{bmatrix} = \begin{bmatrix} 3 & 2 \\ 2 & 3 \end{bmatrix} \begin{bmatrix} 2 \\ 9 \end{bmatrix} + \begin{bmatrix} 0 \\ 0 \end{bmatrix} = \begin{bmatrix} 24 \\ 31 \end{bmatrix},$$

$$\begin{bmatrix} x_{C_3} \\ y_{C_3} \end{bmatrix} = \begin{bmatrix} 3 & 2 \\ 2 & 3 \end{bmatrix} \begin{bmatrix} 8 \\ 6 \end{bmatrix} + \begin{bmatrix} 0 \\ 0 \end{bmatrix} = \begin{bmatrix} 36 \\ 34 \end{bmatrix}$$

在各种假设条件下，原始图形△ABC 经仿射变换后，△ABC 图形如何发生变化，通过对比分析，可以看到：

在①的假设下，系数矩阵不变，仅改变了常数项a_0 和 b_0，使原图像△ABC 整体向右、向下平移了 3 个单位，因此常数a_0 和 b_0 的变化，显示的是图形△ABC 在空间平移了多少距离，可称其为平移因子。

在②的假设情况下，矩阵系数之主对角线两元素即a_1 和 b_2，分别控制着行列方向，即 x 和 y 方向的比例变化，起着缩放作用。本例中$a_1 = b_2 = 3$，缩放比例相同，变换后比原图放大了二倍的相似形；如果$a_1 \neq b_2$，变换后的图形与原图形就是相似形。

①假设变换后的图形发生了严重的旋转和扭曲变形，副对角线两元素a_2 和 b_1 可视为控制图形旋转的因子，并且这个缩放因子和旋转因子的组合使图形产生了严重的扭抻变形。本案中如把平移因子加进来，变化会复杂得多。

（2）二元 *n* 次多项仿射变换

若共有 K 个 GCP，用二元 n 次多项仿射变换来描述几何失真，其数学表达式为

$$X = T_1(\xi,\eta) = \sum_{i=0}^{n} \sum_{j=0}^{n-i} a_{ij}\, \xi^i\, \eta^j, \quad x = t_x(u,v) = \sum_{i=0}^{n} \sum_{j=0}^{n-i} a_{ij}\, u^i\, v^j \tag{4.5.36}$$

$$Y = T_2(\xi,\eta) = \sum_{i=0}^{n} \sum_{j=0}^{n-i} b_{ij}\, \xi^i\, \eta^j, \quad y = t_y(u,v) = \sum_{i=0}^{n} \sum_{j=0}^{n-i} b_{ij}\, u^i\, v^j \tag{4.5.37}$$

X，Y 表示原始图像空间像元坐标，ξ，η 表示校正图像网格坐标，x，y 为地理空间坐标，u，v 为校正坐标，a_{ij}，b_{ij}为待定系数，n 为二元多项式次数。

由于地面控制点 GCP 的个数 K 大于方程个数（E）（或系数 C），需采用最小二乘法对 K 个 GCP 数据进行曲面拟合求待定系数。

设

$$\delta = \sum_{k=1}^{K} \left(x_k - \sum_{i=0}^{n} \sum_{j=0}^{n-i} a_{ij}\, \xi^i\, \eta^j \right)^2 = \min \tag{4.5.38}$$

则

$$\frac{\partial\delta}{\partial\delta_{st}} = \sum_{k=1}^{K} 2\left(\sum_{i=0}^{n} \sum_{j=0}^{n-i} a_{ij}\, \xi_k^i\, \eta_k^j - x_k \right) \xi_k^s\, \eta_k^t = 0 \tag{4.5.39}$$

从而有

$$\sum_{k=1}^{K}\left(\sum_{i=0}^{n}\sum_{j=0}^{n-i}a_{ij}\,\xi_k^i\,\eta_k^j\right)\xi_k^s\,\eta_k^t=\sum_{k=1}^{K}x_k\,\xi_k^s\,\eta_k^t \tag{4.5.40}$$

同理有

$$\sum_{k=1}^{K}\left(\sum_{i=0}^{n}\sum_{j=0}^{n-i}b_{ij}\,\xi_k^i\,\eta_k^j\right)\xi_k^s\,\eta_k^t=\sum_{k=1}^{K}y_k\,\xi_k^s\,\eta_k^t \tag{4.5.41}$$

式中，K 为 GCP 个数；$s=0，1，2，\cdots，n$；$t=0，1，2，\cdots，n-s$；$s+t\leqslant n$；M 为待求系数的个数，$M=(n+1)(n+2)/2$。

式（4.5.40）和式（4.5.41）是二组 M 个方程，有 M 个未知数的线性方程组，解这两组方程组即可求得系数a_{ij}、b_{ij}；从而具体地确定数学模型，进而进行空间转换。

这里以二元二次多项式为例来具体说明。此时 $M=6$，方程组（4.5.40）的矩阵形式为

$$A\,\Omega_1=B_1 \tag{4.5.42}$$

方程组（4.5.40）可展开为

$$\begin{aligned}
&a_{00}\sum 1+a_{01}\sum\eta_k+a_{02}\sum\eta_k^2+a_{10}\sum\xi_k+a_{11}\sum\xi_k\eta_k+a_{20}\sum\xi_k^2=\sum X_k\\
&a_{00}\sum\eta_k+a_{01}\sum\eta_k^2+a_{02}\sum\eta_k^3+a_{10}\sum\xi_k\eta_k+a_{11}\sum\xi_k\eta_k^2+a_{20}\sum\xi_k^2\eta_k=\sum X_k\eta_k\\
&a_{00}\sum\eta_k^2+a_{01}\sum\eta_k^3+a_{02}\sum\eta_k^4+a_{10}\sum\xi_k\eta_k^2+a_{11}\sum\xi_k\eta_k^3+a_{20}\sum\xi_k^2\eta_k^2=\sum X_k\eta_k^2\\
&a_{00}\sum\xi_k+a_{01}\sum\xi_k\eta_k+a_{02}\sum\xi_k\eta_k^2+a_{10}\sum\xi_k^2+a_{11}\sum\xi_k^2\eta_k+a_{20}\sum\xi_k^3=\sum X_k\xi_k\\
&a_{00}\sum\xi_k\eta_k+a_{01}\sum\xi_k\eta_k^2+a_{02}\sum\xi_k\eta_k^3+a_{10}\sum\xi_k^2\eta_k+a_{11}\sum\xi_k^2\eta_k^2+a_{20}\sum\xi_k^3\eta_k=\sum X_k\xi_k\eta_k\\
&a_{00}\sum\xi_k^2+a_{01}\sum\xi_k^2\eta_k+a_{02}\sum\xi_k^2\eta_k^2+a_{10}\sum\xi_k^3+a_{11}\sum\xi_k^3\eta_k+a_{20}\sum\xi_k^4=\sum X_k\xi_k^2
\end{aligned} \tag{4.5.43}$$

式中，$\sum$ 是$\sum\limits_{k=1}^{K}$ 的简记，K 为 GCP 个数，式（4.5.43）矩阵形式记为

$$A\,\Omega_1=B_1 \tag{4.5.44}$$

式中，A 为 6×6 阶矩阵

$$A=\begin{bmatrix}
\sum 1 & \sum\eta & \sum\eta^2 & \sum\xi & \sum\xi\eta & \sum\xi^2\\
\sum\eta & \sum\eta^2 & \sum\eta^3 & \sum\xi\eta & \sum\xi\eta^2 & \sum\xi^2\eta\\
\sum\eta^2 & \sum\eta^3 & \sum\eta^4 & \sum\xi\eta^2 & \sum\xi\eta^3 & \sum\xi^2\eta^2\\
\sum\xi & \sum\xi\eta & \sum\xi\eta^2 & \sum\xi^2 & \sum\xi^2\eta & \sum\xi^3\\
\sum\xi\eta & \sum\xi\eta^2 & \sum\xi\eta^3 & \sum\xi^2\eta & \sum\xi^2\eta^2 & \sum\xi^3\eta\\
\sum\xi^2 & \sum\xi^2\eta & \sum\xi^2\eta^2 & \sum\xi^3 & \sum\xi^3\eta & \sum\xi^4
\end{bmatrix} \tag{4.5.45}$$

Ω_1，B_1 均为 6×1 阶矩阵

$$\Omega_1 = \begin{bmatrix} a_{00} \\ a_{01} \\ a_{02} \\ a_{10} \\ a_{11} \\ a_{20} \end{bmatrix} \tag{4.5.46}$$

$$B_1 = \begin{bmatrix} \sum X \\ \sum X\eta \\ \sum X\,\eta^2 \\ \sum X\xi \\ \sum X\xi\eta \\ \sum X\,\xi^2 \end{bmatrix} \tag{4.5.47}$$

式中，$\sum$ 是 $\sum_{k=1}^{K}$ 的简记，X，ξ，η 之下标 k 也都省略。

与此相类似，式（4.5.41）二元二次方程组的矩阵形式记为

$$A\,\Omega_2 = B_2 \tag{4.5.48}$$

A 与上面式（4.5.45）同，Ω_2，B_2 均为 6×1 阶矩阵

$$\Omega_2 = \begin{bmatrix} b_{00} \\ b_{01} \\ b_{02} \\ b_{10} \\ b_{11} \\ b_{20} \end{bmatrix} \tag{4.5.49}$$

$$B_2 = \begin{bmatrix} \sum Y \\ \sum Y\eta \\ \sum Y\,\eta^2 \\ \sum Y\xi \\ \sum Y\xi\eta \\ \sum Y\,\xi^2 \end{bmatrix} \tag{4.5.50}$$

解方程组（4.5.45）和（4.5.49），即可求得二元二次多项式的系数a_{00}，a_{01}，a_{02}，a_{10}，a_{11}，a_{20}和 b_{00}，b_{01}，b_{02}，b_{10}，b_{11}，b_{20}。

故，用二元二次多项式仿射变换进行几何纠正最起码需 6 个 GCP，建立 12 个方程，解出 12 个未知数。下面是二元 n 次（$n=1$，2，…，6）多项式几何纠正的起码条件列表

(表4.5.1)。

表4.5.1　二元 n 次多项式几何纠正对GCP数的最低要求

方程次数（n）	GCP个数（K）	方程数（E）	系数个数（C）
1	3	6	6
2	6	12	12
3	10	20	20
4	15	30	30
5	21	42	42
6	28	56	56

从表4.5.1看到，随着二元多项式的次数增加，需要的最起码的控制点GCP数目相应地增加更快。实际上并不是次数愈高、GCP愈多，几何纠正精度就会愈高。随着多项式次数增加，计算工作量增加更快，而几何纠正精度的提高则有限。一般使用二元二次多项式进行变换纠正，其精度已足够。有了进行图像几何纠正的多项仿射变换模型，又有选好了地面控制点，便可着实进行图像的几何纠正了。

4.5.5　图像的几何精纠正

4.5.5.1　几何精纠正的步骤和环节

要实现从畸变图像空间到标准地图空间的像元空间位置的变换究竟应该从何处着手，又有哪些事情要做呢？首先要确立处理的原始畸变图像和纠正后的图像的坐标系，包括坐标原点位置、像元的几何尺寸和像幅的行列数；其次是选定空间位置变换的数学表达式。空间位置变换表达式一旦确定，就要根据变换函数中的未知数的幂次情况来决定究竟应该选择多少个地面控制点数，并据此来确定待定的各项系数，最终来实施图像的几何精纠正。在这一过程中，选择准确的足数GCP是关键的一步。一定要选择那些在图像上可以准确辨认的典型的地物、该地物在地图上也能精确定位的点（如道路的交会点）来作为地面控制点，这些点在图像里应合理布局，大体上呈均匀分布，然后还要查算这些控制点的图像行列号（位置）和在地图上的经纬度。控制点的数量也应注意把控，过多会造成浪费，太少了又会使纠正结果达不到应有的精度。下一步就该将上面的任务交由图像处理系统去实施纠正了。但工作应该不能就这样结束，还需看看纠正精度是否达到了预期结果，如尚未达到预期结果，检查一下问题出在哪一个环节。一般而言，多是因控制点的选择不当造成的。此时可计算诸控制点的误差，并将误差最大的控制点剔除，重新计算系数矩阵，据此新矩阵重新进行空间位置变换与像元亮度值重采样。这一纠正过程可用下列流程框图表示（图4.5.13）。该流程框图有两点需要说明，一是图左上角⊕号表示参数再次代入仿射变换函数以成为实际映射工具，二是图的右上角地图投影栅格框、箭头均采用虚线，表示变换仅为虚设，但它又是实际存在的，并等价于下面的地图投影栅格，因此，

GCP 检验合格后可进入该栅格地图。

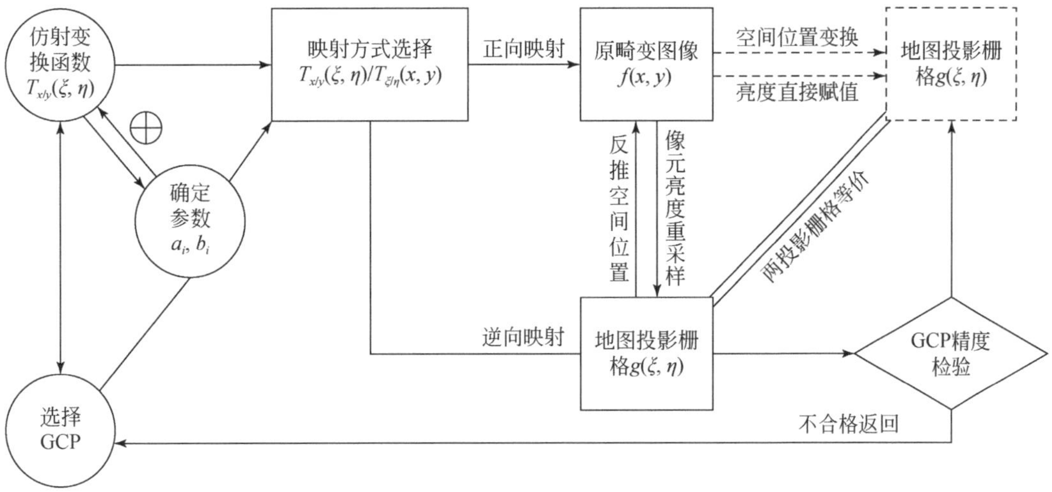

图 4.5.13　图像几何精纠正的主要环节与纠正流程

4.5.5.2　实施精纠正的两种途径

在选定了仿射变换函数，又由选好的地面控制点确定了变换函数的各项系数，下一步该是实施具体的变换，把畸变图像变为所需要的纠正好的图像，或者叫做把畸变图像空间中之像元变换到地图投影空间之正确位置并赋以相应的亮度值。实现这种图像之几何精纠正，有两种途径可供选择，即正向映射和反（逆）向映射。

畸变图像行列原点定在图像之左上角，行扫描方向定为 y 轴，遥感平台前进方向定为 x 轴，像元（x，y）的亮度值表示为 $f(x,\ y)$；供几何精纠正用的地图投影栅格坐标原点也设在左上角，东西水平方向代表经度 ξ 变化方向，而南北垂直方向代表纬度 η 变化方向，$g(\xi,\ \eta)$ 即点（ξ，η）之亮度值。几何精纠正就是借助几何位置的空间仿射变换原理，将畸变图像空间中的像元（x，y）逐行逐列地变换到几何位置正确的地图投影栅格空间（ξ，η），并将其在图像空间中的亮度值，赋给地图空间中的共轭点，实现从 $f(x,\ y)$ 到 $g(\xi,\ \eta)$ 的转换。注意，这种空间位置的变换中，由于是非线性变换，变换前的某像元（x，y）并不能保证一定落在地图栅格的结点上。这是一种纠正后像元空间位置的重新分布（配置），那种纠正前在图像空间整齐排布的格被打乱（图 4.5.14），这种从输入原畸变图像到输出纠正后的图像转换过程叫做几何精纠正的正向映射。

正向映射可采用二元一次三项式作变换函数，其表达式为

$$
\begin{aligned}
x &= a_1 x' + a_2 y' + a_0 \\
y &= b_1 x' + b_2 y' + b_0
\end{aligned}
\qquad (4.5.51)
$$

其矩阵表达式为

$$
\begin{bmatrix} x \\ y \end{bmatrix} = \begin{bmatrix} a_1 & a_2 \\ b_1 & b_2 \end{bmatrix} \begin{bmatrix} x' \\ y' \end{bmatrix} + \begin{bmatrix} a_0 \\ b_0 \end{bmatrix} \qquad (4.5.52)
$$

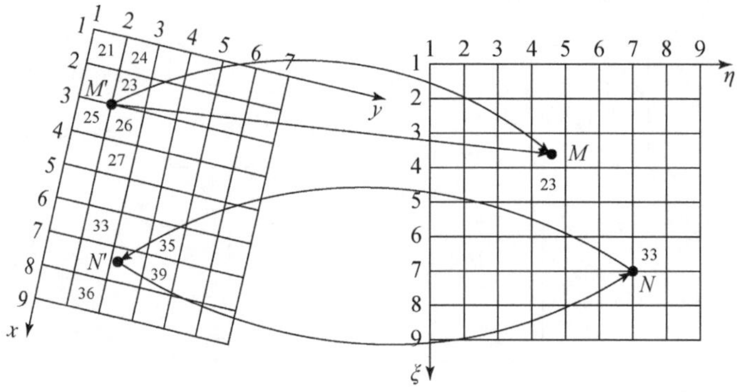

图4.5.14　几何精纠正中正反映射过程图

从获取变换后的像元亮度值的途径来看，正向映射中，是把变换前某像元（x，y）的亮度值直接赋给变换后输出影像中获得新空间位置的同名像元（x'，y'），如图4.5.14。

输入图像上的点$M'(3, 2)$，映射后，在输出图像上获得了新位置 $M(3.7, 4.7)$，其亮度值是由映射前的同名点$M'(3, 2)$的亮度值直接赋予的，此时虽然像元的空间位置变了，但像元亮度值依然如故，频谱信息未受损失。但是正向映射造成的像元空间位置无序排列不利于计算机存储和进一步分析处理，故在精纠正中多不采用，但是在地理信息系统的输出制图中还是被广泛采用的，他们关注的矢量数据表达，而不是栅格数据形式。

遥感图像的几何精纠正一般采用的是从输出到输入的反（逆）向映射，仍然采用二元一次三项式作为仿射变换函数，作为示例，其表达式为

$$\begin{aligned} x' &= a_1x+a_2y+a_0 \\ y' &= b_1x+b_2y+b_0 \end{aligned} \tag{4.5.53}$$

其矩阵表达式为

$$\begin{bmatrix} x' \\ y' \end{bmatrix} = \begin{bmatrix} a_1 & a_2 \\ b_1 & b_2 \end{bmatrix} \begin{bmatrix} x \\ y \end{bmatrix} + \begin{bmatrix} a_0 \\ b_0 \end{bmatrix} \tag{4.5.54}$$

从式（4.5.51）到式（4.5.54），x'、y'表示原始输入图像的像元行列号，x、y表示输出图像的像元坐标。上面讲到的正向映射过程，其出发点是原始畸变的待纠正影像，顾名思义，那反向映射应该是从期望的、有着正确的几何位置关系的栅格图像坐标（x，y）出发，由逐一栅格像元坐标反推其在输入的畸变图像中的行列号。现在声明一下，输出的纠正图像的大小，即总的行列数是根据原始输入图像的大小尺寸和畸变估计而事先设定好的。如果由输出图像中任意像元点坐标（x，y）反推出来的在输入的畸变图像中共轭点坐标（x'，y'）处的亮度值恰好取整数，可直接把它赋给输出图像的那个像元（x，y），作为其亮度值$f(x, y)$。但是，这种情况是极为罕见的，必须另寻其他途径予以解决。试想，地表某目标与四邻总是相连相关的，像元的亮度值空间分布也是如此。如果输出像元（x，y）的共轭点（x'，y'）落在输入影像的像元之间，那么其四周邻近像元的亮度值对其取值都有影像，并且影像的大小与共轭点（x'，y'）距四邻像元距离远近有关，距离愈近，影响愈大。按共轭点（x'，y'）四邻距离远近评价其贡献大小并由此来确定共轭点（x'，

y'）的亮度值 $g(x', y')$ 的方法，就是人们说的重采样概念。最简单的做法就是所谓的最邻近点法，即在四邻像元中，那个像元离共轭点（x'，y'）距离最近，那么这个最邻近的像元亮度值就作为共轭点的亮度值（图 4.5.14）。注意在输入图像共轭点 N' 离像元（7，3）点最近，共轭点 $N(x', y')$ 的亮度值 $f(x', y')=33$，并将其赋给输出图像像元（7，7）作为其亮度值。但是，这不是最精准的重采样方法，并会造成纠正后输出图像的像元亮度值明显的不连续。下面介绍二种常用的几何精纠正中的像元亮度值重采样方法，即双线性内插重采样法和三次卷积重采样法。

4.5.5.3 双线性内插重采样法

双线性内插是根据输入图像中的共轭点的 4 个邻近像元先进行两个方向（x 方向和 y 方向）上的亮度值内插，然后再根据这两个方向的内插结果，对他们再进行按比例分配，获得最后插值结果。根据图 4.5.15，共轭点坐标（或行列号）为（x，y），其四邻像元行列坐标分别为（1，1）、（1，2）、（2，1）和（2，2），相应的亮度值为 $f(1, 1)$、$f(1, 2)$、$f(2, 1)$ 和 $f(2, 2)$。可先由 $f(1, 1)$ 和 $f(2, 1)$ 内插出 $f(x, 1)$，再由 $f(1, 2)$ 和 $f(2, 2)$ 内插出 $f(x, 2)$，最后由 $f(x, 1)$ 和 $f(x, 2)$ 内插出共轭点(x, y)的亮度值 $f(x, y)$。

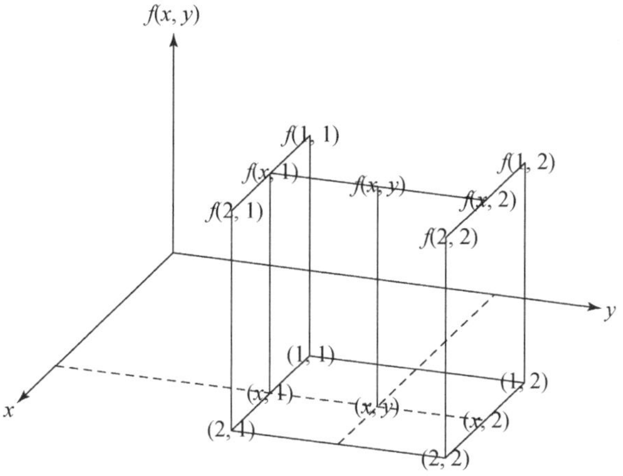

图 4.5.15 双线性内插球纠正后像元亮度值

现在不妨假设共轭点的亮度值 $f(x, y)$ 由下列的二元一次多项式表达，即

$$f(x,y)=ax+bxy+cy+d \tag{4.5.55}$$

并且试图用共轭点（x，y）的四邻像元的亮度值来表达式（4.5.55）中常系数 a，b，c 和 d。现在用四邻像元的亮度值 $f(1, 1)$、$f(1, 2)$、$f(2, 1)$ 和 $f(2, 2)$ 代入式（4.5.55），分别得下列各方程并组成一方程组

$$\begin{cases} f(1,1)=a+b+c+d \\ f(1,2)=a+2b+2c+d \\ f(2,1)=2a+2b+c+d \\ f(2,2)=2a+4b+2c+d \end{cases} \tag{4.5.56}$$

解上述方程组，分别得

$$a=f(2,1)-f(1,1)-f(1,2)-f(2,2)$$
$$b=f(2,2)-f(1,2)$$
$$c=2f(2,1)-f(1,1)-f(2,2)$$
$$d=3f(1,1)-2f(1,2)-f(2,1)+f(2,2) \tag{4.5.57}$$

将上述结果代入式（4.5.55），最终获得输入图像的共轭点（x，y）的亮度值表达式是：

$$f(x,y)=[f(2,1)-f(1,1)-f(1,2)-f(2,2)]x+[f(2,2)-f(1,2)]xy$$
$$+[2f(1,2)-f(1,1)-f(2,2)]y+[3f(1,1)-2f(1,2)-f(2,1)+f(2,2)] \tag{4.5.58}$$

这样，一旦有了 x，y 的具体的图像行列坐标，便可通过式（4.5.58）计算出共轭点的亮度值。双线性内插法计算简单，又能得到比较高的亮度值的采样精度，为图像处理工作者所乐于采用。但是，这种由共轭点的四邻点亮度值内插的结果，造成了光谱信息的改变，等效于低通滤波的作用，引起一定的图像模糊。

4.5.5.4　三次卷积重采样法

理论上讲，最佳的采样函数为 sinc(x) 函数，其表达式为

$$\mathrm{sinc}\left(\frac{x-x_0}{b}\right)=\frac{\sin\pi\left(\frac{x-x_0}{b}\right)}{\pi\left(\frac{x-x_0}{b}\right)} \tag{4.5.59}$$

当 $x_0=0$，且 $b=1$ 时，$\mathrm{sinc}(x)=\frac{\sin\pi x}{\pi x}$，以 x 为轴的图像如图 4.5.16 所示。三次卷积重采样法原本就是要用 sinc(x) 函数来进行重采样的，但为了避免反复的进行正弦函数的计算，而利用三次样条函数（即分段的一元三次多项式）来近似这个理论上的最佳采样函数，有

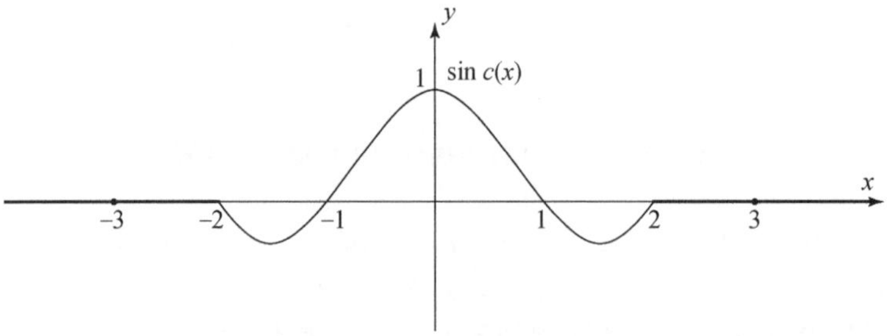

图 4.5.16　sinc 函数曲线图

$$\mathrm{sinc}(x)\approx s(x)=\begin{cases}1-2x^2+|x|^3 & |x|<1\\ 4-8|x|+5x^2-|x|^3 & 1\leqslant|x|<2\\ 0 & |x|\geqslant 2\end{cases} \tag{4.5.60}$$

遥感数字图像就是二维数字矩阵，要进行三次卷积重采样可以采用两步走的方式，即可先按行方向进行（或先按列方向），第二步再按列方向进行（或再按行方向）重采样计

算，也可以用两步计算的表达式组合到一个双三次卷积重采样的表达式中，有时候把这种重采样方式也叫做三次卷积重采样法就是这个道理。并且，共轭点坐标（x，y）处的亮度值的三次卷积重采样牵涉到共轭点（x，y）周围的4×4 邻域内像元的亮度值，由于牵涉面广，计算量必然大量增加。现通过图 4. 5. 17 来进一步了解三次卷积重采样的原理与过程。

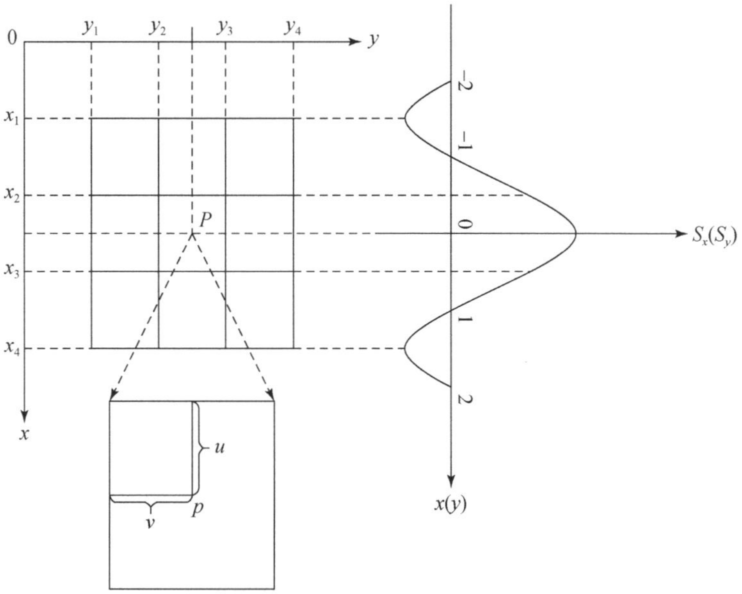

图 4. 5. 17　三次卷积共轭点亮度重采样示意图

现在考虑共轭点 P 的坐标为（x，y），P 点距第 j 行的距离为 U，距 k 列的距离为 V。因而有

$$U=x-j,\ V=y-k$$

进而有

$$\begin{cases} x_1=-(1+U),x_2=-U,x_3=1-U,x_4=2-U \\ y_1=-(1+V),y_2=-V,y_3=1-V,y_4=2-V \end{cases} \tag{4.5.61}$$

将上式（4. 5. 61）两行诸 x，y 代入采样函数式（4. 5. 60），分别得到行向量

$$\begin{cases} [s(x_1),\quad s(x_2),\quad s(x_3),\quad s(x_4)] \\ [s(y_1),\quad s(y_2),\quad s(y_3),\quad s(y_4)] \end{cases} \tag{4.5.62}$$

并将其转置，有

$$\begin{cases} S_x=[s(x_1),s(x_2),s(x_3),s(x_4)]^T \\ S_y=[s(y_1),s(y_2),s(y_3),s(y_4)]^T \end{cases} \tag{4.5.63}$$

如果由共轭点 P 周围的 4×4 邻域内各个像元的亮度值构成的影响因子矩阵用 F_{jk} 来表示，则有

$$F_{jk}=\begin{bmatrix} f(j-1,k-1) & f(j-1,k) & f(j-1,k+1) & f(j-1,k+2) \\ f(j,k-1) & f(j,k) & f(j,k+1) & f(j,k+2) \\ f(j+1,k-1) & f(j+1,k) & f(j+1,k+1) & f(j+1,k+2) \\ f(j+2,k-1) & f(j+2,k) & f(j+2,k+1) & f(j+2,k+2) \end{bmatrix} \tag{4.5.64}$$

那么，三次卷积重采样的共轭点 P 的亮度值计算表达式则有

$$f(x,y)=S_x^T F_{jk} S_y \tag{4.5.65}$$

式（4.5.65）中的 $S(x_i)$ 和 $S(y_i)$ 可以分别理解为相应的行方向和列方向的权重系数。运算式（4.5.65）实际上是分两步进行计算，第一步用行矩阵 S_x^T 乘矩阵 F_{jk}，生成一行矩阵，完成每一列元素的重采样，$S(x_i)$ 就是这种空间卷积运算的卷积核函数，其本质是起到按 $\mathrm{sinc}(x)$ 函数加权的作用；接着第二步是将结果矩阵再乘矩阵 S_y，最终求得共轭点（x，y）上的亮度值，这一层运算则是完成在每一行方向的诸点的重采样。注意，每行或每列只有四个元素。这种分两步运算的重采样算法又被冠名为双三次卷积重采样，采样结果是使图像的亮度变化连续而不突兀，几何精度高而又未造成图像高频成份的损失，处理的结果图像当然是清晰悦目。在现代的信息技术条件下，大量的计算耗时已不是什么缺点了。

在这里需要强调一下，与图像几何纠正的概念非常相近的另一概念就是图像的配准，他们是两个既相关、相似，但又有区别的概念。简单地讲，几何纠正是以地图的经纬网格为标准，将畸变的遥感图像像元行列坐标变换到地图投影栅格空间，获得地物之间正确的方位，是从图像的某种投影方式到标准的地图投影方式的转变；而图像配准则是以某一图像为标准，其他图像向这个标准图像实行变换，最后在空间位置上保持一致，是一种图像到图像的空间位置变换，变换的原理是相通或相同的。如果那个作为标准的图像是经过了几何精纠正的，那么这种配准也就自动带有几何纠正的效果，而且是个捷径，因为在这两个图像上寻找控制点非常方便而且准确，他们可以在同一屏幕上显示、查找。有的工作只需将图像配准就够了，实在没有必要去进行非常奢侈的几何纠正。

4.5.6 遥感图像数字镶嵌

地球科学家、环境研究工作者，各行各业的人们把他们的视野已经从局部扩大到了区域以至全球，一景中、高分辨率的卫星图像已经不够用了，需要将多景图像拼接起来才能覆盖他们感兴趣的范围。这种将多景相邻地区的图像拼接起来的工作就是图像的镶嵌。要镶嵌得好，首先，要选择好地图投影系统，使图像按照地图投影规则来进行拼接，才能做到在几何方位上准确无误。其次，多景图像的拼接远不止投影和边缘的接缝这种几何处理的问题，牵涉到图像的光谱连续性和相应的色调调整、边界逐步过渡和总体色调的调配问题等。多景卫星图像的拼接镶嵌问题远比航空像元的镶嵌复杂得多。航空摄影是在短时间内完成局部区域的成像，光照条件几乎是相同的，只要都进行了正射影像纠正，镶嵌是很容易完成的，不存在全局的色调调整问题和接缝匀化（或叫羽化）处理问题，并且，不管是航空摄影还是卫星成像，都事先考虑了图像的拼接问题并预留了必要的图像旁向重叠比例。这样看来，卫星图像镶嵌工作应该包括下列几个重要的环节和步骤。

4.5.6.1　图像镶嵌的时相选择原则

就拿陆地卫星图像来讲，其轨道重复周期为 16 天，相邻像幅时相差也许不用 16 天，但谁能保证成像那天的天气状况符合要求呢。不同季节的相邻像幅，即使在几何上拼得准确无误，但在色调上是绝对不可能做到协调一致的。

4.5.6.2　图像镶嵌的预处理

如果图像像元尺度（分辨率）不一样，那必须进行重采样，使所有图像都有统一的空间分辨率。还需要对图像数据进行辐射纠正，同时按照相同的地图投影坐标体系进行几何纠正。

4.5.6.3　图像镶嵌程序

不管是两幅相邻图像镶嵌，还是多幅相邻图像镶嵌，都要选定一景图像做标准。对于多幅图像，位于众景图像的几何中心的那一幅，通常被选作标准图像，这是因为大家离它都同样远近，便于镶嵌时按序进行（图 4.5.18）。

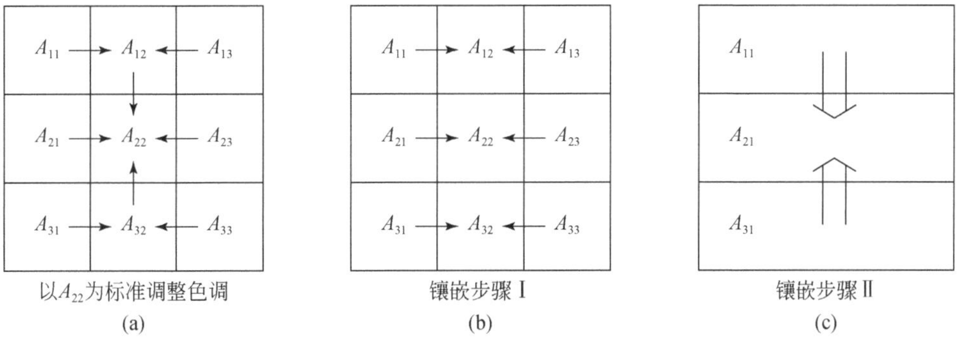

图 4.5.18　图像色调调整与镶嵌

4.5.6.4　图像重叠区域的确定

图 4.5.19 中两幅单波段图像$f_1(x, y)$和$f_2(x, y)$均经过几何精纠正，可先在显示系统中粗略地将他们叠合；然后通过逐渐移动其中一景图像[如左图$f_1(x, y)$]，另一景[如右图$f_2(x, y)$]保持固定，查看图像中重叠区域内地物纹理细节是否互相契合，当完全契合时便停止平移，认为此时图像已完全配准对齐了。严格的重叠范围即为图中虚线所示。

4.5.6.5　镶嵌图匀色方法

两景相邻图像虽由同一传感器产生的，但是成像时传感器的信号在记录时可能会发生零点漂移或者产生增益变化（放大或缩小），造成两景图像的亮度总体水平和亮度分布的差异。这些差异都可用统计参数（μ，σ）和直方图来反映。反过来，如果知道了统计参数和分布直方图，就可通过他们对图像的色调差异进行调整。

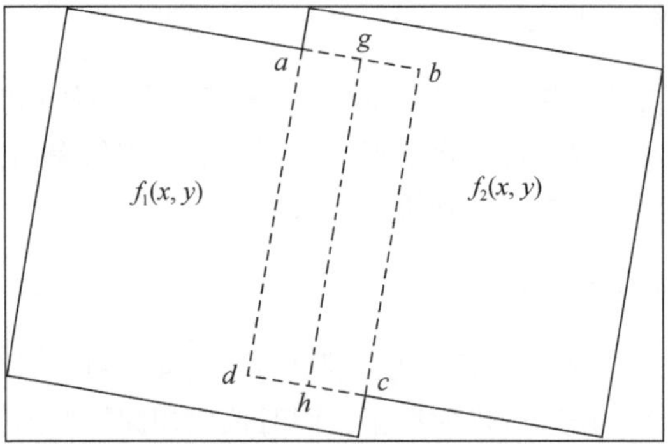

图 4. 5. 19　图像镶嵌的重叠区（虚线范围）

（1）色调调整的统计参数法

考虑两相邻图像$f_1(x, y)$和$f_2(x, y)$，他们的亮度值的均值分别为μ_1和μ_2，方差各为σ_{11}和σ_{22}，协方差为σ_{12}。如果把图像$f_1(x, y)$相对于图像$f_2(x, y)$的图像信号增益变化记为$\xi(x, y)$，$f_1(x, y)$相对于$f_2(x, y)$的信号零点漂移记为$\eta(x, y)$，根据最小二乘法演算可得

$$\eta=\mu_2-\xi\mu_1 \tag{4.5.66}$$

并有

$$\xi=\frac{\sigma_{12}^2}{\sigma_{11}} \tag{4.5.67}$$

将ξ代入式（4. 5. 66），有

$$\eta=\mu_2-\frac{\sigma_{12}^2}{\sigma_{11}}\mu_1 \tag{4.5.68}$$

这样，描述传感器信号的增益变化$\xi(x, y)$和零点漂移$\eta(x, y)$都可以通过统计参数来表达，就意味着调整图像总体色调可以通过统计参数，即均值、方差和协方差来解决了。如果通过统计参数来调整两个图像色调，其结果仍觉不满意，那就只能继续借用直方图匹配来达到完全满意了。

（2）色调调整的直方图匹配法

仍然使用图 4. 5. 19 来说明如何用直方图匹配法调整两景图像的色调。图中虚线包围的区域为一矩形 *abcd* 重叠区，*gh* 为其中线。既然是重叠区，*abcd* 既属于$f_1(x, y)$，也属于$f_2(x, y)$。我们把分别属于$f_1(x, y)$和$f_2(x, y)$的那部分重叠区做出两直方图H_1和H_2（图 4. 5. 20）。这里要强调的是，重叠区内虽然成像时间不同，但地表覆盖类型及其相对比例还是一样的，两直方图总体形态相似，只是因为上面提到的信号增益变化和零点漂移才产生如是变化。可以认为，直方图的每个峰都对应着某个地表覆盖类型，而峰间之谷底则应该是划分不同类别的分割端点，分别从直方图中找出这些端点点对，然后通过分段线性拉伸，把$f_1(x, y)$的重叠区影像灰度值映射变为$f_2(x, y)$重叠区之灰度值，从而使两者色调变得协调一致。图 4. 5. 20 横坐标中的黑点表示为端点点对位置，其相应的灰度值分别为 5-25-45-57（左）和 15-40-65-80（右）。上面提到的分段线性拉伸，是指将左侧图像

$f_1(x, y)$ 的重叠区的谱灰度区间 5 ~ 25，25 ~ 45，45 ~ 57 分别拉伸到右侧图像重叠区的各个区间，即拉伸到 15 ~ 40，40 ~ 65，65 ~ 80。如果到此色调调整获得满意结果，重叠区的色调调整就可告一段落，而下一步工作则是将此方法推广到全部图像。如果重叠区是整个图像的一个最佳采样，便可直接利用上述端点点对之灰度区间进行相同的映射处理，从而完成全图像的一个最佳采样，这是一种最理想的情况。一景图像范围很大，其包含的土地覆盖类型数在大多数情况下不会多于重叠区，这时，只好对全幅图像进行统计，产生两个新的直方图，要应用上述方法，寻找新的端点点对和它所构成的灰度值区间，通过映射来完成整幅图像的色调调整。

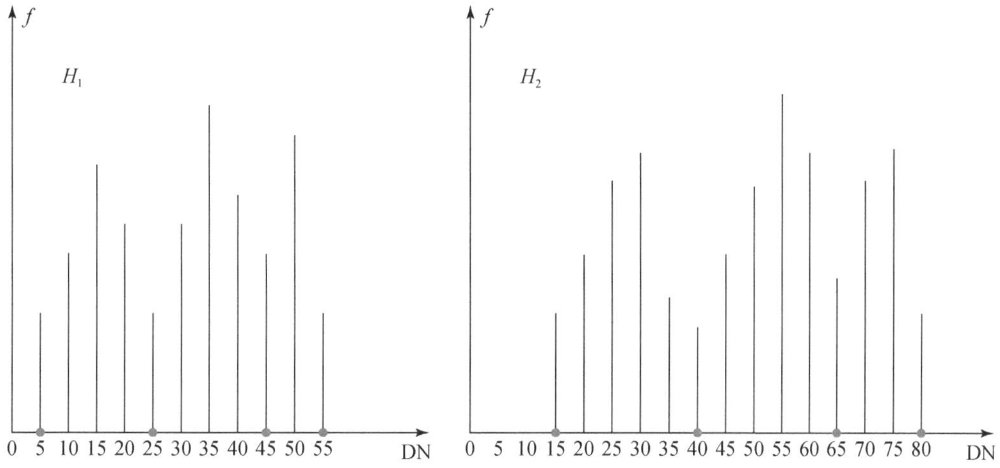

图 4. 5. 20　重叠区两直方图

4. 5. 6. 6　图像镶嵌的羽化处理

图像如果镶嵌处理不严格，就会产生明显的接缝，而清除接缝的处理技巧就是所说的羽化处理。经过这一处理，图像镶嵌工作真可谓达到天衣无缝的地步了。进行匀化处理，首先就要确定羽化带，其宽度一般取 200 个像元尺度，那接缝左右各 100 个像元。为达到最佳的羽化效果，可用下列两种方法获取输出像元的亮度值。

1）取重叠区上下对应像元之亮度值的平均值作为羽化处理后的像元亮度值。

如羽化作用示意图（图 4. 5. 21）所示，图像$f_1(x, y)$和$f_2(x, y)$重叠区共占 L 行像元。设$f_1(x, y)$为在上面的图像，其下压图像为$f_2(x, y)$。点(i, j)为下伏图像中点，其上覆的$f_1(x, y)$相应坐标应为（$i+N-1, j$）。那么，羽化后的像元灰度值$f(x, y)$

$$f(x,y)=\frac{1}{2}[f_1(i+N-1,j)+f_2(i,j)] \quad i=1,2,3,\cdots,L \tag{4.5.69}$$

2）用重叠区对应像元灰度值之线性加权和作为羽化后像元灰度值$f(x, y)$

$$f(x,y)=\frac{L-i}{L}f_2(i,j)+\frac{i}{L}f_1(i+N-1,j) \quad i=1,2,3,\cdots,L \tag{4.5.70}$$

4.5.6.7 图像镶嵌线的确定

两相邻图像都有不小的重叠，镶嵌时须将多余的重叠部分“剪”掉，问题是沿一条什么样的曲线“剪”去，两图拼接时才能做到严丝合缝。一个合理的推想应该是，在这条缝线的两侧的像元灰度值之差的绝对值的和应达到最小。设想有一线性窗口，其长度为 b，令它沿一列方向逐步滑动，见图 4.5.21，每滑一步就计算一下窗口内两景图像对应像元亮度值的差的绝对值之和，其中和最小的就是缝合线在该行的位置。可用下式表达这一选择过程：

$$\min\left[\sum_{j=0}^{b-1}\left|f_1(i,j_0+j)-f_2(i,j_0+j)\right|\right] \tag{4.5.71}$$

$j_0=1，2，3，\cdots，L-b+1$，j_0 为线性窗口之左端点。

经过上述各个环节的处理，两景或多景图像的镶嵌会得到一个在总体上色调和谐、缝合线两侧渐变过渡的完满结果。

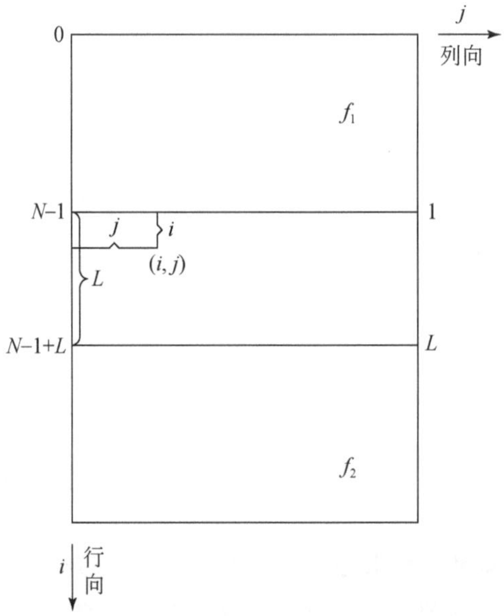

图 4.5.21 重叠区灰度值羽化示意图

第 5 章　彩色与图像的彩色增强

人眼对彩色图像的分辨能力远大于黑白图像，对于黑白图像，人眼最多只能分辨 20 多个灰阶，但对于彩色图像，则可以识别上千种颜色的变化。图像的彩色增强就是为了改善图像的视觉效果而进行的彩色图像合成以及色度学的变换处理。本章将介绍色彩的概念、彩色的表达、彩色的空间变换及变换域图像增强、彩色合成等理论和方法，以及在遥感图像增强中的应用。

5.1　彩色视觉与彩色表达

5.1.1　彩色视觉

外部世界五彩斑斓，绚丽夺目，给人以美好的视觉上的享受。人们所以欣赏彩色世界，是因为色彩是一种强有力的对景物表现方式，使人们容易区分场景中的各种目标并从中进行信息提取；另外，人眼能分辨数千种颜色色调和亮度的变化，这一点非常有利于人工图像分析。但是对于黑白图像，人眼最多只能分辨 20 多个灰度等级（灰阶），想轻易地识别目标就不那么容易了。

人的眼球大小在 2cm 左右，是一种十分奇妙的生物光学成像系统。来自外部的光在眼睛的视网膜上聚焦成像。视网膜上分布有两种对光敏感的接受组织：锥状体和杆状体，一只眼睛大约有 600 万～700 万个锥状细胞，都集中于视网膜的中央凹区域，并直接和自身的神经末端相连，因而信息传递快、效率高。中央凹在视网膜上是个直径约为 1.5mm 的凹坑，对彩色光敏感，可充分分辨图像的细节。锥状细胞分为红、绿、蓝三个主要的感光类别，约 65% 的锥状细胞对绿光敏感，33% 的对红光敏感，只有 2% 的对蓝光敏感，人们看到的各种颜色，实际上是所谓三原色红、绿、蓝色光的一种混合的结果。

一只眼睛的杆状细胞约有 7500～15000 个，广布于视网膜表面，他们对色光没有感应，只在低照度情况下对场景敏感，从而形成视野内的总体图像，是一种暗视觉。

基于人眼对红、绿、蓝光的吸收特性，国际照明委员会（Commission International I' Eclairage，CIE）于 1931 年规定下列的特定波长值为主原色：蓝色（B）435.8nm、绿色（G）546.1nm、红色（R）700nm，这就是通常所称的蓝、绿、红三原色，也称三基色。但这并不表示用特定的三原色波长的光的相互混合就能产生全部的谱色，只是他们的表达能力最强而已。从另一种角度看，原来人们看到的大千世界的绚丽色彩实际上是蓝、绿、红三原色的各种组合。回顾遥感的成像过程，在本质上是对目标的反射光进行拆分，分谱段地记录他们的亮度值，形成各谱段的黑白图像，只是在图像处理的最后阶段进行显示时，再将他们还原为真彩色，或更多地显示为各种假彩色。怎样才能获得预期的显示效果，还必须了解和遵循色度学的基本原理或规则。

5.1.2 彩色表征三要素与彩色立体

5.1.2.1 彩色三要素

如何描述彩色，怎样评价颜色，必须找到评价、描述的抓手。这些抓手就是色调（hue）、亮度（intensity）和饱和度（saturation）。

色调（H）：是彩色间彼此相互区分的特征，不同波长的可见光辐射在视觉上引起不同色感，如红、橙、黄、绿、青、靛、紫色等。发光体的颜色决定于他的辐射光谱组成，太阳表面温度高达6000K，中午观看时呈耀眼的白色，而当清晨旭日初升时，由于水汽的吸收作用而显示成橘红色，化铁炉的铁水则为红色，炉膛温度大约为1400℃；非发光体的色调则决定于照射光源的光谱组成以及物体反射的光谱特性。

亮度（I）：是人眼对物体的明暗的一种感觉，发光体的辐射亮度越高，则物体亮度越大，太阳表面的辐射亮度高达6000K，人眼都不能正视它；而非发光体的反射率越高，其亮度也越高，如新鲜的雪面，抛光的金属表面等。

饱和度（S）：表示彩色的纯度，即色光中掺入白光的多寡，掺入的白光愈多就愈不饱和，光谱中各种单色光都是最饱和的色调。

5.1.2.2 彩色锥体

彩色三要素色调、亮度和饱和度之间有什么联系呢？我们可以用一个三维的纺锤体表示他们之间的联系和基本特征（图5.1.1）。纺锤体的竖轴从上到下表示由白到黑的亮度变化；圆周上各点代表在光谱上不同的色调，如果设定圆周右侧为红色调（0°），按逆时针排布色序变化，则他们依次是黄、绿（120°），到左侧变为青色（180°），下半周依次为蓝（240°）、深红，再回到起点红色。

饱和度则用过圆周中心的半径来表示，由中心到圆周表示饱和度逐渐增加，中心为零，圆周上为100%（或1），最饱和，即光谱纯色。

5.1.3 彩色混合的基本规律

1）互补色律：两种色光以适当的比例进行混合，结果产生（或叫表现为）白色或灰色，则称该两种色光为互补色，比如三原色蓝、绿、红光的互补色光为黄、品红、青色光。如果该两种色光按其他比例混合，则产生近于比重大的那个彩色的非饱和色。

2）中间色律：两种非互补色光相混合，结果生成中间色，或叫做间色，其色相决定于该两色的相数量，其饱和度决定于两者在色相顺序上的远近。

3）替代律：在视觉上相似的彩色可以互相代替，所产生的混合色在视觉效果上是相同的。即如果色光A与色光B相混合，产生混合色（间色）为C，即$A+B\simeq C$，$\simeq$表示混

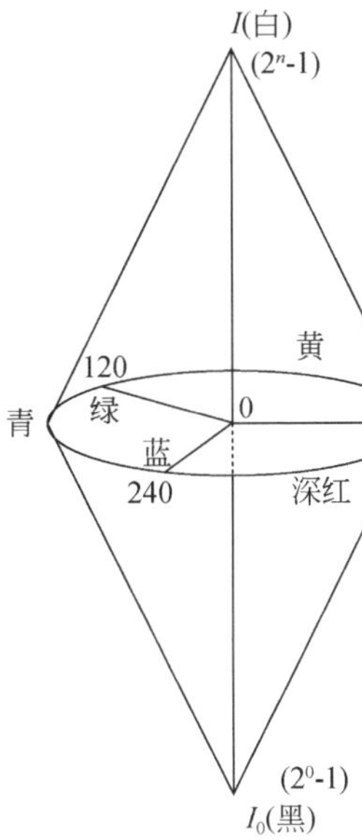

图 5. 1. 1　彩色锥体表示的亮度（I）、色调（H）和饱和度（S）间的关系

合；而另外色光 x 和色光 y 相混合，产生与色光 B 相似的彩色，即 $x+y\simeq B$，则有

$$A+B\simeq C, x+y\simeq B\rightarrow A+(x+y)\simeq C \tag{5.1.1}$$

5. 1. 4　色度坐标与 CIE 色度图

1）三刺激值 R，G，B：为匹配某一色光（C）所需的三原色数量叫做三刺激值 R、G、B，有颜色方程

$$C\cong R(R)+G(G)+B(B) \tag{5.1.2}$$

式中，(R)、(G)、(B) 代表三原色，而≅表示匹配，即视觉效果相等。

2）色度坐标 r，g，b：在色度学中，不直接用三刺激值 R、G、B 来表示颜色（色光），而用三原色各自在总量（$R+G+B$）中的相对比例，也就是色度坐标 r、g、b 来表示颜色，即

$$r=\frac{R}{R+G+B}, g=\frac{G}{R+G+B}, b=\frac{B}{R+G+B} \tag{5.1.3}$$

由于 $r+g+b=1$，仅用其中二个值即可表示一种颜色。如用 r 和 g，某一特定颜色（C）的方程

$$(C)\cong r(R)+g(G)+b(B) \tag{5.1.4}$$

其中，$b=1-r-g$。

对于白光（W）

$$(W)\cong 0.33(R)+0.33(G)+0.33(B) \tag{5.1.5}$$

匹配白光（W）所需的三原色光的亮度可能并不相等，但我们仍然将每一原色光的亮度值作为一个亮度单位来看待，并将三者比例定为 1 ∶ 1 ∶ 1 的等量关系。

3）CIE 色度图：如果以 x 轴表示色度坐标 r 值（红色），y 轴表示色度坐标 g 值（绿色），这样根据色度坐标做出的直角三角形称为颜色三角形，它可以方便地表示各种颜色分布的具体位置，因而也叫色度图。图 5.1.2 是 CIE 色度图。色度坐标 x 轴表示红原色的比例，y 轴表示绿原色的比例，马蹄形弧形曲线为光谱轨迹线，色度最饱和。从 380nm 的紫色到 780nm 的红色的各个光谱色都分布在这一马蹄形曲线上，凡是不在马蹄形曲线上的内点的彩色都是混合色。在马蹄弧形曲线的中部，跨过白色区，有一条向下弯的曲线，是黑体色温轨迹线，表示黑体在不同温度下发光颜色的变化轨迹。

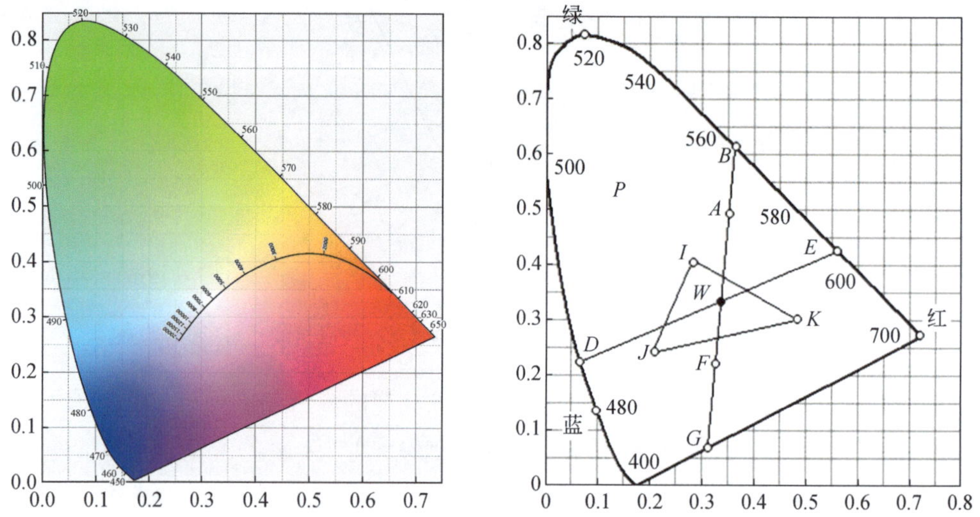

图 5.1.2　CIE 色度图

依据彩色相加混合原理，可用匹配某一彩色所需三原色的比例来决定该彩色在色度图上的位置。在色度图中标记为某种绿色的点 P 由 55% 的绿和 15% 的红的成分，那么蓝的成分就该是 30% 了。图中 W 点称为等能量点，理论上的纯白色，由各占 33% 的蓝、绿、红三原色相加混合形成。从等能量点 W 到光谱轨迹线上任一点画一条线段，就确定了这一特定谱色所包含的色相（调），而与曲线的交点对应的波长，就是色系的主波长。由等能量点到这一交点，彩色的饱和度逐渐增加，直到边界上饱和度最大，没有掺入任何白光。在色度图中，连接两任意色点的直线就定义了所有可能的色相变化，因为这些彩色可以由两点的彩色相加混合而成。

5.2　彩色空间变换与饱和度增强

在数字图像处理领域，常遇到的词如彩色系统、彩色空间和彩色模型，他们实际上指的是同一件事，本书中一律采用彩色空间一词，用来描述彩色以及他们间的关系。常见的有 RGB 彩色空间、CMY/CMYK 彩色空间，以及 IHS 彩色空间，RGB 彩色空间是面向彩色监视器和一些彩色视频摄像机的，对图像处理结果的显示非常方便和精准；CMY/CMYK 彩色空间则是面向彩色打印机的。至于 IHS 彩色空间则是适合人们用以描述和解释彩色性状，有利于图像分析、判断和处理，但是在处理之后，还须回到 RGB 彩色空间去显示。本节主要介绍 RGB 彩色空间与 HIS 彩色空间之间的相互转换的定量关系。

5.2.1 彩色编码

1）RGB 格式是一种用直角坐标系的立方体彩色表示系统，R、G、B 分别位于由坐标轴构成的立方体三个顶点，C（青）、M（品红）、Y（黄）则位于立方体另外三顶点，从坐标原点（黑色）引立方体的对角线，形成灰度轴，代表亮度从黑–灰–白的变化，顶点为白色。

2）IHS 格式 IHS 彩色系统用亮度 I、色度 H 和饱和度 S 三个参数来描述彩色系统。亮度 I 表示像元的整体明暗程度，且与彩色无关，而色度 H 和饱和度 S 则包含了彩色信息并独立于亮度 I。色度用角度表示，反映该彩色最接近什么样的光谱波长，一般用 0°表示红色，120°表示绿色，240°表示蓝色。色度从 0°到 240°包含了光谱中可见光的全部彩色，而 240°～360°是人眼可见光光谱色。饱和度参数 S 用圆柱顶面色环圆心到圆周的半径来表示，圆周上的彩点全部为饱和色，而在圆心处饱和度为 0。亮度参数 I 是用圆柱体下底面中心到顶面中心的连线来表达，底心处为 0，表示黑色，由底到顶，经由灰色直到白色 1（图 5.2.1）。

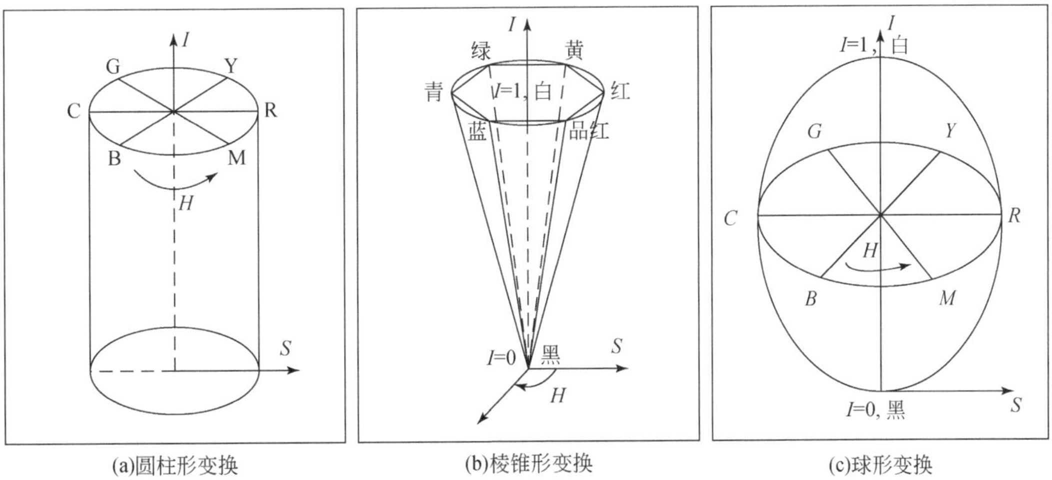

图 5.2.1 圆柱形、棱锥形和球形的彩色空间变换

5.2.2 彩色空间变换

在各种彩色空间，为表达彩色要素以及他们之间的关系，都要借助于几何形体，如立方体、圆柱体、棱柱体或他们横截面（正六边形、圆以及三角形）进行表达，对于这几种形体非常方便建立诸如直角坐标、极坐标和柱坐标系。进一步再通过图像叠合与旋转，分析 RGB 空间与 IHS 空间各要素间的几何关系，从而确定两个彩色空间要素的相互转换的

表达式。虽然这些转换有多种形式，但是只要色度是用角度表达，色度、饱和度和亮度相互独立，并且转换是互逆的，不管你选择哪种形式，都不影响处理的结果。由于亮度、色度和饱和度之间互不相关，使 IHS 彩色坐标系比 RGB 彩色坐标系更能表现出色光本身的物理特性与人眼视觉之间的关系。

在实际应用中，把从 RGB 彩色系统变换为 IHS 彩色系统称作正变换，从 IHS 彩色系统变换为 RGB 彩色系统的称作反变换。从 RGB 变换为 IHS 彩色系统，其形式有多种，但是只要简单、有效、够用就好。

今选用颜色三角形色度图（图 5. 2. 2）来说明如何从 RGB 变到 IHS 彩色空间。三角形三顶点设为 r_1，g_1，b_1，三角形的形心即为等能量点 $W(1/3，1/3，1/3)$，为纯白光。如果从顶点 r_1 起，沿$\triangle r_1 g_1 b_1$ 的边线逆时针旋转一周，颜色由红→黄→绿→青→蓝→紫有序变化，而色彩的饱和度则随着远离中心点 W 而增加，在三角形边线上，色彩最纯。在$\triangle r_1 g_1 b_1$上任取一点彩色 P，连接 WP 并延长至边线相交于 N。如将饱和度 S 定义为某色点到等能量点 W 的相对距离，那么彩色点 P 的色度 $S=\frac{WP}{WN}$，而他的色调 H 则定义为 N 到顶点 r_1 的相对距离，即 $H=\frac{r_1 N}{r_1 g_1}$。

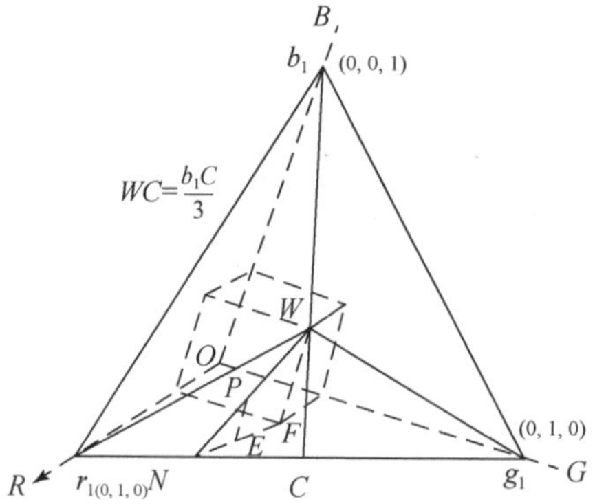

图 5. 2. 2　颜色三角形色度图

在色度坐标系中，$\triangle r_1 W g_1$ 内各色点（r，g，b）的饱和度 S

$$S=1-3b \tag{5. 2. 1}$$

色调 H

$$H=\frac{g-b}{1-3b} \tag{5. 2. 2}$$

在遥感图像处理中，可定义彩色的亮度 I 与三原色 R、G、B 之和成正比，即 $I=K(R+G+B)$，当 $K=1$，则

$$I=R+G+B \tag{5. 2. 3}$$

这样，据式 5. 2. 3，式 5. 2. 1 和式 5. 2. 2 就构成了彩色变换的正变换式

$$I=R+G+B, H=\frac{-B}{I-3B}, S=\frac{I-3B}{I} \tag{5. 2. 4}$$

由上述三式，立即可以得到下述的由 IHS 到 RGB 的反变换式

$$R=\frac{I}{3}(1+2S-3SH) \tag{5.2.5}$$

$$G=\frac{I}{3}(1-S+3SH) \tag{5.2.6}$$

$$B=\frac{I}{3}(1-S) \tag{5.2.7}$$

由于经过归一化，上述算法中的饱和度 S 值变化在 0 ~ 1 之间，$S=1$ 时为光谱色；色调 H 变化亦在 0 ~ 1，取 0 值时为红色，取 0.5 值时为黄色，取值 1.0 时为绿色。如果推广到整个 $\triangle r_1 g_1 b_1$ 范围，这时色度 H 的值域为［0，3］，取值 1.5 时为青色，2.0 时为蓝色，2.5 时为紫色。

IHS 彩色空间变换形式有多种，现将上面基于彩色三角形以及基于六棱锥体、圆柱体、三角形及球体的正反变换列表如下（表 5.2.1）。

表 5.2.1　IHS 到 RGB 正反变换表

	变换条件	正变换表达式	反变换表达式
圆柱形变换	针对反变换式，相应条件为： 1. 在 $R\Omega G$ 扇区 $(0°\leqslant H<120°)$ 2. 在 $R\Omega G$ 扇区 $(120°\leqslant H<240°)$，如 H 位于该扇区，先减去120° 3. 在 $R\Omega G$ 扇区 $(240°\leqslant H<360°)$，如 H 位于该扇区，先减去240°	$I=\frac{1}{3}(R+G+B)$ $H=\begin{cases}\theta, & B\leqslant G\\ 2\pi-\theta, & B>G\end{cases}$ $S=1-\frac{3}{R+G+B}[\min(R,G,B)]$	$R=I\left[1+\frac{S\cdot\cos H}{\cos(60°-H)}\right]$, $B=I(1-S)$, $G=3I-(R+B)$ $R=I(1-S)$, $G=I\left[1+\frac{S\cdot\cos H}{\cos(60°-H)}\right]$, $B=3I-(R+G)$ $R=3I-(G+B)$, $G=I(1-S)$, $B=I\left[1+\frac{S\cdot\cos H}{\cos(60°-H)}\right]$
棱锥形变换	当 $S=0$，色调 H 变为无意义	$I=\frac{1}{3(R+G+B)}$ $H=\tan^{-1}\left[\frac{3(G-B)}{(R-G)+(R-B)}\right]$ $S=\frac{\min(R,G,B)}{I}$	
三角形变换		$I=R+G+B$ $H=\frac{G-B}{I-3B}$ $S=\frac{I-3B}{I}$	$R=\frac{I}{3}(1+2S-3SH)$ $G=\frac{I}{3}(1-S+3SH)$ $B=\frac{I}{3}(1-S)$

续表

	变换条件	正变换表达式	反变换表达式
球形变换	R，G，B 与 r，g，b 经归一化处理，其值域均为[0，1]；且定义： $M=\max(R,\ G,\ B)$ $N=\min(R,\ G,\ B)$ r，g，b 为色度坐标（见前）。R，G，B 三者中至少有一个值为 0，色调由 M 来选定，且至少一个值为 1，色调由 N 来确定	$I=\frac{M+N}{2}$ $H=\begin{cases}60(6+g-r), & B=M\\ 60(4+r-b), & G=M\\ 60(2+b-g), & R=M\\ 0, & M=N\end{cases}$ $S=\begin{cases}\frac{M-N}{2-M-N}, & I>0.5\\ \frac{M-N}{M+N}, & I\leqslant 0.5\\ 0, & M=N\end{cases}$	$R=\frac{M-r}{M-N}$ $G=\frac{M-g}{M-N}$ $B=\frac{M-b}{M-N}$

为把上述式（5.2.4）～式（5.2.6）推广到$\triangle r_1 g_1 b_1$ 的全部范围，可令色度 H 在 1～3 之间变化，这样就必须在计算前判断色点 P 所在的色调范围。计算 H 时的判别条件为

$$I=\begin{cases}(G-B)/(I-3B), & \text{当 } R>B\leqslant G(\text{在}\triangle r_1 W g_1\text{ 中})\\ (B-R)/[(I-3R)+1], & \text{当 } G>R\leqslant B(\text{在}\triangle g_1 W b_1\text{ 中})\\ (R-G)/[(I-3G)+1], & \text{当 } B>G\leqslant R(\text{在}\triangle b_1 W r_1\text{ 中})\end{cases} \tag{5.2.8}$$

为了获得好的显示结果并与卫星遥感数字图像的灰度值 DN 取值范围相一致，把色调 H 值从 0～3 和饱和度 S 值从 0～1 均扩展为 0～255 的整数值。为了处理和存储方便，在实际程序里重新定义了亮度 $I=(R+G+B)/3$，且有 $r=R/3I$，$g=G/3I$ 和 $b=B/3I$。这样，一个新的 IHS 正反变换式如表 5.2.2 所示。

表 5.2.2　IHS 正反变换表

条件	正变换式	反变换式
$R>B\leqslant G$ 或 $0\leqslant H<1$	$I=\frac{1}{3}(R+G+B)$，$H=\frac{G-B}{3(I-B)}$，$S=1-\frac{B}{I}$	$R=I(1+2S-3HS)$， $G=I(1-S+3HS)$， $B=I(1-S)$
$G>R\leqslant B$ 或 $1\leqslant H<2$	$I=\frac{1}{3}(R+G+B)$，$H=\frac{B-R}{3(I-R)+1}$，$S=1-\frac{R}{I}$	$R=I(1-S)$， $G=I(1+2S-3H_1S)$， $B=I(1-S+3H_1S)$
$B>G\leqslant R$ 或 $2\leqslant H<3$	$I=\frac{1}{3}(R+G+B)$，$H=\frac{R-G}{3(I-G)+2}$，$S=1-\frac{G}{I}$	$R=I(1-S+3H_2S)$， $G=I(1-S)$， $B=I(1+2S-3H_2S)$

注：$H_1=H-1$；$H_2=H-2$。

5.2.3 彩色空间变换的应用

RGB 彩色空间是一种面向各类彩色监视器的彩色显示和表达系统，IHS 是一种人眼视觉感知和描述系统，两者可以互相转换，已成为遥感图像数据和非遥感的图形与离散数据的复合表达和彩色显示的有效舞台，为不同来源的数据进行可视化关联分析提供了一种方便的工具，在地球科学等领域应该有广泛的应用。

5.2.3.1 遥感图像的彩色饱和度增强

光学遥感由单通道发展为像陆地卫星 MSS 的 R、G、B、IR 的四通道，在技术上是个里程碑式的进步，因为根据色度学原理，如取 R、G、B 三个通道可合成真彩色，以还原地表的真实面貌，如取 B、G、IR 三个通道，则可合成红外彩色图像，便于对地表植被状况进行分析。随着光电成像器件的灵敏度的大幅提高，使光谱可进一步细分，从而出现了中分辨率成像光谱仪 MODIS 以至高光谱传感器 Hyperion，有 220 个波段（0.4 ~ 2.4μm）。谱段的增加也伴随着遥感数据冗余度的增加，波段数据间的相关性也愈来愈大，从色度学上讲，如果任取三个波段图像数据进行 RGB 彩色合成显示，由于三个波段的亮度值相近，合成的图像色调必然发灰（低亮度值时）或发白（高亮度值时），这使地表细节不易区分。在这种情况下，可对此图像进行 IHS 彩色空间变换，在 IHS 空间对饱和度 S 进行线性扩展以增强饱和度，再反变换 RGB 空间进行彩色显示，可明显地改善图像的彩色效果和地面目标的分辨能力（图 5.2.3）。

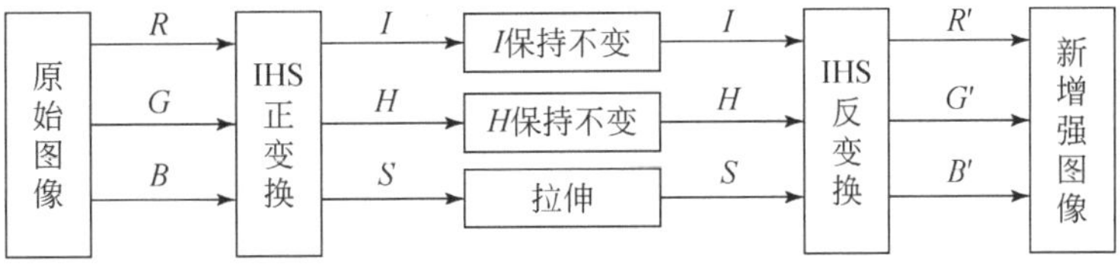

图 5.2.3 彩色饱和度增强处理流程图

5.2.3.2 不同分辨率遥感图像的复合显示

当把不同分辨率的遥感图像在 RGB 彩色系统作复合显示时，图像质量不但受几何配准精度的影响，而且还受不同分辨率的影响。图像分辨率由亮度 I 决定，色度 H 和饱和度 S 则反映了图像中地物的光谱特征。如果把三种不同分辨率的图像分别的直接看作是 IHS，然后进行反变换，求出相应的 R、G、B，最后做假彩色复合显示，那么效果就会大不相同。不同分辨率遥感图像的复合显示要想获得好的效果：

1）将高分辨率图像作为 I 成分，次高分辨率图像作 H 成分，最低分辨率图像作 S 成分，然后将 IHS 作反变换，分别求出 R、G、B 进行彩色复合显示；

2）将高分辨率图像设定为 I 成分，对其他二图像作 IHS 变换，求出 H、S，然后将 IHS 作反变换，求出 R、G、B，并进行复合显示。

5.2.3.3 多源数据融合显示

遥感图像数据，物理探矿与化学探矿数据，气象观测数据，环境监测数据以及地理调查与测量数据等，是具有不同特性和分辨率的图像、图形数据，概称多源数据。为了解决某种问题，需要对这些数据进行综合分析，IHS 彩色空间变换技术为空间分布型的多源数据进行融合和综合显示，提供了十分方便而有效的工具。但是，在做融合处理前，需对这些图形数据与图像数据进行配准、分辨率采样、插值，以及按显示要求进行数据标准化处理。处理方案有：

1）三类信息的融合显示：以陆地卫星 TM 图像某一波段（或 SPOT 图像某一波段）作为 I，物探、化探数据分别作为 H 和 S，然后变换到 RGB 彩色空间进行彩色显示；

2）多类信息的融合显示：将陆地卫星 TM 图像作主成分变换（如 K-L 变换），以其第一主分量作为 I，以其他任二类数据作 H 和 S，最后变换到 RGB 彩色空间进行显示；

3）二类信息融合显示；以陆地卫星 TM 图像某一波段数据为 I，航空磁探数据为 H，饱和度 S 置常数 C，最后变换到 RGB 彩色空间进行显示。

将物探、化探数据等与遥感影像数据联合运用，进行彩色空间变换处理，实现空间可视化，有利于分析和发现这些地学数据空间分布规律性，揭示其成因提供可能的线索。这些处理可概化为下列流程框图（图 5.2.4）。

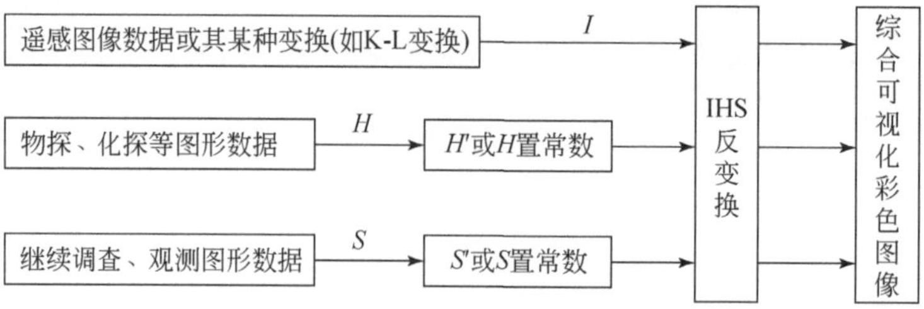

图 5.2.4 多源数据综合可视化流程框图

5.3 图像的彩色增强

由于人眼能识别上千种颜色的变化，一个很自然的想法就是如何将遥感中获取的黑白灰度图像变换成彩色图像，以便能更好地区分和识别图像中的各种地面目标。受到彩色摄像胶片三层感光乳胶的启发，因而有陆地卫星早期的多光谱扫描仪以至专题制图仪蓝波段 B(0.45 ~ 0.52μm)、绿波段 G(0.52 ~ 0.60μm)、红波段 R(0.63 ~ 0.69μm) 以及近红外波段 NIR(0.76 ~ 0.90μm) 等的波段设置的构想，分波段地记录地表的彩色信息，然后再按照色度学中三原色原理，通过彩色显示系统用 B、G、R 三波段加色合成来还原天然彩色，或通过 G、R、NIR 合成红外彩色，亦称标准假彩色。还原天然彩色这一想法虽好，但是忽视了一个事实，就是在轨道高度成像时，蓝波段受到大气散射的强烈影响，图像不可能像地面摄影那样真切，变得模糊多了。反而是用 G、R、NIR 三波段合成的红外图像鲜艳夺目，包含了丰富的地表景观信息。因此，图像的彩色增强实际上都是假彩色的增强。随着科学技术的进步，遥感探测的感应器件的灵敏度也随之提高，遥感探测的波段愈分愈细，波段数已由最初的几个发展到几十个，甚至二百多个谱段。这里就出现了以下一些问题，一是选择哪三个波段数据合成的彩色图像包含的信息量最大，按照什么原则选择这种波段组合；二是由于波段数的增多，两两波段数据间的相关性亦随之增大，信息被众多的波段分散了，该用什么样的方法能使信息更加集中并去除谱段间的相关性？是否还存在其他的一些波段数据组合所构成的指数，能有效地表达地表的有价值信息？下面就将分别讨论这些问题，而本节只讨论单波段黑白图像的彩色增强方法，这对当今的遥感似乎已不太重要了，但对医学图像（超声图像）处理则相当有效。

5.3.1 色彩基本概念

大千世界是个彩色世界，人眼的生理构造已完全适应了这样的彩色世界，并根据他们在色彩上的差异来认识世界，区分地表的不同目标。这个大千世界的彩色就是真彩色，也叫天然彩色。光学摄影中，当发明了能感应近红外光的乳胶层后，就生产出了红外彩色胶片，在其正片上，健康的植被显示为醒目的鲜艳的红色，非常有助于植被的调查。这种红外彩色片又称为假彩色片。把这种概念移植到卫星遥感的数字图像的彩色显示，就出现了真彩色、假彩色和标准假彩色的概念。以运行多年的陆地卫星 TM 及其后的 ETM 传感器波段设置为例，其前 4 个波段分别是蓝、绿、红、近红外波段，这种设置的本意就是为了能还原地表的真彩色或红外彩色场景。传感器在工作时，分波段记录地表的反射信号强度，在还原显示时，如取前三个波段，并按波段 3、2、1 的顺序，用其调制 CRT 的 R、G、B 三个电子枪（或 LCD/LED 相应单元），显示屏上就可以看到地表的真彩色场景。在有植被的地方，由于第二波段信号较强，其他两个波段信号较弱且相近，就显示为绿色。第一波段由于大气影响较重，这种合成的真彩色图并不常用，反而是由按其 4、3、2 波段顺序，配以 R、G、B 合成的红外彩色图像则受到广大应用人员的青睐，并常称之为标准假彩色图像。第四波段对植物叶片的反射很强，在 50% 左右，并有较大的变化区间，有利于植被类型的进一步划分；而对水体则几乎是全吸收，因而在标准假彩色图像上，凡是有植被分布的地方，会因为植被类型的差异而呈现出不同的红色，凡是水域，其色调则呈蓝色至蓝黑色。纯净的沙滩、积雪、冰川、积云（地面伴有投射阴影）呈白色；建筑物密集的城市，色调为蓝灰-灰色；连接城市的道路、桥梁从浅灰白色到蓝灰色，线条宽度被夸大；裸土、裸岩常呈不同的浅灰白、浅黄灰、褐灰以至浅灰蓝的色调，并受到含水状况的影响；大片的农田、绿洲一般都有清晰而规整的边界。北京市密云水库溪翁庄附近分布着震旦系（以灰岩为主）和前震旦系的古老的混合花岗岩类地层，适合油松的生长，因而油松林广布，但在按 4、3、2 波段合成的 TM 图像上，会发现与油松林不一样的暗红色调的斑块，经查竟是喜碱性土壤的侧柏林，其林下露出的正是震旦系条带状硅质灰岩，侧柏成了岩性的指示植物。

彩色监视器是按照 RGB 三原色合成原理而设计制造出来的电子光学显示系统，只要任意输入三个波段的非零图像数据去调制或称激活 RGB 彩色系统，就能生成相应的彩色图像（除非按照上述严格规定的真彩色和标准假彩色合成方案），并统称为假彩色图像。图像中各种色调究竟代表什么景观意义，只能依据不同地物的反射波谱特征和色度学原理具体问题具体分析。这里需要特别声明的是，假彩色（有的也称伪彩色）一词最初是用来区分真彩色图像处理和对黑白灰度图像赋以彩色的种种处理方法的，下面讨论的就是基于这一概念的处理方法。

5.3.2 假彩色增强处理

把单通道获取的灰度图像进行彩色化，其目的是增加图像的视觉识别效果。将黑白图像变换成一幅彩色画面，听起来就像变魔术一样。变魔术靠的是道具，实现这种彩色变换的道具，就是一组能对每一个输入的图像灰度值 $f(x, y)$ 分别进行 R、G、B 变换的变换函数 $T_r(x, y)$、$T_g(x, y)$、$T_b(x, y)$ 以及 R、G、B 三色电子枪。经变换产生三个新的独立的亮度函数 $I_r(x, y)$、$I_g(x, y)$ 和 $I_b(x, y)$ 用它来分别调制红、绿、蓝三支电子枪，并共同投射到彩色荧光屏，从而触发出绚丽多彩的彩色图像。最典型的一组变换函数如图 5.3.1 所示，图 5.3.1(d) 是彩色变换映射图，其上加了一条映射色标。

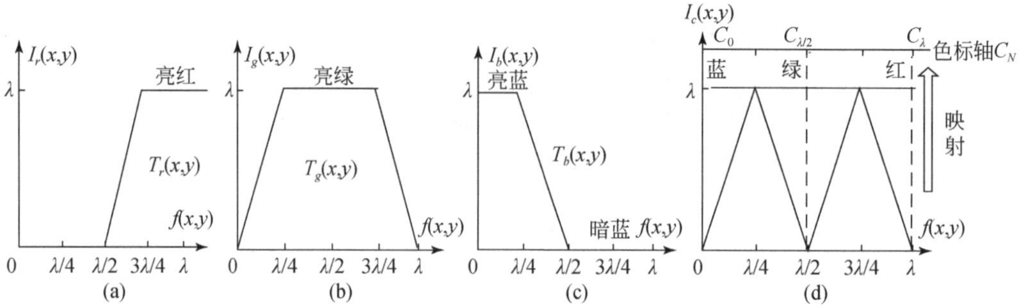

图 5.3.1 灰度图像彩色化

注意图 5.3.1(d) 色标有三个特殊的点，即 C_0，$C_{\lambda/2}$，C_λ。

对于 C_0：对应于 $f(x, y)=0$，有 $I_r(x, y)=I_g(x, y)=0$，且 $I_b(x, y)=\lambda$，因此显示亮蓝色；

对于 $C_{\lambda/2}$：对应于 $f(x, y)=\lambda/2$，有 $I_r(x, y)=I_b(x, y)=0$，且 $I_g(x, y)=\lambda$，因此显示亮绿色；

对于 C_λ：对应于 $f(x, y)=\lambda$，有 $I_r(x, y)=I_g(x, y)=0$，且 $I_r(x, y)=\lambda$，因此显示亮红色。

再看 $C_{3\lambda/4}$ 点应该映射为什么颜色，在该点，$I_g(x, y)$ 与 $I_r(x, y)$ 均等于 λ，亮绿与亮红色调相混的结果应是亮黄色。总体上讲，从 C_0 至 $C_{\lambda/2}$，色调由蓝色调逐渐过渡到绿色调，正中间为一次间色青色，其余均为由蓝绿混合而产生的不同的混合色；从 $C_{\lambda/2}$ 至 C_λ，色调由绿色逐渐过渡到红色，正中间为一次间色黄色，其余均为由绿色与红色混合而产生的不同的混合色。这样，灰度轴 $f(x, y)$ 上所有的灰度值，都可以映射到色标轴 C 上，并找到相应的 C_N 值，即将灰度区间 $[0, \lambda]$ 映射到色标区间 $[C_0, C_\lambda]$，即像元的灰度值通过加色变换函数映射为一个与之对应的三原色按一定比例进行加色合成的彩色级。通过这种变换形成的彩色图像，虽然色彩丰富，但并没有体现出他的景观物理意义，美观并不等于一切，仍需寻找比之更有意义的方法来将灰度图像转变成一幅彩色图像。曾经兴盛一时的单波段灰度图像的等密度分割，通过灰度级与彩色级的简单映射关系，轻松地将一幅单色图像变换成绚丽的色彩丰富的图像，它在医学图像处理中仍在应用，但对于遥感图像处理已无意义。

5.3.3 图像彩色显示

遥感图像的灰度级直方图是像幅内景物特征的一种最概括表示。俗话说的“物以类聚”，在图像光谱的特征空间里表现得最为充分。道理很简单，同类的地物必有相同或相近的反射特性，他们在光谱特征空间里必然会聚集在一块。下面介绍如何根据 NOAA-AVHRR 多时相植被指数Ⅵ数据的 K-L 变换的第一主分量（权且视为一个波段的灰度值）灰度直方图，通过图像分割的方法，生成色彩丰富的植被类型分布图。

研究区位于内蒙古境内 115°E ~ 120°E，41°N ~ 46°N，面积约为 25 万 km^2。西拉木伦河从西到东贯穿本区中部，大兴安岭南段向东北方向蜿蜒展布，七老图山则由中部向东南方向伸展，西部是小腾格里沙地，达里诺尔湖盆地处在研究区中央。这里是由半干旱区向干旱区转变的一个过渡地带，地形上的高低起伏变化造成了本地区植被类型的多样性。达里诺尔地区气候干寒，植物生长周期短，在每年的五月至八月即完成其生命周期。研究中选择 1987 年至 1989 年的 5 月 3 日、6 月 8 日、7 月 3 日和 8 月 13 日四个时相的 AVHRR 图像，经过严格的大气纠正、几何纠正和配准，分别计算出每个时相的植被指数Ⅵ，并据这四个时相的Ⅵ进行 K-L 变换，取变换后的第一主分分量进行图像分割。

一幅输入图像经过分割处理后的输出结果是图形，它是该图像某种特征的一种描述。图像分割是图像分析中的一个重要内容。图像分割的依据通常是图像的均匀性（相似性）和非连续性两条准则。所谓均匀性准则，即同一区域内像元应相似，类似于一个集群；而非连续准则，是指从一个区域向另一个区域搜索时，像元灰度值一定有某些变量特征（如梯度等变量）会发生变化，从而可据以确定边界。处理时，凡特征一致的像元取值为 1，否则置 0。

5.3.3.1 图像分割门限化方法的算法描述

(1) 均匀性

设一幅图像由二维点集合 $X\{i, j\}$，$i=1, 2, \cdots, N$；$j=1, 2, \cdots, M$ 表示。$x\{i, j\}$ 是 $X\{i, j\}$ 的一个子集合，即 $x \in X$。根据图像灰度值 $f\{i, j\}$，$0 \leqslant f\{i, j\} \leqslant 255$，即图像在 (i, j) 点的属性判断（每一像元）

$$p(x')=\begin{cases}\text{真},1, & x' \in X \\ \text{伪},0, & x' \in \text{其他}\end{cases} \tag{5.3.1}$$

当 $p(x')=$ 真时，就称图像子集合 $x\{i, j\}$ 具有均匀属性或称图像集合 $X\{i, j\}$ 具有

均匀属性 P。

（2）分割

图像点阵 $X\{i, j\}$ 的某些均匀属性P_k 的一个分割是指把 X 划分成一些非空子集合x_1，x_2，…，x_k，它们满足下列条件：

1）$\bigcup_{i=1}^{k} x_i = X$，亦称某像元点属于某集合而不会有遗漏。

2）$x_i \cap x_j = 0$，不允许一像元属于两个集合，即集合的交为零。

3）$P(x_i) = P_i$，每个子集合具有本身独特的特性，$P_i \neq P_j$（$i \neq j$）。

5.3.3.2 全局性门限设置

门限化是最常见的分割处理方法。它是把图像灰度动态范围分成若干段，并用门限值来具体确定区域或边界。

像元坐标(i, j)处的灰度值为$f(i, j)$，灰度值的动态范围是$[f_{\min}, f_{\max}]$，$f_{\min} \leqslant f(i, j) \leqslant f_{\max}$。

设 T_k 是$[f_{\min}, f_{\max}]$之间的一个数列（$k=1, 2, \cdots, k$）。不失一般性，假定

$$T_0 = f_{\min} < T_1 < T_2 < \cdots < T_{k-1} < T_k = f_{\max} \tag{5.3.2}$$

据此，图像被分割成 k 类：f_1，f_2，…，f_k，且

$$f(i,j) = \begin{cases} f_k, & T_k \leqslant f(i,j) < T_{k+1} \\ 0, & f(i,j) \notin [T_k, T_{k+1}] \end{cases} \tag{5.3.3}$$

T_k 又叫门限算子，它可以是（i，j）的函数，其一般形式是 $T_k\{i, j, f(i, j), N(i, j)\}$。

处理中，仅考虑全局性门限，它只依赖于图像灰度值的分布，而与图像局部性质无关。根据直方图可确定 T_k 值：

$$f(i,j) = \begin{cases} 0, & f(i,j) \leqslant T_k \\ 1, & f(i,j) > T_k \end{cases} \tag{5.3.4}$$

为了描画边界，需要同时检测水平与垂直两个方向的边界。

水平扫描

$$f_H(i,j) = \begin{cases} L_{边缘}, f(i,j) 与 f(i,j-1) 对 T_k 的大小关系相反 \\ L_{背景}, f(i,j) 与 f(i,j-1) 对 T_k 的大小关系相一致 \end{cases} \tag{5.3.5}$$

垂直扫描

$$f_V(i,j) = \begin{cases} L_{边缘}, f(i,j) 与 f(i-1,j) 对 T_k 的大小关系相反 \\ L_{背景}, f(i,j) 与 f(i-1,j) 对 T_k 的大小关系相一致 \end{cases} \tag{5.3.6}$$

输出结果

$$f(i,j) = \begin{cases} L_{边缘}, f_H 与 f_V 中有一个等于 L_{边缘} 即可 \\ L_{背景}, f_H 与 f_V 均等于 L_{背景} \end{cases} \tag{5.3.7}$$

5.3.3.3 分割的实施与结果

研究区多时相植被指数的 K-L 变换统计结果列于表 5.3.1。

表 5.3.1 内蒙古达里诺尔地区多时相植被指数Ⅵ图像 K-L 变换特征统计

时相序号	均值	标准差	协方差矩阵				主分量	特征向量				百分率方差/%
			1	2	3	4		1	2	3	4	
1(503)	189.98	25.029	626.48	211.07	1415.0	1428.5	1	-0.169	-0.133	-0.690	-0.691	89.9
2(608)	232.27	33.752	211.07	1139.2	1056.4	1059.4	2	0.094	-0.988	0.084	0.083	6.8
3(703)	154.07	77.434	1415.0	1056.4	5996.0	5825.6	3	0.977	0.072	-0.189	-0.065	2.0
4(813)	153.85	77.507	1428.5	1059.4	5825.6	6007.3	4	-0.086	-0.007	-0.694	0.715	1.3

从表 5.3.1 可以看到，植被和植被指数的时相差异信息通过主成分变换，基本上都集中到第一主分量（占总信息 89.9%），各植被类型差异在第一主分量图像上达到最大，应用图像分割的方法显然可以有效地从空间上区分它们。根据上述分割准则和门限化分割方法，在实际进行分割处理时，还是要从灰度值统计直方图入手，分析直方图上每个特征峰、谷的位置和形态，并根据每个特征峰的均值μ_i 和方差σ_i 来确定分割的门限值（端点）。第一主分量图像进行拉伸后，其灰度值的动态范围调整为从 0 变化到 255。对这一主分量图像施行门限化分割后，由门限值（即分割端点）将整个灰度区间（0 ~ 255）分割成 9 段，每区段赋以习惯上的颜色，成为一色彩丰富的彩图，详见表 5.3.2 和图 5.3.2（c）。为帮助理解研究区多时相植被指数主成分变换的第一主分量分割结果的意义，由 1989 年 8 月 13 日 AVHRR 第 1 波段（0.58 ~ 0.68）和第 2 波段（-0.725 ~ 1.10）数据生成标准假彩色图像［图 5.3.2（a）］，并且附上该地区植被类型分布图［图 5.3.2（b）］以资说明。

表 5.3.2 多时相植被指数Ⅵ图像第一主分量的图像分割

DN 区间	0 ~ 32	32 ~ 64	64 ~ 96	96 ~ 128	128 ~ 160	160 ~ 192	192 ~ 224	224 ~ 254	254 ~ 255
色调	深绿	苹果绿	蓝绿	豆绿	浅黄	土黄	深黄	红色	血青
植被意义	森林或密灌丛	林缘草地	草甸草原	干草原	典型干草原	退化草场	严重退化草场	农田	裸地裸沙

对照图 5.3.2，可以看到图 5.3.2（a）所表达的已经不是研究区一时一地的植被指数的空间分布，而是代表着研究区地表各种覆盖类型的空间镶嵌分布格局，是一幅植被类型分布图。植被指数本身反映的是植物的活力、光合作用的强弱，其对时间积分则代表了光合作用的累积效应，不同的植被其积分效应不同。对多时相Ⅵ值进行 K-L 变换并取其第一主分量进行图像分割，本质上相当于基于积分效应的图像分类。它强调的是平均总体效果，而非图像像元的Ⅵ的瞬时取值。上述经图像分割产生的植被类型分布图与图 5.3.2（b）这一由 TM 图像判读的研究区植被景观分布图相当吻合，这并非属于偶然。

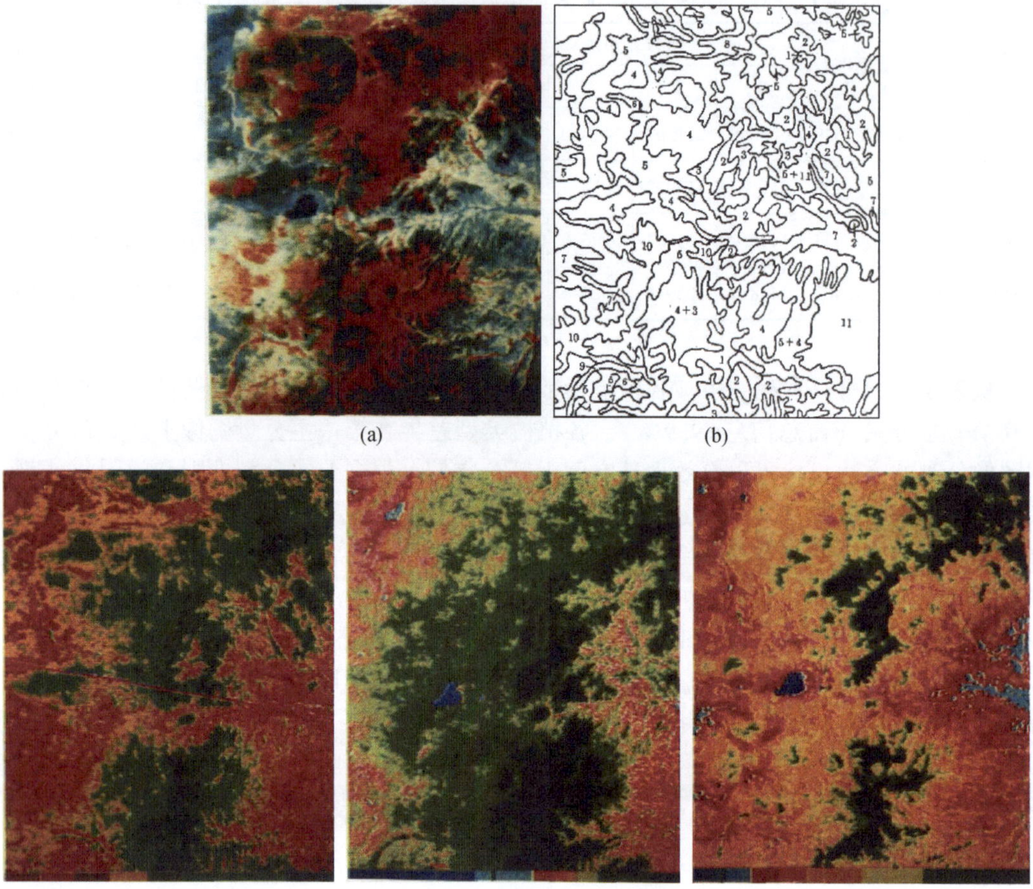

(a) (b) (c) (d) (e)

图 5.3.2　西辽河流域 AVHRR 图像

注：(a) 标准假彩色图像，(b) 植被覆盖类型图，(c) 多时相Ⅵ图像 K-L 变换第一主分量图像分割结果，(d) 6月8日Ⅵ分割图像，(e) 8月13日Ⅵ分割图像

1. 落叶阔叶林；2. 山地森林草原；3. 林缘草甸；4. 草甸草原；5. 大针茅草原；6. 克氏针茅草原；7. 流动半流动沙地；8. 盐化草甸；9. 河漫滩草甸；10. 固定半固定沙地；11. 农田

资料来源：朱启疆，1991

第 6 章 多波段图像波段组合与变换增强

由于技术的进步，遥感探测器的波段愈分愈细，波段数已由原来的几个而发展到现今的几十个到二百多个；另一方面，图像处理系统的彩色显示装置是根据色度学的彩色合成三原色原理设计的，同时最多只能显示三个通道的数据进行彩色合成显示。究竟按照什么原则、选择哪三个波段进行彩色合成显示才能获得最佳显示效果；再者，波段愈分愈细，造成相邻波段间的相关性愈来愈高，数据冗余度增加，有用信息也随之愈来愈分散，如何去除相关性，使有用信息更加集中，也需要寻求有效的处理算法。有时候简单的波段组合，特别是以波段相除所获得的各种植被指数在地表景观研究中也有广泛且不错的应用。应该强调的是，本章讨论的都是针对同一传感器所生成的多波段图像，通过波段组合或变换的方法来实现图像的增强处理效果，它不同于不同传感器、不同数据来源的数据间的融合处理，但是也有联系，如某些融合处理会用到本章介绍的方法（如 K-L 变换）。

6.1 波段指数

为了说明 OIF 与 SI 两个概念，现以陆地卫星 TM 多波段图像为例。TM 计有 7 个波段，图像数据经采样后，其第 6 波段（热红外）的像元分辨率为 120m×120m，其他波段的分辨率均为 30m×30m，考虑到空间分辨率的一致性，第 6 波段数据不参与统计。下面是河北省平泉县[①]大窝铺 TM 图像数据的 512×512 窗口的统计列表（表 6.1.1）。

表 6.1.1 平泉县大窝铺 512×512 窗口 TM 图像数据统计列表

波段号	波长/μm	均值$\bar{X}$	方差σ^2	相关系数（R）矩阵					
				1	2	3	4	5	7
1	0.45～0.52	60.252	41.226	1.000					
2	0.52～0.60	26.578	26.436	0.786	1.000				
3	0.63～0.69	24.592	74.716	0.883	0.964	1.000			
4	0.76～0.90	78.801	283.478	0.108	0.216	0.043	1.000		
5	1.55～1.75	71.921	416.664	0.730	0.842	0.773	0.531	1.000	
7	2.08～2.35	25.107	114.679	0.845	0.922	0.913	0.223	0.918	1.000

资料来源：朱启疆，1991

从列表中方差一栏看，第 5 波段方差最大（416.664），其次为第 4 波段（283.487），再次为第 7 波段（114.679），而第 2 波段方差最小（26.436），第 1 波段次小（41.226）。

① 现为平泉市。

方差愈大，所含信息量就愈丰富；在相关系数栏看到，第3波段与第4波段间的相关性最小，其相关系数为0.043，次小的是第1波段与第4波段间的相关系数（0.108），再次则为第2波段与第4波段间的相关系数（0.216），而第2波段与第3波段间的相关系数竟高达0.964。相关性的高低是数据冗余度的一种测度，相关系数愈低，表明数据的冗余度也愈小。

图像彩色显示系统的特征表明，它只能同时接收三个通道数据并按RGB加色系统进行彩色显示。对于上列选用的6个TM波段，按照组合公式$C_n^m=\frac{n!}{m!\ (n-m)!}$，6个波段最多可有20种组合方案，如用波段编号表示，他们是123、124、125、127、134、135、137、145、147、157、234、235、237、245、247、257、345、347、357、457。在这些三个波段一组的组合中，不管是哪一种组合，如果它们两两波段间的相关系数绝对值之和最小，三个波段各自的方差和最大，就可能是一种不错的波段组合选择。Chavez等（1984）在关于专题制图仪（TM）数据的影像处理技术一文中，针对TM图像处理又一次提出最佳指标因子OIF问题，给出的OIF表达式为

$$\mathrm{OIF}=\frac{\sum_{i=1}^{3} S_i}{\sum_{j=1}^{3} |r_j|} \tag{6.1.1}$$

式中，S_i为各波段数据方差，r_j为两两波段间的相关系数，因为r_j的值域为［−1，1］，故取绝对值。用信息量的一种度量指标（方差和）做分子，用度量数据冗余度的相关系数绝对值之和做分母来定义OIF，既符合直观感觉，也体现了科学的逻辑思维，是一个绝妙的表达。

类似于OIF指数的尚有席菲尔德指数SI，它是由Sheffield（1985）提出并据多波段（如本节选择TM图像的6个波段）数据的方差-协方差矩阵的3×3子阵的行列式计算出来的。SI表达式为

$$\mathrm{SI}=|\mathrm{Cov}_{m\times m}| \tag{6.1.2}$$

式中，$|\mathrm{Cov}_{m\times m}|$是大小为$m$的协方差矩阵的子阵的行列式，此处$m$选为3，目的是匹配和实现RGB系统的彩色显示。同样的道理，一个有6个波段的图像数据的协方差阵，也有20种的组合方案。为进行SI计算，仍选用平泉县大窝铺窗口的TM数据，由其生成的6个波段的协方差阵列表（表6.1.2）分列于下。现分别计算20种组合中的每一个3×3子阵的行列式值，并与上面计算的同一窗口区的OIF值一并列成表6.1.3。SI取最大值的可优先用于影像的彩色显示。并且，表中SI_n和OIF_n分别是SI和OIF的归一化值。表6.1.3同时列出了美国北卡州的查尔斯顿窗口区OIF值，以资相互比较。

表6.1.2　平泉县大窝铺窗口（512×512）TM图像协方差阵

Cov.	1	2	3	4	5	7
1	41.23	28.94	46.28	11.73	95.74	58.11
2	28.94	26.44	42.87	18.77	88.45	50.77
3	46.28	42.87	74.72	6.37	136.6	84.56
4	11.73	18.77	6.37	283.5	182.5	40.23

续表

Cov.	1	2	3	4	5	7
5	95.74	88.45	136.6	182.5	416.7	200.8
7	58.11	50.77	84.56	40.23	200.8	114.7

从表 6.1.3 中可以看到，不管是使用国内数据还是国外数据，是采用 OIF 指数还是 SI 指数进行最佳显示的波段组合选择，所得结论还是相当一致的：排在前三位的最佳组合，无例外的都是由 TM 的第 3、4、5 波段或 1、4、5 波段组合；最差的组合则是由 TM 的 1、2、3 波段或 TM1、2、7 波段组合，这既符合理性原则，也与人们的常识或习惯相一致。如果考察前 6 位的组合情况，TM 的第 4、第 5 波段仍然是必备成分。但是，最令人费解，也是最出乎意外的是 TM 的 2、3、4 波段的组合排序竟排到了第 16 位，最好的情况也仅在第 9 位，这似与人们的习惯认识相悖。最佳波段组合的评价指数理念虽好，但不能神化，仅供参考。人们在进行图像彩色显示和应用时，还得要看自己的视觉偏好和常识、习惯来进行选择。

表 6.1.3　平泉县大窝铺窗口（512×512）TM 图像 OIF 与 SI 比较表

优序	平泉县大窝铺窗口区						美查尔斯顿窗口区*		
	波段组合	SI	SI_n	波段组合	OIF	OIF_n	波段组合	OIF	OIF_n
1	3，4，5	1349071	1.0000	3，4，5	575.247	1.0000	1，4，5	27.137	1.000
2	1，4，5	1251435	0.9276	1，4，5	541.540	0.9414	2，4，5	23.549	0.8678
3	1，4，7	355722	0.2637	4，5，7	487.333	0.8472	3，4，5	22.599	0.8328
4	1，3，4	255356	0.1893	2，4，5	457.255	0.7949	1，5，7	20.785	0.7659
5	1，3，5	147505	0.1093	3，4，7	401.080	0.6972	1，4，7	20.460	0.7540
6	2，4，7	122486	0.0908	1，3，4	386.286	0.6715	4，5，7	20.100	0.7407
7	1，5，7	84012	0.0623	1，4，7	373.625	0.6495	1，3，5	19.009	0.7005
8	3，5，7	77540	0.0575	1，2，4	316.342	0.6282	1，2，5	18.657	0.6875
9	1，2，4	66191	0.0491	2，3，4	314.497	0.5467	1，3，4	18.241	0.6722
10	4，5，7	57305	0.0425	2，4，7	311.971	0.5423	2，5，7	18.164	0.6693
11	2，4，5	48266	0.0358	3，5，7	232.742	0.4046	2，3，5	17.920	0.6604
12	3，4，7	32032	0.0237	1，3，5	232.221	0.4037	3，5，7	17.840	0.6574
13	1，2，3	30781	0.0228	1，5，7	229.671	0.3993	1，2，4	17.682	0.6516
14	1，2，5	30485	0.0226	2，5，7	207.971	0.3615	2，4，7	17.372	0.6402
15	2，5，7	29635	0.0220	1，2，5	205.357	0.3570	3，4，7	17.141	0.6316
16	2，3，4	21909	0.0162	2，3，5	200.782	0.3490	2，3，4	15.492	0.5709
17	2，3，5	15415	0.0114	1，3，7	87.323	0.1518	1，3，7	12.271	0.4522
18	1，3，7	15385	0.0114	2，3，7	77.110	0.1340	1，2，7	11.615	0.4280
19	1，2，7	4177	0.0003	1，2，7	71.422	0.1242	2，3，7	10.387	0.3828
20	2，3，7	2238	0.0002	1，2，3	54.074	0.0940	1，2，3	8.428	0.3106

注：* 表示美国南卡罗来纳州查尔斯顿 TM 窗口（512×512）的 OIF 波段组合。

资料来源：Jensen et al.，2000

6.2 图像的代数运算增强与植被指数

6.2.1 图像的代数运算增强

图像的代数运算增强是指，对输入的同一地区的多波段图像像元逐一进行四则运算，从而得到其和、差、积、商的图像，以达到某种图像增强的效果。在作图像的代数运算前，待处理的各波段图像应先做噪声消除、大气影响纠正和几何精纠正处理，如涉及的是不同季节成像的图像，还应做太阳高度角纠正。在图像的代数运算处理中，以图像相减和相除的运算较为多用。

6.2.1.1 图像相减运算

图像减法运算产生差值图像 $\Delta\rho(x, y)=\rho_k(x, y)-\rho_j(x, y)$，即第 k 波段图像与第 j 波段图像的相应像元反射率值逐一相减，获得像元反射率的差值图像。一般来讲，参与减法运算的图像多是两个不同时间获取的同一地区图像，用以检测地表所发生的变化。要检测某段时间（如 10 年以来）某城市的城市扩展与土地利用变化，就可选用该时间段的两期遥感图像来进行，并要求两期图像的成像日期要相近。这样做出来的结果才是最有效、最客观的。同样，差值图像还被用来圈定一场洪水的淹没范围和评估损失，森林火灾迹地圈定和损失评估以及诸如森林松毛虫灾害的调查、军事伪装的侦测和识别等。

图像相减运算，其差值就会有正有负，如果为负值，应作适当调整，以与图像显示系统的动态范围相一致，最好使差值为零的部位处在显示的动态范围（如 0 ~ 255）的中部（如 128）。

严格地讲，差值图像应该是基于多波段图像的反射率图像来进行减法运算获得，这是因为图像亮度函数 $f(x, y)=I(x, y)\cdot R(x, y)$，即 $f(x, y)$ 是太阳入射辐射 $I(x, y)$ 和地表反射率 $R(x, y)$ 之积，而在一幅图像（如 TM 图像）范围里，$I(x, y)$ 是处处均匀一致的，地表的物质因地方不同而发生变化，使反照率不同；土地利用方式引起的变化，洪水泛滥引起的变化，火灾引起的变化，其本质都是反照率在变化。对于同一地方，如反照率发生变化，可能是土地覆盖方式的变化或目标本身性质发生改变（如土壤含水量的增减），因而在做图像减法运算之前，应在可见光、近红外波段把像元亮度值反演为半球反照率，在热红外波段把亮温反演为发射率。

6.2.1.2 图像相除运算

多波段图像对应像元亮度值逐一两两相除，便得到比值图像。从应用角度看，选择出合适的比值图像是关键，选择正确，才能获得预期效果。正如上面所述，像元的亮度值在本质上是太阳的辐照度与像元的反射率的乘积，像元比值处理的应用就是对众像元均匀一致的辐照度进行剥离，以彰显地物的本质差异，使一些在单波段图像中容易产生混淆的地物在比值图像上变得容易区分，比值处理还可以部分地消除地形阴影的影响。

由多波段遥感图像可以产生众多的比值图像，如何从中遴选出一些有效的比值图像或其组合图像仍是需要探索的问题。无疑，上面提到的 OIF 指数和 SI 指数应该是可以借鉴的概念，因为它们都是以波谱的统计特征为依据的。

从植被制图上考虑，正确区分植被覆盖区与裸岩、裸土的范围是首要问题。在山区，再加以季节和纬度的影响，山体普遍存在阴影区，给植被的识别带来相当的困扰。试验表明，在平泉县南五十家子窗口区，以 TM-4/TM-3、TM-3/TM-2、TM-2/TM-1 所形成的比值图像，相应地配以红、绿、蓝进行彩色合成显示，对消除山地阴影提取植被信息有极佳效果。在这个彩色比值图像上，凡是植被覆盖区一律显示为各种不同的红色调，而裸岩、裸土、道路、机场、干河滩等均显示出灰蓝色至灰白色。并且，在这种彩色合成比值图像上，即使是山地阴影里，只要有植被存在，都醒目地表现出红色调。比值图像之所以能消除阴影的影响，其作用完全在于它能降低不同坡向上太阳辐照水平上的差异。

6.2.2 植被指数

量纲为 1 的植被指数Ⅵ可以看作是图像代数运算（比值运算）中的一组特例，起初，通常它是由传感器的红光通道的探测数据与近红外通道探测数据（两通道的反射率因子的测量值）或它们的组合所构成的商来定义的，用它来反映植被的生命力、长势、分布以及植物生长周期变化和受到环境（如水分）胁迫的情况，并成为用以评估植被生产力和表征其他生物物理参数的（叶面积指数 LAI、植被覆盖度、净初级生产力 NPP、光合有效辐射吸收比例 FPAR 等）一种简洁而有效的工具。特别是，某些经过精心构造的植被指数可以消除（或称归一化掉）太阳高度角、方位角和大气的影响，以及消除地形坡度、坡向和土壤性质差异的影响。但是要正确使用和理解植被指数，还必须了解其深刻的生理学上的依据。

6.2.2.1 植被指数的生理学根据

植物的活细胞分化成各种细胞器，叶绿体就是专门进行光合作用的细胞器。植物大部分叶绿体存在于叶片的栅栏组织的细胞质中，并贴近细胞膜的周围。在栅栏细胞中，叶绿体几乎排列成连续不断的一层。所有的叶绿体都含有叶绿素。植物在光合作用中能吸收光能的色素，主要是叶绿素类、类胡萝卜素类和藻胆素类，合称为光合色素，它们成为在可见光波段控制叶面反射的主导因素。叶绿素的数量反映植物的长势，它随植物机体的年龄、发育状况、矿物营养和季节而变化。叶绿素有 10 多种，主要的是叶绿素 a（Chl-a）和叶绿素 b（Chl-b），都是生物大分子，占植物干重的 0.6% ~1.2%，Chl-a 与 Chl-b 的分子比率一般在 3∶1 左右。

Chl-a 与 Chl-b 在蓝光区与红光区各有 1 个吸收峰，Chl-a 的两个吸收峰峰值波长为 428.5nm 和 660.5nm，Chl-b 的两个吸收峰峰值波长为 452.5nm 和 642.0nm。正因为如此，它们各被选作卫星遥感传感器的蓝光通道（0.45 ~0.52μm，如 Landsat TM-1）和红光通道（0.63 ~0.69μm，如 Landsat TM-4）。

在高等植物细胞的叶绿体中也都含有类胡萝卜素（也有 10 多种），它是由 40 个碳原子组成的类异戊二烯化合物，它们吸收的光能可传递给叶绿素，扩大了植物叶片捕获光的能力和范围。β-胡萝卜素在蓝光范围有一很宽的由两峰相连的吸收峰区，它的两个吸收峰分别位于450和480nm。在高等植物的叶绿体中，主要的类胡萝卜素是β-胡萝卜素。叶绿体中类胡萝卜素的另一种功能是通过抗有氧的光氧化作用在强光下保护叶绿素。

在光谱的可见光区（0.35～0.76μm），光子的能量是很高的。在可见光照射下，光合色素原子的外层电子会产生向高能级的跃迁，处于激发状态，为进行光合作用作准备。在可见光区，植物叶片的光的吸收率高达60%～85%，而对光的透射和反射均不超过20%。而在光谱的近红外区（0.76～1.35μm），健康的植物叶片对近红外辐射的吸收率低至5%～10%，其透射率和反射率反而升高到近50%。近红外辐射的能量与可见光光子能量相比已降低许多，不可能造成光合色素的原子的外层电子跃迁，反而会引起光合色素分子的热振动，从而造成蛋白质不可逆的变性。为了避免这种情况发生，植物在进化过程中做了上述降低吸收能量适应性的改变。这种适应性改变是通过海绵状叶肉细胞组织控制叶片的反射与透射来实现的。近红外区叶片的高反射（40%～60%）与高透过（60%～40%）特性，造成由多层叶片组成的植被冠层有很高的反射率（大于60%）。植被冠层在近红外反射光谱特性的变化可能是由季节变化引起的叶片衰老或受到环境胁迫造成的。

研究表明，植被冠层对近红外辐射的反射光谱响应与植被的各种生物量测度间表现为正变关系，而对红光的反射光谱响应与生物量的测度间表现为反变关系，这种关系导致了许多遥感植被指数和生物量估算方法都利用了它们与植被在红光和近红外辐射反射率间的这种正/反变关系，并且多以商的形式来表达。以商的形式表达的作用是可以消除某些乘性干扰因子的影响。

6.2.2.2 植被指数及其主要应用评述

经典的植被指数（简单比值SR与归一化差值植被指数NDVI）在环境遥感中是一个重要的创造性概念，自其产生至今近40年仍在发挥其作用，如现行的MODIS数据产品中，仍将其作为系列产品之一，而USGS则据其生成了全球的土地覆盖与土地利用图，在中国，NOAA-AVHRR像元尺度的一千米分辨率的净初级生产力制图也是根据1993～1994年连续的12个月的NDVI数据应用光合效率模型生成的（孙睿和朱启疆，2000）。当然，经典的植被指数在应用过程中不断地显露其缺陷与不足，表现了诸多的不确定性，究其原因仍在于，一是忽略了植被下垫面土壤背景的影响；二是没考虑如何进一步消除大气的分子散射与臭氧的吸收作用等。除了城市和水体，一个卫星遥感像元，最简单的处置方式，就是把它看成一个二元结构的植被–土壤系统。一个像元里，除了植被，就是土壤了，只是所占份额多少而已。一个个像元的遥感信号正是由植被信号与土壤信号叠加而成，另外，还有大气的作用，这些非植被信号都是加性的，而且不可能由信号相除而消除。因而后来就有一系列的土壤阻抗或叫土壤调整的植被指数以及土壤和大气阻抗植被指数的诞生。另一方面，经典的植被指数最初是根据NOAA-AVHRR的红光通道与近红外通道的传感器数据来构造的，以后则随着像陆地卫星MSS-TM数据、中分辨率成像光谱仪（MODIS）数据和高光谱（AVIRIS）遥感数据的产生，因而也就又出现了基于MODIS数据、AVIRIS数据的植被指数出现，由于光谱被细分，这些新的植被指数也随之更加精准。

至于如何构造一个新的植被指数，主要还是由应用目标来决定的。下面叙述的各种植被指数都是基于 TM 和 AVHRR 数据构建的，主要掌握其基本思想，便不难将它推广到 MODIS 或 AVIRIS 数据，而且效果会更好。

（1）基于 NOAA-AVHRR 和 Landsat-MSS 数据构造的经典植被指数

由 AVHRR 的近红外波段反射测量值$AVHRR_2$（0.725～1.10μm）与可见光波段反射测量值$AVHRR_1$（0.580～0.68μm）可构建简单比值 SR$\left(\frac{AVHRR_2}{AVHRR_1}\right)$和归一化差值植被指数 $NDVI=\frac{AVHRR_2-AVHRR_1}{AVHRR_2+AVHRR_1}\left(或\frac{R_{nir}-R_r}{R_{nir}+R_r}\right)$。以比值形式表达的归一化植被指数可以降低多时相影像中存在的乘性噪声，适于对全球植被和农作物的生长情况、荒漠化和地表干旱状况进行监测，并因其与一些生物物理参数（LAI、植被覆盖度、APAPR、NPP 等）有相当程度的相关关系，还可产生出全球的 LAI、land-cover、NPP、APAR 专题图并盛极一时。但是，由于影响光谱反射的因子众多，AVHRR 数据的不确定性以及当 LAI 升高（3 以上）而造成的信号饱和，也限制了 NDVI 的应用前景，并逐渐被一些由后来出现的波段划分更细、测量更精准的遥感数据所构造的性能更好的专业化的植被指数取代。简单比值植被指数一直较少使用。

（2）基于多光谱（Landsat-TM/ETM）和成像光谱（MODIS 和 AVIRIS）的改进的功能性植被指数

除了裸岩（包括裸土）、水和冰雪覆盖的地表，传感器视场面对的是一个非朗伯的复杂的植被-土壤系统，传感器所获取的信号是植被冠层反射和土壤背景反射信号的叠加。要突出植被信息，就需寻找某种形式的植被指数能够最大限度地去抑制土壤背景的信号。此外，传感器信号还包含了大气效应，即大气分子散射、臭氧和气溶胶的作用，也需寻找某种形式的植被指数表达式来消除大气的这种加性的干扰。

A. 土壤调整植被指数（SAVI）

在由红波段探测信号R_r 和近红外探测信号R_{nir}构成的二维坐标系中，由坐标原点 O 辐散出的射线族称土壤线，也即简单比值植被指数 SR，OA 即为其一（图6.2.1）。特定的土壤都拥有自己特定的射线。等叶面积指数线（即 LAI 等值线）只当 LAI→∞ 时，才会与土壤线平行，一般情况下，必与土壤线的延长线在某处相交，如与等 LAI 线 BCD 交于 D 点（$-L_1$，L_2）。将坐标原点平移至 D 点，则新坐标应为（$R_{nir}+L_1$）和（R_r+L_2）。根据 NDVI 的定义方式，有

$$SAVI=\frac{(R_{nir}+L_1)-(R_r+L_2)}{(R_{nir}+L_1)+(R_r+L_2)} \tag{6.2.1}$$

如设$L_1=L_2$，$L=L_1+L_2$，则有

$$SAVI=\frac{R_{nir}-R_r}{R_{nir}+R_r+L} \tag{6.2.2}$$

实际上应用的 SAVI 形式是将上式再乘上因子（$1+L$），即得

$$SAVI=\frac{(R_{nir}-R_r)(1+L)}{R_{nir}+R_r+L} \tag{6.2.3}$$

作这种变化的目的，是使其动态变化范围与 NDVI 保持一致。式中 L 称作植被冠层背景调整因子（或称土壤背景调整因子），当LAI较小时，$L=1$；中等大小的 LAI 时，$L=0.5$；植被覆盖度高时（LAI 也大），$L=0.25$。使用 SAVI 可使土壤噪声（影响）降至最低，或叫做对土壤的辐射亮度的响应变得不敏感。可以想象，按照 SR 定义，有$\mathrm{SAVI}_0=\dfrac{R_{\mathrm{nir}}+L_1}{R_r+L_2}$，姑且将其也叫土壤调整植被指数（$\mathrm{SAVI}_0$），只是这个$\mathrm{SAVI}_0$，极少应用。

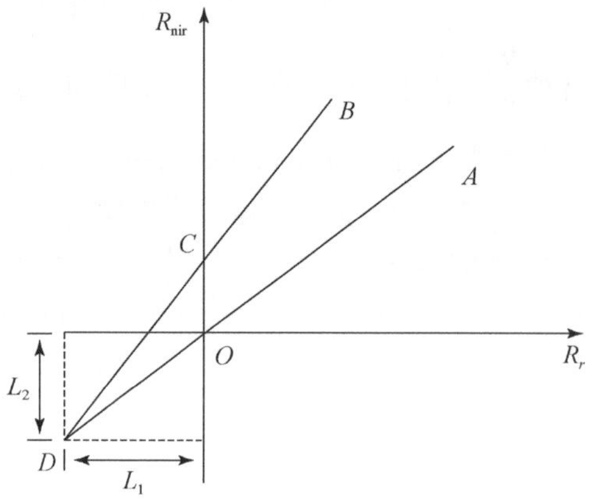

图 6.2.1　土壤调整植被指数示意图

B. 抗大气干扰植被指数（ARVI）

在构建具体的 ARVI 模型之前，要对参与建模的卫星遥感蓝波段R_b、红波段R_r 和近红外波段R_{nir}观测数据分别进行大气分子散射和臭氧吸收订正，以获得相应的订正项R_b^*、R_r^*和R_{nir}^*，再按照 NDVI 定义，通过归一化已订正的蓝光R_b^*、红光R_r^* 和近红外R_{nir}^*辐射数据，来减少大气作用的效果，从而得到抗大气干扰植被指数

$$\mathrm{ARVI}=\frac{R_{\mathrm{nir}}^*-R_{rb}^*}{R_{\mathrm{nir}}^*+R_{rb}^*} \tag{6.2.4}$$

式中

$$R_{rb}^*=R_r^*-\gamma(R_b^*-R_{\mathrm{nir}}^*) \tag{6.2.5}$$

如果不知道气溶胶的具体类型，γ 通常取值为 1.0，以最小化大气效应。

C. 土壤和抗大气干扰植被指数（SARVI）

既然 ARVI 有抗大气干扰的能力（而对抗土壤背景影响能力却很低），SAVI 则具有抗土壤背景噪声的能力（却不具抗大气干扰的能力），一个合理的想法是，结合 ARVI 和 SAVI 两者各自优势，构成一个新的指数，这就是土壤和抗大气干扰植被指数

$$\mathrm{SARVI}=\frac{R_{\mathrm{nir}}^*-R_{rb}^*}{R_{\mathrm{nir}}^*+R_{rb}^*+L} \tag{6.2.6}$$

式中，L 意义同前，称为植被冠层调整因子。

SARVI 与叶面积指数 LAI 间的关系很稳定，可用于推求像元的 LAI 值。如果要获取植被覆盖度信息，则可借助于可见光抗大气干扰植被指数。

D. 可见光抗大气干扰植被指数（VARI）

要构建 VARI 指数，需要运用卫星观测的红、绿、蓝三个波段数据，可见光抗大气干扰植被指数 VARI 表达式为

$$\mathrm{VARI}=\frac{R_g-R_r}{R_g+R_r-R_b} \tag{6.2.7}$$

VARI 能有效地消除大气的干扰，对植被覆盖度估算精度可满足应用需要。

当植物受到季节变化或环境胁迫时，叶绿素的吸收作用会下降，从而引起反射率的增加。农学家的兴趣自然会集中到对作物的叶绿素状况的监测。植物叶片的光谱反射最敏感的谱段是在 535 ~640nm 和 685 ~700nm，作物受胁迫时，其透射率曲线会向波长更短的方向移动，700nm 附近的反射增加是这种谱线移动的标志。因此，选取叶绿素 a 的两个最小吸收波段的中心波长 550nm 和 700nm，与叶绿素 a 的第二个吸收峰的中心波长 670nm，便可构建一个对叶绿素含量敏感的植被指数。

E. 叶绿素转移吸收的反射指数（TCARI）

$$\mathrm{TCARI}=3\left[(R_{700}-R_{670})-0.2(R_{700}-R_{550})\frac{R_{700}}{R_{670}}\right] \tag{6.2.8}$$

遗憾的是，这种模型结构对土壤背景的反射相当敏感。解决之道是再构造一个类似于土壤调整植被指数的模型，称之为优化的土壤调整植被指数（OSARI）

$$\mathrm{OSARI}=\frac{(R_{800}-R_{670})(1+0.16)}{R_{800}+R_{670}+0.16} \tag{6.2.9}$$

将式（6.2.9）与式（6.2.10）以比值形式则构成一个对叶绿素含量变化敏感的监测指数。

F. 叶绿素含量监测指数（CCMI）

$$\mathrm{CCMI}=\frac{\mathrm{TCARI}}{\mathrm{OSARI}}=\frac{R_{800}+R_{670}+0.16}{(R_{800}-R_{670})(1+0.16)}\cdot\left[(R_{700}-R_{670})-0.2(R_{700}-R_{550})\frac{R_{700}}{R_{670}}\right] \tag{6.2.10}$$

CCMI 与植被的叶绿素含量有很强的相关性，可用它来推求植物的叶绿素含量。

G. 加强植被指数（EVI）

地球表层是一个整体，地球表层系统的研究人员为了研究全球变化，更关心寻求这样一种植被指数，它不仅适用于全球，而且在时间上具有可比性。并且，它还是一个对土壤背景影响不敏感，也是对大气分子和气溶胶散射也不敏感的指标，唯独对高生物量地区的植被提高了敏感性，这就是 MODIS 陆地学科组提出的加强植被指数 EVI。

$$\mathrm{EVI}=G\cdot\frac{(R_{\mathrm{nir}}^{*}-R_r^{*})\cdot(1+L)}{R_{\mathrm{nir}}^{*}+C_1R_r^{*}-C_2R_b^{*}+L} \tag{6.2.11}$$

与前面讨论过的 SAVI 相比，结构上相似，但多了三个调整系数 G、C_1、C_2 和一个蓝波段反射率因子测量项R_b^{*}，G 称为增益（放大）系数，规定为 2.5，C_1、C_2 和 L 的经验值分别为 6.0、7.5 和 1.0。EVI 算法是通过分离背景信号和增加蓝光波段来消除红光波段的大气气溶胶散射的影响，来增强高生物量区探测的敏感性，从而提高对全球植被的监测能力。

H. 全球环境监测指数（GEMI）

另一个要推介的适用于全球尺度并可用于长时间序列比较的指数，它被称为全球环境监测指数 GEMI

$$\mathrm{GEMI}=\eta(1-0.25\eta)-\frac{R_r-0.125}{1-R_r} \tag{6.2.12}$$

式中

$$\eta=\frac{2(R_{\mathrm{nir}}^2-R_r^2)+1.5R_{\mathrm{nir}}+0.5R_r}{R_{\mathrm{nir}}+R_r+0.5} \tag{6.2.13}$$

6.3 图像的主成分变换与增强

卫星传感器对地观测可看作是一次次随机试验，其观测结果数据，即像元的一组多波段有序观测值便构成一随机向量。一个地区的各单波段图像总体看来都很相像，存在太多的信息冗余。Hotelling（1933）给出一个可以去掉随机向量中各像元间相关性的线性变换。后来 Karhunen（1947）和 Loeve（1948）又提出了专门针对连续信号的一个类似变换，并进一步发展成为后来用于离散图像的变换方法，即我们将要讨论的 K-L 变换，有时还称作 Hotelling 变换、主成分分析（PCA），它是一种基于图像统计特征，即各波段数据的协方差矩阵的变换。为了简单和直观，选择陆地卫星 TM 的第 1 和第 2 波段图像数据作像元亮度值的散点图（图 6.3.1），毫无例外，都呈椭圆分布。设想，将 TM-1 轴旋转 θ 角度至与椭圆长轴重合，TM-2 轴与椭圆短轴重合并相交于椭圆中心（μ_1，μ_2），即新坐标系原点，μ_1、μ_2 是该两波段的亮度均值。通过旋转，方差分布也随之发生转移，即更集中到新的分量 PC_1 上。方差即信息，PC_1 包含了更多的信息。在这一新坐标系中，两个新分量互相独立，产生了去相关的效果，实现了协方差阵的对角化（图 6.3.2）。坐标轴的旋转和位移也是一种变换，在此，它们的表达式为

$$\begin{bmatrix}PC_1\\PC_2\end{bmatrix}=\begin{bmatrix}\cos\theta+\sin\theta\\-\sin\theta+\cos\theta\end{bmatrix}\cdot\begin{bmatrix}x_1-\mu_1\\x_2-\mu_2\end{bmatrix} \tag{6.3.1}$$

式中，x_1、x_2 为 TM 第 1 和第 2 波段值。

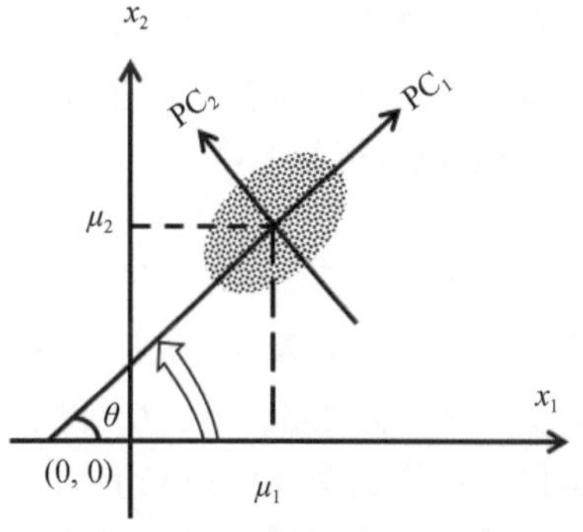

图 6.3.1　陆地卫星 TM 的第一和第二波段像元亮度散点图

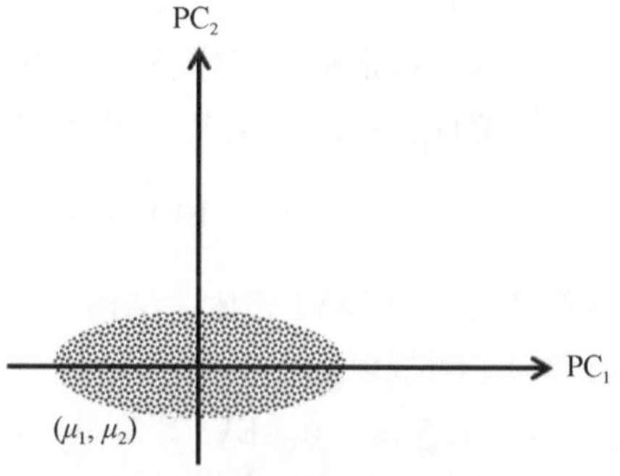

图 6.3.2　陆地卫星 TM 的第一和第二波段像元亮度旋转后的散点图

6.3.1 协方差与协方差矩阵

众所周知，描述单变量数据的离均程度用方差（σ^2）来表示，其大小与离差平方和有关；而要描述两个变量数据对于其均值（μ）的关联变化情况，或者叫协同变化程度，则用协方差（COV）这个概念，其大小则和两离均差的乘积和有关。离均差乘积和被（$n-1$）相除，可得协方差的无偏估计

$$\mathrm{COV}_{kl}=\frac{1}{n-1}\sum_{i=1}^{n}(x_{ik}-\mu_k)(x_{il}-\mu_l) \tag{6.3.2}$$

式中，μ_k 和μ_l分别是第 k 波段和 l 波段的亮度值的均值，n 为参与统计的像元数。

如果 k 和 l 是同一波段，则得到方差的无偏估计

$$\sigma^2=\frac{1}{n-1}\sum(x_{ik}-\mu_k)^2 \tag{6.3.3}$$

选取陆地卫星 TM 的第 1、2、3、4、5 和 7 波段（TM-6 为热红外波段，因分辨率不同而未选）的连续一行（或一列）6 个像元的亮度值，来研究如何计算σ^2 和 COV 值，并用其构造方差-协方差矩阵。表 6.3.1 是 6 个波段光谱数据基本统计量表。

针对 6 个波段亮度数据的所有可能的两两组合来分别计算方差σ^2 和协方差COV_{kl}，并按波段顺序排列，便得方差-协方差矩阵（表 6.3.2）。有了协方差矩阵，并以此为基础，我们便可讨论如何推算 K-L 变换的核矩阵了。

表 6.3.1　TM 6 个波段光谱数据基本统计量表

(i, j)	TM-1（x_1）	TM-2（x_2）	TM-3（x_3）	TM-4（x_4）	TM-5（x_5）	TM-7（x_7）
(1, j)	x_{111}	x_{112}	x_{113}	x_{114}	x_{115}	x_{117}
(2, j)	x_{211}	x_{212}	x_{213}	x_{214}	x_{215}	x_{217}
(3, j)	x_{311}	x_{312}	x_{313}	x_{314}	x_{315}	x_{317}
(4, j)	x_{411}	x_{412}	x_{413}	x_{414}	x_{415}	x_{417}
(5, j)	x_{511}	x_{512}	x_{513}	x_{514}	x_{515}	x_{517}
(6, j)	x_{611}	x_{612}	x_{613}	x_{614}	x_{615}	x_{617}
求和 $\sum$	$\sum x_{1ij}$	$\sum x_{2ij}$	$\sum x_{3ij}$	$\sum x_{4ij}$	$\sum x_{5ij}$	$\sum x_{7ij}$
均值（μ）	μ_1	μ_2	μ_3	μ_4	μ_5	μ_7
方差（σ^2）	${\sigma_1}^2$	${\sigma_2}^2$	${\sigma_3}^2$	${\sigma_4}^2$	${\sigma_5}^2$	${\sigma_7}^2$

表 6.3.2　TM 6 个波段的 6×6 协方差矩阵

项目	TM-1/x_1	TM-2/x_2	TM-3/x_3	TM-4/x_4	TM-5/x_5	TM-7/x_7
TM-1	${\sigma_{11}}^2$	COV_{12}	COV_{13}	COV_{14}	COV_{15}	COV_{17}
TM-2	COV_{21}	${\sigma_{22}}^2$	COV_{23}	COV_{24}	COV_{25}	COV_{27}

续表

项目	TM-1/x_1	TM-2/x_2	TM-3/x_3	TM-4/x_4	TM-5/x_5	TM-7/x_7
TM-3	COV_{31}	COV_{32}	${\sigma_{33}}^2$	COV_{34}	COV_{35}	COV_{37}
TM-4	COV_{41}	COV_{42}	COV_{43}	${\sigma_{44}}^2$	COV_{45}	COV_{47}
TM-5	COV_{51}	COV_{52}	COV_{53}	COV_{54}	${\sigma_{55}}^2$	COV_{57}
TM-7	COV_{71}	COV_{72}	COV_{73}	COV_{74}	COV_{75}	${\sigma_{77}}^2$

计算矩阵的特征值和特征向量要求矩阵必须是方阵，因此基于TM图像的像元波谱向量的协方差阵当然也只能为方阵，表6.3.2正是按这一要求进行构建的。不言而喻，这种情况一次只能处理一列（或一行）6个像元。对于一幅TM图像，哪怕仅取其一个256×256像元窗口，也得进行上万批次的、每次处理6列（或6行）的协方差阵的计算。因此，对一幅处理中的图像而言，它的整体的协方差阵的元素取值只能是这些上万个的相应元素的取值的平均值，即取期望值，有

$$\mathrm{COV}_x=\begin{bmatrix} E(x_1-\mu_1)^2 & E(x_1-\mu_1)(x_2-\mu_2) & E(x_1-\mu_1)(x_3-\mu_3) & E(x_1-\mu_1)(x_4-\mu_4) & E(x_1-\mu_1)(x_5-\mu_5) & E(x_1-\mu_1)(x_7-\mu_7) \\ E(x_2-\mu_2)(x_1-\mu_1) & E(x_2-\mu_2)^2 & E(x_2-\mu_2)(x_3-\mu_3) & E(x_2-\mu_2)(x_4-\mu_4) & E(x_2-\mu_2)(x_5-\mu_5) & E(x_2-\mu_2)(x_7-\mu_7) \\ E(x_3-\mu_3)(x_1-\mu_1) & E(x_3-\mu_3)(x_2-\mu_2) & E(x_3-\mu_3)^2 & E(x_3-\mu_3)(x_4-\mu_4) & E(x_3-\mu_3)(x_5-\mu_5) & E(x_3-\mu_3)(x_7-\mu_7) \\ E(x_4-\mu_4)(x_1-\mu_1) & E(x_4-\mu_4)(x_2-\mu_2) & E(x_4-\mu_4)(x_3-\mu_3) & E(x_4-\mu_4)^2 & E(x_4-\mu_4)(x_5-\mu_5) & E(x_4-\mu_4)(x_7-\mu_7) \\ E(x_5-\mu_5)(x_1-\mu_1) & E(x_5-\mu_5)(x_2-\mu_2) & E(x_5-\mu_5)(x_3-\mu_3) & E(x_5-\mu_5)(x_4-\mu_4) & E(x_5-\mu_5)^2 & E(x_5-\mu_5)(x_7-\mu_7) \\ E(x_7-\mu_7)(x_1-\mu_1) & E(x_7-\mu_7)(x_2-\mu_2) & E(x_7-\mu_7)(x_3-\mu_3) & E(x_7-\mu_7)(x_4-\mu_4) & E(x_7-\mu_7)(x_5-\mu_5) & E(x_7-\mu_7)^2 \end{bmatrix} \tag{6.3.4}$$

若将COV_x简记为C_x，上式也可记作

$$C_x=\begin{bmatrix} \sigma_{11}^2 & \sigma_{12}^2 & \sigma_{13}^2 & \sigma_{14}^2 & \sigma_{15}^2 & \sigma_{17}^2 \\ \sigma_{21}^2 & \sigma_{22}^2 & \sigma_{23}^2 & \sigma_{24}^2 & \sigma_{25}^2 & \sigma_{27}^2 \\ \sigma_{31}^2 & \sigma_{32}^2 & \sigma_{33}^2 & \sigma_{34}^2 & \sigma_{35}^2 & \sigma_{37}^2 \\ \sigma_{41}^2 & \sigma_{42}^2 & \sigma_{43}^2 & \sigma_{44}^2 & \sigma_{45}^2 & \sigma_{47}^2 \\ \sigma_{51}^2 & \sigma_{52}^2 & \sigma_{53}^2 & \sigma_{54}^2 & \sigma_{55}^2 & \sigma_{57}^2 \\ \sigma_{71}^2 & \sigma_{72}^2 & \sigma_{73}^2 & \sigma_{74}^2 & \sigma_{75}^2 & \sigma_{77}^2 \end{bmatrix} \tag{6.3.5}$$

6.3.2 矩阵的特征值与特征向量

计算矩阵的特征值和特征向量要求矩阵必须是方阵，协方差矩阵是个方阵，它为我们计算特征值和特征向量提供了基础。

考虑有一 n 级协方差矩阵C_x，如果数λ_0 和一个非零列向量 K，使得

$$C_xK=\lambda_0K \tag{6.3.6}$$

成立，就称λ_0 是方阵C_x的一个特征值，而 K 就是C_x的对应于特征值λ_0 的特征向量。$C_xK=\lambda_0K$ 也可写作

$$(\lambda_0-C_xI)K=0 \tag{6.3.7}$$

也即

$$\begin{cases}(\lambda_0-a_{11})k_1-a_{12}k_2-\cdots-a_{1n}k_n=0\\-a_{21}k_1+(\lambda_0-a_{22})k_2-\cdots-a_{2n}k_n=0\\\quad\cdots\cdots\\-a_{n1}k_1-a_{n2}k_2-\cdots+(\lambda_0-a_{nn})k_n=0\end{cases}$$

它被称为C_x的特征方程，是个有 n 个未知数 n 个方程的齐次线性方程组，I 为单位矩阵。若该齐次线性方程组的系数行列式$|\lambda_0I-C_x|=0$，即

$$\begin{vmatrix}\lambda-a_{11} & -a_{12} & -a_{13} & \cdots & -a_{1n}\\-a_{21} & \lambda-a_{22} & -a_{23} & \cdots & -a_{2n}\\\cdots & \cdots & \cdots & \cdots & \cdots\\-a_{n1} & -a_{n2} & -a_{n3} & \cdots & \lambda-a_{nn}\end{vmatrix}=0 \tag{6.3.8}$$

则该特征方程有非零解。$|\lambda_0I-C_x|$是 λ 的 n 次多项式，记作 $f(\lambda)$，并称作C_x的特征多项式。

总之，如果λ_0 是方阵C_x的一个特征值，那么λ_0 一定是C_x的特征多项式的一个根，表明齐次线性方程组就应有非零解，而方程组的每一个非零解都是方阵C_x的属于λ_0 的特征向量。这样，求方阵C_x的特征值和特征向量的方法与步骤是：

1）计算方阵 A 的特征多项式 $f(x)=|\lambda I-C_x|$，求出 $f(x)$ 在数域 P 中的全部根，即C_x的全部特征值；

2）将每一个特征值λ_0 代进齐次线性方程组，求出齐次线性方程组的非零解，即获得属于λ_0 的特征向量。

现针对选取的陆地卫星 TM 的 6 个波段波谱向量的协方差矩阵具体情况，将特征方程 $C_xK=\lambda_0K$ 具体化为

$$\begin{bmatrix} \sigma_{11}^2 & \sigma_{12}^2 & \sigma_{13}^2 & \sigma_{14}^2 & \sigma_{15}^2 & \sigma_{16}^2 \\ \sigma_{21}^2 & \sigma_{22}^2 & \sigma_{23}^2 & \sigma_{24}^2 & \sigma_{25}^2 & \sigma_{26}^2 \\ \sigma_{31}^2 & \sigma_{32}^2 & \sigma_{33}^2 & \sigma_{34}^2 & \sigma_{35}^2 & \sigma_{36}^2 \\ \sigma_{41}^2 & \sigma_{42}^2 & \sigma_{43}^2 & \sigma_{44}^2 & \sigma_{45}^2 & \sigma_{46}^2 \\ \sigma_{51}^2 & \sigma_{52}^2 & \sigma_{53}^2 & \sigma_{54}^2 & \sigma_{55}^2 & \sigma_{56}^2 \\ \sigma_{61}^2 & \sigma_{62}^2 & \sigma_{63}^2 & \sigma_{64}^2 & \sigma_{65}^2 & \sigma_{66}^2 \end{bmatrix} \begin{bmatrix} k_1 \\ k_2 \\ k_3 \\ k_4 \\ k_5 \\ k_6 \end{bmatrix} = \lambda_0 \begin{bmatrix} k_1 \\ k_2 \\ k_3 \\ k_4 \\ k_5 \\ k_6 \end{bmatrix} \tag{6.3.9}$$

注意，式（6.3.9）中的字符脚标为6者，即式（6.3.5）中的脚标7（即TM-7），直到式（6.3.13），均同此意。

对上式进一步具体运算，得下列一齐次线性方程组：

$$\begin{cases} (\sigma_{11}^2-\lambda)k_1+\sigma_{12}^2k_2+\sigma_{13}^2k_3+\sigma_{14}^2k_4+\sigma_{15}^2k_5+\sigma_{16}^2k_6=0 \\ \sigma_{21}^2k_1+(\sigma_{22}^2-\lambda)k_2+\sigma_{23}^2k_3+\sigma_{24}^2k_4+\sigma_{25}^2k_5+\sigma_{26}^2k_6=0 \\ \sigma_{31}^2k_1+\sigma_{32}^2k_2+(\sigma_{33}^2-\lambda)k_3+\sigma_{34}^2k_4+\sigma_{35}^2k_5+\sigma_{36}^2k_6=0 \\ \sigma_{41}^2k_1+\sigma_{42}^2k_2+\sigma_{43}^2k_3+(\sigma_{44}^2-\lambda)k_4+\sigma_{45}^2k_5+\sigma_{46}^2k_6=0 \\ \sigma_{51}^2k_1+\sigma_{52}^2k_2+\sigma_{53}^2k_3+\sigma_{54}^2k_4+(\sigma_{55}^2-\lambda)k_5+\sigma_{56}^2k_6=0 \\ \sigma_{61}^2k_1+\sigma_{62}^2k_2+\sigma_{63}^2k_3+\sigma_{64}^2k_4+\sigma_{65}^2k_5+(\sigma_{66}^2-\lambda)k_6=0 \end{cases} \tag{6.3.10}$$

如令方程组的系数行列式等于零，

$$\begin{bmatrix} \sigma_{11}^2-\lambda & \sigma_{12}^2 & \sigma_{13}^2 & \sigma_{14}^2 & \sigma_{15}^2 & \sigma_{16}^2 \\ \sigma_{21}^2 & \sigma_{22}^2-\lambda & \sigma_{23}^2 & \sigma_{24}^2 & \sigma_{25}^2 & \sigma_{26}^2 \\ \sigma_{31}^2 & \sigma_{32}^2 & \sigma_{33}^2-\lambda & \sigma_{34}^2 & \sigma_{35}^2 & \sigma_{36}^2 \\ \sigma_{41}^2 & \sigma_{42}^2 & \sigma_{43}^2 & \sigma_{44}^2-\lambda & \sigma_{45}^2 & \sigma_{46}^2 \\ \sigma_{51}^2 & \sigma_{52}^2 & \sigma_{53}^2 & \sigma_{54}^2 & \sigma_{55}^2-\lambda & \sigma_{56}^2 \\ \sigma_{61}^2 & \sigma_{62}^2 & \sigma_{63}^2 & \sigma_{64}^2 & \sigma_{65}^2 & \sigma_{66}^2-\lambda \end{bmatrix} = 0 \tag{6.3.11}$$

则该行列式方程有非零解，解出的6个 λ 值，就是特征值，并按大小排序 $\lambda_1>\lambda_2>\lambda_3>\lambda_4>\lambda_5>\lambda_6$。分别把各特征值代入上面方程组，求解方程组，即可获属于各该特征值 λ 的特征向量 K，并且每一特征向量对应了一个特征值

$$k_i = \begin{bmatrix} k_{i1} \\ k_{i2} \\ k_{i3} \\ k_{i4} \\ k_{i5} \\ k_{i6} \end{bmatrix} \tag{6.3.12}$$

对特征向量矩阵 K 进行转置，转置矩阵 K^{T} 就是进行图像 K-L 变换所需要的变换核矩阵，即

$$K^{\mathrm{T}}=\begin{bmatrix} k_{11} & k_{12} & k_{13} & k_{14} & k_{15} & k_{16} \\ k_{21} & k_{22} & k_{23} & k_{24} & k_{25} & k_{26} \\ k_{31} & k_{32} & k_{33} & k_{34} & k_{35} & k_{36} \\ k_{41} & k_{42} & k_{43} & k_{44} & k_{45} & k_{46} \\ k_{51} & k_{52} & k_{53} & k_{54} & k_{55} & k_{56} \\ k_{61} & k_{62} & k_{63} & k_{64} & k_{65} & k_{66} \end{bmatrix} \tag{6.3.13}$$

6.3.3 TM 图像 K-L 变换流程

根据前面的约定，所谓对 TM 遥感图像进行 K-L 变换，是指通过变换核矩阵K^{T}，对图像的波谱向量 X 进行运算，来获得一个互不相关的主分量图像 Y，即

$$Y=K^{\mathrm{T}}X \tag{6.3.14}$$

K^{T} 是图像的协方差矩阵的特征向量 K 的转置矩阵。从原始的 TM 图像亮度值数据到生成变换核矩阵，再到生成主成分图像经历了下列步骤：

第一步是从图像波段数据计算各波段（或波段间）的均值μ_i、方差σ_i^2、协方差COV_i；并用方差和协方差共同构造方差-协方差矩阵；第二步是由协方差矩阵通过特征多项式，求出各特征值λ_i；第三步是将各特征值λ_i 逐一代入特征方程，求得属各个特征值的特征向量 k_i，对各特征向量进行转置，获得转置了的特征向量矩阵K^{T}，此K^{T} 即为进行 K-L 变换的核矩阵；第四步则是根据变换公式$y=K^{\mathrm{T}}x$，对各像元逐点计算以获得最终的主成分各分量图像，并打印变换的统计报表。

6.3.4 K-L 变换的特性与主分量的景观物理意义

一般讲，对数据进行变换总是能实现的，问题是这种变换有什么作用，变换结果有什么意义和价值。K-L 变换又称主成分变换，通过坐标轴的旋转和原点的位移，使目标的空间可分离性达到最大。K-L 变换的主要特点包括以下 5 个方面。

1）K-L 变换是一种线性正交变换，当 K-L 变换与傅里叶变换、沃尔什变换以及哈达玛变换的变换系数在数目相同时，K-L 变换引起的均方误差最小，在这种意义上讲，K-L 变换不失为一种最佳变换。

2）由于 K-L 变换是一种正交变换，变换后产生的各主成分（或叫主分量）之间是互相独立且互不相关，各主分量所包含的波谱信息贡献、结构和作用各不相同，这是造成各主成分的景观物理意义的差异与判定应用价值的主要依据。

3）K-L 变换的几何解释是，这种变换相当于对原坐标系进行了旋转，使原来分散于各原始图像波段的信息（即表现为方差的大小），通过旋转变换，转移到新坐标轴方向，产生了信息转移和集聚的效果。变换以后，第一主成分往往集中了 80% 以上的信息，而且前三个主成分拥有的方差往往会占到总方差的 95% 以上。因此，若用这三个主分量进行图像分类会产生由原始图像各波段都参与分类几乎相同的效果，既省去了分类时选择波段的

烦恼，又节省不少的运算处理时间，从而提高了工作效率。Tucker 等（1985）用非洲撒哈拉以南地区 NOAA-AVHRR 多时相图像，运用 K-L 变换的前三个主分量，对该地区成功进行土地覆盖的分类以进行该地区的干旱监测。中国幅员辽阔，用人工调查全境并实现专业调查制图是不可能做到的，因而许多自然地理专题图都是根据一些路线调查加以联想编制成的。卫星遥感图像可是历历在目，这样做出的中国植被分类图不但客观而且科学、可信。

4）每个主分量的变换系数代表着不同波段的贡献，称为权重，反映的是不同地物的反射（或发射）特性上的差异以及它们之间的对比情况。第一主成分是各波段亮度值的加权和，被称作亮度，其对地表的地形细节表现力最强，在进行图像融合时常被选用；第二主成分表现为可见光三个波段与近红外二个波段反射贡献对比上的强弱差异，反映植被的生长状况，称为绿度；第三主成分反映的是三个可见光波段加一个近红外与另外的反射红外与中红外波段的反射贡献的强弱对比情况，体现了植被及其背景的水分状况，可称作湿度；如热红外波段参与 K-L 变换，那第四主成分反映的肯定是地表的热状况。其他剩下的各主成分虽无专门特定的景观物理意义，但也不能认为它们包含的都是噪声，毫无意义，只是我们目前还没有发现它们的确切意义而已。比如在云南有一个地区，TM 图像的 K-L 变换的最后一个主成分，准确无误地表明了斑岩铜矿的存在和分布。这些应该就是我们所要寻找的各主成分的景观物理意义。

5）从 K-L 变换的特性与实现过程来看，变换过程环节多，计算量大，特别是 K-L 变换核矩阵不像傅里叶变换、沃尔什变换以及哈达玛变换那样具有可分性，这些都是 K-L 变换应用中不可回避的问题。

第7章　空间域图像增强

图像增强是一类面向问题的图像处理手段，带有非常浓厚的功利性，没有统一的原则，可谓是头痛医头，脚痛医脚，其目的是经增强处理后，能获得视觉效果更佳的图像，以有利于应用。因此，为了追求好的视觉效果，各种不同的增强方法研究一直是图像处理中最具活力的研究领域之一，各种增强方法层出不穷。不过，时至今日，图像增强的方法多已成熟，其研究体系也已成型。从体系上讲，可分为空间域（亦简称为空域）图像增强和频率域（简称频域）图像增强两大范畴。本章系统介绍空域图像增强处理的各种途径和算法，以有别于下一章介绍的频域增强处理。

所谓空域，即指图像像元灰度值二维阵列空间表示。空域增强处理方法是一种直接对图像像元灰度值进行数学运算的过程。如果待处理图像为$f(x, y)$，增强后的结果图像为$g(x, y)$。由$f(x, y)$经增强处理后变成$g(x, y)$的过程可用下列概念性的数学表达式来表示

$$g(x,y)=T[f(x,y)] \tag{7.0.1}$$

式中，T表示定义在点（x，y）邻域上的T对f的一种运算。根据T定义的邻域的不同方式和形态，把空域图像增强处理分为点运算和邻域运算两大类。如果T仅定义在每个（x，y）点上，这种情况称为点运算；如果T定义在点（x，y）的某个邻域上，则T称为邻域运算。这里所称的点（x，y）邻域，就是$f(x, y)$图像阵列的一个个子区。由于方阵在处理上最为简便，故邻域也一般取为$N\times N$方阵，当$N=1$时，即为点运算。$g(x, y)$的取值（即灰度值t）仅决定于f在（x，y）点的取值（s），即有$t=T(s)$，成为一种简单的灰度变换函数。当$N\geqslant 2$时为邻域运算。邻域处理是通过滑动模板进行卷积运算来实现的，模板元素的权重一般是各不相同的并且具有一定格局，模板的大小是由奇数的二维数据阵列构成，即如3×3，5×5，……，这样做的目的是，便于将卷积计算结果赋予相对应的邻域中心像元。在邻域运算情况下，$g(x, y)$的值不仅与f在（x，y）点的值有关，还与f在以（x，y）点为中心的邻域内的所有像元灰度有关。图像像元灰度值的线性与非线性扩展以及通过图像灰度级直方图的调整来提高图像的对比度，获得反差的增强，都属于点运算的范畴，空间域卷积滤波与方向滤波等则是典型的邻域处理。

7.1　图像像元灰度级直方图

直方图原来是个统计学上的一个术语，用来表示不同级组的统计量出现的频数在二维直角坐标系中的一种表现形式。遥感图像像元灰度级直方图（以下简称为直方图）则是表示在整个像幅内，不同级组的像元灰度值出现的频数在灰度坐标轴上的分布状况，它是由若干个垂直于横轴的、相互邻接的长方柱或条构成的图形，故为直方图。每一具体图像都

有自己特定而且是唯一的直方图分布特征，但是，一个直方图则可能对应着若干个具有不同分布特征的图像，这一点也必提醒，有图 7.1.1 可作为例证。如果把数字图像的灰度值区间分为 L 等分，那么，任一灰度级在区间［0，1，2，…，$L-1$］的图像直方图可用离散函数 $H(S_k)=n_k$ 表示，归一化直方图可表达为

$$P(S_k)=\frac{n_k}{n},k=0,1,2,\cdots,L-1 \tag{7.1.1}$$

式中，n 为整个像幅的像元总数，S_k 是第 k 级灰度的灰度值，n_k 是图像中灰度值为S_k 的像元个数，$P(S_k)$ 则是图像$f(x, y)$ 第 k 级灰度出现的频度。可以说，图像直方图是图像特征，即像幅范围内地表覆盖类型和状况的概括性描述。遥感图像直方图一般呈多峰状态，表明有几种主要的地物类型，成为图像分割的依据。

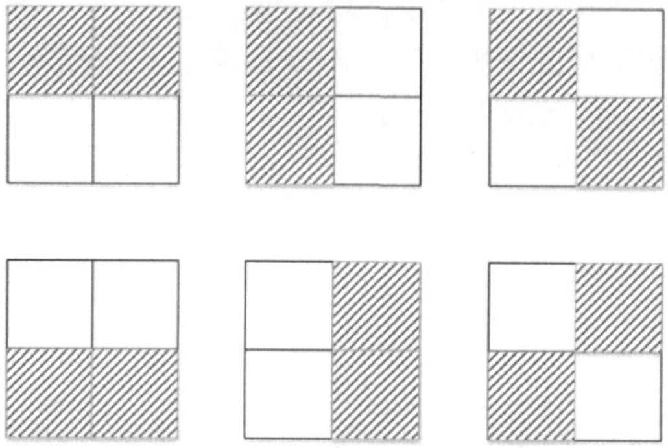

图 7.1.1　不同灰度分布特征的图像具有相同的直方图

设一数字图像$f(x, y)$ 为 $N×N$ 方阵［$N=21$，图 7.1.2（a）上部大方框］，像元灰度值值域为［R_1，R_2］，将此灰度值域（即灰度的最大范围）等分为 R 个灰度区间（灰阶），则任一像元的灰度值必落在 R 个灰度区间中的某一子区间。如以灰度值为横轴，以像元数为纵轴，点绘每一个子区间像元出现的频数，便获得了图像直方图［图 7.1.2（b）］。如子区间分得很细并渐趋于 0，直方图就成了灰度值的连续概率密度曲线。在以直方图变换为基础的各种增强处理中，常用到灰度值分布的累积直方图。如果把像元灰度值的概率分布曲线称为概率密度函数，那么累积直方图便相当于分布函数了，它是个阶梯状曲线［图 7.1.2（c）］。

图 7.1.2（a）的上部带有网纹的小长方框为一 7×7 格范围表示从 21×21 图像中截取的 7×7 灰度值窗口区，由箭头指示出每个像元的真实数值。图 7.1.2（a）上部 $N×N$ 的数字图像的灰度值频率统计见表 7.1.1，其相应的灰度值直方图和累积直方图展示于图 7.1.2（b）和图 7.1.2（c）。图 7.1.2（b）是个典型的马鞍状双峰分布。根据图像灰度值直方图的形态及其在灰度轴上的展布位置，可将图像直方图粗略地分为四种类型。

图 7.1.3（b），直方图偏在灰度值的低端，而且很密集，像元灰度值相差不大，对比度低，呈暗色调；图 7.1.3（c），直方图密集地分布在灰度值的高端，对比度亦差，呈亮色调；图 7.1.3（d），直方图密集地分布在灰度坐标中部，由于灰度值的动态范围小，色调也不丰富；图 7.1.3（a）是一种图像像元的灰度值比较均匀地占据尽可能多的灰度级

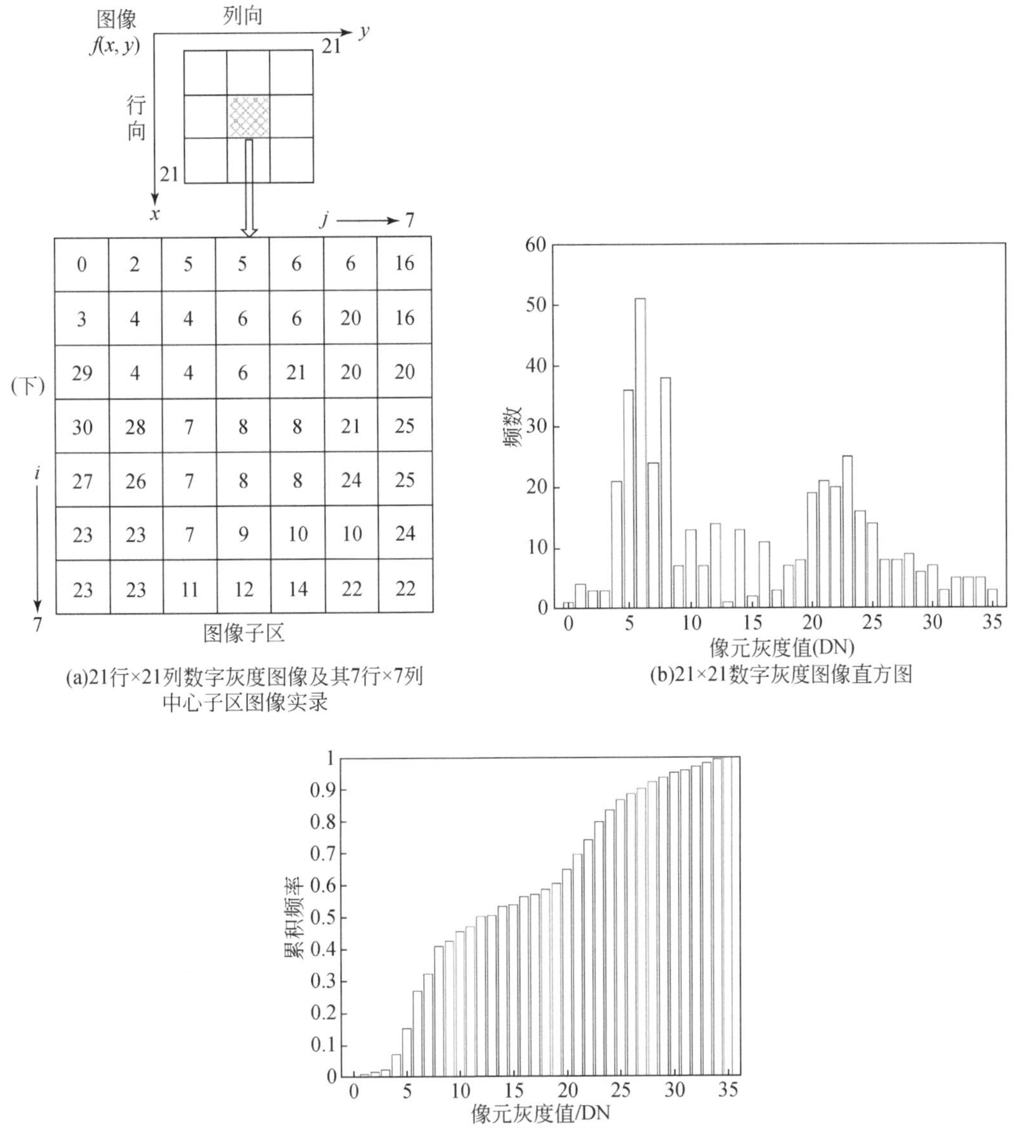

(a)21行×21列数字灰度图像及其7行×7列中心子区图像实录

(b)21×21数字灰度图像直方图

(c)21×21灰度图像累积直方图

图 7.1.2 数字灰度图像及其直方图

并且各灰度级出现的频度相近，这种图像一般具有高的对比度和丰富的色调，非常有助于图像识别。由于传感器成像时的辐照条件、成像时间、天气状况、大气分子与气溶胶散射以及成像系统状态与传感器灵敏度等因素的影响，常造成图像像元的亮度值压缩在一个狭窄的范围，或者偏暗或者偏亮，不能充分利用显示系统提供的亮度区间。遥感图像像元灰度值分布直方图一般呈多峰分布状态，也有单峰的，并且常常把这种峰形分布硬性比看作是正态分布，这样做虽然粗糙，但做起来则很简便。针对直方图是单峰还是双峰（甚至三峰），可相应地选择单一灰度区间的线性拉伸和分段线性拉伸。直方图的形态和其分布格局既是一种提示，也是进行图像增强处理的向导，仔细分析直方图，便可大体明确图像增强的方向。在进行图像处理前，应首先显示图像直方图，然后选择有效的增强处理方案。值得提醒的是，对于遥感图像的增强处理，在其处理前，最好先进行图像的恢复处理，如大气纠正，几何纠正等，这样才能取得更好的视觉效果。

表 7.1.1　21 行×21 列图像灰阶统计量表

像元灰度值（DN）	灰度值出现频数 f	子区间频数统计 F	各子区间（灰阶）频率 p	累积频率 $\sum p$
0	1	5	0.011	0.011
1	4			
2	3	6	0.014	0.025
3	3			
4	21	57	0.129	0.154
5	36			
6	51	75	0.170	0.324
7	24			
8	38	45	0.102	0.426
9	7			
10	13	20	0.043	0.469
11	7			
12	14	15	0.034	0.503
13	1			
14	13	15	0.034	0.537
15	2			
16	11	14	0.032	0.569
17	3			
18	7	15	0.034	0.603
19	8			
20	19	40	0.091	0.694
21	21			
22	20	45	0.102	0.796
23	25			
24	16	30	0.068	0.864
25	14			
26	8	16	0.036	0.900
27	8			
28	9	15	0.034	0.934
29	6			

续表

像元灰度值（DN）	灰度值出现频数 f	子区间频数统计 F	各子区间（灰阶）频率 p	累积频率 $\sum p$
30	7	10	0.023	0.957
31	3			
32	5	10	0.023	0.980
33	5			
34	5	8	0.018	0.998
35	3			

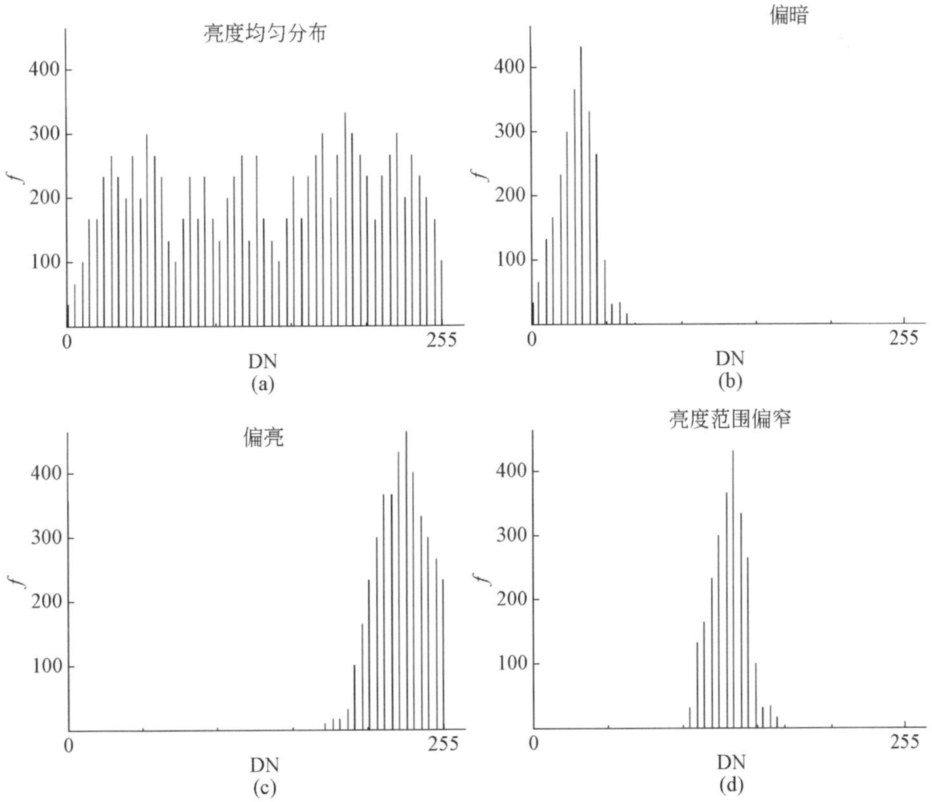

图 7.1.3　图像像元灰度值直方图整体分布的四种基本类型

7.2　像元灰度值的线性扩展

7.2.1　像元灰度值的线性拉伸

遥感图像的对比度增强是针对单一波段黑白灰度图像逐个像元进行的，而且图像像元灰度值的线性扩展处理一般来讲还是面向直方图为单峰状态的。如图 7.2.1（a）、（b）、（c）所示，图像的总体色调不是偏暗，就是偏亮，像元灰度值被压缩在狭窄的灰度区间，色调单一，反差过低，看不出多少信息，图像显示系统本身可提供的多达 8b（256）的灰度等级的性能也不能得到充分应用。所谓像元灰度值的线性扩展，就是将原图像的灰度值动态范围按照线性关系扩展到显示系统的最大可能的灰度值范围。为了改善图像的视觉效果，把原图像像元灰度值范围［a，b］映射为［M，N］，而［a，b］是［M，N］的一个子区间，且有 $M \leqslant a$，$b \leqslant N$［图 7.2.1（b）］。

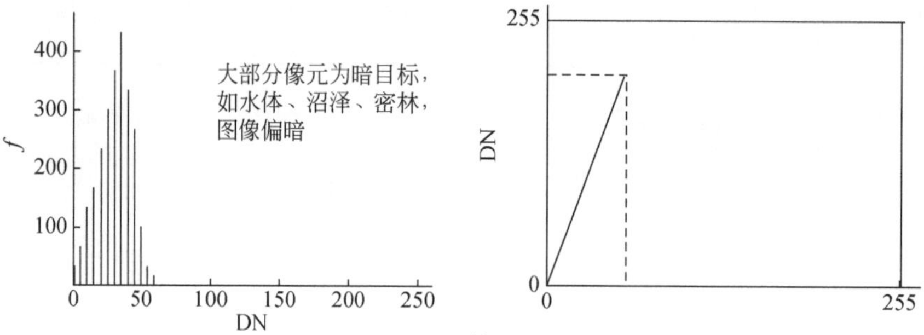

(a)

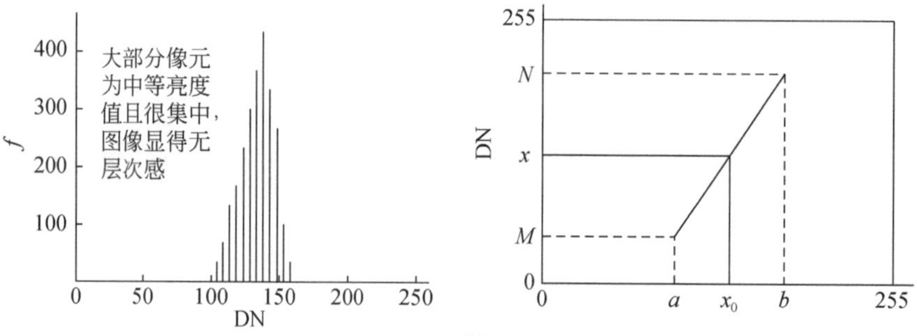

(b)

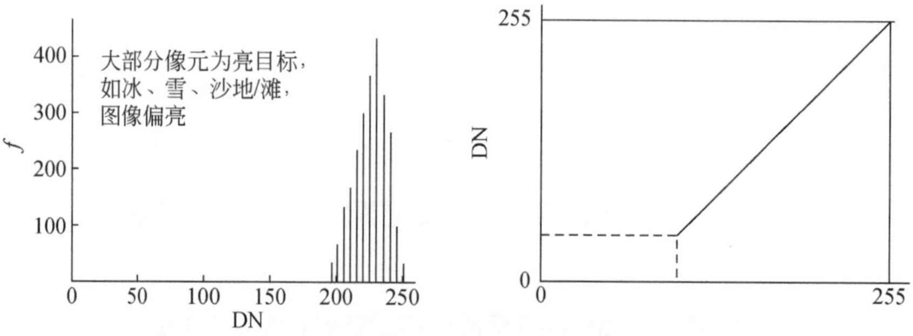

(c)

图 7.2.1　三种灰度分布图像及其线性拉伸处理

设有原图像某个像元的灰度值 x_0，且有 $a \leqslant x_0 \leqslant b$；拉伸后 x_0 变为 x，且有 $M \leqslant x \leqslant N$。考虑

$$当\ a \leqslant x_0 \leqslant b, 有 (x_0 - a) \leqslant (b - a) \tag{7.2.1}$$

$$当\ M \leqslant x \leqslant N, 有 (x-M) \leqslant (N-M) \tag{7.2.2}$$

用式（7.2.2）除以式（7.2.1）取等号，有

$$\frac{x-M}{x_0-a}=\frac{N-M}{b-a} \tag{7.2.3}$$

简化后得

$$x=\frac{x_0-a}{b-a}(N-M)+M \tag{7.2.4}$$

整幅图像完全用同一比例进行拉伸变换显得有点简单化，没有做到区别对待，特别是对那些位于灰度区间两端的像元，改进的办法是人为的规定线性变换输出的最小灰度值 a_0 和最大灰度值（阈值）b_0，即

$$x=\begin{cases} M, & x_0<a_0 \\ \dfrac{x_0-a}{b-a}(N-M)+M, & a_0 \leqslant x_0 \leqslant b_0 \\ N, & x_0>b_0 \end{cases} \tag{7.2.5}$$

如果图像经拉伸后，像元灰度值的动态范围从 0 到 255，则式（7.2.5）最终变为

$$x=\frac{x_0-a}{b-a} \cdot 255 \tag{7.2.6}$$

这种掐头去尾的做法，把人为设定的区间［a_0、b_0］以外的像元亮度值相应地压缩为 0 和 255，对具有高端和低端灰度值像元的灰度级进行了适当的归并，凡灰度值等于 a_0 的赋值为 0，即黑色，凡灰度值大于 b_0 的赋值为 255，即白色。这样做当然会造成信息的丢失。

7.2.2 像元灰度值分段线性拉伸

上述的图像灰度值统一按一种比例进行扩展，做起来简单且有一定效果，但凡事切记一刀切，这样处理的结果是，该扩展的没有得到充分的扩展，像元间灰度值差异的细微信息还不能得到显现，反而不应扩展的像元灰度值却随之水涨船高。遥感图像的灰度直方图一般是双峰或多峰的，不能简单的概化为正态分布，在这种情况下，如果对双峰型图像的每个峰所包含细微信息都感兴趣，一个最佳选择是分段线性拉伸，这种处理方法真正可以做到该扩展的就尽量进行扩展，而该压缩的就尽量压缩，做到一步到位。

在遥感应用中，为了强调某些感兴趣的目标，可扩展图像的某些局部的灰度值范围。为了达到这个目的，需将线性变换函数分成若干段，每一段都是局部的线性变换关系。根据图像直方图分布形式，相应的分段线性变换图式可分为三种情况（图 7.2.2）。图 7.2.2 分别表示扩展的灰度范围为低亮度区（暗）、高亮度区（亮）和中亮度区。

设 $f(x, y)$ 和 $g(x, y)$ 分别是原始图像和增强处理图像后的第 x 行第 y 列的像元灰度值，并假定增强前后两幅图像有相同灰度级动态范围，即有 $0 \leqslant f(x, y) \leqslant K$ 和 $0 \leqslant g(x, y) \leqslant K$，$K=2^b-1$，$K$ 为最大灰度值，b 为量化比特数。那么，实现灰度区间（l，u）映射到［L，U］的分段线性拉伸（压缩）的变换函数为

$$g(x,y)=\begin{cases}\dfrac{L}{l}f(x,y) & f(x,y)<l\\ \dfrac{U-L}{u-l}[f(x,y)-l]+L & l\leqslant f(x,y)\leqslant u\\ \dfrac{255-U}{255-u}[f(x,y)-u]+U & f(x,y)>u\end{cases}\tag{7.2.7}$$

上述变换函数的图形示于图 7.2.2。

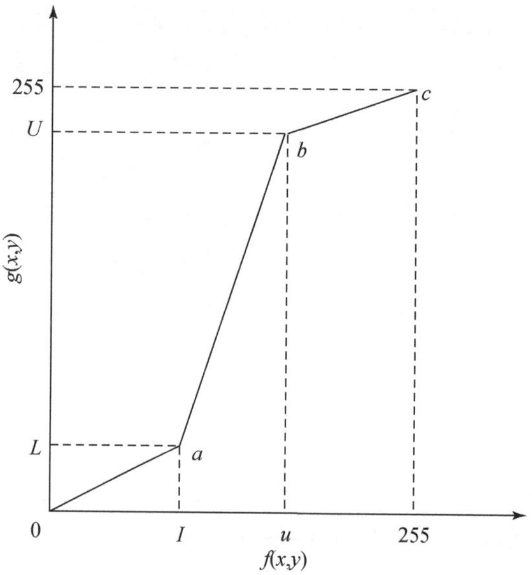

图 7.2.2　分段线性变换函数示意图

7.3　图形灰度值的非线性扩展

本书 7.2 节讨论的输入到输出之间的映射是通过一条或多条直线段变换函数实现的，本节将讨论输入到输出之间的映射如何借助于曲线函数来实现，这些曲线函数包括对数函数和指数函数。

7.3.1　图像灰度值的对数变换增强

对数函数变换主要用于遥感图像暗区目标的增强，它可有效地扩展图像的暗区目标灰度值的变化范围，它也被用于压缩傅里叶谱的动态范围，在同态滤波中，它也是处理流程中的必不可少的一个环节，这在后续的频域滤波将进一步讨论。

遥感图像中，在大河的河口区和海岸带，既有明亮的沙滩，也存在灰暗的湿地和海域，沙滩的范围相对较窄，在一般的图像处理中，为了使沙滩能正常的显示出来，必然会无形中压缩了广大的湿地、海域以及河口段的像元灰度值的动态范围。在这种情况下，为了使河口段的图像显示得更细致，特别是为了能更好的研究河口泥沙扩散情况，可采用对数变换来处理图像。

设 x 为原始图像像元的灰度值，y 为对数变换后的像元灰度值，这种输入与输出的对数变换关系为

$$y=a+\frac{\ln(x+1)}{b\ln c} \tag{7.3.1}$$

式中，$x+1$ 项是为避免出现对零求对数而设的，a，b，c 则是为了增加变换的动态范围和灵活性而设置的调节参数。当 $x=0$ 时，有 $y=a$。参数 a 决定对数变换曲线的起始位置，b 和 c 则决定变换曲线的曲率。

对数变换用于拉伸图像暗区目标的灰度值，这又必然会压缩亮区目标的对比度，变换结果是突出隐伏于暗区的目标，使暗区图像更具层次感，目标更清晰。采用对数变换，要求对研究目标和其背景的灰度值的结构有相当了解，才不至于在突出暗区目标的同时，过多地损害分布于亮区目标的细节，如果这种情况不幸发生了，应当采取相应的补救措施。

对数变换可以相当程度上压缩图像像元的灰度值的动态范围，最能说明这一点的例子是对傅里叶频谱的压缩以适应 8bit 的图像显示系统的状况。傅里叶谱的像元值有很大的动态范围 $[0, 1.6\times10^{6}]$，如果不先行压缩，它在具有 8bit 显示功能的系统中，频谱的高值端像元会得到充分的显示机会，频谱中具有低值的那些像元将被压缩掉（饱和了），而这部分频谱可能包含着重要的信息。为了和显示系统相匹配，在大多数情况下，傅里叶频谱都做了取对数的处理（图 7.3.1）。

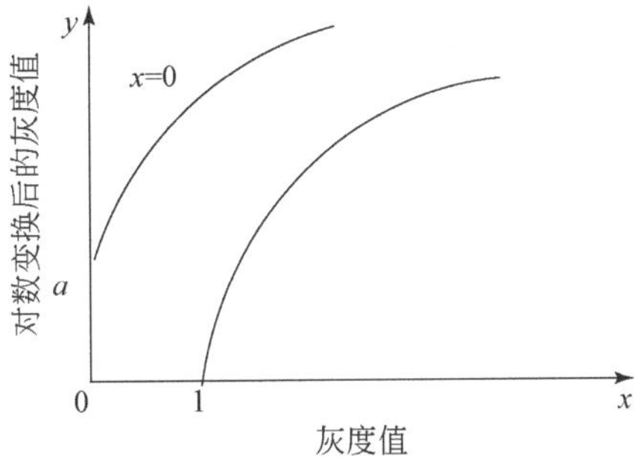

图 7.3.1　图像灰度对数变换增强

7.3.2　图像灰度值的指数变换增强

图像像元灰度值的指数变换，其效果是突出图像的亮区目标而压制了暗区目标，正和对数变换的作用与效果相反。指数变换与对数变换这两种处理手段如能恰当链接和配合，则可以全面地突出亮度值动态范围分布广泛的各类目标。如果原始图像像元灰度值为 x，指数函数变换后的灰度值为 y，那么指数变换函数采取的形式为

$$y=b^{c(x-a)}-1 \tag{7.3.2}$$

式中，a，c 为调节参数，a 决定变换曲线起始位置，c 决定曲线的变化速率，公式中的

(-1) 项的设置，其作用是为了与对数变换处理功能准确的无缝对接，相应的对数变换函数增添了一个偏置项 (+1)，在应用一些商用图像处理软件时，使用人员应该了解各种处理功能间的这种微妙的衔接、嵌套关系，以发挥多种处理功能的组合优势（图 7.3.2）。

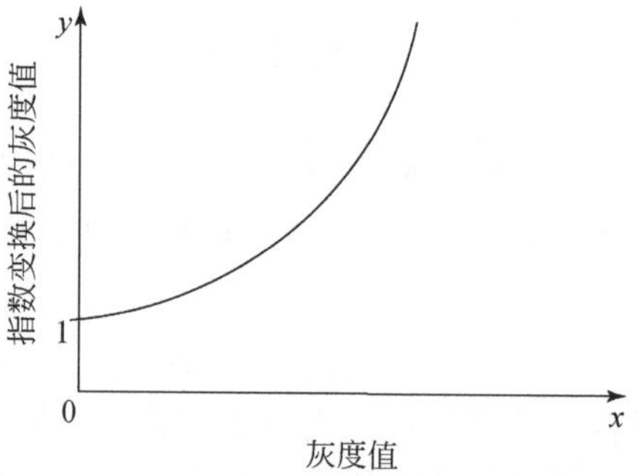

图 7.3.2　图像灰度指数变换增强

7.4　直方图均衡化

遥感图像像元灰度直方图指的是每一灰度等级（简称灰阶）内像元出现频数的统计图形表示。一幅遥感数字图像的像元灰度值从小x_1（x_{min}）到大x_2（x_{man}）的顺序排列，把灰度区间 [x_1，x_2] 按相等间隔分成若干个灰阶，统计落入每一灰阶内像元多少，即可描绘出按灰阶大小排列的长条形柱状图，即灰度分布直方图，与其相对应的是连续函数的概率密度曲线。本书第 7.1 节，直方图是作为一个概念引入的，在本节，直方图则作为一个有力工具并扮演一个重要的角色。在诸多图像增强方法中，直方图均衡化增强处理最为常用，同时也最给力的一种图像增强技巧。作为一名图像处理技术人员或正在学习图像处理这门课的学生，需要深入理解直方图均衡化增强技术的奥秘，即必须弄通下面几个问题。

1）把原来多模态直方图（铃形、双峰马鞍形、多峰形、其他形态）通过一转换函数映射为一均匀平直直方图，为什么这一转换函数就是原直方图的累积直方图？

2）直方图均衡化的结果是获得一个平直的均匀直方图，即各级灰阶出现的频数处处相等，这在数学上有根据吗？能够证明变换后各级灰阶出现的概率相等吗？

3）直方图均衡化的结果是造成了那些频数出现不高的灰阶数量上的减少，而使灰阶出现频率高而密集的灰度区间得到扩展，提高了对比度使图像的细微结构更清晰，信息更丰富了。按理讲，信息亦如物质和能量一样，只能转换，不会增加或减少，难道直方图均衡化能增加信息？这怎么理解？

直方图均衡化和空间滤波的增强处理，是空间域增强范畴中最重要，也是有价值的研究内容，值得细究。图像灰度值直方图概括地反映了一幅图像的总体特征：图像灰度值变化的动态范围、频率分布特征、图像总体色调倾向、像幅内地面目标的主要类别等。一幅图像内的像元灰度取值概率是不相等的，图像大部分像元灰度仅在很小的范围内取值，密集在狭窄的灰度范围里，在直方图上表现为宽平的基底上突出一或两个分布密度高峰，造成图像对比度不足，图像中地物的细部结构不清，色调单一，信息不丰富。这种情况下，不妨设想：能否找到一种方法，将单峰铃形直方图的高峰进行压缩并向两侧水平方向展开为矩形平直的直方图，扩大峰区的范围，提高灰阶的丰度，让感兴趣目标的细节显示出来，获得人们想要的结果，这种处理方法就叫做直方图均衡化（即均匀化）。

设 x 为原始图像像元的灰度变量，$P_x(x)$ 为原始图像像元灰度值变量的分布密度函数，y 为直方图均衡化图像像元的灰度变量，$P_y(y)$ 为均衡化图像灰度值变量的分布密度函数。均衡化变换函数设为 $y=T(x)$，且 $0\leqslant x\leqslant 1$，并要求 $T(x)$ 满足两个条件：

1) 变换函数 $T(x)$ 在灰度区间 $0\leqslant x\leqslant 1$ 是单调递增函数且 $0\leqslant T(x)\leqslant 1$；

2) 必须存在逆变换 $x=T^{-1}(y)$，$0\leqslant y\leqslant 1$，并且也满足单调上升条件。

满足这样的条件就能保证输出的结果图像色调仍为由黑到白的顺序，变换前后不影响像元的空间位置和不增减像元的数目。考虑图 7.4.1，在变换中，原图像的概率密度函数 $P_x(x)$ 的变量 x 由x_i 变化到$x_i+\Delta x$，通过变换函数 $S=T(x)$，映射为 y；并变化到 $y_i+\Delta y$，根据变换前后不增减像元数目的原则，因而有

$$p_y(y)\Delta y\approx p_x(x)\Delta x \tag{7.4.1}$$

对于连续函数，即当 $\Delta x\to 0$，$\Delta y\to 0$，有

$$p_y(y)\Delta y=p_x(x)\Delta x\Rightarrow \mathrm{d}y=\frac{p_x(x)}{p_y(y)}\mathrm{d}x \tag{7.4.2}$$

因为 $y=T(x)$，所以 $\mathrm{d}y=\mathrm{d}T(x)$，故有

$$y = T(x) = \int_0^1 \frac{p_x(x)}{p_y(y)}\mathrm{d}x \tag{7.4.3}$$

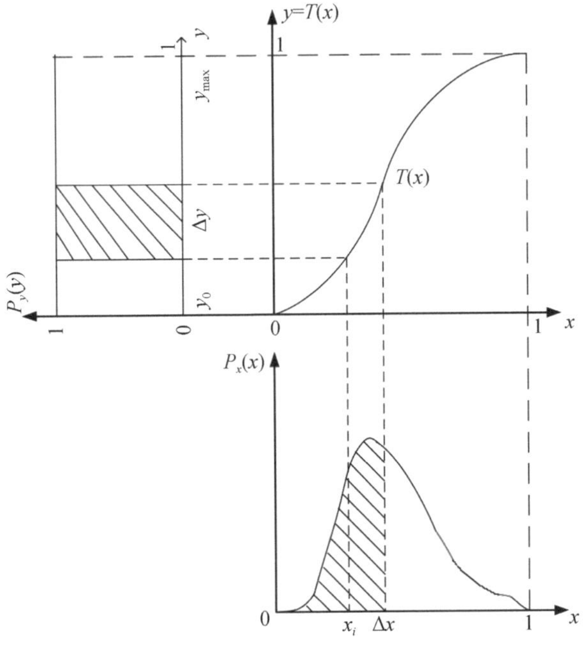

图 7.4.1　直方图均衡化示意图

在要求变换后图像的概率密度分布函数的累积分布函数为均匀分布条件下，$P_x(x)$ 必须为一常数，而在归一化条件下，$P_y(y)=1$，故有

$$T(x)=\int_0^1 p_x(x)\,\mathrm{d}x \tag{7.4.4}$$

即变换函数 $T(x)$ 原来是原图像像元灰度值分布的分布密度函数，在离散情况下，即为累积直方图，上述的第一个问题有了证明。

更一般化，设变换函数

$$y=T(x)=\int_0^x P_x(w)\,\mathrm{d}w, 0\leqslant x\leqslant 1 \tag{7.4.5}$$

式（7.4.5）满足作为变换函数的两个条件，且已作了归一化处理，w 为一新假设变量。

式（7.4.5）两侧对 x 求导，并据对积分上限求导的基本定理有

$$\frac{\mathrm{d}y}{\mathrm{d}x}=\frac{\mathrm{d}T(x)}{\mathrm{d}x}=\frac{\mathrm{d}}{\mathrm{d}x}\left[\int_0^x p_x(w)\,\mathrm{d}w\right]=p_x(x) \tag{7.4.6}$$

将上式以$\frac{\mathrm{d}x}{\mathrm{d}y}=\frac{1}{p_x(x)}$形式代入式（7.4.1），有

$$p_y(y)=p_x(x)\frac{\mathrm{d}x}{\mathrm{d}y}=p_x(x)\frac{1}{p_x(x)}=1 \tag{7.4.7}$$

这一结果说明，均衡化的图像的灰度值分布的密度函数为一平直的均匀分布，经归一化处理后，概率分布处处相同且等于1，这就回答了上面的第二个问题。

下面讨论直方图均衡化的离散形式。卫星遥感数字图像是被采样和量化了的不连续的数字图像，输入和输出的灰度级都作了归一化处理，均衡化处理后输出的最小灰度级 $y_{\min}$，最大灰度级 $y_{\max}$，则直方图均衡化后的概率密度函数$P_y(y)$ 就是直方图均衡化图像的高，图形总面积为1，图形的底宽为（$y_{\max}-y_{\min}$），它们的关系有

$$p_y(y)=\frac{1}{y_{\max}-y_{\min}} \tag{7.4.8}$$

将式（7.4.8）结果代入式（7.4.1），左端对 y 积分，右端采用其离散形式

$$\int_{y_{\min}}^{y_{\max}}\frac{1}{y_{\max}-y_{\min}}\mathrm{d}y=\int_{x_1=0}^{x_2=x}p_x(x)\,\mathrm{d}x \Rightarrow \frac{y-y_{\min}}{y_{\max}-y_{\min}}=\sum_{k=0}^{x}p_x(x_k) \tag{7.4.9}$$

进而有

$$y=y_{\min}+(y_{\max}-y_{\min})\sum_{k=0}^{x}p_x(x_k) \tag{7.4.10}$$

当

$$y_{\min}=0, y=y_{\max}\sum_{k=0}^{x}p_x(x_k) \tag{7.4.11}$$

现仍用本章7.1节表7.1.1的21×21阵列图像灰阶统计数据来揭示图像直方图均衡化是怎样一步步实现的。

直方图均衡化的步骤计有：

1）对原始图像的像元灰度值按从小到大的顺序排列并统计每一取值出现的频数；

2）根据像元灰度值的分布状况，将灰度值的总变化范围均匀分割为若干灰度等级（灰阶），统计落入每个灰阶的像元数目 n_i；

3）计算各级灰阶发生的频率 $p_x(x_k)=\dfrac{n_i}{N}$ 和累积频率 $\sum\limits_{k=0}^{x} p_x(x_k)$；

4）根据式 $y=y_{\max}\times\sum\limits_{k=0}^{x} p_x(x_k)$，计算均衡化后的各级新灰阶，并按计算结果进行尾数取舍。取舍规则是：小数点后的尾数 $\varepsilon\leqslant 0.5$ 时，舍去尾数，$\varepsilon>0.5$ 时，舍去小数后加 1 凑整。

据图 7.4.2 所给图像，像元灰度值 DN 动态范围为［0，17］，共 441 个像元。为了简化处理，进一步将灰度值动态范围按等间隔分为 18 级灰阶［0，17］。再据表 7.1.1 中各级灰阶占有像元数（频数 f）、频率（p）、累积频率（$\sum p$）先前列表 7.1.1，进一步演算得到表 7.4.1。

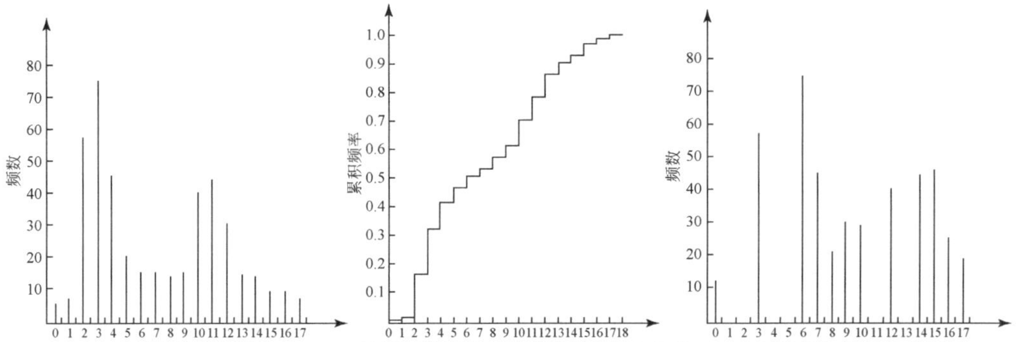

(a)原图像直方图　(b)原图像像元灰度值的累积分布曲线（均衡化变换函数曲线）　(c)均衡化后图像直方图

图 7.4.2　图像直方图的处理步骤

表 7.4.1　数字图像均衡化处理数据统计表（21×21 阵列）

均衡化前灰阶 g_i	归一化灰阶 $g_i/g_{\max}$	各级灰阶含像元数 f_0	各级灰阶发生频率 p_i	累积频率 $\sum p_i$	新灰阶一 y_i：$17\times\sum p_i$	新灰阶二 y_i	新灰阶含像元数 n_k
0	0	5	0.011	0.011	0	0	5+6=11
1	0.059	6	0.014	0.025	0	0	
2	0.118	57	0.129	0.154	3	3	57
3	0.176	75	0.170	0.324	6	6	75
4	0.235	45	0.102	0.426	7	7	45
5	0.294	20	0.043	0.469	8	8	20
6	0.353	15	0.034	0.503	9	9	30
7	0.412	15	0.034	0.537	9	9	
8	0.471	14	0.032	0.569	10	10	14+15=29
9	0.529	15	0.034	0.603	10	10	
10	0.588	40	0.091	0.694	12	12	40

续表

均衡化前灰阶g_i	归一化灰阶g_i/g_{max}	各级灰阶含像元数f_0	各级灰阶发生频率p_i	累积频率$\sum p_i$	新灰阶一y_i：$17\times\sum p_i$	新灰阶二y_i	新灰阶含像元数n_k
11	0.647	45	0.102	0.796	14	14	45
12	0.706	30	0.068	0.864	15	15	30+16=46
13	0.765	16	0.036	0.900	15	15	
14	0.824	15	0.034	0.934	16	16	15+10=25
15	0.882	10	0.023	0.957	16	16	
16	0.941	10	0.023	0.980	17	17	10+8=18
17	1.000	8	0.018	0.998	17		

直方图均衡化步骤中的前三项已完成并列于上表，现进入最后一步，根据式 $y=y_{max}\times\sum_{k=0}^{x}p_x(x_k)$ 计算均衡化后的新灰阶：

0 级灰阶均衡化后 $y_0=17\times0.011=0.187$

1 级灰阶均衡化后 $y_1=17\times0.025=0.425$

2 级灰阶均衡化后 $y_2=17\times0.154=2.618$

3 级灰阶均衡化后 $y_3=17\times0.324=5.508$

4 级灰阶均衡化后 $y_4=17\times0.426=7.242$

5 级灰阶均衡化后 $y_5=17\times0.469=7.973$

6 级灰阶均衡化后 $y_6=17\times0.503=8.551$

……

17 级灰阶均衡化后 $y_{17}=17\times0.998=16.966$

下面介绍以上直方图均衡化公式计算的具体结果（均为带小数的数值）与均衡化前的灰阶值及相应的像元数，如何最终调整和确定均衡化后的各级灰阶及相应的像元数。

我们已按均衡化灰阶计算公式逐一计算了从 0 级，1 级，2 级最后第 17 级的新灰阶值，均为小数或带小数的值，可是实用中仅取整数值，现在轮到如何进行取舍并对号入座填到表 7.4.1 中相应栏目（第 6 列）。这一开始就遇到了新问题，对于原 0 级和 1 级灰阶，均衡化后均变为小于 1 的小数，此时不能简单地应用上面提到的小数取舍原则，还应考虑变换前后像元数不增不减这一条守恒原则。对于 $y_0=0.187$，它大于 0，小于 1，但更接近于原 0 级灰度值，决定将它归入 0 级灰阶，即均衡化后，原 0 级灰阶仍维持 0 级灰阶不变；对 $y_1=0.425$，情况与 y_0 相似，是大于 0，小于 1，仍更接近于 0，故将其归到 0 级灰阶，均衡化结果是，原第 1 级灰阶经均衡化后变为 0 级灰阶，产生了错位。对于 $y\geqslant1$ 的各级灰阶级，均按原规定的取舍原则，进行与原灰阶相比较，决定其归属。如对于 $y_2=2.618$，尾数大于 0.5，舍尾取整 2 后再加 1 变成了 3，故原来第 2 级灰阶均衡化后改变为第 3 级灰阶；同样，对于 $y_3=5.508$，舍尾取整后再加 1，由原来的 5 级变为第 6 级灰阶，对于 $y_4=7.242$，因尾数小于 0.5，舍尾取整后仍为第 7 级灰阶。相应地对 $y_5=7.973$ 和 y_6

=8.551 直至最后的第 17 级灰阶 y_{17}=16.966，对号入座，依次归化到新第 8 级，新第 9 级和新 17 级灰阶，最终填入表 7.4.1 中第 6 列全部相应位置。

比较表 7.4.1 首列和第 6 列的新旧灰阶，仔细观察发现，经均衡化处理后变化不小，表现为，一是总灰度等级由原 17 级减少到现在的 11 级，必然结果是造成了原来一些灰阶的消失，新灰阶中没有了 1 级、2 级、4 级、5 级、11 级和 13 级；二是灰阶结构发生了变化，原来的一些灰阶发生了重新组合，相应的像元数也进行了调整，如均衡化后，新的 0 级灰阶相应数由原 0 级和 1 级所含像元数合并而成为 11，即（5+6）=11；原来第 2 级灰阶经均衡化变为新第 3 级，所含像元仍为原 2 级灰阶所含像元数 57；原来的 3 级灰阶均衡化后变为 6 级灰阶，由于原 3 级灰阶所含像元数是 75，均衡化后，新 6 级灰阶像元数仍为 75。最终可以看到，新灰阶包含的像元数全部发生了变化，无一例外。注意，均衡化后新 9 级、10 级、15 级、16 级和 17 级灰阶所含像元数都是由原来的两级灰阶所含像元数合并而成，如新 9 级灰阶像元数 30 是由原 6 级灰阶的 15 个像元和原 7 级灰阶的 15 个像元相加而成（15+15）= 30 等。将均衡化后新旧灰阶与其相对应所含像元数做成直方图（7.4.2），均衡化所带来的变化就更醒目了。从均衡化后直方图［图 7.4.2（c）］看，均衡化的结果虽未达到各级灰阶像元数均等的整齐划一的平直直方图境况，但相较于原始直方图，从宏观上看，直方图的高低起伏情况已大为改观，原来某些灰度级像元密集扎堆状况有相当舒缓，而原来像元数目较少的那些灰阶则变得紧凑了。这种在微观上通过像元间内部结构调整和灰阶重组，在改变直方图的宏观外貌的同时，却达到了通过减少灰度等级而增大对比度的目的，地面目标的一些细节会变得更清楚了，增强了可视度，信息是“增加”了。这就从均衡化的实际效果回答了前面的第三个问题。原来，信息也像物质和能量一样，不生不灭，但可以转移转化，直方图均衡化的作用就是通过图像像元间内部结构的调整和重组，使原来图像所蕴含的有用信息从隐式变为显式，从不可见变成可见，看起来好像信息是“增加”了一样。信息论告诉我们，等概率分布具有最大的熵，熵最大当然信息量也该最大。直方图均衡化的目标就是将原不等概率事件，通过某种变换函数的作用，变成等概率分布，具有平直的直方图，使具有最大熵值，这是均衡化处理方法遵循的理论依据。

经过直方图均衡化处理后，直方图并未达到完全均衡，仍然参差不齐，这首先是由于灰度等级有限造成，一些灰阶可能一个像元都没有，而有些灰阶的像元仍然太多，又不能将具有相同灰度值的像元硬性变换到不同的灰阶里。对于离散分布，从理论上讲，也不可能真正实现均衡化。

根据原图像灰度值直方图的累积分布曲线来重新分配图像数据，这种增强方法与其他的对比度增强方法有重大区别。原图像中灰度值本不相同的像元经均衡化处理后可能相同了，这必然会造成信息的丢失，因此，在进行诸如变化检测、纹理特征提取以及生物物理参数提取等均不宜先作直方图均衡化处理。而某些灰度值出现频度比较高的峰值区的像元，经直方图均衡后，其亮度值范围被扩展，增加了它们之间的对比度，图像边缘和细节信息的视觉效果则被大大调高了。

表 7.4.1 中列入第 2 列归一化灰阶和第 7 列新灰阶两个栏目并至今未作说明。应当讲，这是从另外的视角和一种比较简约的方法来获取均衡化后的灰阶的一种途径，但愿殊途同归。上面介绍的方法是通过比较表 7.4.1 中第 1 列数据和据均衡化公式计算出的灰阶

列数据来决定直方图均衡化后的新灰阶一，而现在要讲的是如何通过比较表 7.4.1 中第 5 列累积频率数据和第 2 列归一灰阶数据来确定均衡化后新灰阶二（第 7 列）的方法。将均衡化前的各级灰阶依次除以其最大灰阶 17，便获得表 7.4.1 中第 2 列数据。首先比较累积频率（第 5 列）第 1 个数据 0.011 与归一化灰阶（第 2 列）的 0 级灰阶和 0.059 级灰阶，0.011 离 0 更近些，而离 0.059 则更远点，决定将 0 级灰阶含有的像元（5 个）通过均衡化转化为新灰阶二中的 0 级；同样，比较累积频率 0.025 和归一化灰阶 0 与 0.059 之间的大小关系，0.025 仍是更近于0，决定将0.025 级灰阶拥有的像元数（6 个）转化为新灰阶二中的 0 级，累积频率第 3 个数是 0.154，与归一化灰阶 0.176 相近，（即归一化前的 3 级），故将其像元转化为新灰阶二中的 3 级；累计频率的第 4 个数是 0.324，与归一化灰阶中的 0.353（6 级）相近，应将其像元如数转化为新灰阶二中的 6 级；……，直至最后，累积频率为 0.998，其与归一化灰阶 1.000 异常接近，其像元数（8）亦如数转化给新灰阶二的 17 级。比较第 6、7 列数据竟完全相同。这种通过比较表 7.4.1 的第 5 列各个累积频率与第 2 列中哪一个归一化的灰阶值相近，来决定新灰阶二该属于灰阶的哪一级并确定其像元数，方法简单，运算快捷，避开了第一种方法的烦琐论证和计算，可成为商用图像处理系统中直方图均衡化功能的理想的快捷算法。如此看来，这样的直方图均衡化变换处理岂不更为简便，何必还用前一种变换方法呢？虽然异曲同工，但还是各有各的妙处，只能是互相补充，不能互相取代。为清晰起见现将直方图均衡化的第二种方法列为表 7.4.2。比较表 7.4.1 和表 7.4.2 不难看出，方法一（即新灰阶一）是将累计频率放大 $y_{\max}$（17）倍后与均衡化前灰阶相比较，来确定均衡化后的新灰阶（即新灰阶一），而方法二（即新灰阶二）则是直接用累计频率与已缩小了 $y_{\max}$ 倍的归一化灰阶进行比较，来确定均衡化的新灰阶（即新灰阶二），这在本质上是完全一样的。

最后还应指出，直方图均衡化处理是用同一把尺子对整个图像进行均衡化，密集的高峰得到了扩展而增强了对比度，像元稀少的灰阶则做出了牺牲，但在这些灰度区段，也可能含有重要信息，这种情况可采用局部自适应直方图均衡的方法进行补救。通过选择一滑动窗口并计算窗口区的灰度直方图的累积直方图来实现对窗口区中心像元灰度级修正，然后移动窗口直至完成对全部图像的灰度级调整。图像灰度分布的累积直方图已示于图 7.4.2（b），现据表 7.4.2 给出均衡化后的累积直方图 7.4.3，如将各个灰阶的累积频率中点连成一线，几乎是一条很直的直线，均衡化的效果十分突出。

表 7.4.2 直方图均衡化新灰阶二数据列表

均衡化前灰阶 g_i	归一化灰阶 $g_i/g_{\max}$	累积频率 $\sum p_i$	新灰阶二 y_{2i}	新灰阶含像元数 n_k	新灰阶频率 n_k/n	新灰阶累积频率 $\sum p_k$
0	0	0.011	0	11	0.025	0.025
1	0.059	0.025				
2	0.118	0.154	3	57	0.123	0.154
3	0.176	0.324	6	75	0.170	0.324
4	0.235	0.426	7	45	0.102	0.426
5	0.294	0.469	8	20	0.045	0.471

续表

均衡化前灰阶 g_i	归一化灰阶 $g_i/g_{\max}$	累积频率 $\sum p_i$	新灰阶二 y_{2i}	新灰阶含像元数 n_k	新灰阶频率 n_k/n	新灰阶累积频率 $\sum p_k$
6	0.353	0.503	9	30	0.068	0.539
7	0.412	0.537				
8	0.471	0.569	10	29	0.066	0.605
9	0.529	0.603				
10	0.588	0.694	12	40	0.091	0.696
11	0.647	0.796	14	45	0.102	0.798
12	0.706	0.864	15	46	0.104	0.902
13	0.765	0.900				
14	0.824	0.934	16	25	0.057	0.959
15	0.882	0.957				
16	0.941	0.980	17	18	0.041	1.000
17	1.000	0.998				

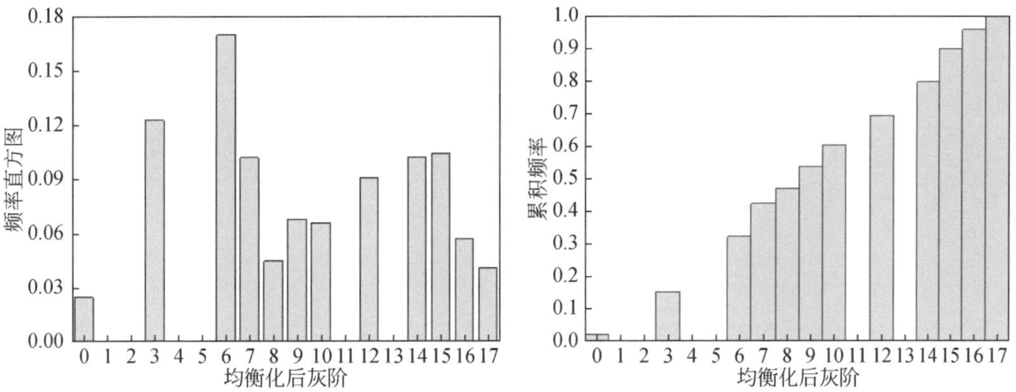

(a)直方图均衡化的直方图　　(b)累积直方图

图 7.4.3　直方图均衡化的直方图和累积直方图

7.5　直方图匹配

卫星遥感图像在未经初步处理前，总会有这样那样的问题。一般来讲，觉得图像的对比度不够，图像的灰度范围被压缩到一个很窄的范围，想看清楚的地方看不清楚，在这种情况下，一般会采用直方图均衡化的方法处理一下，客观上讲，图像总体的视觉效果得到了不小的改善。问题是具体的增强效果难以预期，这是因为，面对大范围的复杂场景，采用全图像的均匀分布直方图进行处理，一定会顾此失彼。有时候，往往需要增强某个特定灰度范围的对比度，如广袤的沙漠中的一片绿洲，大河河口处的泥沙扩散运动，森林中一片火灾迹地的生态恢复情况等。又如，为了检查某个地区的土地覆盖或土地利用方式的变化，常需要用到同一地区在不同时间成像的遥感图像，但是由于成像时的光照条件、天气状况差异，如果不经处理，可能无法直接进行比较与分析。在这种情况下，如果其中有一期图像质量很好，就可以以其为标准，对不满意的图像进行直方图匹配（也叫直方图规定化），达到改善图像质量的目标。直方图匹配的意思是，把欲处理的图像直方图改变为人们所期待的某种形态直方图，并按照具有指定形态的直方图对原图像的像元灰度值进行调整，从而得到想要的直方图匹配图像。用于直方图匹配的模态有多种，如高斯正态分布、左偏态分布、右偏态分布等。正态分布的直方图扩展匹配，运算的结果是使原始图像直方图两侧的灰度级获得扩展，而中央峰区的灰度级则受到压缩；暗区扩展匹配可使具低灰度级的像元灰度级得到扩展，匹配的概率模型属于左偏态的有皮尔逊三型分布和 χ 分布；而亮区扩展匹配则将具有高灰度值的图像像元灰度级获得拉伸扩展。直方图匹配增强具有很强的试错性，哪一种直方图形态匹配效果好就选择哪一种直方图，并无固定的直方图概念模态。

现在从分析具有连续灰度值的概率密度函数的直方图均衡化入手，了解直方图匹配的数学原理，继而探寻离散的数字图像实现直方图匹配的技巧，并通过函数的正反变换映射关系，来避开连续函数求解反函数解析式的困难。既然待处理的图像的灰度分布概率密度函数 $p_r(r)$，和期望的具有理想直方图的图像像元灰度分布的概率密度函数为 $p_s(s)$ 要实现匹配，一个合理的想法是让它们相向而行，都各自先进行直方图均衡，使它们在概率分布型上相一致，这样就为两个具有不同概率分布密度函数的图像搭起了一座沟通的桥梁，为建立两个图像灰度级之间映射转换关系奠定基础。

有了上一节讨论的直方图均衡化的处理技术基础，现对原图像和具有期望直方图的图像分别进行直方图均衡化，即有

$$S = T(r) = \int_0^r p_r(\omega)\,\mathrm{d}\omega \tag{7.5.1}$$

和

$$v = Q(z) = \int_0^z p_z(\omega)\,\mathrm{d}\omega \tag{7.5.2}$$

通过上述均衡化处理后，两图像的灰度分布密度函数都成为具有均匀密度平直的矩形分布，并且当进行归一化后，$p_r(\omega)$ 与$p_z(\omega)$ 处处为 1。现在问题很明确，如何从两个均衡化过程来确定所期望的概率密度函数 $p_z(z)$ 的灰度级和其相对应的频数 n_k 与频率$\frac{n_k}{n}$。要求出期望的概率密度函数的灰度级 z，对式（7.5.2）来讲，即是对其求反的运算 $z=Q^{-1}(v)$。均衡化过程中可求出一系列的 v 值和 s 值，如果以 s 替代求反运算中 v，即 $z=Q^{-1}(v)=Q^{-1}(s)$，那么这个 z 就正是期望的概率密度函数 $p_z(z)$ 的灰度级，有

$$z=Q^{-1}(s) \tag{7.5.3}$$

将 $S=T(r)$ 代入上式，构成了一个组合的变换式

$$z=Q^{-1}[T(r)] \tag{7.5.4}$$

式（7.5.4）表明，直方图匹配过程中，只要先求出原图像的变换函数 $T(r)$ 以及对 $Q(z)$ 求逆，便可完成原图像的直方图匹配，从而省去了对指定图像的均衡化处理过程，

先前提到的对指定图像的均衡化，只是虚晃一枪。现截取上一节直方图均衡化中表 7. 4. 1 的灰阶从 0 到 9 的一组数据作为直方图匹配的原始图像数据，并与指定的直方图数据同列于表 7. 5. 1。原图像直方图均衡化数据，指定直方图的密度函数数据以及它的变换函数 $Q(z)$ 数据也一并列于表 7. 5. 1。概括起来，为完成原图像像元灰度级的直方图匹配要经过下列步骤。

表 7. 5. 1　原始与指定直方图数据

原直方图数据									指定直方图数据		
均衡化前灰度级 r_k	均衡化前频数 n_k	均衡化前频率 P	累积频率 $\sum P$	均衡化灰度级 $9\times\sum P$	变换后灰度级 S_k	均衡化后频数 n_k^0	均衡化后频率 $P_s(S_k)$	均衡化后累积频率 $\sum P_s(S_k)$	灰度级 Z_k	频率 $P_k(Z_k)$	累积频率 $\sum P_k(Z_k)$
0(0)	5	0. 019	0. 019	0. 171	0	11	0. 041	0. 041	0	0	0
1/9(0. 111)	6	0. 022	0. 041	0. 369					1	0	0
2/9(0. 222)	57	0. 213	0. 254	2. 286	2	57	0. 213	0. 254	2	0	0
3/9(0. 333)	75	0. 281	0. 535	4. 815	5	75	0. 281	0. 535	3	0. 05	0. 05
4/9(0. 444)	45	0. 169	0. 704	6. 334	6	45	0. 169	0. 704	4	0. 10	0. 15
5/9(0. 556)	20	0. 075	0. 779	7. 011	7	20	0. 075	0. 779	5	0. 20	0. 35
6/9(0. 667)	15	0. 056	0. 835	7. 515	8	44	0. 165	0. 944	6	0. 30	0. 65
7/9(0. 778)	15	0. 056	0. 891	8. 019					7	0. 20	0. 85
8/9(0. 889)	14	0. 052	0. 943	8. 487					8	0. 10	0. 95
9/9(1)	15	0. 056	0. 999	8. 991	9	15	0. 056	1. 000	9	0. 05	1. 00

步骤 A，原图像的直方图均衡化，处理结果列于表 7. 5. 2。

步骤 B，由指定的分布密度函数值计算出变换函数，即 $v_k = Q(Z_k) = \sum_{j=0}^{k} P_z(Z_j)$ ，变换函数数据亦列于表 7. 5. 2，变换函数图形示于图 7. 5. 1.

步骤 C，用原图像直方图均衡化后得到的均匀灰度级 S 代替 $v = Q(z)$ 求逆（反映射）中的 v，得到的灰度级 $z = Q^{-1}(s)$，即为期望的概率密度函数 $P_z(z)$ 的灰度级。由于面对的是离散的图像数据，在进行反映射前，须对直方图均衡化后的统计量（即累积频率），与指定密度函数的累积频率按最贴近单映射原则进行比较，如果两个累积频率相等或近似相等，就不妨认为相等或近似相等之处的对应灰度级对，就是要寻求的进行匹配转换的对应的灰度级，而这些对应的灰度级正是原图像直方图均衡化后的灰度级所对应的被转换成的指定直方图灰度级。

现在来比较表 7. 5. 2 中两个累积频率 $\sum P$ 和 $Q(z)$ 的第一对数据 0. 041 和 0. 05，它们极为接近，按最贴近单映射原则，它们就是要寻找的转换时，该转换对所对应的灰度级正是进行直方图匹配转换中相应的灰度级，由此来决定匹配转换后的指定直方图的灰度级。试看当 $S_0 = 0.041$ 时，与之最贴近的是 $Q(3) = 0.05$，其求逆表示为 $Q^{-1}(0.15) = 3$。但是在检视其他诸转换对时，我们看到，有的很接近，甚至有的完全相等。但也有的，如

0.254 ~0.15，0.535 ~0.35 两转换对相去甚远，只不过即使如此，也不太影响最终匹配效果。

下面逐一列出它们间的映射关系：

$$S_0=0.041\rightarrow Z_3=0.05\quad S_2=0.254\rightarrow Z_4=0.15\quad S_5=0.535\rightarrow Z_5=0.35$$
$$S_6=0.704\rightarrow Z_6=0.65\quad S_7=0.779\rightarrow Z_7=0.85\quad S_8=0.944\rightarrow Z_8=0.95$$
$$S_9=1.000\rightarrow Z_9=1.000$$

表 7.5.2 直方图均衡化结果与指定直方图数据表

均衡化后灰阶 S_k	均衡化后灰阶频数 n_k	均衡化后累积频率 $\sum P$	两累积频率贴近度比较	指定密度函数累积频率 $Q(z)$	直方图匹配后图像灰阶 Z_k	匹配后各灰阶频数 n_k^0	匹配后各灰阶频率 n_k^0/N
0	11	0.041	≈0.05	0.05	3	11	0.041
2	57	0.254	≈0.15	0.15	4	57	0.213
5	75	0.535	≈0.35	0.35	5	75	0.281
6	45	0.704	≈0.65	0.65	6	45	0.169
7	20	0.779	≈0.85	0.85	7	20	0.075
8	44	0.944	≈0.95	0.95	8	44	0.165
9	15	1.000	=1.000	1.000	9	15	0.056

步骤 D，联合运用表 7.5.1 和表 7.5.2，按 $Z=Q^{-1}$ 寻找原始图像灰度级 r 与直方图匹配后图像灰度级之间的映射图像，并据这个关系追索各灰度级所包含的像元数。表 7.5.1 首列项 r（归一化灰度级）与尾列项 Z 的各映射关系为：

$$(r_0+r_1)=0.111\rightarrow Z_3=0.05\quad r_2=0.222\rightarrow Z4=0.15\quad r_3=0.333\rightarrow Z_5=0.35$$
$$r_4=0.444\rightarrow Z_6=0.65\quad r_5=0.556\rightarrow Z_7=0.85\quad r_6=0.667\rightarrow Z_8=0.95$$
$$r_7=0.778\rightarrow Z_8=0.95\quad r_8=0.889\rightarrow Z_8=0.95\quad r_9=1.000\rightarrow Z_9=1.000$$

根据上面直方图匹配的原理陈述和对典型案例的分析与演算，用下述表格（表 7.5.3）来概括直方图匹配的总体过程和相应结果，并绘出原始图像直方图［图 7.5.1（a）］、均衡化直方图［图 7.5.1（b）］、指定匹配直方图［图 7.5.1（c）］、直方图匹配后直方图［图 7.5.1（d）］和累积直方图［图 7.5.1（e）］。

现就图 7.5.1 中的匹配直方图（d），指定直方图（c）和均衡化直方图（b）进行比较，首先看到匹配直方图和指定直方图在灰度级的动态范围完全一致，在分布形态上仍然远离正态分布，倒是保留了均衡化直方图的深刻印记，表明直方图匹配在均衡化基础上对像元的灰度级作了进一步调整，相当于那些低灰度级向右平移靠拢，贴紧，但各灰度级的像元数并没有发生变化。

表 7.5.3　直方图匹配图像灰度级映射关系

原始图像灰度级r_k	最贴近单向映射变换	均衡化后图像灰度级S_k	最贴近单向映射变换	正配直方图灰度级Z_k	指定直方图像元数n_k	指定直方图频率$\frac{n_k}{n}$
0		0		0	0	0
1				0	0	0
2		2		0	0	0
3		5		3	11	0.041
4		6		4	57	0.213
5		7		5	75	0.281
6		8		6	45	0.169
7				7	20	0.075
8				8	44	0.165
9		9		9	15	0.056

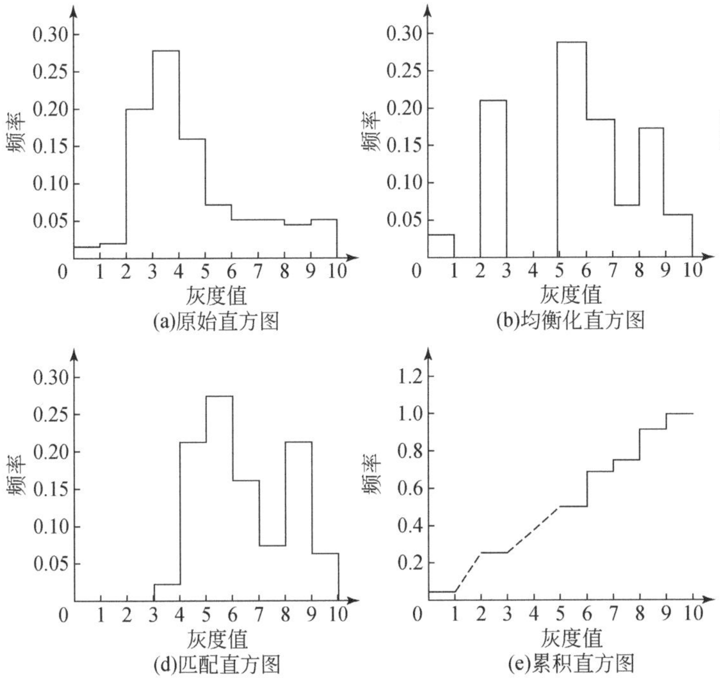

图 7.5.1　直方图匹配图组

7.6　空间卷积滤波

空间卷积滤波，有时直呼为空间滤波，以有别于下一章将要介绍的频率域滤波。空间滤波是一种直接对图像像元灰度值的运算，事前不需要对图像先期进行诸如变换一类的处理。空间滤波是图像邻域处理中的核心内容，它是借助于卷积核（或称滤波器、掩模/模板）进行的一种滤波处理运算，运算处理的结果不但与像元灰度值本身有关，也与卷积核元素的权重和结构有关。空间滤波需要根据应用目标的不同，人为地构建一个个不同的掩模，这种掩模实际上就是一种奇数的权重系数的数字方阵，通过移动掩模，逐一计算掩模元素与其相对应的像元灰度值的乘积，最后累加作为中心像元的新灰度值以取代原来的灰度值。这样顺序移动模板来计算乘积和，直至遍历图像的所有能参与运算的像元，完成全图像的卷积运算以达到某种预期目的。

这里所讲的空间滤波是被限定在线性算子运算范畴。所谓线性算子 K，是指任意两幅图像 $f(x, y)$ 和 $g(x, y)$，以及任何两个标量 α 和 β，存在

$$K[\alpha f(x,y)+\beta g(x,y)]=\alpha Kf(x,y)+\beta Kg(x,y) \tag{7.6.1}$$

式（7.6.1）表明，用任意两常数 α 和 β 分别乘以两图像而后相加的和来进行线性算子运算，与两图像分别应用该算子进行运算然后再相加，其作用是等效的。线性算子是充分理解图像处理的理论和实践的重要基础。为直观的了解空间滤波的原理和计算过程，现以图 7.6.1 来加以说明。

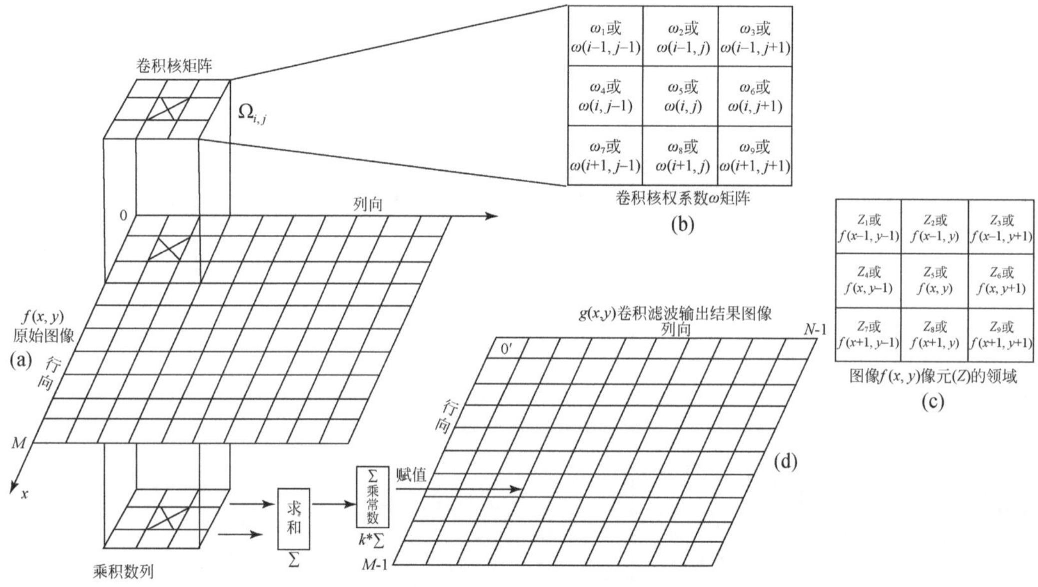

图 7.6.1　离散空间卷积滤波原理图解

图 7.6.1 的左侧为原始输入图像 $f(x, y)$，图像坐标原点在图的左顶点 0，向右为列增加方向，向左下为行增加方向，掩模位于图像子区（邻域）正上方，为 3×3 的权重系数矩阵 Ω_{ij}，图（b）为掩模的放大图，图（c）为像元 $f(x, y)$ 的邻域放大图；图的左下方诸小图表示空间卷积滤波的运算流程；图（d）为卷积滤波的输出结果图像 $g(x, y)$，注意坐标原点 0′已不在其原来位置。原始图像为 M 行×N 列，经滤波处理后为（M−1）×（N−1）。首个 $f(x, y)$ 的邻域选定在图像左上角的极限可能位置，空间卷积滤波响应 R：

$$R=\omega(i-1,j-1)f(x-1,y-1)+\omega(i-1,j)f(x-1,y)+\omega(i-1,j+1)f(x-1,y+1)+$$

$$\omega(i,j-1)f(x,y-1)+\omega(i,j)f(x,y)+\omega(i,j+1)f(x,y+1)+\omega(i+1,j-1)f(x+1,y-1)$$
$$+\omega(i+1,j)f(x+1,y)+\omega(i+1,j+1)f(x+1,y+1) \tag{7.6.2}$$

或简记

$$R=\omega_1 z_1+\omega_2 z_2+\cdots+\omega_9 z_9=\sum_{i=1}^{9}\omega_i z_i \tag{7.6.3}$$

该式表明，线性卷积滤波响应 R 可以直接表示成卷积核元素 ω_{ij} 与在核矩阵下的相应的图像像元灰度值的乘积之和。为了更一般化，像幅尺度为 M 行×N 列的图像 $f(x, y)$ 用 $m\times n$ 大小的卷积核进行线性卷积滤波产生结果图像 $g(x, y)$

$$g(x,y)=\sum_{s=-a}^{a}\sum_{t=-b}^{b}\omega(s,t)f(x+s,y+t) \tag{7.6.4}$$

式中，$a=(m-1)/2$，$b=(n-1)/2$，对于 $x=0$, 1, 2, …, $M-1$ 和 $y=0$, 1, 2, …, $N-1$，逐一运行上式，遍历每个可参与的像元，便可最终获得一幅完整的卷积滤波处理图像。如果不做补救性处置，这个结果图像比原始图像缩小了，最大可能尺寸为（$(M-1)\times(N-1)$）。

对卷积滤波的结果影响最大的是卷积核尺寸大小，卷积核元素权重的大小设置以及它的空间格局。图 7.6.2 显示的是卷积核元素具有相同或不同的权重并呈不同的空间格局的滤波核矩阵，肯定它们的作用也是各不相同的。图 7.6.2（a）各元素权重相等，与邻域内像元进行卷积运算，其结果起到取平均的作用，可用于消除噪音；图 7.6.2（b）中心元素权重为正 8，其他相邻元素之权重均为−1，为辐射对称，扩大了中间与周围的差异，用于边缘增强，扩大图像的对比度；图 7.6.2（c）核元素权重设置与布局均复杂，为中心对称，是一种用相邻行和相邻列像元的马尔可夫相关系数组成的统计型模板，专门用于边缘检测；图 7.6.2（d）是一种卷积核元素的权重呈现为两侧逆对称的矩阵，其设计的初衷肯定是更加扩大两侧方向的差异，亦用于边缘检测。图 7.6.2 均选用 3×3 的核矩阵，使用较多。当然也可以选用 5×5、7×7，有时甚至大至 25×25 的核矩阵，这就要看处理者要达到什么目的了。

1	1	1
1	1	1
1	1	1

(a)

−1	−1	−1
−1	8	−1
−1	−1	−1

(b)

1	−2	1
−2	4	−2
1	−2	1

(c)

−2	1	0
−1	0	1
0	1	2

(d)

图 7.6.2　具有不同权重和格局的卷积核

再回到图 7.6.1，在结果图像上，坐标原点已下移了一个像元并记为 0′，还留下了原图像的边缘一行和一列为空白，这是因为核矩阵为 3×3，当核矩阵中心元素对准边上某一行或某一列像元时，卷积核元素势必落空出界，无法继续有效运算造成的。也有补救的办法，但应当分析其结果。一种方法是顺势用最边行或列的像元灰度值代替或全部补充为0来处置。

用于边缘增强的模板是一种中央辐射对称的模板，而用于边缘检测的模板是两侧反对称模板，它们都是用于边缘处理的。虽然后者属于图像分割处理范畴，我们暂且把它们放在同一节里叙述，就不再设专门章节来讨论图像分割了。

7.7 图像的平滑降噪处理

图像平滑处理的作用主要在于减少或消除噪音，另外，它也是为了突出感兴趣的目标而故意模糊被处理的图像，使那些较小的物体的亮度与背景相近从而融合于背景，使那些尺度较大的目标突显出来以利检测。

7.7.1 图像噪声

图像噪声对图像信号幅度和相位都有影响而且表现复杂，一些噪声和图像信号是相互独立的，表现为加性噪声。噪声 η 和信号 $f(x, y)$ 的关系可描述为：噪声图像 $g(x, y)=f(x, y)+\eta$。一些噪声则是随信号变化而随之变化，被称为乘性噪声，可表达为 $g(x, y)=f(x, y)+\eta f(x, y)$。量化噪声也是数字图像噪声的一种来源。另外，深色图像上的白点，浅色图像中的黑点，习惯上被形象地称为椒盐噪声。

乘性噪声总是和信号纠缠在一起的，平滑处理不当，必然造成图像细节模糊，成为平滑处理付出的昂贵代价。如何在平滑掉图像噪声的同时，还能保持图像中的细节不遭损失，是图像平滑处理中的一个值得研究的问题。如何研究这种兼顾到噪声去除与图像细节保持的两难问题，可设想来构造一个代价函数 $\varphi(x, y)$

$$\varphi(x,y) = \iint_{\infty} \omega_{x,y}\left[\frac{\partial^2 f^o}{\partial^2 x} + \frac{\partial^2 f^o}{\partial^2 y} + (f^o - g)^2\right]\mathrm{d}x\mathrm{d}y \tag{7.7.1}$$

式中，$\omega_{x,y}$为权重函数，$f^o(x, y)$ 为平滑了的图像（式中简记为f^o），$g(x, y)$ 为含有噪声的图像（式中简记为 g）。积分号下前两项是熟知的拉普拉斯算子，反映图像的细节，第三项是均方差，与图像中噪声有关。要保持图像细节不被模糊，权重函数$\omega_{x,y}$必须对反映细节的函数项敏感，也即给予较大的权重，而对反映噪声的项要显得冷漠，施以较低的权重，才能获得满意的结果。这是一个最优化的问题，做到这一点是相当不易的。一般是绕开这个难点，在空域中，是采用简约的定点噪声去除和邻域平均的方法以及统计排序中的中位数法（即中值滤波）。

7.7.2 线性与非线性平滑滤波

7.7.2.1 疑点噪声的确定与剔除

当图像中出现星星点点的与背景相比为特亮或特暗的孤立点斑时，它们即为疑似噪声，一如椒盐噪声那样。可采用疑似噪声点邻域（或称窗口）的方法来进行认定。设窗口大小为 3×3 像元尺度，疑似噪声点灰度值设为 Z_0，窗口内任一灰度值为 Z，其差值 $\Delta = Z_0 - Z$。可先设定为门槛值，如果某个像元的灰度值 Z_j 与 Z_0 之差超过门槛值 Δ 的 β 倍，可认定此像元为噪声点，并以窗口内所有像元灰度值的平均值 $Z_{av.}$ 替代噪声点的灰度。

$$Z_{av.} = f_{av.}(x,y) = \frac{1}{M}\sum_{(m,n)\in w}\sum \omega_{m,n} f(x,y) \tag{7.7.2}$$

式中，M 为窗口内像元总数，$\omega_{m,n}$ 为窗口元素权重，w 为选定的窗口范围。

设有一数字图像 $f(x,\ y)$，3×3 窗口子图像 $f_1(x,\ y)$，权重函数 $\omega_{m,n}$，形式如下

$$f_1(x,y) = \begin{bmatrix} 65 & 67 & 70 \\ 67 & 255 & 69 \\ 68 & 69 & 70 \end{bmatrix} \Rightarrow \begin{bmatrix} 65 & 67 & 70 \\ 67 & 89 & 69 \\ 68 & 69 & 70 \end{bmatrix}$$

$$\omega_{m,n} = \frac{1}{9}\begin{bmatrix} 1 & 1 & 1 \\ 1 & 1 & 1 \\ 1 & 1 & 1 \end{bmatrix}$$

窗口内平均像元灰度值为 89，设门槛值 $\Delta = 100$，窗口中心像元灰度值为 255，其与均值之差 $255 - 89 = 166 > 100$，那么就认定疑似噪声点为真正噪声点，而将其剔除，并以窗口像元灰度值之均值取而代之。噪声定点清除法带有试验性，门槛值 Δ 设置过高（大），噪声点可能清除不干净；如果 Δ 值设置过低，则容易造成图像模糊，需根据实际清除效果，反复试验来决定。

7.7.2.2 线性平滑滤波

线性平滑滤波是用相应掩模进行卷积运算来实现的，其平滑效果决定于卷积核元素的权重设定和布局，图 7.7.1 分别是 3×3 和 5×5 掩模示例。

(a) $\frac{1}{9}\times$

1	1	1
1	1	1
1	1	1

(b) $\frac{1}{16}\times$

1	2	1
2	4	2
1	2	1

(c) $\frac{1}{40}\times$

2	4	2
4	16	4
2	4	2

(d) $\frac{1}{101}\times$

1	1	1	1	1
1	5	10	5	1
1	10	25	10	1
1	5	10	5	1
1	1	1	1	1

(e) $\frac{1}{81}\times$

1	1	3	1	1
1	3	5	3	1
3	5	25	5	3
1	3	5	3	1
1	1	3	1	1

图 7.7.1 几种辐射中心对称卷积核

先从图 7.7.1（a）说起，卷积核元素的权重均相等且为 1，卷积计算的结果实际上就是求邻域内的像元灰度级的平均值，卷积核左侧的乘数 1/9 的作用是使卷积的乘积和缩小 1/9 倍，以保持图像的灰度等级与处理前一致。这种用邻域内像元灰度值的平均数作为中

心像元的新灰度值，当卷积运算遍历参与运算的所有像元，整个图像就被平均了一遍，降低了图像灰度值的空间上的变化，达到了降噪的效果，但是与此同时，必然造成人们不希望的边缘、细节模糊的相反作用。因为每个核元素权重相等，平滑滤波降噪效果和引起的边缘、细节模糊效应都随卷积核尺寸的增加而变大。由于卷积核元素的权重都相等，一视同仁，故有均值滤波的称呼，这种滤波器既简单又直观。

图 7.7.1 中所列的其他几种卷积核元素，从中心向四周都是以中心权重为最大，而后向四周其权重逐渐递降变小，同为一种中心辐射对称的格局。这种布局，当然是强调了中心像元的地位与作用。这种格局还有一个特点，就是紧邻中心的四邻元素权重较大，而处于对角方向的四邻元素则权重较小，反映其地位和重要性都不如四邻元素。这几种权系数不等的卷积核，可概称之为加权平均滤波器，其平滑滤波效果都会优于均值滤波器，其原理是，在图像平滑降噪的同时，还通过中心对称，以及向四周递减的权重分布格局，来补偿因平滑而引起的边缘和细节的模糊。

正如本节一开始就提到的，线性平滑滤波在降噪的同时，还会引起图像的模糊，这种模糊有时还会有利用的价值。美国宇航局（NASA）在处理绕地球轨道运作的哈勃（Hubble）望远镜面向太空获取的星团/星系影像时，先应用 15×15 的均值卷积核对此太空遥感图像进行平滑处理，从处理结果中看到，一些原来较暗的目标已融入到黑暗的太空背景中了，一些则被降低了亮度，接着使用如图 7.7.2 的灰度变换函数 $S=T(r)$，并用模糊图像上具有最大像元亮度值的四分之一值作为阈值对处理后的图像进行筛选，最终获得了保存了大的目标的清晰图像。

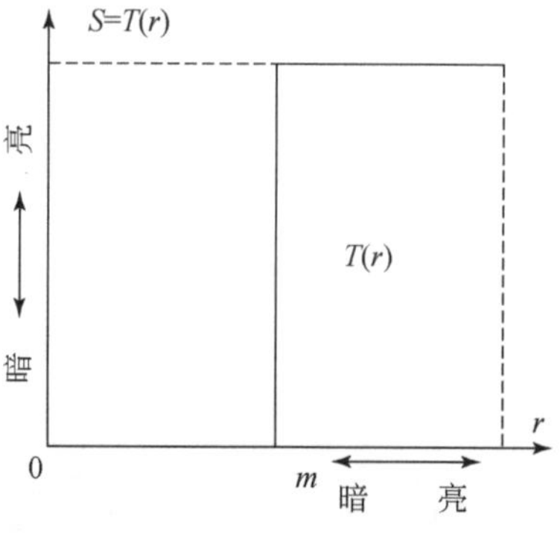

图 7.7.2　灰度变换函数 $S=T(r)$

7.7.2.3　统计排序平滑

众所周知，对一组随机测量数据进行统计概率分析，不外乎三种类型，即正态分布，左偏态分布和右偏态分布。对于正态分布，其均值、中位数和中值重合为一个数，随便怎么称呼，其数值是一样的。对于左偏态或右偏态分布，中值或居左或居右，而且均值或中位数则各居一方，互不重叠。统计排序滤波器是一种非线性的空间滤波器，具有较强的降噪能力，并对保存图像固有边缘和细节特征有不俗的表现，比起小尺度的平滑滤波器造成的模糊要低得多，因而应用普遍。统计排序滤波器可分为中位数滤波、最大值滤波、最小值滤波、中点滤波和修正的 α 滤波等多种，其中以中位数滤波应用最为广泛。其中最大值和最小值滤波器将在下面的图像的边缘检测一节中叙述。

（1）中位数滤波

中位数滤波，顾名思义，它是把邻域内的所有像元灰度值按大小排序，取居中的灰度值作为中心像元的灰度值，如 3×3 的邻域，排在第 5 位的值即为中值，而对于 7×7 邻域，其中位数则是在第 25 位的值。中位数滤波的结果是使邻域内的各像元灰度值呈现为一和谐的整体，消除了突兀起伏的感觉。

（2）中点滤波

在邻域范围内，求像元最大灰度值和最小灰度值和之一半作为中点滤波之输出结果，它兼具了统计排序和求平均的优势，对消除高斯分布型和均匀随机分布型噪声具特殊之功效。

其算法表式为

$$\hat{f}(x,y)=\frac{1}{2}\left[\max_{(s,t)\in S_{x,y}}|g(s,t)|+\min_{(s,t)\in S_{x,y}}|g(s,t)|\right] \tag{7.7.3}$$

式中，$\hat{f}(x,y)$ 表示中点滤波后的结果，$g(s,t)$ 表示像元 (x,y) 的邻域，$\max\limits_{(s,t)\in S_{x,y}}|g(s,t)|$ 表示 $g(s,t)$ 中的像元灰度值最大值，$\min\limits_{(s,t)\in S_{x,y}}|g(s,t)|$ 表示 $g(s,t)$ 中的像元灰度值最小值，$S_{x,y}$ 则表示中心在 (x,y) 点，大小为 $m\times n$ 的子图像窗口的坐标组。

（3）修正的 α 均值滤波

在 S_{xy} 邻域里，人为硬性地去掉 $g(s,t)$ 中的像元灰度值最大值附近的 $d/2$ 个像元和最小灰度值附近的 $d/2$ 个像元，把余下的（$m\times n-d$）个像元灰度值的平均值构成的滤波器，称为修正的 α 均值滤波器，如果用 $g(s,t)$ 表示剩余的（$m\times n-d$）个像元灰度值，则有

$$\hat{f}(x,y)=\frac{1}{m\times n-d}\sum_{(s,t)\in S_{x,y}}\sum g_r(s,t) \tag{7.7.4}$$

式中，d 可取 0 至（$m\times n-1$）之间的任意正整数。当 $d=0$，模型退化为均值滤波器；当 $d=m\times n-1$，模型退化为中位数滤波器。当 d 取其他值时，修正的 α 均值滤波器可以消除多种噪声，其中包括高斯分布型噪声与椒盐噪声相混合的复合噪声。

7.8 图像的锐化处理

遥感图像锐化处理的目的，是使地物的边缘、地表覆盖类型的轮廓、地形的转折、地表形迹的走向、地物的纹理等细节信息在图像上表现得更清晰、鲜明。因此，锐化处理可以说是一种去模糊的处理。造成图像模糊的原因多种多样，如果仅对引起模糊的单一原因进行针对性处理，那是图像复原研究的范畴，而图像锐化是针对多种原因造成的模糊结果所进行的处理，是不问缘由的。遥感图像信号从扫描成像那一刻起，经过微波载波信号传输过程中的调制与解调，数字信号的压缩与解压，图像的空间采样和信号的量化，直到数字信号系统显示等众多环节，每一个环节对图像信号都是一次调制，而调制的结果就是引起信号的高频损失，最终造成地物边缘模糊和轮廓不清。因此，从频谱的角度来分析，图

像模糊的本质是图像信号的高频成分受到衰减，解决之道当然是通过高频滤波增强来使模糊图像变得清晰；而从数学处理上来看，图像模糊是因为图像信号受到平均或积分运算的结果，这正如上一节图像平滑处理所看到的。要使图像清晰，只有反其道而行之，对模糊图像进行微分逆运算。一般来讲，应先去除干扰噪声，再进行锐化处理，而去噪属于复原的范畴，这也是图像增强和图像复原的一种内在关系吧。图像增强可视为一种主观过程，而复原大部分是个客观过程，它利用造成图像退化的某些先验知识来重建被退化了的图像。

前面曾多次提及，遥感图像像元的灰度值是传感器接收到的地物对太阳辐射的反射或地物自身的发射的电磁波信号的数字化表示（DN 值）。同一种地物（目标），在地势平坦地区，在同一像幅范围里的 DN 值变化不大，甚至保持不变；不同的目标，DN 值互不相同，在地形的坡折处和两种地物的交界处，或一种地物的四周往往发生灰度值的突变，表现为地物的边界、轮廓或线条等特征。现在的任务应该是寻找这些地形转折地物突变处与平坦处的灰度变化特征和像元灰度值空间变化的一阶微商和二阶微商间究竟存在什么样的关系。

在空间域，邻域像元灰度值的算术或加权平均法在降噪的同时也造成了图像的模糊。均值处理与积分类似，如果通过空域的图像微分处理定可消除模糊而达到图像的锐化的目标，这是一个合乎逻辑的推论。问题是，并不能直接使用各阶微商就能进行图像的锐化处理达到消除模糊的目的，必须通过构造出满足线性系统要求的各阶微分的线性组合的作用，才能达到图像锐化的这一目的。

实际上并不能直接使用一阶或二阶的微商来进行图像灰度的锐化增强处理，而是采用它们的某种特定组合来作用于原始的灰度图像来实现图像的锐化。如梯度和拉普拉斯算子各是采用灰度函数 $f(x, y)$ 的一阶和二阶微商的线性组合。其所以如此，是因为这种算子还需满足线性处理系统关于各向同性和旋转位移不变的两个重要性质要求。

7.8.1 图像锐化满足的条件

遥感图像像元的灰度值，如同物体的温度，物质的密度，溶液的浓度等都是用数值表示的物理量，它们的定义与时间无关。在具体研究中，常常不限定在个别的点，而会考虑到相关空间里的所有点，而每一点都有一个相应的数值与之对应，从而形成了一个数量场。一幅遥感图像就是一个数量场。对于图像灰度场，我们当然会考虑，灰度值在点 P_0 沿什么方向增加的最快或者是变化率最大等问题。当考虑用数值大小来表示灰度在点 P_0 的方向导数的最大值，而方向是用方向导数取得最大值的方向的矢量来描述灰度场的特征，这样的矢量就是灰度梯度。函数 $w=f(x, y)$ 在点 (x_0, y_0) 处可微，它的两个偏导数 $f_x(x_0, y_0)$ 和 $f_y(x_0, y_0)$ 分别描述函数 $f(x, y)$ 在该点处沿 x 轴和 y 轴的正方向上的变化率，那么 $f(x, y)$ 在该点处沿任意方向 L 的导数为 $\left.\frac{\partial w}{\partial L}\right|_{P_0}=\left.\frac{\partial f}{\partial x}\right|_{P_0}\cos\alpha+\left.\frac{\partial f}{\partial y}\right|_{P_0}\cos\beta$，$\cos\alpha$ 与 $\cos\beta$ 为 L 的方向余弦。这样，图像灰度场中有函数 $w=f(x, y)$ 在点 $P_0(x_0, y_0)$ 处的梯度是这样一个向量，其方向是使函数增加最快的方向，而其大小则是函数的最大增长

率，函数 w 在点 P_0 处的梯度记作 $\overrightarrow{\text{grad}w}\mid_{P_0}$，其投影表达式为

$$\overrightarrow{\text{grad}w}\mid_{P_0}=\left\{\frac{\partial f}{\partial x},\frac{\partial f}{\partial y},\frac{\partial f}{\partial z}\right\}\Bigg|_{P_0} \tag{7.8.1}$$

$$\overrightarrow{\text{grad}w}\mid_{P_0}=\left(\frac{\partial f}{\partial x}\right)I+\left(\frac{\partial f}{\partial y}\right)J+\left(\frac{\partial f}{\partial z}\right)K$$

式中，I，J，K 为单位向量。

梯度 gradw 有时记为 ∇w，“∇”为汉密尔顿（Hamilton）梯度算子。

遥感图像的灰度值本身是个数量值，但灰度梯度则是个向量。梯度的值称为梯度的模 $\text{grad}w=\sqrt{\left(\frac{\partial f}{\partial x}\right)^2+\left(\frac{\partial f}{\partial y}\right)^2}$，它表示梯度在数值上正比于邻近像元灰度级的最大变化率方向上的单位距离上的增量，即正比于邻近像元灰度级值的差分。这样，在图像灰度值变化缓慢区，其数值很小，而在一些地物的边缘，各种目标的分界处，大的地质形迹的外廓附近，灰度级值变化很大，这时，当遥感图像经梯度增强的锐化处理后，图像的边缘细节变得清晰突出而有层次感，体现了锐化处理的最本征功效。

线性系统是图像处理的基本理论支柱之一，尤其是关于旋转位移不变和各向同性的原则要求，在人们构造各种线性算子时必须切实遵循。现在就应考虑并论证我们选择的锐化增强处理两种算子，即汉密尔顿算子 $\nabla w=\sqrt{\left(\frac{\partial f}{\partial x}\right)^2+\left(\frac{\partial f}{\partial y}\right)^2}$ 与拉普拉斯算子 $\nabla^2 w=\frac{\partial^2 f}{\partial x^2}+\frac{\partial^2 f}{\partial y^2}$，切实满足上述的各向同性与旋转位移不变的基本要求。

由于目标的边界，各种地质形迹的走向在空间是各种方向的，这就要求被选择的算子应该是各向同性和旋转位移不变的，这才能保证在图像里任何走向的地表形迹特征在经过上述两种算子处理后，都能获得相同的增强效果。这意味着要证明下列的等式成立，即坐标旋转前（图 7.8.1）构建的两种算子与旋转了任意角度 θ 后（图 7.8.2）在新坐标下的两种算子各个相等

$$\frac{\partial^2 f}{\partial x^2}+\frac{\partial^2 f}{\partial y^2}=\frac{\partial^2 f}{\partial x_0^2}+\frac{\partial^2 f}{\partial y_0^2}\quad\text{（二阶导数线性组合）} \tag{7.8.2}$$

$$\left(\frac{\partial f}{\partial x}\right)^2+\left(\frac{\partial f}{\partial y}\right)^2=\left(\frac{\partial f}{\partial x_0}\right)^2+\left(\frac{\partial f}{\partial y_0}\right)^2\quad\text{（一阶导数平方的线性组合）} \tag{7.8.3}$$

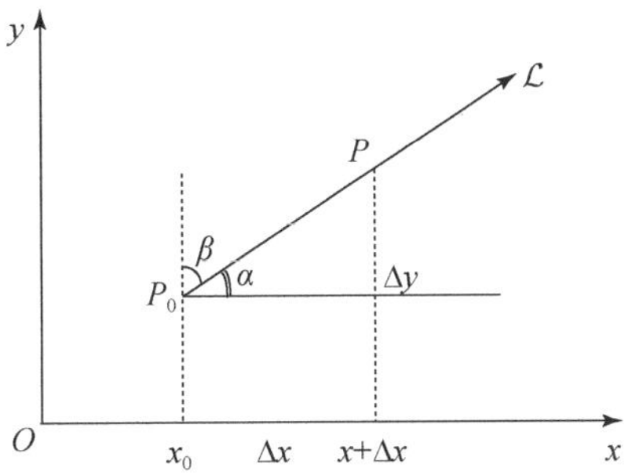

图 7.8.1　x–y 原坐标系

从图 7. 8. 2 的坐标轴旋转 θ 角后的坐标变换关系式，分别对 x 和 y 求导可得

$$\frac{\partial x}{\partial x_0'}=\cos\theta, \frac{\partial x}{\partial y_0'}=-\sin\theta$$

$$\frac{\partial y}{\partial y_0'}=\cos\theta, \frac{\partial y}{\partial x_0'}=\sin\theta \tag{7.8.4}$$

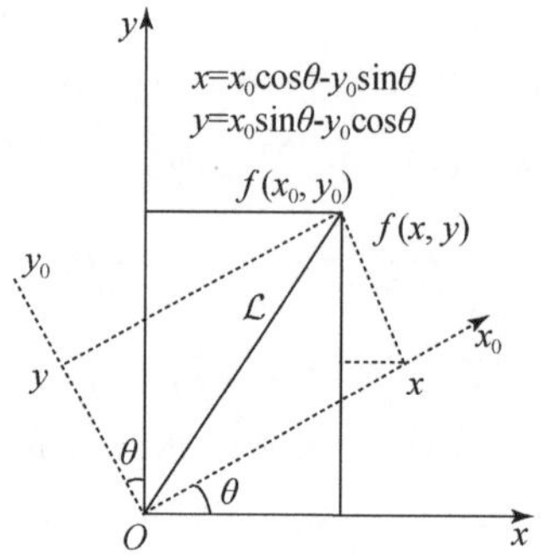

图 7. 8. 2　x–y 坐标旋转 θ 角产生 x'–y'坐标之转换关系

据图 7. 8. 2 和式（7. 8. 4），现用原 x–y 坐标系中图像灰度值函数 $w=f(x, y)$ 的一阶偏导数来表达旋转角度后所形成的 x_0–y_0 坐标系中灰度函数 $f(x_0, y_0)$ 的一阶偏导数，有

$$\frac{\partial w}{\partial x_0}=\frac{\partial w}{\partial x}\frac{\partial x}{\partial x_0}+\frac{\partial w}{\partial y}\frac{\partial y}{\partial x_0}=\frac{\partial w}{\partial x}\cos\theta+\frac{\partial w}{\partial y}\sin\theta \tag{7.8.5}$$

$$\frac{\partial w}{\partial y_0}=\frac{\partial w}{\partial x}\frac{\partial x}{\partial y_0}+\frac{\partial w}{\partial y}\frac{\partial y}{\partial y_0}=-\frac{\partial w}{\partial x}\sin\theta+\frac{\partial w}{\partial y}\cos\theta \tag{7.8.6}$$

进一步有

$$\begin{aligned}\left(\frac{\partial w}{\partial x_0}\right)^2+\left(\frac{\partial w}{\partial y_0}\right)^2 &= \left(\frac{\partial w}{\partial x}\right)^2\cos^2\theta+\left(\frac{\partial w}{\partial y}\right)^2\sin^2\theta+2\frac{\partial w}{\partial x}\cdot\frac{\partial w}{\partial y}\cdot\sin\theta\cdot\cos\theta+\\ &\quad\left(-\frac{\partial w}{\partial x}\right)^2\sin^2\theta+\left(\frac{\partial w}{\partial y}\right)^2\cos^2\theta-2\frac{\partial w}{\partial x}\cdot\frac{\partial w}{\partial y}\cdot\sin\theta\cdot\cos\theta\\ &=\left(\frac{\partial w}{\partial x}\right)^2+\left(\frac{\partial w}{\partial y}\right)^2\end{aligned} \tag{7.8.7}$$

式（7. 8. 7）表明，坐标轴旋转了一个任意 θ 角后，汉密尔顿梯度算子前后一致，边缘增强效果是旋转不变且各向同性的。显然，遥感图像的灰度值函数 $w=f(x, y)$ 任意方向的导数，都是 x–y 坐标系中其 x 轴和 y 轴方向的导数的线性组合。其实，任何方向的导数也可以表达成任何的两个在方向上不一定互相垂直的导数的线性组合。考虑式（7. 8. 3），如何确定灰度值函数 $w=f(x, y)$ 的偏导数的最大值方向。此时可令式（7. 8. 6）等于零，即可求出 θ_0，有 $\theta_0=\tan^{-1}\left(\frac{\partial w}{\partial y}/\frac{\partial w}{\partial x}\right)$。除 θ_0 方向，$\theta_0+180°$方向也是其负方向的解，现取正方向（θ_0），即具有最大偏导数值的方向角 θ_0，有

$$\cos\theta_0=\frac{1}{\sqrt{1+\tan^2\theta}}=\frac{\partial w}{\partial x}/\sqrt{\left(\frac{\partial w}{\partial x}\right)^2+\left(\frac{\partial w}{\partial y}\right)^2} \tag{7.8.8}$$

$$\sin\theta_0=\sqrt{1-\cos^2\theta}=\frac{\partial w}{\partial y}\Big/\sqrt{\left(\frac{\partial w}{\partial x}\right)^2+\left(\frac{\partial w}{\partial y}\right)^2} \tag{7.8.9}$$

这样，把式（7.8.8）与式（7.8.9）代入上面的式（7.8.5），便可得到 θ_0 方向的最大偏导数$\frac{\partial w}{\partial x_0}$，

$$\frac{\partial w}{\partial x_0}=\frac{\partial w}{\partial x}\cos\theta_0+\frac{\partial w}{\partial y}\sin\theta_0=\sqrt{\left(\frac{\partial w}{\partial x}\right)^2+\left(\frac{\partial w}{\partial y}\right)^2} \tag{7.8.10}$$

那么，与 θ_0 方向垂直的偏导数$\frac{\partial w}{\partial y_0}$必然为 0。因此，向量$\sqrt{\left(\frac{\partial w}{\partial x}\right)^2+\left(\frac{\partial w}{\partial y}\right)^2}$即为 $w(x, y)$ 的梯度，并且满足各向同性、旋转不变的要求。

须知，未经平方的一阶导数的线性组合是不满足旋转位移不变要求的，即它们旋转前后并不相等

$$\frac{\partial w}{\partial x}+\frac{\partial w}{\partial y}\neq\frac{\partial w}{\partial x_0}+\frac{\partial w}{\partial y_0} \tag{7.8.11}$$

如果再进一步对 $w(x, y)$ 求二阶偏导数，则可同样证明，坐标轴旋转前后的拉普拉斯算子也是相等的，同样满足各向同性和旋转位移不变的要求，即有式（7.8.2）。

7.8.2 梯度法边缘增强与检测

梯度是物理学中的一个概念，它是一个既有方向又有数量的物理量，简称为梯度向量。函数 $f(x, y)$ 变化率最大的方向即是梯度的方向，其数量的表示称为梯度的模或称幅度［式（7.8.12)］。

$$\mathrm{grad}w=\sqrt{\left(\frac{\partial f(x,y)}{\partial x}\right)^2+\left(\frac{\partial f(x,y)}{\partial y}\right)^2} \tag{7.8.12}$$

先将方向为 sita，模为 D 的向量称为函数 $f(x, y)$ 在坐标点 (x, y) 处的梯度，记为

$$\overrightarrow{G[f(x,y)]}=\begin{bmatrix}\dfrac{\partial f(x,y)}{\partial x}\\[2mm]\dfrac{\partial f(x,y)}{\partial y}\end{bmatrix} \tag{7.8.13}$$

而模在数值上等于在坐标点 (x, y) 处 $f(x, y)$ 的变化率最大的方向上单位距离所增加的数量。

在数字图像处理中所讲的梯度，是指灰度梯度的模，它的离散表示为

$$[\Delta_\theta f(i,j)]_{\max}=\sqrt{\Delta_x f(i,j)^2+\Delta_y f(i,j)^2} \tag{7.8.14}$$

称为索贝尔（sobel）梯度［图 7.8.3（a)］。式中

$$\Delta_x=f(i+1,j)-f(i,j) \tag{7.8.15}$$

$$\Delta_y=f(i,j+1)-f(i,j) \tag{7.8.16}$$

$[\Delta f(i,j)]_{\max}$表示数字灰度梯度在点 (i, j) 的最大差分。因而，有梯度向量的幅角 θ_n

$$\theta_n=\tan^{-1}\left[\frac{\Delta_y\partial f(i,j)}{\Delta_x\partial f(i,j)}\right] \tag{7.8.17}$$

在计算机中反复进行数的平方、求和再开方的运算是既耗时又占存储空间的事，在实际梯度算法设计中，是以差分 D 替代梯度，其增强效果几乎是一样的，即有

$$D=\Delta_x f(i,j)+\Delta_y f(i,j) \tag{7.8.18}$$

梯度 D 总是取差分的绝对值，或者干脆，选择 x，y 两方向差分的绝对值中的最大者，而有

$$D=\max[\,|\Delta_x f(i,j)|,|\Delta_y f(i,j)|\,] \tag{7.8.19}$$

也即：

当 $|\Delta_x f(i,\ j)|>|\Delta_y f(i,\ j)|$，$D=|\Delta_x f(i,\ j)|$，

当 $|\Delta_x f(i,\ j)|<|\Delta_y f(i,\ j)|$，$D=|\Delta_y f(i,\ j)|$。

这就进一步表明，灰度梯度与相邻像元间灰度差分的绝对值成正比。

与索贝尔梯度相伴的，用交叉差分表示的梯度，叫做罗伯茨（Roberts）梯度 D（图 7.8.3）

$$D=G[f(i,j)]=\{[f(i+1,j+1)-f(i,j)]^2+[f(i,j+1)-f(i+1,j)]^2\}^{\frac{1}{2}} \tag{7.8.20}$$

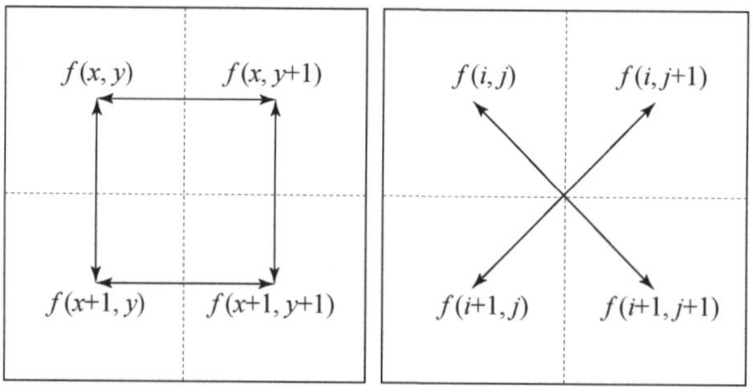

图 7.8.3　Sobel 梯度与 Roberts 梯度

也可用下式进行近似，且有相同效果，即

$$D=|f(i+1,j+1)-f(i,j)|+|f(i,j+1)-f(i+1,j)| \tag{7.8.21}$$

及 $$D=\max[\,|f(i+1,j+1)-f(i,j)|,|f(i,j+1)-f(i+1,j)|\,] \tag{7.8.22}$$

7.8.1 节我们在分析像元灰度值断面图时曾看到，在图像像元灰度值变化平缓区，一阶微商，即梯度值很小，甚至为0；而在不同地物的分界处，地物的外廓、线条或地形的阶梯转折处，像元灰度值则表现强烈的跳跃起伏，相应的梯度增大，这就表明，图像经过梯度运算后，定会使图像的细节更为清晰，从而达到图像锐化的目的。

如果用 $f^{o}(i,\ j)$ 表示梯度法增强后的图像，以坐标（i，j）处的梯度值作为梯度图像的灰度是一种最简便的方法，即

$$f^{o}(i,j)=G[f(i,j)] \tag{7.8.23}$$

这种做法的缺点是，在灰度变化平缓区，由于梯度值低，图像会成为黑黑的一片，背景信息全无。改进的方法还是有的，此时可选择一个适当的阈值 T，做到在增强边缘的同时，又不损害原来的背景，

$$f^{o}(i,j)=\begin{cases} G[f(i,j)] & \text{如果 } G[f(i,j)]>T \\ f(i,j) & \text{其他} \end{cases} \tag{7.8.24}$$

另外，需要提醒的是，当原图像 $f(x, y)$ 在（x, y）处的灰度值 D 相减时，即

$$f^{o}(x,y)=f(x,y)-D \tag{7.8.25}$$

获得了梯度法增强的结果，而当在（x, y）处像元灰度值与该点的梯度相加时，即

$$f^{o}(x,y)=f(x,y)+D \tag{7.8.26}$$

此时获得的结果图像则是一幅被平滑了的图像。

7.8.3 基于拉普拉斯算子的线性组合增强

拉普拉斯运算是一种求函数 $f(x, y)$ 的二阶偏导数的线性组合运算，具有各向同性（即旋转不变）的性质，其表达式

$$\nabla^2 f(x,y)=\frac{\partial^2 f(x,y)}{\partial x^2}+\frac{\partial^2 f(x,y)}{\partial y^2} \tag{7.8.27}$$

称作拉普拉斯算子。所谓算子，微分线性组合运算符号是也。现在要寻找拉普拉斯运算究竟和图像锐化之间有什么样的联系，即是要说清楚为何经拉普拉斯运算处理后，图像的细节会变得更清晰醒目的道理。大气分子、气溶胶粒子的扩散会造成遥感图像的模糊，这样的说法并不牵强附会。扩散过程的数学描述模型用扩散方程来表达

$$\frac{\partial f(x,y,t)}{\partial t}=\kappa\,\nabla^2 f(x,y,t) \tag{7.8.28}$$

式（7.8.28）表明正被处理的图像 f 是空间坐标 x, y 和时间变量 t 的函数，k 为一大于 0 的常数。当 $t=0$，即初始时，图像还未受到扩散作用的影响，是个清晰的图像，设为 $g(x, y)$。当 $t>0$，即过了一段时间后，由于扩散作用，使原来清晰的图像 $g(x, y, 0)$ 变成模糊图像 $f(x, y, t)$ 了。现在可将（x, y, t）在 $t=\tau$ 时展开为泰勒级数

$$f(x,y,0)=f(x,y,\tau)+\tau\frac{\partial f(x,y,\tau)}{\partial t}+\frac{\tau^2}{2!}\frac{\partial^2 f(x,y,\tau)}{\partial t^2}+\cdots+\frac{\tau^n}{n!}\frac{\partial^n f(x,y,\tau)}{\partial t^n}+\cdots \tag{7.8.29}$$

如果略去二次项及其后的各高次项，并用 $\kappa\,\nabla^2 f$ 替代 $\frac{\partial f}{\partial t}$，则清晰图像表达式为

$$g(x,y)=f(x,t,\tau)-\kappa\tau\,\nabla^2 f(x,y,\tau) \tag{7.8.30}$$

这样，一幅清晰图像便由模糊图像减掉模糊图像的 $\kappa\tau$ 倍拉普拉斯算子来得到。对 $\kappa\tau$ 的数值应做适当的选择，值太大了，会造成图像中目标边缘或类型轮廓产生过冲，如果 $\kappa\tau$ 选的过小，又会使图像锐化作的不够显著。因此，可将 $\kappa\tau$ 设定为可调整选择的量，最后由处理效果决定。

下面据 3×3 数字图像像元阵列（图 7.8.4）给出离散的遥感数字图像一阶和二阶微商以及拉普拉斯算子的二阶偏微商线性组合表达式

由于

$$\frac{\partial^2 f}{\partial x^2}=f(i+1,j)+f(i-1,j)-2f(i,j) \tag{7.8.31}$$

和

$$\frac{\partial^2 f}{\partial y^2}=f(i,j+1)+f(i,j-1)-2f(i,j) \tag{7.8.32}$$

从而得到拉普拉斯算子的离散数学表达

$$\begin{aligned}\nabla^2 f(x,y) &= \frac{\partial^2 f(x,y)}{\partial x^2}+\frac{\partial^2 f(x,y)}{\partial y^2}\\ &= f(i+1,j)+f(i-1,j)+f(i,j+1)+f(i,j-1)-4f(i,j)\\ &= -5\left\{f(i,j)-\frac{1}{5}[f(i+1,j)+(i-1,j)+f(i,j+1)+f(i,j-1)+f(i,j)]\right\}\end{aligned} \tag{7.8.33}$$

式（7.8.33）表明，图像中某点（i，j）的拉普拉斯算子值可用该点的四邻域灰度值之和减去该点灰度值的 4 倍而获得。

灰度图像 $W=f(x, y)$，其梯度的模 grad$f$（grad$w$）

$$\text{grad}f=\sqrt{\left(\frac{\partial f}{\partial x}\right)^2+\left(\frac{\partial f}{\partial y}\right)^2}$$

鉴于拉普拉斯算子$\nabla^2 f=\frac{\partial^2 f}{\partial x^2}+\frac{\partial^2 f}{\partial y^2}$

考虑图 7.8.4，行向差分$\Delta_x f=[f(i, j)-f(i-1, j)]/[f(i+1, j)-f(i, j)]$

列向差分$\Delta_y f=[f(i, j)-f(i, j-1)]/[f(i, j+1)-f(i, j)]$

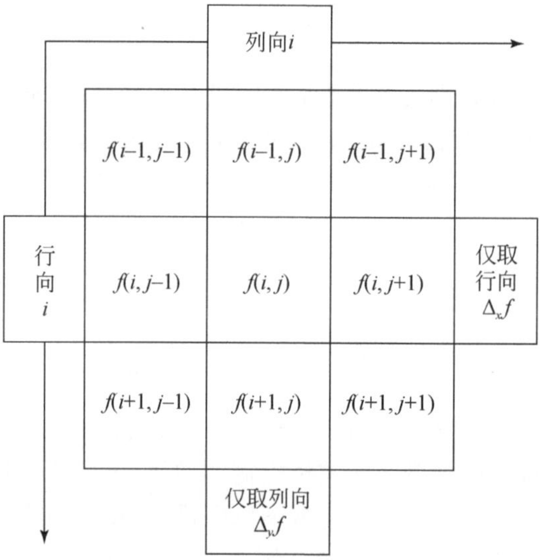

图 7.8.4　3×3 数字图像像元阵列

行向二阶差分

$$\begin{aligned}\Delta_x^2 f &= \Delta_x f(i+1,j)-\Delta_x f(i,j)\\ &= \{f(i+1,j)-f(i,j)\}-\{f(i,j)-f(i-1,j)\}\\ &= f(i+1,j)+f(i-1,j)-2f(i,j)\end{aligned}$$

列向二阶差分

$$\begin{aligned}\Delta_y^2 f &= \Delta_y f(i,j+1)-\Delta_y f(i,j)\\ &= \{f(i,j+1)-f(i,j)\}-\{f(i,j)-f(i,j-1)\}\end{aligned}$$

$$=f(i,j+1)+f(i,j-1)-2f(i,j)$$

因而在遥感离散数字图像情况下，用差分近似时，有

$$\text{grad}f=\sqrt{\left(\frac{\partial f}{\partial x}\right)^2+\left(\frac{\partial f}{\partial y}\right)^2}=\sqrt{(\Delta_x f)^2+(\Delta_y f)^2}$$

和$\nabla^2 f=\dfrac{\partial^2 f}{\partial x^2}+\dfrac{\partial^2 f}{\partial y^2}=\Delta_x^2 f+\Delta_y^2 f$

式（7.8.33）说明，位于点（i，j）的灰度函数$f(i,\ j)$的二阶偏微商可以由它的四紧邻像元灰度值之和减去其自身灰度值的 4 倍来表达。如果把像元阵列的四个顶角元素（姑且称作四顶邻元素）的作用也考虑进来，那么点（i，j）的灰度函数$f(i,\ j)$的二阶偏微商则由四紧邻元素灰度值之和加上四顶邻元素灰度值之和，再减去自身的灰度值的 8 倍来实现。拉普拉斯算子的离散数字表达式非常方便使用模板的卷积运算来进行，或者说，它们为模板的卷积运算提供了构思和理论上的一种说法。它们相应的模板结构形式如图 7.8.5 所示。

在图像锐化处理中，下列的两种滤波模板也是经常使用的（图 7.8.6）。它们也是源于拉普拉斯二阶微分算子，只是模板元素权重系数符号相反罢了，并且它们的功效和上述两种模板完全相同的。只是要切记，在对滤波后的图像与其他图像数据（如原图像数据），进行融合时，不要忘记模板中心权重元素的正负号，判断法则是

0	1	0
1	−4	1
0	1	0

(a)

1	1	1
1	−8	1
1	1	1

(b)

图 7.8.5　中心元素权重为负的四邻域与八邻域拉普拉斯卷积模板

0	−1	0
−1	4	−1
0	−1	0

(a)

−1	−1	−1
−1	8	−1
−1	−1	−1

(b)

图 7.8.6　中心元素权重为正的四邻域与八邻域拉普拉斯卷积模板

$$g(x,y)=\begin{cases}f(x,y)-\nabla^2 f(x,y) & \text{模板中心元素权重为负}\\ f(x,y)+\nabla^2 f(x,y) & \text{模板中心元素权重为正}\end{cases}\tag{7.8.34}$$

将原图像与经过模板卷积滤波后的结果图像进行简单叠合，一来发挥了滤波锐化的效果，二来也保留了原图像所具有的背景信息，是个两全其美的处理方法。如果将$g(x,\ y)=f(x,\ y)-\nabla^2 f(x,\ y)$以离散数字形式表达，有

$$g(i,j)=f(i,j)-[f(i+1,j)+f(i-1,j)+f(i,j+1)+f(i,j-1)-4f(i,j)]$$

$$=5f(i,j)-[f(i+1,j)+f(i-1,j)+f(i,j+1)+f(i,j-1)] \quad (7.8.35)$$

与式（7.8.2）相应的模板如图 7.8.7 所示，这种形式是数字图像处理中实际采用的形式，其优点不言而喻。

0	−1	0
−1	5	−1
0	−1	0

(a)

−1	−1	−1
−1	9	−1
−1	−1	−1

(b)

图 7.8.7　实用的清晰滤波模板

模板尺度大小的选择

用于图像边缘增强的模板（又称掩模、卷积核矩阵）多设为奇数方阵，以便模板中心与被掩模的子图像（邻域）中心相对齐，可取 3×3，5×5，7×7，……，以至最高达 15×15 的方阵，数阵大、相应的计算量也大，不一定是好事。究竟方阵取多大，主要看它的作用强弱与利弊，如用于低通滤波的模板，其核心作用是平滑掉噪声，但在降噪的同时，也会抹掉许多反映地表细节的高频信息，造成图像的整体模糊，而且，模板尺寸愈大，模糊也就愈厉害。Chavez 和 Bauer（1982）认为，边缘增强中常用的模板尺度（如 3×3，5×5 等）是成像时太阳高度角和地表粗糙度的函数，据此，他提出了基于“水平方向一阶差分”的影像直方图，从直方图中可大致数出有多少边缘的存在，然后计算一阶差分影像的标准差 σ，乘以 2.3，得到一个与地表粗糙度密切相关的 Δ 值，见表 7.8.1。则合适的模板尺度 $H(i,\ j)$ 为

$$H(i,j)=12-2.3\sigma=12-\Delta \quad (7.8.36)$$

表 7.8.1　Δ 值与模板尺寸经验关系

Δ 值	光滑/粗糙度	模板尺寸
⩽±3	很光滑	9×9
±4	光滑	9×9/7×7
±5	欠光滑	7×7
±6	介于光滑与粗糙之间（接近光滑）	7×7/5×5
±7	介于光滑与粗糙之间（接近粗糙）	5×5
±8	弱粗糙	5×5/3×3
±9	粗糙	3×3
⩾±10	很粗糙	1×1

7.8.4 遥感图像灰度断面锐化处理算例

通过上面的讨论，我们找到了基于图像灰度值的一阶和二阶微商构建的进行图像锐化处理的梯度法与拉普拉斯算子，现在就通过一具体例子来说明，从原始模糊图像直到获得两种算法的最后输出结果的步骤和过程。

现截取一扫描行，计 33 个像元（33 列），自左向右跨越水库左侧库岸林地占 7 个像元，接着是水面（共 20 个像元），至右侧陡直库岸，中有占 2 个像元的台阶，然后径直斜上至岸顶，岸顶为居民点占 6 个像元。距左岸 5 个像元处有一具有圆柱形蓝灰色尖顶的进水塔，占一个像元，距右岸 4 个像元处有一观测用房，占 3 个像元。库岸与水体的灰度值剖面如图 7.8.8 所示，跨越库岸、水面的扫描行像元灰度值断面以及据该数据计算的一阶与二阶微商（差分）列于表 7.8.2 中。同时，为了分析方便起见，对下面将讨论的梯度算法增强和拉普拉斯算子增强结果也列于表 7.8.2 中。

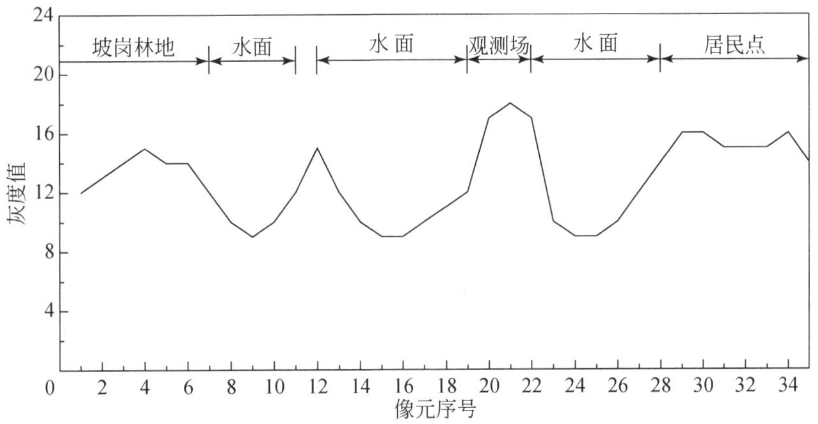

图 7.8.8 图像像元的灰度断面

表 7.8.2 的第一行为断面像元的序列号（I），从左至右共 35 列；第二行 A_{ij}是与列序相应的像元灰度$f(i,\ j)$；第三行 B_{ij}是$f(i,\ j)$ 的一阶微商，第四行 C_{ij}为$f(i,\ j)$ 的二阶微商，第五行 D_{ij}是梯度法增强结果，第六行 E_{ij}是拉普拉斯增强结果。现在先列出从 A_{ij}到 E_{ij}各项结果并给出各项间的递推计算关系。从第二行的灰度断面 $W=f(i,\ j)$ 开始，并记为 A_{ij}；灰度断面灰度值一阶差分$\Delta_x=B_{ij}=(A_{i+1}-A_i)$；二阶差分，即$\nabla^2 W=(B_{i+1}-B_i)$，并记为 C_{ij}；第五行梯度法增强结果$A_i-|B_i|$，记为 D_{ij}；第六行为拉普拉斯算子增强结果为（$A_i-\nabla^2 W$），记为 E_{ij}。

现在就从审视和分析表 7.8.2 和图 7.8.8 与图 7.8.9 开始，它们三者是严格按照灰度断面的像元排列上下对齐的原则排布的，目的是说明和分析的方便，同时也有利于对处理过程的掌握和对各个处理环节之间的关联有更深刻的理解。为了简单化，这里只取一行（即空间上一维）像元灰度数据。虽然在前面叙述中采用二维或三维情况，但这并不妨碍对问题的陈述和对算法的表达。表的第一行是灰度断面像元行向序号（I），第二行是图形

表 7.8.2　图像灰度断面二种锐化增强方法计算列表

图像灰度断面面像元序号（行向）	I	1	2	3	4	5	6	7	8	9	10	11	12	13	14	15	16	17	18	19	20	21	22	23	24	25	26	27	28	29	30	31	32	33	34	35
图像断面像元灰度值 $W=f(x,y)$	A_{ij}	12	13	14	15	14	14	12	10	9	10	12	15	12	10	9	9	10	11	12	17	18	17	10	9	9	10	12	14	16	16	15	15	15	16	14
灰度值一阶差分 $(A_{i+1}-A_i)$	B_{ij}	1	1	1	−1	0	−2	−2	−1	1	2	3	−3	−2	−1	0	1	1	1	5	−2	2	−7	−1	0	1	2	2	2	0	−1	0	0	1	−2	
灰度值二阶差分 $\nabla^2 w=B_{i+1}-B_i$	C_{ij}	0	0	−2	1	−2	0	1	2	1	1	−6	1	1	1	1	0	0	4	−7	4	−9	6	1	1	1	0	0	−2	−1	1	0	1	−3		
梯度法锐化增强 $A_i-\lvert B_i\rvert$	D_{ij}	11	12	13	14	14	12	10	9	8	8	9	12	10	9	9	8	9	10	7	15	16	10	9	9	8	8	10	12	16	15	15	15	14	14	
拉普拉斯算子增强 $A_i-\nabla^2 w$	E_{ij}	12	13	16	14	16	14	11	8	8	9	18	14	11	9	8	9	10	7	19	13	24	11	9	8	8	10	12	16	17	15	15	14	18		

灰度断面像元的 DN 值 $W=f(i,j)$，简记为 A_i，它是下面二种锐化方法全部计算工作的基础。

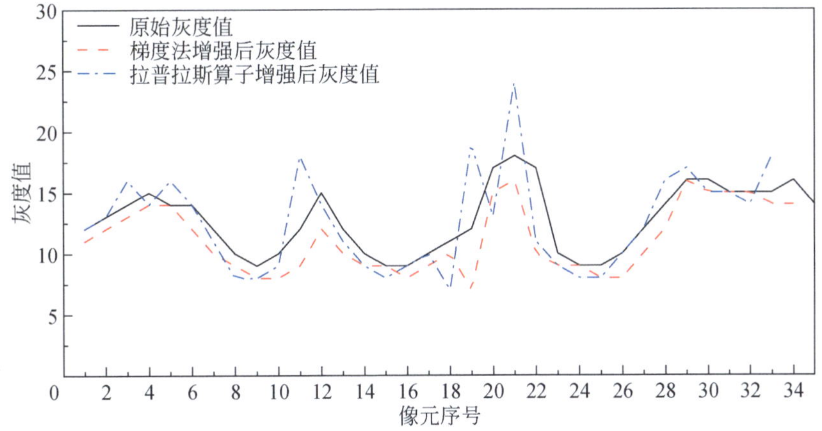

图 7.8.9　梯度法与拉普拉斯算子增强法效果比较

7.8.4.1　离散灰度断面的梯度锐化增强

表 7.8.2 的第三行是图像灰度断面的一阶差分，即二个相邻像元灰度值之差。我们约定用目标像元点（x，y）的右邻像元的灰度值A_{i+1}与目标像元灰度值A_i 的差$\Delta_x=(A_{i+1}-A_i)$来表达，并简记为B_i。注意，这个B_i 值就是断面灰度在第 i 点的梯度。因为灰度梯度$\sqrt{\left(\frac{\partial f}{\partial x}\right)^2+\left(\frac{\partial f}{\partial x}\right)^2}$在一维的情况下已退化为偏微商$\frac{\partial f}{\partial x}$，并且，还由于是遥感数字图像，这个微商只得用差分来近似。求出了断面灰度梯度值B_i，并不等于梯度法锐化增强问题就解决了，在绝大多数情况下，并不能将梯度值直接作为图像的锐化结果的输出，那样做就会把大量的背景信息丢失了。当梯度值在一些区域变化很缓慢且灰度值又很低时，输出的图像必然很暗，什么信息也看不出来了，更有时由于向下产生过冲，灰度值出现了负值，这显然是不合理的。要避免这些问题，可采用下面的一些做法。

1）如果图像灰度梯度计算结果未出现下冲至小于 0 的情况，可用原始图像像元灰度值$f(i,j)$ 减去梯度值计算结果$\Delta_x f(i,j)$，即可获锐化结果图像 $g(x,y)=f(i,j)-\Delta_x f(i,j)$；如果梯度值由于下冲现象严重，并产生了负值，此时可将具有负值的像元通过取阈值的方法使其转为大于或等于 0 的数值。本例中虽未出现严重下冲现象，始终是$B_i\geqslant 0$，故采用图像灰度值A_i 与灰度值一阶差分的绝对值$|B_i|$相减的方式产生位于第五行的结果，这样，既保存了背景，又体现了梯度法的效果。

2）当计算出的灰度梯度值在一些区域大范围均匀一致，体现为大范围偏亮或偏暗(梯度值均匀且偏小)，此时可通过设置阈值（T）的方法进行调整，以保持有用的背景信息，即

$$g(x,y)=\begin{cases}\mathrm{grad}W, & \mathrm{grad}W\geqslant T\\ f(x,y), & 其他\end{cases} \tag{7.8.37}$$

3）如果希望突出目标物边缘的灰度变化情况，此时可给边缘规定一个具体数值$\mathcal{L}_E$，有

$$g(x,y)=\begin{cases}\text{grad}W, & \text{grad}W\geqslant T\\ \mathcal{L}_E, & \text{其他}\end{cases} \tag{7.8.38}$$

在做具体目标识别时，我们更想确定目标物的确切位置，即对边缘提取感兴趣，此时可选择两个灰度值L_a和L_b，使得输出图像有

$$g(i,j)=\begin{cases}\mathcal{L}_a, & \text{grad}W\geqslant T\\ \mathcal{L}_b, & \text{其他}\end{cases} \tag{7.8.39}$$

产生遥感梯度增强的方法有多种，特别是由于图像灰度梯度值与相邻像元间的灰度差分成正比的性质，使得在具体构造计算灰度梯度时有很大的弹性和灵活性，尤其在考虑图像处理速度时，只要能达到增强的效果，往往采用化繁为简的方法。

故有

$$\text{grad}f=|\Delta_x f(i,j)|+|\Delta_y f(i,j)| \tag{7.8.40}$$

更甚者有

$$\text{grad}f=\max(|\Delta_x f(i,j)|,|\Delta_y f(i,j)|) \tag{7.8.41}$$

针对差分会出现负值，故式 7.8.40 中各项差分先取绝对值，然后再选择其中最大者作为梯度值。

根据表 7.8.2 数据计算的梯度值（一阶差分）与相应的原始灰度值f（i，j）相减的结果作为锐化处理输出（即表中第五行D_{ij}），它在表 7.8.2 中像元序号 12 处，信号有点上冲，而在序号 19 处亦可见到下冲现象。值得注意的是，如果用原图像的灰度值与一阶差分相加则是另一番景象，其效果是使图像平滑了。概括地讲，原始灰度值与梯度值相减，其效果是锐化增强，而两者相加，则起到平滑作用。

7.8.4.2 离散灰度断面的拉普拉斯锐化增强

现在转向表 7.8.2 的第四行，讨论图像灰度值$f(i, j)$的二阶差分如何简便地产生。不言而喻，一阶差分（即B_{ij}）的差分即为点（i，j）的二阶差分$C_{i,j}=(B_{i+1,j}-B_{i,j})$，而且这个二阶差分还是拉普拉斯算子$\nabla^2 W$的值，即$\nabla^2 W=\frac{\partial^2 f}{\partial x^2}+\frac{\partial^2 f}{\partial y^2}=(B_{i+1,j}-B_{i,j})$。道理很简单，在离散的一维情况下，灰度图像$W=f(i, j)$的二阶偏导数$\nabla^2 f(i, j)=\frac{\partial^2 f(i, j)}{\partial x^2}+\frac{\partial^2 f(i, j)}{\partial y^2}=\frac{\partial^2 f}{\partial x^2}+\frac{\partial^2 f}{\partial y^2}=\Delta_x^2 f+\Delta_y^2 f=[\Delta_x f(i+1, j)-\Delta_x f(i, j)]+[\Delta_y f(i, j+1)-\Delta_y f(i, j)]$中最后一项消失，致使最后有

$$\nabla_x^2 f(i,j)=f(i+1,j)-f(i-1,j)-2f(i,j) \tag{7.8.42}$$

如果是二维情况，则$\nabla^2 f(i, j)$的表达式应与前面讲的由扩散作用引起的模糊相同的表达式（7.8.33）。设$g(i, j)$为处理后的清晰图像，则有

$$g(i,j)=f(i,j)-\nabla^2 f(i,j) \tag{7.8.43}$$

按式（7.8.42）计算，即获得表 7.8.2 最后一行的拉普拉斯增强的输出结果（E_{ij}）。

从表 7.8.2 原始的图像灰度断面的像元灰度值出发，首先绘出图像的灰度断面图（图 7.8.8），接着按照各项间计算的递推关系产生表 7.8.2 并据表 7.8.2 的第四行与第五行的结果，依次绘出两种增强算法的结果图（图 7.8.9）。

在具体分析两种增强方法的结果之前，需对拉普拉斯增强算法中的常数项的取值 $k\tau$ 做个检讨。在处理中，为了简单起见，将其设为常数 1，缺乏必要的解释和论证。现在分析图 7.8.9. 可以看到，不管是梯度法还是拉普拉斯算子增强法都在不同地物的分界处产生信号的上冲和下冲，从而造成相邻像元亮度值差异的扩大，有利于目标的识别和边界的提取。比较而言，拉普拉斯算子在上冲的力度上要强的多，增强的效果更显著，这在点 9，19 和 21 三处尤甚。从视觉效果上看，处理后的输出图像断面的变化趋势基本一致，唯梯度法在总体上引起灰度值的降低，但反差还是增强了。总的来看，拉普拉斯算子增强效果在这方面较梯度算法要好得多。

综上所述，在离散的遥感数字图像范畴，拉普拉斯算子被近似为极简单的表达式 [式 (7.8.33)]，成为拉普拉斯锐化增强算法的核心。而基于该算子的图像锐化处理实践，则为空间域的高通滤波模板的设计找到了灵感和理论上的依据。反过来，高通滤波模板的实际功效又拓展了拉普拉斯算子的应用领域。稍后将会看到，通过卷积定理，则在空间域和频率域之间搭起了相互沟通和转换的桥梁，让人们再次见证了数学万花筒的奇妙。

上述讨论都是基于图像模糊是由于遥感像元信号受到平均或积分运算造成的结果，故通过对图像进行逆运算，就可以使图像变得清晰。但是从频谱的角度分析，图像模糊的实质是其高频组分受到衰减，应用高通滤波增强，当可使图像变得清晰。但是，能够进行锐化处理的图像必须具有较高的信噪比。这是因为，信号被增大的同时，噪声也被更快的扩大了。所以在一般情况下，先作降噪处理，然后再作锐化增强处理。

7.9 基于梯度和拉普拉斯算子的图像边缘增强的模板功能设置

卷积滤波可以用来进行边缘增强，也可以用于图像的平滑以消除噪声，它完全取决于卷积核矩阵（模板）的大小、结构以及权重系数的选择。

7.9.1 模板诸元素权重设置原则

一般而言，模板元素之权重的设置还是有规矩可循的，即必须遵循模板功效原则，距离远近原则和旋转方向不变原则。

7.9.1.1 权重设置的功效原则

这是首先要考虑的，如应用于平滑滤波的模板，元素的权重必须为正数，并要求核元素权重之和的平均值为 1，以保持灰度水准不要改变；而对于高通滤波的模板，核元素权重的总和必等于 0 或大于 0，元素权重总和等于 0 的称作微分核，元素权重总和大于 0 的称作加强核，微分核用于边缘检测，而加强核则用于边缘增强。并且，不管是微分核还是加强核，核中心元素的符号与其四邻域或八邻域元素符号必相反以增加中心和边缘之差异，利于边缘检测或增强。核元素权重一般取正或负的整数值，但也偶见有小数（或分数）的，如图 7.9.1，以适当减轻平滑降噪处理所造成的模糊。

0.25	0.50	0.25
0.50	1.00	0.50
0.25	0.50	0.25

图 7.9.1　权重不等且为小数的平滑滤波模板

7.9.1.2　距离远近原则

对于 3×3 的模板，中心元素共有 8 个邻域像元素，即位于水平和垂直方向的各两个像元素，位于四个顶角的两对像元素，可简称为“四邻”和“四顶”元素。四邻元素与中心紧挨，相距为一个单位距离，而四顶元素与中心元素相距为$\sqrt{2}$个单位距离，离得远了点，其权重有时设为 0，有时则和四邻元素享受同等待遇。一般而言，中心元素权重和周围邻域元素的权重相差不会太悬殊，但亦有特殊情况，如纠正隐约散焦图像的拉普拉斯算子模板的中心元素之权重高达 336，而四邻元素之权重低至−40，详情可见图 7.9.2。

−1	−5	−8	−5	−1
−5	−25	−40	−25	−5
−8	−40	−336	−40	−8
−5	−25	−40	−25	−5
−1	−5	−8	−5	−1

图 7.9.2　纠正隐约散焦的拉普拉斯模板

7.9.1.3　满足线性系统的旋转不变准则

拉普拉斯算子为二阶偏微商运算，满足旋转不变准则。因此，据此准则设计的模板只有邻域元素与中心元素呈中心辐射对称分布，才能满足这个要求。因而无论是起锐化作用的高通滤波核，还是起平滑作用的低通滤波核，它们的邻域元素的权重都是按与中心元素为中心辐射对称来分布的，否则，不能保证各向同性的要求。

7.9.2 模板元素权重的空间布局与功效设置

7.9.2.1 模板元素中心对称，进行全方位检测

不管是平滑降噪的低通模板，还是起锐化作用的高通模板，它们都是各向同性的，它与被模板作用的图像像元灰度的突变方向无关，即，图像先旋转后再进行卷积滤波，还是先进行滤波再进行旋转，结果是相同的，遵从旋转不变的原则，故这样的模板元素权重一定是中心辐射对称，能进行全方位的检测。对于低通滤波模板，为了保持处理前后图像亮度水准基本不变，不但要求模板元素权系数全部为正数，而且要求最终权重系数值平均为1；而对于高通滤波模板，中心元素权系数与邻域元素的权系数必须是正负符号相反，并要求中心元素的权重系数要大于或等于邻域元素的权重系统之总和。

7.9.2.2 模板元素权重布局呈两侧对称或是两侧反向（负）对称

这种空间布局利于边缘，线条及方向性检测，注意观察下面这几块模板（图 7.9.3），它们有哪些特点。

1	0	–1
1	0	–1
1	0	–1

Richards
边缘检测

–1	2	–1
–1	2	–1
–1	2	–1

Chittineni
线条检测

1	1	1
1	–2	1
–1	–1	–1

Compass N
有向边缘增强

1	1	–1
1	–2	–1
1	1	–1

Compass W
有向边缘增强

1	0	–1
2	0	–2
1	0	–1

Sobel方向滤波
或边缘检测

图 7.9.3 边缘检测模板

这些模板的第一共同特点是，模板权重系数之和为 0，即它们总体都具有 0 权重，使得灰度值没有变化的地方，不产生输出响应，表明边缘不存在。第二个共同点是，它们都有一个能辨明方向性的轴元素组存在，如 0–0–0，2–2–2，1–（–2）–1，等，由它们形成对称轴，其他邻域元素构成对称分布。与各向同性的中心辐射对称的模板元素布局不同，两侧对称的对称轴，只要改变了方向，模板作用的性质和功能马上就发生了变化。可以根据方向性强调的力度和效果，灵活变更对称轴的轴向元素值的大小与结构。

7.9.3 常用的低通卷积和高通卷积滤模板

7.9.3.1 用低通卷积滤波模板

低通滤波模板用于平滑图像中的噪声，起到降噪的作用。低通滤波模板的作用在降低噪声的同时，它会同时抑制图像的高频成分，造成图像细节的模糊，是一把双刃剑。滤波模板的核元素权重的总和的平均值为1，权系数均为正数，因而滤波作用不会改变图像的

基本亮度。低通滤波的卷积核越大，其截至频率就越低，滤波的性能也会越强。下面是常用的低通卷积滤波模板（图 7.9.4）。

$\frac{1}{9}$

1	1	1
1	1	1
1	1	1

(a)均值低通滤波模板

$\frac{1}{10}$

1	1	1
1	2	1
1	1	1

(b)中心加权滤波模板

$\frac{1}{16}$

1	2	1
2	4	2
1	2	1

(c)距离加权滤波模板

图 7.9.4　常用的低通卷积滤波模板

7.9.3.2　常用高通卷积滤波模板

高通卷积滤波模板的功效，本质上是抑制图像的低频成分，即降低图像中相应灰度变化平缓区域的作用，来提高和保留图像中目标物亮度级别变化区域的特征，即图像的细节信息（高频成分）。高通滤波卷积模板元素的权重总和等于 0 或大于 0，核元素权重总和等于 0 的核叫做微分核，核元素权重总和大于 0 的核则称为加强核，微分核用于边缘检测，而加强核则用于边缘增强。下面是几种常用高通卷积滤波模板（图 7.9.5 和图 7.9.6）。

–1	–1	–1
–1	8	–1
–1	–1	–1

(a)均值差高通模板

0	–1	0
–1	4	–1
0	–1	0

(b)拉普拉斯交叉算子模板

1	–2	1
–2	4	–2
1	–2	1

(c)拉普拉斯框式算子模板

图 7.9.5　核元素权重综合为零的高通滤波卷积模板

–1	–1	–1
–1	9	–1
–1	–1	–1

(a)加强型均值差高通模板

0	–1	0
–1	5	–1
0	–1	0

(b)加强型拉普拉斯交叉算子高通模板

1	–2	1
–2	5	–2
1	–2	1

(c)加强型拉普拉斯框式算子高通模板

图 7.9.6　核元素权重综合大于零的高通滤波卷积模板

7.10 方向滤波和方向性检测

在 7.9.3 节的低通滤波模板和高通滤波模板一节中，见到的全是中心对称模板，滤波作用的结果是对图像的检测和增强。如果卷积模板元素权重是非对称的或轴对称的，甚至是轴反对称分布的，则卷积运算（滤波作用）结果就会带有方向性。方向滤波就是卷积核元素权重按轴反对称排布的。方向滤波一般设置八个增强方向，即东、西、南、北四个方位和东南、西北、东北、西南四个方向。对称轴元素设置全为 0，两侧元素权重符号互异，以增强方向性和立体感，并且模板元素权重系数之和为零。核元素权重符号的这种布局，相当于人为地设置了光源的照射方向，零元素排列方向与照射方向正交。零元素排列方向的一侧像元亮度被人为的夸大，另一侧被人为的降低，因而形成阴影，从而产生立体感。方向滤波模板及它们间的转换关系见图 7.10.1。

$$K_{EW}=\begin{bmatrix}-1&0&1\\-2&0&2\\-1&0&1\end{bmatrix}$$

东西向模板

$$K_{EW}=(-1)\times K_{EW}=\begin{bmatrix}1&0&-1\\2&0&-2\\1&0&-1\end{bmatrix}$$

西东向模板

$$K_{SN}=\begin{bmatrix}-1&-2&-1\\0&0&0\\1&2&1\end{bmatrix}$$

南北向模板

$$K_{NS}=\begin{bmatrix}1&2&1\\0&0&0\\-1&-2&-1\end{bmatrix}$$

北南向模板

$$K_{SE}=\begin{bmatrix}-2&-1&0\\-1&0&1\\0&1&2\end{bmatrix}$$

东南西北向模板

$$K_{NW}=(-1)\times K_{SE}=\begin{bmatrix}2&1&0\\1&0&-1\\0&-1&-2\end{bmatrix}$$

西北东南向模板

$$K_{NE}=\begin{bmatrix}0&1&2\\-1&0&1\\-2&-1&0\end{bmatrix}$$

东北西南向模板

$$K_{SW}=\begin{bmatrix}0&-1&-2\\1&0&-1\\2&1&0\end{bmatrix}$$

西南东北向模板

图 7.10.1　四个方位与四个方向的方向滤波模板

与方向滤波模板类似，在商用图像处理软件系统里，都有根据二维离散差分的有方向性的边缘增强模板，这就是 Compass 梯度模板（图 7.10.2）。Compass 乃罗盘之意，用来确定方向方位和测量地层倾角（坡度）。梯度模板元素权重系数的总和亦为零，它使得在图像像元灰度值没有变化的地区，输出相应为零，而在有灰度值变化的地区则获得最大的输出响应（结果）。

其他与方向检测有关的模板，一是山脊线提取模板，另一则是能产生立体晕渲效果，呈现浮雕感的模板。在做地形分析时，如何提取山脊线往往是个很实际的应用问题。山脉的走向通常是蜿蜒曲折的，用简单的方向滤波是无法提取出来的，此时，应该选择一种不对称的卷积核（模板）K_{ij}（图 7.10.3）。

能产生水墨画那种立体晕渲效果的模板，可能是一种最简单的模板，现仅列举四种方位情况（图 7.10.4），其他的可根据方向原则（即乘以（-1））产生新的模板，如$K_N=(-1)\times K_S$，$(-1)\times K_{SE}=K_{NW}$等。

一个卷积滤波模板究竟能增强哪些方向上的特征，增强到什么程度，这可通过模板各

–1	–1	–1
1	–2	1
1	1	1

南向模板

1	1	1
1	–2	1
–1	–1	–1

北向模板

–1	1	1
–1	–2	1
–1	1	1

东向模板

1	1	–1
1	–2	–1
1	1	–1

西向模板

–1	–1	1
–1	–2	1
1	1	1

东南向模板

1	1	1
1	–2	–1
1	–1	–1

西北向模板

1	–1	–1
1	–2	–1
1	1	1

西南向模板

1	1	1
–1	–2	1
–1	–1	1

东北向模板

图 7. 10. 2　罗盘梯度模板

$K_{ij}=$

–2	–1	0
–3	0	3
0	1	2

图 7. 10. 3　提取山脊线模板

$K_S=$

0	1	0
0	0	0
0	–1	0

SD南向浮雕感模板

反向原则

$K_N=(-1)\times K_S=$

0	–1	0
0	0	0
0	1	0

ND北向浮雕感模板

$K_E=$

0	0	0
1	0	–1
0	0	0

ED东向浮雕感模板

$K_{SE}=$

0	0	–1
0	0	0
1	0	0

SED东南向浮雕感模板

图 7. 10. 4　晕渲效果模板

个方向的“断面”特征来加以分析。断面特征是指模板各个方向上核元素权重值的代数和(图 7. 10. 5)。如卷积核 K_{ij} 在各个方向上的元素权重值的代数和为

N—S 向：-4，8，-4

W—E 向：0，0，0

N—E 向：-1，0，2，0，-1

N—W 向：-1，0，2，0，-1

在每一个方向的断面特征中，中间的数值与两侧的数值相差越大，则在这个方向的增强作用也就越大。本案例表明，南北方向增强效果最为显著。

$K_{ij}=$	–1	2	–1
	–2	4	–2
	–1	2	–1

图 7.10.5　模板的断面特征

7.11　图像中点线与边缘轮廓的检测和提取

在干旱沙漠地区、热红外遥感图像上的异常低温点，可能预示着有泉水的存在；在森林地区的中红外遥感图像上异常高温点的存在，可能是那里发生了火灾，而在雷达图像上，高亮度点则可能是探测到了高反射的金属物体，如此等等。这样迅速地把他们定位并检测出来有着重要的应用上的意义。

7.11.1　统计排序最大值与最小值检测

在本章 10.7 节里已经讲到统计排序中的中值滤波，而且中值滤波应用广泛，特别是在进行图像平滑降噪中的作用。即使如此，我们也不能忽视同属于统计排序中最大值与最小值滤波的妙用。当对邻域内（窗口区）所有像元灰度值进行从小到大统计排序时，摘取的不是处在中间的那个数，而是最后（即最大）的一个值，从而构成了最大值检测

$$\hat{f}(x,y)=\max_{(s,t)\in S_{xy}}|g(s,t)| \tag{7.11.1}$$

式（7.11.1）表明，异常点（x，y）处的灰度值就是由 S_{xy} 定义的范围里像元灰度值的绝对值中最大的那个值，而 S_{xy} 则表示中心在（x，y）点，大小为 $m\times n$ 的子图像窗口的坐标组。

如果选择统计排序中的第一个值（即最小值），便形成了最小值检测

$$\hat{f}(x,y)=\min_{(s,t)\in S_{xy}}|g(s,t)| \tag{7.11.2}$$

同样，式（7.11.2）表明，异常点（x，y）处灰度值就是由 S_{xy} 定义的范围里像元灰度值的绝对值中最小的那个值，而 S_{xy} 表示在（x，y）点，大小为 $m\times n$ 的子图像窗口的坐标组。

均值差高通滤波模板［图 7.9.5（a）］也可用于孤立点的检测。据图 7.6.1（c）的简记形式，空间卷积滤波响应

$$R=\sum_{i=0}^{9}\omega_i z_i \quad (\omega_i \text{ 记 } \omega(i,j), z_i \text{ 记 } f(i,j))\text{，如果 } |R|\geqslant T \tag{7.11.3}$$

式中，T 为人为设定的一个阈值，式（7.11.3）表明，在模板的中心位置上如果已经捕捉到一个异常点（孤立点），只要这个孤立点与周围的点有很大不同，便很容易被模板检测到。这里使用的虽然是用于图像增强的拉普拉斯均值差高通模板，形式上和运算上都完全

相同，但这里强调的是关于异常点检出。

7.11.2 方向性线段的检测

方向性线段的检测使我们联想到具有两侧轴对称的模板。如果两侧轴对称模板的轴向元素不是设置为0，而是设为一行大于两侧的相邻元素的权重，当轴向元素方向和图像中像元方向性相耦合时，便会获得比两侧大得多的响应，方向性线段从而被检测出来。Chittineni 模板正是这样的一种模板，共有水平方向，垂直方向以及两个各向东北和向西北伸展的四种轴向模板，即如图 7.11.1 所示。

−1	2	−1
−1	2	−1
−1	2	−1

南北方向

−1	−1	2
−1	2	−1
2	−1	−1

西南东北方向

−1	−1	−1
2	2	2
−1	−1	−1

东西方向

2	−1	−1
−1	2	−1
−1	−1	2

东南西北方向

图 7.11.1　Chittineni 线检测模板

如果把 1 号到 4 号的模板响应按式（7.11.3）计算给出来并分别用 R_1，R_2，R_3 和 R_4 表示。当把它们分别作用于一幅在检测图像时，在图像子区中心点的 $|R_i|>|R_j|$，那么该中心点就被认为与模板 i 方向上的线更相关；如 $|R_1|>|R_j|$，$j=2$，3，4 就认为该点的线向与南北向有更紧密的关系。你只要对某个方向的线感兴趣，就可选择具有该方向轴向的模板进行卷积运算，输出结果前，不要忘记设定恰当的输出阈值。当运行完全部图像像幅，图像中保留的应该是响应最强烈的线迹点。

7.11.3 边缘检测

在这里需要重申，在书中出现的术语：卷积核、滤波核、模板、掩模，他们表达的是同一件事，只是像卷积强调的它是一种运算方式，滤波的重点是它的功能，而模板与掩模则是一种形象化的称呼，不管叫什么，它们都是一样的。另外，不要误解，一提到卷积核，它就是用来做图像增强处理的，这一点曾在本章第 7.9 节的常用高通卷积滤波模板中提过，模板权重系数总和为零的叫做微分核，模板权重系数总和大于零的叫做加强核，微分核用于图像的边缘检测，而加强核则用于边缘增强，但并未说微分核就不能用于图像增强。核的功能是多方面，有时它既可以用来进行图像锐化处理，又可用来进行图像边缘检测，只是着眼点或强调的面不同而已，并且它们还属于两个不同的图像处理领域。图像锐化处理是属于图像增强领域，而边缘检测则是属于图像分割的范畴。图像处理在开始时从图像出发，处理结果仍然是以图像的形式出现；而边缘检测不同，出发时为图像，处理结束时，结果则是图形，是一种由图像到图形的处理过程。我们已悄悄地进入了这种过程。本书不会设专门篇幅来讲图像分割问题，但是把边缘检测放到和边缘增强一块讲，则既省时间，又可避免不必要的重复。

图像中的边缘是用来刻画自然界中两类目标相邻时在图像上的一种表现形式，在理想条件下，图像中的边缘也许就是仅仅由一个像元串构成的事物分界线，而在大多数情况下，它是由一群像元构成的一个过渡带，是一个远比一个像元尺度来的宽的逐渐变化带。这种过渡带的形成和前面讨论过的图像模糊的原因在很大程度上是类似的或相同的，犹如成像时的光照强度和方位、地形变化、天气状况、大气组成、季节、采样、量化传输等而使其更加复杂，使边界更模糊了。这样看来，边缘增强与边缘检测两者间的差异就很清楚了。边缘增强的目标是如何寻找到一种方法来去除图像模糊，使事物的边界更清楚；而边缘检测的任务则是寻找一种方法去确定被模糊的边界的准确位置在哪里。要准确表达一个数字化边缘，需要找到一个对图像像元灰度值断面能进行测度的形式体系，这个形式体系要能将像元灰度值断面的变化与微商运算，即和梯度运算，拉普拉斯算子运算联系起来，以检视某像元是不是边缘点，如何进行定位，以及怎样将那些疑似边缘点连接起来而成为一条边界线。

下面将通过数字化边缘检测体系来说明，如何应用梯度法和拉普拉斯算子法去发现边缘点并进行空间定位的原理和方法。这里用到的梯度算法和拉普拉斯算子算法与前面边缘增强用到的梯度法和拉普拉斯算子算法并无二致。唯一要说明的是，发生变化的仅在梯度法模板尺度由原来的 2×2 改变为 3×3，以方便中心响应的定位。这样，梯度算法必须作相应的调整。选择一图像的 3×3 子区［图 7. 6. 1（c）］，其中 Z 表示像元的灰度值，那么 x 方向的梯度的近似表达式由

$$G_x=(Z_7+Z_8+Z_9)-(Z_1+Z_2+Z_3) \tag{7.11.4}$$

来表达，而 y 方向的梯度近似表达式为

$$G_y=(Z_3+Z_6+Z_9)-(Z_1+Z_4+Z_7) \tag{7.11.5}$$

相应的 3×3 方向检测模板称为 Prewitt 模板，见图 7. 11. 2。另外一种表达式为

$$G_x=(Z_7+Z_8+Z_9)-(Z_1+Z_2+Z_3) \tag{7.11.6}$$

$$G_y=(Z_3+Z_6+Z_9)-(Z_1+Z_4+Z_7) \tag{7.11.7}$$

其相应的模板图形即为前面图 7. 10. 1 所列的方向滤波模板。中心点权重由 0 变为 2，以体现中心像元的重要性，同时还能增加模板的平滑作用。

−1	−1	−1
0	0	0
1	1	1

−1	0	1
−1	0	1
−1	0	1

0	1	1
−1	0	1
−1	−1	0

−1	−1	0
−1	0	1
0	1	1

图 7. 11. 2　Prewitt 边缘检测模板

让我们来审视和分析下面的数字化边缘检测的形式体系图（图 7. 11. 3）。图（a）的左半部是像元灰度值均为 0 的暗区（黑色），右侧是像元灰度值均大于 6 的亮区（白色），其灰度断面由图（c）中的 0-L-Q-P 表示。图（b）则是图 A 经受前述的多种作用之后，使原来清晰的边界线变成了一个有 4 个像元宽度的边缘带，其灰度断面由 0-K-N-P 表示，

中间出现了 K-N 的均匀斜坡，黑白区各占了 2 个像元。图（d）表为一列 12 个像元的梯度 G_y 和拉普拉斯微分算子的计算结果。梯度 G_y 对于数字图像是用一阶差分表示，灰度值相同的两个区域（黑区为 0，白区为 6），梯度均为 0，而在均匀的边缘带，其梯度值为 1，意思是用一阶差分检出了疑似边缘点共有 5 个（通过阈值检验了进一步确定为边缘点），那么边界点在哪儿呢，这得借助于二阶微商（二阶差分）。考察（d）表中最后一行$\nabla^2 f$值，顺着$\nabla^2 f$断面线，在面向黑色的边缘区有一突变点（R），二阶微商为正，而在面向白色的边缘区亦有一突变变化点（S），二阶微商为负，这一正一负极值点的连线与列向坐标轴的交点，即为边界点（T）的坐标位置［图（f）］。我们可以在一幅图中找到若干个边缘带中的这种边界点，但由于种种复杂原因产生了边缘间断，使获得的这些边界点断断续续，很难完整地描绘一条边缘线。因此，在边缘检测完成后，还必须找到一种方法，把这些离散的边缘点连成一条完整的边界线。

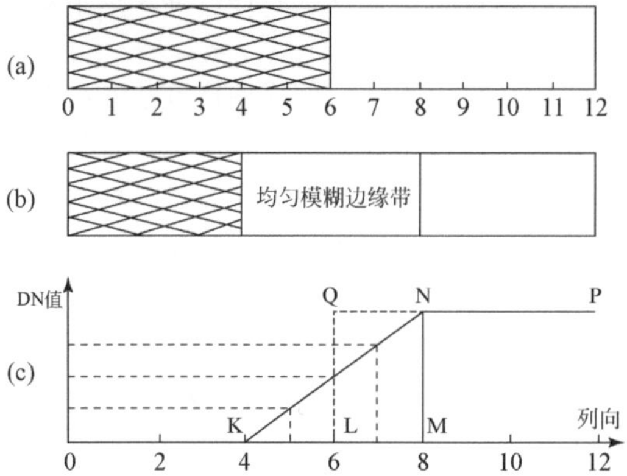

(d)

列序号I	1	2	3	4	5	6	7	8	9	10	11	12
灰度值DN	0	0	0	0	1	2	3	4	5	5	5	5
梯度G_y	0	0	0	1	1	1	1	1	0	0	0	0
$\nabla^2 f$	0	0	1	0	0	0	0	−1	0	0	0	0

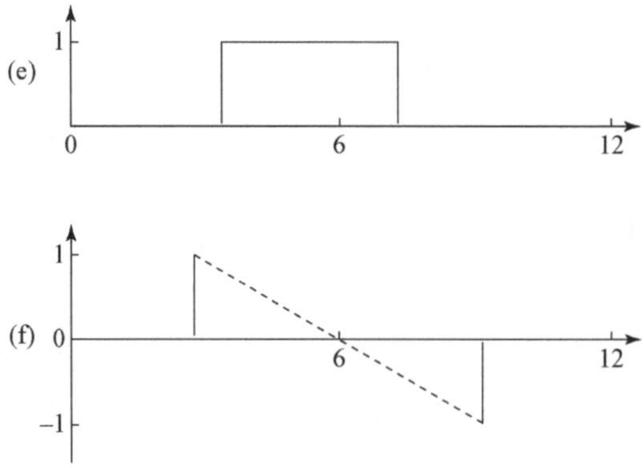

图 7.11.3 数字化边缘检测的形式体系

7.11.4 一种边缘局部连接法

我们不能毫无根据地把已检出的两距离相近的边缘点就认定它们是同一条边缘线上的点而硬性地连接起来。我们必须找到一种说得通的理由或一以贯之的准则，来确定距离相近的两边缘点是不是同一条边界上的点，是的就相连，否则就相弃。我们既然用梯度法来确定一个点是不是边缘点，一个很自然的想法是，由于梯度有方向性和幅度两方面重要的度量指标，它们亦应成为两个边缘点是否是同一条边界线上的两个边缘点的度量指标，这是一条合理的想法。这样我们就可通过两边缘点的邻域像元分别计算它们的梯度方向和幅度响应进行合理的推断。如果坐标为（x，y）的像元的邻域内，有一坐标为（x_0，y_0）的边缘像元有与位于（x，y）的像元有相近的梯度方向角，即当

$$\left|\arctan\left(\frac{G_y}{G_x}\right)-\arctan\left(\frac{G_{y_0}}{G_{x_0}}\right)\right|<\alpha \tag{7.11.8}$$

式中，α 为非负角阈值，就认为它们满足了两个必要条件之一的方向性准则。而如果

$$|\nabla^2 f(x,y)-\nabla^2 f(x_0,y_0)|\leqslant A \tag{7.11.9}$$

式中，A 为一非负阈值，就认为它们也满足了另一个必要条件，即幅度响应同步性准则。一旦它们都满足了这两条准则，就推断它们是同一条边缘上的点，并将它连接起来。这样，在一幅图像中每个被检出的疑似边缘点逐一重复进行上述运算，便可实现边缘点的连接而成一条边界线。

7.11.5 边界提取

在梯度法边缘增强中，曾设定$f^o(i,\ j)$为梯度法增强后的图像，$G[f(i,\ j)]$ 为点（i，j）处的梯度值，一个边界清晰且保存灰度平缓变化区的图像特征的方法是使

$$f^o(i,j)=\begin{cases} L_a & \text{当 } G[f(i,j)]>T \\ f(i,j) & \text{其他} \end{cases} \tag{7.11.10}$$

式中，L_a为事先选定的灰度值，用来替代梯度值。我们如果只关心边界的位置，可事先设定 L_a和 L_b 两个灰度值，使得

$$f^o(i,j)=\begin{cases} L_a & \text{当 } G[f(i,j)]>T \\ L_b & \text{其他} \end{cases} \tag{7.11.11}$$

式（7.11.10）的作用相当于美术中的写空心字，中国画中的术语叫“勾白”。而式（7.11.9）则可进一步通过数学形态学中的腐蚀算法得到清晰的边界线。

7.11.6 数学形态学用于二值图像处理

直到目前为止，当讨论图像处理问题时，还都局限于从图像到图像的过程，即从图像输入开始，中间经过某种处理运算，最终输出处理结果图像。在实际应用中，人们往往需要图像经处理后能直接获得一种以线划表示的专题图。比如在对图像进行分类或者分割处

理中，由于噪声、处理中算法的不完美，再加上亚像元的存在，造成分类或分割结果中，各种类别的边界出现不连贯以及线条不匀称，粗细不等的现象，使直接获得满意结果成为不可能，必须加入一种后处理的步骤才能得到预期结果。这样，就自然的进入二值图像处理的领域。二值图像是指灰度值只有 0 和 1 两种取值的图像，比如各种线划图、剪影等。这时既可将线划、剪影定义为 1，也可定义为 0，如定义为 1，那么背景就是 0。处理二值图像的一种有效算法是数学形态学，它是基于集合论的运算规则发展起来的一种图形处理方法。

为达到某种处理效果，在进行形态学处理时，除了输入的待处理二值图像外，还需有一个叫做结构元素的数组来对输入图像进行操作，从形式上看很类似于卷积运算（如有翻折和移位操作）。结构元素可用四邻域的，也可用八邻域的数组［图 7.11.4（b）］。四邻域结构元素只考虑上下、左右相邻像元，而八邻域的则将四顶邻域也考虑在内，元素值都为 1。实际上，形态学运算规则与卷积运算有着根本的差别。形态学运算遵循的是逻辑运算规则，而卷积运算则用的是算术方法；并且，卷积运算结果是直接赋值给中心像元作为最终输出，而形态学的逻辑运算结果要看是 0 还是 1，才能作出对相关目标元素的最终取舍，即是保留还是删除。图 7.11.4 是数学形态学逻辑运算过程示意图。

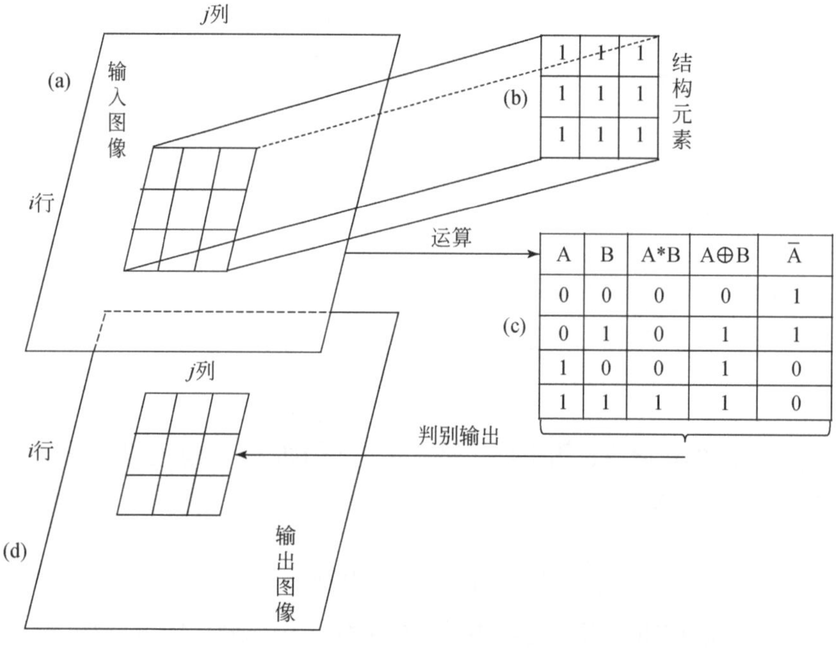

图 7.11.4　数学形态学运算过程示意图

7.11.6.1　两个补充定义

腐蚀和膨胀是数学形态学中两个最具基础性的运算。数学形态学的语言是集合论，所以腐蚀或膨胀运算也就是集合的运算，并且要真正理解腐蚀或膨胀运算的实际操作，还需掌握两个广泛应用于形态学的关于集合的补充定义，它们是：

集合 B 的反射或称翻折也是一个集合，并以$\hat{B}$来表示，即有定义

$$\hat{B}=\{w \mid w=-b, b\in B\} \tag{7.11.12}$$

上式的意思是，集合$\hat{B}$是元素 W 的集合，而 W 是用（-1）与集合 B 中的所有元素的平面上两个坐标相乘来得到。由集合 B 产生集合$\hat{B}$的过程可用下述图形来表达［图 7.11.5（a）］：

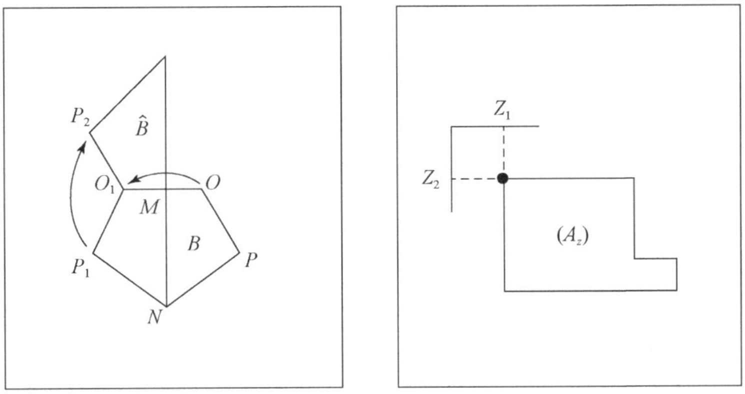

(a)集合B的反射$\hat{B}$　　(b)集合A平移到点Z

图 7.11.5　集合 A 与 B 的补充定义图示

集合 A 平移到点 $Z=(Z_1,\ Z_2)$，用（A_z）表示，并有定义

$$A_z=\{c \mid c=a+z, a\in A\} \tag{7.11.13}$$

集合 A 平移到 Z 可示于图 7.11.5（b），图左上角的黑点为集合 A 的原点。

现在讨论的对象已转移到仅有两个取值，即 0 和 1 的黑白二值图像。在二值图像里，集合是由二维整数空间（用 Z^2 表示）的元素组成，集合中的每个元素都是一个二维向量（二维数组），这些二维数组的坐标即为一个个黑色（或白色）的像元在图像中的行列坐标（x，y）。集合的具体含义全部由两个花括号中的表达式来体现：$\{c\}$，其形式如 $C=\{\mu \mid \mu=a+d, a\in A\}$ 等。下面要提到的腐蚀和膨胀是关于两个集合之间某种运算。

7.11.6.2　腐蚀

A 和 B 都是二维整数空间（即 Z^2）中的集合，使用 B 对 A 进行腐蚀，有定义

$$A\ominus B=\{Z \mid (\hat{B})_z\subseteq A\} \tag{7.11.14}$$

上式表明，用结构元素 B 对集合 A 进行腐蚀，就意味着包含于集合 A 中的集合 B 中的点 Z 的集合用 Z 平移来实现。结构元素 B 类似于空间卷积运算中的卷积模板，通过滑动模板实现卷积运算。这就意味着，B 对 A 的腐蚀是用逐步滑动结构元素 B 来实现的，而腐蚀运算所产生的二值图像正是结构元素 B 的原点移动轨迹的坐标点（x，y）的集合。并且，在整个移动过程中，结构元素 B 始终包含于集合 A。

腐蚀运算是一种剔除目标图像所有边界点的过程，运算结果是使目标图像比原图像缩小了一个像素的范围。如果使用的是最简单的 8 邻域结构元素，腐蚀运算的结果会使目标

图像中那些宽度少于3个像素的部位产生断裂，由一个整体裂解为两个物体，并使在任意方向上，只要宽度小于或等于两个像素的图斑将被删除。腐蚀运算的结果会使原凹凸的边界减小起伏而变得平直起来。图7.11.6正说明这种处理的结果。最简单的可能是对一个圆形目标进行腐蚀或膨胀，腐蚀使目标缩小一个像元厚的一层表皮（面），但仍然是圆；膨胀使目标变大，也仍然是圆。图7.11.7是一状如葫芦的图像经腐蚀和膨胀后的结果图像示意图。

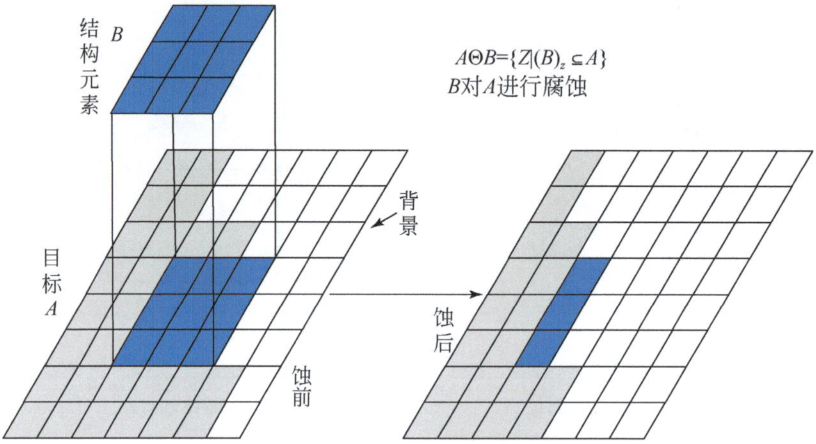

图7.11.6　结构元素 B 对目标 A 的腐蚀过程示意图

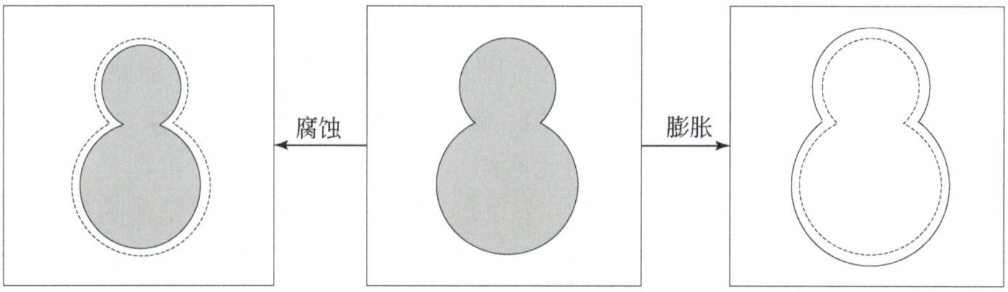

图7.11.7　二值图像的腐蚀和膨胀

7.11.6.3　膨胀

和腐蚀一样，A 和 B 也都是二维整数空间（即 Z^2）中的集合，A 被 B 膨胀的定义是

$$A\oplus B=\{Z|(\hat{B})_z\cap A\neq\varnothing\}\tag{7.11.15}$$

（7.11.15）式表明，在进行膨胀运算之前，首先应当获得集合 B 的反射 $\hat{B}$，然后由 Z 来确定对反射（映像）$\hat{B}$ 进行位移，最后在这种基础上推求 A 被 B 膨胀的结果，这个结果是所有位移 Z 的集合，并且 $\hat{B}$ 和集合 A 至少有一个元素是重叠（共有）的。在这种解释下，与式（7.11.15）等价的表达式为

$$A\oplus B\{Z|[(\hat{B})_z]\cap A\subseteq A\}\tag{7.11.16}$$

式中，集合 B 常被称作膨胀的结构元素，相当于一个卷积运算中的模板。

膨胀运算的图示可见图 7. 11. 7。

7. 11. 6. 4　边界提取

有了腐蚀运算的表达式，就为边界提取提供理论和技术上的准备。一次腐蚀运算的结果是精确地蚀去图像中目标物的一个像元厚度的连续完整的一层表皮，那么，用原始图像减去蚀余的目标物图像，结果恰是原图像的外廓线，即边界线。如果将集合 A 的边界用 $\varepsilon(A)$ 来表示，先用 B 对集合 A 进行腐蚀，然后用 A 减去腐蚀结果，便可获集合 A 的边界，故有

$$\varepsilon(A)=A-(A\ominus B) \tag{7.11.17}$$

集合的运算规则是相当抽象的，因而基于集合论的数学形态学的运算也是高度抽象，难于直观理解。幸好，我们已学过卷积积分和空间滤波的运算技巧，为我理解集合的运算做了一个直观而形象的铺垫。

图 7. 11. 8 表示一只鸭子的剪影通过图像腐蚀（瘦身）来提取边界轮廓线的过程，图中（c）为最终获得的轮廓线。这里不妨想象北京烤鸭的烤制过程，不同的是，烤鸭烤去的是鸭子的一层皮下脂肪，而不是外表皮。

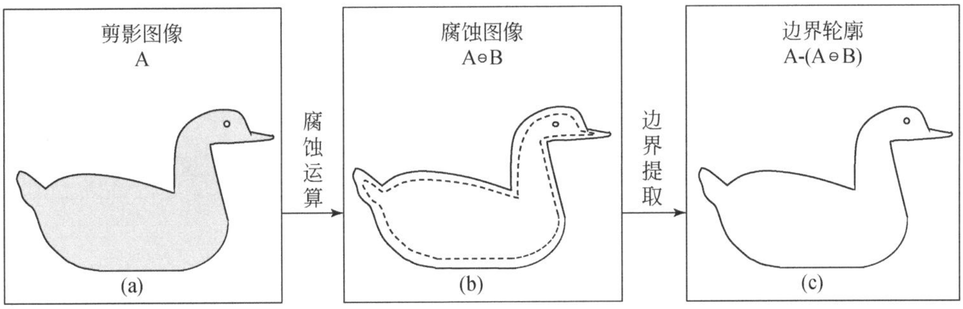

图 7. 11. 8　二值图像经腐蚀后提取外廓线（边界线）

如果对腐蚀和膨胀过程加以适当的改变和控制，可在应用上产生你所需要的效果，比如粗化、细化、收缩、抽骨架、剪枝等图形处理技术，它们都可看为腐蚀和膨胀运算的变种。其中的细化是指，如何将一不规则的曲线型目标由一条单一像素宽的线来表达的一种腐蚀运算。抽骨架（Skeletonization）也称为草原火技术（Grass- Fire Technique），它的实现与细化运算类似，都可用有条件的两步走的腐蚀运算来实现。草原火技术则可应用于森林火场的扩展模拟。

基于集合运算的数学形态学具有非常奇妙的特点和魔幻色彩，如果将它们巧妙组合，则会在图形处理上产生独特的功效。

第 8 章　图像变换与图像的频域增强

我们已经习惯于在空间域（以下简称空域）中使用多种函数对图像进行增强处理，并且运用自如，得心应手。这些增强方法就事论事，可谓五花八门，令人眼花缭乱，最大的缺憾是缺乏统一的，一以贯之的理论体系。行将介绍的频率域（以下简称频域）变换处理是以另一种方式思考，如何进行图像增强处理的理论体系，正交变换中的傅里叶变换处理正是这样的分析体系。傅里叶变换的理论与其物理解释相结合，有助于解决图像处理中的许多问题。傅里叶变换可看作是描述函数的另一种语言，在表达许多图像处理的方法中，表现出了自己的非凡优势，如果掌握的好，在进行图像处理时，可以灵活的在空域和频域间来回穿梭切换。傅里叶变换亦如前面讲过的 K-L 变换一样，是一种正交变换。由向量代数知道，两个向量 V_1 与 V_2 的内积或称点积 $\overrightarrow{V_1}\overrightarrow{V_2}=|V_1||V_2|\cos\theta$，若 $\theta=90°$，显然有 $|V_1||V_2|=0$，我们就称这两个向量为正交，几何解释是他们在二维的平面里互相垂直。如有三个向量 $\overrightarrow{V_1}$，$\overrightarrow{V_2}$ 和 $\overrightarrow{V_3}$，且 $\overrightarrow{V_1}\cdot\overrightarrow{V_2}=0$，$\overrightarrow{V_1}\cdot\overrightarrow{V_3}=0$，$\overrightarrow{V_2}\cdot\overrightarrow{V_3}=0$，则称他们彼此正交，三个向量间的夹角 $\alpha=\beta=\gamma=90°$，在笛卡儿三维坐标系中表现为沿三个坐标轴伸展的向量（图 8.0.1）。同理推广到 N 维向量，有 $\overrightarrow{V_1}$，$\overrightarrow{V_2}$，$\overrightarrow{V_3}$，…，$\overrightarrow{V_n}$ 为 N 个非零向量，其中任意二个向量的内积 $\overrightarrow{V_i}\cdot\overrightarrow{V_j}=0$，$(i\neq j)$，向量 $\overrightarrow{V_1}$，$\overrightarrow{V_2}$，$\overrightarrow{V_3}$，…，$\overrightarrow{V_n}$ 构成一正交向量系，他们互相成线性独立。这样，正交便与线性独立相连起来了。

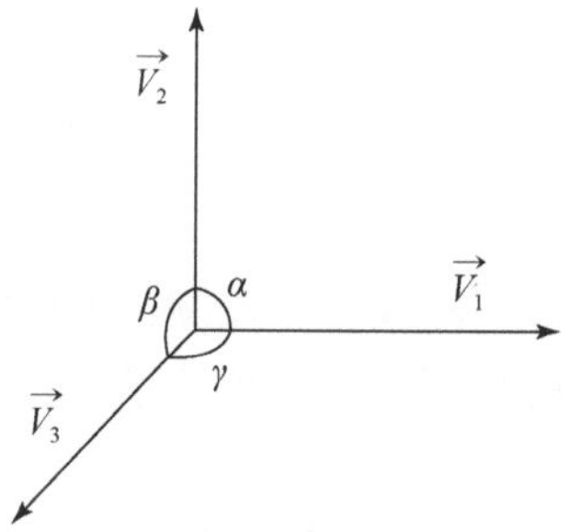

图 8.0.1　三向量彼此正交的条件（$\alpha=\beta=\gamma=90°$）

在以正交函数为基础的空间里，任一向量均可唯一的用正交函数系的线性组合来表达，这就是正交变换，正交函数多种多样 [$\sin(\pi ux)$，$\cos(\pi ux)$，$e^{\pi iux}$]，因而正交变换亦多种多样，如傅里叶变换、哈达玛变换、沃尔什变换、哈尔（A. haar）变换、霍太林（Hotelling）变换等。其中，傅里叶变换在图像处理中的应用最为广泛而频繁。

8.1 傅里叶变换

傅里叶变换的核心思想是，任何一个周期函数，也包括取值有限的任何曲线，都可以用不同频率正弦或余弦乘以权函数来表示。对于取值有限的一段曲线（无论它多么复杂），你可以想象把它两侧安放相同的那一段曲线，这样它就变成一个周期函数了。傅里叶变换可以看作是时间或者是空间域函数在频率域上的表示。通过傅里叶变换，在频域上包含的信息量和变换前函数所包含的信息量完全相同，不同的只是信息表示的方式。由傅里叶变换表示的函数特征可以完全地通过傅里叶变换的反变换来重建，而不会造成任何信息丢失，这使傅里叶变换成为解决许多实际问题的强有力工具。

8.1.1 一维连续函数的傅里叶变换

设有一维连续实函数$f(x)$，其傅里叶变换$F(u)$定义为

$$F(u)=\int_{-\infty}^{\infty} f(x)\mathrm{e}^{-2\pi \mathrm{i} ux}\mathrm{d}x \tag{8.1.1}$$

式中，i 为虚单位$\sqrt{-1}$，该函数的傅里叶反变换定义为

$$f(x)=\int_{-\infty}^{\infty} F(u)\mathrm{e}^{2\pi \mathrm{i} ux}\mathrm{d}u \tag{8.1.2}$$

上列正变换与反变换式构成傅里叶变换对。如果函数$f(x)$连续可积，$F(u)$也是可积的，则傅里叶变换对总是存在的。我们如果用尤拉公式$\mathrm{e}^{-2\pi \mathrm{i} ux}=\cos(2\pi ux)-\mathrm{i}\sin(2\pi ux)$将指数项$\mathrm{e}^{-2\pi \mathrm{i} ux}$展开，则正变换表达式成为

$$F(u)=\int_{-\infty}^{\infty} f(x)[\cos(2\pi ux)-\mathrm{i}\sin(2\pi ux)]\mathrm{d}x \tag{8.1.3}$$

这样，我们可以把式（8.1.3）中的积分，理解为无限多离散项和的极限，而傅里叶变换$F(u)$正是包含了无限多正弦和余弦项的和，u的每一取值都确定了他所对应的正弦—余弦对的频率，因而变量u就有了频率变量的称谓。

实函数$f(x)$的傅里叶变换通常是复数，即

$$F(u)=R(u)+\mathrm{i}I(u) \tag{8.1.4}$$

式中，$R(u)$和$\mathrm{i}I(u)$分别是傅里叶变换$F(u)$的实部和虚部。幅度函数$|F(u)|=[R^2(u)+I^2(u)]^{\frac{1}{2}}$称为$f(x)$的傅里叶谱，谱的平方

$$E(u)=|F(u)|^2=R^2(u)+I^2(u) \tag{8.1.5}$$

称为$f(x)$的能量谱或功率谱。

8.1.2 一维离散的傅里叶变换

设想用等间隔抽样的方法，将连续函数$f(x)$离散化为一序列的函数值，即$\{f(x_0), f(x_0+\Delta x), f(x_0+2\Delta x), \cdots, f(x_0+(N-1)\Delta x)\}$，$x_0$为抽样起点，$\Delta x$为抽样间隔（图 8.1.1）。为讨论方便起见，将$x$既看作是连续变量，又视为离散变量，并按下式来定义

$$f(x)=f(x_0+x\Delta x) \tag{8.1.6}$$

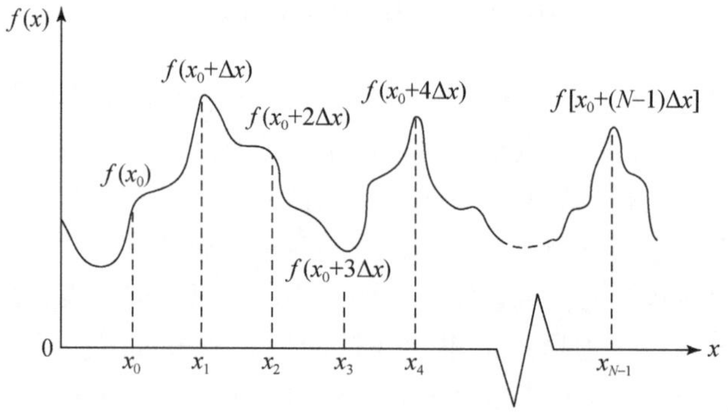

图 8.1.1　对连续函数的等间隔抽样

式中，x 设定为离散值 0，1，2，…，$N-1$。这样，序列离散的函数值 $\{f(0), f(1), f(2), \cdots, f(N-1)\}$ 就是 N 个等间隔的连续函数的抽样值。抽样后函数的一维离散傅里叶变换的正变换式为

$$F(u)=\frac{1}{N}\sum_{x=0}^{N-1}f(x)\mathrm{e}^{-\frac{2\pi iux}{N}} \tag{8.1.7}$$

式中，$u=0, 1, 2, \cdots, N-1$。

一维离散傅里叶反变换为

$$f(x)=\sum_{u=0}^{N-1}F(u)\mathrm{e}^{\frac{2\pi iux}{N}} \tag{8.1.8}$$

式中，$x=0, 1, 2, \cdots, N-1$，Δu 与 Δx 的关系为 $\Delta u=\frac{1}{N\Delta x}$。

傅里叶变换犹如数学中的石英三棱镜，它把一函数折射成不同频率的组分，就像三棱镜把可见光分解成不同波长的色光那样奇妙。这样说还是比较抽象和玄妙，下面通过算例来进一步理解。

例 1，高斯函数 $f(x)=\mathrm{e}^{-\pi x^2}$ 的傅里叶变换 $F(u)$

$$\begin{aligned}F(u)&=\int_{-\infty}^{\infty}f(x)\mathrm{e}^{-2\pi iux}\mathrm{d}x\\&=\int_{-\infty}^{\infty}\mathrm{e}^{-\pi x^2}\mathrm{e}^{-2\pi iux}\mathrm{d}x\\&=\int_{-\infty}^{\infty}\mathrm{e}^{-\pi(x^2+2iux)}\mathrm{d}x\end{aligned} \tag{8.1.9}$$

等式左右两边各乘以 $\mathrm{e}^{-\pi u^2}\mathrm{e}^{\pi u^2}$（$=1$）得

$$\begin{aligned}F(u)&=\int_{-\infty}^{\infty}\mathrm{e}^{-\pi(iu+x)^2-\pi u^2}\mathrm{d}x\\&=\mathrm{e}^{-\pi u^2}\int_{-\infty}^{\infty}\mathrm{e}^{-\pi(iu+x)^2}\mathrm{d}x\end{aligned} \tag{8.1.10}$$

令 $w=u+ix$，则 $\mathrm{d}w=\mathrm{d}t$，上式成为

$$F(u) = \mathrm{e}^{-\pi u^2}\int_{-\infty}^{\infty}\mathrm{e}^{-\pi w^2}\mathrm{d}w \tag{8.1.11}$$

上式右端积分 $\int_{-\infty}^{\infty}\mathrm{e}^{-\pi w^2}\mathrm{d}w = 1$，故有

$$F(u)= \mathrm{e}^{-\pi u^2} \tag{8.1.12}$$

易见，高斯函数的傅里叶变换还是一个高斯函数。

例 2，简单函数 K 和 mK 的傅里叶频谱。

函数 K 的傅里叶变换

$$F(u) = \int_0^Z K\mathrm{e}^{-2\pi\mathrm{i}ux}\mathrm{d}x = \frac{-K}{2\pi\mathrm{i}u}[\mathrm{e}^{-2\pi\mathrm{i}ux}]_0^Z$$

$$= \frac{-K}{2\pi iu}[\mathrm{e}^{-2\pi\mathrm{i}uZ} - 1] = \frac{K}{2\pi iu}[\mathrm{e}^{\pi\mathrm{i}uZ} - \mathrm{e}^{-\pi\mathrm{i}uZ}]\mathrm{e}^{-\pi\mathrm{i}uZ}$$

根据欧拉公式，

$$\mathrm{e}^{\pi\mathrm{i}uZ}-\mathrm{e}^{-\pi\mathrm{i}uZ}=[\cos(\pi uZ)+\mathrm{i}\sin(\pi uZ)]-[\cos(\pi uZ)-2\mathrm{i}\sin(\pi uZ)]$$

上式可简化为

$$F(u)=\frac{K}{\pi u}\sin(\pi uZ)\mathrm{e}^{-\pi\mathrm{i}uZ} \tag{8.1.13}$$

函数 K 的傅里叶变换为一复函数，其傅里叶谱

$$|F(u)|=\frac{K}{\pi u}|\sin(\pi uZ)||\mathrm{e}^{-\pi\mathrm{i}Z}|$$

$$=KZ\left|\frac{\sin(\pi uZ)}{\pi uZ}\right| \tag{8.1.14}$$

函数 mK 的傅里叶变换与函数 K 的傅里叶变换仅是 m 倍的关系，即

$$F(u) = \int_0^Z mK\mathrm{e}^{-2\pi\mathrm{i}ux}\mathrm{d}x = \frac{mK}{\pi u}\sin(\pi uZ)\mathrm{e}^{-\pi\mathrm{i}uZ} \tag{8.1.15}$$

其傅里叶谱

$$|F(u)|=mKZ\left|\frac{\sin(\pi uZ)}{\pi uZ}\right| \tag{8.1.16}$$

例 3，将有如图 8.1.2 所示的函数 $f(x)$ 分别在 $x_0=0.2$，$x_1=0.4$，$x_2=0.6$，$x_3=0.8$ 处采样，自变量按 $f(x)=f(x_0+x\Delta x)$ 定义，将函数离散化后，分别求它们的傅里叶变换 $F(u)$。

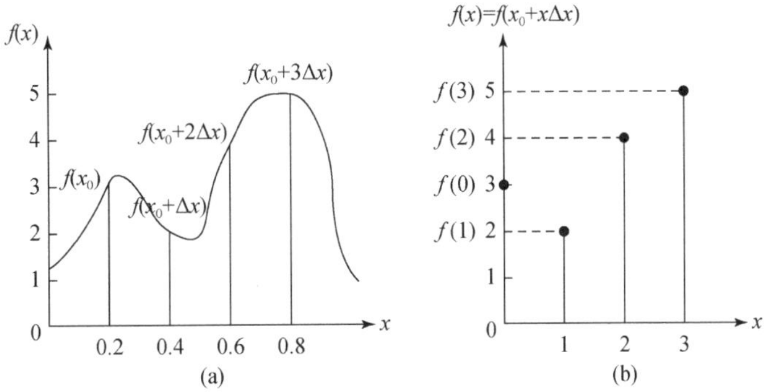

图 8.1.2　函数离散化采样后傅里叶变换计算示意图

采样后离散化的函数傅里叶变换分别计算如下：

$$\underset{u取0}{F(0)} = \frac{1}{4}\sum_{x=0}^{3} f(x)\ \underset{u=0}{e^{-2\pi i 0x/4}}$$

$$= \frac{1}{4}[f(0) + f(1) + f(2) + f(3)]$$

$$= \frac{1}{4}[3 + 2 + 4 + 5] = 3.5$$

$$\underset{u取1}{F(1)} = \frac{1}{4}\sum_{x=0}^{3} f(x)\ \underset{u=1}{e^{-2\pi i 1x/4}}$$

$$= \frac{1}{4}[3e^{-2\pi i 1\cdot 0/4} + 2e^{-2\pi i 1\cdot 1/4} + 4e^{-2\pi i 1\cdot 2/4} + 5e^{-2\pi i 1\cdot 3/4}]$$

$$= \frac{1}{4}[3e^{0} + 2e^{-\frac{1}{2}\pi i} + 4e^{-\pi i} + 5e^{-\frac{3}{2}\pi i}]$$

$$= \frac{1}{4}[3 + 2(\cos\frac{\pi}{2} - i\sin\frac{\pi}{2}) + 4(\cos\pi - i\sin\pi)$$

$$+ 5(\cos\frac{3}{2}\pi - i\sin\frac{3}{2}\pi)]$$

$$= \frac{1}{4}\{3 + 2(0 - i\cdot 1) + 4(-1 - i\cdot 0)$$

$$+ 5[0 - i\cdot(-1)]\}$$

$$= \frac{1}{4}[3 - 2i - 4 + 5i] = \frac{1}{4}[-1 + 3i]$$

$$F(2) = \frac{1}{4}\sum_{x=0}^{3} f(x) e^{-2\pi i 2x/4}$$

$$= \frac{1}{4}[3e^{-2\pi i 2\cdot 0/4} + 2e^{-2\pi i 2\cdot 1/4} + 4e^{-2\pi i 2\cdot 2/4} + 5e^{-2\pi i 2\cdot 3/4}]$$

$$= \frac{1}{4}[3e^{0} + 2e^{-\pi i} + 4e^{-2\pi i} + 5e^{-3\pi i}]$$

$$= \frac{1}{4}[3 - 2 + 4 - 5] = 0$$

$$F(3) = \frac{1}{4}\sum_{x=0}^{3} f(x) e^{-2\pi i 3x/4}$$

$$= \frac{1}{4}[3e^{-2\pi i 3\cdot 0/4} + 2e^{-2\pi i 3\cdot 1/4} + 4e^{-2\pi i\cdot 3\cdot 2/4} + 5e^{-2\pi i 3\cdot 3/4}]$$

$$= \frac{1}{4}[3e^{0} + 2e^{-\frac{3}{2}\pi i} + 4e^{-3\pi i} + 5e^{\frac{9}{2}\pi i}]$$

$$= \frac{1}{4}[3 + 2i - 4 - 5i] = \frac{1}{4}[-(1 + 3i)]$$

$$= -\frac{1}{4}(1 + 3i)$$

提示：1. 公式左端 $F(u)$ 先按 0 频（即 $u=0$），1 频，2 频，…，$(N-1)$ 频取定

2. 右端和号 Σ 内 $f(x)$ 之 x 依次按 $x=0$，$x=1$，$x=2$，…，$x=N-1$ 取各采样点值

3. e 的复指数值里 u 和 x：在频率 u 已确定下，依次变化 x 的取值，即 x 分别取 0，1，2，…，$N-1$。

提示：方括号内各负指数项按欧拉公式展开，即

$$e^{-2\pi iux} = \cos(2\pi ux) - i\sin(2\pi ux) = e^{-i\phi} \quad ①$$

$$e^{2\pi iux} = \cos(2\pi ux) + i\sin(2\pi ux) = e^{i\phi} \quad ②$$

当式①、②中的 ϕ 分别等于 $\pi/2$，$-\pi/2$，$\pm\pi$，$\pm 2\pi$ 时，有 $e^{2\pi i} = e^{-2\pi i} = 1$，$e^{\pi i} e^{-\pi i} = -1$，$e^{\frac{\pi}{2}i} = i$，$e^{-\frac{\pi}{2}i} = -i$。

对于 $F(2)$ 和 $F(3)$ 未采用欧拉公式，仍用 e 指数函数，按图 8.1.3 快捷计算图计算会更便捷。

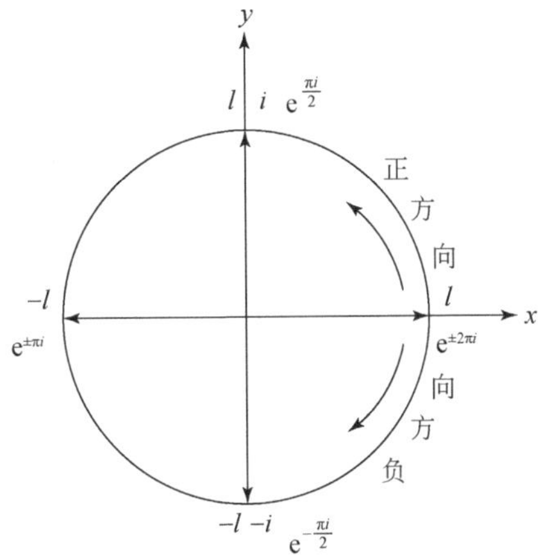

图 8.1.3　$e^{\pm k\pi i}$快捷计算图

8.1.3　二维连续函数的傅里叶变换

一维连续函数的傅里叶变换很容易推广到二维连续函数 $f(x,\ y)$ 的情况，只要二维函数是连续可积，并且其傅里叶变换 $F(u,\ v)$ 是可积的，就可保证其傅里叶变换和其反变换的存在，即

$$F(u,v)=\iint_{-\infty}^{\infty} f(x,y)\,e^{-2\pi i(ux+vy)}\,dx\,dy \tag{8.1.17}$$

和其反变换

$$f(x,y)=\iint_{-\infty}^{\infty} F(u,v)\,e^{2\pi i(ux+vy)}\,du\,dv \tag{8.1.18}$$

两式中的 u，v 称为频率变量。

二维傅里叶变换的傅里叶谱

$$|F(u,v)|=\left[R^2(u,v)+I^2(u,v)\right]^{\frac{1}{2}} \tag{8.1.19}$$

其功率谱

$$|E(u,v)|=R^2(u,v)+I^2(u,v) \tag{8.1.20}$$

8.1.4　二维离散函数的傅里叶变换

完全套用一维的离散傅里叶变换的理念与做法，二维的离散傅里叶变换对表达如下。

$$F(u,v)=\frac{1}{MN}\sum_{x=0}^{M-1}\sum_{y=0}^{N-1} f(x,y)\,e^{-2\pi i\left(\frac{ux}{M}+\frac{vy}{N}\right)} \tag{8.1.21}$$

式中，$u=0,\ 1,\ 2,\ \cdots,\ M-1$；$v=0,\ 1,\ 2,\ \cdots,\ N-1$。

$$f(x,y)=\sum_{u=0}^{M-1}\sum_{v=0}^{N-1} F(u,v)\,e^{2\pi i\left(\frac{ux}{M}+\frac{vy}{N}\right)} \tag{8.1.22}$$

式中，$x=0$，1，2，…，$M-1$；$y=0$，1，2，…，$N-1$。

空间域与频率域中的抽样增量之间的关系为

$$\Delta u=\frac{1}{M\Delta x};\quad \Delta v=\frac{1}{N\Delta y} \tag{8.1.23}$$

遥感图像在傅里叶变换时，采用方阵，即 $M=N$，此时

$$F(u,v)=\frac{1}{N}\sum_{x=0}^{N-1}\sum_{y=0}^{N-1}f(x,y)\mathrm{e}^{-2\pi\mathrm{i}\left[\frac{(ux+vy)}{N}\right]} \tag{8.1.24}$$

式中，u，$v=0$，1，2，…，$N-1$；

$$f(x,y)=\frac{1}{N}\sum_{u=0}^{N-1}\sum_{v=0}^{N-1}F(u,v)\mathrm{e}^{2\pi\mathrm{i}\left[\frac{(ux+vy)}{N}\right]} \tag{8.1.25}$$

式中，x，$y=0$，1，2，…，$N-1$；

对于方阵，空间域与频率域中的采样增量之间的关系为

$$\Delta u=\frac{1}{N\Delta x};\Delta v=\frac{1}{N\Delta y} \tag{8.1.26}$$

8.1.5 图像变换的通用表达式

通观傅里叶变换的正反变换表达式，在积分号或和号内，均有两部分函数的相乘积构成，其一是待变换函数 $f(x)$，另一便是执行变换功能的函数，如 $T(x, u)$，称 $T(x, u)$ 为变换核函数，简称变换核或核函数。这样，函数 $f(x)$ 变换的通用表达式可写成

$$F(u)=\sum_{x=0}^{N-1}f(x)T(x,u) \tag{8.1.27}$$

正像上式已表明的那样，u 在0，1，2，…，$N-1$ 范围内取值，其逆变换

$$f(x)=\sum_{u=0}^{N-1}F(u)h(x,u) \tag{8.1.28}$$

式中 $h(x, u)$ 称为反变换核，x 在0，1，2，…，$N-1$ 范围内取值。

遥感应用中，图像数据采用离散的二维方阵，其正反变换通用表达方式分别为：

正变换：

$$F(u,v)=\sum_{x=0}^{N-1}\sum_{y=0}^{N-1}f(x,y)T(x,y,u,v) \tag{8.1.29}$$

反变换：

$$f(x,y,u,v)=\sum_{u=0}^{N-1}\sum_{v=0}^{N-1}F(u,v)h(x,y,u,v) \tag{8.1.30}$$

上两式中的 $T(x, y, u, v)$ 和 $h(x, y, u, v)$ 分别称作正变换核与反变换核。

若 $T(x, y, u, v)=T_1(x, u)\ T_2(y, v)$ 则称正变换核是可分离的，如果 $T_1(x, u)$ 在函数上与 $T_2(y, v)$ 相等，称该核函数是加法对称的，即有 $T_1(x, u)=T_2(y, v)$。对于反变换核 $h(x, y, u, v)$ 亦具备相同的性质。二维傅里叶变换是核函数可分离性和对称性的典型代表。

$$T(x,y,u,v)=T_1(x,u)T_2(y,v)=\frac{1}{N}\mathrm{e}^{-2\pi\mathrm{i}\frac{(ux+vy)}{N}}=\frac{1}{\sqrt{N}}\mathrm{e}^{-\frac{2\pi\mathrm{i}ux}{N}}\frac{1}{\sqrt{N}}\mathrm{e}^{-\frac{2\pi\mathrm{i}vy}{N}} \tag{8.1.31}$$

既然核函数可以分解为在函数上相等的两个函数，对于二维傅里叶变换就可通过两次一维变换来实现，那么有

$$F(u,v)=\sum_{x=0}^{N-1}T_1(x,u)\sum_{y=0}^{N-1}f(x,y)T_1(y,v) \tag{8.1.32}$$

其中，u，v=0，1，2，…，N−1。

二维变换通用表达式可记为 $F=TfT$，其中 $f(x,y)$，$T_1(x,u)=T_1(y,v)$ 和 $F(u,v)$ 的 N 阶矩阵形式是

$$[f(x,y)]_{NN}=\begin{bmatrix} f(0,0) & f(0,1) & f(0,2) & \cdots & f(0,N-1) \\ f(1,0) & f(1,1) & f(1,2) & \cdots & f(1,N-1) \\ f(2,0) & f(2,1) & f(2,2) & \cdots & f(2,N-1) \\ \cdots & \cdots & & & \cdots \\ f(N-1,0) & f(N-1,1) & f(N-1,2) & \cdots & f(N-1,N-1) \end{bmatrix} \tag{8.1.33}$$

$$\begin{Bmatrix} [T_1(x,v)] \\ [T_2(y,v)] \end{Bmatrix}_{NN}=\begin{bmatrix} T_1(0,0) & T_1(0,1) & T_1(0,2) & \cdots & T_1(0,N-1) \\ T_1(1,0) & T_1(1,1) & T_1(1,2) & \cdots & T_1(1,N-1) \\ T_1(2,0) & T_1(2,1) & T_1(2,2) & \cdots & T_1(2,N-1) \\ \cdots & \cdots & & & \cdots \\ T_1(N-1,0) & T_1(N-1,1) & T_1(N-1,2) & \cdots & T_1(N-1,N-1) \end{bmatrix} \tag{8.1.34}$$

$$[F(u,v)]_{NN}=\begin{bmatrix} F(0,0) & F(0,1) & F(0,2) & \cdots & F(0,N-1) \\ F(1,0) & F(1,1) & F(1,2) & \cdots & F(1,N-1) \\ F(2,0) & F(2,1) & F(2,2) & \cdots & F(2,N-1) \\ \cdots & \cdots & & & \cdots \\ F(N-1,0) & F(N-1,1) & F(N-1,2) & \cdots & F(N-1,N-1) \end{bmatrix} \tag{8.1.35}$$

这里需要特别强调的是，在遥感图像数字处理中，傅里叶变换结果仅仅是为有目的的增强处理提供了某种可能性，增强后的处理结果仍然是在频域中，是看不见摸不着的虚幻景象，必须通过反变换再回到空间域这个真实世界。正、反变换是须臾不能离开的。

8.1.6 快速傅里叶变换

上面谈到二维傅里叶变换的核函数具有可分性和对称性，可以通过两次的一维傅里叶变换来实现二维的傅里叶变换，这为二维傅里叶变换提供了很大方便。但即使是对于一维傅里叶变换 $F(u)=\frac{1}{N}\sum_{x=0}^{N-1}f(x)\mathrm{e}^{-\frac{2\pi iux}{N}}$ 而言，也要频繁去做复数的乘法和加法的运算，运算的次数与 N^2 成正比。也就是对于频率变量的每一个取值，在展开求和运算中，要作 $f(x)$ 与 $\mathrm{e}^{-\frac{2\pi iux}{N}}$ 的 N 次复数乘法，以及对这个乘积再作一次的加法求和运算。1965 年，国际商用机器公司（IBM）的两位年轻雇员，通过适当分解傅里叶变换式，使乘法运算和加法运算的总次数可以减少到仅和 $N\log_2N$ 成正比，这一分解的算法被称为快速傅里叶变换，他们同时给出了这种算法的 FORTRAN 程序源代码，总共才 46 行。因为计算时间主要决定于所用

的乘法的次数，所以减少乘法运算就成了 FFT 算法效率高的最主要原因。E. O. Brigham 在其所著 *The Fast Fourier Transform* 一书中对此有详尽的论述。

8.2 沃尔什变换与哈达玛变换

在傅里叶变换基础上进行频域处理，对解决许多的实际问题有其独特的优势。但由于它是由三角函数为基本函数的展开式，在进行快速运算时需频繁地进行复数乘法和三角函数乘法以及他们的累加求和运算，烦琐而耗时。在有些处理中，不一定非要如傅里叶变换处理那样，把函数分解成三角函数，此时便可应用沃尔什变换或哈德玛变换。他们的变换核矩阵只有+1 和−1 两种元素，只涉及加减运算，而不需要乘法运算，省去了许多时间。

8.2.1 一维离散沃尔什变换

一维沃尔什变换的核函数 $g(x, u)$ 的表达式为

$$g(x,u) = \frac{1}{N}\prod_{i=1}^{n-1}(-1)^{b_i(x)b_{(n-1-i)}(u)} \tag{8.2.1}$$

对于函数 $f(x)$，$x=0$，1，2，…，$N-1$，仿上节的通用变换表达式，其沃尔什变换 $W(u)$

$$W(u) = \sum_{x=0}^{N-1}f(x)g(x,u) = \frac{1}{N}\sum_{x=0}^{N-1}f(x)\prod_{i=0}^{n-1}(-1)^{b_i(x)b_{(n-1-i)}(u)} \tag{8.2.2}$$

沃尔什变换的核函数只取+1 和−1 这样两个幅值，是二值跳变函数，一组有序的矩形波是其物理原型。$N(=2^n)$ 称为沃尔什变换的阶数，而 $b_i(x)$ 和 $b_{(n-1-i)}(u)$ 是所谓的符号位函数［通式为 $b_k(z)$］，表示变量 x 和 u 的二进制的第 1 位和第（$n-1-i$）位的数字。通式 $b_k(z)$ 意思为 z 的二进制表示的第 k 位（表8.2.1），如数字 3 的二进制表示为 11，其第 0 位为 1，第一位亦为 1（从右往左数），从而有 $b_0(3)=1$，意味着 3 的二进制表示的第 0 位等于 1；$b_1(3)=1$，3 的二进制表示的第 1 位也为 1；数字 5 的二进制为 101，则有 $b_0(5)=1$，$b_1(5)=0$，$b_2(5)=1$（5 的二进制表示的第 2 位为 1）；因而有 $b_1(5)\ b_2(4)=0\times1=0$；$b_2(6)\ b_1(2)=1\times1=1$。下面是当 $N=2$，4，8 的 $b_k(z)$ 列表（表 8.2.2）。

一维沃尔什反变换的核函数 $h(x, u)$

$$h(x,u) = \prod_{i=0}^{n-1}(-1)^{b_i(x)b_{(n-1-i)}(u)} \tag{8.2.3}$$

那么，对应的一维沃尔什变换

$$f(x) = \sum_{u=0}^{N-1}W(u)\prod_{i=0}^{n-1}(-1)^{b_i(x)b_{(n-1-i)}(u)} \tag{8.2.4}$$

比较沃尔什正反变换式，他们仅相差一个常数$\frac{1}{N}$，因而正变换的算法亦适用于反变换。

表 8.2.1　符号位数 $b_k(z)$ 取值的直观说明

十进制	0	1	2	3	4	5	6	7
二进制	00	01	10	10	100	101	110	111
二进制位数		第 1 位	0 位		2 位	1 位	第 0 位	

表 8.2.2　N=2,4,8 的 $b_k(z)$ 列表

N	N=2		N=4				N=8							
n	n=1		n=2				n=3							
十进制	0	1	0	1	2	3	0	1	2	3	4	5	6	7
二进制 $b_k(z)$	0	1	00	01	10	11	000	001	010	011	100	101	110	111
$b_0(z)$	0	1	0	10	0	1	0	1	0	1	0	1	0	1
$b_1(z)$			0	0	1	1	0	0	1	1	0	0	1	1
$b_2(z)$							0	0	0	0	1	1	1	1

在这一算式中，既有连乘又有累加运算，这是平时不常碰到的，现在通过一实例来进一步熟悉他。设定 $N=2^n$，$N=8$，$n=3$，为确定 8 阶沃尔什变换核矩阵的符号，需分别计算从 0 到（N-1）的沃尔什变换，即从 $u=0$，1，2，…，7 的沃尔什变换 $W(u)$。对于函数 $f(x)$ 的沃尔什变换，现仅选择当 $u=5$，7 时，计算 $W(5)$ 和 $W(7)$。

当 $N=8$，$n=3$，$f(x)$ 的沃尔什变换具体为

$$W(u)=\frac{1}{8}\sum_{x=0}^{7}f(x)\prod_{i=0}^{2}(-1)^{b_i(x)b_{(n-1-i)}(u)}$$

$$\overset{u\text{取}2}{W(2)}=\frac{1}{8}\sum_{x=0}^{7}f(x)\prod_{i=0}^{2}(-1)^{b_i(x)b_{(n-1-i)}(2)}$$

$$=\frac{1}{8}f(0)(-1)^{\overbrace{b_0(0)b_2(2)}^{0}}(-1)^{\overbrace{b_1(0)b_1(2)}^{0}}(-1)^{\overbrace{b_2(0)b_0(2)}^{0}}$$

$$\Rightarrow f(0)\cdot 1\cdot 1\cdot 1=f(0)$$

$$+\frac{1}{8}f(1)(-1)^{\overbrace{b_0(1)b_2(2)}^{0}}(-1)^{\overbrace{b_1(1)b_1(2)}^{0}}(-1)^{\overbrace{b_2(1)b_0(2)}^{0}}$$

$$\Rightarrow f(1)\cdot 1\cdot 1\cdot 1=f(1)$$

$$+\frac{1}{8}f(2)(-1)^{\overbrace{b_0(2)b_2(2)}^{0}}(-1)^{\overbrace{b_1(2)b_1(2)}^{1}}(-1)^{\overbrace{b_2(2)b_0(2)}^{0}}$$

$$\Rightarrow f(2)\cdot 1\cdot(-1)\cdot 1=-f(2)$$

$$+\frac{1}{8}f(3)(-1)^{\overbrace{b_0(3)b_2(2)}^{0}}(-1)^{\overbrace{b_1(3)b_1(2)}^{1}}(-1)^{\overbrace{b_2(3)b_0(2)}^{0}}$$

提示：
1）首先变量 u 从 0 起，共有 N 个取值，u 取定后，式中 b_{n-1}（u）的 u 随之确定。
2）其次 $f(x)$ 中的 x，亦有 N 个取值，x 取定后，就依次计算 $f(x)$ 与核函数的乘积。
3）u 和 x 取定后，最后 i 共有 N 个取值，这样依次取 0，1，2，（设 $n=3$）并将连乘号项展开，按二进制符号位函数的取值确定其正负。
上面不厌其烦地举例计算各 $W(u)$ 值，目的是让读者进一步加深对沃尔什变换的理解和对连乘号和累加号内函数运算的熟练掌握。

b_{n-1}（u）f（x）f（x）

$$\Rightarrow f(3)\cdot 1\cdot(-1)\cdot 1=-f(3)$$

$$+\frac{1}{8}f(4)(-1)^{\overbrace{b_0(4)b_2(2)}^{0}}(-1)^{\overbrace{b_1(4)b_1(2)}^{0}}(-1)^{\overbrace{b_2(4)b_0(2)}^{0}}$$

$$\Rightarrow f(4)\cdot 1\cdot 1\cdot 1=f(4)$$

$$+\frac{1}{8}f(5)(-1)^{\overbrace{b_0(5)b_2(2)}^{0}}(-1)^{\overbrace{b_1(5)b_1(2)}^{0}}(-1)^{\overbrace{b_2(5)b_0(2)}^{0}}$$

$$\Rightarrow f(5)\cdot 1\cdot 1\cdot 1=f(5)$$

$$+\frac{1}{8}f(6)(-1)^{\overbrace{b_0(6)b_2(2)}^{0}}(-1)^{\overbrace{b_1(6)b_1(2)}^{1}}(-1)^{\overbrace{b_2(6)b_0(2)}^{0}}$$

$$\Rightarrow f(6)\cdot 1\cdot(-1)\cdot 1=-f(6)$$

$$+\frac{1}{8}f(7)(-1)^{\overbrace{b_0(7)b_2(2)}^{0}}(-1)^{\overbrace{b_1(7)b_1(2)}^{1}}(-1)^{\overbrace{b_2(7)b_0(2)}^{0}}$$

$$\Rightarrow f(7)\cdot 1\cdot(-1)\cdot 1=-f(7)$$

$$=\frac{1}{8}[f(0)+f(1)-f(2)-f(3)+f(4)+f(5)-f(6)-f(7)]$$

$$\overset{u\text{取}5}{W(5)}=\frac{1}{8}\sum_{x=0}^{7}f(x)\prod_{i=0}^{2}(-1)^{b_{(n-1-i)}(5)}$$

$$=\frac{1}{8}f(0)(-1)^{\overbrace{b_0(0)b_2(5)}^{0}}(-1)^{\overbrace{b_1(0)b_1(5)}^{0}}(-1)^{\overbrace{b_2(0)b_0(5)}^{0}}\Rightarrow f(0)$$

$$+\frac{1}{8}f(1)(-1)^{\overbrace{b_0(1)b_2(5)}^{1}}(-1)^{\overbrace{b_1(1)b_1(5)}^{0}}(-1)^{\overbrace{b_2(1)b_0(5)}^{0}}\Rightarrow -f(1)$$

$$+\frac{1}{8}f(2)(-1)^{\overbrace{b_0(2)b_2(5)}^{0}}(-1)^{\overbrace{b_1(2)b_1(5)}^{0}}(-1)^{\overbrace{b_2(2)b_0(5)}^{0}}\Rightarrow f(2)$$

$$+\frac{1}{8}f(3)(-1)^{\overbrace{b_0(3)b_2(5)}^{1}}(-1)^{\overbrace{b_1(3)b_1(5)}^{0}}(-1)^{\overbrace{b_2(3)b_0(5)}^{0}}\Rightarrow -f(3)$$

$$+\frac{1}{8}f(4)(-1)^{\overbrace{b_0(4)b_2(5)}^{0}}(-1)^{\overbrace{b_1(4)b_1(5)}^{0}}(-1)^{\overbrace{b_2(4)b_0(5)}^{1}}\Rightarrow -f(4)$$

$$+\frac{1}{8}f(5)(-1)^{\overbrace{b_0(5)b_2(5)}^{1}}(-1)^{\overbrace{b_1(5)b_1(5)}^{0}}(-1)^{\overbrace{b_2(5)b_0(5)}^{1}}\Rightarrow f(5)$$

$$+\frac{1}{8}f(6)(-1)^{\overbrace{b_0(6)b_2(5)}^{0}}(-1)^{\overbrace{b_1(6)b_1(5)}^{0}}(-1)^{\overbrace{b_2(6)b_0(5)}^{1}}\Rightarrow -f(6)$$

$$+\frac{1}{8}f(7)(-1)^{\overbrace{b_0(7)b_2(5)}^{1}}(-1)^{\overbrace{b_1(7)b_1(5)}^{0}}(-1)^{\overbrace{b_2(7)b_0(5)}^{1}}\Rightarrow f(7)$$

$$=\frac{1}{8}[f(0)-f(1)+f(2)-f(3)-f(4)+f(5)-f(6)+f(7)]$$

$$\overset{u\text{取}7}{W(7)} = \frac{1}{8}\sum_{x=0}^{7} f(x)\prod_{i=0}^{2}(-1)^{b_{(n-1-i)}(7)}$$

$$= \frac{1}{8}f(0)(-1)^{\overbrace{b_0(0)b_2(7)}^{0}}(-1)^{\overbrace{b_1(0)b_1(7)}^{0}}(-1)^{\overbrace{b_2(0)b_0(7)}^{0}} \Rightarrow = f(0)$$

$$+ \frac{1}{8}f(1)(-1)^{\overbrace{b_0(1)b_2(7)}^{1}}(-1)^{\overbrace{b_1(1)b_1(7)}^{0}}(-1)^{\overbrace{b_2(1)b_0(7)}^{0}} \Rightarrow -f(1)$$

$$+ \frac{1}{8}f(2)(-1)^{\overbrace{b_0(2)b_2(7)}^{0}}(-1)^{\overbrace{b_1(2)b_1(7)}^{1}}(-1)^{\overbrace{b_2(2)b_0(7)}^{0}} \Rightarrow -f(2)$$

$$+ \frac{1}{8}f(3)(-1)^{\overbrace{b_0(3)b_2(7)}^{1}}(-1)^{\overbrace{b_1(3)b_1(7)}^{1}}(-1)^{\overbrace{b_2(3)b_0(7)}^{0}} \Rightarrow f(3)$$

$$+ \frac{1}{8}f(4)(-1)^{\overbrace{b_0(4)b_2(7)}^{0}}(-1)^{\overbrace{b_1(4)b_1(7)}^{0}}(-1)^{\overbrace{b_2(4)b_0(7)}^{1}} \Rightarrow -f(4)$$

$$+ \frac{1}{8}f(5)(-1)^{\overbrace{b_0(5)b_2(7)}^{1}}(-1)^{\overbrace{b_1(5)b_1(7)}^{0}}(-1)^{\overbrace{b_2(5)b_0(7)}^{1}} \Rightarrow f(5)$$

$$+ \frac{1}{8}f(6)(-1)^{\overbrace{b_0(6)b_2(7)}^{0}}(-1)^{\overbrace{b_1(6)b_1(7)}^{1}}(-1)^{\overbrace{b_2(6)b_0(7)}^{1}} \Rightarrow f(6)$$

$$+ \frac{1}{8}f(7)(-1)^{\overbrace{b_0(7)b_2(7)}^{1}}(-1)^{\overbrace{b_1(7)b_1(7)}^{1}}(-1)^{\overbrace{b_2(7)b_0(7)}^{1}} \Rightarrow -f(7)$$

$$= \frac{1}{8}[f(0) - f(1) - f(2) + f(3) - f(4) + f(5) + f(6) - f(7)]$$

通过计算沃尔什变换就可以构造出 $N=2^n$ 阶的变换核矩阵，矩阵的每个元素的正、负号由变换公式计算确定。下面列表是当 $N=2，4，8$ 时沃尔什变换核，其“+”号表示+1，“–”号表示–1。

如果把上面计算的结果与表 8.2.3 相对照，可以看到计算结果中方括号内的各项的符号就是表中对应行的变换核元素符号。沃尔什变换实质上是将离散序列各项函数值的符号，按沃尔什变换结果进行重组，而且只限加减运算，比起快速傅里叶变换的频繁的复数和三角函数运算要简要得多。从表中看到沃尔什变换核矩阵是对称矩阵，并且所有的行与列是正交的，因此沃尔什变换核矩阵还是个正交变换矩阵。

表 8.2.3　$N=2^n$，$n=1$、2、3 时沃尔什变换核

N / u \ x	N=2 n=1		N=4 n=2				N=8 n=3							
	0	1	0	1	2	3	0	1	2	3	4	5	6	7
0	+	+	+	+	+	+	+	+	+	+	+	+	+	+
1	+	–	+	+	–	–	+	+	+	+	–	–	–	–
2			+	–	+	–	+	+	–	–	+	+	–	–

续表

N / u x	N=2 n=1		N=4 n=2				N=8 n=3							
	0	1	0	1	2	3	0	1	2	3	4	5	6	7
3			+	−	−	+	+	+	−	−	−	−	+	+
4							+	−	+	−	+	−	+	−
5							+	−	+	−	−	+	−	+
6							+	−	−	+	+	−	−	+
7							+	−	−	+	−	+	+	−

8.2.2 二维沃尔什变换

二维离散沃尔什正反变换核具有相同的形式，且系数$\left(\frac{1}{N}\right)$也相同，其正反变换核函数相应是

$$g(x,y,u,v)=\frac{1}{N^2}\prod_{i=0}^{n-1}(-1)^{b_i(x)b_{(n-1-i)}(u)+b_i(y)b_{(n-1-i)}(v)} \tag{8.2.5}$$

$$h(x,y,u,v)=\frac{1}{N^2}\prod_{i=0}^{n-1}(-1)^{b_i(x)b_{(n-1-i)}(u)+b_i(y)b_{(n-1-i)}(v)} \tag{8.2.6}$$

相应有沃尔什变换的正反变换式

$$W(u,v)=\frac{1}{N^2}\sum_{x=0}^{N-1}\sum_{y=0}^{N-1}f(x,y)\prod_{i=0}^{n-1}(-1)^{b_i(x)b_{(n-1-i)}(u)+b_i(y)b_{(n-1-i)}(v)} \tag{8.2.7}$$

$$f(x,y)=\frac{1}{N^2}\sum_{u=0}^{N-1}\sum_{v=0}^{N-1}W(u,v)\prod_{i=0}^{n-1}(-1)^{b_i(x)b_{(n-1-i)}(u)+b_i(y)b_{(n-1-i)}(v)} \tag{8.2.8}$$

沃尔什变换核是可分离且对称的，即有

$$\begin{aligned} g(x,y,u,v)&=g_1(x,u)g_2(y,v)\\ &=\left[\frac{1}{N}\prod_{i=0}^{n-1}(-1)^{b_i(x)b_{(n-1-i)}(u)}\right]\left[\frac{1}{N}\prod_{i=0}^{n-1}(-1)^{b_i(y)b_{(n-1-i)}(v)}\right] \end{aligned} \tag{8.2.9}$$

这样，二维离散沃尔什变换也可以由两次一维的沃尔什变换来实现。

卫星遥感图像正是图像平面上的二维矩阵$f(i,\ j)$，对于N阶的沃尔什变换核矩阵G，二维沃尔什变换的矩阵形式为

$$W=\frac{1}{N^2}GFG \tag{8.2.10}$$

其反变换为

$$f=GWG \tag{8.2.11}$$

今有二维灰度图像矩阵F，

$$F=\begin{bmatrix}6&4&3&1\\7&5&3&2\\8&5&5&3\\6&8&7&6\end{bmatrix}$$

其 $N=4$ 阶的二维沃尔什变换 W 为

$$W=\frac{1}{4^2}GFG=\begin{bmatrix}1&1&1&1\\1&1&-1&-1\\1&-1&1&-1\\1&-1&-1&1\end{bmatrix}\begin{bmatrix}6&4&3&1\\7&5&3&2\\8&5&5&3\\6&8&7&6\end{bmatrix}\begin{bmatrix}1&1&1&1\\1&1&-1&-1\\1&-1&1&-1\\1&-1&-1&1\end{bmatrix}$$

$$=\begin{bmatrix}1&1&1&1\\1&1&-1&-1\\1&-1&1&-1\\1&-1&-1&1\end{bmatrix}\begin{bmatrix}14&6&4&0\\17&7&3&1\\21&5&5&1\\27&1&-1&-3\end{bmatrix}$$

$$=\begin{bmatrix}79&19&11&-1\\-17&7&1&3\\-9&3&7&3\\3&-5&-5&-5\end{bmatrix}$$

现在再看另一二维灰度图像矩阵 F，其空间明暗结构与上一不同。

$$F=\begin{bmatrix}4&5&4&5\\5&4&5&4\\4&5&4&5\\5&4&5&4\end{bmatrix}$$

同样设 $N=4$，变换核矩阵与上例相同，其二维沃尔什变换 W 为

$$W=\frac{1}{4^2}GFG=\begin{bmatrix}1&1&1&1\\1&1&-1&-1\\1&-1&1&-1\\1&-1&-1&1\end{bmatrix}\begin{bmatrix}4&5&4&5\\5&4&5&4\\4&5&4&5\\5&4&5&4\end{bmatrix}\begin{bmatrix}1&1&1&1\\1&1&-1&-1\\1&-1&1&-1\\1&-1&-1&1\end{bmatrix}$$

$$=\begin{bmatrix}1&1&1&1\\1&1&-1&-1\\1&-1&1&-1\\1&-1&-1&1\end{bmatrix}\begin{bmatrix}18&0&-2&0\\18&0&2&0\\18&0&-2&0\\18&0&2&0\end{bmatrix}$$

$$=\begin{bmatrix}72&0&0&0\\0&0&0&0\\0&0&0&0\\0&0&0&0\end{bmatrix}$$

在上列的两个例子里，我们明显地看到，由于二值图像的灰度值空间分布格局的差异，经沃尔什变换后，他们的分布格局发生了颠覆性的改变。其总趋势是，灰度的强度在个别像元上实现了总叠加，即总有一个像元的信号是全部像元信号强度之和，并占据于图

像的一角。

不管灰度值是均匀、对称分布的图像，还是任意的一景灰度值是在空间上随机分布的图像，$N=4$ 阶的二维沃尔什变换涉及三个矩阵的连乘，由高等代数知道，矩阵乘法服从结合律，因此，结果图像都是一样的。函数矩阵是左乘矩阵还是右乘矩阵，最终连乘积是一样的。这里需要强调一下手算训练的问题。因为熟练的手算功夫是相应的计算机高效编程基础。

8.2.3 哈达玛变换

哈达玛变换矩阵是一方阵，仅包含+1 和−1 两种矩阵元素。核矩阵的各行或各列之间彼此正交，即二行相乘或二列相乘之后的和必为零。哈达玛变换在本质上是一种特殊排序的沃尔什变换，其差别只是行的次序不同。哈达玛变换的各阶核矩阵之间具有简单的递推关系，高阶核矩阵可由二个低阶的核矩阵的直积求得，是它的最大方便之处，可用于图像数据的压缩处理。

8.2.3.1 一维哈达玛变换

按照通用核表达式，一维哈达玛变换核函数 $g(x, u)$，

$$g(x,u)=\frac{1}{N}(-1)^{\sum_{i=0}^{n-1}b_i(x)b_i(u)} \tag{8.2.12}$$

式中 x，$u=0$，1，2，…，$N-1$，$b_i(z)$ 亦称为符号位函数，它是 z 的二进制表示的第 i 位数值，指数上的和是按模 2 加法计算的，这一点与沃尔什变换求乘积和是不同的。

哈达玛变换 $H(u)$ 的表达式为

$$H(u)=\frac{1}{N}\sum_{x=0}^{N-1}f(x)(-1)^{\sum_{i=0}^{n-1}b_i(x)b_i(u)} \tag{8.2.13}$$

哈达玛反变换与正变换在形式上只相差$\frac{1}{N}$常系数，其余形式上基本一样，其反变换式为

$$f(x)=\sum_{x=0}^{N-1}H(u)(-1)^{\sum_{i=0}^{n-1}b_i(x)b_i(u)} \tag{8.2.14}$$

一般规定 $N=2^n$，当 $n=2$，$N=4$。现试着用手算来完成各阶 $H(u)$ 的变换，借以加深理解哈达玛变换核矩阵是如何形成的。现将 $H(u)$ 的计算具体化

$$H(u)=\frac{1}{N}\sum_{x=0}^{N-1}f(x)(-1)^{\sum_{i=0}^{n-1}b_i(x)b_i(u)}=\frac{1}{4}\sum_{x=0}^{3}f(x)(-1)^{b_0(x)b_0(u)\oplus b_1(x)b_1(u)} \tag{8.2.15}$$

$$\overset{u取0}{H(0)}=\frac{1}{N}\sum_{x=0}^{N-1}f(x)(-1)^{\sum_{i=0}^{n-1}b_i(x)b_i(u)}$$

$$=\frac{1}{4}\sum_{x=0}^{3}f(x)(-1)^{b_0(x)b_0(0)\oplus b_1(x)b_1(0)}\ \cdot$$

$$=\frac{1}{4}f(0)(-1)^{\underset{0}{\overbrace{b_0(0)b_0(0)}^{0}}\underset{\oplus}{\oplus}\underset{0=0}{\overbrace{b_1(0)b_1(0)}^{0}}}+\frac{1}{4}f(1)(-1)^{\underset{0}{\overbrace{b_0(1)b_0(0)}^{0}}\underset{\oplus}{\oplus}\underset{0=0}{\overbrace{b_1(1)b_1(0)}^{0}}}$$

$$+\frac{1}{4}f(2)(-1)^{\underset{0}{\overbrace{b_0(2)b_0(0)}^{0}}\underset{\oplus\ \ 0=0}{\oplus\overbrace{b_1(2)b_1(0)}^{0}}}+\frac{1}{4}f(3)(-1)^{\underset{0}{\overbrace{b_0(3)b_0(0)}^{0}}\underset{\oplus\ \ 0=0}{\oplus\overbrace{b_1(3)b_1(0)}^{0}}}$$

$$=\frac{1}{4}[f(0)(-1)^0+f(1)(-1)^0+f(2)(-1)^0+f(3)(-1)^0]$$

$$=\frac{1}{4}[f(0)+f(1)+f(2)+f(3)]$$

模 2 加法真值表

C	D	C⊕D
0	0	0
0	1	1
1	0	1
1	1	0

⊕模 2 加法运算符

$$\overset{u取1}{H(1)}=\frac{1}{4}f(0)(-1)^{\underset{0}{\overbrace{b_0(0)b_0(1)}^{0}}\underset{\oplus\ \ 0=0}{\oplus\overbrace{b_1(0)b_1(1)}^{0}}}+\frac{1}{4}f(1)(-1)^{\underset{1}{\overbrace{b_0(1)b_0(1)}^{1}}\underset{\oplus\ \ 0=1}{\oplus\overbrace{b_1(1)b_1(1)}^{0}}}$$

$$+\frac{1}{4}f(2)(-1)^{\underset{0}{\overbrace{b_0(2)b_0(1)}^{0}}\underset{\oplus\ \ 0=0}{\oplus\overbrace{b_1(2)b_1(1)}^{0}}}+\frac{1}{4}f(3)(-1)^{\underset{1}{\overbrace{b_0(3)b_0(1)}^{1}}\underset{\oplus\ \ 0=1}{\oplus\overbrace{b_1(3)b_1(1)}^{0}}}$$

$$=\frac{1}{4}[f(0)(-1)^0+f(1)(-1)^1+f(2)(-1)^0+f(3)(-1)^1]$$

$$=\frac{1}{4}[f(0)-f(1)+f(2)-f(3)]$$

$$\overset{u取2}{H(2)}=\frac{1}{4}f(0)(-1)^{b_0(0)b_0(2)\oplus b_1(0)b_1(2)}+\frac{1}{4}f(1)(-1)^{b_0(1)b_0(2)\oplus b_1(1)b_1(2)}$$

$$+\frac{1}{4}f(2)(-1)^{b_0(2)b_0(2)\oplus b_1(2)b_1(2)}+\frac{1}{4}f(3)(-1)^{b_0(3)b_0(2)\oplus b_1(3)b_1(2)}$$

$$=\frac{1}{4}[f(0)(-1)^0+f(1)(-1)^0+f(2)(-1)^1+f(3)(-1)^1]$$

$$=\frac{1}{4}[f(0)+f(1)-f(2)-f(3)]$$

$$\overset{u取3}{H(3)}=\frac{1}{4}f(0)(-1)^{b_0(0)b_0(3)\oplus b_1(0)b_1(3)}+\frac{1}{4}f(1)(-1)^{b_0(1)b_0(3)\oplus b_1(1)b_1(3)}$$

$$+\frac{1}{4}f(2)(-1)^{b_0(2)b_0(3)\oplus b_1(2)b_1(3)}+\frac{1}{4}f(3)(-1)^{b_0(3)b_0(3)\oplus b_1(3)b_1(3)}$$

$$=\frac{1}{4}[f(0)(-1)^0+f(1)(-1)^1+f(2)(-1)^1+f(3)(-1)^0]$$

$$=\frac{1}{4}[f(0)-f(1)-f(2)+f(3)]$$

一维哈达玛变换的矩阵形式为

$$[H(u)]=\frac{1}{N}[G(x,u)][f(x)] \tag{8.2.16}$$

其反变换为

$$[f(x)]=[G(x,u)][H(u)] \tag{8.2.17}$$

当 $n=3$，$N=2^3=8$ 时，可以分别计算 $H(0)$，$H(1)$，$H(2)$，…，$H(7)$ 的各阶哈达玛变换。

现选 $H(3)$ 与 $H(7)$ 作为算例。

$$\overset{u取3}{H(3)} = \frac{1}{8}\sum_{x=0}^{7} f(x)(-1)^{\sum_{i=0}^{3} b_i(x)b_i(u)}$$

$$= \frac{1}{8}\sum_{x=0}^{7} f(x)(-1)^{b_0(x)b_0(3)\oplus b_1(x)b_1(3)\oplus b_2(x)b_2(3)\oplus b_3(x)b_3(3)}$$

$$= \frac{1}{8}f(0)(-1)^{b_0(0)b_0(3)\oplus b_1(0)b_1(3)\oplus b_2(0)b_2(3)\oplus b_3(0)b_3(3)}$$

$$+ \frac{1}{8}f(1)(-1)^{b_0(1)b_0(3)\oplus b_1(1)b_1(3)\oplus b_2(1)b_2(3)\oplus b_3(1)b_3(3)}$$

$$+ \frac{1}{8}f(2)(-1)^{b_0(2)b_0(3)\oplus b_1(2)b_1(3)\oplus b_2(2)b_2(3)\oplus b_3(2)b_3(3)}$$

$$+ \frac{1}{8}f(3)(-1)^{b_0(3)b_0(3)\oplus b_1(3)b_1(3)\oplus b_2(3)b_2(3)\oplus b_3(3)b_3(3)}$$

$$+ \frac{1}{8}f(4)(-1)^{b_0(4)b_0(3)\oplus b_1(4)b_1(3)\oplus b_2(4)b_2(3)\oplus b_3(4)b_3(3)}$$

$$+ \frac{1}{8}f(5)(-1)^{b_0(5)b_0(3)\oplus b_1(5)b_1(3)\oplus b_2(5)b_2(3)\oplus b_3(5)b_3(3)}$$

$$+ \frac{1}{8}[f(6)(-1)^{b_0(6)b_0(3)\oplus b_1(6)b_1(3)\oplus b_2(6)b_2(3)\oplus b_3(6)b_3(3)}]$$

$$+ \frac{1}{8}f(7)(-1)^{b_0(7)b_0(3)\oplus b_1(7)b_1(3)\oplus b_2(7)b_2(3)\oplus b_3(7)b_3(3)}$$

$$= \frac{1}{8}[f(0)(-1)^0 + f(1)(-1)^1 + f(2)(-1)^1 + f(3)(-1)^0$$

$$+ f(4)(-1)^0 + f(5)(-1)^1 + f(6)(-1)^1 + f(7)(-1)^0]$$

$$= \frac{1}{8}[f(0) - f(1) - f(2) + f(3) + f(4) - f(5) - f(6) + f(7)]$$

$$\overset{u取7}{H(7)} = \frac{1}{8}\sum_{x=0}^{7} f(x)(-1)^{\sum_{i=0}^{3} b_i(x)b_i(u)}$$

$$= \frac{1}{8}\sum_{x=0}^{7} f(x)(-1)^{b_0(x)b_0(7)\oplus b_1(x)b_1(7)\oplus b_2(x)b_2(7)\oplus b_3(x)b_3(7)}$$

$$= \frac{1}{8}f(0)(-1)^{b_0(0)b_0(7)\oplus b_1(0)b_1(7)\oplus b_2(0)b_2(7)\oplus b_3(0)b_3(7)}$$

$$+ \frac{1}{8}f(1)(-1)^{b_0(1)b_0(7)\oplus b_1(1)b_1(7)\oplus b_2(1)b_2(7)\oplus b_3(1)b_3(7)}$$

$$+ \frac{1}{8}f(2)(-1)^{b_0(2)b_0(7)\oplus b_1(2)b_1(7)\oplus b_2(2)b_2(7)\oplus b_3(2)b_3(7)}$$

$$+ \frac{1}{8}f(3)(-1)^{b_0(3)b_0(7)\oplus b_1(3)b_1(7)\oplus b_2(3)b_2(7)\oplus b_3(3)b_3(7)}$$

$$+ \frac{1}{8}f(4)(-1)^{b_0(4)b_0(7)\oplus b_1(4)b_1(7)\oplus b_2(4)b_2(7)\oplus b_3(4)b_3(7)}$$

$$+ \frac{1}{8}f(5)(-1)^{b_0(5)b_0(7)\oplus b_1(5)b_1(7)\oplus b_2(5)b_2(7)\oplus b_3(5)b_3(7)}$$

$$+\frac{1}{8}f(6)(-1)^{b_0(6)b_0(7)\oplus b_1(6)b_1(7)\oplus b_2(6)b_2(7)\oplus b_3(6)b_3(7)}$$

$$+\frac{1}{8}f(7)(-1)^{b_0(7)b_0(7)\oplus b_1(7)b_1(7)\oplus b_2(7)b_2(7)\oplus b_3(7)b_3(7)}$$

$$=\frac{1}{8}[f(0)(-1)^0+f(1)(-1)^1+f(2)(-1)^1+f(3)(-1)^0$$

$$+f(4)(-1)^1+f(5)(-1)^0+f(6)(-1)^0+f(7)(-1)^1]$$

$$=\frac{1}{8}[f(0)-f(1)-f(2)+f(3)-f(4)+f(5)+f(6)-f(7)]$$

哈达玛变换的计算比较烦琐，但最终结果却十分简单。仍以 $n=3$，$N=8$ 的 $H(3)$ 和 $H(7)$ 为例，说明符号位函数运算与各阶变换矩阵元素符号确定的细节。下面是 2 个 $H(3)$ 的各频符号的确定细节。

$$f(6)(-1)^{\overbrace{b_0(6)b_0(3)}^{0}\oplus\overbrace{b_1(6)b_1(3)}^{1}\oplus\overbrace{b_2(6)b_2(3)}^{0}\oplus\overbrace{b_3(6)b_3(3)}^{0}}=f(6)\ (-1)^1=-f(6)$$

$$0\quad\oplus\quad 1\quad\oplus\quad 0\quad\oplus\quad 0\quad=1$$

$$f(7)(-1)^{\overbrace{b_0(7)b_0(3)}^{1}\oplus\overbrace{b_1(7)b_1(3)}^{1}\oplus\overbrace{b_2(7)b_2(3)}^{0}\oplus\overbrace{b_3(7)b_3(3)}^{0}}=f(7)(-1)^0=f(7)$$

$$1\quad\oplus\quad 1\quad\oplus\quad 0\quad\oplus\quad 0\quad=0$$

同样，2 个 $H(7)$ 的各频符号的确定细节为

$$f(1)(-1)^{\overbrace{b_0(1)b_0(7)}^{1}\oplus\overbrace{b_1(7)b_1(3)}^{0}\oplus\overbrace{b_2(7)b_2(3)}^{0}\oplus\overbrace{b_3(7)b_3(3)}^{0}}=f(1)(-1)^1=-f(1)$$

$$1\quad\oplus\quad 0\quad\oplus\quad 0\quad\oplus\quad 0\quad=1$$

$$f(3)(-1)^{\overbrace{b_0(3)b_0(7)}^{1}\oplus\overbrace{b_1(3)b_1(7)}^{1}\oplus\overbrace{b_2(3)b_2(7)}^{0}\oplus\overbrace{b_3(3)b_3(7)}^{0}}=f(3)(-1)^0=f(3)$$

$$1\quad\oplus\quad 1\quad\oplus\quad 0\quad\oplus\quad 0\quad=0$$

重要的是记住：先将两两符号位函数相乘，再将所得之积按序依次用模 2 加法相加，从而得到（-1）的指数是 0 还是 1，来决定 $f(x)$ 的前面符号是正或负。

由上面 $N=4$ 和 8 阶的哈达玛变换的具体计算，可以归结为几个要点：①当 $N=2^n$ 的阶数确定后，频率 u 的取值就确定了，那 u 可以取 0，1，2……$N-1$，并分别称为 0 频，1 频，…，（$N-1$）频，共 N 个取值。②以 $N=8$ 阶变换为例，当 u 取定某数值后，凡遇到符号位函数式中有 u 的地方，均以具体数值取代 u，如 $H(u)$ 为 H（3），则 $b_i(x)$ $b_i(u)$ 便为 $b_i(x)$ $b_i(3)$。③当式中的 x 值取定后，每确定一次 u 的取值，首先展开和号下的符号位函数，接下来就完整地计算一次变换的全过程。如对于三频 H（3），符号位函数中变量 x 取值为 3，相应的有 $f(x)$ $\to f(3)$，以及 $b_i(x)$ $b(3)$ $\to b_i(3)$ $b_i(3)$。要特别掌握好符号位函数和模 2 加法的运算。下面给出 $N=8$ 时的八阶哈达玛变换矩阵列表（表 8.2.4）。

表 8.2.4　$N=8$ 八阶哈达玛变换核矩阵元素符号表

x \ u	0	1	2	3	4	5	6	7
	+	+	+	+	+	+	+	+
1	+	−	+	−	+	−	+	−

续表

x / u	0	1	2	3	4	5	6	7
	+	+	+	+	+	+	+	+
2	+	+	−	−	+	+	−	−
3	+	−	−	+	+	−	−	+
4	+	+	+	+	−	−	−	−
5	+	−	+	−	−	+	−	+
6	+	+	−	−	−	−	+	+
7	+	−	−	+	−	+	+	−

对照表 8.2.3 与上述各阶哈达玛变换结果，他们相应的行列符号是完全一致的。在表 8.2.4 中，沿着某一列方向上的发生符号改变的次数称作该列的列率，该表 8 个列率分别为 0，7，3，4，1，6，2，5。在应用中，是按列率随 u 的增大顺序重排核矩阵，按这种排序进行的哈达玛变换，称作定序哈达玛变换，其正反变换函数分别为

$$g(x,u)=\frac{1}{N}(-1)^{\sum_{i=0}^{n-1}b_i(x)p_i(u)} \tag{8.2.18}$$

$$h(x,u)=(-1)^{\sum_{i=0}^{n-1}b_i(x)p_i(u)} \tag{8.2.19}$$

式中，

$$\begin{aligned}
p_0(u)&=b_{n-1}(u)\\
p_1(u)&=b_{n-1}(u)+b_{n-2}(u)\\
p_2(u)&=b_{n-2}(u)+b_{n-3}(u)\\
&\vdots\\
p_{n-1}(u)&=b_1(u)+b_0(u)
\end{aligned}$$

那么，函数的定序哈达玛变换对为

$$H(u)=\frac{1}{N}\sum_{x=0}^{N-1}f(x)(-1)^{\sum_{i=0}^{n-1}b_i(x)p_i(u)} \tag{8.2.20}$$

$$f(x)=\sum_{u=0}^{N-1}H(u)(-1)^{\sum_{i=0}^{n-1}b_i(x)p_i(u)} \tag{8.2.21}$$

下面 $N=8$ 的定序哈达玛变换核矩阵元素符号表（表 8.2.5）。

表 8.2.5　$N=8$ 定序哈达玛变换核矩阵元素符号表

x / u	0	1	2	3	4	5	6	7
	+	+	+	+	+	+	+	+
1	+	+	+	+	−	−	−	−
2	+	+	−	−	−	−	+	+
3	+	+	−	−	+	+	−	−
4	+	−	−	+	+	−	−	+

续表

u \ x	0	1	2	3	4	5	6	7
	+	+	+	+	+	+	+	+
5	+	−	−	+	−	+	+	−
6	+	−	+	−	−	+	−	+
7	+	−	+	−	+	−	+	−

上表从左到右，矩阵元素符号严格按照列率递增的规律进行排列。

当设定 $N=2^n$，将 $G_H(n)$ = ［G_H（$n-1$）］称作哈达玛矩阵

$$G_H(n)=\begin{bmatrix} G_H(n-1) & G_H(n-1) \\ G_H(n-1) & -G_H(n-1) \end{bmatrix} \tag{8.2.22}$$

按照上式，可以递推出任一 $N\times N$ 阶的哈达玛变换核矩阵，如当 $n=1$ 时，有

$$G_H(1)=\begin{bmatrix} G_H(0) & G_H(0) \\ G_H(0) & -G_H(0) \end{bmatrix}=\begin{bmatrix} 1 & 1 \\ 1 & -1 \end{bmatrix} \tag{8.2.23}$$

其中，

$$G_H(0)=(-1)^{\sum\limits_{i=0}^{0} b_i(x)b_i(u)}=(-1)^{b_0(0)b_0(0)}=1 \tag{8.2.24}$$

那么，当 $n=2$ 时，据上列递推公式有

$$G_H(2)=\begin{bmatrix} G_H(1) & G_H(1) \\ G_H(1) & -G_H(1) \end{bmatrix}=\begin{bmatrix} 1 & 1 & 1 & 1 \\ 1 & -1 & 1 & -1 \\ 1 & 1 & -1 & -1 \\ 1 & -1 & -1 & 1 \end{bmatrix} \tag{8.2.25}$$

当 $n=3$ 时，哈达玛变换核矩阵已陈列于前（表 8.2.4）。

8.2.3.2 二维哈达玛变换

同样，按照通用变换表达式，二维哈达玛变换的核函数各为

$$g(x,y,u,v)=\frac{1}{N^2}(-1)^{\sum\limits_{i=0}^{n-1}[b_i(x)b_i(u)+b_i(y)b_i(v)]} \tag{8.2.26}$$

$$h(x,y,u,v)=(-1)^{\sum\limits_{i=0}^{n-1}[b_i(x)b_i(u)+b_i(y)b_i(v)]} \tag{8.2.27}$$

相应的离散函数的二维哈达玛正反变换各为

$$H(u,v)=\frac{1}{N^2}\sum_{x=0}^{N-1}\sum_{y=0}^{N-1}f(x,y)(-1)^{\sum\limits_{i=0}^{n-1}b_i(x)b_i(u)+b_i(y)b_i(v)} \tag{8.2.28}$$

$$f(x,y)=\sum_{u=0}^{N-1}\sum_{v=0}^{N-1}H(u,v)(-1)^{\sum\limits_{i=0}^{n-1}b_i(x)b_i(u)+b_i(y)b_i(v)} \tag{8.2.29}$$

式中 x，$u=0$，1，2，…，$N-1$；y，$v=0$，1，2，…，$N-1$；$N=2^n$

由于二维哈达玛变换核具有可分离性和对称性，即

$$\begin{aligned} g(x,y,u,v)&=g_1(x,u)g_1(y,v) \\ &=\left[\frac{1}{N}(-1)^{\sum\limits_{i=0}^{n-1}b_i(x)b_i(u)}\right]\left[\frac{1}{N}(-1)^{\sum\limits_{i=0}^{n-1}b_i(y)b_i(v)}\right] \end{aligned} \tag{8.2.30}$$

这样，二维哈达玛变换也可以通过二次的一维哈达玛变换来实现二维哈达玛变换的目标。二维哈达玛变换可用来压缩图像数据，便于数据的传输。

二维哈达玛变换的矩阵形式为

$$\frac{1}{N^2}[T_H(n)][h(x,y)][T_H(n)] \tag{8.2.31}$$

反变换的矩阵形式为

$$[T_H(n)][H(u,v)][T_H(n)] \tag{8.2.32}$$

由于矩阵的乘法满足结合律，$[h(x,\ y)]$ 或 $[H(u,\ v)]$ 选作为左乘矩阵或右乘矩阵，变换的计算结果是一样的。

还有一些变换，如离散余弦变换，斜变换等，它们都是正交变换。正交是向量代数中的概念，向量$\overrightarrow{V_1}$与$\overrightarrow{V_2}$的数量（标量）积（点内积）等于0的条件是两矢量相互垂直。两矢量相互垂直又称正交。一个正交系是相互线性或线性无关的。变换的作用有时在于消除相关性，而达到数据彼此独立。如K-L变换，它是基于图像统计特征的变换，没有固定的核矩阵。

8.3 卷积和采样定理

8.3.1 脉冲函数定义及性质

几何上的点是没有大小的，它仅标志着一个空间位置。用几何学上的一个点来代表某一物理量是不符合实际的。如果质量没有大小，它等于零，物质就不存在，物理量也就不存在了。我们用δ函数来代表诸如点脉冲，点亮度，点电荷等基本物理量就可以解决这个矛盾，δ函数有时也称为脉冲函数（图8.3.1）。

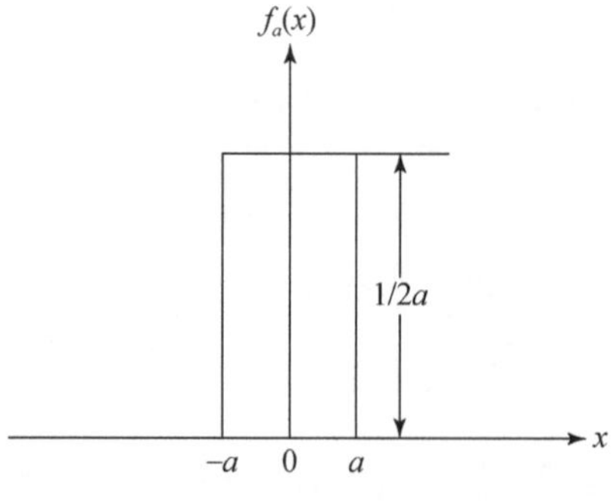

图8.3.1　δ函数示意图

设有一矩形函数$f_a(x)$，它的面积等于1。这一矩形函数定义为

$$f_a(x)=\begin{cases}\frac{1}{2a}, & |x|\leqslant a\\ 0, & |x|>a\end{cases} \tag{8.3.1}$$

这个矩形函数是高度随着宽度变，若宽度变窄，则高度就增加，但是面积始终保持为1。当函数的自变量趋于0时，我们可以把这个函数的极限叫 δ 函数，并记为 δ（x），它是一种广义函数。

$$\delta(x)=\lim_{a\to 0}f_a(x) \tag{8.3.2}$$

就是说，把这个长条拉到无限高，又变得无限细，虽然无限细，却又不等于0，面积还始终保持等于1［图 8.3.2（a）］。

对于二维情况有定义

$$\begin{cases}\delta(x-x_0,y-y_0)=\begin{cases}\infty, & x=x_0,y=y_0\\ 0, & \text{其他}\end{cases}\\ \iint_{-\infty}^{\infty}\delta(x-x_0,y-y_0)\mathrm{d}x\mathrm{d}y=1\end{cases} \tag{8.3.3}$$

就是说，δ 函数在它定义的位置（x_0，y_0）上的无穷小域上的取值为无限大，而在其他位置时均为零。它的下面的面积为1。其形状也可设想为一个二维归一化正态分布，其所包围的面积为1。

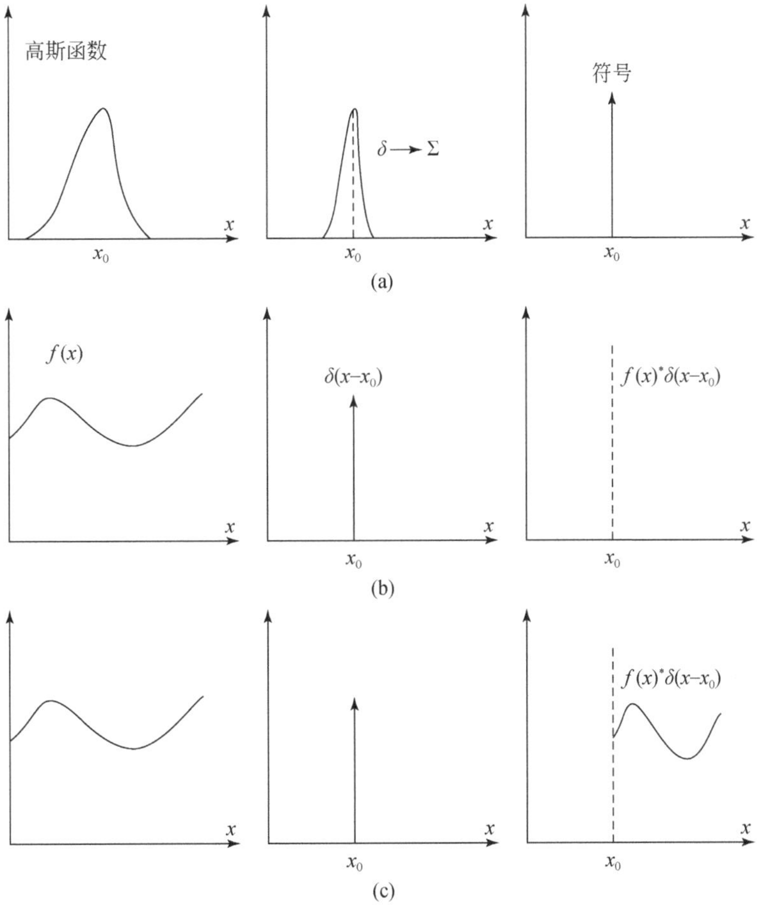

图 8.3.2　δ 函数的性质

δ 函数的下列性质与采样有密切关系。

1）筛选性质：

$$\iint_{-\infty}^{\infty} f(x,y)\delta(x-x_0,y-y_0)\mathrm{d}x\mathrm{d}y = f(x_0,y_0) \tag{8.3.4}$$

上式表示，当用 δ 函数同另一个函数相乘，就取该函数在 δ 函数所定义的函数值，被用来描述从一个连续图像上读取一个观测值的过程［图 8.3.2（b）］。

2）均匀频谱：式（8.3.5）表示对函数进行二维傅里叶变换，变换结果为函数的频谱。表明 δ 函数在频率域的映像处处为 1，此称为均匀频谱。

$$\iint_{-\infty}^{\infty} \delta(x,y)\cdot \mathrm{e}^{\frac{-2\pi}{(ux+vy)}}\mathrm{d}x\mathrm{d}y = \mathrm{e}^{\frac{-2\pi}{(0+0)}} = 1 \tag{8.3.5}$$

3）复制：

$$\begin{aligned} f(x,y) * \delta(x-x_0,y-y_0) &= \iint_{-\infty}^{\infty} f(\xi,\eta)\delta(x-x_0-\xi,y-y_0-\eta)\mathrm{d}\xi\mathrm{d}x \\ &= f(x-x_0,y-y_0) \end{aligned} \tag{8.3.6}$$

该式表示当 δ 函数与某一函数 f（x，y）作卷积时，其结果是把函数移到 δ 函数所定义的位置上，这种运算称作复制（拷贝）［图 8.3.2（c）］。

8.3.2 卷积积分

两个函数的傅里叶变换之间的关系，构成了空间域和频率域间的基本联系，这种关系就是卷积和相关。

卷积：两个函数 $f(x)$ 和 $g(x)$ 的卷积记作 $f(x) * g(x)$，有积分

$$f(x) * g(x) = \int_{-\infty}^{\infty} f(\alpha)g(x-\alpha)\mathrm{d}\alpha \tag{8.3.7}$$

式中，α 是积分参变量，$f(x)$、$g(x)$ 分别是两个空间域函数，如图 8.3.3。

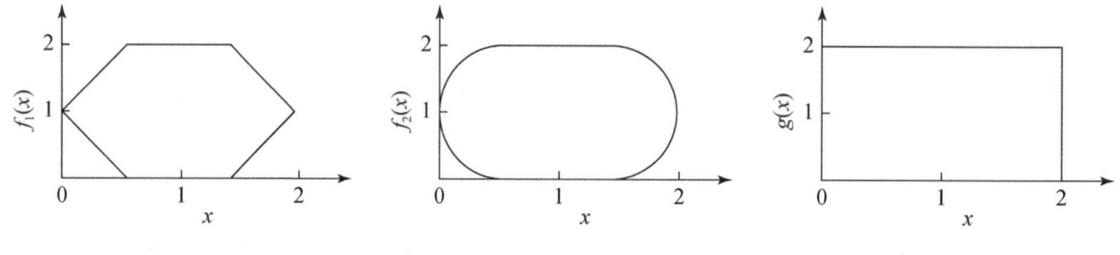

图 8.3.3　二空域函数 f（x）和 g（x）

为要给出（8.3.7）式值，就需要先给出 $f(\alpha)$ 与 $g(x-\alpha)$，而 $f(\alpha)$ 和 $g(x-\alpha)$ 也就是 $f(x)$、$g(x)$，此时只是把变量 x 变换成 α。$g(-\alpha)$ 是 $g(\alpha)$ 关于纵轴的镜像［图 8.3.4（a）］，而 $g(x-\alpha)$ 则是函数 $g(-\alpha)$ 在横坐标上平移一个 Δx 值［图 8.3.4（b）］。这时，对任意给定的 x 值，将 $f(x)$ 与 $g(x-\alpha)$ 相乘，并从 $-\infty$ 到 ∞ 对乘积进行积分，便得到两函数的卷积（图 8.3.5）。$f(x)$ 与 $g(x-\alpha)$ 的乘积是图中的阴影部分，这个阴影部分在 $0 \leqslant x \leqslant 2$

有值，因而当 α 的值超出［0，2］之外时，其乘积便等于 0。求 $f(x)$ 与 $g(x)$ 的卷积过程可用图 8.3.5 直观的说明。

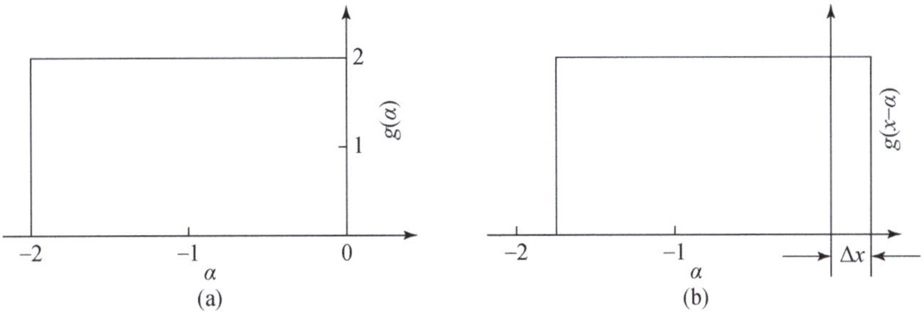

图 8.3.4　从 $g(x)$ 变换为 $g(-\alpha)$ 和 $g(x-\alpha)$

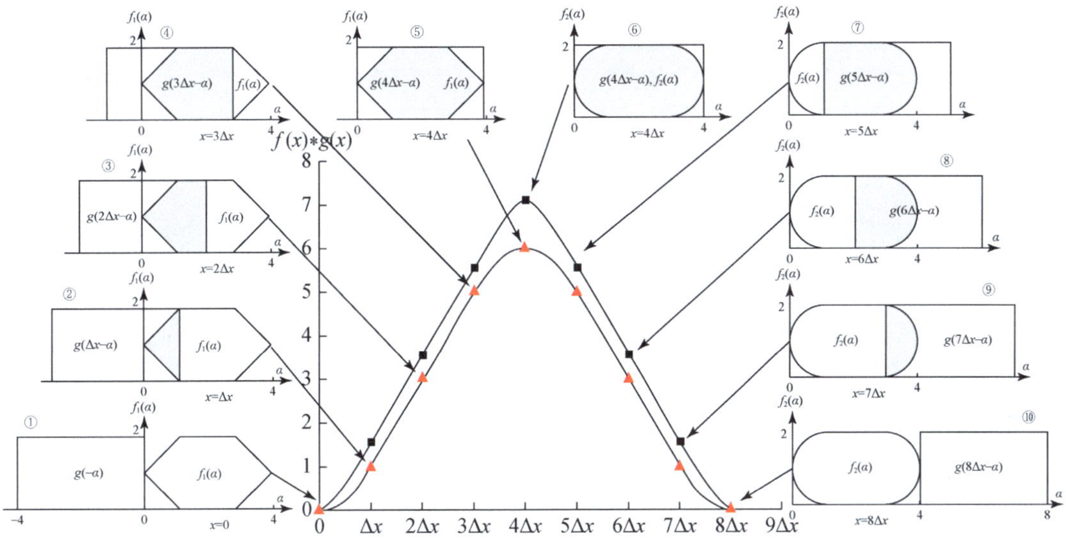

图 8.3.5　二空域函数 $f(x)$ 与 $g(x)$ 的卷积积分计算过程示意图

这里要指出，为 $f(x)$ 提供了二款函数形式，即 $f_1(x)$ 和 $f_2(x)$，其中 $f_1(x)$ 可看作是在正方形的基础上，在其左右各黏结一个顶角为 90°的等腰三角形，而 $f_2(x)$ 则是黏结在直径等于正方形边长的半圆形。为 $f(x)$ 提供两种函数形式的目的在于，用他们来比较由于 $f(x)$ 具体函数的差异怎样影响卷积积分的结果。由于给定的两函数是左右对称的，表示积分结果的图 8.3.5 的左半部下面的一条折线是由 $f_1(x)$ 计算的，而右半部下面的一条折线图则是按对称性画出的；同样，图 8.3.5 的右半图形的上面一条折线是 $f_2(x)$ 直接计算的结果，而左半部上面的折线也是由对称性推算的。这些在图 8.3.5 上都已相应标示。

当参数 $x=0$ 时，$g(x)$ 无定义，两函数乘积为 0，如图 8.3.5①，从②到⑨所示的乘积是自变量 α 的函数，该函数所对应的曲边梯形用斜线表示。当 x 变化到 $8\Delta x$ 时，卷积值由图②到⑨的阴影部分所示，当 $x=9\Delta x$ 时，乘积又为 0。对于任何大于 $8\Delta x$ 的值，α 已超出其值域，已无定义，故乘积均保持为 0。如果 x 是连续函数，$f(x)$ 与 $g(x)$ 的卷积便是由折线段表示的近似于三角形函数图形。卷积的图解法可归结为以下四步。

1）折叠：把 $g(\alpha)$ 绕纵轴旋转 180°后变为 $g(-\alpha)$。

2）位移：把 $g(-\alpha)$ 位移一个 x 值后变为 $g(x-\alpha)$。

3）相乘：将位移后的函数 $f(x)$ 和 $g(x-\alpha)$ 相乘。

4）积分：$f(x)$ 与 $g(x-\alpha)$ 乘积构成的曲边梯形面积即为将 $g(-\alpha)$ 位移了 x 值时刻的卷积值。

例，求 $f(x)=1$ 和 $g(x)=e^{-x}$ 的卷积（图 8.3.6）。

$$
\begin{aligned}
f(x)*g(x) &= \int_{-\infty}^{\infty} f(\alpha)g(x-\alpha)\mathrm{d}\alpha \\
&= \int_{0}^{x}(1)\mathrm{e}^{-(x-\alpha)}\mathrm{d}\alpha \\
&= \mathrm{e}^{-x}\mathrm{e}^{\alpha}\Big|_{0}^{x} = 1-\mathrm{e}^{-x}
\end{aligned}
$$

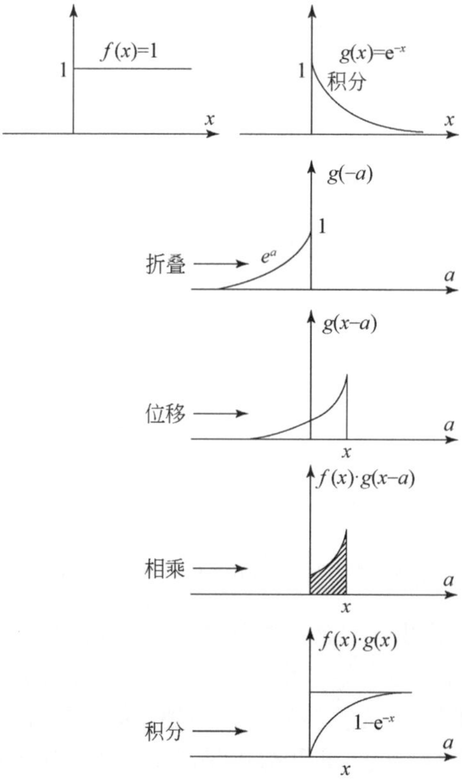

图 8.3.6　函数 $f(x)=1$ 和 $g(x)=\mathrm{e}^{-x}$ 为卷积

资料来源：布赖姆，1979

8.3.3　卷积定理

如果两空间域函数 $f(x)$ 和 $g(x)$ 的傅里叶变换分别是 $F(u)$ 和 $G(u)$，那么两空间域

函数的卷积 $f(x) * G(x)$ 与他们傅里叶变换的乘积 $F(u)G(u)$ 便构成一个傅里叶变换对

$$f(x) * g(x) \Leftrightarrow F(u)G(u) \tag{8.3.8}$$

或者说，两函数的傅里叶变换的卷积 $F(u) * G(u)$ 与两空间域函数的乘积亦同样构成一个傅里叶变换对

$$f(x)g(x) \Leftrightarrow F(u) * G(u) \tag{8.3.9}$$

上两式表达的就是卷积定理。换一种说法，两空间域函数卷积 $f(x) * g(x)$ 的傅里叶变换 $F\{f(x) * g(x)\}$ 等于该两个空间域函数的傅里叶变换之乘积。

$$F\{f(x) * g(x)\} = F(u)G(u) \tag{8.3.10}$$

同样亦有

$$F^{-1}\{F(u)G(u)\} = f(x) * g(x) \tag{8.3.11}$$

这正是符号⇔的含义，即符号在左边的空间域卷积表达式可以通过对符号右边的频率域乘积表达式的正向傅里叶反变换来求得。或相反，符号右边的表达式可以通过左边的表达式的正向傅里叶变换来求得。我们对这种说法给出一个证明，证明中用到了位移定理，位移量 α，过渡函数（$e^{2\pi i\alpha u} \cdot e^{-2\pi i\alpha u} = 1$）以及中间变量 $\omega =(x-\alpha)$

$$\begin{aligned}F\{f(x) * g(x)\} &= \int_{-\infty}^{\infty}\int_{-\infty}^{\infty} f(\alpha)g(x-\alpha)e^{-2\pi iux}\mathrm{d}\alpha\mathrm{d}x \\ &= \int_{-\infty}^{\infty}\int_{-\infty}^{\infty} f(\alpha)g(x-\alpha)e^{-2\pi iux} \cdot e^{2\pi i\alpha u} \cdot e^{-2\pi i\alpha u}\mathrm{d}\alpha\mathrm{d}x \\ &= \int_{-\infty}^{\infty} f(\alpha)\int_{-\infty}^{\infty} g(x-a)e^{-2\pi iu(x-\alpha)}e^{-2\pi i\alpha u}\mathrm{d}x\mathrm{d}\alpha \\ &= F(u)G(u)\end{aligned}$$

卷积定理可以用图 8.3.7 进一步作直观的说明。图中ⓐ和ⓑ为两空间域函数 $f(x)$ 和 $g(x)$，均为高度为 A 的矩形脉冲，它们的傅里叶变换各为ⓒ和ⓓ。这两个空域函数 $f(x)$ 和 $g(x)$ 的卷积为ⓔ图；它们的傅里叶变换ⓒ和ⓓ的乘积为图ⓕ，这样，ⓔ和ⓕ便构成了一个新的傅里叶变换对，即两空间域函数的卷积与该两函数的傅里叶变换的乘积构成了傅里叶变换对，这就是用图形表示的卷积定理。

二维卷积在形式上与一维的相似，对两个二维函数，我们有

$$f(x,y) * g(x,y) = \iint_{-\infty}^{\infty} f(\alpha,\beta)g(x-\alpha,y-\beta)\mathrm{d}\alpha\mathrm{d}\beta \tag{8.3.12}$$

与一维情形相比较，二维卷积作图比较困难。

8.3.4 相关

两个连续函数 $f(x)$ 和 $g(x)$ 的相关，记作 $f(x) \circ g(x)$，用关系式

$$f(x) \circ g(x) = \int_{-\infty}^{\infty} f(\alpha)g(x+\alpha)\mathrm{d}\alpha \tag{8.3.13}$$

进行定义。此式和一维卷积在形式上是非常接近的，他们的差别只是函数不需要绕原点作折叠。因此，在求相关时，我们可以简单地将 $g(x)$ 平移过 $f(x)$ 并且对平移量 x 的每一个值，将其乘积从 $-\infty$ 到 ∞ 进行积分（图 8.38）。

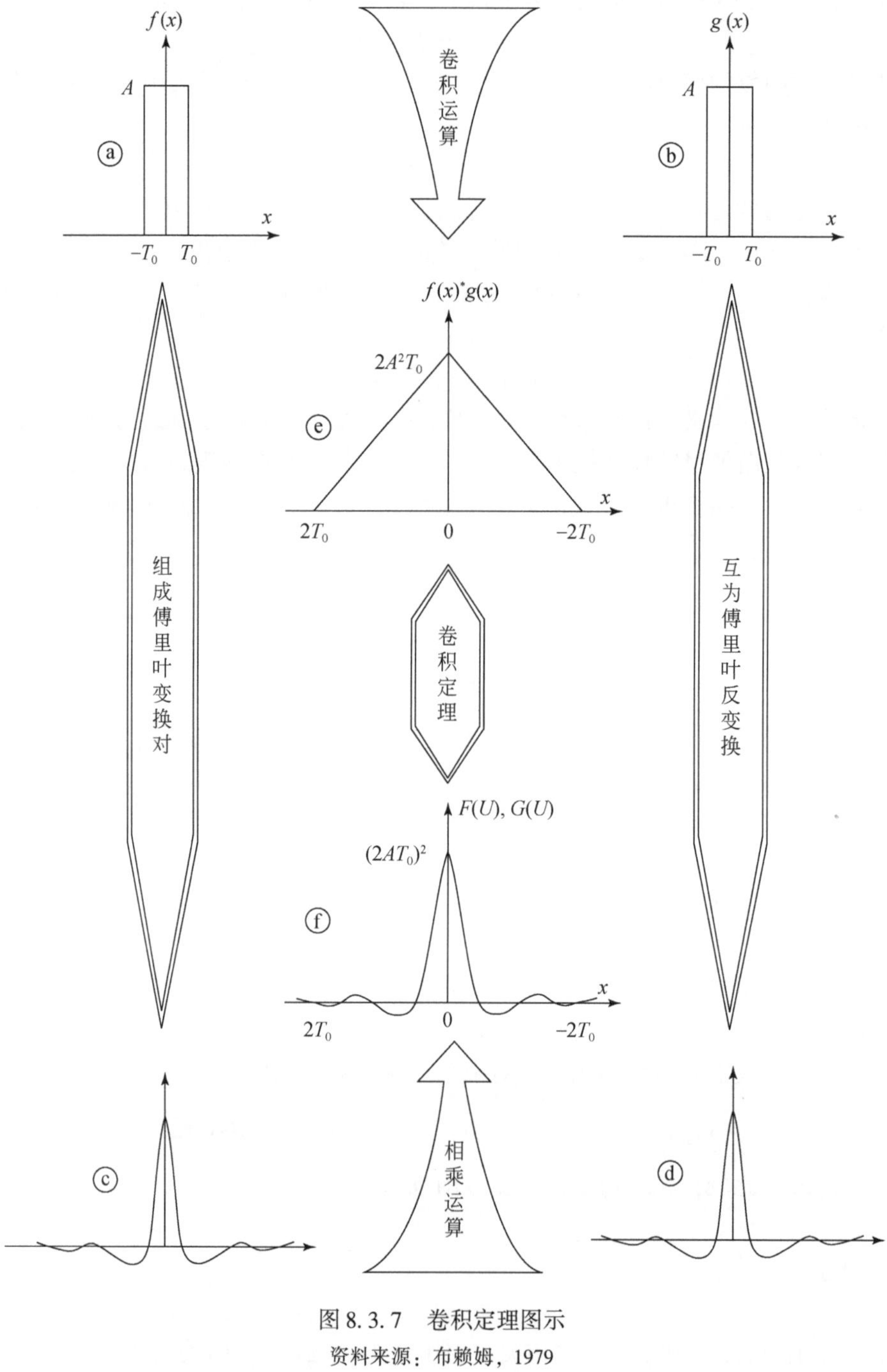

图 8.3.7　卷积定理图示

资料来源：布赖姆，1979

在图像处理中，相关主要应用于图像匹配，即对给定的未知图像和已知图像集之间求最紧密的配合。解决的方法是计算未知的和每一个已知的图像之间的相关。然后选取使相关函数具有最大值的图像，从而实现最紧密的匹配。

卷积定理是空间域通向频率域的桥梁，卷积定理更成为空间卷积滤波在数学原理上的

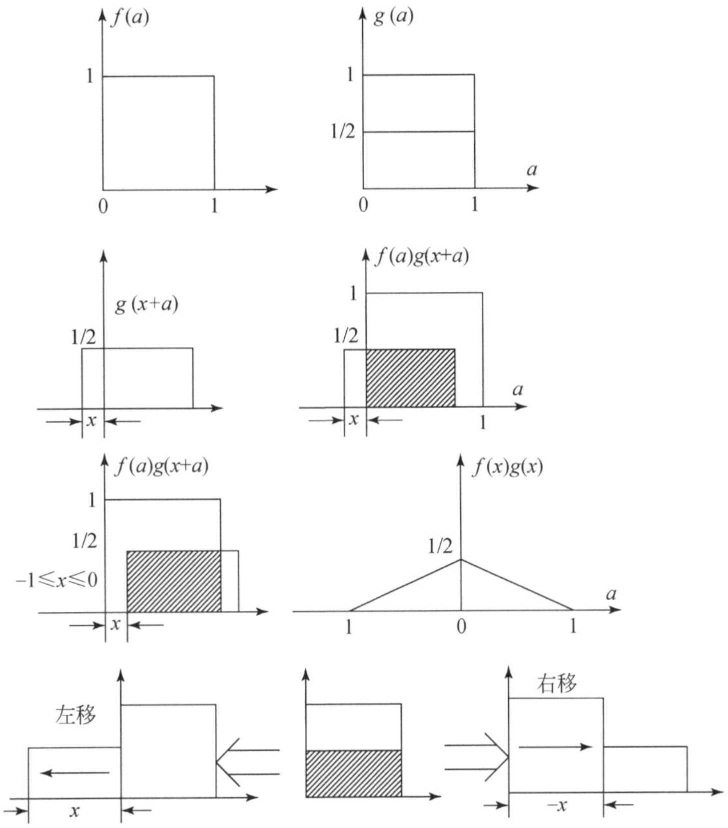

图 8.3.8　相关和相关计算过程示意图

依据。相关的用处在于图像匹配，做图像匹配时，如果 $f(x, y)$ 是一幅包含某种物体或感兴趣的一个区域的图像，要想确定 $f(x, y)$ 是否包含了感兴趣的物体或区域，你可以让一核函数 $h(x, y)$ 作为您想要的那种物体或区域（即作为一模板），如果匹配，两个函数 $f(x, y)$ 和 $h(x, y)$ 的相关值会在 $h(x, y)$（模板）挪到 $f(x, y)$ 图像中相应点位置上时获得最大值。要做好两图像函数的相关，$f(x, y)$ 图像必须事先做好严格的几何纠正。

8.3.5　采样定理

图像采样的基本概念已在本书第 1 章论及过。在傅里叶变换和卷积定理基础上，现在可以进一步分析采样问题。采样问题的表述尽管不一样，但其核心都是在怎样的条件下，能够由一组采样值完全恢复一幅连续图像。

现在先讨论一维函数 $f(x)$ 的采样问题，并用图形的方式来表达采样的演绎逻辑（图 8.3.9）。假定 $f(x)$ [图 8.3.9 (a)] 在从 $-\infty$ 到 ∞ 有定义，但其傅里叶变换 $F(u)$ 当 $|u| \geq u_c$ 为零，具有这样性质的函数称为有限频谱函数，式中 u_c 称为截止频率。用采样函数 $S(x)$ [图 8.3.9 (c)] 与 $f(x)$ 相乘来获得 $f(x)$ 的采样 [图 8.3.9 (e)]，它由间隔为 Δx 的脉冲组成。根据卷积定理，在 x 空域中相乘就相当于频域中的卷积，从而得到两函数乘

积和其相应的卷积（f）的傅里叶变换对。这个卷积是具有周期为$\frac{1}{\Delta x}$的周期函数，并且$F(u)$的各次重复可能交叠。例如，在第一个周期里，如果$\frac{1}{2\Delta x}<u_c$，交叠区域的中心恰在$u=\frac{1}{2\Delta x}$处［图8.3.9（f）］。为了避免交叠，选择的采样间隔Δx应满足$\frac{1}{2\Delta x}\geqslant u_c$，或者减小$\Delta x$的效果，如图8.3.9（h）。如果将图8.3.9（h）与一频域变换函数$T(u)$相乘，便可将$F(u)$孤立出来［图8.3.9（k）］。其中$T(u)$为

$$T(u)=\begin{cases}1 & -u_c\leqslant u\leqslant u_c\\ 0 & \text{其他}\end{cases}$$

对图8.3.9（k）的F（u）进行反变换，便得到原始连续图像$f(x)$［图8.3.9（j）］，其效果是将周期分隔开来，因而不会出现重叠。如果采样间隔Δx满足上式，一个有限带宽函数就可以从它的采样中完整地恢复。此即谓香农采样定理。

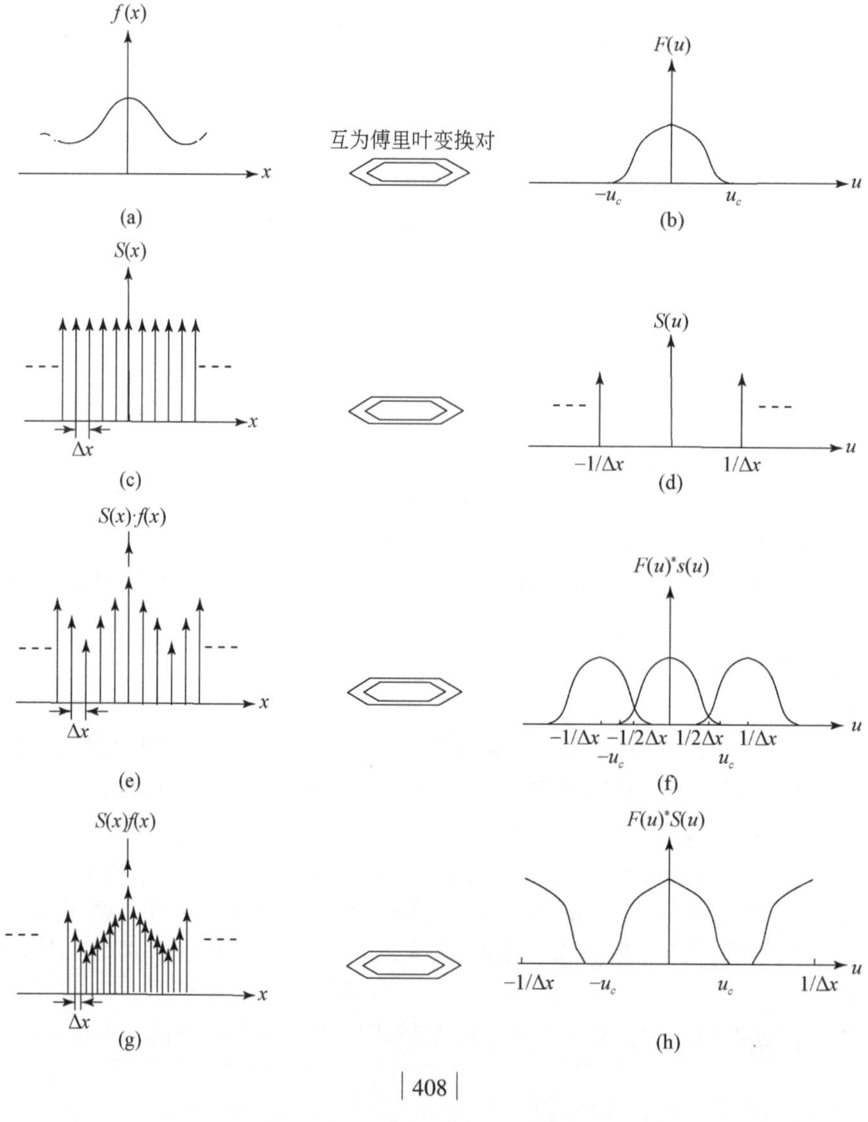

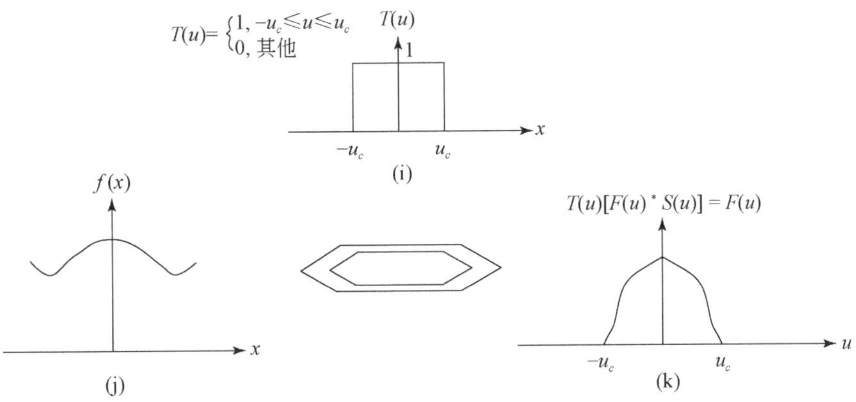

图 8.3.9　无损采样原理的图像直观表

资料来源：Gonzalez and Wintz，1977

推广到二维，空间采样函数的离散形式为

$$s(x,y)=\sum_{i=-\infty}^{\infty}\sum_{j=-\infty}^{\infty}\delta(x-i\Delta x,y-j\Delta y) \tag{8.3.14}$$

用其对理想的无限大图像场$f(x，y)$进行点阵采样，即

$$f_s(x,y)=f(x,y)\cdot s(x,y)=f(x,y)\sum_{i=-\infty}^{\infty}\sum_{j=-\infty}^{\infty}\delta(x-i\Delta x,y-j\Delta y) \tag{8.3.15}$$

根据卷积定理，其频域关系为

$$F_s(u,v)=\frac{1}{4\pi^2}F(u,v)\cdot\theta(u,v) \tag{8.3.16}$$

式中

$$\theta(u,v)=\Delta u\Delta v\sum_{-\infty}^{\infty}\sum_{-\infty}^{\infty}\delta(u-i\Delta u,v-i\Delta v) \tag{8.3.17}$$

$$\Delta u=\frac{2\pi}{\Delta x},\Delta v=\frac{2\pi}{\Delta y} \tag{8.3.18}$$

如果图像频谱是有限的，截止频率为u_c，v_c。根据δ函数的筛选性质，上式可表达为满足式中“等于”条件者，称为奈奎斯特采样；满足式中“大于”条件者，称为过采样。而不满足上述两个条件的采样，则称为欠采样。在欠采样条件下，会引起混淆失真，即发生相邻信号的干扰。

8.4　图像频域增强

前面从介绍正交变换中的傅里叶变换开始，一直到卷积积分和采样定理，这些陈述就为日后的频域图像处理奠定了必要的理论基础。有这样的基础，才能真正理解频域滤波的深刻内涵。也使空间域滤波处理技术找到了数学上的根据。

数字遥感图像在本质上是传感器接受的地表反射或发射的电磁波信号空间采样和量化后，以二进制表示的分立的像元亮度（灰度值）的有序记录，既可看作是一个亮度值的集合，也可以视为一组数值。这种离散的亮度值（或称函数）经傅里叶变换后，分解成为由不同频率的一系列正弦（或余弦）函数和，为图像进一步做增强处理打开了一扇大门，提供了方便和新的可能。现在的问题是，频率高低不同的信号究竟和地球表面空间特征有什么样的联系。长期研究使人们认识到，那些平坦广阔的原野表现为低频信号，而起伏突兀，悬崖、沟谷边缘在频谱上具有高频的特征。生活中遇到的空间频谱不胜枚举。从大到绵延起伏的一条条山脉，一座高楼的窗户和高墙，小到家庭中一排排的暖气散热片组，有规律的交替组合，都是空间频谱中的实例。有了这些感性知识，就有可能理性地、有选择地对图像 $f(x,\ y)$ 的傅里叶变换 $F(u,\ v)$ 产生的频谱，按照目标需要的不同作恰当的取舍处理，探讨和寻找一个怎样的函数与傅里叶变换产生的频谱相作用，能恰到好处地去掉不需要的频率，而保留需要的频率以达某种增强的效果。起这种作用的函数就被称作滤波传递函数、滤波器核函数，在空域滤波中则被称作模板。今后我们将统称其为滤波器或核函数并记作 $H(u,\ v)$。根据这样的频域滤波的概念模型，选用什么样的滤波器就会产生什么样的滤波效果。这样，选择或创造一个有效的核函数就成为频域滤波的关键问题。有人把滤波器形象地比作对砂砾石进行筛选的筛子，这个比喻十分恰当。那么，傅里叶变换就是一把将一块巨石击碎的千钧铁锤，它把一个个离散的分立数字破碎为大小不等的砂砾（不同频率的正弦波），为下一步的砂砾筛选频率滤波做好准备。

如果想使陡崖、山脊、河谷边缘等一切亮度急变区域变得清晰，那就选择能保留高频成分的滤波器，即高通滤波器；反之，如果想使平坦地区更清楚，那就设法削弱傅里叶变换的高频成分而保留低频成分，这便是低通滤波，其他还有带通或带阻滤波、同态滤波等。不要忘记，这些都是在频域中进行的处理，它是比较虚幻的，要想让眼睛看到变换滤波的真实效果，还必须通过傅里叶反变换，重新回到空间域去显示。

卷积定理为频域与空间域搭起了一座桥梁。根据卷积定理，频域两傅里叶变换的卷积与其空域中的两函数的乘积构成了傅里叶变换对，原来，在频域先做复杂而抽象的卷积定理推演论证，即先用严谨的连续的方法来描述，然后用离散的简单的空域方式去实现，可谓异曲同工，殊途同归。这样，根据频率与图像亮度空间变化特征之间的对应关系，现在可以在频域中进行滤波试验，比较滤波的实际效果，来选择相应的空域滤波模板，把复杂的频域运算变为空域中简单的算术四则运算，并尽可能在空域中可以完成的任务统通放到空域中去完成。按照频域滤波的概念模型，频域中滤波的过程可通过下列几个步骤来实现，可用流程图表示如下（图 8.4.1）。

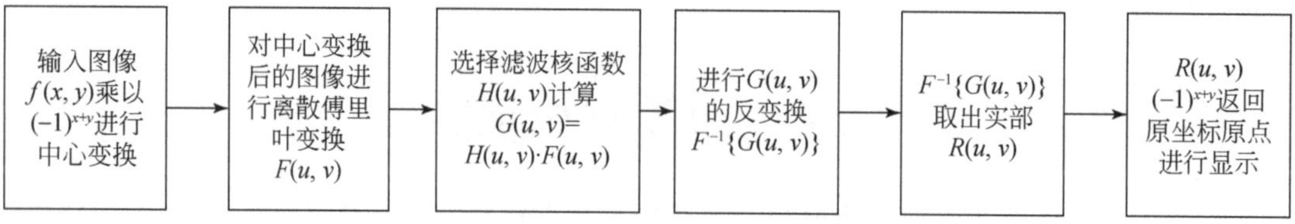

图 8.4.1　频域滤波计算流程框图

这里需对框图的第一步作简要说明。在进行傅里叶变换之前将空域函数 $f(x,\ y)$ 乘上 $(-1)^{x+y}$，再行傅里叶变换

$$F\{f(x,y)(-1)^{x+y}\}=F\left(u-\frac{M}{2},v-\frac{N}{2}\right) \tag{8.4.1}$$

这样便将傅里叶变换的原点$f(0,0)$变换到频域坐标下的$f\left(\frac{M}{2},\ \frac{N}{2}\right)$，成为研究范围（$M\times N$）的区域中心。它的依据是二维傅里叶变换的平移性质

$$f(x,y)\mathrm{e}^{2\pi i\left(u_0\frac{x}{M}+v_0\frac{y}{N}\right)}\Leftrightarrow F(u-u_0,v-v_0) \tag{8.4.2}$$

当$u_0=\frac{M}{2}$和$v_0=\frac{N}{2}$时，有

$$\mathrm{e}^{2\pi i\left(u_0\frac{x}{M}+v_0\frac{y}{N}\right)}=\mathrm{e}^{\pi i(x+y)}=(-1)^{x+y} \tag{8.4.3}$$

从而

$$f(x,y)(-1)^{x+y}\Leftrightarrow F\left(u-\frac{M}{2},v-\frac{N}{2}\right) \tag{8.4.4}$$

相应亦有

$$f\left(x-\frac{M}{2},y-\frac{N}{2}\right)\Leftrightarrow F(u,v)(-1)^{x+y} \tag{8.4.5}$$

在实际处理中，还要求图像像幅尺寸M和N必须为偶数，计算总和时，u从1变到M，v则从1变到N。实际的变换中心的频率坐标分别是$u=\frac{M}{2}+1$和$v=\frac{N}{2}+1$。一幅行列数为$M\times N$的图像函数$f(x,y)$的离散傅里叶变换

$$F(u,v)=\frac{1}{MN}\sum_{x=0}^{M-1}\sum_{y=0}^{N-1}f(x,y)\mathrm{e}^{-2\pi i\left(\frac{ux}{M}+\frac{vy}{N}\right)} \tag{8.4.6}$$

因此，当$u=0$和$v=0$时，有

$$F(0,0)=\frac{1}{MN}\sum_{x=0}^{M-1}\sum_{y=0}^{N-1}f(x,y) \tag{8.4.7}$$

表示在原点，像元灰度值的傅里叶变换$f(0,0)$等于整幅图像的平均灰度值。

图像增强与图像复原是既有联系又有区别的二个图像处理领域。图像增强是根据人的视觉系统特性与图像显示系统的能力，采用某种运算来获得较好的视觉效果。不需要去顾及造成图像降质的具体的原因，增强后的图像也不追求它和原真图像有多么相像，只要求在视觉上有改善就行。而图像复原的任务却是如何通过图像的复原处理，尽可能地恢复降质（也称退化）图像的本来面貌。这就需要寻找图像降质的原因并针对造成降质的原因进行补偿性处理，以恢复事物的本来面目。对图像降质过程要有必要的先验知识，然后运用退化的逆过程来恢复原始图像，最终使恢复图像尽可能接近原始图像。从处理的先后关系上讲，应是恢复性处理在先，增强性处理在后。

8.5 图像锐化处理中的频域高通滤波

图像中，灰度值变换迅速或发生急剧变化的地方，与图像$f(x,y)$的傅里叶变换$F(U,V)$的高频成分有关。为了使这些地方更清晰，滤波核函数$H(U,V)$与$F(U,V)$作用时，应当让高频成分完全保留（或叫无损通过），而让那些低频成分彻底衰减，这种

频域处理的方式就是高通滤波。高通滤波的滤波器分别有理想高通滤波器，巴特沃斯高通滤波器，指数高通滤波器、梯形高通滤波器、高斯函数高通滤波器等。

8.5.1 理想高通滤波器

不能纯粹从表面上去理解理想高通滤波器。其实，理想高通滤波的结果最不理想，这种滤波后的结果图像会产生严重的图像模糊和振铃效应，结果完全不能应用。既然如此，为什么还要介绍它，并且还放在第一位呢？首先从学习角度讲，这种滤波器非常直观，易于理解；其次从滤波概念的历史发展上来看，深入研究这类滤波器的特性，对引导和开发其他高通滤波器会很有启发和帮助。理想高通滤波器的表达式为

$$H(u,v)=\begin{cases}0 & D(u,v)\leqslant D_0\\ 1 & D(u,v)>D_0\end{cases} \tag{8.5.1}$$

式中，D_0 称作截止频率，为非负数值，$D(u,\ v)$ 是频率平面上的点（u，v）到像幅中心的距离。如果空间域图像 $f(x,\ y)$ 有 M 行、N 列，它在频域也应该是相同的尺度。设变换结果已中心化，那么频率平面的中心坐标（u，v）$=\left(\frac{M}{2},\ \frac{N}{2}\right)$，这样点（$u$，$v$）到频域图像中心距离 $D(u,\ v)$

$$D(u,v)=\left[\left(u-\frac{M}{2}\right)^2+\left(v-\frac{N}{2}\right)^2\right]^{\frac{1}{2}} \tag{8.5.2}$$

下面是理想高通滤波器的透视图和横断图

结合滤波传递函数和图 8.5.1 我们看到，在频域，滤波结果表达式

$$G(u,v)=H(u,v)F(u,v) \tag{8.5.3}$$

当 $D(u,\ v)\leqslant D_0$ 时，$G(u,\ v)=0$，表示低频信号完全被截断而一点不能通过；

当 $D(u,\ v)>D_0$ 时，$G(u,\ v)=F(u,\ v)$ 高频信号可以无损通过。

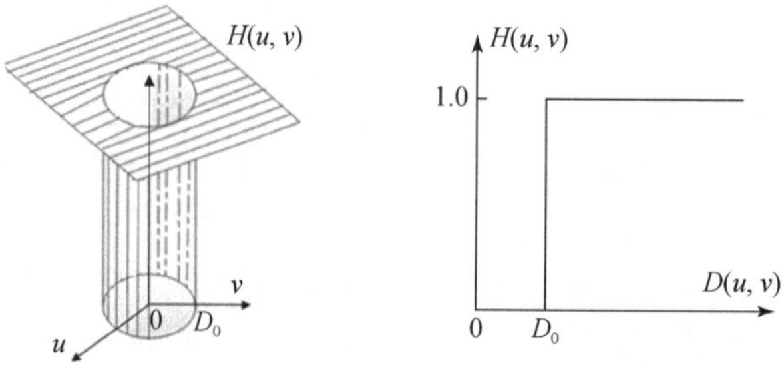

(a)透视图　　(b)横断面图

图 8.5.1　理想高通滤波器

理想高通滤波产生的模糊和振铃效应需用专门的测试模板来进行检测，方能醒目地看到，这将在下面有关讨论中进行相应的说明。

8.5.2 指数型高通滤波器

指数型高通滤波器是较常使用的滤波器。截止频率为 D_0 的指数型高通滤波器，其传递函数 $H(u,\ v)$：$H(u,\ v)\ =\exp\left[-\left(\frac{D_0}{D(u,\ v)}\right)^n\right]$，$n$ 决定指数函数的衰减速度。当 $D(u,\ v)=D_0$ 时，上式结果变为 $H(u,\ v)=\frac{1}{e}$。一般在应用时，把滤波器的截止频率规定为 $H(u,\ v)$ 的最大值下降到它的$\frac{1}{\sqrt{2}}$处所对应的频率。此时的传递函数相应变为

$$H(u,v)=e^{-\left[\ln\frac{1}{\sqrt{2}}\right]\cdot\left[\left(\frac{D_0}{D(u,v)}\right)^n\right]}=e^{-0.347\left[\left(\frac{D_0}{D(u,v)}\right)^n\right]} \tag{8.5.4}$$

其横断面图示于图 8.5.2，与理想高通滤波器不同，指数型高通滤波器在通过频率与滤去频率之间没有明显的不连续。

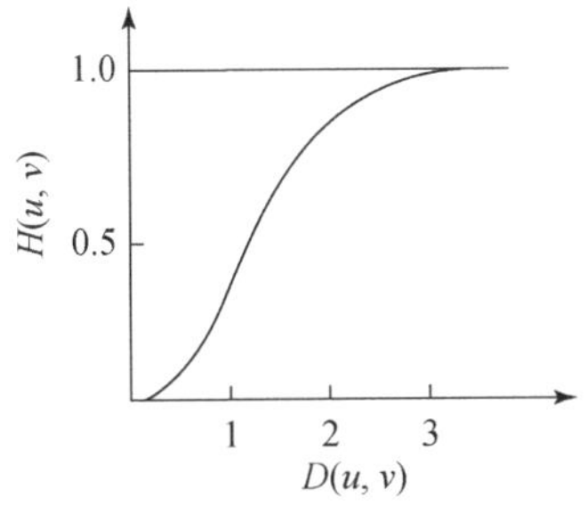

图 8.5.2 指数型高通滤波器

8.5.3 巴特沃斯高通滤波器

N 阶的巴特沃斯高通滤波器的传递函数

$$H(u,v)=\frac{1}{1+\left[\frac{D_0}{D(u,v)}\right]^{2n}} \tag{8.5.5}$$

巴特沃斯滤波器的传递函数在通过频率与衰减频率之间没有明显的不连续。对于具有平滑传递函数的巴特沃斯滤波器，通常是将传递函数 $H(u,\ v)$ 的值下降到它的最大值的某一数值点时所对应的频率定义为截止频率 D_0，当 $D(u,\ v)\ =D_0$ 时，有 $H(u,\ v)\ =\frac{1}{2}$。

式（8.5.5）中，n 称为巴特沃斯滤波器的阶数，1 阶滤波器的断面线较平缓，随着 n 的增大断面线愈来愈陡峭，当 $n=80$ 时，就非常接近于理想高通滤波器的断面线了，理想高（低）通滤波器具有的模糊和振铃效应也就伴随而来。

巴特沃斯高通滤波器的透视图和横断面图如图 8.5.3 所示。

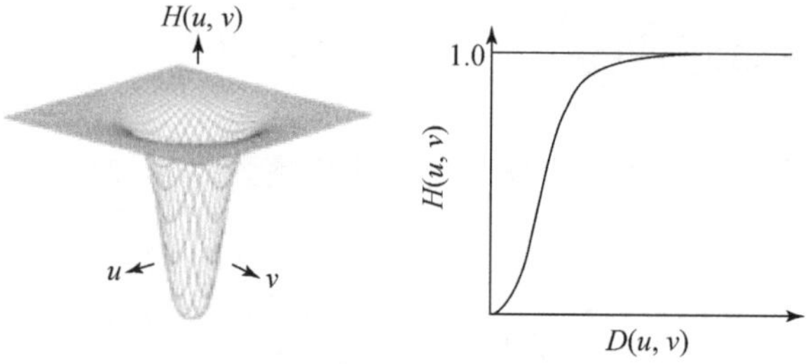

图 8.5.3　巴特沃斯高通滤波器的透视图和横断面图

8.5.4　梯形高通滤波器

梯形高通滤波器兼有理想高通滤波器与平滑高通滤波器的特征，可以说是两者折中的产物。

梯形高通滤波器的传递函数

$$H(u,v)=\begin{cases}1 & D(u,v)>D_0\\ \dfrac{D(u,v)-D_1}{D_0-D_1} & D_1\leqslant D(u,v)\leqslant D_0\\ 0 & D(u,v)<D_1\end{cases}\tag{8.5.6}$$

传递函数的第一转折点所对应的频率为 D_0，称为截止频率，D_0 和 D_1 是根据需要确定的，只要求 $D_1<D_0$，梯形滤波器的横断面如图 8.5.4 所示，而 $D(u,\ v)\ =\sqrt{u^2+v^2}$。

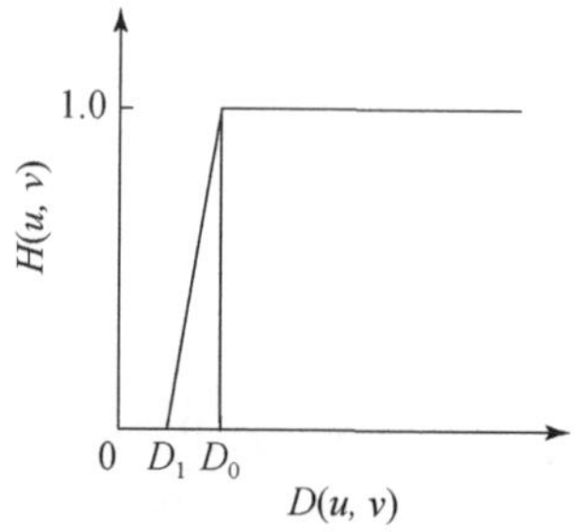

图 8.5.4　梯形高通滤波器

8.5.5　高斯型高通滤波器

由于高斯函数的傅里叶变换与其反变换都还是高斯函数，函数的形态仅用两个参数，即均值和均方差就能完全确定，用它来做滤波器，在使用上会带来许多方便和调节上的灵活性。

当把频域图像的原点位移到图像中心 $D(0,\ 0)$，并使 $D(u,\ v)$ 的最大值调整为1，即

max $[D(u, v)]=1$，再令高斯函数的均方差 $\sigma=D_0$，利用高斯型高低通滤波的“互余性”，即可构造出高斯高通滤波传递函数（GHPF）

$$H(u,v)=1-\mathrm{e}^{-\left(\frac{D(u,v)}{\sqrt{2}D_0}\right)^2} \tag{8.5.7}$$

$\mathrm{e}^{-\left(\frac{D(u,v)}{\sqrt{2}D_0}\right)^2}$ 为高斯低通滤波器传递函数，D_0 为截止频率，高斯型高通滤波器的透视图和横截面图示于图 8.5.5。由于高斯型高通滤波器较前述的几种滤波器更为平滑，滤波后的结果图像中物体的细节也表现得十分清晰。

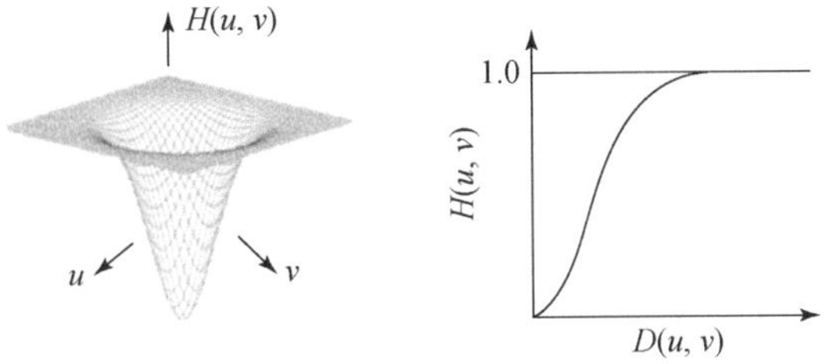

图 8.5.5　高斯型高通滤波器的透视图和横截面图

8.6　图像平滑中的频域低通滤波

图像像元灰度值的突变或呈椒盐状的点状分布是某种噪声的反应，而图像呈灰度值的迅速变化则可能是反应了边缘的存在，他们在图像的傅里叶频谱上表现为高频的特征。一个自然的想法是，要消除噪声，必须找到一种滤波传递函数 $H(u, v)$，在他的作用下，专门滤去图像 $f(x, y)$ 的傅里叶变换 $F(u, v)$ 中的一些高频成分，而保留低频信号不受影响，从而获得一幅平滑了的图像 $g(x, y)=F^{-1}[G(u, v)]$，而

$$G(u,v)=H(u,v)F(u,v) \tag{8.6.1}$$

寻找合适的低通滤波的传递函数正是本节应介绍的内容。这些低通传递函数与上面介绍过的高通滤波传递函数似曾相识，但仔细看来，还是有着不可忽视的差别。

8.6.1　理想低通滤波器

理想低通滤波器是一种锐截止滤波器，他能将图像 $f(x, y)$ 的傅里叶变换 $F(u, v)$ 中的所有高频成分突然截断——衰减为 0，而让低频成分无损通过。这种理想低通滤波传递函数 $H(u, v)$

$$H(u,v)=\begin{cases}0 & D(u,v)>D_0\\1 & D(u,v)\geqslant D_0\end{cases} \tag{8.6.2}$$

式中，D_0 称截止频率，规定为正数，而 $D(u, v)$ 是频域中点 (u, v) 到频域平面中心的距离。如果处理的图像的行列数为 $M\times N$，经傅里叶变换仍为同样的大小尺寸，变换经中心化后，频域坐标原点 $(u, v)=\left(\frac{M}{2}, \frac{N}{2}\right)$。此时，从点 (u, v) 到频率平面坐标原点中

心的距离 $D(u,\ v)$

$$D(u,v)=\left[\left(u-\frac{M}{2}\right)^2+\left(v-\frac{N}{2}\right)^2\right]^{\frac{1}{2}} \tag{8.6.3}$$

理想低通滤波器的横截面图示于图 8.6.1。从图中可以看到，凡是频率低于截止频率 D_0 的信号统统可以无损通过，而那些频率大于截止频率 D_0 的信号彻底地被衰减掉。由于图像中地物的边缘信息都蕴含在高频端，衰减高频信号的直接后果是造成图像的模糊。理想低通滤波器这种陡峭截面线直来直去而没有中间过渡，还产生了这种滤波器的另一致命缺陷——振铃现象，造成这种滤波器并不实用。理想滤波器其实并不理想，需要寻找实用滤波器。

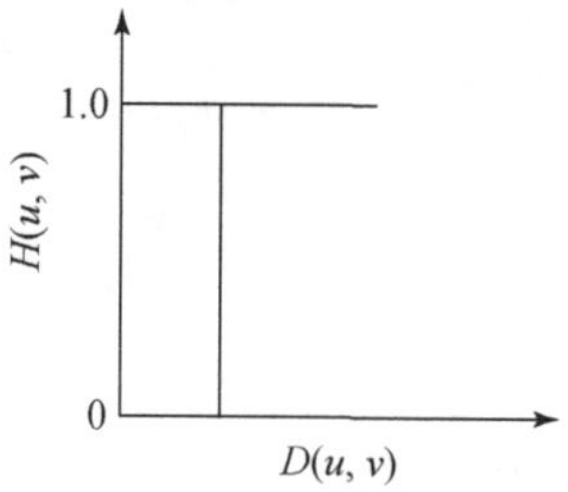

图 8.6.1　理想低通滤波器断面图

8.6.2　指数型低通滤波器

指数型低通滤波器的传递再数在通过频率与滤去频率间是平滑过渡的曲线，不存在不连续的现象。其传递函数 $H(u,\ v)$

$$H(u,v)=\exp\left[-\left(\frac{D(u,v)}{D_0}\right)^n\right] \tag{8.6.4}$$

其横截面图示于图 8.6.2，式中 n 决定指数函数的衰减速率。当 $D(u,\ v)=D_0$ 时，$H(u,\ v)=\frac{1}{\mathrm{e}}$。在实际应用中，一般将截止频率 D_0 定义为传递函数 $H(u,\ v)$ 的最大值下降到他的$\frac{1}{\sqrt{2}}$处所对应的频率，此时的传递函数变为

$$H(u,v)=\mathrm{e}^{-\left[-\ln\frac{1}{\sqrt{2}}\right]\left[\frac{D(u,v)}{D_0}\right]^n} \tag{8.6.5}$$

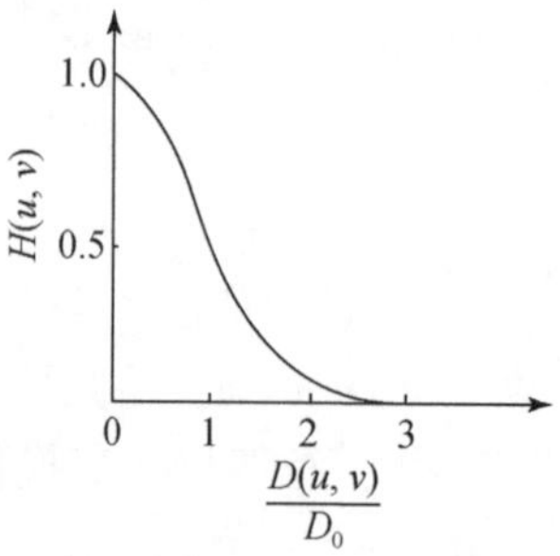

图 8.6.2　指数型低通滤波器

8.6.3 巴特沃斯低通滤波器

2 阶的巴特沃斯低通滤波器传递函数 $H(u, v)$ 为

$$H(u,v)=\frac{1}{1+\left[\frac{D(u,v)}{D_0}\right]^{2n}} \tag{8.6.6}$$

传递函数在通过频率和滤去频率之间平缓的过渡。对具有平滑传递函数的巴特沃斯低通滤波器，通常将 $H(u, v)$ 下降到它的最大值的某一分数值点所对应的频率定义为截止频率 D_0，当 $D(u, v)=D_0$ 时，$H(u, v)=\frac{1}{2}$；如果当 $D(u, v)=D_0$，并要求 $H(u, v)=\frac{1}{\sqrt{2}}$，则传递函数就变为

$$H(u,v)=\frac{1}{1+[\sqrt{2}-1]\left[\frac{D(u,v)}{D_0}\right]^{2n}} \tag{8.6.7}$$

巴特沃斯低通滤波器的透视图和截面图示意图（图 8.6.3）。截面图上分别标出从 1 阶（$n=1$）到 4 阶的截面线，一阶时，曲线舒展、平缓，没发生振铃现象，到二阶时已有小的不太明显的振铃现象，随阶数增大，振铃现象越来越明显，当 $n=20$ 时，截面线已变得非常陡直，几乎接近理想低通滤波器的截面线了。

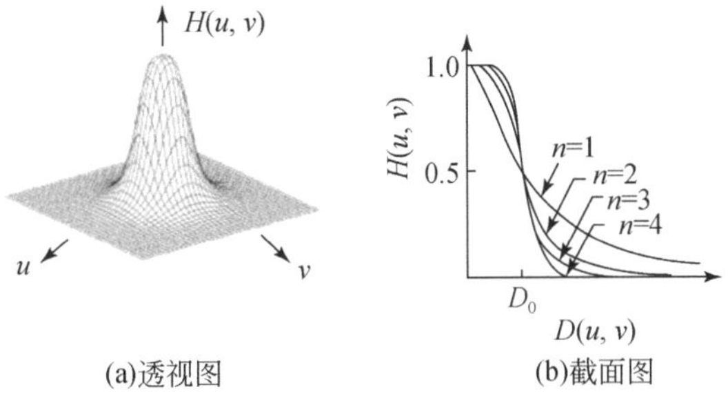

图 8.6.3　巴特沃斯低通滤波器透视图和截面图示意图

8.6.4 梯形低通滤波器

梯形低通滤波器的传递函数 $H(u, v)$ 为

$$H(u,v)=\begin{cases}1 & D(u,v)<D_0\\ \frac{D(u,v)-D_1}{D_0-D_1} & D_0\leqslant D(u,v)\leqslant D_1\\ 0 & D(u,v)>D_1\end{cases} \tag{8.6.8}$$

梯形低通滤波器兼具理想低通滤波器与平滑型的低通滤波器的特征，可谓是两者折中的产物。传递函数曲线的第一个转折点所对应的频率定义为截止频率 D_0，而第二转折点是任给的，只要求满足 $D_1>D_0$（图 8.6.4）。

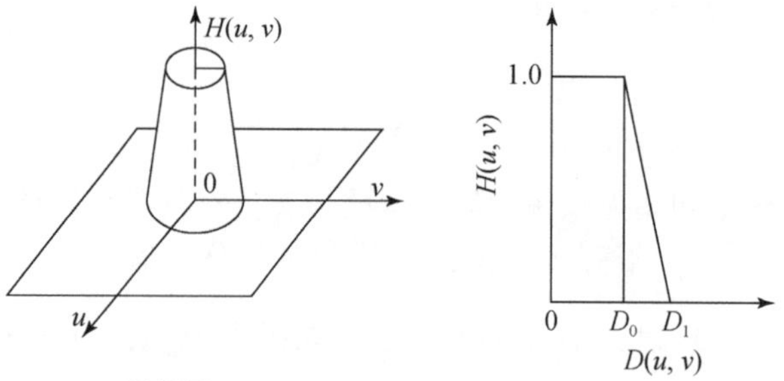

(a)透视图　　(b)剖面图

图 8.6.4　梯形低通滤波器透视图和剖面图

8.6.5　高斯型低通滤波器

高斯型二维低通滤波器的表达式为

$$H(u,v)=\mathrm{e}^{-\left[\frac{D(u,v)}{\sqrt{2}\sigma}\right]^2} \tag{8.6.9}$$

如果频域图像的坐标原点已移动到矩形图像中心 $D(0,\ 0)$，且 $H(u,\ v)$ 的最大值调整为 1，再令高斯函数的均方差 $\sigma=D_0$，

$$H(u,v)=\mathrm{e}^{-\left[\frac{D(u,v)}{\sqrt{2}D_0}\right]^2} \tag{8.6.10}$$

这时的高斯滤波传递函数便取应用中常见的形态。式中 D_0 为截止频率，当 $D(u,\ v)=D_0$，$H(u,\ v)$ 由最大值 1 下降到 0.61 处。高斯型低通滤波器的透视图与横截面图示于图 8.6.5，由于高斯函数的傅里叶变换仍然是傅里叶函数，再加上它的图形仅由均值和方差两个参数就能唯一地确定，这在应用上会带来很大的灵活性。高斯型低通滤波器的空域表示中不存在振铃现象。

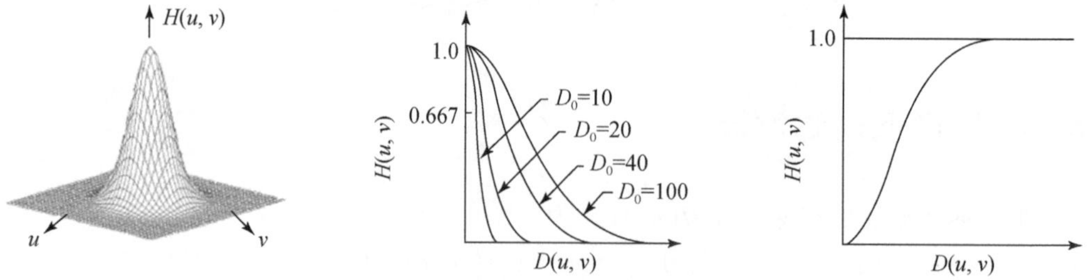

(a)透视图　　(b)高斯低通滤波器断面图　　(c)高斯高通滤波器断面图

图 8.6.5　高斯低通滤波器透视图与高斯低通滤波器和高斯高通滤波器断面图

8.7 同态滤波

同态滤波增强是一种将图像的频域滤波与图像的灰度值的对数变换相结合的一种处理方法，通过压缩灰度的动态范围和增强对比度来达到改善图像的视觉效果的目的，图像信号的照射-反射模型是这种处理的物理基础。

遥感图像信号 $f(x, y)$ 在物理上可理解为由辐照函数 $f_i(x, y)$ 与反射函数 $f_r(x, y)$ 共同决定，即

$$f(x,y)=f_i(x,y)f_r(x,y) \tag{8.7.1}$$

在晴空状况下，辐照函数 $f_i(x, y)$ 仅与太阳光照射强度与照射的具体时间有关，在卫星传感器成像的那一刹那，像幅内的照度在空间上变化可认为微乎其微，并且与地面的目标本身无关。反射函数 $f_r(x, y)$ 则与地面的目标性质有关而与照射的光源无关。因此，图像信号的辐照分量在像幅范围内表现为大范围的均匀一致，具有低的空间频率之特征，而反射函数分量随地面目标的变化而变化并且较为剧烈，具有高的空间频谱并决定着图像的对比度。

在进行图像处理中，常遇到像元灰度值动态范围变化很大的图像，图像中暗的部分显得很暗，亮的部分显示得很亮，反而是人们感兴趣的那一部分目标的灰度值的动态范围则很窄，看不清目标的细节变化。其他的如高含沙河水注入大型水库三角洲时会继续前行，形成一股异重流。水库水面辽阔，图像上呈暗色调，周围库岸因植被稀少而呈亮色调，反而我们感兴趣的异重的灰度值被压缩在一很小区间；又如，凡大河入海口，含沙河水也会形成异重流，进入大海后久久不散，这一重要目标的灰度值也被压缩在一狭窄范围，其他如薄云遮盖下的重要地面目标也属此类情况（见 4.3 节）。对这种图像的处理，不能采用一般的线性拉伸来解决，那样做的结果仅仅能够提高图像的反差，而灰度值的总体动态范围反而更加扩大。采用单纯压缩灰度级的方法也不能奏效。另一方面，光度学告诉我们，人类的视觉系统对图像亮度的感应不是直接与亮度值相关，而是与亮度值的对数呈近乎线性关系。摄影处理中把图像亮度值的对数称为密度，用密度来表达人的视觉响应是合乎情理的。在这种情况下，如能找到一个恰当的滤波传递函数，它既能压缩图像的灰度值动态范围，又能使感兴趣的目标的图像灰度值得到拉伸和扩展，从而解决上述矛盾，达到一举两得的目的和效果。同态滤波就是这样一种两全其美的方法。这种方法通过高通滤波与图像灰度值的非线性拉伸相结合，来解决这种在图像处理中看似两难的问题。

由于两个空间域的函数的乘积的傅里叶变换是不可分离的，因而不能直接对照射分量和反射分量分别进行傅里叶变换。此时，我们可以对式（8.7.1）两边分别取对数，即

$$\begin{aligned}\omega(x,y)&=\ln f(x,y)=\ln[f_i(x,y)f_r(x,y)]\\&=\ln f_i(x,y)+\ln f_r(x,y)\end{aligned} \tag{8.7.2}$$

上式表明，图像灰度值的对数是由包含低空间频谱的函数和包含高空间频谱的函数相叠加构成的。这样，我们就可以通过傅里叶变换把它变换到频域并进行高通滤波来提取高频信息，实现目标信息对于背景的增强。其后，只要对高通滤波结果图像进行傅里叶变换的逆变换而回到空间域并接着对其进行指数变换，从而最终获得我们所需的同态滤波的增

强图像 $g(x, y)$。

照射函数分量 $f_i(x, y)$ 与反射函数分量 $f_r(x, y)$ 各具有不同的频谱特征是一个合情合理的分析性的假设，符合遥感图像信号的物理本质。这样，通过对式（8.7.1）的傅里叶转换，就实现了将辐射分量频谱与反射分量频谱的分离，式（8.7.2）的傅里叶变换为

$$\Omega(u,v)=F[\ln f_i(x,y)+\ln f_r(x,y)]=I(u,v)+R(u,v) \tag{8.7.3}$$

式中 $\Omega(u, v)$，$I(u, v)$，$R(u, v)$ 分别是 $\omega(x, y)$，$f_i(x, y)$，$f_r(x, y)$ 的傅里叶变换。这时，如果我们能够找到一个合适的滤波传递函数，就能在频域实现分别对 $I(u, v)$ 和 $R(u, v)$ 的调制，即图像在低频段得到压缩，而在高频段得到拉伸增强。这样的传递函数的截面图如第4章中图4.3.1所示。由图8.7.1可见，同态滤波的传递函数 $H(u, v)$ 不同于一般的高通滤波器传递函数，$H(u, v)$ 在频域坐标原点不为0，目的在于保留图像的广阔背景。在频域，同态滤波的表达形式为

$$G(u,v)=H(u,v)\Omega(u,v)=H(u,v)I(u,v)+H(u,v)R(u,v) \tag{8.7.4}$$

式中，$G(u, v)$ 是传递函数 $H(u, v)$ 作用结果的傅里叶变换。需要对这一结果进行傅里叶反变换来回到空间域以便进行显示。在空间域，有关系式

$$\omega(x,y)=F^{-1}[G(u,v)]=F^{-1}[H(u,v)I(u,v)]+F^{-1}[H(u,v)R(u,v)] \tag{8.7.5}$$

令

$$i'(x,y)=F^{-1}[H(u,v)I(u,v)] \text{和} r'(x,y)=F^{-1}[H(u,v)R(u,v)] \tag{8.7.6}$$

则

$$\omega(x,y)=i'(x,y)+r'(x,y) \tag{8.7.7}$$

最后，不要忘记 $\omega(x, y)$ 是被处理的原始图像 $f(x, y)$ 通过对数变换的结果，为了获得我们所要求的增强了的结果图像 $\gamma(x, y)$，需要对 $\omega(x, y)$ 进行取指数的运算，也即

$$\gamma(x,y)=\exp[\omega(x,y)]=\exp[i'(x,y)]\exp[r'(x,y)]=i_0(x,y)r_0(x,y) \tag{8.7.8}$$

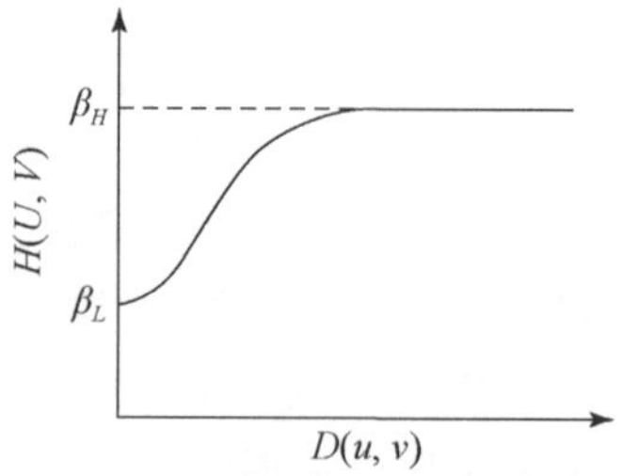

图8.7.1　同态滤波函数断面图

从上述处理过程来看，进行同态滤波，其关键是将遥感图像信号分解为辐射分量和反射分量，有了这种分离，我们才有可能对两个物理量同时实现滤波处理。同态滤波的环节众多，可用图8.7.2表示如下。

细心的读者也许会发现，同态滤波的核函数的截面线似曾相识，似乎在哪见过，它的函数表达式是什么？或者说如何刻画它？这一点将留在下一节探究。同态滤波有多方面的应用，在卫星遥感图像上薄云的去除处理、不均匀照明影像中的暗目标清晰化处理中都可

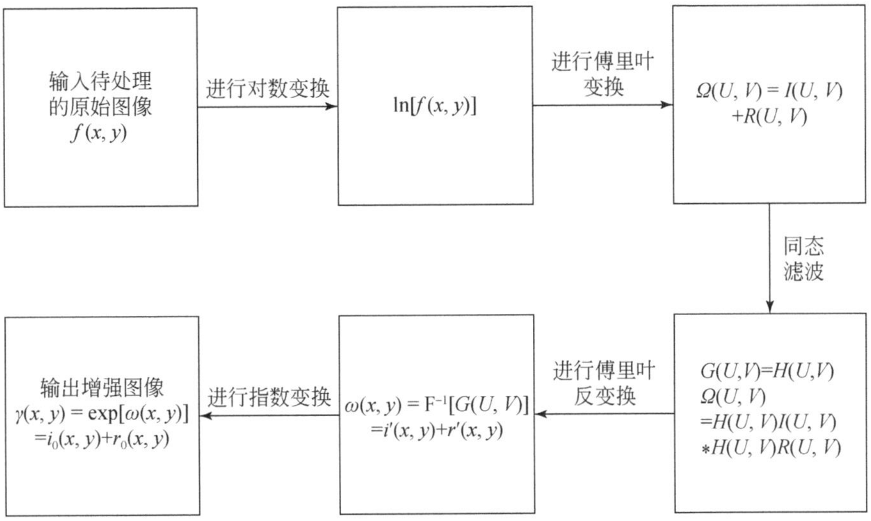

图 8.7.2　同态滤波增强流程框图

取得不错的效果。

8.8　遥感图像空域频域增强处理的讨论

1）图像的空域增强与频域的滤波增强技术是各自独立发展起来的处理方法体系，互相并行不悖，各有千秋，各显神通，是一种互补的关系，而不是相互替代的关系。应根据具体情况，来决定是选用空域处理的方法还是选择频域处理的途径，甚至有时会出现两者交替使用的情况，没有一种方法是万能的。空域增强的方法看上去缺乏一以贯之的理论体系，做法上像中医，对症下药；而频率滤波增强处理，自成体系，有严格的理论框架，把图像的傅里叶频谱分成高频与低频进行滤波处理，也有点像中医的阴阳辨证施治那种二元论的味道。唯图像的恢复处理的思路是标本兼治，意在恢复图像的本来面貌。空域与频域这两种增强体系，如果掌握和运用得好，在两者中穿梭交替使用，如鱼得水，定可取得最佳处理结果。频域处理看上去理论十足，而空域处理则显得更简便有效，可谓异曲同工，殊途同归。

2）空间滤波处理中，犹如频域中那样，既有高通滤波又有低通滤波。空域处理和频域处理，这种本来看起来互不相关联的处理途径，通过卷积定理这座桥梁联系了起来。卷积定理说，如果在空域有行列数大小为 $M\times N$ 的两函数 $f(x, y)$ 和 $h(x, y)$，它们的傅里叶变换相应地是 $F(u, v)$ 和 $H(u, v)$，则有另个空间域函数的卷积 $f(x, y) * g(x, y)$ 与它们的傅里叶变换的乘积 $F(u, v)$，$G(u, v)$ 构成傅里叶变换对，即

$$f(x,y) * g(x,y) \Leftrightarrow F(u,v)G(u,v) \tag{8.8.1}$$

这表明，两空间域函数的卷积可以通过计算它们在频域中的两傅里叶变换乘积的反变换而取得。反之亦有

$$f(x,y)g(x,y) \Leftrightarrow F(u,v) * G(u,v) \tag{8.8.2}$$

原来频域中的卷积也可转化为空间域的乘积，把原来复杂而深奥的卷积运算，通过卷积定理转化为空域中的简单的乘积运算，即通过移动滤波模板，顺序逐一计算模板覆盖的邻域范围内的对应元素的相乘积，然后累加求平均值并赋值于模板覆盖中心像元，从而实现了空间滤波，真是玄妙而又神奇。

3）频域滤波犹如空域滤波的一个试验场或一间灵便的实验室。在频域，筛选滤波核函数，并通过调整核函数的参数，改变截止频率，试验该核函数的滤波性能。从傅里叶变换的频谱空间明暗分布格局的分析中为空间滤波模板的实践提供灵感和启迪，并通过这种从频域到空域，再从空域到频域滤波试验的多次反复，优选出性能好的滤波模板。

4）从前两节介绍的频域高通滤波和低通滤波看，它们在功能和形式上虽算简洁而有力度，但并不完美。虽说振铃现象可以设法避免，但滤波造成的模糊始终挥之不去。以上介绍过的几种经典频域滤波器，无论是高通滤波，还是低通滤波，都存在很大的改进和完善空间。

最后，借助于卷积定理，来说明为何理想低通滤波器等会产生结果图像中出现振铃现象和图像中的边缘和细节模糊。理想低通滤波器（滤波核，核函数）$H(u, v)$ 作用于原始图像$f(x, y)$ 的傅里叶变换 $F(u, v)$ 产生的结果，即为 $G(u, v) = H(u, v) F(u, v)$，$G(u, v)$ 的反变换即是理想低通滤波的结果图像 $g(x, y)$，该图像带有显著的细节信息和图像中的细节上的模糊。Gonzalez 用 500×500 像元的图像的傅里叶功率谱空间分布情况来说明这种滤波器产生振铃现象和图像模糊的原因。认为，如将功率谱图从中心按能量占比多少划分出若干个圈，如以 5 个像元一行长度为半径画圈，接着以 15，30，80 和 230 个像元一行长度画圈，其中 5 像元圈内能量占比为 92.0%，而到 230 个像元长度为半径的圈内能量占比已达 99.5%。从一系列结果图看到，模糊是由中心部分决定的，而环形部分则决定了振铃现象的特性。并且，图像中多数尖锐的细节信息包含在被滤掉的 8% 的功率之内，在一些情况下，图像中目标的边缘信息正是包含在被滤去的 0.5% 功率谱中。

第　三　篇

遥感图像的基本单元是像元，然而受限于空间分辨率，一个像元往往包含多种地物成分，形成所谓“混合像元”现象。这种空间异质性不仅削弱了分类与反演的精度，也影响图像表达的真实性。尤其在中低分辨率影像中，混合像元普遍存在，是遥感信息“尺度退化”的直接体现。因此，深入理解其成因并构建有效的分解方法，是提升遥感分析精度与可信度的关键环节。

为应对混合像元问题，本篇（第 9 章）首先系统梳理了相关建模原理与分解路径，构建遥感图像从“面状混合”向“组分还原”的分析体系。以线性光谱混合模型为基础，将像元视为若干典型地物端元的加权组合，并通过丰度解算实现亚像元级的地物识别。针对非线性响应或几何混合等复杂场景，进一步引入几何光学建模与随机建模策略，提升方法对实际地表异质性的适应能力。

在此基础上，本篇扩展探讨了图像融合与尺度适配问题。遥感图像往往来源多样，不同传感器在空间、时间和光谱分辨率上的差异，会导致图像间表达不一致。融合技术作为协调这种多源差异的关键手段，能够在保留关键结构信息的同时增强图像的空间细节或光谱特征。本篇从图像特征层级出发，梳理了基于空间变换、特征提取与组合重构的典型融合路径，强调融合不仅提升了图像可用性，也为多尺度遥感分析提供了尺度兼容的基础支持。进一步地，本篇系统探讨了遥感反演产品中的尺度效应问题，从理论上分析尺度效应的产生机制，并构建了相应的解析表达体系。针对遥感处理链条中不同环节的影响特征，分别从输入变量、模型结构和输出结果三个层面入手，揭示了空间尺度变化对反演精度与一致性的系统性影响。通过引入尺度效应的数学表达式，为遥感产品在不同空间分辨率下的转换与集成应用提供了理论支撑与方法依据。

总体而言，本篇从像元混合建模到融合策略与尺度响应分析，构建了提升遥感图像表达精度与一致性的关键技术链条。内容兼顾理论深度与方法实践，为从事地物识别、参数反演及多尺度遥感应用的科研与工程工作者提供了系统化的技术参考。

第9章 像元分解融合与尺度效应

将像元分解、图像融合与尺度效应放在一起讨论并非风马牛不相及，实际上，他们之间从根本上存在科学逻辑上的联系。前面已经讨论过，遥感探测器在成像过程中产生了在空间上连续的信号，为便于进行计算机的数字处理，需要在空间上对探测信号进行离散化，这被称为采样。采样的空间间隔（距离）的大小不仅与传感器的视场光栏设置（瞬间视场角）有关，也与应用需求密不可分。随着时间的推移，卫星传感器使用的成像器件亦随之与时俱进，灵敏度愈来愈高，使得传感器的瞬时视场角变得愈来愈小，其在地面的线性尺度由1km进而到80m-30m-10m-5m-1m，现在在轨运行服务的遥感像元线度已达分米级（如0.61m）。我们可以将卫星遥感图像按图像像元的线度大小分为低（粗）分辨率图像1000～100m，中分辨率图像100～10m，高分辨率图像10～1m，对于分辨率优于1m的图像，我们暂且称作精（超高）分辨率图像。图像分辨率不同，其功用，各有千秋，并无好坏之分，它们间是互补的关系，在应用上也各有各的问题。从图像信号处理、信息提取以及图像分类的角度看，中粗分辨率图像存在严重的混合像元问题，使分析处理的结果产生很高的不确定性，从而产生像元分解问题；而对于高、精分辨率图像，临近像元效应问题也随之突显出来，并且混合像元问题依然存在，即使像手掌大小的花岗岩地质标本也至少会由三五种或以上的造岩矿物组成。由于地表物质组成的复杂性（或叫不均一性）和描述地表特征的模型非线性使得对于同一地区、同一时相成像的不同尺度（分辨率）的图像数据进行特征提取或地表特征反演，或进行地表覆盖类型分类时，他们的结果多不具可比性，也不能在空间上进行延拓（非线性），这就是尺度效应问题。至于图像融合，其最早设想和应用也是起源于不同分辨率的图像如何合成显示，才能获得既具高分辨率又具多光谱特色的视觉效果。这样看来，将遥感图像的像元分解、图像融合和尺度效应放在一块儿讨论，是顺理成章、合乎科学逻辑的，它也构成本教材的一大特色。但从研究内容和应用价值来看，无疑是图像融合、尺度效应和尺度纠正更重要些，它是本章讨论的重点。

9.1 像元分解

传感器观测地物时是以像元为基本单位，并记录下像元内所有地物的辐射能量。然而受限于地物分布复杂性和空间分辨率，单个像元内往往存在多种地物，被称为混合像元。其在遥感影像上呈现的光谱也是多种地物的混合，如果简单地将其归为一类，势必会使地物的分类和识别精度大大下降。混合像元分解技术是假设像元内只存在少数几种光谱特征稳定的地物（端元），遥感影像上呈现的光谱曲线可以表示为每个端元的光谱和其对应的面积比例（丰度）的函数，通过分析和计算可以估计出端元的混合方式并确定端元类型和相应比例。首先需要依据地物辐射传输特性构建光谱混合的函数模型，进而基于实测数据或者图像端元提取算法确定端元光谱，最后通过最小二乘等方法拟合出模型系数。

9.1.1 光谱混合模型

光谱混合模型可以归结为线性模型、几何光学模型、随机几何模型和模糊分析模型。上述模型基本形式都是将像元反射率表示成各端元的光谱特征和其对应的丰度的函数，其差别主要存在于如何考虑其他因素的影响。线性模型中用随机残差表示地面差异性；几何光学和随机几何模型则是基于地面几何形状考虑地面特性，所以除了反射率和端元光谱特征之外还需要地物的形状等参数，也能额外得到除丰度之外的平均高度等参数。

9.1.1.1 线性模型

线性模型认为混合像元的反射率可以表示为端元特征和丰度的线性组合

$$R_i = \sum_{j=1}^{n} f_j r_{ij} + \varepsilon \tag{9.1.1}$$

式中，R_i 是第 i 个波段混合像元的反射率，r_{ij}是第 i 个波段第 j 个端元的反射率，f_j是第 j 个端元的丰度，ε 为残差项。该模型通常利用最小二乘拟合出丰度。在数学上为了便于求解，丰度个数须小于或等于波段数。为了使结果满足物理意义，通常用像元内丰度之和为 1 以及丰度非负两个条件限制求解

$$\sum_{j=1}^{n} f_j = 1, 0 \leqslant f_j \leqslant 1 \tag{9.1.2}$$

在端元地物面积较大，光子通过唯一端元进行传输和散射的情况下，线性混合模型能够很好地满足应用；但实际情况往往更为复杂，一些学者基于混合像元的单次散射反照率（SSA）是端元组分单一 SSA 及相应横截面积乘积的线性组合，通过将反射光谱转换成 SSA，从而有线性化系统

$$W_i = \sum_{j=1}^{n} F_j w_{ij} \tag{9.1.3}$$

式中，W_i 为第 i 个波段的均值 SSA，w_{ij}是第 i 个波段第 j 个端元的 SSA，F_j为端元相关几何横截面，其表达式如下

$$F_j = (M_j / e_j d_j) \sum_{j=1}^{n} (M_j / e_j d_j) \tag{9.1.4}$$

式中，e_j、d_j、M_j 分别为密度、地物粒径大小和小地物群。

通过这种转换方式，线性模型能够适应更为复杂的散射情况。还有一些学者考虑到高阶次的散射情况，发展出双线性模型，其表达式如下

$$R = \sum_{k=1}^{n} f_k r_k + \sum_{i=1}^{n-1} \sum_{j=i+1}^{n} \gamma_{ij} f_{ij} r_i r_j + \varepsilon \tag{9.1.5}$$

其考虑到端元之间的二次散射，其中 γ_{ij}为调节因子，在 0 ~ 1 变化，为 0 时即不存在二次散射。f_{ij}为端元间二次散射作用的贡献比。

这种模型认为，对混合光谱贡献以二次散射为主，忽略更高阶次的散射，但随着灌木盖度和高度的增加，更高阶次的作用比例迅速上升，这时需要更为合理的函数模型。

9.1.1.2　几何光学模型

该模型针对冠状植被地区构建，将地表分为光照植被面（C）、阴影植被面（T）、光照背景面（G）、阴影背景面（Z）四种状态。其表达式如下

$$R=\frac{(A_C r_C+A_T r_T+A_G r_G+A_Z r_Z)}{A} \tag{9.1.6}$$

式中，r_C，r_T，r_G，r_Z 为四种状态地表反射率，A_C、A_T、A_G、A_Z 为对应地表状态所占面积，A 为像元面积。每种状态所占面积可以表示为地面形状的函数，而地面形状由树冠形状和尺寸等参数决定。

9.1.1.3　随机几何模型

随机几何模型与几何光学模型类似，像元反射率也由四种状态的面积和平均反射率线性组合得到，区别在于把大多数主要的土壤和植被参数当成随机变量处理，这样便于消除一些次要参数在空间上的波动引起的地面差异性的影响。

9.1.1.4　模糊模型

模糊模型是将混合像元看作各类地物的集合，每一像元均与一组隶属度值相对应，隶属度代表了像元中所含此种地物类别的面积百分比。先选择样本像元，根据样本像元计算各种地物类别的模糊均值矢量和模糊协方差矩阵。每种地物模糊均值矢量 μ_j^* 和模糊协方差矩阵为

$$\mu_j^* = \frac{\sum_{i=1}^{N} f_j(X_i) X_i}{\sum_{i=1}^{N} f_j(X_i)} \tag{9.1.7}$$

$$\sum *_j = \frac{\sum_{i=1}^{N} f_j(X_i)(X_i - \mu_j^*)(X_i - \mu_j^*)^T}{\sum_{i=1}^{N} f_j(X_i)} \tag{9.1.8}$$

式中，N 为样本像元总数，$f_j(X_i)$ 为 j 个像元属于 i 类地物的隶属度，X_i 为像元值矢量。

然后对每一像元进行模糊监督分类，计算出每种地物所占面积大小。用 μ_j^* 和 $\sum *_j$ 代替最大似然分类中的均值矢量和协方差矩阵，求算属于 j 类别的隶属度函数

$$f_j(X_i) = \frac{P_i^*(X)}{\sum_{i=1}^{m} P_i^*(X)} \tag{9.1.9}$$

$$P_i^*(X) = \frac{1}{(2\pi)^{\frac{M}{2}} \left| \sum *_j \right|} \exp\left[-\frac{1}{2}(X_i - \mu_j^*)^{\mathrm{T}} \Sigma_j^{*-1} (X_i - \mu_j^*) \right] \tag{9.1.10}$$

式中，M 为像元光谱值矢量的维数，m 是预先设定的地物类别数。

9.1.2 端元提取算法

端元是做分解模型必不可少的参数，一种端元提取的方法是从野外实测波谱数据或者已有的地物波谱信息库中选择端元，这种方法主要是通过匹配技术比较像元的波谱和参考波谱，从而确定混合像元中是否包含某一类地物。虽然理论上这种方法能得到比较精确的结果，但实际上影像上地物光谱曲线受到大气、地形和传感器的影响会与参考波谱之间产生较大的差异，并且考虑到参考波谱的获取需要耗费极大的人力物力资源，所以目前基于影像自身提取端元是获取端元的主要途径。

基于影像自身的提取方法依据是否假设影像中存在纯端元分为两类：一类是端元识别算法，主要包括像元纯度指数法（PPI）、N-FINDER 法。这类算法假设遥感影像中存在地物的纯像元，在高维空间中将混合像元视为多面体，每个顶点为端元，不同算法利用不同的投影变换和搜索策略确定多面体的顶点。另一类算法是端元生成算法，代表性的有迭代误差分析法（IEA）和 CCA 算法，这类算法可以计算出端元的光谱特征。这类算法更接近实际情况，因为一些地区可能不存在某类地物的纯像元。

9.1.2.1 像元纯度指数法

像元纯度指数法是一种基于多光谱和高光谱影像的半自动地寻找光谱最纯像元的方法。这种方法先通过最小噪声分离变换（MNF）或者主成分分析法（PCA）对数据进行降维和减噪，然后选取包含信息量大的几个主成分构成特征空间，随机生成穿过数据集合内部的随机测试向量，将光谱点分别投影到测试向量上。依据投影位于向量两端的点是端元的可能性大，位于中间的点是混合像元的可能性大的原则，设定阈值选出位于两端的点。重复以上步骤，将光谱点对应被标记为端元的次数作为像元纯度指数，构建所有像元纯度指数组成的纯度图像。这种方法简单地定位了最纯像元的位置，却很难识别地物类型，准确地说它仅是一种端元提取方法。

9.1.2.2 N-FINDER 方法

这种方法利用高光谱数据所有的点在高维特征空间中正好构成一个凸面单形体，而端元位于顶点位置，从而将混合像元分解问题转化成一个寻找最大体积的凸面单形体的问题。首先在对原始数据降维之后，随机指定一组像元作为端元，计算其构成的单形体体积。然后依次将其他像元替换当前端元，若新构成的单形体体积增大，则更新端元，重复以上步骤直至体积不再增大时，最终端元也就被确定下来。

9.1.2.3 误差迭代分析法

这种方法在迭代误差分析中，通过一系列约束线性混合分解，将每次分解误差最小的像元作为新的端元。这种方法不需要对原始数据进行降维。先将图像均值作为初始向量，基于此向量进行第一次解混，得到一幅误差图像。选出误差较大（与初始向量相差较大）的像元组成像元集，选出其中光谱角较小的像元光谱进行平均作为第一个端元。接下来将第一个端元作为初始向量进行二次解混得到第二个端元，重复以上步骤直到算法达到预设的 N 个端元小于误差阈值。

9. 1. 2. 4　CCA

这种方法也是基于所有像元在高维特征空间中被以端元为顶点的单形体包围的假设，通过物理特性寻找凸锥的角点，进而提取端元。先对影像数据进行标准化并去除负值，利用奇异值分解（SVD）得到特征值和对应的特征向量，依据给定的端元数目 c 选取相同数量且特征值最大的特征向量，并线性组合成向量 $x=p_1+\alpha_1 p_2+\cdots+\alpha_{c-1}p_c\geqslant 0$ 构成凸锥。对于 l 个波段可以构成 l 个方程 $p_{j1}+\alpha_1 p_{j2}+\cdots+\alpha_{c-1}p_{jc}=0$，（$j=1$，2，…，$l$），从中选取 $c-1$ 个方程可以求解出一组 α，如果此时 $x\geqslant 0$，则此时 x 为凸锥角点。

上面对目前混合像元分解所用到的模型和端元提取方法进行了概述，目前每一种方法都有其优点和缺点，其有关理论有待进一步验证，方法有待完善。在实际情况下，需要选择满足需要的模型，如果能够结合不同分解思想的优点，分解精度必能进一步提高。

9.2　图像融合

图像融合与数据融合是两个不同的概念，既互相区分也互相联系，是小概念与大概念的关系，相当于集合中的包含关系。数据融合的概念要广泛的多，一般将其分为图像像素级融合、特征级融合和决策级融合，各服务于不同的应用目的和应用阶段。像素级融合处理的单元是一个个不同来源的图像像元，而特征级融合除了像元外，还涉及图像像元的某种萃取物，如边缘检测中生成的目标的边界线段，来自其他非遥感手段获取的线划图或专题图等图形数据的联合表达或显示，它与地理信息系统的关系更为密切；至于决策级融合，要在特征级融合基础上，加上应用模型、系统目标寻优、判别和决策函数，它应该是决策支持系统的一个重要内容和组成部分。

本节讨论的是图像像素级融合，即图像融合。就全球范围看，卫星遥感数据已积聚成数据的海洋，而人类渴求的则是信息的淡水。即使对于局部研究区域，也有多种卫星遥感数据可资利用。这种不同谱段、不同成像方式并具有不同分辨率的图像一般都存在过多的信息冗余，波段间相关性太高，而独立性不足。一些遥感图像的优势可能是它的波谱设置，特别有利于目标的定性区分，但往往它的空间分辨不够高；有的图像虽然在波谱上不占优势，但却有很高的空间分辨率，有利于对目标的精细描述。如何能将具有波谱优势的图像和具有高空间分辨率的图像联合使用，实现优势互补，这正是图像融合处理的初衷。大家也知道，图像的显示系统功能，通过 RGB 或 IHS 彩色空间系统同时只能最多显示三个独立分量，面对过多频道需要进行适当的转换、压缩取舍，以与显示系统的能力相适应。图像融合正是这种应运而生的理念和架构，通过这种架构来实现互补信息的空间彩色联合表达，以利于目标的识别和增进对地球表层系统的了解。

本节将按照图像融合研究的历史发展轨迹，依序介绍各种图像融合算法。在图像显示系统只能独立显示红绿蓝三个分量的前提下，早期的图像融合都是基于互补性替换技术来实现高分辨率图像与多光谱图像优势互补联合显示的，分别有彩色空间变换法、主成分变换法、高通滤波法等。既然是替换，必然会有得有失，或是在波谱特性方面，或是在纹理结构方面。稍后，小波变换迅速进入图像融合领域，并且，由于小波变换的变焦性、信息稳定性和小波基选择的灵活性等诸优点，为图像融合研究注入了新的活水，使图像融合呈现出新的面貌。小波变换在图像处理中的应用是多方面的，如图像压缩、图像分割、目标检测与识别、图像增强等，因此在介绍小波变换用于图像融合前，适当补充小波变换的基本概念是必要的，有助于理解、深化、联想前面已学过的相关内容。对各种图像融合效果的优势，本节也将提供系列的评价指标。

9.2.1 彩色空间变换融合法

由红（R）、绿（G）、蓝（B）三基色表示的彩色系统，据颜色方程知道，RGB 三色是不独立的，而用亮度（I）、色度（H）、饱和度（S）表达的彩色系统，IHS 三者却是相互独立的，这使得遥感图像所包含的亮度强度（I）与光谱信息（H 和 S）能有效分离，为实现高空间分辨率图像与多谱段的图像融合提供了可能。IHS 彩色空间变换用于图像融合的基本思路是：用某一影像替换 IHS 三个分量中的某一分量（通常为强度分量 I），组合成新的 IHS 三分量并进行变换，返回到 RGB 彩色系统去显示，从而实现图像的融合。例如，当进行高分辨率影像（如 SPOT 全色波段）与多谱段影像（如 TM 影像的第 3、4、5 波段）融合时，首先对多谱段影像进行彩色空间变换，变换成 IHS 的三个分量，然后用高分辨率全色波段影像替换上述的强度分量 I，与原来的 H 和 S 分量一起进行 IHS 变换，返回到 RGB 系统进行显示，获得融合后的图像。

能进行彩色空间变换的坐标系有多种，其中球体坐标变换在图像融合中应用效果最好，其变换表达式为

$$\begin{bmatrix} I \\ V_1 \\ V_2 \end{bmatrix} = \begin{bmatrix} \frac{1}{\sqrt{3}} & \frac{1}{\sqrt{3}} & \frac{1}{\sqrt{3}} \\ \frac{1}{\sqrt{6}} & \frac{1}{\sqrt{6}} & -\frac{1}{\sqrt{6}} \\ \frac{1}{\sqrt{2}} & -\frac{1}{\sqrt{2}} & 0 \end{bmatrix} \cdot \begin{bmatrix} R \\ G \\ B \end{bmatrix} \tag{9.2.1}$$

$$H = \operatorname{arctg}\left(\frac{V_2}{V_1}\right) \tag{9.2.2}$$

$$S = \sqrt{V_1^2 + V_2^2} \tag{9.2.3}$$

其逆变换式为

$$\begin{bmatrix} R \\ G \\ B \end{bmatrix} = \begin{bmatrix} \frac{1}{\sqrt{3}} & \frac{1}{\sqrt{6}} & \frac{1}{\sqrt{2}} \\ \frac{1}{\sqrt{3}} & \frac{1}{\sqrt{6}} & -\frac{1}{\sqrt{2}} \\ \frac{1}{\sqrt{3}} & -\frac{2}{\sqrt{6}} & 0 \end{bmatrix} \cdot \begin{bmatrix} I \\ V_1 \\ V_2 \end{bmatrix} \tag{9.2.4}$$

式中，I 表示亮度强度，H 表示色度，S 表示饱和度。

对不同分辨率的图像进行融合处理，应在空间范围相同条件下进行严格的配准，并按照高分辨率图像对低分辨率图像进行重采样。IHS 变换法融合处理使得融合图像具有原来高空间分辨率图像的空间分辨率，但会产生人们不希望见到的光谱退化现象，有得必然有失。

9.2.2 主成分变换融合法

现仍以 SPOT 全色波段（10m 分辨率）和多波段 TM 的 6 个波段（分辨率为 30m，其中 TM-6 热红外波段除外），同一地区范围的图像为例，来说明主成分变换的融合算法。关于计算多波段图像的特征值和特征向量在第 6 章中已作了详尽讨论。在那里，特征值和特征向量是根据协方差矩阵进行计算的。由于 TM 各波段灰度数据的方差各不相同，因而造成各波段对计算特征值和特征向量的重要程度不一致。而如果由相关阵来推求特征值和特征向量，然后生成各主分量，其融合效果会更好。这是因为，在由相关阵求特征值和特征向量过程中，相关阵中的各波段数据的方差都归一化了，消除了数据水平的影响，从而使各波段具有同等的重要性。这样，据多波段 TM 数据的相关阵计算出特征值和特征向量，进一步生成各个主分量。第一主分量占有的方差最大，包含了多光谱影像的大部分空间信息，而光谱信息则主要由第二和第三主分量来体现。如为已配准的 SPOT 影像与第一主分量进行直方图匹配并将之替换第一主分量，继而与第二、第三主分量一起，作主分量变换的逆变换，便可获得最终的融合图像。整个图像融合过程可由图 9.2.1 表示，各主分量图像可通过下式计算

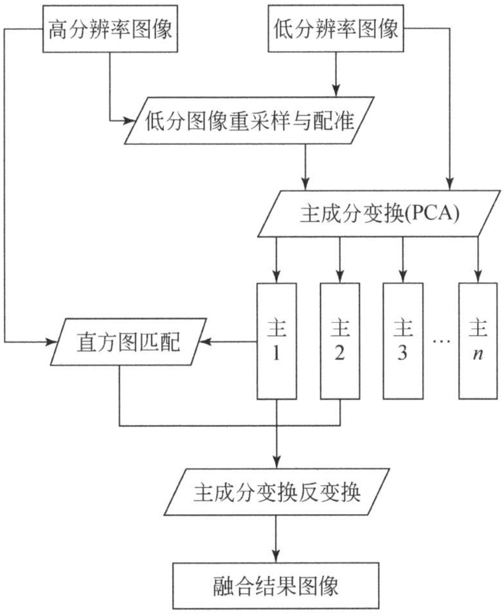

图 9.2.1　主成分变换法融合流程框图

$$PC_K=\sum_{i=1}^{n}D_iE_{iK} \tag{9.2.5}$$

式中，K 为主分量序数（在此例中 $K=1$，2，…，6），i 为输入波段序数，D_i 为第 i 波段图像灰度值，E_{iK} 表示特征向量矩阵的第 i 行第 K 列的元素数值。

9.2.3 高通滤波融合法

我们仍以同一地区的高分辨率 SPOT-PAN 全色波段（10m）和多光谱 TM 影像（30m）为例，来说明如何实现两者的高通滤波融合。与上面提到的融合方法一样，为了进行融合，前提是先将 SPOT-PAN 进行几何纠正，并将 TM 影像与之进行严格空间上的配准，同时按 SPOT-PAN 的分辨率重采样。在此基础上，高通滤波融合可按下述步骤逐步实现。

1）选择合适的空间卷积滤波高通滤波核的尺度（如 5×5）和低频分量所占百分比，对高分辨率影像（SPOT-PAN）进行高通滤波；

2）将低空间分辨率多光谱影像（TM-3.4.5）进行由 RGB 到 IHS 的彩色空间变换，获得每个像元的独立的 I、H、S 分量；

3）将高通滤波结果信息按像素加载到第 2 步获得的强度分量 I，并按原 I 的数据类型存储，同时对加载后的结果进行直方图匹配；

4）用经过直方图匹配的结果替换原强度分量 I，并与色度分量 H 和饱和度分量 S 一起，进行由 IHS 到 RGB 的逆变换，获得由显示系统看到的融合结果图像。

9.3 小波变换与时空图像数据融合

前面讨论过的傅里叶变换是将由数分解为正弦/余弦波这样的变换基函数，它们可以向±∞两个方向扩展。而当我们处理瞬时信号或二维图像的许多特征时则看到，前者在瞬间非零，后者则在空间位置上呈现出高度的局部化，这种状态与任何一种傅里叶基函数都不合拍。如果用傅里叶变换处理瞬时信号或二维图像的一些重要特征，便不可能获得最佳结果，这就是为什么以前讨论过的，将傅里叶变换用于边缘检测，特征提取和纹理分析时都表现出明显的局限性的根源。

傅里叶变换基函数间的差异表现为频率的不同，而一种称作哈尔（Haar）函数则表现在尺度和空间位置上均不一样，这使得哈尔变换具有尺度和位置的双重属性并与此前讨论过的其他变换都大为不同。既然哈尔函数在尺度和位置上两方面都会产生变换，那就必须用两个函数去描述，即进行引导性的双重约束。对于在［0，1］有意义的哈尔函数，令整数 k 满足 $0\leqslant k<N-1$，且 k 由整数 p 和 q 唯一确定，即满足

$$k=2^p+q-1$$

对于任意的 $k>0$，2^p 是使 $2p\leqslant k$ 的 2 的最大幂，而 $q-1$ 为余数。这样哈尔函数$H_0(x)$定义为

$$H_0(x)=\frac{1}{\sqrt{n}} \tag{9.3.1}$$

这时，如令 $x=\frac{i}{N}$，$i=0$，1，2，…，$N-1$，便可产生一组哈尔变换基函数，而且除了 $k=0$ 时为常数外，每个基函数都有自己的单独的矩形脉冲对。这些基函数在尺度和位置上都有所变化，参数 p 限定着尺度的宽窄，而 q 则决定于平移量的大小。

哈尔变换是一种最早的小波变换，它在小波变换概念出现前早就存在了，就把它当作在正式定义小波变换前的序曲吧。小波和小波变换在日常生活中其实并不陌生。试想向湖面中连续投下几个大小不等的石块，瞬间在湖面上激起高低起伏不等的波纹，向四周传播一阵后能量耗尽，湖面恢复了平静，相对于可向两侧无限扩展的正弦波，这就是小波；眼前放置一页五线谱，音符标在上下不同的谱位，演奏家据之奏出了旋律优美的《蓝色的多瑙河》并被记录在磁带上，这可视为小波变换的正变换，当把磁带回放时，又还原出演奏时那美妙的声响，此即可视为小波变换的谱变换；其他如野外写生绘画到印刷出版，由雕版到彩色印刷，照相与洗相印相，陆地卫星 TM 成像记录到计算机显示过程，也都可以看作是小波变换的正反向变换。尽管如此，我们还是应该给出一个严谨的关于小波变换时的规范化的描述。

9.3.1　连续小波变换

小波变换要求函数 $f(x)$ 在实数集上平方可积，表示为 $L^2(R)$，即 $f(x)\in L^2(R)$ 并有

$$\int_{-\infty}^{\infty}|f(x)|^2\mathrm{d}x<\infty \tag{9.3.2}$$

一组小波基函数 $\{\varphi_{a,b}(x)\}$ 是用小波基中的某单个原型函数 $\psi(x)$ 的伸缩和平移生成的，是一个以原点为中心的振荡函数 $\psi_{a,b}(x)$，即

$$\psi_{a,b}(x)=\frac{1}{\sqrt{a}}\psi\left(\frac{x-b}{a}\right) \tag{9.3.3}$$

a，$b\in R$，$a\neq 0$ 且当 $|x|\to\infty$ 时迅速消失，并有 $\psi(x)\in L^2(R)$

式中变量 a 称伸缩因子，表示一个特定基函数的尺度宽窄，变量 b 称位置平移因子，即它在 x 轴上的平移距离。这样，实数集上连续的平方可积函数 $f(x)$ 以小波 $\psi(x)$ 为基的连续小波变换 $W_f(a,b)$ 表示为

$$W_f(a,b)=\int_{-\infty}^{\infty}f(x)\psi_{a,b}(x)\mathrm{d}x \tag{9.3.4}$$

一维小波变换的反变换则为

$$f(x)=\frac{1}{C_\psi}\int_{-\infty}^{\infty}\int_{-\infty}^{\infty}W_f(a,b)\frac{\psi_{a,b}(x)}{a^2}\mathrm{d}b\mathrm{d}a \tag{9.3.5}$$

其中

$$C_\psi=\int_{-\infty}^{\infty}\frac{|\psi(U)|^2}{U}\mathrm{d}U<\infty \tag{9.3.6}$$

而 $\psi(U)$ 则是 $\psi(x)$ 的傅里叶变换。

9.3.2 离散小波变换

连续函数$f(x)$的抽样值构成了该函数的一组数字序列，用尺度函数$\phi(x)$和小波函数$\psi(x)$对数字序列进行展开，从而得到离散小波变换（DWT）对。

离散小波变换

$$W_4(j_0,k)=\frac{1}{\sqrt{M}}\sum f(x)\phi_{j_0,k}(x)$$

$$W_4(j,k)=\frac{1}{\sqrt{M}}\sum f(x)\phi_{j,k}(x) \tag{9.3.7}$$

式中，j_0为任意开始尺度，且$j_0\leqslant j$，离散变量$x=0$，1，2，…，$M-1$。k为步长参数。

离散小波逆变换为

$$f(x)=\frac{1}{\sqrt{M}}\sum_k W_\phi(j_0,k)\phi_{j_0,k}(x)+\frac{1}{\sqrt{M_j}}\sum_{j_0}^{\infty}\sum_k W_\psi(j,k)\psi_{j,k}(x) \tag{9.3.8}$$

9.3.3 二维小波变换

对于二维的遥感图像处理，更关心二维函数$f(x,y)$的小波变换，其表达式

$$W_f(a,b_x,b_y)=\int_{-\infty}^{\infty}\int_{-\infty}^{\infty}f(x,y)\psi_{a,b_x,b_y}(x,y)\mathrm{d}x\mathrm{d}y \tag{9.3.9}$$

上式的逆变换式为

$$f(x,y)=\frac{1}{C_\psi}\int_{-\infty}^{\infty}\int_{-\infty}^{\infty}\int_{-\infty}^{\infty}W_f(a,b_x,b_y)\frac{\psi_{a,b_x,b_y}(x,y)}{a^3}\mathrm{d}b_x\mathrm{d}b_y\mathrm{d}a \tag{9.3.10}$$

以上式中b_x，b_y均表示二个维度上的位置平移因子，即它们在x轴和y轴上的平移距离。

而$\psi(x,y)$二维的基本小波

$$\psi_{a,b_x,b_y}(x,y)=\frac{1}{|a|}\psi\left(\frac{x-b_x}{a},\frac{y-b_y}{a}\right) \tag{9.3.11}$$

9.3.4 二维离散小波变换

如果对一景卫星图像随机选取数个窗口区进行灰度值统计，各窗口不但其直方图形态各异，其均值和方差也都不同。这就表明不能用一个统一的模型去描述或处理这景图像，万灵药是没有的。统揽一景遥感图像，分布着在灰度值上各异、空间尺度大小不等的区块，它们被清晰或隐隐约约的边界区隔着。一些细小目标往往边界模糊不清，反差也不足够大，就需要高分辨率的图像去进一步确认；而对那些大的目标，即使是低分辨率的图像也足以区分他们。如若目标的尺度有大有小，各种尺度并存，或对比度也是强弱互现，那就需用不同的分辨率图像进行分析，这也成为大家关注分辨率分析的根本原因。

遥感数字图像从数学上讲，它就是一个二维数字矩阵，而二维离散小波变换为图像的

多分辨率分析和处理提供了技术基础。

9.3.4.1 尺度函数

由整数平移和实值二值尺度且平方可积函数 $\phi(x)$ 组成了一函数展开集合 $\{\phi_{j,k}(x)\}$，其中

$$\phi_{j,k}(x)=2^{\frac{j}{2}}\phi(2^j x-k) \tag{9.3.12}$$

对所有的 j，$k\in Z$ 和 $\phi(x)\in L^2(R)$ 都成立

在这种条件下，k 决定着 $\phi_{j,k}(x)$ 在 x 轴上的位置，j 决定了 $\phi_{j,k}(x)$ 在 x 轴上延展的宽度，而 $2^{\frac{j}{2}}$ 则控制着波的高低或叫振幅。$\phi_{j,k}$ 的形状随着 j 而发生变化，故称 $\phi(x)$ 为尺度函数。

9.3.4.2 多分辨率分析

$L^2(R)$ 中一系列嵌套函数子空间系列 V_j，$j=\cdots-2，-1，0，1，2$，若下列条件成立，则空间集合 $\{V_j,\ j\in Z\}$ 称为依尺度函数 ϕ 的多分辨率分析。若已知一个多分辨分析，那么就一定存在一个多尺度分析的尺度函数 ϕ。又由于 V_k 是一个多分辨分析，尺度函数 $\phi\in V_0$ 和小波函数 $\psi\in W_0$ 并属于 V_1，故存在两个序列 $\{p_n\}$ 和 $\{q_n\}$ 使存在

$$\phi(x)=\sum_{n\in Z}p_n\phi(2x-n) \tag{9.3.13}$$

$$\psi(x)=\sum_{n\in Z}q_n\phi(2x-n) \tag{9.3.14}$$

上两式合称为两尺度方程，描述了尺度函数 $\phi(x)$ 和小波函数 $\psi(x)$ 间的关系。

9.3.4.3 离散二维小波变换

$M\times N$ 尺度的图像函数 $f(x,y)$ 的离散小波变换有

$$W_\phi(j_0,m,n)=\frac{1}{\sqrt{MN}}\sum_{x=0}^{M-1}\sum_{y=0}^{N-1}f(x,y)\phi_{j_0,m,n}(x,y) \tag{9.3.15}$$

$$W_\phi^i(j,m,n)=\frac{1}{\sqrt{MN}}\sum_{x=0}^{M-1}\sum_{y=0}^{N-1}f(x,y)\phi_{j,m,n}^i(x,y) \tag{9.3.16}$$

式中，$i=\{H,V,D\}$，j_0 是任意的起始尺度，系数 $W_\phi(j_0,m,n)$ 确定了函数 $f(x,y)$ 在尺度 j_0 上的近似；系数 $W_\phi^j(j,m,n)$ 表示在 $j\geqslant j_0$ 附近的水平、垂直和对角方向上的细节。一般令 $j_0=0$ 并选择 $N=M=2^j$，$j=0，1，2，\cdots，j-1$ 和 m，$n=0，1，2，\cdots，2^j-1$。

$f(x,y)$ 离散小波反变换为

$$f(x,y)=\frac{1}{\sqrt{MN}}\sum_m\sum_n W_\phi(j_0,m,n)\phi_{j_0,m,n}(x,y) + \frac{1}{\sqrt{MN}}\sum_{i=H,V,D}\sum_{j=j_0}^{\infty}\sum_m\sum_n W_\psi^j(j,m,n)\psi_{j,m,n}^i(x,y) \tag{9.3.17}$$

二维离散小波变换可用数字滤液器和抽样来实现。二维离散小波变换要用到一个二维尺度函数 $\phi(x,y)$ 和三个二维小波函数 $\psi^H(x,y)$，$\psi^V(x,y)$ 和 $\psi^D(x,y)$，并且这些函

数都是可分离的函数，即一个二维函数 $\phi(x, y)$，如 $\phi(x, y)$ 可表达为 $\phi(x)$ $\phi(y)$。这些分离后的一维尺度函数 ϕ 和一维小波函数两两相乘的组合中，剔除产生的一维结果（如 $\phi(x)$ $\varphi(y)$ 和 $\phi(y)$ $\varphi(y)$），尚剩可分离的尺度函数 $\phi(x, y)$，$\phi(x, y)=\phi(y)$ $\phi(y)$，以及三个可分离的方向敏感小波函数 $\psi^H(x, y)$，$\psi^V(x, y)$ 和 $\psi^D(x, y)$

$$\psi^H(x,y)=\psi(x)\psi(y) \tag{9.3.18}$$

$$\psi^V(x,y)=\psi(y)\psi(x) \tag{9.3.19}$$

$$\psi^D(x,y)=\psi(x)\psi(y) \tag{9.3.20}$$

这些小波度量函数会随着图像的不同方向发生变化：ψ^H 沿着列的方向变化（目标的水平边缘），ψ^V 沿着行的方向变化（垂直边缘），而 ψ^D 则沿着对角线方向变化。方向敏感性是上列公式产生的可分离性的自然结果。

9.3.4.4　二维图像的小波分解与重建

（1）二维图像的小波分解（正变换）

设有一景 $N\times N$ 的图像 $f(x, y)$，函数下标系指尺度，n 是 z 的幂。对 $j=0$，原始图像的尺度 $2^j=2^0=1$，此处 j 表示分辨率的参数，而不是尺度。j 在数值上每次增大都使尺度加倍，分辨率降半。图像 $f(x, y)$ 依据二维小波变换按照下列方式进行扩展。变换的每一层，图像都被分解成四个四分之一大小的子图像，这用图 9.3.1 表示。四个子图像中的每一个都由原图像与一个小波基图像内积后，再在 x 和 y 方向都进行二倍的间隔采样而生成的。对于第一层（$j=1$），子图像与小波基图像的内积表达式为

$$f_2^0(m,n)=\langle f_1(x,y),\phi(x-2m,y-2n)\rangle \tag{9.3.21}$$

$$f_2^1(m,n)=\langle f_1(x,y),\psi^1(x-2m,y-2n)\rangle \tag{9.3.22}$$

$$f_2^2(m,n)=\langle f_1(x,y),\psi^2(x-2m,y-2n)\rangle \tag{9.3.23}$$

$$f_2^3(m,n)=\langle f_1(x,y),\psi^3(x-2m,y-2n)\rangle \tag{9.3.24}$$

对于后续的层次（$j>1$），$f_{2^j}^0(x, y)$ 都以完全相同的方法进行分解，形成四个在尺度 2^{j+1} 上的范围更小的图像，还可以有下一个层次，其结果如图 9.3.1 所示。

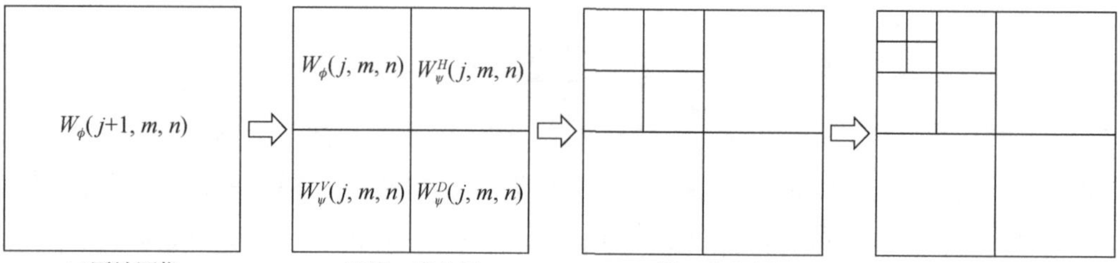

(a)原始图像　(b)第一步分解　(c)第二步分解　(d)第三步分解

图 9.3.1　二维图像的小波分解

若将内积形式写成卷积形式，则有

$$f_{2^{j+1}}^0(m,n)=\{[f_{2^j}^0(x,y)\times\phi(-x,-y)](2m,2n)\} \tag{9.3.25}$$

$$f_{2^{j+1}}^1(m,n)=\{[f_{2^j}^0(x,y)\times\psi^1(-x,-y)](2m,2n)\} \tag{9.3.26}$$

$$f_{2^{j+1}}^2(m,n)=\{[f_{2^j}^0(x,y)\times\psi^2(-x,-y)](2m,2n)\} \tag{9.3.27}$$

$$f^3_{2^{j+1}}(m,n)=\{[f^0_{2^j}(x,y)\times\psi^3(-x,-y)](2m,2n)\} \tag{9.3.28}$$

由于尺度函数 $\phi(x,\ y)$ 和小波函数 $\psi(x,\ y)$ 都是可分离的函数，每一卷积都可分解成能在 $f^0_{2^j}$ 的行与列上的一维卷积进行计算，并且在每一层次都进行四个间隔相等的抽样卷积滤波计算。如在第一层，先用 h_0（$-x$）和 h_1（$-x$）分别与图像 f_1（x，y）的每行作卷积并舍去奇数列（最左列为第 0 列）。接着用 $N\times\left(\frac{N}{2}\right)$ 阵列的每列和 h_0（$-x$）与 h_1（$-x$）作卷积运算并舍去奇数行（最上一行为第 0 行），所得结果便是该层变换所要求的 4 个 $\left(\frac{N}{2}\right)\times\left(\frac{N}{2}\right)$ 的数组。图 9. 3. 2 表达了这个离散小波变换的图像分解过程。

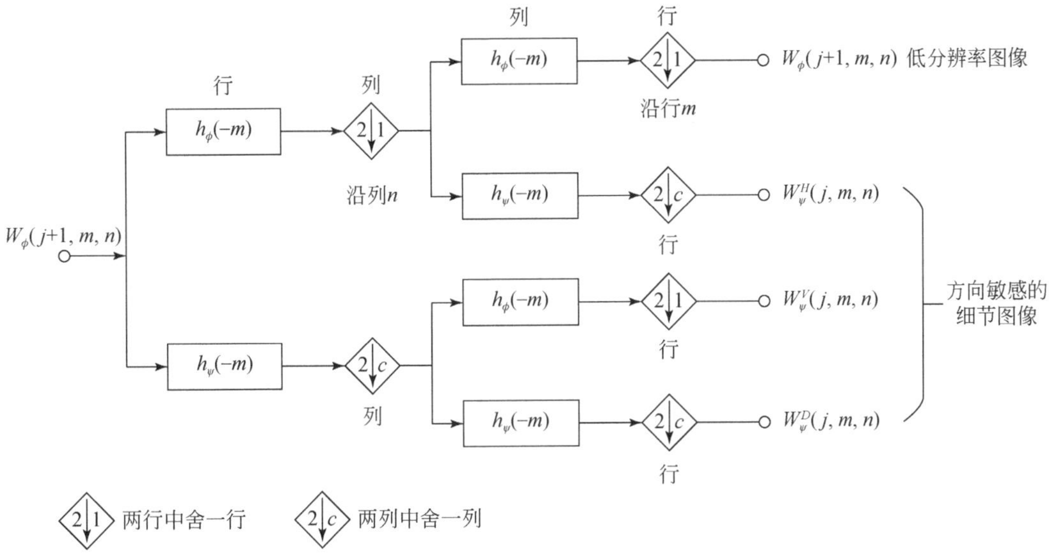

图 9. 3. 2　二维离散小波分解示意图

(2) 二维图像的离散小波变换时图像重建（逆变换）

重建过程可用图 9. 3. 3 来表示，它与上述图像分解互为逆过程，可用类似的方法和过程来实现。现以最后一级（层）为例，需要通过每一列左边插补一列零元素来增频采样前一级的四个阵列，并用 $h_0(x)$ 或 $h_1(x)$ 来与各行进行卷积运算再成对地将这几个 $\frac{N}{2}\times N$ 的阵列加起来，然后通过逐行插补一行零元素使两个阵列的大小增频采样为 $N\times N$，接着用 $h_0(x)$ 和 $h_1(x)$ 与该两阵列的每列进行卷积，整个过程如图 9. 3. 3 所示。两个阵列的和便是这一层次重建结果。

9. 3. 5　小波变换用于图像融合

9. 3. 5. 1　标准小波融合法

小波变换可将一幅图像拆解为一分辨率较低和一组方向性敏感的图族，这一多分辨率

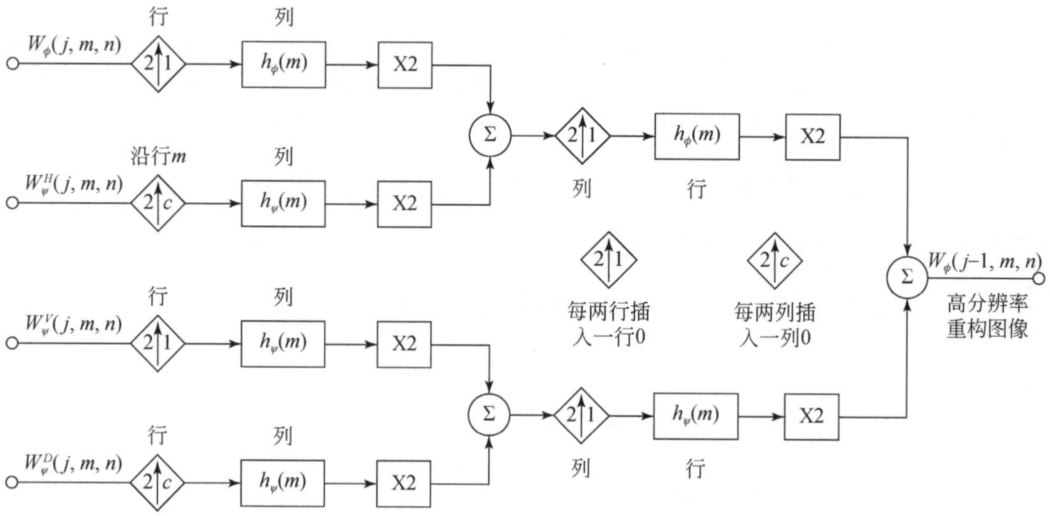

图 9.3.3 二维离散小波重构示意图

分析功能非常适合于遥感影像信号的分析。遥感影像经小波变换后生成一组相关分辨率的影像，每个小波面的系数在零值附近摆动，绝对值较大的系数与影像中边缘特征相对应，因而很容易发现小波面系数与原影像内容在空域和频域两方面的对应关系。小波变换融合法的基本构想就是，将高分辨率影像进行小波分解得到一组小波面并把它叠加到低分辨率影像上以提高多光谱影像的空间分辨率，同时还保留了多光谱影像的光谱信息，达到两全其美的处理目标。标准的或称经典的小波变换融合法可通过下列三个步骤实现：

1）将配准了的陆地卫星影像 TM 与 SPOT-PAN 影像分别进行小波变换，获得各自的低频影像和方向性敏感的纹理细节图像；小波变换前，TM 影像需按 SPOT-PAN 重采样并将两者进行几何配准，图像二维尺度 $M\times N$ 必须是 2 的整数幂，覆盖相同的地域范围；

2）以陆地卫星 TM 的低频图像替换 SPOT-PAN 的低频图像，其目的是尽可能保存地面目标的多光谱信息；

3）将替换后的 TM 低频图像和 SPOT-PAN 的方向敏感的细节图像施行小波逆变换，从而获得融合的结果图像。

标准的小波变换，其卷积核为一带通滤波器具有高通和低通滤波的功效，用 TM 影像的低频影像去替换 SPOT-PAN 低频影像施行小波变换之反变换，其结果一定会造成 TM 影像原有信息的丢失。尤其当 TM 和 SPOT-PAN 成像时间相隔太长时，时过境迁，两者像元亮度值会显著不同，融合的结果必然引起 TM 光谱信息的扭曲，甚至还会造成噪声出现。针对标准小波融合法存在的缺陷，还发展了其他改进的小波变换融合法。

9.3.5.2 改进的标准小波变换融合法

针对标准小波变换融合结果存在的问题，可在同一地区的 TM 影像和 SPOT-PAN 影像严格几何配准的条件下，选择 TM 影像的三个波段（如 TM-4,3,2 或 TM-7,4,3）先进行直方图统计，再将 SPOT-PAN 影像按上述三个直方图进行匹配，对匹配好的 SPOT-PAN 影像分别记为 S-P-1，S-P-2 和 S-P-3。在此基础上，按下述步骤进行融合处理。

1）分别对已匹配的 S-P-1，S-P-2 和 S-P-3 图像进行小波分解，产生三组分辨率为 20m 的低频和三个方向敏感的图像；

2）将三个波段的 TM 影像分别与上述小波变换生成的低频影像进行配准，采样后产生分辨率为 20m 的 TM 影像，并用这 20m 分辨率影像替换对应的 SPOT-PAN 变换后生成的低频影像；

3）用替换的 20m 分辨率影像与相应的小波变换生成的三个方向敏感影像进行小波变换的逆变换，最终 TM 获得融合结果影像。

这样看来，改进的这种融合方法应有多种组合可供选择，因而也会有不同的效果。

9.3.5.3 多进制小波变换融合

多进制小波在对称性、紧致性和光滑性上都优于二进制小波。图像经多进制小波变换，被分解成一幅低频子图像和多达 9 幅的高频子图像，为图像融合结果的选择提供了更多的可能性。多进制小波变换融合的处理方法步骤与改进的标准小波变换法融合相当一致。假定选同一地区的 TM 多波段图像（设定为 TM-4，TM-3，TM-2 三个波段）和 SPOT-PAN 图像进行多进制小波变换融合，并对它们进行几何纠正和配准，在此基础上，进行图像多进制小波变换融合。

1）先对 TM 三个波段图像进行直方图统计，让 SPOT-PAN 图像分别按 TM 三个直方图进行正配，并相应记为 SPOT-PAN-1，SPOT-PAN-2 和 SPOT-PAN-3；

2）接着对 SPOT-PAN-1，SPOT-PAN-2 和 SPOT-PAN-3 分别进行多进制小波变换，获得三组分辨率减半的子图像，每一组都是由一幅低频子图像和九幅高频子图像构成；

3）在严格配准条件下，将 30m 分辨率的 TM 三个波段图像采样为 20m 分辨率并用以替换相应的小波变换后的低频子图像。

4）将上述用于替换的三个波段 20m 分辨率的 TM 图像分别与相应的三组小波变换的高频分量子图像（每组 9 个）一起进行多进制小波变换的逆变换，最终获得融合结果图像。

9.3.5.4 基于二进小波变换与 IHS 变换的耦联叠加融合

不管是小波变换融合还是 IHS 变换融合都存在一个共同的问题，即这种融合作用都会造成多波段图像的光谱退化现象。耦联叠加融合法将小波变换的多分辨率分析功能与彩色空间变换科学而合理地结合起来，做到融合后的影像既保留了原高分辨图像的空间信息，又保持了多波段图像的原有的光谱信息，较好地达到了两全其美的目标。仍选择多光谱（TM-4，TM-3 和 TM-2）以及 SPOT-PAN 图像为例，那么叠加融合的具体步骤如下：

1）在 TM 影像和 SPOT-PAN 影像严格几何纠正和配准的前提下，对它们进行直方图匹配，以减少成像的时间差异对融合结果的影响；

2）对 SPOT-PAN 影像进行 mallat 小波变换，分解层数一般采用 3 ~ 5 层，记为 $\sum W_{\phi,\varphi}$；同时在 TM 影像的 IHS 变换后，对其亮度分量 I 亦进行小波变换（分解），其结果记为 T^{∇}，并将这两个小波变换的结果，按高频、低频对应叠加，记为 $T^{\nabla}+\sum W_{\phi,\varphi}$；

3）对上述叠加结果进行小波变换的逆变换，产生新的变量分量 I；

4）由 I，H 和 S 组成新的彩色空间，对其进行 IHS 反变换，返回到 RGB 显示空间，获得叠加融合的结果图像（$R^0+G^0+B^0$）。

上述叠加法融合过程用图 9.3.4 来表示。

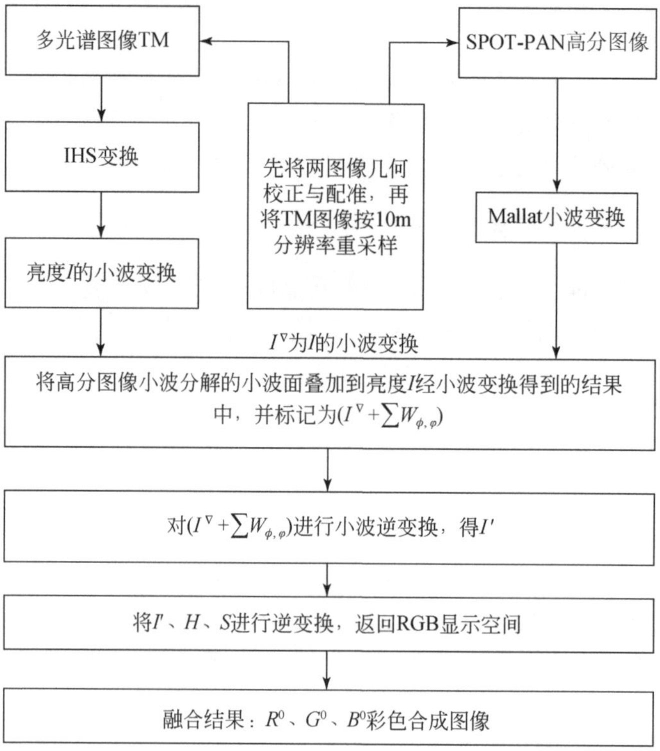

图 9.3.4　小波变换叠加法图像融合流程框图

小波变换是一种信息守恒型的变换，变换前后的信息量维持不变。可是在正变换过程中，小波基长度则调节着不同频率的信息在低频图像和高频图形中的分配比例，而融合结果图像反应的正是小波变换实际上从 TM 影像和 SPOT-PAN 影像中提取的信息比例构成。因此，根据应用目的的不同，应选择不同的小波基长度进行融合处理，以获得有关研究对象的最佳的信息表征。

9.3.6　图像融合结果的定量评价

本节介绍了多种遥感数据的融合算法，应该说它们的融合效果各有千秋，但哪一种更好一些呢，这就需要有一种评价优劣的指标体系，最好还应该有实际例子供人比较。

9.3.6.1　图像数据融合的评价指标

图像信息熵是衡量图像信息丰富程度的一种指标，计算方差矩阵行列式也是从熵的概念出发的。如果图像数据服从多维正态分布，在无偏估计下，熵是行列式的递增数。可用行列式值代替熵值来对波段组合效果进行评断，行列式值越大，则表示信息越丰富。单波段图像信息表达为

$$E = \sum_{i=0}^{255} P(i)\log P(i) \tag{9.3.29}$$

式中，$P(i)$ 为图像像元灰度值取值为 i 时的概率。

如果处理的是 n 个波段图像，则定义图像信息联合熵 E_{1-n}

$$E_{1-n} = \sum_{0}^{255} P_{1-n}(i)\ \log P_{1-n}(i) \tag{9.3.30}$$

9.3.6.2 用图像像元灰度值的统计量来评价各种融合算法

可使用的统计量有方差（或标准偏差）、协方差矩阵行列式，以及单波段图像元素光谱扭曲度 $D_0=\dfrac{1}{D}$，其中

$$D = \frac{1}{n}\sum_{i}\sum_{j}|V'_{i,j} - V_{i,j}| \tag{9.3.31}$$

式中，D 称为光谱扭曲值，其倒数称光谱扭曲度 D_0，n 为图像像元总数，$V_{i,j}$ 和 $V'_{i,j}$ 分别为融合前（即原图像）后图像坐标（i，j）点上的像元灰度值。

为便于评价和比较，特选择同一地区的陆地卫星 TM 三个波段和 SPOT-PAN 图像作为实验图像，分别用叠加融合法、标准小波变换法 WT、IHS 变换法、主成分 PCA 变换法和高通滤波法 HPF 对试验图像进行图像融合处理和相应的评价指标计算，其结果列表 9.3.1。

表 9.3.1 TM 和 SPOT-PAN 图像五种融合算法的效果评价指标统计

融合方法	波段	均值	熵	标准偏差	光谱扭曲度	协方差矩阵行列式
叠加融合法	WTM3	140.21	2.89	58.99	0.256	201050.8
	WTM4	124.98	2.97	59.46	0.238	
	WTM5	135.28	3.01	59.21	0.278	
WT 法	WTM3	137.59	2.75	58.23	0.556	159620.0
	WTM4	139.86	2.69	56.99	0.526	
	WTM5	140.65	2.74	57.28	0.435	
IHS 变换	TM3	123.3	2.68	56.94	0.592	149364
	TM4	133.65	2.67	47.36	0.633	
	TM5	140.33	2.65	56.48	0.943	
PCA 变换	TM3	125.14	2.66	45.74	1.163	102995.7
	TM4	124.32	2.62	52.86	1.266	
	TM5	127.31	2.59	42.61	1.053	

续表

融合方法	波段	均值	熵	标准偏差	光谱扭曲度	协方差矩阵行列式
HPF 法	TM3	129.32	2.4	34.33	1.852	71025.2
	TM4	139.92	2.51	36.58	1.961	
	TM5	146.55	2.53	42.1	1.471	
经配准的原始图像	TM3	109.88	2.41	32.01	0.000	33613.2
	TM4	109.77	2.43	34.54	0.000	
	TM5	117.49	2.38	30.37	0.000	

资料来源：李静，2000

纵览表 9.3.1，不论采用哪种图像融合算法，五种方法融合后的图像信息熵方差、协方差矩阵行列式的数值都较原始图像有显著增加，达到了信息富集表示的目标，其中又以叠加融合法为最。从光谱扭曲度看，也以叠加融合法为最小，说明叠加融合法能较好地保持原始 TM 图像的光谱信息。这是因为，小波变换相当于一个含高通和低通功能的双频滤波器（或称之为一种带通滤波器），融合作用只是将 SPOT-PAN 图像的高频分量合理地融合到 TM 的各个波段中，产生的光谱变化是由高频分量造成的。小波变换产生的诸小波面（或称之为子图像）在图像处理中使用起来灵活高效、科学而合理，可用于实现多种图像处理功能，如图像编码与压缩，图像的边缘信息增强和提取等。

9.4 多源遥感影像数据的时空融合

9.4.1 涉及的科学难题

在当今技术条件下，在太阳同步轨道运行的遥感卫星平台，其多光谱传感器一直按照两种成像模式来获取地表环境信息：一是追求高时频（一日内一至二次）覆盖全球，空间分辨率一般为 200 ~ 1000m；二是追求高空间分辨率（10 ~ 30m），重访周期一般需 16 ~ 18d。前者可快速宏观地实现对全球环境的掌控，而后者则可对局部地区的情况有精细的了解。我们不妨把这两种获取地表数据的模式看作两种不同的互斥事件。从应用角度上看，这二者之间存在着信息互补的潜力，可这是人们可遇而不可求的事情。几十年来，遥感科学家一直没人敢去想象能否将两个互斥事件获取的数据变成互补的信息这个科学难题。随着人们对掌握事物发展变化精细程度的提高和遥感应用拓展上的需要，特别是为了获取地表目标，如植物/作物的季相/物候信息，亟须融合不同时相和空间分辨率的多种卫星遥感数据，以更准确地捕捉到目标性状的年际或季相/物候变化在空间格局和/时序上演化的特征信息，来进行植物/作物长势监测和产量预报。

另外，随着遥感研究在理论上的深入和相应的技术上的进步，传感器也在不断升级换代，仪器的性能指标跟着发生变化。面对这些变化，更加重了时空数据融合处理上的困难。但是，不同传感器时空数据优势互补融合的潜在可能性和它在应用上的美妙前景产生的诱惑力却与时俱增，它们都在激发着遥感科学家为之一搏。高峰是敢于挑战这个难题的首位科学家，他给出了解决这一问题的科学途径和相应算法——STARFM。

9.4.2 时空自适应时空数据融合算法

STARFM 是 Gao 等（2006）基于同一地区的 Landsat-ETM+和 MODIS 遥感影像来推求 30m 的像元空间分辨率的逐日地表反射的时空自适应融合算法。它远远不同于 HSV 变换、主成分分析和小波变换等传统图像融合方法，这些方法都是基于空间域的不同分辨率影像来增强影像几何的或光谱的特征，而 STARFM 则是用来融合具有丰富的地表目标细节的高空间分辨率影像和能反映地表目标动态变化过程的高时间分辨率影像的算法。虽然原来该算法是以融合 500m 的 MODIS 逐日数据和 30m 分辨率的 Landsat-ETM+的 16 天重访周期的地表反射数据所进行的方法检验，但该方法原型也适用于其他类似传感器在地表目标的非瞬时突变一类的影像数据融合预测上。不言而喻，它还可以用于像元的精细分解，提高图像的分类精度。

STARFM 算法架构的基本方略是利用两个不同传感器对于相同地区的地表同一目标在相同波段的地表反射率一致性原理，搜寻待预测像元邻域内光谱相似的代表性像元，通过对有效的代表性像元加权耦合去估计传感器间的系统误差，来融合高空间分辨率地表细节特征和待预测日期的高时间分辨率观测中蕴含的变化信息，从而获得待预测的 30m 空间分辨率像元的地表反射的估算。不同传感器参与融合的数据均是经过地图投影变换、辐射定标和大气纠正的地表反射率遥感影像。它首先将粗分辨率影像经过重投影和重采样至高空间分辨率尺度，其后续处理流程包括如图 9.4.1 所示的四个步骤。

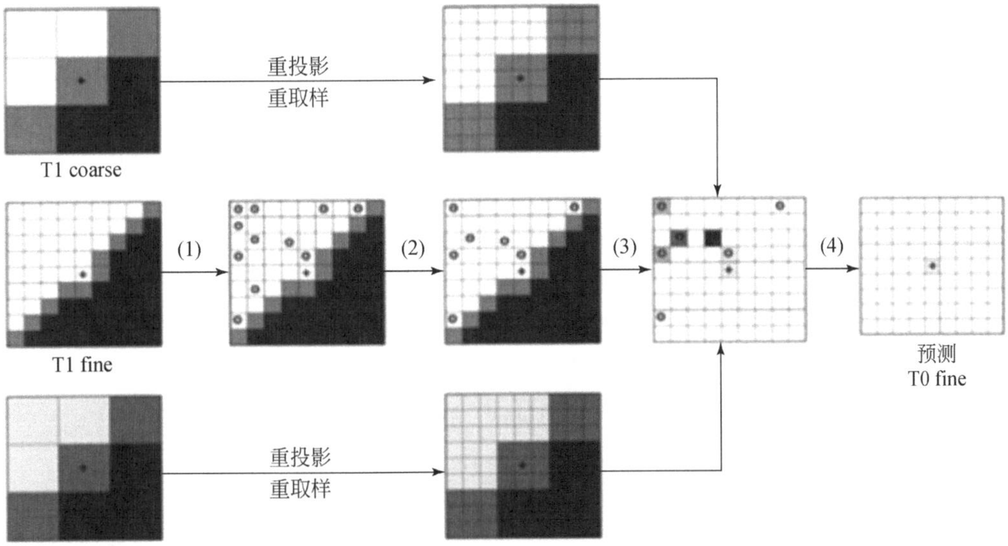

图 9.4.1　STARFM 算法流程示意图

资料来源：Gao et al.，2006

第一步是利用精细分辨率“T1 fine”影像（如 Landsat-ETM+），根据不同地物的光谱差异性，在图示滑动窗口中搜索出与中心像元（$x_{\omega/2}$，$y_{\omega/2}$）（十字标识）特性相似的像元（空心圆）；第二步则根据所融合数据产品像元级质量评价参数（QA）、两尺度光谱（T1 coarse 与 T1 fine）和时相差异，对搜寻到的像元进行甄别、筛选，来剔除质量差和突变性像元，以确保融合了具有代表性的高质量像元信息；第三步就是根据所选高质量像元在精细和粗分辨率两种尺度观测中对于预测中心像元的光谱贡献能力确定量化权重值 W_{ijk}；第四步是将同期观测影像对与待预测日期粗分辨率影像（t_0 coarse）通过融合模型［式(9.4.1)］来预测中心像元在日期 t_0 的地表反射。

$$L(x_{\omega/2},y_{\omega/2},t_0)=\sum_{i=1}^{\omega}\sum_{j=1}^{\omega}\sum_{k=1}^{n}W_{ijk}\times[M(x_i,y_i,t_0)+L(x_i,y_i,t_k)-M(x_i,y_i,t_k))\quad(9.4.1)$$

式中，ω 为滑动窗口大小，i 和 j 分别为滑窗内像元行列号，（$x_{\omega/2}$，$y_{\omega/2}$）为滑窗中心像元位置；t_k 为 LandsatETM+观测和 MODIS 观测的成像日期，t_0 为据 16 天周期内 MODIS 观测系列所推算出的相应虚拟的 Landsat-ETM+成像日期；W_{ijk}为滑窗内第 k 对影像有效像元（i，j）的权重。

9.4.3 时空自适应时空融合模型验证示例

为了检验 STARFM 融合算法的效果，Gao 等（2006）在北美的北方暗针叶林地区南部（54°N，104°W）选择了 36×36km^2 范围作为试验示范区。该地区地表植被主要由云杉、松、杨树组成，尚分布少许沼泽和其他零星沼泽植物。总体上讲区内森林郁闭度高，由于生长季短，从 4 月下旬到 9 月底，在 MODIS 和 Landsat-ETM+图像上植被都展现出明显的季节变化（图 9.4.2）。图 9.4.2 的第一行分别为 4 个时相的 MODIS 图像（2001 年 5 月 24 日，2001 年 7 月 11 日，2001 年 8 月 12 日，2001 年 9 月 29 日）；第二行为相同时相的 ETM+图像，这上下两行在列向上互成图像对，两者在光谱总体特征上基本一致，但在 ETM+图像上地物的细节要清晰的多；第三行是同一年另 4 个时相的 MODIS 图像（2001 年 6 月 4 日，2001 年 8 月 25 日，2001 年 9 月 17 日，2001 年 9 月 24 日），而第四行则是根据 STARFM 模型算法，融合第三行四个时相数据后预测（或称科学幻化）产生的 30M 分辨率图像。这种方法融合出的图像既保留了 MODIS 原来的高时频优势，还具备了 ETM+高空间分辨率的特色。图 9.4.2 都是按照标准假彩色方案合成的图像。用这种时空融合方法可以实现加密植物的季相变化或作物物候变化监测的图像数据时间序列，较之于单纯的 MODIS 或 ETM+图像能更多地了解植被季节变化过程和对作物则能更准确地把握其物候期，这也为其他地表过程研究工作提供了潜在的时间序列数据源。

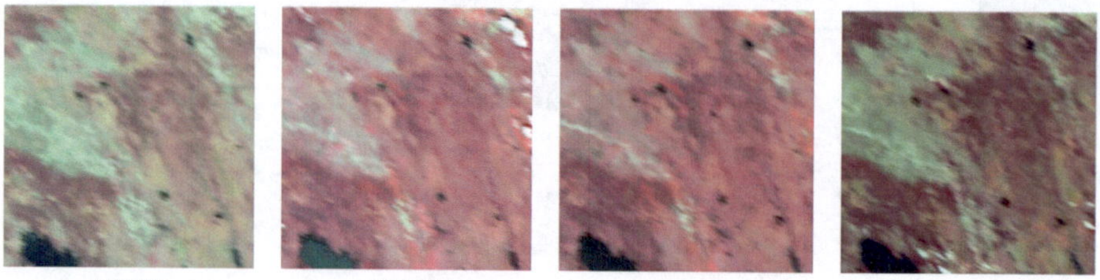

5/24/01 7/11/01 8/12/01 9/29/01

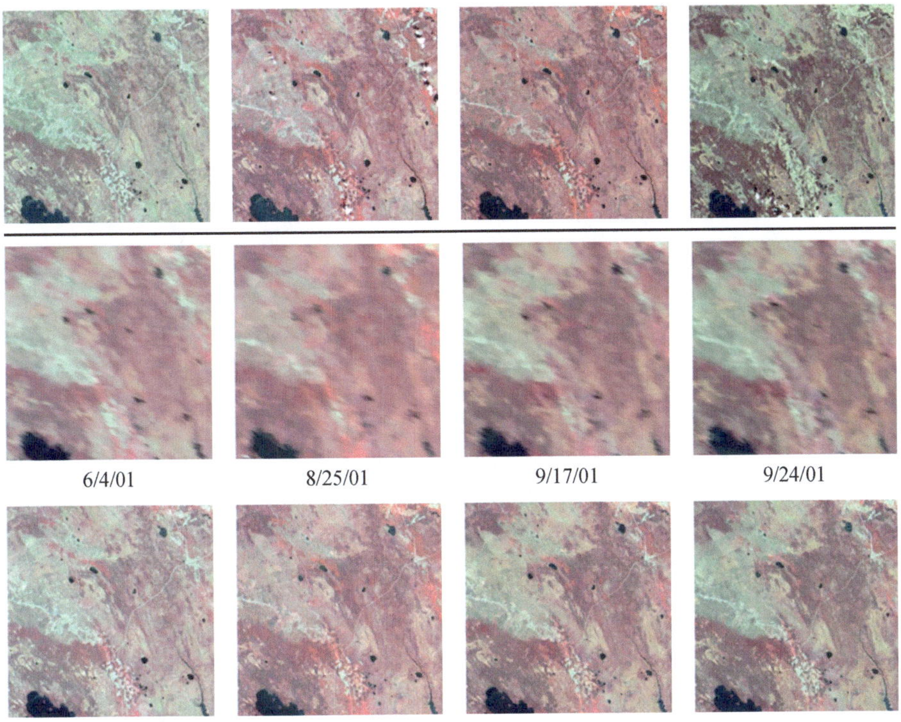

图 9.4.2 STARFM 融合算法示例

注：根据 2001 年 5 月 24 日、7 月 11 日、8 月 12 日和 9 月 29 日 MODIS（第一行）和 Landsat（第二行）36km×36km 范围内影像对，融合 6 月 4 日、8 月 25 日、9 月 17 日和 9 月 24 日 MODIS 观测数据（第三行），预测出的 30m 地表反射的标准假彩色合成图（第四行）

资料来源：Gao et al.，2006

9.5 尺度效应与尺度转换

众所周知，在自然和社会科学研究中，均存在大量与尺度相关的问题。McCarthy（1957）早在 1957 年就提出在地理学研究中，不同尺度下某一现象的机理可能完全不同，某一个尺度上研究得出的结论可能不能直接应用于其他尺度，在某一个尺度上所发现的规律在其他尺度上可能并不适用。物理学中经典的牛顿力学理论就是一个典型的尺度问题，即在宏观世界建立的经典的牛顿力学理论只适用于宏观世界而不适用于微观世界。

20 世纪发展起来的遥感技术为局部、区域乃至全球尺度上地表要素的测量和估算提供了全新、革命性的手段，使得信息的获取从传统的“点”测量向“面”测量飞跃。遥感技术能够实时快速地获取大范围的地球表层空间信息，为资源调查、环境监测、灾害预报等提供了有效的技术支持。利用先进的遥感技术能够迅速、准确、高效、全面地获取地学信息，为地学研究提供了有力的数据保障。毫无疑问，遥感技术将在地学研究领域发挥越来越广泛的作用。然而，随着对遥感信息的可靠性和稳定性要求的提高，尺度问题日益凸显出来，尺度效应、尺度转换问题的存在已经限制了遥感科学及其应用的发展，制约了遥感反演精度的提高，成为遥感研究中亟待解决的热点问题之一。"美国地理遥感之父"Simonett 教授在 20 世纪 70 年代末期就指出"尺度问题"是遥感科学的核心问题。1993 年，在法国召开的热红外遥感尺度问题国际会议，学界认为尺度问题是对地观测的首要挑战，此后，尺度效应的重要性才逐步被人们所认识，关于尺度效应的研究逐渐增多。

9.5.1 尺度效应及其成因

尺度效应指的是不同尺度的地表特征参数所表现出的差异，或者过程在不同尺度上表现出的不同特征。例如，TM 估算的农田面积显著不同于 AVHRR 估算的农田面积，这种差别随地区的不同而不同，缺乏规律性。其主要原因是观测的参数或者过程对尺度的依赖，即这些参数和过程会随尺度发生变化。现实世界中，大部分的地理现象都表现出尺度效应。例如，在某一观测尺度下表现为异质的结构要素，在另一观测尺度就有可能表现为同质。物理定律和遥感反演算法具有高度尺度依赖性，不同尺度下的遥感反演模型可能相同，相似或者截然不同。这取决于不同尺度下，对于过程或者事件行为的驱动力和机理的理解。简言之，正是由于尺度效应的存在，使得不同尺度观测数据和遥感反演产品不具有可比性，不同尺度遥感反演模型也不能够混用，因此尺度效应问题成为遥感科学发展的瓶颈。

尺度效应问题的产生主要有如下两个原因：一方面，大多数的遥感反演模型都是通过分析特定波长处传感器测量值同实际地表特征参数之间的关系而建立起来的。也就是说这些模型通常都只适合于像元尺度很小，地表下垫面可以理解为近似均一的情况。但是在实际应用中，从卫星上获取到的数据多数都是混合像元，不加任何改正就使用这些模型有可能因为尺度的改变而带来较大的误差，造成遥感数据难以解释和使用。遥感观测的尺度问题导致了 95% 的海量遥感数据无法有效利用，遥感应用难以在已有水平上再上新的台阶。另一方面，与人类息息相关的地学信息以及相应的应用都具有区域尺度的概念，例如天气预报，环境监测，农作物长势和产量估算，灾情评估，植被、土壤类型和地质构造调查等都是在一定的尺度上进行的。对这些事物发生、发展过程的表述也具有一定的尺度，例如从小块农田计算出的土壤含水量不一定能用于大范围的农业干旱监测。尺度的选择会影响到研究成果的科学性和实用性。研究表明，倘若简单以点代面，LAI 反演的误差可能高达 250%。故而，观测尺度、模型尺度与地表过程尺度之间的差异，可能会造成对事物发生和发展过程的监测、预报结论截然不同。

9.5.2 尺度转换概念

尺度转换（scaling）是指跨越不同尺度的辨识、推断、预测或演绎。就尺度转换的方向而言，尺度转换包括尺度上推（upscaling）和尺度下推（downscaling）两个截然不同的过程，如图 9.5.1 所示。

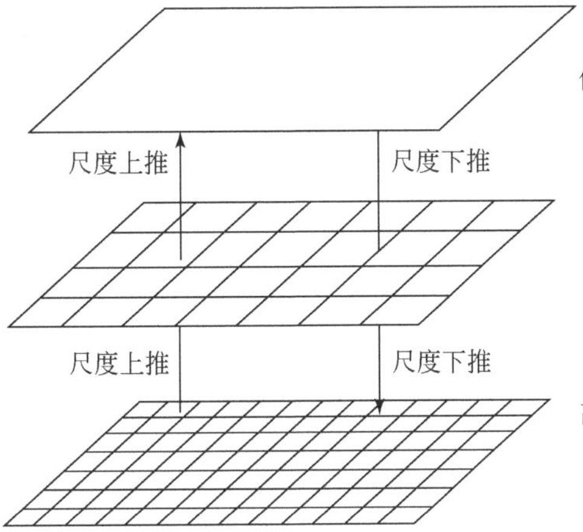

图 9.5.1　尺度上推和尺度下推示意图

尺度上推是将精细尺度上的观察、试验以及模拟结果外推到较大尺度的过程，它是对信息的综合；反之，尺度下推是将大尺度上的观测、模拟结果延拓至局部小尺度上的过程，它是对信息的重新细化。一般而言，尺度转换不能无限度地进行，同时需要考虑参数在地学以及物理上的意义，例如将 5m 分辨率上的坡度值上推至 1km 分辨率上，此时的坡度值就已失去原有的物理意义，只具有形式上的数学意义。

地表的异质性，导致像元尺度遥感反演的地表参数面临着尺度效应问题，即需要尺度上推来消除导致的尺度效应，提高遥感反演的精度。相较而言，尺度下推的目的主要是为了增加遥感产品的时空分辨率。考虑到提高遥感反演精度是目前遥感领域迫切需要解决的主要问题之一，因此这里谈及的尺度转换更多涉及的是尺度上推的问题。

尺度上推是对观测或者反演信息的综合，不能武断地认为尺度上推导致的尺度效应是简单的数学问题。严格地讲尺度效应是物理因素导致，以数学形式表现出来，因此尺度效应的产生需要从物理角度出发考虑，应用不同数学手段来定量的分析评价。为了更好的阐述遥感反演尺度效应产生的原因，首先需要以空间尺度上推和像元聚合过程作为切入口，探讨不同尺度遥感数据源反演的地表特征参数之间的关系，进而分析造成空间尺度效应的主要因素，并在此基础上搭建一个开展尺度转换研究的技术框架，为后续尺度转换的研究奠定科学基础。

为了探讨造成空间尺度效应的关键性因素，需要全面分析遥感反演产品（地表特征参数）在不同尺度下的关系，如图 9.5.2 所示。

假设 a 代表了小尺度（高分辨率）卫星单个像元所对应的地表区域，r 为该像元各个波段对应的遥感数据观测值。A 代表大尺度（低分辨率）卫星单个像元所对应的地表区域。通过小尺度的反演模型 f，可以得到小尺度的遥感反演产品，即地表特征参数 p。根据不同尺度下能量守恒或者物质不灭定律，分别将小尺度遥感观测数据 r 和遥感反演产品 p 进行尺度上推，得到大尺度 A 下对应的遥感观测数据和遥感反演产品 $\langle P\rangle_1$。将大尺度 A 下对应的遥感观测数据通过小尺度的反演模型 f，可以得到大尺度对应的遥感反演产品 $\langle P\rangle_2$。由此可见，在从小尺度到大尺度的遥感反演过程中，存在两条截然不同的路径。路径选择

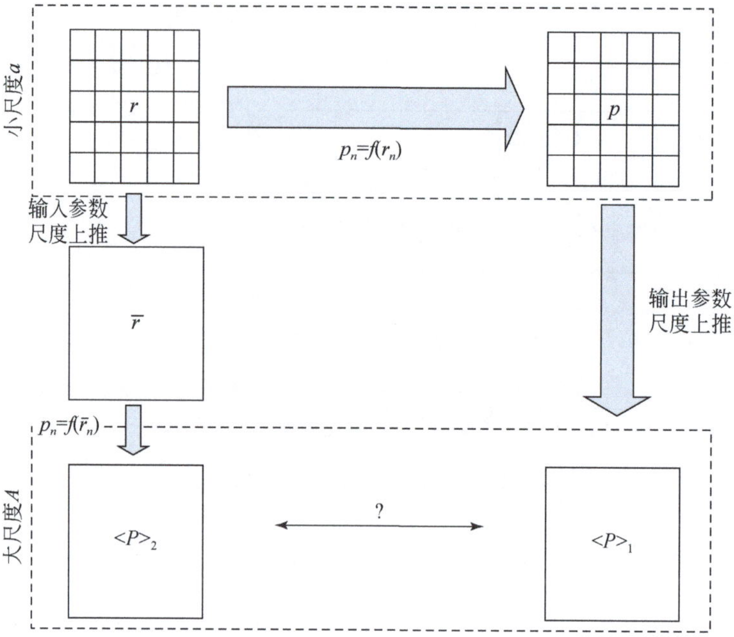

图 9.5.2 遥感反演产品（地表特征参数）在不同尺度下的关系示意图

的不同，就会造成遥感反演产品之间存在差异，即尺度效应。据此，尺度转换和尺度效应的主要研究重点将集中在遥感反演产品$<P>_1$和$<P>_2$之间的数量异同关系，并在此基础上建立相应的尺度转换模型。

然而针对尺度转换问题的研究方法不能一概而论，需要根据研究区域的具体情况分别进行研究。首先，复杂地类区，顾名思义，即由两种及以上不同类型地表类型覆盖的区域。大多数反演模型都是在小尺度上建立的，且假定该尺度上地表均一同质，然而当反演模型直接应用于不同分辨率的遥感数据时，地表的异质性将导致不可估量的尺度误差，严重影响遥感产品的质量和可信度。针对复杂地类区，地表尺度转换模型的构建需要考虑组分比例的变化。其次，复杂地形区，即地势不平坦的起伏区域。由于起伏地形将对遥感信号产生影响，相比平坦地区，需将地形起伏所导致的输入参数的地形校正（如反射率）引入到地表尺度转换方法中。

9.5.3 普适性尺度转换方法

尺度转换问题的复杂性、影响因素的综合性和变异性等，使人们难以完全清楚地了解并掌握其变化规律，成为多年来研究的热点与难点。一般而言，对特定尺度下地表特征参数的遥感反演研究较多，而不同尺度之间的转化研究较少；针对某一具体特征参数的尺度转换研究较多，普适性的尺度转换研究较少；尺度上推研究较多，尺度下推研究较少。在遥感发展的最初阶段，尺度转换主要采用常规扩展法，即通过统计分析和经验回归的方法来进行遥感信息的尺度转换。根据小尺度上的采样数据或观测数据，通过简单加权实现小尺度到大尺度的转换。例如，通过若干个气象台站的气象观测数据，按一定的准则，选择合适的权重，将点上获取到的气象观测数据扩展到面上。又例如，在农田估产中，基于数理统计回归分析，通过在不同尺度的数据之间建立函数关系来完成由局部的点到整个面的转换。这种尺度扩展方法是从数据本身出发，不需要对反演的物理机制有明确认识，在某些机理不十分明确情况下可以简单实现遥感信息的尺度转换。它的缺点也显而易见，不能脱离小尺度数据，需要事先实测或者反演获取小尺度感兴趣的地表特征参数，然后才能根据能量、物质不灭来实现小尺度到大尺度的尺度转换。当地表参数不能够简单线性加权时，这种方法的劣势就将显露出来。

考虑到这个原因，众多学者开始采用数学手段，在小尺度和大尺度像元信息同时获取的基础上，定量的分析尺度效应，建立具有一定数学物理基础的普适性尺度转换模型，普适性尺度转换模型主要目的是建立小尺度先反演后聚合（$<P>_1$）与先聚合后反演（$<P>_2$）的产品之间的关系和联系，给出两者差异的解析表达式，通过直接对遥感反演产品进行尺度效应改正来达到遥感反演产品的尺度不变性，最终使得地表关键特征参数直接采用大尺度数据反演的大尺度产品与小尺度先反演后聚合的产品保持一致。当前，比较有代表性的普适性尺度转换方法包括泰勒级数展开法和计算几何法。

9.5.3.1　泰勒级数展开法

Becker 等（1995）首先采用泰勒级数展开法，对不同尺度下的等效温度和比辐射率进行了重新定义，将大尺度的比辐射率表示为组分比辐射率加权平均，将大尺度的等效温度表示为普朗克函数非线性及比辐射率非均匀性的综合。根据 Becker 的研究，可以将反演模型进行抽象，将这个思路用于其他地表参数的尺度转换，构建基于泰勒级数展开的普适性尺度转换模型。

（1）单一变量

这里先以一维反演函数为例，对单变量输入参数的普适性尺度转换模型进行建模。假设遥感反演函数抽象表示为 f，小尺度遥感反演的地表特征参数 $p=f(r)$，其中 r 为反演模型的输入变量。首先，假设遥感反演函数 f 连续可导，那么小尺度遥感反演的地表特征参数 $p=f(r)$ 可以近似地用泰勒级数展开，忽略掉三阶及三阶以上各项，对于任意的遥感输入参数 $r(x, y)$ 有

$$p=f[r(x,y)]=f(<R>_2)+[r(x,y)-<R>_2]\left.\frac{\partial f}{\partial p}\right|_{<R>_2} +\frac{1}{2}[r(x,y)-<R>_2]^2\left.\frac{\partial^2 f}{\partial r^2}\right|_{r*} \tag{9.5.1}$$

式中，$r*$ 是 $r(x, y)$ 的函数，由于忽略掉了高阶项，所以 $r*\neq\bar{r}$。利用公式（9.5.1）对整个区域 A 进行积分，则可得到小尺度直接聚合到大尺度的地表特征值 $<P>_1$，即

$$<P>_1=\frac{1}{A}\int p\mathrm{d}A=\frac{1}{A}\int f[r(x,y)]\mathrm{d}A=\underbrace{\frac{1}{A}\int f(\bar{r})\mathrm{d}A}_{\text{第一项}} +\underbrace{\frac{1}{A}\int[r(x,y)-\bar{r}]\left.\frac{\partial f}{\partial r}\right|_{\bar{r}}\mathrm{d}A}_{\text{第二项}}$$

$$+\underbrace{\frac{1}{2A}\iint\left\{[r(x,y)-\bar{r}]^2\frac{\partial^2 f}{\partial r^2}\bigg|_{r*}\right\}\mathrm{d}A}_{\text{第三项}} \tag{9.5.2}$$

如果在大尺度，继续沿用小尺度的遥感反演函数，那么公式（9.5.2）最右边第一项即为集总式尺度上推获取的地表特征参数参数值$<P>_2=f(\bar{r})$；第二项为0，第三项为分布式尺度上推和集总式尺度上推的差值ΔP。经过对公式（9.5.2）进一步整理有

$$<P>_1=<P>_2+\Delta P\approx<P>_2+\frac{1}{2}f''^{\frac{1}{N}\sum\limits_{A}(r_i-\bar{r})^2} \tag{9.5.3}$$

对上式进一步简化变形有：

$$<P>_1-<P>_2\approx\frac{1}{2A}\iint\left\{[r(x,y)-\bar{r}]^2\frac{\partial^2 f}{\partial r^2}\bigg|_{r*}\right\}\mathrm{d}A=\frac{1}{2}kV \tag{9.5.4}$$

式中，$k=f''$，$V=\frac{1}{A}\iint[r(x,y)-\bar{r}]^2\mathrm{d}A$。

这里$r*$为空间域D中的某个特定值，近似可取$r*\approx\bar{r}$。参数k表征出了模型的非线性程度，如果函数模型是连续的，而且处处都可导，那么这项就可从模型中直接获取，但是由于$r*$不能准确的获取到，因此当反演模型f的非线性程度较大时，这种近似就会带来较大的误差。从公式（9.5.4）中可以发现，当模型函数f为线性时，其二阶导数为0，在这种情况下，$<P>_1$等于$<P>_2$。参数V表示了区域A内遥感观测数据r的非均一程度，如果区域A内各点遥感观测数据r均相等，$<P>_1$也等于$<P>_2$，即尺度转换前后不存在尺度效应。公式（9.5.4）明确的给出了单一下垫面尺度效应的决定因素，当反演模型为线性或者观测数据均一时，遥感反演没有尺度效应。

（2）多变量情况

通常而言，地表参数的遥感反演模型比较复杂，并不是只包含了一个输入变量，而是包含了多个参数变量，例如传感器多个通道或者多个角度的观测值。在这种情况下，这些观测值将组成一个向量$r(x,y)=[r_1(x,y),r_2(x,y),\cdots,r_n(x,y)]$，相应的，公式（9.5.4）就转变成更一般的形式

$$\begin{aligned}<P>_1-<P>_2&=\frac{1}{2}\sum_{i=1}^{N}\sum_{j=1}^{N}kV\\&=\frac{1}{2}\sum_{i=1}^{N}\sum_{j=1}^{N}\frac{\partial^2 f}{\partial r_i\partial r_j}\bigg|_{r*}*\frac{1}{A}\int_A[r_i(x,y)-\overline{r_i}][r_j(x,y)-\overline{r_j}]\mathrm{d}A\end{aligned} \tag{9.5.5}$$

当输入的向量$r(x,y)=[r_1(x,y),r_2(x,y)]$为二维（$n=2$）的时候，$<P>_1$和$<P>_2$的差异可由下式计算出来

$$<P>_1-<P>_2=\frac{1}{2}\begin{bmatrix}\frac{1}{A}\int_A[r_1(x,y)-\overline{r_1}]^2\mathrm{d}A\frac{\partial^2 f}{\partial {r_1}^2}\bigg|_{\overline{r_1}}+\\\frac{1}{A}\int_A[r_2(x,y)-\overline{r_2}]^2\mathrm{d}A\frac{\partial^2 f}{\partial {r_2}^2}\bigg|_{\overline{r_2}}+\\\frac{2}{A}\int_A[r_1(x,y)-\overline{r_1}][r_2(x,y)-\overline{r_2}]\mathrm{d}A\frac{\partial^2 f}{\partial r_1\partial r_2}\bigg|_{\bar{r}}\end{bmatrix} \tag{9.5.6}$$

其中，等式右边的最后一项包含了输入参数 r_1 和 r_2 的协方差。与单变量的泰勒展开式不同，函数的非线性程度和地表参数的不均一程度是隐含地体现在等式中的，等式右边的三项合在一起的效果才能解释其对反演产品的尺度影响。

通过对单变量和多变量遥感反演产品尺度效应的泰勒级数展开分析可以知道，两种不同尺度之间反演的地表参数值的关系总以公式（9.5.4）和式（9.5.6）的形式存在，也就是说：直接使用小尺度的数据 r 反演地表参数 p，然后根据某一特定的规则在这个区域进行综合得到 $\langle P\rangle_1$，同直接使用大尺度数据 $\bar{r}$ 反演的地表参数 $\langle P\rangle_2$ 之间的差异可以用反演模型的非线性程度和输入参数的非均一性（方差和协方差）来表示。

至此，针对单一地表而言可以相应的建立如下尺度转换模型

$$\Re(\bar{r}) = f(\bar{r}) + \frac{1}{2}kV \tag{9.5.7}$$

通过泰勒级数展开的数学方法，能够轻易地把握遥感反演模型的非线性和输入参数的非均一性对遥感反演产品尺度效应的贡献程度，有利于抓住遥感反演产品尺度效应中的决定因素。

很明显，对于复杂地类区，下垫面由两个或者多个单一地类所构成，因此借助组分比例信息，可以发展复杂地类区的地表普适性尺度转换概念模型。同样，以单变量的遥感反演过程为例，假设小尺度像元 a 内部均一，相应的遥感观测量为 r，遥感反演产品为 p。若干个非同质小尺度像元组成一个大尺度像元 A，即大尺度像元非均一，相应的遥感观测量为 $\overline{r_0}$。大尺度的非均一像元由 i 种不同属性的下垫面构成，第 i 种下垫面在大尺度像元中所占的组分比例为 w_i，遥感观测均值和方差分别为 $\overline{r_i}$ 和 v_i，遥感反演产品为 $\overline{p_i}$，而对应的遥感反演模型为 f_i，其中每个遥感反演函数都连续且可导。那么对于该混合的大尺度像元而言，有

$$\sum f(r) = \sum p = \sum w_i \overline{p_i} \tag{9.5.8}$$

结合式（9.5.7）和式（9.5.8），有

$$\Re(\bar{r}) \approx \sum w_i \overline{p_i} = \sum w_i [f_i(\overline{r_i}) + \frac{1}{2}f''_i(\overline{r_i})\, v_i] \tag{9.5.9}$$

式中，w_i 是第 i 种下垫面在大尺度像元中所占的组分比例；$\overline{p_i}$ 是采用第 i 种下垫面遥感反演模型 f_i 反演的产品均值，$\overline{r_i}$ 和 v_i 是第 i 种下垫面遥感观测均值和方差。上式是从理论上严格推导出的复杂地类地表普适性尺度转换概念模型，但是这里遥感观测均值 $\overline{r_i}$ 和方差 v_i 仍旧不容易直接得到，根据先验知识是否完备，有不同的处理方式。如果每一种地类 i 的观测均值和方差无法获取，则只能损失尺度转换精度，不考虑地类间均值和方差的差异，用整个像元的观测均值和方差作为普适性尺度转换概念模型的输入。

随后，众多研究学者开始采用泰勒级数展开法研究遥感反演的地表特征参数的尺度效应和尺度转换规律。目前，他们已经对归一化植被指数 NDVI、叶面积指数 LAI、地表温度、短波反射辐射与长波发射辐射、显热和潜热的尺度转换问题进行了深入探讨研究。结果表明，在具有小尺度数据支撑的情况下，它能很好的进行不同尺度的“面”到“面”之间的信息转换。例如在不同尺度的多源遥感数据综合利用过程中，可以借助已有的小尺度数据，统计大尺度亚像元范围内数据的方差和协方差，实现不同尺度之间的尺度转换。

虽然泰勒级数展开法算法简单，原理明了，但由于泰勒级数的展开需要满足特定的条件，如反演函数连续可导，故而它的应用还是受到了很多限制。当非线性程度较大时，泰勒级数展开法中的近似假设也会造成较大的误差。

9.5.3.2　计算几何法

计算几何模型是基于几何学中凸集的概念而提出来的。这里有必要先介绍一下几何学中跟凸集相关的概念。

凸集：如果一个集合 D 是个凸集，那么这个集合 D 中的任意两点 p 和 q 的连线将完全包含在集合 D 中，如图9.5.3（凸集和非凸集示意图）所示。如果一个集合为非凸集，那么至少就存在两点 p 和 q，这两点的连线会部分地超出这个集合。

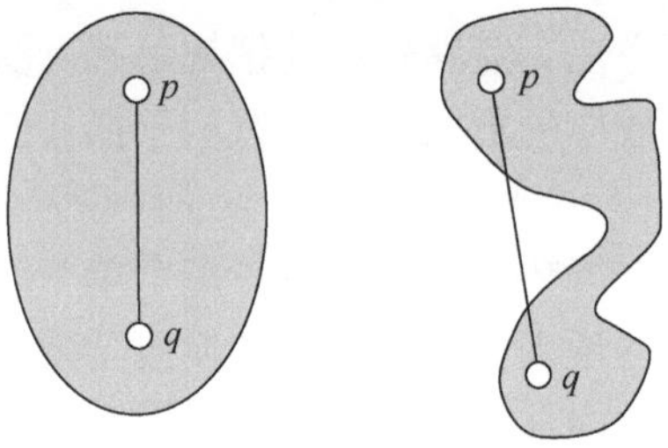

图9.5.3　凸集和非凸集示意图

包络壳（convex hull）：一系列点 S 可以构成多个集合，而这些点的包络壳就是包含所有点 S 的最小凸集 E，如图9.5.4所示。如果用形象的话语来描述一个包络壳，那么包络壳就可以被认为是一个弹性的绳子，先用绳子包裹住所有的点，然后拉紧绳子，使绳子的周长最小，此时的绳子就可以被认为是这些点的包络壳。

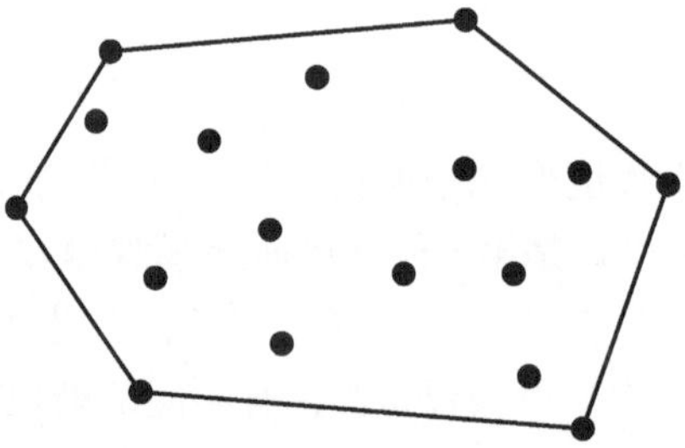

图9.5.4　一系列点 S 的包络壳 E 示意图

计算几何尺度转换模型的关键就是在遥感测量值 $r_1(x, y)$，$r_2(x, y)$，…，$r_n(x, y)$ 的分布状况未知的情况下估计出反演值的凸集。对于低分辨率（大尺度）的数据而言，整个区域 A 直接对应于传感器的瞬时视场，测量值$\bar{r}$：$\bar{r}_1$，…，$\bar{r}_n$是一次观测所得。而对于高分辨率（小尺度）的数据而言，其瞬时视场只对应于整个区域 A 内的一小部分 a。如果区域 A 包含了 $x\times y$ 个子区域 a，那么区域 A 内就有 $x\times y\times n$ 个小尺度的独立测量值 $r(x, y)$。这些独立测量值 $r(x, y)$ 的分布状况可以是任意的，这由区域 A 的内在特点所决定。即使我们知道了大尺度的测量数据$\bar{r}$：$\bar{r}_1$，…，$\bar{r}_n$，我们仍旧无法推导出对应小尺度下独立测量值 $r(x, y)$ 的分布状态。正是这个原因，使得在尺度转换过程中，如果预先不知道独立测量值 $r(x, y)$ 的概率分布，就会导致尺度转换愈发困难。

计算几何尺度转换模型正是针对上述问题而提出来的，它重点放在了衡量低分辨率数据（大尺度）替代高分辨率数据（小尺度）进行地表参数反演可能带来的误差值大小，即建立先反演后聚合（$<P>_1$）与先聚合后反演（$<P>_2$）之间的差异。计算几何尺度转换模型只能将独立测量值 $r(x, y)$ 所有的分布情况都考虑在内，以此来探索$<P>_1$ 的范围。很自然的，计算几何尺度转换模型引入了凸集的概念。

根据计算几何学中的凸包理论，Raffy（1992）指出无论地表测量值 $r_1(x, y)$，$r_2(x, y)$，…，$r_n(x, y)$ 在空间域 D 内如何分布，下列的公式恒成立

$$<P>_1 \in [f_{\vee}(\bar{r}), f^{\wedge}(\bar{r})] \tag{9.5.10}$$

式中，f 为小尺度上建立的反演函数，$\bar{r}$是大尺度像元对应的测量数据均值，$\bar{r} \in D$，$f_{\vee}$ 是反演函数在空间域所对应的下包络线，$f^{\wedge}$ 是反演函数在空间域所对应的上包络线。

由此可见，无论地表观测值如何分布，$<P>_1$ 值总是在上包络线$f^{\wedge}(\bar{r})$ 和下包络线$f_{\vee}(\bar{r})$ 所确定的范围内变化，那么$f^{\wedge}(\bar{r}) - f_{\vee}(\bar{r})$ 必将是尺度转换的最大误差值。上下包络线的确定依赖于反演函数的类型以及空间域的范围，定义域是简单通过植被指数值的分布来确定的，因此空间异质性越大，定义域也就越宽。

尺度转换应用关键在于上下包络线函数的确定，以连续和不连续两种类型的反演函数为例，对应的凸包以及上、下包络线示意图如图 9.5.5 所示。

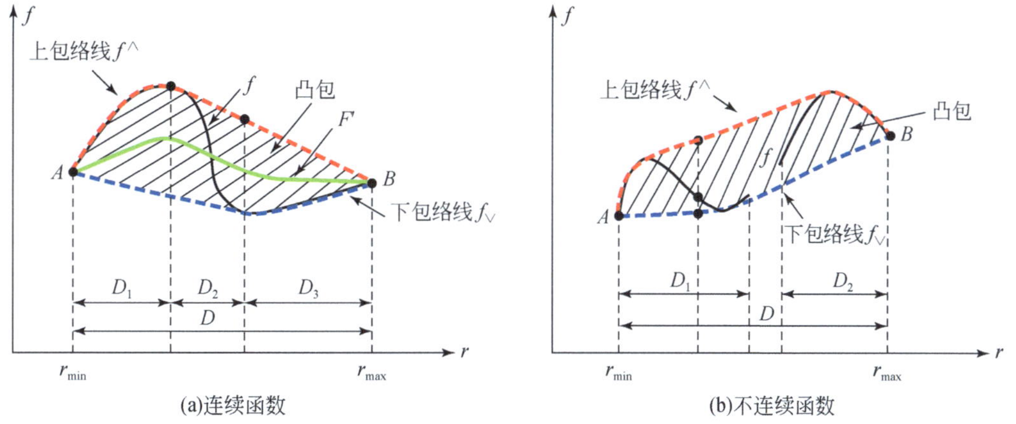

图 9.5.5　连续与非连续反演函数的凸包以及上下包络线示意图

图 9.5.5 中，空间域 $D = [r_{min}, r_{max}]$；$f^{\wedge}$、$f_{\vee}$ 分别代表反演函数的上下包络线函数，可以从反演函数求得，上包络线$f^{\wedge}$可以看出是一条有弹性的曲线从上面把反演函数包裹起来，而下包络线$f_{\vee}$则是从下方把函数包裹起来；虚线区域代表反演函数所构成的凸包，表示根据 r_1（x，y），r_2（x，y），…，r_n（x，y）的分布对应的所有可能的反演值，上、下包络线通常是由观测值的空间域范围决定。如图 9.5.5（a）所示，当 $r \in D_1$ 时，$f^{\wedge} = f$，此时上包络线与反演函数曲线重合；当 $r \in (D_1 \cup D_2)$ 时，下包络线$f_{\vee}$可表示为线性函数；

当 $r \in (D_2 \cup D_3)$ 时，上包络线 $f^{\wedge}$ 也可表示为线性函数；当 $r \in D_3$ 时，$f_{\vee} = f$，此时下包络线与反演函数曲线重合。图 9.5.5（b）所示，D_1 和 D_2 分别为不连续函数分别对应的空间域。正如图中所示，无论反演函数是连续还是非连续的都可建立对应的上下包络线函数用于尺度转换。

由于不管独立测量值 $r(x, y)$ 的概率如何分布，$\langle P \rangle_1$ 总是在上包络线 $f^{\wedge}$ 和下包络线 $f_{\vee}$ 所确定的范围内变化，我们可以利用函数边界模型，即上下包络线之差 $f^{\wedge}(\bar{r}) - f_{\vee}(\bar{r})$ 来近似地估计 $\langle P \rangle_1$ 和 $\langle P \rangle_2$ 之间的最大差值。考虑一般性的情况，为了使尺度转换的误差平均而言较小，相应地，建立的尺度转换模型如下

$$\Re(\bar{r}) = \frac{1}{2}[f_{\vee}(\bar{r}) + f^{\wedge}(\bar{r})] \tag{9.5.11}$$

同泰勒级数展开模型一样，函数模型 f 为线性或者地表参数均一的时候，尺度转换前后无差异，不存在尺度效应。即当模型 f 为线性时，$f \equiv f^{\wedge} \equiv f_{\vee}$，在这种情况下，$\langle P \rangle_1$ 等于 $\langle P \rangle_2$；当变量 $r(x, y)$ 为均一时，空间域 D 变为一个点，此时仍旧满足 $f \equiv f^{\wedge} \equiv f_{\vee}$，同样地 $\langle P \rangle_1$ 等于 $\langle P \rangle_2$。虽然不能明确的将函数模型 f 的非线性程度和地表参数的非均一性同计算几何尺度转换模型直接挂钩，但是尺度转换模型仍旧从侧面反映出了两者对尺度转换的综合影响。

通过对凸集和非凸集理论的分析，我们知道通过适当的转换，可以将非凸集以凸集的方式表示出来，因此利用计算几何模型的最大优势在于它适用于各种函数模型，无论函数是否连续，且可以不考虑独立测量值的分布情况。另外，函数的非线性程度对于计算几何尺度转换模型的建立没有任何影响，同泰勒级数尺度转换模型不同，计算几何尺度转换模型也适合于非线性程度很大的情况。相对而言，计算几何尺度转换模型比泰勒级数展开模型应用的范围更广。但是计算几何模型仍旧包含若干缺点，由于计算几何模型是依据上下包络线而建立的，因此该模型是对尺度转换值的近似估计。此外，该模型需要求出给定函数的上下包络线，对于维数（变量）众多的函数而言，包络线的求取需要大量的计算时间和特殊的优化算法。最后，值得注意的是，当空间域 D 的范围给定的越小，尺度转换的最大误差 $\Delta_{max} = f^{\wedge}(\bar{r}) - f_{\vee}(\bar{r})$ 也就越小，使用计算几何尺度转换模型计算的尺度转换值也就越精确。因此，如果预先获取到地表独立测量值的先验知识（大致取值范围）越多，那么尺度转换的精度也就越高。

然而，有研究表明，在某些特殊情况下，采用包络线的均值来进行尺度转换的效果并不理想，校正精度低，这很可能是未考虑样区地表参数的实际分布情况，仅假设其为均匀分布造成的，因此计算几何法后续还需考虑地表参数的实际分布，而不能简单将上下包络线的权重设置为等权重。

第 四 篇

遥感图像识别是遥感解译的基础环节，承担着从图像信息感知到语义理解的关键转换任务，也是实现分类制图、资源调查与环境分析等应用的核心技术支撑。它通过识别地物的光谱特征、几何形态与空间分布关系，提取有意义的地表信息，为后续的定量分析与综合判断奠定基础，在自然资源管理、生态监测、地质灾害识别等领域发挥着不可替代的作用。

本篇（第 10～14 章）系统阐述了图像识别与分类的基本理论与方法，涵盖视觉识别与模式识别的概念、特征及其互补关系。内容从判读人员的经验出发，详述目标的空间尺度、形状、阴影、灰度、色彩、纹理等判读要素，突出了人工解译在多源遥感信息理解中的独特价值。

在此基础上，进一步介绍了包括监督分类、非监督分类及专家系统在内的多种图像分类方法，重点分析了图像分辨率、波段组合及辅助数据对分类精度的影响，展示了图像识别技术在自然资源调查、土地利用监测和地质灾害分析中的应用能力。

总体而言，本篇围绕图像识别要素提取、分类体系构建与多源融合策略，构建了完整的技术链条，兼顾理论深度与工程适应性，为遥感影像的目标识别与语义分类提供了坚实支撑，具有重要的实践与参考价值。

第 10 章　图像识别

在前几章介绍了各种图像增强算法之后，接着安排图像识别——视觉识别（判读）一章应是顺理成章之事，可起到承上启下的作用。一般在遥感书籍中，已鲜见这样的内容，那么图像增强中讲了那么多内容，岂不是无的放矢？John A. Richards 直到 2013 年在他的著作中仍坚持认为，在实际应用中，人工判读是现阶段首选的分析方法。说到承上启下的作用，视觉识别规则和经验在专家系统分类中知识的表达和从解释推理规则到得出判断结论，在聚类分类方法中的等混合距离分类初始聚类中心的确定、类的分裂和合并时机的选择，都会得到充分体现。

图像识别是个比较广义的词藻，本书约定，对卫星遥感图像的人工识别称作图像识别或视觉识别，也叫目视解译。判别的主要根据是图像中的判读要素和判读人员的经验、知识、专业背景等；用计算机对多波段遥感图像的目标（主要为群体目标）识别则称为模式识别，在遥感领域它有一个专门名词——图像分类，是计算机对像元逐个进行判别的。所谓模式，是指多波段遥感图像像元的一组测量值（亮度值），也叫模式向量或像元向量，也即一个像元按行列放置的各波段灰度值（DN 值）。因此，图像识别包含了人工视觉识别（判读）和计算机模式识别两部分内容。它们间是一种互补的关系，而不是互斥的事件。

10.1　视觉识别概述

视觉识别技术在许多领域中展现出广泛的应用价值。在农业中，它可用于土地利用制图、荒地调查、作物生长监测与估产以及病虫害监测；在林业中，用于森林植被清查、材积估测、采伐更新监测、火场早期预警、林火灾害损失评估和森林病虫害的监测。在土地管理方面，视觉识别有助于农田保护规划、城市扩展与土地利用监控以及违法用地的监测；在交通运输领域，它支持交通网络规划和道路、铁路选线。在水利方面的应用包括流域规划、库坝选址、旱情监测、洪水淹没调查、损失评估以及跨流域调水。城市环境与管理方面，可用于污染源与垃圾填埋场清查、不透水地面与城市水患调查、城市规划与交通管理。在地质与自然灾害领域，视觉识别用于地质构造制图、油气田靶区圈定、滑坡与泥石流监测、沙尘暴源监测等；在气象灾害方面，用于台风路径监测、天气预报、风暴潮、城市热岛和热浪监测。在突发事件中，它帮助识别空难残骸、人员搜救、沉船与海难搜救、地震和海啸监测及损失评估等；军事应用上，则支持识别军事伪装、洞库、武器调动路径及重要设施布防。尽管计算机视觉技术飞速发展，但人类在推理与判断的速度方面仍具备显著优势，特别是在单体目标较大、形状规则或空间尺度大的场景中，或在需要快速、准确的判别时，人工视觉识别依然是首选。

10.2 视觉识别的准备

遥感图像是应用研究目标信息的载体，因而选择好供视觉识别用的图像是工作成败的关键一步。所谓合适图像是指能满足判读要求的图像，实际上要获得这样的图像也十分困难。不同的行业专业对遥感图像品质特征的要求相差很大，这可从成像传感器的波段设置、分辨率、重访周期、像幅大小、成像时间、成像季节以及图像处理中所选择的功能和显示方式进行考虑。如要进行森林植被调查制图，最希望有近期的初春季节卫星过境时的成像。此时不同种类的树木，由于复苏时间不同，叶片所含花青素、叶绿素各异，呈现出色彩斑斓的景象，可从图像中捕捉到更多的林木差异的信息，十分有利于森林制图。可是初春时如遇阴雨连绵，卫星无法成像，等到天空放晴时卫星早已过境，时过境迁，错过了最佳成像时期，再到下一个成像日，往往已过了半个月，色素变化期已过，再等又得一年了。特别是对于一些突发事件，如空难、沉船海难发生时，最好能找到恰在灾难发生时过境的卫星成像，可是哪又能那么巧呢?

各个人工视觉识别工作都有自己的服务对象和目标。在确定了专题应用目标之后，从多波段遥感图像中选择供判读使用的彩色显示波段组合，以及他们所具有的空间分辨率，就成为需要考虑的最重要的事情。

鉴于对大气窗口区反射和发射波谱研究，各国科学家对传感器波段设置的认识达到了空前的统一，从而导致了各国多波段传感器在光谱划分上的高度趋同。这就是在可见光的蓝、绿、红光范围各设置一个波段，且蓝波段波长左端止于 0.45μm，以避免大气散射和吸收的影响，绿波段则覆盖了绿色植被产生的反射峰，红光波段右端止于 0.69μm，来避开植被反射的交叉效应。在近红外（0.76 ~ 1.10μm）波段，一般仅设一个波段，就能提供丰富的植被状况信息。上述四个波段构成了遥感中传感器的经典设置，第一可以还原天然真彩色，第二可以生成标准假彩色，以用于植被及土地覆盖制图。反射红外（3.0 ~ 6.0μm）一般仅设一个波段，用于热源（如钢铁厂、热电站排水）和明火（如森林火、草原火）的监测。因此，为视觉识别服务的传感器波段设置原则可归结为两点：一是要所设波段对目标的呈现反应最灵敏，可提供最为丰富可靠的信息；二是选择的彩色显示波段组合最有利于识别和区分不同的目标，为判读结果提供尽可能高的精度。这就要求供判读用的彩色合成影像既能提供有关目标的丰富的光谱信息，又能提供较高的空间几何信息。而讲到几何信息，就不得不考虑图像的像元空间分辨率。针对视觉识别上的应用，我们可进一步将多光谱图像的空间分辨率（IFOV）做一细分。像元线度与各类空间分辨率的分级对应关系列于表 10.2.1。

表 10.2.1　分辨率按像元线度大小的分类

像元线度/m	--1000--→	←--500--→	←--100--→	←--10--→	←--1--→	←-<1--→
分辨率	粗分	低分	中低分	中分	高分	精分

应当指出，对遥感影像像元的空间分辨率做以上划分是个权宜之计，以期在全书行文

中有关空间分辨率的叙述里有个参照标准，避免前后说法上的矛盾。况且，这种分类法不是一成不变的，它会随着传感器的感应元器件的灵敏度提高和信号的动态范围扩大，从而造成更高分辨率图像的出现而重新划分。

高分辨率卫星遥感图像的优势在于它可为目标识别提供更为精细的信息。在瞬时视场确定的情况下，要提高图像像元的空间分辨率，唯一可能途径是扩展成像波段的带宽，从而使缩小了的视场内产生更强的来自地表的信号，以保证获得足够的信噪比和信号的动态范围，这直接催生了全色波段的产生，并且通过含有全色波段的传感器侧摆成像而产生了立体像对，以用于生成 DEM，这种一举两得做法，使法国科学家一下子迈了两大步，是个令人叹服的智慧之举。这也进一步引导了不同分辨率图像数据融合方法的发展，在图像处理和显示中又多了一项选择的内容。

如果从成像时间、成像季节来考虑供判读图像，可将地物分为两类，第一类地物是随季节变化的目标，如植被和冰雪分布状况。对于植被则主要看植物叶片色素转变期以及叶片含水量变化等，它们与季节有关；而对于农作物，还要掌握农事历和物候期。在选择图像成像时间时，最好选择春秋季。第二类地物状态与季节无关，如裸岩、荒漠、城市、道路等，如对它们进行判读制图，时间可选择冬季。对地质制图，亦应避开植物生长旺盛季节，也应选择冬季，以有利于岩石与构造的识别。

总之，在确定了应用领域的某个应用目标后，关键的一步是选择好能反映目标信息的特征波段，并配上合适的波段组合（包括主分量及各种融合后的图像数据）进行彩色显示，以使目标更醒目、突出，从而有利于视觉识别。如果经费允许，不排除同时选用更高一级分辨率图像，以提高判读精度，这在变化检测应用中尤显重要。

各应用领域对使用的卫星图像波段、分辨率、成像时间和季节、处理和显示方法要求各异，现列表来给予说明（表 10.2.2）。

一个国家往往需要定期的做国土资源与环境清查，比如十年一次，这就要求卫星遥感数据的提供要有连续性。现今，有能力提供连续数据的也只有美国的 Landsat-TM 系列数据（自 1982 年 7 月 14 日起），法国 SPOT-HRV、HRVIR 系列数据，印度 NRSA-IRS 系列数据（1988 年 3 月 17 日起），以及中国–巴西地球资源卫星（CBERS）数据。这些遥感数据的空间分辨率大多落在表 10.2.1 中的中分辨率档次，即从 5m、10m、20 ~ 30m，个别的全色波段为 2.5m，已经进入高分辨率范围了。前两者适合做 1∶100000 ~ 1∶50000 专题图，而后者满足 1∶500000 ~ 1∶200000 专题制图之需要。

除了遥感图像，还需结合其他必要的辅助资料，如地形图以及土地覆盖与土地利用图。中分辨率图像因具备数据连续性且满足资源与环境清查制图需求，适合制作 1∶10000 ~ 1∶50000 的专题图。因此，1∶50000、1∶100000 和 1∶200000 的地形图需配套使用；其中 1∶50000地形图用于图像的几何精纠正，而 1∶100000 和 1∶200000 地形图则作为视觉识别的几何定位底图，以确保最终制图中的地物定位精度。在遥感图像的应用中，土地覆盖和土地利用制图是视觉识别的最常用且首要的应用，因为这类图反映了人们对地区地表特征及其经济利用价值的总体认识，并且是其他应用领域的基础或重要参考。

一般来说，进行土地覆盖和土地利用的视觉识别和制图，不仅需要相应比例尺的地形图，还需具备该地区的耕作制度、种植习惯、农事历、物候期、自然地理背景数据，以及

表 10.2.2　不同应用领域视觉识别对遥感图像性能和处理方式的要求

项目	农业	林业	城市环境	土地变化监测	水利	交通运输	地质及其灾害	气象	军事	突发事件
选用传感器图像及分辨率	NOAA-AVHRR，MODIS，ETM，EO-1，Hyperion	IKONOS，TM，ETM，激光雷达	SPOT-5，Landsat-7/8，QuickBird，HJ	SPOT-5，TM，ETM，IKONOS，EO-1 ALI	RADSAT，SPOT-7，ETM+，AVHRR	SPOT-5，TM，ETM，IKONOS	ETM，SPOT-7，QuickBird，GF-6	NOAA-AVHRR，MODIS，FY，GOES	SPOT-5，IKONOS，GF，ETM+	GF-6，无人机，SPOT-5，IKONOS
图像处理方法选择	K-L 变换，一般增强处理，数据融合	一般增强处理，波段值相除以消除阴影 K-L 变换	在精几何纠正下的相应信息提取算法	严格的辐射和几何纠正，变化检测算法	一般几何纠正，增强处理	几何精纠正，增强处理	K-L 变换，增强处理	按专业要求来确定信息提取方法	几何精纠正，边缘增强处理，标准假彩色合成	一般增强处理
成像时间与季节	多时相，主要物候期	春夏之交，色素变化期	冬、初春（城市），春、秋（环境）	多时相，秋末至初春	春季和夏季	冬季	冬季（地质），灾害发生时段	多时相	冬春季或特殊需要时	当灾害发生时期（之后）
精度要求	较高	较高	高	精、准	快、及时，一般精度	较高	较高	跟踪，快，一般要求	严格，高精度	快，高精度
行业内最宜应用方向	作物长势监测，作物估产，病虫害监测	森林资源清查，林火与虫害监测，材积估算	污染源，填埋场清查，城市水患与城市规划管理	城市扩展与土地利用监测，违法用地监控	库坝选址，旱情监测，洪水淹没损失评估	交通运输规则，铁路、公路选线选址	地质构造制图，油气田靶区圈定，地质灾害评估	台风路径监测，气候预报，城市热岛监测	伪装与隐秘洞库识别，大规模人员装备调动，军事布防	空难与海难搜救，残骸识别，地震，海啸预警

灌溉水利设施、道路交通图和地质图等相关资料。

正式视觉识别前，通常需进行局部的判读试验，称为预判。预判中，首先需确定分类系统、最小分类制图单位、制图图斑大小及各类别与判读标志的对应关系。在此基础上，选取包含全部分类类型的预判条形地带进行预判，尤其包括那些最难判断的类型分布区，为接下来的路线考察提供重点研判目标，并进一步确认判读标志。

10.3 视觉识别的主要依据

视觉识别依据又称判断要素、判读因子，意思是判读人员根据什么指标去识别目标，以及将不同目标相互区分。在叙述判读因素前，有必要将判读目标的尺度与遥感图像像元的线度对比关系作进一步分析。如果判读目标尺度远大于像元线度，如大 50 倍到 100 倍，那么在视觉上就可将目标一个个区分出来，他们有大小、形状，甚至会产生阴影（如果有第三维）；但是，如果目标尺度与像元线度相近，甚至小于像元线度（如麦田中的单株小麦），则目标在图像中“不可见”，看到的是目标的群体（由若干株小麦组成的麦田）。在中分辨率遥感图像上，稻、麦、玉米、棉花、针叶树、阔叶树、灌木等都是以群体呈现为稻田、麦田、玉米地、棉田、针叶林、阔叶林、灌木林等，这些可称为群体目标。对于一些人造目标，许多可能是各种个体目标的组合体，如学校是由教学楼、办公楼、图书馆、体育馆、椭圆形跑道、操场等组成；机场则由跑道、停机坪、候机大厅、机库与维修厂、指挥塔等组成；而港口则由码头、堆栈、库房、大型起重机、专用公路、铁路、办公用房等组成；其他还有像火车站、编组站、交通枢纽、公园绿地等，这些都是由不同类的个体组成的复合体。

对于上述的复合体目标以及一些大型的个体目标，如坦克群中的某类坦克、火炮阵地中的某种火炮、雷达站中雷达的类型，恐怕只有精分辨率的卫星图像才能对他们进行识别，甚至要靠航空（包括无人机）遥感图像方能满足识别要求。判读因子（素）正是针对这些群体目标、个体目标和由个体目标组成的复合体进行识别而制定的各项判定指标。下面逐一介绍。

10.3.1 目标的空间尺度

在给定的像元空间分辨率的遥感图像最佳显示比例尺下，多大的地面目标才能在图像上形成可被辨别的图斑，每个图像判读人员必须要心中有数。这也是为什么将目标的空间尺度大小作为首要判读要素的根本原因。一般物体都有三维尺度，其成像时投影则是二维的，应该根据供判图像的比例尺，将待判目标的长宽尺寸按图像比例尺进行换算，在图像上相当于多少厘米或毫米，以便进行比较分析。如果供判读的遥感图像比例尺为 1∶5 万（相应的像元空间分辨率为 2m），大型机场的跑道都在 3km 以上，机场在该比例尺的图像上可形成 6cm 以上的图斑，再加上机场跑道的特殊形态，应当很容易识别。一般火炮、战车的线度在 10m 左右，在 1∶5 万比例尺的卫星影像上的图斑线度约等于 0.2mm，虽然可以形成可见的图斑，但毕竟图斑太小，即使是非常专业的判读人员识别起来也会非常困难。针叶林的每一株冠幅大都小于10m，常形成均匀的颗粒状图斑，从而有别于阔叶树林。至于植株更小的农作物，就根本不可能形成任何有形的图斑了。

10.3.2 目标的形状

卫星传感器对地成像时，大多采取垂直观测的方式，在遥感图像上看到的实际上是各种目标的垂直投影。地面目标都具有三维尺度，其外形有规则的，也有不规则的，故其垂直投影形状各异。

遥感图像上每个目标都有自己的形状，大千世界里，要准确的描述一个目标的形状实属不易。首先，遥感图像上的目标本身就很复杂，不但有地表目标，这是每个人都能见到的；还有地下目标（如花岗岩岩体、地下油气藏环形或圆形构造等）以及大气层中的云朵和它的落影、喷气战机的喷气尾迹等。花岗岩岩体的地下部分是什么形状谁也未见过，但却是客观存在。

即使对于地表目标，还因其与图像像元空间分辨率在尺度上的对比关系不同，而被分为显性目标和隐性目标（如农田、草原、森林、果园等）。显性目标都是些大型目标和一些组合型目标（如学校校园、机场、港口、交通枢纽、火车站、仓储区、列车编组站等）。卫星传感器一般采取垂直成像方式，在像元空间分辨率合适的条件下，实际地面目标形成自相似的影像，人们正是根据这种自相似准则来进行目标识别的。我们将这种根据目标的大小、形状，以及阴影等几何特征进行的判别方法，叫做目标识别的几何自相似准则。大家可能会想到，学校校园、机场、交通枢纽、港口、仓库等，它们并没有固定的规则外形，那根据什么准则进行识别呢？虽然它们没有规则的整体形状，但它们都有局部共性的特征，如学校，一般都有椭圆形的400m跑道，机场也必有3000m以上的跑道，再考虑到其他相关设施，也不难判定。视觉识别人员常将待判目标分为线状目标和面状目标。线状目标在其宽度方向往往很小，并且远小于图像像元的空间分辨率，但却容易发现它的存在。从大草原穿越的铁路就是个典型例子。铁路轨距一般才2m，可它在草原地区清晰可见，即使在分辨率有80m的Landsat-MSS图像上也是如此。究其原因，一是铁路与其草原背景在反射特征上差异大，二是由于混合像元及像元间交叉辐射的存在，扩大了铁路的影像视觉宽度，使原本不可见的目标变为可见了。对于那些隐性目标，由于他们不可能在卫星图像上形成各自的单体影像特征，图像识别的几何自相似准则是不适用的，必须选择其他非几何的要素，如辐射的、纹理的特征来进行识别。军事伪装目标的识别有相当难度，先要去伪存真，才能进一步去做识别工作。

10.3.3 阴影

遥感图像上，地面目标的第三维特征——高度，是通过目标的阴影来表现的。在太阳斜射下，山地总会产生阴影。在高分辨率图像上，正是通过阴影的长度来估算一座丰碑的高度。当然卫星过境的准确地方时也必须知道。典型的例子有美国的华盛顿纪念碑和中国天安门广场的人民英雄纪念碑。在观看卫星图像时，如果阴影一侧面对着你，看到的是正立体（山在高处，谷在低处），如果是光照面正对着你，效果正相反。不懂这点就肯定会误判。在视觉识别中阴影也有它不利的作用，它把地面目标给掩盖了，让人不知阴影下的地表真面目。在山地阴影区，通过两个波段的亮度值相除，能在相当程度上消除阴影的影响，非常有利于判断阴影下是否有植被的存在。

从目标的大小、形状和阴影三个方面完整地描述了目标的几何性状，成为显性目标的三个重要判读依据（标志、指标）。

10.3.4 灰度

在单波段的黑白图像上来区分不同的目标，只能凭灰度指标上的差异。对于黑白模拟图像，可以从白到黑按照灰度变化进行排列，最多可划分为16个灰度等级（灰阶）。据称，视力最好的人可以分出16个灰阶。实际上，一般人的视力也就能分出10～12个灰阶。现今的遥感图像，不管是多光谱还是高光谱图像，当它们仅作为单波段显示时，也都是离散的黑白数字影像，只是它们的辐射测量的量化等级已大大提高，一般都达8B，即256个灰阶，甚至有的要求达到10B或更高的灰阶。灰度等级的细分有助于识别一般情况下识别不了的目标，如柴电潜艇引起的水体表面温度变化仅为0.01℃，这一潜在目标在热红外黑白图像上产生的灰度变化是很微弱的。不细心就根本发现不了。不过这已超出了视觉识别范围。在可见光至近红外波段的黑白图像上。灰阶的高低反映的是各种目标在反射率上的差异。在可见光波段，干燥的石英沙滩呈亮白色调，而海水则呈深灰至黑色调，而在含砂河水入海后会以异重流形式长驱不散，在海洋中呈现为一条亮的条带。在近红外波段遥感图像上，生长季里凡是有植被的地方，均呈现不同的亮色调，而在没有植被分布区大都色调较暗。

由于黑白图像中人眼顶多能区分出16个灰度等级，因而这种灰度图像能为视觉识别提供的信息非常有限，这就限制了它在视觉识别中的应用。如果对黑白图像进行直方图统计，在总体上可以看到不同目标的灰度特征。在直方图上，如果分割的间断点选择恰当，然后根据间断点对图像进行灰度分割，再对分割后的各级灰阶赋以不同彩色，便可得到一幅色彩醒目的图像，感兴趣的目标分布会看得更清楚。

10.3.5 色度

在正常情况下，人眼对黑白图像虽然最多区分出16个灰度等级，但是对于彩色变化感应的灵敏度和区分能力，比起黑白灰度图像来要强800倍，这样说真是一点也不为过。这就是人们想方设法让黑白图像彩色化的原动力。一般人习惯于天然彩色系统，而专业视觉识别人员更青睐于标准假彩色图像，其原因是在标准假彩色图像上，感兴趣的目标在色彩上表现得更醒目、突出，在判读人员的记忆里，已习惯性地形成某种色调和某种地物的专属性对应关系。

前面就曾讲过，要使多波段黑白图像变成彩色图像，使用的是基于三基色的加色原理，即，如要模拟出天然彩色（真彩色），需要依次取出蓝波段、绿波段和红波段黑白图像，相应的配上蓝、绿、红三基色进行加色混合，即可产生真彩色图像。由于蓝波段受大气散射影响严重，合成出来的彩色图像，使地面目标原色彩失真，图像既不鲜艳也不清晰。而标准假彩色加色合成方案是舍去蓝波段，选用绿波段、红波段与近红外波段图像，相应的配以蓝、绿、红三基色进行加法合成，产生的彩色图像要鲜艳清晰许多，使地面各种覆盖类型反映的更醒目、突出，尤其对各种植被能以不同的红色调来显示，非常有利于专业判读人员的解译工作。

人们还可以任意选取其他三个波段图像来进行彩色合成，从而产生新的假彩色图像，使你感兴趣的目标获得最醒目的显示，做到随心所欲。不过，要总结和弄清新的彩色系统与不同目标间的对应关系。

10.3.6 纹理及其多样性

人们把主观评价或描述纺织面料的术语引进了遥感图像领域，这个术语就是纹理-结构。棉织品中有平纹、斜纹、咔叽，毛料中则有凡立丁、哔叽和法兰绒等，这些都是指用不同的织法所产生的面料，因织法不同也就产生了不同的纹理-结构特征。不难理解，所谓纹理-结构特征就是指一对或一组明暗相间的图像单元不断重复出现的一种图像特征。纹理-结构这一对词本身是纺织行业的专业词汇，说的是由于纺线经向、纬向排列结构不同，会呈现出不同的花纹和质感。纺织物（布料）中的平纹、卡其、人字呢，说的是织法，即结构。各种织法对纱支粗细有要求，当纱支与织法搭配不同时，会产生不同的视觉效果，如光滑、细腻、平整、挺括、粗糙的感觉。这样我们也许就明白，为什么在说同一个问题时，一会儿叫纹理，而另一会儿又说结构的原因了。在遥感图像上我们看到的，即视觉感觉到的其实只是纹理，而结构则是隐含不露的，你只能去意会了。

在自然界里，地表的物质组成成分的分布格局的复杂性，使遥感图像的纹理不像纺织物的花纹那样规则和具有简单的重复周期，其纹理信息和重复周期也仅具统计上的比较意义，欲进行结构分析是不明智的，采用统计纹理分析应该是主流。

广袤的草原，大自然每年给它披上一抹薄薄青纱。一旦开垦为农田，就被分割成许多田块，田块间有田埂小道。这样，在遥感图像里，田埂与田块成对不断重复出现而形成纹理；就每一田块而言，又因作物需求不同，有的实行行播，有的采用垄作，从而形成不同的纹理并成为识别的依据。

再看一片成熟的森林，在自然选择下，每一立木点位在空间上都近似服从二项分布或泊松分布。对于针叶林，每株树冠都有近乎统一的圆锥形外形，在精分辨率的遥感图像（或航空相片）形成非常典型而特有的颗粒状纹理；而阔叶林则不然，为了争夺更多阳光，树冠任意伸展，没有规则的外形，这也成为针阔叶林在遥感图像上互相区分的依据。至于果园，那是按照人的意志而安排的一种林地，要求株间距相等且树冠不可互相遮蔽，而使阳光普照，在空间格局上它遵从均匀分布。

在黄土高原地区，由于土质均匀一致，在同等降雨情况下常形成类似的沟谷系统，这在高分辨率图像上也会形成独特的纹理特征；而在粗黄土分布区也会形成相似的纹理，但在空间分布上要稀疏得多，是因为黄土颗粒较粗，雨水渗透严重引起的。

另外，在石灰岩分布区，广泛地分布着由石灰岩峰林、峰丛及其间的洼地组成的石灰岩地貌景观，它在卫星图像形成独特的纹理——石灰岩峰林纹理，这成为识别石灰岩分布区的一个非常醒目的纹理标志。在中国广西、贵州和云南等省区峰林、峰丛有大面积分布。

图像的纹理特征在早期是用来描述山地针叶林在黑白红外和彩色航空红外摄影相片上所形成的均匀的颗粒状纹理现象，后来在对卫星图像进行人脑识别时又作为一种重要的图像识别特征被广泛采用。在中国西部高海拔山地生长的云冷杉林、中国北方中低山地区分布的油松林，在航片上都呈典型的颗粒状纹理特征。在下覆地面相对均匀的条件下，由于自然竞争，每株树木在相互间距、冠幅大小以及阴影深浅都相当均匀一致，从而形成规则的颗粒状纹理特征。这样，我们就可以将影像上明暗相间且规则有序的图像特征称为纹理特征。影像上一组明暗相间的条纹称作纹理基元，其不断向四周重复连续出现便形成了纹理结构或称为纹理特征。除颗粒状纹理特征外，还有网状纹理特征、条带状纹理特征、棋盘格式纹理特征等。沿海滩涂为了晒盐，在海边修起纵横交错、分布有序的畦埂，埂间为海水填充，在卫星图像上表现为网状纹理特征。同样的道理，如在海边筑埂养殖，亦会形成相似的纹理特征。在浅海区还有用规则布局的浮标、浮箱、沉箱来养殖海带、海参、贝类及鲍鱼的，在卫星图像上也表现为网状纹理；在中国塔里木盆地的一些地段，在常年单一风向吹袭下，形成一条条新月形沙丘链，整体上呈现为条带状纹理；在中国广西、贵州、云南的石灰岩峰林、峰丛区，峰及其阴影相伴为一体，散布在峰丛洼地上构成了棋盘格式纹理。平原上广泛分布的农田在卫星图像也形成具有方向性、基元不断重复的纹理。在华北平原，人类通过多少代的繁衍生息，相互交往，形成了按正六边形分布的聚落，散布在广袤的平原大地，是另一种特征。由盐场、海水养殖场、农田形成的典型、规则有序的纹理可称为人工纹理，这些场、田分布范围有限，除农田外，它们在一般图像中并不存在。除了图像中存在的人工纹理，其他的统称为自然纹理或随机纹理。为了用遥感图像像元的灰度值定量描述地表的平滑性和粗糙度（合起来就是地表起伏度）以及地表组成的复杂性，需将纹理概念定义得宽泛一些。有一种关于图像纹理的定义：纹理是一种反映某区域里图像像元灰度值的空间分布属性。这个灰度值的空间分布属性可用像元的灰度值离散性来描述，即当某一窗口（如 3×3、5×5 或 7×7 像元范围）的灰度值离散性（可用像元灰度值的方差表示）差异很小时，平均灰度就成为区域的主导特征；当这样差异明显时，则该用纹理来描述这个区域，或者称纹理是该区域的主导特征。

10.3.7 地形与地貌

在中国北方 40°N 以北，如果山脉海拔高度大于 3500m，植被分布的垂直地带谱一般都会展现。阔叶林分布的上下限、针叶林分布的上下限、高山矮林分布以及苔原分布界限，各地虽有不同，但都必须掌握，在具体判别时做到心中有数。不至于犯知识性错误。在中低山区，不同的部位，日照、水分差异巨大，会影响植被土壤的发育与分布，阳坡生长着喜光、耐旱植物，而在阴坡发育的多是喜湿、耐阴植被，针叶林往往都出现在中低山的西北坡，在山地阴坡的水分、温度都差不多，但西北坡每天的日照时间会充足些，有利于云冷杉的生长。

10.3.8 目标与背景间反差大小

前面曾提到的，穿越于广袤草原上的铁路，在卫星图像上留下醒目印迹，是由于目标与背景之间反差较大，从而成为判断依据的一个典型例子。另一典型例子是森林中的导弹发射井这种军事伪装目标。最初以为，将林中的一片树木暂时移开，待发射井工事做好，导弹安装入位后，再将被移树木按原状种植，被挖走的土壤也按原样复位，便能掩人耳目万事大吉了。殊不知一旦林木和土壤被扰动，其反射光谱立刻发生变化，使发射井这一目标与周围的大片森林背景间的反差增大，从而成为一个被怀疑的对象。再者，在一片广阔的麦田（或玉米地）中有一片孤立的水塘，水塘中还有一座孤立的建筑，并有一条断头路与之相通，这水塘与农作物间亦形成强烈的反差，卫星图像上出现这种情景，会让人联想这是不是一个军事伪装。还有，在北方冬季广阔的缓坡上覆盖一层厚厚的积雪，在该地区的热红外图像上，被雪覆盖的缓坡呈现为深色调，中间一处出现一块较亮的图斑，显示出温度的异常，这种反差异常可能标识该地是泉水涌出处，有泉存在。

10.3.9 不同目标间的邻接关系

在陆地上，除非存在巨大落差的断崖或出现连绵广阔的水体，自然界的各种覆盖类型都呈渐变的、有规律的分布状态，不同目标间的连接关系都遵循潜在的自然科学法则和逻辑关系，否则就会出现科学性错误。具备必要的地貌学、植物地理学、土壤地理学以及一定的气候学知识，是视觉识别人员避免在工作中犯科学性错误的基本条件。经历了长期的自然选择，生长在北方高山地带的基本植被类型随高度变化形成了一种自然排序，称为植被的垂直地带性谱。如长白山主峰，植被从山脚附近的落叶阔叶林，往上依次为针叶林、山地矮林，直到山顶附近演变为仅能短期生长的苔原，基本类型之间总有互相穿插的过渡亚型（如针阔混交林等），目标之间的邻接关系是若干万年历史形成的，这几乎是一条铁律。如果有冬季和春夏之交两个时相该地区的遥感图像，可首先在冬季图像将最容易确定的针叶林图斑圈定下来，然后再根据另一期图像，将其他植被类型按垂直地带性谱推断确定。

运用视觉识别方法生成某个地区的土壤分布图，如对北京西山某一片小区域的土壤分布进行制图，这可能一时无从下手。不像植被判读中还多少有如冬季针叶林的特征图斑的典型存在，那就只能因境施策，随势而变了。原来，根据地理学的知识，土壤类型分布也有自己的规律，叫做水平地带性谱。根据这个谱，北京地区地带性土壤是褐土，由于所处山地地形部位不同，褐土还可进一步分出亚类，而且这种土壤亚类与地形的关系也有自己的谱。不过要搞清楚这种谱还需要辅以路线考察，仔细分析褐土亚类与地形部位、地势高低、基岩、土壤质地和土壤水分、盐分运动的关系才能掌握。比如，在山地上部，降水较多，地势也比较陡，土壤中的盐分（钾、钙）淋溶损失快，土壤中如滴入盐酸已无气泡反应，表明碳酸钙已不存在，遂形成了淋溶褐土；水分经过中间过渡带，最后渗入至山脚地表，水分蒸发了，盐分（钙）则在山脚附近积累起来，土壤就变成了碳酸盐褐土，中间过渡带则为典型褐土。根据卫星图像视觉识别生成的不同土壤类型的图斑间的邻接关系，应该符合土壤学的这种内在规律。从西山山地下到永定河河边，河漫滩上的土层是由河流带下来的泥沙形成的时间不长，还未形成自己的地带性特征剖面，这种土壤概称为草甸土，是一种不入谱的隐域性土壤，与显域性土壤不是一种正常的目标邻接关系。

一座桥梁横跨河面，桥头有坚固的桥墩或其他装饰性建筑，一般在两头还会有居民点存在，河水在桥下流淌，公路向前后延伸，这桥、公路、居民点与河流就形成了目标的邻接关系。又如，在卫星图像上发现有一条笔直的如公路一样的亮色线条横穿河流，但两岸既无桥头装饰，也无居民点分布，这种情况下存在目标间的邻接关系吗?

以上从九个方面讨论了视觉识别的客观依据，前三者是从目标的几何形体特征来找判读依据，这对单波段黑白图像进行视觉识别尤显重要；灰度要素也是专门针对黑白图像的；色度要素虽然位列第五，对于彩色合成图像，可能是最重要的一个视觉识别要素。最后几点则是从目标或目标间的空间结构或空间分布与邻接关系来说判读的合理性原则。

10.4 典型目标的判读示例

10.4.1 黄土分布区滑坡

据悉山西境内黄河一级支流三川河流域，发现许多黄土滑坡，研究人员怀有实地考察意愿。通过两次造访位于中阳县境内的山川河一级支流洪水沟，研究人员进行了历时两周有余的实地考察。经现场指认原来在卫星图像被判定为黄土滑坡的，实际上是黄土梁缘的陷穴，后期发展到出现天生桥，进而由天生桥坍塌生成安乐椅状塌陷洼地，在卫星图像上呈现为半圆形深色阴影图斑。考察中，在洪水沟下游左侧一条支沟沟坡上确实发现一座真正滑坡体，尚未经人为干扰仍保持原有形态，在早年航拍的彩红外图像有其记录。该滑坡体的空间尺度比黄土陷穴坍塌洼地大得多，由于在滑坡中产生的两组张应力作用下，形成的两组裂隙将滑坡体肢解得很破碎，表面坑洼高低不平，也没有规则的外形，与周围相邻的平整自然坡面形成鲜明对照。在卫星遥感图像上，该滑坡体表现为色调灰暗、粗糙、偏黄，并具有不规则外部边界轮廓的图斑。

理论上讲，纯粹的黄土层透水性差，直立不坠，并不容易产生滑坡，发生重力崩塌反而常见。概括起来讲，黄土区产生滑坡的必要条件和充分条件有如下几条：

1）黄土层下覆有红土层（如上新世 N2 红土）。红土层中含有丰富的黏土矿物，遇水后黏土矿物被水化成各种片状晶体水合物（伊利石、蒙脱石、蛭石等），构成摩擦力较小的滑移面。

2）滑移面需有一定的坡度。滑移面如没有坡度，上覆黄土层的静压力也不可能分解出让黄土层向下滑动的滑动力。一旦滑移力大于层间摩擦阻力，滑坡体就向下滑动了。

3）有适当的雨量和雨型相配合。黄土是渗透性非常低的岩土体，再大的短时间降雨，来不及入渗就变成地表径流流走了。降雨历时长，才有时间慢慢下渗，以至黏土层的黏土矿物充分水化，从而形成滑移面。如果在滑坡发生前有地震发生，造成黄土层出现裂缝，成为雨水下渗通道，无疑会促进黄土区滑坡的产生。

4）滑坡体外貌特征。一旦满足上述各方面条件，滑坡就产生了。首先在滑坡体前进过程中，其前缘临空，不断产生横向断裂；进而在滑坡体两侧，由于滑坡体前移，两侧的限制作用消失，从而在内应力作用下，形成纵向断裂；在这两组纵向与横向断裂作用下，滑坡体便具有了杂乱破碎、凹凸不平的体表特征。

10.4.2 喜碱性岩性土壤的侧柏林

20 世纪 80 年代初，在北京冬季的 Landsat-MSS 图像上，可看到一块孤零零的暗红色图斑出现在密云水库溪翁庄大坝东南方向的一座山坡上，虽然范围不大，但是很醒目。相较于图幅中别处出现的大块红色图斑，研究人员注意到，同一地区，都应判定为针叶林的影像特征，那为什么有如此不同的色调呢？之后，几乎每年都参观位于密云县金笸箩村的中国科学院卫星地面接收站，安排参观密云水库溪翁庄大坝及其周围的植被分布状况。对照带去的 Landsat-MSS 与 TM 图像，那座孤立山体就在金笸箩村溪翁庄大坝的一条公路右侧，极目向西北远眺，一座座由太古代混合岩铸就的陡峭、突兀山峰，油松林郁郁葱葱，可眼前这座山形肯定不像花岗岩。那会是什么地层呢？判断那应是震旦亚界的硅质条带灰岩。并且，那暗红色图斑不是代表油松林，而是侧柏树林，喜欢碱性土壤条件。

这种由卫星图像上的图斑影像色调特征差异分析，发展为对森林树种的推断，再由树种的差异推断出岩性的不同，进行了一套完整的视觉识别中地学相关分析的逻辑思维演绎。

10.4.3 长城

一些国家联合研制的环境监测卫星发射成功入轨运行，一些科学家坚称，在该卫星图像上可以清楚地看到北京怀柔境内的长城，以说明他们的卫星侦察能力很是了得。可是有一位科学家出来辩称，从眼睛的视生理能力和该卫星的瞬时视场两方面看，在该卫星图像上都不可能看到北京的长城。争论持续了一段时间，未能取得共识。如果将其图像拿来（并以 Landsat-ETM 作参考），反复查看也都未发现长城的踪迹。那么，问题出在哪里？看地图时上方为北，下方为南，左西右东，这是人们的习惯。看卫星图像不一样，需将卫星相片旋转 180°，使上方为南，下方为北，让地物的阴影面对着观察者，这样看到的是所谓正地形，山顶在高处，山谷在低处，这样在山上的确未看到任何长城存在的踪迹。如将卫星相片像地图那样摆放，你会看到一条连绵不断的明亮的影像条带在山巅蜿蜒曲折展布，或许这可能就是他们所见的一个误认为的长城。可那绝对不是长城，而是在冬春旱季，沟谷底部由干燥砂砾形成的干河床的影像特征。原来观察方向颠倒，竟让科学家们犯了这样的大错。所以，要千万记住，当要看到自然界景物正确的空间方位与布局，一定要看正立体，即把地物的阴影指向自己。

10.4.4 花岗岩岩体

在1∶500000的Landsat-MSS（或-TM）假彩色图像上，你会见到一种介于圆形和椭圆形之间的图斑，一般称之为浑圆形图斑。浑圆形内部植被分布于丘陵山地，生长旺盛，使图像呈现为鲜艳的红色色调。在图像上浑圆形的直径最小也在1cm以上，即实际大小在5km以上。这种图斑也很清楚地表明植被分布区只占图斑中心部位，浑圆外廓要比植被分布区大许多，这表明在地平线下还蕴藏着什么在地表看不见的秘密，应一探究竟。这具有红色色调的椭圆形图斑出现在整幅图像上非常醒目与独特，视觉识别人员绝不会遗漏。到现场你会发现它原来就是人们常说的花岗岩岩体，地上你所见到的花岗岩山地，只是整个庞大的岩体极小的一部分，而且这出露地表的部分，其上面也曾覆盖着更老地层，只是由于长期的地表风化侵蚀，使老地层荡然无存而使花岗岩露出地表，花岗岩岩体大部分还都埋藏于地下。花岗岩垂直节理发育，常呈现为突兀峻拔的地形。这种岩体多形成于地质史上的燕山期或更早时期，多曾遭到后期的多次构造运动的影响，产生鲜明的一组或多组的断裂，而由断裂走向及其分布格局可确定应力场和主应力，进而为推测周围或区域构造活动提供有价值的线索。

10.4.5 喷气羽云

1986年2月21日，法国成功发射了SPOT卫星，其传感器的分色波段图像像元分辨率竟然达到20m，更有甚者其全色波段分辨率达到10m，大大领先美国一步。为开拓中国市场，于当年6月即已来到北京举办SPOT遥感成就展，展出了大量在中国境内获取的图像。其中一幅格外引人注目，从图像外框经纬度标识来看，应该是湖北省北部地区。在这幅图像上，一条笔直的白色细线条穿越一条河流，其前端肯定已超出图框。这里要郑重指出，白色条带本身绝无数据质量问题，是影像中的客观存在。许多人驻足该图像前分析交谈起来。有一人信步走近画面，不假思索地脱口而出，这是条公路，其他人都不以为然，反而越发深究起来。若说是铁路，它不具备铁路的影像特征，这首先被排除；若说是公路，仍有诸多不解之处。

1）那桥头为何不见有能分散桥墩应力的桥墩或桥头堡，以及其他装饰性建筑？

2）桥头为何没有居民点与相应的服务设施，以提供餐饮、休憩、加油、维修等服务？

3）这条白色条带为何如此笔直？要是公路，它应该每行驶一段距离便设置一些弯道，以强制司机减速，保证行车安全。

4）公路是为人们提供交通便利和物品交流服务的，理应沿线分布有乡镇居民点，这条公路显然都未顾及。

从以上四个方面说明，如果将白色条带判定为公路，它会在上述诸方面不符合地物间合理的邻接关系，故应排除。这些疑问都很有道理，但关键是都没有回答这条白色细条带这个影像特征究竟表示的是什么？但经过上面的一一质疑排除，可判断那是喷气式飞机喷出的尾气尚未消散而暂时滞留空中的痕迹，或简称其为飞机喷气尾迹。这一判断的合理性还在于白色条带是个悬在空中的目标产生的影像特征，它不可能像地面目标那样有那么多的前后左右的邻接关系。

10.5 遥感在土地覆盖/土地利用调查中的价值和地位

10.5.1 土地覆盖/土地利用状况调查的意义

当人们从经济利用价值去看待土地覆盖类型时，同样的对象就成为土地利用类型了。如干草原被用于放牧，就成为牧场；湖岸山坡上的树木起防止水土流失、涵养水源的作用，就被称为水源涵养林；荒坡上的乔木、灌木林可提供燃料，而称之为薪炭林。可见，同一对象，当从不同视角考量时有不同的称谓，或称土地利用，或叫土地覆盖。前者着重于经济上的使用价值，后者则强调它在太阳辐射能再分配上的作用。不同的覆盖类型有着不同强度的反射率，同样是由水组成的水和冰，其在太阳能二次分配上的作用是不同的，水是太阳辐射的强吸收体，而冰雪则是太阳辐射的强反射体，差别巨大，作用迥异。试想，当北冰洋完全由冰雪覆盖转而变成无冰雪存在的一片汪洋时，虽可为北极航道提供便利，但它对全球气候变化的影响会何等巨大！并且，各种覆盖类型都对应着一个生态系统，它们各处于全球碳循环中的不同位相（源或流），成为卫星遥感的重要研究内容和监测目标。

因此，人们不难想象，为什么从 20 世纪 70 年代以来，对全球土地覆盖/土地利用的讨论以及关于它们的分类系统的制定从未间断。特别是自中分辨率成像光谱（MODIS）问世以后（1999 年 12 月；2002 年 5 月），波士顿大学遥感研究团队每年都在生产 MODIS 土地覆盖产品，该产品是按照为 MODIS 量身定做的土地覆盖分类体系的规定来生产的。该分类系统是面向全球的，先按三分法将全球分为有植被覆盖区、无植被覆盖区和人类开发及混合用地分布区。往下按具体情况可再分，其中对于植被的情况规定尤为具体（表 10.5.1）。只是，MODIS 土地覆盖产品是机器生成的，而非由人工视觉识别方法完成，并且指明该产品是关于土地覆盖的。

表 10.5.1 MODIS 土地覆盖产品专用分类系统

一级类型	二级类型	三级类型及解释
1 植被覆盖区	11 森林	常绿针叶林 111 木本植物为主，覆盖度大于 60%，高度大于 2m。几乎所有树种终年常绿，冠层常绿
		常绿阔叶林 112 木本植物为主，覆盖度大于 60%，高度大于 2m。大多数树木和灌丛终年常绿，冠层常绿
		落叶针叶林 113 木本植物为主，覆盖度大于 60%，高度大于 2m。针叶树群落的生长和落叶在一年周期内季节性交替
		落叶阔叶林 114 木本植物为主，覆盖度大于 60%，高度大于 2m。阔叶树树叶的生长和落叶在一年周期内季节性交替轮回

续表

一级类型	二级类型	三级类型及解释
1　植被覆盖区	11　森林	混交林115　以树木为主，覆盖度大于60%，高度大于2m。由上述四种森林类型镶嵌混合而成，其中没有一种森林类型覆盖面积超过60%
	12　灌丛地、草地和湿地	茂密灌丛121　木本植被高度小于2m，灌木的冠层覆盖度大于60%。灌木常绿或落叶
		稀疏灌丛122　木本植被高度小于2m，灌丛冠层覆盖度在10%～60%。灌木为常绿或落叶
		亚热带木本稀树大草原123　草本和其他林下植物系统，林冠覆盖度在30%～60%。林木冠层高度大于2m
		亚热带稀树大草原124　草本和其他林下植物系统，林冠覆盖度在10%～30%。林木冠层高度大于2m
		草地125　地表主要被草本植物覆盖，乔木和灌木覆盖率低于10%
		永久性湿地126　地表被水和草本或木本植物永久性混合覆盖
2　无植被覆盖区	21　裸地	裸地或稀疏植被地211　裸土、沙地、戈壁、裸岩
	22　冰雪	冰雪221　地表全年为冰或雪覆盖或临时积雪
	23　水	水体231　江、河、湖泊及水库，可为淡水或咸水，一年内植被覆盖时间不超过10%
3　已开发和混合用地	31　城市	建筑用地311　地表为建筑物或其他人为设施覆盖
	32　农业	农田321　土地被农作物季节性覆盖，收获后土地裸露。多年生经济林木归入到相应的林冠覆盖类型
	33　农田/自然植被混合用地	农田/自然植被混合用地331、332　由农业用地、林地、灌丛和草地混合覆盖，其中任何一种覆盖类型占比不超过60%

10.5.2　我国土地利用变化监测现状

10.5.2.1　我国土地利用分类系统

20世纪70年代后期，原全国农业区划委员会就着手编制关于土地资源调查的技术规程，并于1980年5月印发了《土地资源调查土壤普查技术规程（草案）》。后来《国务院批转农牧渔业部、国家计委等部门关于进一步开展土地资源调查工作的报告的通知》（国发〔1984〕70号）文件进一步明确了开展土地资源调查工作的要求，全国县级行政单位土地利用现状详查工作要在1990年前分期分批完成。为了保证调查质量，于1984年9月份特地制定了土地利用现状调查技术规程，并印发各地要求按统一规程执行。技术规程的核心是全国土地利用现状分类系统（表10.5.2），它成为日后各种版本中国的土地利用分类系统的祖源。这时的土地利用现状调查是按传统的常规实地调查方式进行的。

表 10.5.2 全国土地利用现状分类系统①

一级类型		二级类型		含义与解释
编码	名称	编码	名称	
1	耕地			种植农作物的土地，包括新开荒地、休闲地、轮歇地、草田轮作地
		11	灌溉水田	有水保证和灌溉设施，在一般年景能正常灌溉
		12	望天田	无灌溉工程实施，主要依靠天然降水
		13	水浇地	指水田、菜地以外，有水源保证和灌溉设施，在一般年景能正常灌溉的耕地
		14	旱地	无灌溉设施，靠天然降水生长作物的耕地
		15	菜地	种植蔬菜为主的耕地，包括温室、塑料大棚用地
2	园地			种植以采集果、叶、根茎等为主的集约经营的多年生木本和草本作物，包括果树苗圃等用地
		21	果园	种植果树的园地
		22	桑园	种植桑树的园地
		23	茶园	种植茶树的园地
		24	橡胶园	种植橡胶树的园地
		25	其他园地	种植可可、咖啡、油棕、胡椒等其他多年生作物的园地
3	林地			生长乔木、竹类、灌木、沿海红树林等林木的土地，不包括居民绿化用地
		31	有林地	树木郁闭度>30%的天然人工林
		32	灌木地	覆盖度>40%的灌木林地
		33	疏林地	树木郁闭度 10%～30%的林地
		34	未成林造林地	造林成活率大于或等于合理造林株数的 41%，尚未郁闭但有成林希望的新造林地
		35	迹地	森林采伐、火烧后，五年内未更新的土地
		36	苗圃	固定的林木育苗地
4	草地			生长草本植物为主，用于畜牧业的土地
		41	天然草地	以天然草本植物为主，未经改良，用于放牧或割草的草地，包括以牧为主的疏林、灌木草地
		42	改良草地	采用灌溉、排水、施肥、松耙、补植等措施进行改良的草地
		43	人工草地	人工种植牧草的草地，包括人工培植用于牧业的灌木
5	居民点及工矿用地			城乡居民点、独立居民点以及居民点以外的工矿、国防、名胜古迹等企事业单位用地，含其内部交通、绿化用地
		51	城镇	市、镇建制的居民点，不含市、镇范围内用于农、林、牧、渔业生产用地
		52	农村居民点	镇以下的居民点用地

① 资料来源为全国农业区划委员会/土地利用现状调查技术规程，1984 年 9 月。

续表

一级类型		二级类型		含义与解释
编码	名称	编码	名称	
5	居民点及工矿用地	53	独立工矿用地	居民点以外独立的各种工矿企业、采石场、砖瓦窑、仓库及其他企事业单位的建设用地
		54	盐田	以经营盐业为目的，包括盐场及附属设施用地
		55	特殊用地	居民点以外的国防、名胜古迹、风景旅游、墓地、陵园等用地
6	交通用地			居民点以外的各种道路及其附属设施和民用机场用地，包括护路林
		61	铁路	铁道线路及站场用地
		62	公路	指国家和地方公路用地
		63	农村道路	指农村南方宽≥1m，北方宽≥2m 的道路用地
		64	民用机场	民用机场及其附属设施用地
		65	港口码头	专供客、货运船舶停靠的场所，包括海运、河运及其附属建筑物用地
7	水域			陆地水域和水利设施用地，但不包括滞洪区和垦殖三年以上的滩地、海涂中的耕地、林地、居民点、道路等
		71	河流水面	天然形成或人工开挖河流常水位岸线以下的面积
		72	湖泊水面	天然形成的积水区常水位岸线以下的占地面积
		73	水库水面	人工修建总库容≥10 万 m^3，正常蓄水位岸线以下的占地面积
		74	坑塘水面	天然形成或人工开挖蓄水量<10 万 m^3 常水位岸线以下的蓄水面积
		75	苇地	生长芦苇的土地，包括滩涂上的苇地
		76	滩涂	包括沿海大潮高潮位与低潮位之间的潮浸地带，河流、湖泊常水位至洪水位间的滩地，时令湖、河洪水位以下的滩地；水库、坑塘的正常蓄水位与最大洪水位间的地面面积
		77	沟渠	人工修建，用于排灌的沟渠，包括渠槽、渠堤、取土坑、护堤林。指南方沟宽≥1m，北方沟宽≥2m 的沟渠用地
		78	水工建筑物	人工修建，用于除害兴利的闸、坝、堤、水电厂房、扬水站等常水位岸线以上的建筑物用地
		79	冰川及永久积雪	表层被冰雪常年覆盖的土地
8	未利用土地			目前还未利用的土地，包括难利用的土地
		81	荒草地	树木郁闭度<10%，表层为土质，生长杂草，不包括盐碱地、沼泽地和裸土地
		82	盐碱地	表层盐碱聚集，只生长天然耐盐植物的土地
		83	沼泽地	经常积水或渍水，一般生长湿生植物的土地
		84	沙地	表层为沙覆盖，基本无植物的土地，包括沙漠，不包括水系中沙滩
		85	裸土地	表层为土质，基本无植被覆盖的土地
		86	裸岩、石砾地	表层为岩石或石砾，其覆盖面积>50% 的土地
		87	田坎	耕地中南方宽≥1m，北方宽≥2m 的地块或堤坝
		88	其他	其他未利用土地，包括高寒荒漠、苔原等

10.5.2.2 我国土地利用变化监测制度性安排

中国系统地应用遥感方法进行土地利用变化监测始于1996年，当时国家土地管理局①联合北京师范大学和中国农业大学等，选用1987年、1991年、1995年三个时相的陆地卫星TM的30m分辨率图像，针对中国17个大中城市的城市扩展和农耕地变化情况，进行变化检测。结果发现农耕地的损失比统计数据高出2.5倍，城市扩张过快，闲置撂荒的土地大大超过统计和地面监测数据。这一情况引起了中央高度重视，直接导致了1997年4月中央出台冻结城市用地审批一年的政策。并且自1999年起，国家发展和改革委员会每年拨巨资投入对全国50万人口以上城市建设用地规模和建设用地占用耕地数量等土地利用变化进行定期遥感监测。全国50万人口以上城市共86座，其中4座直辖市作为固定网点，年年监测；其余82座城市作为流动网点，每年检测1/3，三年做到全覆盖。根据国家宏观决策和政策制定的需要，确定以建设用地和耕地作为主要监测对象，监测城市扩展、建设用地及其占用耕地，尤其是占用农田的状况；荒漠化对耕地数量变化的影响等为主要内容。重点监测内容包括以下四方面。

1）以建设用地为主的监测。监测建设用地现状及其分布变化状况，包括居民点、独立工矿、交通、大型工程项目的建设用地；城市规模控制线内外建设用地增减情况。

2）以耕地保护为主的监测。基本农田保护区内的耕地现状及变化情况，主要是耕地转变为建设用地；耕地开发复垦整理的情况。

3）以土地生态环境为主的监测。主要监测耕地、林地、草地、滩涂、苇地、沼泽地、水面、盐碱地等与生态环境变化有密切联系的地类的时空分布及土地沙化、水土流失状况等。

4）以灾害土地为主的监测。监测由于自然灾害引起的土地利用变化及灾后土地利用恢复状况等。

通过1996年以来的实践，逐步形成了可以满足全国土地利用遥感监测需求的二级土地利用遥感分类系统。参考相关的辅助资料，能够直接从TM和SPOT影像将二级地类通过视觉判读出来。如果有更高分辨率的遥感图像（如IKONOS等）用于土地利用监测，可生成比二级分类系统层级更高的类型，具有向下扩展的开放性；因为该二级分类系统与《全国土地利用现状分类系统》保持一致，体现了向上的继承性。该分类系统为每个二级类给出了相应的特征影像、各类的确切含义以及判读标志。下面是《全国土地利用遥感监测分类系统》列表（表10.5.3）。

在国家科技支撑计划、中国科学院知识创新工程重要方向项目等多项重大科技项目的支持下，中国科学院地理科学与资源研究所经过多年的积累建立了中国土地利用现状遥感监测数据库。数据集包括20世纪80年代末期（1990）、1995年、2000年、2005年、2010年和2015年六期，数据生产制作是以各期Landsat TM/ETM遥感影像为主要数据源，通过人工目视解译生成。土地利用类型包括耕地、林地、草地、水域、居民地和未利用土地6个一级类型以及25个二级类型。具体分类如表10.5.4所示。

① 原国务院直属机构，现职能并入自然资源部。

表 10.5.3 自然资源部土地利用遥感监测分类系统

名称	二级类编码名称	判读标志和具体含义
1 农用地	11 水田	指靠天然降水或兼备灌溉，种植水生作物的土地，含水旱轮作地和大棚用地，以及改种花卉、苗圃、草皮的水田
	12 旱地	具有明显的纹理特征。 指靠天然降水或兼备灌溉，种植旱作物的土地，含大棚用地和改种花卉、苗圃、草皮的旱地
	13 园地	具有绿色植被特征，但纹理较粗，果园具有明显的行距和株距 指种植以采集果、叶、根茎等为主的集约经营的多年生木本和草本作物（含其苗圃），覆盖度大于 50% 或每亩①有收益的株数到达合理株数 70% 的土地
	14 有林地	树冠连片，纹理较粗，周边有阴影，呈暗色。指天然生长或人工营造的乔木、竹类，郁闭度≥20% 的林地
	15 其他林地	指有林地以外的林地，包括覆盖度≥40% 灌木地；树木郁闭度≥10% 但<20% 的疏林地；造林成活率≥41% 合理造林数，有成林希望的新造林地（一般指造林后不满 3 ~ 5 年或飞机播种后不满 5 ~ 7 年的造林地）；森林采伐、火烧后，5 年内未更新的土地；固定的林木育苗地
	16 牧草地	具有典型绿色植被光谱信息，纹理细腻，分布面积较大，不具有农田地块特征。以生长草本植物为主，用于畜牧业的土地
	17 坑塘	淡蓝和深蓝图斑，纹理均匀，边界圆滑闭合，鱼塘一般有规则几何形状。指人工开挖或天然形成的蓄水量<10 万 m^3 的坑塘常水位以下的面积
2 建设用地	21 城市	房屋密集，道路纵横交错，浅灰和品色为主，规模较大。指城市居民点，即城市居民居住和生产活动的场所
	22 建制镇	指设置建制镇的居民点。即建成制镇居民居住和生产活动的场所
	23 农村居民点	房屋密集，呈浅灰和品色，纹理较粗，房屋呈无规则排列。指镇以下的居民点，即农村居民居住和生产活动的场所
	24 独立工矿用地	指居民点以外的各种工矿企业、采石场、砖瓦窑、盐田、仓库及其他企事业单位的建设用地，不包括附属于工矿、企事业单位的农副业生产基地
	25 特殊用地	指居民点以外的国防、名胜古迹、风景旅游、墓地、陵园等用地
	26 铁路用地	等宽、弧形、光滑条带状，呈暗色。指铁道线路及场站用地，包括路堤、路堑、道沟及护路林；地铁地上部分及出入口等用地
	27 公路用地	宽度相等，呈现为一定曲率半径的条带状，沥青路面呈深色，砂石路面呈灰白色，水泥路面呈亮白色。指国家和地方公路（含乡镇公路），包括路堤、路堑、道沟、护路林及其他附属设施用地

① 1 亩≈666.7m^2。

续表

名称	二级类编码名称	判读标志和具体含义
2 建设用地	28 机场港口码头用地	机场具有典型规整的几何形状；港口码头位于河流海岸边，建筑形状独特。指民用机场及其相应附属设施用地及人工修建的客、货运、捕捞船舶停靠的场所及其相应附属建筑物，不包括常水位以下部分
	29 水库水面	淡蓝或深蓝图斑，纹理均匀，边界圆滑闭合，面积较大。人工修建总库容≥10 万 m^3，正常蓄水位以下的面积，含附属于水库的闸、坝、堤
3 未利用土地	31 荒草地	多分布在河谷或荒滩，有稀疏植被，呈淡黄绿色。指树木郁闭度<10%，表层为土质，生长杂草，不包括盐碱地、沼泽地和裸地
	32 盐碱地	植被较差，雨季之前时见白色盐斑。指表层盐碱聚集，只生长天然耐盐植物的土地
	33 沼泽地	暗色调，多在低洼处。指常年积水或渍水，一般生长湿生植物的土地
	34 沙地	亮品色，植被较差。指表层为沙覆盖，基本无植被的土地，包括沙漠，不包括水系中的沙滩
	35 裸地	深品色，纹理均匀。指表层为岩石、石砾（覆盖面积≥70%）或土质，基本无植被覆盖的土地
	36 河流及湖泊水面	指天然形成或人工开挖河流或天然形成的积水区的常水位岸线以下的土地。包括河流水面和湖泊水面
	37 苇地及滩涂	分布在沼泽低洼处，无明显边界。滩涂一般分布在河流湖泊岸缘和海滩等处，颜色亮灰，与水体反差很大。指生长芦苇的土地和沿海、河流、湖泊、时令湖、河、水库、坑塘的滩地
	38 冰川及永久积雪	指表层被冰雪常年覆盖的土地

表 10.5.4 土地利用类型分类系统

一级类型		二级类型		
编号	名称	编号	名称	含义
1	耕地			指种植农作物的土地，包括熟耕地、新开荒地、休闲地、轮歇地、草田轮作物地；以种植农作物为主的农果、农桑、农林用地；耕种三年以上的滩地和海涂
		11	水田	指有水源保证和灌溉设施，在一般年景能正常灌溉，用以种植水稻，莲藕等水生农作物的耕地，包括实行水稻和旱地作物轮种的耕地。 111 山地水田；112 丘陵水田；113 平原水田；114>25°坡地水田
		12	旱地	指无灌溉水源及设施，靠天然降水生长作物的耕地；有水源和浇灌设施，在一般年景下能正常灌溉的旱作物耕地；以种菜为主的耕地；正常轮作的休闲地和轮歇地。 121 山地旱地；122 丘陵旱地；123 平原旱地；124>25°坡地旱地

续表

一级类型		二级类型		
编号	名称	编号	名称	含义
2	林地			指生长乔木、灌木、竹类，以及沿海红树林地等林业用地
		21	有林地	指郁闭度>30%的天然林和人工林。包括用材林、经济林、防护林等成片林地
		22	灌木林	指郁闭度>40%、高度在2m以下的矮林地和灌丛林地
		23	疏林地	指林木郁闭度为10%～30%的林地
		24	其他林地	指未成林造林地、迹地、苗圃及各类园地（果园、桑园、茶园、热作林园等）
3	草地			指以生长草本植物为主，覆盖度在5%以上的各类草地，包括以牧为主的灌丛草地和郁闭度在10%以下的疏林草地
		31	高覆盖度草地	指覆盖>50%的天然草地、改良草地和割草地。此类草地一般水分条件较好，草被生长茂密
		32	中覆盖度草地	指覆盖度在20%～50%的天然草地和改良草地，此类草地一般水分不足，草被较稀疏
		33	低覆盖度草地	指覆盖度在5%～20%的天然草地。此类草地水分缺乏，草被稀疏，牧业利用条件差
4	水域			指天然陆地水域和水利设施用地
		41	河渠	指天然形成或人工开挖的河流及主干常年水位以下的土地。人工渠包括堤岸
		42	湖泊	指天然形成的积水区常年水位以下的土地
		43	水库坑塘	指人工修建的蓄水区常年水位以下的土地
		44	永久性冰川雪地	指常年被冰川和积雪所覆盖的土地
		45	滩涂	指沿海大潮高潮位与低潮位之间的潮浸地带
		46	滩地	指河、湖水域平水期水位与洪水期水位之间的土地
5	城乡、工矿、居民用地			指城乡居民点及其以外的工矿、交通等用地
		51	城镇用地	指大、中、小城市及县镇以上建成区用地
		52	农村居民点	指独立于城镇以外的农村居民点
		53	其他建设用地	指厂矿、大型工业区、油田、盐场、采石场等用地以及交通道路、机场及特殊用地
6	未利用土地			目前还未利用的土地，包括难利用的土地
		61	沙地	指地表为沙覆盖，植被覆盖度在5%以下的土地，包括沙漠，不包括水系中的沙漠
		62	戈壁	指地表以碎砾石为主，植被覆盖度在5%以下的土地
		63	盐碱地	指地表盐碱聚集，植被稀少，只能生长强耐盐碱植物的土地
		64	沼泽地	指地势平坦低洼，排水不畅，长期潮湿，季节性积水或常年积水，表层生长湿生植物的土地

续表

一级类型		二级类型		
编号	名称	编号	名称	含义
6	未利用土地	65	裸土地	指地表土质覆盖，植被覆盖度在5%以下的土地
		66	裸岩石质地	指地表为岩石或石砾，其覆盖面积>5%的土地
		67	其他	指其他未利用土地，包括高寒荒漠，苔原等
9		99	海洋	

10.6 土地利用视觉识别制图的原则与技术流程

使用卫星遥感图像进行一个区域性的专业制图，如制作一个地区的土地利用或土地覆盖专题图时，往往需要多人同时进行工作。为了避免工作人员因专业背景、工作经历和判读熟练程度不同而产生判读结果上的差异，甚至错误，需要在正式判读前统一认识并制定视觉判读准则，这个准则就是判读标志。它具体地将不同的土地利用类别与供判读的卫星图像上相应的典型的综合影像特征一一对应起来，并用精准、简洁而凝练的语言来描述。概括来说，所谓判读标志，它就是在进行视觉判读中不同的待判读目标在遥感图像上所呈现的综合影像特征，或谓判读标志就是用于识别和区分土地利用类别的一组判别因子的特定组合，应具有无歧义的专一性。这里需要特别指出，因为做的是关于土地利用方面的专业制图，目标是群体目标，那些表达个体目标的判读因子就不适用了。因而，灰度、颜色、纹理等判读因子就显得格外重要。

10.6.1 判读图像处理方案

需要对当时可能获取到的 Landsat-TM 与 SPOT-HRV 数字图像的处理方法及彩色合成显示方案在土地利用方式的视觉判读中的应用效果进行评价，以便提出指导性意见。表 10.6.1 中第一行所示 TM7，5，4 及 TM5，4，3 中的数字代表选用的合成波段，其排序是指加色合成方案，即按照波段顺序相应赋以红、绿、蓝三个基色。TM5，4，3 为非标准假彩色合成。TM-KL123 中，KL 指进行主成分变换（KL），数字代表前三个主分量，其排序亦指加色合成方案。SPOT 情况可类推。对表中所列的六种处理方案提供的彩色图像进行的视觉判读结果表明，习惯上常用的标准假彩色图像（TM-4，3，2）其土地利用上的识别效果并非最佳，基于统计分析的 TM5，4，3 的视觉判读结果最好，这使得在前面讨论过的最佳波段选择方法获得了又一次的实际检验。一般人没有想到的是对 SPOT-HRV 仅有的三个波段的 KL 变换的效果。一般认为只有三个波段，KL 变换也不能多产生出一个主分量参与彩色合成。然而，KL 变换除了数据压缩功能外，它还有一个功能，通过 KL 变换（相当于坐标轴做了旋转），使目标的可分离性达到最大，再经灰度值动态范围扩展（线性拉伸），色彩更加丰富，使不同目标更容易区分了。

如果将不同土地利用类型形成的图斑按视觉识别难易程度进行划分，可分为以下 4 种图斑。

1）容易识别的类型图斑：图斑边界清晰，彩色色调与纹理具有鲜明特点，立刻可确定其类型。

2）较容易识别的类型图斑：图斑轮廓大致清楚，其形状、大小、彩色色调、纹理有较明显特点，当与其他类别的某个标志相近时，可通过地貌部位以及类别间的邻接关系分析来确认。

3）尚能识别的类型图斑：图斑轮廓模糊不清，颜色色调等标志与周围邻接地类略有差异，需根据地学相关分析定夺，可能会造成类别判定及图斑范围确定上的误差。

4）基本上不能识别的图斑：图像上的图斑对判读标志没有任何反应。

同期（1986 年 9 月 27 日）获得的 1：30000 彩红外航片分辨率高，可判读性远高于 SPOT 和 TM 图像。根据该航片制作出 1：100000 的土地利用判读类别图斑，并以此为基准，分别对 6 种不同处理的 TM-SPOT 图像逐个图斑进行可判性评价并进行登记。然后进行各地类的图斑统计和相应面积量算，通过对这种可判读性的定性描述数量化，构建以面积大小进行加权的 6 种方案处理的图像图斑识别难易程度的定量指标。

在表 10.6.1 所列的 6 种方案做成的供判读图像彩色上的 17 种土地利用类型图斑，其中有超过 97% 的图斑属于容易判读和较易判读类型，表明这 6 种方案对土地利用视觉判读是适用的，能保证 1：100000 土地利用专题制图的良好精度。黄土梁子样区土地利用类型（17 种）判读图示于图 10.6.1。

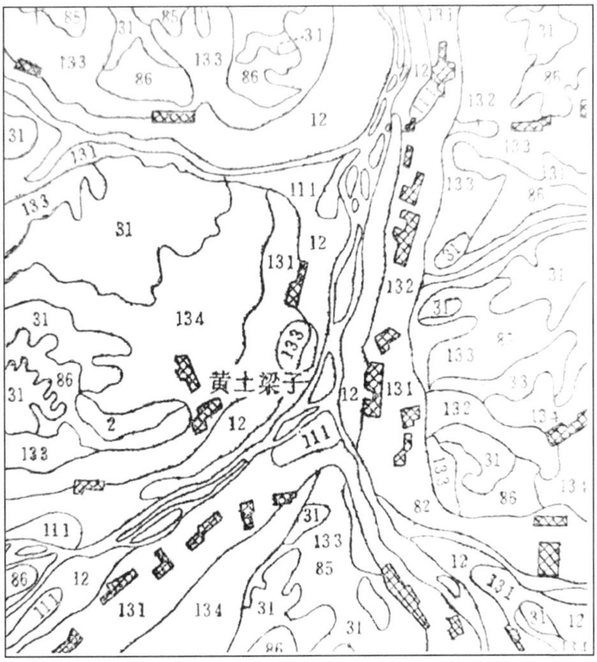

图 10.6.1　平泉县黄土梁子样区 1：100000 土地利用判读图

资料来源：李澍荪，1988

10.6.2 判读标志

要做出一份为土地利用专题制图服务的简明扼要的判读标志，首先要了解工区的自然地理情况和社会生产习惯，并通过精心设计的路线考察，对分类系统中各种土地利用类型及其空间分布状况有全局性掌控，做到了然于心。接着，要在路线考察基础上，通过设立典型试验区，对各类图斑进行预判，厘清各种图斑与分类系统中各土地利用类型间的关系，通过分析比较，反复斟酌、推敲，概括出一种语言精练的判读标志。判读标志实际上就是一种对照表，为判读人员随时提供判读参照。有了这个判读依据，土地利用判读者就可以由已知到未知、由点及面将工作全面铺开。有了公认的、统一的判读标志，使判读人员可以提高工作效率，保证判读精度。

10.6.3 图像的判读标志的局限性

遥感图像识别标志不可能放之四海而皆准，他会因时、因地、因传感器波段设置的不同、分辨率的不同以及图像处理方法与彩色合成方案的不同而会产生变化。在一个纬向和经向伸展都有相当大跨度的工作地区，卫星传感器不可能在这么广大的范围里同时成像，由若干幅不同时间的图像构成的区域，更不可能仅用一组判读标志来规范、指导视觉判读，应该分区建立判读标志，才能应对图斑影像特征的变化，从而做出正确的识别结果。总的判读范围要是过大，在同一时间，即沿经线方向，在不同纬度的农作物会处于不同的物候期，呈现不同的外貌特征，从而造成图斑影像特征的改变。由于传感器分辨率差异，波段选择、处理方法以及彩色合成方案选择上的不同，造成同一目标的判读标志呈现的变化，可从表 10.6.1 上看得清清楚楚。

表 10.6.1 平泉县黄土梁子样区不同处理方法图像上土地利用类型判读标志

土地利用类型		SPOT 标准假彩色合成	SPOT-KL	TM 标准假彩色合成	TM5，4，3	TM7，5，4	TM-KL123
编码	名称						
111	水稻田	灰黑色，斑块状，近河流，位于河漫滩及 I 级阶地上	浅黄色	暗红色斑块，具点状纹理	绿色	深咖啡色	橙黄、夹白、红小点
12	水浇地	不规则条状，串珠状，色调为灰绿色杂灰蓝色	浅绿-绿	红色，杂斑状	浅蓝	浅土黄	浅品红色
131	川旱地	宽长条状，呈不均匀灰绿色，沿河流谷底分布	黄绿色	红色	蓝绿-灰绿	土黄	品红色
132	沟旱地	窄条状，呈灰绿色，沿支沟分布	黄绿色	红色	蓝绿-灰绿	土黄	品红色

续表

土地利用类型		SPOT 标准假彩色合成	SPOT-KL	TM 标准假彩色合成	TM5，4，3	TM7，5，4	TM-KL123
编码	名称						
133	坡旱地	半圆形或三角形，灰绿色不规则斑块状，分布于山坡上	黄绿-绿-墨绿	红色	蓝绿-灰蓝	土黄夹绿条纹	深品红色
134	台旱地	灰绿-灰白色斑块，分布于河谷两侧台地上	绿-墨绿色	红色含绿色细条纹	蓝绿-灰蓝	土黄夹绿条纹	品红夹蓝色条纹
21	果园	红褐色小斑块，在近村的坡麓处	大红	褐红	深灰夹绿色小点	暗至深绿	深紫
31	有林地	各种形状斑块，针叶树呈紫黑色，深紫色和深蓝色，阔叶树为褐-红褐色	油松：土黄 阔叶树：橙红	针叶树：深紫褐色-暗红色，刺槐：鲜红	针叶树：暗紫-紫黑，阔叶树：暗绿-绿	针：紫黑-深蓝，阔：绿及橙黄	针：紫黑-紫红色，刺槐：品红
33	疏林地	深灰色斑块，具点状纹理	土黄色斑块	浅紫褐色，具点状纹理	灰紫色	深灰色	暗紫
5	居民地	具规则几何形状的小斑块，褐红色，多在河谷中	大红色	深灰或灰绿色	深灰-灰蓝	深蓝、蓝黑	灰蓝夹暗绿
63	道路	灰白色平滑线条或折线条	黑色或红色	深灰或灰白色	深灰-灰色	灰黑、灰、蓝或绿	灰黑、蓝
71	河流水面	弯曲黑色线条、呈树枝形	黄白色	深灰绿色	深红-大红	黑色	浅黄
82	沼泽	灰色条块状，分布于河谷低洼处	暗绿色	灰色	暗蓝绿色	深-暗绿	暗色调中带蓝色
85	裸土裸岩	灰蓝及灰白色斑块，分布于切割破碎，陡峭的山地	蓝-天蓝色	绿灰-灰绿色	白-灰白-浅紫	浅-深蓝	白-蓝-深蓝
86	荒草地	色调不均匀的灰蓝色斑块，局部略带浅红色，分布于地形较圆浑的山地	蓝色，略带紫色	青灰色	白-深紫色-灰蓝	浅-深蓝	白-蓝-深蓝
	河滩	灰白色线状，沿河分布	蓝色	灰绿色	浅红色	蔚蓝色	浅黄
	川防林	鲜红色，长条斑块状，沿河分布	品红色	暗红色	暗绿-暗蓝色	暗绿-灰绿	深紫色

资料来源：李澍森，1988

10.7 土地利用/土地覆盖视觉判读方法和步骤

本节将以《三北防护林遥感综合调查》平泉县公共试验区的土地利用/土地覆盖的遥

感调查研究为例，来说明如何根据遥感图像进行土地利用/土地覆盖调查的方法。

三北防护林遥感综合调查是国家“七五”重点科技攻关项目。该项目的主持单位是中国林业科学院资源信息研究所，项目主持人为该所时任所长徐冠华研究员。“三北”地区面积广阔，范围达390多万 km^2，自然条件极为复杂。为保证“三北”防护林遥感综合调查的成功进行，选择自然条件复杂多样，防护林建设和生态效益显著、成绩突出的河北省平泉县作为公共实验区，以研究“三北”全区遥感综合调查技术方案和技术规程等关键问题，为日后开展全局调查打好技术基础。平泉县遥感实验于1986年6月全面展开，并于当年秋季结束野外工作。之后，各部门转入室内的图像判读研究工作。

土地利用现状遥感调查是该综合调查中的重要内容。虞献平、李澍荪博士等在平泉县公共实验区的土地利用现状调查中研究深入，富有创新精神。这里以他们的研究成果为基础，阐述土地利用遥感视觉判读的方法原理和实施步骤。

当时能获得该地区遥感信息源是TM和SPOT数字磁带图像，他们有实力进行计算机数字分类处理。由于数字处理依据的只是各波段的灰度信息，分类精度尚不能达到项目分类精度要求，而且，当时计算机数字图像处理也不普及，不可能在“三北”这么大的范围里推广应用。最终还是选择了硬拷贝进行视觉判读来实现实验区范围上的调查研究，它可综合运用图像中目标的色彩、灰度、形状、大小、纹理、图形结构以及地学相关等直接和间接判读要素（因子）由经过训练的专业人员进行视觉判读分类，以期在今后大范围推广中获得可以接受的调查精度。

10.7.1 土地利用/土地覆盖视觉判读的原理

对于多波段遥感图像，如果土地利用视觉判读的原理弄清楚了，那相应的处理和判读方法也就产生了。土地利用/土地覆盖视觉判读的原理、方法可归纳为下面几条。

1）遥感图像所以能够区分不同的地类或覆盖类型，是由于不同的地类/覆盖类型的反射率不同，在单波段图像上表现为灰度的差异，而在多波段加色合成图像上表现为色度学上的差异。差异就是信息。但是，地表大部有植被和农作物覆盖，他们是随季节变化的，有时反射率差异会大，有时反射率差异会小，只有选择恰当的季节或物候期，才能获得各地类在反射率差异最大的图像，从而有利于图像判读。有的覆盖类型需要两个时相的图像才能将它们识别，如暖温带的落叶阔叶林与常绿针叶林，寒温带的常绿云冷杉林与落叶松林，这就需要选取两个合适时相的图像来区分他们。

2）根据色度学原理，由蓝、绿、红三基色可合成色彩最为丰富的彩色世界。因此，要获得判读视觉效果好、信息又丰富的图像，一定要选择多波段遥感图像中用于彩色合成的最优的三个波段。这就要求，被选中的三个波段应该是波段间数据相关性愈小愈好，而各波段数据的值域，或称数据的动态范围愈宽愈好。万一数据未能如愿，应采用数学方法来再造它们，提高视觉效果，从而有利于目标的识别。

3）跨平台或跨传感器的数据融合会帮助塑造有利于视觉判读的信息丰富的图像。对于视觉判读来讲，既有高的空间分辨率，又有丰富的光谱信息的图像，无疑是人人期盼的。但这是互相矛盾的诉求，对一种传感器难以做到。但是，通过对不同分辨率传感器获取的数据进行融合，可以实现同一地区高分辨率图像和高光谱图像的优势互补，使目标细节看得更清楚，提高目标的可判读性。

4）太阳辐射的斜射与地形高低起伏、地表覆盖目标高度的差异相结合而产生的阴影差异也是目标视觉识别的一个重要根据。特别是对于那些由一株株树组成的森林（松、杉）和由一株株禾苗组成的草场、作物群体目标，有利于目标的识别和相互区分。

5）地学相关分析是视觉判读中的一个重要法宝，有丰富的内容。

不同的植被类型要求有相应的水分和温度条件，而在山区，水分和温度是随着高度的增加而变化的。因而也造成了植被类型随高度的增加而有序的变化。按高度进行地理分层是植被判读工作者应掌握的一条重要原则，违背了这条原则就会产生识别上的错误。

地形的影响不单体现在高度上，坡度、坡向（阴坡、阳坡、半阴坡）、坡位（上、下部）都对土地利用方式和天然植被覆盖产生影响。有灌溉的农田和村落多沿河流两岸分布，是因为取水方便，而旱地一定是离水源较远、坡位较高的部位。不同的地貌部位，土地利用方式往往很不一样，洪积扇的中、上部位常分布着村庄、农田和果园，在洪积扇下部，由于潜水的溢出，多为盐沼地。

地表覆盖在长期的演进过程中，植被覆盖和土地利用方式常呈犬牙交错镶嵌式分布格局，本来是很难划分它们间的界限的。一般情况下，它们间的邻接关系是科学有序的，图像判读者心中应该掌握这种科学关联。

地学相关分析在不同地类视觉判读中的作用，现通过平泉县陆地卫星 TM 图像的土地利用视觉判读标志列表（表 10.7.1）作为进一步的说明。

表 10.7.1　河北省平泉县陆地卫星 TM 影像土地利用类型判读标志表

判读标志 / 地类编码	形状	色调	影像特征	地形与地貌部位
水稻田	整体上呈面积较小的不规则的条、块状	蓝灰、青蓝	边界较为清晰，内部青蓝色调不均匀，呈晕状	河谷中的河漫滩或 I 级阶地
水浇地	不规则的条状，延伸长，经常达几千米-十几千米	蓝灰褐、褐红	边界不清，色调略呈斑杂，大面积分布地区可见地块边界，一般呈斑块串珠状延伸分布	河流两侧或居民点附近
川旱地	宽长条状，伸展距离大，可达几十千米	褐	色调不均一，顺河流两岸延伸，与地貌的相关性好	大河两侧伸展至山脚下
沟旱地	窄条状，一般长度不大，不超过十几千米	灰褐色	色调较均一	位于Ⅱ级支沟顶端或Ⅲ级支沟中（以老哈河、瀑河为 I 级）
坡旱地	断续相连大小不等的积云状不规则斑块	浅灰褐色	常形成半圆形、三角形图案，边界明显	分布于山坡上
台旱地	簇团状斑块	褐灰白色	呈蜥掌状杂色分布	分布于河谷两侧的台地上

续表

判读标志 / 地类编码	形状	色调	影像特征	地形与地貌部位
菜地	点状	红	星点状分布，影纹均一	分布于居民点附近或河流两岸低平的水浇地上
果园	稀疏分布的小斑块	褐色	边界清晰分明，色斑均匀	居民点附近，一般分布于山坡中下部
有林地	大小不等、形状各异的斑块，往往形成枝叶状图形	红（阔叶树林），赭石色（针叶树林）	山地的林区色调均匀，颗粒紧密。川防林呈较均匀的斑块沿河谷串珠状展布延伸	分布于山地、河谷（川防林），人工林（油松等）分布以阴坡为主
灌木林地	不规则斑块	红（刺槐、栎等阔叶树）	色调较均匀，散布在不同斑块中颗粒紧疏也不一致	分布于山地
疏林地	具有不规则边界的云雾状斑块	红褐	色调不均一，可隐约看出点状影纹	山地
苗圃	小斑块状	红	色调均匀，具有规则的直角边界	居民点附近或河谷中的川（平）、沟旱地、水浇地上
牧草地	不规则斑块	灰褐红	较均一，略有绒状质感	中山或中低山区
居民点及工矿用地	小块状，有较规则的折线状轮廓	蓝灰、灰、青灰	有规则的几何形状，有立体感	多分布于河谷中的耕作区，工矿用地分布山区
铁路和公路	公路呈曲折线条，铁路呈曲折线条但往往有较长直的延伸	铁路——灰 公路——浅灰、灰白	线形	多沿河谷修筑
河流水面	有较恒定宽度的曲线状	深蓝	边界极为明显，弯曲流畅	山谷间
水库水面	不规则的圆形、椭圆形或三角形，坝址呈平直线状	深蓝	轮廓清晰，色调极均一致密	山谷
沼泽地	条块状	蓝灰褐	色调沉重不均，大致可看出边界，色斑内有条纹结构	河谷低洼处
沙滩地	长条状或块状	灰白	边界清楚，常呈枝杈状，时有膨胀	河道
裸土地、裸岩	较集中的具有不规则边界的斑块，有些边界不甚清晰，呈云雾状	青灰色夹白褐色	青灰、浅青灰、白褐色的斑状，呈镶嵌状分布	山地
荒草地	枝杈状条块	灰褐	轮廓不清，有极细微的麻点感	山地

注：平泉县跨两景 Landsat TM 图像（122-31，1985.5.8；122-32，1984.3.21），为标准假彩色（B2，B3，B4：蓝、绿、红）

6）判读目标与其背景间的反差对判读者是另一个重要的信息，它对线性目标（交通线、断层等）和人为扰动过的痕迹和对天然目标的辨认都能提供可贵的信息。

这样，土地利用/土地覆盖遥感调查的视觉判读工作可概括为：在工区的路线考察和试验窗口区的遥感图像与地面实况进行详细的分析和比对情况下，先用分辨率较高的验证图像对窗口区做全面的土地利用视觉判读，生成窗口区土地利用分布图（专题图），将判读图斑经实地检验并一一指认，确认无误后作为标准判读结果。实现一次物到像的映射，并对每一图斑赋以相应地类的标签。在此基础上生成土地利用分类系统表和相应的编码。同时对每个土地利用类型概括出简洁的判读标志，附于分类表的每个地类之后，作为今后判读的指南。这一判读结果是日后检验和评价各类备选的工作图像可判读性的质量标准。这种专题图应该满足遥感专题地图制图三原则。

1）互斥性：各类图斑不应存在互相重叠的现象，即一个图斑不可同时属于两种类型；

2）向上递归性：低层级的类型可以无障碍的归并入上一级地类；

3）完备性：研究区内分类系统中所列地类在专题图中应无一遗漏。

综上所述，可以这样来描述土地利用/土地覆盖视觉判读的原理：在选择好时相合适的高低两种分辨率的遥感图像条件下，经过必要的增强、变换和数据融合处理，按色度学原理生成最适于进行土地利用/土地覆盖遥感调查用的视觉效果好的图像；根据视觉判读要素来分析这个图像，按图像特征的相似性凝聚出共性，用于判定土地利用/土地覆盖类别图斑；由图斑中判读要素的差异性提炼出个性来确定图斑类别的边界；经过窗口实验区图像图斑与地面实况的反复检验，做出满足调查要求和遥感专题地图制图的图斑互斥性、向上递归性和完备性三原则的窗口区土地利用/土地覆盖遥感视觉判读专题图；并以此为根据，生成土地利用分类表以及各地类的判读标志，作为今后判读的依据；根据判读标志，从已知到未知，由点到面，一个图斑一个图斑地完成工作地区的土地利用/土地覆盖视觉判读调查，实现由图像到专题图的映射。以上这些就是土地利用/土地覆盖遥感图像视觉判读的原理和方法的基本内容和各环节间的逻辑关系。

由人的视觉判读生成专题图是个系统的科学工程，由多个环节构成。工作量大小及难易程度决定于任务方提出的目标和要求。承担方则根据要求，制定经费预算，以供工程之需。整个工作可分为三个阶段，即前期准备阶段、视觉判读执行阶段和最后成图验收阶段。

10.7.2 视觉判读图像的选择和对工作条件的要求

在任务方提出采用的地图投影、成图比例尺、工期、土地利用分类系统、成图质量要求、验收标准等定量指标的基础上，需要做好准备工作。现在以制作1∶10万的一景TM图幅面积的土地利用专题图为例来说明。

1）选择好供视觉判读用的图像是做好该项工作的关键。根据1∶10万制图比例尺的要求，能满足该要求的应为Landsat-TM一类的图像，性能价格比高，且符合该比例尺制图的要求。由于土地利用制图具有时间性，先要确定好时间，再选购生成时间相近的图像。因为是土地利用制图，还要选择好合适的时相，使地物间反射特性差异最大，有利于各种作物和植被类型的区分。如果经费允许，可选择一年中的两个时相的图像。另外，为了提供评价质量的比较标准，还要选购时相相近的、与判读工作的实验区面积相近的另一种分辨率高一档次的图像。此外，还要准备好配套的比例尺为 1∶2.5 万（最好），以及 1∶5 万和 1∶10 万地形图，以供精几何纠正之用。

2）对已购 TM 图像进行各种彩色合成显示，并从中选定视觉和判读效果好的合成方案。在这基础上设计两至三条踏勘路线，使能通览全局各土地利用类型及各类别识别中的难点、疑点；进而选择 8km×8km 的判读试验窗口，并在野外确定好试验区的 4 个顶角行列号和经纬度。

3）判读工作环境包括有一定的图形生成和编辑功能的信息处理软硬件系统，支持对土地利用类型图斑的边界勾绘、编辑（细化、圆滑、修改），以及对图斑设定或改变色调，添加文字、符号、注记和图例，提供必要的线型和符号库。为了提高图斑勾绘的准确性，还应有局部窗口的放大功能，使边界定位至一个图像像元。在全部判读完以后，能提供图面整饰功能，可添加经纬网、图框、图名、比例尺、图例、判读标志等功能。

在全部完成试验区的判读工作基础上，就取得了试验区点上的工作经验，有了土地利用分类系统及其相应于各类别的判读标志，判读工作就有了标准，最后便可据此按图索骥了。

10.7.3 遥感图像的视觉判读方法、步骤与判读工作流程

本节以“三北”防护林遥感综合调查公共实验区平泉县土地利用现状遥感调查为例，来说明图像视觉判读的工作流程，图 10.7.1 是该视觉判读流程框图。

1）流程框图 10.7.1 的顶部为 A 框，连同两侧的 B1 和 B2 框，共同表达了图像判读的前期准备阶段的工作。这一阶段首要工作是生成既具有高空间分辨率，又有丰富波谱信息的视觉效果好的供判读标准的图像。在这个基础上，精心设计好考察路线以通览全局并选定 10～30km 见方的窗口区。窗口区应包含在工区内所有可能存在的土地利用类型，特别是那些在图像上难以辨别的极罕见的地类，交通应该方便，利于去反复调查、比较。

2）在图中的 C 框代表第二阶段工作内容。这一阶段首要工作是根据高分辨率遥感影像的判读，生成高分辨率土地利用判读专题图，并以此作为标准来评价其他供判读图像在土地利用遥感调查中的适用性，从中选出今后全局工作中的判读用图像。在总结窗口区土地利用判读经验基础上，形成了工区的土地利用分类系统以及为每一个土地利用类型确定判读标志。所谓判读标志，是指各土地利用/土地覆盖类型在遥感图像中的判读要素的某种组合的概括性语言描述，对每个地类来讲，这种描述具有唯一性，即互斥性。判读试验窗口的研究工作是整个判读过程的核心和关键环节。

3）视觉判读流程框图中的 D 功能框包含两部分工作，一是全工区按统一标准做的由点到面的全面铺开的视觉判读工作（D1）。在这一阶段，还要在图形编辑模块支持下，完成土地利用判读专题制图工作，二是在通过验证后，进入下一阶段的成果验收阶段（D2）。

4）不同的土地利用类型判读举例

现以虞献平（1988）、李澍荪和王成道（1988）在中国河北省平泉县由 Landsat-TM

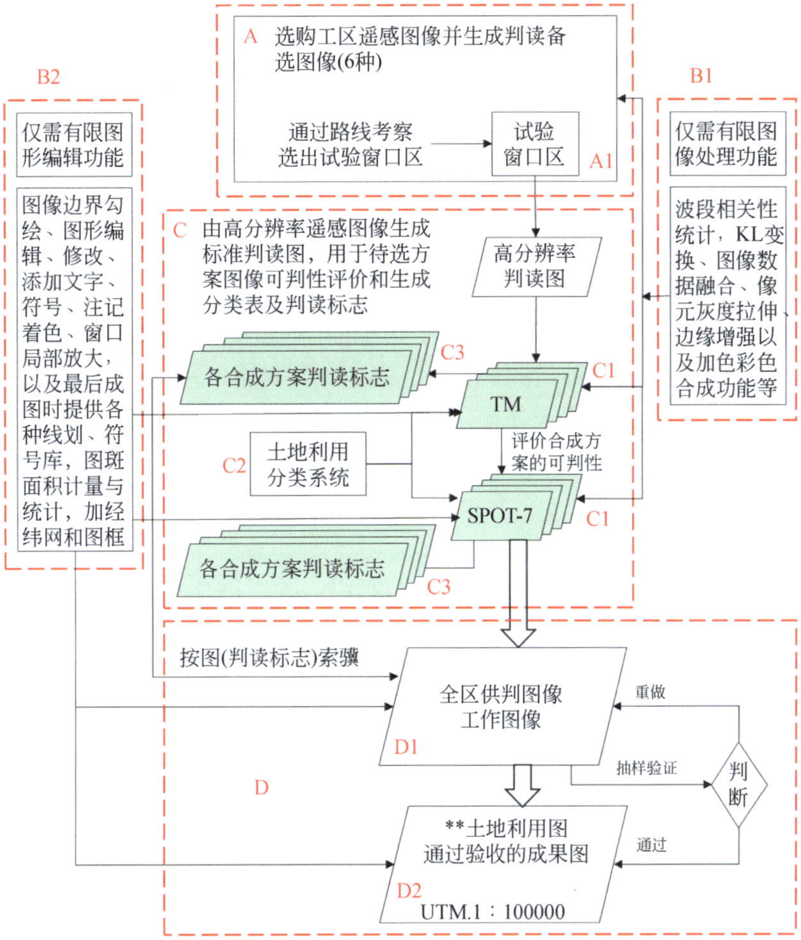

图 10. 7. 1　土地利用视觉判读流程框图

（1985 年 5 月 8 日）标准假彩色合成图像进行土地利用类型判读研究工作为基础，将虞献平的平泉县土地利用类型判读标志列表局部归并和适当调整，用现在通用术语，按 1984 年的土地利用类型分类表的分类序列，分别给出各类型的定义与相应的判读方法。这里要特别指出，植物生命有机体（含作物）在影像上的色调，除了彩色合成方案的影响外，它还受季节变化和物候期（作物）的影响。对于草原（干草原和草甸草原），还有季相变化作用而呈现不同的色调。一个熟练的视觉判读工作者还应掌握一定的色度学原理，知道植被在生长过程中，由于色素的改变，怎样引起彩色合成图像色调的变化。土地利用视觉识别仍习惯性地依照待判读目标的几何形体特征（形状与大小）、色调（体现了目标的波谱反射特征和相应采用的加色合成方案）和纹理结构特征（反映目标物尺寸在小于像元空间分辨率时，它们的空间分布格局），外加地学相关性分析（地形部位与目标间相互邻接关系），根据这前三种指标中的一个、两个或全体的差异性进行区分，根据其一致性进行归类。实在没有办法时，地学相关分析便成为一种非常有用的判别推断法宝。下面是土地利用类型视觉识别方法的普适而具体描述。

（1）水稻田（111）

在全国各省区均有分布，尤其在各大河的中下游地势低平地区，以斑块状出现，可见规则的轮廓；色调因生长发育的物候期差异而变，在秧苗期，水面占比高，色调呈蓝至蓝灰色，封垄后，呈不同的红色，至孕穗期后，逐渐由红色转变为金红色，图斑明亮且富上凸浮雕感。多分布于低洼地区，如喀斯特发育的峰丛、峰林洼地，在大河尾地段以及大湖周围，多与湿地为邻。在北方中低山丘陵地区，常呈面积小而不规则的条状或块状，边界较清晰；呈蓝灰至靛蓝色调；色调不均匀，有晕状；分布于河谷中的河漫滩或一级阶地。

（2）水浇地（12）

指水田和菜地以外，有水源保障和灌溉措施的土地。图斑较大且规整，边界轮廓清楚；在作物生长期，色调由下种后的灰黄色、褐色，到封垅后呈褐红、红色调；整个灌区色调斑驳不一；常沿大中河流两岸分布，多有渠系相伴。在北方中低山丘陵区，呈不规则的条状延展，边界不清；呈蓝灰、褐、褐红色调；斑块串珠状展布，色调斑驳杂呈；沿河且近居民点分布。

（3）旱地（13）

无灌溉设施，靠大气降水维持作物生长的农田。降水量在400～650mm的中国西部，西南部河谷深切的高原山间盆地、西北部黄土高原、北部及东北部的中低山山麓或缓岗，斑块大小变化大，边界不清楚，呈灰黄色、黄色、褐黄色至褐色、褐红色不等；斑块色调不均；多沿河、沟谷分布。在北方中低山丘陵地区，呈宽窄不等的条状或团块状分布，边界多不清楚；呈褐灰色、浅灰褐色、灰褐色到褐色，主色调为褐色；图斑呈不均一的杂色，纹理杂乱；多沿河分布，或散布于山坡、台地。

（4）菜地（15）

以种植蔬菜为主的耕地，包括温室塑料大棚用地。在大中小城市周围地区均有分布，规模大小不一，有规则的外形，边界清晰；呈鲜红色，塑料大棚菜地则呈独特的色调不饱和的乳红色；在居民点附近，以鲜艳的粉红色与其他农作物相区分。

（5）果园（21）

种植果树的园地。柑橘类果园分布在长江以南亚热带低山丘陵区，降水量在1000mm以上；边界清楚多不规则；呈黄、棕、红棕至红色调；不均匀的杂斑状；往往分布在丘岗中上部，底部与水稻田为邻。苹果园分布在暖温带，降水量在500～700mm的山东半岛的沿海丘陵地带以及晋陕中北部黄土分布区。地块大、边界清晰；呈褐色、红褐至褐红色；色泽杂而不饱满；果园斑块常与耕地斑块穿插或互邻。

（6）有林地（31）

林木郁闭度>30%的天然林或人工林地。在中国南亚热带广泛分布着常绿阔叶林，但少有天然纯林，呈棕黄色、红棕色至红色，色调凌乱，边界不清；唯在川北高山峡谷区分布有纯云冷杉林，暗红色；青海、甘肃的祁连山区有青海云杉纯林与灰藓形成固定群落，仅在林缘极透光处有悬钩子、金露梅、银露梅小灌木出现，呈浅红色斑块，图斑边界清晰，其四周与草地为邻。秦岭-淮河一线以北，乌鞘岭以东，降水600～800mm地区，夏绿林广布，低山区有针叶树油松分布，中山区则可能有华北落叶松、云杉分布；阔叶林一般呈浅红至红色调，边界不清。针叶林呈暗红色，在高分辨率的图像（如航空彩红外片）

上呈现颗粒状纹理，易与阔叶林图斑相区分。在华北中低山区，针阔叶树混交，针叶林一般呈深红色至紫褐色，阔叶树洋槐色调鲜红醒目，图斑轮廓清晰；一般分布于山地河谷，油松多分布于阴坡。

（7）天然草地（41）

是未经人为改良的，以天然草本植物为主，用于放牧或割草的草地。包括以放牧为主的疏林草地和灌木草地。中国草地主要有三种类型，第一类是从呼伦贝尔到锡林郭勒的典型温带干草原，即大针茅羊草草原及其退化型大针茅-狼毒-百里香草原，大范围连片分布；一般呈黄色、棕黄色、红棕色，色纯，面平无杂斑，少见居民点和交通网；第二类是位于松花江-嫩江平原的杂类草甸草原；褐色、褐红色到浅红色；常与农田相互穿插，纹路杂乱；第三类是位于青藏高原山间洼地，川西北松潘地区河谷洼地分布的为低矮草甸草原，地势低洼潮湿；靛青色、青褐色、褐红色；色调大范围均匀一致；常有河流穿过。在华北中低山区（平泉县），呈不规则斑块状，边界不清；灰褐色至褐红色；图斑色调尚均匀，略有绒状质感，尚可辨认。

（8）城镇（51）

市、镇建制的居民点，不包括市、镇范围内用于农、林、牧、渔业生产用地。城镇一般成块状或饼状，由道路分割成一个个区块、街区，边界轮廓清晰可见，呈浅灰到蓝灰色，色调不均匀；对于中、大城市，多有数条交通干线穿行其中，大城市附近常有机场相伴；如为海港城市，则与码头、栈桥相通，容易识别。

（9）盐田（54）

以经营盐业生产为目的，包括盐场及其附属设施用地。分布于沿海滩涂，由畦埂分割为一畦畦盐池，呈蓝色至蓝灰色（晒盐初期），灰色至灰白色调（水分蒸干期）；色调、轮廓异常清晰可辨，极易识别。

（10）铁路（61）

为铁道线路与站场用地。进出站候车大厅以及进出站广场一般位于轨道一侧，也有骑跨铁路轨道的，铁轨从车站一侧或从中央穿过并伸至远方。如为铁路编组站，则有多条并行轨道，布设于车站的某一方向。铁路呈灰黑至黑色线条，影像宽度远大于轨道实际宽度，车站呈灰至蓝灰色。在平原区，铁路串联着许多大中小城镇，便于人们出行和货物运输；在山区，则多沿河谷修建，容易识别。

（11）民用机场（64）

机场及其附属设施用地。机场由两三千米长跑道、停机坪、航站楼、指挥塔台、维修厂房、仓库等组成。跑道一般有两至多条，呈灰白色，其他设施如航站楼呈蓝灰色调，外形规整，长条形灰白色跑道是最醒目的判别标志，极易识别。

（12）港口（65）

专供客货运船舶停靠的场所，包括海运、河运及其附属建筑物用地。港口包含停靠船舶的码头、栈桥、吊装货物的起重设备、运送货物的轨道交通及公路，站台、办公楼、库房、货场，多沿海湾、河湾建造，并与较大城市相连或相通。呈灰蓝或蓝灰色，紧邻蓝色的海湾、河道、城市以及整齐划一的码头、栈桥，也容易辨认。

（13）湖泊水面（72）

天然形成的积水区，常水位岸线以下所占水域。湿润区的湖泊与河流的连接关系常呈外挂型，如鄱阳湖、洞庭湖，也有串联式湖，河水上进下出；干旱区湖泊如处封闭盆地，河水只进不出而形成闭塞湖，含盐量渐高，有的成盐湖，如柴达木盆地的达布逊湖等。多呈蓝至蓝黑色，外形各异，但轮廓边界清晰，极易辨认。

（14）水库水面（73）

人工修建总库容大于等于10万m^3，正常蓄水位岸线所包含的水面范围。水库是人工建造的水工建筑群，包括拦河大坝、溢洪道、进水塔、坝后或坝下引水发电厂以及为灌溉目的而建的引水渠渠首建筑。有的为保障通航专门修了船闸。水库外形受来水河道控制，无固定外形。呈蓝至深蓝色，笔直的拦河大坝是水库区别于湖泊的最显著而醒目标志，极易识别。

（15）沿海滩涂（76）

沿海大潮高潮位与低潮位之间的潮浸地带。在广东与海南部分滩涂发育有红树林，影像呈暗红色；无红树林的滩涂，其色调有白色、灰白至蓝灰色调，前者多为石英砂质滩涂，后者为泥质滩涂，较易辨认。

（16）冰川及永久积雪（79）

表层被冰雪常年覆盖的土地。冰川与永久积雪都赋存在雪线以上。天山、祁连山雪线高度大约为3800～4000m；云南西北部雪线高度约在4000m以上。天山、祁连山冰川表碛发育，使反射率降低，积雪表面反射率受雪面反复融化过程与沙尘污染影响。总体来讲，冰川与永久积雪在影像上呈白色至浅灰白色，容易与周围裸岩区别。

（17）盐碱地（81）

表层盐碱聚集，只生长天然耐盐植物的土地。多分布在干旱区内陆湖盆洼地周边、干旱区冲积扇末端潜水溢出带，或华北灌区排水不畅形成的次生盐碱地。盐分高，地表板结，不利于正常的作物或植物生长。灰白至蓝灰色，根据色调异常和地貌部位尚可识别。

（18）沼泽地（82）

经常积水或渍水，生长湿生植物的土地。湿润区平原洼地因常年排水不畅而渍水或积水，使土壤潜育化，只能生长沼泽植物，如芦苇、乌拉草等。地表积水不深，多在1.5m以下。沼泽植物常丛生，在水中呈斑块岛状分布。灰蓝至灰、灰褐色，边界不清，根据色调与水系、地貌相关分析，尚可辨认。

在10.6节的土地利用土地覆盖分类系统中，植被的内容被简化为有林地、疏林地、果园、牧草和荒草地等类型，实际上应对它们做进一步的补充、扩展和细分。植被是陆地上最重要的生态系统，其生态功能既独特又重要，从经济上考虑，它还是十分重要的自然资源。遥感图像中植被的视觉判读内容丰富，是视觉判读中的精华所在。下面按森林和草地两部分进行讨论。

10.8 遥感图像中森林及其立地条件的视觉判读原理与方法

10.8.1 研究窗口选择与供判读图像准备

本节仍以“三北”防护林遥感综合调查公共试验区平泉县为例，来进行具体分析研究。平泉县地处暖温带半湿润夏绿林地带向半干旱到干旱的草原过渡地带，地形高差起伏大，自然条件复杂，植被类型多样。为使研究工作深入并具有代表性，特按地貌特征和森林类型差异，设立了三个15km×15km的研究窗口，以兼顾全局。三个窗口的地理位置如图（图10.8.1）所示。1号窗口（光头山地区）位于平泉县西北部，代表中山地区的天然阔叶次生林和人工针叶林区；2号窗口选在该县中部偏东地区，代表丘陵低山地带的人工针叶林和人工阔叶林区；3号窗口位于该县的中南部，代表河谷平原及丘陵地带的杨树防护林带和人工针叶林区。

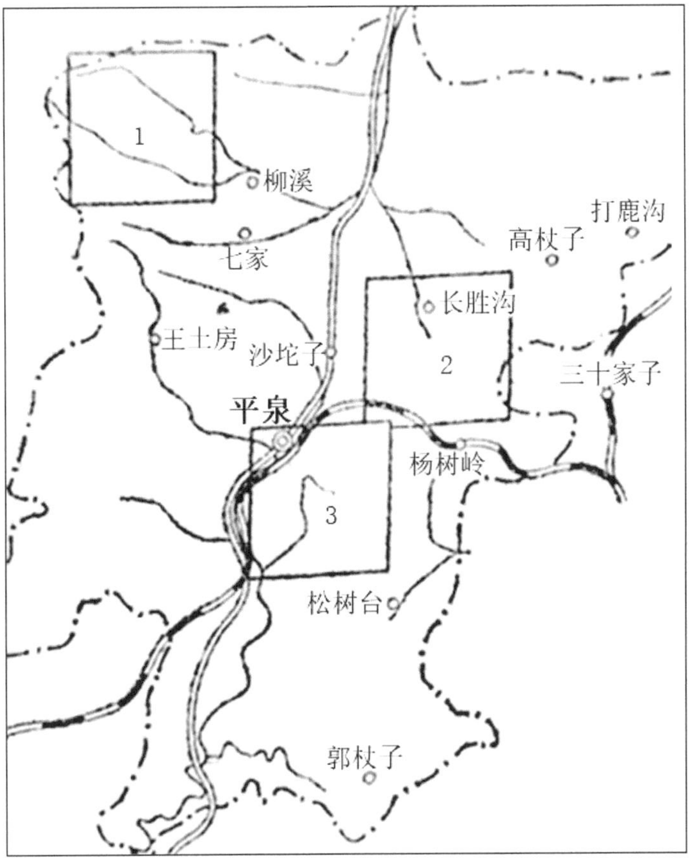

图10.8.1 平泉县三个研究窗口地理位置分布图
资料来源：谭曦光和朱启疆，1988

为配合平泉县公共试验区遥感调查，项目组专门组织了两次航空彩红外摄影：

1）1986年9月27日，用RC-10相机拍摄了平泉县全境的1∶30000彩红外相片，相机焦距为151.90mm，航高约6000m。

2）1986年10月7日，用RC-10A相机全景拍摄比例尺为1∶75000彩红外相片，相机焦距为152.7mm，航高为13000m。与RC-10A同机同步的还用RC-10拍摄了1∶13000的彩红外航片，镜头焦距为87.96mm。

同期采购了Landsat-TM影像和SPOT-HRV影像：Landsat-5 TM计算机兼容磁带

（CCT）122-31 轨平泉县西北部窗口区，时间为1986 年6 月12 日；以及1985 年8 月28 日 122-31 轨的下半景 C 和 D；1984 年 9 月 28 日的 122-32 轨的上半景 A 和 B。同期还购得 SPOT-HRV 多波段数字磁带，时间为 1986 年 5 月 30 日。

公共试验区的研究任务中，其中之一是要为日后开展“三北”全区面上工作提供性价比高且处理相对简便的工作图像方案，并用有说服力的案例证明该方案所用图像能确保各专业 1∶10 万制图精度要求。经过图像处理试验、比较、分析后认为，应该以 1∶3 万的彩红外航摄片专业判读结果作为基准，来评价工作图像（如 TM 图像）的专业判读性能和在精度上的可靠性。SPOT-HRV 图像作为参考图像。

10.8.2 森林植被信息的彩色显示子集的选择方法

色度学上称，由蓝、绿、红三基（元）色可以合成多种多样的混合色，也意味着蕴含最为丰富的信息。图像增强处理中则说，对一幅视觉效果不佳的图像，可以通过多种方法处理，来改善这一图像的视觉效果。针对植被遥感调查，信息丰富且视觉效果好的多波段彩色合成图像，应该表现为能区分更多的植被类型，或者能识别更多的林分。陆地卫星 TM 多波段图像有 7 个波段，色度学上规定最多只能用 3 个波段参与合成，那么应该选择哪 3 个波段、选择的原则又是什么呢？信息丰富、视觉效果好，又体现在哪里呢？这既要有理论上的根据，又应该经得起事实检验。

10.8.2.1 波段选择的定量指标

差别就是信息。在多波段遥感图像上，某个波段中的像元灰度值（DN 值）的值域愈大，其所含信息就愈丰富，即是说，要求多波段图像，尤其是参与彩色合成的那三个波段 DN 值的动态范围愈宽愈好。这种图像像元的灰度值与该波段的灰度平均值$\bar{x}$的差 Δx（称为离差）也应较大，并且用了一个起到夸大作用的指标——方差 σ 来表示。我们用表 10.8.1 来说明这一问题。表 10.8.1 是1 号窗口区（大窝铺窗口）TM 的6 个波段像元灰度值的统计表。

表 10.8.1　1 号窗口区 TM 的 6 个波段像元灰度值（x）的统计

波段序号	波长区间/μm	均值（$\bar{x}$）	方差（σ）	变异系数 $C_v=\frac{\sigma}{\bar{x}}$
1	0.42～0.52	60.252	41.226	0.685
2	0.52～0.60	26.578	26.436	0.995
3	0.63～0.69	24.592	74.716	3.038
4	0.76～0.90	78.801	283.478	3.597
5	1.55～1.75	71.921	416.664	5.793
7	2.08～2.35	25.107	114.679	4.568

资料来源：朱启疆，1988

用方差的大小来表示信息量多少也有一些缺陷，这是因为方差值还与平均水平（$\bar{x}$）

有关。方差大的所含信息不一定就比方差小的多，这从表10.8.1中第一和第二波段的均值和方差对比情况即可看出。如将它们的方差除以各自的均值生成新的指标用来表示所含信息量的高低，那就合理了。仅仅用一个指标方差或变异系数来挑选特征波段，还需考虑各波段间的相关性或叫波段数据的独立性。如表中第5波段和第7波段的 C_v 值都很大，是不是两者都选呢，这要看这两个波段的独立性如何。如果两个波段灰度值数据相关性高，独立性差，其结果是数据高度冗余，产生浪费。我们需进一步做各波段的相关性统计。

从表10.8.1可以看到，可见光波段1、2、3中，第3波段 C_v 稍大，第1、第2波段的 C_v 均很低，表明所含信息不够丰富；相反，在近红外（第4波段）和两个中红外（第5和第6波段）C_v 都很高，所含信息丰富，可暂作候选波段，至于最后能否被选定，还得看它们的独立性如何。由表10.8.2看到，三个可见光波段，它们间的相关性都很高，数据冗余度大；两个中红外波段（5和7波段）相关性也很高，达到0.918，唯独近红外波段4的相关性不大，独立性最好，并且由表10.8.1看到其信息量也很丰富。这样6个波段可以分作3个子级：第4波段单独构成一个子集，仅含一个元素，应属必选波段；第5和第7波段构成中红外波段子集，从中可选择一个波段，应该是第5波段；3个可见光波段构成可见光波段子集，从信息量和独立性、代表性上考虑，第3波段也应算上一个。这样，通过两个指标检验，被选作参与彩色合成的3个波段应为4（R）、5（G）、3（B）。括号中字母表示参与彩色合成时的三基色红、绿、蓝三色。因为我们做的是关于植被的调查，让它在近红外第4波段用醒目的红色来表示。

表10.8.2　1号窗口区TM图像的6个波段数据的相关性系数 R 矩阵

R	1	2	3	4	5	7
1	1.000					
2	0.876	1.000				
3	0.833	0.964	1.000			
4	0.108	0.216	0.043	1.000		
5	0.730	0.842	0.773	0.531	1.000	
7	0.845	0.922	0.913	0.223	0.918	1.000

资料来源：朱启疆，1988

这样，供森林植被遥感调查应用的彩色合成波段是TM-4（红）、TM-5（绿）、TM-3（蓝），它与传统标准假彩色合成方案TM-4（红）、TM-3（绿）、TM-2（蓝）仅在一个波段上发生变化，这既在情理之中，又在意料之外。TM-1因处在蓝光范围，大气散射作用太强，而TM-7多用于地质上的水热蚀变带的调查，它们被排除在外，也是合情合理。TM4-5-3方案虽然最优，但是TM4-3-2方案照顾到传统习惯，仍然可以照用。在植被遥感判读中，谁的视觉判读效果能略胜一筹，还有待在这次实验中检验。

10.8.2.2　主成分变换的功效

主成分变换的算法原理前已介绍，这里着重说明它在扩大目标可分性的道理。前面曾经讲过，主成分变换是一种正交变换，它通过坐标轴的旋转，使目标的可分性达到最大。

对这句话，我们使用一个二维的简单图像予以直观说明。图 10.8.2 表示由不同的目标的两个波段的灰度值散点图，纵轴代表 TM 的第 3 波段，横轴代表 TM 的第 4 波段。这些散点图在两个坐标轴上的投影分别为 a_1b_1（ab）和 a_2c_1（ac），数据散布在一个不大的区间。将原坐标系旋转 β 角，新坐标轴分别是 T-4 和 T-3，散点在横轴 T-4 上的投影为 ad，它大于两个相邻的直角边中的任何一个，动态范围扩大了，使目标可分性获得了增强。当然，它在 T-3 上的投影肯定受到了压缩。长期以来，对 SPOT-HRV 图像的主成分变换作用的看法一直比较暧昧，似乎可做可不做，即使做了，信息不生不灭，只是从这个波段转到另一个“波段”，没有看到它在增加目标可分性上的作用。

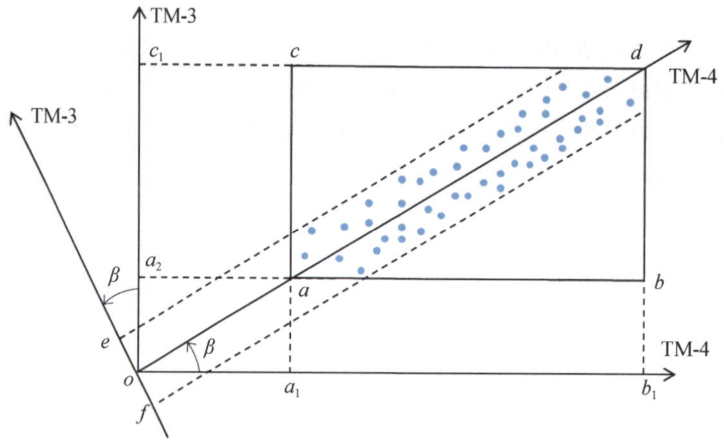

图 10.8.2　TM-3 和 TM-4 的波段灰度值散点图

10.8.2.3　比值图像的作用

从植被调查制图考虑，正确区分出植被覆盖区与裸岩、裸地的范围是个重要问题。对于地形起伏的深山区，普遍存在日照的阴影区。阴影区里很难对地表覆盖情况进行判定。比值图像可以消除或降低阴影的影响。除去热红外波段，TM 尚有 6 个波段，究竟选择哪些波段做比值图像并具有消除阴影的效果是个关键问题。阴影区并不是没有光辐射的存在，只是表现为阴影面，与光照面相比辐射强度要弱得多，因而反射信号必然较低，显得黯黑；最重要的还是体现在光谱成分上的差异，光照面为受太阳直射，是太阳辐射的全谱，而阴影面是由天空散射光组分，主要是太阳辐射的短波部分，尤其是蓝光。基于这样的认识，就不难理解，为了消除阴影的影响要使用波段比值的道理。比值的作用一是压低整个信号的水平（拉平），二是有意“拔高”近红外波段信号的作用。因而做比值时，可见光波段应作为分母，而近红外波段总是做分子。取 TM 的 6 个波段可作出 30 种比值，由这 30 种比值又可作出多达 4060 种比值彩色合成方案。选出一款视觉效果好的比值合成彩色方案也是一件颇费周折的事。通过几轮试验，发现 TM-4/TM-3，TM-3/TM-2，TM-2/TM-1 这三个比值相应配以红、绿、蓝三原色合成的彩色图，不但在消除阴影上起到非常好的作用，它在提取植被信息上效果也同样显著。

为了评价比值图像的视觉判读效果，我们同时给出由 TM 的 5、3、2 三个波段合成的假彩色图像以供比对。从比较中可以看到，在平泉县的五十家子窗口（即三号窗口）区，由于山体高大陡峻，地形阴影异常严重，无法弄清阴影里地面有无植被覆盖情况。可是在彩色比值图像上，阴影区有无植被存在是由不同色调来表达的。无植被生长的裸岩或裸地，原阴影区呈现为灰色或灰黑色调，阴影被大大地削弱，而一旦有植物生存，阴影区便醒目地显示为红色调。平泉县山地阴坡，水分条件较好，适于油松生长，多有油松分布。因此，在彩色比值图像，只要山地阴坡呈现为红色调，根据地学相关原理，可大胆将其判断为油松林。在五十家子窗口区比值彩色图像上，只要有植被存在，一律显示为红色，所有的裸岩、裸地、道路、机场跑道、干河滩等，均显示为灰、灰蓝至灰白色调，植被覆盖区界限非常明显。同样，在这种图像上，草地和灌溉农田均显示为品红色，以区别于旱地和天然植被，这对土地利用判读制图也是十分有利的。

10.8.2.4 彩色显示混合子集方案的潜力

上面分别讨论了 TM 6 个波段或其主成分变换的 6 个主分量，以及这 6 个波段的比值图像的最佳彩色显示子集的选择问题。现在要讨论的是，有没有可能或者存在不存在由上面的三大子集各取其一或其二，构造一个混合子集来达到提取更多的自然景观信息，或使某类别的可分性得到增强？还是应该通过试验，让实践来回答这个问题。构造这个新子集，应该体现景观信息互补和信息加权的原则。6 个 TM 波段构成的子集用（T_1，T_2，…，T_6）来表示，6 个主分量子集用（K_1，K_2，…，K_6）表示，比值图像子集用（R_1，R_2，…，R_n）表示。现仅就（K_1，K_2，K_4）彩色合成方案与（T_5，T_3，T_2）和（K_1，K_2，K_3）彩色合成图像进行比较，看看在可判性上有什么差异。可以发现混合子集（K_1，K_2，K_4）彩色显示图像的色彩更丰富，表现力更强。窗口区的马架子沟沟头鹿圈子高山尖以北 1km 处为一采伐迹地，在（T_5，T_3，T_2）及（K_1，K_2，K_3）合成方案图像上，均显示为单一色彩的图斑，而在（K_1，K_2，K_4）合成方案图像上，这块采伐迹地则裂解为三种色彩的斑块，表明可将该采伐迹地进一步划分为三种不同的植被类型。在马架子沟头（即鹿圈子高山夹东南 1km 处）一带，根据 1∶30000 彩红外航片判读为灌丛，而据（K_1，K_2，K_3）合成方案的图像，同一图像分裂为灌丛和草地两块图斑并相应显示为黄色和天蓝色；在（K_1，K_2，K_4）合成图像上，同样地区显示出 4 种不同的颜色，说明植被性状还可作进一步划分。同一窗口区里的石虎村以上的河滩地，在（K_1，K_2，K_3）方案图像上仅显示为单一黄色色调，而在（T_5，T_4，K_1）方案合成的彩色图像上则进一步显示为 4 种不同色彩的图斑，反映出地表覆盖类型在水分状况上的差异。看来，对于由混合子集合成的图像，只要潜心观察分析，都能挖掘出更多有价值的信息。

上面讨论的森林植被信息提取与增强的四类子集的构建原理与选择方法，在实际应用中是相互补充的。在 TM 彩色子集的选择中，有时需要破除传统的标准假彩色合成的观念，选择有统计理论解释的 TM-4、TM-5、TM-3 组合方案，以供森林植被遥感判读人员判读之用。在地形起伏的深山区，为了消除地形阴影影响和有效的提取植被信息，波段的比值图像不应缺席。正交变换（如 K-L 变换）是让信息集中同时也使目标的可区分性达到最大的图像处理方法，采用其中的亮度（第一主分量）、绿度（第二主分量）和湿度（第三主分量）特征进行彩色显示，非常有助于植被分类制图。如果局限某些特定目标类的识别和进一步区分，如仅关注目标类在水分上的差异，混合子集中 T_5、T_7 和 K_3 不可少；如果关注的是将植被进一步细分，则混合子集中 T_4 和 K_2 不可少。混合子集彩色显示处理方法在植被信息提取上有着丰富的内容和应用潜力，值得以后在理论和应用上深入挖掘。

10.8.3 三种遥感图像视觉判读性能比较

10.8.3.1 森林判读比较标准的建立

1986 年 6 月在平泉县公共试验区正式开展的遥感调查之后不久，于同年 9 月 27 日就进行了全试验区范围的 1∶30000 比例尺的航空彩色红外摄影，航片色彩丰富，景物清晰细腻。随后经路线考察、现场调查，确认各种林分并建立了判读标志。鉴于在该图像上各种森林类型（林分）均可准确判定，以该航片作出的森林类型判读图（图 10.8.3）为基准判读结果，用于检验其他遥感数据判读结果的准确性。

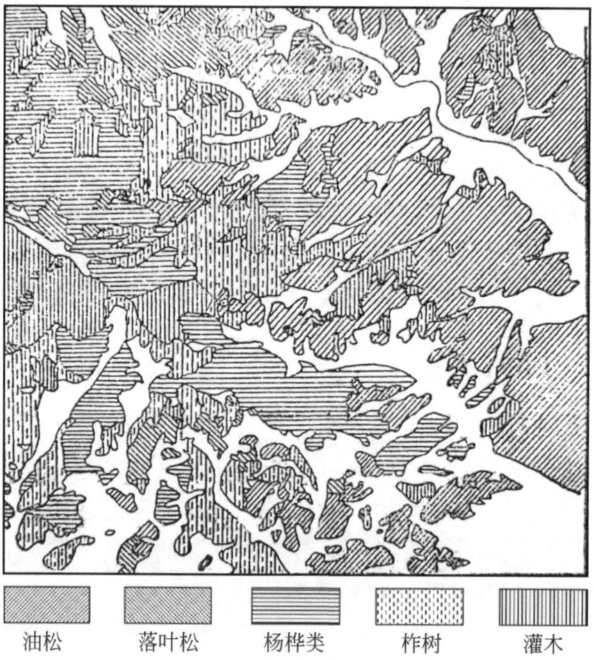

图 10.8.3　1∶3 万航空相片的第一窗口区森林类型判读结果

资料来源：谭曦光，朱启疆，1988

为了保证基准资料的真实度，首先在三个窗口的航空相片上，按照公共试验区森林调查分类系统所划分的森林类型，即油松（*Pinus tabulaeformis*）、落叶松（*Larix Principis-rupprechtii*）、杨桦（山杨 *Populus davidiana*、桦树 *Belula* spp.）、柞树（*Quercus* spp.）、刺槐（*Robinia pseudoacacia*）、杨树（*Poulus* spp.）、山杏（*Prunus armeniaca* var. ausu）及灌木类等做详细的判读，并勾绘图斑，然后再到实地核查，最后使用 Bush & Lamb 立体转绘仪，将航空相片上的图斑进行纠正，再转绘到 1∶50000 的地形图上，以作为这次研究的定性与定量比较标准。现在判读环境改善了，但工作原理是一样的。

10.8.3.2　1∶130000 比例尺的航空彩红外航片森林判读特性

（1）一般概况

超小比例尺的航空像片，相对于普通大、中比例尺航空像片来说，具有与航天图像相似的宏观性强的优点。一幅1∶14万的像幅为23cm×23cm的航空像片，其覆盖范围可达$1000km^2$。可以很方便地观察到较大地区的全貌，且色调一致，解译方便。在1∶13万的彩色红外航空像片上，河流、道路清晰可见，居民点明显。用放大镜观察可区分城镇的街道及大部分建筑。农田地块边界清楚，可与荒山荒地相区分。在卫星像片上不可能判出的山间小道，在该航空像片上隐约可见，但不常走人的林中小路（如砍柴路）则在像片上消失。独立的小房屋，如处于不利的背景中，亦很难发现。如光头山下牧场的一栋尺寸约4m×10m的平房，在航空像片上看不见。相反，处在房子附近的一块尺寸相同的蔬菜地则明显可见。总的来说，1∶13万的彩色红外航空像片，解像力高，纹理细致，如能放大使用，充分挖掘其潜力，会更有利于森林判读。

（2）森林类型判读特性

该航空像片从色调方面来说，基本保持与1∶3万的彩色红外航空像片一样的森林植被信息，从纹理来说，则稍逊一些。主要是森林树木的颗粒结构不很明显，而在色调上各树种间保持着明显差异。如油松呈棕色，落叶松呈暗绿褐色，杨桦呈深蓝色，刺槐呈鲜红色，杨树呈红褐色，灌木呈浅褐色，柞树呈黄褐色等。以颜色较明显的刺槐而论，像片上0.1mm的小点仍清晰可见。在背景反差较小情况下，$0.1hm^2$左右的林中空地也可以在该航空像片上判读出，但轮廓比较模糊。在成片的森林中，不同树种的图斑，面积小于$0.25hm^2$的就很难分辨，而呈带状分布且背景反差较大沿道路、河流两旁的单行杨树，在该航空像片上则清晰可见。无论如何，该航空像片对森林的判读能力要比现有的同时期的航天遥感图像强，这是毫无疑问的。

当然，与较大比例尺的同类航空像片相比，由于其比例尺小，针叶林树木之颗粒结构不明显，当林木密度较低时，容易发生错判。如郁闭度较低的落叶松林或幼林，容易被错判为灌木林。同类树种之图斑，当其疏密度相差一个等级时，在本航空像片上不易分出。而这些问题，在大、中比例尺的航空像片上是容易解决的。表10.8.3和图10.8.4分别是根据1∶13万超小比例尺彩色红外航片判读标志和林木可分性表（表10.8.3）以及大庆水库窗口区林分判读结果图（图10.8.4）。

表10.8.3　窗口区超小比例尺彩色红外航空相片判读标志和判读效果表

特征 地类	色调	影像特征	可区分林斑特征	可判等级*	注
油松	红棕色至暗紫红	颗粒状结构	郁闭度、株数 冠幅、树高 长势、龄组	+++	

续表

特征 / 地类	色调	影像特征	可区分林斑特征	可判等级*	注
刺槐	鲜红	较油松细密的颗粒状结构	郁闭度、株数 冠幅、树高 长势、龄组	+++	
杨	红，暗紫红至红褐色	树冠阴阳面呈双色形，颗粒状结构（颗粒较粗）	郁闭度、株数 冠幅、树高 长势、龄组	+++	
栎（灌木）	黄褐色到浅紫红夹淡红，中–细斑点	中–细粒结构，有毛绒感	郁闭度、株数 长势、龄组	++	
山杏	淡紫红、橘红，细斑点和浅橘黄细斑点	弥散的细粒结构	郁闭度、株数 长势、龄组	++	勉强可数株数
果树	暗橘红色	粗斑结构	郁闭度、株数 冠幅、树高 长势、龄组	+++	
杂灌	鲜红、褐、黄	细杂斑结构	郁闭度、株数 冠幅、长势 龄组	++	
荒草	蓝色背景上的浅黄橘红褐色稀疏斑点	稀细斑（星辰状）结构	郁闭度估计长势	+	适合的季节（相）可区分草地类型
耕地	已收割的为很浅的蓝白色，未收割的（菜地）为红色	条块状结构	作物种类 成熟程度 收获状况	+++	
河流	蓝	自由曲线状	河床、河谷 迂回扇、河漫滩、冲积扇	+++	
水库	深蓝	不规则的封闭斑块，前沿有平直的（水坝）边缘	水的深浅、水的补给、给水设施、水坝	+++	
道路	浅蓝白色，双侧边缘色调加深	直线状、曲线状	宽度、路面类型	+++	

注：* 可判等级分为，+可辨认；++好辨认；+++很好辨认。

资料来源：虞献平，1988

10.8.3.3 SPOT 图像森林判读特性

我们所能获得的SPOT图像数据是1986年5月30日成像的HRV-1，2，3三个波段的

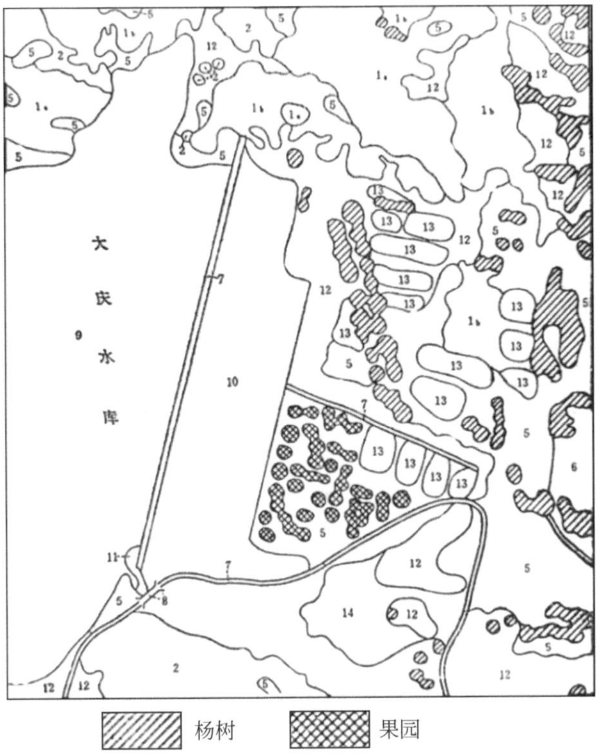

图 10.8.4　河北省平泉县大庆水库地区超小比例尺彩色红外航空相片解译图

资料来源：虞献平，1988

多光谱数据。要制成彩色图像，仅能在颜色配赋上做点变通，最后还是觉得以 SPOT3，2，1 波段分别赋以红、绿、蓝三色合成的彩色图像，对森林解译较为有利。该图经过了直方图均衡化处理。

（1）一般概况

图像色彩鲜明，线条细致，线性地物很清楚。道路特别明显，甚至林区内山间的一些较小的道路仍能从图像中找到。如第一号窗口内的大窝铺北部和西部沿山脊的道路，仍能判出。同样的情况在 TM 图像上是看不到的。这充分表明了 SPOT 图像空间分辨率高的特性。但在 SPOT 图像上，较小的居民点也难以辨出。如大窝铺约有 70 户人家，西山村约有 40 户人家，均被融合于其背景之中，无法判认。

（2）森林判读特性

在 SPOT 图像上，植被总的色调趋于红色。但油松的影像则呈深蓝绿色（在阴坡颜色更深，趋向于黑色），油松图斑轮廓清晰细腻，较小地块的油松林，都能从 SPOT 图像上找到，其分布位置、面积大小等，更接近于基准资料。在这一点上优于 TM 图像。这是由于油松在该森林环境中其光谱特性比较特殊，与其他树种的光谱特性有较大的差异，致使光谱分辨率较低的图像，仍能轻易把它显示出来。SPOT 图像有较高的几何分辨率，充分发挥其长处，就能细致地描述油松林。但落叶松林就很难判出，很容易错判为阔叶树。因落叶松与杨桦一样，新叶出现较早，5 月底接收的图像，落叶松的新叶已出，相对于老叶来说，新叶具有较高的光谱反射率，所以，在图像上落叶松的色调趋近于阔叶树，呈红色。

在 SPOT 图像的红色显示中，细看起来有深浅之别。一般灌木颜色较浅，呈浅紫红色，仍可分辨。其他阔叶树如杨桦、刺槐、杨树及柞树等均呈红色，不易分辨。暴露出了 SPOT 图像光谱分辨率较低的弱点。因为实在选不到时相合适的 SPOT 图像，也可能是影响其对树种分辨能力的另一主要原因。

10.8.3.4 TM 图像森林判读特性

供判的 TM 图像成像于 1985 年 8 月 28 日，按 TM-4、TM-3、TM-2 和 TM-4、TM-5、TM-3 两种方案合成假彩色图像，并经过了双线性拉伸处理，经放大成 1∶10000 比例尺生成硬拷贝供森林类型判读使用。

（1）一般地物判读特性

在提供的假彩色合成 TM 图像上，铁路、公路及主要的乡间道路比较清楚，平泉县城内的主要街道亦隐约可辨。在反差大的条件下，宽约 5m 以上的带状地物也可识别。而场地、裸露地及采伐迹地特别明显，最小可判面积为 100 ~ 200m^2。居民点的判读不够理想，较小的十余户以下的居民点很难在图像中识别出。这是由于平泉县的居民点一般处在山谷平原之中，与休耕地、裸地混在一起，两者的亮度相接近的缘故。在背景较好的河滩上，十户以上的居民点仍可辨别。

（2）森林类型识别

该研究区内主要森林树种有油松、落叶松、山杨、桦树、刺槐、杨树、柞树、山杏以及灌木等。在 TM 图像上最突出显示的是刺槐，呈鲜红色。其次是油松，颜色呈暗褐色。图像接收的时间已到八月底，落叶松虽未落叶，但已开始变化，其色调与油松相近。山杨与桦树的季相相近，树叶均已开始变化，在图上的色调与上述针叶树不同，颜色偏红稍淡，互相之间难以区分，加上多混杂在一起，所以只能合为一类。柞树与灌木的色调均比杨桦林更浅一些，再结合其多生长于阳坡以及山坡上部等特点，也不难从阔叶树中分出。而柞树处于落叶前的树叶变色过程，图上色调稍带黄色，仍能勉强与灌木分开。山杏与其他灌木则难以区分，从图像上的直接判读因子来看两者是相似的，只是考虑到山杏多分布于近山，且有人工经营的痕迹，也可以勉强判出。杨树呈棕红色，且呈带状分布于河谷路旁，较易解译。

综上所述，在 TM 图像上可划分的森林类型如下：油松落叶松林，呈暗褐色；杨桦阔叶树林，呈深红褐色；刺槐林，呈红色；杨树林，呈棕红色；柞树林，呈黄褐色；灌木林（包括山杏），呈红褐色（图 10.8.5）。

10.8.3.5 TM 图像森林判读能力的定量分析

为了使 TM 图像的分析能取得较精确的结果，我们在同一个窗口的范围内做了一次定量分析。考虑到“三北”地区森林资源贫乏，森林覆盖率只有 3.8%，且分布极不均匀，很少有成片森林。针对天然林面积小，而人工林发展速度快的特点，为使这一研究具有更广泛的实用意义，我们选择森林覆盖率较低，以人工林小块分布为主，并有河川及农田防护林分布的第三号窗口进行比较分析。图 10.8.5 为从 TM 图像上判读的结果，其对照材料

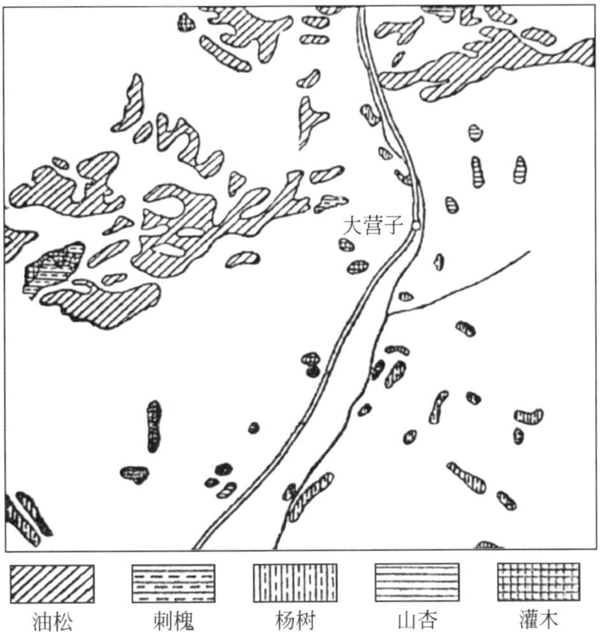

图 10.8.5　第三窗口 TM 图像的森林类型判读结果图

资料来源：谭曦光，朱启疆，1988

是由 1∶3 万彩色红外航空相片判读结果（即比较基准）并经纠正转绘而成的（图 10.8.6）。在第三窗口，从 TM 图像上判读出各个树种的林斑共 91 块，将该结果与 1∶3 万比例尺的彩色红外航片判读结果图（图 10.8.6）进行对照比较，推求出图斑判对率统计表（表 10.8.4），森林类别的判对率为 94%。

表 10.8.4　图斑判对率统计表

图斑总数/个	判对图斑数/个	错判图斑数/个	判对率/%
91	86	5	94

在计算上述判对率时，没有考虑卫星相片几何分辨率的限制对一些零星小块林地产生漏划的现象。否则判对率还会稍低些。如将上述同样的材料，分别对 TM 图像及基准资料求算面积，其结果如表 10.8.5 所示。

表 10.8.5　图斑面积统计表　　（单位：hm^2/图斑数）

树种	油松落叶松	刺槐	杨树	山杏	灌木	合计
基准	268.63/58　24.18/8	13.99/8	77.19/36	27.30/6	37.07/18	448.36/134
TM	333.97/37	14.60/5	80.05/30	21.38/9	28.75/10	478.75/91
面积精度/%	87.67	95.82	96.42	78.31	77.55	93.65

资料来源：谭曦光，1988

从表 10.8.5 看，总的面积判读精度可达 93% 左右，分树种统计，以杨树与刺槐的精

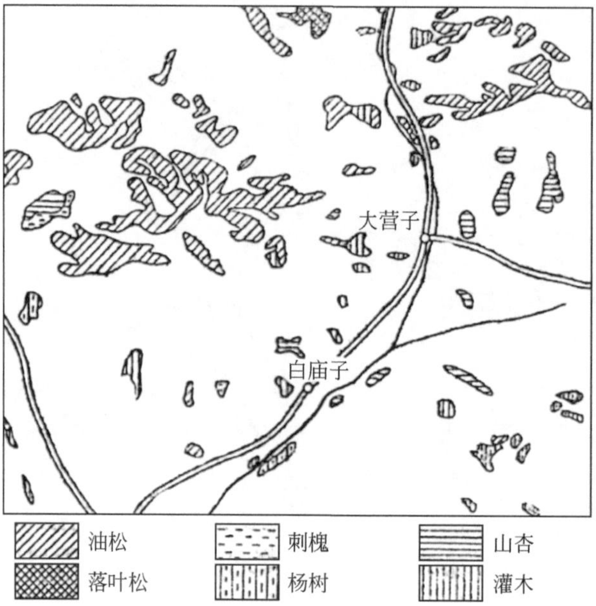

图 10.8.6　由航空相片转绘的第三号窗口森林判读结果（对照基准）
资料来源：谭曦光和朱启疆，1988

度最高，这是由于刺槐的图像色调明显易判，而杨树则多分布于平原河岸及农田之中，其背景反差大，不易判错或遗漏。而油松、落叶松的面积精度为 87.67%，精度稍低是由于它们多分布于阴坡、图斑勾绘受阴影影响之缘故。

从表 10.8.6 可以看出，在总图斑个数方面，从 TM 图像上判出的森林图斑个数明显地少于实际数（91 个对 134 个）。这是由于：一些过小的图斑在 TM 图像上已经消失，另一些同类型的图斑往往由于其位置相接近，在判读时被合并了。这也是 TM 的最大图斑（48.62hm^2）大于基准资料的最大图斑（34.10hm^2）的原因。

表 10.8.6　图斑数按面积大小统计表

图像种类	按面积大小图斑数/个					最大图斑面积/hm^2	最小图斑面积/hm^2
	合计	小于 1hm^2	1～5hm^2	5～10hm^2	大于 10hm^2		
基准	134	37	71	21	5	34.10	0.22
TM	91	14	56	12	9	48.62	0.43

资料来源：谭曦光，1988

从表 10.8.6 还可以看出，TM 图像判出的最小森林图斑为 0.43hm^2，从 TM 数据的地面分辨率来说是可以理解的。村井俊治做的试验表明，要从 TM 图像上认清面状物的轮廓，其一边的长度要达 3～4 个像元。当然这一能力受目标物背景的影响很大，0.43hm^2 的判读能力是在良好的背景反差情况下做出的，小于误差尺寸的森林图斑便会无法判出。所以 1hm^2 以下的图斑明显的比实际减少许多（14 个对 37 个）。而大于 10hm^2 的图斑数在 TM 图像上增加了，这是图斑合并所致。

10.8.4 遥感图像在森林立地条件研究中的应用

10.8.4.1 森林的立地条件

林木总是生长在合适的气候条件、地形部位和富含水分、营养丰富的土质中。而森林的立地条件研究就是要寻找、评价什么样的气候、地形、土质以及水分状况最适宜林木生长，哪一个外部因素是主导因子，会对林木生长、发育起到制约性的作用。因而，森林立地被定义为由风化壳、地貌、土壤、植被、地形、气候、水文等外部条件组成的自然综合体。它的性质决定于全部自然要素，而不从属于其中任一单独要素。但在分析各要素的作用时，应突出主导因素的作用，它往往是影响林分生长和分布的决定性因素。

10.8.4.2 立地分类系统

森林立地条件是一个带有尺度变性的多层分类概念体系，从小到一个山坡的不同坡位段，到大至国家层面的不同区域，都包含在这个概念系统中。立地条件的分类的目的是为造林服务的，使人工造林活动有所遵循，做到因地制宜，不违背自然规律。立地分类的不同层级都应有明确的服务目的，高层级的应是服务于宏观规划和控制，在本质上是属于国家层面的区域区划范畴；而处在低层级的应能指导具体的植树造林等生产活动或经营管理措施，其本质上则为县域至村庄地段空间范围内的立地类型分类系统。从“三北”地区来看，它的森林立地分类系统在本质上是由区域尺度上的二级森林立地区划（立地分区）和低层级上的立地条件的三级分类系统（也称为类型区划）的叠加产物。

在“三北”地区立地分区与分类系统中，位于顶层第一级的单位是森林立地带，带以下属第二级的是森林立地区，第三级是森林立地类型区，第四级为森林立地类型组，最后一级为森林立地类型。前二级是立地分区（区划），后三级构成立地分类，并且第三级（森林立地类型区）是承上启下的过渡性分类单位，最后的立地类型组和立地类型则是立地研究中的核心内容。

森林立地带　是分区分类系统的最高单位（一级），反映水热条件的地带性分异和植被分布的地带性规律，采用气候上的热量带和与其相应的地带性植被类型来命名。“三北”地区可划分为四个立地带：Ⅰ温带草原立地带；Ⅱ温带荒漠立地带；Ⅲ暖温带落叶阔叶林立地带；Ⅳ暖温带荒漠立地带。

森林立地区　是分区分类系统的第二级单位，由立地带内次一级的水热条件分异、垂直高度上分异及大型地貌组合特征的不同，同时考虑水热条件差异引起的土壤-植被特征上的不同进行划分，采用相应的地理位置、主要的地貌类型和植被类型进行串联命名。今以上述Ⅲ暖温带落叶阔叶林立地带为例，分出立地区：Ⅲ暖温带落叶阔叶林立地带；Ⅲ_1冀辽山地、丘陵，油松辽东栎、槲栎林立地区；Ⅲ_2晋、陕黄土高原东部，栽培植被，油松、辽东栎、槲栎立地区。

平泉县地处燕山山脉余脉，山峦起伏，在地貌上属低山区；气候上则处于中纬度暖温带半干旱、半湿润大陆性季风区，区内植物区系组成和植被类型复杂多样，属于暖温带落叶阔叶林立地带下的冀辽山地、丘陵，油松辽东栎、槲栎林立地区（$Ⅲ_1$）。

立地带和立地区属于宏观的区划内容，立地区以下的分类等级才是立地条件研究的中心，而且卫星图像在立地分类中的区域分割和界定可以直接发挥作用。

10.8.4.3 立地类型区划分

立地类型区是立地区下一级分类单位，往下还可再划分出立地类型组和立地类型两个分类等级。立地类型区的划分对县级行政单位造林、育林和营林活动有指导意义。如何从森林立地区进一步划分出森林立地类型区是林业生产上具有实际意义的工作。

大家熟知的一个现象是，不同的立地条件会形成鲜明的景观面貌上的差异。这里需要说明并再次强调的是景观在相当大的程度上就是前面曾讲过的土地覆盖类型，几乎可以画上等号。这样一来，有了前期的土地利用/土地覆盖图像判读的工作成果作为基础，由高一级的立地区来生成立地类型区，再有相应的地形图支持，由土地利用/土地覆盖判读专题图生成同地区、同比例尺的立地类型区图，就相当于语言上的翻译和再造。

划分立地类型区主要根据是地貌、土壤类型和降水量的空间分布特点。平泉县地貌上为低山地形区，立地类型区正是应该以低山地貌特征以及由此造成的水分南北差异来进行划分，这就突出了山地这个特点，同时又抓住了水分这个主导因素。低山、丘陵、河谷等地貌单元很容易根据遥感图像和同比例尺的地形图精准圈定，由地形、水文气候条件决定的地表植被类型和发育状况也都在卫星图像上形成醒目的色彩和纹理结构特征，甚至小到由山地的坡向、坡度和坡位上的差异而引起的地表植被状况也在卫星图像上得到清晰的反映。因此，在前期的土地利用/土地覆盖判读专题制图条件下，再辅以相应的比例尺地形图和专业知识，根据1：100000比例尺的TM标准假彩色相片，联系土地覆盖专题判读成果，对TM图像及立地条件进行了深入分析，平泉县境内可以划分出五个立地类型区（图10.8.7），即：Ⅰ西北部中、低山冷凉油松、杨桦、辽东栎立地类型区；Ⅱ北部低山丘陵油松立地类型区；Ⅲ东北部低山丘陵干旱刺槐、油松立地类型区；Ⅳ中部丘陵刺槐、油松、杨树立地类型区；Ⅴ南部低山湿润油松、桦树立地类型区。

下面是各立地类型区的景观和影像特征。

（1） Ⅰ西北部中、低山冷凉油松、杨桦、辽东栎立地类型区

该区海拔在700m以上，全县最高山光头山位于本区西北，海拔为1729.4m，山高坡陡。年平均气温为5℃，≥10℃积温为2480℃·d，年降雨量为550mm，无霜期100d左右。这一地区植被覆盖度较高，达45%，主要为天然油松、山杨、桦树、栎等乔木。土壤是发育在花岗岩上的山地棕壤，质地粗，砾石含量高，土层厚度大部分30～50cm，有机质含量为0.5%～4.8%，最高达18%。阴坡大多有天然油松分布。靠近光头山附近的阳坡，分布有山杨、桦和栎属等乔木组成的阔叶混交林。其余阳坡大多无林，但有较完好的灌木和草本植物覆盖，以榛子、胡枝子、绣线菊、照白杜鹃等灌木为主，覆盖度达30%左右。在卫星相片上，该地区最明显的特征就是植被覆盖度高，呈红色（阔叶树）和暗红色（针叶树），表明了不同树种在该地区的分布。很少见到乳白色的裸岩裸地影像，和相邻地区形成明显差异。

该区的主要造林树种为樟子松、落叶松、油松。平地可选栽速生杨树品种如群众杨、北京杨、赤峰杨、新疆杨和加拿大杨等。

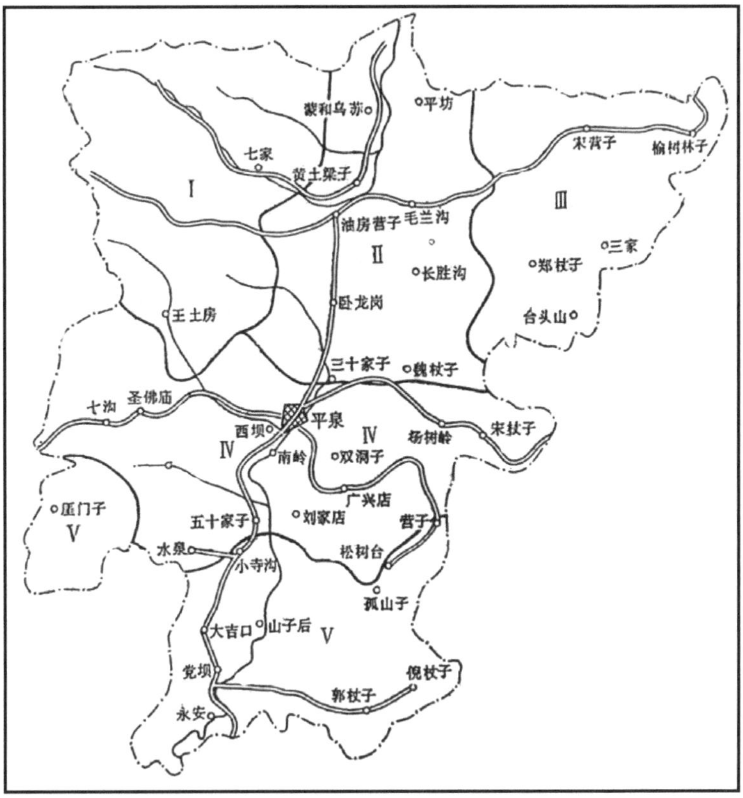

图 10.8.7 河北省平泉县造林立地类型区图

资料来源：苏文贵等，1988

（2） Ⅱ北部低山丘陵油松立地类型区

该地区海拔 600m 以上，属地质时期一古断裂带。老哈河发育其间，河床宽阔，阶地平坦，形成一漏斗式狭长风道，蒙古高原的冷空气经风道长驱直袭该县境内，形成风大、低温、无霜期短（无霜期 115～135d）的生境条件。年平均气温为 6℃，年降水为 496mm。该区植被阴坡大多为人工油松林，阳坡为稀疏灌木，以山杏、酸枣、荆条、杜鹃和锦鸡儿等为主，草本植物以旱生型为主，与灌丛相间分布。土壤为棕壤（棕壤、棕壤性土壤、草甸棕壤）、褐土（褐土、褐土性土），土层厚度 30～40cm。农田占有一定的比例，多数分布在河流阶地和河谷平地，也有部分为坡地。防护林以杨柳居多，且不连续。在卫星相片上该区和邻近地区最明显的差别是，南北向宽阔河谷地貌和两边的低丘地形，植被覆盖度低（影像呈橙黄色），森林植被（油松，影像呈暗红色）零散分布，乳白色的裸岩裸地占有一定比例。

该地区恢复植被的方针是乔、灌、草结合，在立地条件较好的地方优先发展油松、落叶松、桦树和刺槐，加强山杏的人工抚育并适当发展一些人工山杏林。

（3） Ⅲ东北部低山丘陵干旱刺槐、油松立地类型区

该区海拔 483m 以上，无霜期 133d，年平均气温为 8℃，年降水量为 479mm，≥10℃积温为 3300℃·d。由于阴山山脉的阻挡，使这一地区产生焚风效应，比相邻地区干热。

植被覆盖度较低，局部阳坡零散地分布着人工油松幼龄林，其余多为酸枣、山杏、荆条等稀疏灌丛和灌草丛，草本植被多由旱生型植物所组成。土壤主要为棕壤性土、褐土性土、褐土，土层浅薄，多在 10 ~ 25cm 之间，质地粗糙，砾石含量高。具有以浅黄色、乳白色为主的影像特征。

该区宜种草植树，封山育林，恢复植被，以缓和干旱、土壤瘠薄、水土流失的矛盾，逐步恢复生态平衡。树种选择应以樟子松、油松、刺槐、榆、群众杨、新疆杨为主，辅以山杏、沙棘、酸枣等经济灌木和耐旱的草本植物。

（4）Ⅳ中部丘陵刺槐、油松立地类型区

该区为丘陵地区，海拔在 400 ~ 500m 以上，无霜期为 130 ~ 140d，年降水量为 566mm，年平均气温为 7. 3℃，≥10℃积温为 3220℃ · d。地貌特点一般为浑圆的低丘，坡度多在 10° ~ 20°，沟谷宽阔平坦，川地多。植被由局部的人工油松林，部分零星的刺槐林，农田防护杨树林，沟谷两岸的杨树柳树林，阴坡的灌丛、灌草丛和因过度放牧退化的草本植被组成。灌草丛种类组成以绣线菊、山杏、榛子、胡枝子、苔草、隐子草、铁杆蒿、萎陵菜以及中华卷柏等为主。土壤为褐土、棕壤性土、草甸棕壤、草甸土，母质以花岗岩为主，局部有第四纪黄土沉积。该区以低丘地貌占优势，川地广阔，农田较多，植被覆盖度低，裸岩裸地面积较多，整个地区在卫星影像上多呈浅黄色。

该地区也应该采取乔、灌、草并举，保持水土，培育土壤的经营方针，造林应以刺槐、油松、杨树、柳树、榆为主，发展紫穗槐和种植草本植物。

（5）Ⅴ南部低山湿润油松、桦树立地类型区

该区海拔一般在 400 ~ 550m 以上，无霜期为 145d，年平均温度为 7. 6℃，≥10℃积温为 3250℃ · d，年降雨量为 635mm。这里的山地主要为石灰岩，山势陡峭，下切作用强烈，沟窄坡大，土层浅薄，局部有岩石露头。林地面积小，但植被覆盖较好，多为灌草丛，以绣线菊、多花胡枝子、大果榆、小叶白蜡、酸枣、霞草、隐子草、长芒草、苔草、中华卷柏等为主。其卫星影像特征所反映的也是山脊沟谷切割破碎、陡峭，坡度大，植被覆盖度高，整个区域影像为浅红或橙黄色。

该区植被虽较好，但土层薄，目前已出现过牧现象，应采取封山育林措施，造林树种应选择油松、侧柏、桦树等。

立地是一个由地质、地貌、土壤、植被、气候、水文等各立地条件组成的自然综合体，其性质取决于全部自然要素，其中某些要素起着主导的或决定性的作用，比其余的要素影响明显。所以在综合多因素分析时，要突出主导因素的作用，以体现环境因素的整体性和各因素之间的差异性，以及综合多因素分析与主导因素相结合的原则。

平泉县立地条件中，土壤水分是造林的决定性因素，而土壤水分与坡向、坡度、海拔高度有密切关系。后三者均可从遥感信息中提取到。因此，选择它们作为立地分类的主导因子，在各立地类型区内运用1 : 10 万 TM 相片，参考1 : 3 万彩色红外航空相片，进一步进行立地类型组的划分。在平泉县五个立地类型区划分的基础上，通过对遥感图像判读，按上述原则，又可对每一立体类型区再划分出立地类型组。分类中强调了地形、坡向、坡度和土壤的作用，并充分体现在立地类型组的命名中，如阳向-缓坡-褐土立地类型组，阴向-陡坡-棕壤立地类型组，冲击平地草甸土立地类型组，等等。

立地类型是森林立地分类中的最小单位，是根据影响森林类型和质量的环境差别对立地类型组的进一步区分的特定地段。环境相似的一些地段可联合为一个立地类型。这里指的环境包括土层及腐殖质厚度、土壤质地、土壤水分、地形坡度、坡向、坡位、局地小气候等。在平泉县，首先划分出五个立地类型区，然后根据海拔高度划分垂直带，接着在划分出立地类型区和垂直带的基础上，在同一类型区内划分出立地类型组和立地类型。根据对立地类型的主导因子的分析，选择土层厚度、坡位作为本区划分立地类型的主要因子。虽然土层厚度不能在遥感图像中直接判读，但由于土层厚度与地形坡度、坡位以及土壤发育程度、植被类型间关系紧密，可通过它们间接推断。因此，在划分立地类型组时就用坡度、土壤类型（亚类）来表示，这也体现在命名中，在一定程度上反映了土层厚度、坡位等立地因子的作用。森林立地类型组是在立地类型划分的基础上进行归并而成。

10.9 视觉判读与路线考察相结合进行草地遥感调查

10.9.1 草地的分类原则与分类系统

草地调查的任务是要查清工作区域内天然草地（牧场、割草场）和人工草地的类型、面积、生产潜力和它们的空间分布。草地遥感调查和前面讨论过的土地利用/土地覆盖遥感调查以及森林遥感调查既有拓展性，又有继承性与相似性。它在研究内容上体现了拓展性，在研究方法上表现出相似性，而它们在空间分布显示为余补关系，既不能相互重叠，也不能留有空隙。这就要求按照草地植被特点和草地生境因子相结合的原则来划分草地类型和建立一套科学而适用的分类系统。这一分类系统不但要和现存的全国草地分类系统相一致，还必须做到分类系统的最小分类单位要与任务规定的制图比例尺和遥感图像的空间分辨率及其在草地资源调查中的可判读性，并且它们之间必须协调一致。

有鉴于此，通过对平泉县草地路线考察、样地调查和 TM 图像对于草地可判读性的分析，兼顾草地分类原则和现行分类系统，将平泉县草地分为 5 个草地类、8 个草地组和 10 个草地类型，并以草地类型为基本制图单位。温性灌木草丛（包括灌木草丛和草丛）是平泉县境最主要的草地类型。北部山地有部分草原，在七老图山分水岭上有小范围的山地草甸和山地草甸草原分布。表 10.9.1 是平泉县草地类型、特征及其判读标志（影像特征）。

表 10.9.1 的分类是采用类、组、型的三级分类系统。

1）草地类：是草地的高级分类单位，反映的是以水分、热量（太阳辐照和气温、积温）因素为中心的地带性（水平和垂直地带性）植被生态特征，具有基本一致的大地貌条件。

2）草地组：是草地的中级分类单位，它既是草地类的分化，也是草地型的组合，反映含有相同生活型的草地植被特征，具有一致的中地貌和下垫面基质条件。

3）草地型：为本地区草地的基本分类单位，反映具有相同的建群种、优势种和生态种组的植物群落类型，并具有相对一致的生境类型。草地型在命名时，建群种、优势种放在前面，如遇灌木和草本植物，中间以短横线分开，并以“+”号将建群种与其他优势植物隔开，如百里香-本氏针茅+杂类草。

表 10.9.1　平泉县草地类型、主要植物和影像特征

天然草地类型			主要植被及覆盖状况			影像特征	地域分布及其生态环境
草地类	草地组	草地型	主要植物	草层高度/cm 草层盖度/%	产鲜草量/kg 草地面积/亩		
山地草甸草原	山地羊茅草甸草原	羊茅+苔草+杂类草	羊茅（*Festuca rubra*）、贝加尔针茅（*Stipa baicalensis*）、鹅观草（*Roegneria kamoji*）、棘豆（*Oxytropis* spp.）、日阴菅（*Carex pediformis*）、苔草（*Carex* spp.）、地榆（*Sanquisorba officinalis*）、风毛菊（*Saussurea Japonica*）、铁杆蒿（*Artemisia gmelinii*）、萎陵菜（*Potentilla chinensis*）	22～48 65～70	495 5 663	在 SPOT-321 合成图上均匀蓝色，常为红色调的油松林斑块穿插，有轻微绒布质感	分布在本县西北部光头山的森林上限以上，海拔 1635m 左右
山地草原	山地针茅草原	百里香－本氏针茅＋杂类草	百里香（*Thymus mongolicus*）、本氏针茅（*Stipa bungeana*）、苔草（*Carex* spp.）、三芒草（*Aristida adscenionis*）、糙隐子草（*Cleistogenes squarrosa*）、萎陵菜（*Potentilla chinensis*）、棘豆（*Oxytropis* spp.）、狗尾草（*Setaria viridis*）	15～20 40～50	80 245 380	略带蓝色的浅灰色，不明显的斑点杂散分布于较干旱的阳坡，常与具有细杂斑纹理红褐杂灌混杂	分布在本县北部和中部、石质山坡的阳坡，海拔 500～700m
	山地灌木草原	山杏－糙隐子草－百里香	山杏（*Prunus armeniaca* Var. ansu）、糙隐子草（*Cleistogenes squarrosa*）、中华隐子草（*Cleistogenes chinensis*）、百里香（*Thymus mongolicus*）、苔草（*Carex* spp.）、鬼针草（*Bidens parviflora*）、火绒草（*Leontopodium hastioides*）、三芒草（*Aristida adscenionis*）、狗尾草（*Setaria viridis*）、胡枝子（*Lepedeza Turcz*）、棘豆（*Oxytropis* spp.）	12～30 20～30	75 259 012		多分布在本县北、中部石质低山阳坡，海拔 600m 左右，土层浅、多砾石
山地林缘草甸	山地林缘落叶灌木草甸	二色胡枝子－苔草+杂类草	二色胡枝子（*Lespedeza bicolor*）、贝加尔针茅（*Stipa baicalensis*）、西伯利亚羽茅（*Achnatherum sibiricum*）、草地早熟禾（*Poa pratensis*）、地榆（*Sanquisorba officinalis*）、萎陵菜（*Potentilla chinensis*）、铁杆蒿（*Artemisia gmelinii*）、鹅观草（*Roegneria Kamoji*）、野古草（*Arundinella hirta*）、苔草（*Carex* spp.）	55～60 70～80	225 10 906	呈浅红棕色，色调均匀，无立体感	分布在本县西北部和东南部阔叶林区林地边缘、林间和采伐迹地，海拔 1260～1570m

续表

天然草地类型				主要植被及覆盖状况			影像特征	地域分布及其生态环境
草地类	草地组		草地型	主要植物	草层高度/cm 草层盖度/%	产鲜草量/kg 草地面积/亩		
河漫滩草甸	河漫滩草甸		河漫滩苔草+杂类草	拂子茅（*Calamagrostis epigejos*）、藨草（*Scirpus trigueter*）、苔草（*Carex* spp.）、小糠草（*Agrostis alba*）、旋复花（*Inula japonica*）、蒲公英（*Taraxacum dealbatum*）、苦荬菜（*Ixeris denticulata*）、萎陵菜（*Potentilla chinensis*）	12~36 50~70	175 210	浅红，色较均匀，无斑纹	河漫滩及山川沟谷洼地，海拔550m左右
温性灌木草丛	低山丘陵灌木草丛亚类	低山丘陵草丛	山杏–白羊草	山杏（*Prunus armeniaca* Var. ansu）、白羊草（*Bothriochloa ischaemum*）、隐子草（*Cleistogenes squarrosa*）、野古草（*Arundinella hirta*）、黄背茅（*Themeda triandra* Var. *japonica*）、达乌里胡枝子（*Lespedeza dahurica*）、多花胡枝子（*Lespedeza floribunda*）、野豌豆（*Vicia amoena*）、苔草（*Carex* spp.）、百里香（*Thymus mongolicus*）、铁杆蒿（*Artemisia gmelinii*）、萎陵菜（*Potentilla chinensis*）	15~60 50	140 128 982	色调不均匀的灰蓝色斑块，局部的微带浅红色，分布在地形比较浑圆的山地	分布在本县北部、中部中低山阳坡，海拔490~620m
			白羊草–达乌里胡枝子	白羊草（*Bothriochloa ischaemum*）、达乌里胡枝子（*Lespedeza dahurica*）、糙隐子草（*Cleistogenes squarrosa*）、黄背茅（*Themeda triandra* Var. *japonica*）、野古草（*Arundinella hirta*）、铁杆蒿（*Artemisia gmelinii*）、二色胡枝子（*Lespedeza bicolor*）、阿尔泰狗娃花（*Heteropappus altaicus*）、萎陵菜（*Potentilla chinensis*）	15~60 45~65	190 363 245		分布于本县西部七沟和崖门子乡、南部孤山子乡、北部宋营子乡等地的低山丘陵阳坡
		低山丘陵灌木草丛	荆条+酸枣–白羊草+黄背茅	荆条（*Vitex negundo* Var. *heterophylla*）、酸枣（*Zizyhpus jujube* Var. *spinosa*）、白羊草（*Bothriochloa ischaemum*）、黄背茅（*Themuda triandra* Var. *japonica*）、苔草（*Carex* spp.）、达乌里胡枝子（*Lespedeza dahurica*）、野古草（*Arundinella hirta*）、鹅观草（*Roegneria kamoji*）、针茅（*Stipa* spp.）、铁杆蒿（*Artemisia gmelinii*）、糙隐子草（*Cleistogenes squarrosa*）	14~62 50~70	70 515 507	蓝色背景上从浅黄、橘红至褐色稀疏斑点	分布于海拔高度为410~595m的低山阳坡

续表

天然草地类型				主要植被及覆盖状况			影像特征	地域分布及其生态环境
草地类	草地组		草地型	主要植物	草层高度/cm 草层盖度/%	产鲜草量/kg 草地面积/亩		
温性灌木草丛	低山丘陵灌木草丛亚类	低山丘陵灌木草丛	吉氏木兰+绣线菊－日阴菅+野青茅	吉氏木兰（*Indigofera kirilowii*）、绣线菊（*Spiraea* spp.）、野古草（*Arundinella hirta*）、日阴菅（*Carex pediformis*）、苔草（*Carex* spp.）、线叶菊（*filifolium sibiricum*）、地榆（*Sanquisorba officinalis*）、多花胡枝子（*Lespedeza floribunda*）、铁秆蒿（*Artemisia gmelinii*）	20～80 75	225 105 702	稀疏星辰状斑点结构	分布于本县南部、西部低山丘陵半阴坡、阴坡地、生境偏湿，土壤条件较好的部位
		山地灌木草丛	吉氏木兰－绣线菊	吉氏木兰（*Indigofera kirilowii*）、绣线菊（*Spiraea* spp.）、木香薷（*Elsholtzia stauntoni*）、照山白（*Rhododendron micranthum*）、虎榛子（*Ostryopsis davidiana Decne*）、铁杆蒿（*Artemisia gmelinii*）、黄刺玫（*Rosa xanthina*）、大油芒（*Spodiopogon sibiricus*）、野古草（*Arundinella hirta*）、散穗早熟禾（*Poa subfastigiata*）、苔草（*Carex* spp.）	15～74 75～90	110 462 656	浅红、褐、黄色调细杂斑状结构	分布在本县南部、西部陡坡山地、森林植被的外缘

注：本书作者加注植物拉丁名。

资料来源：夏景新等，1988

10.9.2 草地调查技术路线

平泉县的草地调查始于1986年6月，实际可能获取的卫星图像只有TM和SPOT-HRV。他们成像时间：TM为1986年6月12日，仅限于平泉县西北部光头山地区；另外还有1985年8月28日和1984年9月26日的图像。SPOT-HRV成像时间为1986年5月30日。这些图像成像时间一是过早，草地尚处于返青早期或前期；或是太晚，成像时草地都进入到枯黄期，都没能抓到最适宜的季相/物候期。彩色合成方法虽然有多种方案可供选择，如K-L变换以及由K-L变换产生的前三主分量或在主分量中择二或择一主分量，再与TM的第四或第五波段做假彩色合成图像，图斑清晰，色彩丰富，非常有利于草地调查。但是由于要面向"三北"全区，使用的供判图像仅限定TM的标准假彩色合成方案图像，最多再加上由TM-435和局部地区的SPOT-HRV假彩色合成图像。在这种条件下，仅靠一种卫星图像的草地判读，做到图斑定性、定位是勉为其难的。故强调，在判读期间加强业务工作的配合，即通过路线考察、样地、样方调查和图像判读相结合，充分发挥遥感图像的空间定位功能，而野外路线考察与样地、样方调查则帮助给判定的草地图斑定性和定量，充实遥感调查的内容，这就使得草地遥感调查更精准、充实、可靠、可信。表10.9.1充分体现了这一点。

下面是根据上述调查路线、方法，进行平泉县全境的草地遥感调查结果的总汇。

参照全国草地分类系统，平泉县草地可按草地类（一级）、草地组（二级）和草地型（三级）实行三级分类。其中一级类有6类；类以下分组，草地组共有9组；组以下分型，共有10型。在第一级的温性灌木草丛组又分出两个亚类（表10.9.1）。

10.9.2.1 山地草甸与草甸草原

分布在本县西北部光头山一带。多出现在白桦、山杨林、蒙古栎矮林等的分布上限以上，海拔1600m左右，地势平坦，土层深厚，水分条件较好的山坡和分水岭地段。在TM标准假彩色合成相片上呈浅棕色。该草地面积约为5660亩，占草地总面积的0.27%，其中可利用草地面积为5096亩。草群种类组成较丰富，主要植物种有紫羊茅、贝加尔针茅、鹅观草、日阴营、棘豆、地榆、风毛菊、铁杆蒿、萎陵菜等。草层高40cm左右，盖度为65%～70%，亩产鲜草225～350kg。其中禾本科植物产量占15%，豆科植物占1.3%，菊科植物占28%，其他占55.7%。该草地是优良天然牧场。目前，因放牧频繁，局部地段已有退化迹象。适口性很差的块茎糙苏大量出现在放牧过重的地段，因而优良牧草在群落中的比重下降；而且有的地段鼠洞密集，对草地破坏较严重。据调查，在光头山山顶大洼一块草地，30m长样线上就有13个鼠穴。因此，合理利用和加强管理，防止进一步退化，恢复其自然生产力是目前利用这类草地应注意的首要问题。

10.9.2.2 山地草原

主要分布在本县北部老哈河流域，土质薄，地面都有砾石散布的低山丘陵阳坡，海拔在580～700m。这类草原属中温性，受地形和冬季蒙古高压冷气团的影响很大。可把它看作是北部赤峰黄土丘陵草原向南部燕北山地的延伸和渗透，其分布南界大致与老哈河-滦河分水岭一致。该草原分布面积广，约有 504 390 亩，占全县草地总面积的 24.05%，其中可利用草地面积约为 428 730 亩，生产力不高，目前主要用作放牧地。由于长期的放牧超载，草地退化现象严重。

根据植物种类组成和生境条件的差异，山地草原可分为两个类型。

（1）百里香-本氏针茅+杂类草草原

分布在本县北部和中部各乡石质山的阳坡农田以上，有些地区和坡耕地插花分布。海拔高度多在 500～700m，土壤肥力较低，地表多有砾石或粗沙覆盖。地形高差并不大，但坡度较陡，多在 25°左右，面积约有 245 380 亩，占草地总面积的 11.70%，其中可利用草地约 208 572 亩。植被盖度多在 40%～50%，最高可达 70%。植物种类成分主要由百里香、本氏针茅、苔草、隐子草、萎陵菜、棘豆及一年生的狗尾草、三芒草等组成。草层高 20cm 左右，亩产鲜草 65～75kg，其中禾本科占 17%，豆科占 2%，菊科占 30%，其他占 51%。群落结构简单，优良牧草种类贫乏。加之过度放牧，草地生产力日趋下降。

（2）山杏-糙隐子草-百里香草原

多分布在本县北部蒙和乌苏乡的石质低山阳坡。本县中部、西部也有少量分布，坡度较缓，一般在 15°～18°。植物群落组成上的主要特点是，在草本层的背景上有山杏（主要是人工种植）灌木均匀散布。草本植物除建群种糙隐子草、百里香外，还有胡枝子、二色胡枝子、硬毛棘豆、鬼针草、火绒草及狗尾草、三芒草等。分布面积约 25 910 亩，占草地总面积的 12.35%，其中可利用面积约有 220 160 亩。植被盖度 20%～30%，草层高 12～13cm，亩产鲜草约 85kg，其中禾本科牧草产量占 27%，豆科占 11%，菊科占 9%，其他占 53%。

10.9.2.3 林缘草甸

多分布在本县西北部和东南部阔叶林区的边缘、林间和采伐迹地上，海拔高度多在 1260～1570m。影像呈浅红棕色，色调均匀，无立体感。草地植被主要由二色胡枝子等灌木和贝加尔针茅、西伯利亚羽茅、草地早熟禾及地榆、萎陵菜、铁杆蒿等禾草组成。鹅观草、野古草、肥披碱草、日阴菅、风毛菊等在群落中也占有一定的比例。该草地草层高 50～60cm，盖度 70%～80%，亩产鲜草 300～600kg，其中禾本科产量占 11%，豆科占 10%，菊科占 8%，其他牧草占 71%。该草地多零星分布在白桦、栎树林林缘，面积约为 10 900 亩，占草地总面积的 0.52%，其中可利用面积约为 9820 亩，是良好的打草场。

10.9.2.4 河漫滩草甸

分布于河漫滩及山川沟谷洼地中。目前，多已植树或被垦为农田，又加之河流改道，这类草地不甚发达，仅有少量零星分布，面积约有 210 亩，占全县草地总面积的 0.01%，其中可利用面积约为 190 亩。影像呈浅红色调。

该类草甸地势平坦，土层厚，水分条件好，植物种类组成丰富。主要植物种类有拂子茅、薦草、苔草、小糠草、萎陵菜、旋复花、苦买菜、蒲公英、问荆等。植被总盖度 50%～70%，高 12～36cm。鲜草产量为 175～200kg，其中禾草产量占 46%，菊科占 12%，莎草科及其他杂类草占42%。

10.9.2.5　温性灌木草丛及低山丘陵暖温性灌木草丛亚类

该类灌木草丛分布范围最广，主要分布在本县中部和南部低山丘陵阳坡上，东北部和西部低山也有分布。面积约为1 113 430亩，占全县草地总面积的53.09%，其中，可利用面积约为946 420亩。在TM标准假彩色合成相片上为白蓝色，色调不均匀，呈墨水斑迹状特征。

根据群落中植物组成和生境的差异，这类草地可分为以下四个类型。

（1）山杏-白羊草灌木草丛

多分布在本县北部和中部地区（如蒙和乌苏、宋营子、双洞子和杨树岭等乡）的中、低山阳坡，海拔高度在490～620m的地段，均有这类草地分布。面积约有128 980亩，占全县草地总面积6.15%，其中可利用草地面积约有109 630亩。主要植物种类有白羊草、隐子草、野古草、黄背茅、达乌里胡枝子、多花胡枝子、野豌豆、苔草、百里香、铁杆蒿、萎陵菜等。建群种白羊草的频度达100%。在地势平缓、土层深厚的地段，白羊草生长良好，分盖度可达25%～30%。伴生种有黄蒿、阿尔泰狗娃花、棘豆、狗尾草、虎尾草等。天然或人工种植的山杏在群落中分布不均匀，形成明显的灌木层片。植被总盖度为50%左右，草丛高15～60cm，平均鲜草产量为125～150kg/亩，其中禾本科牧草占73%，豆科牧草占10%，菊科牧草占7%，其他占10%。

（2）白羊草-达乌里胡枝子灌木草丛

多分布于本县西部的七沟乡和崖门子乡、南部的孤山子乡及北部的宋营子乡等地的低山丘陵阳坡。海拔高度为510～560m，地势平缓，坡度在15°左右。

主要植物种类有白羊草、达乌里胡枝子、隐子草、黄背茅、野古草、铁杆蒿、二色胡枝子、萎陵菜、阿尔泰狗娃花等。建群种白羊草、达乌里胡枝子频度分别达100%和90%。伴生种有多花胡枝子、火绒草、黄蒿、狗尾草、茵陈蒿、本氏针茅等。酸枣在群落中偶有出现，但不能形成灌木层。

植被总盖度为45%～65%，草丛高为15～60cm，平均鲜草产量为185～200kg/亩，其中禾本科牧草占70%～76%，豆科牧草占9%～15%，菊科牧草占1%，其他占14%。草地面积约为363 250亩，占全县草地总面积的17.32%，其中可利用面积约为308 760亩。目前主要作放牧地利用，部分封育地可做割草场。

（3）荆条+酸枣-白羊草+黄背茅灌木草丛

该草地为本县灌木草丛草地的典型代表，中部、南部及东北部各乡低山丘陵阳坡均有分布，海拔多为410～590m，坡度多在20°以下。全县约有515 510亩，占草地总面积的24.58%，其中可利用面积约为438 180亩。由于分布广，各地气候等自然条件及生境条件有所不同，因此植被种类组成比较复杂，主要草本植物有白羊草、黄背茅、苔草、达乌里胡枝子、野古草、隐子草、鹅观草、铁杆蒿、针茅等，伴生种有大油芒、鸦葱、地榆、艾蒿、牛枝子及狗尾草、三芒草等。建群种白羊草、黄背茅的频度达100%。荆条和酸枣灌丛在群落中分布不均，北部和中部地区，荆条灌丛混生且星散分布在草本群落中，南部可形成小群落。酸枣灌丛多与农田插花分布。灌木层分盖度为8%～10%，形成独特的景观背景。植被总盖度为50%～70%，高14～60cm，牧草鲜草产量每亩约为170kg，其中禾草占61%，豆科占24%，菊科占5%，其他占10%。荆条产量每亩约为50kg。

（4）吉氏木兰+绣线菊-日阴菅+野青茅灌草丛

主要分布于该县南部、西部的低山丘陵半阳坡、阴坡，生境偏湿，水土条件较好，坡度多在28°～40°的部位。分布面积约为10.57万亩，占全县总草地面积的5.04%，其中可利用面积约为9万亩。

植物种类除了吉氏木兰（又名花木兰）、绣线菊等灌木外，草本植物有野青茅、日阴菅、线叶菊、地榆、多花胡枝子、铁杆蒿、委陵菜、黄芩、山葱、柴胡等，二色胡枝子、达乌里胡枝子、白羊草、照山白、山杏等在群落中也偶有出现。植被盖度75%左右，其中灌木层分盖度约为20%。草层高20～80cm，牧草鲜草产量平均为230kg/亩，其中禾草占33%，豆科牧草占9%，菊科占42%，其他占16%。

10.9.2.6　山地灌丛草地亚类

为林地与草地之间的过渡类型。在频繁的采伐迹地上多有出现，主要分布在本县南部、西南部山地森林植被的外缘、土壤和水分条件较好的地区。海拔为440～540m。面积约有462 656亩，占全县草地总面积的22.06%，其中可利用面积约为323 860亩。影像呈黄褐色或浅红色。灌木以吉氏木兰、绣线菊为主，木香薷、虎榛子、铁杆蒿、黄刺玫、二色胡枝子等也生长良好。草本层种类繁多。主要优势种有大油芒、野古草、散穗早熟禾，伴生有隐子草、苔草、山野豌豆、委陵菜等。植被盖度75%～90%，灌木层分盖度为25%左右。亩产鲜草204kg，其中禾草占43%，豆科牧草占6%，菊科占15%，杂类草占34%，有毒植物占2%；牲畜可采食的鲜灌木产量每亩约为95kg。该草地是较好的放牧场，经改造后可以培育成良好的人工草地。

10.10　遥感图像的地质判读

10.10.1　地质研究中的作用和意义

寻找和发现地下埋藏的宝藏一直是地质学研究的核心和终极目标。为此，各国政府舍得花重金投入到各种勘探方法的研究。早在卫星遥感出现之前，航空摄影测量早已存在，它除了服务于地形测量之外，另外一项重要应用便是用其进行地质调查，积累了十分丰富的用航片进行地质判读的经验。由于航空摄影价格不菲，这种工作也仅局限于有限的范围。大家也许还记得，现今进行了多年业务运行的卫星——陆地卫星，在第四号星发射之前，一直称作地球资源技术卫星（ERTS），直到1982年7月成功地发射了第四号星，才更名为今日所称之陆地卫星（Landsat）。之前所以称为地球资源技术卫星，是因为它的任务之一便是服务于地质矿产和石油、天然气资源的勘探研究，目标非常清楚。当然也是为了区别计划实施中的海洋卫星项目。第一颗陆地卫星于1972年7月成功发射，其多光谱扫描仪MSS图像便在地质领域获得广泛应用和重视。美国南加州大学地质学教授小萨宾

（Sabin Jr.）的名著《遥感与图像判读》应运而生。1975年中国地矿部门购置了中国全境的MSS图像，推动了中国的地质遥感研究。特别要指出的是，鉴于近十年的MSS图像地质应用经验，直到第四号陆地卫星发射前不久，应地质学家的强烈要求，才在其专题制图仪（TM）上增设了一个短波红外波段TM-7（2.08～2.35μm）。这一波段是专门为地质应用服务的，特别是在岩石中的水热蚀变带（围岩蚀变）的识别上非常有效。地质找矿应用对遥感的期待远不止此。要是真能做到识别矿物的目的，不是靠增加一两个探测波段就能解决的，谱像合一的成像光谱仪或许是最为理想而科学的选择。试想，每种矿物都有自己的特定光谱曲线，各种矿物的光谱曲线都不相同。在谱像合一的遥感图像中，一个像元就能描绘出一条光谱曲线，那么是否根据像元的光谱曲线就能判定出某种矿物呢？在实验室研究阶段也许看到了曙光，并因此成为推动卫星遥感成像新技术—成像光谱仪研发的推手。实际上，事情并不那么简单，实验室不等于大自然。首先，自然界中的岩石及其风化表层一般都有植被覆盖，进入视场的不仅仅是岩石。其次，岩石是由多种矿物构成的复合体，某特定矿物的信号（息）是弱信号。如果岩石是从外地搬运来的，即使能获得某种信息，也不反映某地的真实情况。如何分析、处理弱信号也成为遥感地质应用领域中的真功夫。尽管如此，遥感应用还是渗入到地质找矿与地质环境研究中的各个方面。

在地质调查中，人不可能亲历每个地方，即使亲历了，也会产生“不识庐山真面目，只缘身在此山中”的感觉。人还必须远离现场，站得更高，才能看清世界，这也是遥感应用能深入到地质找矿事业的一个重要原因。

现今，卫星遥感数据的应用已渗入和遍及到地质找矿等各个领域，如基础地质调查、工程地质和水文地质、环境地质和地质灾害、矿山开发和矿山环境管理等。遥感地质应用既精细又复杂，不像土地利用/土地覆盖遥感应用那样，视觉判读和计算机分类处理均可采用。当今，在地质领域，视觉判读方法仍将是主要方法，但并不排斥信息工具的使用。判读的地质要素涉及面广，在基础地质方面包括地层、岩性和构造，其中岩性包括岩浆岩中的侵入体、蚀变带，火山岩中的喷发岩与熔岩流，海相沉积岩中的石灰岩与岩溶，陆相地层砂岩、砂砾岩等；与矿床有关的如矿源层、控矿和容矿构造等；在水文地质方面涉及含水岩性及其分布，地下水露头（泉）分布与开采条件；在工程地质方面则涉及地基稳定性、道路和隧洞施工的地质条件及安全性等判读。卫星遥感在地质上的应用不但应用目的明确，而且图像判读工作都已形成规范，在技术上做到了有据可循，并已写入了基础地质调查规范之中。

10.10.2 遥感图像地质判读的特点与难点

从前文讨论过的遥感图像土地利用/土地覆盖视觉判读进而再到森林和草地的植被判读，在大多数情况下都是直接依靠判读标志，即色度和纹理结构差异来进行识别的，其本质是波谱反射的不同。现在进入到对地质体的识别，其复杂性和难度就大得多，体现为一种多层次、跨尺度的对弱信号的间接推断，而且需要反复检验，去伪存真，很难做到一步到位的判断。

1）地质体往往是有一定厚度的风化表层，有的还可能是从很远距离以外搬运过来的，更有甚者，地质体上大多长有植物。这样，卫星传感器感应的反射（发射）信号并不是直接来自地质体本身，而是来自其上覆物质，这就决定了不能简单地仅依靠判读标志或仅根据多波段遥感信号上的差异进行判断，也即不能由多波段信号的假彩色图像的色度差异进行判断。

2）地质调查的最重要目标是找矿，而含矿地层（矿源层）里，矿物含量往往很低而且分散，这样由矿源层的矿物产生的信号是种弱信号，并且不可能在遥感图像上醒目地呈现。除非有特定频道（如 TM-7），否则不易发现它们。同时也要求对这种含有弱信息的图像，在判读前应做相应的变换处理，使分散的弱信号在空间上进行集中。

3）区别于一般目标识别，遥感图像的地质体判读还体现了多层次和跨尺度的特点。在遥感图像上各种岩体，尤其是各种花岗岩体是很容易发现的。矿物群体结构如果是等粒结构就称之为花岗结构。但同是花岗结构，它们的矿物组成则相差甚大，在遥感图像上还没有一种简单的区分它们的方法，只有到了现场，你才可能分辨它们。你分辨了它们之后，遥感图像则可帮助对其定位。一个花岗岩体小至几百米，大到数十千米，而矿物的尺度一般都在毫米（mm）级大小，地质体在尺度上从小到大都得考虑。在构造判读上也有类似情况，尤其在地形复杂的山地地区，你可从遥感图像中先将那些一组组的线性体（构造）画出，然后经实地验证来确认哪些是断层，并将那些非断层的线性体去掉。进一步再将这些线性体分组、分期，进而分析应力场和构造体系以及他们的成矿、控矿作用等。

4）遥感图像的岩性判读更多的要靠间接标志。由于地表大多为植被覆盖，又有外来物质堆积，遥感信号并不直接反映基岩信息。这样，必须寻求别的途径来对岩石进行间接识别。气候地貌分析法是岩性间接判读中的一种重要方法，在不同的气候条件下，不同的岩石历经风化后会获得自己特定的地貌形态。河流水系的分布格局（形态和结构）是另一种间接判读标志。

5）遥感图像的地质判读深度和准确性强烈依赖研究区常规地质普查研究的工作积累，前期积累愈丰富，那么遥感判读的工作就会愈深入和卓有成效。还有，如果研究区有航空物探（航磁、重力）和化探（元素的分散浑、分散流）数据相辅助，地质判读结果距离应用需求就愈接近。

10.10.3　遥感图像的基础地质判读方法

常用的土地覆盖类型判读，其依据是不同的土地覆盖类型有不一样的光谱反射（发射）特征，凭借由三个波段合成的假彩色图像的颜色、色调或其有序变化产生的纹理结构差异就能将不同的覆盖类型区分开来。这样，彩色图像的颜色、色调和纹理等就被称为直接判读标志。诚如上面所述，地质体的判读就不这么简单、直接。只有对地质体（如岩体）已经了解得非常透彻时，才能用色彩上的差异去区分不同的岩性。下面按岩性判读和构造判读两个大方面，介绍地质判读的一般方法。

10.10.3.1　*岩石类型判读*

遥感图像的岩性判读内容非常丰富，这里将火成岩分为岩浆岩侵入岩体和火山喷发岩、熔岩流两类，将沉积岩按海相沉积岩（如石灰岩）和陆相沉积岩（砂岩和砂砾岩）分别介绍它们的间接判读方法。

（1）岩浆岩岩体

地球深部的熔融岩浆侵入到地壳，从熔融状态到结晶冷却成岩是个十分漫长的过程。只有当它们上覆的固态地壳被剥蚀以后，岩体才会出露于地表为人们所见，而且仅是岩体的极小部分，大部仍深藏地下。岩浆岩岩体在地表露出的部分虽不算太大，但它们在卫星遥感图像上表现出的浑圆状环形晕纹却比出露的岩体要大得多。在遥感图像上，不管是在山区还是在丘陵、平原，当见到这种环形的晕纹时，不妨就判定它是岩体。这种遥感图像上的环形晕纹，在地质判读上称之为环形构造。至于它是哪种花岗岩，还须到现场取样由实验室进一步鉴定。环形构造在图像上多表现为连续或断续的近似于椭圆形形态，有时这种环形还互相穿插或包含，表明是不同时期的岩浆的侵入活动，有时还为断层错开。即使地面长满植被，这种环形构造仍然清晰呈现。另外，更重要的是花岗岩体在不同的水热环境会呈现出不同的地貌形态。在热量充足、降水丰富的南亚热带以至热带，如果地壳长期处于稳定状态，花岗岩山地会被风化成低矮的丘陵，而在北亚热带以至整个温带，则会形成陡峻突兀的山峰，成为旅游胜地，如中国黄山、崂山、太白山，这也是判别花岗岩岩体的重要根据。

（2）火山岩与熔岩流（玄武岩或流纹岩）

火山岩或火山锥、凝火岩、火山碎屑岩、火山块集岩，都是火山喷发后的衍生岩。以火山锥为例，它在遥感图像有特殊的形态。当将卫星图像按上南下北放置进行观看时，应可看到凹下去的火山口，如有积水就是火口湖了。火山锥常成群分布，在火山锥附近常有大片的玄武岩流形成的台地。因为玄武岩台地比周围地表要高出许多，生长着不同于周围平地上的植物，易于从视觉上识别它们。这在内蒙古高原达里诺尔湖以北地区、美国从内华达州的拉斯维加斯去胡佛大坝途中都可见到火山锥与玄武岩熔岩高地相伴出现的场景。

（3）碳酸盐类的海相沉积岩（石灰岩）

石灰岩在世界范围内广泛分布，在中国分布还相当集中，尤其在南亚热带的广西、贵州和云南三省区。在这些地区，石灰岩连片分布，长期在侧向压应力作用下，石灰岩性脆，不易变形，常形成大范围的“X”形交叉的断裂，在长期雨水淋溶下，形成一座座石灰岩峰林、峰丛与峰林、峰丛洼地，在遥感图像上则以特殊的峰林和峰丛粗纹理呈现。当你在卫星图像上看到这种由峰林、峰丛与峰丛洼地产生的影像纹理特征，你可断定它是石灰岩。

在降水充沛的地区，由于地壳的上下升降运动，石灰岩地区会形成多层的溶洞，它们上下连接左右相通，形成地面以下的暗河河网，水都从地下流走了，造成地面上的河网密度降低的现象。在遥感图像上，原本是降水相当充足的地区，而发现该地河流稀少，河网密度突降这种异常现象，你应该怀疑，是不是处在石灰岩分布区了。

（4）砂岩、砂砾岩

地球的古近纪、新近纪时期，全球性的高温、湿热的氧化环境，形成了分布广泛的红色砂岩和砂砾岩。砂岩、砂砾岩抗风化能力较强，即使在降水丰沛、温度比较高的中亚热带地区，如粤北韶关和闽赣交界处的鹰潭地区（龙虎山），砂岩仍能以挺拔的姿态傲立于河流两岸，构成风情独特的丹霞地貌。红色砂砾岩区，植被比一般地区稀少，红色的底蕴会在图像的色度上留下印记。

还有一类地质上称作粉砂岩（即俗称的黄土）的岩石，形成的时代晚，地质年龄轻，固结的不是很坚实，由于颗粒均匀，在降雨侵蚀下，常形成羽状水系格局，沟谷密度较高。在现代，黄土仍在形成中，由于形成时间短，新黄土较松软，空隙多，降雨入渗容易，因而地面径流少，即使在相邻地区，沟谷密度显著变低。因而分析局部地区水文网分布形态、格局，不单可以从其他岩石分布区中分出黄土，还可以区分出黄土的新老变化。

10.10.3.2 构造判读

地壳在几大板块作用下，长期的应力作用使地壳形成褶皱，造成地表起伏；或当剪应力超过了岩石的抗剪强度而产生剪切断层，使地壳进一步破碎；岩浆活动也会乘虚而入，造成地表局部隆升。所有这些都在地壳表层留下了永久性痕迹。这些形迹中，山脊、河谷、断层等都是沿一定方向伸展，称之为线性形迹；而由岩浆的侵入活动引起的局地隆升，形成浑圆形或椭圆形隐隐约约的影像特征，被称为环形形迹，它们又分别被称为线性构造和环形构造。这些都被卫星遥感图像完整而真实地记录下来。遥感图像的构造判读常常指的就是对线性构造和环形构造的研判。这也是卫星遥感在地质学应用中最能发挥作用的领域。

(1) 线性构造判读

在一个地区地表或相应的卫星遥感图像上，你会醒目地看见一组几乎互相平行的线性体向同一方向延伸，或同时还存在一组或多组线性体与前一组或平行或互相穿插、切割的关系。这些线性体可能是山脊线、沟谷线、坡缘线，当然还有断层线。判读工作是从这些线性体中挑出断层线来进行分析。如果想象从地表隔离出一段区块，这个区块肯定会受到来自各个方向上的挤压力。为使问题简化，假设仅受左右两侧的压力，有外来压力就会在区块内产生应力，而这内应力的分布可用材料力学中的摩尔圆来表示（图 10.10.1）。如图 10.10.1，来自两侧的主应力为压力，与主应力方向相垂直的方向上产生张应力（BB′方向），与主应力方向斜交的方向产生的应力为剪切应力，简称为切应力，但以与主应力成45°方向的切应力为最大（CC′方向）。不能将岩石完全视为刚体，它在高压下是会产生形变的。岩石抗压和抗拉伸的强度远比抗剪切的强度大的多，因为在45°方向剪切应力最大，一旦超过了岩石抗剪切应力的破坏强度，断裂就发生了。岩石由内应力分布的摩尔圆解释了为什么断层线总是与主应力斜交并成对出现的道理。但实际岩石断裂并不这么简单，也并不是一定呈45°角方向断开，不过还是基本符合一般判断。应力场分析的方法应是从众多的线性体中剔除那些并非为断裂的一个科学方法。但是，并不排除其他有效的方法来剔除那些与断裂无关的线性体。以上仅是就一景 TM 遥感图像而言。如果将几景 TM 图像拼接起来看，可能会看到尺度更大的深大断裂形迹，这已不能用线性体来称呼了。它的影像特征与规模小的断层不同，有一定宽度（20～30km），长度达数百千米。在中国就有这么一个郯庐深大断裂，从山东省的郯城经江苏省最后止于安徽省的庐江，在黑白 MSS 图像上，一条宽度在 20～30km，长度近 400km 的色调较暗并呈带状延伸的影像，影影绰绰展布在江淮大地。在这沃野千里的江淮平原上，找不到一丝一毫的断层的痕迹，但是卫星遥感图像上，那影影绰绰绵延数百千米的灰暗影像特征，的确是一条深大断裂的反映。

留给人们遐想和回味的，可能是 1977 年一位临沂县①农家妇女在田间地头捡到的一颗重达 158. 78 克拉的钻石，说明地下应该存在火山岩管和金伯利岩，否则钻石从何而来。

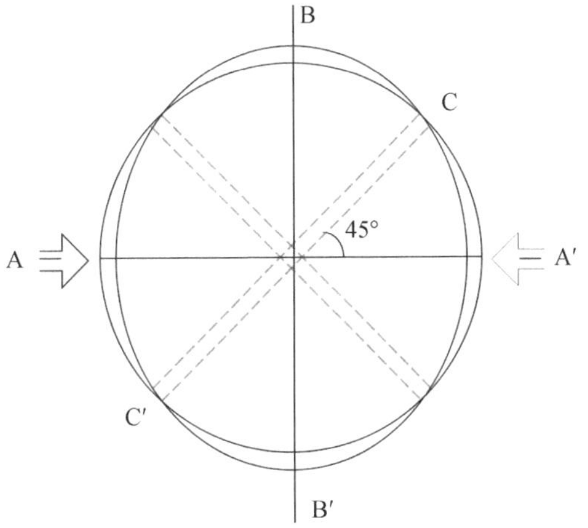

图 10. 10. 1　应力椭圆示意图

(2) 环形构造判读

环形影像特征是岩浆岩侵入体在遥感图像上呈现的一种影像表征。欲在遥感图像上很快能发现环形构造，最好先看一看已有的地质图，看图上有没有花岗岩类的分布，如果有，就以此为线索，在遥感图像会发现有更多的花岗岩体的存在。如果在原地质图上没有标上花岗岩符号，而在遥感图像上发现了环形构造特征，表明有了新的发现，工作地区原来有花岗岩的分布，前人在做普查时被漏掉了。环形构造影像特征是对那种在遥感图像上呈浑圆或近乎像椭圆形的特征的概况的称谓。这种环形特征不一定是严格完整、封闭的环形，大多不完整，是一种断断续续的环段。确认环形构造比从众多的线形构造中挑选出断层来要有把握的多，一般不会错判。

10. 10. 4　遥感图像地质判读应用示例

本小节以西藏阿里地区革吉县尕尔穷铜金矿的遥感地质找矿研究为例，示范遥感图像的地质判读。

位于阿里地区革吉县 33km 的尕尔穷铜金矿，是中国冈底斯和班公湖—怒江成矿带中已达到详查程度的矿床，在大地构造单元上则位于森格藏布（狮泉河）晚燕山期缝合带与冈底斯—念青唐古拉板片与南羌塘—三江复合板片两段构造单元的交会处，是班公湖—怒江成矿带南缘重要的矽卡岩型铜金矿床，已达到大型矿藏规模。斑岩铜矿一向是国际上地质找矿的重要对象，故由中国地质科学院矿产资源研究所率队在尕尔穷矿区开展了面积为 $43km^2$ 的大比例尺（1∶1 万）地质填图（图 10. 10. 2）和进行了同比例尺的岩石地球化学

① 现为临沂市。

测量以及比例尺为1∶5万的水系沉积物的地球化学测量（2002～2009年）。其后由成都理工大学张延斌和中国地质科学院唐菊兴等用卫星遥感图像进行视觉判读，开展尕尔穷铜金矿及其外围（两者共约310km²）的构造和岩性的遥感研究，以期深化对尕尔穷铜金矿区及其外围的综合性找矿认识。

研究中使用的是陆地卫星的两个时相ETM+图像（2001年10月2日；2002年7月3日），经大气纠正和去云处理后，选用其ETM^+-7、ETM^+-4和ETM^+-1三个波段，相应配以红、绿、蓝三色合成假彩色图像（图10.10.2）供构造和岩性判读使用。

(a)2001年10月2日　　(b)2002年7月3日

图10.10.2　研究区ETM^+-7（R）ETM^+-4（G）ETM^+-1（B）假彩色合成图像

资料来源：张廷斌等，2014

10.10.4.1　前期大比例尺的矿区地质调查结果

中国地质科学院施行的大比例尺详查结果可由他们做出尕尔穷铜金矿区地质图（10.10.3）来概括。

1）白垩纪的碳酸盐类地层（灰岩、大理岩）广泛分布，是矽卡岩形成的有利和必备条件。

2）燕山晚期的岩浆侵入活动频繁、强烈，中酸性侵入岩体分布广泛。早期侵入体为闪长玢岩、石英闪长岩、花岗闪长岩和花岗闪长斑岩；晚期的侵入体为花岗斑岩和细晶岩。矿体主要位于以岩株形式产出的石英闪长岩和花岗斑岩的内外接触带上。

3）矿区内存在三条断层（F_1，F_2，F_3），其中F_1和F_2为NE向断层，F_3走向近乎SN向。F_1为张性断层，断层带内发育有构造角砾岩，是Ⅲ号矿体的直接赋存部位。

4）岩体与围岩的接触带有大理岩化、矽卡岩化、角岩化、绢云母化和硅化等蚀变，其中矽卡岩化和硅化蚀变与成矿关系密切。

5）尕尔穷矿区的三个主矿体为隐伏-半隐伏矿体，Ⅰ号矿体受石英闪长岩、花岗斑岩岩体和大理岩之间的接触带控制；Ⅱ号矿体主要受石英闪长岩内的矽卡岩控制。

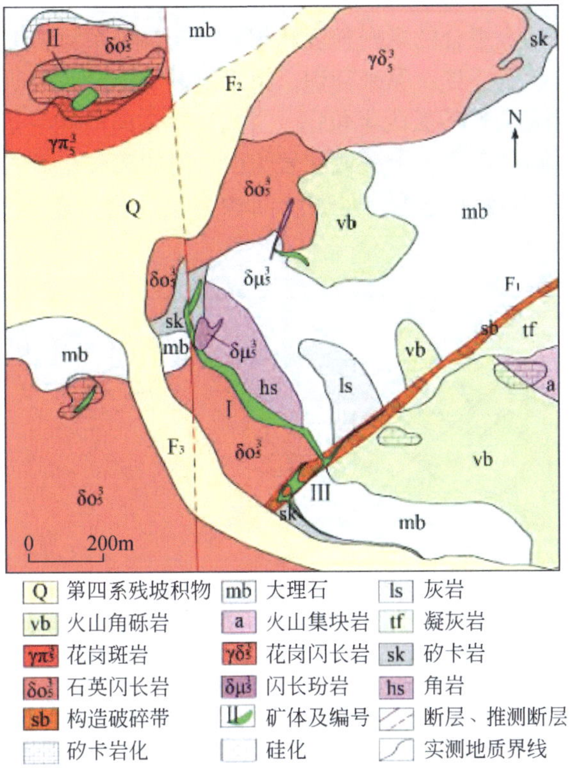

图 10.10.3　尕尔穷铜金矿区地质简图（修改自唐菊兴等的地质报告）

资料来源：张廷斌等，2014

10.10.4.2　尕尔穷矿区的线形与环形构造的遥感判读

（1）线性构造判读

研究区的线性构造按方向可分为三组，一组为 NW—NNW 方向，另一组为 NE—NNE 方向，还有一组为近 SN 方向。它们间有时互相穿插、切割，反映了该地区构造活动多期性特点（图 10.10.4）。

研究区内的线性构造以具有方向性的直线状色调界面来显示他们的空间位置和方向。在尕尔穷矿区，可从假彩色合成图像上识别出有 30 多条线性构造，是常规地质调查结果的 10 倍。原 NE 方向的 F_1 断层是Ⅲ号矿体的直接赋存部位。经分析遥感图像，该断层仍向 NE 方向延伸，使全长达到 3.3km，是一条张性断裂，断层带内为断层角砾岩所填充。南北走向（SN）的 F_3 断层为剪切性的走向断层，在 F_1 和 F_2 断层周围判读出多条 NE 向线性构造。从区域角度分析，这些 NE 向线性构造将另一组 NW 向线性构造切成数段，表明前者应是较晚一期构造活动的产物。NE 向的线性构造是区内重要的控矿和导矿构造。按扩展后的范围（$310km^2$）遥感图像进行分析，可判读出 80 多条线性构造。线性构造（断层）为地下岩浆入侵提供了通道，为蚀变矿物准备了运移路径和赋存的空间位置，起到了导矿、控矿和赋存作用。

（2）环形构造判读

按照环形构造在空间上组合的紧密程度和相互的套合关系，岩浆区内的环形构造可分为五组，分别用Ⅰ、Ⅱ、Ⅲ、Ⅳ、Ⅴ来标识。第Ⅰ组位于扩展后的研究范围的西北部，由两个等大的全环被一宏大的外环弧段半包围，并有一NE向的和一近SN向的线性构造穿插其中。在Ⅰ号环形构造体系内，上覆或围岩为白垩纪的碳酸盐类岩石和碎屑岩地层，由于存在深部热源，地层因热蚀变质，在遥感图像上显示为大范围的蓝色至淡蓝色色调异常。

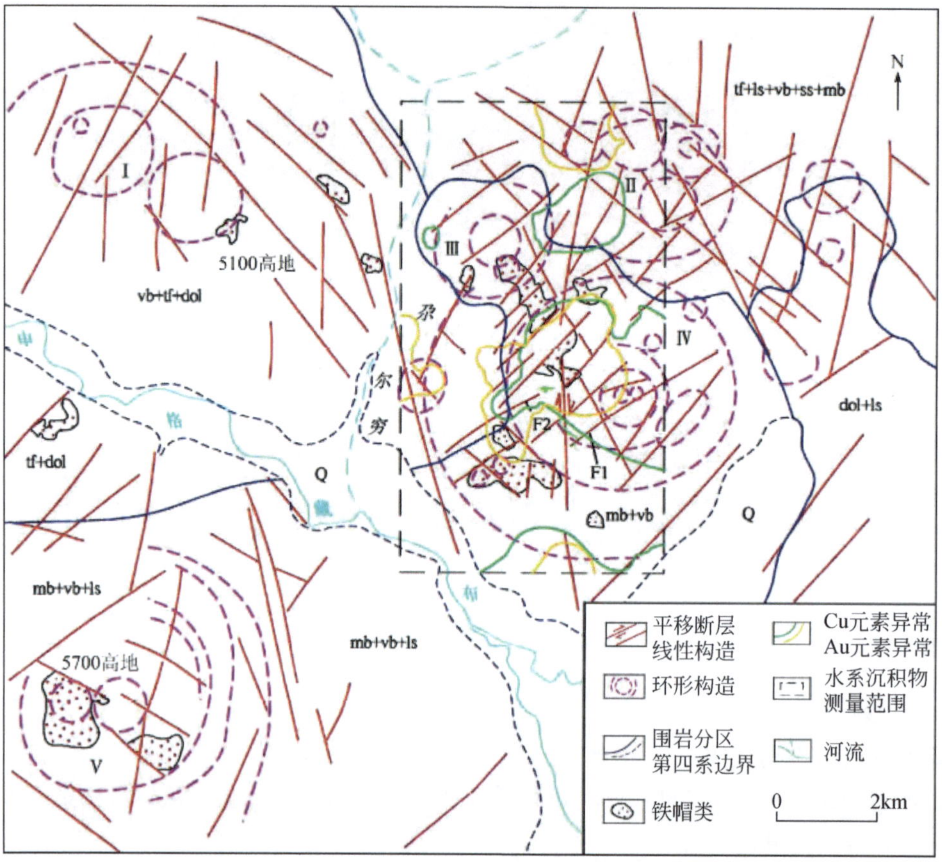

图 10.10.4 朵尔穷铜金矿遥感矿产地质特征解译图

资料来源：张廷斌等，2014

Ⅱ、Ⅲ、Ⅳ组环形构造几乎全部位于原$43km^2$的矿区之内，其中的第Ⅱ组位于矿区北部，由两组环形构造组成，即一组近EW向展布的3个相切环形构造和另外一组呈NE向展布的多个相切、相交的同心状环形构造。在Ⅱ号环形构造体系内，石英闪长玢岩最为发育，闪长岩和花岗斑岩次之。环形构造体系周围，线性构造发育，以NW、NNW、NE及近SN向线性构造为主，多条NW—NNW向线性构造切穿该环形构造体系。在环形构造体系外围有呈放射状线性沟谷系统格局，出露的闪长玢岩岩体存在钾化到绢云母化、硅化、褐铁矿化、绿帘石化、绿泥石化的分带现象。在花岗斑岩和闪长玢岩接触带上发育的矽卡岩，具有孔雀石化、蓝铜矿化和褐铁矿化显示，该接触带具有矽卡岩型矿体的找矿潜力和前景。

Ⅲ号环形构造体系位于第Ⅳ号的正西北，与Ⅱ号和Ⅳ号环形构造体系直接相邻，系由一小一大的同心环组成，外环在西北方向有 1/4 大小缺失。三条 NE 向近乎平行的线性构造穿越该Ⅲ号环形构造，并将从自东南方Ⅳ号环方向的一组 NW—NNW 线性构造错断，而且这三条近乎平行的 NE 向线性构造与被穿越的Ⅳ号环形构造系属于同一构造体系。在Ⅲ号环之内环的南侧有区内主要成矿岩体的石英闪长岩出露，岩体的围岩为大理岩。在该环形构造体系的岩体隆起部位和内外接触带，应是斑岩-矽卡岩型铜（金）矿找矿最有前景和潜力的地区。

Ⅳ号环形构造体系由五个圈层的同心环构造组成，外环不完整，仅西南方向呈现为小半环，第 4 层环最完整，而且规模大，直径达 4. 5km，推断是个区域性的岩浆侵入活动隆升的结果。NE 向 F_1 断层止于这第四层环，但 SN 向 F_3 断层穿越该环形构造体系。Ⅳ号环形构造体系结构复杂，在各环形层内外广泛发育燕山晚期的各类中酸性侵入岩体，如在第二层环发育的花岗闪长岩，第三层环发育了花岗闪长岩、闪长岩和石英闪长岩，第四层环发育有石英闪长岩、花岗闪长岩和花岗斑岩，而第五层环形构造体系中则发育了闪长玢岩和石英闪长岩。综合分析后认为，第一层和第二层环形构造体系内可能为斑岩分布中心，因而斑岩型矿床的找矿潜力巨大。又由于整个环形构造体系内碳酸盐类岩石广布，在多期岩浆侵入活动作用下，寻找矽卡岩型矿床的前景值得关注。

Ⅴ号环形构造体系位于工作区域西南角，由多个环形构造和弧形构造组成，由内而外可分为三层。第一层由两个相切的小型环形构造组成；第二层由一环形构造和弧形构造组成；第三层由东部的两条弧形构造组成，弧形山脊形成内弧，而外弧则表现为影像的色调异常界面。该环形构造体系被多条近乎平行的 NW 向线性构造穿越切割，还有近 SN 向和 NE 向线性构造存在。该环形构造体系的西侧紧邻大面积出露于地表的花岗闪长岩，推断该环形构造体系可能是隐伏的中酸性侵入岩体隆升结果在遥感图像上形成的环形影像特征。Ⅴ号环形构造体系范围内下白垩统的碳酸盐类岩石和碎屑岩广布，是斑岩型矿床和矽卡岩型矿床形成的有利围岩条件，富有找矿前景。

10. 10. 4. 3　侵入的岩浆岩岩体与围岩的岩性判读

由遥感影像来判读岩性比较困难。虽然从理论讲可以通过影像的色度和纹理结构差异来区分他们，但在实际进行时，常根据具体情况来找出最有价值的判读标志。

对于不同岩性的岩体，很难从色调差异上区分他们。由于不同的岩浆岩的矿物组成不同，造成抗风化能力上的差异；节理的有无，也会产生侵蚀上的不同。因此可以从沟系的发育程度、沟谷形态以及沟系的排布方式上的不同，总结出区域上的影像纹理结构差异，从而据以区分岩性。如在陕西省柞水县冷水沟地区，中酸性岩体发育。该地区出露的闪长岩影像上显示为浅色调，发育着开阔的 V 字形冲沟，尖棱状山脊，坡面上发育平行的浅冲沟；斜长花岗岩在影像上纹理比较细碎，发育了短小似平行的 U-V 形冲沟；花岗的影像色调较亮，具粗大的纹理特征，开阔的 V 形沟谷，且末级冲沟不发育。需要强调的是，由于气候条件的差异，同一种岩性的岩体会产生不同的地形形态以及不同的沟谷系统和格局，在一种气候条件下总结出来的规则，换了地方也就不适用了。

在尕尔穷地区，由于侵入的高温岩体与围岩产生热液接触交换而形成矽卡岩型的铜（金）矿。形成矽卡岩的必要条件是有碳酸盐类岩石和硅铝质岩石的存在。因此，要把握好矽卡岩型铜矿的寻找方向，在遥感图像上如何区分和识别岩性，尤其是识别碳酸盐类和硅铝质岩石就极其重要。这类岩石在遥感图像上的纹理结构特征相似，不能作为区分岩性的判读标志。但是，如将该地区相关岩石分为6个岩性组，就可依据影像色调和色调组合特征将他们一一区别开来。下面是各岩性组的岩性组成及其标识码和影像特征的简要描述。

1）Vb+tf+dol：岩性以火山角砾岩（含火山碎屑岩）、凝灰岩和白云岩为主，影像具蓝、紫或蓝紫色调。

2）Tf+ls+vb+ss+mb：该带岩性最为复杂，以凝灰岩、灰岩、火山角砾岩、砂岩和大理岩为主，色调以暗红色为主，间蓝绿色调。

3）Dol+ls：以白云岩为主、灰岩次之；区内白云岩是嘎啦勒铜金矿的富矿围岩，具浅蓝、蓝紫或黄白色调。

4）Mb+vb：以大理岩为主，火山角砾岩次之；区内大理岩是尕尔穷铜金矿的富矿围岩，是一套蓝紫、暗红和黄白色调组合。

5）Tf+dol：岩性以凝灰岩、白云岩为主，具浅蓝间黄白色调。

6）Mb+vb+ls：以大理岩、火山角砾岩、灰岩为主，具粉红色调，局部间黄白色调。

常规的地质调查是以点、线、面相结合的方式来获取地质信息，这种信息归根结底仍然是碎片化的，需要发挥空间联想将它们进行统合才能解决某些特定问题。遥感图像则以包罗万象的能力悉数将其代表的景观自然全息呈现在人们的眼前。遥感与地面碎片化的地质常规调查结果相结合，使常规地质调查、地表槽探、钻探、航空物探、化探数据和遥感图像地质判读结果以最自然的方式实现了空间关系的表达，最有利于对线性构造、环形构造、岩体与围岩-蚀变带间、蚀变矿物间的空间联系和成生关系的分析，可以进一步深化对已有问题的认识和扩大、延伸工作的范围，其神奇和效力妙不可言。

第 11 章　影像的非参数分类

如前所述，遥感图像增强的目的在于改善图像的视觉效果。增强处理后的图像成为视觉判读的科学而可靠的基本信息源，为各种空间尺度的土地利用和土地覆盖制图、地质构造调查、植被（森林和草原）清查等专题制图提供了一种快捷且经济的途径，这对增进对地球环境的了解起了重要作用。尽管如此，视觉判读本身存在的天然缺陷也不能因此就被忽视。首先，自然界的各种目标（对象）间的接续关系本身具有渐变-互渗性，不存在非此即彼的界限，很难用一条线（面）将它们截然分开。其次，由于从事判读的专业人员的知识背景、阅历和经验不同，对同一对象，不同的人会得出不尽相同的结果。有时即使是同一个人，由于存在视觉疲劳，上午和下午判读的结果都可能存在差异。其共同作用的结果就是使各类图斑判读结果及各类图斑的界线（面）存在不确定性或叫随机性，由视觉判读生成的专题图只能视为定性的结果，而不能作为定量的结论。那么，出路何在呢？

虽然，造成这种局面的根本原因是由于视觉判别本身及其依赖的信息表现手段没有能够合理而科学地充分利用遥感可能提供的全部有用信息。这些缺陷具体表现在：根据蓝、绿、红三基色色彩合成原理，供视觉判读用的假彩色合成图像最多只能选择三个波段供给使用，可是当今传感器设置的波段大多在 7 个以上。而像成像光谱仪的波段多达 200 个以上，有太多的波段数据不能利用；视觉判读面对的是类别各异的一个个图斑，而不是逐个像元进行甄别。因而最后无法精准地计算各类别的面积；另外，对于单波段黑白图像判读可利用的灰阶最多仅达到 16 级（2^4），实际上像元的亮度值现在最少可量化到 256 级灰阶（2^8），而类别之差就在灰度变化的细微之间。在现今信息化、人工智能大发展的时代，上述的视觉判读局限性完全可以避免，其出路就在于用计算机进行遥感图像的分类。

计算机图像分类是模式识别在遥感应用领域的具体实践方式。人工智能的三大领域中的两个，即模式识别和专家系统，在遥感中应用由来已久。早在 20 世纪 70 年代，这两类人工智能就已进入商业化运营，并成为遥感科学体系中的重要内容。在任一商用图像处理系统中，图像分类功能都是系统中最重要的组成部分。专家系统在图像分类中的应用则出现相对稍晚。

现阶段用计算机进行遥感图像分类已成为可能，并因此图像分类有了所谓的监督分类和非监督分类之分。所谓监督分类，就是先让计算机学习（也叫训练），然后再进行分类的一种分类方式。具体讲，通过选择若干个已知类别的图像窗口（训练区），计算出判别决策函数（即分类器）所需的统计参数（均值，方差-协方差），让计算机按人们事先设定的判别规则逐个像元的进行类别的识别判定。因而人们就将这种机器先行学习，再进行抉择分类的过程称作监督分类，而将那些不经窗口区统计训练的分类过程则叫做非监督分类。机器学习的监督分类需要先验知识。但是先验知识从哪里来？它可来自视觉判读结果，也可来自非监督分类的结果，这样，监督分类与非监督分类、视觉判读这三种分类处理方式就统合和关联了起来，它们之间不是互斥关系，而是互补的方式。

人们分析、识别外部事物的习惯、过程和逻辑的共同认知也告诉我们，相似的事物应归为一类，而不相似的事物应归为另类。因而，根据事物（即目标）间的相似性和相关性进行目标识别也在情理之中。常言道，物以类聚，人以群分，有一种图像分类的方法就叫做聚类，它是非监督分类方法中的主体，也容易理解，处理也相对简便。下面就从非参数分类一章开始，来叙述遥感图像的分类的方法（算法）。

11.1 分类的相似性和类别可分性统计量

在进行影像分类时，将相似的目标（像元向量）归并为一类，而不相似的可能另属其他类。那么什么叫做相似，到何种程度就称作不相似？这就应该定义一个大家可以接受认同的、可以测度的定量指标，作为相似性的判断标准。在多波段测量空间，像元一簇簇地聚集在一起。它们相互集聚在多维光谱空间，表明它们在光谱反射（或发射）能力方面的一致性，光谱反射（或发射）的一致性说明它们的物理性质或景观覆盖类型的一致性。这一簇簇的像元似乎都围绕一个中心分布，离中心越近，它们就越相似。因此用距离就可以测量和表达它们的相似性。另外，它们丛集在一块，表明它们关联密切。因此相关系数也可用作像元相似性度量的一种指标。最后还可以用两个像元矢量的夹角余弦来定义相似系数。

11.1.1 分类用的各种距离指标

现考虑像幅大小为 $M\times M$ 的图像，每个像元具有 N 个波段，现考虑如何定义各像元间的距离指数。

11.1.1.1 绝对距离 L_1

绝对距离又称为 TAXI 距离或曼哈顿距离［在纽约曼哈顿，相互成正交的一条条道路将曼哈顿分割成一块块矩形街区，出租车（TAXI）计程是按一段段 90°拐弯的折线累加计算的，故称为 TAXI 距离］。

设两个待检相似性的像元 i 和像元 j 之间的绝对距离为 D_{ij}

$$D_{ij}=\sum_{k=1}^{N}|x_{ik}-x_{jk}| \qquad i,j=1,2,\cdots,M; i\neq j; k=1,2,\cdots,N \tag{11.1.1}$$

绝对距离尚可取其简化形式

$$D_{i,j}=\max(|x_{i1}-x_{j1}|,|x_{i2}-x_{j2}|,\cdots,|x_{iN}-x_{jN}|) \qquad i,j=1,2,\cdots,M; i\neq j$$

11.1.1.2 欧几里得距离 L_2

在 N 维光谱空间的第 i 个像元与第 j 个像元的欧几里得距离 D_{ij}

$$D_{i,j}=\sqrt{\frac{\sum_{k=1}^{N}(x_{ik}-x_{jk})^2}{N}} \qquad i,j=1,2,\cdots,M; i\neq j, k=1,2,\cdots,N \tag{11.1.2}$$

有一个称作明柯夫斯基（Minkowski）距离的表达式可将绝对距离 L_1 和欧几里得距离 L_2 统一起来，其表达式为

$$D_{i,j}=[\sum_{k=1}^{N}|x_{ik}-x_{jk}|^{P}]^{\frac{1}{P}} \tag{11.1.3}$$

当 $P=1$ 时，为绝对距离 L_1；$P=2$ 时，则得欧几里得距离 L_2；而当 $P\to\infty$时，变为切贝舍夫距离

$$D_{i,j}^{\infty}=\max|x_{ik}-x_{jk}|$$

11.1.1.3　标准化极差距离

N 维多光谱空间的第 i 个像元向量与第 j 个像元向量点的极差标准化距离 D_{ij}

$$D_{ij}=\frac{1}{N}\sum_{k=1}^{N}\frac{|x_{ik}-x_{jk}|}{S_k} \tag{11.1.4}$$

式中，S_k 为第 k 波段全部灰度值的极差；$S_k=x_{\max k}-x_{\min k}$。

上式表明在求出全部像元灰度值离差基础上，每一对像元的灰度值差均除以极差（即标准化），然后求和，最后除以波段数 N，求得波段的平均值，这样来降低极端数据值的影响。标准化后，其值域为［0，1］。

11.1.1.4　广义距离

上面介绍过的各种定义下的距离不但与变量的量纲有关，也与各变量间的相关性有关。应当寻找或者构建一个既不受变量的量纲影响，也能够避免变量间相关性作用的一个新的距离表达式，这就是马氏（Mahalanobis）距离，也称为广义距离。其表达式为

$$D_{ij}^{2}=[(x_i-x_j)^{\mathrm{T}}(x_i-x_j)] \tag{11.1.5}$$

式中，$(x_i-x_j)^{\mathrm{T}}$ 是两个像元 x_i 与 x_j 灰度值差值向量的转置，Σ^{-1}是 N 个波段间协方差矩阵 Σ 的逆阵。

从上式看到，如果各波段间相互独立，各变量数据的方差为 1 时，波段间协方差矩阵 Σ 和其逆阵 Σ^{-1}均为单位矩阵，Mahalanobis 距离就退化为欧几里得距离。

11.1.2　相关系数与相似系数

11.1.2.1　相关系数

对于具有 q 个波段的图像，像元 x_i 与像元 x_j 之间的相关系数 r_{ij}的表达式为

$$r_{ij}=\frac{\sum_{k=1}^{q}(x_{ik}-\bar{x}_i)(x_{jk}-\bar{x}_j)}{\sqrt{\sum_{k=1}^{q}(x_{ik}-\bar{x}_i)^2\sum_{k=1}^{q}(x_{jk}-\bar{x}_j)^2}} \tag{11.1.6}$$

式中，$\bar{x}_i=\frac{1}{q}\sum_{k=1}^{q}x_{jk}$，$\bar{x_j}=\frac{1}{q}\sum_{k=1}^{q}x_{jk}$，$i\neq j(i,\ j=1,\ 2,\ \cdots,\ M)$

相关系数 r_{ij}的值域［0，1］，r_{ij}取值大者优先合并。

11.1.2.2　相似系数

如将数据标准化，则数据均值变为零，式（11.1.6）变为相似系数 S_{ij}表达式

$$S_{ij}=\frac{\sum_{k=1}^{q}x_ix_j}{\sqrt{\sum_{k=1}^{q}x_i^2\sum_{k=1}^{q}x_j^2}} \tag{11.1.7}$$

这样，相关系数和相似系数两者之间是息息相关的，只是各有巧妙不同。相关系数本质上就是数据经标准化后的夹角 β 余弦（S_{ij}）（图 11.1.1）。

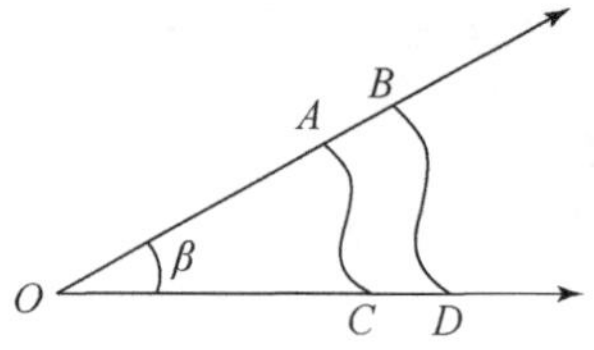

图 11.1.1　夹角余弦 $\cos\beta$

如图 11.1.1，尽管曲线 AC 和 BD 的长度不同，但形状很相似，这就启示我们可以用两矢量，即$\overline{OAB}$和$\overline{OCD}$间的夹角余弦 $\cos\beta$ 来表示曲线 AC 和 BD 间的关系密切程度。两矢量表达式为

$$x_i=[x_{i1},x_{i2},x_{i3},\cdots,x_{iq}]^{\mathrm{T}}$$
$$x_j=[x_{j1},x_{j2},x_{j3},\cdots,x_{jq}]^{\mathrm{T}}$$

相似系数 S_{ij}的值域也是［0，1］，$\cos\beta$ 值愈大，愈相似，应优先合并归类。

11.1.3　类别的概率分布可分性统计量

从分类需要的角度考虑，现在的传感器获取信息的波段数已远远超过了分类所需的实际需要。实际上有一个代表性的波段子集（或叫特征）就足够了。因此，对于那些具有 q 个波段的图像，在实际分类之前必须要做好的工作是定好参与分类的特征波段，以期用最少的波段来获得最适当的分类结果。这样做就可规避某些波段信息冗余度高造成的多余的分类处理工作消耗。随着传感器探测波段愈来愈多，对那些无助于分类精度提高，并且对于类别可分性贡献不大的特征应尽量舍弃。在设计特征选择的有效性时，应尽量对特征间的相关性进行严格的控制。概率分布形式常被用以度量两个类的可分性。下面要介绍的离散度就是一种测度两个概率分布空间可分性的度量指标。

11.1.3.1　离散度

离散度是评测分类类型对概率分布密度函数可分性的一种度量指标（D_{ij}），它是基于两类概率分布（曲线）的重合程度来定义的。在发生重叠时，任何一种分类算法都会产生

两种分类错误，即像元被分到错误的类中而产生的弃真错误和（或）像元没被分到正确的类中产生的纳伪错误（图 11. 1. 2，图 11. 1. 3）。图 11. 1. 2（a）表示二类（ω_1，ω_2）在二维情况下是完全可分的，其分类超平面 AB 位于二类形心的连线 O_1O_2 上。但是，如果仅用一维表示，即将 ω_1 和 ω_2 都投影到 x_1 轴或 x_2 轴，就成为不可分的两类。图 11. 1. 2（a）表示二类边界互切，公切线 DD_0 垂直于 x_2 轴，而如果投影到 x_1 轴，则产生很宽的重叠区 D_1D_2 [图 11. 1. 2（b）]。

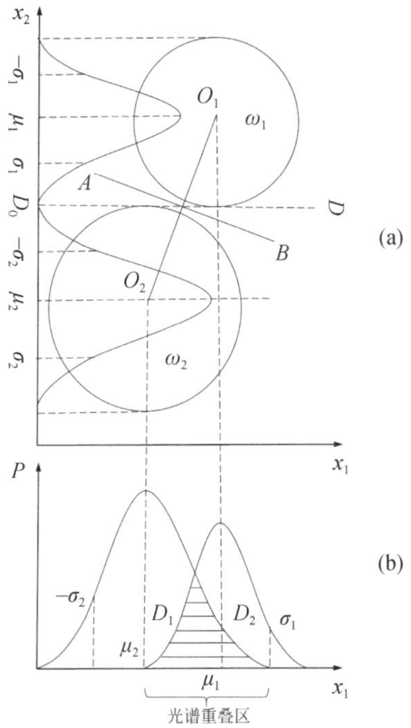

图 11. 1. 2　光谱维度与类别可分性

σ_1、σ_2 和 μ_1、μ_2 分别为第一类和第二类的方差和均值

考虑图 11. 1. 3，现用 $P(x \mid \omega_i)$ 和 $P(x \mid \omega_j)$ 表示光谱空间中的位置 x 上的第 i 个光谱类和第 j 个光谱类的概率分布，类别的概率比 $L_{ij}(x)$

$$L_{ij}(x)=\frac{P(x \mid w_i)}{P(x \mid w_j)} \tag{11.1.8}$$

$L_{ij}(x)$ 是对点 x 的重叠状况的一种很好的度量。在光谱类别可分性很好的情况下，对一切的 x 取值，光谱类别比 $L_{ij}(x)$ 为 0 或者为∞。L_{ij}（x）的对数形式为

$$L_{ij}^{o}(x)=\ln P(x \mid \omega_i)-\ln P(x \mid \omega_j) \tag{11.1.9}$$

考虑连续分布情况（图 11. 1. 2），第 i 类中相对于所有像元的类别的对数概率比的条件期望值 E［L_{ij}^{o}（$x \mid \omega_i$）］

$$E[L_{ij}^{o}(x \mid \omega_i)]=\int_x L_{ij}^{o}(x)P(x \mid \omega_i)\,\mathrm{d}x \tag{11.1.10}$$

根据这个定义，离散度

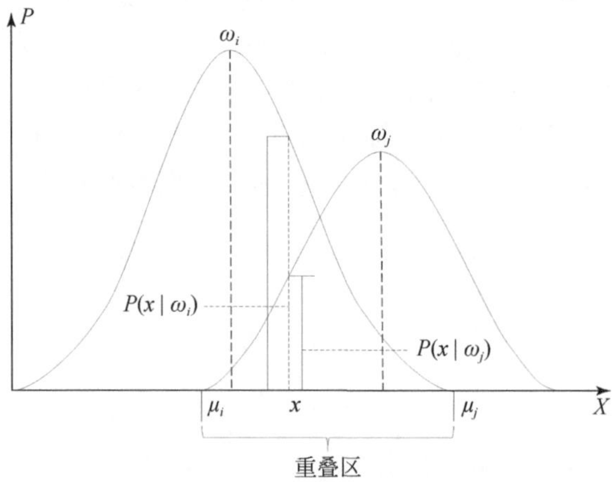

图 11.1.3　定义概率比的两类分布密度函数

$$D_{ij}=\int_x\{P(x\mid\omega_i)-P(x\mid\omega_j)\}\ln\frac{P(x\mid\omega_i)}{p(x\mid\omega_j)}\mathrm{d}x \tag{11.1.11}$$

上式表明，离散度 D_{ij} 为非负且对称的，即有 $D_{ij}=D_{ji}$。

为了处理方便且不失其有效性，可将光谱类别模型化为遵从多维高斯正态分布，其均值向量和协方差矩阵分别用 μ_i，μ_j 和 S_i，S_j 表示。现在考虑仅有 ω_i 和 ω_j 两类的情况下的离散度 D_{ij} 的表达式。式（11.1.11）实在不适于快捷计算，既然光谱类都遵从高斯分布，完全可以用正态分布的统计参数来表示，有

$$D_{ij}=\frac{1}{2}\mathrm{tr}[(S_i-S_j)(S_i^{-1}-S_j^{-1})]+\frac{1}{2}\mathrm{tr}[(S_i^{-1}+S_j^{-1})(\mu_i-\mu_j)(\mu_i-\mu_j)^{\mathrm{T}}] \tag{11.1.12}$$

式中，tr［ ］为矩阵的主对角线元素之和，即矩阵的迹。

大家都清楚，协方差矩阵 S_i 和 S_j 是监督分类中所含波段特征数目的函数，如选 6 个波段作为分类指标，S_i 和 S_j 中就含有 6×6 矩阵，用其来计算两类别的离散度实无必要。这是因为，类别可分性还与参加分类的具体波段的光谱特征（如波段的光谱独立性）有关。如果选用 3 个波段参与分类，那究竟哪 3 个波段子集能够提供两类之间的最佳可分离度呢？从 TM 的 6 个波段中，选取 3 个波段的特征子集，可能的组合数 C 有 20 种，这就要求根据式（11.1.12）系统地计算 20 种 3 个波段组合下的两个类别的离散度 D_{ij}，最终选出离散度值最大的那一波段子集作为分类用的三个特征波段子集。不失一般性，考虑多于两类的情况，需要计算所有的类对，通过比较，将那些相对不可分的子集舍弃。在这种情况下，可采用平均离散度来表征类间的平均可分性，即

$$D_{\mathrm{ave}}=\sum_{i=1}^{q}\sum_{j=i+1}^{q}P(w_i)P(w_j)D_{ij} \tag{11.1.13}$$

或

$$D_{\mathrm{ave}}=\frac{\sum_{i=1}^{q}\sum_{j=i+1}^{q}D_{ij}}{C} \tag{11.1.14}$$

由上述离散度 D_{ij} 定义的表达式可知，离散度 D_{ij} 值是随着光谱类的均值之间的分离程

度呈平方倍增长的。如果将离散度值作为相应光谱类别互相区分的根据，将会使那些容易分离的类别（因而一定是类间距较大的两类）对离散度的指数性的倍增放大作用获得尽情发挥，这会误导研究人员把次优的光谱特征子集当成最优的光谱特征子集。因而需要寻找一种新的类别间可分性统计量，能够使这种指数是倍增的弊端得到遏制而逆转。

11.1.3.2 J-M 距离

两光谱类别间的 J-M（Jefferies-Matusita）距离 J_{ij}定义为

$$J_{ij} = \int_X \left[\sqrt{P(x \mid w_i)} - \sqrt{P(x \mid w_j)} \right]^2 \mathrm{d}x \tag{11.1.15}$$

式中，$P(x \mid \omega_i)$ 和 $P(x \mid \omega_j)$ 为像元 x 出现在 ω_i 类和 ω_j 类的条件概率。

J-M 距离表示的是两类地物的像元灰度值的概率分布之间的平均距离，是两类地物可分性的一种量度。该两类都服从高斯分布时，J-M 距离呈现为下列表达式

$$J_{ij} = \sqrt{2[1-\exp(-B_{ij})]} \tag{11.1.16}$$

式中，

$$B_{ij} = \frac{1}{8}(\mu_i-\mu_j)^{\mathrm{T}}\left(\frac{S_i+S_j}{2}\right)^{-1}(\mu_i-\mu_j)+\frac{1}{2}\log\left[\frac{|(S_i+S_j)/2|}{\sqrt{(|S_i|+|S_j|)}}\right] \tag{11.1.17}$$

B_{ij}也称为 Bhattacharyya 距离（简称巴氏距离）。巴氏距离的首项相当于规范化了的类均值距离，它对光谱类别之间的分离程度提供了一个指数逆转性的倍增作用，使得上述离散度表达式中的指数倍增加权的弊端，得到遏制而趋于平衡，从而避免了上述误导作用的发生。

对于两类的多数情况，仿照上面对于离散度的说法。两个类别的平均 J-M 距离可表达为

$$J_{\mathrm{arc}} = \sum_{i=1}^{q}\sum_{j=i+1}^{q} P(x \mid \omega_i)P(x \mid \omega_j)J_{ij} \tag{11.1.18}$$

如果把 J-M 距离作为多维正态分布类别的特征选择依据，它的性能当然要优于离散度这个指标。但是，在计算 J_{ij}表达式的时候，式中 B_{ij}的表达式（11.1.17）甚为复杂，计算代价太高，这也是必须要考虑的问题。

11.1.3.3 标准化距离

采用标准化距离 D 为两类合并的指标时，它不仅表达了两类中心（即均值向量）相距的远近，也考虑了两类标准差大小对分类的影响，即组类离散度对分类的影响。标准化距离 D 的表达式为

$$D = \sqrt{\sum_{i=1}^{q} \frac{(\bar{\mu}_{\omega_{i1}} - \bar{\mu}_{\omega_{i2}})}{\sigma_{\omega_{i1}}\sigma_{\omega_{i2}}}} \tag{11.1.19}$$

式中，q 为波段数；$\bar{\mu}_{\omega_{i1}}$ 和$\bar{\mu}_{\omega_{i2}}$为 ω_{i1} 和 ω_{i2}类的均值，$\sigma_{\omega_{i1}}$ 和 $\sigma_{\omega_{i2}}$为 ω_{i1} 和 ω_{i2}类的均方差。

11.1.3.4 变异离散度

细心的读者可能已察觉到，呈正态分布的离散度 D_{ij}的代数表达式（11.1.12）与 J-M

距离表达式中参数 B_{ij}表达式（11.1.17）某种结构上的相似性。通过取长补短，对原离散度表达式进行改造，在新的改进了的离散度——变异离散度中，预置一项能对光谱类别之间的分离性提供一个呈指数下降的遏制性的修正功能，从而避免上节指出的原离散度本身具有的固有弊端。下面是变异离散度 d_{ij}^{T}表达式

$$d_{ij}^{\mathrm{T}}=\eta\left[1-\exp\left(\frac{d_{ij}}{8}\right)\right] \tag{11.1.20}$$

这个新统计量给出了伴随着二类距离的增加呈指数下降的功能因子，产生一种随着类的分类程度增加而出现类似于 J-M 距离的饱和的现象。式中 η 是供人们调制的离散度标度系数（可从 0 到 800）。d_{ij}^{T}在计算上更简单，其在特征提取中的效果与 J-M 距离相近而比离散度和巴氏距离有更好的效果。

总的来说，在分类中如用距离作为相似性指标时，距离愈大，相似性愈小，当属不同的类；距离愈小则相似性愈大，应视为相同的类。如果用相关系数作为相似性指标，相关系数愈大，类间相似性就愈大，应属相同的类，从而立即合并，否则就另当别论。因此在分类过程中，要避免将同一类的像元被误分到其他类中。如果误分了，会造成类内离差平方和（方差）的增大。分类的最终，也即最好的结果，其标志是使总的离差平方和 SSE 为最小。这也是评价分类（如聚类）质量好坏的一个不二法则。

$$\mathrm{SSE}=\sum_{C_i}^{g}\sum_{x\in C_i}(x_i-\mu_i)^{\mathrm{T}}(x_i-\mu_i) \tag{11.1.21}$$

式中，μ_i 为第 i 类的像元灰度值 x_i 的均值，共分为 g 类，$x_i\in C_i$ 表示给定的类别。先进行内层求和，即计算各类的每个元素到各自类均值的距离平方；外层求和则是对所有类求平方和再行相加。在聚类中，每一组聚类内部，距离都很小，而在组间距离就较大，因此可用 SSE 来评价聚类的质量。如有两个光谱波段 x_1 和 x_2 构成的二维散点图（图 11.1.4），做出的聚类结果，看上去都很合理，无法判出伯仲，此时就可利用类内距离平方和 SSE 为最小，这个质量评价准则来决定哪一分类结果应被接受。

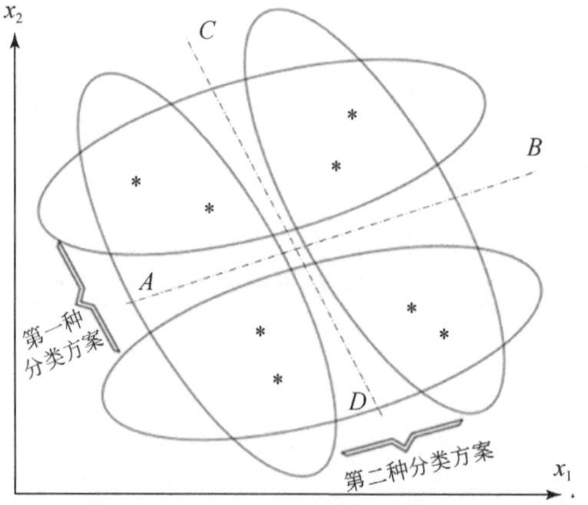

图 11.1.4　两类分类方案比较（Richards，J. A.，2015）

11.2 分类中的聚类方法

遥感图像的非监督分类的主要内容是各种名目繁多的聚类方法，成为多变量统计中的一个重要应用领域。聚类分类按其采用的思路和策略，可分为系统聚类和动态聚类两大类，并可认为动态聚类是系统聚类的改进和发展。系统聚类的概念简洁明晰，对了解聚类是个很好的入门。

11.2.1 系统聚类

对遥感图像进行系统聚类时，先将每个像元看成一类，然后根据所选的归类原则逐步进行合并。直到最后类别稳定并满足事先设定的要求而停止这一归并过程来结束分类。至于选用哪一种统计量作为归类判据，这决定于具体应用目的，一般多采用欧几里得距离（L_2），也有采用相似系数β的。如在山地地区，由于地面坡向不同，造成卫星成像时的光照条件差异，从而影响同类地物的像元向量大小（向量长度）。但在方向上变化并不大，此时采用相似系数作为分类判据，便可降低山地坡向的影响。在这种情况下，相似系数大的应优先进行合并。当用欧几里得距离作为归类判据时，两类间距最小的应优先进行合并。

11.2.1.1 自下而上的等级聚类

等级聚类是一种典型的系统聚类分类方法，可按两种途径进行分类，一种是把每个像元视为一个类，进而采用自下而上的合并过程；另一种则是将全部图像像元看成一类。然后采用自上而下的逐级分裂方法实现分类。究竟选用哪一种方式，这要由具体应用目标而定，本节仅介绍自下而上的等级聚类分类。

等级聚类分类应满足集合的两个条件：

对于任意的两个下级类 ω_1 和 ω_2，总存在紧邻的一个共同上级类 ω_k，且有

$$(\omega_i \subset \omega_k) \wedge (\omega_j \subset \omega_k) \quad 以及 \tag{11.2.1}$$

$$(\omega_i \subset \omega_k) \wedge (\omega_i \subset \omega_j) \Rightarrow (\omega_i \subset \omega_k) \vee (\omega_k \subset \omega_j) \tag{11.2.2}$$

在进行等级聚类前，对原始数据应先进行均匀化处理。这是因为所用的测量数据采用的单位、量纲往往不一致，直接用原始数据进行聚类运算，必然会放大那些绝对值大的变量的权重。为消除这种影响，等级聚类分类前需行数据的均匀化处理。

为了解等级聚类的概念和聚类过程，先通过下面一个具体例子加以说明。

现欲对某波段 7 个像元灰度值进行等级聚类，7 个数值分别是 5，10，30，60，100，150，210。

不妨先将它们看作为 7 个类，然后计算它们两类间的欧几里得距离 D_{ij}，这种两两聚合方式共有 21 种可能，计算后形成下列的距离阵，列于图 11.2.1（a）。对图 11.2.1（a）搜索可见，x_1 类和 x_2 类类间距离是 5，为距离阵中最小值，说明两者最相近，应先合并成一新类，记为 x_8。接着对这个新类 x_8 继续与剩余的 x_3，x_4，x_5，x_6，x_7 诸类计算类间距离，形成另一新距离阵，记为图 11.2.1（b）。由于 x_1 和 x_2 合并，使距离阵（a）比距离

阵（b）少了一行一列，相当于在（a）阵中删去了距离阵元素 5 所在的行与列。

对于图 11.2.1（b）继续用最小距离准则进行合并，搜索发现，距离阵（b）中的 x_8 与 x_3 类间距离是 20，为最小，应进行合并形成新类，记作 a_9，接着计算新类 x_9 与剩余的 x_4，x_5，x_6，x_7 类间距离，形成距离阵图 11.2.1（c）。也是由于两类合并的原因，使得图 11.2.1（c）比图 11.2.1（b）少了一行一列，也相当于删除去了距离阵元素 20 所在的行与列，或者说是删去了 x_3 类与 x_8 类所在的行与列。还可以用这样的方式生成下一级的距离阵。但现在我们可以用更简便的递推方式形成下一级的合并后的距离阵，其方法是：先从距离阵中搜索出类间距离最小的那个距离元素，并以圆圈圈记，接着删去该元素所在的行与列所有元素，即可生成新一级的距离阵。注意给这个合并后的新类以递增的序号。为提请注意，不妨将这被删去的行与列用一浅色线条标画上。通过上述一对一逐步合并，每合并一次，距离阵减少一行一列，矩阵愈来愈小，直至最后仅剩一个元素为止。

d_{ij}		5	10	30	60	100	150	210
		x_1	x_2	x_3	x_4	x_5	x_6	x_7
5	x_1	0						
10	x_2	5	0					
30	x_3	25	20	0				
60	x_3	55	50	30	0			
100	x_4	95	90	70	40	0		
150	x_5	145	140	120	90	50	0	
210	x_6	205	200	180	150	110	60	0

(a)

d_{ij}	x_8	x_3	x_4	x_5	x_6	x_7
x_8	0					
x_3	20	0				
x_4	50	30	0			
x_5	90	70	40	0		
x_6	140	120	90	50	0	
x_7	200	180	150	110	60	0

(b)

d_{ij}	x_9	x_4	x_5	x_6	x_7
x_9	0				
x_4	30	0			
x_5	70	40	0		
x_6	120	90	50	0	
x_7	180	150	110	60	0

(c)

d_{ij}	x_{10}	x_5	x_6	x_7
x_{10}	0			
x_5	40	0		
x_6	90	50	0	
x_7	150	110	60	0

(d)

d_{ij}	x_{11}	x_6	x_7
x_{11}	0		
x_6	50	0	
x_7	110	60	0

(e)

d_{ij}	x_{12}	x_7
x_{12}	0	
x_7	60	0

(f)

图 11.2.1　系统聚类合并过程中距离阵的变化

最终的等级系统聚类还可以用系统分类树来表示（图 11.2.2）。

11.2.1.2　自上而下的分裂法聚类分类。

自上而下的分裂法聚类分类也叫做等混合距离分类（ISOMIX）。这种分类的思想可谓四海一家，即把全部的像元向量视为一类，然后通过一分为二逐步分裂的方式进行分类，直到达到分类的预想结果为止。它是上述的逐级进行合并的聚类过程的逆过程，是系统聚类分类的另一种方式。

既然全部像元看成一类，那就可以求出它各波段的类均值（μ_i）和均方差（σ_i），并进一步得到第一次分裂后所建成的两个分类中心的均值向量 M_1 和 M_2

$$M_1=(\mu_{11},\mu_{21},\mu_{31},\cdots,\mu_{q-11},\mu_{q1})^{\mathrm{T}}$$

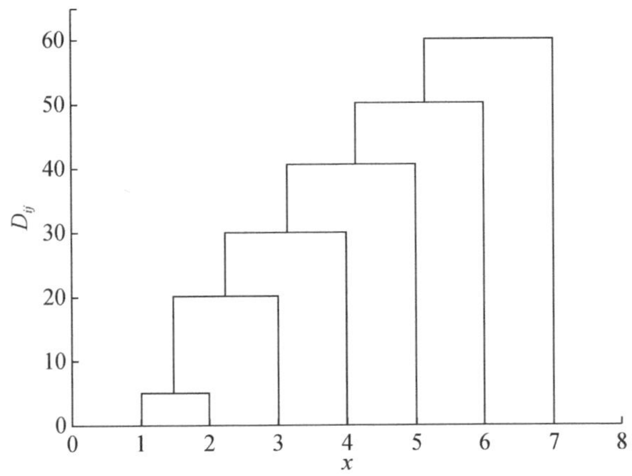

图 11.2.2　等级系统聚类分类树

$$M_2=(\mu_{12},\mu_{22},\mu_{32},\cdots,\mu_{q-12},\mu_{q2})^{\mathrm{T}}$$

式中

$$\mu_{i1}=(\bar{\mu}_i-\sigma_i),\mu_{i2}=(\bar{\mu}_i+\sigma_i),(i=1,2,3,\cdots,q)$$

有了这两个中心，就可以去计算各个像元到这两个中心的混合距离并按照最小距离规则对每个像元进行归类。下一步则可对这两个新类分别计算每个波段的均值和均方差。并且只要这两个新类中的任意波段均方差大于事先给定的分裂阈值 σ，这两个新类就将继续分裂。

以后，但凡任何一级新分裂出来的新类中的某一个波段方差大于事先设定的阈值 σ。，就一直按照这种二叉树式的分裂方式进行分裂，直到新类中各波段方差都不再大于预设的阈值 σ。为止。实际上编制分类程序时已考虑到如何在程序运行过程中及时通过调整阈值来控制分裂分类的进程。阈值设置的不同往往会得到不同的分类结果。因此要根据需要慎重地选定阈值（阈值一般设定是 σ，取值在 1.5～3.0）。

根据上述的自上而下的一分为二的分裂方式进行的系统聚类分类，往往产生一开始就会被错分的像元，到分类结束时都没有机会获得纠正，造成一错到底的误分结果。所谓误分，是指同一组类的像元被分配到不同的类中。如果错分的像元较多，分类结果会相当凌乱。针对这种错分的缺陷，在设计程序中可考虑在适当的时机，对所有像元按最小距离准则重新归类，给错分的像元以重新归类的改正机会，减少误分，使分类结果更如人意。也可通过增加分类程序的灵活性，视像元的均值向量和均方差向量的具体情况，及时调整阈值 σ。来控制分裂次数，改善分类的效果。

上述系统聚类分类方法，概念清晰简洁，面对不大的数组进行分类也许是个不错的选择。但是，对于数据体量十分庞大的遥感图像，这种聚类的分类方式就显得捉襟见肘了。试想，哪怕仅仅一景陆地卫星 TM 图像，像元阵列大小为 6176×5984，而且每像元有 7 个波段，灰度值量化为 2^8 等级，这个距离阵是何等的庞大，会占用太多的计算机资源。更何况那些被错分的像元，在这种情况下，即使想适时调整纠正也会变得无比困难。针对这弊端，人们应该想想如何克服这种算法过于呆板的局面。

11.2.2 动态聚类

11.2.2.1 动态聚类的概念

针对上述系统聚类的种种弊端，动态聚类应运而生。所谓动态聚类，是指在分类过程中，先给出一批粗略的初始凝聚中心，然后根据人们制定的某些设定规则来修改、调整分类，直到获得合理的分类结果而结束。这样，不但类别中心可以人为灵活设置，不断的根据情况进行调整修改。就连分类的数目也可以通过合并和分裂或增或减，使分类的结果日趋合理，直到完全满足要求。

动态聚类过程可以这样描述：先设置一批初始聚类中心，让待分像元按照归类的判定准则（如最小距离准则）分别向初始中心归类而集聚；接着按人们设定的类别分裂和合并准则逐次对分类的集聚结果进行修改、调整，并一次次重新计算各类中心的统计量和类间统计量，再按类别分裂和合并规则进行调整和修改分类，通过这种一次次循环迭代，使分类结果渐趋合理和稳定，直至满意而终止迭代过程。

11.2.2.2 动态聚类过程中的几个重要环节

对遥感图像进行严格地几何精纠正和波段维去相关处理是进行聚类的前期工作。图像的几何精纠正虽然不是聚类分类工作的内涵，却是对最终的分类质量有重要影响的一步。分类的本质实际上是对地表的制图空间按地表景观要素的真实分布所进行的空向分割，是一种精细的景物空间的地图定位。光谱空间分割是表象，景物的几何空间分割、定位才是本质。有人认为，做不做几何纠正对分类结果无关紧要，其实不然，分类精妙之处就在微小差异之间。这项前期工作的意义对任何图像分类的作用都是相同的。

遥感数据波段维去相关处理中一个重要工具是主成分变换。主成分变换的本质是通过坐标轴的旋转使数据在空间上的可分离性达到最大，其本身就十分有利于聚类分类，变换后使信息更加集中，点绘第一与第二主分量散布图，类别的余谱分布已多少可见，便于确定类别数和凝聚中心。下面叙述聚类过程中的重要环节。

（1）初定分类数目和初始聚类凝聚中心

最初确定的分类数目既不能太多也不可太少，它们都会影响迭代收敛过程，一般经验选择数量是20个左右。分类数的选定，一是可以通过像元灰度值的分布密度曲线（即直方图）高低起伏转折点出现情况来定，转折点极有可能就是不同类别的分界点，两个转折点之间的像元应属同类，这样既确定了类别数目，又可认定初始聚类中心；相当于对一个波段的灰度密度曲线处理的方法，可对主成分变换后的第一主分量进行等份分段（如20份），这也可同时解决分类数和初始中心问题。二是用两个波段的散点图，通过对点分布状况分析来决定分类类别数和初始分类中心位置。相应地也可用两个主分量（第一第二主分量）的散点图分布和集聚情况来决定分类类别数和初始凝聚中心。

确定初始分类数和建立初始凝聚中心是动态聚类分类的第一步，也是整个聚类工作中的一个重要环节。初始凝聚中心虽可任意选定，也不会影响最终分类结果，但会影响计算机处理时间。初始凝聚中心如选择失当，会直接增加处理时间，需增加迭代次数才会收敛。因而，初始凝聚中心的选取大有讲究。初始凝聚中心多少并不等同于期望的分类数目，但其间还是有一定的关联。回想起遥感研究早期的 20 世纪 70 年代，可利用的遥感图像也仅有陆地卫星多光谱扫描仪（MSS）4 个波段的数据。针对这种图像数据状况，专业级应用的图像处理系统 System-101，其动态聚类模块是这样来确定初始凝聚中心的：先在 MSS 的 4 个波段上各取两个灰度值，可产生 16 种像元灰度值组合，由此便确定了波谱四维空间中 16 个矢量点的位置，也即 16 个初始凝聚点。如何确定每个波段上的两个灰度值，动态聚类模块这样规定，在每个波段的概率密度函数的累积分布曲线的 1/3 和 2/3 处所对应的灰度值就是被选用的灰度值（图 11. 2. 3 中的 x_{i2} 和 x_{i1}），MSS 的 4 个波段序号分别为 4、5、6、7，相应的灰度值为 x_{41}、x_{42}，x_{51}、x_{52}，x_{61}、x_{62} 和 x_{71}、x_{72}，在四维波谱空间正好组成 16 个初始凝聚中心。

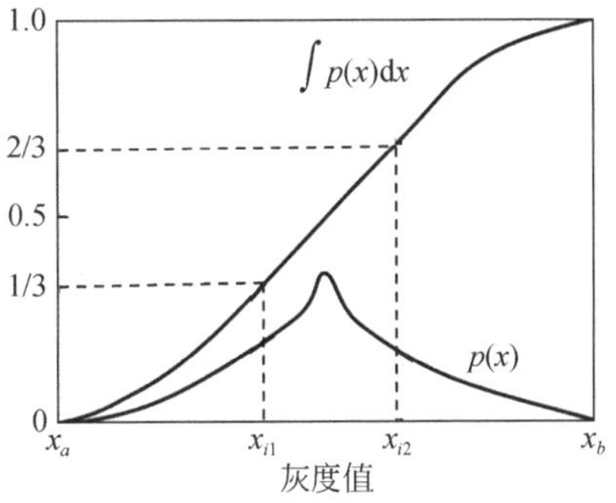

图 11. 2. 3　MSS 第 i 波段两灰度值的选定示意图

(2) 确定采用的最小距离判据并进行像元归类

在动态聚类的分类处理进程中，计算机每新扫到一个像元，都要计算该像元到每一初始凝聚中心的距离，距离愈小，说明该像元与某一组类愈相似，应该属于这一组类。动态聚类采用的距离判据是欧几里得距离，已如前述。当机器扫描到某待分像元并计算完它与所有类别的距离之后，便逐个比较这些距离，并从中挑出那一个最小距离，将待分像元判归离其距离最小的那一类 w_k

$$D_{\mathrm{xmi}}=\min\{D_{\mathrm{xmj}}\}\Rightarrow x\in w_i\quad i,j=1,2,\cdots \tag{11.2.3}$$

为确保聚类的分类质量和合理性，在设计程序时常设置一个拒分类的阈值 D_{T_0}，当小距离 $D_{\mathrm{xmj}}>D_{T_0}$时，待分像元 x 就判为拒分的那类，即 $D_{\mathrm{xmj}}>D_{T_0}\Rightarrow x$ 判归拒分类。阈值设置应大小合适，阈值太大则等于没设，而阈值设置过小，则会造成过多的拒分类像元，既不合理，也会引起混乱。程序执行到这一步，就算动态聚类完成了首次迭代过程，可接着进行下一轮迭代了。

从道理上讲，由最大似然原则推导出来的欧几里得最小距离分类法则应该是误差最小的。但在推导过程中有三大假设，是一种理想条件，故最小距离分类是一种粗糙的近似分类。

若待判的多波段像元向量 x_i 服从 N 维正态分布，$P(w_i)$ 为各类别的先验概率，$P(x\mid w_i)$ 为正态概率密度函数，最大似然判别函数 $\Phi_i(x)=P(w_i)\ P(x\mid w_i)$，据 $P(x\mid w_i)$ 的

正态分布假设有

$$\Phi_i(x)=\frac{P(w_i)}{(2\pi)^{\frac{N}{2}}\left|\sum_i\right|^{\frac{1}{2}}}\exp\left[-\frac{1}{2}(x-\mu_i)^{\mathrm{T}}\sum_i^{-1}(x-\mu_i)\right] \tag{11.2.4}$$

对式（11.2.4）两边取对数有

$$\psi_i(x)=\ln\Phi_i(x)=\ln P(w_i)-\frac{N}{2}\ln(2\pi)-\frac{1}{2}\ln\left|\sum i\right|-\frac{1}{2}(x-\mu_i)^{\mathrm{T}}\sum_i^{-1}(x-\mu_i) \tag{11.2.5}$$

式（11.2.4）中 $\sum_i$ 为各类的协方差阵，$\sum_i^{-1}$ 为其逆阵，μ_i 为各类样本均值。假设式（11.2.4）中各类的先验概率 $P(w_i)$ 均相等且各类的协方差阵也相同。在这两前提下，式（11.2.5）的前三项均为常数，去掉式（11.2.5）中这些常数项，获一等效的判别函数 $\Psi_i(x)=(x-\mu_i)^{\mathrm{T}}\sum_i^{-1}(x-\mu_i)$，此式即为前已讨论过的 Mabalanobis 广义距离（式 11.2.5）。由于已对像元向量的各波段进行过去相关处理，各波段可视为相互独立，因而 Σ 阵中非对角线元素的值均为零，而有 $\sum=I\sigma$。当各类方差 σ 均相等且为 1 时，又有 $\sum=I$（单位矩阵）。这样，Mabalanobis 广义距离就简化为欧几里得距离 $d_{xm_i}=(x-\mu_i)^{\mathrm{T}}(x-\mu_i)$。

在上述一系列假设前提条件下，推演出来的最小距离判据表明，各个类别的概率密度函数仅是特征空间里坐标位置（即各类均值 μ_i）的函数，均值 μ_i 本身就反映了各类在特征空间中的部位，这也是成为重视先进行几何精纠正之理论根据。当然，上述推导的目的在于说明最小距离分类是一种粗糙的近似分类的缘由。

通过这一环节的归并，获得一组新类的均值并作为下一轮迭代运算的凝聚中心，重新执行本环节的分类操作。经过一次次循环迭代，分类结果逐渐趋于稳定和精准，机器会自动的或人为的终止迭代过程。

（3）修改各个类别中心，准备下一次迭代过程

第一轮迭代完成了全部像元按最小距离准则向各个初始凝聚中心归类的过程，这每一类都吸纳了不同数量的像元，像元组成情况复杂，甲类中可能混进不少乙类，丙类，丁类甚至庚类、辛类像元等情况。每一类的组群元素都可计算出各自均值向量，而且在多数情况下，由这批均值向量构成的类中心会与原来的初始凝聚中心不一致，但它们会比原中心设置来得合理。这样就可重复步骤二的过程，完成第二次迭代。通过本轮迭代，产生了新的组类，又可分别计算每一组类的均值向量，进行新一轮的像元归并过程。经过这种一次次的循环迭代，分类结果会逐渐趋于稳定和合理，在适当的时候机器就会自动结束迭代过程或者通过人为干预来结束聚类过程。

（4）聚类过程中，类的合并和分裂原则

在第一、二轮迭代过程中，各类的像元总数有调整变化，导致凝聚中心位置产生迁移，但是分类的类别总数并未改变。到这一轮以后，就该考虑到分类总数也应该调整，一些类该通过分裂使类别总数增加，另外一些类则通过合并使分类总数减少。那么什么情况下某类应分裂，什么情况下某类该合并，它们应该遵循哪些原则呢？下面将分别给予回答。

怎样进行分裂或合并，得由程序编制时设定的一些控制参数来决定。用这些参数来检查上次迭代中生成的分类结果。视其形来决定该分裂还是该合并分类类别。

1）类的合并。

按照一些关于类别合并的理念原则，将两个业已分类的类别的像元再合并成一个新类的像元，重新计算新类的像元均值向量作为新类的类别中心。符合下列情况者可进行合并。

第一种情况是，当两类间的统计距离小于规定阈值，即最小类间距离时，则进行合并，该最小类间距可用标准化距离 D 来度量［式（11.1.19）］。第二种情况是，当分类数目超过了事先规定的分类数时，应将其中类间距最小的两类进行合并。还有一种情况是，当某一类包含像元数目太少时，则将该类就近合并，或者将其暂时纳入拒分类，待下轮迭代时，参与重新分类。当进行合并时，新中心位置的确定可按原两类中心的加权平均来计算。在早期的图像处理系统如 System-101 中，对如何进行合并或分裂，相关规定多不太具体，缺乏数量指标。

2）类的分裂。

遇到下面情况，应进行类的分裂。一是当前的总类数尚未达到预设的数目时，应该对诸类中离散度最大的一类进行分裂，这样总类数就多了一新类，并使分类结果更合理。其道理是，如果某类在特征空间里的离散度过大，一些像元就可能不是来自同一个组类，通过分裂使它们对新类就有更好的认同和归属感。第二种情况是，即使当前的总类数已达预期的类数，但其中一类的标准差过大，超过了允许的标准差，或者其中一类像元树太多，都要对它们进行分裂，一类变为两类。如何分裂已如前述。

（5）聚类分类的输出结果与对输出结果的整理

动态聚类从最初确定初始聚类中心和规定诸如最大分类数目、最多迭代次数、最大标准差、最小类间距等参数，到计算各类类间距离进行一次次循环迭代，使分类数、各类中心位置、各类像元数呈现稳定状态后，表明已达到预期目标，就可停止迭代，结束动态聚类过程了。这时，图像处理系统应输出聚类分类的各类彩色编码分类图和各类的统计文件，该文件应包含各类的均值向量、标准差向量、类间距离、各类像元数等。分类图和分类统计结果可成为监督分类的重要参考。

聚类分类输出的彩色编码图还仅仅是光谱类分布图，处理人员的目标是如何将光谱类转换为信息类，即成为各种景观类型的分类图。聚类分类工作进行到输出结果的整理阶段，可认为是整个工作中最重要的一项收尾工作，是整个分类工作的真正价值体现。但是，要完美的完成这一项收尾工作，是有一定难度的，也需有一些必要的条件和考虑。

1）鉴于非监督分类较之于监督分类结果含有更多的信息，为了适应最后结果整理的需要，在聚类的第一步，可考虑将分类数设置为比期望数多 1/3 至 1/2，为整理阶段的类别合并提供方便。到这最后阶段，进行逆向的分裂操作是很难实现的。

2）备有地理信息系统（GIS）软件，提供图形操作功能。

3）如果将陆地卫星-TM 的第 2、3、4 波段作为聚类分类的输入，输出结果中应将每一类的均值向量标在由 TM-3（x 轴）和 TM-4（y 轴）数据做成的二维散点图上，以便于进行光谱信息的景观类别甄别。

4）分析处理人员应具备较好的地表景观类型的光谱反射特征的知识和分析能力，这样才有可能做好将光谱类正确的转化为景观类型的信息类，实现聚类分类工作的最终价值。在由光谱类转换为信息类过程中，后验知识是至关重要的，分析处理人员不妨对那些难以标识的光谱类别进行实地甄别。

11.2.3 ISODATA 聚类分类法

ISODATA 聚类分类法是自组织数据迭代分析技术（Iterative Self- organizing Data Analysis Techniques Algorithm，ISODATA）的简称，该聚类算法是在 K-均值聚类算法基础上进行了更适用的改进后的一种聚类方法，现在应用普遍，已被镶入到商用图像处理系统（ERDAS）中。既然 ISODATA 源自 K-均值类算法，那就应该先了解一下什么是 K-均值聚类，以后再讨论 ISODATA 聚类分类的算法和过程。

11.2.3.1 *K* 均值聚类分类

K 均值聚类分类是动态聚类的一种，其迭代聚类过程的第一步也是要首先确定期望的总分类数目和初始聚类中心，该初始聚类中心是任意给定的。然后计算所有像元各自与初始中心的距离并按最小距离分类准则，将像元分别归入与之最近的那个初始中心，从而形成设定数目的粗糙的群组，从而完成了第一轮回的迭代运算。进入新的轮回，也是要通过计算各波段均值，产生新的分类中心，再计算各像元到新中心之距离，并按最小距离分类准则进行重新归类。这种循环迭代过程一次次重复进行，直到各类像元不再频繁产生类间迁移，也即各类基本稳定以后，从而终止迭代过程。

K 均值聚类的迭代过程（即算法）可归结为下述 5 个步骤。

1）为像元归类预设分类总的数目 C，在整个分类过程中，分类总数 C 是固定不变的。

2）与分类总数 C 相应的初始聚类中心 M_c 的位置（即像元向量）是随意的。

3）计算各个像元至每个初始中心的欧几里得距离 D_{ij}，按最小距离准则进行像元归类。

4）计算第一次归类后的各类的均值向量 M_c，$c=1, 2, \cdots, C$。

5）检查 M_c 位置变动情况，对于 $\forall C$，有 $M_c=\hat{M}_c$，即终止迭代过程。否则就返回到第 3 步。

11.2.3.2 ISODATA 聚类分类

从上述 *K* 均值聚类分类的迭代过程中可以发现，它的算法中对初始聚类中心设置和分类总数的规定，既缺乏科学合理性，也缺乏必要的弹性；另外，在聚类过程中对类的合并和分裂，以及对类的最少像元数也都欠考虑，这都会影响分类的进程和迭代的收敛的速度，造成聚类过程不能得到灵活有效和适时控制。这都要求在下列方面给予改进。首先，对初始聚类中心的设定，应去除随意性，增加科学性和合理性。并且，由于聚类本身是一种非监督分类，合理的分类数目不可能确切知道。但是，鉴于非监督分类（聚类）能比监督分类包含更多的地物类型信息，在设置分类总数目时，应该适当增大分类数目（如增加 1/3 或 1/2），为类别合并留有余地，以增加类别的变动弹性。其次，要对类别所含像元随时进行鉴别，以确定哪一类需分裂，哪一类需合并，并应规定类别像元数的合理阈值，以便对分类总数适时调整，这样才能使分类结果合理、准确，同时还可以加速循环迭代收敛过程。另外，由于有监分类和非监分类是相互关联的，非监分类结果往往成为有监分类的条件或直接输入参数，因此还需要对分类所含像元数有个规定，如最少像元数应大于 100 倍的特征波段数，这样才能产生合乎要求的统计量（如μ，σ），构成有效的监督分类分类器。

（1）科学而合理的确定初始聚类中心

为消除在 K 均值聚类中初始聚类中心在确定上的随意性，ISODATA 聚类方法有多种选择。其一是将主成分分析的第一主分量元素从小到大进行排序，按最大分类目 Ω_{max} 均匀设点作为初始聚类中心。由于采用的是第一主分量，没有考虑到波谱信息，这可能是它的一个缺点。为此，也可同时采用第一、第二主分量来确定初始聚类中心的位置。另外，从多波段特征空间中像元的灰度值空间分布格局来看，像元多沿近 45°方向呈不对称的纺锤形方式展布。在这种情况下，可考虑对相距最远的两个像元的连线，按分类数进行等距离划分来设定初始聚类中心。上述做法的结果是一次性的解决了初始类聚中心和预期的分类总数两个问题。这也带来了一个新问题，就是这个预期分类数是不是都是人们心目中想得到的那个分类数，答案是多数可能是，也可能不是。不要忘记，聚类分类的类数本身就是个不确定的数，它是随迭代过程在不停地变化，直到迭代结束，分类数才最终确定。最后还有一点需要说明，鉴于非监督分类包含了较监督分类更为丰富的地表覆盖类型不同层次的信息，在设定聚类分类数目时，总要大一些为好，比如一般设定 20 类就够了，可是对聚类，适当增加 50%，可定为 30 类，为多次迭代过程中的类的合并和分裂增加弹性。也使在迭代过程结束后的后期分类结果的整理（如欲进一步合并）提供可能和便利。到分类结果整理阶段，再对某类别进行分裂处理一般来说是行不通的。总体看来，初始聚类数目完全由预设的分类数所绑定。

（2）迭代过程中各参数的相关规定

1）两类合并：若两类间距离加权值 D_{wt}<类间最小距离 D_{min}（默认值为 3.0），则将两类合并。

2）类分裂：若某类的标准差 σ_i 大于规定的最大标准差 σ_{max}，且类中的像元数大于规定的类含最少的像元数之两倍时，就对该类进行一分为二的分裂，分裂后二新中心为原类的 $\mu+\sigma$ 和 $\mu-\sigma$。

3）类删除：若某类含有像元类占总像元数的百分数小于规定的内涵最少像元数（%，默认值为 0.01），则将该类删除，并就近归类。

4）终止迭代：有下列两种情况，①当循环迭代次数 M 达到规定的最高迭代次数 M_{max} 时，结束迭代过程；②分类过程中，当类别总数、类中心位置和各类包含的像元数都呈稳定状态时，就停止迭代。稳定的标志是两次迭代间类里包含的像元素达到不变像元所占的最大百分比 T（如大于 99%）。

（3）ISODATA 迭代分类进程

第一次迭代：在确定了初始聚类中心后，按照 ISODATA 程序安排，顺序扫描每个待分类的图像像元，依次计算每个像元至各类的欧几里得距离，通过对距离大小的比较，按最小距离准则实行待分像元到各个初始聚类中心的归类，并生成有 Ω_{max} 个类的分类图。这样，每个初始聚类中心都有了围绕着自己实在的像元元素，就可进入第二次迭代过程了。这一过程的第一步就从计算每一类的均值向量开始，其目的是获得新的聚类中心，以取代或承袭初始聚类中心。此时，下面这些检测参数便悉数登场，如类间最小距离（D_{min}）、类最大标准差（σ_{max}）、类最少像元占总体的百分率（%）、类最少像元数（%）、最大迭代次数（M_{max}）、两次迭代中不变像元占总最大百分率（T）等。通过这些参数检验和控制聚类的进程：哪些类该合并，哪几类该分裂，哪个类应舍弃。这种过程不断重复执行，每次迭代都会给出一个新的分类结果，直到两次迭代结果在分类数目以及各类包含的像元数不再变化并已达到最大迭代次数 M_{max}，便可停止迭代运算，并最终输出 Ω_{max} 类的分类图。

为进一步了解动态聚类分类思想和弄清迭代分类的过程。读者可参阅下面所列的动态聚类迭代算法流程框图（图 11.2.4）。

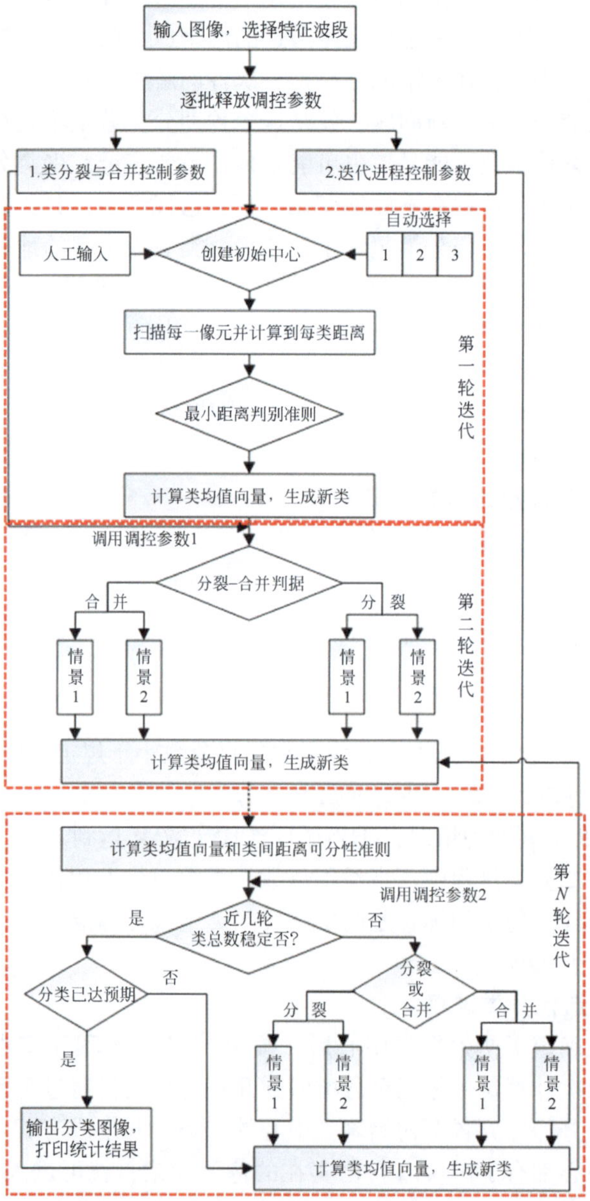

图 11.2.4　动态聚类迭代算法流程框图

11.3 平行六面体分类

一般都认为，平行六面体分类是一种非监督分类，这在数字图像处理系统发展的早期是无容置疑的。在早期图像处理系统面对的是完全不了解的某地区情况下，机器只好按照人们事先规定的要求和设定的分类类别界限，刻板的对图像进行逐像元的比较来实现对图像的分类。当时认识很简单，既然每类都有自己的波谱曲线，那么通过比较波谱曲线的差异就可以区分不同的地表类别。可是在卫星对地观测的早期，使用的是 4 个波段（如 Landsat MSS）成像技术，10 年后才进步为 7 个波段（如 TM），将它们的各波段灰度值连起来也仅仅是条折线，靠这条折线尚不足以将某类地物识别出来（图 11.3.1）。光凭对比每个像元的光谱折线，会产生太多的无法控制的类别。如果在这些折线基础上，上下增加点变动范围，就有可能将需要的目标识别出来。这样，当把每一波段都设立上下浮动范围，便将波谱空间的某一范围切割出一块多维的平行多面体（三维的便是平行六面体），不同的地物属于不同的多面体。计算机在分析处理图像时，就是这样逐个进行比较甄别，决定每个待判像元究竟应判归到哪一个多面体中。当然，每个波段灰度值设置上下浮动的范围也是个棘手问题，很难把握好大小尺寸，大了就会把不该放进的某类给放进了，而小了呢，则又会将该放进的而未放，造成许多错分或漏分。

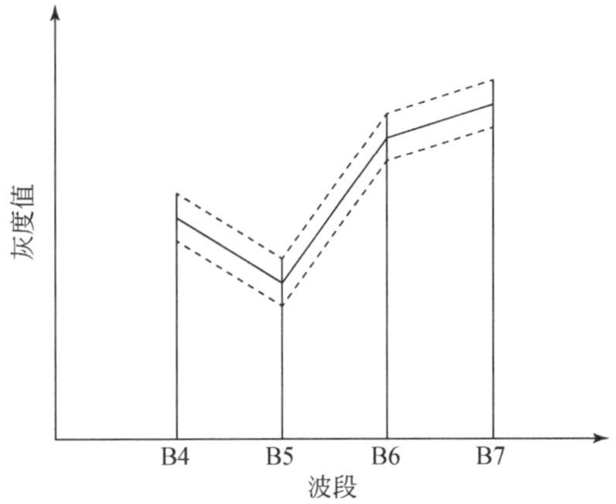

图 11.3.1　像元的四个波段灰度折线图

平行六面体分类方法的优点是简单、快捷，但有明显的缺点。一是该分类方法不能控制分类的数目；二是起初参与分类的像元，由于类别中心未经统计调整，会造成一定的分类误差：三是该分类法仅适用于波谱响应不相重叠的情况。一旦发生重叠，一个待分类像元可能会符合多类的要求，它通常会被分到符合条件的排序第一的类别之中，出现“先入为主”的现象，影响分类精度。

此时，可应用最小距离判别准则，将其重新归到距其最近的类别，如图 11.3.2 中的 p 点，$c_4p<c_1p$，经再次分类后，像元 p 应归入到 W_4 类。

一种改进的平行六面体分类方法是将根据已知判别的一组像元进行统计，计算各类的

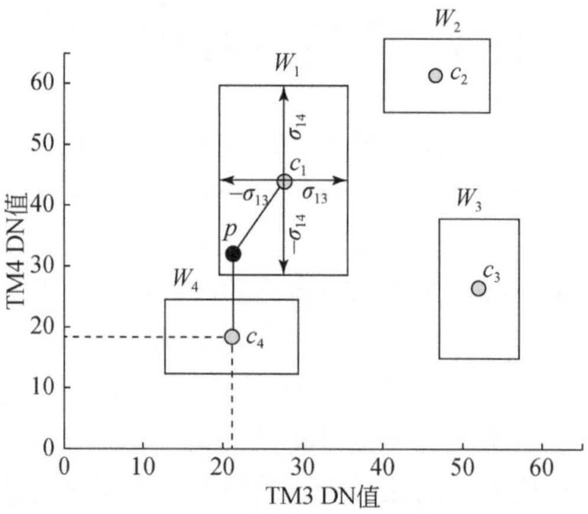

图 11. 3. 2　二维光谱类别空间分割界限图

每个波段的均值 μ_{wk} 和标准差 σ_{wk}，每个波段以一个 σ 大小作为上下界变动的范围，如果

$$|x_{ijk}-\mu_{wk}|\leqslant\sigma_{wk}\text{或}$$

$$(\mu_{wk}-\sigma_{wk})\leqslant x_{ijk}\leqslant(\mu_{wk}-\sigma_{wk})$$

就可将待判像元 X_{ijk} 按平行六面体算法的布尔代数逻辑判归 W 类。

注意，该算法要求对每个像元的每个波段进行比较，按照布尔代数逻辑进行抉择，其中只要某一波段不满足要求，都会是一种否定的结果。

式中，i，j 为行列号；$w=1$，2，…，m 分类数；$k=1$，2，…，n 被选用的波段数；$(\mu_{w1}, \mu_{w2}, \cdots, \mu_{wn})^{\mathrm{T}}$ 类的 n 维均值向量；μ_{wk} 为 m 种可能类中第 w 类在 k 波段训练样本的均值；σ_{wk} 为 m 种可能类中第 w 类在 k 波段训练样本的均方差。

在这里也看到了，即是传统意义上的非监督、非参数分类，也采用训练样本方式来获取必要的统计参数来构建判别函数实现对像元的分类，它们会逐渐融合渗透，取长补短，来提高分类的精度与可靠性，凡事真的不可“非此即彼”式的僵化思维，要学会融通式的解决之道。

11. 4　线性判别分类

11. 4. 1　二维线性判别分类的判别函数

通过已知类别的地物的一批像元灰度值，可以计算它们的像元均值向量、方差-协方差阵等统计量，并用其构造多维空间的分类边界（即判别函数），进一步则据此边界函数将待分像元判归入相应的类别。该边界函数可以通过投影变换的方式来获得。能将高维函数降到低维的判别函数，且为直线关系者，这种判别就是线性判别。该投影变换的结果使得两类几何中心（形心）在新坐标轴上的投影距离达到最大而每类的离散性为最小，即满足类间均值差异最大而类内的均方差最小的判别准则。

我们还是结合图 11.4.1 来比较直观的了解线性判别的基本原理。从图 11.4.1 可以看到。二维波谱空间里的两类地物 ω_1 和 ω_2，当它们双双投影到不管是 x_1 轴还是 x_2 轴，他们的概率密度函数（遵从正态分布）曲线都会发生交叉而使类别重叠，产生分类上的两难局面，并且无法避免。受投影变换可以降维的数学技巧的启发，寻找一条新的坐标轴，如 R 轴线，将 ω_1 类和 ω_2 类群向其投影，使两类中心（$\overline{x_1}$，$\overline{x_2}$）在 R 轴上的投影距离（$\overline{R_1R_2}$）达到最大（$\overline{R_1R_2}>\overline{ef}>\overline{cd}$）开始两条概率函数密度曲线不断产生重叠。作 R_1R_2 的垂直平分线 L，此 L 即为线性判别的边界，L 的方程便是判别函数，而垂足 R_0 则为 w_1 类和 w_2 类的判别点。

最终的问题是如何找到这个判别函数的具体形式。在图 11.4.1 中，连接二类中心$\overline{x_1}$和$\overline{x_2}$并作其垂直平分线PQ，在PQ上任意取一点 X，形成一个等腰三角形 $\Delta x\ \overline{x_1}\,\overline{x_2}$，由于 $x\ \overline{x_1}=x\ \overline{x_2}$，也即

$$(x-\bar{x}_1)^2=(x-\bar{x}_2)^2 \tag{11.4.1}$$

注意式中变量均为向量，应按向量或矩阵运算法则计算，式（11.4.1）经整理后为

$$x(\bar{x}_2-\bar{x}_1)=\frac{1}{2}(\bar{x}_1{}^2-\bar{x}_2{}^2) \tag{11.4.2}$$

将样本的统计量带入式（11.4.2）得到线性判别函数 g（x）的表达式，它是一个二元一次方程

$$g(x)=A_1x_1+A_2x_2-\theta=0 \tag{11.4.3}$$

式中，A_i 为判别函数的权系数，θ 为分类器的门限值。

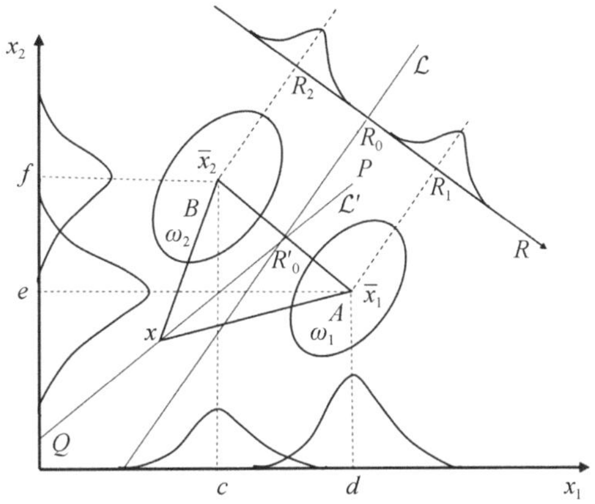

图 11.4.1　波谱空间中的两类判别

11.4.2　N 维特征空间的二类判别函数

上述二维特征空间两类别的判别函数的建立思路同样适用于 N 维特征空间中的两类别的判别函数的推导。

仿上述二维模式，N 维判别函数 $G(x)$ 定义了一个超平面的分类界面

$$G(x)=A_1x_1+A_2x_2+\cdots,+A_Nx_N-\theta=0 \tag{11.4.4}$$

像二维判别一样，A_i 为判断函数各项的权重系数，θ 为分类器的门限值。

现在的问题变为给定一个 N 个波段的图像，有 m 个类别，每类G_i（x）的样本数为n_k，总样本数 $n=\sum_{k=1}^{m} n_k$，如何根据每类训练样本的统计量来确定各项权重系数 A_i 和判别函数的门限值 θ。

按照惯例，从每类的具体训练样本 x_k 开始，依次求取每一样本的均值（由矩阵 x_k 的每一行求平均值）和方差—协方差阵以及它们的转置x_k^{T} 或逆阵 S^{-1}。

有训练样本 x_k 阵，它们都来自一个共同的多元正态分布总体，

$$X_k=\begin{pmatrix} x_{11k} & x_{12k} & \cdots & x_{1n_kk} \\ x_{21k} & x_{22k} & \cdots & x_{2n_kk} \\ \cdots & \cdots & & \cdots \\ x_{N1k} & x_{N2k} & \cdots & x_{Nn_kk} \end{pmatrix} \quad (k=1,2,\cdots,m) \tag{11.4.5}$$

当采用其转置形式 X_k 时，下标 $k=1$，2，…，n_k。

各类均值向量 M_k 有

$$M_k=\begin{pmatrix} \mu_{1k} \\ \mu_{2k} \\ \vdots \\ \vdots \\ \mu_{Nk} \end{pmatrix}=\begin{pmatrix} \dfrac{1}{n_k}\sum_{j=1}^{n_k} x_{1jk} \\ \dfrac{1}{n_k}\sum_{j=1}^{n_k} x_{2jk} \\ \vdots \\ \vdots \\ \dfrac{1}{n_k}\sum_{j=1}^{n_k} x_{Njk} \end{pmatrix} \quad (k=1,2,\cdots,m) \tag{11.4.6}$$

这里先做声明，训练样本矩阵 x_k 和它的中心化表达式都采用同一形式，即均如式（11.4.5）所示。所谓中心化，就是将 X_k 矩阵的每个元素（灰度值）都减去相应的均值 μ，如（$x_{11k}-\mu_{1k}$），（$x_{32k}-\mu_{3k}$）等，相当于将纵坐标轴原点右移到原类均值处。以后样本矩阵 X_k 和它的中心化形式就不再加以区分了。

那么，各个波段的全部 m 个类共 n 个训练样本像元灰度值总平均值 $X_i(i=1，2，\cdots，N)$

$$N_i=\frac{\sum_{k=1}^{m} n_k\mu_{ik}}{n}$$

下一步，该对每一类 G_k 求出波段维间的协方差阵（即各类的散度矩阵）S_k

$$S_k=\frac{1}{n_k-1}(X_kX_k^{\mathrm{T}})=\begin{pmatrix} S_{11k} & S_{12k} & \cdots & S_{1nk} \\ S_{21k} & S_{22k} & \cdots & S_{2nk} \\ \vdots & \vdots & & \vdots \\ S_{N1k} & S_{N2k} & \cdots & S_{Nnk} \end{pmatrix} \quad (k=1,2,\cdots,m) \tag{11.4.7}$$

以上各式中，$i=1$，2，…，N，波段序号，共 N 个波段；$j=1$，2，…，n_k，每类训练样本的序号，每类各有n_k 个训练样本；$k=1$，2，…，m，类别序号，共分为 m 类。

式（11.4.7）为每类的协方差矩阵，但需要的是总体的协方差矩阵。由各类训练样本去计算出来的协方差阵一般是不同的，鉴于多元正态总体假设，可采取加权平均的方法算出 m 类的联合协方差阵 S 来作为总体协方差阵的一个表征。

$$S=\frac{1}{n-m}\sum_{k=1}^{m}(n_k-1)S_k=\begin{pmatrix} S_{11k} & S_{12k} & \cdots & S_{1Nk} \\ S_{21k} & S_{22k} & \cdots & S_{2Nk} \\ \vdots & \vdots & & \vdots \\ S_{N1k} & S_{N2k} & \cdots & S_{NNk} \end{pmatrix} \tag{11.4.8}$$

设 S 的逆阵 S^{-1}

$$S^{-1}=\begin{pmatrix} C_{11_k} & C_{12_k} & \cdots & C_{1N_k} \\ C_{21_k} & C_{22_k} & \cdots & C_{2N_k} \\ \vdots & \vdots & & \vdots \\ C_{N1_k} & C_{N2_k} & \cdots & C_{NN_k} \end{pmatrix} \tag{11.4.9}$$

设各波段的标准偏差 $d_i(i=1, 2, \cdots, N)$

$$d_i=\left[\frac{1}{n-m}\sum_{k=1}^{m}(n_k-1)(\mu_{ik}-\mu_i)^2\right]^{\frac{1}{2}}(i=1,2,\cdots N) \tag{11.4.10}$$

由 N 个 d_i 生成列向量 D

$$D=\begin{pmatrix} d_1 \\ d_2 \\ \vdots \\ d_N \end{pmatrix} \tag{11.4.11}$$

再设判别函数各项 x_i 的系数 A_i 构成系数矩阵 A

$$A=\begin{pmatrix} A_1 \\ A_2 \\ \vdots \\ A_N \end{pmatrix} \tag{11.4.12}$$

据关系 $SA=D$，有 $A=S^{-1}D$。通过解 N 个联立方程，可求出向量 A 的各个分量，从而得到判别函数各项的权重系数 A_1，A_2，…，A_N，并由下式算出各类判别函数的门限值θ_k。

$$\theta_k=-\frac{1}{2}\sum_{i=1}^{N}\sum_{j=1}^{N}C_{ij}C_{ik}C_{jk} \tag{11.4.13}$$

这样，就由式（11.4.12）和式（11.4.13）共同的构成了 N 维线性判别函数$g_k(x)$

$$g_k(x)=A_1(x_1-\mu_{1k})+A_2(x_2-\mu_{2k})+\cdots+A_N(x_N-\mu_{Nk})+\theta \tag{11.4.14}$$

如果有待判的像元模式向量$X_k^{\mathrm{T}}=(x_1, x_2, \cdots, x_N)$，将它代入式 11.4.14，便可计算出 m 个$g_k(x)$ 值，那么待判像元向量 X_k 就该判归$g_k(x)$ 取值最小的那一类，也即

$$g_{ik}(x)=\min[g_{ik}(x)]\Rightarrow x\in\omega_i \tag{11.4.15}$$

马氏距离（广义距离）判别分类使用的统计量表达式与本节所使用的完全一样，这里将线性判别分类和马氏距离判别分类接续安排讨论，纯粹是为了叙述上的方便和避免重复。下面紧接着的一节将讨论马氏距离判别分类。

11.5 马氏距离判别分类

和 N 维线性判别一样，总是假设像元波段向量遵从正态分布，样本也都来自同一正态母体。这就可利用类别集群的几何中心（即形心）和样本间的协方差矩阵来描述它们的集聚性质。正像动态聚类的做法那样，为了判定一个待判像元波段向量 X 的归属，采用了特别复杂的函数作为判别函数，如 $\boldsymbol{\Phi}_i^0(x)$

$$\boldsymbol{\Phi}_i^0(x)=\frac{p(\omega_i)}{(2\pi)^{\frac{N}{2}}\left|\sum i\right|^{\frac{1}{2}}}\exp\left[-\frac{1}{2}(x-\boldsymbol{\mu}_i)^{\mathrm{T}}\sum_i^{-1}(x-\boldsymbol{\mu}_i)\right] \tag{11.5.1}$$

方程两端取对数，

$$\boldsymbol{\Phi}_i(x)=\ln\boldsymbol{\Phi}_i^0(x)=\ln p(\omega_i)-\frac{N}{2}\ln(2\pi)-\frac{1}{2}\ln\left|\sum{}_i\right|-\frac{1}{2}\left[(x-\boldsymbol{\mu}_i)^{\mathrm{T}}\sum{}^{-1}(x-\boldsymbol{\mu}_i)\right]$$

将对于类间相互比较不起作用的常数项去掉，上式变为

$$\boldsymbol{\Phi}_i(x)=\ln p(\omega_i)-\frac{1}{2}\ln\left|\sum{}_i\right|-\frac{1}{2}\left[(x-M_i)^{\mathrm{T}}\sum{}^{-1}(x-M_i)\right] \tag{11.5.2}$$

判别函数经过上面变换，虽然略显简单，但还是相当复杂。其实，式（11.5.1）右边最后一项 $(x-M_i)^{\mathrm{T}}\sum{}^{-1}(x-M_i)$ 是上述判别函数的核心组分，用其作为判别函数可起到相同的作用，而且它就是前面曾介绍过的 Mahananobis 距离（即广义距离）d_{ij}^2

$$d_{ij}^2=\left[(x_i-x_j)^{\mathrm{T}}\sum{}^{-1}(x_i-x_j)\right] \tag{11.5.3}$$

式中，(x_i-x_j) 为第 i 个像元与第 j 个像元之差按波段排列的列向量，$\sum$ 为波段间的协方差矩阵。

现在考虑，根据马氏距离如何进行遥感图像的分类。现欲对 N 个波段的遥感图像按 m 个类别进行分类，每个类别选取 n_k 个样本进行统计计算，这具有 N 个波段的 n_k 个像元波段灰度值数阵 X_K 排列方式已如式（11.4.5）所示，基于 X_K 可顺序计算矩阵中每行元素的平均值 M_{ik}［表达式见式（11.4.6）］，N 个均值构成各类的均值向量（即几何中心或称形心）。接着按式（11.4.7）要求，求取每类的各波段间的协方差矩阵 $\sum\limits_k$ 及其逆阵 $\sum\limits_k^{-1}$。

接着就该具体地对待判像元波段向量 $X=(x_1,\ x_2,\ \cdots,\ x_N)^{\mathrm{T}}$ 利用马氏距离算式计算 x_k 与各类的马氏距离了。马氏距离的大小表征着像元模式向量与各类别的亲近程度，距离越小表示愈亲近，比较全部距离，从中选出最小值所在类即为应归属的类。

还是回过头来重新审视图 11.4.1，换个方式和角度来分析二维空间的两类别的判别问题。图中两类地物 $A(\omega_1)$ 和 $B(\omega_2)$ 若仅由一个变量，如波段维 x_1 或 x_2 来分析或描述，它们在这两个坐标上总会发生重叠，难以严格区分它们；但若同时用两个变量 x_1

和 x_2 来分析，它们在二维波谱空间里还存在相当充足的空间来区割它们，总能找到一条直线，将它们科学而合理的分开（分类）。这条直线就是能正确区分两个类别的判别函数 $R(x)$

$$R(x)=\beta_1 x_1+\beta_2 x \tag{11.5.4}$$

这个判别函数应能体现和满足这样一个原则：类间距离（$D=R_1-R_2$）能获得最大，同时又能使各类的类内离差 $\left[E=\sum_{j=1}^{n_1}(R_j^a-R_1^a)^2+\sum_{j=1}^{n_2}(R_j^b-R_2^b)^2\right]$ 达到最小的判别准则。

现在就来构建一个复合指标 ψ

$$\psi(\beta)=\frac{D}{E} \tag{11.5.5}$$

它不但能使类间距离最大和使类内离差最小，又能确保 $\psi(\beta)$ 为最大。为此，判别方程的系数必须满足下列方程组要求，即

$$\begin{cases}\dfrac{\partial\psi}{\partial\beta_1}=0\\[2ex]\dfrac{\partial\psi}{\partial\beta_2}=0\end{cases} \tag{11.5.6}$$

求导并整理后有下列方程组

$$\begin{cases}S_{11}\beta_1+S_{12}\beta_2=\mu_1^a-\mu_1^b\\S_{21}\beta_1+S_{22}\beta_2=\mu_2^a-\mu_2^b\end{cases} \tag{11.5.7}$$

统计模式识别中的监督分类总是要求像元模式向量服从正态分布要求，因而也就可以用样本的统计量，即均值（μ）和方差–协方差矩阵 S 去表征和估计总体。现设来自 A 类（即 ω_1 类）的样本共 n_1 个，来自 $B(\omega_2)$ 类的样本共 n_2 个。解式（11.5.7）方程组，得

$$\begin{cases}\beta_1=\dfrac{1}{S_{11}S_{22}-S_{12}^2}\left[S_{22}(\mu_1^a-\mu_1^b)-S_{12}(\mu_2^a-\mu_2^b)\right]\\[2ex]\beta_2=\dfrac{1}{S_{11}S_{12}-S_{12}^2}\left[S_{11}(\mu_2^a-\mu_2^b)-S_{12}(\mu_1^a-\mu_1^b)\right]\end{cases} \tag{11.5.8}$$

下一步应该推求判别指数 R_0 的表达式。R_0 是判别函数与 R 轴的交点（即垂足），而 R 则称为判别值。判别指标 R_0 是由 A 类与 B 类的全部训练样本计算出来的两类平均判别的函数值，即

$$R_0=\frac{1}{n_1+n_2}\left(\sum_{j=1}^{n_1}R^a-R^b\right)=\frac{1}{n_1+n_2}\left[\sum_{j=1}^{n_1}(\beta_1 x_{1j}^a+\beta_2 x_{2j}^a)+\sum_{j=1}^{n_2}(\beta_1 x_{1j}^b+\beta_2 x_{2j}^b)\right] \tag{11.5.9}$$

对于上述两类判别，有

$$\begin{cases}R>R_0\Rightarrow x\in\omega_1,\\R<R_0\Rightarrow x\in\omega_2。\end{cases}$$

下面给出从式（11.5.1）至式（11.5.9）的各统计量及其表达式的列表（表 11.5.1）。

表 11.5.1　Fisher 两类判别分类各统计量表达式列表

统计量名称	表达式
A 类均值μ_1^a，μ_2^a	$\mu_1^a = \frac{1}{n_a}\sum_{j=1}^{n_a} x_{1j}^a$，$\mu_2^a = \frac{1}{n_a}\sum_{j=1}^{n_a} x_{2j}^a$
B 类均值μ_1^b，μ_2^b	$\mu_1^b = \frac{1}{n_b}\sum_{j=1}^{n_b} x_{1j}^b$，$\mu_2^b = \frac{1}{n_b}\sum_{j=1}^{n_b} x_{2j}^b$
A 类中心 R_a	$R_a = \frac{1}{n_a}\sum_{j=1}^{n_a}(\beta_1 x_{1j}^a + \beta_2 x_{2j}^a) = \beta_1\mu_1^a + \beta_2\mu_2^a$
B 类中心 R_b	$R_b = \frac{1}{n_b}\sum_{j=1}^{n_b}(\beta_1 x_{1j}^b + \beta_2 x_{2j}^b) = \beta_1\mu_1^b + \beta_2\mu_2^b$
x_1 的总方差 S_{11}	$S_{11} = \frac{1}{n_a + n_b - 2}\{\sum_{j=1}^{n_a}(x_{1j}^a - \mu_1^a)^2 + \sum_{j=1}^{n_b}(x_{1j}^b - \mu_1^b)^2\}$
x_2 的总方差 S_{22}	$S_{22} = \frac{1}{n_a + n_b - 2}\{\sum_{j=1}^{n_a}(x_{2j}^a - \mu_2^a)^2 + \sum_{j=1}^{n_b}(x_{2j}^b - \mu_2^b)^2\}$
变量 x_1 与 x_2 的总协方差	$S_{12} = S_{21} = \frac{1}{n_a + n_b - 2}\{\sum_{j=1}^{n_a}(x_{1j}^a - \mu_1^a)(x_{2j}^a - \mu_2^a) + \sum_{j=1}^{n_b}(x_{1j}^b - \mu_1^b)(x_{2j}^b - \mu_2^b)\}$

11.6　最小距离分类

11.6.1　最小距离分类的判别概念与准则

最小距离分类概念清晰，算法简单、运算速度快捷，又能获得不错的分类结果，因而成为最经典的监督分类方法之一。几乎所有的商业图像处理系统都将其列入重要的分类功能模块。更因为距离这个概念被用作评价像元与各个类别的亲缘（或叫亲疏）关系的唯一指标，它就像生物中的基因那样，使图像处理中的最小距离分类法成为沟通各种分类方法的纽带，它可上承最大似然分类，下接动态聚类，左傍图形识别和线性判别方法，右搭多种智能分类，可谓左右逢源，是学习、研究图像分类的首选和入门一步。

这里再次重申，一个像元的各波段测量值（即灰度值）统称为像元向量，同时也被称为像元模式向量。像元波段向量，其实都是指像元的一组灰度值。还有，在讲到各种监督分类时，不言而喻的一个要求或假定是被分析的像元向量都遵从正态概率分布，因而才有必须抽取训练样本进行统计这一步工作。这样，最小距离分类当然是在正态分布条件下，通过计算待判像元向量 X 到所有的类别中心 M_i（形心，即各类的几何中心，由各类波段均值向量表示）间的距离 $d_{x\mu i}$，然后就将 X 判归为距离值最小的那类，其判别式为

$$d_{x\mu i} = \min_j(d_{x\mu j}) \Rightarrow X \in \omega_i, i = 1,2,\cdots,m \tag{11.6.1}$$

式中，$d_{x\mu i} = (x-M_i)^{\mathrm{T}}I(x-M_i)$，$i=1$，2，…，$m$；$d_{x\mu i}$ 正是前面提到过的欧几里得空间距离，它是在像元向量服从正态分布条件下，各类别先验概率相等、各协方差矩阵相等、方

差为 1，且各统计特征线性独立的假定下推导出来的。

11.6.2 分类过程

首先从图像中选取样本。欲将研究区图像分为 m 类，各类以 G_1，G_2，…，G_m 记之。每类 $G_k(k=1，2，…，m)$ 样本大小为 n_K，样本的数阵为

$$x_k=\begin{pmatrix} x_{11k} & x_{12k} & \cdots & x_{1n_kk} \\ x_{21k} & x_{22k} & \cdots & x_{2n_kk} \\ \vdots & \vdots & & \vdots \\ x_{N1k} & x_{N2k} & \cdots & x_{Nn_kk} \end{pmatrix} \quad (k=1,2,\cdots,m) \tag{11.6.2}$$

据（11.6.2）式求出各类 G_k 的几何中心，即 $\mu_k=(\mu_{1k}，\mu_{2k}，…，\mu_{Nk})^{\mathrm{T}}$，而 μ_{Nk} 则由式（11.6.2）数阵的每一行求取平均值 μ_{Nk}

$$\mu_{Nk}=\frac{1}{n_k}\sum_{j=1}^{n_k}x_{Njk} \tag{11.6.3}$$

下一步就该根据所选取的距离公式（如欧几里得距离公式）计算距离 D_k

$$D_k=\sqrt{\sum_{j=1}^{N}\frac{(x_i-\mu_{ik})^2}{N}}$$

最后计算待判像元向量 X 与各类几何中心的距离 D_k，按照上述最小距离分类的判别准则，便可将像元判归取得最小距离的那一类，即

$$D_{XMi}=\min[D_{XMi}]\Rightarrow X\in\omega_i,j=1,2,\cdots,m$$

11.6.3 最小距离分类算法存在的问题与讨论

1）与最大似然分类法相比，由于最小距离分类没有利用协方差信息，造成它的鲁棒性很差，并在光谱域内表现出了对称性，使呈细长分布的数据（如河流等）不能获得很好的模型化。

2）在研究区内，如果判别繁杂，各类的数据离散性往往相差很大，使离散性小的类别中的像元会被误分到数据变化的动态范围较大的一类，如前面的图 11.3.2 中的 p 点，本该属于 W_4 类，却被错分入了数据分布动态范围大的 W_1 类。数据值的动态范围大小是用标准差来表示的。故在这种情况下，应对欧几里得距离进行改进，让离差平方和被 σ_{ij}^2 除一下。改进后的形式为

$$D_j=\sqrt{\sum_{i=1}^{N}\frac{1}{\sigma_{ij}^2}(x_i-\mu_{ij})^2} \tag{11.6.4}$$

如果使用的是曼哈顿距离绝对距离（距离绝对），亦可按此法处理。

当然，面对这种情况，还有一种方法就是根据各类的训练样本的方差对比情况，事先设定好阈值来避免误分出现。

3）还有一个问题是，最小距离这种监督分类算法，没有考虑各类的先验概率对分类结果的影响。如果考虑到先验概率 $p(\omega_i)$ 的影响，最小距离分类的判别函数 $\Phi_i(x)$ 就应表达为

$$\Phi_i(x)=\lg p(\omega_i)-\frac{1}{2}(x-\mu_i)^{\mathrm{T}}I(x-\mu_i) \tag{11.6.5}$$

若要将像元向量进行判别归类，必须满足

$$\Phi_i(x)=\min_j \Phi_i(x)\Rightarrow x\in\omega_i \tag{11.6.6}$$

即使按上述去做，最小距离分类法仍有改进的空间，以减少分类的运算时间。如可事先给出待分像元向量到各类的几何中心距离估计，或通过在搜索过程中制定排除一些类别的方法，以避免那些不必要的距离计算，从而节约总运算时间。

4）最小距离分类与最大似然分类的概念与出发点虽然不同，但因为有共同的分类基因，最终会殊途同归，有相同分类器形式。在先验概率未知或设它们相等的情况下，请留意下面关于它们的演绎（表 11. 6. 1）。

表 11. 6. 1　两种方法因有共同的分类基因（核）最终殊途同归

<table>
<tr><th colspan="2">最大似然分类的判别函数逐步简化过程</th><th>最小距离分类器的变通过程</th></tr>
<tr><td>①$G_i(x) = \frac{-N}{2}\ln(2x) - N2\ln\left|\sum_i\right| - \frac{1}{2}(x-M_i)^{\mathrm{T}}\sum -1(x-M_i)$</td><td>①常数项或常系数不影响比较可去掉，从而由①退化为②</td><td rowspan="5">$D^2_{XMi}=(x-M_i)^{\mathrm{T}}(x-M_i)=(x-M_i)(x-M_i)$</td></tr>
<tr><td>②$G_i(x) = \ln\left|\sum_i\right| - (x-M_i)^{\mathrm{T}}\sum^{-1}(x-M_i)$</td><td>②设各类的协方差 $\sum i$ 均相等</td></tr>
<tr><td>③ $G_i(x) = (x-M_i)^{\mathrm{T}}\sum^{-1}(x-M_i)$</td><td>③在各类 $\sum i$ 的相等条件下，再设各波段相互独立，则 $\sum i$ 阵对角线上元素为零，致有 $\sum = \sigma I$（I 为单位矩阵，σ 为方差），②式进一步退化为③</td></tr>
<tr><td>④变为广义距离
$G_i(x) = (x-M_i)^{\mathrm{T}}I(x-M_i)$</td><td>④又当各类方差 $\sigma=1$ 时，有 $\sum = 1$，此时广义距离④简化为欧氏距离⑤</td></tr>
<tr><td>⑤变为欧氏距离 $=(x-M_i)(x-M_i)$</td><td>⑤将⑤式右端展开后产生⑥</td></tr>
<tr><td>⑥ $=x\cdot x-2M_ix-M_iM_i$</td><td>⑥⑥项右式中含有 $x\cdot x$，对所有的平方距离计算是相同的，可以从判别准则的两端消去，从而由⑥退化为⑦</td><td>展开 $D^2{}_{XMi}$
$=x\cdot x-2M_ix-M_iM_i$</td></tr>
<tr><td>⑦$G_i(x) = 2M_ix-M_iM_i$</td><td>⑦算法虽巧妙不同，最终仍殊途同归</td><td>去掉 $x\cdot x$ 项，有判别函数 $G_i(x) = 2M_ix-M_iM_i$</td></tr>
<tr><td colspan="3">对具有对称的或有相同的类的光谱分布的遥感数据进行分类时，采用最大似然分类器或最小距离分类器都会获得相同的分类结果</td></tr>
</table>

最小距离判别分类在图像分类中的微妙关系和地位几乎无处不在。如让计算机根据多波段图像的一维或二维直方图以及各波段标准差来自动确定各类的形心，按最小距离判别准则进行分类，这就是典型的非监督分类了；而若从已知类别计算出各类形心，同时做出光谱折线，并规定好合适的动态范围来进行分类，这就成为有监督的图形识别了。

第 12 章　最大似然分类

基于0-1损失代价函数的贝叶斯统计判别的最大似然分类方法，常被冠以最佳分类法，有分类精度最高的美誉。而其分类精度也未必最高、最好。这是因为影响分类结果的因素复杂，环节很多，人们很难控制。但是，如果从分类决策方法的最初构思到决策函数最终形成的全过程来看，比起前文已讲过的一些以距离为核心的各种分类方法，最大似然分类的确显得更有理论，更成体系，在判别函数推导中确有其精妙之处。它从定义损失函数开始，接着通过引入条件平均损失的概念与条件概率，又借助于乘法公式和全概公式来表述条件概率，使条件平均损失函数的实际计算成为可能。为使判别符合人们的认知理念和直觉，将判别函数通过取负变号，由求最小损失变为求最大概率，灵巧精妙。最后，鉴于判别函数中的概率密度函数 $P(x \mid \omega_i)$ 的估计困难和不确定性，而转向假设 $P(x \mid \omega_i)$ 服从高斯正态分布。这种假定越接近于真实情况，贝叶斯判别函数分类方法在分类中产生的结果就越接近于最低平均损失率。

12.1　贝叶斯最佳统计分类判别函数

卫星对地遥感测量受到内外多种因素影响，遥感信号又在传输与处理过程中受到各种调制，使其具有高度随机性，成为典型的随机变量。将模式识别理念引入遥感图像处理领域就成为图像分类研究，成为模式识别研究中活跃的一个分支。在这里，所谓模式就是指遥感图像像元的各波段的一组亮度值。这一组亮度值在 N 维图像波谱空间构成像元模式向量的一个点，并按其自然属性散布在 N 维空间的相应位置。上面介绍过的各种分类方法都是讨论向量点对点或向量点到各类几何中心距离，按最小距离准则来判定某待判像元的归属。既然遥感像元向量或称模式向量是一种随机变量，研究它的模式识别，也即研究遥感图像分类的统计方法应是最自然不过的合理选择。

最大似然判别分类是建立在贝叶斯判别准则基础上的一种非线性判别方法，理论上讲是分类错误概率最小，风险最低的一种分类方法。当各种类别在 N 维特征空间的各个方向上的投影不能分开时，传统的降维处理方式就不再适用于分类工作了。这时只能在 N 维特征空间建立非线性的分类界面来相互区割各类的分布范围，探寻非线性的贝叶斯最大似然统计模式识别方法便是解决这种问题的理想选择。

现在要对 N 维遥感图像进行有 m 个类别的分类工作，像元向量 x 来自 ω_i 类的概率密度分布函数记为 $P(x \mid \omega_i)$。当判别函数（即分类器）将实际上属于 ω_i 类的像元向量 x 错误地判归为 ω_j 类，这时，判别函数就产生了一次分类的失败，用损失函数 $\lambda\left(\frac{l}{k}\right)$ 表示这一失败所造成的损失，而 l，$k=1$，2，…，m，且 $\lambda\left(\frac{l}{k}\right)$ 构成一矩阵形式的代价表。像元

向量 x 可能来自所有的 m 类的任何一类，则将像元向量 x 判断为 ω_j 的损失函数称为条件平均损失函数 $L_j(x)$，记为

$$L_j(x)=\sum_{k=1}^{m}\lambda\left(\frac{l}{k}\right)P(\omega_k\mid x) \tag{12.1.1}$$

面对式（12.1.1）中不好计算的后验概率 $P(\omega_k\mid x)$，须借助概率论中的乘法公式和全概公式，将它表达为贝叶斯公式形态方可进行实际计算，变换后的条件平均损失函数表达式为

$$L_j(x)=\frac{\sum_{k=1}^{m}\lambda\left(\frac{l}{k}\right)P(x\mid\omega_k)P(\omega_k)}{P(x)} \tag{12.1.2}$$

由于像元向量 x 是给定的，则 $P(X)$ 为事先已知且可作为常量，从式中消去并不影响判别的大小顺序规则，（12.1.2）式故可简化成

$$L_j(x)=\sum_{k=1}^{m}\lambda\left(\frac{l}{k}\right)P(x\mid\omega_k)P(\omega_k) \tag{12.1.3}$$

为了使条件平均损失函数 $L_j(x)$ 由求平均分类损失最小，变为求概率最大的判别函数，可按下列规则进行变通（形）。

1）求一个函数集的最小，等同于让同一函数变反号后求最大。

2）一组合理的特殊的代价函数取值原则为：

①当做出正确的分类决策时，没有付出代价，因而损失为零，即当 $l=k$ 时，$\lambda\left(\frac{l}{k}\right)=0$；

②当做出错误的分类决策时，要付出最高代价，因而损失为 1，即当 $l\neq k$ 时，$\lambda\left(\frac{l}{k}\right)=1$。

3）如果$G_l(x)$，$l=1$，2，…，m，是一判别函数集，则任一单调函数作用到这个集合将会产生等价的判别函数集$\hat{G}_l$，$l=1$，2，…，m。就是说，不论使用哪一个函数集都会产生相同的分类结果。用到的函数有下面三种

$$\hat{G}_l(x)=G_l(x)\cdot k(k\text{ 为常量})\quad \hat{G}_l(x)=G_l(x)\pm k\quad \hat{G}_l(x)=\log[G_l(x)]$$

现按第一条规则将式（12.1.3）变正为负，即令$G_l(x)=-L_l(x)$，有

$$G_l(x)=-\frac{\sum_{k=1}^{m}\lambda\left(\frac{l}{k}\right)P(x\mid\omega_k)P(\omega_k)}{P(x)} \tag{12.1.4}$$

下面接着使用第二条规则，在分类正确的情况下，$\lambda\left(\frac{l}{k}\right)=0$，由于我们要求的是平均最小损失，这种正确分类情况应予排除。只有当 $\lambda\left(\frac{l}{k}\right)=1$ 的时候，风险最大，才是我们应当关心的。这样，损失的函数就自动地从式（12.1.4）中消失而成为

$$G_j(x)=-\sum_{k=1}^{m}\frac{P(x\mid\omega_k)P(\omega_k)}{P(x)} \tag{12.1.5}$$

又因对于任何给定的 x，$P(x)$ 为事先已知，可视为常数，现用全概公式将 $\sum_{k=1}^{m} P(x \mid \omega_k)P(\omega_k)$ 进行拆分，有

$$\begin{aligned} p(x) &= \sum_{k=1}^{m} p(x \mid \omega_k)p(\omega_k) \\ &= p(x \mid \omega_l)p(\omega_l) + \sum_{\substack{k=1 \\ k\neq l}}^{m} p(x \mid \omega_k)p(\omega_k) \end{aligned} \tag{12.1.6}$$

上式等号右端第一项反映的是正确分类的情况。来自 ω_l 类的像元向量被正确的分到 ω_l 类，而右端第二项是被错误分类的各种情况下风险概率的累加和。将上式调整一下使成为

$$\sum_{\substack{k=1 \\ k\neq l}}^{m} p(x \mid \omega_k)p(\omega_k) = p(x) - p(x \mid \omega_l)p(\omega_l)$$

形式，将其带入式（12.1.5），有

$$\begin{aligned} \hat{G}_l(x) &= -[p(x) - p(x \mid \omega_l)p(\omega_l)] \\ &= -p(x) + p(x \mid \omega_l)p(\omega_l) \end{aligned} \tag{12.1.7}$$

上式即为最大似然贝叶斯分类的判别函数。这里再次使用上述第三条规则的第②条款，以获更为简洁而等价的最大似然分类的判别函数 $\check{G}(x)$

$$\begin{aligned} \check{G}_k(x) &= \hat{G}_k(x) + P(x) \quad k=1,2,\cdots,m \\ &= P(x \mid \omega_k)P(\omega_k) \end{aligned} \tag{12.1.8}$$

据（12.1.8）可建立分类判别式

当

$$\begin{aligned} &P(x \mid \omega_i)P(\omega_i) > P(x \mid \omega_j)P(\omega_j) \\ &\Rightarrow x \in \omega_I \quad j=1,2,\cdots,m, j\neq i \end{aligned} \tag{12.1.9}$$

这样，贝叶斯分类器就将像元向量判归 ω_i 类。

对式（12.1.9）稍做调整，使成

$$\frac{P(x \mid \omega_1)}{P(x \mid \omega_2)} \lessgtr \frac{P(\omega_2)}{P(\omega_1)} \Rightarrow x \begin{cases} \omega_1 \\ \omega_2 \end{cases} \tag{12.1.10}$$

上式（12.1.10）中，令

$$\beta(x) = \frac{P(x \mid \omega_1)}{P(x \mid \omega_2)} \tag{12.1.11}$$

$\beta(x)$ 称为两类分类判别的似然比，是进行假设检验的一个基本统计量，$\frac{P(\omega_2)}{P(\omega_1)}$ 则称为判别的似然比阈值。为方便起见，实际应用中常使用负对数形式的似然比公式，即如

$$R(x) = -\ln[\beta(x)] = -\ln\frac{P(x \mid \omega_1)}{P(x \mid \omega_2)} \lessgtr \ln\frac{P(\omega_1)}{P(\omega_2)} \Rightarrow x \in \begin{cases} \omega_1 \\ \omega_2 \end{cases} \tag{12.1.12}$$

从上式看到，不等式反号了，这是由于使用负对数的结果。

式（12.1.10）和式（12.1.12）称之为最小错误概率的贝叶斯判别式。

纵观以上关于贝叶斯最大似然分类的判别函数建立全过程，它首先从定义判别损失函数 λ_{ij} 着手，继而从贝叶斯最优决策角度考虑条件平均损失最小，并用贝叶斯概率公式绑联损失函数来共同表达平均条件代价。然后通过判别函数变号，使由原来求最小风险损失变为求最大判别分类；继而又通过单调函数保形的三条变换规则，结合 0–1 损失代价函数的特性，巧妙地从条件平均损失函数中滤除，使判别函数彻底地由求风险损失最小变为求决策概率最大，并且还规避了去考虑一个烦琐的矩阵形式的代价表的问题，最终找到了最大似然贝叶斯分类的判别函数。

虽然最小代价函数 $L_j(x)$ 判别和 $P(\omega_j \mid x)$ 最大似然判别在特定的代价下是一回事，但在平均意义上讲，最大似然判别还是准确性最高的分类判别。可是在实际上，一般都采用最大似然比判别，而不是使用最小风险代价函数做判别。这是因为前者简洁，后者则避不开关于损失函数的矩阵形式的代价表的烦琐推算。

虽然式（12.1.8）给出的判别函数把造成错误分类的平均损失降到最低的能力上表现是最佳的，但是它要求在分类时，像元向量的条件概率密度函数 $P(x \mid \omega_k)$ 和每个类别的出现概率 $P(\omega_k)$ 必须是已知的。类别的出现先验概率还算比较容易处理，一个最简单的处理方法就是认为 m 类中的各类出现的概率大致相近，可直接令 $P(\omega_j)=\frac{1}{m}$。如果认为这样处置太简单，不够准确，还可以求助于其他途径推算出各类的发生概率。问题是其中的概率密度函数如何估计。

如果像元向量是由 N 个波段灰度值构成，那么，这个分布密度函数就是 N 维的函数，它的函数解析形式是未知的，最好能用多元概率理论对其进行估计。这种方法在实际上很难实施，特别是代表某类的模式向量数目不大，或者是这个隐含的概率密度函数的形式的规律性不明显时更是如此。当然，人们还是期待能推导出适合自己学科需要的概率分布函数。鉴于这种局面，贝叶斯判别函数通常选择那些概率密度函数的解析式是已知的，以及如何通过各类样本估计出分布密度函数的统计参数。现在对判别函数中的概率分布密度函数 $P(x \mid \omega_j)$ 的假定形式普遍采用正态分布密度函数。在遥感图像分类中，像元向量的分布规律越接近于正态分布，那么贝叶斯最大似然分类方法在分类中就越能趋向于最低平均损失率。大千世界，复杂异常，遥感像元模式的概率分布是不是或者说在多大可能性上服从或接近高斯正态分布，还只是业界的一种主观愿望认识，或者说不得已而为之。事实上，遥感像元信号测量取值具有高度随机性，像元的各波段的一组信号应被视作随机向量，而且影响遥感像元信号大小的因素和环节之多，不胜枚举。如果这些偶然因素对信号的作用是均匀且微弱的，没有一种因素起着特别重要的作用，那么就可以认为在这些大量独立的随机因子的总和共同作用下的遥感像元模式向量是近似地服从正态分布的，这样就解释了为什么要求分类中采样样本要足够大的道理，同时也让我们在不经意中品味到了中心极限定理的无处不在。

这样看来，我们应该按照人们通常的认识和习惯做法，尊重概率论中的中心极限定理和它的威力，只好承认遥感像元模式向量服从正态分布的假设前提，按贝叶斯规则来构建供模式分类用的判别函数，即高斯分布假设下模式类的分类器。下面按照二类线性判别和多类非线性判别的安排，来分别介绍高斯分布下的贝叶斯最大似然分类器的构建和分类实施过程。

12.2 从一维到多维正态分布

前已设定，遥感像元模式向量遵从正态分布，故在具体构建判别函数之前应先了解各正态分布的具体的函数解析形式以及如何根据各类的样本来推算分布密度函数的描述参数。

我们关注的是图像像元模式向量的归类问题。设有一个具有 n 个波段的像元模式向量 $x=(x_1,\ x_2,\ \cdots,\ x_n)^{\mathrm{T}}$，怎样对它进行归类呢？首先得有性能好的判别函数，像前面讲过的，如 $P(\omega_i\mid x)P(\omega_i)$。鉴于后验概率 $P(\omega_i\mid x)P(\omega_i)$ 不好直接计算，但可通过贝叶斯公式用先验概率 $P(\omega_i)$ 和条件概率密度函数 $P(x\mid\omega_i)$ 来实现直接计算，即

$$P(\omega_i\mid x)=\frac{P(x\mid\omega_i)\cdot P(\omega_i)}{P(x)} \tag{12.2.1}$$

式中，$P(x)$ 称全概率，可以消去，使 $P(\omega_i\mid x)$ 改变了形式，成为 $P(x\mid\omega_i)\cdot P(\omega_i)$。其次还要知道条件概率密度函数 $P(x\mid\omega_i)$ 的具体解析形式，这个问题原来是根本做不到的事，因此才需要假设随机像元向量 x 服从正态分布，这样两者结合使问题有解决的可能。在一维情况下，判别函数 $G(x)$ 可具体表达为

$$G_i(x)=\frac{P(\omega_i)}{\sqrt{2\pi}\sigma_i}\exp\left[-\frac{(x-\mu_i)^2}{2\sigma_i^2}\right] \tag{12.2.2}$$

式中的先验概率可由多种方法确定。如做研究的是某范围的农业土地利用分类，就可由当地的种植习惯和农事历来进行近似估计。至于另外两个分布的统计参数可由训练样本分别进行估计，即从给定波段的某类中抽取 n 个像元，即为 x_{1k}，x_{2k}，$\cdots$，x_{nk}，据其计算类均值 μ_k 和方差 σ_k^2

$$\mu_k=\frac{1}{n}\sum_{i=1}^{n}x_{ik}\quad k=1,2,\cdots,m \tag{12.2.3}$$

以及

$$\sigma_k^2=\frac{1}{n-1}\sum_{i=1}^{n}(x_{ik}-\mu_k)^2\quad k=1,2,\cdots,m \tag{12.2.4}$$

在确定了先验概率的条件下，由上述的式（12.1.10）、式（12.1.12）即可完全算出式（12.1.9）各个类别的判别函数值，供以后的判别比较。

当抽取两个特征波段进行 m 个类别分类时，具有两个波段灰度值的像元向量要按最大似然法则进行分类，也必须像上面一维情况那样，假定它们也服从二维正态分布的前提，才能实施判别函数的计算。二维正态分布的概率密度函数就复杂多了。它的解析式为

$$P(x_1x_2\mid\omega_k)=\frac{1}{2\pi(\sigma_{11}\sigma_{22}-\sigma_{12}^2)^{\frac{1}{2}}}\exp\left[-\frac{1}{2}\frac{\dfrac{(x_1-\mu_1)^2}{\sigma_{11}^2}-\dfrac{2\sigma_{12}(x_1-\mu_1)(x_2-\mu_2)}{\sigma_{11}\sigma_{22}}+\dfrac{(x_2-\mu_2)^2}{\sigma_{22}^2}}{1-\dfrac{\sigma_{12}^2}{\sigma_{11}\sigma_{22}}}\right] \tag{12.2.5}$$

某类的两个波段样本设为

$$x_k=\begin{bmatrix} x_{11k} & x_{12k} & \cdots & x_{1nk} \\ x_{21k} & x_{22k} & \cdots & x_{2nk} \end{bmatrix} \quad k=1,2,\cdots,m \tag{12.2.6}$$

二维样本的均值和协方差各为

方差
$$M_k=\begin{pmatrix} \mu_{1k} \\ \mu_{2k} \end{pmatrix}=\begin{bmatrix} \dfrac{1}{n}\sum\limits_{j=1}^{n} x_{1jk} \\ \dfrac{1}{n}\sum\limits_{j=1}^{n} x_{2jk} \end{bmatrix} \tag{12.2.7}$$

协方差
$$\sum_k = x_k \cdot x_k^{\mathrm{T}}=\begin{bmatrix} \sigma_{11k} & \sigma_{12k} \\ \sigma_{21k} & \sigma_{22k} \end{bmatrix} \tag{12.2.8}$$

式中，元素（如 x_{ijk}，σ_{22k}）脚码首位 i 为波段序号，$i=1$，2，…，p；中位 j 为样本序号，$j=1$，2，…，n；末位 k 为类别号，$k=1$，2，…，m。

这样，要用 5 个统计参数，即 μ_1，μ_2，σ_{11}，σ_{22} 和 σ_{12}（$\sigma_{12}=\sigma_{21}$）才能计算式（12.2.5）二维正态分布密度函数的值。

随着遥感整体技术的发展、进步，光谱波段划分愈来愈细，波段设置从 Landsat MSS 只有 4 个波段，到 ETM+发展到 8 个波段（含 1 个全色波段），而中分辨率成像光谱仪（MODIS）则有 36 个波段，可能成为陆地卫星后续星的地球观测卫星（EO-1）搭载的高光谱传感器 Hyperion 具有更高达 220 个波段。面对这种情况，有必要知道任意 N 维正态分布密度函数的表达式 $P(x\mid\omega_i)$

$$P(x\mid\omega_k)=\frac{1}{(2\pi)^{\frac{N}{2}}\left|\sum K\right|^{\frac{1}{2}}}\exp\left(-\frac{1}{2}(x-\mu_k)^{\mathrm{T}}\sum_i^{-1}(x-\mu_k)\right) \tag{12.2.9}$$

上述式中各个符号一概如前所述，只点出一点，即如将式中的波段提取总数 N 重置为 1，式（12.2.9）即可变回式（12.2.2）。为了能实际估计条件概率密度函数 $P(x\mid\omega_k)$，需有各类的具有 p 个波段的训练像元样本数阵 $X_{p\cdot n\cdot m}$，或用我们常用的符号 X_k，（这里可暂设 X_k 为方阵，即 $n=p$）

$$X_k=\begin{bmatrix} x_{11k} & x_{12k} & \cdots & x_{1nk} \\ x_{21k} & x_{22k} & \cdots & x_{2nk} \\ \vdots & \vdots & & \vdots \\ x_{p1k} & x_{p2k} & \cdots & x_{pnk} \end{bmatrix} \begin{cases} \text{首位波段码 } i=1,2,\cdots,p \\ \text{中位波段码 } j=1,2,\cdots,n \\ \text{尾位波段码 } k=1,2,\cdots,m \end{cases} \tag{12.2.10}$$

去估计各波段的均值向量 μ_k 和各类的协方差矩阵 $\sum_k$。设有均值向量 M_k

$$M_k=\begin{bmatrix} \mu_{1k} \\ \mu_{2k} \\ \vdots \\ \mu_{pk} \end{bmatrix} \tag{12.2.11}$$

和协方差阵

$$\sum_k = \begin{bmatrix} \sigma_{11k} & s_{12k} & \cdots & s_{1nk} \\ s_{21k} & \sigma_{22k} & \cdots & s_{2nk} \\ \vdots & \vdots & & \vdots \\ s_{p1k} & s_{p2k} & \cdots & \sigma_{pnk} \end{bmatrix} \tag{12.2.12}$$

从式（12.2.11）和式（12.2.12）来看，为了算出 M_k 和 $\sum_k$ 需计算 p 个波段均值，p 个方差和（$n-1$）×（$p-1$）个协方差，总共有 $2p+\frac{1}{2}(n-1)\times(p-1)$ 个参数。为了对这种计算量有真实感受，现以有 6 个波段的 TM 图像为例，由于每一波段的训练样本数起码是波段数的 10 倍，姑且设为 101 个，那么每一类要计算的参数总共为 $\frac{1}{2}(6-1)(101-1)+2\times6=262$ 个，若要分 20 类，那就要算 5240 个参数。光是参数数量就如此巨大，更何况要用它去计算如式（12.2.9）所示的复杂表达式。但是方法总比问题多，减少计算量的方法，可以从降低数据的维度着手，如通过相关分析，剔除那些冗余的波段；也可采用诸如主成分分析，通过坐标轴的旋转，把信息集中到少数几个主分量中，并使类别可分性增大。另外，则如许殿元和丁树柏（1990）所陈述的路径，设法用些附加的约束条件来简化判别函数以降低存贮量，提高运转速度，这将在下文继续介绍和讨论。

12.3 贝叶斯两类判别分类

今有 ω_1 和 ω_2 两类，它们的条件概率密度函数 $P(x\mid\omega_1)$ 和 $P(x\mid\omega_2)$ 都服从 N 维正态分布，即有

$$P(x\mid\omega_1)=\frac{1}{(2\pi)^{\frac{N}{2}}\left|\sum_1\right|^{\frac{1}{2}}}\exp\left\{-\frac{1}{2}(x-\mu_1)^{\mathrm{T}}\sum_1^{-1}(x-\mu_1)\right\} \tag{12.3.1}$$

和

$$P(x\mid\omega_2)=\frac{1}{(2\pi)^{\frac{N}{2}}\left|\sum_2\right|^{\frac{1}{2}}}\exp\left\{-\frac{1}{2}(x-\mu_2)^{\mathrm{T}}\sum_2^{-1}(x-\mu_2)\right\} \tag{12.3.2}$$

它们的对数形式各为

$$\ln P(x\mid\omega_1)=-\frac{N}{2}\ln(2\pi)-\frac{1}{2}\ln\left|\sum_1\right|-\frac{1}{2}(x-\mu_1)^{\mathrm{T}}\sum_1^{-1}(x-\mu_1) \tag{12.3.3}$$

和

$$\ln P(x\mid\omega_2)=-\frac{N}{2}\ln(2\pi)-\frac{1}{2}\ln\left|\sum_2\right|-\frac{1}{2}(x-\mu_2)^{\mathrm{T}}\sum_2^{-1}(x-\mu_2) \tag{12.3.4}$$

将前面式（12.1.12）稍作变形，为

$$-\ln\beta(x)=\{-\ln P(x\mid\omega_1)+\ln P(x\mid\omega_2)\}\leqslant\ln\frac{\ln P(\omega_1)}{\ln P(\omega_2)}\Rightarrow x\in\begin{cases}\omega_1\\ \omega_2\end{cases} \tag{12.3.5}$$

并将式（12.3.3）和式（12.3.4）代入上式（12.3.5）并令 $R(x)=-\ln\beta(x)$，整理后得高斯最大似然比判别分类，即

$$R(x)=\left\{\begin{array}{c}\frac{1}{2}\ln\left|\frac{\sum_1}{\sum_2}\right|+\frac{1}{2}(x-\mu_1)^{\mathrm{T}}\sum_1^{-1}(x-\mu_1)\\-\frac{1}{2}(x-\mu_2)^{\mathrm{T}}\sum_2^{-1}(x-\mu_2)\end{array}\right\}\leqslant\ln\frac{\ln P(\omega_1)}{\ln P(\omega_2)}\Rightarrow x\in\begin{cases}\omega_1\\\omega_2\end{cases}$$

(12.3.6)

式（12.3.6）的不等式左侧判别函数展开后为关于 x 的二次函数，判别边界是 x 的非线性二次曲面。名义上虽说高斯最大似然比分类精度高，但其运算量和存储空间的需要都很巨大也是事实，似有简化的必要。经过一步步简化，会感到既然如此，又何必做各种变形呢？

简化的第一步是从假定含信息最为丰富的协方差矩阵 $\sum$ 开始。即假定二类的协方差矩阵 $\sum_1$ 和 $\sum_2$ 相等，即有，$\sum_1=\sum_2=\sum$，那么上式中的一项 $\frac{1}{2}\ln\left|\frac{\sum_1}{\sum_2}\right|=0$，式（12.3.6）剩下两项是

$$\begin{aligned}&\frac{1}{2}(x-\mu_1)^{\mathrm{T}}\sum_1^{-1}(x-\mu_1)-\frac{1}{2}(x-\mu_2)^{\mathrm{T}}\sum_2^{-1}(x-\mu_2)\\
&=\left\{\frac{1}{2}x^{\mathrm{T}}\sum{}^{-1}x-\frac{1}{2}x^{\mathrm{T}}\sum^{-1}\mu_1-\frac{1}{2}\mu_1{}^{\mathrm{T}}\sum^{-1}x+\frac{1}{2}\mu_1{}^{\mathrm{T}}\sum^{-1}\mu_1\right\}\\
&-\left\{\frac{1}{2}x^{\mathrm{T}}\sum^{-1}x-\frac{1}{2}x^{\mathrm{T}}\sum^{-1}\mu_2-\frac{1}{2}\mu_2{}^{\mathrm{T}}\sum^{-1}x+\frac{1}{2}\mu_2{}^{\mathrm{T}}\sum^{-1}\mu_2\right\}\\
&=\frac{1}{2}(\mu_2-\mu_1)^{\mathrm{T}}\sum^{-1}x+\frac{1}{2}x^{\mathrm{T}}\sum^{-1}(\mu_2-\mu_1)+\frac{1}{2}(\mu_1^{\mathrm{T}}\sum^{-1}\mu_1-\mu_2^{\mathrm{T}}\sum^{-1}\mu_2)\\
&=(\mu_2-\mu_1)^{\mathrm{T}}\sum^{-1}x+\frac{1}{2}(\mu_1^{\mathrm{T}}\sum^{-1}\mu_1-\mu_2^{\mathrm{T}}\sum^{-1}\mu_2)\end{aligned}\qquad(12.3.7)$$

将式（12.3.7）代入式（12.3.6）有

$$R(x)=\left[(\mu_2-\mu_1)^{\mathrm{T}}\sum^{-1}x+\frac{1}{2}(\mu_1^{\mathrm{T}}\sum^{-1}\mu_1-\mu_2{}^{\mathrm{T}}\sum^{-1}\mu_2)\right]\leqslant\ln\frac{P(\omega_1)}{P(\omega_2)}\Rightarrow x\in\begin{cases}\omega_1\\\omega_2\end{cases}$$

(12.3.8)

形象地讲，协方差的作用主要体现在影响目标（类别）的形状大小、胖瘦、高矮，将两类的协方差设定为相等，就消除了它们在形体上的差异，变成“双胞胎”了，最后它们间的差异仅仅体现在空间位置上的不同。本来在高维度特征空间两类的判别界面是个超平面，而在二维空间则是被简化为一条曲线或直线了。这可用下列的示意图形象地刻画（图 12.3.1，图 12.3.2）。

还可进一步简化。不但设两类的协方差矩阵相等，而且要求它们都等于单位矩阵，即有 $\sum_1=\sum_2=I$。这就表明还要求像元模式各个组分是相互独立的（相当于使用的是经主成分变换的各个组分）。这样一来式（12.3.8）就被简化为

$$\{(M_1-M_2)^{\mathrm{T}}x+\frac{1}{2}(M_1^{\mathrm{T}}M_1-M_2^{\mathrm{T}}M_2)\}\leqslant\ln\frac{P(\omega_1)}{P(\omega_2)}\Rightarrow x\in\begin{cases}\omega_1\\\omega_2\end{cases}\qquad(12.3.9)$$

式中，M_1 和 M_2 分别为 ω_1 和 ω_2 类的均值向量。

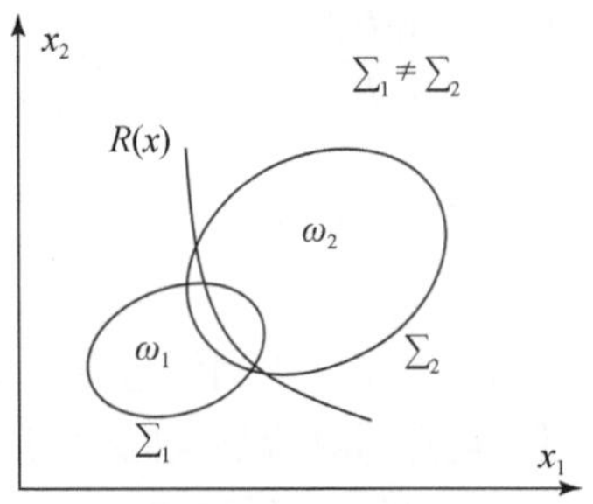

图 12.3.1　最大似然比判别边界示意图
资料来源：许殿元和丁树柏，1990

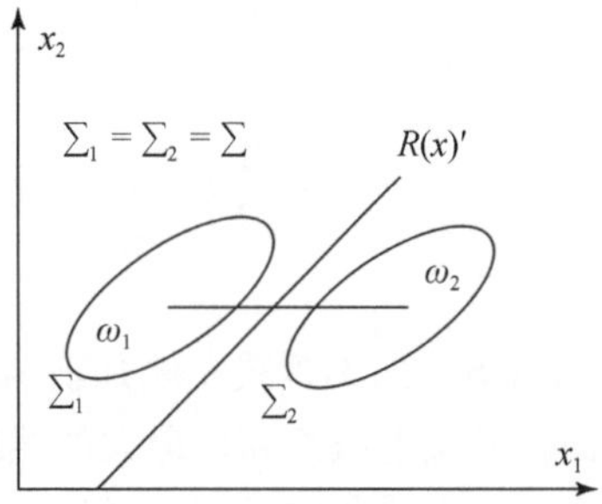

图 12.3.2　Σ_1、Σ_2 相等时的判别边界
资料来源：许殿元和丁树柏，1990

对不等号左端进行一点小小变换，即对左端两项都乘以 2，然后先加上 $x^{\mathrm{T}}x$，同时再减去 $x^{\mathrm{T}}x$，即如下面所示

$$\begin{aligned}
&2(M_1-M_2)^{\mathrm{T}}x+(M_1^{\mathrm{T}}M_1-M_2^{\mathrm{T}}M_2)+x^{\mathrm{T}}x-x^{\mathrm{T}}x \\
&=(x^{\mathrm{T}}x-2M_1^{\mathrm{T}}x+M_1^{\mathrm{T}}M_1)-(x^{\mathrm{T}}x-2M_2^{\mathrm{T}}x+M_2^{\mathrm{T}}M_2) \\
&=(x-M_1)^{\mathrm{T}}(x-M_1)-(x-M_2)^{\mathrm{T}}(x-M_2) \\
&=|x-M_1|^2-|x-M_2|^2
\end{aligned} \tag{12.3.10}$$

将变换结果代入式（12.3.9）可得一新判别式

$$R(x)=\{|x-M_1|^2-|x-M_2|^2\}\leqslant 2\ln\frac{P(\omega_1)}{P(\omega_2)}\Rightarrow x\in\begin{cases}\omega_1\\ \omega_2\end{cases} \tag{12.3.11}$$

经过上面技术性变化，已将贝叶斯判别准则退化为欧氏最小距离分类法。图 12.3.3 是二维空间欧氏距离分类边界示意图，这种情况下，各类的样本点在特征空间呈超圆球体状散布。仍然可以进一步再化，如将欧氏空间最小距离分类各类的先验概率$P(\omega_k)$作机会均等处理，这在两类情况下，即 $P(\omega_1)=P(\omega_2)=\frac{1}{2}$，此时的判别式简化为

$$\{|x-M_1|^2-|x-M_2|^2\}\leqslant 0\Rightarrow x\in\begin{cases}\omega_1\\ \omega_2\end{cases} \tag{12.3.12}$$

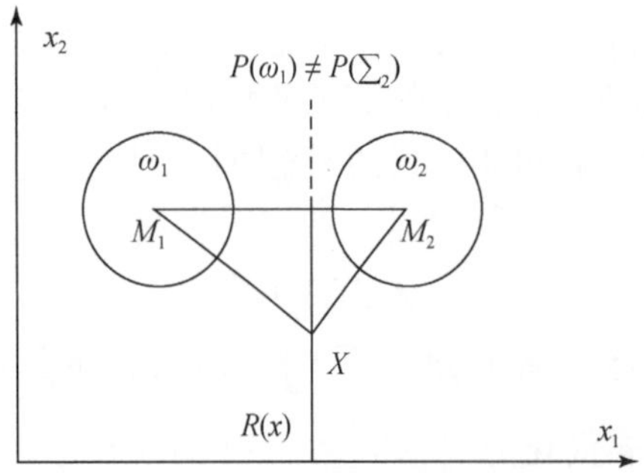

图 12.3.3　欧氏距离分类边界示意图
资料来源：许殿元和丁树柏，1990

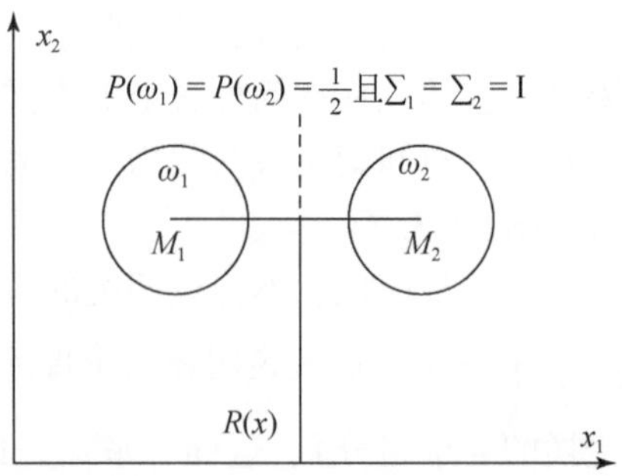

图 12.3.4　类先验概率相等下判别边界示意图
资料来源：许殿元和丁树柏，1990

图 12. 3. 4 是当 $P(\omega_1)=P(\omega_2)=\frac{1}{2}$时，两类判别边界示意。

一定还存在别的简化方式，简化人人会做，各有巧妙不同。上述各种判别函数的简化是一种以牺牲分类精度为代价来换取计算速度的提高为目的，不可无限制的简化下去，需要权衡得失利弊。

12. 4 贝叶斯多类非线性判别分类

12. 4. 1 贝叶斯判别分类准则

由于最大似然分类方法是本章的核心内容和它在诸多分类方法中的地位，还需对其作进一步的了解。

对图像覆盖区作了初步分析后，欲对图像按 m 个类别（如 $m=25$ 类）进行分类。在分类过程中，对某一像元模式 x，可能分对了，也可能分错了。分错了就会造成损失，或称产生风险，应付出代价。像元模式 x 原本属于 ω_j 类，却被错分入 ω_k 类，引起的损失用代价函数 $\lambda\left(\frac{j}{k}\right)$表示，其值域［0，1］。分类分对了，$\lambda(j=k)=1$，而误分时，$\lambda\left(\frac{j}{k}\right)$的取值范围为 $0<\lambda\left(\frac{j}{k}\right)\leqslant 1$。在光谱空间，模式 x 面对 $\omega_i(i=1,2,\cdots,m)$ 中的每一类都必须考虑被错分进去的可能性大小（即概率）。由前面讨论过的各种分类方法可知，像元向量点（x）被误分的概率随着离各类的几何中心（即类均值中心）的远近而呈递增变化。对于 ω_i，i 的每一次取值都要考虑 m 种的可能被误分的概率大小，这样就形成了 $m\times m$ 的 $\lambda\left(\frac{j}{k}\right)$损失代价表（表 12. 4. 1）。

表 12. 4. 1　损失函数 $\lambda\left(\frac{j}{k}\right)$代价表

项目	损失函数			
损失函数	$\lambda\left(\frac{1}{1}\right)$	$\lambda\left(\frac{2}{1}\right)$	…	$\lambda\left(\frac{m}{1}\right)$
	$\lambda\left(\frac{1}{2}\right)$	$\lambda\left(\frac{2}{2}\right)$	…	$\lambda\left(\frac{m}{2}\right)$
	⋮	⋮		⋮
	$\lambda\left(\frac{1}{m}\right)$	$\lambda\left(\frac{2}{m}\right)$	…	$\lambda\left(\frac{m}{m}\right)$

按照贝叶斯分类准则，一个分类器在进行分类时，由于不同情况的误分所造成的总平均损

失 $L_j(x)$ 应能达到最小。因而，能为决策提供定量依据的判别总损失代价函数 $L_j(x)$ 的表达式为

$$L_j(x) = \sum_{k=1}^{m} \lambda_{kj} P(\omega_k \mid x) \tag{12.4.1}$$

上式实际上是按概率加权的每类误分引起的损失的累加和值。当进行分类时，就是要按每 m 个为一组，计算它们的错分损失的各个概率加权和［即总平均损失 $L_j(x)$］，对它们进行排序比较，哪一组和值最小，就将像元模式判归相应的类别，式（12.4.1）也被称作贝叶斯最优判别准则。式中 $P(\omega_k \mid x)$ 为后验概率，它给出像元向量属于 ω_k 类可能性的大小。贝叶斯判别函数看起来简单明晰，实际上有着两大困扰。一是上述的代价表，既繁杂又不易处理；二是面对判别函数中后验概率 $P(\omega_k \mid x)$，它是不能按定义直接计算的。按道理上讲，它要在整个分类工作结束以后才能获得的一个统计数据。如果真要用式（12.4.1）作为分类用的判别函数，那也只能通过间接的方法，如以贝叶斯公式做桥梁，通过先验概率 $P(\omega_k)$ 和条件概率密度函数 $P(x \mid \omega_k)$ 来计算出后验概率 $P(\omega_k \mid x)$，才能以式（12.4.1）为基础，构造出用于分类的判别不等式（即判别准则），来实现贝叶斯最优判别准则下的分类工作。

下面是关于如何利用贝叶斯公式去化解后验概率 $P(\omega_k \mid x)$ 不可直接计算的困境，并从求判别分类损失函数 $L_j(x)$ 为最小的贝叶斯最优判别变为求概率最大的最大似然判别分类的一些具体做法。

概率论中的贝叶斯公式是个分式，具体到本节，分母是模式 x 的全概率 $P(x)$，而分子则是 ω_k 与 x 同时发生（即集合的交）的概率，其表达式就是乘法公式。因而借用一下贝叶斯公式，式（12.4.1）就变为

$$L_j(x) = \sum_{k=1}^{m} \lambda_{kj} P(x \mid \omega_k) P(\omega_k) \frac{1}{p(x)} \tag{12.4.2}$$

式中，$P(\omega_k)$ 是先验概率，可用多种方法求得其近似值，而 $P(x \mid \omega_k)$ 则是像元模式来自类别 ω_k 的概率密度函数。此时人们根据自己的认识和理解，可人为地认定作为随机变量的像元模式向量服从某一具体的概率分布模式（如正态分布），便可通过训练样本对该概率密度函数的特征统计量进行估计，从而最终确定 $P(x \mid \omega_k)$ 的函数取值，解决 $P(\omega_k \mid x)$ 原本不可直接计算的困难。至于 $\frac{1}{p(x)}$，因为是可知的且为大于 0 的值，将其从式（12.4.2）中去掉并不影响函数 $L_j(x)$ 的由小到大的单调性，这样式（12.4.2）简化为

$$L_j(x) = \sum_{k=1}^{m} \lambda_{kj} P(x \mid \omega_k) P(\omega_k) \tag{12.4.3}$$

根据这一分类器，可为每一待分的像元模式计算出 m 个 $L_j(x)$ 的值，使总体平均风险损失最低的那个类，应该是每个待判像元所属的类别。这种可进行实际计算的分类器，虽然形态有所变化，但仍然是贝叶斯最小风险分类器。因而，要将某像元模式进行分类，应遵循下列准则

$$\begin{cases} \sum_{k=1}^{m} \lambda_{kj} P(x \mid \omega_k) P(\omega_k) < \sum_{l=1}^{m} \lambda_{lj} P(x \mid \omega_l) P(\omega_l) \Rightarrow x \in \omega_k \\ k = 1,2,\cdots,m \quad l = 1,2,\cdots,m \end{cases} \tag{12.4.4}$$

上述分类器是人们探索中第一步得到的分类器，算是原型，计算起来仍很复杂，效率也不会高。人们寻求的应该是高效快速的实用分类器。

12.4.2 最大似然分类判别函数

要使判别函数计算起来快速高效，必须去掉那些影响分类速度的因素，计算烦琐的代价函数 λ_{kj}正是这种因素。为了简化，甚至最后消去这个代价函数，首先让它变化一下形式，即令 $\lambda_{kj}=1-\psi_{ij}$。当 $i=j$ 时，$\psi_{ij}=1$；当 $i\neq j$ 时，ψ_{ij}的值视具体情况而定。作为一个特例，将 ψ_{ij}采用克罗尼克-δ 函数表示，即 $\psi_{ij}=\delta_{ij}$时，有

$$\lambda_{ik}=\delta_{ik}=\begin{cases}1, k=i\\0, k\neq i\end{cases}$$

当 $k=i$，$\delta_{ik}=1$，是一种正确的分类抉择，不产生任何损失，这种情况对于最低风险损失函数来讲，应该是客观存在，应予保留；而当 $k\neq i$，$\delta_{ik}=0$，应是不存在的，从而将 λ_{ki}由分类器表达式中消除，进而得简化的总平均损失函数为

$$L_j(x)=\sum_{\substack{k=1\\k\neq j}}^{m}\lambda_{kj}P(x\mid\omega_k)P(\omega_k) \tag{12.4.5}$$

或将式（12.4.5）改写为

$$L_j(x)=\sum_{\substack{k=1\\k\neq j}}^{m}P(x\mid\omega_j)P(\omega_j) \tag{12.4.6}$$

让我们回顾贝叶斯公式

$$\begin{aligned}P(x)&=\sum_{k=1}^{m}P(x\mid\omega_k)P(\omega_k)\\&=P(x\mid\omega_j)P(\omega_j)+\sum_{\substack{j=1\\k\neq j}}^{m}P(x\mid\omega_k)P(\omega_k)\end{aligned} \tag{12.4.7}$$

将上式调整一下，改写为

$$\sum_{\substack{j=1\\k\neq j}}^{m}P(x\mid\omega_k)P(\omega_k)=P(x)-P(x\mid\omega_j)P(\omega_j) \tag{12.4.8}$$

这样，用式（12.4.8）的右端函数式来表达式（12.4.6）的 $L_j(x)$，有判别函数 $G_j(x)$

$$\hat{G}_j(x)=P(x)-P(x\mid\omega_j)P(\omega_j) \tag{12.4.9}$$

与前面的做法的理由一样，将 $P(x)$ 从式中去掉并不会影响函数 $G_j(x)$ 的单调性，同时将式（12.4.9）反号，改原求总体损失分类错误最小变为求正确分类的概率最大。这样，式（12.4.9）最后定型为

$$G_j(x)=P(x\mid\omega_j)P(\omega_j) \tag{12.4.10}$$

这样，如果要将待判像元模式 x 归类，其遵循的决策准则是

$$\left.\begin{array}{c}P(x\mid\omega_j)P(\omega_j)>P(x\mid\omega_k)P(\omega_k)\\ j,k=1,2,\cdots,m,j\neq i\end{array}\right.\Rightarrow x\in\omega_j \tag{12.4.11}$$

注意，由于已将判别函数由负转正，决策不等式相应由求最小变为求最大。上式便是最大似然分类器的表达形式。

从贝叶斯判别分类函数开始，我们对这类分类器的探求一直在进行，现已走到最大似然判别函数这个阶段，还剩下最后一步了，这就是怎样来确定条件概率密度函数 $P(x \mid \omega_j)$。我们仍然遵从前面所讨论的那样，将像元模式向量视为一种传感器内外部很多种因素作用的结果，这种因素是独立的，其影响又很微小，同时遥感信号还受到在传输过程和量化过程中的各个环节调制作用，这就决定了信号的不确定和随机性都很大，造成像元向量应视为随机变量，而且这种随机变量可按服从高斯正态分布来处理。

12.4.3 高斯最大似然分类判别函数

上面（12.4.10）式已给出了最大似然分类判别函数$G_j(x)$ 的表达式。

$$G_j(x)=P(x \mid \omega_j)P(\omega_j)$$

当前一步的工作就是让条件概率密度函数 $P(x \mid \omega_j)$ 具体化，即用多维高斯正态分布密度函数进行代换就可以了。下面是 N 维高斯正态分布密度函数表达式

$$P(x \mid \omega_j)P(\omega_j) = \frac{1}{(2\pi)^{\frac{N}{2}} \left| \sum_j \right|^{\frac{1}{2}}} \exp\left\{ -\frac{1}{2}(x - M_j)^{\mathrm{T}} \sum_j^{-1} (x - M_j) \right\} \quad (12.4.12)$$

那么，相应的判别函数为

$$\hat{G}(x) = P(x \mid \omega_k)P(\omega_k) = \frac{P(\omega_k)}{(2\pi)^{\frac{N}{2}} \left| \sum_k \right|^{\frac{1}{2}}} \exp\left\{ -\frac{1}{2}(x - M_k)^{\mathrm{T}} \sum_k^{-1} (x - M_k) \right\}$$

（12.4.13）

令，$G(x) = \ln\hat{G}(x)$ 有

$$G_k(x) = \ln P(\omega_k) - \frac{1}{2}\ln\left| \sum_k \right| - \frac{1}{2}(x - M_k)^{\mathrm{T}} \sum_k^{-1} (x - M_k) \quad (12.4.14)$$

式（12.4.14）就是在实际分类中经常应用的高斯最大似然分类判别函数，也称贝叶斯多维非线性分类的判别函数表达式。分类器被冠以高斯大名，在此应该是不言而喻的事。下面关键的一步就是如何选择好训练样本去估计式中的统计量像元均值向量 M_k 和协方差矩阵 $\sum_k$。设选定的样本数据矩阵 X_k

$$X_k = \begin{bmatrix} x_{11k} & x_{12k} & \cdots & x_{1nk} \\ x_{21k} & x_{22k} & \cdots & x_{2nk} \\ \vdots & \vdots & & \vdots \\ x_{p1k} & x_{p2k} & \cdots & x_{pnk} \end{bmatrix} \quad (12.4.15)$$

下面给出训练样本矩阵元素 x_{ijk} 的脚标具体说明：波段序号 i，共有 p 个波段，$i=1$，2，…，p；样本像元序号 j，每类共计有 n 个像元，$j=1$，2，…，n；类别序号 k，共分 m 个类，$k=1$，2，…，m。

这样，就要为每一类起码要选择一个训练区以供统计计算。样本取得要足够大，据其算出来的统计参数的稳定性才能足够好。这里所讲的波段并不是传感器所有探测波段，而是从其中遴选出来的独立性好，波段间相关性差的那些波段，即特征波段。如果增加特征波段数，那同时应该水涨船高，相应增加采样的样本量，求得两者的某种平衡，才能获得理想的分类效果。否则就会出现下面将讨论的休斯（Hughes）现象。

有了研究区第 k 类的训练样本数据矩阵 X_k，就可按部就班地用它来计算判别函数的两大重要参数，即类均值向量 M_k 和类协方差矩阵 $\sum_k$ 了。为了方便，其计算式再列于下。

类均值向量 x_k

$$x_k = \begin{bmatrix} \mu_{1k} \\ \mu_{2k} \\ \vdots \\ \mu_{pk} \end{bmatrix} \tag{12.4.16}$$

类协方差阵 $\sum_k$

$$\sum_k = \begin{bmatrix} \sigma_{11k} & s_{12k} & \cdots & s_{1nk} \\ s_{21k} & \sigma_{22k} & \cdots & s_{2nk} \\ \vdots & \vdots & & \vdots \\ s_{p1k} & s_{p2k} & \cdots & \sigma_{pnk} \end{bmatrix}$$

上面各元素的脚码分别表示：i 为波段序码，共有 p 个波段，$i=1$，2，…，p；j 为样本序码，共有 n 个像元，$j=1$，2，…，n；k 为类别序码，共分 m 个类别，$k=1$，2，…，m。每个类都有自己的训练样本数据矩阵，根据这些数据矩阵就可以计算出正态分布的两大参数，并由这两大参数最终确定判别函数的具体数值大小，通过比较各类的判别函数数值大小，来确定每个像元的归属。

本章探讨以概率的大小作为像元模式分类的依据的一系列分类器，一路走来，到此就结束了。这类分类器还被冠以分类精度高，可靠性好的美誉，盛名之下，其实难副。一般说来，多数传统的分类算法，其分类精度，如果不加后期二次干预的话，大都在 65% ~ 75%。经过后期干预，精度提高到 85% 就算不错了，再往上提高，其难度和投入就要大得多。其原因留在后面讨论。

12.5 模糊分类法

将模糊分类作为高斯最大似然分类的一节并紧邻安排，实在是顺理成章恰到好处的处置。这是因为，一来它是对最大似然分类的一个必要的补充、改进和延续，二是它的做法思路和一些处理方法，步骤和整个分类过程都套用了最大似然分类法，深深地打下了最大似然分类的烙印。这种安排还可避免一些不必要的重复。

12.5.1 自然界景观类型的变化特点

地表景观类型是在漫长的自然历史上形成的，是复杂的镶嵌体系。各个类型间是你中有我，我中有你的多元结构，类型的转换是渐变式的和过渡性的，它们间的界限是模糊的，存在相当大的不确定性。这是自然界的一个普遍特征。传统的各分类方法都是采用与集合论相对应的是与不是的二值判断逻辑，只能在是与非之间进行选择，没有任何变通余地。面对自然界的这种景观类型转化的渐变式和过渡性以及由其引起的边界模糊性，传统的遥感图像分类算法虽力求完美精准，实际上则是因忽略了这种模糊性，而最终却牺牲了分类的精度。许多事情由于过度追求精确，反而会更加模糊，倒是适当地模糊，反而可能达到精确的目的。关键在于应该找到适当的数学方法来描述事物的模糊性。

传统的遥感图像分类处理。像元是处理中的基本单位，虽然只能如此，这就在根本上忽略了像元的内部在结构上的差异，硬性的划定类别边界就必然影响到类别的总体分类精度。

12.5.2 基于隶属函数的景观邻接与过渡关系的表示

研究对象的主体称为论域。就事论事，我们要研究的对象就是工作区范围里的遥感图像的全部像元，假定有 N 个。模糊数学的奠基人 L. A. Zadeh 称论域 U 的一个模糊子集 A 是指 U 到［0，1］的一个映射

$$\mu_A: U \to [0,1]$$

映射 μ_A 称为 A 的隶属函数，μ_A（x）表示元素 x 属于 A 的程度，或称为 x 对 A 的隶属度。模糊子集完全由其隶属函数所确定。当隶属函数值域由闭区间［0，1］蜕化为两个数{0，1}，相应的模糊子集也就变成为通常的集合。图像分类中设定的各个类别（设为 m 个）应视为模糊子集。隶属函数的确定是十分重要的，同时也是十分困难的问题，需要进行具体分析。对于遥感图像分类来讲，关键是如何确定隶属函数和隶属度的值。现在通过一理想的景观截断面来讨论这个问题。在内蒙古锡林郭勒的巴音锡勒大草原北部有片沙地云杉林。除了云杉林，往南就是大片连绵的针茅草原，直到遇着玄武岩台地，海拔升至1300～1400m，相对高差并不大。但就因为局地微气候条件改变，植被已由针茅草原过渡为线叶菊、冷蒿、碱草草甸草原，直至达里诺尔湖岸戛然而止。下面是它们的简化断面以及它们的隶属函数图。

下面是各模糊子集的隶属函数分段表达式：

A 为降半梯形分布式隶属函数

$$\mu_A(x)=\begin{cases}1, & (0\leqslant x\leqslant a)\\ \dfrac{b-x}{b-a}, & (a<x\leqslant b)\\ 0, & (b<x)\end{cases} \tag{12.5.1}$$

B 为梯形分布式隶属函数

$$\mu_B(x)=\begin{cases}0, & (x\leqslant a)\\ \dfrac{x-a}{b-a}, & (a\leqslant x<b)\\ 1, & (b\leqslant x<c)\\ \dfrac{d-x}{d-c}, & (c<x<d)\\ 0, & (x\geqslant d)\end{cases} \tag{12.5.2}$$

C 为半铃形左升右降梯形分布式隶属函数

$$\mu_C(x)=\begin{cases}0, & (x\leqslant c(0))\\ \dfrac{1}{2}-\dfrac{1}{2}\sin\dfrac{\pi}{c-d}\left(x-\dfrac{d+c}{2}\right), & (c<x<d)\\ 1, & (d\leqslant x<e)\\ \dfrac{f-x}{f-e}, & (e\leqslant x<f)\\ 0, & (x\geqslant f)\end{cases} \tag{12.5.3}$$

D 为升半梯形分布式隶属函数。

$$\mu_D(x)=\begin{cases}0, & (x\leqslant e)\\ \dfrac{x-e}{f-e}, & (e\leqslant x\leqslant f)\\ 1, & (f\leqslant x)\end{cases} \tag{12.5.4}$$

图 12.5.1（a）反映的是四种地物（水体和三种植被类型）不同的邻接过渡情况，图的底部标注的数字表示过渡带的混合像元数（或带的宽度），反映了两个类型间的渐变速度。除了混合像元（简称混元）带，就是单一的地物类型端元区了。图 12.5.1（b）用不同的隶属函数来反映不同类别（子集）间过渡带中像元内部二元组分的变化情况，并以隶属度值的大小表示了端元与混元的范围。这里隶属函数选定为不同形式的梯形，梯形的上底反映端元的范围。而梯形的腰则表示过渡带的宽窄和渐变速度的快慢。梯形的腰既可选直线，也可选曲线。其中曲线又有多种形式，具体情况要在具体分析后进行选取。隶属函数曲线的不同部位反映了像元与各类型隶属关系的高低。

以前我们用各种判别函数实现了对光谱特征空间的划分（也称分割），下面我们应该找到一个恰当的隶属函数来进行模糊特征空间的分割。

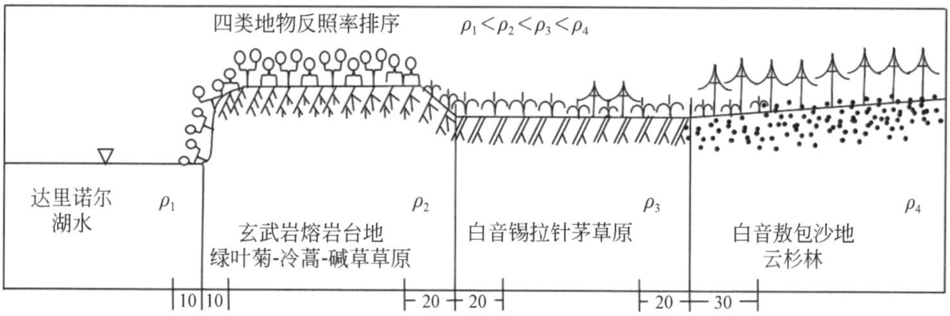

(a)从达里诺尔湖到白音敖包沙地景观拼接示意图

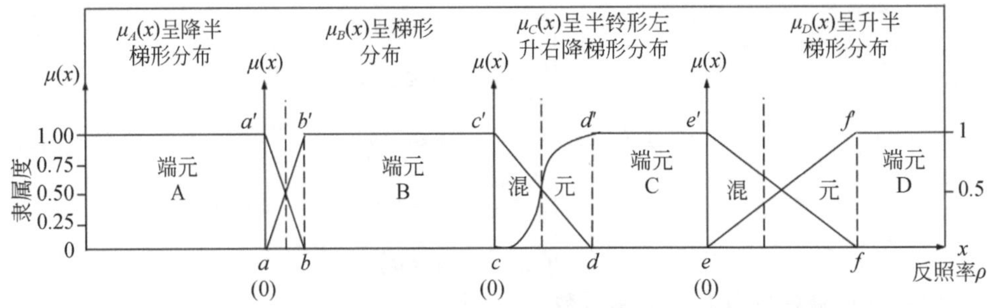

(b)A、B、C、D四类模糊子集隶属函数图

图 12.5.1　四类景观邻接过渡关系与它们的隶属函数图

12.5.3　高斯最大似然分类前提下的模糊分类方法

不要忘记，我们是在高斯最大似然分类的基础上来讨论如何引入隶属函数的方法，以提高图像分类精度的。毕竟，最大似然分类器有着最准分类器、分类精度最高的美誉，在此基础上进行模糊分类希望达到锦上添花的效果。这中间的关键步骤是如何定义各类的隶属函数，并将隶属函数与高斯最大似然判别函数相关联。

现回到 12.4 节所建立的高斯最大似然分类器式（12.4.10）$G_j(x)=P(w_j)P(x\mid w_j)$，它由两部分构成，一是 $P(w_j)$，它是 w_j 类的先验概率，已具备做类的隶属函数的特质；另一是 $P(x\mid w_j)$，它是像元模式向量 x 条件概率密度函数，已设定它服从高斯正态分布，一旦均值向量 $\boldsymbol{\mu}_k$ 和协方差矩阵 Σ_k 确定，$P(x\mid w_j)$ 也将获得具体数值。既然类的先验概率 $P(w_j)$ 已具有类的隶属度的性质，而且通过 $P(x\mid w_i)$ 则可将每类的像元模式向量 X 确定其对每类的隶属度值，它们之间相乘将进一步加强它们作为隶属函数的功能。只是隶属函数，$\varphi_k(x)$ 必须满足对他们的规定，即

$$0\leqslant\varphi_k(x)\leqslant 1$$

以及

$$\sum_{k=1}^{m}\varphi_k(x)=1$$

对于第一条规定是不言而喻的事。而第二条规定的实质是将它们进行归一化。这样可定义模糊分类的隶属函数 $\varphi_k(x)$

$$\varphi_k(x)=\frac{P^0(\omega_k)P^*(x\mid\omega_k)}{\sum_{k=1}^{m}P^0(\omega_k)P^*(x\mid\omega_k)}\tag{12.5.5}$$

式中 $P^n(\omega_i)$ 仍称为先验概率，而 $P^*(x\mid\omega_i)$ 可称为条件模糊概率密度函数，并有

$$P_k^*(x)=\frac{1}{(2\pi)^{\frac{N}{2}}\left|\sum_k^*\right|^{\frac{1}{2}}}\exp\left\{-\frac{1}{2}(x-\boldsymbol{\mu}_k^*)^{\mathrm{T}}\left(\sum_k^*\right)^{-1}(x-\boldsymbol{\mu}_k^*)\right\}\tag{12.5.6}$$

式中，$\boldsymbol{\mu}_k^*$ 和 $\sum\limits_k^*$ 分别为模糊均值向量和模糊协方差矩阵。如何推求 $\boldsymbol{\mu}_k^*$ 和 $\sum\limits_k^*$ 两个统计参数是当前遇到的一个实际问题。按一般的说法，$\boldsymbol{\mu}_k^*$ 和 $\sum\limits_k^*$ 可从一个叫做模糊分解矩阵

$\varphi_{m\times n}$按式（12.5.51）和式（12.5.6）进行计算，而 $\varphi_{m\times n}$在形式上相当于一般分类用的训练样本矩阵，但又不是那个矩阵。它们之间又不是没有关系，可以说是恰恰脱胎于那个原始训练样本矩阵。既然隶属函数 $\varphi_k(x)$ 由二统计参数 μ_k^* 和 $\sum_k^*$ 决定，又说 $\varphi_k(x)$ 是由隶属函数表达式（12.5.5）来定义，似乎进入了循环定义那种状态。

还是从高斯正态最大似然分类下，如何实现模糊分类及其具体实施步骤和过程，进一步的来说明这个极为重要的问题。设像元向量 X 有 i 个特征（$i=1$，2，…，P），总数有 j 个像元（$j=1$，2，…，N），欲分为 k 类（$k=1$，2，…，m），模糊分类的具体步骤如下。

1）首先是按部就班的按照高斯最大似然分类要求，选择每一类训练区样本（对纯度要求不像传统分类那样严格），计算每一类的均值向量 $\mu_k^{\circ}=[\mu_{1k}, \mu_{2k}, \cdots, \mu_{ik}]^{\mathrm{T}}$ 和协方差矩阵 $\sum_k^0$

$$\sum_k^0 = \begin{bmatrix} \sigma_{11k}n & \sigma_{12k}n & \cdots & n\sigma_{1nk} \\ \sigma_{21k}n & \sigma_{22k}n & \cdots & n\sigma_{2nk} \\ \vdots & \vdots & & \vdots \\ \sigma_{P1k}n & \sigma_{P2k}n & \cdots & n\sigma_{Pnk} \end{bmatrix} \tag{12.5.7}$$

因为要将 μ_k^0 和 $\sum_k^0$ 代入（12.5.6）计算模糊条件概率 P_k^*（x），姑且将两者称为拟模糊均值向量μ_k^0 和拟模糊协方差矩阵 $\sum_k^0$，以与式（12.5.6）中的 μ_k^* 和 $\sum_k^*$ 相区别。有了μ_k^0 和 $\sum_k^0$，就可按上一节的高斯最大似然分类方法对每一像元逐个进行判别分类，并最终给出分类图和相应的分类统计报表。

2）最受关注的一是各类的先验概率值 $P(w_k)$，二是每个像元向量对各类的条件概率值 $P^*(x \mid w_k)$。根据这两方面信息就可用式（12.5.5）按像元顺序逐个计算每个像元对第一类的隶属度 $\varphi_1(x_j)$，得到像元模糊分解矩阵的第一行，接着依像元顺序计算每个像元对第二类的隶属度 $\varphi_2(x_j)$，得到像元模糊分解矩阵的第二行，一直到用这种方法获得像元模糊分解矩阵的最后一行 $\varphi_m(x_j)$，最终形成如下面式（12.5.8）所示的模糊分解矩阵

$$\begin{bmatrix} \varphi_1(x_1),\varphi_1(x_2),\cdots,\varphi_1(x_N) \\ \varphi_2(x_1),\varphi_2(x_2),\cdots,\varphi_2(x_N) \\ \vdots \quad \vdots \quad \vdots \quad \vdots \quad \vdots \quad \vdots \\ \varphi_m(x_1),\varphi_m(x_2),\cdots,\varphi_m(x_N) \end{bmatrix} \tag{12.5.8}$$

据这个像元模糊分解矩阵，便可计算正式的各类的模糊均值向量 μ_k^* 和模糊协方矩阵 $\sum_k^*$，它们是

$$\mu_k^* = \frac{\sum_{j=1}^{N}\varphi_k(x_j)x_j}{\sum_{j=1}^{N}\varphi_k(x_j)} \tag{12.5.9}$$

和

$$\sum_k^* = \frac{\sum_{j=1}^{N}\varphi_k(x_j)(x_j-\mu_k^*)(x-\mu_k^*)^{\mathrm{T}}}{\sum_{j=1}^{N}\varphi_k(x_j)} \tag{12.5.10}$$

相信式中的模糊协方差矩阵 $\sum_k^*$ 与 $\sum_{j=1}^{N}$ 应该不会引起混淆。

事情走到这一步，应该能将上面那个纠缠不清的问题说清楚了。原来在选定好传统的训练样本后，先计算一个我们称之为类的拟模糊均值向量μ_k^0 和拟模糊协方差矩阵 $\sum_k^0$ ，再经过隶属函数（式 12.5.5）演算而幻化出像元模糊分解矩阵［式（12.5.8)］，这个分解矩阵在本质上就是模糊训练样本。因为只有根据它才能生成像元的模糊均值向量 μ_k^* 和模糊协方差矩阵 $\sum_k^*$ ，并借助它们进入下一步的模糊分类过程。实现这种幻化作用的关键是隶属函数，而最后能将每个像元进行拆解的则是模糊分解矩阵的作用。

3）最后，实现高斯最大似然模糊分类。

分类工作是在高斯正态分布假设下进行的。通过定义隶属函数，实现了将一般意义下的子集到模糊子集的转变，并在此基础上实现布尔逻辑的二值｛0，1｝决策到［0，1］闭区间的多值模糊决策，最终做到对模糊混合像元的类别结构性拆解，从而进一步提高图像分类精度，弥补了高斯最大似然分类上的一个不足。模糊分类不一定非要选择绑定于高斯最大似然分类。也可选择其他分类方法，如最小距离分类等。诚如上面所述，所以做这种安排，一是为了保持叙述上的连续性，避免了许多不必要的重复；二是给享有盛誉的高斯最大似然分类的方法来一点改进、补充和发展，作为锦上添花。

模糊分类方法虽然能够做到对混合像元按分类类别进行科学的拆分，但对分解所得则无法进行空间定位，这对专题用户来讲只能算是一种遗憾，因为他们需要的是在分类后能获一幅类型边界精准的专业图件。从这个角度来讲，模糊分类方法只能作为一种辅助手段，并依附于传统的成熟的分类方法而存在，共同面对用户的需求。

第 13 章　智能化非参数分类

在遥感图像分类领域，传统分类方法受限于固定参数和简单模型，面对复杂多变的数据常显乏力。随着人工智能的蓬勃发展，智能化非参数分类技术异军突起，成为遥感图像分类的关键突破点。本章聚焦于决策树分类法、专家系统分类、神经网络分类这三大核心技术，深入剖析其原理、算法及应用。从决策树的多级抉择过程，到专家系统如何将领域知识转化为分类规则，再到神经网络模拟人类思维的复杂机制，全方位呈现智能化非参数分类技术在遥感图像分类中的创新应用与广阔前景，为深入理解该领域智能化非参数分类方法提供坚实的理论与实践基础。

13.1　决策树分类法

遥感图像分类中使用的决策树判别分类与专家系统分类法和人工神经网络分类法有相互交叉的密切关系，决策树分类本身虽算不上是智能化的分类方法，但因有这种关系，也将其列入智能分类一族之中。树分类的根本依据是基于像元的一组测量值，即各波段的灰度值（DN 值）或是反照率值（ρ）的差异，通过逐次分层进行比较，将遥感图像数据集分为愈来愈小的数据子集的分类方法。决策树类比自然树，它有根，从根长出树干，由树干长出枝杈，由枝杈又长出二级枝杈等，因而分类树有根节点（又称父节点，且只有一个），一级枝节点（子代节点）、二级枝节点（孙代节点）等，目标类别愈复杂，世代的层次也愈多。以前介绍过的各种分类方法都是采取一次性的决策分类称为单级分类。而树分类则是一种多级抉择分类过程。为了形象的说明什么是决策树，下面给出一个比较简单的二元决策树结构示意图（图 13.1.1），这种形式的分类器一旦做出分类后，待判像元只能归入两类中的一类，或者两组中的一组。上述这种二元结构的决策树图只是个示意图。实际上每个节点究竟一分为几个树杈并无限制，还是要根据实际需要来定。在第 13.3 神经网络分类一节，用图 13.3.2 来表示二叉树形成的神经网络结构，它将决策树和神经网络结合在一起了，树干的每个节点镶入了一个神经元。现在对图 13.1.1 做注解性的说明。分裂指根据决策结果来建立新的节点；根（父）节点为决策树的起始点，决策系统仅有一个；中间节点（各级子节点，有时含根节点）可为多个，无数量限制；叶节点（有时称梢节点）表示分类系统的最后一级节点。

决策树若按决策分类指标和分类算法来分，还可分为单变决策树，多变决策树和混合决策（hybrid decision tree）。单变决策树是指各个节点都采用一个特征和相同的算法来进行决策分类，多变决策树则是采用不同的特征和同样的算法进行决策分类，而混合决策树是采用不同的特征和不同的算法进行决策分类。比较而言。混合决策树其拓扑结构复杂，但却是分类能力强且效率高的分类器。

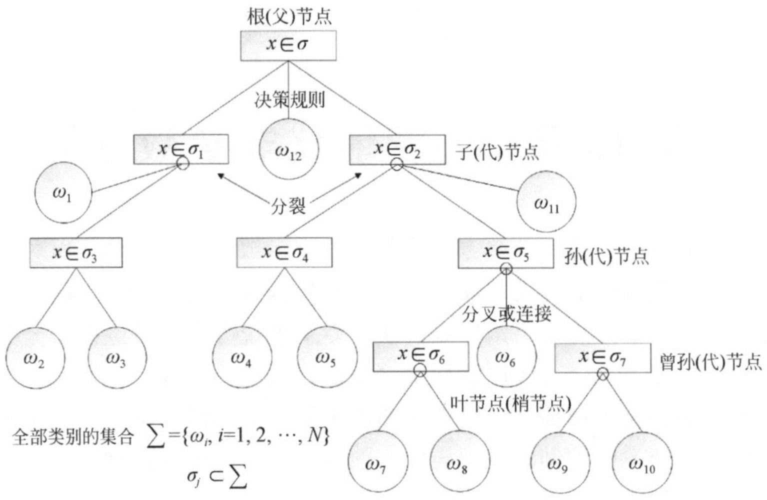

图 13. 1. 1　二元决策树结构示意图

对于多波段遥感图像的分类，决策树分类器可采用下列特征量。

1）各波段像元的反照率。

2）据图像的红光波段近红外波段的 DN 值计算的 NDVI 值或据多波段的各波段 DN 值所做的四则运算结果。

3）对多波段的 DN 值经 K-L 变换获取的各主分量值，特别是前三个主分量值。

由于决策树的每个节点可采用不同的分类的特征集合，每个决策节点可使用不同的数据类型以及每个决策节点采取不同分类判别方法，这就使它有着不同于其他分类方法的灵活性和处理上的优势。

当决策树用假设、规则和条件构成时，一般是将假设视为树干（根节点），规则为树枝（中间节点），条件为树叶（叶节点），也即构成了一个决策树分类器。采用层次结构标记目标，便于从不同的尺度和不同的详细程度去理解目标对象间的关系。决策树的输入可以为连续的或离散的数据，输出的结果亦可为连续或离散形式的数据。当决策树的输入为一个由一组属性描述的情景或对象时，返回的结果却是决策。概念化的专家系统的框架是采用决策树结构。在 13. 2 节的图 13. 2. 2 就是这种结构，图中实心点构成树干，在每个节点上镶入网络神经元，空心点为叶节点，代表分类结果的一个类型。这样，决策树成了分层人工神经网络的一个很好框架。

13. 2　专家系统分类

在第 10 章中曾讲到，领域专家是靠自己的专业知识经验和对研究区域的背景情况的了解，并经过大脑的比较、分析，最终才做出图斑的归属结论。但是在叙述那些传统的图像分类的算法里，并没有利用这些专家的知识、经验和对工作地区实况的调查和了解。本章就是要讨论如何将领域专家的知识、经验等，经归纳后成为能被计算识别的编码，并形成某些规则来对遥感图像进行分类的处理系统。这一系统被称为专家系统，即能够应用人类的知识和经验等去解决一些通常要用人类的智慧才能解决的问题的计算机处理系统。这种系统对那些问题（假设）越清晰、具体，且范围相对窄小，其功效就越好，典型的专家系统可由领域专家的知识库描述得出结论的推理过程的推理机、在线数据库，以及交互性能好的用户界面以及高性能计算机所构成。专家系统组成的各种功能块间的关系可用框图（图 13.2.1）表示。

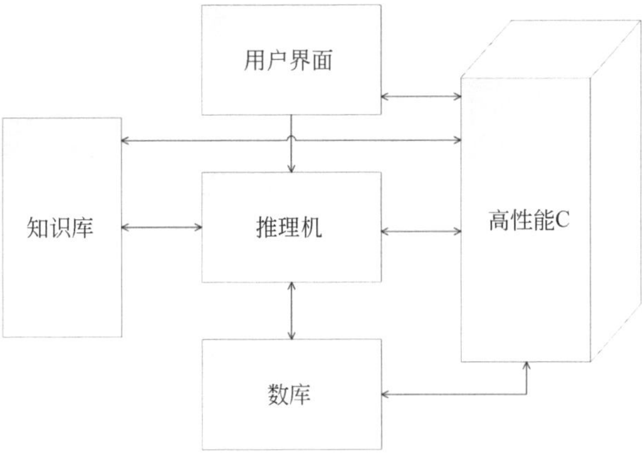

图 13.2.1　专家系统各功能模块间的关系示意图

专家系统中最关键的组成部分是知识库和推理机两大组分，它不同于传统分类的基本组分是算法加（+）数据那种结构。因此，了解知识库和推理机两大组分的内涵功能和运作，就可能理解专家系统是如何进行分类的道理。

13.2.1　专家系统的知识库

应该知道专家系统中计算机只认识由人工智能计算机语言（如 LISP、PROLOG 或 C++ 等）编写的语言代码，而不会了解专家大脑中蕴藏的各式各样丰富的经验数据和目睹耳闻的信息。因此遥感专家自己最好有能力挖掘自己大脑中蕴藏的丰富知识并转化为与解决问题有关的正式规则和充分而必要的条件，通过专家系统工具去解决局部范畴里的问题（命题或称假设）。这就要求遥感专家必须具备本领域的丰富知识，还得有用公式来表达问题（假设）、规则和条件间的关系的能力，特别是有将规则和条件分解为一条条独立要素的能力，这样才能满足知识表达的要求。

现在需要进一步明确说明的是专家系统中的知识是指那些从人的经验、数据等获得的信息并变为计算机可接受的语言编码形式，而规则则是用一个或者多个条件形成语句（即“IF-THEN”语句）表示的推理判断过程，也称为知识表达过程。这种知识表达方式在人的生活也并不陌生，如在正常大气压下，温度升至 100℃，壶中的水就会沸腾。水汽接近饱和的气团沿山爬升，就会产生降雨等。这在遥感图像识别的视觉判读中就更是司空见惯。如在第 10 章中讲到的那个如何判断是滑坡还是陷穴崩塌问题，在专家系统中可这样表达：

IF 在黄土沟坡坡沿见有安乐椅状的洼坑
AND 有厚层黄土发育
AND 坡沿上方坡面坡度角<6°
AND 坡肩有可见挡水土坎存在
THEN 该安乐椅状洼陷为陷空塌陷晚期天生桥崩塌形成，而非滑坡。

又如，还是在第 10 章中讲到的针叶林中岛状侧柏林的识别，在标准假彩色图上油松林呈现为深红色调。

IF 针叶林中岛状侧柏树林
AND 山区一片广袤的针叶树油松林
AND 油松林中出现一块暗红色色调异常图斑
AND 暗红色图斑出现在排水好的山坡较上部位
AND 色调异常图斑林下下伏基岩在地质图上标震旦亚界的硅质灰岩
THEN 该色调异常的针叶林图斑是块侧柏树林斑。

在北京市密云区溪翁庄附近生长着大片茂盛的油松林，偶尔夹杂着小片柏树林，该地岩石主要是混合花岗岩，也有硅质条带灰岩出现。侧柏树喜排水好的干燥环境，土质为碱性，故宜于生长在石灰岩分布区。油松则更喜欢酸性环境，多生长在混合花岗岩分布区。

13.2.2 专家系统推理机

专家系统从十分琐碎的知识中选择出那些最实用的部分用于对解决假设（问题）的推理，并通过反复实践来提高推断的效能。这就是通过反复实验来辅助学习，发现或解决问题。这种解决问题方式常借助于计算机程序，通过系统的自学习方法，即通过反馈、评估来改进和提高专家系统的推断性能。概念化的专家系统。实施的最好办法是使用决策树结构，这种结构最有利于实现通过评估规则和条件来检验假设的真伪。当决策树由问题（即假设）、规则和条件构成时，问题通常作为根节点，规则作为子节点，叶片则为终节点，组成一个完备的专家系统分级决策树分类器。

正确而权威的规则对专家系统是头等重要的事，每条规则都提供了接受假设的具体条件，而专家会给每条规则指定一条或数条能满足规则的条件。这样知识库的基本组分中的假设（即欲解决的核心问题）、规则（进行推理、判断的指标项目）和条件（判断的依据）共同构成了专家系统的推断决策链（图 13.2.2）。至此我们可以对基于规则的专家系统做一简要概括：遥感专家将凌乱且琐碎的知识经过归纳并转换为计算机能接受的代码，即专家系统中的知识，它包括假设、规则和条件。专家通过用户界面和推理机对知识库中的规则进行编辑，从数据库中提取所需信息进行操作，最后做出问题的推论。

专家系统一个重要特点是可以追溯推理过程中的每一步抉择，并可对推理过程作出解释，以回答为何做出这样的推论。大量证据表明，计算机有能力高效处理高光谱的高维数据，那种将高维遥感数据降到只含两三个波段（维）的做法和观念似已过时。新的思想和处理手段可以让海量地球观测数据本身就具有高分贝噪声，不至于被淹没在缺乏远见且不合时宜的处理中，即不应让它成为通过高维数据集降维来从中提取统计量的做法以支配地

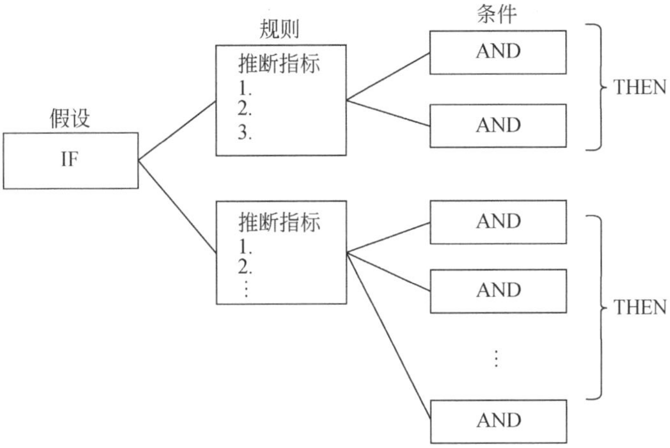

图 13. 2. 2　专家系统推断决策链

球科学意义重大的大尺度空间分析。这种做法已经过时。由降维而被丢弃的那部分信息，可能恰恰是包含着引起地表系统过程巨变的蝴蝶效应的那个微小能量（ΔE）的信息。

13.3　神经网络分类

传统的统计图像分类方法与人对遥感图像的分析和识别有着巨大的差异，计算机正是根据遥感数据的统计特征对图像进行分类的。当人面对一幅遥感图像（假定是一幅 TM 三个波段的标准假彩色图像）时，是统观全局，从图像的色（颜色、饱和度、对比度）、形（目标的形状、大小）、纹理结构特征、地理区位、空间关系、地形部位、目标邻接关系以及分析者本身具有的专业领域知识和相关经验一并统筹分析、加工、比较、排除，从易到难，经过深思熟虑后做出识别的结论。常常是一旦发现了问题，马上推倒重来，反复试错。它是一个面对所有目标，调动人的全部智慧进行分析、推论、判断，体现了并行多目标、多层级，具有自组织、自适应和高度的容错能力的过程。人们对遥感图像的识别过程中，除了考虑图像本身特征之外，还会利用在识别分类过程中积累的经验，并在分类图像信息引导下，自行改造本身结构和识别分类方法，进而改进对图像的识别和分类效果。能模仿人的图像分类的思维过程并能进行遥感图像分类的新的方法首推人工神经网络分类法。

人的大脑用相互连通的神经元来处理接收收到的信号，而人工神经网络被用来模拟人类的思维过程。人工神经元由相当于大脑神经细胞突起的输入、权重值（神经腱）、处理单元（细胞体）和输出（细胞轴突）组成，它和人的大脑的生物神经元相类似。人工神经元是人工神经网络运算的基本单元。人工神经网络不是通过分步算法或者复杂的逻辑程序来求解的，而是通过调整神经元的权重值，采用非算法，非结构的形式来实现。

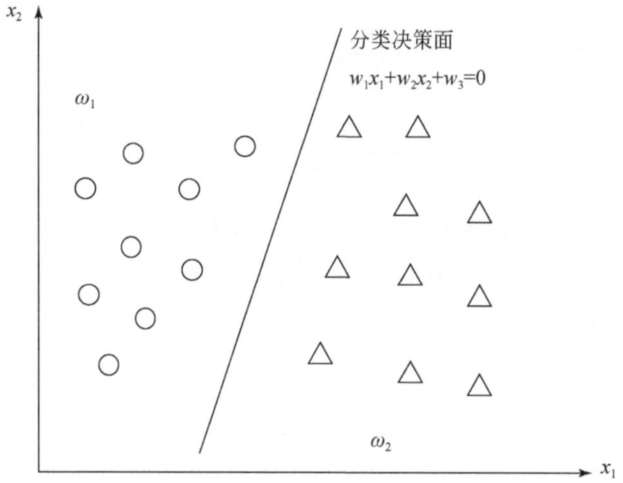

图 13. 3. 1　二维光谱空间中两类的线性分割超平面

13. 3. 1　分类决策的超平面与权向量

在二维欧氏空间，如果仅凭一条直线就能将两类多光谱像元分开，那么该直线便表现为多光谱空间的一个线性平面，亦称为超平面。该二维空间的直线方程可表达为

$$w_1x_1+w_2x_2+w_3=0 \tag{13. 3. 1}$$

w_i 为一系列系数，通常称为权或权系数。权的数目等于数据维数加一。如数据维数为 n，则线性平面的方程为

$$w_1x_1+w_2x_2+\cdots+w_nx_n+w_{n+1}=0 \tag{13. 3. 2}$$

其矩阵形式

$$WX+w_{n+1}=0 \tag{13. 3. 3}$$

式中，W 称为权向量，而 X 为像元向量。

通常，最初的线性平面的空间位置并非已知的，而且也绝非唯一。需要通过训练参考像元才能确定。对于那些恰好位于超平面上的像元 X 值而言，方程式计算结果应为 0。但是如果将其他的并不位于超平面上的像元 X 值代入方程，等式将不再为 0。当权重 W 值经训练后被确定，此时对于待判像元 X 进行分类的判别准则为

$$\begin{cases} x\in w_1,\rightarrow \text{当 } W^{\mathrm{T}}X+w_{n+1}>0 \\ x\in w_2,\rightarrow \text{当 } W^{\mathrm{T}}X+w_{n+1}<0 \end{cases} \tag{13. 3. 4}$$

13. 3. 2　神经网络与神经网络处理单元

13. 3. 2. 1　遥感应用中的人工神经网络

人工神经网络是通过神经元，拓扑结构和学习规则来定义的。遥感应用中使用的神经

网络可用图 13. 3. 2 来说明。

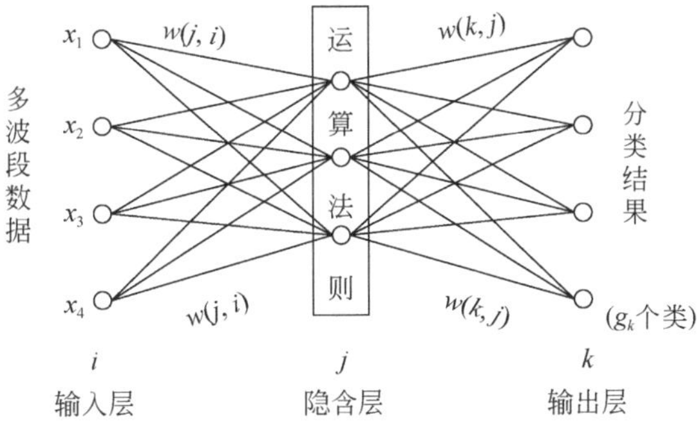

图 13. 3. 2　遥感应用中使用的人工神经网络结构

典型的神经网络一般包含三层（或更多层），即一个输入层，一个输出层和一个或多个隐含层（中间层）。每个层内或层间的神经元相互连接，构成一个由用户定义的面向目标任务的网络系统。第一层，即输入层的神经元，接受多波段测量数据（常用反照率）以及纹理结构、粗糙度、地形高度、坡向、坡度等数据。输入层的作用是将接受的像元数据分配给第二层，即隐含层的各处理单元，大多不做数据处理（有时需做归一化处理）。输出层的结果数目与网络最终输出的类别多少有关，最简单的做法是输出层单元数（结果数）与训练数据集的类别数相等。但是，如将输出方式以二进制编码来表达，两个输出单元可以表示 4 个类别，三个输出单元可以表达 8 个类别，那么最多只用 5 个输出单元就足够遥感分类之用了（多达 32 个类别）。隐含层的节点数通常认为要大于或等于输入层的节点数。在大多数遥感应用中，一个隐含层就足够胜任工作的需求。

回忆上面刚讲过的二维情况下，两类的分类超平面是个线性方程，在网络处理中，方程中的权系数和阈值（偏置）构成一个阈值逻辑单元（TLU），它是感知器的基本组成单元。但是，如果它不跟分层处理相结合，它的值将被限制在线性可分的二维数据范畴。

人工神经网络之所以能处理非线性数据，其突破点在于用 TLU 的软阈值取代了其硬阈值。其中的奥妙是使用了一个传递函数 $f(x)$，它是一种非线性的柔性调节函数。反向传播的神经网络采用的是 $\int$（sigmoid）非线性传递函数 $f(x)$ [$f(x)$ 很多时候标为 $\sigma(x)$]

$$f(x)=\frac{1}{1+\exp(-x/b)} \tag{13.3.5}$$

该传递函数的形状如图 13. 3. 3 所示。b 值控制函数的梯度，（通常让 b 取值为 1）。随着 b 值的减小，曲线逐渐变陡，当 $b=0$ 时，曲线退化为一垂直于横轴 x 的一条垂线。$f(x)$ 成为一种阈值性函数，其值域为 [0, 1]。该函数在变量取绝对值非常大正值或负值时会产生饱和现象，函数会变得扁平，意味着对输入的微小改变变得不敏感。$f(x)$ 函数通常用来产生伯努利（Bernoulli）分布的参数 $\boldsymbol{\Phi}$，因 $\boldsymbol{\Phi}$ 的范围是 [0, 1]，处在 $\boldsymbol{\Phi}$ 的有效取值范围内。Bernoulli 分布是单个二值随机变量的分布。它的单个参数 $\boldsymbol{\Phi}$ [0, 1] 控制，$\boldsymbol{\Phi}$ 给出了随机变量等于 1 的概率。它具有如下几个性质

$$P(x=1)=\phi$$

$$P(x=0)=1-\phi$$
$$P(x=x)=\phi^{x}(1-\phi)^{1-x} \tag{13.3.6}$$

σ（x）的期望值为 ϕ，方差为 ϕ（$1-\phi$）

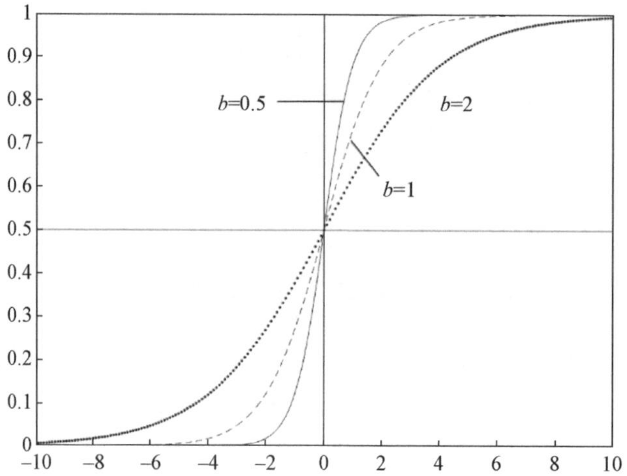

图 13.3.3　sigmoid（∫形）传递函数图形

资料来源：Bengio et al.，2017

13.3.2.2　神经网络中的处理单元

在输入层，输入的像元各波段测量值 x_i 都要与其相应的权值 w_i 相乘，得到乘积 $w_i x_i$，并将其送到处理单元进行累加，从而有

$$\varphi = \sum_{i=1}^{n} x_i w_i + \theta \tag{13.3.7}$$

式中，x_i 为各波段测量值，w_i 为权重，θ 为调整模型的偏置常数。

一旦式（13.3.3）和式（13.3.5）结合，便会产生一些绝妙的作用，如使函数满足非线性，易于统合各种类型数据，易于实现网络的训练（学习）。这是因为与其他监督分类的分类器一样，神经网络分类器（判别函数）在进行分类前也需要训练。训练一个多层网络结构的过程中的主要问题是调整隐含层的权值，除了输出层之外，所有其他层中的权值都需要不断的调整才能获得完满的训练结果。输入层的权值每调整变动一次，便会在下游各层中传播，最终影响到网络系统的输出。网络系统的输出值和预置的期望值在训练初期总是相差悬殊的，网络系统正是根据误差梯度的变化幅度来调整输入层的权重值 w_i。由于是否需要调整权重值是看输出层的误差变幅，故输出层是决定改变权重值的起点，误差调整改正是由后向前传播的，是一种后向传播过程。

隐含层是神经网络的处理单元，由于在这个单元内实现了输入层的信号加权的和（$\sum_{i=1}^{n} x_i w_i + \theta$）与∫形 函数的同化并结合，产生出性能独特而卓绝的激励函数

$$\psi = f(\varphi) = \frac{1}{1+\exp(-\varphi/b)} \tag{13.3.8}$$

它成为权重值调节中后向传播时的功能性环节。人工神经网络的处理单元关键和核心环节可以用图 13. 3. 4 来表达。

13. 3. 3 后向反馈式神经网络的训练与数学表达式

人工神经网络是一种不需要考虑概率分布模式的监督分类方法。因此，在进行图像分类前也需要进行学习来产生判别规则或称判别函数。从图 13. 3. 4 可以看到，适用于遥感分类的神经网络是用不同层次节点集合组成，每一层的输出便成了下一层节点的输入，因为连接权重的不同而使这些输出值被放大，衰减或被抑制。除了输入层外，每个节点的输入为前一层所有节点的输出值的加权和 $\sum_j w_j x_j$ 。每个节点的激励输出值均由节点输入（即上一层的加权和），传递函数以及阈值来决定。

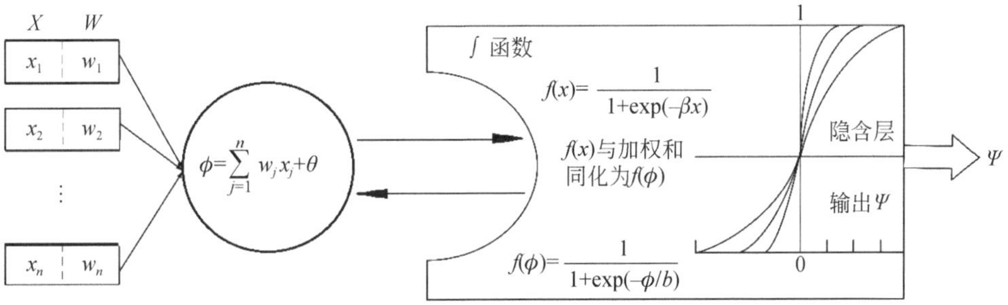

图 13. 3. 4 神经网络处理单元的核心环节

资料来源：熊桢，2000

训练开始阶段，研究者应将影像中已知类别的目标分布区作为训练区，并将训练区中的每一个像元的光谱测量数据和其他供分类用的辅助数据一并输入到神经网络的输入层，而将训练区实际类别特征值信息送至输出层，作为该类别的隶属度并设定为 1，其他输出神经元则被赋予 0。对每一个具体训练，网络输出层的输出结果需与真实目标类别的设定期望值相比较，并将输出值与目标期望值的差异视为训练误差，作为调整后向层权重的依据。权重调整的幅度要与误差的绝对值的大小相协调，误差的绝对值大，反向调节的力度随之变大，如同跷跷板作用那样，直至达到设定的预期范围，训练进程才会结束，从而终止迭代过程。网络的学习过程就是在通过逐步调整权重值的进程中完成的。因此如何具体调整权重值，如何计算和把控权重值的调控幅度，是神经网络训练的一个关键问题，成为神经网络训练中的核心和本质。

进入最后的分类阶段，研究区里的其他待分类像元的光谱测量的特征值和相关的辅助数据都被送到网络输出层神经元。神经网络会将存放于隐含层中的权重值用来评价每个像元，并最终产生输出层的每个神经元的预估值。每个神经元值会被归一化到 0 ~ 1 区间，这样就给出了待判元素隶属于输出神经元所代表的类别的模糊隶属度等级，每个输入的待分像元就被判归到其隶属度最大的那个类。

回到图 13.3.2，网络的三个层分别用 i，j，k 来表示，输入的各训练样本像元的各分量构成了第 i 输入层各节点的输入。那么，按照前述，第 j 层（隐含层）的输入便为

$$\varphi_j = \sum_j w_{ji}\psi + \theta_j$$

$$\psi_j = f(\varphi_j) \tag{13.3.9}$$

节点的输出值则为

$$\Psi_j = f(\varphi_j) \tag{13.3.10}$$

式中，f 为传递函数，纳入了 φ_j 后，成为 $f(\varphi_j)$ 始称为激励函数，其形式为

$$\psi_j = \frac{1}{1+\exp[-(\varphi_j+\theta_j)/b]} \tag{13.3.11}$$

式中，θ_j 称阈值，当取正值时，意味着激励函数向左挪动，而 b 的作用是改变曲线的坡度。

仿隐含层，进入第 k 层时，网络节点输出为

$$\varphi_k = \sum_k w_{kj}\psi_j + \theta_k \tag{13.3.12}$$

输出则为

$$\Psi_k = f(\varphi_k) \tag{13.3.13}$$

在网络训练初期或尚未受到足够训练的情况下，网络输出层的输出值 ψ_k 与期望输出值 t_k 间都是相差挺大的，需要通过调整权重值 w_i 来缩小他们间的差距。可采用 t_k 与 ψ_k 之差的平方和 Δ

$$\Delta = \frac{1}{2}\sum (t_k - \psi_k)^2 \tag{13.3.14}$$

来评估网络训练是否到位的一种度量指标，式中引入 1/2 是为了下面求导时的方便。对于全部样本（p），系统的均方误差

$$E = \frac{1}{2p}\sum_p \sum_p [t_{(pk)} - \psi_{pk}]^2 \tag{13.3.15}$$

Rumelhart 等（1986）提出推广的 σ 规则，用来训练层间连接权重值。在训练过程中，通过不断的迭代运算，网络系统会逐步调整它们，使均方根误差尽快下降。

前文述及，所谓网络训练，就是通过不停的调整权重值的大小，使均方根误差逐步降低，直至达到最小为止。具体到如何调整，在这里可采用梯度下降法。这种方法的做法是，采用正比于误差表达式的偏微分的负值来设置权重值的调节量，就可能会以较快的速度使误差达到最小值，从而完成网络训练过程。考虑隐含层 j 和输出层 k 之间的连接权重 w_{kj}，根据梯度下降法，隐含层与输出层连接权重的调节增量是 Δw_{kj}

$$\Delta w_{kj} = -\eta \frac{\partial E}{\partial w_{kj}} \tag{13.3.16}$$

式中，η 称学习效率，为一正值，它控制着权值调节量的大小。由于 $\frac{\partial E}{\partial w_{kj}}$ 不好直接计算，现在通过连锁规则进行变通，有

$$\frac{\partial E}{\partial w_{kj}} = \frac{\partial E \partial \psi_k \partial \varphi_k}{\partial \psi_k \partial \varphi_k \partial w_{kj}} \tag{13.3.17}$$

根据式（13.3.11）和式（13.3.12）立得

$$\frac{\partial\psi_k}{\partial\varphi_k}=\frac{1}{b}(1-\psi_k)\psi_k \tag{13.3.18}$$

和

$$\frac{\partial\varphi_k}{\partial w_{kj}}=\psi_j \tag{13.3.19}$$

另据式（13.3.14）有

$$\frac{\partial\Delta}{\partial\psi_k}=-(t_k-\psi_k) \tag{13.3.20}$$

当 b 值设为 1 时，式（13.3.18），式（13.3.19），式（13.3.20）中各个量都是已知的，综合上述三式，网络系统的权值调节量 Δw_{kj} 可实际求出并且等于

$$\Delta w_{kj}=\eta(t_k-\psi_k)(1-\psi_k)\psi_k\psi_j \tag{13.3.21}$$

式（13.21）各项均可直接求出，对输出层（k 层）的任一节点都满足。

那么 k-j 层间运行的权重值

$$\hat{w}_{kj}=w_{kj}+[\eta(t_k-\psi_k)(1-\psi_k)\psi_k\varphi_j] \tag{13.3.22}$$

按照上述原理，连接输入层 i 和隐含层 j 的权重值的调节增量 Δw_{ji}

$$\Delta w_{ji}=-\eta\frac{\partial E}{\partial w_{ji}}=-\eta\frac{\partial E\partial\psi_j\partial\varphi_j}{\partial\psi_j\partial\varphi_j\partial w_{ji}} \tag{13.3.23}$$

与 k-j 层间使用的方法类似，乃至 $b=1$，则有

$$\Delta w_{ji}=-\eta\frac{\partial E}{\partial\psi_j}(1-\psi_j)\psi_j\psi_i \tag{13.3.24}$$

现在发生了新的问题，式（13.3.24）中的 $\frac{\partial E}{\partial\psi_j}$ 计算需要有隐含层的输出误差，这在当前是不具备的。现再次采用连锁规则，有

$$\frac{\partial E}{\partial\psi_j}=\sum_k\frac{\partial E\partial\varphi_K}{\partial\varphi_K\partial\psi_K}=\sum_k\frac{\partial E}{\partial\varphi_k}w_{kj} \tag{13.3.25}$$

当 $b=1$，式（13.3.25）中的偏微商 $\frac{\partial E}{\partial\varphi_K}$ 可通过式（13.3.18）和式（13.3.20）来表示，故有

$$\frac{\partial E}{\partial\varphi_K}=-(t_k-\psi_k)(1-\psi_k)\psi_k \tag{13.3.26}$$

所求的 Δw_{ji} 为

$$\Delta w_{ji}=\eta(1-\psi_j)\psi_j\psi_i\sum(t_k-\psi_k)(1-\psi_k)\psi_k w_{kj} \tag{13.3.27}$$

在这一步首先要确定输出层 k 与隐含层 j 之间连接权重值的修正量 Δw_{kj}，这也意味着求得了 w_{kj}。这样，式（13.3.27）中各项就均为已知，只待直接计算 Δw_{ji} 了。

现令

$$\begin{cases}\delta_k=(t_k-\psi_k)(1-\psi_k)\psi_k\\ \delta_j=(1-\psi_k)\psi_k\sum\delta_k w_{kj}\end{cases} \tag{13.3.28}$$

则有

$$\begin{cases}\Delta w_{kj} = \eta\ \delta_k \psi_j \\ \Delta w_{ji} = \eta\ \delta_j \psi_i\end{cases} \tag{13.3.29}$$

式（13.3.28）和式（13.3.29）合称为后向反馈网络的数学描述方程。

网络的训练算法有多种。用于前向多层神经网络的最著名的要数 BP 算法、模拟退火算法、遗传算法以及 GA-BP 算法。

13.3.4 网络训练的遗传算法

遗传算法（GA）算法由 J. H. Holland 的生物进化模型创造出来的一种优选算法。根据基因遗传和基因突变这个遗传法则，设计的解空间（寻优空间）表达为 S

$$S = \{S_1, S_2, \cdots, S_n\} \tag{13.3.30}$$

首先在解空间中任意取一批点，作为遗传开始的父代（第一代）。每个点用二进制的字符串（也称基因串）表示，基因串的优劣程度则用一适应函数（fitness function）进行衡量。函数值大，表明这一点适应能力强，在遗传竞争中有优势，容易生存下去。接着根据由适应度决定的概率大小，将它们复制到配对池里。优等的字符串因其高概率被复制，劣等的字符串因其概率低而被淘汰。

接着是生产新的子代字符串，其方法是将配对池中的字符串随意配对。并对每一对字符串进行交叉操作。根据基因遗传和基因突变是生物进化的基本思想，继而对新产生的字符串的某一位进行变异，这样就产生了新一代。

这样，重复以上过程，直至结束进程。结束迭代进程的条件为字符串的平均适应度和最优字符串的适应度趋于收敛。那么，从最后一代中便可获得全局最优解或者是个近似最优解。

要用遗传算法去真正解决一个优化问题，需从四个方面着手，即：如何把问题的解编码到字符串中；如何生成有效的适应度函数；遗传算法设计以及由适应度来确定控制代际遗传概率。

遗传算法只含复制、交叉和基因突变三种运算，演算简单是遗传算法的最大特点。

13.3.5 GA-BP 算法

BP 算法虽然是网络训练中最常使用的方法中的一种，但它存在两个明显的弱点，一是收敛速度慢，另一则是收敛结果会跌入局部最小。这是因为网络层连接权系数要依赖 δ 准则函数的偏导数信息进行调整。当求解空间存在多个局部最小点时，一旦随机产生的网络初始权重值不合适，网络训练就会陷入局部最小而无法脱身。将遗传算法与 BP 算法相结合就可突破上述的 BP 算法局限性，成为一种有效的网络训练方法。遗传算法使用并行搜索，工作效率高。遗传算法是一种随机寻优过程，不存在局部收敛问题，这正好弥补了 BP 算法容易发生局部收敛的缺陷。通过与 BP 算法结合也可解决在单独使用遗传算法往往只能在短时间内找到接近全局最优解的近优解这个问题。GA-BP 算法在训练网络时，先用 GA 算法得到最优适应度的一组网络权重值（即基因字符串），然后再用这组权重值来初始化网络，最后再用 BP 算法进行网络训练。

13.3.6 模拟退火算法

在寻求最优解的方法中，模拟退火（SA）算法是可以选择的方法之一，它是一种通用的随机搜索算法，可用于许多寻优问题，特别是在问题的领域知识有限的时候。可用一非负的代价函数来表示全部可能的状态构成的集合 S，函数选取的数学表述是要找 $S^* \in S$，使

$$f(S^*) = \min f(S_i)$$
$$\forall S_i \in S \tag{13.3.31}$$

SA 算法的寻优过程可概括为 6 个步骤。

1）任选一初始状态 S_i 作为当前状态 $S(S=S_i)$，同时取较高的初始温度 T。

2）以一定方式生成一个当前状态 S 的邻域 $N(S)$，并从该邻域 N（S）中随机选取一个状态作为候选的新状态$\hat{S}$，接着计算 $\Delta f=f(\hat{S})-f(S)$。

3）若 $\Delta f<0$，将新状态$\hat{S}$作为当前状态（$S=\hat{S}$），然后转到下一步，即第 4 步；若 $\Delta f\geqslant 0$，则按概率 $\exp\left(\frac{-\Delta f}{T}\right)$接受新状态$\hat{S}$，即令 $S=\hat{S}$。具体算法可采用均匀分布来生成0 到 1 之间的随机数 ξ。若 $\xi<\exp\left(\frac{-\Delta f}{T}\right)$，则令 $S=\hat{S}$，否则 S 保持不变。

4）按一定的方式降温，如：$T\leftarrow\beta T$，β 可设置在 0.777 ~ 0.999。

5）检查退火过程是否结束：若为是，则转向最后第 6 步；若为否，则退回第 2 步重新迭代过程，直至过程结束。

6）以当前状态 S 作为最优解，寻优过程结束。

13.3.7 后向反馈神经网络分类的步骤

BP 神经网络分类工作分为两个阶段进行。第一阶段称为网络训练阶段，是根据所给多波段遥感测量样本数，按照后向反馈神经网络的数学描述方程要求，按部就班的进行训练；第二阶段则是进入实际的图像网络分类阶段。

训练阶段可按四步进行。

1）进行各类训练区的多波段图像样本像元数据和相应控制参数的输入。对每个已知分类类别需给出 0 到 1 之间的系数值，即期望值。控制参数包括：每个类要达到的精度值、全部类要达到的精度值、网络输入层个数、选用的光谱波段数、隐含层个数、输出层数、每一层节点数以及最大循环迭代次数。

2）初始网络层间的权重值。切记不可用相等的权重值，以避免无效的训练。一旦取相同的值，它们将始终保持相等。

3）按 BP 神经网络方程式（13.3.29）计算过程之间的权重值。

4）评估输出精度和设置最大迭代次数。

在迭代次数还未达到最大迭代次数之前，要对单类样本输出层的输出结果与其给出的

该类期望值进行比较，看是否已达到了精准要求，如果没达到要求，则应返回到前面步骤3重新进行权重值计算，在原权重值的基础上调整权重值。如果单类精度已满足要求，转入审查全部类别样本精度是否满足要求，若没有达到要求，则返回步骤3重新计算权重值；若已达到要求，则训练继续往前进行。如果迭代次数已超过设置的最大迭代次数，表明网络训练仍未达到预想要求，应重新设置最大循环迭代次数，或者降低精度要求。

如果样本数据分多组，当做完一组训练之后，按照需要，可以进行多次训练。

分类阶段的工作，网络训练完成后，会得到各层的权重值；按非线性方程对图像像元进行计算，所得输出结果与每个类别预设的类别期望值进行比较，和哪一类相比的精度高就判归属哪类。

13.3.8 高阶神经网络

人工神经网络算法是一种非参数分类器。用的最为广泛的网络模型是多层感知器模型。前文讨论的前向多层网络的反向传播的训练算法是多层感知器模型中的一种，该算法采用分段线性判别函数，能较好的解决一般像元向量的分类问题。前向多层感知的人工神经网络能有较好的分类能力是由于：

①非参数化的网络工作方式，摆脱了数据须服从某种概率分布的约定；

②网络能够从既有的实例中进行适应性学习，使分类具备客观性；

③单个神经元可以模拟多元线性模型的计算；

④非线性模型不是基于研究人员根据产生于数据集的先验知识的赐予，而是从实例的训练中获得；

⑤网络训练用的数据集总是含有噪声，这恰使被训练过的神经网络具有了泛化能力。这种能力使神经网络在处理未发生过的、不完整的和不精确的数据时，能游刃有余，并具稳健的求解能力。但凡将数据转化为数值形式，神经网络便可以接受和处理任何格式的数据；

⑥神经网络中的知识是从实例训练中获得的，选择实例时虽然精心，仍然不可避免地带有噪声。但是，神经网络具有很好的、泛化离散的和连续的数据能力，对噪声和数据缺失具有一定的容错能力，可对输入数据进行最佳拟合；

⑦在变化环境中，神经网络通过连续学习的方式，来应对随着数据的增多而造成的权重值的连续调整。

但是，BP神经网络也存在多层感知器神经网络的通病。一是这种网络在训练过程中容易陷入局部最小的怪象，即使使用模拟退火算法或是遗传算法仍然无法完全摆脱局部最小的困境。二是中间层（隐含层）层数和隐含层的节点数无法科学地确定。最后，随着隐含层的增加，反向传播的误差会随之增大。但是，多层感应器的优势恰恰就在于隐含层的存在，这是一个两难的矛盾。

针对BP神经网络的上述通病，熊桢（2000）提出了一种高阶神经网络的分类算法。与BP神经网络相比，高阶神经网络具有下列特点：高阶神经网络不含隐含层，避免了中间层节点数需优化的困况；高阶神经网络采用非线性的分类判别界面，去掉了BP神经网络中采用分段线性模式的判别界面所带来的局部最小问题，可以更有效地进行模式划分；高阶神经网络不设隐含层，因而也就不存在反向传播误差，网络传播速度因而更快。

13.3.9 高阶神经网络分类算法

13.3.9.1 高阶神经网络的结构

高阶神经网络只有输入层和输出层，不含中间的隐含层。其结构如图 13.3.5 所示。没有隐含层，也就避免了隐含层层数和节点数确定中的麻烦问题。网络结构的简化还避免了反向传播误差，训练效率因而获得提高。高阶神经网络的阶次愈高，理论上讲，则模式的分类精度就愈高。可是随着高阶网络次数升高，网络的权系数个数则呈几何级数增加。当输入高阶神经网络的波段数为 n 个，那么二级神经网络的权系数为$\frac{(n+1)\ (n+2)}{2}$个，三阶的权系数个数为$\frac{(n^3+17n+6)}{6}$个，造成结构太复杂。从非线性模式的分类判别界面来看，三阶网络已足够复杂，已能精准的进行模式分类，实在没有必要去追求更高阶次的神经网络，二阶和三阶的神经网络已足敷应用了。

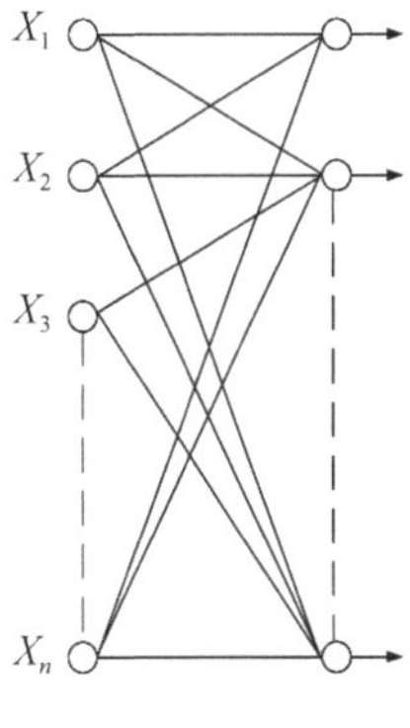

图 13.3.5 高阶神经网络结构示意图

13.3.9.2 高阶神经网络的训练及其过程控制

高阶网络的权重值调整训练一般采用类似于 BP 网络的误差反向传播的梯度下降法，权值修正所采用表达式为

$$w_j(k+1)=w_j(k)+\eta(d_j-\psi_j)x \tag{13.3.32}$$

式中，d_j 为样本 x 的期望输出，ψ_j 为样本 x 的实际输出，η 为调整步长。若采用单样本训练，权值修正的表达式为

$$w_j(k+1)=w_j(k)+\eta(d_j-\psi_j)(1-\psi_j^{\ 2})x \tag{13.3.33}$$

式中，节点输出 ψ_j 的计算式为

$$\psi_j=f(\sum w_{ij}x_j-\theta_i) \tag{13.3.34}$$

θ_i 为阈值，f 为激励函数，是一种双极型函数，其形式为

$$f(y)=\frac{2}{1+\exp(-\beta y)}-1 \tag{13.3.35}$$

其函数图像如图 13.3.6 所示。β 取值不同会影响函数向两极收敛的速度，β 值通常选定为 1。

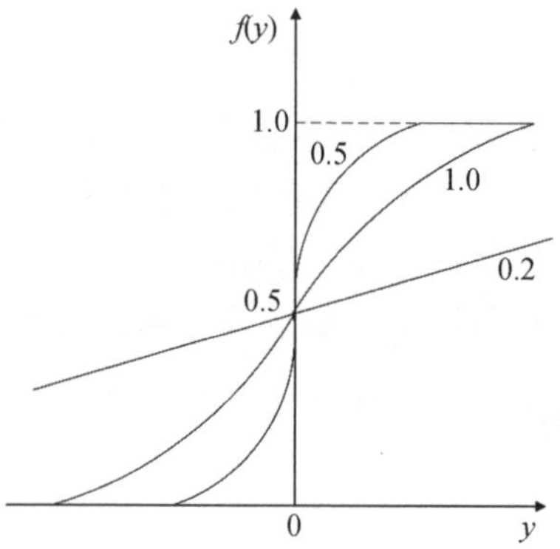

图 13.3.6　双极型传递函数

资料来源：熊桢，2000

为掌握高阶网络的训练进程，使用了下列控制措施：

1）单个样本训练的输出与期望值之间允许有一定误差，该误差随训练次数的增加逐渐减小，在允许误差范围，权值可不做修正，这样做可以提高训练速度。

2）允许存在一定的训练误差。总误差阈值的设定需按具体数据情况而定，设置过大，将影响分类精度，若过小，会影响训练速度。

3）设定总误差变化速率和限定训练次数。如果总误差下降的幅度和速率太小，表明训练已渐近结束，此时应据实际情况调整权值修正步长；如果训练总次数已超过设定的阈值，应结束训练进程。

13.3.9.3　高阶神经网络的判别函数

高阶网络分类使用的判别函数 $d(x)$ 为

$$d(x)=\sum_{j=1}^{n} w_{jj}\,x_j^{\,2}+\sum_{j=1}^{n-1}\sum_{k=1}^{n} w_{jk}x_jx_k+\sum_{j=1}^{n} w_jx_j+w_{n+1} \tag{13.3.36}$$

现欲将全部待分图像像元向量 X 分为 ω 类，那么对任一像元向量 X_k

$$d(X_k)\geqslant d(X_i)\,i\neq k,\Rightarrow X_k\in\omega_k \tag{13.3.37}$$

即只要某个像元的特征值 X_k 能使某类 ω_k 判别函数获得最大值，便将该像元 X 判属某 ω_k 类。

从式（13.3.36）看，高阶神经网络的分类界面是一非线性的超曲面。

13.3.10　分层神经网络的分类方法

分层神经网络分类算法是熊桢（2000）提出的另外一种分类的尝试，意在将高阶神经

网络分类方法的优势与分层分类方法的优势相结合，以期获得更好的分类精度。高阶神经网络的优点已如上述。分层处理的分类技术是近些年来开始活跃的研究方法，它的特点是可以很好地处理高维遥感数据以及很好地处理不规则分布的复杂数据，因而有利于提高对高光谱数据的分类精度。

13.3.10.1 分层神经网络的结构

分层神经网络采用二叉树形式的结构，它由若干个节点和自由节点萌生出来的枝条构成。每个节点都是用高阶神经网络构成的网络分类器，而每一枝条则代表着不同的模式类别。且是最后的分类结果。

分层高阶神经网络的结构可用图 13.3.7（a）和图 13.3.7（b）表示。由若干个神经网络处理单元按图 13.3.7 结构绑联成一个分层神经网络系统。尽管它是神经网络群的有序排列，可是它们的权阵在训练时并无先后之分。为了提高网络训练效率，各个神经网络不是分开训练的。对于同一样本，全部神经网络施行同步训练可使运算整体速度大为提高。

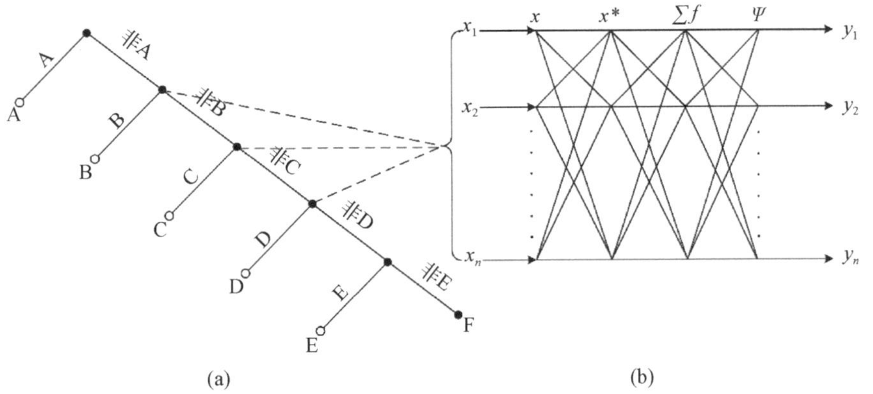

图 13.3.7 分层高阶神经网络结构图

资料来源：熊桢，2000

13.3.10.2 分层神经网络的训练

分层神经网络的结构实质上是将多个高阶神经网络按二叉树形式构成一个分类树。分层神经网络的训练是对多个高阶神经网络的权重值进行训练、调整的过程。二叉树形式的分层方式就造成各个节点上的分类器只需进行两类的判别处理，从而简化了各个节点分类器的类别界面的划分，加快了各个节点神经网络的训练速度，还能提高分类精度。

各个节点神经网络的训练仍然采用上面高阶神经网络所使用的误差反向传播的梯度下降法，并且其权重值修正也和高阶神经网络完全相同，这里就不重复了。因为整合了分层分类的方法，整个训练的策略也有所变化，用以提高训练速度和分类精度。与高阶神经网络训练相比，又增添了下面几点具体做法和规定：

1）对全部节点的神经网络实行同步训练

2）对各节点神经网络的训练进行分类正确率和分类错误率的双向控制，直到分类正

确率达到 100% 和分类错误率为 0 时才停止该节点神经网络的训练进程

3）采用单样本扰动训练方法。训练时，每次单个样本的类别是不同的，应从各类样本中循环抽取单个样本进行训练

4）下层节点神经网络训练时，不必考虑上层枝条所属类别的样本，而只考虑本层及下层枝条节点类别的样本

5）各类别按照训练样本来计算其类内的方差 σ，以及该类训练样本与全体训练样本之间的距离 δ，各个类别根据比值 $\frac{\delta}{\sigma}$ 值由大到小排列，最终分层神经网络就按照这一顺序去识别各个待分像元。

从上述的几种神经网络分类的算法看来，它们在遥感影像的分类中表现不俗，但一般很难全面的解释神经网络做出的决策或最后输出过程。由神经网络训练后所获得的图像分类结果和解释规则全部隐藏在中间层的权重值里，因其复杂性，往往很难解释这些权重值所包含的秘密。神经网络模型常被人认为是一个黑箱模型。神经网络的另一重要的内在弱点是不能用简单的规则以显式来表达所获得的知识。由于神经网络缺乏洞察和分析数据集的特征的解释能力，造成很难统合人类专业知识，以简化、加快或者改进遥感图像分类工作。在处理复杂的遥感影像分类问题中，对网络决策、输出过程以及权重值的解释能力，应该成为评价神经网络功效的重要内容。解决问题之道可能要求将神经网络和其他的算法相结合（如决策树、模糊逻辑等）。

第 14 章　提高遥感图像分类精度的途径

本章聚焦于提升遥感图像分类精度的创新路径。传统分类算法虽有理论基础，但存在依赖光谱反射率统计假设、忽略地表覆盖复杂特性等缺陷，导致分类精度受限。本章提出三大突破方向：多源信息融合、纹理结构量化、深度学习赋能。引入非光谱信息突破“光谱中心论”局限，纹理特征量化挖掘空间异质性信息，支持向量机（SVM）与深度学习的引入推动分类方法范式转变。同时，系统阐述分类结果评价的科学框架，包括误差矩阵、Kappa 系数及泊松分布指导的抽样策略。本章梳理遥感分类技术发展脉络，剖析精度提升技术路径，探讨构建面向未来需求的高精度遥感分类体系。

14.1　各类分类方法的特征及其缺陷

14.1.1　传统分类算法都有先天缺陷，造成分类精度差强人意

到目前为止，已将传统的或勉强称呼为经典的遥感图像分类中的主要方法作了介绍。前面这些分类算法的核心思想是根据像元与像元、像元与类别、类别与类别之间关系的亲疏远近来进行类别划分和像元归属判定，采用的指标则是相似性度量，而距离则是用得最多的相似性度量指标。直到最大似然分类方法的出现，人们关于分类方法的思路，才发生了转变，原来分类的判据可以不用距离而是可以通过比较发生概率的大小实现图像像元的分类。特别是对高斯最大似然分类的判别函数还加上分类精度高、稳定性好的溢美之词，给人以这就是最好的分类方法的错觉。其实不然，以上所述各种分类方法只是原理不同，并无分类上的精度高低之分。各个方法既有自己的特色，也有自己的缺憾。就拿高斯最大似然分类来讲，先要假设模式类的元素遵从高斯正态密度函数分布，其密度函数的两参数要用训练样本来估算。一旦确定了参数，分类的结果就完全决定于真实的模式类是否符合上述的基本假设。实际上，模式类的统计特性通常是未知的，也是无法估计的。另外，最大似然分类要求各类有先验概率的支持，分析处理人员也许会千方百计地去获取这种数据，即使获得了这种先验概率数据，那也充满了不确定性。还有一点是被人遗忘的，就是在推导高斯最大似然判别函数过程中，为了避开无法直接计算的后验概率，而使用了贝叶斯公式。贝叶斯公式本身是隐含着要求数据应具独立性的。众所周知，多光谱遥感数据在这一点上并不符合要求，各波段数据的相关性都很高，起码也超过 40%。这就是为什么各种分类方法分类的精度都不算高（一般都在 60% ~70%）的原因，包括高斯最大似然分类在内。遥感图像分类算法走到这一步，表明计算机系统有能力对遥感图像进行模式分类，解决了能不能的问题；但是由于种种原因，分类精度还是不够高，下一步的努力目标

应是解决分类结果好不好的问题。分类结果要能满足用户应用的需求，必须提高分类精度和稳定性。

后期发展起来的智能型分类，如专家系统分类，人工神经网络分类以及人工智能网络与分类树互相绑定的集成分类方法可看成是针对传统分类算法的一种新的发展和补充，特别是人工神经网络分类，是呼声最高、最具潜力的分类方法。但由于通过 ANN 学习得到的分类和解释规则都隐藏在网络的中间隐藏层里的神经元权重中，让人难于理解和解释决策和产生输出的过程，被认为是一种黑箱操作，备受质疑。面对针对人工神经网络分类方法的质疑，我们需要的是耐心和审慎，因为在当今，整个的人工智能（AI）界普遍存在这个问题。这个问题的最终解决，只能期待数学的介入和贡献，并寄希望于深度学习技术的发展。

14.1.2 各种遥感图像分类方法的特征与评价

为了便于回顾和讨论遥感图像各种分类方法的特点与评价，现列成表 14.1.1 以期从纵向来分析分类方法的发展轨迹，从横向来透视它们间的互补关联，进而从中得到启示和灵感，作为探讨和改进分类方法的出发点。

表 14.1.1 遥感图像的各种分类方法的主要特征与评价

特征与评价 分类方法	参数化	训练（学习）	决策面函数	邻域信息（上下文）	非光谱信息吸纳能力	评价与问题
①系统聚类	非参数化	无	线性	不能利用	不能吸纳	概念清晰，但遥感应用价值不大
②平行六面体分类	非参数化	无	线性	不能利用	不能吸纳	为非监督分类（不完全是）。优点是快速简单，易错分或漏分，分类数多少不易控制
③动态聚类	非参数化	无	线性	不能利用	不能吸纳	通过逐步循环迭代而实现的一种分类。因为在决定分类的最小距离判据时有多种假设，不能成为理应是最小误差的分类，实际上成了一种粗糙的近似分类
④ISODATA 聚类分类	非参数化	无	线性	不能利用	不能吸纳	ISODATA 聚类分类法是对 K 均值聚类算法的一种改进*。由于要迭代足够多次数才能生成有意义的均值向量，使该迭代算法的速度相对较慢
⑤线性判别分类	参数化	要训练	高维超平面	不能利用	不能吸纳	为一种监督分类。分类算法有代表性，推导严谨，计算较复杂，工作量较大

续表

特征与评价 / 分类方法	参数化	训练（学习）	决策面函数	邻域信息（上下文）	非光谱信息吸纳能力	评价与问题
⑥马氏（广义）距离判别分类	参数化	要训练	二次超曲面	不能利用	不能吸纳	分类算法是建立在严格的统计分类理论基础上的分类，即要求类间距离最大而类内的离差平方和为最小的分类准则。在正态分布的假设下，样本的代表性和对总体参数的估计，使这种分类的结果精度受到影响，它也无法解决类别重叠时产生的问题
⑦最小距离分类器	参数化	要训练	二次超球面	可利用	不能吸纳	算法简单，但实用性强。处理中，将正态分布下的超椭球集群简化为超圆球，从而易造成误判或漏判，使分类精度下降
⑧高斯最大似然分类	参数化	要训练	二维时为线性，高维时为超平面	可利用	不能吸纳	在正态假设前提下，决策分类平均损失最小的一种分类算法，也意味着判决的准确率最高。由于正态分布一般很难满足，先验概率也难以估计准确，因而并不能达到最佳的分类效果
⑨模糊分类	参数化	要训练	二维为直线，高维为超平面	可利用	不能吸纳	对于不准确的信息或界限不清的对象，模糊分类算法提供了有用的概念和方法，是对现行的监督分类方法的一种补充。像元虽被分解为各个类的组分，但这些组分在空间上并不能定位
⑩决策树分类	非参数化	要训练	非线性	可利用	能吸纳	决策树分类采用一种多级分类的结构形式，提供了一个灵活方便的平台，可由不同的特征、不同的分类算法和不同的数据类型组成一个多级分类系统，但要获得满意的分类结果，需不断地比较、测试，因而也就复杂、耗时
⑪专家系统分类	非参数化	要训练	非线性	可利用	可吸纳	是一种将判读专家的知识、经验和决策方略信息化的分类方法，能高效处理高维数据（如高光谱数据）可以反映输入变量间的非线性和层次关系，对输入变量没有任何事先假定（如服从何种分布律）并可对输出结果进行评估，决策过程透明。由于专家系统中的知识采用二进制的位词来表达，在数据属性转化过程中会造成大量信息丢失

续表

特征与评价 / 分类方法	参数化	训练（学习）	决策面函数	邻域信息（上下文）	非光谱信息吸纳能力	评价与问题
⑫人工神经网络分类（ANN）	非参数化	要训练	非线性	可利用	可吸纳（需与决策树结合）	ANN分类方法可以模拟任何自然的或人为的复杂系统，能方便地将分类中的地理信息系统数据、影像的空间信息和非正态分布数据进行集成处理。因为采用非参数化方式，不需要线性或正态分布假设。ANN从实例中进行学习，分类较为直观。由于ANN学习到的分类和解释规则都隐藏在网络的中间隐含层中的神经元权重里，让人很难全面理解和解释作为决策和产生输出的过程，备受质疑

注：＊K均值聚类分类算法是出现较早的实用分类方法，它先任意指定初始聚类中心（即集群的像元向量均值）然后按聚类规则产生一个粗糙的聚类集，一步步迭代优化产生最后分类结果，因而也被称为迭代优化或均值平移法聚类。初始聚类中心最好能均匀地分布在数据空间，以有利于提高收敛性，加快迭代过程。ISODATA增添了许多关于合并和分裂的规则，以合理地推进聚类的迭代进程

长期以来，仅仅根据地物光谱的特征来进行遥感图像的传统分类的做法，一直束缚和禁锢着人们的思维。这些分类在算法上虽然在力求做到尽善尽美，但在分类的结果上则是差强人意，尚不能满足使用者在应用上的需求。在这种以光谱特征为核心的思想影响下，将其他的非光谱信息称之为辅助数据也就不足为奇了。值得提醒的是，遥感图像分类作为模式识别的一个特款，被识别的是群体目标而不是单个物体，与其相对应的是地表的各个层级的不同类型的景观单元，即覆盖于地表的各种天然的或人造的地表类型。这样看来，在进行遥感图像分类时，如果仅根据图像像元的光谱反射信息而忽略对研究区自然地理背景的深刻了解，并将地区的自然地理信息集成到整个分类算法之中来进行分类，必然造成大量的错分和漏分就是在情理和预料之中，不足为奇了。

不管叫非光谱信息还是叫辅助数据，它们都是研究区内的自然地理和社会经济信息总称，并且最主要的还是研究地区自然地理总体状况，也即研究区里的地貌、土壤、植被、气候水文状况，其中尤以地貌、植被、水文状况信息对景观的反应最灵敏，在图像分类中的作用也最大、最直接。地貌中的地形高度、坡度、坡位和坡向的作用常是产生同物异谱的根源，也是植被按高度分层算法的根据；不同植被类型的差异，如草原的季相及其变化，农作物的物候期，针叶林和阔叶林、常绿林与落叶林的差异，树木高度和冠幅大小的变化则是产生色调差异和纹理结构差异的原因。而降水量和土壤水分含量的多寡及其空间分布情况则是引起上述种种差异的根本原因。因此，必须把握研究区的自然地理总体状况和他们的时空分布规律性，才能在进行图像分类操作时，避免盲目性，增加分类进程中的自觉性。这也是为什么表14.1.1将能否接纳非光谱数据作为评价各分类算法的重要特征的原因。

现在回过头来审视表14.1.1，看它给我们哪些暗示和启迪。

1）表 14. 1. 1 中第 1 列所列各种分类方法并非刻意按时间顺序进行排列，但却暗中体现了图像分类方法与时俱进的时间痕迹。从①到⑧各个算法早在 20 世纪的六七十年代就同时出现在为军事服务的图像处理系统中，如 ISBS（基于遥感图像的信息系统）。IBIS 解密后，出现了商用图像处理系统也都包含了这些算法。这些算法在数学上已做到十分完美，因而，其后就没什么发展，有点儿停滞了。再往后，由于新的数学方法兴起，如模糊集理论、小波变换以及人工神经网络等的出现，它们也逐渐渗透到遥感图像分类中来。这表明，遥感图像分类方法与数学之间存在一种紧密的关联，新的数学理论有可能成为图像分类的新的算法依据。

2）表 14. 1. 1 按照是否需要参数化、是否需要做训练（学习）、决策面函数特征、邻域信息（上下文）和能否吸纳（利用）非光谱信息（即辅助数据）将各分类方法进行了二分法的划分，这种划分本身似乎并没有什么实质性意义。但是借助于这种功能性的二分法列表，便于发现各个分类方法间隐含的互补性关联，只要恰当地组合它们，便可成为提高分类精度的一个新途径。

3）表中分类方法由①到④，即系统聚类、平行六面体分类、动态聚类和 ISODATA 聚类分类，算法相对简单、成熟，已无发展改进空间。而从⑤到⑧，即线性判别分类、马氏距离判别分类、最小距离分类和最大似然分类，其算法的数学基础牢固，堪称完美，改进余地也已有限。但这两组分类方法间也存在互补关系，即第一组的非监督分类结果可作为最大似然分类的先验概率，并且这种替代具有相当高的精度。最后是从⑨到⑫这一组分类方法，特别是人工神经网络分类方法方兴未艾，极具活力和发展潜力，尤其当把决策树分类与人工神经网络分类捆绑结合，在分类参数和分类算法的选择上具有很强的灵活性。

4）具有吸纳非光谱性的辅助数据的能力，既是分类系统智能化的必由之路，也是进一步提高分类精度的最佳选择。因而在这方面，像专家系统分类、决策树分类以及人工神经网络分类具有天然优势。

5）随着遥感成像器件技术上的进步，图像的瞬时视场愈来愈小，商业出售的图像分辨率已达到米级或分米级。这种情况使我们获得的像元信号是个表观亮度值，它由像元自身反射信号外加邻近像元交叉辐射信号共同叠加而成。并且，随着分辨率的提高，交叉辐射的影响会愈来愈强。另外，随着亚米级分辨率遥感图像的出现，传统的以像元为目标的逐个判别的方式面临新的挑战。分辨率的提高也意味着待判像元总数的急剧增加，使逐个像元判别方式显得效率低下，而且最终的分类界面也显得不够精致。当待判的单体目标的平面投影形状可用高分辨率图像像元充分表达时，作为图像识别的一种特款的图像分类就作了一个历史性的回归，即成为一般的目标识别问题，采用目标边界提取的方法会显得更高效而精确，这时选择图像分割的算法也是一种很好的做法。这样由分类决策面函数性质和邻域信息因高分辨率图像出现而触发的图像分类、分割问题又胶着在一起了，这样导致新的分类概念和新的分类、分割方法组合的出现，并且催生了新的图像处理系统（如 e-Cognition）的诞生。

纵观遥感图像分类研究的发展轨迹，时至今日，探索新的分类方法以提高图像分类精度的努力一刻也没有停止过。而推动这一波又一波努力的有两方面因素，一是一旦有与分类方法有关的新的数学方法出现，立即就会有人去尝试将它应用到图像分类，以期推出新的图像分类算法，如模糊集合论、分形理论、小波变换等；另外，广泛的应用需求也是经久不衰，并因新的传感器更高的时空分辨率图像的出现，对分类方法的变革，和提高分类精度的呼声也水涨船高。可惜的是，遥感图像分类的精度并没出现与时俱进的发展势头，相比之下，反而显得有点乏力和停滞。原因何在，出路又在哪里，都留待人们去思考和面对。

14.2 分类中的光谱信息与非光谱信息

14.2.1 分类中的地物光谱信息

有研究表明，对遥感图像进行大气纠正处理与未经大气纠正处理的图像，用它们的像元 DN 值进行分类，其结果（分类精度）并无什么差异，以此来说明，在进行遥感图像分类时，进行大气纠正是多余的。但是这并不意味着，为了探索遥感图像的分类方法及其应用前景，对原始的图像像元 DN 值就应该一成不变。实际上，遥感图像不但有特定地物的光谱反射信息，还包含着非常丰富的空间和时间变化信息，应用得好，可以获得意想不到的地物分类效果。如 Tucker 等（1985）利用多时相的无云的 NOAA-AVHRR 的 NDVI 一旬的合成数据经 K-L 变换后，采用其前三个主分量，成功地运用最大似然分类法对撒哈拉以南地区的土地利用/土地覆盖进行了堪称完美的分类。在中国，利用 10 天为一时段的无云 NOAA-AVHRR 的 NDVI 全年 36 个时段图像进行了全中国范围的最大似然方法的植被分类制图，分类指标也是使用该数据集 K-L 变换的前三个主分量，分类结果也相当合理和完满。这应该不是偶然碰运气的结果，而是科学的必然。其道理在于，首先 NDVI 对不同的植被类型的生长、发育状况的差异反应比较灵敏。在一个完整的生命周期里，每种植被都有自己的唯一的 NDVI 时间谱，一年的周期包含了植被类型的整个生命周期（或生长周期）。时间维的 NDVI 数据会使不同类型植被按生命（或生长）周期长短而在时空维上集聚成群；其次，通过对时间序列的 NDVI 的正交变换（如 K-L 变换），使集群的类内距离调整变小，而使类间距离扩大并有利于分类时区分它们。对红和近红外两个光谱波段 DN 值的简单的四则运算和 K-L 变换组合处理，分类后产生如此结果，其实际应用意义还在于，使原来由人工调查完全实现不了的事情变成为一个鲜活的事实。试想，欲对中国 960 万 km^2 陆地范围做植被调查，按三人一组（主调人员、助手和司机各一人）乘越野车调查，据以往工作经验，一个月里一天不休息，一个组也就只能完成一幅 1/10 万比例尺的植被类型调查制图，一年按 9 个月计算（除去节假日、恶劣天气后），可完成 10 幅图的调查任务；按全国组成 10 个小组同时进行工作，一年共计可完成 100 幅野外调查任务；一幅图的实际面积约 $1600km^2$，全国陆地面积为 960 万 km^2，需 6000 幅图来覆盖全部疆域，所耗时间大约 60 年！就是说，这 30 人从青年干到 60 岁退休，任务也就完成过半。况且，把 60 年时间跨度所做的调查结果放在同一张图里，这本身已无实际意义，毕竟时过境迁。因此，当看到某种自然地理要素地图时，可以断定，那是专业人士编制的，而不是实际调查的结果。

传统的分类几乎都是基于光谱信息来进行分类，完全没有考虑时间信息在分类中的作用。引述上面的例子是要说明，对于那些有年生命周期的不同植被（含农作物）类型的遥感图像分类，多时相遥感图像数据有无可替代的价值。有了这些数据之后，第一步是构造一个能反映植被长势与生命活力的指标（如各种植被指数），第二步，也是关键的一步，是选择好某种正交变换（如主成分变换，也叫 K-L 变换），使由不同的植被指数形成的空间上集群的空间可分性达到最大，最后选择某一恰当的分类算法，实现地表覆盖类型的分类。通常只要有一个完整的年周期多波段数据就可完成上述分类工作，但如果有多年的数据，分类结果可能会更加稳定，植被类型的差异信息正是隐含在遥感信号的时间谱中。

14.2.2 分类中的非光谱信息

根据二分法，将那些非光谱数据以及由光谱数据通过代数运算或者经某种变换（如最常用的正交变换）产生的数据，可概称之为非光谱数据。习惯上是指研究区范围内的地质、地貌、土壤、植被、水文、气候等记录数据，以及它们的空间类型分布图（如果有的话）；研究区的道路、居民点分布、历史沿革数据；研究区的种植习惯，耕作习惯，物候期和农事历；地面目标的分布格局、邻接关系等。

这里要特别指出地形的作用和影响。地形高度、坡度、坡向和坡位影响局地接收到的太阳辐射能的多少，从而影响该地温度与水分状况。如果再加上水平距离的作用，就成为产生地面同物异谱的根源。它们在分类上的意义有两个方面，在中高山地区，如果该地植物密布，分类时，就应考虑按高度分层。如中国长白山植被分布呈明显垂直地带性，从山麓到山顶，阔叶林、针阔混交林、云冷杉林，矮桦林和苔原呈有序分布，每个林分都出现在一个特定的高度范围。分类前如果做好高度分层，定会减少错分和漏分现象，从而提高植被类型的分类精度。并且，在这种地区不同植被类型的高度分布界限还有相当大的差异，事前也必须考虑。另外，即使在低山丘陵区，甚至在平原地区，由于像幅较大（如 TM 图像达 185km），在阴阳坡或两地相距太远，还会因植物（或作物）生长物候期不同而产生同物异谱现象，这时也应按坡向或距离分层。地理分层后，各层区先自己进行分类。分好后再进行合并处理。需要指出的是，在进行地理分层处理时，一是要有相应比例的地形图资料，二是要有当地农事历和物候期的资料的支持。

各种地理要素专题图都是为了特定目的服务的，它在比例尺、数据类型和格式上都不能简单地与卫星多波段遥感数据放在一块儿进行分类处理。首先对专题图按照遥感图像所采用的成像投影（如横轴墨卡特投影，UTM）进行投影变换。并按遥感分类成图的比例尺进行缩放成相同比例尺后，将专题图上的类型矢量图斑数据按像元大小采样为栅格数据，才能一起使用。转换过程中必然会造成信息的失真和损失。对那些描述性的地理知识数据，则首要进行数量化处理，必要时还需有空间变换和配准的处理，才能在分类过程中起到相应的作用。

这些非光谱数据在分类过程中的应用环节和作用是不同的。地形分层处理是在执行分类之前，其他类型数据则在分类过程中或仅作为一个特征参与分类，或作一个判据参与分类，其作用是不同的。最核心，也是最难的是如何将这些非光谱信数据整合到分类算法和分类进程中，发挥他们应有的价值。

14.3 遥感图像的纹理结构信息定量化表达

14.3.1 遥感图像纹理信息

在分析遥感图像时，一是根据图像的灰度变化的和色彩差异，二是看图像的纹理特征。但在实际应用中，尤其在图像分类中，绝大数情况下，只用到波谱信息并未顾及纹理信息，这已成为遥感分类中的常态。在讨论如何提高遥感图像分类精度时，也会感到为何没有利用图像的空间信息（即纹理）这一维。感慨归感慨。毕竟图像中存在的纹理信息并非信手就能拈来的。

遥感图像中的纹理真可以叫做只可意会不可言传的一种存在，也非几句话能说清楚。纹理-结构一对词本身是纺织和印染行业的专业词汇，说的是纺线经向、纬向排列结构不同，会呈现出不同的花纹和质感。如高支棉纱织成的贡缎，其轻薄光滑有如绸缎，卡其布这种织法则使其具有平板挺括、明亮之感。织物中的平纹、斜纹、卡其、人字呢、帆布，说的是织法，即结构，各种织法对纱支粗细有要求。当纱支与织法不同搭配时，会产生不同的视觉效果，如光滑、细腻、平整、挺拔、粗糙的感觉。这样，我们也许就明白，为什么在说同一个问题时一会儿叫纹理，而另一会儿又说结构的原因了。在遥感图像上我们看到的及感官感觉到的其实只是纹理，而结构则是隐含不露的，只能去意会了。

在自然界里，地表的物质组成成分分布格局的复杂性，使遥感图像的纹理不像纺织物的花纹那样规则和具有简单的重复周期，其纹理信息和重复周期也仅具有统计上的比较意义，欲进行结构分析是不明智的，采用统计纹理分析应该是正道。

遥感图像纹理反映的是灰度值的空间变化情况。可将具有某种局部韵律性的非随机排列的一组像元称作纹理基元，在纹理展现区内，它具有大致相近的结构尺寸。这样，遥感图像的纹理可定义为：由纹理基元按某种统计规律排列而构成的空间分布图案。

村井俊治将纹理定义为：与色调配合看上去平滑或粗糙的粗细程度，即图像上目标物表面的质感，如在影像上草原呈现一种平滑感，森林则呈粗糙感，特别是针叶林呈现颗粒状的质感。总之，在遥感图像上纹理呈现为一种平滑性、均一性、粗糙性和复杂性，纹理基元和灰度空间组合在一起并在研究范围里重复出现。粗糙度与局部灰度变化的空间重复周期长短有关，地表短周期的起伏变化产生细纹理，地表长周期起伏变化对应于粗纹理。

现在的问题是，根据上述关于纹理的定义，无法给出定量化描述纹理的定量指标。因此，这些关于纹理的定义仍然存在相当的局限性。既然纹理是反映图像像元灰度值的空间变化情况，那么对于一个像元来说就谈不上纹理，纹理是二维空间的图像特征。因此，要定量计算图像的纹理，就必须通过选择恰当的窗口来进行。如果纹理不能进行定量的刻画，就很难形成可以相互比较的统一尺度标准，造成计算机无法对图像纹理进行分析研究。

况且，定量的纹理信息不可能从遥感图像数据直接获取，必须从图像中相邻像元的灰度值的空间变化特征和其组合情况，再通过各种运算才能获得表达和反映纹理信息的定量数据，形成按图像像元那样排布的纹理变量数据，即纹理图像数据阵列。

Jensen 通过使用一个微小区域（窗口）的离散色调特征的概念来定义图像的纹理。所谓离散色调特征，就是一组相互联系、具有相同或几乎相同灰度值的像元阵列内部灰度值差异的某种统计量（空间分布统计量）。当微小区域（如 3 ×3，5 ×5 像元图像窗口）的离散色调特征的差异很小时，则构成该区域的主导特征就是灰度；而当微小区域影像的离散色调特征的差异很大时，该区域的主导特征即为纹理。这样，将纹理与窗口内部像元灰度差异的某种统计量钩联，就使纹理这一概念不再虚幻，而成为一个可以测度的指标。并且，一旦按某种准则，顺序算出每个窗口的某种统计量，这意味着新的一景纹理图像生成了，可以随时加入分类的特征行列而参与分类计算。由于加进了反应空间特征这一信息，可望会进一步提高分类的精度。

存在多种统计量来表达纹理的强度、纹理的密度、纹理的粗糙度、纹理的方向性等。计算纹理要选好窗口尺寸，合适的窗口尺寸才能恰当地反映纹理的特点，窗口选的太大，也会造成计算工作量的增加。

14. 3. 2　表征图像纹理特征的诸统计量

14. 3. 2. 1　图像窗口区灰度值的一阶与二阶统计量

图像的纹理特征是通过像元灰度值的空间差异来体现的，因此，窗口内像元灰度值的均值 M，极差 ED，方差 σ^2、均方差 σ 和熵 ENT 等均可以用来表征图像的纹理特征。除了均值和极差外，其他各项指标均反映了图像像元间的灰度值的离散程度，也即反映了地表的异质性，异质性越大，图像纹理就越粗糙。

14. 3. 2. 2　描述图像灰度空间变化速率的灰度差分统计量

灰度差分是指：图像中一点（x，y）和与它有微小距离的另一点（$x+\Delta x$，$y+\Delta y$）灰度差分 $f_{\Delta}(x, y)$

$$f_{\Delta}(x,y)=f(x,y)-f(x+\Delta x,y+\Delta y) \tag{14. 3. 1}$$

若 $f_{\Delta}(x, y)$ 值最大可能取值有 $m(q=0, 1, \cdots, m-1)$ 级，令点（x，y）滑遍全部图像，统计 $f_{\Delta}(x, y)$ 的各种取值出现的频数并归一化为 $f_{\Delta}(x, y)$ 出现的概率 $P_{\Delta}(q)$。这样，基于这一概率 $P_{\Delta}(q)$ 可定义对比度 CONT，均值 M，角度方向二阶矩 ASM 和熵 ENT 等描述图像纹理特征的指标。这些指标主要被用来描述纹理的粗糙度和复杂性。

14. 3. 3　遥感图像纹理特征指标的算法列表与图解示例

有了上述诸统计量的计算方法，就可以给出各方面纹理特征的指标（统计量）。归纳起来讲，图像的纹理特征从三个方面刻画地表特征或状况的差异性（离散性）、相似性以及复杂性。统计学上描述事物差异性或叫离散性的表征值有极差、方差、标准差，在纹理特征定量表达上可以悉数采用，来反映地表特征的差异性。地表特征除差异性外，还表现了一定程度的相关性和自相似性。一棵树是个整体，任意从树上砍下一枝干，这个枝干与树呈自相似，地表特征又何尝不是这样呢。因此，可用自相关系数和分形维数表征在相似性上的纹理特征。在系统论上，熵被用作描述系统复杂性的一个指标。在卫星图像上取一个方形窗口区，窗口区灰度数据形成一个集合，可通过这个移动的窗口逐一计算集合的熵，用以表征纹理特征的复杂性。还有一些非常独特的性能优越的指标，似乎不应归为上述三种性能指标中的哪一类，我们将其合称为纹理特征的综合多功能指标，它们分别是灰度共生概率矩阵、灰度变化率统计量（用差分表示）和灰度行程长度统计量。纹理特征定量化描述的指标名目繁多，现将它们按照差异性指标、相似性指标、复杂性指标和综合性功能指标四大类列成表 14. 3. 1，并对灰度共生概率矩阵和灰度行程长度统计做适当介绍。

14. 3. 3. 1　基于灰度共生概率矩阵的纹理二阶统计量

灰度共生矩阵 GLCM 是描述图像灰度空间分布状况的一种定量方式。在图像（图 14. 3. 1）中任取一点（x，y）和与它偏离的另一点（$x+a$，$y+b$）组成一点对，两相应点的灰度值亦构成一灰度值对（f_1，f_2）。当点（x，y）在整个图像上滑遍，便与不同的点构成一个个点对。如果像元灰度有 L 级，那么 f_1 与 f_2 就有 L^2 种组合。在整个图像上对不同的 f_1 与 f_2 组合出现的情况进行统计，便可得灰度共生矩阵 GLCM（或 G_m）。基于灰度共生矩阵 G_m，可以生成一些有用的图像纹理信息测度，其中常用的测度有：角度二阶矩（ASM，又称能量）、均匀性（H，又称同质性）、熵（ENT）、相关性（COR）、惯性（I，又称反差）等。

还有一些纹理特征的定量表达方法，没有列入表 14. 3. 1 中，这并非表示它们不重要。合理选择和正确运用这些指标，参与图像识别和分类，其功效已经显著展现，它们在特征提取和边界检测中的作用也不容忽视。为了更好的理解和使用这些定量指标，需对表 14. 3. 1 做进一步的解释和说明。

1）在表 14. 3. 1 中，纹理特征的离散差异性指标栏下，标准差这一指标最具有代表性。数理统计学上称，标准差 σ 是数据离散性的代表性表征值。从遥感角度看，图像像元灰度值愈离散，说明图像中含有的信息就愈丰富，因此标准差还是图像信息丰富程度的指标。这样，用标准差来度量纹理特征，或者叫用标准差作为纹理特征的定量指标也应该是合乎情理的事情。既然标准差富含地表信息，用它参与图像分类，理所当然就能提高分类的精度。

2）在表 14. 3. 1 中复杂性度量栏下，式（7）为熵的表达式。系统论中，用熵来表达系统的复杂性和稳定性，熵愈大就表明愈复杂和愈不稳定。用熵来描述自然界也是很恰当的。试想，如果地球是平的，没有任何的高低差异，那就不存在侵蚀和堆积了，正是由于地表高低起伏，才有夷平的趋势，才有侵蚀、搬运和堆积的物质循环运动。在生物界也是如此。大兴安岭的落叶松布满山岗，达到了植被演替的顶级（状态），表现得很稳定。可是 60～100 年的自然演替周期，也许是一场雷击，将一片落叶松林化为乌有。但是，野火烧不尽，春风吹又生。火灾过后，各种植物竞相争夺阳光、水分和养分，拼命往上长，充满活力，植物种类丰富，生物多样性提高了，地表复杂性增加。它也有趋向单一性的倾向，最终又演替为落叶松纯林。熵正可以作为地表复杂性的纹理特征指标。

表 14.3.1　纹理特征定量化表达指标列表

离散差异性指标	纹理类型特征指标	复杂性度量	纹理特征统计量多重组合指标（综合指标）		
	相关与自相似		差分统计量	灰度共生概率矩阵	行程统计量
极差 $\Delta = \max[f(i,j)] - \min[f(i,j)]$ (1)	自相关系数 $r(\xi,\eta) = \dfrac{\sum_{i=0}^{M-1}\sum_{j=0}^{N-1} f(x_i, y_j) f(x_i+\xi, y_j+\eta)}{\sum_{i=0}^{M-1}\sum_{j=0}^{N-1}[f(x_i, y_j)]^2}$ (5)	熵 $H = -\sum_{f_1=0}^{L-1}\sum_{f_2=0}^{L-1}[P(f_1,f_2)\cdot \log P(f_1,f_2)]$ (7)	对比度 $CON = \sum_{i=0}^{m-1} i^2 \cdot P_\Delta(i)$ (9)	能量 $E = \sum_{f_1=0}^{L-1}\sum_{f_2=0}^{L-1}[P(f_1,f_2)]^2$ (12)	偏重短程的逆矩 $SRM = \dfrac{\sum_{i=0}^{N_f-1}\sum_{j=0}^{N_r-1}\frac{P(i,j)}{j^2}}{\sum_{i=0}^{N_f-1}\sum_{j=0}^{N_r-1}P(i,j)}$ (15)
方差 $\sigma^2 = \frac{1}{\omega}\sum_0^k [f(i,j)-\mu]^2 \cdot P$ (2)	相关性 $COR = \frac{1}{\sigma_x\sigma_y}\sum_{f_1=0}^{L-1}\sum_{f_2=0}^{L-1}(f_1-\mu_x)\cdot(f_2-\mu_y)\cdot P(f_1,f_2)$ (6)	惯性 $I = \sum_{f_1=0}^{L-1}\sum_{f_2=0}^{L-1}(f_1-f_2)^2 P(f_1,f_2)$ (8)	角方向二阶矩 $ASM = \sum_{i=0}^{m-1}[P_\Delta(i)]^2$ (10)	熵 $H = -\sum_{f_1=0}^{L-1}\sum_{f_2=0}^{L-1}P(f_1,f_2) \log P(f_1,f_2)$ (13)	偏重长程的矩 $SUM = \dfrac{\sum_{i=0}^{N_f-1}\sum_{j=0}^{N_r-1} j^2 \cdot P(i,j)}{\sum_{i=0}^{N_f-1}\sum_{j=0}^{N_r-1}P(i,j)}$ (16)
标准差 $\sigma = \left(\sqrt{\frac{1}{\omega}\sum_0^1 [f(i,j)-\mu]^2 \cdot P}\right.$ (3)	$\mu_x = \sum_{f_1=0}^{L-1} f_1 \sum_{f_2=0}^{L-1} P(f_1,f_2)\sigma_x^2 = \sum_{f_1=0}^{L-1}(f_1-\mu_x)^2 \sum_{f_2=0}^{L-1} P(f_1,f_2)$		熵 $H = -\sum_{i=0}^{m-1} P_\Delta(i)\cdot \log P_\Delta(i)$ (11)	局部均匀性 $HOM = \sum_{f_1=0}^{L-1}\sum_{f_2=0}^{L-1}\frac{P(f_1,f_2)}{1+(f_1-f_2)^2}$ (14)	灰阶不均匀性 $GNH = \dfrac{\sum_{i=0}^{N_f-1}[\sum_{i=0}^{N_r-1}P(i,j)]^2}{\sum_{i=0}^{N_f-1}\sum_{i=0}^{N_r-1}P(i,j)}$ (17)
方差方向性 $D_\delta = \frac{1}{n}\sum_{i=-n}^{n}[f(i,j)-\mu]^2$ (4)	$\mu_y = \sum_{f_2=0}^{L-1} f_2 \sum_{f_1=0}^{L-1} P(f_1,f_2)\sigma_y^2 = \sum_{f_2=0}^{L-1}(f_2-\mu_y)^2 \sum_{f_1=0}^{L-1} P(f_1,f_2)$ 式（5）中设图像 $f(i,j)$ 为 M 行 N 列数阵，ξ，η 分别表示纵横坐标移动步距。式（7）中（x，y）为图像中任一点，取偏离它的另一点（$x+a$，$y+b$）构成点对，点对的 DN 值为（f_1，f_2），像元灰度级（灰阶）为 k，f_1 与 f_2 组合共有 k^2 种，P（f_1，f_2）为某 f_1 与 f_2 组合出现的频率。		式（9）～（11）中，（x，y）为图像中任一点，（$x+\Delta x$，$y+\Delta y$）为与（x，y）点仅有微小距离，两点的 DN 值之差 f_Δ（x，y）$=f$（x，y）$-f$（$x+\Delta x$，$y+\Delta y$），P_Δ（i）为 f_Δ（x，y）取值的概率，式中 i 为灰度差分变量		行程不一致性 $RNH = \dfrac{\sum_{i=0}^{N_r-1}[\sum_{i=0}^{N_f-1}P(i,j)]^2}{\sum_{i=0}^{N_f-1}\sum_{i=0}^{N_r-1}P(i,j)}$ (18)
注释：式（4）中 f（i，j）为移动窗口中第 i 行第 j 列像元 DN 值，n 为中心像元正四方向像元总数			式（15）～（18）：像元点（x，y）的 DN 值 f（x，y），简记为 f。在某一方向上连续取相同的 DN 值的像元个数称行程长度，用 N_r 记行程数，N_f 记灰度级数，某一 DN 值的发生概率记作 P（f，n）		

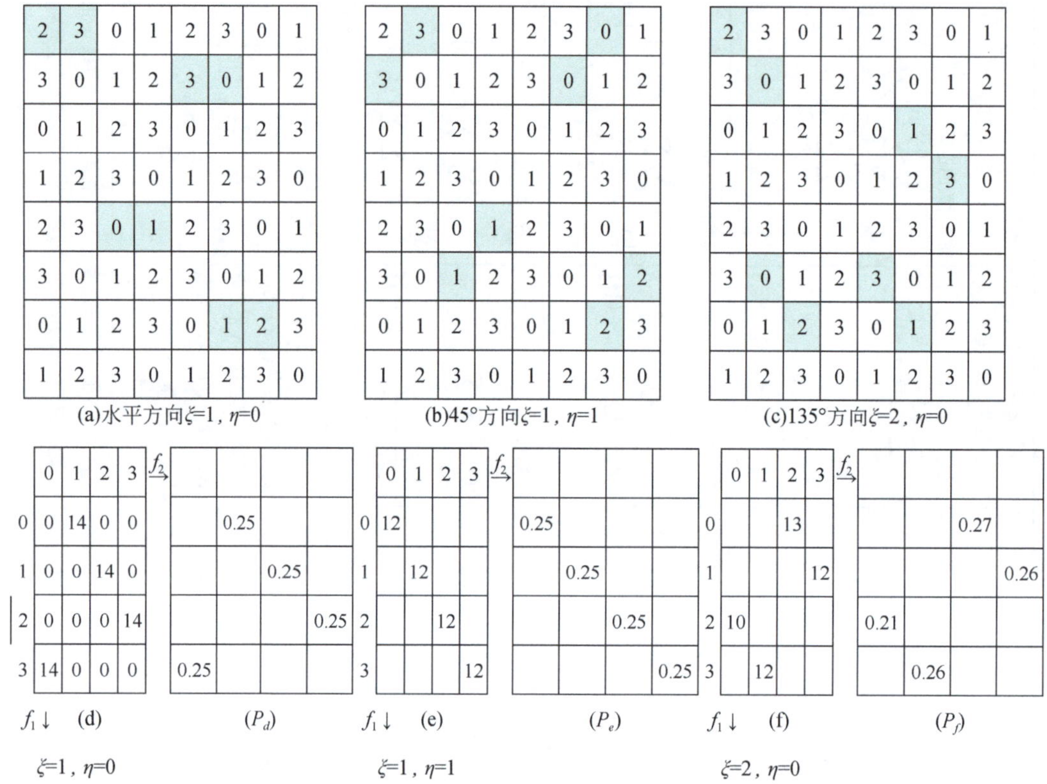

图 14. 3. 1　灰度级共生概率矩阵生成例图

3）在表 14. 3. 1 中，从式（15）到式（18）是四种基于对图像像元邻域的统计变换的纹理特征指标模式。该统计变换称作灰度共生概率矩阵（GCPM）变换。现用图解的方式（图 14. 3. 1）对其做进一步的说明。

设有一个简化了的灰阶为 2 比特的 8×8 图像（图 14. 3. 1），即灰阶取值仅为 0、1、2、3，这样做只是为说明方便。

现在的任务是如何从被简化了的图像（图 14. 3. 1）生成灰度共生概率矩阵 GCPM。图像的灰度级以 $f(x, y)$ 表示。偏离图像中任意点 (x, y) 的另一点坐标为 $(x+\xi, y+\eta)$，它们的灰度级构成灰度级点对 (f_1, f_2)，ξ，η 称为方向控制增量，其取值均为像元尺度的整数倍。灰度级点对构成有向线段 $(\overline{f_1, f_2})$。若灰度级数设定为 k 级，那么 f_1 与 f_2 的组合就有 k^2 种。在全部图像内统计每个有向性线段 $(\overline{f_1, f_2})$（即点对 (f_1, f_2) 出现频数并将其排成方阵），最终用 (f_1, f_2) 出现的总次数除以每一个像元数，即可获得灰度级共生概率矩阵。

图 14. 3. 1 表示了从图 14. 3. 1（a）、图 14. 3. 1（b）、图 14. 3. 1（c）生成图 (P_d)、(P_e)、(P_f) 的方法与过程。图 14. 3. 1（a）、图 14. 3. 1（b）、图 14. 3. 1（c）三个灰度级分布图是相同的，重复将它们并列放置是为了更方便的说明距离差分变量 ξ，η 的不同取值如何影响有向线段 $(\overline{f_1, f_2})$ 的走向。当 $\xi=1$，$\eta=0$ 时，决定了有向线段为水平取向，灰

度级点对有（0，1）、（1，2）、（2，3）、（3，4）四种，它们出现的频数均为 14，分别相应地除以总频数，获得 4 个相同的概率 0.25；当 $\xi=1$，$\eta=1$ 时，有向线度取 45°方向，灰度级点对有（0，0）、（1，1）、（2，2）、（3，3）四种，它们出现的频数均为 12，而且分布在对角线上，相应的概率均为 0.25；当 $\xi=2$，$\eta=0$ 时，有向线度取 135°方向，灰度级点对有（0，2）、（1，3）、（2，0）、（3，1）四种，它们出现的频数分别为 13、12、10 和 12，相应的概率均为 0.27、0.26、0.21 和 0.26。为了清晰起见，对生成灰度级共生概率矩阵有作用的灰度级点对，在被处理的图像上均以深色调表示该两元素。从图中可以看到距离差分 ξ，η 的取值的不同组合，就会产生不同的灰度共生概率矩阵。ξ，η 的取值要根据图像纹理特征的大小周期分布特点进行选取。变化缓慢的纹理图像，ξ，η 应取较小的数值，而且当有向线段 $\overrightarrow{(f_1, f_2)}$ 方向与实际纹理分布一致时，灰度共生概率矩阵在对角线方向数值较大。纹理变化周期越短，矩阵对角线上的元素取值越小，而对角线两侧的元素取值反而会增大，保持着某种能量均衡。而当灰度级共生矩阵对角线上元素的数值越大，则表明图像纹理的均匀度（或称同质性）越高。

灰度级共生概率矩阵在本质上是两点灰度级的联合概率密度函数，对于图像为细而不规则纹理，趋向于均匀分布，而相对规则纹理，趋向于对角分布。

基于灰度级共生概率矩阵的一组有用的纹理结构测度指标是由著名的图像处理学者 Haralick 等（1986）提出的，许多研究表明他在多光谱图像分类中作为附加特征对提高分类精度上的贡献。图像分析处理人员在应用灰度级共生概率矩阵的一组纹理测度时，需要不做好下列工作。

1）选择好对口适用的纹理测度模式；

2）选好并确定窗口尺度；

3）确定输入图像数据的量化等级，不至于在生成纹理图像时使用过多的计算时间；

4）选择最适于提取纹理信息的多光谱通道。

14.3.3.2 灰度值行程长度统计

图像中某像元点（x_i，y_i）灰度值为 f，相邻像元（x_{i+1}，y_{i+1}）的灰度值也可能为 f。如果沿着 θ 方向，该像元点（x_i，y_i）连续有 n 个像元都具有相同的值 f，这个具有相同灰度值的像元个数称为像元行程长度，其发生概率记作 $p(f, n)$。基于 $p(f, n)$ 这一概念，可以构造出一些性能较好地描述图像纹理特征的参数，如行程长度非均匀性、灰度级非均匀性、长行程的矩、短行程的矩以及用行程表示的像元分数。表 14.3.2 是根据上述诸纹理特征统计量的性质所做的分类性列表。

在视觉判读这一章中，纹理作为一种可见的空间特征，其应用已讨论的非常充分。基于图像像元邻域灰度值的各种纹理统计特征虽可列出琳琅满目的算法，但它们在遥感图像分类中的意义和作用，却讨论的很少。现在看来，它们在下列方面可发挥作用。

1）直接将某一纹理特征作为一个分类特征参与到多波段图像分类。已有应用，但是还不充分；

2）将纹理特征的统计量直接用作分类树某些结点（节点）的特征和算法；

表 14.3.2　一阶和二阶纹理统计量表达式列表

图像灰度值一阶纹理统计量		图像灰度值二阶纹理统计量					
		基于灰度差分的纹理统计量		基于灰度共生概率矩阵的纹理统计量		像元灰度值行程长度纹理统计量	
均值	$\mu = \frac{1}{n}\sum_{l=0}^{k} l \cdot f_l$	均值	$\mu = \frac{1}{k}\sum_{q=0}^{k-1} q \cdot P_{\Delta}(q)$	均匀性	$\mathrm{HOM} = \sum_{f_1=0}^{k-1}\sum_{f_2=0}^{k-1}\frac{1}{1+(f_1-f_2)^2}P(f_1, f_2)$	行程长度非均匀性	$\sum_{i=0}^{N_{r-1}}\frac{[\sum_{j=0}^{N_{f-1}}P(i, j)]^2)}{\sum_{i=0}^{N_{f-1}}\sum_{j=0}^{N_{r-1}}P(i, j)}$
绝对差	$D(x, y) = \sum_{i=x-k}^{x+k}\sum_{j=y-k}^{y+k}\lvert f(i, j) - \mu\rvert$	对比度	$\mathrm{CTR} = \sum_{q=0}^{k-1} q^2 \cdot P_{\Delta}(q)$	对比度	$\mathrm{CTR}_2 = \sum_{f_1=0}^{k-1}\sum_{f_2=0}^{k-1}(f_1-f_2)^2 P(f_1, f_2)$	灰度级非均匀性	$\sum_{i=0}^{N_{f-1}}\frac{[\sum_{j=0}^{N_{r-1}}P(i, j)]^2)}{\sum_{i=0}^{N_{f-1}}\sum_{j=0}^{N_{r-1}}P(i, j)}$
极差	$D_z(x, y) = \max[f(i, j)]$ $-\min[f(i, j)]$; $i \geqslant (z-k)$; $i \geqslant (z-k)$ $j \leqslant (z+k)$; $j \leqslant (z+k)$	角方向二阶矩	$\mathrm{ASM} = \sum_{q=0}^{k-1}[P_{\Delta}(q)]^2$	角二阶矩（能量）	$\mathrm{ASM} = \sum_{f_1=0}^{k-1}\sum_{f_2=0}^{k-1}[P(f_1, f_2)]^2$	长行程的矩	$\frac{\sum_{i=0}^{N_{f-1}}\sum_{j=0}^{N_{r-1}}[j^2 P(i, j)]}{\sum_{i=0}^{N_{f-1}}\sum_{j=0}^{N_{r-1}}P(i, j)}$
标准差	$\sigma = (\sqrt{\frac{1}{n}\sum_{l=0}^{k}(l-\mu)^2 \cdot f_l}$			相关性	$\mathrm{COR} = \frac{1}{\sigma_x\sigma_y}\sum_{f_1=0}^{k-1}\sum_{f_2=0}^{k-1}(f_1-u_x)(f_2-u_y)P(f_1, f_2)$	短行程的矩	$\frac{\sum_{i=0}^{N_{f-1}}\sum_{j=0}^{N_{r-1}}\frac{P(i, j)}{j^2}}{\sum_{i=0}^{N_{f-1}}\sum_{j=0}^{N_{r-1}}P(i, j)}$
信息熵	$\mathrm{IETP} = -\sum_{i=x-k}^{x+k}\sum_{j=y-k}^{y+k}P_{ij} \cdot \ln P_{ij}$	熵	$\mathrm{ETP} = \sum_{q=0}^{k-1}P_{\Delta}(q)\ln P_{\Delta}(q)$	熵	$\mathrm{ETP} = \sum_{f_1=0}^{k-1}\sum_{f_2=0}^{k-1}P(f_1, f_2)\ln P(f_1, f_2)$	行程表示图像分数	$\frac{\sum_{i=0}^{N_{f-1}}\sum_{j=0}^{N_{r-1}}P(i, j)}{\sum_{i=0}^{N_{f-1}}\sum_{j=0}^{N_{r-1}}[jP(i, j)]}$

续表

图像灰度值一阶纹理统计量	图像灰度值二阶纹理统计量		
	基于灰度差分的纹理统计量	基于灰度共生概率矩阵的纹理统计量	像元灰度值行程长度纹理统计量
一阶纹理统计是以窗口为单位进行计算的。窗口大小可为 3×3、5×5 或 7×7。n 为窗口内像元总数，l 为灰度值，f_l 为灰度值 l 出现的频数，k 为像元灰度的量化等级，i，j 为行列号	灰度差分纹理统计是在全幅图像上进行的。通过图像上任意一点 $f(x, y)$ 在图像上的移动，产生取值不同的 $f_\Delta=(x, y)$，统计不同取值出现的频数，进而转换为出现的概率 $P_\Delta(q)$。k 为灰度差分值的所有可能取值，共有 k 级	灰度共生矩阵是基于图像窗口的二阶统计量。k 为设定的灰阶数。 $\mu_x=\sum_{f_1=0}^{k-1} f_1 \sum_{f_2=0}^{k-1} P(f_1, f_2)$；$\mu_y=\sum_{f_1=0}^{k-1} f_2 \sum_{f_2=0}^{k-1} P(f_1, f_2)$ $\sigma_x^2=\sum_{f_1=0}^{k-1}(f_1-\mu_x)^2 \sum_{f_2=0}^{k-1} P(f_1, f_2)$ $\sigma_y^2=\sum_{f_2=0}^{k-1}(f_2-\mu_y)^2 \sum_{f_1=0}^{k-1} P(f_1, f_2)$	$f(x, y)$ 为像元点 (x, y) 的亮度值，简记作 f，该像元的邻域也可能取值为 f。如果沿某 θ 方向连续有 n 个像元取值均为 f，那么沿该方向 f 出现的频数（概率）记为 $p(f, n)$。基于 $p(f, n)$，可构造出上述诸统计量来表示图像的纹理特征。这种纹理特征直观的表达像元间的上下文关系并方便的用于分类中，N_f 表示像元灰度级等级，N_r 表示行程长度

3）将纹理特征作为专家系统分类法中“条件–行为（结果）”语句的条件，参与分类决策。

14.4 支撑向量算法

多光谱遥感数据所确定的光谱类别，是由光谱维（空间）中的一些区域定义的。在这些区域内，所用的分类判别函数会获得最大值。这些区域实际上是由一些平面区割开的，该分割平面（决策面）使得各光谱类别的判别函数取相等的值，如第 i 类和第 j 类的决策面方程 $g_i(x)=g_j(x)$，高斯最大似然分类的判别函数含有 $(x-m_i)^{\mathrm{T}}c_i^{-1}(x-m_i)$，它是关于 x 的二次函数，因而决策面具有抛物线、椭圆和圆的形式，在高光谱情况下则具有超抛物面、超椭球面和超球面的形式。它是一种根据光谱维空间的位置进行的参数化分类，而不是基于几何决策面的分类。

实际上存在一种称作非参数的使用几何决策面的分类方法，即完全不依赖光谱维空间中像元集群的位置，而纯粹是靠几何决策面的位置来进行分类的。用几何决策面的非参数分类方法的思想由来已久，只是当时苦于难以找到灵活而高效的训练方式而被逐渐遗忘，淡出了人们的视野。但是近来它又随着支持向量分类方法和人工神经网络分类方法的兴起而重新被激活。

回忆图 13.3.1，在两类光谱空间，仅凭一条直线就能将两类像元截然分开。该直线在多光谱空间表现为一线性平面，称作超平面。超平面在最初并非已知的，也是需要用训练样本像元来确定的，而且这种解也不是唯一的，即当超平面的位置发生细微变化时，仍能进行正确决策分类。前曾讲过，可以用两类像元的形心连线之垂直平分线的方法求得该分类的超平面；也可先找出分类超平面的初始位置，然后再通过训练样本进行循环迭代来确定。

为了更直观的说明问题，现将图 13.3.1 中的两类距离适当夸大而生成的图 14.4.1，从图 14.4.1 可以看到，欲寻找的理想超平面，仅用两类中各自距超平面最近的那些像元作样本进行训练就能实现，而那些距超平面更远的像元必定也会满足判别的定义要求。需要找的最佳超平面，应该是两类的边界像元与超平面等距离的。所谓边缘超平面是指与最佳超平面平行且分别通过两类最近的样本像元的超平面。位于分类分界面上的训练样本称为支撑向量（support vector）。由图 14.4.1 可知，对位于边缘超平面上的像元有

$$\left.\begin{array}{l}\text{当 } x\in\omega_1, W^{\mathrm{T}}X+w_{n+1}=1,\\ \text{当 } x\in\omega_2, W^{\mathrm{T}}X+w_{n+1}=-1\end{array}\right\} \tag{14.4.1}$$

而对于两个边缘超平面两侧的样本像元，有

$$\left.\begin{array}{l}\text{当 } x\in\omega_1, WX+w_{n+1}\geqslant 1,\\ \text{当 } x\in\omega_2, WX+w_{n+1}\leqslant -1\end{array}\right\} \tag{14.4.2}$$

原点到两边缘超平面的垂直距离分别为 $\dfrac{|1-w_{n+1}|}{\|W\|}$ 与 $\dfrac{|-1-w_{n+1}|}{\|W\|}$，式中，$\|W\|$ 为权向量 W 的欧拉长度或范数。两个垂直距离之差称作分类间隔

$$\text{分类间隔}=2/\|W\| \tag{14.4.3}$$

分类超平面的最佳位置，应是使分类间隔获得最大，或者说权向量的范数$\|W\|$达到最小。这样，它就成了训练分类器的一个目标函数。

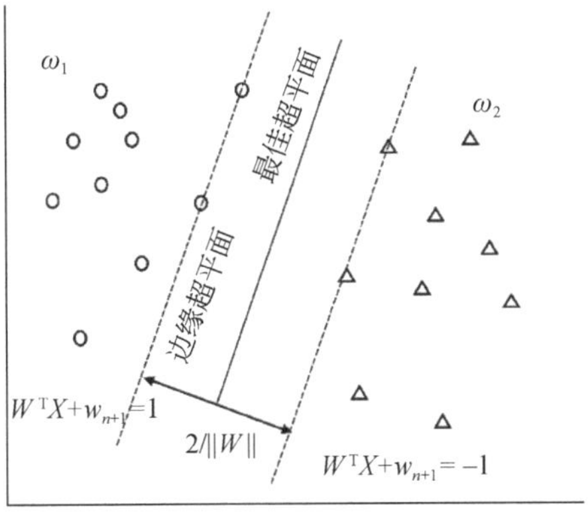

图 14.4.1　最佳超平面与边缘超平面

资料来源：Richards，2015

现将式（14.4.1）变为对两类都适用的形式。将第一类的类别用 y_i 表示，对第一类的样品令其为+1，第二类的样本为-1。那么，式（14.4.1）统一为

$$\{y_i(W^{\mathrm{T}}X_i+w_{n+1})-1\}\geqslant 0 \tag{14.4.4}$$

要找到最小化的$\|W\|$，每个训练样本必须满足式（14.4.4）的约束条件。而约束最小化问题可以通过建立拉格朗日函数 L 来解决，L 函数的形式表达式为

$$L=\frac{1}{2}\|W\|^2-\sum_i\alpha_i[y_i(W^{\mathrm{T}}X-w_{n+1})-1] \tag{14.4.5}$$

式中，采用范数$\|W\|^2$ 的一半，只是为了以后处理上的方便而已。要使 L 最小化，必须让 L 对 W 和 w_{n+1}求偏导数并令其等于 0。这样便求得

$$L=\sum_i\alpha_i-\frac{1}{2}\sum_{ij}\alpha_i\alpha_j\,y_i\,y_jX_j^{\mathrm{T}}X_i \tag{14.4.6}$$

此时又引来一新的约束条件，即

$$x_i\geqslant 0 \tag{14.4.7}$$

如能找到 α_i 便可对式（14.4.6）求解，从而使另一未知数 w_{n+1} 也容易求出。面对式（14.4.6），尚有一个称作 Karush-Kuhn-Tucker（KKT）约束条件，即

$$\alpha_i[y_i(W^{\mathrm{T}}X+w_{n+1})-1]=0 \tag{14.4.8}$$

此时，需满足 KKT 条件，必须 $\alpha_i=0$，或者 $y_i(W^{\mathrm{T}}X+w_{n+1})=0$。而要使 $y_i(W^{\mathrm{T}}X+w_{n+1})=0$，那只有当训练样本像元恰好位于类的分界面上的时候才有可能，而此时的训练样本像元向量称之为支撑向量。除了支撑向量，没有任何其他的训练样本能满足式（14.4.8）的条件，除非采用 $\alpha_i=0$ 才能满足式（14.4.8）的要求，因此大量的训练样本都未能起到任何作用。

我们应该知道，在尽量使式（14.4.8）的值增大时，由于 w 值尚不知道，我们当然弄不清楚哪些训练样本会是支撑向量。可是，一旦式（14.4.8）获得最优解，便能得到最佳超平面和支撑向量，此时就可舍去其他的训练数据了。在逐步进行分类的进程中，你将看

到支撑向量的重要性。在对 L 求偏导数$\frac{\partial L}{\partial w}$中，可以直接得到

$$W = \sum_{i} \alpha_i \, y_i x_i \tag{14.4.9}$$

为了确定光谱空间中像元向量 X 属于哪一类别，需要随时观测（$W^{\mathrm{T}}X+w_{n+1}$）的正负符号，而其中 W 正是由式（14.4.9）给定的，计算中只用到了支撑向量。因而测试像元向量 X 的类别为

$$\mathrm{sgn}\{W^{\mathrm{T}}X + w_{n+1}\} = \mathrm{sgn}\{\sum \alpha_i \, y_i \, X_j^{\mathrm{T}}X + w_{n+1}\} \tag{14.4.10}$$

式中，符号 sgn 仅指向支撑向量。

现在的问题归结为如何确定式（14.4.10）中的 w_{n+1}。一种简单的做法是选用两个支撑向量，即一个类别里选一个，且让 $x(1)$ 和 $x(-1)$ 别对应于 $y=1$ 和 $y=-1$。按式（14.4.4）有

$$\begin{cases} W^{\mathrm{T}}X(1)+w_{n+1}-1=0 \\ -W^{\mathrm{T}}X(1)-w_{n+1}-1=0 \end{cases}$$

可得

$$w_{n+1}=\frac{1}{2}W^{\mathrm{T}}[X(1)+X(-1)] \tag{14.4.11}$$

当交替选择 $x(1)$ 与 $x(-1)$，最后对求出的多组 w_{n+1}值进行平均，可获得

$$y_x\{\sum_{i \in S_v} \alpha_i \, y_i X_i^{\mathrm{T}}X + w_{n+1}\} = 1 \tag{14.4.12}$$

上式两侧均乘以 y_x(y_x 与像元 X 有关)，又因$y_x^2=1$，故得到仅对某一个支撑向量情况的 w_{n+1}

$$w_{n+1} = y_x - \sum_{i \in S_V} \alpha_i \, y_i \, X_i^{\mathrm{T}}X \tag{14.4.13}$$

若对全部支撑向量 N_{S_v}（N_{S_v}为支撑向量个数）的平均情况，则有

$$W_{N+1} = S\frac{1}{N_{S_V}}\sum_{X \in S_v}\left(y_x - \sum_{i \in S_v} \alpha_i \, y_i \, X_i^{\mathrm{T}}X\right) \tag{14.4.14}$$

上面介绍了线性可分的支撑向量的分类方法，但它是一种理想的最简单的两类分类算法。很显然它不能解决类别相互重叠下的两类分类问题，仍需进行改进。一种通过灵活放松来寻找最大分类间隔的分类方法，它不要求所有的训练样本都满足正确分类的要求，可以适当地忽略一些样本。只要在训练过程中引进“松弛因子”，即能解决两类相互交叠情况下的分类问题。

另外，即使对那些线性不可分的图像数据，也可以通过核替换技巧，使所选的核函数与计算诸如形式为 $X_j^{\mathrm{T}}X$ 的数量积是等价的就行。由于像元向量只是用乘法的形式进行内积计算，就没有必要知道实际的函数变换具体形式。做了这样替换后，就可以进行支撑向量分类的方法了。当然仍有许多参数需要确定，其中也包括确定支撑向量。这后者要通过优化过程来确定。

遥感图像分类是一种多类别的分类问题，而支持向量分类方法只能将未知类别的像元向量分到两个类别中的某一类，它如何适应遥感图像分类的要求呢？也即如何用两类分类

器进行多类别的识别呢？使用两类分类器执行多类别分类的一种简单做法是用其构造一决策树，ω 类中的每一类作为一个节点，而每个节点从余下的节点中分离出来。其问题在于无法知道和决定从哪一类最先被分离开来。幸好，存在一种方法是训练 ω（$\omega-1$）/2 单独的两类分类器，而其中每一个分类器都被设计成能够分开感兴趣的一对类别。训练一旦完成，某一未知类别的像元经过每一个分类器进行判别，最终会将这个待分像元分到推荐次数最多的那个类别。还有其他的方法被设计出来，来应对这种局面。

14.5 其他一些值得考虑的问题

14.5.1 遥感图像的不同表现形式

早期的遥感图像分辨率很低，其线度为 80m ~ 1.1km，一个像元（除高山大川外）包含了众多的个体目标，反映的是群体目标的信息，不同地物的差异体现为光谱反射特征的差异。在这种情况下，个体目标不可见，图像识别变成基于光谱信息的群体目标的分类问题。到遥感图像的空间分辨率提高到亚米级或分米级，许多地面目标如房屋建筑、道桥、港口码头、航站楼与飞机、坦克与火炮，甚至自然界中的大型乔木都由百个以上的像元构成，个体目标形状清晰，成为可见，图像识别又回归到原来意义上的目标识别，目标边缘信息的探测与提取成为重要的研究内容，面向高空间分辨率图像的目标识别软件系统也应运而生。

另外，随着遥感图像像元空间分辨率的提高，反映地表特征的像元的表观信号有相当大的部分是来自邻近像元（周围地物）的交叉辐射，周围地物的光谱特征必须考虑。这样才能准确的厘定同质像元图斑的范围。

基于上述考虑，可将在形状和光谱性质上具有同质性的单一区域定义为图像对象，并产生了一种称为面向图像对象分割的分类方法。该方法在影像分割阶段就整合了光谱信息和空间信息，然后可根据以前曾讨论过的各种分类算法再进行分类。

14.5.2 不同分类方法的互补和协调组合作用

各种分类算法可谓各有巧妙不同，并无好坏优劣之分，它们常有互补的关系。其中监督分类与非监督分类之间就是一种很好的互补关系。在监督分类中，先验概率通常很难获得，存在相当大的不确定性，但是非监督分类方法有很多种，很容易获得无标识的分类结果，经适当辨析，即可作为高斯最大似然概率分类算法中的先验概率。

分类树结构提供了一个灵活的框架，便于与其他分类算法组合成一个有效的分类器。如前面 13.3 节介绍过的分层神经网络分类法。该分类法采用二叉树形式结构，由若干个节点和由节点萌生出的枝条构成。而每一个节点都由高阶神经网络构成网络分类器，其每一枝条则代表着不同的模式类别，且成为最终的分类结果。实际上，其他的许多分类器都可与这种树分类结构相结合，从而构成另一种分类方法。

14.5.3　分类中的特征选择问题

在分类过程中，将那些表征遥感像元及其邻域的光谱的与非光谱的变量称为特征变量，或简称特征。当然，构成像元的主要特征的首先是各波段的测量值（亮度值DN），其他还包括由像元的各波段光谱测量值经简单的四则运算派生出来的各种指数（如NDVI）、经各种正交变换（如K-L变换）产生的各种变量（如各主分量）、考虑像元邻域特征的各种纹理统计量以及像元占位区的地形特征（如地形、海拔、高度、坡度、坡向、坡位等），都可作为分类中的特征变量。特征并不是越多越好。特征的价值在于它究竟能为分类提供多少有价值的信息。即使是像元的各波段光谱亮度值，其分类价值也是不同的。由于一些波段信号之间过度相关，产生了太多的信息冗余。因此要对这些特征变量进行相关分析，来剔除那些对分类作用无助的特征。剔除那些不影响分类精度的冗余特征的过程称为特征的遴选。经遴选后保留下来的诸特征间相关性降低，在多维特征空间中，同类像元形成更紧密的集群，从而使类中方差减少，类间距离增大，避免了类与类在空间上的重叠。

14.5.4　训练样本与训练区域的选择

选择好样本及训练区是图像分类进程中的两个重要环节。样本的好坏在于它的代表性怎么样。影响研究区土地样本代表性的因素一是土壤的质地，另一是地形条件差异。如果研究区土地主要为两种类型，即一为沙地，另一为壤土，沙地渗水性强，保水性差，土壤容易处于干燥状态，影响植被生长；而壤土保水性好，有利于植被生长。虽然生长同一类植被或种同一种作物，它们的长势会有差异。这时就应该按土质分区分组，按组区分为两个亚类给予标记，最后再将它们统一起来为一类。研究区如果有地形起伏，会产生光照条件上的差异，从而影响到地表的水热状况。也可按土地状况分区的做法对地形引起的光照条件差异进行分区后再行采样。在每一个土地亚区设置采样区域，即训练区。训练区的质量体现在它的纯度，最好不要掺进其他类别的像元。一旦掺入杂质像元，可通过光谱图来发现那些离群点并将它们剔除，然后再进行统计。

这里顺便提醒一下，在设置训练区时，应长个心眼，每个分类类别额外多选一个训练区。留作分类结束后作为验证分类精度的样本之用。

14.5.5　分类进程的后处理

一旦图像处理系统结束了全部分类进程，便会输出研究区的分类结果图。该输出结果会留两方面的问题有待处理，一是图面上会出现一些椒盐般的噪声斑点，二是拒分类所产生的一些小块图斑。对这些椒盐噪声可采用平滑处理，本质上相当于就近归类。这种简单的处置也可能做错了，它们本来就是不同于邻近像元的异类。对于那些拒分类图斑的处理要更加慎重，它们很可能是因为分布范围窄小而被忽视的一类。应该对它们进行统计，将它们的均值向量与分类系统中的各类均值向量进行比较，如果它与哪一类都相去甚远，那就可以单独立为一新类处置；如果与某一类相近，那就不妨将其归入相似的那一类。这样处理后即可进入精度检验阶段，这时，上面事先安排预留的供验证的样本就可以发挥作用了。如果一次验证合格，那就皆大欢喜，可向用户交上合格的产品了。如果检查不合格，那只能推倒重做。这时可从三个环节去进行检查和改进。一是训练样本和样区的选择，二是分类特征的选择，三是要考虑分类算法应做哪些变动。

14.6 深度学习

14.6.1 深度学习概念

从人工智能（AI）的发展历史中可以看到，一些对人类智力来讲是非常困难的问题，但对计算机来讲，则相对比较简单。这些问题它可以通过系列的形式化的规则获得解决。实际上，人工智能面对的真正挑战是要解决那些对人来说很容易实现（施），往往靠直觉就可以轻易地解决的问题，但对计算机来讲，确是很难进行形式化描述的任务，如人脸识别，复杂地区的遥感图像分类等。针对这些比较直观的问题，解决之道是让计算机从经验中学习，用层次化的概念去理解世界。计算机可以从经验中获得知识，使自己增长智慧。所谓层次化概念是指，每个概念可以通过与某些相对简单的概念之间的关系进行定义，让计算机通过简单的概念去学习（掌握）复杂的概念。从复杂层次到最低一级的简单层次，可能有多层，层次的层数可称之为层的深度，反映了计算机从经验中获取知识的深度（难度），也体现了计算机学习的深度，这就是机器深度学习（deep learning）的概念吧。

人的生活中需要大量的关于外部世界的知识，很多知识是直觉的，很难用形式化的方式表达清楚。一种抽象的、形式化的工作是人脑面临的最棘手的大脑活动，但对计算机而言，却又是最容易实现的工作。这是诸如 AlphaGo 所以能战胜职业棋手的原因。人的一生中积累了大量知识，计算机只有获得了人的同等的知识，才算有了智慧。故人工智能的一个关键性挑战是怎样将这些非形式化的知识传递给计算机。

人工智能的工作是力图将关于现实世界的知识用形式化的语言进行硬编码。计算机则可以用逻辑推理规则去自动地理解这些形式化语言。依靠硬编码的知识体系（人工智能知识库）所面临的局面表明，人工智能系统需具备自己能获取知识的能力，这就是从原始数据中提取模式的能力，这种能力即是机器学习。机器学习使计算机能够解决有关世界知识的问题，并能作出看似机器自己主观做出的决策的样子。机器学习算法的性能在相当大的程度上决定于给定数据的表征（表示），即数据表达方式（形态）。对数据表征的依赖是个普遍现象。如果数据集被巧妙地结构化并能被智能索引，那么搜索处理速度就会指数般地加快。如阿拉伯数字（1，2，3 等）比汉字数字（一，二，三等）更便于进行四则运算，而拉丁、希腊字母则更适于表达数学公式和运算，要用汉字的话就非常麻烦。又如对于遥感图像数据常用直角坐标系表达，但如果改用极坐标系表示会使问题变得简单易解，这就是数据表征（示）的魅力。

描述一个对象（目标）要抓住其一些特征。被描述对象的每一条信息就是它的一个特征。但是对于许多工作来说，很难知道和确定应该提取哪些特征。在设计特征和设计用于学习特征的算法时，一项工作是要分离出影响观察数据的变异因素。这些因素通常不是乘性的。而且通常还是不能被直接观测到的量，但它们会影响到测量的数值（量）。显然，从原始数据提取出高层级、抽象的特征是很困难的。解决这种问题的方法之一，是用机器学习来发掘表征（表示）本身，而不是仅仅将表示映射到（为）输出。这种方法被称为表征学习。深度学习就是通过其他较简单的表征来表达复杂的表征，解决表征学习中的核心问题。

深度学习是让计算机通过较简单的概念去构建一级级更为复杂的概念。深度学习一个典型例子是前馈深度神经网络，也叫多层感知机（MLP），它是一个将一组输入值映射到（为）输出值的数学函数，该函数由许多较简单的函数复合而成。可以认为，不同的数学函数的每一次应用都被认为是对输入提供了新的表征。

有两种度量深度学习模型深度的方式，一种是利用评估构架所执行的顺序指令的数目，即人们将模型表示为给定输入后，生成与计算机对应的流程图，可将该流程图中的最长路径看作是模型的深度，它是各个计算步骤的函数；另一种则是深度概率模型中使用的方法，它是将描述概念间彼此如何关联的图的深度视为模型深度，而不是将计算图的深度作为模型深度。计算每个概念表征的计算流程图的深度可能比概念本身的图更深。其原因在于，系统对较简单概念的理解在给出更复杂概念的信息后可以进一步精细化。

14.6.2 遥感图像分类的发展趋势

深度学习是一种特定类型的机器学习，具有强大的能力和灵活性，它将庞杂的大千世界表达为嵌套式的多层次概念体系，即由较简单概念间的联系来定义复杂概念，从一般抽象到高级抽象表示。第 12 章介绍的最大似然分类等的诸监督分类都是遥感图像分类中进行初步学习的应用示例，而第 13 章 13.3 节神经网络分类则是机器学习进入到神经网络分类的又一体现。只是在 13.3 节中应用到的隐含层仅有一层。学习了深度学习理念以后，一个很自然的想法是应将它发展为多层，形成为嵌套的深度学习的层次概念体系。这不仅必要，也更是有实现的基础，这就是现代超级计算机强大的计算能力，尤其是 AI 芯片的算力。

深度学习在最近十年得到了巨大的发展，使 AI 产生了革命性的突破。AI 已成为一个具有众多实际应用且活跃于各类研究课题的领域，并正在蓬勃发展，而深度学习正是这个时代人工智能技术的核心领域，代表了它的发展水平。

对一般人而言，人工智能这样的字眼，多少有点科幻色彩。在这种认知水平，AI 芯片就更是显得神秘了。与传统的计算机 CPU 芯片相比，AI 芯片怎样在硅半导体材质上让人类的智慧萌动显灵，活灵活现，其答案就是：非凡的算力！从芯片制造工艺上看，AI 芯片与传统 CPU 芯片之间并无任何区别，但在性能方面，AI 芯片则有着质的飞跃。所谓性能，指的就是运算速度。可以通过软件固化的方法，完全可以做到将深度学习中相关算法用半导体的微电路来实现，从而使 AI 芯片有了智慧，有了认知能力。这些全然都蕴含在制程只有 5nm 或者 7nm 大小的 AI 芯片的不可思议的运算当中。2016 年谷歌研发的

AlphaGo 一举战胜职业棋手，给全世界普及了何谓深度学习。

2006 年之前，人工智能研究方向上还非常死板，只会用一系列的 IF-THEN，即大量的"如果-就怎么样"的规则定义。要让机器识别一只狗，需给机器足够多的关于狗的属性、特征描述，如：如果它全身有毛，四条腿，两只眼睛，等等。显然，这种描述的效率太低，即使你给出数百条这类的特征描述，也很难对计算机说清楚，这"狗"和"猫"究竟区别在哪。深度学习是一个自下而上的全新思维方式，它通过计算，连接，评估，纠错，不停地训练等环节，赋予了机器（计算机）分布式的自我验证的成长能力，使机器长出了智慧，增强了能力。也可以这样解释，进化之后的"深度学习"，是以不同的维度和方式，让机器获得越来越精准的认知模型。

实际上，同样是为了识别一只狗，在深度学习的引导下，计算机会将狗的图像分划为一个个 128 像素×128 像素的子区，并为每个子区分配相应的权重值。最初的权重值是随机赋值的，因此输出值和目标值之间会有很大的差距，并且，由损失函数计算的损失值也会很高。这时，将损失值通过网络反向传播，机器就会利用优化器对权重进行不断调整。随着训练的次数增加，机器就会变得越来越聪明，直到最后人们得到一个预期的模型。

这样下来，反观机器深度学习过程真有点儿像古代的炼丹术，他们事先并不清楚炉（坩埚）中会发生什么变化，只是不断地往坩埚中添料，随时看看有什么变化结果出现，如果什么结果也没出现，就换点儿别的，再看看结果。

深度学习毕竟不是炼丹，最后结果是，模型越聪明，可用性就越强。从某种意义上讲，这种模型便是让机器具有认知能力的"灵魂"。整个深度学习的目的，就是通过不断的学习获得一个成熟的算法模型。

AI 芯片就是这种认知能力（智慧）的赋予者。传统的 CPU 芯片也可执行 AI 算法，但是速度慢，性能也低，故无法商用。试想，在自动驾驶中需要实时的估算和识别前方路况，如用传统 CPU 芯片，车子已经冲破隔离桩进入绿化带很久后才反应过来该转弯或减速，无奈已酿成大祸。

这种情况非常类似于 20 世纪 70 年代末和 80 年代初商用计算机图像处理系统的做法，一边可用小型机（或工作站）通过运行各种图像处理软件进行处理，处理速度很慢，让人实在等待不起；不过没关系，另一边还有专用图像处理机，专门进行像图像几何精纠正、各种图像变换，如傅里叶变换、沃尔什变换、哈达玛变换、K-L 变换等，它通过电路设计来进行上述比较复杂、耗时的运算，从而加快了处理速度，当时叫做软件硬化来实现相同于软件程序的功能。只是这种专用图像处理机体积太大，为大约 50cm（高）×60cm（长）×35cm（厚）的大箱子，与今天的能进行深度学习训练的 AI 芯片相比，技术的进步实在令人惊诧。

回顾遥感图像处理系统的发展史，不管是图像增强算法还是图像分类算法，由于要考虑计算机的能力（速度和存储容量），能简就简，能近似的就近似，以减少处理上的计算机耗时。因而模型中的参数能不考虑的就暂不考虑，或干脆略去，其结果是造成信息丢失；分类中的特征也大多限于光谱信息，至于那些影响像元亮度取值的诸多因素，诸如处理范围大小、处理范围内地形变化、局部地形因子（坡度、坡向、坡位）、太阳辐照状况、土壤质地及含水状况、植物（含农作物）生长季节、地理信息系统数据（含 DEM）以及一般研究区的地理数据应用，大多未加考虑，其结果是，造成分类精度难以进一步提高。

试想，如果将这些影响因素一一加以考虑，使它们成为一层层的隐含层的特征，将待分类图像分类变成为嵌套式的层次概念体系，这种深度学习模型下的分类，肯定会像期望的那样获得高精度的结果。

计算机通过学习，也叫训练，对研究地区的遥感图像各类样本进行统计，产生用于构造图像分类器的均值、方差-协方差的统计模式识别方法，在 20 世纪 70 年代的商用图像处理系统早已有之。现在已进入到深度学习网络识别新的发展阶段，人工智能技术已成功地用于诸如人脸-身份确认、语音识别、汽车自动驾驶等诸多实用领域。诚然，将深度学习网络识别理论和方法用于遥感图像分类应该是恰当其时，借以推动一般学习概念下分类精度不如人意的窘境。深度学习网络识别分类方法的应用，必将大大提高遥感图像识别、分类的精度，增加分类结果的可信度和稳定性，这是人们翘首以盼的事。

14.7 遥感图像分类结果的评价方法

14.7.1 误差矩阵与各种分类精度计算

当提出对遥感图像进行分类任务后，各种分类算法都会跃跃欲试，以大显身手，证明各分类算法效果不凡。但是，分类结果好不好，不是自己说了算，最终还要看它们的分类精度如何。分类精度的高低应有个比较标准和相应的测度方法。对于像土地利用/土地覆盖视觉判读结果（分类图斑），一般采用成数抽样法，即面对判读结果图，每个类别按一定比例（如 10%）随机抽样，将选中的图斑拿到现场进行比较认证，可以按误差矩阵方式构成列表以供精度评估。由于视觉判读本身工作比较粗糙，只要图斑类别判对了就算是成功的判读，至于面积误差一般都不太计较。

那么，对于计算机分类的各种算法而言，如何进行精度计算和评价分类误差呢？其实，无论是参数分类还是非参数分类，在用某种算法分类之前，对共有多少类，它们分布在哪里，都是有所了解的，这就不妨提前考虑，按照抽样比例，分类运行之前就将它预先做出标记以作精度验证之用。即使没有提前这么做，也会找到其他方式，只是会增加一些麻烦、多费点时间罢了。

分类结果的误差矩阵有时被称作误差混淆矩阵，表 14.7.1 正是这种用于手算的误差矩阵的示例。先来看看矩阵的结构，然后再来了解它的功能。误差矩阵（表 14.7.1）行向由五个验证参照（实际）类别 A、B、C、D、E 及相应的列向五个分类（或判读）结果类别元素构成 5×5 的方阵。在矩阵的行的方向有一栏叫行向和，它表示各个类别参与验证的像元总数，在矩阵列的方向同样有列向和，也分别代表各类抽样检验样本的像元总数。矩阵对角线上的元素，如 63、68、58、62 和 55，表明它们是该类被验证为获得了正确分类的像元数，如对角线元素为 68，其意义就是表示分类图中的 B 类的 68 个像元与验证参照样本的 B 类的 68 个像元在类别上完全一致，对于对角线上的其他元素如 62，55 等，亦应照此理解。那么非对角线上的元素就是被作了不正确的处理了：如分类结果的 B 类这一行，虽有 68 个像元是获得了正确的分类，但还是有一些来自其他类的像元被误判为 B 类，如样本中的 A 类有一个，C 类中也有一个，在 D 类和 E 类中分别为 2 个和 3 个，这些像元可概括为错分像元（也称多分像元）。

表 14.7.1　五个分类类别的误差矩阵和各种精度计算示例

验证 / 分类		验证样本类别					行向和	用户精度
		A	B	C	D	E		
分类结果类别	A	63	1	2	1	4	71	（63/69）= 91.3%
	B	1	68	1	2	3	75	（68/75）= 90.7%
	C	3	2	58	5	3	71	（58/71）= 81.7%
	D	1	1	3	62	4	71	（62/71）= 87.2%
	E	2	3	5	3	55	68	（55/68）= 80.9%
列向和		70	75	69	73	69	356	总平均精度
供方精度		63/70 = 90.0%	68/75 = 90.7%	58/69 = 84.1%	62/73 = 84.9%	55/69 = 79.7%	平均精度	306/356 = 85.96%

另外，从验证样本类别这个角度来看，比如在 C 列，处在对角线上的元素值为 58，说明有 58 个像元被验明正身，尚有 11 个（69–58）没有入网归案，它们分别潜藏在 A 类（2 个）、B 类（1 个）、D 类（3 个）和 E 类（5 个），因而它们是漏分像元。这样就可以分别计算它们的错分（多分）误差和漏分误差。

表 14.7.1 误差矩阵对角线上元素的值（像元数）一般都较大，分别与各类的行向和值相差不大，表明机器分类的算法分类效果很好，可据此计算这次验证获得的分类平均精度。因为对角线上五个元素共含 306 个正确分类像元，而全部参与分类的不管是行向和还是列向和，像元总数都相等（为 356 个），故此次检验结果得到的平均精度为（306/356）= 85.96%。

另外，由误差矩阵还可以生成生产处理方精度（供方精度）和使用方用户精度（受方精度）。例如，各类的供方（生产处理方）精度可分别由各类的对角线元素的像元数除以相应类别列向和，如 A 类为（63/70）= 90.0%，B 类为（68/75）= 90.7%，等；各类的受方（用户方）精度则由各类的对角线元素的像元数除以相应类别的行向和，如 D 类为（62/71）= 87.2%，E 类为（55/68）= 80.9%，等。

卫星图像分类的生产方向用户方提供的分类精度指标往往仅是总体分类精度，如例中的总体平均精度已高达 85.96%，对这一分类精度，用户会满意地接受。但是高的总体平均精度往往掩盖了还有一些类别分类精度过低的事实，而图像处理者反而会重视这种事实，常常会想尽办法进行深度学习，使分类过程继续下去而不是总体精度已满足了用户要求就终止了训练迭代进程，以使那些分类精度低的类别通过增加迭代次数后提高分类精度。

14.7.2 验证样本的选择与样本大小的确定方法

14.7.2.1 验证样本选样

为了评价遥感图像的机器分类效果，处理者不可能也没必要对每个像元或每个多边形图斑（视觉判读时）去实地一一验证，数理统计学中有一套抽样方法能保证通过一定的合理数量的样本能对总体识别误差做出科学合理的无偏估计。遥感应用中，可采用下述的方法进行检验性的样本采样，而科学、合理地选好样本是对总体特征正确估计的关键性步骤。

1）随机采样：按照研究区的范围大小，设计好合适网格，随机数字发生器便可产生出一组随机数来确定样本的空间坐标位置（x，y）。这种采样方法可确保机会均等和互相独立地选择出样本。但这种方法也有其缺点，一是可能对那种分布范围不大的类型产生漏采，还有就是对那种无法到达的地方或不便进入的区域无法实现验证。解决的办法是对这类区域或类型先做单独处理，然后再找出适当的补足样本数量的办法。

在随机采样中，有种办法是将各类先行分层，即一个类作为一层，对每一层（类）进行随机采样，这样就可避免分布范围小的类别被漏采的问题。

2）系统采样：系统采样可以避免在随机采样中在区域覆盖方面的缺陷。这种方式是连续有序地进行采样。当采集的数据具有周期性出现的规律，具有相等间隔的采样点有可能多次处于相同的点位而造成总体评估偏差。一种改进的办法是采取分层的非均匀采样法，它以系统间隔的方式将随机采样与分层采样相结合，取长补短。

14.7.2.2 验证用样本大小的确定

验证用的样本不但抽样方式要选择恰当，被抽取出的样本大小（也称容量）还必须合适，要足够的大。要满足用户能接受的精度要求，应根据统计学上的做法，即通过选择足够大的测试样本来进行对试验总体的估计。那样本多大才算是足够大？大肯定好，但这样会造成过多的工作量而产生不必要的浪费；如果抽取到的样本数过小，估计的精度也达不到预期的要求。究竟应该选取多大的样本容量才能做到分类的专题图的精度估计是其实际精度的可靠估计呢？

如果从某类中只选一个像元作样本，当把它与正确的参照样本比对时，其结果不是100%正确，就是100%的错误，两者必居其一。如果全选，即对分类图里的每个像元都一一进行检测比对，那定会完全正确，估计中的均方差（σ）为0，这在实际上是做不到的，而且也没有必要。实际上，只需从分类专题图的全部像元（N）分布空间中抽取极少部分像元作为检测样本（n），即有 $N \gg n$，就能实现对总体的正确估计。

现在假定是在同一分类类别中用采样样本对含有错分像元的专题图进行检验，像元经检验被认定为正确者，记为1，检验后被认定为错误者记为0。这样进行的一次次比对检测是典型的伯努利实验，用 n 个抽样像元进行比对，就是 n 重伯努利试验（只有两种可能的试验结果），它们既可用二项分布也可用泊松分布来对实验做概化描述。选择泊松分布，据泊松定律，在一定的条件下，二项分布的极限分布就是泊松分布。这在使用上还有方便之处，即该分布的均值和方差是相同的。在 n 重伯努利试验中，如果 n 很大，p 就必然很小，事件发生的 n 次的概率便服从泊松分布律 $\lambda^k \cdot e^{-k}/K!$。

图 14.7.1 中，图①是含有错分像元的专题图，图中红色圆斑为错分像元（共 7 个），每一白色小方框表示被正确分类的像元，像元分类类别用 f_i 表示，$i=1, 2, \cdots, N$，N 为专题图像元总数；图②为按泊松分布随机采样的测试样本像元的空间分布，测试像元用绿色圆斑标示（共 22 个）；图③是经测试样本检测的专题图，被检测出来的错分像元用橘黄色圆斑表示（共 6 个），未被检出的错分像元仍标为红色（仅 1 个）。专题图中测试样本像元的分类属性表示为 g_i，$i=1, 2, \cdots, n$，n 为测试样本像元总数。

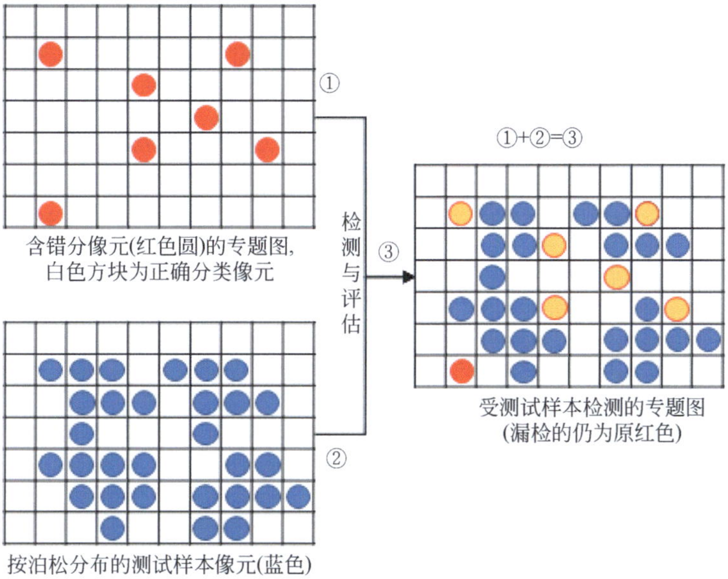

图 14.7.1　用随机样本检测与评价专题图分类精度之示意图

图 14.7.1 仅仅是示意性的表示随机抽样能够怎样和在多大程度上可用样本的均值μ去估计总体均值 M。其中③图还表明，即使采用高达 10% 抽样比例，仍然有错分的测试样本像元未能落入泊松分布的抽样群中。那么抽样样本究竟该多大才能涵盖所有错分像元呢？估计错分像元数和估计获得正确分类的像元数在精度评估中有同样的作用。

若按某种分类算法做出的专题图的像元总数为 N，像元的分类类别用 f_i（$i=1, 2, \cdots, N$）表示，其像元被正确归类记为 1，若分错了就记作 0，那么被正确归类的像元总数为 $\sum_{i=1}^{N} f_i$，分类的总体精度（比例）则为

$$p = \frac{1}{N}\sum_{i=1}^{N} f_i \qquad (14.7.1)$$

它也是专题图中像元被正确分类的平均值。

对于检测用的抽样样本，大小为 n，用 g_j（$j=1, 2, \cdots, n$）表示分类类别。同理，被正确标记类别的样本数为 $\sum_{i=1}^{n} g_i$，则抽样样本的总体精度为

$$P=\frac{1}{n}\sum_{i=1}^{n} g_i \tag{14.7.2}$$

上面讲过，通过测试像元的一一比对检测，来决定专题图分类结果的对错，此情况可用二项分布 $C_n^k p^k q^{n-k}$ 来描述（该分布当 $n\to\infty$ 时，它的极限分布就是泊松分布 $\lambda^k e^{-k}/k!$）。P 和 p 都是随机变量，来自同一母体，都服从二项分布。因而，p 关于对 P 的估计方差可表达为

$$\sigma^2=\frac{P[1-P(N-n)]}{n(N-1)} \tag{14.7.3}$$

当 $N\gg n$ 时，式（14.7.3）简化为

$$\sigma^2=\frac{P(1-P)}{n} \tag{14.7.4}$$

据实验测量数据的正态误差分布区间估计理论，所谓95%的双侧置信水平（度），其意义就是一统计量落入由均方差 σ 决定的正负1.96倍 σ 范围的概率为95%，即 $p(-1.96\sigma,\ 1.96\sigma)=0.95$。用户可接受的期望的百分比精度也是个统计量，也该有个允许的变动范围（误差 E），设为±0.05。那么用户期望的百分比精度（设为0.85）落入[0.85-0.05，0.85+0.05]区间也应该是用户可以接受的精度。这时，抽样样本容量 n 可用下式表示

$$n=\frac{1.96^2P(1-p)}{E^2} \tag{14.7.5}$$

如 p 用0.85和 E 用0.05代入上式，可得 $n=196$，即需要的样本数为196个。显然，由式（14.7.5）可知，如嫌样本容量过大，则可通过降低允许误差（E）的要求来实现。如将允许误差由0.05提高到0.10，抽样数可由原来的196个降至49个。如嫌样本这样又少了点，希望样本 $n=80$，那这时的允许误差 E

$$E=1.96\sqrt{\frac{p(1-p)}{n}}=1.96\sqrt{\frac{0.85\times0.15}{80}}=0.078(7.8\%) \tag{14.7.6}$$

另外，从式（14.7.5）看到，当 $p=0.5$ 附近取值时，式 $p(1-p)$ 达到较大值，这是一种较差的分类情况，样本 n 将会取得较大的值，这也在情理之中。这是因为，与分类精度较高的情况相比，分类精度较低者理应要求有更大的测试样本。

14.7.3 Kappa 系数

Kappa系数可分为一致性和条件一致性两种系数，原来用作为评价教育和心理学测验中名义尺度一致性的测度指标。后来（1981～1983年）被引入遥感应用领域，作为遥感图像的分类结果与参照样本间一致性和分类精度的评价指标，特别是用来检测两个独立分类算法（分类器）分类结果的偶然一致性。但后来在实际应用中，检验对象变为只有一种分类器和相应的一组参照样本数据，后者还被认为是代表地面真实情况的样本。Kappa系数作为分类器性能，即分类精度高低的一种度量指标，可由误差矩阵直接估算出来，足见Kappa系数和误差矩阵间的密切关联。

现在考察根据表14.7.1产生的表14.7.2，可以看到，由分类器和参照样本从 $A\to E$ 类

表 14.7.2　由误差矩阵生成 P_{+i}，P_{i+}和 P_c 的计算列表

分类器输出结果	A	$\frac{71}{356}=0.199$	各类行向和除以像元总数定义为 P_{+i}，$P_{+i}=\frac{1}{N}\sum_{k=1}^{M}x_{ki}$	参照样本比对判断	A	$\frac{70}{356}=0.197$	各类行向和除以像元总数定义为 P_{i+}，$P_{i+}=\frac{1}{N}\sum_{k=1}^{M}x_{ik}$	随机同时判归某类概率	A	0.199×0.197 =0.039	分类器与参照样本同时随机将某像元共判为同一类的概率为左侧两列 P_{+i} 和 P_{i+}之积：$P_{+i}\times P_{i+}=\frac{1}{N}\sum_{k=1}^{M}x_{ki}\times\frac{1}{N}\sum_{k=1}^{M}x_{ik}$	左侧各类（共 5 类）乘积和，即（0.039 + 0.044 + 0.039 + 0.041 + 0.037）= 0.2，定义为 P_c，$P_c=\sum_{k=1}^{M}\left[\frac{1}{N}\sum_{k=1}^{M}x_{ki}\times\frac{1}{N}\sum_{k=1}^{M}x_{ik}\right]$ 用来表示分类器分类结果与参照样本对某像元归类判决达成一致结论的随机可能性，因而 P_c 被称为偶然一次性概率
	B	$\frac{75}{356}=0.211$			B	$\frac{75}{356}=0.211$			B	0.211×0.211 =0.044		
	C	$\frac{71}{356}=0.199$			C	$\frac{69}{356}=0.194$			C	0.199×0.194 =0.039		
	D	$\frac{71}{356}=0.199$			D	$\frac{73}{356}=0.205$			D	0.199×0.205 =0.041		
	E	$\frac{68}{356}=0.191$			E	$\frac{69}{356}=0.194$			E	0.191×0.194 =0.037		

现在已求得分类的总体精度 P_0 为 0.8596，偶然一致性概率 P_c 为 0.200，据 Kappa 系数定义：$K=\frac{P_0-P_c}{1-P_c}=\frac{0.8596-0.200}{1-0.200}=0.825$（82.5%），Kappa 系数值与分类精度相近，且大于 0.81，一致性堪称完美

的行向和（$S_{+i}=\sum_{k=1}^{M}x_{ki}$）与列向和（$S_{i+}=\sum_{k=1}^{M}x_{ik}$）随机判归 $A \rightarrow E$ 类的概率 $P_{+i}=\frac{1}{N}\sum_{k=1}^{M}x_{ki}$（行向）和 $P_{i+}=\frac{1}{N}\sum_{k=1}^{M}x_{ik}$（列向），以及分类器和参照样本对已知类别的像元随机判归同一类别的概率 $P_c=\sum_{k=1}^{M}\left[\frac{1}{N}\sum_{k=1}^{M}x_{ki}\times\frac{1}{N}\sum_{k=1}^{M}x_{ik}\right]$ 并将其列于表 14.7.2，将会获得什么样的结论。

设像元总数为 N，可分为 M 类，任一像元用 x_{ij} 表示，图像方阵对角线元素为 x_{ii}。不失一般性，通过表 14.7.2 可将 Kappa 系数表达为

$$K=\frac{P_0-P_c}{1-P_c}=\frac{N\sum_{i=1}^{M}x_{ii}-\sum_{i=1}^{M}\left[\sum_{k=1}^{M}x_{ki}\sum_{k=1}^{M}x_{ik}\right]}{N^2-\sum_{i=1}^{M}x_{ii}\left[\sum_{k=1}^{M}x_{ki}\sum_{k=1}^{M}x_{ik}\right]} \tag{14.7.7}$$

或记为

$$K=\frac{N\sum_{i=1}^{M}x_{ii}-\sum_{i=1}^{M}x_{+i}x_{i+}}{N^2-\sum_{i=1}^{M}x_{+i}x_{i+}} \tag{14.7.8}$$

式（14.7.7）在推演中，分子与分母曾各乘以 N^2。

第 五 篇

遥感反演建模是实现地表参数定量获取的核心途径，其本质是利用遥感观测量反推地表物理、生物或几何属性。建模质量直接决定遥感产品的科学性与适用性。随着遥感技术从定性识别向定量测量演进，如何构建稳定、可解释、高精度的反演模型，已成为遥感应用中的关键课题。

本篇（第 15 ~ 19 章）聚焦典型遥感反演任务，选取地表反照率、地表温度、蒸散发、叶面积指数（LAI）和植被生产力等关键地表参数，系统梳理了“从观测到参数”的反演建模路径。围绕变量选择、模型构建与输出解析三个核心环节，分别介绍经验统计模型、半经验物理模型与纯物理模型的构建方法，明确各类模型在输入质量、样本规模与先验知识依赖方面的差异，揭示观测特征与地表属性之间的映射关系与物理约束，形成了一套结构完整、逻辑严密的建模体系。针对反演建模中普遍存在的不确定性问题，本篇从输入扰动、模型结构偏差与外部环境干扰三方面出发，构建了系统的不确定性识别与量化框架。引入残差分析、贝叶斯推理与误差传播模拟等方法，识别模型敏感因子，估算参数置信区间，提升反演结果的可信度与可解释性。进一步结合闭环反馈与模型迭代策略，实现从初始构建到持续优化的动态调优过程。同时，本篇还关注模型的通用性与迁移能力。在样本不足、区域异质性强或迁移条件受限的情形下，强调融合地面观测、先验规则与物理机制，提升模型在复杂环境中的稳健表达能力与跨区域推广潜力。

总体而言，本篇围绕遥感反演建模的表达机制、不确定性控制与适应性拓展，构建了一条理论清晰、方法系统、面向实际的反演模型设计路径，为高精度、可推广的遥感反演提供了坚实支撑，适用于地表参数监测、环境过程模拟与资源动态评估等多类遥感定量应用场景。

第 15 章　地表反照率及其反演

本章围绕陆表模型关键参数地表反照率的定义和特点及卫星数据标准产品中常见的黑空、白空反照率等概念。基于线性核驱动模型，以 MODIS 地表反照率估算为例，介绍不同反照率产品的估算方法、窄波段向宽波段反照率转换及全球已研发多平台地表反照率产品，为相关研究提供重要数据支持。

15.1　地表反照率的定义和特性

地表反照率是地面反射辐射通量与太阳入射辐射通量的比值，是陆面模型中最重要的地面参数之一。地表反照率有多种特性和定义，并受波段和角度变化的影响。地表反照率取值在 0～1，不同地物类型有不同的反照率。例如水体的反照率较小，一般在 0.01～0.05。植被反照率的大小与植被类型密切相关，密集树林会低至 0.02～0.03，而稀疏灌木则可达 0.2～0.3。雪地反照率则可高达 0.9 以上。另外，同种地物类型在不同季节可有不同的反照率，如落叶林在丰叶期和落叶期的反照率有明显差别。当然最大的差别来自雪盖，有雪覆盖的草地，其反照率可达 0.7 以上和永久雪地的反照率相近。

地表反照率通常指从可见光到红外短波光谱范围的宽波段反照率。宽波段也可仅包含可见光或近红外光谱范围，分别被称为可见光反照率和近红外反照率。遥感监测的窄波段反照率可利用窄波段反射率估算，而宽波段反照率可由窄波段转换获取。

地表反照率随太阳高度角（时间）的变化而变化。实际光照情况复杂多样，很难用模型直接准确描述。目前常见的方法是通过两种理想光照情况简化拟合。一个是假定天空仅有直射光无任何大气散射的情形下所定义的“黑空反照率”（black-sky albedo，BSA）或“方向性半球反射率”（directional hemispherical reflectance）。另一个是假定天空全是理想漫射无任何直射光的情形下所定义的“白空反照率”（white-sky albedo，WSA）或“双半球反射率”（bi-hemispherical reflectance）。实际光照既含直射又含漫射（散射）光，在此光照条件下的实际地表反照率（也被称为“蓝空反照率”，blue-sky albedo）可由黑空和白空反照率按直射和散射光的比例加权估算。

15.2　基于遥感观测的反照率估算

本书第 2 章遥感的基本原理介绍了如何用 BRDF 模型来描述地表各向异性。BRDF 模型有经验、半经验和物理模型之分。在此，本节以 MODIS BRDF 半经验模型为例介绍如何基于遥感观测估算反照率。其他用 BRDF 模型估算反照率的方法类似，一旦 BRDF 模型建立就可计算任意观测角度下的二向性反射率，再估算理想光照情况下的 BSA 和 WSA。

15.2.1 MODIS BRDF 模型及反演

NASA MODIS BRDF 产品首先由波士顿大学地理系和遥感中心研究团队开发，采用半经验线性核驱动 BRDF 模型（Schaaf et al.，2002）。该模型由各向同性项（iso）、体散射项（vol）和面散射项（geo）三部分组成，其 BRDF 模型可以表达为

$$f(\theta_i,\theta_v,\phi,\lambda)=f_{\text{iso}}(\lambda)+f_{\text{vol}}(\lambda)\times k_{\text{vol}}(\theta_i,\theta_v,\phi)+f_{\text{geo}}(\lambda)\times k_{\text{geo}}(\theta_i,\theta_v,\phi) \quad (15.2.1)$$

式中，k_{vol}和k_{geo}是太阳高度角θ_i，观测高度角θ_v和相对方位角ϕ及波长λ的函数，他们描述了体散射和面散射，分别由辐射传输和几何光学 BRDF 物理模型导出。

体散射项可以理解为均质辐射传输的体散射量（volumetric scattering）。Roujean 等（1992）基于浓密冠层的假定，用 Ross 的植被模型，导出了 RossThick 的辐射核

$$k_{\text{vol}}=\frac{\left(\frac{\pi}{2}-\xi\right)\cos\xi+\sin\xi}{\cos\theta_i+\cos\theta_v}-\frac{\pi}{4} \quad (15.2.2)$$

其中，ξ为相位角。

面散射（几何反射）项描述了三维物体在入射和观测方向所产生的阴影和相互阻挡的效果。MODIS BRDF 模型的几何核由 Li-Strahler 模型导出，称为 LiSparse-R 对称核

$$k_{\text{geo}}=O(\theta_i,\theta_v,\phi)-\sec\theta_i'-\sec\theta_v'+1/2(1+\cos\xi')\sec\theta_i'\sec\theta_v' \quad (15.2.3)$$

其中，

$$O(\theta_i,\theta_v,\phi)=\frac{1}{\pi}(t-\sin t\cos t)(\sec\theta_i'+\sec\theta_v') \quad (15.2.4)$$

$$\cos t=\frac{h}{b}\frac{\sqrt{D^2+(\tan\theta_i'\tan\theta_v'\sin\phi)^2}}{\sec\theta_i'+\sec\theta_v'} \quad (15.2.5)$$

$$D=\sqrt{\tan^2\theta_i'+\tan^2\theta_v'-2\tan\theta_i'\tan\theta_v'\cos\phi} \quad (15.2.6)$$

$$\cos\xi'=\cos\theta_i'\cos\theta_v'+\sin\theta_i'\sin\theta_v'\cos\phi \quad (15.2.7)$$

$$\theta_i'=\tan^{-1}\left(\frac{b}{r}\tan\theta_i\right) \quad (15.2.8)$$

$$\theta_v'=\tan^{-1}\left(\frac{b}{r}\tan\theta_v\right) \quad (15.2.9)$$

式中，O代表了观测方位和太阳方位的交叉阴影部分，“h/b”和“b/r”是根据椭球形树冠水平短轴（r）和垂直长轴（b）长度及树冠中心高度（h）所构建的描述树冠相对高度和形状的比值因子，MODIS 模型使用了固定参数（$h/b=2$；$b/r=1$），即假定树冠为球状，离地面的距离等于球冠的半径。注意早期的模型使用了多核的方法（又称 AMBRALS 模型）（Wanner et al.，1995；Gao et al.，2001），其中，体散射核包括植被稠密（RossThick）和稀疏（RossThin）核，面散射除 LiSparse 外还有 LiDense 和 LiTransit 核（Wanner et al. 1995；Gao et al.，2000；Li et al.，2001）。此外，核有对称和非对称之分。MODIS BRDF 产品模型中为了简化和保持参数一致，采用了固定的 RossThick-LiSparse-R 对称核模型。图 15.2.1 显示了主平面（$\phi=0$）上的体散射和面散射核在不同太阳高度角的变化。

体散射核和面散射核取值仅取决于太阳高度角和观测角度。地表 BRDF 模型可由多角

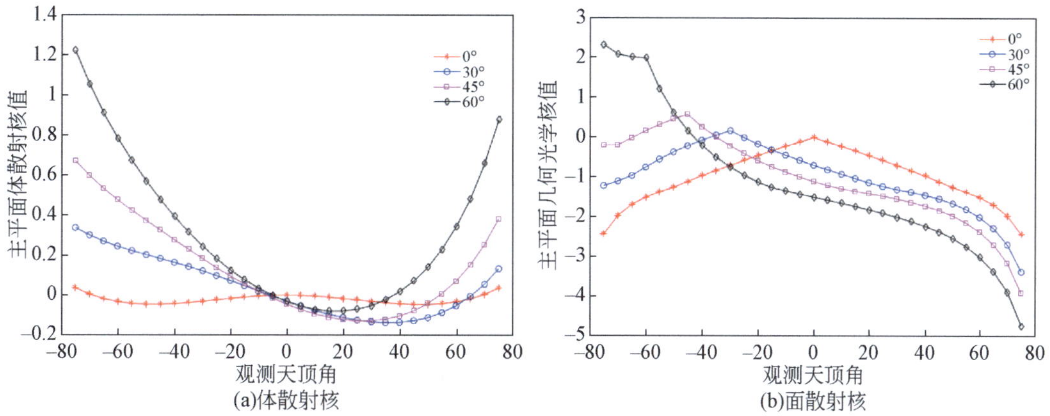

图 15.2.1　主平面内体散射核和面散射核分别在 0°、30°、45°、60°
太阳入照天顶角时随观测天顶角的变化

度观测数据反演得出的 3 个参数（f_{iso}，f_{vol}，f_{geo}）决定，它们随波段（λ）、地表类型和结构的变化而变化。尽管体散射和面散射核是非线性的，但 MODIS BRDF 有时被称为是线性模型，是因为 3 个参数是用线性方程表达的。线性模型的优势在于，其模型参数的反演可以通过矩阵变换来实现，是一种解析反演，可保证快速反演并快速获取半球反射率数据（Kimes et al.，2000）。另外，这种反演还适用于混合像元的情况。

由已知的观测几何（θ_i，θ_v，ϕ）可以提前计算出 k_{vol} 和 k_{geo} 两核的取值，使反演变为典型的线性回归问题，即已知反射率、k_{vol} 和 k_{geo} 求算三个参数 f_{iso}、f_{geo} 和 f_{vol}。假设用 n 个多角度观测数据反演 BRDF 时，其优化函数可以定义为

$$\varepsilon = \min\left\{\sum_{j=1}^{n}\left[f(\theta_i^j,\theta_v^j,\phi^j,\lambda) - r_{\text{obs}}^j\right]^2\right\} \tag{15.2.10}$$

其矩阵表达可为

$$f=\begin{bmatrix} f_{\text{iso}} \\ f_{\text{vol}} \\ f_{\text{geo}} \end{bmatrix}_{3\times 1}$$

$$K=\begin{bmatrix} 1 & k_{\text{vol}}^1 & k_{\text{geo}}^1 \\ 1 & k_{\text{vol}}^2 & k_{\text{geo}}^2 \\ \vdots & \vdots & \vdots \\ 1 & k_{\text{vol}}^n & k_{\text{geo}}^n \end{bmatrix}_{n\times 3}$$

$$r=\begin{bmatrix} r_{\text{obs}}^1 \\ r_{\text{obs}}^2 \\ \vdots \\ r_{\text{obs}}^n \end{bmatrix}_{n\times 1}$$

这里 $r=K\cdot f+e$，其中 e 为残差，由最小二乘法可以计算三个参数为

$$f=(K'K)^{-1}K'r \tag{15.2.11}$$

理论上 3 个多角度观测就可以反演 3 个参数，但因实际观测数据会有误差，MODIS BRDF 反演要求有 7 个以上的有效多角度观测数据。当少于 7 个观测数据时，MODIS BRDF 转用后备算法，即根据观测数据调整先验 BRDF 参数，这些先验 BRDF 参数 $f'(\theta_i, \theta_v, \phi, \lambda)$ 可以是同一地点多年积累或同类型其他区域地物所积累的先验参数，可由方程表示为

$$f(\theta_i,\theta_v,\phi,\lambda)=af_{\text{pri}}(\theta_i,\theta_v,\phi,\lambda) \tag{15.2.12}$$

因为这也是一个线性方程，比例系数 a 可以用最小二乘法得到，其解析解为

$$a=\frac{\sum_{i=1}^{n} r_{\text{obs}}^{i} f_{\text{pri}}^{i}}{\sum_{i=1}^{n} f_{\text{pri}}^{i} f_{\text{pri}}^{i}} \tag{15.2.13}$$

其中，r_{obs}^{i}为第 i 个多角度观测。

图 15.2.2 简要演示了 MODIS BRDF 后备算法。首先用先验 BRDF 计算出观测角度的反射率值，然后用方程（15.2.13）计算比例系数，最后用比例系数调整 BRDF 参数［式（15.2.12）］并计算反射率。

MODIS BRDF 产品为每个有效像元提供 BRDF 线性核驱动模型的三个参数，理论上该模型一旦建立，任意观测几何的反射率都可以计算。不过，如其他 BRDF 模型一样，MODIS BRDF 模型精度也随观测和太阳高度角的变化而异，角度过大时的精度略有降低。

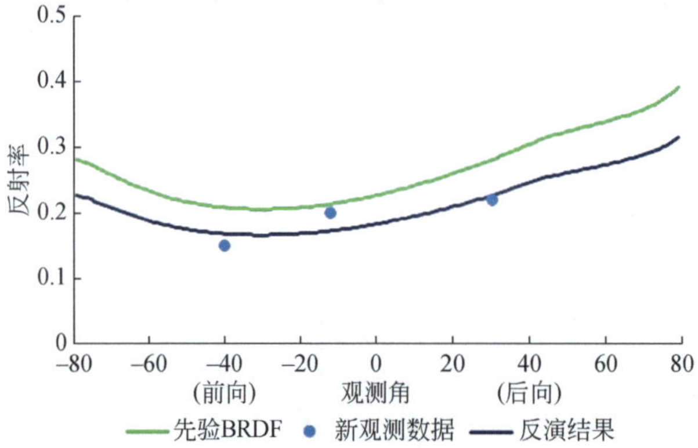

图 15.2.2　MODIS BRDF 后备算法利用先验的 BRDF 并根据已有观察数据进行比例调整得到反演结果

15.2.2　从 BRDF 到反照率

BRDF 模型一旦建立，就可通过不同的积分直接计算反照率。将反射率在观测半球进行积分可得 BSA（或方向-半球反射率）。如下所示，BSA 是波段和太阳高度角的函数

$$\alpha_{bs}(\theta_i,\lambda)=\int_0^{2\pi}\int_0^{\pi/2}f(\theta_i,\theta_v,\phi,\lambda)\sin\theta_v\cos\theta_v\mathrm{d}\theta_v\mathrm{d}\phi \tag{15.2.14}$$

将反射率在入照和观测双半球进行积分可得 WSA（或双半球反射率），故 WSA 也是方向-半球反射率（BSA）对太阳高度角的积分，它不随太阳和观测角度的变化而变化

$$\alpha_{ws}(\lambda)=2\int_0^{\pi/2}\rho_{bs}(\theta_i,\lambda)\sin\theta_i\cos\theta_i\mathrm{d}\theta_i \tag{15.2.15}$$

将式（15.2.1）代入式（15.2.14），可以得到 BSA 中 BRDF 核的积分

$$h_m(\theta_i)=\int_0^{2\pi}\int_0^{\pi/2}k_m(\theta_i,\theta_v,\phi)\sin\theta_v\cos\theta_v\mathrm{d}\theta_v\mathrm{d}\phi \tag{15.2.16}$$

其中，k 为核，m 可为 iso，geo 或 vol。将式（15.2.1）代入式（15.2.15）再用式（15.2.16）可以得到 WSA 中 BRDF 核的积分

$$H_m=2\int_0^{\pi/2}h_m(\theta_i)\sin\theta_i\cos\theta_i\mathrm{d}\theta_i \tag{15.2.17}$$

因此，BSA 和 WSA 可由 BRDF 核积分得到

$$\alpha_{bs}(\theta_i,\lambda)=\sum_m f_m(\lambda)h_m(\theta_i) \tag{15.2.18}$$

$$\alpha_{ws}(\lambda)=\sum_m f_m(\lambda)H_m \tag{15.2.19}$$

BSA 和 WSA 的核积分不取决于观测数据，故可以提前计算出来。其中，与 WSA 的 H_m 相关的 3 个值是常量，（H_{iso}，$H_{RossThick}$，$H_{LiSparseR}$）值分别是（1.0，0.189184，-1.377622），不随角度和波长而变化。

15.2.3 窄波段到宽波段反照率转化

BSA（方向-半球反射率）和 WSA（双半球反射率）具有波段依赖性。遥感的波段通常是窄波段，而陆面模型需要的通常是宽波段反照率，因此需要把窄波段反照率转换为宽波段反照率。常用的宽波段包括可见光（vis：0.3 ~ 0.7μm），红外（nir：0.7 ~ 5.0μm）和全短波波段（short：0.3 ~ 5.0μm），可以用线性加权方法计算

$$A(\theta_i)=\sum_{j=1}^{nbands}c_j\alpha(\theta_i,\lambda_j) \tag{15.2.20}$$

式中，系数 c_j 是各窄波段 λ_j 的权重，可由计算机模拟确定。Liang 等（2000）利用大量高光谱数据和辐射传输模型模拟计算了多个传感器的转换系数。例如 Landsat TM/ETM+传感器，其宽波段反照率可以由下面的公式计算

$$\alpha_{vis}=0.443\alpha_1+0.317\alpha_2+0.240\alpha_3 \tag{15.2.21}$$

$$\alpha_{nir}=0.693\alpha_4+0.212\alpha_5+0.116\alpha_7-0.003 \tag{15.2.22}$$

$$\alpha_{short}=0.356\alpha_1+0.130\alpha_3+0.373\alpha_4+0.085\alpha_5+0.072\alpha_7-0.0018 \tag{15.2.23}$$

式中，α_i（i=1，2，3，4，5，7）为 Landsat 波段 i 的窄波段反照率。

MODIS 反照率数据产品包括其前 7 个窄波段（陆地波段）和 3 个宽波段的反照率，其无雪情况下的系数如表 15.2.1（Liang et al.，1999），有雪盖情况下的转换系数与此套系数不同。

表 15.2.1　MODIS 无雪盖窄波段反照率向可见光、近红外和短波宽波段地表反照率转换系数

MODIS 波段	波长	可见光	近红外	短波
蓝光	0.459～0.479	0.4364	0.0000	0.3489
绿光	0.545～0.565	0.2366	0.0000	−0.2655
红光	0.620～0.670	0.3265	0.0000	0.3973
红外	0.841～0.876	0.0000	0.5447	0.2382
1.2	1.230～1.250	0.0000	0.1363	0.1604
1.6	1.628～1.652	0.0000	0.0469	−0.0138
2.1	2.105～2.155	0.0000	0.2536	0.0682
截距		−0.0019	−0.0068	0.0036

15.2.4　实际反照率的计算

BSA 和 WSA 代表了完全直射光和理想漫射两种极端入照情况下的反照率。实际反照率介于二者之间，取决于大气状态。假定散射光比例在某太阳高度角为 $S(\theta_i, \lambda)$，那么直射光比为 $[1-S(\theta_i, \lambda)]$，实际反照率可以用以下公式计算

$$\alpha(\theta_i,\lambda)=[1-S(\theta_i,\lambda)]\alpha_{\mathrm{bs}}(\theta_i,\lambda)+S(\theta_i,\lambda)\alpha_{\mathrm{ws}}(\lambda) \tag{15.2.24}$$

$S(\theta_i, \lambda)$ 可以用大气辐射传输软件（如 6S）模拟得到。根据给定大气类型及其光学厚度估算散射和直射光的比例，再线性加权计算实际反照率。如图 15.2.3 显示了在陆地大气条件下，由 6S 软件包计算出散射光比例和太阳角度，波段及大气气溶胶的关系。

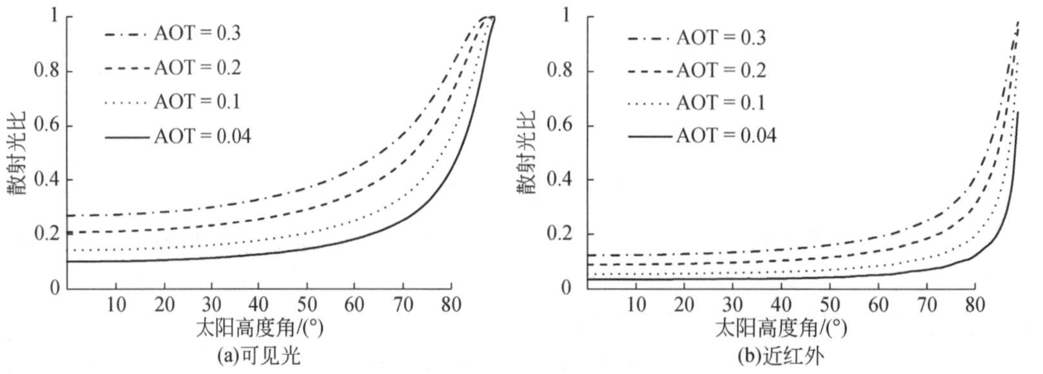

图 15.2.3　散射光比例与气溶胶厚度（AOT）、太阳角度和波段间关系示意图

15.3　地表反照率全球产品

随着世界各国对地观测计划的发展，全球已研发出丰富的多平台、多传感器、多时空分辨率的零星或常规运行的地表反照率数据产品。开放的数据政策进一步加强了时间序列

的标准地表反照率产品的发布和常规运营，如 MODIS（Schaaf et al.，2002）、VIIRS（Liu et al.，2017a）、CGLS（Carrer et al.，2018）、GLASS（Liu et al.，2013；Qu et al.，2013）等。目前地表反照率产品算法大都基于多角度观测，通过反演 BRDF 考虑地表各向异性，再通过积分估算得到。已有地表反照率产品中的空间分辨率从 30m 至 0.5°不等，时间分辨率从逐日、周、旬至年，产品时间跨度 1～35 年，其设计的主要传感器有：MODIS（Schaaf et al.，2002）、MISR（Chen et al.，2008；Diner et al.，2008）、MERIS（Schroeder et al.，2005；Muller et al.，2007）、POLDER（Maignan et al.，2004；Lacaze and Maignan，2006；Lacaze，2010）、VIIRS（Liu et al.，2017）、VEGETATION（Barnsley et al.，2000）、SEVIRI（Wooster et al.，2015）、Meteosat（Govaerts et al.，2004；2006）、Landsat（Shuai et al.，2011，2014）。本节以美国（MODIS/VIIRS、Landsat）、欧洲（CGLS）和中国（GLASS）反射率产品为例做简单介绍，表 15.3.1 概括了各种地表反照率遥感产品特征。

15.3.1 MODIS/VIIRS

美国波士顿大学 MODIS BRDF 和地表反照率团队采用半经验的线性 RossThick-LiSparse-R 核驱动 BRDF 模型（Schaaf et al.，2002；Roujean et al.，1992；Wanner et al.，1995；Strahler et al.，1999；Román et al.，2009），以 16 天滑动窗口内多角度观测为基础反演 BRDF，估算全球逐日 500m 分辨率的陆面反照率，产品包括了 7 个窄波段和 3 个宽波段黑空（WSA）和白空（BSA）标准产品及像元级别的质量控制产品，产品代码为 MCD43A3。此外，为满足不同领域用户的需求，还生产了 1km 空间分辨率的 MCD43B 和 0.05° CMG 产品（Gao et al.，2005）（代码：MCD43D1-MCD43D68）。标准产品从 2000 年开始生产并进行过多阶段验证，产品以 HDF-EOS 标准影像格式存储（Strahler et al.，1999；Wang et al.，2018）。图 15.3.1 所示为 2017 年 4 月 24 日 1km 的 MODIS 地表白空短波反照率产品镶嵌图。

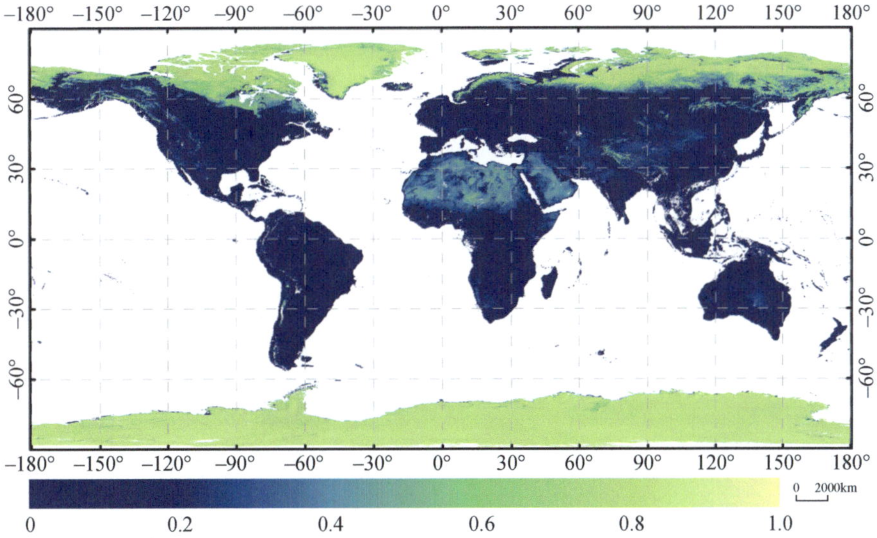

图 15.3.1　2017 年 4 月 24 日 1km MODIS 全球地表白空短波反照率产品

表 15.3.1　各种地表反照率产品特征

名称	卫星	空间分辨率	时间分辨率	空间范围	时间跨度	包含的地表反照率数据	算法	数据 URL
MODIS	Terra/Aqua	0.5km/1km/0.05°	逐日	全球	2000 年以来	3 个宽波段（短波波段，可见光波段和近红外波段）以及 7 个窄波段的 BSA 和 WSA	半经验的线性 RossThick-LiSparse-R 核驱动二向反射分布函数 BRDF 模型	https://search.earthdata.nasa.gov/search
VIIRS	NPP	0.5km/1km/0.05°	逐日	全球	2012 年以来	3 个影像波段（I1、I2、I3）、9 个中波段（M1-M5、M7-M8、M10-M11），1 个 DNB 以及 3 个宽波段（短波，可见光和近红外波段）的 BSA 和 WSA	半经验的线性 RTLSR 核驱动二向反射分布函数 BRDF 模型	https://search.earthdata.nasa.gov/search
MISR	Terra	1.1km/0.5°	98.88min/逐日/逐月/逐季/逐年	全球	2000 年以来	1 个宽波段（短波）的 BSA 和 4 个窄波段（蓝、绿、红和近红）的 BSA 和 WSA	半经验 RPV 的二向反射分布函数 BRDF 模型	https://search.earthdata.nasa.gov/search
Landsat	Landsat	30m	16	北美	2000 年以来	Landsat 光谱波段和三个宽波段	以 Landsat 分类为基础结合 MODIS 低分辨率 BRDF 信息估算	
CGLS	PROBA-V/SPOT	1km	10 天	全球	1998 年以来	3 个宽波段（短波，可见光和近红外波段）的 BSA 和 WSA	半经验的线性 RTLSR 核驱动二向反射分布函数 BRDF 模型	https://land.copernicus.eu/global/index.html
Glob-Albedo	Terra/Aqua/ERS-2/SPOT/ENVISAT	1km/0.05°/0.5°	8 天/逐月	全球	1998～2011 年	3 个宽波段（短波，可见光和近红外波段）的 BSA 和 WSA	半经验的线性 RTLSR 核驱动二向反射分布函数 BRDF 模型	http://www.globalbedo.org/

续表

名称	卫星	空间分辨率	时间分辨率	空间范围	时间跨度	包含的地表反照率数据	算法	数据 URL
MERIS	ENVISAT	0.05°/10km	16 天/30 天	全球	2003 年以来	13 个窄波段和 3 个宽波段（短波、可见光和近红外）的 BSA 和 WSA	半经验的线性 RTLSR 核驱动二向反射分布函数 BRDF 模型	https://www.brockmann-consult.de/albedomap/ (Page Not Found)
LSA-SAF	MSG/ Metop	0.01°/3km	逐日/10 天	全球	2004 年以来	3 个窄波段（C1、C2、C3）和 3 个宽波段（短波、可见光和近红外）的 BSA 和 WSA	半经验的线性 RTLSR 核驱动二向反射分布函数 BRDF 模型	https://landsaf.ipma.pt/en/products/albedo/
CM-SAF	MSG/NOAA	0.05°/15km/25km	5 天/逐周/逐月	全球	1982～2009 年/1982～2015 年/2004 年以来	2 个窄波段和 1 个宽波段（短波）的 BSA	半经验的线性 RTLSR 核驱动二向反射分布函数 BRDF 模型	https://wui.cmsaf.eu/safira/action/viewProdukt-Search
POLDER	ADEOS 1-3/PARASOL	1/12°	10 天	全球	1996～1997 年/2003/2005～2010 年	5 个窄波段和 2 个宽波段（短波、可见光）的 BSA、WSA	半经验的线性 RTLSR 核驱动二向反射分布函数 BRDF 模型	http://postel.mediasfrance.org/（无效）
GLASS	Terra/Aqua/NOAA	1 km/0.05°	8 天	全球	1982～2017 年	3 个宽波段（短波，可见光和近红外波段）的 BSA 和 WSA	基于单角度观测的直接反演算法通过算法系数查找表估算	http://www.geodata.cn/thematicView/GLASS.html

VIIRS 作为 MODIS 的继承和发展，由后继团队采用类似于 MODIS Collection V006 逐日产品的处理策略（Schaaf et al., 2002；Liu et al., 2017a；Liu et al., 2017b），提供五种全球地表反照率子产品，具体产品特征见表 15. 3. 2。该产品的质量已按照地球观测卫星委员会 CEOS（Committee on Earth Observation Satellites）提出的验证卫星衍生土地产品的协议和质量进行了评估（Liu et al., 2017a；Liu et al., 2017b）。

表 15. 3. 2　VIIRS 地表反照率产品特征

产品 ID	空间分辨率	时间分辨率	包含的地表反照率数据	投影
VNP43IA3	500m	逐日	3 个影像波段（I1（0. 600 ~ 0. 680μm）、I2（0. 846 ~ 0. 885μm）、I3（1. 580 ~ 1. 640μm））的 BSA 和 WSA	正弦投影
VNP43MA3	1km	逐日	9 个中波段 M1-M5（0. 402 ~ 0. 422μm、0. 436 ~ 0. 454μm、0. 478 ~ 0. 498μm、0. 545 ~ 0. 565μm、0. 662 ~ 0. 682μm）、M7 - M8（0. 846 ~ 0. 885μm、1. 230 ~ 1. 250μm）、M10 - M11（1. 580 ~ 1. 640μm、2. 225 ~ 2. 275μm）和 3 个宽波段（短波（0. 3 ~ 4. 0μm），可见光（0. 4 ~ 0. 7μm）和近红外（0. 7 ~ 4. 0μm））的 BSA 和 WSA	
VNP43DNBA3	1km	逐日	一个白天/夜晚波段［DBN（0. 5 ~ 0. 9μm）］的 BSA 和 WSA	
VNP43C3	0. 05°	逐日	9 个中波段、3 个宽波段和 1 个 DBN 的 BSA 和 WSA	地理经度纬度投影
VNP43D	30 弧秒（约 1km）	逐日	9 个中波段、3 个宽波段和 1 个 DBN 的 BSA 和 WSA	

15. 3. 2　CGLS

欧洲航天局全球地表反照率产品 CGLS 也是采用半经验的线性 RossThick-LiSparse-R 核驱动 BRDF 模型（Carrer et al., 2018；Roujean et al., 2018），经过对入照或观测半球积分估算全球 1km 空间分辨率的旬反照率产品（1998 年以来）。使用 30 天时间滑动窗内 PROBA-V/SPOT/VEGETATION 的多角度观测，包含短波（0. 3 ~ 4. 0μm）、可见光（0. 4 ~ 0. 7μm）和近红外（0. 7 ~ 4. 0μm）3 个宽波段 BSA、WSA 和质量评价产品。CGLS 地表反照率产品包括 2014 年之前（CGLS_Version1. 4）和之后（CGLS_Version1. 5）两个产品系列，使用 NETCDF 和 TIFF 文件格式存储，并已按照地球观测卫星委员会 CEOS 的验证卫星衍生土地产品的协议和质量进行了评估（Carrer et al., 2018）。图 15. 3. 2 所示为 2019 年 8 月 3 日 1km 分辨率的 CGLS 全球地表白空短波反照率产品。

15. 3. 3　GLASS

GLASS 地表宽波段反照率产品（Surface Broadband Albedo）是北京师范大学在 863 计

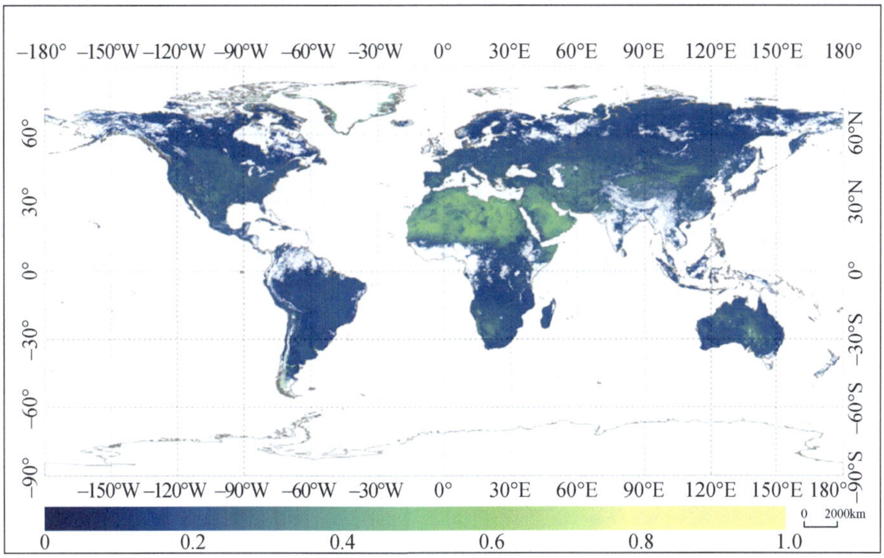

图 15.3.2 2019 年 8 月 3 日 1km CGLS 全球地表白空短波反照率产品

划重点项目“全球陆表特征参量产品生成与应用研究”支持下开发的面向全球变化与地球系统科学研究产品（Liang et al.，2013），该产品采用直接估算算法和基于统计的时间滤波算法，使用观测数据 POLDER3 BRDF 数据和 ART 模型训练建立用于全球不同区域、不同覆盖类型、不同季节的地表的查找表，直接通过 AVHRR 和 MODIS 反射率数据估算反照率（Liu et al.，2013；Qu et al.，2013；Liang et al.，2013）。目前，GLASS 提供全球 1982 年以来陆表 8 天 0.05° 和 1km 两种地表反照率产品，其产品有 2000 年前 0.05° CMG（GLASS02B05）、2000 年后 0.05°CMG（GLASS02B06）和 2000 年后 1km（GLASS02A06）短波（0.3 ~ 5.0μm）、可见光（0.3 ~ 0.7μm）和近红外（0.7 ~ 5.0μm）三个波段的 BSA、WSA 和质量标识 9 个数据集。此外，2000 年后 0.05°CMG 产品还提供短波、可见光和近红外波段的 3 个晴空反照率数据集。该产品已利用 FLUXNET 站点数据进行验证（Hautecoeur and Roujean，2007）。图 15.3.3 所示为 2017 年 8 月 13 日 1km 空间分辨率的 GLASS 全球地表白空短波反照率产品。

15.3.4 Landsat

为了获得区域内高分辨率地表反照率，波士顿马萨诸塞大学对 Landsat 反射率数据进行非监督分类、重投影、数据聚合，结合 MODIS 低分辨率 BRDF 信息来估算反照率（Wanner et al.，1995）。该产品空间范围为北美，时间分辨率为 16d，空间分辨率为 30 米，时间跨度为 2000 年以来，产品包括了 Landsat 光谱波段和三个宽波段［短波（0.25 ~ 2.5μm），可见光（0.4 ~ 0.7μm），近红外（0.7 ~ 2.5μm）］的 BSA 和 WSA，Landsat 反射率产品使用了地面数据（SURFRAD，Surface Radiation Budget Network）和 ARM，Atmospheric Radiation Measurement Network 和 MODIS 反射率产品数据进行了验证（Shuai

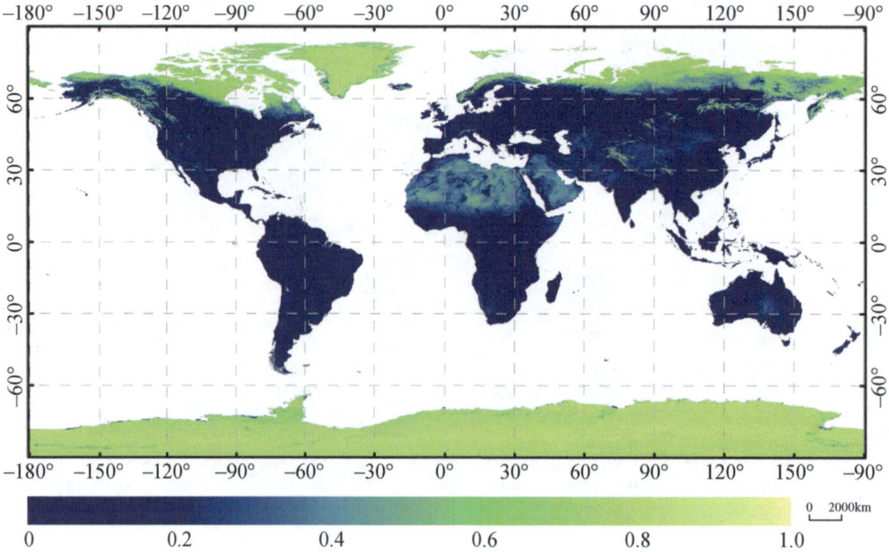

图 15.3.3　2017 年 8 月 13 日 1km GLASS 全球地表白空短波反照率产品

et al.，2011，2014）。图 15.3.4 所示为 2001 年 3 月 19 日的美国东部马里兰州、哥伦比亚特区和弗吉尼亚州东部地区 30m 白空反照率 RGB 合成（近红外、红色和绿色波段）产品。

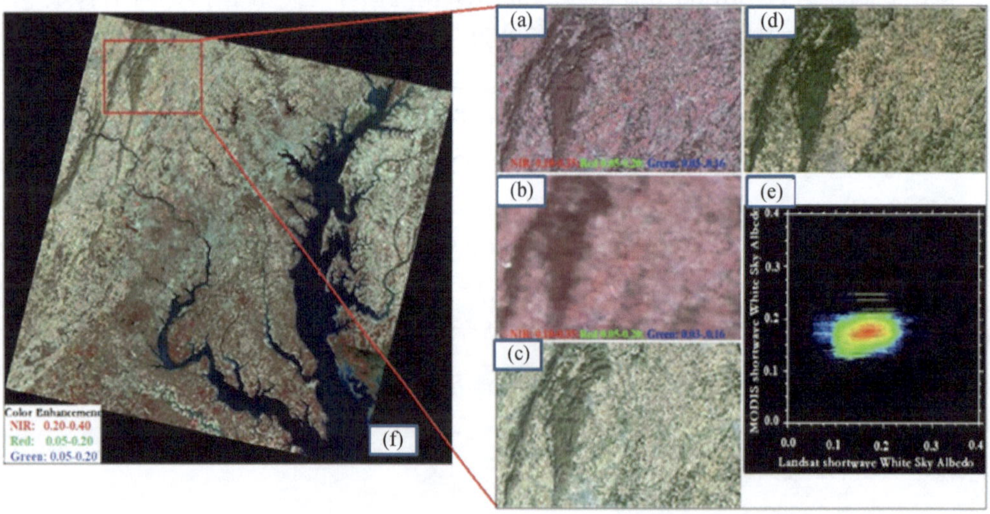

图 15.3.4　2001 年 3 月 19 日的马里兰州、哥伦比亚特区和弗吉尼亚州东部地区 30m 白空反照率 RGB 合成（近红外、红色和绿色波段）产品

注：空间分布（左图）和红框所覆盖 40km×60km 区域内 Landsat（a）与 MCD43A3 产品（b）白空反照率纹理和散点图对比细节及同期 Landsat 与高分辨率影像捕获的地面情况（右图）

资料来源：Shuai et al.，2011

第 16 章　热红外地表温度遥感

地表温度（LST）是地表和大气之间相互作用与能量交换的综合结果，是全球和区域尺度的陆面物理过程的关键参数，也是水文学、气候学、气象学、环境和生态学等众多研究领域的重要物理参数。由于地表温度产品在社会、经济方面的重要性，使得地表温度的反演一直是国内外研究的热点之一，其重要性主要体现在：①地表温度是众多基础学科和应用领域的一个关键参数，能提供地表能量平衡状态的时空变化信息，除了短波净辐射之外，地表能量平衡中的其他项都能表示为地表温度的函数。②地表温度一方面可用于地表过程模型的输入参数，另一方面还可用于验证这些模型的输出结果。③国际地圈生物圈计划（IGBP）将地表温度列为优先测定的几大参数之一；美国国家航空航天局（NASA）将地表温度列为重要的地表数据记录（ESDR）；全球气候观测系统（GCOS）将地表温度列为基本环境气候变量（ECV）。

目前，采用遥感手段反演区域地表温度是获取大范围地表温度唯一可行的途径。然而，地表温度反演是科学家公认的一个病态问题。从普朗克方程可以看出，传感器接收到的辐射能是温度和发射率的函数。因此，即使大气状况已知，N 个通道观测的辐亮度，总有 N+1 个未知数（N 个发射率和 1 个温度），温度和发射率始终耦合在一起，其中任何一个物理量的确定需要以另一个物理量的确定为前提。此外，大气的存在，使得地表温度的遥感反演更加复杂，除了需要考虑到大气对热红外电磁波的吸收作用以外，还需要考虑大气的发射效应。显而易见，由于地表和大气的高度耦合性质，地表温度的遥感反演并非想象中那么容易。除掉辐射校正和云检测的问题之外，其关键难点主要体现在：①如何从地表观测的辐射亮度中分离出地表温度和地表发射率。②如何解决大气校正的问题。除了地表温度反演以外，地表温度反演结果的验证也是让科学家棘手的问题之一。地表温度本身是一个时空多变参量，空间异质性以及观测的非同步性，导致了无法有效获取像元尺度地表温度的真值，进而制约了地表温度遥感产品的真实性检验的有效开展。

经过了近 50 年的发展，热红外遥感已经取得了不少重要研究成果，一系列地表温度遥感反演与验证的方法相继被提出，极大地推动了热红外遥感技术的发展。热红外遥感的先驱 Li 等（2013）对热红外地表温度和发射率遥感反演技术进行了深入和详尽的评述，给出了未来地表温度遥感研究的展望。

16.1　红外辐射传输基础理论

根据普朗克定律，绝对温度大于 0K（−273.15℃）的物体都会向外辐射电磁波能量。处于热平衡状态下的黑体，在温度 T 和波长 λ 处的辐射能量可以用普朗克定律表示为

$$B_\lambda(T)=\frac{C_1}{\lambda^5[\exp(C_2/\lambda T)-1]} \tag{16.1.1}$$

式中，B_λ （T） 是黑体在温度 T 和波长 λ 处的光谱辐亮度 ［W/(m^2 · μm · sr)］；C_1 和 C_2 是普朗克常数（C_1 =1. 191×108 ［W/(m^2 · μm · sr)］，C_2 =1. 439×104μm · K）。对于自然界的非黑体，由于地表发射率 ε 不为 1，还需要在式（16. 1. 1）中考虑地表发射率的影响。

卫星红外传感器能够接收到视线方向上来自地表经大气传输的辐射信息。在局地热平衡的晴空无云条件下，根据辐射传输方程，如图 16. 1 所示，传感器在大气顶部所接收到的通道辐亮度 I_i 可以表示为

$$I_i(\theta,\varphi)=R_i(\theta,\varphi)\tau_i(\theta,\varphi)+R_{at_i\uparrow}(\theta,\varphi)+R_{sl_i\uparrow}(\theta,\varphi) \tag{16.1.2}$$

其中，地表辐亮度 R_i 可以表示为

$$R_i(\theta,\varphi)=\varepsilon_i(\theta,\varphi)B_i(T_s)+[1-\varepsilon_i(\theta,\varphi)]R_{at_i\downarrow} +[1-\varepsilon_i(\theta,\varphi)]R_{sl_i\downarrow}+\rho_{bi}(\theta,\varphi,\theta_s,\varphi_s)E_i\cos(\theta_s)\tau_i(\theta_s,\varphi_s) \tag{16.1.3}$$

式中，θ 和 φ 分别表示观测天顶角和观测方位角。为简单起见，观测天顶角和方位角在之后公式中将忽略。τ_i 是通道 i 的大气等效透过率，ε_i 和 T_s 分别是通道 i 地表发射率和地表温度，R_i 是地表辐射，$R_{at_i\uparrow}$ 和 $R_{at_i\downarrow}$ 是大气上下行辐射，$R_{sl_i\uparrow}$ 和 $R_{sl_i\downarrow}$ 是大气散射的太阳上下行辐射；ρ_{bi}是地表双向反射率，E_i 是大气顶部的太阳辐照度，θ_s 和 φ_s 分别是太阳天顶角和方位角。

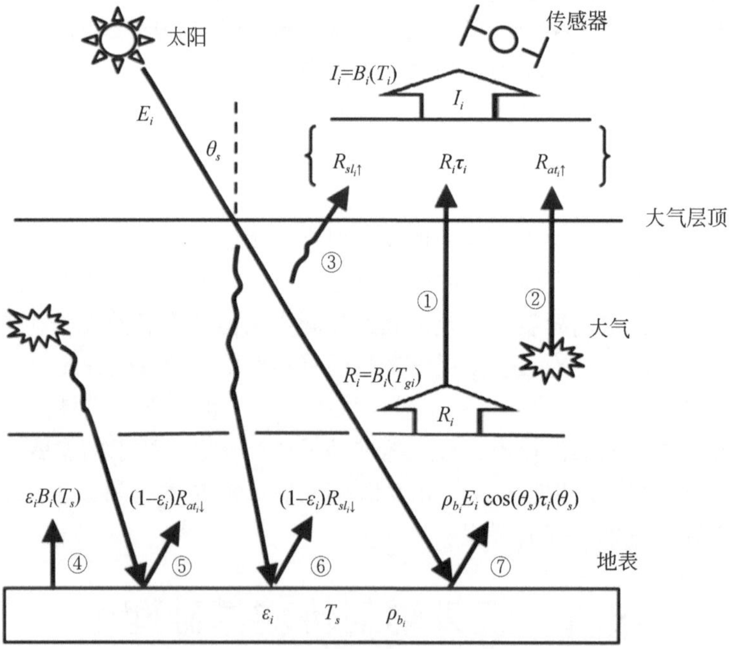

图 16. 1. 1　电磁波红外辐射传输示意图

图 16. 1. 1 中的路径①表示了经大气衰减之后的地表离地辐射 $R_i\tau_i$，路径②表示了大

气上行热辐射 $R_{at_i\uparrow}$，路径③表示了大气散射的上行太阳辐射 $R_{sl_i\uparrow}$，路径④表示地表自身发射的辐亮度 $\varepsilon_i B_i$（T_s）。路径⑤和路径⑥分别表示经地表反射之后的大气下行热辐射和散射的太阳下行辐射（$1-\varepsilon_i$）$R_{at_i\downarrow}$ 和（$1-\varepsilon_i$）$R_{sl_i\downarrow}$，路径⑦表示了经地表反射后的太阳直射辐射

$$\rho_{b_i}E_i\cos(\theta_s)\tau_i(\theta_s,\varphi_s)$$

由于在 8 ~ 14μm 波谱区间和夜晚 3 ~ 5μm 波谱区间的数据中，大气顶部的太阳辐射贡献（路径③、⑥和⑦）可以忽略不计，而不会影响精度，相应的公式 16.1.2 可以表示为

$$\begin{aligned} I_i(\theta,\varphi) &= R_i(\theta,\varphi)\tau_i(\theta,\varphi)+R_{at_i\uparrow}(\theta,\varphi) \\ &= \{\varepsilon_i(\theta,\varphi)B_i(T_s)+[1-\varepsilon_i(\theta,\varphi)]R_{at_i\downarrow}\}\tau_i(\theta,\varphi)+R_{at_i\uparrow}(\theta,\varphi) \end{aligned} \quad (16.1.4)$$

此外，为了方便和数学简写起见，大气顶部辐亮度 I_i 和地表辐亮度 R_i 一般用亮度温度来表示，亦即

$$\begin{cases} I_i = B_i(T_i) \\ R_i = B_i(T_{gi}) \end{cases} \quad (16.1.5)$$

其中，T_i 为通道 i 大气顶部亮温，T_{gi} 为地表亮温。

值得注意的是，式（16.1.2）~式（16.1.4）中，除了角度变量（θ，φ，θ_s，φ_s），其他的变量和参数都是通道等效值。通道等效值可通过卫星传感器的通道响应函数来进行加权平均计算，即

$$X_i = \frac{\int_{\lambda_1}^{\lambda_2} g_i(\lambda)X_\lambda \mathrm{d}_\lambda}{\int_{\lambda_1}^{\lambda_2} g_i(\lambda)\mathrm{d}_\lambda} \quad (16.1.6)$$

式中，g_i（λ）是通道 i 的光谱响应函数，λ_1 和 λ_2 分别是通道 i 的波长下边界和上边界，X 代表 B（T），I，R，$R_{at_i\uparrow}$，$R_{sl_i\uparrow}$，$R_{at_i\downarrow}$，$R_{sl_i\downarrow}$，E，ε，τ 和 ρ_b。

16.2 地表发射率反演方法

地表发射率的反演技术本身涉及热红外遥感反演的核心问题，地表发射率作为地表自然物质的固有属性，受土地覆盖类型，土壤水分，土壤有机质，植被浓密程度和结构、表面粗糙度和地表起伏等因素的影响，能够指示地表的物质组成，在地表分类、土壤形成和侵蚀，稀疏植被覆盖与变化估算，岩床制图和资源探测等方面都有重要的意义。地表发射率在地表温度的反演中扮演着重要的角色。在多光谱地表温度遥感反演的过程中，没有准确的发射率就很难得到精确的温度反演结果。当多光谱地表温度反演精度向着 1K，甚至更高精度迈进时，地表发射率的反演水平也需要向前挺进。总结起来，大体上有如下的方法可以用于多光谱红外数据的地表发射率的反演，包括半经验方法和基于物理的方法，即通过可见光-近红外数据或基于各种物理假设和约束来反演地表发射率。

16.2.1 半经验反演方法

这种方法基于传统的土地覆盖分类或者基于热发射率与自然地表归一化植被指数之间

的关系来反演地表发射率。

16.2.1.1 基于分类的方法

CBEM 根据基于地物分类建立发射率查找表来反演地表发射率（Peres and Dacamara，2005；Snyder et al.，1998；Sun and Pinker，2003）。Snyder 等（1998）首先建立了 EOS/MODIS 31 和 32 通道的发射率知识库，进而使用劈窗算法反演 LST。该方法利用 3 个核驱动模型中的一个或多个来确定每个类别的 BRDF，然后对 BRDF 进行积分得到半球方向反射率，进而根据基尔霍夫定律计算发射率。该方法通过对 EOS/MODIS 国际地圈生物圈计划（IGBP）分类的组合和划分，最终选择了 14 个不同的发射率类别（图 16.2.1）。结果表明，约 70% 的陆表发射率变化都非常小，足以满足 EOS/MODIS LST 的±1K 反演精度目标（Snyder et al.，1998）。

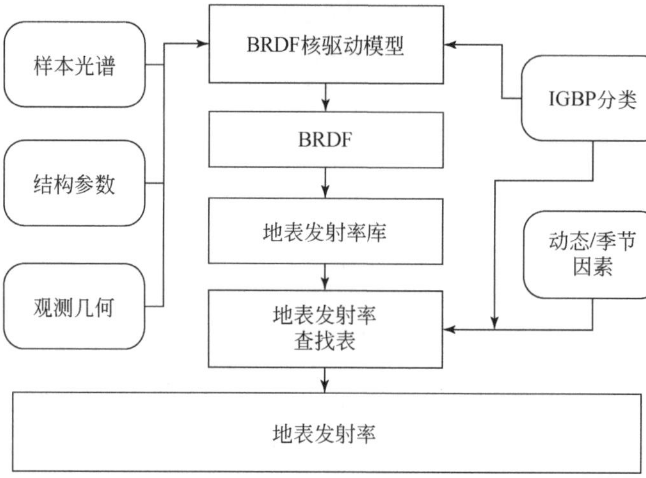

图 16.2.1 基于分类的发射率反演方法流程图

总体来说，CBEM 是简单可行的，只要每个类别有准确的发射率的先验知识即可（Gillespie et al.，1999）。该方法还可以通过线性混合模型应用于地球同步卫星数据，如 METEOSAT/MSG 和 GOES（Peres and Dacamara，2005；Sun and Pinker，2003；Trigo et al.，2008）。但是，该方法具有一些问题和不确定性。地表的季节性动态变化可能会降低 CBEM 的反演精度（Snyder et al.，1998），并且在一个粗像元内很难确定每个端元的比重，而分类的不连续会造成不连续的 LSE 反演结果（Gillespie et al.，1999）。此外，由于某些类别中发射率的变化，CBEM 并不适用于光谱对比度高的地表。

16.2.1.2 NDVI 阈值法

NBEM 利用热红外通道的发射率与 NDVI 之间的高相关性来反演地表发射率（Sobrino and Raissouni，2000；Valor and Caselles，1996；Van De Griend and Owe，1993）。Sobrino 和 Raissouni（2000）提出了 NDVI 阈值法。

$$\varepsilon_{\lambda}=\begin{cases} a_{\lambda}+b_{\lambda}\rho_{\text{red}} \\ \varepsilon_{V\lambda}P_{V}+\varepsilon_{S\lambda}(1-P_{V})+d_{\varepsilon\lambda} \\ \varepsilon_{V\lambda}+d_{\varepsilon\lambda} \end{cases} \tag{16.2.1}$$

式中，对于裸土区域，波长 λ 处的发射率可以用红色通道的地表反射率线性表示，回归系数为a_{λ}和 b_{λ}。对于植被与土壤混合区，发射率随像元内的植被比例 P_V 呈线性变化。$\varepsilon_{V\lambda}$和$\varepsilon_{S\lambda}$是波长 λ 处的植被和土壤发射率，可以通过野外测量或先验知识获得（Baldrid et al.，2009；Caselles et al.，1997；Rubio et al.，2003）。P_V 是植被在一个像元中的比例，可以由 NDVI 和其他光谱指数得到（Carlson and Ripley，1997；Sobrino and Raissouni，2000；Valor and Caselles，1996）。$d_{\varepsilon\lambda}$是平均腔效应，平均值约为 0.02（Valor and Caselles，1996）。在全植被覆盖表面，发射率为 $\varepsilon_{V\lambda}$和 $d_{\varepsilon\lambda}$之和。裸土、植被和混合区域的划分根据 NDVI 进行（Dash et al.，2005；Sobrino et al.，2008）。

NBEM 方法适用于具有红/近红外波段和 TIR 波段的各种传感器，如 AVHRR、DAIS、MODIS、TM 等（Sobrino and Raissouni，2000；Sobrino et al.，2002，2004，2008）。但是，由于在三种地表中使用了不同的函数，反演的发射率图像缺乏连续性（Sobrino et al.，2008）。土壤发射率和 NDVI 阈值的不确定性会降低该方法的准确性（Jiménez-Muñoz et al.，2006）。此外，NBEM 不适用于水、雪、冰、岩石和含有衰老植被的地表（Sobrino et al.，2008）。

16.2.2 物理反演方法

基于物理反演方法主要利用各种基于物理的假设或约束来处理地表温度遥感反演的病态问题，其中最具代表性的方法是温度无关光谱指数法（TISI）。

TISI 方法观测到的辐射度来反演地表发射率。在该方法中，计算出 MIR 通道的双向反射率，进而可以计算出 MIR 通道的发射率。

温度无关光谱指数概念是 Becker 和 Li 于 1990 年首先提出的（Becker and Li，1990）。温度无关波谱指数可以反映出发射率谱的大致形状。假设温度无关光谱指数 TISI 随时间变化缓慢，即白天和晚上的 TISI 近似相等，那么利用中红外 MIR（约 3.7μm）和热红外 TIR（8～14μm）白天和晚上的观测数据，通过消除白天和夜间的发射辐射项，就可以估算出中红外的地表反射率和发射率。继续假设 MIR 与 TIR 通道的 TISI 比值相等，那么 TIR 通道的发射率就可由 MIR 发射率计算得到（Jacob et al.，2004；Li et al.，2000；Petitcolin et al.，2002）。

温度无关波谱指数反演地表发射率的流程图如图 16.2.2 所示。

与半经验方法不同，基于 TISI 的方法不需要任何的地表先验知识，特别是裸地和具有高对比度发射率的岩石（Wan，1999），因此它适用于各种地表。而且，由于 TISI 对大气廓线不太敏感，因此该方法目前仍旧受到学者们的广泛关注。然而由于需要同时使用中红外和热红外白天和晚上的数据，所以该方法会受到云、配准精度等方面的因素影响（Dash et al.，2005）。此外，TISI 方法的反演精度会受到中红外和热红外数据大气校正精度（Sobrino and Raissouni，2000）以及日夜观测条件差异如观测角度差异的影响（Dash et al.，2005）。

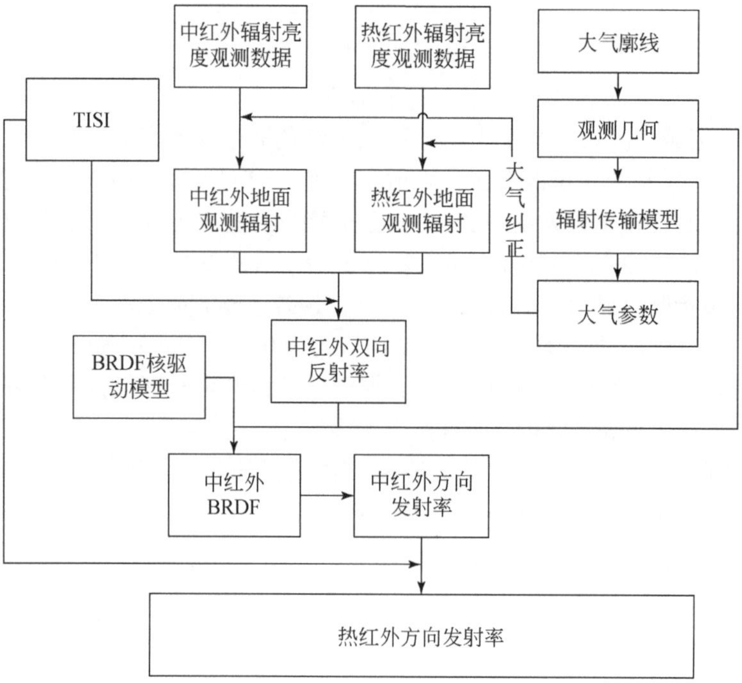

图 16.2.2　温度无关波谱指数反演法流程图

16.3　地表温度反演方法

随着空间遥感技术的发展，多通道、多角度、多相位的卫星数据为各种地表温度反演算法的发展提供了可能。越来越多的学者致力于发展不同的反演算法，以提高温度的反演精度。根据算法的差别，地表温度遥感反演方法大致可以分为六类：单通道法、多通道法、多角度法、多时相法、高光谱法和机器学习法。

16.3.1　单通道法

单通道法利用大气辐射传输模型进行大气效应校正（Hook et al.，1992），然后将已知的地表发射率代入辐射传输方程 RTE［式（16.1.4）］，根据普朗克方程逆运算推算地表温度。这一方法虽然可行，但大气效应校正所需的大气参数（大气透过率、大气上行和大气下行辐射）是单通道法的关键。目前单通道法中对于大气参数的估算主要有两类方法，第一类是直接利用同步的大气廓线，将其输入至辐射传输模型来获取大气参数；第二类是采用经验半经验的函数，建立大气参数与其他易获取的大气参数（例如大气总水汽含量）等之间的关系来获取所需的大气参数。

通常而言，同步的大气廓线数据一般很难获取。实际应用中通常采用非实时的大气探空数据或者大气辐射传输模型（LOWTRAN，MODTRAN）中的标准大气廓线数据来代替同步的大气廓线数据进行大气参数的估算。由于大气廓线数据的非真实性或非实时性，导致大气参数的估计精度会存在一定的误差，地表温度反演精度不令人满意。当前随着技术的发展，大气再分析数据，如 ERA5 等，已经能够提供逐小时的大气廓线产品，有研究表明基于大气再分析数据反演的地表温度的精度有了较大认可度，远比基于标准大气廓线反演的地表温度的精度高，但这一研究结论还有待进行更多更广泛的验证和分析。

为了减少对大气廓线的依赖，Qin 等（2001）根据热辐射传输方程，通过一系列假设，建立了适合于 Landsat TM6 的单窗道算法，其公式如下

$$T_s=[a(1-C-D)+(b(1-C+D)+C+D)T_6-DT_a]/C \tag{16.3.1}$$

式中，T_s 为地表温度，T_6 为传感器观测到的亮温，T_a 为大气平均作用温度，单位为 K；a 和 b 为常量，在一般情况下（即当地表温度在 0～70℃范围内时）取值 $a=-67.355351$，$b=0.458606$；C 和 D 是中间变量，分别用下式表示

$$C=\varepsilon\tau \tag{16.3.2}$$

$$D=(1-\tau)[1+(1-\varepsilon)\tau] \tag{16.3.3}$$

式中，ε 为 TM6 波段范围内的地表发射率，τ 为 TM6 波段范围内的大气透过率。通过上述公式可以看出该算法的优点在于仅需要 3 个基本参数：地表发射率、大气透过率和大气平均作用温度。大气透过率和大气平均作用温度（T_a）可以根据实时大气廓线数据计算，也可以根据近地面空气湿度和近地面气温的观测值来估算（Qin et al.，2001），其经验公式如下

$$\begin{cases}T_a=16.0110+0.9262T_0\\ \tau=0.974290-0.08007w\end{cases}\quad(中纬度夏季大气) \tag{16.3.4}$$

$$\begin{cases}T_a=19.2704+0.9118T_0\\ \tau=0.982007-0.09611w\end{cases}\quad(中纬度冬季大气) \tag{16.3.5}$$

式中，T_0 是近地表大气温度，w 为大气水汽含量。该算法的不足之处是其推导的估算大气透过率和大气平均作用温度的经验公式只使用了标准大气廓线数据，而标准大气廓线在大多数情况下不能满足实际应用，因而限制了该算法的适用性。

随后，Jiménez-Muñoz 等（2006）提出了一个普适性单通道法，该算法可以针对任何一种热红外数据反演地表温度，同样适用于 TM6 数据。其公式如下

$$\begin{cases}T_s=\gamma[(\psi_1L_{\text{sensor}}+\psi_2)/\varepsilon+\psi_3]+\delta\\ \gamma=\left\{\dfrac{c_2L_{\text{sensor}}}{T_{\text{sensor}}^{\ 2}}\left[\dfrac{\lambda^4}{c_1}L_{\text{sensor}}+\lambda^{-1}\right]\right\}^{-1}\\ \delta=-\gamma L_{\text{sensor}}+T_{\text{sensor}}\end{cases} \tag{16.3.6}$$

式中，L_{sensor}为传感器接收的辐亮度，单位为 W/(m^2 · sr · μm)；T_{sensor}是传感器上所获得的亮度温度，单位为 K；λ 是等效中心波长（对 TM6 来说是 11.457μm）；c_1、c_2 是辐射常量；ψ_1、ψ_2、ψ_3 为相关参数，可以利用大气水汽含量 w 来获得，对于 TM6，计算公式如下

$$\begin{cases}\psi_1=0.14714\,w^2-0.15583w+1.1234\\ \psi_2=-1.183\,w^2-0.3760w-0.52894\\ \psi_3=-0.0455\,w^2+1.8719w-0.39071\end{cases} \tag{16.3.7}$$

与 Qin 等（2001）的单窗算法相比，该算法更为简单，所需的输入参数除了地表发射率以外，仅需要大气水汽含量。因此，该算法的关键在于如何获取精确的大气水汽含量。Jiménez-Muñoz 等（2009）对该算法进行了修订，在回归大气函数系数时重新加入了 4 个大气廓线库，并且分别为 Landsat-4、Landsat-5 和 Landsat-7 计算了新的系数。

Cristóbal 等（2009）对 Jiménez-Muñoz 和 Sobrino（2003）提出的普适性单通道法进行了改进，在计算大气函数 ψ_1、ψ_2 和 ψ_3 时加入了近地表气温（T_0）作为输入参数，并使用了 Landsat TM/ETM+数据对改进的算法进行了验证，研究结果表明同时利用大气水汽含量和近地表气温来反演地表温度可以提高精度。

单通道法的反演精度受到以下因素的影响：①该方法需要使用准确的大气廓线作为辐射传输模型的输入数据，以得到离地辐亮度（Wan，1999）。大气廓线可由地面大气无线电探测仪、卫星垂直探测仪或气象预报模型测量，测量结果的不确定性可能会导致地表温度反演结果存在误差（Gillespie et al.，2011）。Qin 等（2001）和 Cristóbal 等（2009）基于大气平均温度与近地表气温、大气透过率与水汽含量的线性关系，利用近地表气温和水汽含量来降低反演对实测大气廓线的依赖。但这些关系在高水汽含量下仍旧不够稳定（Jiménez-Muñoz et al.，2010；Sobrino et al.，2004；Sobrino and Jiménez-Muñoz，2005）。同时，使用不同的 RTM（如 MODTRAN 和 4A/OP），LST 的反演精度在 0.4～1.5K 变化，精度变化区间在 0.5%～2%（Berk et al.，2003；Chaumat et al.，2009）。②地表发射率的误差在单通道方法中可能会导致 1～2K 的误差，特别是在寒冷和干燥的大气环境下（Dash et al.，2002）。③单通道方法最常用的波段在 10μm 左右，该方法仅适用于只有一个热红外通道的传感器。

16.3.2 多通道法

随着遥感数据的发展，地表温度反演有了更多可用的热红外通道。多通道法的代表性方法有：劈窗法（SW）、温度与发射率分离法（TES）和两步物理反演法（TSRM）。

16.3.2.1 劈窗法

与单通道法方法不同，劈窗法不需要大气廓线。该方法利用两个热红外通道大气吸收的不同来消除大气的影响。根据两个通道亮温的组合形式，可将其分为线性劈窗法和非线性劈窗法。

（1）线性劈窗算法

线性劈窗算法利用 10～12.5μm 范围内两个相邻的通道，将辐射传输方程进行线性化（Mcmillin，1975）

$$\mathrm{LST}=a_0+a_1T_i+a_2(T_i-T_j) \tag{16.3.8}$$

式中，i 和 j 为 TIR 两个相邻通道。T_i 和 T_j 是两个通道对应的观测亮温。a_k（$k=0, 1, 2$）是两个通道的光谱响应函数 g_i（λ）和 g_j（λ）、通道发射率 ε_i 和 ε_j、大气水汽总含量（WV）和观测天顶角（VZA）的函数。系数 a_k 可以通过使用辐射传输模型（如 MODTRAN）对模拟数据进行回归，或通过比较卫星数据和地表温度实测数据之间的经验关系来确定。

Becker 和 Li（1990b）提出了一种局部 SW 算法，将a_k 参数化为两个通道 LSEs 的均值和差分的函数，并在a_k 系数中加入了 WV 和 LSE，使 SW 算法适用于更一般的大气条件。当 VZA 大于 50°时，应将 VZA 的余弦引入a_k 的参数化中（Becker and Li，1995；François and Ottlé，1996；Sobrino et al.，1994，2004；Minnis and Khaiyer，2000；Pinheiro et al.，2004）。

（2）非线性劈窗算法

非线性 SW 算法可以减小线性化 RTE 和某些假设造成的误差。在这种方法中，LST 可以表示为两个热红外通道亮温 T_i 和 T_j 的非线性函数（Atitar and Sobrino，2009；Coll and Caselles，1997；François and Ottlé，1996；Sobrino and Raissouni，2000；Sobrino et al.，1994）

$$\mathrm{LST}=c_0+c_1T_i+c_2(T_i-T_j)+c_2(T_i-T_j)^2 \tag{16.3.9}$$

系数 c_k（k=0，1，2，3）类似与线性 SW 算法中的 a_k。在不同的地表和大气条件下使用非线性 SW 算法时，可以通过地表发射率、大气水汽总含量或结合观测天顶角来确定系数 c_k（Sobrino and Raissouni，2000，2004；Sobrino et al.，1994）。

SW 算法不需要精确的大气廓线，可用于不少于两个热红外通道（位于大气窗口内）的各种传感器。但是，该方法需要每个热红外通道的像元发射率的先验知识。在大气水汽总含量较高或观测天顶角较大的情况下，即使劈窗算法的系数已经考虑了两者的影响，该方法的精度仍会降低。

受双通道劈窗算法的启发，线性或非线性的多通道法也用于反演 LST。Sun 和 Pinker（2003，2005，2007）利用 GEOS 数据，提出了一种三通道线性温度反演算法，并加入了中红外通道用以改进算法中的大气校正。但是，太阳修正项的误差会影响地表温度的反演精度，特别是对于中红外通道反射率较高的干旱和半干旱地表。此外，某些类型的自然或人造地表的发射率在 8.7μm 上的不确定性要明显高于劈窗法中常用的热红外通道，这可能导致较大的地表温度反演误差（Trigo et al.，2008）。近期，Ye 等（2017）提出了一种新的非线性四通道劈窗（SW）算法，用于对中国 GF-5 图像的地表温度反演。该方法与传统双通道和三通道 SW 算法的对比结果表明，四通道 SW 算法可以得到更好的温度反演结果，尤其是在湿润大气条件下。

16.3.2.2 温度与发射率分离算法

TES 算法是由 Gillespie 等（1999）针对 ASTER 数据提出的一种温度与发射率分离算法，在多光谱热红外数据进行温度与发射率分离的应用中较为广泛。

TES 算法吸收了归一化发射率法（NEM）（Gillespie，1986）、光谱比值法（SR）和最大-最小发射率差值法（MMD）（Matsunaga，1994）三种算法的优点并针对其不足作出了相应的改进。该算法首先利用 NEM 算法估算地表温度和发射率；然后利用 SR 算法将通道发射率与所有通道的平均值相除来计算发射率比值，作为发射率波形的无偏估计；最后根据 MMD 算法中的最小发射率与最大最小相对发射率差值的经验关系来确定最小发射率，从而得到地表温度和发射率。

（1）NEM 模块

该模块首先假定 ASTER 第 10 ~ 14 波段的最大发射率 ε_{max}（接近于发射率较高的植被和水体），用迭代方法逐步去除大气下行辐射，从而初步估算地表温度和发射率

$$\begin{cases} T_b = \dfrac{c_2}{\lambda_b \ln\left(\dfrac{c_1 \varepsilon_{max}}{\pi \lambda_b^5 R_b} + 1\right)} \\ T_{NEM} = \max(T_b) \\ \varepsilon_b = \dfrac{R_b}{B_b(T_{NEM})} \end{cases} \quad b = 10 \sim 14 \tag{16.3.10}$$

式中，T_b 为第 b（$b=10 \sim 14$）波段的地表温度，c_1 和 c_2 为普朗克常量，λ 为波长，T_{NEM} 为 T_b 中的最大值，B_b 为普朗克函数，R_b 为第 b（$b=10-14$）波段去除大气下行辐射后的地表自身辐射。R_b 的初值为

$$R_b = L_{grnd} - (1-\varepsilon_{max}) L_{atm\downarrow} \tag{16.3.11}$$

式中，L_{grnd}为来自地表的辐射（包括地表的自身辐射和地表反射的大气下行辐射），$L_{atm\downarrow}$为大气下行辐射。

每次获得新的发射率后，重新计算 R_b，反复迭代，直到相邻迭代次数中 R_b 的变化小于阈值限制或者超过迭代次数的限制时结束。

（2）RATIO 模块

根据 NEM 模块计算的发射率 ε_b 获得相对发射率 β_b

$$\beta_b = \frac{5\varepsilon_b}{\sum \varepsilon_b} \tag{16.3.12}$$

（3）MMD 模块

首先计算相对发射率的最大值和最小值之差 MMD

$$\mathrm{MMD} = \max(\beta_b) - \min(\beta_b) \tag{16.3.13}$$

然后根据最小发射率 ε_{min}与 MMD 之间的经验关系计算最小发射率 ε_{min}

$$\varepsilon_{min} = 0.994 - 0.687\mathrm{MMD}^{0.737} \tag{16.3.14}$$

最后计算 5 个波段的发射率

$$\varepsilon_b = \beta_b \left[\frac{\varepsilon_{min}}{\min(\beta_b)}\right] \tag{16.3.15}$$

根据 MMD 模块计算的新的发射率重新计算地表温度

$$T_{b*} = \frac{c_2}{\lambda_{b*} \ln\left(\dfrac{c_1 \varepsilon_{max}}{\pi \lambda_{b*}^5 R_{b*}} + 1\right)} \tag{16.3.16}$$

式中，b^* 为发射率最大的波段。

TES 地表温度和地表发射率分离法的流程图如图 16.3.1 所示。

由于 TES 算法利用地物发射率的光谱差异来实现地表温度和发射率的分离，因此该方法更适用于发射率光谱差异较大的地物（例如岩石和土壤）（Gillespie et al.，1998；Sobrino et al.，2008）。该方法不需要关于 LSE 波谱形状的假设，LST 的反演精度可以达到

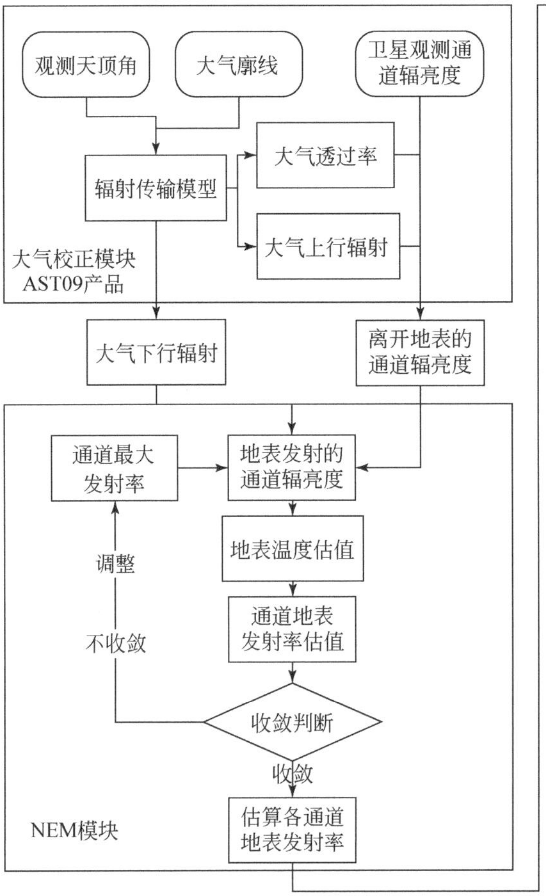

图 16. 3. 1　TES 地表温度和地表发射率分离法流程图

±1. 5k，LSE 的反演精度为±0. 015（Gillespie et al.，1998，1999；Sawabe et al.，2003）。但有文献表明，TES 不适用于光谱对比度低的地表，如水、雪、高密度植被或炎热潮湿的大气条件（Coll et al.，2007；Gillespie et al.，1999，2011；Hulley and Hook，2009；Sawabe et al.，2003）。由于在不同的光谱对比度条件下对 TES 进行了不同的处理，会造成 TES 在灰体的边缘会出现不连续的情况。此外，该方法需要对每个通道进行精确的大气校正，以避免较大的发射率差异（Gillespie et al.，2011；Sobrino et al.，2008）。

为了提高 TES 算法的反演精度，许多研究者对 TES 算法进行了修正。Sabol 等（2009）利用最小发射率 ε_{min} 和 MMD 的线性关系代替指数关系，在一定程度上减弱了光谱差异对反演精度的影响。Gillespie 等（2011）利用大气总水汽含量缩放算法（water vapor scaling method）提高了 TES 算法的反演精度。Hulley 和 Hook（2011）利用 MODIS3 个热红外波段（波段 29、31 和 32）发展了适合于 MODIS 的地表温度与发射率的 TES 算法。Ren 等（2018）提出了 TES 和 SW 算法相结合的混合算法来改进反演结果。首先利用 TES 初步反演 LST 和发射率，其次将发射率输入 SW 算法得到 LST，作为初始 LST 值，再次带回 TES 算法以更新 LST 和发射率的反演结果。结果表明，该混合算法可以获得 LST 误差小于

1K 的反演结果。

16.3.2.3 两步物理反演法

Ma 等（2000）提出了一种两步物理法，可以同时从 MODIS 数据中反演地面和大气参数，包括大气温度-湿度廓线、地表温度和发射率。TSRM 需要温度和水汽廓线、LST 和 LSE 的初始值作为输入数据，这些数据可以通过统计回归获得。TSRM 有两个步骤：①使用 Tikhonov 正则化方法得到大气温度-湿度廓线、LST 和 LSE 的初始值，并生成正则化解（Smith，1972）。然后采用主成分分析（PCA）方法减少未知数的数量来稳定不适定问题（Ma et al.，2000；Smith and Woolf，1976）。②采用非线性牛顿迭代算法，得到地表参数的最终解。在该方法中，通过第一步得到的最优正则化参数用于约束收敛，以获得更好的反演结果。TSRM 使用温度和 WV 特征向量的小序列来求解待定解（Smith and Woolf，1976），然后方程中只剩下 11 个未知数，包括两个通道的 5 个温度特征向量，3 个 WV 特征向量，1 个 LST 和 2 个 LSE（Ma et al.，2000）。

TSRM 不需要精确的大气廓线，可以同时反演 3 个参数。然而，TSRM 的精度在很大程度上取决于给定的地表发射率、地表温度和大气参数的初始值。由于大气条件的限制、地表的复杂性和观测信息的有限性，该方法不能在全球大尺度上使用。

16.3.3 多角度法

多角度方法通过两种不同观测天顶角 VZA 观测下的亮温的线性组合来消除大气效应的影响，两种 VZA（例如，天底视角的 VZA 范围为 0°～21.6°以及 52°～55°）具有不同路径长度和大气吸收状况（Chedin et al.，1982；Li et al.，2001；Prata，1993a，1993b，1994；Sobrino et al.，1996，2004）。Sobrino 等（1996）提出了一种利用 ATSR 数据反演地表温度的双角度方法

$$\mathrm{LST}=T_n+p_1(T_n-T_f)+p_2+p_3(1-\varepsilon_n)+p_4(\varepsilon_n-\varepsilon_f) \tag{16.3.17}$$

式中，p_k（$k=1$，2，…，4）是大气透射率和天底与天顶处平均等效气温的函数，可以模拟获取，T_n 为卫星垂直观测条件下（天顶角 VZA 接近 0°）的亮温，T_f 为卫星前向观测条件下的亮温，ε_n 为垂直观测的地表发射率，ε_f 为前向观测的地表发射率。该方法没有考虑大气总水汽含量 WV 对地表温度反演的影响。Sobrino 等（2004）在线性双角度算法的基础上提出了非线性双角度算法：

$$\begin{aligned}\mathrm{LST}&=T_n+q_1(T_n-T_f)+q_2(T_n-T_f)^2\\&\quad+(q_3+q_4\mathrm{WV})(1-\varepsilon_n)+(q_5+q_6\mathrm{WV})\Delta\varepsilon+q_0\end{aligned} \tag{16.3.18}$$

式中，q_k（$k=1$，2，…，5）与传感器无关的常数。该方法利用不同 VZA 的大气 WV 和发射率来反演地表温度，结果要优于常用的 SW 算法。

该方法假设 LST 和 LSE 与 VZA 无关，大气无云且水平均一，这限制了多角度方法在非均质地区的应用（Prata，1993a，1994；Sobrino and Cuenca，1999）。此外，不同 VZA 观测对应的图像配准错误会导致较大的反演误差。由于在山区等 VZA 不同的地区观测到的物体会发生变化，该方法并不适用于地形复杂的地表。

16.3.4 多时相法

多时相方法假设地表发射率是恒定的或在两次观测中没有显著变化，以减少未知数的数量。该方法也可以同时反演 LST 和 LSE，代表性的算法包括了：两温法（TTM）和日夜双时相多通道物理反演法（D/N）。

16.3.4.1 两温法

TTM 假设发射率是不随时间变化的，而一天内两个不同时间观测到的温度是不同的。因此，$2N$ 个方程对应着 $N+2$ 个未知数：N 个 LSE 和 2 个 LST，当 $N \geqslant 2$ 时，LST 和 LSE 理论上是可解的（Watson，1992）。

TTM 的优点是无须对波谱形状进行假设。然而值得注意的是，发射率在两个不同时间没有显著变化的假设通常更适用于岩石和干燥土壤，但对于植被或者湿润土壤，特别是两次观测的含水量如果发生了变化，那么该假设将会被违背。因为 TTM 中使用的 TIR 观测数据可能高度相关，所以 TTM 方法需要两次观测的温度差异较大（Gillespie et al.，1999；Watson，1992），这意味着应该选择日温的最大值和最小值对应的观测数据。因此，LST 的反演精度对仪器噪声和大气校正的影响较为敏感（Caselles et al.，1997；Gillespie et al.，1999；Watson，1992）。而且，两个不同时间采集的数据必须进行图像配准（Wan，1999），特别是在山区，需要采用近似的 VZA 观测，以避免不同观测天顶角 VZA 引入的地表发射率误差（Li et al.，2013）。此外，TTM 需要对多通道红外数据进行精确的大气校正。

16.3.4.2 日夜双时相多通道物理反演法

受 TISI 和 TTM 的启发，（Wan and Li，1997）提出了一种基于物理的昼夜日夜算法来同时反演地表发射率和地表温度。D/N 方法结合中红外 MIR 数据来降低算法的敏感性，并引入近地表气温（T_a）和大气总水汽含量 WV，以减少大气校正引起的残差影响。该算法包括以下几个假设条件。

1）MODIS 的探空通道及其相应的算法能够提供大气水汽和温度廓线。虽然 MODIS 大气廓线产品的精度还不能满足地表温度反演的需求，但是可以假设大气廓线的形状是准确的，只需对其作一个整体的修正。这使得可以只用两个未知参数（即大气底层温度和大气总水汽含量）来描述大气状态。

2）地表发射率在白天和晚上是一样的，并且可作朗伯假定。

3）对中红外通道反射的太阳辐射考虑二向性反射，但是假定中红外通道都具有相同的二向反射比因子。

基于以上假设，$2N$ 个日夜观测方程对应 $N+7$ 个未知数：N 个 LSE，2 个 LST，2 个 T_a，2 个 WV 和一个 MIR 通道的角形因子。当 $N \geqslant 7$ 时，LST 和 LSE 的反演在理论上是可解的。结合 MODIS 中红外和热红外 7 个波段的白天和晚上观测数据组成 14 个非线性方程组，其中 14 个未知参数分别为 7 个波段的地表发射率（7 个）、白天的地表二向反射比因子（1个）、白天和晚上的地表温度（2个）、白天和晚上的大气参数 T_a 和 w（4个）。通过统计回归和最小二乘拟合方法求解这14个方程，即可同步反演地表温度和发射率。该方法主要目的是解决地表发射率的动态变化范围较大地区，而通过简单分类赋值的方法反演的地表发射率精度不高，进而影响后续地表温度反演精度的问题。

日夜双时相多通道物理反演法的流程图如图16.3.2所示。

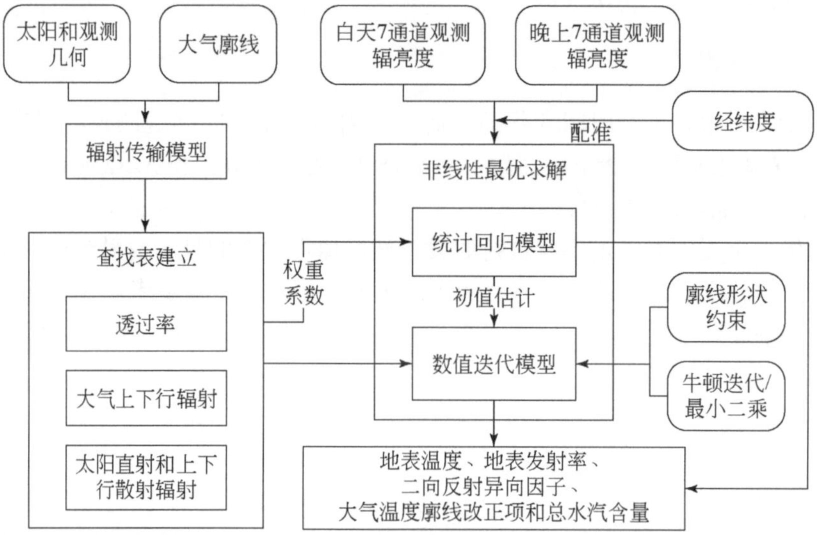

图16.3.2　日夜双时相多通道物理反演法流程图

D/N方法在考虑中红外MIR通道数据的情况下，解决了TTM中方程相关性高的问题，使得LST的反演精度更加稳定。与TTM和TIST方法不同，D/N方法不需要精确的大气校正，因为 T_a 和大气WV已经包含了初始大气廓线的不确定性。然而，该方法对不同时间获取的两个数据的几何配准错误和VZA的变化较敏感（Wan，1999；Wan and Li，2010）。

16.3.5　高光谱法

高光谱TIR数据可以提供关于大气和地表更详细的光谱信息，基于高光谱的方法可以利用地表发射率固有的光谱特性，在某些假设或约束下减少未知数的数量或增加方程的数量，进而实现地表温度和发射率的同时反演。目前，针对高光谱TIR数据最常用的LST反演方法包括：灰体发射率法（GBE）、迭代光谱平滑法（ISSTES）、线性发射率约束法（LECTES）以及小波变换法（WTTES）。

16.3.5.1　灰体发射率法

GBE方法假设在表面发射率谱中存在一个平坦区域。与多时相方法相似，GBE基于发射率相等的假设减少了未知数的数量，在高光谱数据中很容易找到具有相同的发射率的两个通道（Barducci and Pippi，1996）。

GBE方法不需要假设发射光谱的形状，只利用瞬时图像即可同时反演LST和LSE。由于多光谱红外数据很难找到两个发射率相同的通道，因此该方法更适合于高光谱数据。因为由热红外测量数据之间有很高的相关性，该方法对仪器噪声和大气校正的影响非常敏感。该方法需要精确的大气校正。

16. 3. 5. 2　迭代光谱平滑法

Borel（1997）指出由于大气中各种不同分子的吸收作用，导致大气透过率或者大气上下行辐射的光谱表现出更多波动，而典型地表的发射率光谱相对而言要光滑的多。通过对式（16. 1. 4）中的离地辐亮度 $R_i(\theta, \varphi)$ 变形，地表发射率可以表示为

$$\varepsilon_i(\theta,\varphi)=\frac{R_i(\theta,\varphi)-R_{at_i\downarrow}}{B_i(T_s)-R_{at_i\downarrow}} \tag{16.3.19}$$

根据该式可知，如果地表温度 T_s 估算准确，那么分子和分母包含的大气特征经过相除会产生抵消，估算的发射率表现较为光滑。反之，如果地表温度估算的不准确，那么如图 16. 3. 3 所示估算的地表发射率波谱上就会表现出大气吸收线的特征。

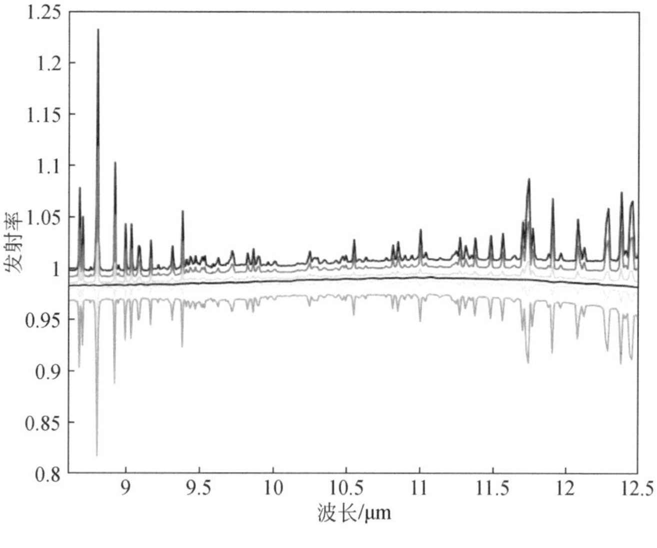

图 16. 3. 3　不同温度估算的发射率波谱

注：中间最平滑的曲线对应真实温度估算的发射率波谱

Borel（1998，2008）根据这一特性，即真实的地表发射率光谱比含有大气影响的地表发射率光谱更为平滑的，提出了 ISSTES 算法来反演高光谱图像中的地表温度和地表发射率。ISSTES 通过计算光谱的平滑度来获取发射率光谱，选取特征最平滑的作为真实的发射率光谱，同时确定对应的地表温度。Borel（1997，1998）将计算的发射率与相邻 3 通道的发射率均值的差值的最小标准差作为发射率光谱平滑的判断依据，即

$$\sigma\mathrm{Std}=\left[\varepsilon_i-\frac{\varepsilon_{i-1}+\varepsilon_i+\varepsilon_{i+1}}{3}\right]_{\min} \tag{16.3.20}$$

式中，σ 为最小标准；Std 为求取标准差的数学操作；ε_i 为通道 i 的地表发射率。

采用迭代法在小范围内改变给定的 LST，可以得到一系列的发射率光谱，基于发射率

光谱的一阶导数和二阶导数都可以来评估发射率波谱的平滑程度（Borel，2008；Cheng et al.，2010；Kanani et al.，2007；Ouyang et al.，2010）。

Ingram 和 Muse（2001）发现假设条件和平滑函数对地表温度反演精度的影响可以忽略，而信噪比（SNR）会影响精度，信噪比越高，精度越高。但是，ISSTES 需要精确的大气校正来获得准确的离地辐亮度。此外，该方法对光谱位移和半波全宽（FWHM）的变化非常敏感（Borel，2008）。Wang 等（2011）发现，当地表温度接近大气下行辐射的等效温度时，会存在奇异点，导致很难得到方程的最优解。

16.3.5.3　线性发射率约束法

受到相邻通道发射率相等的灰体假设，Wang 等（2011）提出了发射率分段线性表示的温度和发射率分离算法（LECTES）。LECTES 算法假定发射率光谱可以被分为 N 段，每一段的发射率 $\varepsilon(\lambda_i)$ 随波长 λ_i 呈线性变化，即

$$\varepsilon(\lambda_i) \approx a_k\lambda_i + b_k \tag{16.3.21}$$

式中，k 为分段区间编号，a 和 b 是每个分段区间的线性回归系数。基于此假设，如图 16.3.4 所示，可以将发射率光谱通过 N 个分段线性函数来重新创建，从而减少未知数的个数，使地表温度和发射率的病态反演问题得以解决。

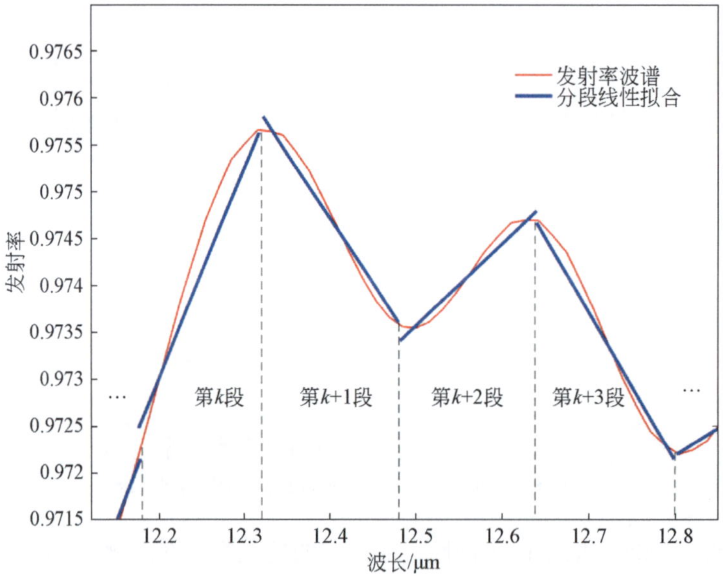

图 16.3.4　分段线性发射率谱拟合示意图

LECTES 基于波长和地表发射率之间的关系，减少了未知数的数量。对于 N 个波段的观测数据可以得到 N 个方程，对应 $2M+1$ 个未知数：$2M$ 个系数 a_k 和 b_k，以及 1 个 LST。高光谱数据具有许多窄通道，很容易满足 $N \geqslant 2M+1$ 的要求。因此，LST 和 LSE 的反演在理论上是可能的（Barducci and Pippi，1996；Wang et al.，2011）。

研究表明，LSEC 方法对光谱偏移和半高全宽的变化不敏感，能够明显消除发射率奇

异值的影响，并且可以获得比迭代光谱平滑法更准确的温度和发射率（Wang et al., 2011）。但是，分段区间的划分不够合理，在光谱变化较大区域，分段间隔会过长，导致不能包含频谱全部的波峰或波谷特征；而在较宽通道上类似直线的谱段，相同的分割大小又会导致分隔段过多，影响计算效率。

16.3.5.4 小波变换法

为了进一步有效克服 LECTES 算法中存在的奇异值和光谱不连续等问题，Zhang 等（2017）基于小波变换理论，提出了一种新的利用小波变换进行温度和发射率分离的方法，该方法将小波变换作为重构发射率光谱和减少未知数的工具。LSE 可以由其低频小波系数表示，因此，未知量可以大大减少。假设地表发射率光谱可通过其经过小波分解后的低频小波系数进行恢复，那么离地辐亮度 L_{gi} 可进一步表示为

$$R_i = \mathrm{DWT}^{-1}(C_a, db, n)B_i(T_s) + [1 - \mathrm{DWT}^{-1}(C_a, db, n)]R_{at_i\downarrow} \tag{16.3.22}$$

式中，DWT^{-1} 为小波逆变换；C_a 为低频小波系数；db 为所用小波基；n 为小波分解级数，$B_i(T_s)$ 为黑体辐射亮度，R_{at_i} 为大气下行辐射。当使用 $n=2$ 的小波级数驱动 WTTES 算法时，$n+1$ 个未知数（n 个 LSEs 和 1 个 LST）被缩减为 $n/2+1$ 个未知数（$n/2$ 个小波系数和 1 个 LST）。因此，病态方程转化为可解方程。当分解级数增加时，未知数的个数将进一步减少。该方法将地表温度和发射率的分离问题转换成了求解温度和发射率低频小波系数的过程，大大减少了未知数的个数，其优点是在水汽含量较高的情况下精度较高，对噪声不敏感并且可以有效克服奇异值的问题，但是计算过程较为复杂。研究表明，WTTES 在保持 LSE 光谱形状的平滑性和减少奇异点的出现方面是有效的（Zhang et al., 2018）。更重要的是，由于 WTTES 不需要额外的近似或限制，因此是一种可以同时反演 LST 和 LSE 的方法。

16.3.6 机器学习法

目前，机器学习方法已广泛应用于定量遥感领域以解决病态问题，如 LST 和 LSE 反演。人工神经网络（ANN）方法、支持向量机（SVM）方法等是机器学习方法中最具代表性的方法。

ANN 方法可以同时反演大气参数、地表温度和发射率，可以在给定的模拟数据下学习复杂的模型，并通过类似神经元间连接强度的学习过程来获取目标知识（Mas and Flores, 2008）。Wang 等（2013）利用 ANN 方法从高光谱 TIR 数据中反演地表发射率、地表温度和大气水汽总含量，反演的地表温度的均方根误差 RMSE 约为 1.6K。在 10～14μm 的光谱区间内，地表发射率的均方根误差小于 0.01。大气温度和大气水汽总含量的 RMSE 分别为 2K 和 0.3g/cm^2 左右。

由于 ANN 神经网络具有强大的非线性反演能力，许多学者致力于确定神经网络的输入和隐藏节点数、初始权值、学习率和停止准则。然而，目前还没有通用的 ANN 体系结构，训练数据的大小和代表性将极大地影响 LST 反演的准确性。此外，由于人工神经网络执行起来像黑盒子，因此很难控制反演过程，解释分配给每个输入的权重也很困难。

Motteler 等（1995）发现在物理反演方法中使用 ANN 方法提供初始猜测，可以提高基于物理方法的地表温度反演精度。

16.4 地表温度真实性检验方法

地表温度真实性检验是通过独立的方法对系统输出的温度产品质量进行评估的过程。它的目的是评估反演算法的性能，确定产品的精度和不确定性。未经验证，任何方法和算法反演的地表温度产品都不可靠。对遥感反演的地表温度进行验证，对于评估地表温度产品的精度，了解卫星反演地表温度的潜力和局限性都具有重要意义。考虑到遥感反演地表温度的精度受大气效应校正和发射率校正的影响，因此需要评估 LST 反演的准确性，以便向潜在用户提供有关 LST 产品质量的可靠信息，并向 LST 反演算法的开发人员提供反馈，以便于今后改进。

然而，地表温度的真实性检验是一项非常困难的任务和挑战，原因如下。

1）第一个难点是地表温度、发射率、大气辐射和环境辐射是耦合在一起的，因此测量局域尺度的实测地表温度数据是非常困难的。为了获得参考 LST，必须同时测量大气辐射、环境辐射和 LSE，这是一项既困难又耗时的测量工作。

2）第二个难点是获取像元尺度的 LST，通常一个像元占地面积约几平方千米（MODIS 1km^2，AVHRR 为 1.2km^2），因为景观的时空变异性较大，LST 本身也会发生较大变化。

3）第三个难点是时间采样。地表温度的特点是时间变异性非常大。在几秒钟内，表皮温度可能会因风、阴影等而变化几度。一般来说，地面辐射计通常会在几分钟内完成温度的采集，但是卫星传感器获取数据的时间通常还不到一秒。

虽然 LST 的验证困难重重，但已有不少对不同卫星得到的 LST 产品进行验证的研究，包括 TM/ETM+、ASTER、AVHRR、AATSR、MODIS 和 SEVIRI 数据等（Prata，1994；Wan et al.，2002，2004；Sawabe et al.，2003；Coll et al.，2005，2010，2012；Hook et al.，2005，2007；Sobrino et al.，2007；Sòria and Sobrino，2007；Trigo et al.，2008a，b；Wan and Li，2008；Wan，2008；Hulley and Hook，2009；Sabol et al.，2009；Wang and Liang，2009；Niclòs et al.，2011；Ouyang et al.，2017）。卫星衍生的地表温度验证方法大致可分为四类：基于温度的验证法（T-based）、基于辐射的验证法（R-based）、交叉验证法和时间序列验证法。下面将详细介绍每种方法，并讨论它们的优缺点。

16.4.1 基于温度的验证法

基于温度的验证法是一种传统的基于地面测量数据进行卫星地表温度验证的方法，该方法直接比较卫星反演的 LST 和相应地点的地面温度的实地观测数据（Prata，1994；Slater et al.，1996；Wan et al.，2002；Coll et al.，2005；Pinker et al.，2009）。基于温度（T-based）的验证法实施流程图如图 16.4.1 所示。

地面测量仪器在测试场地上的一个或几个点所观测到的测量值被视为卫星传感器瞬时

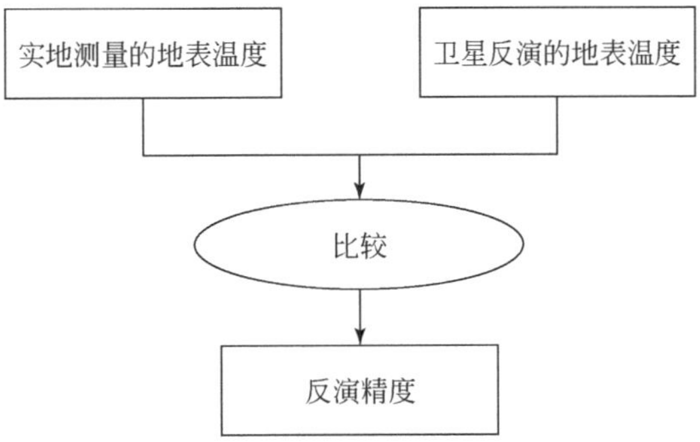

图 16.4.1 基于温度（T-based）的验证法实施流程图

视场上的平均地表温度。该方法要求在一个卫星像元内温度和发射率的空间异质性非常小，以便地面点测量可以与卫星面平均测量进行比较。然而，由于卫星像元（几平方千米）和地面探测器（几平方米或平方厘米）的探测尺度不同，在现场进行 LST 的测量是一项复杂而困难的任务。此外，在千米尺度上，自然土地覆盖及其相应的 LST 和 LSE 值变化较大。Snyder 等（1997）指出，易于测量和表征的均质和平坦表面，包括内陆水域、沙子、雪和冰，这些下垫面可以作为验证的站点（Sobrino et al., 2004c；Coll et al., 2005；Wan, 2008；Guillevic et al., 2012）。地面探测仪器需要测量的区域大小取决于像元内地表的变异性，以及如何将几个“端元”的测量值组合起来从而获得卫星像元的代表值。因为在图像中寻找合适的像元和在地面上进行具有代表性的温度测量存在着一定的困难，所以基于温度的验证方法在实施过程仍然具有很大挑战性。

由于大多数地球表面在卫星像元尺度上是不均匀的，高质量的地面 LST 验证数据是十分稀缺的，仅限于少数几类均匀的表面类型，如湖泊、淤泥滩、草地和在专门活动期间的农田（Wan et al., 2002, 2004；Coll et al., 2005, 2009, 2010）。一旦判定为热均质区域，则地面测量仪器在验证区域内的几个点上测量的平均地表温度就被认为是像元尺度真实的地表温度，并可以与卫星获得的像元尺度上的地表温度进行比较。根据这种方法，许多学者对不同传感器反演的 LST 值进行了验证研究（Wan et al., 2002；Coll et al., 2005, 2009, 2010；Peres et al., 2008；Wan, 2008；Sabol et al., 2009）。

该方法的主要优点是，它提供了卫星传感器的辐射质量的直接评价。然而，基于 LST 的验证的成功关键取决于地面 LST 测量的准确性以及它们在卫星像元尺度上的代表性。因为在白天温度的空间和时间的变化，LST 可能有 10 K 以上的变化，变化的大小取决于地表的性质、太阳照射水平和当地的气象条件，所以 T-based 验证方法往往局限于夜间和均匀地表，如湖泊、茂密的草原和植被覆盖的地区。此外，即使可以进行 LST 的地面测量，但在卫星传感器视场下，特别是在非均匀地表上，将地面点测量进行尺度转换至像元尺度仍然存在问题（Wan et al., 2002, 2004）。只有少数地表类型的像元尺度的 LST 地面测量数据的不确定度在±1K，这些地表类型才适合利用 LST 地面测量数据进行 T-based 验证。现场测量数据的收集也是一项艰巨的任务，往往仅限于短期的专业野外活动。因此，T-based 面向全球尺度的地表温度验证时是一个巨大的挑战。

16.4.2 基于辐射的验证法

基于辐射的验证法（R-based）提供了一种替代传统基于地表温度测量数据的验证方法（Wan and Li，2008；Coll et al.，2012b）。它不需要地面实测的 LST 值，但需要地表发射率光谱和卫星过境时刻验证站点的大气廓线数据（Wan，2008，2014；Wan and Li，2008）。该方法利用卫星数据反演的地表温度、大气廓线和地表发射率作为初始输入参数，利用辐射传输模型模拟卫星过境时刻的大气层顶（TOA）辐亮度。通过比较实测和模拟的 TOA 辐亮度的差值，调整初始 LST 值，重新迭代计算模拟辐射度，直至匹配卫星测量的辐亮度。调整后的地表温度与卫星反演的初始地表温度的差值即为反演地表温度的精度。图 16.4.2 给出了基于辐射的验证法的实施流程图。

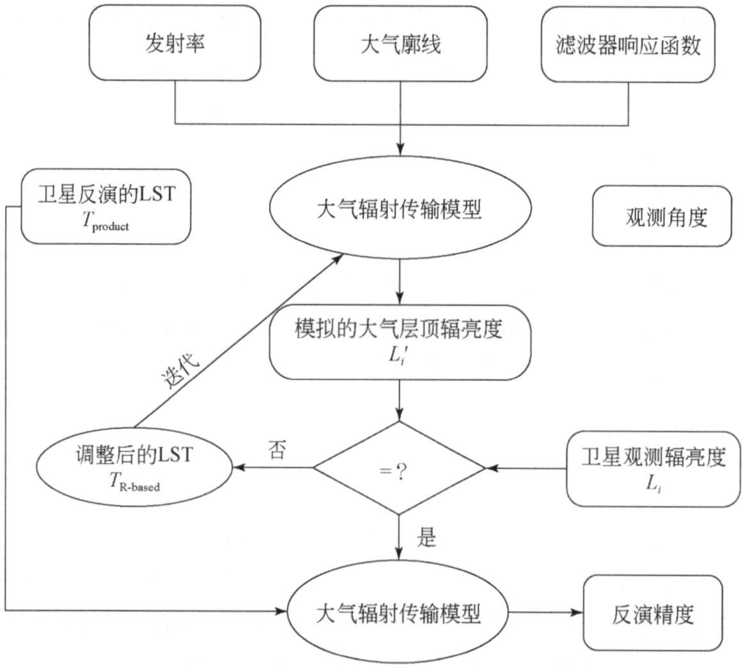

图 16.4.2 基于辐射的验证法实施流程图

R-based 方法不需要实地测量地表温度，因此可以应用于不易进行地面实测的表面（如森林、部分植被覆盖的表面、半干旱地区、沙漠、偏远地区等），并扩展到均匀和非等温表面。R-based 方法的良好性能为在白天和夜间的均匀和非等温表面上验证卫星反演的地表温度值提供了可能性，而这些地方基于 T-based 方法是不可行的。但是，R-based 方法最大的局限性是使用了在像元尺度上测量或反演的发射率，同时，如何检查实际的大气是否真的无云，以及在模拟中使用的大气廓线在多大程度上代表了观测时的实际大气状况也是一大问题（Coll et al.，2012b）。R-based 方法的成功与否取决于大气 RTM、大气廓线和像元尺度 LSE 的精度。所以，这种验证方法应该在更多的验证中进行评估，特别是对不同大气条件下的土壤场景的验证。

16.4.3 交叉验证法

该方法将需检验的地表温度值与其他卫星数据反演的质量良好且经过验证的地表温度值进行交叉验证（Jacob et al., 2004; Trigo et al., 2008a）。如果没有可用的大气廓线或地面 LST 测量，或者基于温度或者辐射的验证法无法实施，那么该技术不失为一种可行的 LST 验证方法。

交叉验证方法使用来自其他卫星的经过良好验证的 LST 产品与有待验证的卫星得到的 LST 进行比较。图 16.4.3 给出了交叉验证法的实施流程图。由于地表温度的时空变化较大，在比较两颗卫星对应的地表温度产品之前，必须进行地理坐标匹配、时间匹配和观测天顶角 VZA 匹配（Trigo et al., 2008a; Qian et al., 2013）。这种方法的主要优点是无须任何地面测量就可以验证地表温度，如果有验证良好的地表温度产品，那么该方法可以在世界任何地方使用。如上所述，该方法的精度对两个 LST 产品的时空匹配误差非常敏感，因此，两次测量之间的时间间隔应尽可能短。考虑到地表发射率也依赖于观测天顶角，且不同观测角度下，两个传感器的像元会覆盖不同区域，包含不同的地表信息，因此，只能使用相同或相近的观测天顶角的像元进行交叉验证。

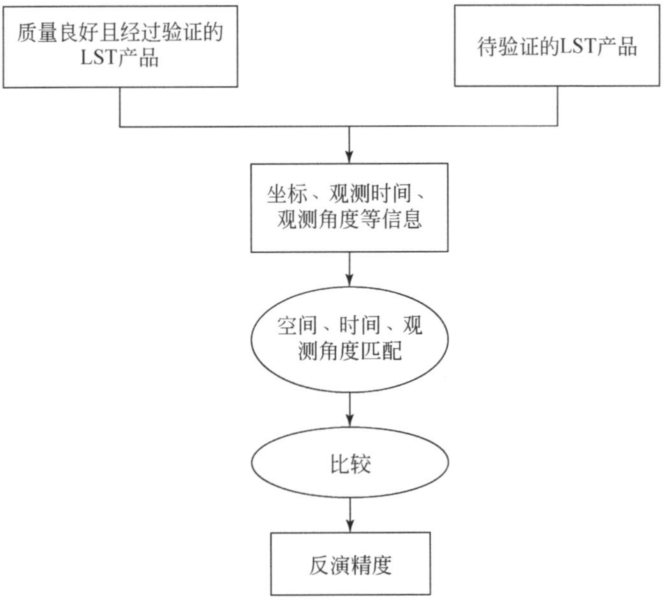

图 16.4.3　交叉验证方法流程图

16.4.4 时间序列验证法

时间序列相互比较方法可用于检测仪器运行期间可能存在的问题，例如校准漂移

（Hook et al.，2007）、一系列不同仪器之间的偏移，或由于未检测到的云而产生的离群值。该方法需要找到较长时间内相对稳定的观测目标，如内陆水体或沙漠（Schneider et al.，2012；Krehbiel and Henebry，2016）。关于监测卫星的 1 级辐射或 LST 产品的许多时间序列验证已经开展，针对了各种传感器，如 ASTER（Hook et al.，2007）、MODIS（Hook et al.，2007），多光谱热成像仪（MTI）（Hook et al.，2005），Landsat（Hook et al.，2004）、VIIRS（Guillevic et al.，2014）和 AATSR（Ouyang et al.，2017）。Barsi 等（2014）最近使用这种方法来量化 Landsat-8 观测到的辐射问题。

LST 产品的时间序列验证可以通过多种方式进行，其方法高度依赖于所使用数据的具体类型。当有足够多可用的且不确定性小的 LST 数据时，就可以使用时间序列分析来量化均匀和稳定地表的 LST 数据的变化。通常，时间序列分析包括时间的可视化分析和测量数据的统计计算，这可以采用趋势分析和统计建模技术进行。

虽然时间序列分析可以验证一段时间内稳定目标的长期 LST 变化趋势，进而可以估计潜在的校准漂移或仪器的其他问题，但是验证时，必须注意区分与仪器有关的问题，如校准漂移、目标地点或大气的实际物理变化。此外，该方法还应考虑有效数据的数据量和质量等细节。

第17章　地表蒸散遥感估算

蒸散（ET）是地表水热通量研究中的核心内容之一，包括土壤或水面蒸发（evaporation）和植物蒸腾（transpiration），是土壤-植被-大气系统中一项非常重要的能量、物质转换和输送过程。

太阳辐射作为地表的能量源，到达陆地表面后，部分用于植物光合作用，部分以显热和潜热的形式返回到大气中。蒸散不仅是热量平衡的重要分量，也是水分平衡的重要组成部分。降落到地球表面的降水有60%以上通过蒸发或蒸腾作用回到大气中，在干旱区可达到90%（L'vovich et al，1990）。有研究表明，地表热源的非均匀分布对气候的形成有直接的影响，其中下垫面的潜热是影响大气环流的外热源之一。同时，蒸散也最容易受土地利用和气候变化的影响，准确地测定和估算蒸散量对研究全球气候变化、水资源评价以及指导农业排水与灌溉、监测农业旱情、提高农业水资源利用率等方面有着重要的意义。蒸散也是深入研究自然界中各种水（降水，地表水，土壤水，地下水）之间相互交替、演变的重要内容，是解决水资源组成、计算、调节运用的关键因素之一。另外，陆面蒸散还是短期洪水预报和产流量计算的重要内容，在气候、水文及其预测研究中占有重要地位。

传统的蒸散估算主要基于气象站点观测数据，起初只限于斑块尺度陆面过程的研究，如农田、草原和森林生态系统内部的研究，这些研究的主要目标是调查土壤-植被-大气界面能量、水的垂直交换情况，在这个尺度上已发展了许多方法以计算及观测近地层水分及热量的湍流输送，如波文比-能量平衡法（BREB）、涡度相关法、空气动力学方法、廓线梯度迭代法等。随着流域水文及全球变化研究的需要，我们更多的是需要了解流域、区域或全球尺度上的蒸散和水热交换过程。卫星遥感技术的出现和发展，为准确估算区域蒸散量带来了新的途径。遥感信息可反映土壤-植被-大气系统的界面能量信息、土壤和植物水分信息、下垫面的几何结构信息等。这些信息的获取，使得遥感方法在非均匀陆面区域蒸散量的计算方面显示出比常规的气象学方法明显的优越性。本章将在简单介绍蒸散的地面观测方法基础上，重点介绍几种常用的地表蒸散遥感估算方法。

17.1　蒸散地面测定方法

蒸散的地面测定方法主要包括称重法、波文比-能量平衡法、空气动力学法、涡度相关法、大孔径闪烁仪等。

17.1.1　称重法

称重法是一种基于水量平衡原理的地表蒸散观测方法，代表性仪器有蒸渗仪

(lysimeter)。蒸渗仪是一种设在田间或温室内装满土壤的大型仪器，仪器中的土壤表面可裸露也可种植各种作物，用于在水文循环过程中测定和推求水分下渗、径流、浅层地下水蒸发和作物蒸散等因素的变化过程。

蒸渗仪测量实际作物（裸地）的蒸散量是以水量平衡原理为基础的。对于单个被分离的土柱，水量平衡方程为

$$P+I+G=\mathrm{ET}+R_i+R_s+D\pm\Delta S \tag{17.1.1}$$

式中，P 为降水量；I 为灌溉水量；G 为地下水流通量；ET 为作物蒸散量；R_i 为土体壤中流；R_s 为地表径流；D 为深层渗漏量；ΔS 为土柱中土壤水分的前后变化量。称重法通过精确测量式（17.1.1）中其他各项，从而推求 ET，单位均折算为 mm 水深（佘映军等，2020）。

17.1.2 波文比–能量平衡法

Bowen（1926）提出利用地表能量平衡方程计算蒸发。它的基础是近地层能量平衡方程

$$R_n=H+\lambda E+G \tag{17.1.2}$$

式中，R_n 是净辐射，由辐射仪测得，是地表净短波和净长波之和，正值为下，负值为上；G 是土壤热通量，由热流板测量，是通过热传导的方式，从地球表面向地下传输的能量，向下传输为正，向上传输为负；H 是显热通量，是指由于温度变化而引起的大气与下垫面之间发生的湍流形式的热交换，向上为正，向下为负；λE 是潜热通量（λ 为水的汽化潜热，E 为蒸散），是地球表面向大气输送的热通量，与地球表面水分蒸发、植被蒸腾过程，以及对流层的凝结过程有关，向上为正，向下为负。

根据波文比（β）概念

$$\beta=\frac{H}{\lambda E}=\frac{c_p P}{\varepsilon\lambda}\frac{\Delta T}{\Delta e} \tag{17.1.3}$$

式中，ε 为水汽分子与干空气分子的重量比（$\varepsilon\approx0.622$）；P 为大气压，hpa；λ 为水的汽化潜热，kJ/kg；Δe 为两个高度的水汽压差，hpa；ΔT 为两个高度的气温差，℃。

根据实测的净辐射、土壤热通量和波文比，可以求得 H 和 λE 值

$$H=\frac{\beta(R_n-G)}{1+\beta} \tag{17.1.4}$$

$$\lambda E=\frac{R_n-G}{1+\beta} \tag{17.1.5}$$

波文比–能量平衡法作为一种小气候方法，操作简单，灵活，造价相对较低，只需要能保证气象要素持续的测量，有两个高度测量气温和水汽压，对环境的限制较小，被广泛应用于测定作物显热通量和潜热通量。

17.1.3 空气动力学法

能量和物质的输送过程受各种物理属性（如风速、温度、水汽量）的垂直梯度大小所

制约，输送通量的大小取决于各要素梯度的大小和大气的传导性。空气动力学方法是通过描述近地面层气流的空气动力学特性，根据风速、温度和湿度的梯度和廓线方程来计算地表显热及潜热通量。Thornthwait 和 Holzman（1944）利用边界层相似理论计算显热通量和潜热通量。计算公式为

$$H=-\rho C_p K^2 \ (z-d)^2 \ \frac{\partial T \partial u}{\partial z \ \partial z}(\Phi_m \ \Phi_h)^{-1} \tag{17.1.6}$$

$$\lambda E=-\rho\lambda \ K^2 \ (z-d)^2 \ \frac{\partial e \partial u}{\partial z \ \partial z}(\gamma \ \Phi_m \ \Phi_w)^{-1} \tag{17.1.7}$$

式中，ρ 为空气密度；C_p 为空气定压比热；K 为 Karman 常数，$K=0.4$；z 为有效高度，m；d 为零平面位移高度，m；e、u、T 为实际水汽压、风速和气温；Φ_m、Φ_h、Φ_w 为风速、温度和湿度的通用函数；γ 为干湿表常数。

空气动力学法在近地面湍流通量的计算中，以理论成熟，代表性好等优点被广泛应用。

17.1.4 涡度相关法

Swinbank（1955）提出用涡度相关技术直接测量并计算蒸散量。涡度相关仪（图 17.1.1）可对近地层湍流中的风速、温度、空气湿度和 CO_2 等的脉动进行快速准确观测，每秒钟采样 10 次或更高，连续采样 10 分钟到 1 小时就可以覆盖近地层通量输送有贡献的主要湍流。由采样所得风、温、湿等脉动值计算脉动量的协方差，进而可以观测湍流各通量，显热通量与潜热通量的计算公式为

$$H=-\rho C_p \ \overline{w'T'} \tag{17.1.8}$$

$$\lambda E=-\rho\lambda \ \overline{w'q'} \tag{17.1.9}$$

式中，ρ 是空气密度；C_p 为空气压比热；T'、q'、w'分别是温度、湿度和垂直风速脉动量。

图 17.1.1　涡度相关法测量水、热、碳通量

涡度相关技术可直接测定大气边界层内植被–大气之间水、热及 CO_2 通量过程，在国际

上被广泛应用。其测量范围随仪器架设高度、大气稳定度、风向、风速等的不同而变化。

17.1.5 大口径闪烁仪

大口径闪烁仪（LAS），可以测量几百米到几千米范围内的平均显热通量，进而推算潜热及蒸散量。

LAS 的测量尺度与气象模型模拟的尺度以及卫星遥感的像元尺度相匹配。LAS 测量的原理是，光在湍流大气中传播，由于空气温度、湿度和压强的波动引起大气折射率发生变化，从而导致光束的频率、振幅、强度等出现了无规则的变化，产生了所谓的“光闪烁”现象，LAS 就是根据接收光强变化的信号确定空气折射率结构参数 C_n^2（张功等，2018）。对可见光或近红外波段的闪烁而言，假如温度和湿度的波动强相关，温度结构参数 C_T^2 与 C_n^2 的关系如下

$$C_T^2 = C_n^2 \left(\frac{T^2}{\gamma P}\right)^2 \left(1+\frac{0.03}{\beta}\right)^{-2} \tag{17.1.10}$$

式中，T 为平均气温，K；P，大气压，Pa；γ 是折射系数参数；β 是波文比。

显热通量 H 通过迭代过程从 C_n^2 和平均风速 u 计算得到，过程如下。

首先定义温度尺度（T_*）

$$T_* = \frac{H}{\rho C_p u_*} \tag{17.1.11}$$

式中，ρ 为空气密度；C_p 为定压比热；u_* 为摩擦速度。将 C_n^2 写成量纲为 1 的形式

$$\frac{C_T^2}{T_*^2 z^{-2/3}} = f(z/L) \tag{17.1.12}$$

式中，z 为经零平面位移高度修正后的高度；L 为莫宁-奥布霍夫长度。

假定一个初始 β 值，结合以上三个方程，迭代计算得到 H（卢俐等，2005）。然后根据能量平衡方程，利用余项法得出潜热通量 λE

$$\lambda E = R_n - G - H \tag{17.1.13}$$

式中，R_n 是净辐射，G 是土壤热通量。

17.2 地表蒸散遥感估算方法

利用遥感数据可以反演与地表能量平衡和植被长势等有关的参数（如地表温度、地表反照率、植被指数等）参数，这些参数可用于区域蒸散的估算，国内外已建立了多种遥感模型用于蒸散估算。遥感估算区域蒸散的方法主要分为：经验统计模型、地表能量平衡模型、Penman-Monteith 模型、温度-植被指数特征空间法等。

17.2.1 经验统计模型

经验统计模型将站点通量观测数据与遥感数据相结合，直接拟合蒸散与遥感参量（如

地表温度、植被指数等）的回归关系，然后估算区域蒸散。

Jackson 等（1977）在对小麦的研究中，认为在地表完全覆盖的情况下，一天 24 小时内土壤热通量可以忽略不计，日蒸散量可由正午时刻瞬时地表温度与空气温度差之间的经验关系估算

$$\mathrm{ET}=R_n+B(T_a-T_s) \tag{17.2.1}$$

式中，ET 是日蒸散量；B 是半经验系数；T_a 和 T_s 分别是空气和地表温度。只需通过热红外遥感资料确定地表温度就可得到地表蒸散值。

Seguin 和 Itier（1983）对这个模型进行了理论分析。由能量平衡方程可知，日潜热（λE_d）与瞬时潜热（λE_i）可表示如下

$$\lambda E_d=R_{nd}-G_d-H_d \tag{17.2.2}$$

$$\lambda E_i=R_{ni}-G_i-H_i \tag{17.2.3}$$

式中，下标 d 表示日总量；i 表示瞬时值。Seguin 和 Itier 认为，在晴天，显热通量占净辐射的比例在一天中可近似为一个常数，因此

$$H_d/R_{nd}=H_i/R_{ni} \tag{17.2.4}$$

$$H_d=H_i\times R_{nd}/R_{ni}=H_i\times C \tag{17.2.5}$$

在晴天条件下，净辐射的日总量与正午时的瞬时值之比是常数，即 C 是常数。从而日蒸散

$$\begin{aligned}\lambda E_d&=R_{nd}-G_d-H_d\\&=R_{nd}-G_d-H_i\times C\\&=R_{nd}-G_d-\rho C_p(T_s-T_a)/r_a\times C\end{aligned} \tag{17.2.6}$$

式中，ρ 是空气密度；C_p 是定压比热；r_a 是空气动力学阻抗。假定 $A=G_d$，$B=\rho C_p/r_a\times C$，经变换得到

$$\lambda E_d=R_{nd}+A+B(T_s-T_a) \tag{17.2.7}$$

这个模型的缺点在于只适用于地表植被完全覆盖的情况，并且该模型是基于晴天的结果，由于日蒸散值是由瞬时的表面温度与气温的差值确定的，而在多云天由于瞬时蒸散变化比较大，所以用这种模型进行估计也会造成误差。

此后，许多学者发展了不同的经验公式用于计算蒸散。Bella 等（2000）利用 AVHRR 数据拟合了日蒸散量与 NDVI 和地表温度的经验关系。Wang 等（2008）结合昼夜地表温差反映土壤水分对蒸散的影响，建立了净辐射、植被指数、温度、土壤湿度与蒸散量之间的经验关系，并运用到全球尺度的蒸散量估算。近些年来，机器学习（machine learning）方法也被用于地表蒸散的估算，如 Jung 等（2010）利用遥感 FAPAR 数据、植被类型、气象数据（如气温、降水、大气顶辐射）及气候数据（年平均气温、降水量、水平衡、潜在蒸发、日照时数、相对湿度、湿日数等），利用集成回归树（model tree ebsemble）方法，构建了蒸散估算模型，并估算了 1982～2008 年全球地表蒸散。

经验统计模型的优点主要在于简单易行，但是由于经验统计模型在很大程度上依赖于地表观测数据，会影响到其普适性。

17.2.2 能量平衡余项法

不考虑由平流引起的水平能量传输，地表单位面积上垂直方向净收入能量分配形式主要包括：用于大气升温的显热通量（H），用于水在相态转换时（如蒸发、凝结、升华、融化等）所需的潜热通量（λE）以及用于地表加热的土壤热通量（G），还有一部分消耗于植被光合作用和新陈代谢活动引起的能量转换和植被组织内部及植被冠层空间的热量贮存，这部分比测量主要成分的误差还小，因而常常忽略不计。地表能量平衡方程可表示为

$$R_n = \lambda E + H + G \tag{17.2.8}$$

由于用于计算潜热通量的水汽含量不易从遥感资料获取，因而无法直接通过遥感数据计算地表蒸散。而能量平衡方程中其余三项可结合遥感技术确定，因此潜热通量（蒸散）可通过先估算净辐射、土壤热通量及显热通量，由余项法最后确定。

地表净辐射通量是地表面能量、动量、水分输送与交换过程的主要能源。它指地表面净得的短波辐射与长波辐射的和，即地表辐射能量收支差额，正值为向下，负值为向上。通常净辐射白天为正，夜间为负，除高海拔地区等的极端状况，日净辐射为正值。净辐射可以结合遥感资料及气象观测资料确定，其形式如下

$$\begin{aligned} R_n &= R_{sd} - R_{su} + R_{ld} - R_{lu} \\ &= R_s - \alpha R_s + \varepsilon_a \sigma T_a^4 - \varepsilon_s \sigma T_s^4 \\ &= (1-\alpha) R_s + \sigma(\varepsilon_a T_a^4 - \varepsilon_s T_s^4) \end{aligned} \tag{17.2.9}$$

式中，R_{sd}是向下短波辐射，即地表入射太阳辐射 R_s；R_{su}是向上短波辐射，为地表反射的太阳辐射 αR_s；α 是地表反照率；R_{ld}是向下长波辐射，即大气向下发射的长波辐射；R_{lu}是向上长波辐射，即地表发射的长波辐射；ε_a 大气的比辐射率；ε_s是地表的比辐射率；σ是斯蒂芬-玻尔兹曼常数（$5.678\times10^{-8}\mathrm{W/(m^2 \cdot K^4)}$）；$T_a$ 和 T_s分别是气温和地表温度。地表反照率可由遥感可见光/近红外数据确定，地表比辐射率可结合遥感植被指数确定，地表温度由遥感热红外通道数据确定。

土壤热通量 G 与 R_n 之间有很好的经验关系，因此可以用它们之间的比值关系确定土壤热通量，为了估算更精确，也可以考虑地表反射率及植被覆盖度的影响。例如在 SEBS 模型中，G 用下式估算（Su，2002）

$$G = R_n \cdot [\Gamma_c + (1-f_c)(\Gamma_s - \Gamma_c)] \tag{17.2.10}$$

式中，Γ_c 是完全覆盖地表土壤热通量占净辐射比率，Γ_s 是裸地土壤热通量占净辐射比率，f_c 是植被覆盖度，可由植被指数确定。

知道了净辐射和土壤热通量，确定潜热通量或者蒸散量的关键在于如何较准确地确定显热通量 H。以上式为基础，目前已有许多方法用于估算蒸散。

17.2.2.1 单层模型

单层模型又称大叶模型，是最早用来定量描述陆面辐射、热量、物质等转化过程的模型，在气候学的模拟中有广泛的应用，在陆面模式中发挥着重要的作用。单层模型将有植被覆盖的地表模拟成一片很大的叶子，次级的结构和特征都被忽略，这片叶子的温度、含

水量、辐射等量就代表整个表面相应的物理量，并与外界空气交换动量、热量和水汽，其应用前提是局地范围内下垫面是单一、均匀和密闭的植被。

单层模型首先由空气动力学阻抗及表面温度与气温的差值确定显热通量，然后由能量平衡方程的余项计算蒸散量。计算显热通量的公式为（Troufleau et al., 1997）

$$H=\rho C_p\frac{T_{\text{aero}}-T_a}{r_a} \tag{17.2.11}$$

$$r_a=\frac{1}{\kappa^2 u}\left[\ln\left(\frac{z-d_0}{z_{0m}}\right)-\psi_m\right]\left[\ln\left(\frac{z-d_0}{z_{0h}}\right)-\psi_h\right] \tag{17.2.12}$$

式中，ρ 是空气密度；C_p 是空气定压比热；T_{aero} 为空气动力学温度；T_a 为参考高度处的空气温度；r_a 是空气动力学阻抗；z 是参考高度；z_{0m} 和 z_{0h} 分别表示动量粗糙度和显热交换粗糙度；d_0 表示零平面位移，其中 z_{0m} 和 d_0 可通过植被冠层高度和叶面积指数等确定，z_{0h} 可通过其与动量粗糙度 z_{0m} 的经验关系确定；κ 表示卡门常数；u 是风速；Ψ_m 和 Ψ_h 分别是热量和动量的稳定度校正项。

空气动力学温度是气温廓线向下延伸到冠层热量源（汇）得的空气温度，可以通过将对数气温廓线外推到 d_0+z_{0h} 高度上得到（Kalma et al., 2008）。由于空气动力学温度无法用遥感方法获取，只能用热红外波段探测得到的地表辐射温度（或地表温度）T_s 代替

$$H=\rho C_p\frac{T_s-T_a}{r_a} \tag{17.2.13}$$

地表辐射温度是植被冠层几何结构、温度垂直廓线和土壤表面温度的函数，并会受到比辐射率、太阳高度角和视场大小等因素的影响。研究表明，空气动力学温度与地表辐射温度在植被茂密地区相差 2℃ 左右，而在植被稀疏地区相差可达 10℃ 或更大（Kalma et al., 2008）。

由于无法解释空气动力学温度与遥感获得的地表辐射温度之间的差异问题，使得单层模型在植被稀疏地区的模拟效果较差。主要用两种方法来对这一差异进行订正，一是直接调整空气动力学温度与遥感地表辐射温度的差异；二是调整空气动力学阻抗，弥补空气动力学温度与遥感地表辐射温度差异所造成的误差（张荣华等，2012）。

由于用地表温度取代空气动力学温度会产生误差，空气动力学温度确定又很困难，Chehbouni 等（1997）提出用地表辐射温度 T_s 替代 T_{aero} 的关系式

$$T_{\text{aero}}-T_a=\frac{1}{\exp[A/(A-\text{LAI})]-1}(T_s-T_a) \tag{17.2.14}$$

式中，A 是一个与植被类型和结构有关的经验参数，Chehbouni 等（1997）通过回归方法取其值为 1.5；LAI 为叶面积指数。

由于用地表辐射温度与空气动力学阻抗直接计算显热会带来误差，Kustas 等（1989）通过增加一个附加阻抗 r_x 来减小误差，模型中显热通量形式如下

$$H=\rho C_p\frac{(T_s-T_a)}{r_a+r_x} \tag{17.2.15}$$

$$r_x=kB^{-1}\frac{1}{\kappa^2 u}\left[\ln\left(\frac{z-d_0}{z_{0m}}\right)-\psi_m\right] \tag{17.2.16}$$

式中，$kB^{-1}=\ln(z_{0m}/z_{0h})$，Kustas 等（1989）发现 kB^{-1} 也可用下面的经验表达式表示

$$kB^{-1}=S_{kb}u(T_s-T_a) \tag{17.2.17}$$

S_{kb}是一个介于 0.05 ~0.25 的常数。

17.2.2.2　二源阻抗模型

二源阻抗模型又称双层模型，在计算显热通量时，对土壤与植被的显热交换分别考虑，地表显热通量是土壤与植被显热通量之和。

(1) 串联模型

Shuttleworth 等（1985）提出了经典双层模型，在理论上是单层模型的一种延伸，其基本思想是，水汽和热量的两个源互相叠加，相互耦合，底层的水与热量只能通过顶层离开或进入，从整个冠层发散的总显热通量是各层显热通量的总和，也称为串联模型（series model）[图 17.2.1（a）]，是在理想状态下对土壤和植被相互关系的一种表达。双层模型可以分别得到土壤蒸发和植被蒸腾，是理论上的一大进步，解决了空气动力学温度和地表辐射温度的差异问题，在植被稀疏地区，蒸散模拟效果要优于单层模型（Kustas，1990）。

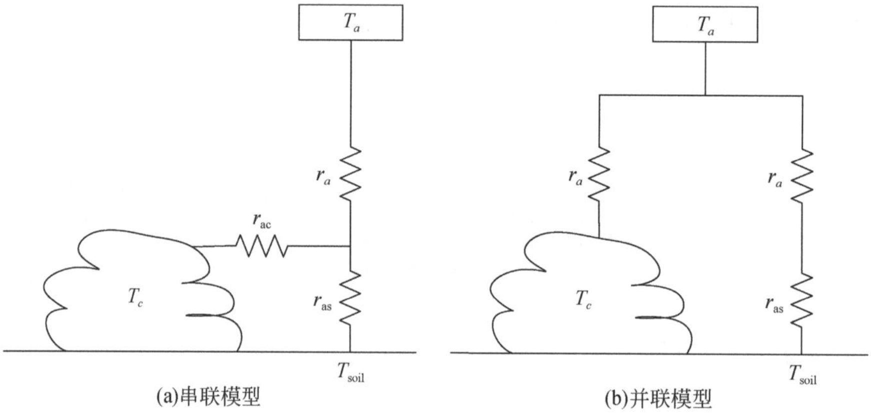

图 17.2.1　串联模型与并联模型热量传输阻抗示意图

注：T_a、T_c与T_{soil}分别是气温、植被冠层表面温度和土壤表面的温度；r_{ac}是叶片边界层阻抗；r_{as}是土壤表面与冠层之间的空气动力学阻抗；r_a 是空气动力学阻抗

Lhomme 等（1994a）经过对复杂的二源模型简化得到用遥感资料计算显热通量的方法

$$H=\rho C_p \frac{[(T_s-T_a)-c(T_{soil}-T_c)]}{r_a+r_e} \tag{17.2.18}$$

$$r_e=\frac{r_{ac}r_{as}}{r_{ac}+r_{as}} \tag{17.2.19}$$

式中，ρ 为空气密度；C_p 为空气定压比热；r_{ac}是叶片边界层阻抗；r_{as}是土壤表面与冠层之间的空气动力学阻抗；c 是一个半经验系数；T_c 与 T_{soil}分别是植被冠层表面和土壤表面的温度；T_s 是表面辐射温度，由植被表面和土壤表面温度共同决定。r_{ac}与 r_{as} 的大小如下（Choudhury and Monteith，1988）

$$r_{as}=\frac{h_c\exp(\alpha)}{\alpha K_h}\left\{\exp\left(\frac{-\alpha z_{0s}}{h_c}\right)-\exp\left[\frac{-\alpha(d_0+z_{0m})}{h_c}\right]\right\} \tag{17.2.20}$$

$$r_{\mathrm{ac}}=\frac{50\alpha}{\mathrm{LAI}[1-\exp(-\alpha/2)]}\left(\frac{\omega}{u_h}\right)^{1/2} \tag{17.2.21}$$

式中，ω 是叶片宽度；z_{0s}是土壤表面的动力学粗糙度；h_c是作物冠层高度；u_h是在作物高度的风速；K_h是在作物高度的涡度扩散系数；α 是冠层内涡度扩散和风速阻尼系数。

$T_{\mathrm{soil}}-T_c$不容易由遥感资料求得，后来 Lhomme 等（1994）发现它与 T_s-T_a 之间存在线性关系（1994b）

$$T_{\mathrm{soil}}-T_c=a_1+b_1(T_s-T_a) \tag{17.2.22}$$

式中，a_1 和 b_1 是经验系数，$a_1=0.76$，$b_1=1.0$。

（2）并联模型

由于串联模型的计算中需要对组分温度进行分解，而且冠层内部阻抗十分复杂，Norman 等（1995）在经典双源模型的基础上，考虑行播作物覆盖不均匀的特点，提出了并联模型（parallel model）。该模型的特点是：假设土壤通量和冠层通量互相平行，土壤与冠层各自独立与空气进行湍流交换［图 17.2.1（b）］。

首先，像元辐射温度 T_s 可以分解为土壤温度 T_{soil}与冠层温度 T_c

$$T_s=[f_cT_c^4+(1-f_c)T_{\mathrm{soil}}^4]^{1/4} \tag{17.2.23}$$

$$f_c=1-\exp(-0.5\mathrm{LAI}) \tag{17.2.24}$$

式中，f_c 是植被覆盖度。

显热通量 H 可分解为植被冠层显热通量H_c 与土壤显热通量H_{soil}

$$H=H_c+H_{\mathrm{soil}}=\rho C_p\left(\frac{T_c-T_a}{r_a}+\frac{T_{\mathrm{soil}}-T_a}{r_a+r_{\mathrm{as}}}\right) \tag{17.2.25}$$

式中，r_{as}是土壤表面到冠层的阻抗，可由风速估算。

土壤热通量可由土壤表面的净辐射 $R_{n\mathrm{soil}}$估算

$$G=0.35R_{n\mathrm{soil}} \tag{17.2.26}$$

$$R_{n\mathrm{soil}}=R_n\exp[0.9\ln(1-f_c)] \tag{17.2.27}$$

潜热通量 λE 则由余项法确定

$$\lambda\mathrm{E}\approx R_n-H-G \tag{17.2.28}$$

如果 $\lambda\mathrm{E}\leqslant 0$，使 $\lambda\mathrm{E}=0$，并调整土壤热通量 G 值使能量平衡公式［式（17.2.28）］成立。

为了利用双层模型估算地表蒸散，需先确定冠层和土壤的温度，Norman 等（1995）先结合 Priestly-Taylor 公式（Priestly and Taylor，1972）近似确定冠层温度 T_c。在假设植被供水充足情况下，由 Priestly-Taylor 公式计算植被冠层潜热通量（$\lambda\mathrm{E}_c$）

$$\lambda\mathrm{E}_c=1.3f_g\frac{\Delta}{\Delta+\gamma}R_{n\mathrm{canopy}} \tag{17.2.29}$$

式中，Δ 是温度饱和水汽压曲线斜率；γ 是干湿表常数；f_g 是叶面积指数绿色比例，如果 f_g 值无法获取，可假定为 1；$R_{n\mathrm{canopy}}$是冠层净辐射

$$R_{n\mathrm{canopy}}=R_n-R_{n\mathrm{soil}}=R_n-R_n\exp[0.9\ln(1-f_c)] \tag{17.2.30}$$

式中，0.9 是在假设叶片位置随机、角度分布为椭圆形，且土壤净辐射的消光系数为 0.45 时获得的系数。

冠层显热通量是冠层净辐射 $R_{n\mathrm{canopy}}$与冠层潜热通量之差 $\lambda\mathrm{E}_c$，因此

$$H_c=\rho C_p\frac{T_c-T_a}{r_a}=R_{n\text{canopy}}\left[1-1.3f_g\frac{\Delta}{\Delta+\gamma}\right] \quad (17.2.31)$$

利用上式可计算得到 T_c 初始值，并由公式（17.2.23）反推得到 T_{soil}。但这两个值可能并不能使能量平衡公式成立，因此需进一步通过以下步骤计算额外的通量，以使土壤和冠层能量平衡成立。

土壤显热通量为

$$H_{\text{soil}}=\rho C_p\left(\frac{T_{\text{soil}}-T_a}{r_a+r_{\text{as}}}\right) \quad (17.2.32)$$

土壤蒸发 λE_s 为

$$\lambda E_s\approx R_{n\text{soil}}-H_{\text{soil}}-G \quad (17.2.33)$$

如果土壤蒸发为正，则土壤和冠层能量通量的求解过程即告结束。但如果土壤蒸发为负，需通过迭代过程继续求解 T_c 和 T_{soil}。

土壤蒸发为负，说明土壤很可能是干的，因此使 $\lambda E_s=0$，并分别由式（17.2.33）、式（17.2.32）、式（17.2.23）重新计算 H_{soil}、T_{soil} 和 T_c，再根据下式重新计算 H_c 和 λE_c

$$H_c=\rho C_p\frac{T_c-T_a}{r_a} \quad (17.2.34)$$

$$\lambda E_c=R_{n\text{canopy}}-H_c \quad (17.2.35)$$

用式（17.2.35）替换掉 Priestly-Taylor 公式［式（17.2.29）］计算的结果，使得蒸腾小于潜在蒸腾。如果 $H_c>R_{n\text{canopy}}$，使 $\lambda E_c=0$，$H_c=R_{n\text{canopy}}$，再分别由式（17.2.34）、式（17.2.23）、式（17.2.32）重新计算 T_c、T_{soil} 和 H_{soil}，由于 $\lambda E_s=0$，可由式（17.2.33）重新计算得到 G。这个迭代过程会使 T_c 和 T_{soil} 满足土壤和冠层的能量平衡。

双层模型存在的主要问题是组分温度信息获取不充分，张仁华等（2004）结合地表温度—植被指数特征空间模型，分别求解了土壤和植被组分的温度、能量以及反照率等参数，提出了一个可操作的双层模型——像元排序对比法（PCACA）。Zhang 等（2008）在此模型的基础上，进一步消除非土壤水分因素对地表温度的影响，使模型更加趋于完善。

能量平衡余项法具有较好的物理基础，但所需参数众多，尤其需要遥感数据与气象观测数据相结合。气象数据是单点连续时间观测，而遥感数据是空间范围瞬时观测，在以能量平衡余项法为基础的算法中，气象要素的空间插值是其永远无法回避的难点，尤其对于空气温度在空间插值所带来的误差可能会远远大于遥感地表温度反演误差，这会造成显热计算过程中的较大误差。气象要素是异常复杂多变的，如何将气象数据更准确的空间化，也是人们在努力克服的问题。另外，能量平衡余项法中还涉及一系列微气象参数，动力学粗糙度、热力学粗糙度等，遥感技术在获取这些参数时只能采用经验方法，这些都会影响到蒸散的估算精度。

17.2.3 地表能量平衡指数法

Menenti 和 Choudhury（1993）提出地表能量平衡指数 SEBI

$$\mathrm{SEBI}=\frac{\frac{(T_s-T_a)}{r_a}-\frac{(T_s-T_a)_w}{r_{\mathrm{aw}}}}{\frac{(T_s-T_a)_d}{r_{\mathrm{ad}}}-\frac{(T_s-T_a)_w}{r_{\mathrm{aw}}}} \tag{17.2.36}$$

式中，r_a 是空气动力学阻抗；r_{ad}，r_{aw} 分别表示在极干和极湿情况下的空气动力学阻抗；$(T_s-T_a)_d$ 和 $(T_s-T_a)_w$ 则表示在下垫面极干和极湿情况下的地气温差。下面以地表能量平衡系统（SEBS）模型为例说明 SEBI 如何用于地表蒸散的估算。

SEBS 模型是由 Su（2002）提出的，其理论基础是用于计算热量粗糙度的动力学模型、大气总体相似性理论以及 Monin-Obukhov 相似性理论。SEBS 模型主要是利用大气边界层（PBL）的气象要素，从而尽可能避免近地层气象要素的复杂多变，其优点在于控制了由地表温度和气象数据误差带来的不确定性，在区域蒸散估算中得到了较为广泛的应用（图 17.2.2）。

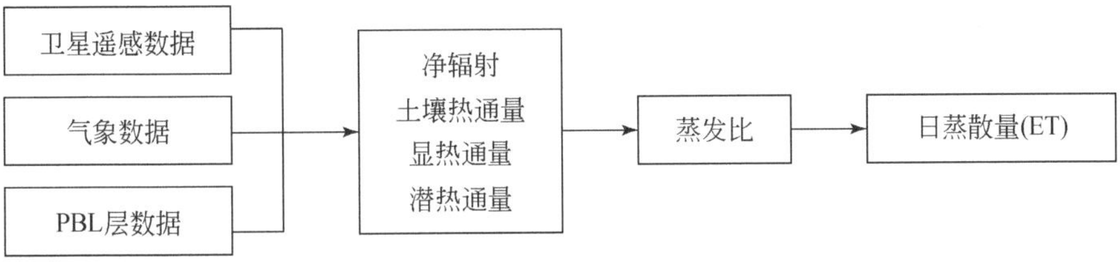

图 17.2.2　SEBS 流程简图

在 SEBS 模型中，首先定义了相对蒸发比（Λ_r，实际蒸散与潜在蒸散的比值）

$$\Lambda_r=\frac{\lambda \mathrm{E}}{\lambda \mathrm{E}_p}=1-\mathrm{SEBI}=1-\frac{H-H_w}{H_d-H_w} \tag{17.2.37}$$

式中，H 是显热通量；H_d 和 H_w 分别是极干和极湿情况下的显热通量。

H、H_d 和 H_w 分别通过如下方程计算

$$H=\rho C_p\frac{T_s-T_a}{r_a} \tag{17.2.38}$$

假设在极干的情况下，蒸发为零，而显热 H_d 达到最大值

$$H_d=R_n-G \tag{17.2.39}$$

在极湿的情况下，蒸发达到最大，显热 H_w 达到最小

$$H_w=R_n-G-\lambda \mathrm{E}_w=\left[(R_n-G)-\frac{\rho C_p}{r_{\mathrm{aw}}}\frac{e_s-e_a}{\gamma}\right]\Big/\left(1+\frac{\Delta}{\gamma}\right) \tag{17.2.40}$$

式中，γ 是干湿表常数；Δ 是温度饱和水汽压曲线斜率；e_a 是空气水汽压；e_s 是温度 T_s 下的饱和水汽压。结合奥布宁霍夫长度、摩擦风速及显热通量计算公式迭代求解，求得动力学阻抗 r_a 和 r_{aw}，并进而计算得到显热通量 H、H_d、H_w。

为了计算潜热通量，先由相对蒸发比 Λ_r 计算蒸发比 Λ

$$\Lambda=\frac{\lambda \mathrm{E}}{R_n-G}=\frac{\Lambda_r\cdot\lambda \mathrm{E}_w}{R_n-G} \tag{17.2.41}$$

潜热通量则由蒸发比方程计算

$$\lambda E = \Lambda \cdot (R_n - G) \quad (17.2.42)$$

在假定蒸发比例在一日当中不变的情况下，可由瞬时蒸发比例结合日总可利用能量计算得到日蒸散值

$$E_d = 8.64 \times 10^7 \times \Lambda \times \frac{R_{nd}}{\lambda \rho_w} \quad (17.2.43)$$

式中，E_d 为日蒸散量；Λ 为蒸发比；ρ_w 为水的密度；R_{nd}为日净辐射；λ 为水的汽化潜热。

17.2.4 温度-植被指数特征空间法

地表温度和植被指数在二维散点图中会形成类似三角形或梯形的形状。20 世纪 80 年代开始，许多学者对这一现象的物理机制进行了研究，发现地表温度和植被指数之间的时空对应关系与地表植被覆盖和土壤水分状况等参数有着非常密切的联系。Carlson 和 Buffum（1989）基于一维边界层模型研究温度-植被指数（T_s-Ⅵ）特征空间，发现地表土壤水分的变化可以通过特征空间中的等值线来描述。而地表的干湿状况很大程度上决定着地表蒸散，下垫面湿润地区蒸发量较大，干旱地区蒸发量较小，T_s-Ⅵ空间实际是对这一关系的高度简化，以简单的线性关系来描述地表温度、植被覆盖以及土壤湿度三者之间的相互关系，进而计算地表通量。

Sandholt 等（2002）在前人研究的基础上，将 T_s-NDVI 空间简化为三角形（图 17.2.3），提出了温度植被干旱指数（TVDI），利用地表温度的线性内插来表征土壤湿度状况。

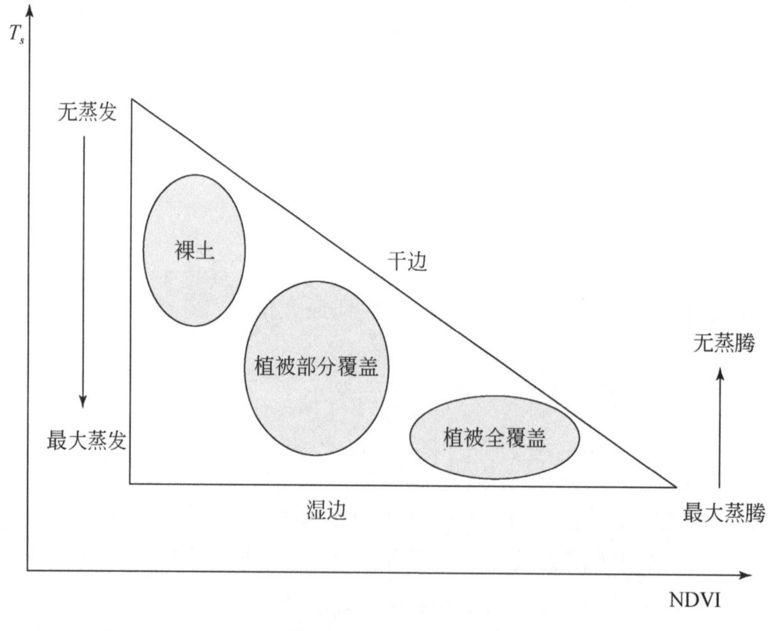

图 17.2.3 地表温度与 NDVI 特征空间

如图 17.2.3 所示，在地形起伏较小的区域，如果该区域土壤含水量变化范围较大，将该图像中的所有像元绘制在地表温度和 NDVI 组成的二维空间，这些散点将分布在一个

类似于三角形的区域，三角形的上边界为干边，代表极端干旱，地表蒸散为 0；下边界为湿边，土壤湿度达到最大，地表蒸散也达到最大值。

T_s-NDVI 特征空间中，TVDI 则表示相同 NDVI 下某像元地表温度与湿边温度的差值和干、湿边温度差值的比值，即图 17.2.4 中 A 线与 B 线长度的比值。

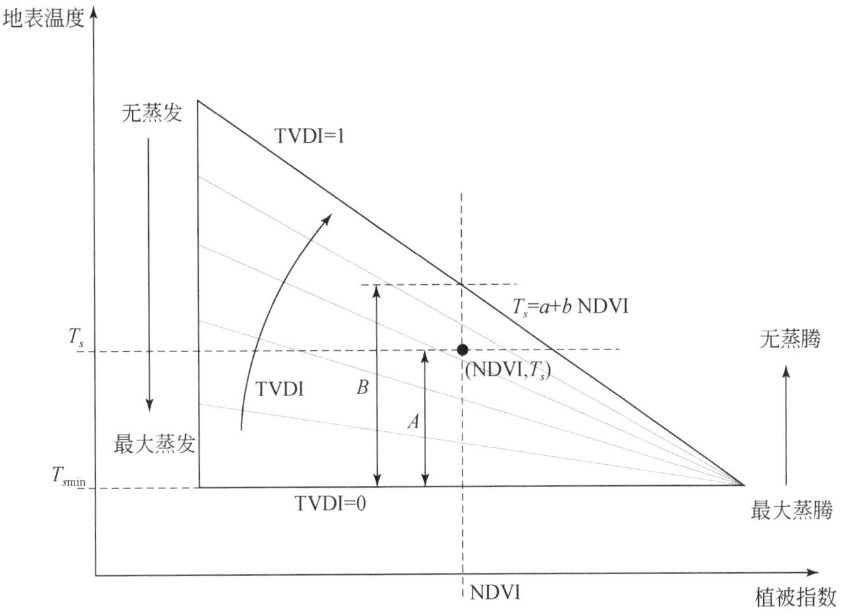

图 17.2.4　TVDI 示意图

资料来源：Sandhold et al.，2002

$$\text{TVDI}=\frac{T_s-T_{s\min}}{T_{s\max}-T_{s\min}} \tag{17.2.44}$$

$$T_{s\min}=a_1+b_1\times\text{NDVI} \tag{17.2.45}$$

$$T_{s\max}=a_2+b_2\times\text{NDVI} \tag{17.2.46}$$

式中，a_1，b_1，a_2 和 b_2 分别是干边和湿边拟合方程的系数。

TVDI 的取值范围为［0，1］，TVDI 的值越接近于 1，表示距离干边越近，相对干旱程度越严重，TVDI 越接近于 0，表示距离湿边越近，越湿润。TVDI 被广泛用于土壤水分监测以及地表蒸散计算。

以 T_s-Ⅵ特征空间为基础的地表蒸散算法，一般通过特征空间求解蒸发比、Priestley-Taylor 系数、水分亏缺指数等，进而计算地表蒸散量。Jiang 和 Islam（1999，2001）通过对 Ts-NDVI 特征空间线性内插获得 Priestley-Taylor 系数，来简化地表蒸散计算过程。

Priestley-Taylor 模型（Priestley and Taylor，1972）是以平衡蒸发为基础，在无平流假设的前提下，建立的饱和下垫面蒸散的计算模型

$$\lambda\text{E}=\alpha\cdot\frac{\Delta}{\Delta+\gamma}(R_n-G) \tag{17.2.47}$$

式中，α 为 Priestley-Taylor（1972）系数。Priestley 和 Taylor（1972）分析了海洋和湿润陆

面多个站点的观测数据，认为饱和下垫面条件下 Priestley-Taylor 系数取 1.26 是最合理的。Priestley-Taylor 公式最初是针对饱和下垫面进行计算的，但由于其参数简单，物理意义明确，许多学者将其用于非饱和下垫面蒸散的估算。Jiang 等（1999，2001）扩展了 Priestley-Taylor 系数的定义，以表示多种因子对实际蒸散的综合影响，改进 Priestley-Taylor 模型，结合温度-植被指数特征空间，通过二次线性内插计算不同下垫面的实际 Priestley-Taylor 系数，进而估算蒸散

$$\lambda \mathrm{E}=\alpha \cdot \frac{\Delta}{\Delta+\gamma}(R_n-G)(1-\mathrm{TVDI}) \tag{17.2.48}$$

Nishida 等（2003）用 T_s-NDVI 特征空间计算土壤蒸发比，进而通过双源线性模型计算地表蒸散，这一方法也曾经被 MODIS 地表蒸散官方算法采用。Sun 等（2011）在 Zhang 等（2008）的基础上，对绝对干边定位方法做了进一步简化，使其更具可操作性，同时将绝对干边应用于土壤水分监测和地表蒸散计算，并在空间和时间两个尺度进行了验证，取得了较好的结果。

这种方法不过多依赖气象要素，但干湿边难以准确确定，大多适用于平坦下垫面，并且需要土壤表面水分状况、植被指数或植被覆盖度具有较大的变化范围。

17.2.5 Penman-Monteith 公式

1948 年 Penman 将能量平衡原理和空气动力学原理结合，提出了湿润下垫面潜在蒸发的计算公式。该公式没有考虑植物水分向大气输送的物理作用和限制因素，因此只适用于水面或地面（土壤、短草）蒸发。基于此，Penman（1953）又提出了植物单叶气孔的蒸腾计算公式。Monteith（1965）在 Penman 工作的基础上，以能量平衡和水汽扩散理论为基础，引入表面阻抗的概念，从而得到了 Penman-Monteith 公式，为非饱和下垫面蒸散研究开辟了一条新的途径。下式为计算蒸散的 Penman-Monteith 公式

$$\lambda \mathrm{E}=\frac{\Delta(R_n-G)+\rho C_p[e_s(T_a)-e_a]}{\Delta+\frac{\gamma(r_a+r_s)}{r_a}} \tag{17.2.49}$$

式中，λE 是潜热通量；Δ 是温度饱和水汽压曲线斜率；R_n 是地表净辐射；G 是土壤热通量；ρ 是空气密度；C_p是定压比热；T_a 是空气温度；e_s（T_a）$-e_a$ 表示参考高度的空气饱和水汽压差；γ 是干湿表常数；r_a 是空气动力学阻抗；r_s是表面阻抗。

为更简单的在实践中应用 Penman-Monteith 公式，联合国粮农组织（Food and Agriculture Organization，FAO-56）定义了一种高度为 0.12cm，反射率为 0.23，表面阻抗为 70s/m 的短草的蒸散量为参考作物蒸散量，该蒸散量乘以作物系数、土壤水分胁迫系数来推求实际蒸散，被推荐为计算蒸散的首选方法（Allen et al，1998）。但作物系数与作物种类、不同生长阶段、覆盖度等有关，不确定性较大，一般难以用遥感估算。

Penman-Monteith 公式的优点在于不需知道表面湿度，难点在于表面阻抗的确定。在应用于植被、农作物时，表面阻抗可用冠层阻抗近似代替，但植被蒸腾受到生长状态、生理特征及根系供水等影响，导致冠层阻抗的性质非常复杂。同时，土壤表面在供水不充分的

情况下，其蒸发阻力性质很复杂，因此表面阻抗也难以准确描述。表面阻抗的准确计算在粗糙和复杂下垫面（如稀疏植被）时比较困难，从而使 Penman-Monteith 公式在复杂下垫面上的应用大受限制。表面阻抗中涉及的土壤水分状况和植被生理特征，在区域尺度上仍难以通过遥感直接获得，但遥感可以提供 Penman-Monteith 公式中计算净辐射和土壤热通量的参数和各种阻抗所涉及的部分下垫面特征参数。Cleugh 等（2007）根据遥感得到的 LAI 估算表面阻抗，发现由 Penman-Monteith 公式计算的蒸散结果更稳定。Mu 等（2007，2011）在 Penman-Monteith 公式的基础上，提出了利用 MODIS 数据估算全球植被覆盖下垫面蒸散的方法，将下垫面分为裸土和冠层两种组分，又将冠层分为湿润和干燥两种类型，分别根据不同下垫面的生物物理过程计算各自的空气动力学阻抗和冠层阻抗，然后结合 MODIS 数据产品（陆地覆盖类型 MOD12Q1、叶面积指数 MOD15A2、地表反照率 MOD43C1）和 GMAO 气象数据，计算得到全球 8 天一次、逐月和逐年 3 种时间尺度的全球蒸散产品。

NASA MODIS ET 官方产品算法（MOD16）（Mu et al.，2013）也基于 Penman–Monteith 公式。下面介绍 MODIS ET 产品算法 MOD16。

MOD16 算法中将地表蒸散分解为土壤蒸发（soil evaporation）和植被蒸散（plant evapotranspiration），植被蒸散包括湿冠层表面的蒸发和干冠层表面的蒸腾，土壤蒸发包括水分饱和的湿土潜在蒸发和湿润土壤的实际蒸发，计算流程如图 17.2.5 所示。

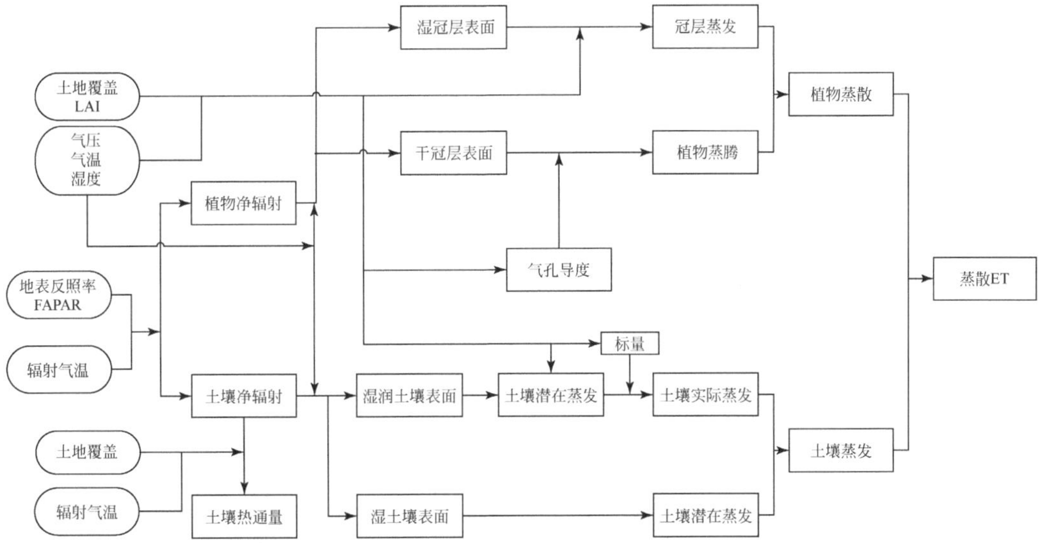

图 17.2.5　MOD16 ET 算法示意图

17.2.5.1　植被覆盖度

植被覆盖度近似用遥感反演的植被冠层光合有效辐射吸收比（FAPAR）

$$F_c = \text{FAPAR} \tag{17.2.50}$$

17.2.5.2 夜间温度

夜间温度 T_{night} 由日平均温度 T_{avg} 和白昼平均温度 T_{day} 计算

$$T_{\text{night}}=2.0\times T_{\text{avg}}-T_{\text{day}} \tag{17.2.51}$$

17.2.5.3 地表净辐射及土壤热通量

地表净辐射

$$R_n=(1-\alpha)\times R_s+(\varepsilon_a-\varepsilon_s)\times\sigma\times T^4 \tag{17.2.52}$$

式中，R_n 为净辐射；α 是地表反照率；R_s 是地表入射太阳辐射；ε_a 和 ε_s 分别是空气和地表的比辐射率；σ 是斯蒂芬-玻尔兹曼常数；T 是气温，K。

土壤接收的通量是分配到土壤的辐射与土壤热通量之差，如果地表 100% 被植被覆盖，土壤热通量为 0

$$G_{\text{soil}}=\begin{cases}4.73\times T_i-20.87 & T_{\text{min-close}}\leqslant \text{Tann}_{\text{avg}}<25℃, T_{\text{day}}-T_{\text{night}}\geqslant 5℃\\ 0.0 & \text{Tann}_{\text{avg}}\geqslant 25℃ \text{ 或 } \text{Tann}_{\text{avg}}<T_{\text{min-close}} \text{ 或 } T_{\text{day}}-T_{\text{night}}<5℃\\ 0.39\times A_i & |G_{\text{soil}}|>0.39\times|A_i|\end{cases} \tag{17.2.53}$$

$$G=G_{\text{soil}}\times(1-F_c) \tag{17.2.54}$$

式中，G_{soil} 表示植被覆盖度（F_c）为 0 时的土壤热通量；G 是实际土壤热通量；Tann_{avg} 是年平均气温；$T_{\text{min-close}}$ 是气孔完全关闭、植被蒸腾停止时的温度阈值；A_i 是白天或者夜间分配给显热与潜热的和；T_i 是白天或者夜间平均气温。

分配给土壤和冠层的可利用能量为

$$A=R_n \tag{17.2.55}$$

$$A_c=F_c\times A \tag{17.2.56}$$

$$A_{\text{soil}}=(1-F_c)\times A-G \tag{17.2.57}$$

式中，A 为地表可利用能量（显热、潜热、土壤热通量之和）；A_c 是分配给冠层的可利用能量；A_{soil} 是分配给土壤的可利用能量。

17.2.5.4 湿地表比例

湿地表比例由相对湿度估算

$$F_{\text{wet}}=\begin{cases}0.0 & \text{RH}<70\%\\ \text{RH}^4 & 70\%\leqslant\text{RH}\leqslant 100\%\end{cases} \tag{17.2.58}$$

RH 表示相对湿度。

17.2.5.5 湿冠层表面蒸发

湿冠层表面蒸发由式（17.2.59）计算

$$\lambda\text{E}_{\text{wet-}c}=\frac{\left[\Delta A_c+\dfrac{\rho C_p(e_s-e_a)F_c}{r_{\text{hrc}}}\right]F_{\text{wet}}}{\Delta+\gamma\dfrac{r_{\text{vc}}}{r_{\text{hrc}}}} \tag{17.2.59}$$

式中，r_{vc}是湿冠层表面的潜热阻抗；r_{hrc}是湿冠层表面空气动力学阻抗。两者可由气温、LAI、湿地表比例等计算。

17.2.5.6 植被蒸腾

植被蒸腾由式（17.2.60）计算

$$\lambda E_{trans} = \frac{\left[\Delta A_c + \frac{\rho C_p (e_s - e_a) F_c}{r_a}\right](1 - F_{wet})}{\Delta + \gamma\left(1 + \frac{r_s}{r_a}\right)} \tag{17.2.60}$$

式中，r_s是干冠层表面的植被蒸腾阻抗；r_a是干冠层表面空气动力学阻抗。r_s由白天/夜间平均气温、最低气温、水汽压差、LAI、湿地表比例等计算，r_a由白天/夜间平均气温计算，部分参数随植被类型而变，通过查找表确定。

为了监测水分胁迫和干旱，MOD16 ET 算法还用 Priestley-Taylor 公式计算了植物潜在蒸腾

$$\lambda E_{POT\text{-}trans} = \alpha \frac{\Delta A_c (1 - F_{wet})}{\Delta + \gamma} \tag{17.2.61}$$

$$\alpha = 1.26 \tag{17.2.62}$$

17.2.5.7 土壤蒸发

土壤蒸发（λE_{soil}）根据水表面（根据 F_{wet}确定）的蒸发（由潜在土壤蒸发$\lambda E_{POT\text{-}soil}$与水分限制函数估算得到）和潮湿土壤表面的蒸发（$\lambda E_{wet\text{-}soil}$）计算

$$\lambda E_{wet\text{-}soil} = \frac{\left[\Delta A_{soil} + \frac{\rho C_p (1.0 - F_c)(e_s - e_a)}{r_{as}}\right] F_{wet}}{\Delta + \gamma \frac{r_{tot}}{r_{as}}} \tag{17.2.63}$$

$$\lambda E_{POT\text{-}soil} = \frac{\left[\Delta A_{soil} + \frac{\rho C_p (1.0 - F_c)(e_s - e_a)}{r_{as}}\right](1.0 - F_{wet})}{\Delta + \gamma \frac{r_{tot}}{r_{as}}} \tag{17.2.64}$$

$$\lambda E_{soil} = \lambda E_{wet\text{-}soil} + \lambda E_{POT\text{-}soil}\left(\frac{RH}{100}\right)^{(e_s - e_a)/\beta} \tag{17.2.65}$$

式中，r_{tot}是水汽传输的总的空气动力学阻抗，由水汽压差、白天/夜间平均气温、大气压强估算；r_{as}是土壤表面热量传输的空气动力学阻抗，由白天/夜间平均气温和 r_{tot}估算；RH 为相对湿度（%），$\beta = 200$。

17.2.5.8 总蒸散

日总蒸散（λE）等于湿冠层表面蒸发、干冠层表面蒸腾和土壤表面蒸发之和

$$\lambda E = \lambda E_{wet\text{-}c} + \lambda E_{trans} + \lambda E_{soil} \tag{17.2.66}$$

日总潜在蒸散λE_{POT}为

$$\lambda E_{POT} = \lambda E_{wet\text{-}c} + \lambda E_{POT\text{-}trans} + \lambda E_{wet\text{-}soil} + \lambda E_{POT\text{-}soil} \tag{17.2.67}$$

MODIS 陆表蒸散算法的输入数据包括 0.5°×0.6°分辨率的 MERRA GMAO 日气象数据（http://disc.sci.gsfc.nasa.gov/daac-bin/FTPSubset.pl）、MODIS 土地覆盖类型数据（MOD12Q1）、MODIS FAPAR/LAI（MOD15A2）和地表反照率（MCD43B2/MCD43B3 白空反照率），输出结果包括蒸散、潜热通量、潜在蒸散、潜在潜热通量。

图 17.2.6 为由 MOD16 ET 产品算法计算得到的 2000～2010 年全球年蒸散量空间分布图。

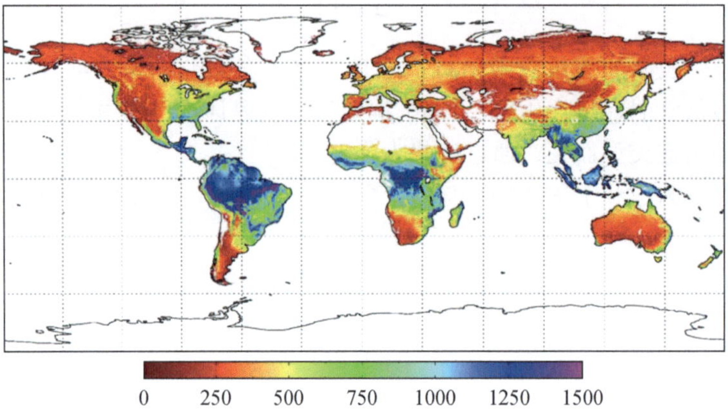

图 17.2.6　2000～2010 年全球年蒸散量空间分布图

单位：mm/a

资料来源：Mu et al., 2013

17.3　区域蒸散的地面验证

由于陆面过程的复杂性，遥感估算区域蒸散还存在很多限制因子，其不确定性或误差主要来自：①遥感模型，包括模型在不同区域的适用性、平流及局地环境的影响、地表非均匀性的影响等；②模型变量的参数化方案，如模型中的动力学、热力学变量等的参数化；③模型输入数据，如遥感反演地表参数的不确定性、像元尺度非遥感参数的获取、遥感信息时空尺度扩展的影响等。利用遥感估算蒸散的结果指导流域水资源的管理，或是农、林业用水的科学配置，及遥感估算蒸散的推广应用等，关键是确保遥感估算蒸散的准确性和可靠性。因此，对估算结果进行地面验证是必不可少的环节。

从 20 世纪 80 年代中期开始，在世界气候研究计划（WCRP）和国际地圈-生物圈计划（IGBP）的协调组织下，世界不同气候区以全球大气环流模式（GCM）网格为基本尺度，进行了一系列的大型陆面过程实验，使遥感模型和算法得到了适当的发展和验证。其中主要的大型试验项目有：法国西南部湿润森林与农业区的 HAPEX-MOBILHY、美国 Kansas 草原的 FIFE、中国西北部“黑河地区地气相互作用野外观测实验研究”HEIFE、西班牙中部半干旱区的 EFEDA、尼日尔赤道湿润带向撒哈拉沙漠过渡半干旱区的 HAPEX-Sahel、加拿大北部森林生态系统-大气研究 BOREAS、美国密西西比河河谷的 GCIP、中国

"内蒙古半干旱草原区土壤-植被-大气相互作用"IMGRASS、中日合作"GEWEX 亚洲季风实验-青藏高原实验"GAME-Tibet 与中国"第二次青藏高原科学实验"TIPEX（王介民，1999；孙睿和刘昌明，2003）、"黑河流域生态-水文过程综合遥感观测试验"（HiWATER）等（李新等，2012）。这些大型陆面实验，除了地面的蒸散、通量观测以外，还应用不同高度平台（地面遥感车、飞机、卫星）、不同遥感传感器同时对地观测，进行大范围的水热通量研究，实现观测资料由点到面的尺度转换。

目前，地面验证主要是将遥感估算结果与地面观测值进行比较。蒸渗仪、波文比-能量平衡观测系统、涡动相关仪、大孔径闪烁仪等不同地面观测在空间代表范围上有较大差别。其中蒸渗仪、波文比-能量平衡观测系统、涡动相关仪等空间代表范围局限在点或斑块尺度（几米至几百米），一般用于中高分辨率遥感数据蒸散量的验证。而大孔径闪烁仪在一定程度上改善了空间代表性有限的问题，可测量 500 ~ 5 000m 范围内的地表通量，可用于中低分辨率遥感估算结果的验证。

近年来，有学者引入足迹模型，结合通量贡献源区，解决观测值和遥感估算值之间空间代表范围不匹配的问题。Kleissl 等（2009）在美国新墨西哥州 7 个不同生态系统中构建了大孔径闪烁仪观测网络，利用其观测结果，结合足迹模型，针对模型估算的显热通量结果进行了验证。Song 等（2018）在中国西北黑河流域，利用大孔径闪烁仪观测数据，验证了蒸散遥感模型。

另外，许多学者运用水量平衡原理，从区域尺度上进行验证。如金晓媚等（2008）运用 SEBS 模型估算了张掖盆地的区域蒸散量，并在水均衡原理的基础上，结合流量资料，对遥感估算结果的准确性进行了验证。

17.4 讨论与小结

地表蒸散是地表能量平衡及水量平衡的重要组成部分，本章首先介绍了地表蒸散的地面观测方法，如水量平衡法、空气动力学法、波文比法、涡度相关法、大孔径闪烁仪等，在此基础上重点介绍了地表蒸散的遥感估算方法。遥感蒸散主要是基于地表的热量平衡和水分平衡，运用遥感技术提取土壤-植物-大气界面的能量信息，再结合地面气象站的有关资料，实现区域蒸散的估算。遥感估算蒸散的大致步骤如图 17.4.1 所示。

尽管遥感在地表蒸散估算中发挥着越来越重要的作用，但仍存在许多问题。首先，地表反照率及地表温度是蒸散估算中的关键因素，同时植被冠层的结构也会影响到地表粗糙度、空气动力学阻抗等，从而影响蒸散估算，而这些因素的精确测量还有一定的难度。其次，遥感没法提供一些重要的大气变量，如风速、气温、水汽压等，这些数据必须通过地面观测或者粗网格气象数据获得，在此过程中必然带来一定的误差。再次，卫星遥感所估算的是瞬时值，而水文水资源研究往往更需要长时间段蒸散量，因此，如何利用地面资料与遥感资料相结合，使瞬时值外延到长时间段，实现时间尺度的转换，并利用多时相遥感资料监测地表水热过程的动态变化也是需要继续研究的课题。最后，由于地面观测资料只能是点上资料，而卫星遥感估算的是面上的资料，为了检验和改进遥感模型，必须进行由小到大、由点到面的尺度转换过程，但不同尺度的地表参数之间并不是一种简单的算术关系，因此，蒸散及相关参数的观测值与卫星估算值间的空间尺度转换也是地表蒸散估算研究的一个重要方面。

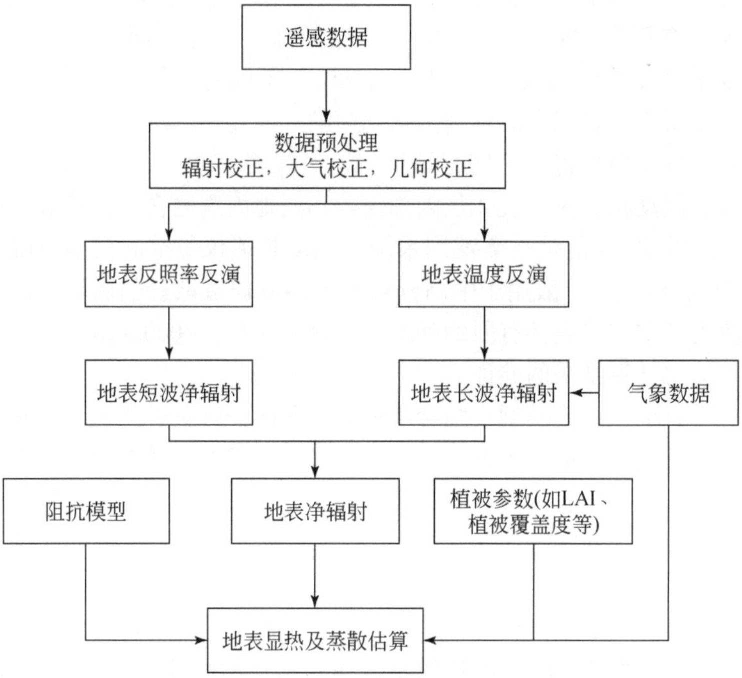

图 17.4.1　遥感区域蒸散量估算步骤

第 18 章　植被叶面积指数遥感

植被叶面积指数（LAI）是描述植被冠层结构和功能的重要参数，广泛应用于生态学、遥感科学和陆面过程研究中。它不仅直接影响植被的光合作用效率、蒸腾作用和能量平衡，还为估算植被生物量、生产力以及陆地生态系统碳氮循环提供关键数据支持。本章详细阐述了 LAI 的定义，直接测量和间接测量方法的原理、优缺点及适用范围；探讨了 LAI 反演方法，分析了其在实际应用中的优势与局限性；最后，介绍了几种常用的 LAI 遥感产品（如 MODIS 和 GLASS）的反演算法及其质量控制。

18.1　植被叶面积指数的定义

植被叶面积指数（LAI）是一个量纲为 1 的量，最初被定义为单位地表面积上光合组织的单面面积（Watson，1947）。该定义适用于叶片平坦且两面面积相等的阔叶，但对于弯曲、卷起的叶片或者针叶不明确。针对这一问题，学术界基于各自的应用需求，提出了多种新的定义，代表性的有单位地表最大投影叶面积（Myneni et al.，1997）、总拦截面积的一半（Gower et al.，1999；Bréda，2003；张仁华等，2010）、总面积的一半（Chen et al.，1991；Fassnacht et al.，1994）。其中拦截或投影面积相关的定义主要考虑物理意义，如辐射拦截；总面积相关的定义则主要考虑生物意义，如气体交换。这些定义在叶片平坦的阔叶林中没有区别，但在其他情况下存在一定差异。目前，被广泛采用的定义是单位地表面积上，叶片总面积的一半（Chen et al.，1991；Fassnacht et al.，1994；Jonckheere et al.，2004）。

植被叶面积指数是陆面过程影响陆－气交换、计算植被生物量和生产力的一个十分重要的参数，也是表征植被冠层结构的最基本参量之一（Chen and Cihlar，1996）。一方面，LAI 直接影响植被的光合作用效率、蒸腾作用效率和能量平衡状态，为植被冠层表面最初能量交换提供定量的结构化信息（李小文和王锦地，1995）；另一方面，LAI 还会影响到陆面模式中其他一些输入参数，如植被覆盖度、植被绿度等。因此为了更加准确地描述陆面过程、估算森林生态系统碳氮平衡，必须准确地获取 LAI 这一参数。

18.2　植被叶面积指数测量方法

植被叶面积指数的测量方法有多种，大体可以分为两类，一类是直接测量方法，另一类是间接测量方法。直接测量叶面积指数方法费时费力，甚至还可能对植被产生一定的破坏性，但它却是对其他间接测量结果标定的基础；而间接测量叶面积指数虽然操作方法简单，但是测量得到的结果与真实的叶面积指数往往存在较大的误差。因此，如何利用简单的方法获得真实的植被叶面积指数数据，越来越成为科学家们关注的焦点问题，也是从根本上提高陆地生态系统碳氮循环研究精度的前提。

18. 2. 1 直接测量方法

叶面积指数的直接测量方法是通过测量叶面积的多少或通过形状因子建立叶子尺寸与面积的关系，进而计算得到 LAI。LAI 直接测量法包括收获测量法（harvesting）、异速生长测定法（allometry）和落叶收集法（litter collection）。

18. 2. 1. 1 收获测量法

收获测量法是指在有限的区域内测量收获植被所有叶子的面积。这种方法被广泛应用于农作物与草原的叶面积指数的测量，主要适合于冠层结构较小的作物，但这种方法具有破坏性，且工作量大，使得该方法在大面积的区域或个体很大的树木中应用时受到限制。

18. 2. 1. 2 异速生长测定法

植物的秆、枝、叶、根等各器官（组分）的生长速度存在着差异性，这种现象被称为异速生长。根据这种现象，人们建立了叶面积指数与树木的胸径和树高之间的关系，这种方法适合于树木叶面积指数的测量，而对农作物或草地等叶面积指数的测量，则应用很少。

18. 2. 1. 3 落叶收集法

对于落叶林来讲，非破坏的方法主要是落叶收集法。在叶子凋落的秋季，在样地内放置收集落叶的容器，定期把落在容器内的叶子收集起来，烘干称重，根据叶面积与干物重的比例关系，确定植被的叶面积（LMA）。然而，此种方法对落叶林有效，对于常绿阔叶林和常绿针叶林则无能为力。

18. 2. 2 间接测量方法

LAI 的直接测量方法存在着费时、费力、难以在大尺度范围、多时相内进行 LAI 测量等显而易见的缺点，于是，人们力图发展一种快速、非接触的间接测量方法来测量叶面积指数。光学方法是目前广泛使用的间接测量叶面积指数的非接触式方法，这类方法基于比尔-朗伯特定律，同时考虑了冠层拦截辐射的数量与太阳直接入射辐射、冠层结构和植被光学特性之间的关系，利用辐射传输方程去计算 LAI。这种方法是基于叶子在冠层内分布的统计与概率的理论，是一种非破坏性的测量方法。但是，利用光学方法测量植被的叶面积指数时，不但要考虑仪器观测的最佳天气条件，而且要考虑不同生长地点、不同种类的树木由于叶倾角、叶形、叶片聚集度等的不同，其削光系数的差异导致的叶面积指数的不同。

近年来，实时、间接测量冠层叶面积指数的仪器逐渐多样化（阎广建，2016；Yan

et al., 2019), 现将目前应用的比较多的仪器介绍如下。

18.2.2.1 DEMON

DEMON (CSIRO, Canberra, Australia) 是一种通过一个移动的直线段, 进行频繁采样, 测量直射光的仪器 (Welles, 1990; Jonckheere et al., 2004)。它通过直接测量太阳直射辐射在冠层顶部和底部的强度, 采用有限段平均技术, 把整个观测长度分成许多小区段, 这样就可以计算出每个小段的 LAI, 最后对这些小段的 LAI 进行算术平均就得出冠层的总叶面积指数。利用这种方法, 极大地降低了集聚效应的影响, 同时, DEMON 传感器配备了过滤器来仅接受 430nm 波段附近的太阳直射光, 以减少冠层散射光的影响 (Welles, 1990); 但是如何确定小段长度却是测量过程中需要解决的一大问题 (Lang and Xiang, 1986)。

DEMON 测量太阳的直射辐射, 因此需要在天空晴朗无云时进行测量, 通常为了提高 LAI 的测量精度, 需要在不同的太阳高度角下多次测量, 这对阴天和高纬度冬季测量叶面积指数是个很大的限制, 并且根据冠层的空间异质性程度, 测量样线长度一般设为 300 m 或更长。DEMON 系统的主要缺点是外业测量时, 操作人员通过手持仪器平行于太阳光线入射方向以恒定速度行进, 如果林下灌丛较复杂, 对这样的操作要求很难得到满足。

18.2.2.2 Ceptometer

Sunfleck Ceptometer (Decagon Devices Inc., Pullman, WA, US) 在探测器上安装有 80 个独立的传感器, 测量冠层下和开阔地的光合有效辐射和太阳光斑的比例 (Jonckheere et al., 2004)。

使用 Sunfleck Ceptometer 的最大问题就是冠层内光的变化很快, 无法获取到可信度很高的测量数据。在光合有效辐射波段, 在几厘米的空间内入射辐射能从全照射锐减到零, 因此在林冠下尽可能多的地点采集尽可能多的样本是获取到可靠测量的最佳办法, 但是这就要花费更大的时间成本。

18.2.2.3 LAI-2000 植物冠层分析仪

LAI-2000 (Licor Inc., Nebraska) 是一款通过测量天空漫射光下冠层的投射来估算叶面积指数的便携式仪器, 测量时, 不需要测量其他参数就可以得到植物冠层的叶面积指数数据。LAI-2000 的心脏是匠心设计的 LAI-2050 光学感应器, LAI-2050 使用一个“鱼眼”镜头 (视野范围 148°, 天顶角 74°), 将半球视野范围内的光线折射到光电感应器上, 以保证用于计算 LAI 的冠层样本尽可能大。测量时, 分别在冠层以上和冠层以下测量传感器接收到的辐射, 这两组数据的比值就是冠层的透过率, 而后通过泊松模型反演得到冠层的叶面积指数。

LAI-2050 有 5 个同心圆, 天顶角分别是 7°, 23°, 38°, 53°, 68°。当光线折射到感应器上时, 每一个感应器所检测的角度范围都不同。为了减小冠层散射辐射的影响, 只响应波长小于 490nm 的蓝光波段 (400 ~ 490nm) ——因为在这个范围里的光线受叶片的反射及折射最小, 使得叶簇相对光亮的天空背景表现为黑色。

LAI-2000 计算的理论模型基于如下四个假设条件（Jonckheere et al.，2004）：①被测量的叶片不透光且无反射。假设冠层下读取的数值不包括任何叶片反射或透射的光线，因为在低于 490nm 区域的光线受叶片反射及散射作用最小，LAI-2050 探头有一个滤光器，过滤了波长大于 490nm 的光线，这使得叶簇在天空背景下是黑色的，从而满足了前提假设。②叶片排列是随机的。不同的冠层有不同的形状，可能是条状（条播作物）、椭圆体（单一植株）、巨大的正方体（草地）或者是有孔的大正方体（充满林隙的落叶林），假设他们的叶片都是随机分布的。③叶片大小相对于每一环的观测范围是很小的，即探头与最近叶片的距离应至少为叶片宽度的 4 倍。④叶片位置随机分布，即无论叶片如何倾斜，只要所有叶片不是朝向同一角度即可。基于上述 4 个假设，利用仪器内置的软件程序，就可以得到被测样方的叶面积指数。

LAI-2000 携带方便，测量时实时计算和显示测量结果，是目前应用较为广泛的 LAI 间接测量仪器。外业测量时，操作人员通过将 LAI-2000 置于冠层上下分别测量，得到的各同心环感应器在冠层上下测量值之比即为冠层对 5 个方向的散射光透过率，然后基于间隙率模型可以通过仪器内部软件反演得到冠层叶面积指数。LAI-2000 测量天空漫射光下冠层的透射，受太阳直射光影响明显，最佳观测时间为阴天及黎明前、黄昏后天气条件（Chen et al.，1997）。

实际应用中发现，LAI-2000 在连续、均质的冠层测量时具有较好的结果，如农作物和草地，并用叶面积指数的直接测量方法——收获法进行了验证（Levy and Jarvis，1999；吴彤等，2006），而在不连续和异质的冠层中测量时，往往会出现不同程度的偏差（Dufrêne 和 Bréda，1995）。同时，由于 LAI-2000 需要冠层顶部或附近空旷区域辐射参考值来提高 LAI 测量的精度，在一些林分密度大的林区及复杂地形区往往难以实现。此外，由于 LAI-2000 不能测得冠层的空间分布信息，因此利用该种方法测量得到的冠层叶面积指数被称为有效叶面积指数（LAI_e，effective LAI）（Chen J. M.，1997）。

18.2.2.4 TRAC

TRAC（Tracing Radiation and Architecture of Canopies，3rd Wave Engineering，Ontario，Canada）由 3 个量子传感器（LI-COR，Lincoln，Nebraska，model Li-190SB）、一个数据采集器（Campbell Scientific，Logan，Utah，model CR10）和一个数据存储器（model SM 716）组成（Chen，1997），3 个量子传感器均测量光合有效辐射（PAR），其中朝上的两个传感器分别测量直射透射 PAR 和散射 PAR，朝下的量子传感器测量地面反射 PAR（Leblanc 等，2005）。TRAC 不但能够测量冠层的孔隙率（gap fraction），而且能够测量冠层孔隙大小的分布（gap size distribution）。孔隙率是指在一定天顶角下植冠内的孔隙百分比，通常是根据辐射透射率得出的；孔隙大小是指植冠内每个孔隙的实际大小，在相同的孔隙率下，其孔隙大小分布可能完全不同。冠层孔隙大小的分布能够反映出冠层空间的非随机分布特征，这种特征对准确计算针阔混交林的叶面积指数尤为重要。

利用 TRAC 测量植物冠层的叶面积指数时，需要在直射光充足的条件下，观测者手持 TRAC 仪器，垂直直射光的照射方向，以固定的速度（每秒约 0.3m）移动测量，TRAC 会记录下直接透射光的光量子通量密度（PPFD）。根据 PPFD 的变化可以反推出冠层孔隙大小的分布，进而计算出集聚指数。样线选择时需要综合考虑树的高度和太阳高度角，森林中推荐的样线长度为 100 ~ 300m（Leblanc et al.，2005）。TRAC 测量的是太阳入射方向的数据，通常需要多个角度、数次测量来保证足够的样方代表性，建议在 0 ~ 60°天顶角等间隔观测（Leblanc et al.，2005）。如需测量不同角度的聚集指数信息，则需要在不同太阳角度的多个时间段多次观测（Pisek et al.，2011；Ryu et al.，2012）。

对阔叶林，TRAC 能够测量出所有尺度下的集聚指数；而对针叶林，TRAC 仅能测量出大于针叶簇尺度的集聚指数，簇内的集聚指数只能通过采样的方法进行估算。TRAC 虽然能够测量得到冠层的孔隙率和集聚指数，但是它在计算冠层的叶面积指数时，需要的输入参数较多，甚至有些参数在实际测量中难以获得，只能利用经验常数代替，因此，利用 TRAC 仪器也难以得到冠层的真实叶面积指数数据。

18.2.2.5 线阵光量子探测器

AccuPAR、SunScan 探测器和 LAInet 无线传感器网络（屈永华等，2012）均由线性规则排列的传感器组成。AccuPAR 探测器由 80 个独立的光电二极管组成；SunScan 探测器由 64 个独立的光电二极管组成，光电二极管波谱感应范围在 400 ~ 700 nm，可用于接收直/散射 PAR；LAInet 则由一套包含 3 个光量子传感器的冠层上部节点和多套包含 9 个光量子传感器的无线网络组成，通过全天候自动观测来得到较为可靠的结果（Qu et al.，2014）。

AccuPAR、SunScan 和 LAInet 探测器测量原理均基于 Beer 定律，结果均为 LAIe。辐射测量最主要的问题是测量值之间存在较大的差异，因此需要使用仪器进行多次测量来得到可靠的结果。AccuPAR 和 SunScan 可以同时测量太阳直射和散射辐射，在晴天和阴天条件下均可以进行测量，但由于太阳半影效应的影响，两者均不适用于针叶林地测量（Jonckheere et al.，2004）。

18.2.2.6 成像设备

通过摄影的方式获取冠层图像，进一步分类获取间隙率的设备和方法也得到了广泛应用，包括半球光学摄影和多光谱摄影两类。HemiView 是数字半球摄影（DHP）类设备的代表，由 180°鱼眼镜头、高分辨率数码相机以及自稳定平台组成，可以从冠层下（向上拍照）或冠层上（向下拍照）获取冠层照片的一种技术。随着数字技术的发展，数码相机代替了传统的胶片相机，已经被广泛地用于拍摄全天空照片，通过 HemiView 配套软件分析半球照片，能够从背景中更加准确地辨别出叶子的面积，提取间隙率、间隙分布和 LAI，避免了由于光学胶片的分辨率较低导致的计算偏差（Blennow，1995）。同时，根据照片中光线的衰减程度以及照片之间的相互对比，借鉴 TRAC 仪器中孔隙大小的理论，能够推算出与树种、位置和林龄相关的冠层结构、光的透过率和叶面积指数等信息。常见的鱼眼镜头投影方式有极化投影和立体等角投影（Frazer et al.，1997）。传统半球摄影法在可见光波段成像，其冠层影像可以分为天空和冠层组分两大类，和前面提到的设备一样，不能进一步区分叶子和木质组分。

虽然利用鱼眼相机技术测量干旱区的叶面积指数已经被认为是一种非常有效的手段，

但是其测量的准确度和可靠性还需要系统地验证和评价。与破坏性采样方法获取的叶面积指数相比，利用鱼眼相机技术得到的叶面积指数常常会低估 50% 以上（Brenner et al，1995；Sommer and lang，1994），这种低估很大程度上是由于拍摄过程中的曝光设置不当导致的（Chen et al.，1991），Zhang（2005）针对这一问题提出了鱼眼相机的正确曝光方法。

多光谱摄影方法是一种利用多光谱相机对冠层成像，利用植被冠层在可见光波段强吸收和在近红外波段高反射、高透射的特点，对冠层各组分进行详细分类，从中分析计算 LAI 的方法。相对于传统的半球摄影方法，多光谱摄影方法可以将所拍摄的影像细分为天空、树枝、树干等组分，可以用于木质面积比与总面积指数、冠层基本组分及木质组分聚集指数的测量，从而提高地面 LAI 测量精度（Zou et al.，2009）。

多光谱摄影方法应用于 LAI 测量最早见于 Kucharik 等（1997）研制的多波段植被成像仪（MVI）。该仪器配备有 16 位 CCD 多光谱相机，可以快速拍摄冠层可见光波段（400 ~ 620nm）及近红外波段（720 ~ 950nm）影像。Kucharik 等（1998）对比了该仪器测量 LAI 和直接测量 LAI 的结果，发现两者差异在 5% 以内，验证了该设备的有效性。阎广建等（2008）研制了一套低成本、便携、多用途的多光谱冠层成像仪（MCI）。MCI 集成了两个可见光相机及一个近红外相机，设计了可在任意天顶角及方位角方向旋转的云台，可以获取冠层任意天顶角和方位角的立体影像，能够方便计算多角度聚集指数和木质面积比（Zou et al.，2009）。MCI 在中国黑河和承德等大型遥感实验中被用于植被结构参数测量，提高了植被结构参数的测量精度（Fu et al.，2011；Tian et al.，2011）。

MVI 和 MCI 在晴朗和阴天条件下均可测量，在实际拍摄时，应避免在强光和阴暗条件下进行，以免影响影像分类的精度，进而影响 LAI 测量的精度。

采用摄影类的设备和方法时，相机的曝光设置、相机类型、影像分辨率等观测条件均会不同程度地影响 LAI 测量的精度。

18. 2. 2. 7 激光雷达

激光雷达（LiDAR）是一种使用激光作为光源，对目标进行探测、测距，得到高精度 3 维点云的主动遥感仪器（Peduzzi et al.，2012），目前已经广泛地应用于树高、胸径、叶面积指数和叶倾角分布等植被结构参数的获取。LiDAR 一般由激光测距系统、激光扫描系统、位置与姿态测量系统组成，依据回波对于 LAI 的计算，其理论基础依然是 Beer 定律，只不过利用激光脉冲的穿透率进行计算。根据搭载平台的不同 LiDAR 可以分为地基、机载和星载激光雷达。

较传统 LAI 光学测量仪器，地基 LiDAR 可以获取树木冠层精确的三维结构信息，且可以避免云的影响，受天气等外界因素影响小，外业测量结果容易控制。除传统的离散回波数据外，波形数据也开始被用于 LAI 的估算中，并逐渐成为一个新的研究热点（Zhao et al.，2011；Yao et al.，2011）。尽管地基 LiDAR 在森林叶面积指数测量中已广泛应用，但由于其获取冠层上部点云能力较弱，仍需要通过与其他仪器或者人工测量结合来提高叶面积指数测量的精度（Hilker et al.，2010）。此外，LAI 测量结果也受到天顶角分层和高度分层的影响，而单木 LAI 的测量更为复杂。在实际测量中，考虑到树木的遮挡，为了获取完整的样方点云，获得更全面的采样代表性，往往需要一个样区内布设多个站点（Zhang et al.，2016）。

相比之下，机载 LiDAR 没有太多的遮挡问题，通过 GPS 和惯导实时获取飞行过程中的姿态参数，结合激光测距信息计算目标点的三维坐标。机载 LiDAR 光斑较大，通常部分打在植被上，部分打在地面上，难以得到准确的间隙率信息，多用激光穿透指数（LPI）来代替（Morsdorf et al.，2006）。通过 LAI 与 LPI、点云比例或其他中间参数构建的半经验回归方程来实现 LAI 反演（Lim et al.，2003；Solberg et al.，2009；Zhao and Popescu，2009；Alonzo et al.，2015）。研究表明，基于 LPI 和 Beer 定律的半经验半物理模型效果最佳，既具有一定的物理意义，同时减轻了光学影像反演中的饱和问题（Lefsky et al.，2002；Richardson et al.，2009；崔要奎等，2011）。机载 LiDAR 可以快速获取一定范围内森林植被结构信息，但受限于较大的光斑及较稀疏的激光点云密度，在计算间隙率及 LAI 中存在不确定性，往往还需依赖地面参考值。

星载 LiDAR 可以对地球表面进行连续的观测。以搭载于 ICESat 卫星上的地球科学激光测高系统（GLAS）为代表，发射大光斑激光脉冲，接收来自地面和植被冠层的混合信息，通过分析回波波形数据得到植被冠层的三维结构，近年来已被用于 LAI 反演（Luo et al.，2013；Tang et al.，2014；Zhang et al.，2014；骆社周等，2015）。与地基 LiDAR 和机载 LiDAR 相比，星载 LiDAR 可面向全球快速测量，但是由于光斑大，在反演 LAI 时仍然面临不小的挑战，需要大型地面实验来验证其结果的有效性。

18.3 植被叶面积指数反演方法

叶面积指数的遥感反演方法可以归纳为两类：统计模型法和物理模型法。统计模型法，又称植被指数（VI）方法，主要是通过光谱植被指数，如归一化差值植被指数（NDVI）、比值植被指数（SR）等，以函数的形式建立某种经验关系来估算叶面积指数；物理模型法是通过模式计算的方法来估算，通过建立辐射传输方程或模式反过来推算其中的输入变量 LAI。这两种方法各有优缺点，统计模型法的优点是简单而易于计算，缺点是 LAI 与 VI 之间的函数关系或方程随着植被类型的不同而改变，对于具体的植被类型需要有先验知识来确定函数关系及其系数；物理模型法的优点是它是建立在物理过程的基础上，且不随植被类型而改变，然而，它却需要大量的计算时间，模式或方程的逆向推算并不总是收敛的。

18.3.1 统计模型法

利用遥感定量统计分析叶面积指数的依据是植被冠层的光谱特征（张佳华等，1999，2001，2002）。绿色植物叶片的叶绿素在光照条件下发生光合作用，强烈吸收可见光，尤其是红光，因此，红光波段反射率包含了植冠顶层叶片的大量信息。在近红外波段，植被有很高的反射率、透射率，而吸收率很低，因此，近红外反射率包含了冠层内叶片的很多信息（张晓阳等，1995）。植被的这种光谱特征与地表其他因子的光学特性存在很大差别。

这就是 LAI 遥感定量统计分析的理论依据。统计分析法是以 LAI 为因变量，以光谱数据或其变换形式（例如植被指数）作为自变量建立的估算模型，即 LAI=f（x），部分见于遥感文献中的具体形式如 $\text{LAI}=ax^3+bx^2+cx+d$、$\text{LAI}=a+bx^c$、$\text{LAI}=-1/2a\ln(1-x)$、$\text{LAI}=\ln\left(\frac{\text{VI}-\text{VI}_\infty}{\text{VI}_g-\text{VI}_\infty}\right)K_{\text{VI}}$等。式中，$x$ 为光谱反射率或植被指数，a、b、c 为系数（Qi J et al., 2000）；VI_∞为植被指数的渐进无穷值，在 LAI>8.0 时，总能达到此限；VI_g 是相应裸土的植被指数；K_{VI}是消光系数。

将植被指数作为统计模型的自变量是非常经典的 LAI 遥感定量方法，在多光谱和高光谱领域均有用植被指数估算叶面积指数的研究和应用。Xavier 等（2004）通过植被指数计算了亚热带农业区不同地表类型的叶面积指数，Friedl 等人（1994）通过植被指数反演了草地的 LAI，Chen 等（1996）利用植被指数反演了针叶林的 LAI 分布，并且指出有效 LAI 比总的 LAI 与 SR 或 NDVI 建立经验关系要好一些。Chen 等（2004）用 LIDAR 数据计算的 VI 与有效 LAI 的关系计算了 IKONOS 与 TM 图像的针叶林植被覆盖度，Colombo（2003）、Fensholt（2004）、Pu（2004）、Vaesen（2001）、Franklin（1997）、Kuusk（1998）等分别用 VI 与 LAI 的关系，针对不同的遥感数据，计算了 LAI 的空间分布。

传统的多光谱植被指数是由红光（R）和近红外（NIR）两个波段得到的。在众多的两波段植被指数中，常用于 LAI 定量计算的是比值植被指数 SR、归一化差值植被指数 NDVI 和垂直植被指数 PVI。SR 被广泛应用的原因之一在于它对植被变化敏感性强，且与生物物理参数的线性关系更加显著，最适用于 LAI 的反演（Chen et al., 1996, 2002）。张晓阳等（1995）从作物冠层对光谱的反射特征出发，推导出利用 PVI 估算 LAI 的理论模式，并应用水稻观测数据加以验证，证实 PVI 估算 LAI 既有较强的理论基础，又可以消除土壤背景的影响。实测数据表明，利用 PVI 模式估算水稻的叶面积指数具有较高的精度和应用价值（张晓阳等，1995）。

由于植被的冠层反射率数据与许多因素有关，比如土壤属性、植被类型、太阳辐照、大气条件及传感器的观测几何，所以 LAI 与 VI 之间不存在可以适用于任何地方与任一时间的唯一的关系，即使对于特定的传感器也是如此。通常来讲，这种经验关系是与地点和传感器相关的（Gobron et al., 1997）。VI 与 LAI 的关系式不仅数据表达式有多种形式（线性、指数、对数等），而且这些表达式的经验系数主要依赖于植被类型，这样就需要大量的地面实测数据与相应的遥感数据来建立这种经验关系，并且由于土壤与植被覆盖类型的复杂多样，通过植被指数计算 LAI 的关系表达式常是多种多样（Gobron et al., 1997），具有地域性与尺度性，所以很难将这种经验关系用于大尺度的遥感图像。由于植被指数的局限性，在实际运用时还是应该慎重些（Baret et al., 1991）。

18.3.2 物理模型法

统计模型分析法形式灵活，但属于经验性的，对不同的数据源需要重新拟合参数，模型需要不断地调整。因此，许多学者致力于研究出具有普适性的 LAI 定量反演模型。

LAI 物理模型建立的基础是植被的非朗伯体特性，即植被对太阳短波辐射的散射具有各向异性，反映在遥感上就是从地表反射回天空的太阳辐射，卫星观测的结果很大程度上依赖于太阳角和卫星观测角的关系，这种双向反射特性可以用双向反射率分布函数（BRDF）来定量表示，这就给 LAI 定量模型的创立提供了理论契机。从 20 世纪 80 年代中期开始，植被双向反射特性研究逐渐成为遥感界十分活跃的研究领域之一，并出现了各种各样的植被双向反射分布函数模型（李小文，1995），定量提取 LAI 等生物物理信息成为该类模型的一个重要研究方向。

目前发展起来的植被冠层 BRDF 物理模型根据其理论基础的不同，大致沿三个方向发展：辐射传输模型，几何光学模型，计算机模拟模型。随着这些模型的发展，一些模型互相借鉴，取长补短，又形成了混合模型。

18.3.2.1 辐射传输模型

辐射传输理论最初是从研究光辐射在大气（包括行星大气）中传输的规律和粒子（包括电子，质子，中子等基本粒子）在介质中的输出规律时总结出来的规律性知识。辐射传输模型偏重光的电磁波特性，主要适用于水平均匀植被或浑浊介质，Ross 的专著可以说是辐射传输模型的开始，之后 Suit、Verhoef、Hapke、Nilson- Kuusk、Myneni、Qin Wenhan 等人都发展了有自己特点的辐射传输模型。基于平行平面的辐射传输模型由于在描述真实世界的准确性和计算的简便性两者中的优势，而迅速应用于植被遥感中（Qin W et al.，2000）。SUIT 模型（Suits，1972）是较早的适合于水平均匀植被的辐射传输方程，它的基本特点是把冠层元素（叶子、树干、花、穗等）均投影到水平面与垂直面上，用它们的投影面积去替代任意取向的叶子对光的散射、吸收与透射作用，并假定叶子的反射、散射具有漫反射性质。SUIT 模型计算的二向反射图形显示 R（θ）具有明显的“V”形（Verhoef，1984），这显然与观察事实相背离，造成这种背离的直接原因是应用了水平投影与垂直投影来计算散射系数与消光系数。SAIL 模型（Verhoef，1984）正是在放弃 SUIT 的这一牵强附会的假定前提下，令叶子在空间任意取向的条件下解 K- M 方程（Kubelka et al.，1931）而发展起来的模型。SAIL 模型与 SUIT 模型的最大不同之处在于以接近现实的任意角的叶子去代替 SUIT 模型的水平投影与垂直投影，结果表明，奇异的拐点消失，这是对 SUIT 模型的改进。

由于植被冠层的复杂性，陆地植被场景大多情况不能简单假设为分层均匀散射介质，因此在 20 世纪 80 年代，Gastellu- Etchegorry 等提出了向几何光学逼近的三维辐射传输模型——DART（Gastellu-Etchegorry et al.，1996），该模型可以模拟不均匀三维植被冠层场景的辐射传输，而其中的三维场景可以是由叶片、草、水体、土壤等组成的非均匀场景。模型同时考虑了多重散射、地形、热点等影响，是对目前辐射传输模型的完善和发展。

总的来说，辐射传输模型需要提前确定很多物理参数作为输入，例如，叶片的散射相函数、单次散射反照率、叶面积指数、叶角分布、叶形等。这些参数需要在一定假设条件或者实地测量下得到；而且辐射传输方程的解比较复杂，一般很难得到解析解。

18.3.2.2 几何光学模型

几何光学模型基于“景合成模型”，即在观测器视场内，一部分是太阳光承照面，一部分在阴影中，而观测的结果是两者量度的面积加权和。几何光学模型则更侧重于光的粒子特性，假设光线是沿直线传播，即忽略衍射和极化，利于处理两种不同介质边界表面粗糙度大于电磁波波长时的反射、辐射及吸收。单纯GO模型（Li et al.，1985，1986）通常要求其各面积分量的亮度特征为已知，或能从遥感图像上估计出来，这为实际应用带来了困难，李小文等人（Li et al.，1988，1992）考虑了不连续植被的间隙率与相互遮阴，几何光学相互遮蔽（GOMS）模型是相对较成熟的GO模型，GOMS从宏观的角度出发，把树冠当作椭球体，基于"景合成模型"和Boolean原理从统计角度计算像元内各组分所占的比例和二向反射分布函数。李小文等提出了几何光学与辐射传输联合的模型（Li et al.，1995），混合模型解决了组分亮度必须已知的问题。李小文等提出的该模型的反演，有望使我们获得像元内植被的结构、组分光谱等有关信息。陈镜明等研究者在李小文只考虑树冠分布的基础上，考虑了树枝，树叶的分布，针对北方针叶林提出了四尺度、五尺度的几何光学模型（Chen et al.，1997；Sylvain et al.，2000）。

18.3.2.3 混合模型

通过上面对辐射传输和几何光学模型原理的简单介绍可知，几何光学模型主要抓住了植冠大尺度的结构特征，辐射传输模型则更侧重于冠层内部的结构和多重散射特性，它们各有优缺点。因此有学者提出将两类模型结合，发挥它们的优势，由此得到另一类模型——混合模型。由于几何光学模型和辐射传输模型分别在不同尺度上各自的优势，Li-Strahler的几何光学-辐射传输混合模型，将几何光学模型在解释阴影投影面积和地物表面空间相关性上的基本优势和辐射传输在解释均匀介质中多次散射的优势结合起来。针对行播作物，阎广建等建立了双向间隙率模型。该模型以Kimes的行结构模型和单方向平均间隙率模型为基础，考虑了太阳和观测的双向间隙率，并引入了重叠指数的概念，描述两个方向间隙率的相关，建立了行播作物的热辐射双向间隙率模型（阎广建等，2002）。与此同时，传统的辐射传输也在吸纳几何光学的优点，发展新的模型，Huemmrich于2001年结合SAIL模型与Jasinski的几何模型，发展了一个新的适合于离散植被的GeoSail模型（Huemmrich，2001）。

另外，Qin（1993）从辐射传输的角度出发，结合几何光学模型的一些优点，发展了考虑群体结构特征的多组分植被冠层模型。模型中提高了叶面积密度和重叠函数的数学表达公式精度，同时考虑了冠层内叶片的形状和非随机分布等特性，因此该混合模型可以进一步发展为计算非均匀植被冠层的反射率模型。唐世浩等既吸收了植被指数反演叶面积指数方法的优点，又利用地物的方向反射特性，对大尺度的LAI进行反演，使得反演方法既具有物理基础，又比较简便（唐世浩等，2006），随着卫星遥感其他产品精度的不断提高，该方法的优势将逐渐凸显。

18.3.2.4 计算机模拟模型

随着计算机技术的发展，计算机模拟模型越来越为人们所重视，例如蒙特卡罗模拟模型（Monte Carlo）（North PRJ，1996）、辐射度模型（Radiosity）、光线追踪模型（Ray-tracing）等。

以往的模型在求解 BRDF 的方法中，为了便于计算，在建立模型时使用了很多简化假设，这些假设往往忽略冠层表面和内部的精细结构特征，而这些精细结构特征有可能包含植被冠层的重要信息。植被结构真实模型可以尽量细致的模拟目标的各种形态及生长结构特征对光线作用的影响，克服了理论模型中过多简化和假设的缺点。近年来随着遥感技术的提高和计算机计算能力的加强，辐射度模型已经受到越来越多学者的广泛关注。

采用计算机模拟模型研究植被表面反射特征时，通常首先生成随机或真实结构的场景，再用蒙特卡罗方法进行光子跟踪，或是用计算机图形学的方法计算场景的反射。Smith-Oliver 和 Ross-Marshak 模型（Smith et al.，1974），以及 Goel 的 DIANA 模型都是计算机模拟模型的代表（Goel et al.，1991），陈良富、苏理宏等也曾借助于计算机模拟模型（苏理宏等，2002a，2002b）。计算机真实结构模拟由于需要参数太多，计算量大等特点不能直接反演，但其模拟的数据与真实数据接近，当实测数据不足时，可以代替实测数据进行方法分析（Qin et al.，1995）。

18.4 几种常用的叶面积指数产品反演算法简介

18.4.1 MODIS 叶面积指数产品

中分辨率成像光谱仪 MODIS 是 EOS 计划的 Terra 卫星（EOS-AM1）和 Aqua 卫星（EOS-PM1）携带的最重要的传感器。MOD15A2 叶面积指数产品是陆地产品之一，每幅图像大小为 10°×10°，时间分辨率是 8d，空间分辨率 926.6m，投影方式为 Integerized Sinusoidal，文件格式是 HDF。每个数据文件有 4 个波段，每个波段由 1200×1200 个像元组成，包括叶面积指数、FPAR 和两个质量控制报告数据 QC，QC 包含输入数据质量、云的情形和叶面积指数所用的算法等信息。

MODIS LAI 算法程序由两部分组成：主要算法（main algorithm）和备用算法（backup algorithm）。主算法原理基础是基于冠层辐射传输的三维辐射传输理论（Cohen et al.，2003），并且利查找表（Look-up Table）方法对反演结果进行筛选，确定唯一解。这样就可以解决程序循环次数和方程不收敛的问题（Myneni et al.，1997）。查找表通过测量不同植被类型、植被覆盖度的 LAI 值，与算法模型在对应样区的反演结果进行对比，调整模型参数，确定模型反演 LAI 结果的合理取值范围。如果主要算法失败，后备的基于植被指数（NDVI）与叶面积指数关系的经验模型算法就会启动，计算过程中所使用的方法会在 QC 数据库中作记录。

18.4.1.1 冠层三维辐射传输模型

MODIS LAI 反演使用的辐射传输模型为 Myneni（1991）提出的基于离散纵坐标法的 DISORD 模型。

假设植被冠层包含于水平面 X_S，Y_S 和垂直面 Z_S 组成的平行六面体 V 中，δV_t、δV_b 和 δV_l 分别代表顶、底和侧面。水平均匀垂直分层植被冠层中的辐射传输方程可表达为

$$\Omega \cdot \nabla I_\lambda(r,\Omega) + G(r,\Omega)u_L(r)I_\lambda(r,\Omega) = \frac{u_L(r)}{\pi}\int_{\varphi\pi}\Gamma_\lambda(r,\Omega' \to \Omega)I_\lambda(r,\Omega')\mathrm{d}\Omega' \tag{18.4.1}$$

式中，I 代表亮度；$G(r,\ \Omega)$ 称为“几何因子”，定义为空间点 r 处的单位叶片面积投影到垂直于光路 Ω 平面上的面积；$\nabla I_\lambda(r,\ \Omega)$ 代表平行六面体 V 中辐射亮度的变化量；$u_L(r)$ 为叶面积密度分布函数；二者的乘积代表光路中介质对光子的吸收与散射致使光亮度在传播方向上减弱，$\Gamma_\lambda(r,\ \Omega'\to\Omega)$ 称为散射相函数，$\frac{u_L(r)}{\pi}\int_{\varphi\pi}\Gamma_\lambda(r,\ \Omega' \to \Omega)I_\lambda(r,\ \Omega')\mathrm{d}\Omega'$ 描述了多次散射对传播方向上的辐射亮度的增量。考虑到热点效应的描述，式（18.4.1）改写为如下形式

$$\Omega \cdot \nabla I_\lambda(r,\Omega) + G(r,\Omega)u_L(r)I_\lambda(r,\Omega) = \frac{u_L(r)}{\pi}\int_{\varphi\pi}\Gamma_\lambda(r,\Omega' \to \Omega)I_\lambda(r,\Omega')\mathrm{d}\Omega' + F_\lambda(r,\Omega) \tag{18.4.2}$$

式中，F_λ 为热点函数。

在给定冠层范围 V 的入射辐射特征（边界条件）之后，可以对式（18.4.2）求解。考虑到影响冠层辐射特性的因子（大气状况、相邻冠层和下垫面特性），模型分别给出了以下边界条件。

上边界条件 δV_t

$$L_\lambda(r_t,\Omega) = L_{\mathrm{dif},\lambda}^{\mathrm{top}}(r_t,\Omega,\Omega_0) + L_{\mathrm{dir},\lambda}^{\mathrm{top}}(r_t)\delta(\Omega-\Omega_0),\ r_t \in \delta V_t \tag{18.4.3}$$

下边界条件 δV_b

$$L_\lambda(r_b,\Omega) = \frac{1}{\pi}\int_{\Omega'\cdot n_b>0}R_{b,\lambda}(\Omega',\Omega)L_\lambda(r_b,\Omega')\,|\Omega'\cdot n_b|\,\mathrm{d}\Omega',\ r_b \in \delta V_b \tag{18.4.4}$$

侧界条件 δV_l

$$\begin{aligned} L_\lambda(r_l,\Omega) = {} & \frac{1}{\pi}\int_{\Omega'\cdot n_l>0}R_{l,\lambda}(\Omega',\Omega)L_\lambda(r_l,\Omega')\,|\Omega'\cdot n_l|\,\mathrm{d}\Omega' \\ & + L_{\mathrm{dif},\lambda}^{\mathrm{lat}}(r_l,\Omega) + L_{\mathrm{dif},\lambda}^{\mathrm{lat}}(r_l)\delta(\Omega-\Omega_0),\ r_l \in \delta V_l \end{aligned} \tag{18.4.5}$$

这里，$L_{\mathrm{dif},\lambda}^{\mathrm{top}}$ 和 $L_{\mathrm{dir},\lambda}^{\mathrm{top}}$ 分别代表冠层上边界入射的漫射辐射和太阳直射辐射，Ω_0 为太阳入射方向；δ 为 Dirac 函数，$R_{l,\lambda}$、$R_{b,\lambda}$ 分别为侧面及下垫面的 BRF；n_b 和 n_l 代表平行六面体 V 的底面和侧面法线方向；$|\Omega'\cdot n_b|$ 表示入射方向 Ω' 与底面法线方向的夹角余弦；$L_\lambda(r_b,\ \Omega')$ 则代表 Ω' 的辐射亮度对底面贡献。

式（18.4.2）的解可以分为两部分

$$L_\lambda(r,\Omega) = L_{\mathrm{bs},\lambda}(r,\Omega) + L_{\mathrm{rest},\lambda}(r,\Omega) \tag{18.4.6}$$

其中，$L_{bs,\lambda}(r,\ \Omega)$ 为满足式（18.4.3）与式（18.4.5）所述边界条件（背景零反射条件）的解，此时下边界条件为

$$L_{\mathrm{bs},\lambda}(r_b,\Omega) = 0,\ r_b \in \delta V_b \tag{18.4.7}$$

而 $L_{\mathrm{rest},\lambda}(r,\ \Omega)$ 为满足如下边界条件的解

$$L_{\mathrm{rest},\lambda}(r_t,\Omega) = 0,\ r_t \in \delta V_t \tag{18.4.8}$$

$$L_{\mathrm{rest},\lambda}(r_l,\Omega) = \frac{1}{\pi}\int_{\Omega'\cdot n_l>0}R_{l,\lambda}(\Omega',\Omega)L_{\mathrm{rest},\lambda}(r_l,\Omega')\,|\Omega'\cdot n_l|\,\mathrm{d}\Omega',\ r_l \in \delta V_l \tag{18.4.9}$$

$$L_{\text{rest},\lambda}(r_b,\Omega)=\frac{1}{\pi}\int_{\Omega'\cdot n_b>0}R_{b,\lambda}(\Omega',\Omega)L_{\text{rest},\lambda}(r_b,\Omega')\,|\Omega'\cdot n_b|\,\mathrm{d}\Omega',r_b\in\delta V_b \tag{18.4.10}$$

在对下边界条件作了进一步假设之后，式（18.4.6）可以简化为

$$L_\lambda(r,\Omega)\approx L_{\text{bs},\lambda}(r,\Omega)+\frac{\rho_{q,eff}(\lambda)}{1-\rho_{q,eff}(\lambda)r_{q,\lambda}}T^q_{\text{bs},\lambda}L_{q,\lambda}(r,\Omega) \tag{18.4.11}$$

18.4.1.2 后备算法

在运算过程中上述算法可能出现无解的情况，这时就会启用备用算法。备用算法是通过对全球不同区域的大量观测，建立起 NDVI 与不同植被类型 LAI 的对应关系，将这种关系用查找表的方式表现出来，如表 18.4.1 所示。

表 18.4.1 备用算法中 NDVI 与 LAI 查找表

NDVI \ LAI	草地/谷类作物	灌木	阔叶作物	热带稀树草原	阔叶林	针叶林
0.025	0	0	0	0	0	0
0.075	0	0	0	0	0	0
0.125	0.3199	0.2663	0.2452	0.2246	0.1516	0.1579
0.175	0.431	0.3456	0.3432	0.3035	0.1973	0.2239
0.225	0.5437	0.4357	0.4451	0.4452	0.2686	0.3240
0.275	0.6574	0.5213	0.5463	0.5740	0.3732	0.4393
0.325	0.7827	0.6057	0.6621	0.7378	0.5034	0.5629
0.375	0.931	0.6951	0.7813	0.8780	0.6475	0.6640
0.425	1.084	0.8028	0.8868	1.0150	0.7641	0.7218
0.475	1.229	0.9313	0.9978	1.1480	0.9166	0.8812
0.525	1.43	1.102	1.124	1.338	1.091	1.086
0.575	1.825	1.31	1.268	1.575	1.305	1.381
0.625	2.692	1.598	1.474	1.956	1.683	1，899
0.675	4.299	1.932	1.739	2.535	2.636	2.575
0.725	5.362	2.466	2.738	4.483	3.557	3.298
0.775	5.903	3.426	5.349	5.605	4.761	4.042
0.825	6.606	4.638	6.062	5.777	5.52	5.303
0.875	6.606	6.328	6.543	6.494	6.091	6.501
0.925	6.606	6.328	6.543	6.494	6.091	6.501
0.975	6.606	6.328	6.543	6.494	6.091	6.501

虽然 MODIS LAI 反演算法有坚实的理论基础，由于数据源特性、数据处理方式等多种因素不可避免地会对 MODIS 产品质量产生影响，而对其数据质量的评价是衡量其是否成

功的关键，同时有助于用户了解数据的适用性（Myneni et al.，1999）。

18.4.1.3　MODIS LAI 质量控制

MODIS LAI 质量控制（QC）数据是 MODIS LAI 产品的重要组成部分之一，记录了 LAI 反演结果的精度信息，能够作为用户使用数据时的可信度报告，具有重要的参考价值。MODIS LAI 反演程序不考虑输入数据的质量，无论地表反射率数据如何，都会得到一个 LAI 值，所以并不是所有像元的质量都可信，用户在使用 LAI 产品时一定要对比 QC 文件，从中选出质量较好的 LAI 反演结果。QC 文件以 8 个字节整型数据的形式存储，不同的字节组合表示 4 个不同含义的参数，即 MODLAND、CLOUDSTATE、DEADDETECTOR 和 SCF_QC。

在 QC 文件中 MODLAND 参数是对反演结果总体质量的说明；CLOUDSTATE 参数是从地表反射率数据的 QC 文件得到，表示反射率数据中像元被云覆盖的状况；SCF_QC 参数记录了反演过程中所使用的算法类型；DEADDETECTOR 参数表明反演结果为多个解时，这些值的离差大小。这些参数中最重要的是 CLOUDSTATE 和 SCF_QC 参数，在输入数据质量较好的情况下，辐射传输模型反演结果的精度会高于经验模型。表 18.4.2 表示 QC 文件参数的意义和组合方式（Myneni et al.，2003）。

表 18.4.2　LAI 数据集质量控制文件中参数的含义

参数及所在字符的位置	二进制值	描述
MODLAND {0，1}	00=0 01=1 10=2 11=3	优质 好 有云，没有生成产品 由于其他原因没有处理
DEADDETECTOR {2}	0=0 1=1	反演备选结果较好 反演备选结果过于离散
CLOUDSTATE {3，4}	00=0 01=1 10=2 11=3	无云 像元有云覆盖 像元中部分区域有云 云的状况不确定，假定无云
SCF_QC {5，6，7}	000=0 001=1 010=2 011=3 100=4	RT 模型反演结果好 RT 模型反演时出现饱和 由于几何问题 RT 模型反演失败使用备用算法 其他原因导致 RT 模型反演失败，使用备用算法 未能反演的像元

MOD15A2 QC 文件中的按字节方式存储的参数，应当从右到左来拆分，所得的字节段再从左到右变成十进制，根据上表中的意义即可判断该像元的反演质量。

例如：FparLai_ QC=00110000

(a) MODLAND =00 优质的反演结果

(b) DEADDETECTOR =0 较好

(c) CLOUDSTATE =10 有云

(d) SCF_ QC =001 出现饱和

根据研究目的不同，在使用 QC 文件时，也可以把 8 个字节作为一个整体来对待，直接从文件中按照单字节方式读取文件，再根据数值大小判断 QC 的含义。QC 值小于 5，说明输入数据精度较高，没有云的影响；QC 值小于 32 表明反演结果中系统误差较小，LAI 精度高；QC<64 的 LAI 值都是可以接受的。

18.4.2 GLASS 叶面积指数产品

自 2000 年 MODIS 在轨运行以来，MODIS LAI 标准产品正逐渐应用于各种全球和区域范围的研究。然而，MODIS LAI 标准产品在时间上和空间上存在明显的不连续性，这种时空不连续性制约着 LAI 标准产品在地球表面过程模拟、全球变化研究等领域的应用（Fang et al., 2008）。

造成 MODIS LAI 产品时空不连续的因素主要包括：云的覆盖、大气中的气溶胶、季节性积雪覆盖、传感器故障及传感器的观测几何。这些因素可能导致 MODIS 估计的 LAI 不准确或者无法估计 LAI（肖志强，2008）。鉴于此，北京师范大学梁顺林教授团队自主研发了全球陆表特征参量数据产品（GLASS 产品，Global Land Surface Satellite），产品包括叶面积指数（LAI）、反照率（Albedo）、发射率（BBE）、光合有效辐射（PAR）、下行短波辐射（DSR）、净辐射（NR）、光合有效辐射吸收比（FAPAR）、植被覆盖率（FVC）、潜热（ET）和植被总初级生产力（GPP）等多种产品。GLASS 产品是基于多源遥感数据和地面实测数据，反演得到的长时间序列、高精度的全球地表遥感产品。这些产品为研究全球环境变化提供了可靠的依据，能够广泛应用于全球、洲际和区域的大气、植被覆盖、水体等方面的动态监测，并与气温、降水等气候变化表征参数结合起来，应用于全球变化分析。

GLASS LAI 基于广义人工神经网络方法（GRNNs）训练出从 MODIS 时间序列地表反射率数据（MOD09A1）到 LAI 值的关系模型，用以生产全球陆表叶面积指数产品。与仅利用特定时间遥感数据来反演 LAI 的人工神经网络方法不同的是，广义人工神经网络方法利用融合的 MODIS LAI 和 CYCLOPES LAI 时间序列产品和 MODIS 地表反射率数据来训练样本，实现对全球 LAI 的反演。基于 GRNNs 方法反演 LAI 的流程图如图 18.4.1 所示（Xiao et al., 2014）。

GLASS LAI 产品空间范围为全球陆表，空间分辨率为 1km 和 0.05°，时间分辨率为 8d，产品输出格式为 HDF-EOS，包含叶面积指数（表 18.4.3）和质量标识（表 18.4.4）两个数据集。

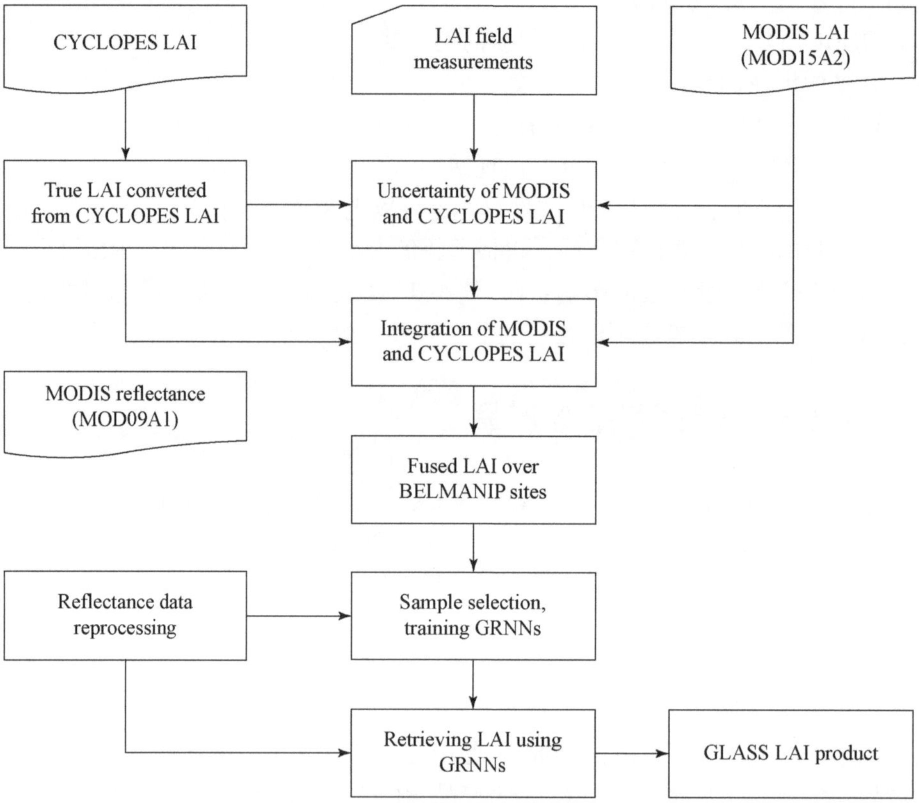

图 18.4.1　基于 GRNNs 方法反演 LAI 的流程图

表 18.4.3　叶面积指数取值范围及比例系数

标签	值
填充值	255
海洋	255
有效值范围	0～100
比例系数	0.1

表 18.4.4　质量标识数据集的含义

位数	比特位组合	含义
0～1	00	高质量的 LAI 值
	01	质量好的 LAI 值
	10	填充值
2～3	00	用 GRNNS 反演出的 LAI 值
	01	填充值

续表

位数	比特位组合	含义
4	0	非水体
	1	水体
5	0	非雪
	1	雪
6	0	无云
	1	有云
7	0	未处理云的影响，原始值保留
	1	已处理云的影响

第 19 章　植被生产力遥感估算

植被生产力是表征植被活动的关键变量，在全球碳平衡中扮演着重要角色。研究表明，陆地植物通过光合作用，每年从大气中吸收 123×10^{15} g 碳，这是化石燃料的燃烧所释放入大气中碳的十几倍（IPCC，2013）。植被生产力作为全球碳循环的重要组成部分，是大气 CO_2 浓度季节变化的主要原因；植被净初级生产力（NPP）与异养物呼吸速率的平衡（即净生态系统生产力，简称 NEP）决定了是否有生物圈对过量大气 CO_2 的累积。所以，准确估计植被生产力有助于了解全球碳循环。同时，植被生产力也是陆地生态系统中物质与能量运转研究的重要环节，它除了供给植物本身外，还为所有有机体生命提供了能量和物质。因此，植被生产力的定量估算也可为生态环境监测与评价、自然资源的合理开发和利用提供科学依据。

自 19 世纪 80 年代 Ebermayer 对德国巴伐利亚森林生产力开展测定以来，与陆地生态系统植被生产力测算相关的研究大量涌现，而在全球范围内的大规模估算则始于 20 世纪 60 年代的国际生物学计划（IBP）(Lieth 1975)。随后的人与生物圈计划（MAB）和国际地圈-生物圈计划（IGBP）也一直将植被生产力作为生态学研究的重点。随着 IGBP、全球环境变化国际人文计划（IHDP）、全球气候研究计划（WCRP）以及国际生物多样性计划（Diversitas）等国际合作研究计划以及全球碳计划（GCP）的推进，近几十年来，已在全球范围内开展了大量针对植被生产力的长期定位观测和模型模拟研究。同时，植被生产力的研究手段不断创新和完善，从传统的地面测量发展到以定量遥感支持的模型模拟技术；数据源也不断丰富，从有限的实地测量数据发展至多源遥感、非遥感数据的综合应用；空间尺度也由个体、斑块尺度扩展至区域、景观乃至全球尺度。

本章将在植被生产力概念、地面观测方法介绍基础上，重点讲解植被总初级生产力与净初级生产力的遥感估算方法，最后介绍植被生产力遥感估算中的重要参数 FAPAR（植被吸收光合有效辐射比例）的反演。

19.1　植被生产力概念

在植被生产力研究中常用到的几个概念有总初级生产力、净初级生产力、净生态系统生产力及生物量等概念。

总初级生产力（GPP）是指在单位时间和单位面积上，绿色植物通过光合作用所生产的全部有机物同化量，即总光合量。总初级生产力中除了包括植物个体各部分的生产量外，还包括同期内植物群落为维持自身生存，通过呼吸所消耗的有机物质，单位为 gC/($m^2\cdot a$) 或 gDW/($m^2\cdot a$)。

净初级生产力（NPP）是指绿色植物在单位时间、单位面积上所能累积的有机物数量，是由光合作用所产生的有机物质总量中扣除自养呼吸（植物为了维持自身的生存与生长所消耗的有机物）后的剩余部分。净初级生产力与总初级生产力之间的关系如下

$$\mathrm{NPP}=\mathrm{GPP}-R_a \tag{19.1.1}$$

式中，R_a 表示绿色植物的自养呼吸消耗量（autotrophic respiration）。

净生态系统生产力（NEP）表示整个生态系统与大气之间的碳交换，其中包括土壤腐殖质、微生物等异养生物的呼吸消耗量，它与净初级生产力、总初级生产力的关系如下

$$\mathrm{NEP}=\mathrm{NPP}-R_h=\mathrm{GPP}-R_a-R_h=\mathrm{GPP}-\mathrm{R}_{\mathrm{eco}} \tag{19.1.2}$$

式中，R_h 表示异养呼吸（heterotrophic respiration）消耗量；R_{eco} 是生态系统呼吸（ecosystem respiration）消耗量，包括自养呼吸和异养呼吸。NEP>0 表示植被生态系统有净的固碳作用，是碳汇（carbon sink），NEP<0 则表示植被生态系统有净的碳释放，是碳源（carbon source）。

生物量（biomass）属于产量生态学范畴，一般是指陆地表面单位面积上现有的活有机体的干物质，其单位为 $\mathrm{gDW/m^2}$。

净初级生产力 NPP 与生物量是两个不同的概念。首先，净初级生产力有时间度量的概念，而生物量没有时间度量概念。其次，生物量中一般不包括枯枝落叶及放牧等原因造成的损失部分，同时，由于根系的测定很困难，通常也不计入；而净初级生产力中包括一定时间内植物的生长量加上这段时间内消耗于落去的叶、果、花、芽鳞、枝和烂掉的根系部分和以有机物质流失和渗出而失去的净生产量。NPP 与生物量之间有如下关系

$$\mathrm{NPP}=b_{t+1}-b_t+L_{t+1} \tag{19.1.3}$$

式中，b_t、b_{t+1}是测定开始及结束时的植物生物量；L_{t+1}是这期间的枯死量。

19.2 植被生产力地面观测

植被生产力的观测通常包括传统生物量调查法、光合作用测定法及涡动相关法等方法。

19.2.1 NPP 观测

NPP 的测定可由生物量收获、维量分析或者 CO_2 气体交换技术测定。

19.2.1.1 收获法

收获法以式（19.1.3）为基础，需要测定开始及结束时的植物生物量，并获取这期间的枯死量。这种方法对于生长期短的简单群落（如作物、草地、冻原、泥炭地、沼泽及某些灌木占优势的群落等）效果比较好，其缺点是工作量大，对地下部分生物量的定量化很困难。

19.2.1.2 维量分析法

对于森林和灌木林来说，由于群落结构的复杂性，用收获法测定其生产量有一定的困

难，这时需用精密的采伐方法处理结构复杂的森林，依靠植物生长量与植物体大小之间关系的数学处理来确定其生产量。对于同龄林，可用平均木法（即用单位面积上林木株数乘以平均木的质量而求得林分的生物量），将个体林木的测定值转换为林分的生物量和生产量。对于林下植物，通过确定植物不同部分净生产量与截取干重相关的平均比值，来确定其生产量（即生产量比值法）。对于异龄林，林分生产量比值法仅能提供一个近似值，而平均木法则不能应用，这时可通过建立生长量与比较容易测定的林木维量值（如林木高度、胸径、基径等）之间的回归方程，由林木维量值推算其生物量。对于单棵树来讲，其多年生产力也可通过测定树木年轮估算得到。

19.2.1.3　气体交换法

通过测定空气中 CO_2 含量的变化来计算净同化率。实际上，分别测定总光合量和呼吸量很困难，在叶片水平上的测定是叶片光合与呼吸的总和，不能代表整个冠层的生产力，因为存在着枝干和根的呼吸消耗量，另外这种方法没有考虑皮部的光合作用（尽管可能很小）；在冠层尺度用该方法测定的是净生态系统生产力，其中包括了土壤过程对冠层内 CO_2 的贡献。因此，气体交换的测定总是与 NPP 分离的。

19.2.2　NEP 观测

NEP 可通过测量植被冠层与大气之间的 CO_2 交换量观测得到，最常用的方法是箱式法与涡动相关法（eddy covariance）。箱式法主要针对矮小植被（如土壤、草地、农田等），通过测定箱体内 CO_2 浓度的变化观测 NEP 或土壤呼吸，其观测尺度通常比较小，在米级。涡动相关法是在植被冠层上方架设涡度相关仪，通过测定垂直风速与大气待测物理量脉动的协方差来确定植物群落与大气间 CO_2 及水热通量的微气象学手段，涡动相关法可在较短时间内获取大量高时间分辨率的 CO_2 通量和环境变化数据，同时，也可提供相对较大的空间代表性（0.01 ~ 10 km^2）。由于通量观测数据质量受降水及大气层结稳定度的影响较大，往往需要经过异常数据剔除、数据插补等质量控制过程。经过近 40 年的发展，全球先后建立了众多基于涡动相关技术的通量观测站点，形成了全球性和区域性的通量观测网络（FLUXNET），涵盖美国通量网（AmeriFLUX）、欧洲通量网（CarboEuroFLUX）、亚洲通量网（AsiaFLUX）、中国通量网（ChinaFLUX）等多个区域性通量研究网络。通量观测网络的发展在陆地生态系统碳水循环、大气边界层科学、全球气候变化等领域的研究中发挥了重要作用，为评价碳收支状况、分析碳源/汇分布、揭示碳水通量季节及年际变化特征、探讨碳水通量的环境响应机制发挥了重大的贡献。同时，长期连续的生态系统及冠层尺度的碳水通量观测数据也被广泛应用于植被生产力估算模型构建及验证研究。

19.2.3　GPP 间接估算

GPP 无法直接观测得到，但可由涡度相关仪观测的碳通量数据分离估算得到。由于夜间没有光合作用，植被冠层上方所观测的 CO_2 通量是植被生态系统呼吸，通过建立夜间生态系统呼吸与温度、湿度等环境因子的经验关系，并外推到白天，得到总的生态系统呼吸，GPP 则由观测的 NEP 与估算得到的生态系统呼吸加和得到：GPP = NEP + R_{eco}。

19.3　植被初级生产力遥感估算

地面测量可以获得不同生态系统的生产力，为植被生产力模型的构建、模型参数的确定及模型验证提供了丰富的数据，而卫星遥感技术的发展为区域及全球植被生产力的估算提供了有效的手段及数据。

卫星遥感可获取区域及全球植被类型分布，同时也可监测植被长势，已成为区域及全球植被生产力估算中不可或缺的手段。目前国际上已生产了多套全球尺度时间序列植被生理生态参数（如植被指数、叶面积指数、光合有效辐射吸收比例等），及与植被能量平衡及水分状况有关的地表参数（如地表反照率、地表温度、土壤水分等）遥感产品，如 NASA 的 MODIS 陆地产品（https://lpdaac.usgs.gov/data/）、欧盟哥白尼全球陆地服务（Copernicus Global Land Service）产品（https://land.copernicus.eu/global/products/dmp）、北京师范大学生产的全球陆表特征参量（GLASS）产品（http://glass-product.bnu.edu.cn/）等。这些产品可用于区域及全球植被生产力估算。

植被生长还受到区域光、热、水等气候诸多因素的影响，在植被生产力估算中须考虑气候因素对植被生产力的影响。图 19.3.1 为根据全球气候绘制的不同区域光、温、水三种不同气候要素对植被生产力的限制作用，绿色表示光照相对不足，是植物生长的主要限制因子，红色表示该区域降水少，水分因子是主导限制因子，而蓝色表示该区域温度较低，是植物生长的主要限制因子。

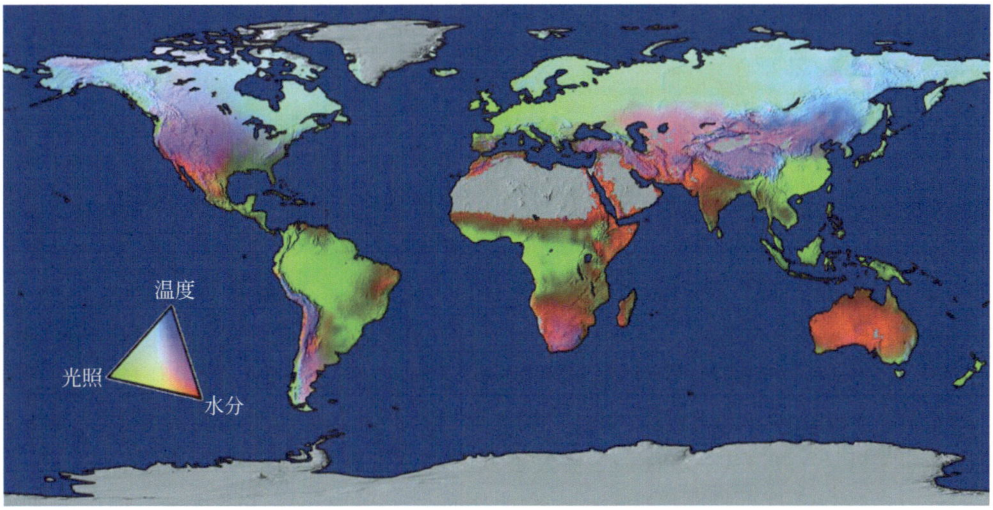

图 19.3.1　全球不同区域气候因素对植被生长的限制性因子分布图

资料来源：Nemani et al., 2003

通过构建植被生产力与包括环境因素、植被类型、植被长势等因素在内的相互作用模型可实现区域植被生产力的估算。现有基于遥感数据估算植被生产力的模型大体可分为四类：植被生理生态过程模型、基于光能利用率的植被生产力估算模型、数据驱动模型、基于植被荧光的估算模型。

19.3.1 植被生理生态过程模型

20 世纪 80 年代以来，随着对陆地生态系统结构、功能和生态过程认识的深入，从机理角度来描述植被生态系统生理生态过程的过程模型逐步形成并逐渐应用于植被生产力的模拟估算中。

生理生态过程模型根据植物生理、生态学原理来研究植物生产力，通过模拟冠层辐射传输、叶片光合、植物自养呼吸、异养呼吸、干物质分配、植被蒸腾、地表蒸发等过程实现日及年 GPP、NPP、NEP 的估算。由于温度、辐射、大气 CO_2 浓度、土壤水分、大气水分等会影响光合作用、呼吸作用、植被蒸腾与地表蒸发等过程，模型中得综合考虑这些调控因子。生理生态过程模型的代表性模型主要有：SiB2（simple biosphere Model）（Sellers et al.，1996）、CLM（Community Land Model）（Oleson et al.，2010）、Biome-BGC（Biome BioGeochemical Cycle）(Hunt et al.，1996)、BEPS（Boreal Ecosystem Productivity Simulator）（Liu et al.，1997）、AVIM（Atmosphere- Vegetation Interaction Model）(Ji et al.，1995)、CEVSA (Carbon Exchange between Vegetation，Soil，and the Atmosphere)(Cao and Woodward，1998)、TEM（Terrestrial Ecosystem Model）(Melillo et al.，1993）等。

过程模型中的参数须根据植被类型设定，遥感可提供植被类型输入数据，另外，部分模型状态变量，如叶面积指数（LAI）等，也可由遥感数据反演。下面以 BEPS 模型为例介绍植被冠层辐射传输、光合作用、呼吸作用等关键过程的模拟。

BEPS（Boreal Ecosystem Productivity Simulator）模型是在 FOREST-BGC 模型基础上，由 Liu 等（1997）发展构建的陆地生态系统碳循环机理模型。模型涉及生态系统生化、生理和物理等多个过程，综合了生态学、生物物理学、植物生理学、气象学和水文学方法，并以遥感数据为驱动，在遥感数据与机理生态过程理论相结合的基础上，实现了对生态系统碳、水和能量平衡关系的模拟。

早期的 BEPS 模型提供了日尺度水、热、碳通量的估算模拟（Chen et al. 1999；Liu et al. 1997)，经发展，BEPS 模型增加了半小时、小时步长等时间尺度的版本（Ju et al. 2006)。与日步长版本相比，半小时、小时步长增加了对冠层温度、光合和气孔导度的迭代求解，而日步长的 BEPS 模型则假设冠层温度与空气温度相等，以简化计算过程。

BEPS 模型利用 Farquar 模型模拟叶片瞬时光合作用，并通过时间积分和冠层 LAI 积分得到日及年 GPP、NPP 的模拟。BEPS 需要输入的遥感资料是叶面积指数和地表覆盖类型。输入的气象参数包括逐日最高最低温度、总太阳辐射、平均湿度和降水量。使用的土壤数据是土壤最大可利用水量。BEPS 需要每天计算下列变量：土壤水平衡、叶片气孔导度、光照叶和阴影叶的光合速率、植冠光合作用总量、叶、茎干和根部维持和生长吸收量。对于叶面积指数和地表覆盖类型图可以通过遥感手段获得，气象资料可以根据气象站点获得，土壤最大可利用水量可以通过土壤的质地类型来获得。BEPS 模型结构如图 19.3.2。

19.3.1.1 阴、阳叶叶面积指数

根据植被冠层的生长特征和接收太阳光照的情况，BEPS 模型采用区分阴、阳叶的方法来计算冠层总光合速率，其中，阳叶在直射光照下没有被遮蔽，其 LAI 在总 LAI 中的比例随着冠层顶部向下的累计 LAI 呈指数递减

$$\mathrm{LAI}_{\mathrm{sun}}=2\cos\theta\cdot\left(1-e^{-0.5\Omega\mathrm{LAI}/\cos\theta}\right) \tag{19.3.1}$$

$$\mathrm{LAI}_{\mathrm{shade}}=\mathrm{LAI}-\mathrm{LAI}_{\mathrm{sun}} \tag{19.3.2}$$

式中，$\mathrm{LAI}_{\mathrm{sun}}$、$\mathrm{LAI}_{\mathrm{shade}}$分别为阳、阴叶叶面积指数，$\theta$ 为太阳天顶角，Ω 为聚集指数。

19.3.1.2 阴、阳叶入射辐射

阳叶同时接收太阳直射辐射和周围的散射辐射，而阴叶仅接收散射辐射。模型首先将到达冠层顶部的太阳总辐射区分为直射辐射和散射辐射两部分

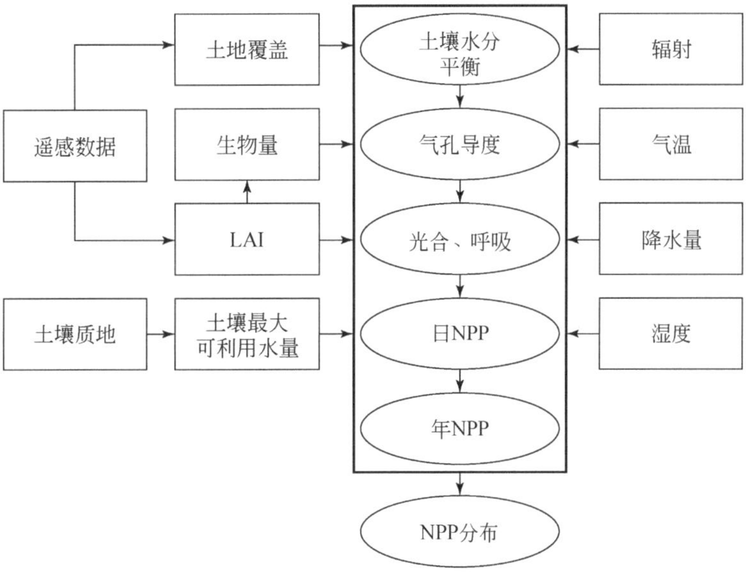

图 19.3.2 BEPS 模型结构示意图

资料来源：Liu et al. 1997

$$\frac{S_{\mathrm{dif}}}{S_g}=\begin{cases}0.943+0.734R-4.9R^2+1.796R^3+2.058R^4 & R\leqslant 0.8\\ 0.13 & R>0.8\end{cases} \tag{19.3.3}$$

式中，S_{dif}为太阳散射辐射；S_g 为太阳总辐射；R 为晴空指数，表达为

$$R=S_g/(S_0\cos\theta) \tag{19.3.4}$$

式中，θ 为太阳天顶角；S_0 为太阳常数（≈1367 $\mathrm{W/m^2}$）。

太阳直射辐射 S_{dir}为太阳总辐射与太阳散射辐射的差

$$S_{\mathrm{dir}}=S_g-S_{\mathrm{dif}} \tag{19.3.5}$$

阳叶入射辐射强度 S_{sun}为直射与散射辐射项的和

$$S_{\mathrm{sun}}=S_{\mathrm{dir}}\cos\alpha/\cos\theta+S_{\mathrm{shade}} \tag{19.3.6}$$

式中，α 为受光叶片的平均叶倾角，对球形分布叶片而言，α 取值为 60°；S_{shade} 为散射辐射部分，其等同于阴叶入射辐射强度，并定义为冠层叶片截取的太阳散射辐射与直射辐射的多次散射辐射部分的和

$$S_{shade}=\frac{(1-\delta)}{LAI}\cdot(S_{dif}-S_{dif,under})+C \tag{19.3.7}$$

式中，δ 用于校正光合作用对冠层垂直方向上散射辐射差异的非线性响应；$S_{dif,under}$ 为太阳散射辐射到达冠层底部的部分；C 表示直射辐射的多次散射部分。

19.3.1.3　光合作用模拟

BEPS 模型以 Farquhar 光合生化模型（Farquhar et al.，1980）为基础对叶片尺度的光合强度进行估算，认为光合速率同时由光合酶促反应的羧化速率、光合过程中电子传递速率和光合产物的外输速率所决定。光合速率 A 定义为

$$A=\min(W_c,W_e,W_s)-R_d \tag{19.3.8}$$

式中，W_c、W_e、W_s 分别为受光合羧化酶活性、电子传递速率、光合产物外输速率限制的光合速率；R_d 为暗呼吸速率。

W_c、W_e、W_s 分别表达为

$$W_c=V_m\frac{C_i-\Gamma}{C_i+k} \tag{19.3.9}$$

$$W_e=\mathrm{Eff}\cdot J\cdot\frac{C_i-\Gamma}{C_i+2\Gamma} \tag{19.3.10}$$

$$W_s=V_m/2 \tag{19.3.11}$$

式中，V_m 为最大羧化速率；C_i 为细胞间 CO_2 浓度；Γ 为与温度相关的 CO_2 补偿点；k 为酶促反应速度常数；Eff 取 0.2；J 为电子传递速率。V_m、Γ、k、J 等参数可由温度、叶片氮含量、聚集指数、叶面积指数、光量子通量密度等计算，C_i 无法直接计算，因此由以上公式还无法计算得到光合速率。

BEPS 模型结合气孔导度实现叶片光合速率的最终估算。气孔作为植物叶片水汽和 CO_2 进出的门户，在土壤–植被–大气连续体之间的物质和能量交换中起着平衡调节的作用。植物通过改变气孔导度的大小控制进出叶片的水汽和 CO_2 通量，而气孔导度又同时受辐射、温度、湿度、大气 CO_2 浓度等环境因素的影响。BEPS 模型采用 Ball-Berry 模型（Ball et al.，1987）来描述气孔导度（Ju et al.，2006），并考虑了土壤水分对气孔导度的影响

$$g_s=f_w\left(m\frac{Ah_s}{C_s}p+b\right) \tag{19.3.12}$$

式中，g_s 为气孔导度；m、b 为经验系数；A 为光合速率；h_s 为叶表面空气相对湿度；C_s 为叶表面 CO_2 浓度；p 为大气压强；f_w 为土壤水分调节系数，表达为不同层土壤水分调节因子的加权和。

通过耦合式（19.3.8）和式（19.3.12），计算得到叶片光合速率，再通过对阳、阴叶总光合速率求和可得到冠层总光合速率

$$A_{canopy}=A_{sun}\mathrm{LAI}_{sun}+A_{shade}\mathrm{LAI}_{shade} \tag{19.3.13}$$

式中，A_{sun}、A_{shade}分别为阳、阴叶光合速率。

19.3.1.4 自养呼吸

对于净初级生产力来说，自养呼吸部分必须从总初级生产力部分除去，自养呼吸可以分为维持呼吸和生长呼吸两部分，具体为

$$R_a = R_m + R_g = \sum(R_{m,i} + R_{g,i}) \tag{19.3.14}$$

$$R_{m,i}=M_i r_{m,i} Q_{10}^{(T-Tb)/10} \tag{19.3.15}$$

$$R_{g,i}=r_{g,i} r_{a,i}\mathrm{GPP} \tag{19.3.16}$$

式中，R_a 是植被的自养呼吸；R_m 和 R_g 分别是维持呼吸和生长呼吸；i 代表植被的不同部分（叶、茎、根等）。M_i 是植被 i 部分的生物量；$r_{m,i}$是植被 i 部分的维持呼吸系数；Q_{10}是温度敏感因子；T_b 是基温。生长呼吸与总初级生产力成比例，$r_{g,i}$是植被 i 部分的生长呼吸系数；$r_{a,i}$是植被 i 部分碳的分配比例。

生理生态过程模型具备坚实的理论基础，但相对复杂，所需参数众多且较难获取，会给植被生产力模拟结果带来一定的不确定性。

19.3.2 基于光能利用率的植被生产力估算

该方法以光能利用率（LUE）理论为基础，认为植物的生长是资源可利用性的组合体，假定植物的生理生态过程趋于调整植物特性以响应环境条件，将植物光合作用的固碳过程简化为植被吸收的太阳辐射与光能利用率的乘积。该方法比较简单，根据植被类型确定最大光能利用率参数，由温度、空气湿度、土壤水分条件等确定环境因子对光能利用率的限制，得到实际光能利用率，并结合遥感反演的植被吸收光合有效辐射比例（FAPAR）估算植被生产力，是植被生产力遥感估算的主要方法，国内外众多研究基于该方法进行区域及全球植被生产力的估算。

1972 年，Monteith（1972）提出采用植被所吸收的光合有效辐射（APAR）和光能利用率来计算植被生产力的方法，同时引入水分、温度等胁迫因素的影响。基于该理论，在 20 世纪 90 年代出现了用于估算全球植被生产力的光能利用率模型——CASA（Carnegie, Ames, Stanford Approach）模型（Potter et al., 1993）。此外，Prince 和 Goward（1995）建立了 GLO-PEM（GLObal Production Efficiency Model）光能利用率模型，并以全遥感数据驱动模型。孙睿和朱启疆（2000）也利用 NOAA AVHRR 的 NDVI 数据结合光能利用率模型估算了中国 NPP（图 19.3.3）。随后出现的 MODIS GPP/NPP 产品是应用最为广泛的植被生产力产品，作为 MODIS 陆表产品系列之一，MODIS GPP/NPP 产品自发布以来，其算法及数据源不断完善，MOD17 V006 产品（Running and Zhao，2015）可提供全球每 8 天 500 m 空间分辨率的 GPP、NPP 信息。随着全球涡动相关通量观测的普及，植被 GPP 的探测能力得以大大提高，这进一步推动了光能利用率模型的发展，随之涌现了许多光能利用率模型，如 VPM（Vegetation Photosynthesis Model）（Xiao et al., 2004），C-Flux（Carbon Flux）（Turner et al., 2006）、EC-LUE（Eddy Covariance-Light Use Efficiency）（Yuan et al., 2007）、

MuSyQ-NPP（Multi-source data Synergized Quantitative Remote Sensing Production System-NPP)(Cui et al., 2016；Yu et al., 2018）等，这些模型的区别主要在于如何描述水、热环境对植被光能利用率的影响。

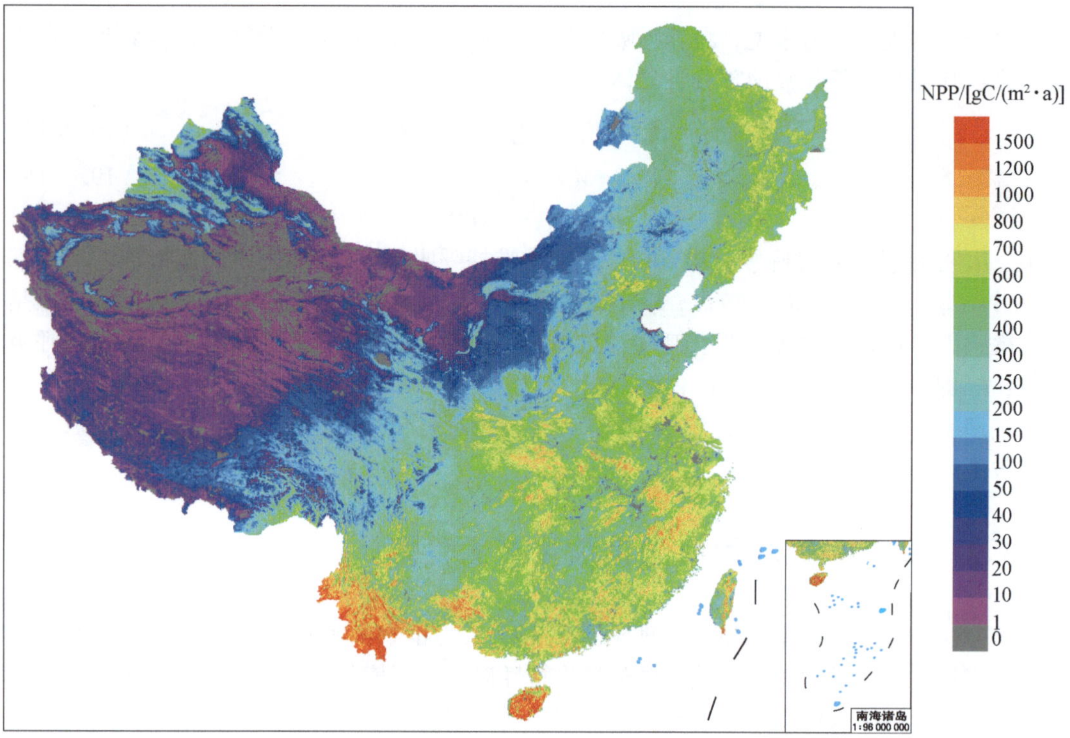

图 19.3.3　1992 年中国陆地植被 NPP 分布图

资料来源：孙睿和朱启疆，2000

光照条件也会影响光能利用率的大小，当总入射辐射不变时，光能利用率会随着散射辐射比例的增加而增大。LUE 随散射光比例增大的主要原因为：①当阳光充足、直射光比例大时，直射光集中照射于冠层顶部的叶片，强光易导致冠层顶部叶片光合作用饱和，而在冠层中占据更大比例的下层叶片则处于阴影中，远未达到最大光合速率，因此减小了整个冠层的光能利用率；②阴天环境提高了散射辐射比例，散射光是全方位的，可以更好地穿透冠层，从而增加到达植物冠层深处的辐射，且冠层深处的叶片还处于光合作用随辐射线性增长的阶段，因此光合效率线性增加。基于以上考虑，有学者在估算 GPP 时考虑了阴、阳叶光照条件的不同对光能利用率的影响（Wang et al., 2020）。

下面以 MODIS GPP/NPP 产品算法为例介绍该方法。MODIS GPP/NPP 产品算法（MOD17）在日尺度上利用光能利用率实现日 GPP 的估算，并扣除叶片和细根的维持呼吸，在年尺度上扣除木质部分的维持呼吸及植物的生长呼吸，得到年 NPP。具体流程如图 19.3.4所示（Running and Zhao, 2015）。

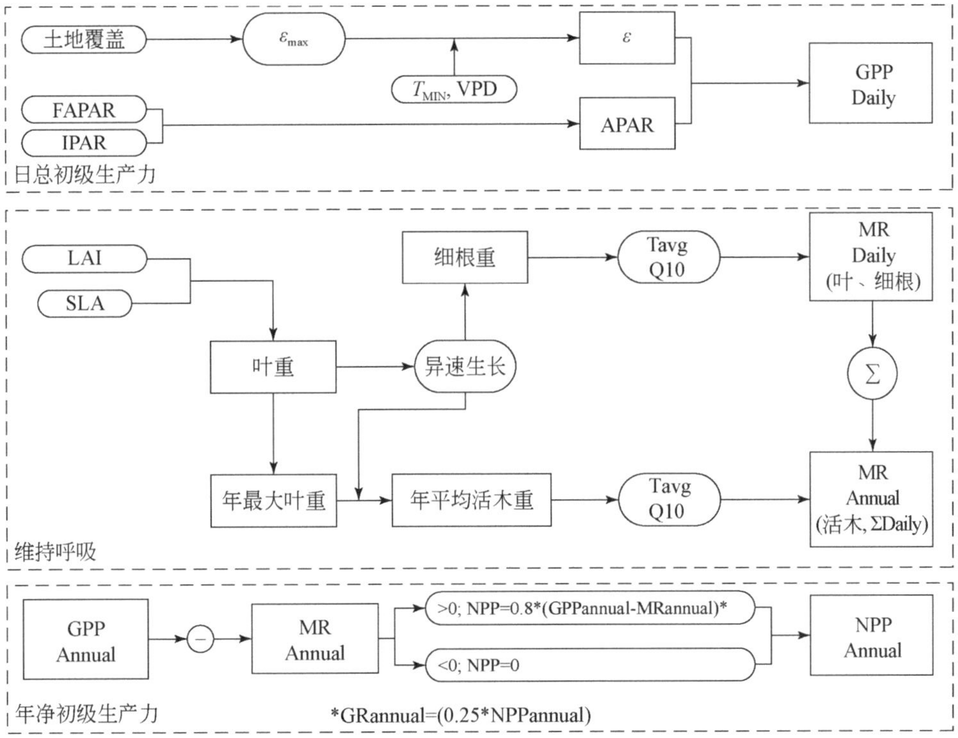

图 19.3.4　MOD17 算法日 GPP 和年 NPP 估算流程图

资料来源：Running and Zhao，2015

19.3.2.1　日 GPP 估算

GPP 由吸收的光合有效辐射（APAR）和光能利用率 ε 估算

$$GPP=\varepsilon\times APAR \tag{19.3.17}$$

APAR 由冠层入射光合有效辐射（IPAR）与光合有效辐射吸收比 FAPAR 计算得到。FAPAR 可由遥感反演得到。光合有效辐射（PAR）是太阳辐射中对植物光合作用有效的光谱成分，波长范围约在 400～700nm，MOD17 算法中由 GMAO/NASA 气象数据集中的入射太阳辐射（SWRad）估算

$$APAR=IPAR\times FAPAR=(SWRad\times 0.45)\times FAPAR \tag{19.3.18}$$

ε 由日最低温度和白天饱和水汽压差 VPD 计算

$$\varepsilon=\varepsilon_{max}\times T_{MIN}\_scalar\times VPD\_scalar \tag{19.3.19}$$

式中，ε_{max} 为最大光能利用率，是指植被在不受水分、温度条件限制，最适生长条件下将吸收的光合有效辐射转化为有机碳（或干物质）的效率（单位：kgC/MJ），不同植被类型 ε_{max} 取不同值，范围为 0.000841～0.001281kgC/MJ；T_{MIN}_scalar 和 VPD_scalar 分别代表最低温度和水分对光能利用率的影响

$$T_{\mathrm{MIN}}\_\mathrm{scalar}=\begin{cases}0 & T_{\min}<T_{\min\_\mathrm{MIN}}\\ \dfrac{T_{\min}-T_{\min\_\mathrm{MIN}}}{T_{\min\_\mathrm{MAX}}-T_{\min\_\mathrm{MIN}}} & T_{\min\_\mathrm{MIN}}\leqslant T_{\min}\leqslant T_{\min\_\mathrm{MAX}}\\ 1 & T_{\min}>T_{\min\_\mathrm{MAX}}\end{cases} \quad (19.3.20)$$

$$\mathrm{VPD}\_\mathrm{scalar}=\begin{cases}0 & \mathrm{VPD}>\mathrm{VPD}_{\max}\\ \dfrac{\mathrm{VPD}-\mathrm{VPD}_{\max}}{\mathrm{VPD}_{\min}-\mathrm{VPD}_{\max}} & \mathrm{VPD}_{\min}\leqslant \mathrm{VPD}\leqslant \mathrm{VPD}_{\max}\\ 1 & \mathrm{VPD}<\mathrm{VPD}_{\min}\end{cases} \quad (19.3.21)$$

式中，$T_{\min_\mathrm{MAX}}$代表$\varepsilon=\varepsilon_{\max}$时的日最低温度；$T_{\min_\mathrm{MIN}}$代表$\varepsilon=0$时的日最低温度；$\mathrm{VPD}_{\max}$代表$\varepsilon=0$时的白天平均水汽压差；$\mathrm{VPD}_{\min}$代表$\varepsilon=\varepsilon_{\max}$时的白天平均水汽压差。

19.3.2.2 日维持呼吸的计算

植物的自养呼吸（R_a）可以分解为维持呼吸（R_m）和生长呼吸（R_g）。维持呼吸与生物量和温度有关系。在日尺度上只计算叶片和细根的维持呼吸

$$R_{m,i}=M_i r_{m,i} Q_{10,i}^{(T-T_b)/10} \quad (19.3.22)$$

式中，M_i是植被i部分参与呼吸的生物量；$r_{m,i}$是植被i部分的维持呼吸系数；$Q_{10,i}$是植被i部分的温度敏感因子；T_b为基温，取值20℃；T为日平均气温。

叶片生物量（M_{leaf}）由叶面积指数LAI和比叶面积（SLA）计算

$$M_{\mathrm{leaf}}=\mathrm{LAI}/\mathrm{SLA} \quad (19.3.23)$$

细根生物量（M_{froot}）由叶片生物量和细根与叶片生物量比（$R_{\mathrm{froot\_leaf}}$）计算

$$M_{\mathrm{froot}}=M_{\mathrm{leaf}}\times R_{\mathrm{froot\_leaf}} \quad (19.3.24)$$

在GPP、叶片和细根的维持呼吸计算基础上，计算得到日PSNnet

$$\mathrm{PSN}_{\mathrm{net}}=\mathrm{GPP}-R_{\mathrm{m,leaf}}-R_{\mathrm{m,froot}} \quad (19.3.25)$$

19.3.2.3 年呼吸和NPP计算

在年尺度上主要计算活木的维持呼吸及生长呼吸。活木维持呼吸由式（19.3.22）计算，其中活木的生物量（M_{lwood}）由年最大叶片生物量（$M_{\mathrm{leaf\_max}}$）和活木与叶片生物量比（$R_{\mathrm{lwood\_leaf}}$）计算

$$M_{\mathrm{lwood}}=M_{\mathrm{leaf\_max}}\times R_{\mathrm{lwood\_leaf}} \quad (19.3.26)$$

年NPP通过从年GPP中扣除维持呼吸与生长呼吸得到，生长呼吸为NPP的0.25倍，年NPP的计算公式如下

$$\begin{cases}\mathrm{NPP}=0.8\times(\mathrm{GPP}-R_m) & \mathrm{GPP}-R_m\geqslant 0\\ \mathrm{NPP}=0 & \mathrm{GPP}-R_m<0\end{cases} \quad (19.3.27)$$

MODIS GPP/NPP产品算法中最大光能利用率及呼吸相关参数根据植被类型确定。MODIS GPP、NPP产品被广泛用于区域及全球植被生态环境的监测评估。图19.3.5为由MODIS LAI/FPAR产品，GMAO气象数据生产得到的2000～2009年多年平均全球年NPP分布图（Zhao and Running，2010）。长时间序列植被生产力产品可以监测区域及全球植被

生长变化趋势，图 19.3.6 是利用 2000～2009 年逐年 NPP 图数据，以年份作为自变量，逐像元进行线性回归得到的年 NPP 变化斜率图，反映了 NPP 的年际变化趋势（Zhao and Running，2010）。斜率大于 0 表示 NPP 有增加趋势，反之则有减小趋势。NPP 的年际变化反映了人类活动和气候条件（如干旱）年际波动的影响。

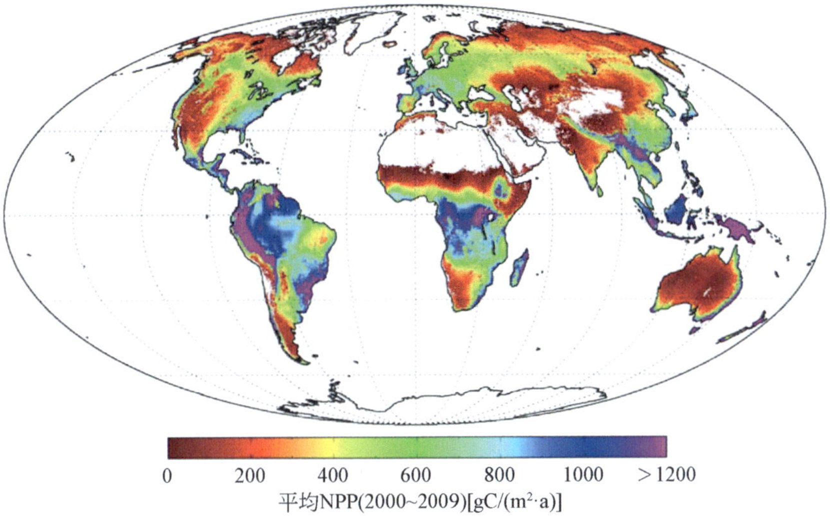

图 19.3.5　2000～2009 年全球年平均 NPP 空间分布图

资料来源：Zhao and Running，2010

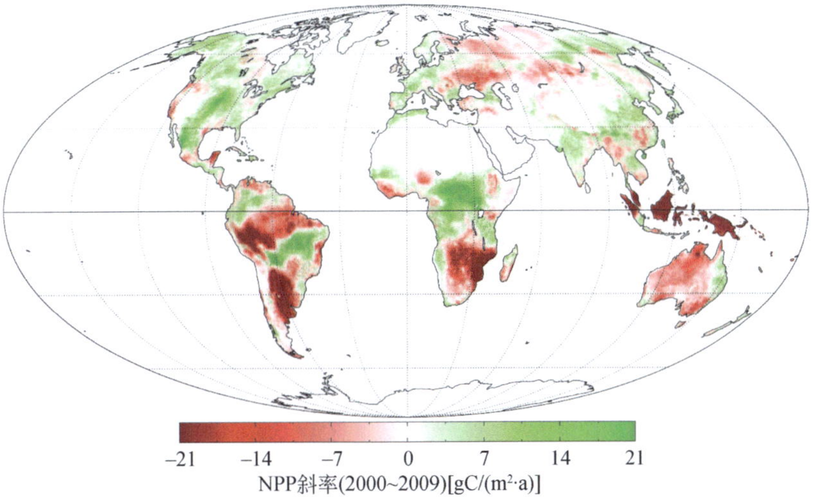

图 19.3.6　2000～2009 年全球年 NPP 变化斜率空间分布图

资料来源：Zhao and Running，2010

19.3.3　数据驱动的植被生产力估算

全球不同生态系统碳通量观测数据以及遥感数据的丰富和积累，使得可通过统计学手段建立 NEP 或 GPP 与相关变量的关系，并进而将站点尺度上确定的 NEP/GPP 与相关变量之间的关系外推到区域乃至全球尺度。这类模型称为数据驱动模型（Data driven model）。

数据驱动模型，又称机器学习模型（Machine learning model），即利用一些算法，使计算机模拟或实现人的学习行为，以获取新知识或新技能，将已有的知识重新组织，并完善自身性能。多种遥感数据集可作为数据驱动模型的输入数据用于估算植被生产力，如植被指数、LAI、土地覆盖类型和地表温度等。数据驱动模型首先将地面观测数据与气象数据、遥感数据相结合，选择样本进行训练；然后将训练好的模型扩展至区域尺度，获得区域尺度的通量或植被生产力估算结果。

常见的数据驱动模型包括人工神经网络（ANN）、回归树以及随机森林（RF）等。

19.3.3.1 人工神经网络法

人工神经网络（ANN）是一种模仿人脑或生物神经网络的行为特征，进行分布式并行信息处理的算法模型。该模型具有自学习性、自组织性、自适应性，并且可以根据系统的复杂程度，自动调整内部各隐含层大量节点之间互相连接的关系，达到信息处理的目的。ANN 由输入层、隐含层和输出层组成。在输入层输入充分的数据训练网络，在隐藏层获得权重，在输出层输出最终的处理结果。其中隐含层中的权重表达的是隐单元之间的连接强度，并无实际的物理意义。ANN 适合于缺乏精确计算公式但却有丰富经验知识和数据的领域。

Papale 等（2003）利用欧洲通量网（EUROFLUX）碳通量观测数据来训练人工神经网络，进而估算出欧洲森林生态系统的碳通量。Alemohammad 等（2017）利用植被荧光（Solar-Induced Fluorescence，SIF）遥感数据等，基于人工神经网络建立了 WECANN 模型用于全球 GPP 估算。

19.3.3.2 回归树法

回归树法是一个基于规则和实例的回归模型，回归树每个末端节点均为一个多元线性回归方程，每个变量既可以作分裂变量，又可以作回归变量。通过一系列的分段线性模型的组合，可以在一定程度上表达非线性的关系。另外，Cubist 回归树还提供了“模型组”（committee models）的选项，即根据设定的数量生成多组回归树，第一组回归树为初始的建模结果，而之后几组的回归树则为对前一组回归树输出结果不断调整后的建模结果，最终输出结果为多组树的平均。与人工神经网络方法相比，回归树法最显著的优点在于输入输出层的关系可显式表达。

由德国马克思普朗克生物地球化学研究所（Max Planck Institute for Biogeochemistry）发布的 0.5°空间分辨率的全球 MPI-BGC GPP 产品（http：//www.bgc-jena.mpg.de/geodb/BGI/Home）（Jung et al.，2011）是利用集成回归树方法将 FLUXNET GPP 扩展到全球尺度，其所选取的 29 个解释变量包括 14 个气候要素（年及月平均温度、降雨量、日照时数、相对湿度、潜在蒸散、湿日数、气候水平衡等气候要素的多年平均值）、3 个气象要素（逐月气温、降水、潜在辐射）、10 个植被结构参数（如植被类型、FAPAR 年平均值、最大值、最小值、变化范围，生长季平均 FAPAR 等）、2 个植被状态变量（逐月 FAPAR、

FAPAR×潜在辐射)。通过所生成的 25 个回归树估算逐像元逐月 GPP 值，并取 25 个 GPP 值的中值作为最终 GPP 估算值。

Xiao 等（2010）利用 MODIS 数据和通量观测数据，基于回归树模型估算了美国 GPP，其解释变量包括 5 个：土地覆盖类型，增强型植被指数（EVI）、白天地表温度（LST_{day}）、叶面积指数（LAI）、归一化水分指数（NDWI）。其预测模型包括 5 个模型组（committee model），每个模型组由基于多个规则的子模型构成。如模型组 1 由 23 个基于规则的子模型构成。

规则 1：如果土地覆盖类型∈{落叶林，混交林}，EVI≤0.37，且 LAI≤2.64，则

$$GPP=0.28+0.012LST_{day} \tag{19.3.28}$$

规则 2：如果 LST_{day}≤3.27，EVI>0.22，则

$$GPP=-0.64+4.8EVI+0.6NDWI+0.06LAI \tag{19.3.29}$$

规则 3：如果土地覆盖类型∈{常绿林，灌丛，稀树草原，草地，农田}，EVI≤0.22，LAI≤2.64，则

$$GPP=0.15+1.4EVI+0.01LST_{day} \tag{19.3.30}$$

规则 4：如果土地覆盖类型∈{落叶林，混交林，稀树草原，农田}，LST_{day}>3.26，EVI≤0.37，LAI≤1.78，则

$$GPP=-1.10+0.75LAI+4.6EVI \tag{19.3.31}$$

依此类推

规则 22：如果 NDWI≤-0.28，LST_{day}>17.65，EVI>0.58，则

$$GPP=10.49+1.9EVI+0.02LST_{day}-0.7NDWI \tag{19.3.32}$$

规则 23：如果土地覆盖类型=农田，LST_{day}>29.92，EVI>0.37，则

$$GPP=-24.85+5.47LAI+58.9EVI+0.124LST_{day}-0.5NDWI \tag{19.3.33}$$

其中增强型植被指数（EVI）反映了植被长势，由式（19.3.33）计算

$$EVI=2.5\frac{\rho_{nir}-\rho_{red}}{\rho_{nir}+(6\rho_{red}-7.5\rho_{blue})+1} \tag{19.3.34}$$

式中，ρ_{nir}、ρ_{red}、ρ_{blue} 分别表示近红外、红光、蓝光波段反射率。归一化水分指数（NDWI）可以反映植被含水量的多少，由下式计算

$$NDWI=\frac{\rho_{nir}-\rho_{swir}}{\rho_{nir}+\rho_{swir}} \tag{19.3.35}$$

式中，ρ_{swir}表示短波红外波段反射率。

19.3.3.3 随机森林

随机森林（RF）是用随机的方式建立一个森林，森林由大量决策树组成，随机森林的每一棵决策树之间是没有关联的。随机森林在随机采样的过程中，根据每一次采样的样本，生成独立的决策树或回归树。而在回归问题中，最终的输出结果为所有树输出的平均值。

随机森林的主要优势在于能够处理很高维度的数据，并且不需要做特殊的数据准备和特征选择；训练和预测速度快；对训练数据的容错能力强；能够检测到输入变量之间的相

互影响以及重要性程度等。相比于普通的回归树方法，由不同随机子集训练生成的多棵树之间的相关性较低，因此具有抗噪声和不易陷入过拟合的优点。

Tramontana 等（2015）结合遥感数据和通量观测数据，由 4 组驱动数据，植被指数（包括 NDVI、EVI、NDWI、地表温度、大气顶潜在辐射）、气象数据（包括入射太阳辐射、气温、水汽压差、降水量）、FAPAR、和植被功能型，利用随机森林方法对欧洲 GPP 进行了尺度扩展。

数据驱动模型严格来讲也属于统计模型的一种，其精度往往依赖于所采用的观测资料，地面观测站点的数量及代表性、所选数据的质量，都会对模型的精度产生明显影响，在样本量充足且有足够的代表性时，估算精度较高；数据驱动方法可以简单有效快速地估算区域乃至全球的 GPP 或 NEP，揭示植被对环境的响应机制，但不能明确地反映生物地球化学过程，缺乏生态机理，此外，卫星数据等输入数据的不确定性也会带来一定的估算误差。

19.3.4 叶绿素荧光与 GPP 关系

19.3.4.1 叶绿素荧光

叶绿素荧光的产生源于植物对吸收太阳光能的代谢过程。叶绿素分子在吸收光能后分子中的电子发生能级跃迁，使分子上升至能级较高的激发态，而激发态的分子极不稳定，会在短时间内通过无辐射退激到达亚稳态能级，而分子由亚稳态能级回到基态的过程则会以色素分子间能量传递、荧光释放或热耗散三种形式实现。其中，色素分子间传递的能量到达反应中心，用于光化学反应，而荧光和热耗散则体现了与光合作用相竞争的过程以及植物避免光损伤的调节机制。叶绿素荧光发射波段涵盖 650 ~ 780nm，荧光发射峰在 685nm 和 740nm 附近，其中红光区荧光来源于光系统Ⅱ（Photosystem Ⅱ，PSII），而远红光区荧光则由 PSII 和光系统Ⅰ（Photosystem I，PSⅠ）共同贡献。

作为植被光合作用的“副产品”，植被叶绿素荧光信息中包含丰富的光合作用信息。研究表明，植被吸收的太阳辐射中一部分被叶绿素利用进行光合作用，未被利用的部分或以长波的形式发射荧光，或以热的形式向外耗散。因此，叶绿素荧光与光合作用直接相关，通过对荧光强度进行探测可以了解植物的光合作用状况；同时，叶绿素荧光也反映了植被的一种调节机制，可保护植被的光合机构免受过量光能的损伤。叶绿素荧光作为快速、灵敏、实时、无损伤的探测植被光合作用及其生理环境胁迫的理想探针，对准确估算植被生产力，开展区域及全球碳循环研究具有重要意义。最新的研究表明：植被叶绿素荧光与植物光合作用强度间存在显著关系，采用叶绿素荧光可用于 GPP 的估算。

19.3.4.2 叶绿素荧光测量

叶绿素荧光的探测可以分为主动和被动两类，主动荧光探测手段主要包括荧光动力学技术和激光诱导荧光技术，其通过主动的向植被发射光束，并以激发信号与发射信号分离的手段实现对荧光的探测，主动荧光探测技术具有不受外界环境光影响的优点，但多用于植被叶片尺度的测量。与之相比，被动荧光获取的是自然环境下日光诱导的叶绿素荧光信号（SIF），且适于叶片乃至冠层层面的观测，同时也是开展区域及全球植被光合作用、植被生产力以及碳循环研究的有效手段。

被动荧光的探测包括光谱反射率法与辐亮度法两种。由于叶绿素发射荧光光谱叠加在植物反射光谱上，使得在反射率红边区域产生微小变动，因此基于该区域反射率数据构造的植被指数往往与荧光强度存在相关关系。已有研究表明，植被的稳态荧光强度可通过相应波段反射信号的光谱比值和光谱曲率指数估测出来。通常采用的荧光探测光谱指数包括 R_{750}/R_{800}、R_{691}/R_{655}、R_{685}/R_{655}、R_{680}/R_{630}、R_{690}/R_{630}、$R_{685}{}^2/(R_{675}\times R_{690})$、DPi［double-peak index，$(D_{688}\times D_{710})\ /D_{697}{}^2$］、$D_{705}/D_{722}$、$D_{730}/D_{706}$、$R_{740}/R_{800}$、$R_{760.59}-R_{759.5}$等，这些光谱指数采用光谱比值或光谱一阶导度比值的形式来对荧光强度进行近似表达。然而，光谱反射率荧光探测法仅反映的是荧光强度的相对量，不能准确反映荧光实际强度，而荧光实际强度的探测则需要采用辐亮度手段开展。

自然光照条件下测定的植被表观反射辐亮度光谱包括叶片对入射光的反射光谱以及日光诱导荧光的发射光谱两部分，这两者是混合在一起的。由于与反射信号相比，荧光信号非常微弱，对荧光的探测往往借助夫琅禾费暗线来开展。夫琅禾费暗线是太阳辐照度光谱中由太阳大气和地球大气吸收所引起的地表入射辐照度光谱中存在的细小暗线。由于暗线的存在，在其所在波段到达地表的入射辐照度相对较低，使得植被冠层发射的荧光信号在表观反射率光谱中的贡献显得更为明显，这为 SIF 的探测提供了可能。夫琅禾费暗线荧光提取算法（FLD）认为植被发射的荧光对暗线的吸收并具有一定的填充作用，与暗线相邻谱区相比，暗线内太阳入射辐照度相对较低，使得传感器探测到的表观反射辐亮度信号中荧光的贡献更为明显，通过比较暗线内、外波段植被冠层下行辐照度和上行辐亮度的光谱差异，可以获取相应暗线位置的荧光强度。

由于夫琅禾费暗线宽度为 0.1～10nm，而传感器的光谱分辨率与信噪比往往有限，因此选择合适的夫琅禾费暗线波段及 SIF 提取方法对准确探测 SIF 十分重要。当前，利用夫琅禾费暗线来获取 SIF 主要采用位于红光和近红外波段范围内的三条较显著的暗线：由太阳大气中氢吸收在 656nm 形成的 Hα 暗线，由地球大气中氧分子吸收在 760nm 和 687nm 附近形成的 O_2-A 和 O_2-B 暗线（图 19.3.7）。Hα 暗线离叶绿素荧光峰较远，而 O_2-A 和 O_2-B 暗线均位于叶绿素荧光峰附近，鉴于 O_2-A 暗线的深度和宽度均大于 O_2-B 暗线，因此 O_2-A 暗线通常被视为最佳的荧光探测波段，也是应用较多的波段。

FLD 方法获取的荧光信号采用辐亮度单位［$mW/(m^2\cdot sr\cdot nm)$］来表示，当前，基于夫琅禾费暗线的 SIF 探测手段除最初的 FLD（Plascyk and Gabriel，1975）算法外，还发展了包括 3FLD（3 bands FLD）（Maier et al.，2003）、iFLD（improved FLD）（Alonso et al.，2008）、eFLD（extended FLD）（Mazzoni et al.，2007）、SFM（Spatial Fitting Methods）（Mazzoni et al.，2008）等在内的一系列算法，其中每一种形式都是对前一种的改进和优化，目的在于削弱算法中的假设条件，使算法更精准、实用（图 19.3.8）。

夫琅禾费暗线荧光提取算法认为地表为朗伯面，即假设地表均匀且各向同性，由于荧光发射信号混合在反射信号中，植被冠层顶部的表观反射辐亮度可简单表达为

$$L(\lambda)=\frac{r(\lambda)E(\lambda)}{\pi}+F(\lambda) \tag{19.3.36}$$

式中，$L(\lambda)$ 表示植被冠层顶部的反射辐亮度；$r(\lambda)$ 为植被反射率；$E(\lambda)$ 为入射辐照度；$F(\lambda)$ 为荧光强度。

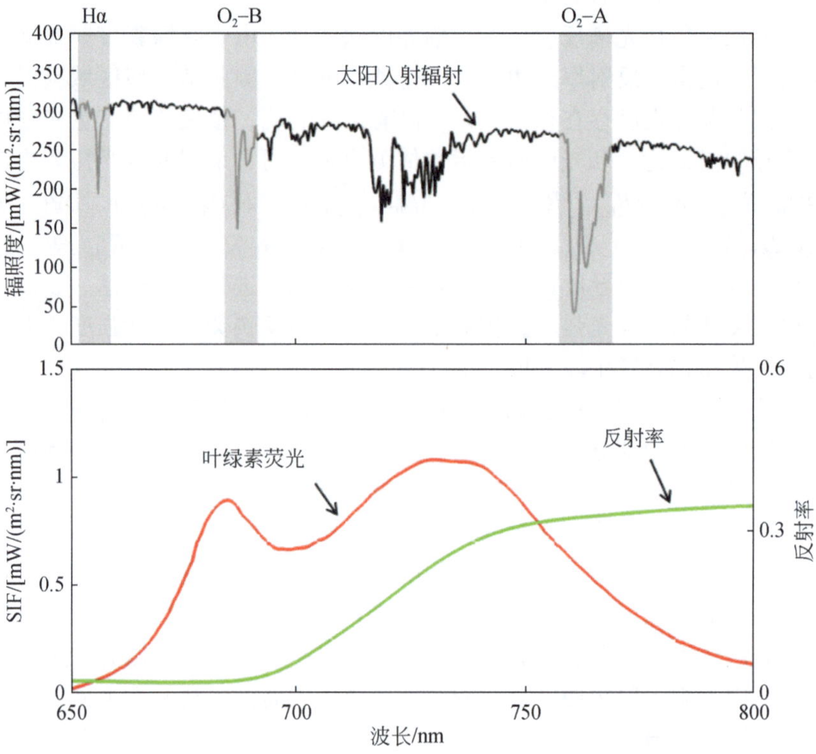

图 19.3.7　入射太阳辐射、叶绿素荧光及反射率光谱曲线

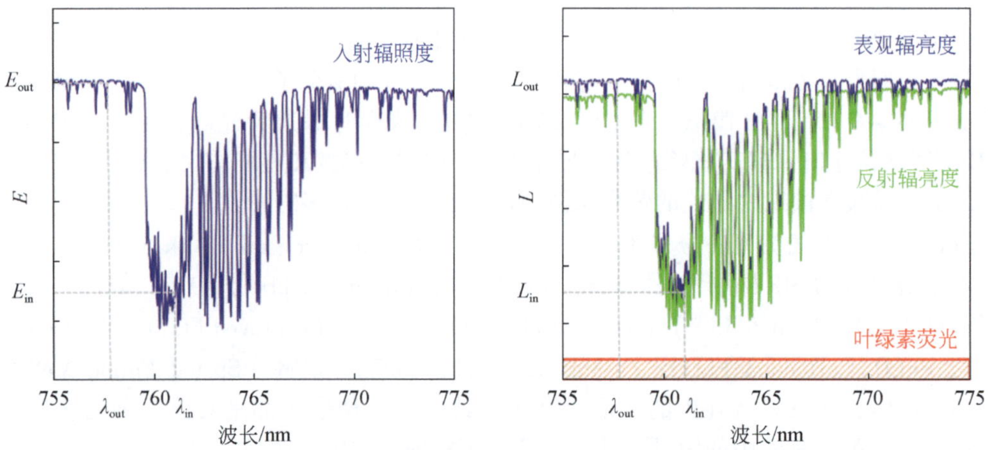

图 19.3.8　夫琅禾费暗线荧光提取算法原理

标准 FLD 算法（Plascyk and Gabriel，1975）假设夫琅禾费暗线足够窄且暗线内、外波段的反射率和荧光强度均相等，则植被冠层顶部的表观反射辐亮度在 λ_{in} 和 λ_{out} 波段强

度为

$$L_{in}=\frac{r_{in}E_{in}}{\pi}+F_{in} \tag{19.3.37}$$

$$L_{out}=\frac{r_{out}E_{out}}{\pi}+F_{out} \tag{19.3.38}$$

式中，r_{in}、F_{in}、E_{in}、L_{in}分别表示暗线内波段 λ_{in}处的反射率、荧光强度、入射辐照度和反射辐亮度；r_{out}、F_{out}、E_{out}、L_{out}分别表示暗线外波段 λ_{out}处的反射率、荧光强度、入射辐照度和反射辐亮度。有 $r_{in}=r_{out}=r$，$F_{in}=F_{out}=F$，因此，相应夫琅禾费暗线位置的荧光强度为

$$F=\frac{E_{out}L_{in}-L_{out}E_{in}}{E_{out}-E_{in}} \tag{19.3.39}$$

标准 FLD 算法相对简单，然而实际上暗线内、外波段的反射率和荧光强度往往存在不同，这些差异将影响到 SIF 的提取精度。

与 FLD 算法相比，3FLD 算法采用三个波段（夫琅禾费暗线内一个波段，暗线两侧各一个波段）来对荧光强度进行探测，算法假设暗线内、外谱段范围内反射率与荧光线性变化，其计算表达为

$$F=\frac{L_{in}(w_{left}E_{left}+w_{right}E_{right})-E_{in}(w_{left}L_{left}+w_{right}L_{right})}{(w_{left}E_{left}+w_{right}E_{right})-E_{in}} \tag{19.3.40}$$

式中，w_{left}、w_{right}分别为夫琅禾费暗线左、右侧波段的权重系数

$$w_{left}=\frac{\lambda_{right}-\lambda_{in}}{\lambda_{right}-\lambda_{left}} \tag{19.3.41}$$

$$w_{right}=\frac{\lambda_{in}-\lambda_{left}}{\lambda_{right}-\lambda_{left}} \tag{19.3.42}$$

19.3.4.3 SIF 卫星遥感产品

除地面与航空平台外，为适应大区域及全球范围的研究，Joiner 等（2011）与 Frankenberg 等（2011）以温室气体卫星 GOSAT 上搭载的傅里叶变换光谱仪（TANSO-FTS）获取的高光谱数据为基础，成功获取了首张全球陆地植被叶绿素荧光分布图，此后，基于 SCIMACHY（SCanning Imaging Absorption SpectroMeter for Atmospheric CHartographY）（Joiner et al.，2012）、GOME-2（Global Ozone Monitoring Experiment-2）（Joiner et al.，2013）（GOME-2 SIF 分辨率 40 km × 40 km）、OCO-2（Orbiting Carbon Observatory-2）（Frankenberg，2014）的卫星荧光遥感产品迅速涌现。OCO-2 SIF 产品空间分辨率较高，星下点 1.3km×2.25km，但空间不连续，全球网格 OCO-2 产品通常是在 1°格网和月尺度上，而 2017 年 10 月发射的搭载于 Sentinel-5 Precursor（S5p）上的 TROPOMI（TROPOspheric Monitoring Instrument）则可提供具备较高空间分辨率（7km×3.5km）且空间连续的荧光（Zhang et al. 2019）。此外，为了弥补 OCO-2 SIF 时空不连续的缺点，Li 和 Xiao（2019）、Yu 等（2019）基于数据驱动的方法对 OCO-2 SIF 数据进行空间和时间上的插补，得到较高空间、时间分辨率的 SIF 产品。此外，国内由 2016 年 12 月 22 日发射的首颗 CO_2 观测科学实验卫星 TanSat 也提供了开展叶绿素荧光探测的相关光谱通道，也成功实现了 SIF 的反演（Du et al.，2018）。现有的卫星平台并非专为探测荧光设计，不论在传

感器波段设置，还是分辨能力、过境时间等方面均非开展荧光应用的最佳选择；鉴于此，欧洲航天局（ESA）计划在2025年发射的植被荧光探测（FLEX）将可得到空间分辨率为300m的图像，并且提供完整的SIF光谱的测量，能够提高GPP的预测能力。

19.3.4.4 SIF与GPP的关系

SIF反映了太阳光照条件下植被发射的叶绿素荧光强度，能够真实反映自然条件下植物生理状态及光合作用强度。

太阳辐射与叶片的相互作用包括吸收、反射和透射。当太阳光到达植被叶片时，太阳总辐射中的光合有效辐射（PAR）大部分被叶片吸收，其余部分被反射或透射。研究表明：植被吸收的PAR约占入射PAR的48%～94%，反射部分约占6%～12%，透射部分约占0～40%（Vidaver et al.，1991）。吸收后的PAR一部分进行光化学反应（约占吸收光能的0～20%），一部分以热的形式耗散掉（约占吸收光能的75%～97%），还有一部分以荧光的形式释放（约占吸收光能的3%～5%）。

叶绿素荧光与GPP的关系如图19.3.9所示。叶绿素荧光产生于光合作用的光反应阶段，是由光系统Ⅱ（PS Ⅱ）、光系统Ⅰ（PS Ⅰ）两个光系统中天线色素中的叶绿素a分子吸收光能后由激发态返回基态时所释放，由于在常温常压下，PS Ⅰ发射荧光强度相对稳定，因此，与光合作用具有密切联系的叶绿素荧光主要由PS Ⅱ产生（Porcar-Castell et al.，2014）。

光合作用的光反应主要用于合成暗反应的同化力NADPH（还原型辅酶Ⅱ，即还原型烟酰胺腺嘌呤二核苷酸磷酸）和ATP（腺嘌呤核苷三磷酸），暗反应阶段是植物将光反应形成的同化力作用于CO_2从而转换成稳定的碳水化合物的过程。由于GPP的形成涉及整个光合作用过程，而光能利用率反映了植物通过光合作用将吸收的光合有效辐射转化为有机干物质的效率，因此，光能利用率同时反映了植物光、暗反应阶段的转化效率(图19.3.9)。

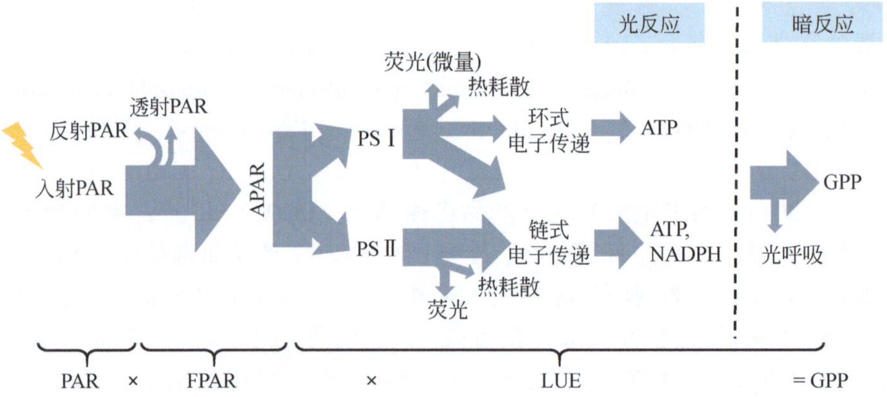

图19.3.9 叶绿素荧光与GPP的产生过程图示

ATP（腺嘌呤核苷三磷酸），NADPH（还原型辅酶Ⅱ，即还原型烟酰胺腺嘌呤二核苷酸磷酸），光系统Ⅱ（PS Ⅱ）、光系统Ⅰ（PS Ⅰ）

资料来源：Porcar-Castell et al.，2014

虽然叶绿素荧光产生于光反应阶段，而光合作用涉及光、暗反应整个阶段，两者在发生过程上存在差异，但光合作用过程的各个步骤间密切相关，暗反应的速率会影响叶绿体基质中光合中间产物的含量，并进而促进或抑制光反应电子传递与光合磷酸化的速率，因此，光合作用过程中任何一步的变化都会影响到 PS Ⅱ 并引起荧光的变化，通过叶绿素荧光几乎可以探测所有光合作用过程的变化。

基于 SIF 的 GPP 估算研究往往结合 GPP 估算模型中的光能利用率模型理论来开展

$$\mathrm{GPP}=\mathrm{APAR}\times\mathrm{LUE}_P \tag{19.3.43}$$

植被光能利用率（LUE_P）反映了植被通过光合作用将截获的光合有效辐射 PAR 转化为有机干物质的效率。利用遥感手段来获取光能利用率往往只能采用检测植被类型和水、热条件的方式，通过确定不同类型植被的最大光能利用率，并以水、热限制因素对其调整来实现，这往往引起 GPP 估算中较大的不确定性。

与 GPP 的光能利用率模型形式类似，叶片荧光强度 $\mathrm{SIF}_{\mathrm{leaf}}$ 表达为

$$\mathrm{SIF}_{\mathrm{leaf}}=\mathrm{APAR}\times\mathrm{LUE}_F \tag{19.3.44}$$

式中，LUE_F 反映了植物叶片将所吸收的光合有效辐射转化为荧光的效率，由于植被冠层顶部观测到的荧光强度为叶片发射的荧光 $\mathrm{SIF}_{\mathrm{leaf}}$ 经冠层内部辐射传输后到达冠层的部分，因此，冠层荧光强度 $\mathrm{SIF}_{\mathrm{canopy}}$ 可以表达为（Guanter et al. 2014）：

$$\mathrm{SIF}_{\mathrm{canopy}}=\mathrm{SIF}_{\mathrm{leaf}}\times f_{\mathrm{esc}}=\mathrm{APAR}\times\mathrm{LUE}_F\times f_{\mathrm{esc}} \tag{19.3.45}$$

式中，f_{esc} 为荧光逃逸系数，反映了荧光透射通过冠层被探测到的比例。

因此，SIF 和 GPP 均与 APAR 有关，由式（19.3.43）、式（19.3.45）可得出冠层荧光强度 $\mathrm{SIF}_{\mathrm{canopy}}$ 与 GPP 之间的关系

$$\mathrm{GPP}=\mathrm{SIF}_{\mathrm{canopy}}\times\frac{\mathrm{LUE}_P}{f_{\mathrm{esc}}\times\mathrm{LUE}_F} \tag{19.3.46}$$

由于远红光区荧光不易受冠层内吸收作用的影响，因此，对于具备简单冠层结构的植物来说，荧光逃逸系数 f_{esc} 可以近似为 1（Guanter et al. 2014）。当 $\mathrm{LUE}_P/\mathrm{LUE}_F$ 为不依赖于植物生理状态及环境条件的常量时，冠层 SIF 与 GPP 间直接相关，两者间关系可采用简单线性关系描述，此时，冠层 SIF 可直接用于 GPP 的估算。已有研究表明：在较高光照条件下，$\mathrm{LUE}_P/\mathrm{LUE}_F$ 可视为仅依赖于植被功能型（Plant Functional Types，PFTs）的常数，冠层 SIF 与 GPP 之间为简单线性关系（Guanter et al.，2014；Liu et al.，2017）。图 19.3.10 为基于数据驱动（a）方法、基于过程模型模拟（b）得到的北美及欧洲 2009 年 GPP，（c）是 GOME-2 740nm 月 SIF 产品，可以看出 SIF 与 GPP 的空间分布有很好的相关性（Guanter et al. 2014）。

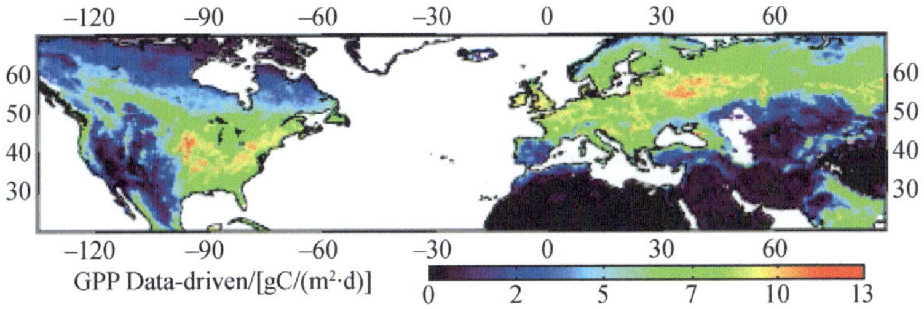

(a)

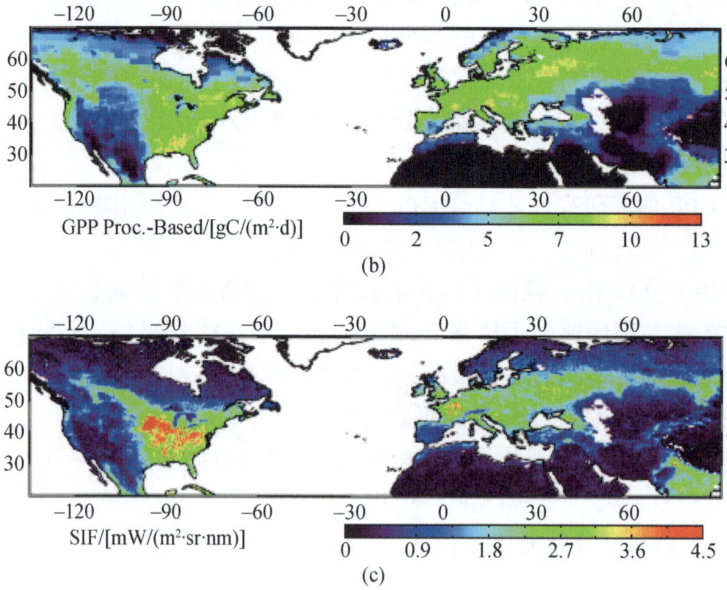

图 19. 3. 10　不同方法估算的 GPP 及 GOME-2 SIF 空间分布图

注：(a) 数据驱动方法（MPI-BGC 模型）估算的 2009 年最大月 GPP，(b) 基于过程模型估算的 GPP（10 个动态植被模型模拟结果的中值），(c) GOME-2 最大月 SIF（740nm）

资料来源：Guanter et al., 2014

虽然现有研究表明冠层 SIF 与 GPP 之间存在简单的线性关系，但仍有学者指出 SIF 与 GPP 之间的关系受光、热、水、营养等生境及胁迫因素、生化过程参数及冠层结构等植被生理状态因素的影响，LUE_P/LUE_F 并非不依赖于环境条件及植物生理状况的常量。

19. 4　FAPAR 遥感反演

光合有效辐射吸收比例（FAPAR）是光能利用率模型中的一个重要的输入数据，定义为被植被吸收的光合有效辐射占入射光合有效辐射的比例，表征了植被冠层的能量吸收能力，是描述植被结构以及与之相关的物质与能量交换过程的基本生理变量。FAPAR 可由遥感数据反演得到。

当前，已经开发了多种业务化运行的从卫星观测数据中反演 FAPAR 的方法。总体来说，这些从遥感数据中反演 FAPAR 的方法主要包括两类：一类方法是建立 FAPAR 与植被指数之间经验或半经验关系；另一类是基于遥感辐射传输模型的反演方法。经验统计方法是最早实现的一类地表参数反演方法，通过建立各种光谱信息与 FAPAR 之间的回归关系，实现从光谱数据到 FAPAR 的反演。经验的方法易于使用，效率很高，在处理大量数据时优势明显；但是这些方法需要预先对模型进行标定，而且其基于经验的假设条件，无法表示明确的物理含义。

基于物理模型的反演方法是通过描述冠层反射率信息与冠层生物物理参数的植被冠层反射模型来实现 LAI/FAPAR 的反演。该方法具有很好的适用性，可用于不同地表类型的

LAI/FAPAR 的反演。在使用冠层反射模型反演时，传统的迭代反演算法通过优化方法迭代求解最优的模型参数，使模型的模拟数据和遥感观测数据构成的代价函数最小。该方法运算量大，很难应用于大区域的遥感数据反演。查找表法（LUT）是解决传统反演需要大量计算时间的办法之一。这种方法依靠提前计算出大量的模型参数与冠层反射率之间的对应关系，将计算时间用于反演前而不是反演时，从而提高了大批量反演的速度。Knyazikhin 等（1998）利用查找表法实现了从 MODIS 数据反演 LAI/FAPAR 的算法，该算法已投入业务运行，生成了 Terra 和 Aqua MODIS 数据多年的 LAI/FAPAR 产品。此外，利用辐射传输模型的模拟数据训练神经网络，也是解决传统迭代反演算法计算量大的一种方法。Baret 等（2007）利用神经网络反演得到了 1999 ~ 2007 年的全球 LAI/FAPAR 数据。

近年来，国内外学者利用卫星遥感观测数据生产了多个全球范围或区域尺度的 LAI/FAPAR 产品。表 19.4.1 列出了几种主要的全球 LAI/FAPAR 产品。

表 19.4.1 现有主要 LAI 和 FAPAR 全球产品

LAI/FAPAR 产品	卫星/传感器	空间分辨率	时间分辨率/时间跨度	反演算法	算法论文
MODIS	TERRA-AQUA/MODIS	1km	8 天 2000-	基于辐射传输模型的查找表方法	Knyazikhin et al. , 1998
CYCLOPES	SPOT/VEGETATION	1/112° (~1km)	10 天 1999-2007	基于辐射传输模型的神经网络方法	Baret et al. , 2007
GIMMS3g	AVHRR	1/12° (~8km)	15 天 1981-2011	基于现有 LAI/FAPAR 产品的神经网络方法	Zhu et al. , 2013
GEOV1	SPOT/VEGETATION	1/112° (~1km)	10 天 1998-	基于现有 LAI/FAPAR 产品的神经网络方法	Baret et al., 2013
GLASS	MODIS，AVHRR	0.05° (~5km) 1km	8 天 1981-	基于现有 LAI/FAPAR 产品的神经网络方法	Xiao et al., 2014, 2015, 2016, 2018

下面以 GLASS FAPAR 产品为例，介绍 FAPAR 遥感反演方法。

太阳辐射提供了植被光合作用所需的能量。入射到地表的光合有效辐射（PAR，400 ~ 700nm）从冠层顶部、底部以及侧面进入冠层，一部分从冠层顶部、底部或侧面离开冠层，另一部分则被冠层吸收。从植被冠层能量平衡的角度来说，FAPAR 由总入射到冠层与离开冠层 PAR 的差值，除以入射的 PAR 得到

$$\text{FAPAR}=\frac{\text{PAR}_{\text{ci}}-\text{PAR}_{\text{cr}}+\text{PAR}_{\text{sr}}-\text{PAR}_{\text{si}}+\Delta\text{PAR}_H}{\text{PAR}_{\text{ci}}} \tag{19.4.1}$$

式中，PAR_{ci}是总入射的 PAR；PAR_{cr}是冠层反射的 PAR；PAR_{si}是经冠层拦截后从冠层中出射的 PAR；PAR_{sr}是经冠层底部土壤反射的 PAR；而 ΔPAR_H 是从侧面进入和离开冠层的 PAR。式（19.4.1）可转化为

$$\text{FAPAR}=1-\alpha-\tau_{\text{PAR}}+\tau_{\text{PAR}}\alpha_s+f^{H}_{\text{netPAR}} \tag{19.4.2}$$

式中，α 是冠层顶部的可见光反照率；α_s 是土壤反照率；$\tau_{\text{PAR}}=\frac{\text{PAR}_{\text{si}}}{\text{PAR}_{\text{ci}}}$是从冠层底部出射的

PAR 的透过率；而$f^{H}_{\mathrm{netPAR}}=\dfrac{\Delta\mathrm{PAR}_H}{\mathrm{PAR}_{\mathrm{ci}}}$是从冠层侧面入射和出射 PAR 的归一化的贡献。

如果α，α_s，τ_{PAR}和f^{H}_{netPAR}已知，则可由式（19.4.2）计算 FAPAR。Widlowski 等（2008）的研究表明式（19.4.2）中的f^{H}_{netPAR}部分随着冠层空间范围的增大而减小。因此，对中等分辨率像元尺度来说，这一部分的影响很小，在计算 FAPAR 时被忽略。除此之外，对于其他几个参数，尽管已经有一些算法来从遥感数据中获取它们，但获取其高质量的数据集十分困难，尤其是对于区域和全球尺度范围的α_s。

Xiao 等（2015）提出一种基于 GLASS LAI 产品计算 FAPAR 的方法

$$\mathrm{FAPAR}=1-\tau_{\mathrm{PAR}} \tag{19.4.3}$$

该方法忽略了式（19.4.2）中的$\tau_{\mathrm{PAR}}\alpha_s-\alpha$项，只使用入射到土壤部分的 PAR 对应的透过率来近似计算 FAPAR。入射到冠层顶部的 PAR 包括直射和漫射两部分。因此，入射到土壤部分的 PAR 对应的透过率进一步表达为

$$\tau_{\mathrm{PAR}}=\tau^{\mathrm{dir}}_{\mathrm{PAR}}-(\tau^{\mathrm{dir}}_{\mathrm{PAR}}-\tau^{\mathrm{dif}}_{\mathrm{PAR}})\times f_{\mathrm{skyl}} \tag{19.4.4}$$

式中，$\tau^{\mathrm{dir}}_{\mathrm{PAR}}$和$\tau^{\mathrm{dif}}_{\mathrm{PAR}}$分别是直射入射 PAR 和漫射入射 PAR 的透过率；f_{skyl}是天空光比例因子，随气溶胶光学厚度、气溶胶类型、太阳天顶角和波长的变化而变化。使用 6S 模型建立f_{skyl}的查找表，根据查找表获取对应的f_{skyl}。

冠层的透过率与太阳天顶角、漫射辐射的比例和聚集指数有关。如果冠层的叶面积指数为 LAI，叶片的吸收率是a，Campbell 和 Norman（1998）表明直射入射 PAR 的透过率可以近似地用一个指数模型表达

$$\tau^{\mathrm{dir}}_{\mathrm{PAR}}=\mathrm{e}^{-\sqrt{a}\times k_c(\phi)\times\Omega\times\mathrm{LAI}}, \tag{19.4.5}$$

式中，Ω是聚集指数；ϕ是太阳天顶角；$k_c(\phi)$是冠层对于 PAR 的消光系数。对于椭圆形叶倾角分布的冠层来说，$k_c(\phi)$可用下式计算

$$k_c(\phi)=\frac{\sqrt{x^2+\tan^2(\phi)}}{x+1.774\times(x+1.182)^{-0.733}} \tag{19.4.6}$$

式中，x是冠层中各组分在水平和垂直表面的平均投影面积比，不同的植被类型有不同的x值。漫射辐射来自各个方向，因此漫射入射 PAR 的透过率$\tau^{\mathrm{dif}}_{\mathrm{PAR}}$可以通过直射入射 PAR 的透过率在各个入射方向上积分获得

$$\tau^{\mathrm{dif}}_{\mathrm{PAR}}=2\int_0^{\frac{\pi}{2}}\tau^{\mathrm{dir}}_{\mathrm{PAR}}\sin\phi\cos\phi\,\mathrm{d}\phi \tag{19.4.7}$$

LAI 是计算 FAPAR 时最重要的输入参数，由 GLASS LAI 产品提供。聚集指数是另一个输入参数，Xiao 等（2015）使用基于 MODIS 数据生产的聚集指数产品（He et al., 2012）来计算冠层透过率。

利用以上方法及 GLASS LAI 数据生成了 1981～2018 年的 GLASS FAPAR 产品，该产品是当地上午 10：30 的 FAPAR，其数值接近于日平均的 FAPAR。图 19.4.1 是 2005 年 1 月和 7 月 GLASS FAPAR 产品的空间分布图。总的来说，GLASS LAI/FAPAR 产品时间连续，空间完整，精度明显优于现有的 GEOV1 和 MODIS LAI/FAPAR 产品（Xiao et al. 2018）。南北半球呈现相反的季节变化规律，在赤道热带雨林区域，FAPAR 值最大，在植被稀疏的

区域，FAPAR 值最小。

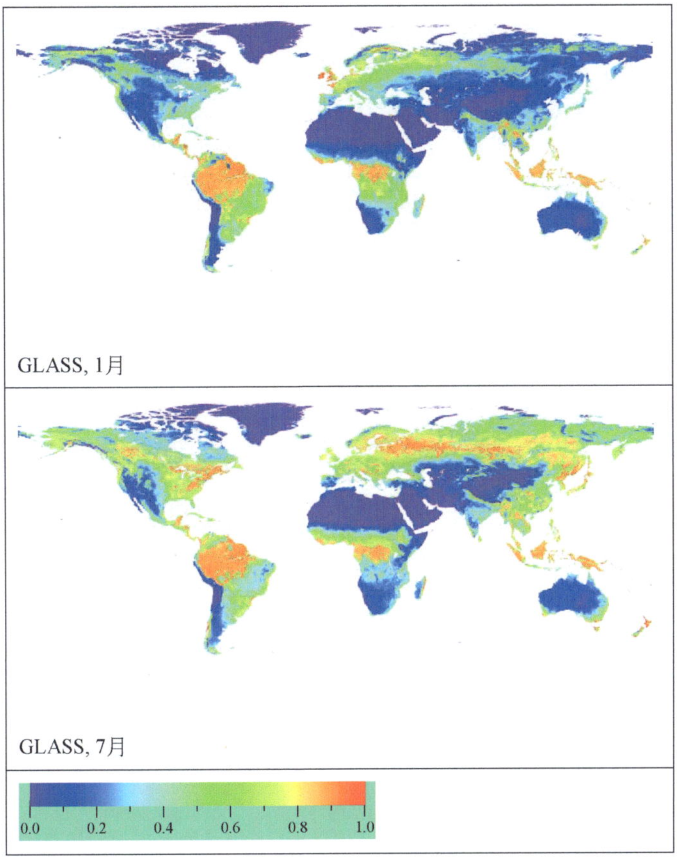

图 19.4.1　2005 年 1 月和 7 月 GLASS FAPAR 产品空间分布

19.5　小　　结

综上，遥感技术的发展为区域及全球植被生产力的估算提供了有效的手段，也出现了众多模型，各种模型都有其优缺点（表 19.5.1）。光能利用率模型形式相对简单，且能够直接应用遥感反演的 FAPAR 参数，适于向区域及全球尺度扩展，同时也为开展 GPP 的长期动态监测提供了可能，但光能利用率模型多假定相同植被类型的最大光能利用率相同，实际光能利用率通过其他环境因子的向下调整确定，实际上即使同一植被类型、随着植物品种、气候条件等的不同，最大光能利用率也有很大差别，同时其季节变化明显且不易准确确定，会影响到植被生产力估算精度。过程模型机理性很强，有利于研究全球变化对陆地植被生产力的影响，同样可用来研究植被分布的变化对气候的反馈作用，但过程模型比较复杂，参数比较多，一些随物候期变化的变量的定量化也比较困难，因而，在实际应用中需要对某些参数或模型本身进行简化，这也给植被生产力的估算结果带来了不确定性。数据驱动模型缺乏生态机理，且很大程度上受到通量观测站点数量及分布的影响，此外，卫星数据等输入数据的不确定性也会带来一定的估算误差。SIF 与植物光合作用强度间存在显著关系，SIF 反演技术的逐渐成熟为植被生产力的估算提供了新的数据源和新的方向，但也存在 SIF 产品空间不连续，空间分辨率低，时间序列较短等不足，SIF 与 GPP 关系仍有待研究。同时，多源遥感数据及产品如地表反照率、土壤水分、地表蒸散、光合有效辐射等的使用，新的遥感传感器的研发，将会不断提高植被生产力的估算精度及应用。

表 19.5.1　不同植被生产力遥感估算方法对比

模型类型	优点	缺点
生理生态过程模型	有较强的理论基础，生态机理清晰	所需参数多，部分参数获取难度大
光能利用率模型	模型结构较简单，可充分利用遥感数据	生理机制不明确，光能利用率取值不确定性大
数据驱动模型	可从大量样本中寻找到与目标变量的变化规律，并将其扩展至更大范围；在所选样本有足够的代表性时，精度较高	缺乏植被生长机理的描述，结果受训练样本影响较大
基于 SIF 的模型	SIF 与光合作用关系密切，与 GPP 相关性强，可避免光能利用率参数化所带来的误差	SIF 产品空间不连续，空间分辨率低，时间序列较短，SIF 与 GPP 关系仍有待研究

第 六 篇

作为全书的收官之作，本篇（第 20 章）从遥感科学发展的历史演进出发，梳理了遥感技术体系从“看清地表”到“理解系统”的深层次转变。回顾以 Landsat 为代表的遥感发展第一阶段，以提升空间与光谱分辨率为核心，着力实现地表覆盖类型和分布格局的清晰观测；而以 EOS-Terra/Aqua 为代表的遥感发展第二阶段，则强调多源、多参数、跨圈层协同观测，推动遥感从单一目标识别走向复杂地球系统的整体认知。

此外，在总结遥感技术进步的基础上，本篇进一步提出“遥感如何服务地理学”的核心命题，并延伸出“新地理学”的构想，即遥感图像不仅是地表状态的记录，更是揭示空间结构与过程规律的量化载体。借助遥感数据对尺度规律的捕捉与建模，地理学的研究范式正由传统的现象描述逐步转向过程解释与机制模拟，从而推动遥感与地学的深度融合。另外，本篇还深入探讨了遥感在全球变化研究中的独特价值，强调通过构建具备稳定性、时效性与可比性的遥感参数产品，可有效支撑对地表环境演化、水热碳循环与人类活动影响的系统监测与分析。遥感不再仅是数据获取手段，更逐渐成为地球系统科学中不可替代的感知层和认知入口。

结尾部分，本篇进一步凝练提出“遥感科学的终极使命是理解地球”的观点，指出遥感发展的长远目标不仅是“看得见”，更在于“看得懂”，即通过构建遥感与物理过程之间的映射体系，实现从观测数据到科学认知的跃升。遥感应以主动服务地球认知、全球变化应对与可持续发展为导向，持续推进技术革新与学科融合，向着更高水平的智能感知与综合表达迈进。

第 20 章　遥感与地理学融合推动理解地球的新范式

围绕卫星对地成像探测的科学使命——增进对地球的理解这个现在还看不到尽头的目标，研究团队一直在不停地探索与实践，《遥感科学与技术通论》这本书正是这些研究活动的总结。当结束地表参数反演最后篇章写作时，心中立即产生一种言犹未尽的忐忑不安之感：我们接着该干什么，十分茫然。此前李小文博士也曾发出了他的最后一问：遥感怎样与地理学相结合、为地理学服务？表明我们正处在今后遥感研究发展的十字路口！

20.1　遥感与地理学互促共融迈向新地理学

纵观世界各国卫星遥感近 70 年的发展历史，可截然划分为 Landsat 卫星系列和 EOS-Terra/Aqua 及其后继者 VIIRS 系列两个发展阶段。Landsat 卫星顾名思义，是以陆地地表作为探测对象，通过单一传感器的不断地改进，来获得图像空间分辨率和光谱分辨率的提升，使图像中的目标看的更清晰，以利于土地覆盖/土地利用等资源环境清查为中心任务的制图，它只能回答陆地表面有什么和怎么样，而 EOS-Terra/Aqua 则不同，它将陆地、海洋和大气作为一个整体，用 5 个为一组的传感器实现对地球表层系统的同步测量，增大了对太阳辐射测量精度的重视，强调了海洋的作用和地位，使探测目标、任务、研究的理论方法体系直至服务对象都产生了根本性的改变。这使那些习惯于以电磁场的辐射传输理论为工具来考虑问题的遥感科学家，一下子要面对在太阳辐射驱动下，处理由海-气、地-气和海陆相互作用所产生的地球表层系统中的物质-能量流流场运动学和动力学问题时，顿觉手足无措，不知如何适从应对，的确到了遥感科学发展的十字路口，需要审慎考虑举什么旗、走什么路的问题了。

在这个新阶段，遥感的地球科学属性并没有变，反而使增进对地球的理解的这个科学目标离我们更近、更清晰了。遥感研究中对图像目标正确的描述与定量的科学分析是对目标理解的不可分裂的两个方面，是一个统一整体，没有正确的定性描述，也就不存在定量分析的需要。我们仍然要坚定地举起遥感科学大旗，去续写遥感研究的新篇章。

地理学由简单仪表进行步目测量进入到与卫星对地观测系统相结合，并基于遥感图像进行不同空间尺度上的各行业上的应用，促使遥感与地理学完全融合，将地理学改造为一新的学科，可称之谓新地理学（Novel-Geography）或泛地理学（Pan-Geography）。如果把空间尺度也看作一个维，图 20.1.1 就可以清楚地表达出图右侧各种研究的科学问题与全球环境变化研究上的关联。

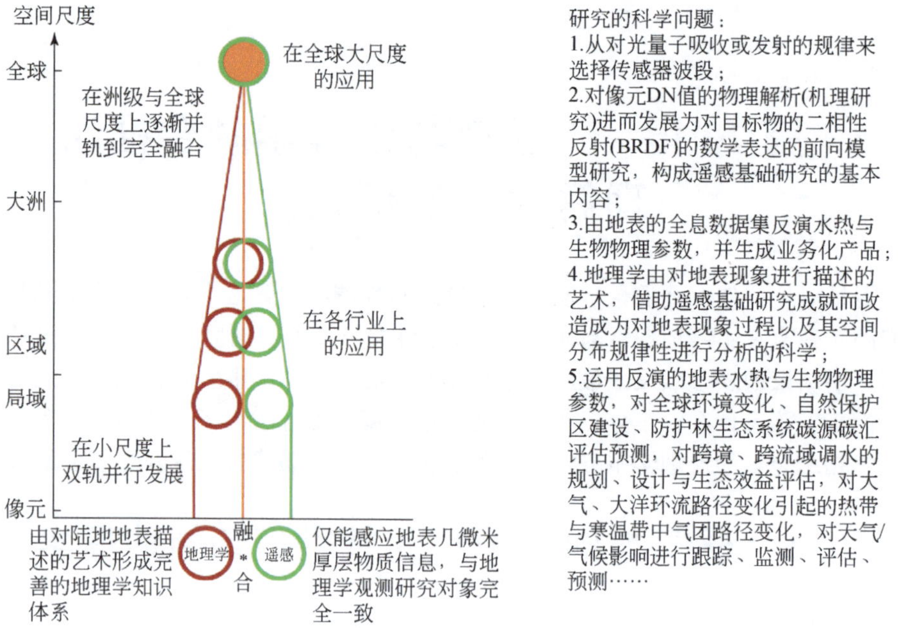

图 20. 1. 1　地理学与遥感融合在空间尺度维关系中的表达

20. 2　卫星遥感发展引领理解地球进入新阶段

卫星遥感进入到 EOS-MODIS 阶段，可以更深入地了解地球表层系统中发生的事件和过程与系统中物质-能量流间的关联，以达到进一步理解地球的目的。

纵观卫星对地成像观测近 70 年来的发展历史，根据成像模式的设置不同，可将它分为两个发展阶段。第一阶段从 1972 年 7 月开始，以 Landsat 为代表，获取具有高的空间分辨率的多光谱地表自然全息数据，从早期的 Landsat- MSS 4 个波段、80m 分辨率，提高到后来的 Landsat-7 ETM+30m 分辨率，它还设置了分辨率为 15m 的全色波段，总共达 8 个波段。其首要任务是满足陆地上土地覆盖和土地利用制图的要求。后来卫星遥感应用扩展许多行业和事业部门，并随着无人机摄像的出现，推动了行业和产业应用的工程化。并且，这个阶段从 Landsat-8 起，它已成为像气象-水文观测台站那样继续存在下去，服务于人类对地球环境的长远监测任务，成为地球环境及其变化的最客观的自然历史的全息数据档案，信息量巨大，是价值无比的面状信息。遥感发展的第二阶段则从 1999 年 12 月算起，它以发射的载有五种传感器为一组的 EOS-Terra/Aqua 双星系统为代表，实现对太阳辐射、陆地、海洋和大气的同步观测，获取一日 1 至 2 次覆盖全球的太阳辐射以及地球表层系统表层的中分辨率光谱数据，用于对天气、气候和全球环境状况的动态监测。

如果把增进对地球的理解粗浅地视为由两个阶段构成的认识过程，那第一阶段则从地球的各个陆块（大陆）开始，在卫星轨道高度看陆地表面究竟由什么样的覆盖类型构成，它们的分布格局如何，在时间上会发生哪些变化，即是要回答地球表面有什么（what）和怎么样（how）的问题。陆地上出现的现象和发生的过程，其根源往往来自海洋以及海-气、海-陆、陆-气间的相互作用，光从陆地自身并不能回答或解释清楚，从而找出因果关系。在第一阶段，无论是模型研究还是地表参数反演算法，或是大部分应用问题，依靠电磁场的辐射传输理论工具大都能解决问题，获得满意结果。而到了第二阶段，面对的是由太阳辐射产生的热力场以及由大气和海水形成的流场，时过境迁，第一阶段包打天下的电磁场的辐射传输工具已无能为力用，现在需要的是实时选择适用的数学-物理工具，以应对新出现的问题。

20.2.1 EOS 双星计划推动遥感迈入系统观测时代

EOS-Terra 和 EOS-Aqua 双星遥感平台及其搭载的五个为一组传感器正是为实现上述研究目标而精心设计的对地观测系统，用单一卫星平台实现对太阳辐射、大气、海洋和陆地的同步综合测量，采集太阳辐射这个原初动力以及大气、海洋、陆地等数据以进行土地覆盖和土地利用研究、气候季节和年际变化研究、长期气候变率和变化研究、突发的自然灾害监测和分析研究以及大气臭氧变化研究等，并从根本上避免了由于三个卫星系统独自进行测量所造成的观测不同步、传感器精度要求不一致以及空间分辨率不统一所产生的处理上的困难和时间上的浪费。应当说，在 EOS 双星计划实施之前，依靠陆地卫星、气象卫星、海洋卫星以及常规气象-气候观测台站也可以做些上述各种研究，只是 EOS 系统可能做的更及时有效、更精确可靠。上述对 EOS 双星计划的任务描述虽然面面俱到，但它仅看到事情的表象，没有去探究发生这些变化的根本原因，即回答为什么的问题。

人们不该忘记，在 EOS-MODIS 运行之前的十多年时间里，世界上一批顶级的遥感科学家在忙着建立遥感场景的前向模型的同时，已在琢磨地表参数的反演策略和相应算法问题，可谓殚精竭虑，以期在 EOS-MODIS 一旦入轨运行，就可在上述的反演算法支持下，一批可靠性和精度均佳的反演产品就能在处理的流水线上顺利产出。因而基于遥感图像像元亮度值的物理解析和相应的地表场景特征参数的反演算法研究，就成为当时遥感科学体系中重要研究内容与篇章，它也是 EOS-MODIS 技术系统产品实现的理论基础。现在需要摆正 EOS 双星系统的历史任务（增进对地球的理解的新阶段中的作用）、卫星遥感的根本存在价值，它们与全球环境变化间存在何种关联，以及 MODIS 反演产品承担的角色与地位这四者之间的关系，才能弄懂为什么将 MODIS 反演产品称为：打开了解地球表层系统中全球性环境变化原因的一把钥匙；联结遥感图像像元亮度信号的物微观解析研究与地表特征的空间格局变化分析的纽带；通向更深地了解地球表层系统中发生的事件和过程与地表系统中的物质-能量流之间的关联，从而达到进一步理解地球的目标。

而要做到这些，还必须明确确立：地球表层系统的主部——海洋的地位与作用；提高对地球表层系统中的物质-能量流的原初驱动力——太阳入射辐射的观测和计算精度的认识；以及明确卫星遥感的最高价值还主要在于它在地球科学中的应用。

20.2.2 海洋在地表能量系统中发挥核心作用

之所以这样重视海洋在整个地球表层系统中的地位与作用，是因为海洋占据了地球表面面积的71%，是陆地面积的二倍多，并且其体量巨大，加上海水是太阳辐射的良好吸收物质（吸收率在95%左右），因而海洋成为太阳辐射的吸收体、储存库，成为地表景观和气候稳定的压舱石。海洋作为大气的下垫面，通过热辐射、蒸发和湍流等形式，不断地向大气输送水分和能量，继之通过大气运动和环流把这种物质和能量又由低纬输送到更高纬度，造成一系列的天气气候现象，进而促成水汽和能量在空间分布上的某种动态均衡。这样，海洋的热储又成为引起地表系统中大尺度天气现象（如台风、飓风等）和过程，以及冰冻圈突发性消融和过程的驱动因子。

海洋的这种作用是由于水的特殊性质决定的，需要格外重视对水的特性的认识。

20.2.3 水的相变构成物质能量循环关键环节

在自然界中，水的热容量最大，要使海量的水体温度突然升高或降低是难以实现的事。常温条件下，水有三相的相态变化，随着相变，总是伴随着大量的能量吸收或释放，它体现于水分循环的全程之中。水在4℃时密度最大，在0℃时结冰，形成水体一种保温层，在太阳辐射和水汽能量交换中，海洋底层起码可以保持在4℃或以上，不会造成连底冻，保护了海洋的生命生存条件。纯水的介电常数在自然界里最大，它成为微波遥感探测水的盐度的理论依据，进而成为监测大洋洋流中的密度流的根据。

水的另一重要特征是它的黏滞性极低，稍微给以外力就能使水层滑动起来。自然界中的水热均衡只是一种脆弱的暂时均衡状态，极易打破，这是解释蝴蝶效应的根据。一个意外的微小外力常可以改变海洋中水团的运动方向，从而造成相反的效应，可谓变幻莫测。南半球东太平洋出现的厄尔尼诺现象极可能和水的这种特性有关。

20.2.4 太阳辐射驱动全球环境系统动态演化

太阳辐射是地球表层系统中物质流-能量流的原初驱动力。当太阳辐射它被海洋水体吸收后，海洋水体又成为次级能源，通过热辐射、蒸发、大洋环流以及在赤道两侧洋面形成热带气旋的方式，向高纬度输送水汽和能量，使地球在经向上的能量分布不至过分悬殊，达到某种均衡。这种水热均衡状态便造就了不同的植被类型在空间上的有序分布格局。因此可以说，陆地上的一些现象与过程，其根源往往起于海洋，对于大气也是如此。这也回答了什么是源（因），什么是流（果）的问题。但是这里所说的某种均衡是个动态概念，切不可把它当作静态概念而作为方法论来使用，囿于并停留在辐射平衡、热量和水量平衡的静态分析。而应打破这种静态思维模式，用水-热运动学、动力学方法处理和描述它的物理过程。如果仍停留在静态思维模式，地理学的研究分析就停滞了，可能会重现上世纪60年代的那种局面，这就辜负了由卫星遥感所开创的对地探测的新时代。

从热量-温度分布的空间格局来看，地球表面的一个根本特征是由高温、高热的低纬热带与低温寒冷的两极构成的空间上对立状态。热力学第二定律指出，对一个封闭孤立系统，熵总是随时间增长的，造成系统的混乱无序，上述的寒冷与高温对立的状态将存在一种天下同此凉热的发展变化趋势（最终达致热寂）。所幸，地球表层系统并非一个封闭系统，它存在一个时间上有韵律变化的太阳辐射能的输入，造成熵也会呈现同样的韵律变化，不用担心会出现热寂，也不会过于混乱无序，而恰是这种适度的混乱无序正是地表环境的千变万化的真实原因和写照。鉴于大气和海洋水体又都是流体，要同时应用热力学定律与流体力学方程来描述地球表层系统热-水物理场的运动、变化规律。

陆地地表景观分布格局与变化，中长期天气-气候系统变化，以及发生在地表系统中的其他环境变化都是由系统中的水分与热量这两大相互关联的因子及它们间的对比情况的运动和变化态势决定的。水分和热量既是系统中的重要组成部分，也是引起系统中各种变化的动因。因此，准确确定它们的定量描述指标显得非常重要，这也是为什么 MODIS 的这些水热参数产品格外引人关注的根本原因。但是不要忘记，反演中的一些水热参数，如地表（或水表）真实温度并不能直接用来描述水热现象和过程，必须找到一种普适的方法将它转换为大气（或海洋）的动力学温度，并做出大气或海水的温度廓线来，才能进一步参与模型的计算。

20.3 构建遥感科学战略新高地引领未来发展

以 EOS-MODIS 为开端的研究计划已使卫星对地观测研究发展轨迹步入到新位相，即进入到一个全球性的时-空四维的描述地球表层系统物质-能量流的新时代。基于物质不灭、能量守恒和热力学定律（如熵增定律）以及流体动力学方程，构建一种描述系统的物质-能量流各个环节和各种形式的水-热物理场动力学方程组体系来刻画地球系统中任一时刻、任意地点上的水热状况、运动轨迹和运动速度和强度，探讨它与地球表层系统中的各个层级的各类环境变化间的关联，以达到更深层次的理解地球的目的，这样就能从根本上回答为什么（why）会产生这些全球性环境变化？这是一项全局性的国家级的重大科学研究工程，任重而道远。这或许是遥感科学系统研究中最能体现其存在价值的另一新的战略研究方向，是新一代遥感科学家为之献身的新的前沿研究领域，成为遥感科学后续的新的研究篇章。

参考文献

巴逢辰，白志东，陈诚明，等 . 1988. 土壤立地条件与造林树种的选择 . // 徐冠华，徐吉炎 . 1988. 再生资源遥感研究 . 北京：科学出版社：201-207.

白福忠 . 2013. 视觉测量技术基础 . 北京：电子工业出版社 .

布莱姆（Brigham，E. O.）. 1979. 快速傅里叶变换 . 上海：上海科学技术出版社 .

Castleman K R. 2002. 数字图像处理 . 朱志刚，林学訚，石定机，等译 . 北京：电子工业出版社 .

常兴武，郭自勤，等 . 1988. 森林立地质量评价及其应用 . // 徐冠华，徐吉炎 . 1988. 再生资源遥感研究 . 北京：科学出版社：208-218.

常兴武，刘振国，苏文贵，等 . 1988. 森林立地主导因子的选择及遥感图像判读方法研究 . // 徐冠华，徐吉炎 . 1988. 再生资源遥感研究 . 北京：科学出版社：185-196.

陈建标，夏良正 . 1990. 数字图像处理 . 北京：人民邮电出版社 .

陈少辉，张秋文，王乘，等 . 2006. 基于亮度相关矩的 MODIS 和 SPOT 影像融合研究，遥感学报，10（1）：90-96.

陈雪，马建文，温奇，等 . 2007. 遥感邻近效应测量与数据分析，遥感学报，11（1）：1-8.

崔要奎，赵开广，范闻捷，等 . 2011. 机载 lidar 数据的农作物覆盖度及 LAI 反演 . 遥感学报，15（6）：1282-1294.

Charles Elachi. 1995. 遥感的物理学与技术基础 . 王松皋，胡筱欣，王维和，等译 . 北京：气象出版社 .

范韶华，朱启疆，李小文 . 1994. 森林间隙率的混合模型研究 . 科学通报，39（23）：2161-2164.

范天锡 . 1991. 风云一号气象卫星资料的接收处理和应用 . 环境遥感，6（2）：83-88.

高峰 . 1997. 植被冠层多角度遥感反演研究 . 北京：北京师范大学 .

高峰，Strahler A H，等 . 1998. "核"驱动 BRDF 模型反演新途径 . 科学通报，43（12）：1315-1318.

高峰，李小文，夏宗国，等 . 1998. 基于知识的分阶段不确定性多角度遥感反演 . 中国科学（D 辑），28（4）：346-350.

高峰，朱启疆 . 1997. BRDF 室内实验处理系统及应用 . 遥感学报，1（Supp.）：130-135.

高峰，朱启疆 . 1997. 植被冠层多角度遥感研究进展 . 地理科学，17（4）：346-355.

冈萨雷斯 R C，温茨 R E. 1981. 数字图像处理 . 李叔梁，等译 . 北京：科学出版社 .

Gonzalez R C，Woods R E. 2007. 数字图像处理 . 阮秋琦，阮宇智，等译 . 北京：电子工业出版社 .

Goodfellow I，Bengio Y，Courville. 2017. 深度学习 . 赵申剑，黎彧君，符天凡，等译 . 北京：人民邮电出版社 .

郭德方 . 1987. 遥感图像的计算机处理和模式识别 . 北京：电子工业出版社 .

韩心慧 . 1994. 地物的二向性反射的几何光学模型及验证 . 北京：北京师范大学 .

胡宝新，李小文，朱重光 . 1996. 一种大气订正的方法：BRDF- 大气订正环 . 环境遥感，11（2）：151-160.

胡宝新，Wolfgang W，李小文. 1997. 表面 BRDF 反射率大气订正的敏感度分析. 遥感学报，1：187-191.

黄昆，韩汝琦 . 1988. 固体物理学 . 北京：高等教育出版社 .

Jensen JR. 2007. 遥感数字影像处理导论 . 陈晓玲，龚威，等译 . 北京：机械工业出版社 .

黎夏，叶嘉安 . 1997. 利用主成分分析改善土地利用变化的遥感监测精度——以珠江三角洲城市用地扩张为例 . 遥感学报，1（4）：282-289.
黎夏 . 1993. 二轴土壤背景纠正的植被指数及其在华南水稻遥感估产中的应用 . 环境遥感，8（3）：189-200.
李静 . 2000. 土地利用变化信息提取与遥感影像融合关系关键技术研究 . 北京：北京师范大学 .
李澍荪，王成道 . 1988. 航天遥感信息在土地利用现状调查制图中的应用 . // 徐冠华，徐吉炎 . 1988. 再生资源遥感研究 . 北京：科学出版社：57-65.
李小文，Strahler A H. 1993. 不连续植被二向性反射的几何光学与辐射传输一体化综合模型初探 . 环境遥感，8（3）：161-172.
李小文，Strahler A，朱启疆，等 . 1991. 地物二向性反射几何光学模型和观测的进展 . 国土资源遥感，1：9-19.
李小文，高峰，王锦地，等 . 1997，遥感反演中参数的不确定性与敏感性矩阵，遥感学报，1（1）：5-14.
李小文，王锦地 . 1995. 植被光学遥感模型与植被结构参数化 . 北京：科学出版社 .
李小文，王锦地 . 1995. 植被光学遥感模型与植被结构参数化 . 北京：科学出版社 .
李小文，朱启疆，朱重光 . 1993. 粗糙表面的二向性反射：相互遮蔽的几何光学模型，科学通报，38（1）：86-89.
李小文 . 1989. 地物的二向性反射和方向谱特征 . 环境遥感，4（1）：67-72.
李新，刘绍民，马明国，等 . 2012. 黑河流域生态—水文过程综合遥感观测联合试验总体设计 . 地球科学进展，27（5）：481-498.
梁顺林 . 2009. 定量遥感 . 范闻捷，等译 . 北京：科学出版社 .
梁顺林，等 . 2019. 定量遥感——理念与算法 . 北京：科学出版社：359.
刘刚，敬忠良，孙韶媛，等 . 2005. 一种综合纹理和边缘信息的多尺度图像融合方法 . 遥感学报，9（3）：247-252.
刘金英，朱启疆 . 1991. 内蒙古东部达里诺尔及其毗邻地区植被生态环境遥感监测研究 . // 徐希孺 . 1991. 环境监测与作物估产的遥感研究论文集，北京：北京大学出版社 .
刘正军，王长耀，张继贤 . 2005. 基于小波与遗传算法的特征提取与特征选择 . 遥感技术，9（2）：176-185.
卢俐，刘绍民，孙敏章，等 . 2005. 大孔径闪烁仪研究区域地表通量的进展 . 地球科学进展，（9）：932-938.
骆剑承，周成虎，梁怡，等 . 2002. 支撑向量机及其遥感影像空间特征提取和分类的应用研究 . 遥感学报，6（1）：50-55.
骆社周，王成，习晓环，等 . 2015. 星载激光雷达 GLAS 与 TM 光学遥感联合反演森林叶面积指数 . 红外与毫米波学报，34（2）：243-249.
吕斯骅 . 1981. 遥感物理基础 . 北京：商务印书馆 .
美国国家研究院 . 2002. 序：我们更需要重新发现，重新发现地理学 . 吴传钧，译 . 北京：学苑出版社 .
梅镇安，孙琦，容寿榆 . 1987. 光合作用 . 北京：北京大学出版社 .
闵祥军，朱启疆 . 1998. 一种简单快速的 TM 图像大气纠正方法 . 北京师范大学学报，34（增）：126-131.
闵祥军，朱启疆，田庆久 . 1998. 敦煌地区大气水汽和气溶胶对获取地表温度的影响 . 遥感学报，2（4）：255-258.
莫伊克 JG. 1987. 遥感图像的数字处理 . 徐建平，等译 . 北京：气象出版社 .
钱建平，张渊，赵小星，等 . 2013. 内蒙古东乌旗遥感构造和蚀变信息提取与找矿预测 . 国土资源遥感，25（3）：109-117.

钱峻屏，黎夏，叶嘉安，等. 2007. 长时间序列 Radarsat 图像的神经网络模拟及土地覆盖变化的快速检测. 遥感学报，11（6）：931-940.

覃文汉，项月琴. 1996. 植被结构及太阳观测角对 NDVI 的影响. 环境遥感，11（4）：285-290.

邱金桓. 1995. 从全波段太阳直接辐射确定大气气溶胶光学厚度，理论. 大气科学，19（4）：385-394.

瞿继双，瞿松柏，王自杰. 2009. 基于特征的模糊神经网络遥感图像目标分类识别. 遥感学报，13（1）：67-74.

Richards JA. 2015. 遥感数字图像分析导论. 张钧萍，谷延锋，陈雨时，译. 北京：电子工业出版社.

斯韦恩 P H，戴维 S M. 1984. 遥感定量方法. 朱振福，童寿彬，张晋，等译. 北京：科学出版社.

萨宾 J. 1981. 遥感原理及解释. 北京：地质出版社.

盛裴轩，毛节泰，李建国，等. 2003. 大气物理学. 北京：北京大学出版社.

苏理宏，黄裕霞，李小文. 2002. 遥感成像机理蒙特卡罗模拟的若干技术. 系统仿真学报，14（1）：37-40.

苏理宏，李小文，王锦地. 2002. 地表非同温像元发射率的 Monte Carlo 模拟. 自然科学进展，12（4）：446-448.

苏伟，展郡鸽，张明政，等. 2016. 基于机载 Lidar 数据的农作物叶面积指数估算方法研究. 农业机械学报，47（3）：272-277.

苏文贵，常兴武，巴逢辰，等. 1988. 立地类型分类及其应用研究. 徐冠华，徐吉炎. 1988. 再生资源遥感研究. 北京：科学出版社：175-184.

孙睿. 1998. 基于 1km 分辨率 AVHRR-NDVI 资料的中国陆地植被净第一性生产力研究. 北京：北京师范大学博士论文.

孙睿，刘昌明. 2003. 地表水热通量研究进展. 应用生态学报，14（3）：434-438.

孙睿，刘昌明，朱启疆. 2001. 黄河流域植被覆盖度动态变化与降水的关系. 地理学报，56（6）：667-672.

孙睿，朱启疆. 1999. 陆地植被净第一性生产力的研究. 应用生态学报，10（6）：757-760.

孙睿，朱启疆. 2000. 中国陆地植被净第一性生产力及季节变化研究. 地理学报，55（1）：36-45.

孙睿，朱启疆. 2001. 气候变化对中国陆地植被净第一性生产力影响的初步研究. 遥感学报，5（1）：58-61.

谭曦光，朱启疆，等. 1988. 遥感图像森林解译特性的分析研究. //徐冠华，徐吉炎. 1988. 再生资源遥感研究. 北京：科学出版社：126-133.

唐世浩，朱启疆. 2001. 遗传算法中初始种群与交叉变异率对解的影响及其解决方案. 科技通报，17（3）：1-7.

唐世浩，朱启疆，李小文，等. 2001. 遗传算法及其在 GOMS 模型反演中的应用效果分析. 遥感学报，5（5）：327-333.

唐世浩，朱启疆，孙睿. 2006. 基于方向反射率的大尺度叶面积指数反演算法及其验证. 自然科学进展，16（3）：331-337.

唐世浩，朱启疆，闫广建. 2001. 遥感地表参量反演的理论与方法. 北京师范大学学报（自然科学），37（2）：266-273.

唐世浩，朱启疆，闫广建，等. 2002. 遗传算法及其在遥感线性、非线性模型反演中的应用效果分析. 北京师范大学学报（自然科学），38（2）：266-272.

王介民. 1999. 陆面过程实验和地气相互作用研究——从 HEIFE 到 IMGRASS 和 GAME-Tibet/ TIPEX. 高原气象，18（3）：280-294.

王锦地，张立新，等. 2009. 中国典型地物波谱知识库. 北京：科学出版社.

王林书，鲍兰平，赵瑞清 . 1999. 概率论与数理统计 . 北京：科学出版社 .
王培娟，谢东辉，张佳华，等 . 2007. 基于过程模型的长白山自然保护区森林植被净第一性生产力空间尺度转换方法 . 生态学报，27（8）：3215-3223.
王新民 . 1989. 陆地卫星 6/7 号 . 环境遥感，4（4）：306-310.
魏权龄，王日爽，徐兵 . 1991. 数学规划引论 . 北京：北京航空航天大学出版社 .
魏英娟，郑雄伟，等 . 2017. 基于样本模型的高分一号遥感影像云雾自动提取 . 国土资源遥感，29（S1）：39-45.
吴均，赵忠明 . 2001. 利用基于小波的尺度共生矩阵进行纹理分析 . 遥感学报，5（2）：100-103.
夏景新，雍世鹏，武凤山，等 . 1988. 草地资源遥感调查与制图研究 . // 徐冠华，徐吉炎 . 1988. 再生资源遥感研究，北京：科学出版社：227-233.
夏浪，毛克彪，孙知文，等 . 2014. 基于 DNB 验证的 VIIRS 夜间云检测方法 . 国土资源遥感，26（3）：74-79.
肖刚，敬忠良，Leung H，等 . 2005. 基于小波统计特性的遥感图像像素与特征联合最优融合方法 . 遥感学报，9（4）：381-386.
肖志强，王锦地，王森 . 2008. 中国区域 MODIS LAI 产品及其改进 . 遥感学报，12（6）：993-1000.
谢东辉，孙睿，朱启疆，等 . 2006. 利用辐射度模型模拟玉米冠层辐射分布 . 作物学报，（3）：317-323.
谢东辉，王培娟，覃文汉，等 . 2007. 叶片非朗伯特性影响冠层辐射分布的辐射度模型模拟与分析 . 遥感学报，（6）：868-874.
熊桢 . 2000. 高光谱遥感图像分类技术研究 . 北京：中国科学院遥感研究所博士论文 .
徐冠华，徐吉炎 . 1988. 再生资源遥感研究 . 北京：科学出版社 .
徐希孺 . 2005. 遥感物理 . 北京：北京大学出版社 .
许殿元，丁树柏 . 1990. 遥感图像信息处理 . 北京：宇航出版社 .
许卫东，尹球，匡定波 . 2006. 小波变换在高光谱决策树分类中的应用研究 . 遥感学报，10（2）：204-210.
遥感研究会 . 1993. 遥感精解 . 刘勇卫，贺雪鸿，译 . 北京：测绘出版社 .
闫守邕，王涛，刘亚岚，等 . 2002. 遥感影像人机交互判读系统及其技术特点 . 遥感学报，6（3）：198-203.
阎广建，胡容海，罗京辉，等 . 2016. 叶面积指数间接测量方法 . 遥感学报，20（5）：958-978.
阎广建，蒋玲梅，王锦地，等 . 2002. 行播作物热辐射双向间隙率模型及验证 . 中国科学 D 辑，32（10）：857-863.
杨凯，卢健，等 . 1998. 遥感图像处理原理与方法 . 北京：测绘出版社 .
杨胜天，朱启疆 . 2000. 贵州典型喀斯特环境退化与自然恢复速率 . 地理学报，55（4）：459-466.
杨胜天，朱启疆，李天杰 . 2001. RS 和 GIS 支持下的土壤系统分类制图方法研究 . 土壤学报，38（1）：41-48.
杨胜天，朱启疆，李智广 . 2002. 智能化土壤侵蚀遥感解译系统 . 水土保持学报，16（1）：54-57.
杨文久 . 1987. 数字图像处理中的蒙赛尔彩色坐标变换及其应用 . 遥感地质，（3）：1-8.
伊恩 · 古德费洛，约书亚 · 本吉奥，亚伦 · 库维尔 . 2017. 深度学习 . 赵剑，等译 . 北京：人民邮电出版社 .
尹宏 . 1993. 大气辐射学基础 . 北京：气象出版社 .
虞献平 . 1988. 利用超小比例尺彩色红外航空像片建立航天遥感影像解译标志的研究 . // 徐冠华，徐吉炎 . 1988. 再生资源遥感研究 . 北京：科学出版社：66-75.
岳焕印，郭华东，王长林，等 . 2002. 小波域多时相干涉 SAR 数据融合 . 遥感学报，6（6）：501-506.

詹慈祥 . 1987. 灰度相关纹理分析法 . 环境遥感，2（3）：180-192，246.
张川，叶发旺，徐清俊，等 . 2019. 相山铀矿田西部深钻岩心成像光谱编录及蚀变带特征 . 国土资源遥感，31（2）：231-239.
张功，郑宁，张劲松，等 . 2018. 光闪烁方法测算区域蒸散研究进展 . 生态学报，38（8）：2625-2635.
张红，朱启疆 . 1997. 单叶的反射测量 . 遥感学报，1（Supp.）：47-52.
张佳华 . 2001. 自然植被第一性生产力和作物产量估测模型研究 . 上海农业学报，17（3）：83-89.
张佳华，符淙斌 . 1999. 生物量估测模型中遥感信息与植被光合参数的关系研究 . 测绘学报，28（2）：128-132.
张佳华，符淙斌，延晓 . 2002. 全球植被叶面积指数对温度和降水的响应研究 . 地球物理学报，45（5）：631-637.
张仁华 . 1996. 实验遥感模型及地面基础 . 北京：科学出版社：104-113.
张仁华，孙晓敏，王伟民，等 . 2004. 一种可操作的区域尺度地表通量定量遥感二层模型的物理基础 . 中国科学：D 辑，34（Ⅱ）：200-216.
张仁华，田静，李召良，等 . 2010. 定量遥感产品真实性检验的基础与方法 . 中国科学地球科学，40（2）：211-222.
张荣华，杜君平，孙睿 . 2012. 区域蒸散发遥感估算方法及验证综述 . 地球科学进展，27（12）：1295-1307.
张廷斌，别小娟，吴华，等 . 2012. 斑岩型铜矿找矿预测中环形构造的示矿作用——以玉龙—马拉松多子区为研究区 . 国土资源遥感，24（1）：143-149.
张廷斌，唐菊兴，李志军，等 . 2014. 西藏尕尔穷铜金矿多光谱遥感地质特征与外围找矿预测 . 国土资源遥感，26（4）：170-178.
张霞，朱启疆，闵祥军 . 1999. 反演陆面温度的分裂窗算法与应用分析 . 中国图象图形学报，4（7）：595-599.
张霞，朱启疆，闵祥军 . 2000. 陆面温度反演算法——劈窗算法的敏感度分析 . 遥感学报，4（1）：8-13.
张晓阳，李劲峰 . 1995. 利用垂直植被指数推算作物叶面积系数的理论模式 . 遥感技术与应用，10（3）：13-18.
章考灿，黄智才，赵元洪 . 1997. 遥感数字图像处理，杭州：浙江大学出版社 .
郑玮，康戈文，陈武凡，等 . 2008. 基于模糊马尔可夫随机场的无监督遥感图像分割算法 . 遥感学报，12（2）：246-252.
周晓东，朱启疆，孙中平，等 . 2002. 中国荒漠化气候类型划分方法的初步探讨 . 自然灾害学报，11（2）：125-131.
周晓东，朱启疆，王锦地，等 . 2002. 夏玉米冠层内 PAR 截获及 FPAR 与 LAI 的关系 . 自然资源学报，17（1）：110-116.
周宇宇，唐世浩，朱启疆，等 . 2003. 基于新型机载多角度传感器 AMTIS 的 LAI 反演 . 国土资源遥感，4：9-12.
周秀骥，陶善昌，姚克亚 . 1991. 高等大气物理（上、下）. 北京：气象出版社 .
朱宝坤，谭曦光，等 . 1988. 森林资源现状遥感研究 . // 徐冠华，徐吉炎 . 1988. 再生资源遥感研究，北京：科学出版社：116-120.
朱启疆 . 1985. 第四、五号陆地卫星及其技术进展 . 遥感地质，(2)：
朱启疆 . 1991. 应用气象卫星 NOAA- AVHRR 图像进行植被研究的多时相途径 . 环境遥感，6（2）：99-105.
朱启疆，范韶华，李小文，等 . 1985. 森林间隙率模型及模型验证 . 环境遥感，10（1）：70-75.

朱启疆，范韶华，刘来福，等 . 1995. 森林间隙率模型及模型验证 . 环境遥感，10（1）：70-75.

朱启疆，高峰，张振威 . 1995. GIS 支持下森林火场蔓延的空间模拟 . 环境遥感，10（2）：81-88.

朱启疆，刘金英 . 1989. 空间遥感图像的植被信息的提取与表达 . 国土资源遥感，（1）：54-61.

朱启疆，刘金英，崔海亭 . 1991. 大兴安岭火灾迹地植被恢复的遥感研究 . // 徐希孺 . 1991. 环境监测与作物估产的遥感研究论文集 . 北京：北京大学出版社 .

朱启疆，刘金英，谭曦光 . 1988. 遥感图像中森林植被信息及其彩色显示优化子集选取方法试验研究 . // 徐冠华，徐吉炎 . 1988. 再生资源遥感研究 . 北京：科学出版社：134-139.

朱启疆，戎太宗，孙睿，等 . 2000. 林火扩展的分形模拟案例研究 . 中国科学（E 辑），30（z1）：106-112.

朱启疆，帅艳民，陈雪，等 . 2002. 土壤侵蚀信息熵：单元地表可蚀性的综合度量指标 . 水土保持学报，16（1）：50-53.

Acharya T，Ray A K. 2007. 数字图像处理——原理与应用 . 田浩，葛秀慧，王顶，等译 . 北京：清华大学出版社 .

Abshire J B，Sun X L，Riris H，et al. 2005. Geoscience Laser Altimeter System（GLAS）on the ICESat Mission：On-orbit measurement performance. Geophysical Research Letters，32（21）：1534-1537.

Adams C N，Kattawar G W. 1993. Effects of volume-scattering function on the errors induced when polarization is neglected in radiance calculations in an atmosphere-ocean system. Applied Optics，32（24）：4610-4617.

Albers B J，Strahler A L，Li X W，et al. 1990. Radiometric measurements of gap probability in conifer tree canopies. Remote Sensing of Environment，34（3）：179-192.

Alemohammad SH，Fang B，Konings AG，et al. 2017. Water，Energy，and Carbon with Artificial Neural Networks（WECANN）：A statistically-based estimate of global surface turbulent fluxes and gross primary productivity using solar-induced fluorescence. Biogeosciences，14（18）：4101-4124.

Allen RG，Pereira LS，Rase D，et al. 1988. Crop evapotranspiration-Guidelines for computing crop water requirements-FAO Irrigation and drainage paper 56. Rome：FAO of the United Nations.

Alonso L，Gomez-Chova L，Vila-Frances J，et al. 2008. Improved Fraunhofer Line Discrimination method for vegetation fluorescence quantification. IEEE Geoscience and Remote Sensing Letters，5：620-624.

Alonzo M，Bookhagen B，McFadden J P，et al. 2015. Mapping urban forest leaf area index with airborne lidar using penetration metrics and allometry. Remote Sensing of Environment，162：141-153.

Anderson J R，Hardy E，Roach J，et al. 1976. A land-use and land-cover classification system for use with remote sensor data. Washington：U. S. Geological Survey，Professional Paper #964：28.

Ångström A. 1929. On the atmospheric transmission of sun radiation and on dust in the air. Geografiska Annaler，11（2）：156-166.

Antyufeev V S，Marshak A L. 1990. Inversion of Monte Carlo model for estimating vegetation canopy parameters. Remote Sensing of Environment，33：201-209.

Argialas D，Harlow C. 1990. Computational image interpretation models：an overview and perspective. Photogrammetric Engineering & Remote Sensing，56（6）：871-886.

Asrar G，Dozier J. 1994. EOS：Science strategy for the earth observing system. Woodbury：American Institute of Physics.

Asrar G，Kanemasu E T，Jackson R D，et al. 1985. Estimation of total above ground phytomass production using remotely sensed data. Remote Sensing of Environment，17：211-220.

Asrar G，Myneni R B，Choudhury B J. 1991. A 3-D RT method for optical remote sensing of vegetation land surface. Courchevel：Procceeding ofthe 5th International Colloquies of Physical Measurement and Signatures in

Remote Sensing: 361-367.

ASTER Spectral Library. 2004. Contains the Johns Hopkins University Spectral Library, Jet Propulsion Laboratory Spectral Library, and the U. S. Geological Survey Spectral Library, Pasadena: NASA Jet Propulsion Laboratory.

Atitar M, Sobrino J A. 2009. A Split-Window Algorithm for Estimating LST From Meteosat 9 Data: Test and Comparison with in Situ Data and MODIS LSTs. IEEE Geoscience and Remote Sensing Letters, 6 (1): 122-126.

Baatz M, Benz U, Dehghani S, et al. 2001. ECognition user guide. Munich: Definiens Imaging GmbH.

Badhwar G D, MacDonald R B, Metha N C. 1986. Satellite-derived leaf-area-index and vegetation maps as input to global carbon cycle models-a hierachical approach. International Journal of Remote Sensing, 7: 265-281.

Baldridge A, Hook S, Grove C, et al. 2009. The ASTER spectral library version 2. 0. Remote Sensing of Environment. 113 (4): 711-715.

Ball JT, Woodrow IE, Berry JA. 1986. A model predicting stomatal conductance and its contribution to the control of photosynthesis under different environmental conditions. // Biggins J. 1986. Progress in Photosynthesis Research. Dordrecht: Springer: 221-224.

Barducci A, Pippi I. 1996. Temperature and emissivity retrieval from remotely sensed images using the "grey body emissivity" method. IEEE Transactions on Geoscience and Remote Sensing, 34 (3): 681-695.

Baret F, Guyot G. 1991. Potentials and limits of vegetation indices for lAI and aPAR assessment. Remote Sensing of Environment, 35: 161-173.

Baret F, Hagolle O, Geiger B, et al. 2007. LAI, Fapar and Fcover Cyclopes Global Products Derived from Vegetation. Part 1: Principles of the Algorithm. Remote Sensing of Environment, 110: 275-286.

Baret F, Weiss M, Lacaze R, et al. 2013. GEOV1: LAI and FAPAR essential climate variables and FCOVER global time series capitalizing over existing products. Part1: Principles of development and production. Remote Sensing of Environment, 137: 209-309.

Barnsley M J, Muller J P. 1991. Measurement, simulation and analysis of the directional reflectance properties of earth surface materials. Courchevel: Procceeding of the 5th International Colloquies of Physical Measurement and Signatures in Remote Sensing: 375-382.

Barnsley M J, Quaife T, Hobson P D, et al. 2000. Estimation of land-surface albedo and biophysical properties using SPOT-4 VGT and semi-empirical BRDF models//Stolkholm: Proceedings of International SPOT4 Vegetation Conference.

Barsi J A, Lee K, Kvaran G, et al. 2014. The Spectral Response of the Landsat-8 Operational Land Imager. Remote Sensing, 6 (10): 10232-10251.

Becker F, Li Z. 1990a. Towards a local split window method over land surfaces. International Journal of Remote Sensing 11 (3): 369-393.

Becker F, Li Z. 1990b. Temperature-independent spectral indices in thermal infrared bands. Remote Sensing of Environment, 32 (1): 17-33.

Becker F, Li Z. 1995. Surface temperature and emissivity at various scales: Definition, measurement and related problems. Remote Sensing Reviews. 12 (12): 225-253.

Benediktsson J A, SveinssonJ R. 1997. Feature extraction for multisource data classification with artificial neural networks, International Journal of Remote Sensing, 18: 727-740.

Benediktsson J A, Swain, P H, Ersoy OK. 1990. Neural network approaches versus statistical methods in classification of multisource remote sensing data, IEEE Transactions on Geoscience and Remote Sensing, 28:

540-552.

Benitez J M, Castro J L, RequenaI. 1997. Are artificial neural networks black boxes? IEEE Transactions on Neural Networks, 8 (5): 1156-1164.

Berk A, Bernstein L S, Anderson G P, et al. 1998. MODTRAN cloud and multiple scattering upgrades with application to AVIRIS. Remote Sensing of Environment, 65: 367-375.

Berk A, Anderson G, Acharya P, et al. 2003. MODTRAN4 version 3 revision 1 user's manual, Hanscom Air Force Base: Air Force Research Laboratory.

Bischof H, Schneider W, Pi A. 1992. Multispectral classification of landsat images using neural networks. IEEE Transactions on Geoscience and Remote Sensing, 30: 482-490.

Bleau A, Leon L J. 2000. Watershed-based Segmentation and Region Merging. Computer Vision and Image Understanding, 77 (3): 317-370.

Blennow K. 1995. Sky view factors from high-resolution scanned fish-eye lens photographic negatives. Journal of Atmospheric and Oceanic Technology, 12: 1357-1362.

Blonski S, Gasser G, Russell J, et al. 2002. Synthesis of Multispectral Bands from Hyperspectral Data: Validation Based on Images Acquired by AVIRIS, Hyperion, ALI, and ETM+. Pasadena: Proceedings, Annual AVIRIS Conference, NASA Jet Propulsion Laboratory.

Boardman J W. 1997. Mineralogic and geochemical mapping at virginia city, nevada, using 1995 aviris data. Ann Arbor: Proceedings of the 12th Thematic Conference on Geological Remote Sensing. Environmental Research Institute of Michigan.

Borel C. 1998. Surface emissivity and temperature retrieval for a hyperspectral sensor. Seattle: Proceedings of the 1998 IEEE International Geoscience and Remote Sensing Symposium.

Borel C. 2008. Error analysis for a temperature and emissivity retrieval algorithm for hyperspectral imaging data. International Journal of Remote Sensing, 29 (17-18): 5029-5045.

Bowen IS. 1926. The ration of heat losses by conduction and evaporation from ant water surface. Physical Review, 27: 779-798.

Brakke T W, Smith J A, Harnden J M. 1989. Bi-directional scattering of light from tree leaves. Remote Sensing of Environment, 29 (2): 175-183.

Bréda N J J. 2003. Ground-based measurements of leaf area index: a review of methods, instruments and current controversies. Journal of Experimental Botany, 54 (392): 2403-2417.

Brenner A J, Cueto Romero M, Garcia Haro J, et al. 1995. A comparison of direct and indirect methods for measuring leaf and surface-area of individual bushes. Plant Cell Environment. 18: 1332-1340.

Bunnik N J J, Verhoef W, De Jongh, et al. 1984. Evaluation of ground based hot spot reflectance measurements for biomass determination of agricultural crops. Paris: International Symposium on Remote Sensing of Environment.

Campbell SG, Norman JM. 1998. An introduction to environmental biophysics (2nd ed.). New York: Springer-Verlag.

Cao M, Woodward FI. 1998. Net primary and ecosystem production and carbon stocks of terrestrial ecosystems and their responses to climate change. Global Change Biology, 4: 185-198.

Carlson TN, Buffum MJ. 1989. On estimating total daily evapotranspiration from remote surface temperature measurements. Remote Sensing of Environment, 29 (2): 197-207.

Carlson T N, Ripley D A. 1997. On the relation between NDVI, fractional vegetation cover, and leaf area index. Remote Sensing of Environment, 62 (3): 241-252.

Carrer D, Smets B, Ceamanos X, et al. 2018. Copernicus Global Land Operations "Vegetation and Energy" . Copernicus Europe's eyes on Earth. https://land.copernicus.eu/global/products/sa. 2018. [2024-7-6]

Caselles V, Valor E, Coll C, et al. 1997. Thermal band selection for the PRISM instrument 1. Analysis of emissivity-temperature separation algorithms. Journal of Geophysical Research: Atmospheres, 102 (D10): 11145-11164.

Castleman, K R. 1981. Digital Image Processing, Upper Saddle River: Prentice-Hall.

Castleman, K R. 1996. Digital Image Processing, 2nd ed. Upper Saddle River: Prentice-Hall.

Chance J E, LeMaster E M. 1977. Suits reflectance models for wheat and cotton: theoretical and experimental tests. Applied Optics, 16 (2): 407-412.

Chandrasekhar S. 2013. Radiotive Transfer. New York: Dover Publications.

Chaumat L, Standfuss C, Tournier B, et al. 2009. 4A/OP reference documentation. NOV-3049-NT-1178-v40. Pairs: NOVELTIS, LMD/CNRS, CNES, 307.

Chavez P C, Bauer B. 1982. An automatic optimum kernel-size selection technique for edge enhancement. Remote Sensing of Environment, 12: 23-38.

Chavez P L, Berlin G L, Sowers L B. 1982. Statistical method for selecting Landsat MSS ratios. Journal of Applied Photographic Engineering, 8 (1): 23-30.

Chavez P S, Kwarteng A Y. 1989. Extracting spectral contrast in Landsat thematic mapper image data using selective principal component analysis. Photogrammetric Engineering & Remote Sensing, 55 (3): 339-348.

Chavez P S, Sides S C, Anderson J A. 1991. Comparison of three different methods to merge multiresolution and multispectral data: Landsat TM and SPOT panchromatic. Photogrammetric Engineering & Remote Sensing, 57 (3): 295-303.

Chavez P S, Guptill S C, Bowell JA. 1984. Image processing technique for Thematic Mapper data. Bethesda: Proceedings of the 50th Annual ASP-ACSM Symposium: 728-742.

Chedin A, Scott N, Berroir A. 1982. A single-channel, double-viewing angle method for sea surface temperature determination from coincident Meteosat and TIROS-N radiometric measurements. Journal of Applied Meteorology and Climatology, 21 (4): 613-618.

Chen J M, Black T A. 1991. Measuring leaf-area index of plant canopies with branch architecture. Agricultural and Forest Meteorology, 57 (1/3): 1-12.

Chen J M. 1996a. Optically-based methods for measuring seasonal variation in leaf area index of boreal conifer forests. Agricultural and Forest Meteorology, 80 (2-4): 135-163.

Chen J M. 1996b. Evaluation of vegetation indices and a simple ratio for boreal applications. Canadian Journal of Remote Sensing, 22 (3): 229-242.

Chen J M, Cihlar J. 1995. Plant canopy gap size analysis theory for improving optical measurements of leaf area index. Applied Optics, 34 (27): 6211-6222.

Chen J M, Cihlar J. 1995. Quantifying the effect of canopy architecture on optical measurements of leaf area index using two gap size analysis methods. IEEE Trans. Geoscience and Remote Sensing Magazine, 33 (3): 777-787.

Chen J M, Cihlar J. 1996. Retrieving leaf area index for boreal conifer forests using Landsat TM images. Remote Sensing of Environment, 55 (2): 153-162.

Chen J M, Cihlar J. 1997. A hotspot function in a simple bi-directional reflectance model for satellite applications. Journal of Geophysical Research., 102 (D22): 25907-25913.

Chen J M, Leblane S G. 1997. A four-scale bi-directional reflectance model based on canopy architecture. IEEETransactions on Geoscience & Remote Sensing, 35 (5): 1316-1337.

Chen J M, Liu J, Cihlar J, et al. 1999. Daily canopy photosynthesis model through temporal and spatial scaling for remote sensing applications. Ecological Modeling., 124 (2-3): 99-119.

Chen J, Cihler J. 1995. Quantifying the effect of canopy architecture on optical measurements of leaf area index using two gap size analysis methods. Transactions on Geoscience & Remote Sensing- GRSS- IEEE, 33 (3): 777-787.

Chen J, Gong P, He C, et al. 2003. Land-Use land-cover change detection using improved change-vector analysis. Photogrammetric Engineering & Remote Sensing, 69 (4): 369-379.

Chen JM, Pavlic G, Brown L, et al. 2002. Derivation and Validation of Canada-wide Coarse-resolution Leaf Area Index Maps Using High-resolution Satellite Imagery and Ground Measurement. Remote Sensing of Environment, 80: 165-184.

Chen X, Lee V, Rowell E, et al. 2004. Using lidar and effective LAI data to evaluate IKONOS and landsat 7 ETM+ vegetation cover estimates in a ponderosa pine forest. Remote Sensing Environment, 91: 14-26.

Chen Y M, Liang S, Wang J, et al. 2008. Validation of MISR land surface broadband albedo. International Journal of Remote Sensing, 29 (23): 6971-6983.

Chen J. 1983. The Reciprocity Relation for Reflection and Transmission of Radiation by Crops and other Plane-Parallel Scattering Media. Remote Sensing of Environment, 13: 475-486.

Chen J M, PaulM R, StithTG, et al. 1997. Leaf Area Index of Boreal Forests: Theory, Techniques, and Measurements. Journal of Geophysical Research, 102 (D24): 29429-29443.

Cheng J, Liang S, Wang J, et al. 2010. A Stepwise Refining Algorithm of Temperature and Emissivity Separation for Hyperspectral Thermal Infrared Data. Transactions on Geoscience & Remote Sensing, 48 (3): 1588-1597.

Chen Z, Curran PJ, Hanson JD. 1992. Derivative reflectance spectroscopy to estimate suspended sediment concentration, Remote Sensing of Environment, 40: 67-77.

Choudhury BJ, Monteith JL. 1988. A four-layer model for the heat budget of homogeneous land surfaces. Quarterly Journal of the Royal Meteorological Society, 114: 373-398.

Cihiar J, Manak D, Voisin N. 1994. AVHRR bi-directional reflectance effects and composite. Remote Sensing of Environment, 48: 77-88.

Civco D L. 1993. Artificial neural network for land cover classification and mapping. International Journal of Geographical Information System, 7: 179-186.

Cleugh HA, Leuning R, Mu QZ, et al. 2007. Regional evaporation estimates from flux tower and MODIS satellite data. Remote Sensing of Environment, 106 (3): 285-304.

Clevers J G P W. 1989. The application of a weighted infrared-red vegetation index for estimating leaf area index by correcting soil moisture. Remote Sensing of Environment, 29: 25-37.

Cohen W B, Maiersperger T K, Yang Z Q, et al. 2003. Comparisons of land cover and LAI estimates derived from ETM+ and MODIS for four sites in North America: a quality assessment of 2000/2001 provisional MODIS products. Remote Sensing of Environment, 88 (3): 233-255.

Coll C, Caselles V. 1997. A split - window algorithm for land surface temperature from advanced very high resolution radiometer data: Validation and algorithm comparison. Journal of Geophysical Research: Atmospheres, 102 (D14): 16697-16713.

Coll C, Caselles V, Galve J M, et al. 2005. Ground measurements for the validation of land surface temperatures derived from AATSR and MODIS data. Remote Sensing of Environment, 97: 288-300.

Coll C, Caselles V, Valor E, et al. 2012a. Comparison between different sources of atmospheric profiles for land surface temperature retrieval from single channel thermal infrared data. Remote Sensing of Environment, 117: 199-210.

Coll C, Caselles V, Valor E, et al. 2007. Temperature and emissivity separation from ASTER data for low spectral contrast surfaces. Remote Sensing of Environment, 110 (2): 162-175.

Coll C, Galve J M, Sanchez J M, et al. 2010. Validation of Landsat-7/ETM+ thermal-band calibration and atmospheric correction with ground-based measurements. IEEE Transactions on Geoscience and Remote Sensing, 48: 547-555.

Coll C, Hook S J, Galve J M. 2009. Land surface temperature from the Advanced Along-Track Scanning Radiometer: Validation over inland waters and vegetated surfaces. IEEE Transactions on Geoscience and Remote Sensing, 47: 350-360.

Coll C, Valor E, Galve J M, et al. 2012b. Long-term accuracy assessment of land surface temperatures derived from the Advanced Along-Track Scanning Radiometer. Remote Sensing of Environment, 116: 211-225.

Colombo R, bellingeri D, Fasolini D, et al. 2003. Retrieval of leaf index in different vegetation types using high resolution satellite data. Remote Sensing Environment, 86: 120-131.

Colwell RN. 1983. Manual of Remote Sensing, 2nd. Ed., Bethesda: American Society for Photogrammetry & Remote Sensing.

Congalton R G. 1991. A review of assessing the accuracy of classifications of remotely sensed data. Remote Sensing of Environment, 37: 35-46.

Cooley JW, Tukey JW. 1965. An algorithm for machine calculation of complex Fourier series. Mathematics of Computation, 19: 297-301.

Crist E P, Cicone R C. 1984. Application of the tasseled cap concept to simulated thematic mapper data. Photogrammetric Engineering & Remote Sensing, 50: 343-352.

Crist E P, Kauth R J. 1986. The tasseled cap de-mystified. Photogrammetric Engineering & Remote Sensing, 52 (1): 81-86.

Cristóbal J, Jiménez - Muñoz J, Sobrino J, et al. 2009. Improvements in land surface temperature retrieval from the Landsat series thermal band using water vapor and air temperature. Journal of Geophysical Research: Atmospheres, 114 (D8): D08103.

Cui T, Wang Y, Sun R, et al. 2016. Estimating vegetation primary production in the Heihe River Basin of China with multi-source and multi-scale data. PloS one, 11: e0153971.

Culvenor D S, Newnham G J, Mellor A, et al. 2014. Automated in-situ laser scanner for monitoring forest leaf area index. Sensors, 14 (8): 14994-15008.

Curran P J, Williamson H D. 1986. Sample size for ground and remotely sensed data, Remote Sensing of Environment, 20: 31-41.

Curran P J. 1987. Remote sensing methodologies and geography. International Journal of Remote Sensing, 8: 1255-1275.

Curran P J. 1989. Remote sensing of foliar chemistry. Remote Sensing of Environment, 30: 271-278.

Curran P J. Peterson DL. 2001. Estimating for the foliar bichemical concentration of leaves with reflectance spectrametry. Remote Sensing of Environment, 76 (3): 349-359.

Dash P, Göttsche F M, Olesen F S, et al. 2002. Land surface temperature and emissivity estimation from passive sensor data: theory and practice- current trends. International Journal of Remote Sensing, 23 (13): 2563-2594.

Dash P, Göttsche F M, Olesen F S, et al. 2005. Separating surface emissivity and temperature using two-channel spectral indices and emissivity composites and comparison with a vegetation fraction method. Remote Sensing of Environment, 96 (1): 1-17.

Daughtry C S T, Walthall C L, Kim M S, et al. 2000. Estimating corn leaf chlorophyll concentration from leaf and canopy reflectance. Remote Sensing of Environment, 74: 229-239.

Dawson T P, Curran P J. 1998. A new technique for interpolating the reflectance red edge position. International Journal of Remote Sensing, 19 (11): 2133-2139.

Deering D W, Leone P. 1986. A sphere-scanning radiometer for rapid directional measurements of sky and ground radiance. Remote Sensing of Environment, 19 (1): 1-24.

Deering D W. 1989. Field measurements of bi-directional reflectance, in theory and applications of optical remote sensing. // Asrar G. 1989. Theory and Applications of Optical Remote Sensing. New York: A Wiley-Interscience Publications: 14-65.

Definiens Imaging. 2003. ECognition professional, Version 3. 0. Munich: Definiens Imaging GmbH.

Defries R S, Townshend J R G. 1999. Global land cover characterization from satellite data: from research to operational implementation. Global Ecology & Biogeography, 8: 367-379.

Defries R S, Chan J C. 2000. Multiple criteria for evaluating machine learning algorithms for land cover classification. Remote Sensing of Environment, 74: 503-515.

Di Bella CM, Rebella CM, Paruelo JM. 2000. Evapotranspiration estimates using NOAA AVHRR imagery in the Pampa region of Argentina. International Journal of Remote Sensing, 21 (4): 791-797.

Diner D J, Bruegge CJ, Martonchik JV, et al. 1989. MISR: a multiangle imaging spectroradiometer for geophysical and climatological research form EOS. IEEE Transactions on Geoscience and Remote Sensing, 27 (2): 200-214.

Diner D J, Martonchik J V, Borel C, et al. 2008. Multi-angle imaging spectro-radiometer level 2 surface retrieval algorithm theoretical basis document. La Cañada Flintridge: Jet Propulsion Laboratory.

Dougherty ER. 1992. An Introduction to Morphological Image Processing. Bellingham: SPIE Press.

Du SS, Liu LY, Liu XJ, et al. 2018. Retrieval of global terrestrial solar-induced chlorophyll fluorescence from TanSat satellite. Science Bulletin, 63: 1502-1512.

Duda R O, Hart P E, Stork D G. 2001. Pattern classification. New York: John Wiley & Sons.

Dufrêne E, Bréda N. 1995. Estimation of deciduous forest leaf area index using direct and indirect methods. Oecologia, 104 (2): 156-162.

ElachiC. 1987. Introduction to thePhysicsand Techniques of Remote Sensing. New York: John willey & sons.

Engel JL. 1980. Thematic mapper: An Interim Report on Anticipated Performance. Santa Barbara: American Institute of Aeronautics and Astronautics, Santa Barbara Research Center.

Estes J E, Hajic E J, Tinney L R. 1983. Fundamentals of image analysis: visible and thermal infrared data, manual of remote sensing. Bethesda: American Society for Photogrammetry & Remote Sensing: 987-1125.

Estes J E, Jensen J R, Simonett D S. 1980. Impacts of remote sensing on U. S. geography. Remote Sensing of Environment, 10 (1): 3-80.

Fang H, Liang S, Townshend J, et al. 2008. Spatially and temporally continuous LAI data sets based on an new filtering method examples from North America. Remote Sensing of Environment, 112: 75-93.

Farquhar GD, Caemmerer SV, Berry JA. 1980. A biochemical model of photosynthetic CO_2 assimilation in leaves of C3 species. Planta, 149: 78-90.

Fassnacht K S, Gower S T, Norman J M, et al. 1994. A comparison of optical and direct methods for estimating foliage surface area index in forests. Agricultural and Forest Meteorology, 71 (1/2): 183-207.

Fensholt R. 2004. Earth observation of vegetation status in the Sahelian and Sudanian West Africa: comparison of Terra MODIS and NOAA AVHRR satellite data. International Journal of Remote Sensing, 25 (9): 1641-1659.

Ferro C J, Warner T A. 2002. Scale and texture in digital image classification. Photogrammetric Engineering & Remote Sensing. 68 (1): 51-63.

FGDC Vegetation Subcommittee. 1997. Vegetation Classification Standard, FGDC-STD-005. Washington: Federal Geographic Data Committee.

FGDC, 2004. Natural Vegetation Classification System. Washington: Federal Geographic Data Committee.

Foody G M, AroraM K. 1997. An evaluation of some factors affecting the accuracy of classification by an artificial neural network. International Journal of Remote Sensing, 18 (4): 799-810.

Foody G M. 1996. Fuzzy modelling of vegetation from remotely sensed imagery. Ecological Modeling, 85: 2-12.

Foody G M. 2002. Status of land cover classification accuracy assessment. Remote Sensing of Environment, 80: 185-201.

Foody G M. 1996. Approaches for the production and evaluation of fuzzy land cover classifications from remotely sensed data. International Journal of Remote Sensing, 17 (7): 1317-1340.

Foody GM, McCulloch M B, YatesW B. 1995. Classification of remotely sensed data by an artificial neural network: issues related to training data characteristics. Photogrammetric Engineering &Remote Sensing, 61: 391-401.

François C, Ottlé C. 1996. Atmospheric corrections in the thermal infrared: global and water vapor dependent split-window algorithms-applications to ATSR and AVHRR data. IEEE Transactions on Geoscience and Remote Sensing, 34 (2): 457-470.

Frankenberg C, Butz A, Toon GC. 2011. Disentangling chlorophyll fluorescence from atmospheric scattering effects in O_2: A - band spectra of reflected sun-light. Geophysical Research Letters, 38: L03801.

Frankenberg C. 2014. D-81519 OCO-2 Algorithm Theoretical Basis Document IMAP-DOAS preprocessor. Pasadena: Jet Propulsion Laboratory, California Institute of Technology.

Franklin J, Turner D L. 1992. The application of a geometric optical canopy reflectance model to semiarid shrub vegetation. Transactions on Geoscience & Remote Sensing, 30 (2): 293-301.

Franklin S E, Wilson B A. 1992. A three- stage classifier for remote sensing of mountain environments. Photogrammetric Engineering & Remote Sensing, 58 (4): 449-454.

Franklin SE, Lavigne MB, Deuling MJ, et al. 1997. Estimation of forest leaf area index using remote sensing and GIS data for modeling net primary production. International Journal of Remote Rensing, 18: 3459-3471.

Frazer G W, Lertzman K P, Trofymow J A. 1997. A method for estimating canopy openness, effective leaf area index, and photosynthetically active photon flux density using hemispherical photography and computerized image analysis techniques. Victoria: Pacific Forestry Centre.

Freden S G, FrederickG. 1983. Landsat Satellites. Sheridan: Sheridan Press.

Friedl M A, Brodley C E, Strahler A H. 1999. Maximizing land cover classification accuracies produced by decision trees at continental to global scales. IEEE Transactions on Geoscience and Remote Sensing, 37: 969-977.

Friedl M A, Mciver D K, Hodges J C F, et al. 2002. Global land cover mapping from MODIS: algorithms and early results. Remote Sensing of Environment, 83: 287-302.

Friedl MA, Michaelsen J, Davis FW, et al. 1994. estimating grassland biomass and leaf area index using ground and satellite data. International Journal of Remote Sensing, 15: 1401-1420.

Fu Z, Wang J D, Song J L, et al. 2011. Estimation of forest canopy leaf area index using modis, misr, and lidar observations. Journal of Applied Remote Sensing, 5: 053530.

Gao B C. 1996. NDWI: A normalized difference water index for remote sensing of liquid water from space. Remote Sensing of Environment, 58: 257-266.

Gao F, Zhu Q J, Li X W. 1999. Improvement on the inversion of Kernel-driven BRDF model. Chinese Science Bulletin, 44 (1): 76-79.

Gao F, Li X, Strahler A H, et al. 2000. Comparison and validation of the new Li-Transit kernel. Remote Sensing Reviews, 19: 205-224.

Gao F, Schaaf C B, Strahler A, et al. 2001. Using a multi-kernel least variance approach to retrieve and evaluate albedo from limited bi-directional measurements. Remote Sensing of Environment, 76: 57-66.

Gao F, Schaaf C B, Strahler A H, et al. 2005. MODIS bidirectional reflectance distribution function and albedo climate modeling grid products and the variability of albedo for major global vegetation types. Journal of Geophysical Research, 110: D01104.

Gao F, Schwaller J, Hall F. 2006. On the blending of Landsat and MODIS surface reflectance: Predicting daily Landsat surface reflectance. IEEE Transaction on Geoscience and Remotesensing, 44: 2207-2218.

Gastellu-Etchegorry JP, Demarez V, Pinel V, et al. 1996. Modeling radiative transfer in heterogeneous 3-D vegetation canopies. Remote Sensing of Environment, 58 (2): 131-156.

Gerstl S A W, Zardecki A. 1985a. Coupled atmosphere/canopy model for remote sensing of plant reflectance features. Applied Optics, 24 (1): 94-103.

Gerstl S A W, Borel C C. 1992. Principle of the radiosity method versus radiative transfer for canopy reflectance modeling. IEEE Transactions on Geoscience and Remote Sensing, 30 (2): 271-275.

Gerstl S A W, Simmer C, Powers B J. 1986. The canopy hot-spot as crop identifier. Symposium on Remote Sensing of Resources Development and Environmental Management, Enschede, August: 261-263.

Gerstl S A W, Simmer C. 1986. Radiation physics and modeling for off-nadir satellite-sensing of non-Lambertian surface. Remote Sensing of Environment, 20 (1): 1-29.

Gerstl SA, Zardecki A. 1985b. Discrete-ordinates Finite-element Method for Atmospheric Radiative Transfer and Remote Sensing. Appl. Opt., 24: 81-93.

Giardina C R, Dougherty E R. 1988. Morphological Methods in Image and Signal Processing. Saddle River: Prentice-Hall.

Giarratano J, Riley G. 1994. Expert Systems: Principles and Programming, 2nd fed, Boston: PWS Publishing.

Gillespie A R, Abbott E A, Gilson L, et al. 2011. Residual errors in ASTER temperature and emissivity standard products AST08 and AST05. Remote Sensing of Environment. 115 (12): 3681-3694.

Gillespie A R, Rokugawa S, Hook S J, et al. 1999. Temperature/emissivity separation algorithm theoretical basis document, version 2. 4. Goddard: NASA/GSFC, 1-64.

Gillespie A, Rokugawa S, Matsunaga T, et al. 1998. A temperature and emissivity separation algorithm for Advanced Spaceborne Thermal Emission and Reflection Radiometer (ASTER) images. IEEE Transactions on Geoscience and Remote Sensing, 36 (4): 1113-1126.

Gitelson A A, Kaufinan Y J, Stark R, et al. 2002. Novel algorithms for remote estimation of vegetation fraction. Remote Sensing of Environment, 80: 76-87.

Gobron N, Pinty B, Verstraete MM. 1997. Theoretical limits to the estimation of the leaf area index on the basis of visible and near-infrared remote sensing data. IEEE Transactions on Geoscience and Remote sensing, 35: 1438-1445.

Goel N S, Qin W. 1994. Influence of canopy architecture on relationships between various vegetation indices and

LAI and FPAR: a computer simulation. Remote Sensing Reviews, 10: 309-347.

Goel NS, Rozehnal I, Richard LT. 1991. A computer graphics based model for scattering from objects of arbitrary shapes in the optical region. Remote Sensing of Environment, 36: 73-104.

Goel N S, Deering D W. 1985. Evaluation of a Canopy Reflectance Model for LAI Estimation Through its Inversion. IEEE Transactions on Geoscience and Remote Sensing, GE-23 (5): 674-684.

Goel N S, Thompson R L. 1984a. Inversion of Vegetation Canopy Reflectance Models for Estimating Agronomic Variables Ⅳ: Total Inversion of the SAIL Model. Remote Sensing of Environment, 15: 237-253.

Goel N S, Thompson R L. 1984b. Inversion of Vegetation Canopy Reflectance Models for Estimating Agronomic Variables V: Estimation of LAI and Average Leaf Angle Using Measured Canopy Reflectances. Remote Sensing of Environment, 16: 69-85.

Goel N S. 1988. Models of Vegetation Canopy Reflectance and Their Use in Estimation of Biophysical Parameters from Reflectance Data: Remote Sensing Reviews, 4: 1-221.

Goel N S. 1988. Models of vegetation canopy reflectance and their use in estimation of biophysical parameters from reflectance data, harwood academic publishers.

Goetz A F, Rowan L. 1981. Geological remote sensing. Science, 211 (4484): 781-791.

Goetz A F, Vane G, Solomon J E, et al. 1985. Imaging spectrometry for earth remote sensing. Science, 228 (4704): 1147-1153.

Goetz S J. 2002. Recent advances i1l remote sensing of biophysical variables: an overview of the special issue. Remote Sensing of Environment, 79: 145-146.

Gong P, Marceau D J, Howarth J. 1992. A comparison of spatial feature extraction algorithms for land-use classificationwith SPOT HRV data. Remote Sensing of Environment, 40: 137-151.

Gonzalez R C, Wintz P. 1977. Digital Image Processing. Boston: Addison-Wesley Publishing Co.

Gopal S, WoodPock C. 1994. Theory and methods for accuracy assessment of thematic maps using fuzzy sets. Photogrammetric Engineering & Remote Sensing, 60 (2): 181-188.

Goutsias J, Vincent L, Bloomberg D S. 2000. Mathematical Morphology and its Applications to Image and Signal Processing. London: Kluwer Academic Publishers.

Govaerts Y M, Lattanzio A, Pinty B, et al. 2004. Consistent surface albedo retrieval from two adjacent geostationary satellites. Geophysical Research Letters, 31 (15): 15201.

Govaerts Y M, Pinty B, Taberner M, et al. 2006. Spectral conversion of surface albedo derived from Meteosat first generation observations. IEEE Geoscience and Remote Sensing Letters, 3 (1): 23-27.

Goward S N, Markham B, Dye D G, et al. 1991. Normalized difference vegetation index measurements from the AVHRR. Remote Sensing of Environment, 35: 257-277.

Gower S T, Kucharik C J, Norman J M. 1999. Direct and indirect estimation of leaf area index, fAPAR, and net primary production of terrestrial ecosystems. Remote Sensing of Environment, 70 (1): 29-51.

Grant L. 1987. Diffuse and specular characteristics of leaf reflectance. Remote Sensing of Environment, 22: 309-322.

Grist E P, Cicone R C. 1984. Comparison of the Dimensionality and Featufures of Simulated Landsat-4 Mss and TM data. Remote Sensing of Environment, 14: 235-268.

Guanter L, Zhang YG, Jung M, et al. 2014. Global and time-resolved monitoring of crop photosynthesis with chlorophyll fluorescence. Proceedings of the National Academy of Sciences, 111: 1327-1333.

Guillevic P C, Biard J C, Hulley G C, et al. 2014. Hoo Validation of Land Surface Temperature products derived from the Visible Infrared Imaging Radiometer Suite (VIIRS) using ground-based and heritage satellite measurements. Remote Sensing of Environment, 154: 19-37.

Guillevic P C, Privette J L, Coudert B, et al. 2012. Land surface temperature product validation using NOAA's surface climate observation networks- scaling methodology for the Visible Infrared Imager Radiometer Suite (VIIRS) . Remote Sensing of Environment, 124: 282-298.

Gutman G G. 1991. Vegetation indices from AVHRR: an update and future prospects. Remote Sensing of Environment, 35: 121-136.

Haboudane D, Miller J R, Tremblay N, et al. 2002. Integrated narrow- band vegetation indices for prediction chlorophyll content for application to precision agriculture. Remote Sensing of Environment, 81: 416-426.

Hansen M C, DeFries R S, Townshend J R G and R Sohlbert. 2000. Global land cover classification at 1 km resolution using a classification tree approach. International Journal of Remote Sensing, 2: 1331-1364.

Haralick R M, Shanmugam K S. 1974. Combined spectral and spatial processing of ERTS imagery data. Remote Sensing of Environment, 3: 3-13.

Haralick R M. 1979. Statistical and structural approaches to texture. Proceedings of the IEEE, 67: 786-804.

Haralick, R M. 1986. Statistical image texture analysis. // Young T Y, Fu K S. 1986. Handbook of Pattern Recognition and Image Processing, New York: Academic Press: 247-280.

Hautecoeur O, Roujean J L. 2007. Validation of POLDER surface albedo products based on a review of other satellites and climate databases. Barcelona: 2007 IEEE International Geoscience and Remote Sensing Symposium: 2844-2847.

He L, Chen JM, Pisek J, et al. 2012. Global clumping index map derived from the MODIS BRDF product. Remote Sensing of Environment, 119: 118-130.

Henry R L. 1948. The transmission of powder films in the infrared. Journal of the Optical Society of America, 38: 775-789.

Herold M, Guenther S, Clarke K C. 2003. Mapping urban areas in the Santa Barbara south coast using IKONOS and ecognition ecognition application note. Munchen: Definiens Imgbh.

Hilker T, Van Leeuwen M, Coops N C, et al. 2010. Comparing canopy metrics derived from terrestrial and airborne laser scanning in a Douglasfir dominated forest stand. Trees- Structure and Function, 24 (5): 819-832.

Hook S J, Chander G, Barsi J A, et al. 2004. In-flight validation and recovery of water surface temperature with Landsat-5 thermal infrared data using an automated high- altitude lake validation site at Lake Tahoe. IEEE Transactions on Geosçjence and Remote Sensing, 42 (12): 2767-2776.

Hook S J, Clodius W B, Balick L, et al. 2005. In-flight validation of mid-and thermal infrared data from the Multispectral Thermal Imager (MTI) using an automated high- altitude validation site at Lake Tahoe CA/NV, USA. IEEE Transactions on Geoscience and Remote Sensing, 43: 1991-1999.

Hook S J, Gabell A R, Green A A, et al. 1992. A comparison of techniques for extracting emissivity information from thermal infrared data for geologic studies. Remote Sensing of Environment, 42 (2): 123-135.

Hook S J, Vaughan R G, Tonooka H, et al. 2007. Absolute radiometric in- flight validation of mid infrared and thermal infrared data from ASTER and MODIS on the Terra spacecraft using the lake Tahoe, CA/NV, USA, Automated Validation Site. IEEE Transactions Geoscience and Remote Sensing, 45: 1798-1807.

Huang X, Jensen J R. 1997. A machine learning approach to automated construction of knowledge bases for image analysis expert systems that incorporate gis data. Photogrammetric Engineering & Remote Sensing, 63 (10): 1185-1194.

Huemmrich K F. 2001. The GeoSail model: a simple addition to the SAIL model to describe discontinuous canopy reflectance. Remote Sensing of Environment, 75: 423-431.

Huete A R. 1988. A soil-adjusted vegetation index (SAVI). Remote Sensing of Environment, 25: 295-309.

Huete A R, Didan K, Miura T, et al. 2002a. Overview of the radiometric and biophysical performance of the mod is vegetation indices. Remote Sensing of Environment, 83: 195-213.

Huete A R, Hua G, Qi J, et al. 1992. Normalization of multidirectional red and near-infrared reflectances with the SAVI. Remote Sensing of Environment, 40: 1-20.

Huete A R, Justice C. 1999. MODIS vegetation index (MODIS) algorithm theoretical basis document. Greenbelt: NASA Goddard Space Flight Center.

Huete A R, Liu H Q, Batchily K, et al. 1997. A comparison of vegetation indices over a global set of TM images for EOS-MODIS. Remote Sensing of Environment, 59: 440-451.

Huete A R, Liu H Q. 1994. An error and sensitivity analysis of the atmospheric and soil-correcting variants of the NDVI for the MODIS-EOS. IEEE Transactions on Geoscience and Remote Sensing, 32 (4): 897-905.

Huete A R. 1988. A soil adjusted vegetation index (SAVI). Remote Sensing of Environment, 25: 295-309.

Huete A, Justice C, Liu H. 1994. Development of vegetation and soil indices for MODIS-EOS. Remote Sensing of Environment, 49: 224-234.

Hulley G C, Hook S J. 2009. The North American ASTER land surface emissivity database (NAALSED) version 2. 0. Remote Sensing of Environment, 113 (9): 1967-1975.

Hunt R, Salisbury W. 1974. Mid infrared spectral behavior of igneous rock. Cambridge: U. S. Air Force Cambridge Research Laboratories Report AFCRL-TR-74-0625, 75-0356&76-0003.

Hunt E R, Piper S C, Nemani R, et al. 1996. Global net carbon exchange and intra - annual atmospheric CO_2 concentrations predicted by an ecosystem process model and three - dimensional atmospheric transport model. Global Biogeochemical Cycles, 10: 431-456.

Hutchinson C F. 1982. Techniques for combining landsat and ancillary data for digital classification improvement. Photogrammetric Engineering & Remote Sensing, 48 (1): 123-130.

Ingram P M, Muse AH. 2001. Sensitivity of iterative spectrally smooth temperature/emissivity separation to algorithmic assumptions and measurement noise. IEEE Transactions on Geoscience and Remote Sensing, 39 (10): 158-216.

IPCC. 2013. Climate Change 2013: The Physical Science Basis. Contribution of Working Group I to the Fifth Assessment Report of the Intergovernmental Panel on Climate Change. Cambridge: Cambridge University Press.

Jackson R D, Reginato R J, Pinter P J, et al. 1979. Plant canopy information extraction from composite scene reflectance of row crops. Appl. Opt., 18 (22): 3775-3782.

Jackson R D. 1983. Spectral indices in n-space. Remote Sensing of Environment, 13: 409-421.

Jackson RD, Reginato RJ, Idso SB. 1977. Wheat canopy temperature: a practical tool for evaluating water requirements. Water Resources Research, 13 (3): 651-656.

Jacob F, Petitcolin F O, Schmugge T, et al. 2004. Comparison of land surface emissivity and radiometric temperature derived from MODIS and ASTER sensors. Remote Sensing of Environment, 90 (2): 137-152.

Jacquemoud S, Baret F. 1990. PROSPECT: a model of leaf optical properties. Remote Sensing of Environment, 34 (2): 75-91.

Jacquemoud S. 1993. Inversion of the PROSPECT+SAIL canopy reflectance model from AVIRIS equivalent spectra: theoretical study. Remote Sensing of Environment, 44 (2-3): 281-292.

Jahne B. 1991. Digital image processing. New York: Springer-verlag: 219-230.

Janssen L F, Jaarsma J, Van der Linden E. 1990. Integrating topographic data with remote sensing for land-cover classification. Photogrammetric Engineering & Remote Sensing, 56 (11): 1503-1506.

Jensen J R, Qiu F, Ji M. 2000. Predictive modeling of coniferous forest age using statistical and artificial neural network approaches applied to remote sensor data. International Journal of Remote Sensing, 20 (14): 2805-2822.

Jensen J R, Qiu F, Patterson K. 2001. A neural network image interpretation system to extract rural and urban land use and land cover information from remote sensor data, geocarto international: a multidisciplinary. Journal of Remote Sensing and GIS, 16 (1): 19-28.

Ji JJ. 1995. A climate- vegetation interaction model: Simulating physical and biological processes at the surface. Journal of Biogeography, 22 (2-3): 445-451.

Jiang L, Islam S. 1999. A methodology for estimation of surface evapotranspiration over large areas using remote sensing observations. Geophysical Research Letters, 26 (17): 2773-2776.

Jiang L, Islam S. 2001. Estimation of surface evaporation map over southern Great Plains using remote sensing data. Water Resources Research, 37 (2): 329-340.

Jiménez-Muñoz J C, Sobrino J A, Gillespie A, et al. 2006. Improved land surface emissivities over agricultural areas using ASTER NDVI. Remote Sensing of Environment, 103 (4): 474-487.

Jiménez-Muñoz J C, Sobrino J A, Mattar C, et al. 2010. Atmospheric correction of optical imagery from MODIS and Reanalysis atmospheric products. Remote Sensing of Environment, 114 (10): 2195-2210.

Joiner J, Guanter L, Lindstrot R, et al. 2013. Global monitoring of terrestrial chlorophyll fluorescence from moderate-spectral-resolution near-infrared satellite measurements: methodology, simulations, and application to GOME-2. Atmospheric Measurement Techniques, 6: 2803-2823.

Joiner J, Yoshida Y, Vasilkov AP, et al. 2012. Filling-in of near-infrared solar lines by terrestrial fluorescence and other geophysical effects: simulations and space-based observations from SCIAMACHY and GOSAT. Atmospheric Measurement Techniques, 5: 809-829.

Joiner J, Yoshida Y, Vasilkov AP, et al. 2011. First observations of global and seasonal terrestrial chlorophyll fluorescence from space. Biogeosciences, 8: 637-651.

Jonckheere I, Fleck S, Nackaerts K, et al. 2004. Review of methods for in situ leaf area index determination: Part I. Theories, sensors and hemispherical photography. Agricultural and Forest Meteorology, 121 (1/2): 19-35.

Ju WM, Chen JM, Black TA, et al. 2006. Modelling multi-year coupled carbon and water fluxes in a boreal aspen forest. Agricultural and Forest Meteorology, 140: 136-151.

Jung M, Reichstein M, Ciais P, et al. 2010. Recent decline in the global land evapotranspiration trend due to limited moisture supply. Nature, 467: 951-954.

Jung M, Reichstein M, Margolis HA, et al. 2011. Global patterns of land-atmosphere fluxes of carbon dioxide, latent heat, and sensible heat derived from eddy covariance, satellite, and meteorological observations. Journal of Geophysical Research-Biogeosciences, 116: G00J07.

Jupp D L B, Strahler A H. 1991. A hotspot model for leaf canopies. Remote Sensing of Environment, 38 (3): 193-210.

Kalma JD, Mcvicar TR, Mccabe MF. 2008. Estimating land surface evaporation: a review of methods using remotely sensed surface temperature data. Surveys in Geophysics, 29 (4): 421-469.

Kanani K, Poutier L, Nerry F, et al. 2007. Directional effects consideration to improve out-doors emissivity retrieval in the 3-13μm domain. Optics Express, 15 (19): 12464-12482.

Kaufman Y J, Tanre D. 1992. Atmospherically resistant vegetation index (ARVI) for EOS-MODIS. IEEE

Transactions on Geoscience and Remote Sensing, 30 (2): 261-270.

Kauth R J, Thomas G S. 1976. The tasseled cap—a graphic description of the spectral-temporal development of agricultural crops as seen by Landsat. West Lafayette: Proceedings, Symposium on Machine Processing of Remotely Sensed Data.

Kelly M, Estes J E, Knight K A. 1999. Image interpretation keys for validation of global land- cover data sets. Photogrammetric Engineering & Remote Sensing, 65: 1041-1049.

Kimes D S, Kirchner J A. 1982. Radiative transfer model for heterogeneous 3- D scenes. Applied Optics, 21 (22): 4119-4129.

Kimes D S, Knyazikhin Y, Privette J, et al. 2000. Inversion methods for physically- based models. Remote Sensing Reviews, 18: 381-440.

Kimes D S, Norman J M, Walthall C L. 1985. Modeling the radiant transfers of sparse vegetation canopies. IEEE Transactions on Geoscience and Remote Sensing, GE-23: 659-704.

Kimes D S, Sellers P J. 1985. Inferring hemispherical reflectance of the Earth's surface for global energy budgets from remotely sensed nadir or directional radiance values. Remote Sensing of Environment, 18 (3): 205-223.

Kimes D, Knjazikhin Y, Privette J, et al. 2000. Inversion methods for physically based models. Remote Sensing Review, 18 (2-4): 381-439.

Kimes DS, Kirchner J A. 1982. Radiative transfer model for heterogeneous 3- D scenes. Applied Optics, 21: 4119-4129.

Kimes D S, NewcombW W, Nelson R S, et al. 1986. Directional Reflectance Distribution of a Hardwood and Pine Forest Canopy. IEEE Transactions on Geoscience and Remote Sensing, GE-24: 281-293.

Kimes D S, Norman J M, Walthall C L. 1985. Modeling the Radiant Transfers of Sparse Vegetation Canopies. IEEE Transactions on Geoscience and Remote Sensing, GE-23: 695-704.

King L. 1969. Statistical analysis in geography. Englewood Cliffs: Prentice-Hall: 288.

Kleissl J, Hong SH, Hendrickx J. 2009. New Mexico scintillometer network in support of remote sensing, and hydrologic and meteorological models. Bulletin of the American Meteorological Society, 90 (2): 207-218.

Knyazikhin Y, Martonchik JV, Myneni RB, et al. 1998. Synergistic algorithm for estimating vegetation canopyleaf area index and fraction of absorbed photosynthetically active radiation from MODIS and MISR data. Journal of Geophysical Research, 103 (D24): 32257-32275.

Krehbiel C, Henebry G M. 2016. A Comparison of Multiple Datasets for Monitoring Thermal Time in Urban Areas over the US Upper Midwest. Remote Sensing, 8 (4): 297.

Kubelka P, Munk F. 1931. Einbeitrag zur optic der farbanstriche, Annalen der Physik, 11: 593-601.

Kucharik C J, Norman J M, Gower S T. 1998. Measurements of branch area and adjusting leaf area index indirect measurements. Agricultural and Forest Meteorology, 91 (1/2): 69-88.

Kucharik C J, Norman J M, Murdock L M, et al. 1997. Characterizing canopy nonrandomness with a multiband vegetation imager (MVI) . Journal of Geophysical Research, 102 (D24): 29455-29473.

Kustas WP, Choudhury MS, Moran RJ, et al. 1989. Determination of sensible heat flux over sparse canopy using thermal infrared data. Agricultural and Forest Meteorology, 44: 197-216.

Kustas WP. 1990. Estimates of evapotranspiration with a one- and two- layer model of heat transfer over partial canopy cover. Journal of Applied Meteorology, 29: 704-715.

Kuusk A, Nilson T. 2000. A directional multispectral forest reflectance model. Remote Sensing of Environment, 72: 244-252.

Kuusk A. 1991. The hot spot effect in plant canopy reflectance, in photon-vegetation interactions: applications in optical remote sensing and plant physiology. // Myneni R B, Ross J. 1991. New York: Springer- Verlag: 139-159.

Kuusk A. 1994. A multispectral canopy reflectance model. Remote Sensing of Environment, 50: 75-82.

Kuusk A. 1995. A fast invertible canopy reflectance model. Remote Sensing of Environment, 51: 342-350.

Kuusk A. 1998. Monitoring of vegetation parameters on large areas by the inversion of a canopy reflectance model. International Journal of Remote Sensing. 19 (15): 2893-2905.

Lacaze R, Chen J M, Roujean JL, et al. 2002. Retrieval of vegetation clumping index using hot spot signatures measured by polder instrument. Remote Sensing of Environment, 79 (1): 84-95.

Lacaze R, Maignan F. 2006. POLDER-3/PARASOL land surface algorithms description. POSTEL, 3: 1-23.

Lacaze R. 2010. POLDER- 3/PARASOL Land Surface Level 3Albedo & NDVI Products. Data Format and User Manual, (2): 1-17.

Lang A R G, Xiang Y. 1986. Estimating of leaf area index from transmission of direct sunlight in discontinuous canopies. Agricultural and Forest Meteorology, 35: 229-243.

Leblanc S G, Chen J M, Kwong M. 2005. Tracing Radiation and Architecture of Canopies. TRAC Manual, 2. 1. 4: 1-27.

Leckner B. 1978. The spectral distribution of solar radiation at the earth's surface—elements of a model. Solar Energy, 20 (2): 143-150.

Lefsky M A, Cohen W B, Parker G G, et al. 2002. LiDAR remote sensing for ecosystem studies. BioScience, 52 (1): 19-30.

Leory M, Roujean J L. 1994. Sun and view angle corrections on reflectances derived from NOAA/AVHRR data. IEEE Transactions on Geoscience and Remote Sensing, 32 (3): 684-697.

Levy P E, Jarvis P G. 1999. Direct and indirect measurements of LAI in millet and fallow vegetation in Hapex-Sahel. Agricultural and Forest Meteorology, 97: 199-212.

Lhomme JP, Monteny B, Amadou M. 1994a. Estimating sensible heat flux from radiometric temperature over sparse millet. Agricultural and Forest Meteorology, 68: 77-91.

Lhomme JP, Monteny B, Chehbouni A, et al. 1994b. Determination of sensible heat flux over Sahelian fallow savannah using infrared thermometry. Agricultural and Forest Meteorology, 68: 93-105.

Li X, Strahler A H. 1992. Geometric- optical bi- directional reflectance modeling of manual shadowing effects of crown in forest canopy. IEEE Transactions on Geoscience and Remote Sensing, 30 (2): 276-292.

Li X, Strahler A H, Woodcock C E. 1995. A hybrid geometric optical radiative transfer approach for modeling albedo and directional reflectance of discontinuous canopies. IEEE Transactions on Geoscience and Remote Sensing, 33 (2): 466-480.

Li X, Strahler A H. 1985. Geometric-optical modeling of a conifer forest canopy. IEEE Transactions on Geoscience and Remote Sensing, 23: 705-721.

Li X, Strahler A H. 1986. Geometric-optical bi-directional reflectance modeling of a coniferous forest canopy. IEEE Transactions on Geoscience and Remote Sensing, 24: 906-919.

Li X, Strahler A H. 1988. Modeling the gap probability of a discontinuous vegetation canopy. IEEE Transactions on Geoscience and Remote Sensing, 26 (2): 161-170.

Li X, Strahler A H. 1992. Geometric- optical bi- directional reflectance modeling of the discrete- crown vegetation canopy: effect of crown shape and mutual shadowing. IEEE Transactions on Geoscience and Remote Sensing, 30 (2): 276-292.

Li X, Xiao JF. 2019. A Global, 0. 05- Degree Product of Solar- Induced Chlorophyll Fluorescence Derived from

OCO-2, MODIS, and Reanalysis Data. Remote Sensing, 11 (5): 517.

Li X, Wang J, Xiang Y Q, et al. 1997. Measuring leaf angle distribution and leaf area index of conifer canopies simultaneously on wide-angle image. Journal of Remote Sensing, 1 (suppl.): 54-61.

Li Z, Mareau L, Cihlar J, et al. 1997. An evaluation of kernel-driven bi-directional models using PARABOLA measurements. Canadian Journal of Remote Sensing, 23 (2): 120-130.

Li X, Gao F, Wang J, et al. 2001. A priori knowledge accumulation and its application to constrain inversion of kernel-driven linear BRDF models. Journal of Geophysical Research, 106 (D11): 11, 925-11, 936. 2001.

Li Z L, Tang B H, Wu H, et al. 2013. Satellite-derived land surface temperature: Current status and perspectives. Remote Sensing of Environment, 131: 14-37.

Li Z, Khananian A, Fraser R H, et al. 2001. Automatic detection of fire smoke using artificial neural networks and threshold approaches applied to AVHRR imagery. IEEE Transaction on Geoscience Remote Sensing, 39: 1859- 1870.

Li Z, Petitcolin F, Zhang R. 2000. A physically based algorithm for land surface emissivity retrieval from combined mid-infrared and thermal infrared data. Science China Technological Sciences, 43 (s1): 23-33.

Liang S L, Strahler A H. 1995. An analytical RT model for a coupled atmosphere and leaf canopy. Journal of Geophysical Research, 100 (D3): 5085-5094.

Liang S, Strahler A H, Zhu Q, et al. 1997. Comparisons of radiative transfer models of vegetation canopies and laboratory measurements. Remote Sensing of Environment, 61: 129-138.

Liang S, Strahler A H. 1993. An analytic BRDF model of canopy radiative transfer and its inversion. IEEE Transactions on Geoscience and Remote Sensing, 31: 1081-1092.

Liang S, Strahler A H. 1993. Calculation of angular radiance distribution for a coupled atmosphere and canopy. IEEE Transactions on Geoscience and Remote Sensing, 31: 491-502.

Liang S, Strahler A H. 1994. Retrieval of surface BRDF from multiangle remotely sensed data. Remote Sensing of Environment, 50: 18-30.

Liang S, Zhang X, Xiao Z, et al. 2013. Global Land Surface Satellite (GLASS) products: algorithms, validation and analysis. Cham: Springer Science & Business Media.

Liang S. 2000. Narrowband to broadband conversions of land surface albedo I: algorithm. Remote Sensing of Environment, 76: 213-238.

Liang S, StrahlerA, Walthall C. 1999. Retrieval of Land Surface Albedo from Satellite Observations: A Simulation Study. Journal of Applied Meteorology, 28: 712-725.

Lieth H, Whittaker RH. 1975. Primary Productivity of the Biosphere. New York: Springer-Verlag.

Lillesand T M, Ralph W K. 1979. Remote sensing and lmage Interpretafron. New York: John Wiley & Sons.

Lim K, Treitz P, Wulder M, et al. 2003. LiDAR remote sensing of forest structure. Progress in Physical Geography, 27 (1): 88-106.

Liu J, Chen JM, Cihlar J, et al. 1997. A process-based boreal ecosystem productivity simulator using remote sensing inputs. Remote sensing of environment, 62: 158-175.

Liu L, Guan L, Liu X. 2017. Directly estimating diurnal changes in GPP for C3 and C4 crops using far-red sun-induced chlorophyll fluorescence. Agricultural and Forest Meteorology, 232: 1-9.

Liu Q, Wang L, Qu Y, et al. 2013. Preliminary evaluation of the long-term GLASS albedo product. International Journal of Digital Earth, 6 (supl): 69-95.

Liu Y, Wang Z, Sun Q, et al. 2017. Evaluation of the VIIRS BRDF, Albedo and NBAR products suite and an assessment of continuity with the long term MODIS record. Remote Sensing of Environment, 201: 256-274.

Liu Y, Wang Z, Sun Q, et al. 2017. VIIRS BRDF, Albedo, and NBAR Product Algorithm Theoretical Basis Document. Greenbelt: NASA Goddard Space Flight Center.

Loveland T R, Zhu Z L, Ohlen D O, et al. 1999. An analysis of the igbp global landcover characterization process. Photogrammetric Engineering & Remote Sensing, 65 (9): 1021-1032.

Lunetta R S, Lyons J G. 2003. Geospatial data accuracy assessment, Las Vegas: Environmental Protection Agency, Report No. EPA/600/R-03/064.

Lunetta R S, Congalton R G, Fenstermaker L K, et al. 1991. Remote sensing and geographic information system data integration: error sources and research issues. Photogrammetric Engineering & Remote Sensing, 57 (6): 671-687.

Luo S Z, Wang C, Li G C, et al. 2013. Retrieving leaf area index using ICESat/GLAs full-waveform data. Remote Sensing Letters, 4 (8): 745-753.

L'Vovich MI, White GI. 1990. Use and transformation of terrestrial water systems. // Turner II BL et al. 1990. The Earth as transformed by human action. Cambridge, UK: Cambridge University Press: 235-252.

Ma X L, Wan Z, Moeller C C, et al. 2000. Retrieval of geophysical parameters from Moderate Resolution Imaging Spectroradiometer thermal infrared data: Evaluation of a two- step physical algorithm. Applied Optics, 39 (20): 3537-3550.

Maas S J, Dunlap J R. 1989. Reflectance, transmittance, and absorptance of light by normal, etiolated, and albino corn leaves. Agronomy Journal, 81: 105-110.

Maier SW, Günther KP, Stellmes M. 2003. Sun- induced fluorescence: A new tool for precision farming. //Van Toai T, Major D, McDonald M, et al. 2003. Digital imaging and spectral techniques: Applications to Precision Agriculture and Crop Physiology. New York: John Wiley & Sons: 209-222.

Maignan F, Bréon F, Lacaze R. 2004. Bidirectional reflectance of earth targets: evaluation of analytical models using a large set of spaceborne measurements with emphasis on the hot spot. Remote Sensing of Environment, 90 (2): 210-220.

Matsunaga T. 1994. A temperature-emissivity separation method using an empirical relationship between the mean, the maximum, and the minimum of the thermal infrared emissivity spectrum. The Remote Sensing Society of Japan, 14 (3): 230-241.

Mazzoni M, Agati G, Cecchi G, et al. 2006. High resolution measurements of solar induced chlorophyll fluorescence in the Fraunhofer oxigen bands. Bellingham: International Conference on Space Optics-ICSO 2006.

Mazzoni M, Falorni P, Del Bianco S. 2008. Sun- induced leaf fluorescence retrieval in the O2- B atmospheric absorption band. Optics express, 16: 7014-7022.

Mc Cartney E J. 1976. Optics of the Aemosphere: Scattering by Molecules and Particles New York: Weily.

Mc Clatchey R A. 1972. Optical properties of the atmosphere (No. 411) . Cambridge: Air Force Cambridge Research Center.

Mciver D K, Friedl M A. 2002. Using prior probabilities in decision- tree classification of remotely sensed data. Remote Sensing of Environment, 81: 253-261.

Mcmillin L M. 1975. Estimation of sea surface temperatures from two infrared window measurements with different absorption. Journal of Geophysical Research, 80 (36): 5113-5117.

Melillo JM, McGuire AD, Kicklighter DW, et al. 1993. Global climate change and terrestrial net primary production. Nature, 363 (6426): 234-240.

Menenti M, Choudhury BJ. 1993. Parametrization of land surface evapotranspiration using a location- dependent potential evapotranspiration and surface temperature range. //Bolle H J, et al. 1993. Exchange processes at the land surface for a range of space and time scales. Wallingford: IAHS Publication.

Mie G. 1908. Beiträge zur optik trüber medien, speziell kolloidaler metallösungen. Annalen der Physik, 330 (3): 377-445.

Mika A M. 1983. Design Tradeoffs for a Multispectral Linear Array (MLA) Instrument; Santa Barbara: NASA Research Center.

Minnis P, Khaiyer M M. 2000. Anisotropy of Land Surface Skin Temperature Derived from Satellite Data. Journal of Applied Meteorology and Climatology, 39 (7): 1117-1129.

Miura T, Huete A F, Yoshioka H, et al. 2001. An error and sensitivity analysis of atmospheric resistant vegetation indices derived from dark target-based atmospheric correction. Remote Sensing of Environment, 78: 284-298.

Moik J G. 1980. Digital Processing of Remotely Sensed Images, Pasadena: California Institute of Technology Jet Propulsion Laboratory.

Monteith JL. 1965. Evaporation and environment. Symposia of the Society for Experimental Biology, 19: 205-234.

Monteith JL. 1972. Solar radiation and productivity in tropical ecosystems. Journal of Applied Ecology, 9: 747-766.

Morsdorf F, Kötz B, Meier E, et al. 2006. Estimation of LAI and fractional cover from small footprint airborne laser scanning data based on gap fraction. Remote Sensing of Environment, 104 (1): 50-61.

Motteler H E, Strow L L, Mcmillin L, et al. 1995. Comparison of neural networks and regression-based methods for temperature retrievals. Applied Optics, 34 (24): 5390-5397.

Mu Q, Heinsch FA, Zhao M, et al. Development of a global evapotranspiration algorithm based on MODIS and global meteorology data. RemoteSensing of Environment, 111 (4): 519-536.

Mu Q, Zhao M, Running SW. 2011. Improvements to a MODIS global terrestrial evapotranspiration algorithm. Remote sensing of environment, 115: 1781-1800.

Mu Q, Zhao M, Running SW. 2013. MODIS Global Terrestrial Evapotranspiration (ET) Product (NASA MOD16A2/A3) Algorithm Theoretical Basis Document Collection 5. Missoula: The University of Montana.

Muchoney D M, Strahler A H. 2002. Pixel and site-based calibration and validation, methods for evaluating supervised classification of remotely sensed data. Remote Sensing of Environment, 81: 290-299.

Muller J P, Brockmann C, Zühlke M, et al. 2007. Algorithm for MERIS land surface BRDF/albedo retrieval and its validation using contemporaneous EO data products. IEEE International Geoscience and Remote Sensing Symposium, 7: 2404-2407.

Myneni R B, Asrar G, Kanemasu E T. 1987. The theory ofphoton transport in leaf canopy. // Asrar G. 1987. Theory and Application of Optical Remote Sensing. New York: Wiley and Sons.

Myneni R B, Asrar G. 1993. Atmospheric effects and spectral vegetation indices. Remote Sensing of Environment, 47 (3): 390-402.

Myneni R B, Kanemasu E T. 1988. The hot spot of vegetation canopies. Journal of Quantitative Spectroscopy and Radiative Transfer, 40: 165-168.

Myneni R B, Maggion S, Iaquinta J, et al. 1995. Optical remote sensing of vegetation: modeling, caveats and algorithms. Remote Sensing of Environment, 51: 169-188.

Myneni R B, Nemani R R, Running S W. 1997. Estimation of global leaf area index and absorbed PAR using radiative transfer models. IEEE Transactions on Geoscience and Remote Sensing, 35: 1380-1393.

Myneni R B, Ross J. 1991. Photon-vegetation interactions: applications in optical remote sensing and plant physiology. New York: Springer-Verlag.

Myneni R B, Knyazikhin Y, Glassy J, et al. 2003. User's guide FPAR, LAI (ESDT: MOD15A2) 8-day composite NASA MODIS land algorithm. Greenbelt: NASA.

Myneni R B, Knyazikhin Y, Zhang Y, et al. 1999. MODIS Leaf Area Index (LAI) And Fraction of Photosynthetically Active Radiation Absorbed By Vegetation (FPAR) Product (MOD15) Algorithm Theoretical Basis Document (Version 4.0). Greenbelt: NASA.

Myneni R B. 1991. Modeling radiative transfer and photosynthesis in three-dimensional vegetation canopies. Agricultural and Forest Meteorology, 55: 323-344.

NASA, USGS. 1981. Landsat Data User Notes; Issue No. 20. Sioux Falls: NASA USGS Eros Data Center.

NASA, USGS. 1982. Landsat Data Users Notes; Issue No. 23. Sioux Falls: NASA USGS Eros Data Center.

NASA ASTER. 2004. Advanced Spaceborne Thermal Emission and Reflection Radiometer. Pasadena: Jet Propulsion Laboratory.

NASA AVIRIS. 2004. Airborne Visible Infrared Imaging Spectrometer. Pasadena: Jet Propulsion Laboratory.

NASA E0-1. 2004. Earth Observing-1. Washington D. C. : NASA.

NASA Landsat 7. 2004. Landsat 7. Washington D. C. : NASA.

Nemani RR, Keeling CD, Hashimoto H, et al. 2003. Climate-Driven Increases in Global Terrestrial Net Primary Production from 1982 to 1999. Science, 300 (5625): 1560-1563.

Ni W, Li X, Woodcock C E, et al. 1999. An analytical model of bi-directional reflectance over discontinuous plant canopies. IEEE Transactions on Geoscience and Remote Sensing, 37 (2): 1-13.

Niclòs R, Galve J M, Valiente J A, et al. 2011. Accuracy assessment of land surface temperature retrievals from MSG2-SEVIRI data. Remote Sensing of Environment, 115: 2126-2140.

Nicodemus F E, Richmond J C, Hsia J J, et al. 1977. Geometrical considerations and nomenclature for reflectance (No. NBS MONO 160). Gaithersburg: National Bureau of Standards.

Nilson T, Kuusk A. 1989. A reflectance model for the homogeneous plant canopy and its inversion. Remote Sensing of Environment, 27 (2): 157-167.

Nishida K, Nemani RR, Running SW, et al. 2003. An operational remote sensing algorithm of land surface evaporation. Journal of Geophysical Research, 108 (D9): 4270.

NOAA. 1984. Landsat Data Users Notes. Sioux Falls: NOAA Landsat Customer Services.

NOAA GOES. 2004. Geostationary Operational Environmental Satellite. Greenbelt: Goddard Space Flight Center.

NOAA NPOESS. 2004. National Polar Orbiting Operational Environmental Satellite System. Greenbelt: Goddard Space Flight Center.

NOAA VIIRS. 2004. Visible/Infrared Imager/Radiometer Suite. Greenbelt: Goddard Space Flight Center.

Norman JM, Kustas WP, Humes KS. 19995. Source approach for estimating soil and vegetation energy fluxes in observations of directional radiometric surface temperature. Agricultural and Forest Meteorology, 77 (3-4): 263-293.

North PRJ. 1996. Three-dimensional forest light interaction model using a Monte Carlo method. IEEE Transactions on Geoscience and Remote Sensing, 34 (4): 946-956.

Oleson KW, Lawrence DM, Gordon B, et al. 2010. Technical description of version 4.0 of the Community Land Model (CLM). Raleigh: University Corporation for Atmospheric Research.

Ouyang X, Wang N, Wu H, et al. 2010. Errors analysis on temperature and emissivity determination from hyperspectral thermal infrared data. Optics Express, 18 (2): 544-550.

Ouyang X Y, Chen D M, Duan SB, et al. 2017. Validation and Analysis of Long-Term AATSR Land Surface Temperature Product in the Heihe River Basin, China. Remote Sensing, 9 (2): 152.

Paine D P, Kiser J D. 2003. Chapter 23: Mapping Accuracy assessment aerial photography and image interpretation, 2nd ed. New York: John Wiley & Sons: 465-480.

Papale D, Valentini R. 2003. A new assessment of European forests carbon exchanges by eddy fluxes and artificial neural network spatialization. Global Change Biology, 9 (4): 525-535.

Peduzzi A, Wynne R H, Fox T R, et al. 2012. Estimating leaf area index in intensively managed pine plantations using airborne laser scanner data. Forest Ecology and Management, 270: 54-65.

Penman HL. 1948. Natural evaporation from open water, bare soil, and grass. Proceedings Royal Society Series A, 193: 120-146.

Penman HL. 1953. The physical basis of irrigation control. Report of the 13th international horticultural congress, 2: 913-915.

Peres L F, Dacamara C C. 2005. Emissivity maps to retrieve land-surface temperature from MSG/SEVIRI. IEEE Transactions on Geoscience and Remote Sensing, 43 (8): 1834-1844.

Peres L F, Sobrino J A, Libonati R, et al. 2008. Validation of a temperature emissivity separation hybrid method from airborne hyperspectral scanner data and ground measurements in the SEN2FLEX field campaign. International Journal of Remote Sensing, 29: 7251-7268.

Perry C R, Lautenschlager L F. 1984. Functional equivalence of spectral vegetation indices. Remote Sensing of Environment, 14: 169-182.

Petitcolin F, Nerry F, Stoll M P. 2002. Mapping temperature independent spectral indice of emissivity and directional emissivity in AVHRR channels 4 and 5. International Journal of Remote Sensing, 23 (17): 3473-3491.

PinheiroA C, Privette J L, Mahoney R, et al. 2004. Directional effects in a daily AVHRR land surface temperature dataset over Africa. IEEE Transactions on Geoscience and Remote Sensing, 42 (9): 1941-1954.

Pinker R T, Sun S, Hung M P, et al. 2009. Evaluation of satellite estimates of land surface temperature from GOES over the United States. Journal of Applied Meteorology and Climatology, 48: 167-180.

Pinter J P J, Jackson R D, Ezra C E, et al. 1985. Sun-angle and Canopy-architecture effects on the Spectral Reflectance of Six Wheat Cultivars. International Journal of Remote Sensing, 6: 1813-1825.

Pinty B, Verstraete M M. 1991. Extracting information on surface properties from bi-directional reflectance measurements. Journal of Geophysical Research, 96: 2865-2874.

Pinty B, Verstraete M M. 1992. GEMI: A nonlinear index to monitor global vegetation from satellites. Vegetation, 101: 15-20.

Pisek J, Lang M, Nilson T, et al. 2011. Comparison of methods for measuring gap size distribution and canopy nonrandomness at Järvselja Rami (Radiation transfer Model Intercomparison) test sites. Agricultural and Forest Meteorology, 151 (3): 365-377.

Plascyk JA, Gabriel FC. 1975. The Fraunhofer line discriminator MKII- an airborne instrument for precise and standardized ecological luminescence measurement. IEEE Transactions on Instrumentation and measurement, 24: 306-313.

PopescuS C, Zhao K G, Neuenschwander A, et al. 2011. Satellite lidar Vs. small footprint airborne lidar: comparing the accuracy of aboveground biomass estimates and forest structure metrics at footprint level. Remote Sensing of Environment, 115 (11): 2786-2797.

Porcar-Castell A, Tyystjärvi E, Atherton J, et al. 2014. Linking chlorophyll a fluorescence to photosynthesis for remote sensing applications: mechanisms and challenges. Journal of Experimental Botany, 65: 4065-4095.

Potter S, Randerson JT, Field CB, et al. 1993. Terrestrial ecosystem production: a process model based on global satellite and surface data. Global Biogeochemical Cycles, 7: 811-841.

Prata A J. 1994. Land surface temperatures derived from the advanced very high resolution radiometer and the along - track scanning radiometer: 2. Experimental results and validation of AVHRR algorithms. Journal of Geophysical Research: Atmospheres, 99 (D6): 13025-13058.

Prata A J. 1993a. Land surface temperature determination from satellites. Remote Sensing of Earths Surface and Atmosphere: 15-26.

Prata A J. 1993b. Land surface temperatures derived from the advanced very high resolution radiometer and the along - track scanning radiometer: 1. Theory. Journal of Geophysical Research: Atmospheres, 98 (D9): 16689-16702.

Price J C. 1988. An update on visible and near infrared calibration of satellite instruments. Remote Sensing of Environment, 24: 419-422.

Price K P, Guo X, Stiles J M. 2002. Optimal Landsat TM band combinations and vegetation indices for discrimination of six grassland types in eastern Kansas. International Journal of Remote Sensing, 23: 5031-5042.

Priestley C, Taylor RJ. 1972. On the assessment of surface heat flux and evaporation using large- scale parameters. Monthly Weather Review, 100 (2): 81-92.

Prince SD, Goward SN. 1995. Global primary production: a remote sensing approach. Journal of Biogeography, 22: 815-835.

Privette J L, Emery W J, Schimel D S. 1996. Inversion of a vegetation reflectance model with NOAA AVHRR data. Remote Sensing of Environment, 58: 187-200.

Pu R, Gong P. 2004. Wavelet transform applied to EO-1 hyperspectral data for forest LAI and crown closure mapping. Remote Sensing Environment, 91: 212-224.

Qi J, Cabot F, Moran M S, et al. 1995. Biophysical parameter estimations using multidirectional spectral measurements. Remote Sensing of Environment, 54: 71-83.

Qi J, Kerr YH, Moran M S, et al. 2000. Leaf area index estimate using remotely sensed data and BRDF models in a semiarid region. Remote Sensing of Environment, 73: 18-30.

Qian Y G, Li Z L, Nerry F. 2013. Evaluation of land surface temperature and emissivities retrieved from MSG-SEVIRI data with MODIS land surface temperature and emissivity products. International Journal of Remote Sensing, 34 (9-10): 3140-3152.

Qin W H, Goel N. 1995. An evaluation of hotspot models for vegetation canopies. Remote Sensing Review, 13: 121-159.

Qin W, Gerstl SAW. 2000. 3-Dscene modeling of semi- desert vegetation cover and its radiation regime. Remote Sensing of Environment, 74: 145-162.

Qin W, Jupp D L B. 1993. An analytical and computationally efficient reflectance model for leaf canopies. Agricultural and Forest Meteorology, 66: 31-64.

Qin W, Narendra SG. 1995. An evaluation of hotspot models for vegetation canopies, Remote Sensing Reviews, 13: 121-159.

Qin W, Xiang Y. 1994. On the hotspot effect of leaf canopies: modeling study and influence of leaf shape. Remote Sensing Reviews, 50: 95-106.

Qin W. 1993. Modeling bi-directional reflectance of multicomponent vegetation canopies. Remote Sensing Reviews, 46: 235-245.

Qin Z, Karnieli A, Berliner P. 2001. A mono- window algorithm for retrieving land surface temperature from

Landsat TM data and its application to the Israel-Egypt border region. International Journal of Remote Sensing, 22 (18): 3719-3746.

Qiu F, Jensen J R. 2004. Opening the black box of neural networks for remote sensing image classification. International Journal of Remote Sensing, 25 (9): 1749-1768.

Qu Y H, Han W C, Fu L Z, et al. 2014. Lainet-a wireless sensor network for coniferous forest leaf area index measurement: design, algorithm and validation. Computers and Electronics in Agriculture, 108: 200-208.

Qu Y, Liu Q, Liang S, et al. 2013. Direct-estimation algorithm for mapping daily land-surface broadband albedo from MODIS data. IEEE Transactions on Geoscience and Remote Sensing, 52 (2): 907-919.

Rahman H, Pinty B, Verstraete M M. 1993. Coupled surface - atmosphere reflectance (CSAR) model: 2. Semiempirical surface model usable with NOAA advanced very high resolution radiometer data. Journal of Geophysical Research: Atmospheres, 98 (D11): 20791-20801.

Ren H, Ye X, Liu Y, et al. 2018. Improving land surface temperature and emissivity retrieval from the Chinese Gaofen-5 satellite using a hybrid algorithm. IEEE Transactions on Geoscience and Remote Sensing, 56: 1080-1090.

Richards J A, Jia X. 1999. Remote sensing digital image analysis: an introduction. Berlin: Springer.

Richards J A, Landgrebe D A, Swain P H. 1982. A means for utilizing ancillary information in multispectral classification. Remote Sensing of Environment, 12: 463-477.

Richardson A J, Wiegand C L. 1977. Distinguishing vegetation from soil background information. Remote Sensing of Environment, 8: 307-312.

Richardson J J, Moskal L M, Kim S H. 2009. Modeling approaches to estimate effective leaf area index from aerial discrete-return LIDAR. Agricultural and Forest Meteorology, 149 (6/7): 1152-1160.

Ridd M K, Liu J. 1998. A comparison of four algorithms for change detection in an urban environment. Remote Sensing of Environment, 63: 95-100.

Robinson E. 1977. Ejjects on the physical properties of the atmosphere. Air Pollution: The Ejjects of Air Pollution, 2: 349-400.

Rogan J, Franklin J, Roberts D A. 2002. A comparison of methods for monitoring multitemporal vegetation change using thematic mapper imagery. Remote Sensing of Environment, 80: 143-156.

Romάn M O, Schaaf C B, Woodcock C E, et al. 2009. The MODIS (Collection V005) BRDF/albedo product: Assessment of spatial representativeness over forested landscapes. Remote sensing of environment, 113 (11): 2476-2498.

Rondeaux G, Steven M, Baret F. 1996. Optimization of soil-adjusted vegetation indices. Remote Sensing of Environment, 55: 95-107.

Rosette J, North P R J, Rubio-Gil J, et al. 2013. Evaluating prospects for improved forest parameter retrieval from satellite lidar using a physicallybased radiative transfer model. IEEE Journal of Selected Topics in Applied Earth Observations and Remote Sensing, 6 (1): 45-53.

Ross J, Marshak A. 1988. Calculation the canopy bi-directional reflectance using the Monte Carlo method. Remote Sensing of Environment, 24: 213-225.

Ross J. 1981. The Validation regime and architecture of plant stands. Hague: Dr W. Junk Publishers.

Roujean J L, Leon-Tavares J, Smets B, et al. 2018. Surface albedo and toc-r 300 m products from PROBA-V instrument in the framework of Copernicus Global Land Service. Remote Sensing of Environment, 215: 57-73.

Roujean J L, Leroy M, Deschamps P Y. 1992. A bidirectional reflectance model of the Earth's surface for the correction of remote sensing data. Journal of Geophysical Research: Atmospheres, 97 (D18): 20455-20468.

Rubio E, Caselles V, Coll C, et al. 2003. Thermal-infrared emissivities of natural surfaces: improvements on the experimental set-up and new measurements. International Journal of Remote Sensing, 24 (24): 5379-5390.

Rumelhart D E, Hinton G E, Williams R J. 1986. Paraller Distributed Processing, vol. 1. Cambridge: MIT PRESS: 318-362.

Running S W, Justice C O, Solomonson V, et al. 1994. Terrestrial remote sensing science and algorithms planned for EOS/MODIS. International Journal of Remote Sensing, 15 (17): 3587-3620.

Running SW, Zhao M. 2015. Daily GPP and annual NPP (MOD17A2/A3) products NASA Earth Observing System MODIS land algorithm. MOD17 User's Guide. Greenbelt: Goddard Space Flight Center.

Ryu Y, Verfaillie J, Macfarlane C, et al. 2012. Continuous observation of tree leaf area index at ecosystem scale using upward-pointing digital cameras. Remote Sensing of Environment, 126 (1): 116-125.

Sabins F J. 1978. Remote Sensing: Principles and Interpretation. San Francisco: Freeman.

Sabol D E, Gillespie A R, Abbott E, et al. 2009. Field validation of the ASTER Temperature- Emissivity Separation algorithm. Remote Sensing of Environment, 113: 2328-2344.

Salomonson W, Barnes W L, Maymon P W, et al. 1989. MODIS: advanced facility instrument for studies of the earth as a system. IEEE Transactions on Geoscience and Remote Sensing, 27 (2): 145-153.

Salomonson V V, Smith P L, Park A B, et al. 1980. An Overview of Progress and Design and Implementation of Landsat — D Systems. IEEE Transactions on Geoscience and Remote Sensing, GE-18: 137-146.

Sandholt I, Rasmussen K, Andersen J. 2002. A simple interpretation of the surface temperature/vegetation index space for assessment of surface moisture status. Remote Sensing of Environment, 79 (2-3): 213-224.

Sawabe Y, Matsunaga T, Rokugawa S, et al. 2003. Temperature and emissivity separation for multi- band radiometer and validation ASTER TES algorithm. The Remote Sensing Society of Japan, 23 (4): 364-375.

Schaaf C B, Gao F, Strahler A H, et al. 2002. First operational BRDF, albedo nadir reflectance products from MODIS. Remote Sensing of Environment, 83: 135-148.

Schaaf C B, Li X, Strahler A H. 1994. Topographic effect on bi- directional and hemispherical reflectances calculated with a geometric- optical canopy model. IEEE Transactions on Geoscience and Remote Sensing, 32 (6): 1186-1193.

Schaaf C B, Strahler A H. 1993. Solar zenith angle effects on forest canopy hemispherical reflectances caculated with a geometric-optical bi-directional reflectance model. IEEE Transactions on Geoscience and Remote Sensing, 31 (4): 921-927.

Schneider P, Hook S J. 2012. Global Trends in Lake Temperatures Observed from Space. Munich: 2012 IEEE International Geoscience and Remote Sensing Symposium: 5258-5261.

Schroeder T, Fischer J, Preusker R, et al. 2005. Retrieval of Surface Reflectances in the Framework of the MERIS Global Land Surface Albedo Maps Project. Proceedings of the MERIS. 26-30 September 2005 ESRIN, 597: 35.

Seguin B, Itier B. 1983. Using midday surface temperature to estimate daily evapotranspiration from satellite thermal IR data. International Journal of Remote Sensing, 4: 371-383.

SellersPJ, Randall DA, Collatz GJ, et al. 1996. A revised land surface parameterization (SiB2) for atmospheric GCMs. Part I: Model formulation. Journal of Climate, 9: 676-705.

Sheffield C. 1985. Selecting band combinations from multispectral data. Photogrammetric Engineering & Remote Sensing, 51 (6): 681-687.

Shuai Y, Masek J G, Gao F, et al. 2011. An algorithm for the retrieval of 30- m snow-free albedo from Landsat surface reflectance and MODIS BRDF. Remote Sensing of Environment, 115 (9): 2204-2216.

Shuai Y, Masek J G, Gao F, et al. 2014. An approach for the long-term of 30-m land surface snow-free albedo from historic Landsat surface reflectance and MODIS-based a priori anisotropy knowledge. Remote Sensing of Environment, 152: 467-479.

Shuttleworth WJ, Wallace JS. 1985. Evaporation from sparse crops - an energy combination theory. Quarterly Journal of the Royal Meteorological Society, 111 (469): 839-855.

SiegelB, Gillespie A. 1980. Remote Sensing in Geology. New York: Wiley.

Simonett D S. 1980. Impacts of remote sensingon u. s. geography. Remate Sensing of Environment, 10 (1): 3-10.

Singh A, Harrison A. 1985. Standardized principal components. International Journal of Remote Sensing, 6: 883-896.

Singh S M. 1988. Simulation of solar zenith angle effect on global vegetation index (GVI) data. International Journal of Remote Sensing, 9: 237-248.

Sirota J M, Bae S, Millar P, et al. 2005. The transmitter pointing determination in the geoscience laser altimeter system. Geophysical Research Letters, 32: L22S11.

Slater P N, Biggar S F, Thome K J, et al. 1996. Vicarious radiometric calibrations of EOS sensors. Journal of Atmospheric and Ocean ic Technology, 13: 349-359.

Smith JA, Oliver RE. 1974. Effects of changing canopy directional reflectance on feature selection. Journal of Applied Optics, 13: 1599-1604.

Smith W. 1972. Satellite techniques for observing the temperature structure of the atmosphere. Bulletin of the American Meteorological Society, 53 (11): 1074-1082.

Smith W, Woolf H. 1976. The use of eigenvectors of statistical covariance matrices for interpreting satellite sounding radiometer observations. Journal of the Atmospheric Sciences, 33 (7): 1127-1140.

Snyder W C, Wan Z, Zhang Y, et al. 1997. Requirements for satellite land surface temperature validation using a silt playa. Remote Sensing of Environment, 61: 279-289.

Snyder W C, Wan Z, Zhang Y, et al. 1998. Classification- based emissivity for land surface temperature measurement from space. International Journal of Remote Sensing, 19 (14): 2753-2774.

Sobrino J A, Cuenca J. 1999. Angular variation of thermal infrared emissivity for some natural surfaces from experimental measurements. Applied Optics, 38 (18): 3931-3936.

Sobrino J A, Jiménez- Muñoz J C. 2005. Land surface temperature retrieval from thermal infrared data: An assessment in the context of the Surface Processes and Ecosystem Changes Through Response Analysis (SPECTRA) mission. Journal of Geophysical Research: Atmospheres, 110 (D16): 103.

Sobrino J A, Jiménez-Muñoz J C, Balick L, et al. 2007. Accuracy of ASTER level-2 thermal-infrared standard products of an agricultural area in Spain. Remote Sensing of Environment, 106: 146-153.

Sobrino J A, Jiménez- Muñoz J C, Labed- Nachbrand J, et al. 2002. Surface emissivity retrieval from Digital Airborne Imaging Spectrometer data. Journal of Geophysical Research: Atmospheres. 107 (D23): ACL24-1-ACL24-13.

Sobrino J A, Jiménez-Muñoz J C, Paolini L. 2004c. Land surface temperature retrieval from Landsat TM 5. Remote Sensing of Environment, 90 (4): 434-440.

Sobrino J A, Jimenez-Munoz J C, Soria G, et al. 2008. Land Surface Emissivity Retrieval From Different VNIR and TIR Sensors. IEEE Transactions on Geoscience and Remote Sensing, 46 (2): 316-327.

Sobrino J A, Li Z, Stoll M P, et al. 1994. Improvements in the split- window technique for land surface temperature determination. IEEE Transactions on Geoscience and Remote Sensing, 32 (2): 243-253.

Sobrino J, Jiménez- Muñoz J, El- Kharraz J, et al. 2004a. Single- channel and two- channel methods for land surface temperature retrieval from DAIS data and its application to the Barrax site. International Journal of Remote Sensing, 25 (1): 215-230.

Sobrino J, Li Z, Stoll M, et al. 1996. Multi- channel and multi- angle algorithms for estimating sea and land surface temperature with ATSR data. International Journal of Remote Sensing, 17 (11): 2089-2114.

Sobrino J, Raissouni N. 2000. Toward remote sensing methods for land cover dynamic monitoring: Application to Morocco. International Journal of Remote Sensing, 21 (2): 353-366.

Sobrino J, Sòria G, Prata A. 2004b. Surface temperature retrieval from Along Track Scanning Radiometer 2 data: Algorithms and validation. Journal of Geophysical Research Atmospheres, 109 (D11): D11101.

Solberg S, Brunner A, Hanssen K H, et al. 2009. Mapping LAI in a Norway spruce forest using airborne laser scanning. Remote Sensing of Environment, 113 (11): 2317-2327.

Sommer K J, Land A R G. 1994. Comparative analysis of 2 indirect methods of measuring leaf area index as applied to minimal and spur pruned grape vines. Australian Journal of Plant Physiology, 21: 197-206.

Song C, Woodcock C E, Seto K C, et al. 2001. Classification and change detection using landsat tm data: when and how to correct atmospheric effects. Remote Sensing of Environment, 75: 230-244.

Song LS, Liu SM, Kustas WP, et al. 2018. Monitoring and Validating Spatially and Temporally Continuous Daily Evaporation and Transpiration at River Basin Scale. Remote Sensing of Environment, 219: 72-88.

Sòria G, Sobrino J A. 2007. ENVISAT/AATSR derived land surface temperature over a heterogeneous region. Remote Sensing of Environment, 111: 409-422.

Stefanov W L, Ramsey M S, Christensen P R. 2001. Monitoring urban land cover change: an expert system approach to land cover classification of semiarid to arid urban centers. Remote Sensing of Environment, 77: 173-185.

Stehman S V, Czaplewski R L. 1998. Design and analysis for thematic map accuracy assessment: fundamental principles. Remote Sensing of Environment, 64: 331-344.

Stehman S V. 2001. Statistical rigor and practical utility ill thematic map accuracy assessment. Photogrammetric Engineering & Remote Sensing, 67: 727-734.

Strahler A H, 1980. The use of prior probabilities in maximum likelihood classification of remotely sensed data. Remote Sensing of Environment, 10: 135-163.

Strahler A H, Jupp D L B. 1990. Modeling bi-directional reflectance of forests and woodlands using Boolean models and geometric optics. Remote Sensing of Environment, 34 (3): 153-166.

Strahler A H, Logan T L, Bryant N A. 1978. Improving forest-cover classification accuracy from LANDSAT by incorporating topographic informationproceedings. Manila: 12th International Symposium on Remote Sensing of the Environment: 927-942.

Strahler A H, Muller J, Lucht W, et al. 1999. MODIS BRDF/albedo product: algorithm theoretical basis document version 5. 0. MODIS Documentation, 23 (4): 42-47.

Su Z. 2002. The Surface Energy Balance System (SEBS) for estimation of turbulent heat fluxes. Hydrology and Earth System Sciences, 6 (1): 85-99.

Suits G H. 1972a. The calculation of the directional reflectance of a vegetative canopy. Remote Sensing of Environment, 2: 117-125.

Suits G H. 1972b. Azimuthal Variation in Directional Reflectance of Vegetative Canopies. Remote Sensing of Environment, 2: 175-182.

Sun L, Sun R, Li X W, et al. 2011. Estimating evapotranspiration using improved fractional vegetation cover and land surface temperature space. Journal of Resources and Ecology, 2 (3): 225-231.

Sun R, Zhu Q J. 2001. Estimation of Net Primary Productivity in China Using NOAA AVHRR Data. Sydney: IEEE International Geoscience and Remote Sensing Symposium.

Sun R, Zhu Q J. 2001. Estimation of net primary productivity in China using remote sensing data. Journal of Geographical Sciences, 11 (1): 14-23.

Sun D, Pinker R T. 2003. Estimation of land surface temperature from a Geostationary Operational Environmental Satellite (GOES-8). Journal of Geophysical Research: Atmospheres, 108 (D11): ACL2-1-ACL2-16.

Sun D, Pinker R. 2005. Implementation of GOES-based land surface temperature diurnal cycle to AVHRR. Int. J. Remote Sens, 26 (18): 3975-3984.

Sun D, Pinker R. 2007. Retrieval of surface temperature from the MSG-SEVIRI observations: Part I. International Journal of Remote Sensing, 28 (23): 5255-5272.

Swain P H, Hauska H. 1977. The decision tree classifier: design and potential. IEEE Transactions on Geoscience and Remote Sensing, 15: 142-147.

Swain P H, Davis S M. 1978. Remote sensing: the quantitative approach. New York: McGraw-Hill: 166-174.

Swinbank WC. 1955. Eddy transportation in the lower atmosphere. Division of meteorological Physics. Melbourne: Commonwealth Scientific and Industrial Research Ognization.

Sylvain GL, Chen JM. 2000. A windows graphic user interface (GUI) for the five-scale model for fast BRDF simulations. Remote Sensing Reviews, 19: 293-305.

Tang H, Dubayah R, Brolly M, et al. 2014. Largescale retrieval of leaf area index and vertical foliage profile from the spaceborne waveform lidar (Glas/Icesat). Remote Sensing of Environment, 154: 8-18.

Tang S H, Zhu Q J, Li X W, et al. 2001. Inversion of the Li-Strahler GMOS Model for hyperspectral component signatures. Sydney: IEEE International Geoscience and Remote Sensing Symposium.

Tang S H, Zhu Q J, Yan G J, et al. 2002. Effects of GA on the inversion of linear and nonlinear remote sensing models. Toronto: IEEE International Geoscience and Remote Sensing Symposium.

Tang S H, Zhu Q J, Li X W, et al. 2002. Uncertainty of remote sensing model inversion and a possible solution. Toronto: IEEE International Geoscience and Remote Sensing Symposium.

Tarantola A. 1987. Inverse problem theory: methods for data fitting and model parameter estimation. New York: Elsevier Science Publishing Company.

Thenkabail P S, Smith R B, De Paww E. 2000. Hyperspectral vegetation indices and their relationships with agricultural crop characteristics. Remote Sensing of Environment, 71: 158-182.

Thornthwait CW, Holzman A. 1944. Report of the commutation on transpiration and evaporations. Transactions of the American Geophysical Union, 25: 863-693.

Thuillier G, Hersé M, Labs D, et al. 2003. The solar spectral irradiance from 200 to 2400 nm as measured by the SOLSPEC spectrometer from the ATLAS and EURECA missions. Solar Physics, 214 (1): 1-20.

Tian X, Li Z Y, Van der Tol C, et al. 2011. Estimating zero-plane displacement height and aerodynamic roughness length using synthesis of LiDAR and SPOT-5 data. Remote Sensing of Environment, 115 (9): 2330-2341.

Tian Y F, Zhu Q J, Yan G J. 2002. Merge Landsat-7 ETM+ and airborne multiangular images using wavelet decomposition. Toronto: IEEE International Geoscience and Remote Sensing Symposium.

Tian Y F, Zhu Q J, Wang J D, et al. 2002. A multi-resolution scheme for registration of airborne near-infrared and thermal infrared images, Toronto: IEEE International Geoscience and Remote Sensing Symposium.

Torantola A. 1987. Inverse problem theory: methods for data fitting and model parameter estimation. New York: Elsevier Science Publishing Company.

Townshend J R G. 1999. MODIS enhanced land cover and land cover change product. Washington: NASA.

Townshend J R G, Justice C O. 2002. Towards operational monitoring of terrestrial systems by moderate-resolution remote sensing. Remote Sensing of Environment, 83: 351-359.

Tramontana G, Ichii K, Camps-Valls G, et al. 2015. Uncertainty analysis of gross primary production upscaling using Random Forests, remote sensing and eddy covariance data. Remote Sensing of Environment, 168: 360-373.

Trigo I F, Peres L F, Dacamara C C, et al. 2008a. Thermal Land Surface Emissivity Retrieved From SEVIRI/Meteosat. IEEE Transactions on Geoscience and Remote Sensing, 46 (2): 307-315.

Trigo I F, Monteiro I T, Olesen F, et al. 2008b. An assessment of remotely sensed land surface temperature. Journal of Geophysical Research, 113: D17108.

Trishchenko A P, Cihlar J, Li Z. 2002. Effects of spectral response function on surface reflectance and NDVI measured with moderate resolution satellite sensors. Remote Sensing of Environment, 81: 1-18.

Troufleau D, Lhomme JP, Monteny B, et al. 1997. Sensible heat flux and radiometric surface temperature over sparse Sahelian vegetation. I. An experimental analysis of the kB-1 parameter. Journal of Hydrology, 188-189: 815-838.

Tucker C J. 1979. Red and photographic infrared linear combinations for monitoring vegetation. Remote Sensing of Environment, 8: 127-150.

Tucker C J. 1980. Remote sensing of leaf water content in the near infrared. Remote Sensing of Environment, 10: 23-32.

Tucker C J, Townshend J R G, Goff T E. 1985. African Land-Cover Classification Using Satellite Data. Science, 227: 369-375.

Turner DP, Ritts WD, Cohen WB, et al. 2006. Evaluation of MODIS NPP and GPP products across multiple biomes. Remote Sensing of Environment, 102: 282-292.

Turner DP, Ritts WD, Styles JM, et al. 2006. A diagnostic carbon flux model to monitor the effects of disturbance and interannual variation in climate on regional NEP. Tellus B: Chemical and Physical Meteorology, 58: 476-490.

USGS. 2004. USGS National Land Coverbata. Sioux Falls: EROS Data Center.

Vaesen K, Gilliams S, Nackaerts K, et al. 2001. Ground-measured spectral signatures as indicators of ground cover and leaf area index: the case of paddy rice. Field Crops Research, 69: 13-25.

Valor E, Caselles V. 1996. Mapping land surface emissivity from NDVI: Application to European, African, and South American areas. Remote Sensing of Environment, 57 (3): 167-184.

Van De Griend A, Owe M. 1993. On the relationship between thermal emissivity and the normalized difference vegetation index for natural surfaces. International Journal of Remote Sensing, 14 (6): 1119-1131.

Vaughn I, Karen Z. 2019. Landsat 8 (L8) Data Users Handbook (Version 5.0). Washington D. C.: Department of the Interior U. S. Geological Survey.

Vennote E F, El Saleous N Z, Justice C O. 2002. atmospheric correction of MODIS data in the visible to middle infrared: first results. Remote Sensing of Environment, 83: 97-111.

Vennote E, Tanre D, Deuze J L, et al. 1997. Second simulation of the satellite signal in the solar spectrum (6S), code 923. Greenbelt: NASA Goddard Space Flight Center.

Verhoef W. 1984. Light scattering by leaf layers with application to canopy reflectance modeling: the SAIL model. Remote Sensing of Environment, 16: 125-141.

Verhoef W. 2002. Improved modeling of multiple scattering in leaf canopies: the model SAIL. Sobrino J

A. 2002. Recent Advances in Quantitative Remote Sensing. Valencia: University of Valencia.

Vermote E, Tanre D, Deuze J L, et al. 1996. Second simulation of the satellite signal in the solar spectrum (6S). Washington: NASA Goddard Space Flight Center Code 923.

Verstraete M M, et al. 1990. A physical model of the bi- directional reflectance of vegetation canopies: 1. Theory. Journal of Geophysical Research, 95: 11755-11765.

Vidaver WE, Lister GR, Brooke RC, et al. 1991. A manual for the use of variable chlorophyll fluorescence in the assessment of the ecophysiology of conifer seedlings. Ottawa: Canadian Forest Service.

Walter-Shea E A, Biehl L L. 1990. Measuring vegetation spectral properties. Remote Sensing Reviews, 5 (1): 179-205.

Walter-Shea E A, Norman J M, Blad B L. 1989. Leaf bi-directional reflectance and transmittance in corn and soybean. Remote Sensing of Environment, 29 (2): 161-174.

Walthall C L, Norman J M, Welles J M, et al. 1985. Simple equation to approximate the bidirectional reflectance from vegetative canopies and bare soil surfaces. Applied Optics, 24 (3): 383-387.

Wan, Z. 2008. New refinements and validation of the MODIS land-surface temperature/emissivity products. Remote Sensing of Environment, 112: 59-74.

Wan Z, Li ZL. 2008. Radiance-based validation of the V5 MODIS land-surface temperature product. International Journal of Remote Sensing, 29: 5373-5395.

Wan Z. 1999. MODIS land-surface temperature algorithm theoretical basis document (LST ATBD). Greenbelt: NASA Goddard Space Flight Center.

Wan Z, Li Z. 1997. A physics-based algorithm for retrieving land-surface emissivity and temperature from EOS/MODIS data. IEEE Transactions on Geoscience and Remote Sensing, 35 (4): 980-996.

Wan Z, Li Z. 2010. MODIS land surface temperature and emissivity. //Ramachandran B, Justice C O, Abrams M J. 2010. Land Remote Sensing and Global Environmental Change. New York: Springer: 563-577.

Wan Z, Zhang Y, Zhang Q, et al. 2002. Validation of the land-surface temperature products retrieved from Terra Moderate Resolution Imaging Spectroradiometer data. Remote Sensing of Environment, 83: 163-180.

Wan Z, Zhang Y, Zhang Q, et al. 2004. Quality assessment and validation of the MODIS global land surface temperature. International Journal of Remote Sensing, 25: 261-274.

Wang F. 1990a. Improving remote sensing image analysis through fuzzy information representation. Photogrammetric Engineering & Remote Sensing, 56 (8): 1163-1169.

Wang F. 1990b. Fuzzy supervised classification of remote sensing images. IEEE Transactions on Geoscience and Remote Sensing, 28 (2): 194-201.

Wang F. 1993. A knowledge-based vision system for detecting land changes at urban fringes. IEEE Transactions on Geoscience and Remote Sensing, 31 (1): 136-145.

Wang K, Liang S. 2008. An Improved Method for Estimating Global Evapotranspiration Based on Satellite Determination of Surface Net Radiation, Vegetation Index, Temperature, and Soil Moisture. Journal of Hydrometeorology, 9 (4): 712-727.

Wang M, Sun R, Zhu A, et al. 2020. Evaluation and comparison of light use efficiency and gross primary productivity using three different approaches. Remote Sensing, 12: 1003.

Wang Z, Schaaf C B, Sun Q, et al. 2018. Capturing rapid land surface dynamics with Collection V006 MODIS BRDF/NBAR/Albedo (MCD43) products. Remote Sensing of Environment, 207: 50-64.

Wang K, Liang S. 2009. Evaluation of ASTER and MODIS land surface temperature and emissivity products using long-term surface longwave radiation observations at SURFRAD sites. Remote Sensing of Environment, 113:

1556-1565.

Wang N, Li Z, Tang B, et al. 2013. Retrieval of atmospheric and land surface parameters from satellite-based thermal infrared hyperspectral data using a neural network technique. International Journal of Remote Sensing, 34 (9-10): 3485-3502.

Wang N, Wu H, Nerry F, et al. 2011. Temperature and Emissivity Retrievals From Hyperspectral Thermal Infrared Data Using Linear Spectral Emissivity Constraint. IEEE Transactions on Geoscience and Remote Sensing, 49 (4): 1291-1303.

Wanner W, Li X, Strahler A H. 1995. On the derivation of kernels for kernel-driven models of bi-directional reflectance. Journal of Geophysical Research, 100 (D10): 21077-21090.

Watson D J. 1947. Comparative physiological studies on the growth of field crops: I. Variation in net assimilation rate and leaf area between species and varieties, and within and between years. Annals of Botany, 11 (1): 41-76.

Watson K. 1992. Two-temperature method for measuring emissivity. Remote Sensing of Environment, 42 (2): 117-121.

Welch R, Ehlers M. 1987. Merging multiresolution SPOT HRV and Landsat TM data. Photogrammetric Engineering Remote Sensing, 53 (3): 301-303.

Welles J M. 1990. Some indirect methods of estimating canopy structure. Remote Sensing, 5: 31-43.

Widlowski JL, Lavergne T, Pinty B, et al. 2008. Towards a high spatial resolution limit for pixel-based interpretations of optical remote sensing data. Advances in Space Research, 41 (11): 1724-1732.

Wooster M J, Roberts G, Freeborn P H, et al. 2015. Meteosat SEVIRI Fire Radiative Power (FRP) products from the Land Surface Analysis Satellite Applications Facility (LSA SAF): Part 1-algorithms, product contents & analysis. Atmospheric Chemistry and Physics, 15 (22): 13217-13239.

Wu M X, Zhu Q J, Xiang Y, et al. 2002. The BRDF Model and Analysis of Hotspot Effect of Row Crops. Toronto: IEEE International Geoscience and Remote Sensing Symposium.

Wulder A M, Loveland T R, Gao F, et al. 2019. Current status of Landsat program, science, and applications. Remote Sensing of Environment, 225: 127-147.

Xavier AC, Vettorazzi CA. 2004. Mapping leaf area index through spectral vegetation indices in a subtropical watershed. International Journal of Remote Sensing, 25 (9): 1661-1672.

Xiao JF, Zhuang QL, Law BE, et al. 2010. A continuous measure of gross primary production for the conterminous United States derived from MODIS and AmeriFlux data. Remote Sensing of Environment, 114: 576-591.

Xiao X, Hollinger D, Aber J, et al. 2004. Satellite-based modeling of gross primary production in an evergreen needleleaf forest. Remote Sensing of Environment, 89: 519-534.

Xiao Z Q, Liang S L, Wang J D, et al. 2014. Use of general regression neural networks for generating the GLASS Leaf Area Index product from time-series MODIS surface reflectance. IEEE Transactions on Geoscience and Remote Sensing, 52 (1): 209-223.

Xiao Z, Liang S, Sun R, et al. 2015. Estimating the fraction of absorbed photosynthetically active radiation from the MODIS data based GLASS leaf area index product. Remote Sensing of Environment, 171: 105-117.

Xiao Z, Liang S, Sun R. 2018. Evaluation of three long time series for global Fraction of Absorbed Photosynthetically Active Radiation (FAPAR) products. IEEE Transactions on Geoscience and Remote Sensing, 56: 5509-5524.

Xiao Z, Liang S, Wang J, et al. 2016. Long Time-Series Global Land Surface Satellite (GLASS) Leaf Area

Index Product Derived from MODIS and AVHRR Data. IEEE Transactions on Geoscience and Remote Sensing, 54 (9): 5301-5318.

Xiao Z, Liang S, Wang J, et al. 2014. Use of general regression neural networks for generating the GLASS leaf area index product from time series MODIS surface reflectance. IEEE Transactions on Geoscience and Remote Sensing, 52 (1): 209-223.

Yan G J, Hu R H, Luo J H, et al. 2019. Review of indirect optical measurements of leaf area index: Recent advances, challenges, and perspectives. Agricultural and Forest Meteorology, 265: 390-411.

Yao T, Yang X Y, Zhao F, et al. 2011. Measuring forest structure and biomass in New England forest stands using Echidna ground-based LiDAR. Remote Sensing of Environment, 115 (11): 2965-2974.

Ye X, Ren H, Liu R, et al. 2017. Land surface temperature estimate from Chinese Gaofen-5 satellite data using split-window algorithm. IEEE Transactions on Geoscience and Remote Sensing, 55: 5877-5888.

Yu L, Wen J, Chang CY, et al. 2019. High-Resolution Global Contiguous SIF of OCO-2. Geophysical Research Letters, 46: 1449-1458.

Yu T, Sun R, Xiao Z, et al. 2018. Estimation of global vegetation productivity from global land surface satellite data. Remote Sensing, 10: 327.

Yuan W, Liu S, Zhou G. 2007. Deriving a light use efficiency model from eddy covariance flux data for predicting daily gross primary production across biomes. Agricultural and Forest Meteorology, 143: 189-207.

Zanter K. 2019. Landsat-8 (L8) Data Users Handbook, LSDS-1574 Version 4.0 Eros. Washington D. C.: USGS.

Zhan X, Sohlberg R A, Townshend J R G, et al. 2002. Detection of land cover changes using MODIS 250 m data. Remote Sensing of Environment, 83: 336-350.

Zhang G, Ganguly S, Nemani R R, et al. 2014. Estimation of forest aboveground biomass in California using canopy height and leaf area index estimated from satellite data. Remote Sensing of Environment, 151: 44-56.

Zhang R, Tian J, Su H, et al. 2008. Two improvements of an operational two-layer model for terrestrial surface heat flux retrieval. Sensors, 8 (10): 6165-6187.

Zhang W M, Chen Y M, Wang H T, et al. 2016. Efficient registration of terrestrial LiDARscans using a coarse-to-fine strategy for forestry applications. Agricultural and Forest Meteorology, 225: 8-23.

Zhang X, Friedl M A, Schaff C B, et al. 2003. Monitoring vegetation phenology using MODIS. Remote Sensing of Environment, 84: 471-475.

Zhang Y Q, Chen J M, Miller J R. 2005. Determining digital hemispherical photograph exposure for leaf area index estimation. Agricultural and Forest Meteorology, 133: 166-181.

Zhang ZY, Chen JM, Guanter L, et al. 2019. From canopy-leaving to total canopy far-red fluorescence emission for remote sensing of photosynthesis: first results from TROPOMI. Geophysical Research Letters, 46: 12030-12040.

Zhang Y, Ni L, Wu H, et al. 2018. Evaluations of the Wavelet-transformed Temperature and Emissivity Separation Method: Lessons Learned from Simulated and Filed-Measured TIR Data, IEEE Journal of Selected Topics in Applied Earth Observations and Remote Sense, 11 (6): 1839-1847.

Zhang Y, Wu H, Jiang X, et al. 2017. Land surface temperature and emissivity retrieval from field-measured hyperspectral thermal infrared data using wavelet transform. Remote Sensing, 9 (5): 454.

Zhao F, Yang X Y, Schull M A, et al. 2011. Measuring effective leaf area index, foliage profile, and stand height in New England forest stands using a fullwaveform ground-based lidar. Remote Sensing of Environment, 115 (11): 2954-2964.

Zhao K G, Popescu S. 2009. Lidar- based mapping of leaf area index and its use for validating GLOBCARBONsatellite LAI product in a temperate forest of the southern USA. Remote Sensing of Environment, 113 (8): 1628-1645.

Zhao K G, García M, Liu S, et al. 2015. Terrestrial LiDARremote sensing of forests: maximum likelihood estimates of canopy profile, leaf area index, and leaf angle distribution. Agricultural and Forest Meteorology, 209-210: 100-113.

Zhao MS, Running SW. 2010. Drought- induced reduction in global terrestrial net primary production from 2000 through 2009. Science, 329 (5994): 940-943.

Zheng G, Moskal L M. 2009. Retrieving leaf area index (LAI) using remote sensing: theories, methods and sensors. Sensors, 9 (4): 2719-2745.

Zhou Y Y, Chen H, Zhu Q J. 2002. The research of classification algorithm based on fuzzy clustering and neural net. Toronto: IEEE International Geoscience and Remote Sensing Symposium.

Zhou Y Y, Zhu Q J, Sun R. 2002. The research of soil moisture difference using the delaying effect of precipitation on the vegetation cover. toronto: IEEE International Geoscience and Remote Sensing Symposium.

Zhu Q J, Rong T Z, Sun R, et al. 2001. A study on Fractal Simulation of Forest Fire Spread. Sydney: IEEE International Geoscience and Remote Sensing Symposium.

Zhu Q J, Rong T Z, Sun R. 2000. A case study on fractal simulation of forest fire spread. Science in China (Series E), 43 (Supp): 104-112.

Zhu Q J, Chen X, Sun R. 2002. A Revised Energy Use Efficiency Model to Estimate NPP in China and its Validation. Toronto: IEEE International Geoscience and Remote Sensing Symposium.

Zhu Z, Zhang W M. 2011. Estimating the LAI of a single tree from terrestrial laser scanner data// Nanjing: Proceedings of the 2011 International Conference on Remote Sensing, Environment and Transportation Engineering (RSETE): 4947-4951.

Zhu Z, Bi J, Pan Y, et al. 2013. Global Data Sets of Vegetation Leaf Area Index (LAI) 3g and Fraction of Photosynthetically Active Radiation (FPAR) 3g Derived from Global Inventory Modeling and Mapping Studies (GIMMS) Normalized Difference Vegetation Index (NDVI3g) for the Period 1981 to 2011. Remote Sensing, 5: 927-948.

Zhu Z, Zhang W M, Zhu L, et al. 2011. Research on different slicing methods of acquiring LAI from terrestrial laser scanner data// Fuzhou: Proceedings of the 2011 IEEE International Conference on Spatial Data Mining and Geographical Knowledge Services (ICSDM): 295-299.

Zou J, Yan G J, Zhu L, et al. 2009. Woody- to- total area ratio determination with a multispectral canopy imager. Tree Physiology, 29 (8): 1069-1080.

Zwally H J, Schutz B, Abdalati W, et al. 2002. ICESat's laser measurements of polar ice, atmosphere, ocean, and land. Journal of Geodynamics, 34 (3/4): 405-445.

缩写词表

章节	缩写词	英文全称	中文全称
第 1 章	IGARSS	International Geo-Science and Remote Sensing Symposium	国际地球科学与遥感大会
	MSS	Multi-Spectral Scanner	多光谱扫描仪
	TM	Thematic Mapper	专题制图仪
	ETM+	Enhanced Thematic Mapper	增强的专题制图仪
	CCD	Charge Coupled Device	电荷耦合器件
	OLI	Operation Land Imager	业务型陆地成像仪
	BRDF	Bidirectional Reflectance Distribution Function	二向性反射分布函数
	MODIS	Moderate-resolution Imaging Spectroradiometer	中分辨率成像光谱仪
	DN	Digital Number	像元亮度值
	IFOV	Instantaneous Field of View	瞬时视场角
	VIIRS	Visible Infrared Imaging Radiometer	可见光红外成像辐射仪
	GSS	Geo-surface System Studies	地球表层系统研究
	M-N-PG	Macro-/Novel-/Pan-Geography	宏/新/泛地理学
第 2 章	NASA	National Aeronautics and Space Administration	美国国家航空航天局
	EO-1-ALI	Earth Observing-1 Advanced Land Imager	地球观测 1 号先进陆地成像仪
	DRF	Directional Reflectance Factor	方向反射因子
	HDRF	Hemispherical-Directional Reflectance Factor	半球-方向反射因子
	ASD	Analytical Spectral Devices	分析光谱设备
	LAI	Leaf Area Index	叶面积指数
	RT	Radiative Transfer	辐射传输
	GO	Geometric-Optical	几何光学
	CS	Computer Simulation	计算机模拟
	KM	Kubelka-Munk	库贝尔卡-蒙克模型
	BIGAR	Bidirectional Imaging Geometry and Reflectance Model	二向成像几何与反射模型
	TRTM	Two-Scale Radiative Transfer Model	二尺度辐射传输模型
	NDVI	Normalized Difference Vegetation Index	归一化差异植被指数
	AVHRR	Advanced Very High Resolution Radiometer	高分辨率辐射计
	FCR	Forest Canopy Reflectance	森林冠层反射
	USGS	United States Geological Survey	美国地质调查局
	GSFC	Goddard Space Flight Center	戈达德航天中心

续表

章节	缩写词	英文全称	中文全称
第3章	JPL	Jet Propulsion Laboratory	喷气推进实验室
	GOES	Geostationary Operational Environmental Satellite	静止轨道气象卫星
	POES	Polar-orbiting Operational Environmental Satellite	极地轨道气象卫星
	CZCS	Coastal Zone Color Scanner	海岸带水色扫描仪
	HRV	High Resolution Visible	高分辨率可见光传感器
	EOS	Earth Observing System	地球观测系统
	EOS-AM1	Earth Observing System-Afternoon Morning	早晚地球观测系统
	TDRS	Tracking and Data Relay Satellite	数据中继卫星
	DOMSAT	Domestic Communications Satellite	美国国内通讯卫星
	EROS	Earth Resources Observation System	地球资源观测系统
	NOAA-AVHRR	National Oceanic and Atmospheric Administration-Advanced Very High Resolution Radiometer	国家海洋和大气管理局-高分辨率辐射计
	MTF	Modulation Transfer Function	调制传递函数
	FOV	Field of View	总视场（角）
	NEP	Noise Equivalent Power	噪声等效功率
	PV	Photovoltaic	光伏型
	PC	Photoconductive	光电导型
	MOS	Metal Oxide Semiconductor	金属-氧化物-半导体
	CID	Charge Injection Device	电荷注入器件
	CPD	Charge-coupled Device	电荷引动器件
	SPOT	Satellite Pour l'Observation de la Terre	地球观测卫星
	POES	Polar-orbiting Environmental Satellite	极地轨道环境卫星
	ERTS	Earth Resources Technology Satellite	地球资源技术卫星
	MLA	Multispectral Linear Array	多波段线性阵列成像仪
	RBV	Return Beam Vidicon	反光束光导摄像机
	GPS	Global Positioning System	全球定位系统
	TGS	Transportable Ground Station	活动地面站
	OCC	Operation Control Center	运行控制中心
	CSF	Control and Simulation Facility	控制与模拟设施
	MMF	Mission Management Facility	任务管理设施
	IGF	Image Generation Facility	影像生成设施
	NPOESS	National Polar-orbiting Operational Environmental Satellite System	美国国家极地轨道气象卫星系统
	SLC	Scan Line Corrector	扫描线修正器
	EROS	Earth Resources Observation and Science	地球资源观测与科学

续表

章节	缩写词	英文全称	中文全称
	WRS-2	Worldwide Reference System-2	全球参考系统-2
	MOC	Mission Operation Center	任务操控中心
	SSR	Solid State Recorder	固态记录存储器
	TIRS	Thermal Infrared Sensor	热红外传感器
	ALI	Advanced Land Imager	先进陆地成像仪
	SCA	Sensor Chip Assembly	传感器微电路集成块
	QWIP	Quantum Well Infrared Photodetector	量子阱红外光电探测器
	FPA	Focal Plane Array	焦平面阵列
	ROIC	Read-Out Integrated Circuit	读出集成电路
	SSM	Scene Select Mechanism	场景选择机关
	OSC	Orbital Sciences Corporation	轨道科学公司
	PIE	Payload Interface Electronics	有效载荷接口电子装置
	MOE	Mission Operations Equipment	任务运行单元
	SD	Sun Diffuser	太阳漫射板
	SDSM	Sun Diffuser Stability Monitor	太阳漫射稳定性监测仪
	SRCA	Spectral Radiance Calibration Assembly	光谱辐射定标装置
	BB	Blackbody	黑体
第 3 章	SRCA	Spectral Radiance Calibration Assembly	光谱辐射定标设备
	MTF	Modulation Transfer Function	调制传递函数
	IAS	Image Assessment System	影像评估系统
	LPGS	Level 1 Product Generation System	一级产品生产系统
	LIGT	Level 1 Geometric Terrain Correction Product	一级地形纠正产品
	CPF	Calibration Parameters File	校准参数文件
	DEM	Digital Elevation Model	数字高程模型
	GCPs	Ground Control Points	地面控制点
	L1R1	Level 1 Radiometric Calibration	1 级水准辐射测量
	L0Rp	Level 0 Reformatted	产品 0 级水准再格式化
	RLUT	Response Linearity Look-up Table	线性关系查找表
	UTM	Universal Transverse Mercator	通用横轴墨卡托投影
	L1T	Level 1 Terrain-corrected	1 级水准地形纠正产品
	SLI	Sustainable Land Imager	可持续陆地成像仪
	LTAP	Long-Term Acquisition Plan	长期获取计划
	MSI	Multi-spectral Instrument	多波段成像仪
	GSFC	Goddard Space Flight Center	戈达德空间飞行中心
	ESA	European Space Agency	欧洲空间局

续表

章节	缩写词	英文全称	中文全称
第3章	LGAC	Landsat Global Archive Consolidation	陆地卫星全球档案聚合
	NOAA	National Oceanic and Atmospheric Administration	美国国家海洋与大气局
	HRVIR	High Resolution Visible and Infrared Sensor	高分辨率可见光红外传感器
	CERES	Cloud and Earth Radiant Energy System	云和地球辐射能量系统
	ASTER	Advanced Spaceborne Thermal Emission and Reflection Radiometer	先进的空间热辐射与反射辐射计
	MISR	Multi-angle Imaging Spectro radiometer	多角度成像光谱仪
	MOPITT	Measurements of Pollution in the Troposphere	对流层污染探测装置
	FPAR	Fraction of Photosynthetically Active Radiation	光合有效辐射吸收比例
	NPP	Net Primary Productivity	植被净初级生产力
	SST	Sea Surface Temperature	海洋表面温度
	Suomi NPP	Suomi National Polar-orbiting Partnership	Suomi 极地轨道合作伙伴卫星
	CBERS	China-Brazil Earth Resources Satellite	中巴地球资源卫星
	HJ	Huanjing	环境系列卫星
	ZY	Ziyuan	资源系列卫星
	GF	Gaofen	高分系列卫星
	SJ	Shijian	实践卫星
	FY	Fengyun	风云卫星
	HRPT	High Resolution Picture Transmission	高分辨率图像传输
	MERSI-Ⅱ	Medium Resolution Spectral Imager-Ⅱ型	中分辨率光谱成像仪-Ⅱ型
	AGRI	Advanced Geostationary Radiometer Instrument	扫描成像辐射计
	GIIRS	Geostationary Interferometric Infrared Sounder	干涉式大气垂直探测仪
	GLI	Global Lightning Imager	闪电成像仪
	SEP	Space Environment Monitor	空间环境监测仪器
	DAS	Data Acquisition System	数据接收系统
	OCS	Operational Control System	运行控制系统
	DPPS	Data Preprocessing System	数据预处理系统
	PGS	Product Generation System	产品生成系统
	QCS	Quality Control System	产品质量检验系统
	CNS	Computer and Network System	计算机与网络系统
	ARSS	Archive and Retrieval System	数据存档服务系统
	MAS	Monitoring and Analysis System	监测分析服务系统
	UDS	User Demonstration System	应用示范系统
	STSS	Simulation and Technical Support System	仿真与技术支持系统
	CT	Computer Tomography	计算机断层扫描

续表

章节	缩写词	英文全称	中文全称
第3章	HDDT	High-Density Digital Tape	高密度磁带
	CCT	Computer Compatible Tape	计算机兼容磁带
	BIP	Band Interleaved by Pixel	按像素带交织
	BIL	Band Interleaved by Line	按行带交织
	BSQ	Band Sequential	带序列
第4章	PSF	Point Spread Function	点扩散函数
	OMTF	Optical Modulation Transfer Function	光学调制传递函数
	6S	Second Simulation of the Satellite Signal in the Solar Spectrum	卫星信号在太阳光谱中的第二次模拟
	ACORN	Atmospheric CORrection Now	大气修正系统
	GCP	Ground Control Point	地面控制点
	FLAASH	Fast Line of sight Atmospheric Analysis of Spectral Hyper-cubes	快速视线光谱超立方体大气分析
第5章	CIE	Commission International de l'Eclairage	国际照明委员会
	RGB	Red Green Blue	红绿蓝
	CMY	Cyan Magenta Yellow	青品黄
	CMYK	Cyan Magenta Yellow Black	青品黄黑
	HIS	Hue Intensity Saturation	色相强度饱和度
	LCD	Liquid Crystal Display	液晶显示器
	LED	Light Emitting Diode	发光二极管
	K-L Transform	Karhunen-Loeve Transform	卡尔霍宁-洛夫变换
第6章	OIF	Optimal Index Factor	最佳指标因子
	SI	Sheffield Index	席菲尔得指数
	VI	Vegetation Index	植被指数
	SAVI	Soil Adjusted Vegetation Index	土壤调整植被指数
	ARVI	Atmospherically Resistant Vegetation Index	抗大气干扰植被指数
	SARVI	Soil and Atmospherically Resistant Vegetation Index	土壤和抗大气干扰植被指数
	VARI	Visible Atmospherically Resistant Index	可见光抗大气干扰植被指数
	TCARI	Transformed Chlorophyll Absorption in Reflectance Index	叶绿素转移吸收的反射指数
	CCMI	Chlorophyll Content Monitoring Index	叶绿素含量监测指数
	EVI	Enhanced Vegetation Index	加强植被指数
	GEMI	Global Environment Monitoring Index	全球环境监测指数
	PCA	Principal Component Analysis	主成分分析
	COV	Covariance	协方差

续表

章节	缩写词	英文全称	中文全称
第 7 章	DN	Digital Number	数字数值
	GFT	Grass-Fire Technique	草原火技术
第 8 章	GHPF	Gaussian High-Pass Filter	高斯高通滤波传递函数
第 9 章	PPI	Pixel Purity Index	像元纯度指数法
	IEA	Iterative Error Analysis	有迭代误差分析法
	MNF	Minimum Noise Fraction	最小噪声分离变换
	SVD	Singular Value Decomposition	奇异值分解
	STARFM	Spatial and Temporal Adaptive Reflectance Fusion Model	空间与时间自适应反射率融合模型
第 10 章	POT-HRV	Prototype of High-Resolution Visible	高分辨率可见光原型
	NRSA-IRS	National Remote Sensing Agency-Indian Remote Sensing	印度遥感卫星（国家遥感机构）
第 11 章	ISOMIX	Iso-distance Mixing	等混合距离分类
	GIS	Geographic Information System	地理信息系统
第 13 章	HDT	Tree Hybrid Decision Tree	混合决策树
	LISP	List Processing	列表处理
	PROLOG	Programming in Logic	逻辑编程
	TLU	Threshold Logic Unit	阈值逻辑单元
	BP	Back Propagation Algorithm	反向传播算法
	GA	Genetic Algorithm	遗传算法
第 14 章	ANN	Artificial Neural Network	人工神经网络
	ISODATA	Iterative Self-Organizing Data Analysis Technique	迭代自组织数据分析技术
	ISBS	Information System Based on Remote Sensing Images	基于遥感图像的信息系统
	GLCM	Gray Level Co-occurrence Matrix	灰度共生矩阵
	GCPM	Gray Level Co-occurrence Probability Matrix	灰度共生概率矩阵
	MLP	Multi-Layer Perceptron	多层感知机
	CPU	Central Processing Unit	中央处理器
第 15 章	BSA	black-sky albedo	黑空反照率
	WSA	white-sky albedo	白空反照率
	CGLS	Copernicus Global Land Operations	哥白尼全球土地服务
	GLASS	Global Land Surface Satellite	全球陆地表面卫星
	MISR	Multi-angle Imaging Spectro Radiometer	多角度成像光谱辐射计
	MERIS	Medium Resolution Imaging Spectrometer	中分辨率成像光谱仪
	POLDER	Polarization and Directionality of the Earth's Reflectances	地球反射率的偏振与方向性
	SEVIRI	Spinning Enhanced Visible and InfraRed Imager	高分辨率可见光和红外辐射增强成像仪
	CMG	Climate Modeling Grid	气候模型网格

续表

章节	缩写词	英文全称	中文全称
第 15 章	SURFRAD	Surface Radiation Budget Network	地表辐射预算网络
	ARM	Atmospheric Radiation Measurement Network	大气辐射测量网络
第 16 章	LST	Land Surface Temperature	地表温度
	IGBP	International Geosphere-Biosphere Programme	国际地圈生物圈计划
	ESDR	Essential Climate Variable Data Record	地表数据记录
	GCOS	Global Climate Observing System	全球气候观测系统
	ECV	Essential Climate Variables	基本环境气候变量
	LSE	Land Surface Emissivity	地表发射率反演